인강으로 합격하는

유창범의 소방기술사

Professional Engineer Fire Protection

소방기술사 유창범 지음

BM (주)도서출판 성안당

■ 도서 A/S 안내

성안당에서 발행하는 모든 도서는 저자와 출판사, 그리고 독자가 함께 만들어 나갑니다.

좋은 책을 펴내기 위해 많은 노력을 기울이고 있습니다. 혹시라도 내용상의 오류나 오탈자 등이 발견되면 "좋은 책은 나라의 보배"로서 우리 모두가 함께 만들어 간다는 마음으로 연락주시기 바랍니다. 수정 보완하여 더 나은 책이 되도록 최선을 다하겠습니다.

성안당은 늘 독자 여러분들의 소중한 의견을 기다리고 있습니다. 좋은 의견을 보내주시는 분께는 성안당 쇼핑몰의 포인트(3,000포인트)를 적립해 드립니다.

잘못 만들어진 책이나 부록 등이 파손된 경우에는 교환해 드립니다.

저자 문의 e-mail : 671121@hanmail.net

본서 기획자 e-mail : coh@cyber.co.kr (최옥현)

홈페이지 : http://www.cyber.co.kr   전화 : 031) 950-6300

머리말

필자는 대학원을 졸업하고 소방기술사 공부를 시작한 지 7년 만에 어렵게 소방기술사가 되었습니다. 지금 생각해 보면 '쉽게 공부할 수 있는 것을 참 어렵게 했구나'하는 생각이 듭니다. 직장을 다니면서 공부하다 보니 학원 수강이 어려워 독학으로 공부했습니다. 그래서 누구보다도 공부하는 수험생의 마음을 알고 있기에 조금이나마 그들에게 도움이 되고자 이 책을 기술하게 되었습니다.

소방기술사의 시험문제는 단순히 암기를 요하는 것도 있지만 그보다는 소방에 대한 이해를 요하는 것이 대부분입니다. 그러나 시중에 나와 있는 대부분의 소방기술사 책은 요점 내용 위주로 되어 있고, 소방에 관한 기본서가 없는 실정입니다. 이에 소방 관련 내용을 기본개념부터 집필하기 위해 소방에 관련된 다양한 책을 읽고 자료를 수집하여 기술하였습니다.

이 책은 기존에 출판되었던 '색다른 소방기술사'의 재개정판으로 크게 3권으로 구성되어 있습니다. 내용이 기존의 다른 수험서에 비해 방대하긴 하지만 모두가 소방을 이해하는 데 필요한 내용만을 넣은 것입니다. 책의 구성 중 특이한 점은 내용을 색으로 구분했다는 점입니다. 색은 가장 기본적이고 중요한 내용을 나타낸 것으로 기술사를 공부하시는 분이라면 반드시 이해하고 암기해야 할 내용을 나타낸 것입니다. 검은색은 소방에 대한 기본개념을 이해하기 위해 서술한 것입니다. 이렇게 구성한 이유는 책의 중요 내용이 한눈에 쏙쏙 들어오도록 하여 수험생들이 쉽게 공부할 수 있도록 돕기 위함입니다.

말콤 글래드웰의 '아웃라이어'라는 책을 보면 1만 시간의 법칙이 나옵니다. 어떤 분야에서든 전문가가 되기 위해서는 1만 시간 정도를 투자해야 한다는 법칙입니다. 소방기술사는 소방 분야 최고의 자격증입니다. 이를 위해서는 많은 것을 포기하고 노력하는 자세가 필요합니다. 소방기술사를 공부하는 과정은 자기와의 싸움으로 시험을 포기하지 않고 정진한다면 언젠가는 이룰 수 있는 목표입니다.

여러분의 건승을 기원합니다.

이 책의 내용은 여러 선배님의 논문과 자료를 정리하여 소방기술사를 공부하시는 분들을 위해 맞춤형으로 기술한 것입니다. 이처럼 방대한 내용이 나오게 된 것은 모두가 선배님들의 연구와 노력 덕분입니다. 특히 필자에게 많은 지도편달을 해주신 김정진 기술사님께 감사를 드립니다.

끝으로 이 책이 나오기까지 도움을 주신 성안당 관계자 여러분과 공부 때문에 함께 있지 못한 가족에게 깊은 감사를 표합니다.

Author Yoo Chang bum
Fire Protecting Engineer(P/E)

01 개요

건축물 등의 화재위험으로부터 인간의 생명과 재산을 보호하기 위하여 소방안전에 대한 규제대책과 제반시설의 검사 등 산업안전관리를 담당할 전문인력을 양성하고자 자격제도를 제정하였다.

02 수행직무

소방설비 종목에 관한 고도의 전문지식과 실무경험에 입각한 계획, 연구, 설계, 분석, 시험, 운영, 시공, 평가 또는 이에 관한 지도, 감리 등의 기술업무를 수행한다.

03 진로 및 전망

(1) 소방공사, 대한주택공사, 전기공사 등 정부투자기관, 각종 건설회사, 소방전문업체 및 학계, 연구소 등으로 진출할 수 있다.

(2) 지난 10년간 화재건수는 매년 연평균 10.2%씩 증가하여 88년도에 12,507건이던 화재 발생이 '97년도에는 29,472건의 화재가 발생하여 '88년도보다 136%가 증가하였다. 또한, 경제성장에 따른 에너지 소비량의 증가와 각종 건축물의 대형화, 고층화 및 복잡 다양한 각종 내부인테리어로 인하여 화재는 계속 증가할 것이며, 1997년 후반기부터 건설업체에서 소방분야 도급을 받은 경우 소방설비 관련 자격증 소지자를 채용 의무화하는 등 증가요인으로 소방설비기술사에 대한 인력수요는 증가할 것이다.

04 취득방법

(1) 시행처 : 한국산업인력공단

(2) 관련 학과 : 대학 및 전문대학의 소방학, 소방안전관리학 관련 학과

(3) 시험과목 : 화재 및 소화이론(연소, 폭발, 연소생성물 및 소화약제 등), 소방수리학 및 화재역학, 소방시설의 설계 및 시공, 소방설비의 구조 원리(소방시설 전반), 건축방재(피난계획, 연기제어, 방화 · 내화 설계 및 건축재료 등), 화재, 폭발위험성 평가 및 안정성 평가(건축물 등 소방대상물), 소방관계법령에 관한 사항

(4) 검정방법

① 필기 : 단답형 및 주관식 논술형(교시당 100분 총 400분)

② 면접 : 구술형 면접시험(30분 정도)

(5) 합격기준 : 100점 만점에 60점 이상

05 출제경향

(1) 소방설비와 관련된 실무경험, 일반지식, 전문지식 및 응용능력
(2) 기술사로서의 지도 감리능력, 자질 및 품위 등 평가

06 출제기준

주요 항목	세부항목
1. 연소 및 소화 이론	① 연소이론 ㉠ 가연물별 연소특성, 연소한계 및 연소범위 ㉡ 연소생성물, 연기의 생성 및 특성, 연기농도, 감광계수 등 ② 화재 및 폭발 ㉠ 화재의 종류 및 특성 ㉡ 폭발의 종류 및 특성 ③ 소화 및 소화약제 ㉠ 소화원리, 화재 종류별 소화대책 ㉡ 소화약제의 종류 및 특성 ④ 위험물의 종류 및 성상 ㉠ 화재현상 및 화재방어 등 ㉡ 위험물제조소 등 소방시설 ⑤ 기타 연소 및 소화 관련 기술동향
2. 소방유체역학, 소방전기, 화재역학 및 제연	① 소방유체역학 ㉠ 유체의 기본적 성질 ㉡ 유체정역학 ㉢ 유체유동의 해석 ㉣ 관내의 유동 ㉤ 펌프 및 송풍기의 성능 특성 ② 소방전기 ㉠ 소방전기 일반 ㉡ 소방용 비상전원 ③ 화재역학 ㉠ 화재역학 관련 이론 ㉡ 화재확산 및 화재현상 등 ㉢ 열전달 등 ④ 제연기술 ㉠ 연기제어 이론 ㉡ 연기의 유동 및 특성 등

주요 항목	세부항목
3. 소방시설의 설계, 시공, 감리, 유지관리 및 사업관리	① 소방시설의 설계 ㉠ 소방시설의 계획 및 설계(기본, 실시설계) ㉡ 법적 근거, 건축물의 용도별 소방시설 설치기준 등 ㉢ 특정소방대상물 분류 등 ㉣ 성능위주설계 ㉤ 소방시설 등의 내진설계 ㉥ 종합방재계획에 관한 사항 등 ㉦ 사전 재난 영향성 평가 ② 소방시설의 시공 ㉠ 수계소화설비 시공 ㉡ 가스계소화설비 시공 ㉢ 경보설비 시공 ㉣ 소방용 전원설비 시공 ㉤ 피난 · 소화용수설비 시공 ㉥ 소화활동설비 시공 ③ 소방시설의 감리 ㉠ 공사감리 결과보고 ㉡ 성능평가 시행 ④ 소방시설의 유지관리 ㉠ 유지관리계획 ㉡ 시설점검 등 ⑤ 소방시설의 사업관리 설계, 시공, 감리 및 공정관리 등
4. 소방시설의 구조 원리	① 소화설비 소화기구, 자동소화장치, 옥내소화전설비, 스프링클러설비 등, 물분무 등 소화설비, 옥외소화전설비 ② 경보설비 단독경보형 감지기, 비상경보설비, 시각경보기, 자동화재탐지설비, 비상방송설비, 자동화재속보설비, 통합감시시설, 누전경보기, 가스누설경보기 ③ 피난설비 피난기구, 인명구조기구, 유도등, 비상조명등 및 휴대용 비상조명등

주요 항목	세부항목
4. 소방시설의 구조 원리	④ 소화용수설비 상수도 소화용수설비, 소화수조 · 저수조, 그 밖의 소화용수설비 ⑤ 소화활동설비 제연설비, 연결송수관설비, 연결살수설비, 비상콘센트설비, 무선통신보조설비, 연소방지설비
5. 건축방재	① 피난계획 ㉠ RSET, ASET, 피난성능평가 등 ㉡ 피난계단, 특별피난계단, 비상용 승강기, 피난용 승강기, 피난안전구역 등 ㉢ 방 · 배연 관련 사항 등 ② 방화 · 내화 관련 사항 ㉠ 방화구획, 방화문 등 방화설비, 관통부, 내화구조 및 내화성능 ㉡ 건축물의 피난 · 방화구조 등의 기준에 관한 규칙 ③ 건축재료 ㉠ 불연재, 난연재, 단열재, 내장재, 외장재 종류 및 특성 ㉡ 방염제의 종류 및 특성, 방염처리방법 등
6. 위험성 평가	① 화재폭발위험성 평가 ㉠ 위험물의 위험등급, 유해 및 독성기준 등 ㉡ 화재위험도분석(정량 · 정성적 위험성 평가) ㉢ 피해저감대책, 특수시설 위험성 평가 및 화재안전대책 ㉣ 사고결과 영향분석 ② 화재 조사 ㉠ 화재원인 조사 ㉡ 화재피해 조사 ㉢ PL법, 화재영향평가 등
7. 소방 관계 법령 및 기준 등에 관한 사항	① 소방기본법, 시행령, 시행규칙 ② 소방시설공사업법, 시행령, 시행규칙 ③ 화재의 예방 및 안전관리에 관한 법률, 시행령, 시행규칙 ④ 소방시설 설치 및 관리에 관한 법률, 시행령, 시행규칙 ⑤ 화재안전성능기준, 화재안전기술기준 ⑥ 위험물안전관리법, 시행령, 시행규칙 ⑦ 초고층 및 지하연계 복합건축물 재난관리에 관한 특별법, 시행령, 시행규칙 ⑧ 다중이용업소의 안전관리에 관한 특별법, 시행령, 시행규칙 ⑨ 기타 소방 관련 기술기준 사항(예 : NFPA, ISO 등)

암기비법

반복과 연상기법을 다음과 같이 바로 실행하여 끊임없이 적극적으로 실천한다.

01 자기 전에 그날 공부한 내용을 1문제당 2분 이내로 빠른 시간 내에 소리 내어 읽어본다.

02 다음날 일어나서 다시 한번 전날 학습한 내용을 되새기며 형광펜으로 밑줄 친 내용을 읽어본다.

03 학습 전 어제와 그제 공부한 내용을 반드시 30분 정도 되새겨 본다.

04 스마트폰에 본인이 공부한 내용을 촬영하여 화장실이나 대중교통 이용 시 반복하여 읽는다.

05 업무 중 휴식시간에 자신이 학습한 내용을 연상하며 되새겨본다.

06 직장동료들이나 가족들 간의 대화에도 면접에 필요한 논리적인 대화를 할 수 있도록 자신이 학습한 내용을 가능하면 상대방에게 설명할 수 있도록 훈련한다.

※ 기술사 2차 시험은 면접시험으로 언어능력 특히 표현력이 부족하여 곤란한 경우가 많으므로 평상시에 연습해두어야 한다.

시험지침

01 시험장 입장

(1) 오전 8시 30분(가능한 대중교통 이용)

(2) 준비물 : 점심(초콜릿, 생수, 비타민, 껌 등), 공학용 계산기, 원형 자, 필기도구(검정색 4개), 신분증, 수험표 등

02 시험 시작

(1) 1교시 : 9:00~10:40(100분) → 13문제 중 10문제 필수 기록
- 20분간 휴식 : 이 시간에 본인이 기록한 것을 스피드하게 전체적으로 본다.

(2) 2교시 : 11:00~12:40(100분) → 6문제 중 4문제 필수 기록
- 점심 시간 : 12:40~13:30 외부 점심 금지, 초클릿 4개 정도와 생수 3개
- 10분간 휴식 : 이 시간 중 본인이 기록한 것을 스피드하게 전체적으로 본다.

(3) 3교시 : 13:40~15:20(100분) → 6문제 중 4문제 필수 기록
- 20분간 휴식 : 이 시간 중 본인이 기록한 것을 스피드하게 전체적으로 본다.

(4) 4교시 : 15:40~17:20(100분) → 6문제 중 4문제 필수 기록
- 시험이 끝난 후 조용히 집으로 귀가하여 시험 본 기억을 꼼꼼히 기록한다.

01 답안지 작성방법

(1) 답안지는 230mm×297mm 전체 양면 14페이지로 22행 양식임(용지가 매우 우수한 매끄러운 용지임)

(2) 필기도구 : 검정색의 1.0mm 또는 0.5~0.7mm 볼펜이나 젤펜 사용(본인의 감각에 맞게 선택)

(3) 1교시 답안지 작성법 : 답안지 작성 전에 전략을 세우는데 10문제를 선택하여 목차를 문제지나 답안지 양식의 제일 앞장에 간단히 기록한다.
→ 답안지 양식에 신속히 기록(25점 형태로 오버페이스 금지)하되 잘못 기재한 내용이 있으면 두 줄 긋고 진행한다.

(4) 2~4교시 답안지 작성법 : 답안지 작성 전에 전략을 세우는데 4문제를 선택하여 목차를 문제지나 답안지 양식의 제일 앞장에 간단히 기록한다.
→ 답안지 양식에 신속히 기록(25점 형태로 오버페이스 일부 가능)하되 잘못 기재한 내용이 있으면 두 줄 긋고 진행한다.

02 답안 작성 노하우

기술사 답안은 논리적 전개가 확실한 기획서와 같은 형식으로 작성하면 효율적이다.

다음은 기본적인 답안 작성방법으로 문제 형식에 맞춰 응용하며 연습하면 완성도 높은 답안을 작성할 수 있을 것이다.

(1) 서론 : 개요는 출제의도를 파악하고 있다는 것이 표현되도록 핵심 키워드 및 배경, 목적을 포함하여 작성한다.

(2) 본론

① 제목 : 제목은 해당 답안의 헤드라인이다. 어떤 내용을 주장하는지 알 수 있도록 작성한다.

② 답변 : 문제에서 요구하는 내용은 꼭 작성하여야 하며, 필요에 따라 사례 및 실무 내용을 포함하도록 작성한다.

③ 문제점 : 내가 주장하는 논리를 펼 수 있는 문제점에 대하여 작성하도록 하며, 출제 문제에 해당하는 정책, 법적 사항, 이행사항, 경제 · 사회적 여건 등 위주로 작성한다.

④ 개선방안 : 작성한 문제점에 대한 개선방안으로 작성한다.

※ 본론 전체의 내용은 다음을 염두에 두고 작성한다.

- 내가 주장하는 바의 방향이 맞는가
- 각 내용이 유기적으로 연계되어 있는가
- 결론을 뒷받침할 수 있는 내용인가

(3) **결론** : 전문가의 식견(주장)이 담긴 객관적인(과도한 표현 지양) 문장이 되도록 작성하며, 본론에서 제시한 내용에 맞게 작성한다.

03 답안 작성 시 체크리스트

기술사 답안 작성 후 다음 항목들을 체크해본다면 답안 작성의 방향을 설정할 수 있을 것이다.

☑ 출제의도를 파악했는가?
☑ 문제에 대한 다양한 자료를 수집하고 이해했는가?
☑ 두괄식으로 답안을 작성했는가?
☑ 나의 논지가 담긴 소제목으로 구성했는가?
☑ 가독성 있게 핵심 키워드와 함축된 문장으로 표현했는가?
☑ 전문성(실무내용)있는 내용을 포함했는가?
☑ 적절한 표 or 삽도를 포함했는가?
☑ 논리적(스토리텔링)으로 답안을 구성했는가?
☑ 논지를 흩트리는 과도한 미사여구가 포함됐는가?
☑ 임팩트 있는 결론인가?
☑ 나만의 답안인가?

04 답안지 작성 시 글씨 쓰는 요령

(1) 세로획은 똑바로, 가로획은 약 25도로 우상향하는 글씨체로 굳이 정자체를 고집할 이유 없고 채점자들이 알 수 있는 얌전한 글씨체를 쓴다. 그리고 세로획이 자기도 모르게 다른 줄을 침범하는 경우가 있는데, 채점자에게 안 좋은 이미지를 줄 수 있다. 또한, 가로로 작성하다 보면 답안지 양식의 테두리를 벗어나는 경우에도 채점자에게 안 좋은 이미지를 줄 수 있다.

(2) **글씨의 크기와 작성**

① 답안지 양식에서 가로 줄 사이에 글을 정중앙에 쓴다.
② 수식은 두 줄을 이용하여 답답하지 않게 쓴다.
③ 그림의 크기는 5줄 이내로 나타낸다.
④ 복잡한 표는 시간이 많이 소요되므로 간략한 표로 나타낸다.

[답안지 양식]

아래한글에서 다음 답안지 양식을 인쇄하여 답안지를 작성하는 연습을 한다.
위 : 20mm, 머리말 : 8.0mm, 왼쪽 : 21.0mm, 오른쪽 : 25.0mm, 제본 : 0.0mm, 꼬리말 : 3.0mm, 아래쪽 : 15.0mm(A4용지)

[답안지 작성 예]

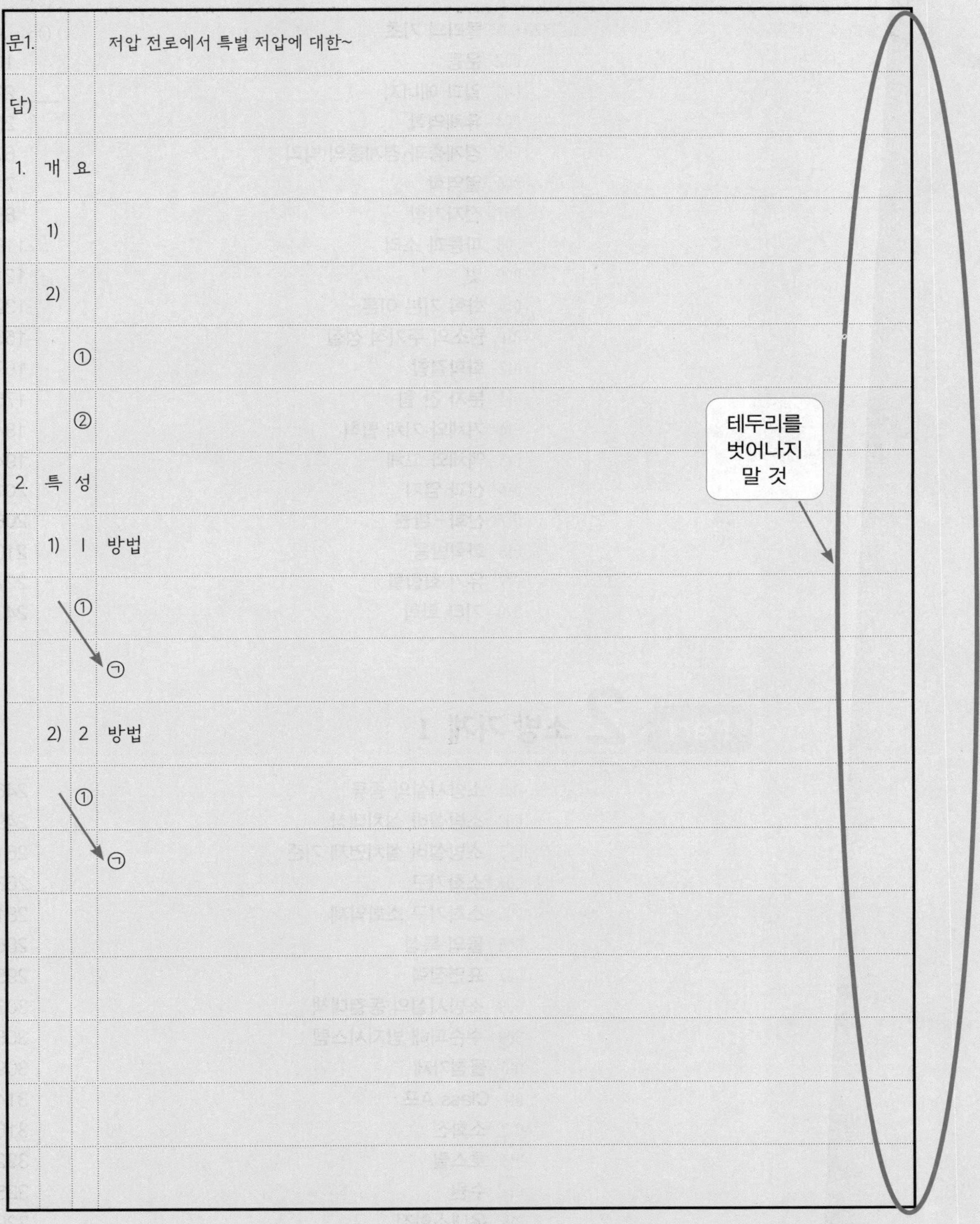

문1.
저압 전로에서 특별 저압에 대한~
답)
1. 개 요
1)
2)
①
②
2. 특 성
1) I 방법
①
㉠
2) 2 방법
①
㉠
테두리를 벗어나지 말 것

차례

Part 1 소방 기초이론

Part 2 소방 기계 I

Part 3 소방 기계 Ⅱ

차례

Professional Engineer Fire Protection

소방기술사

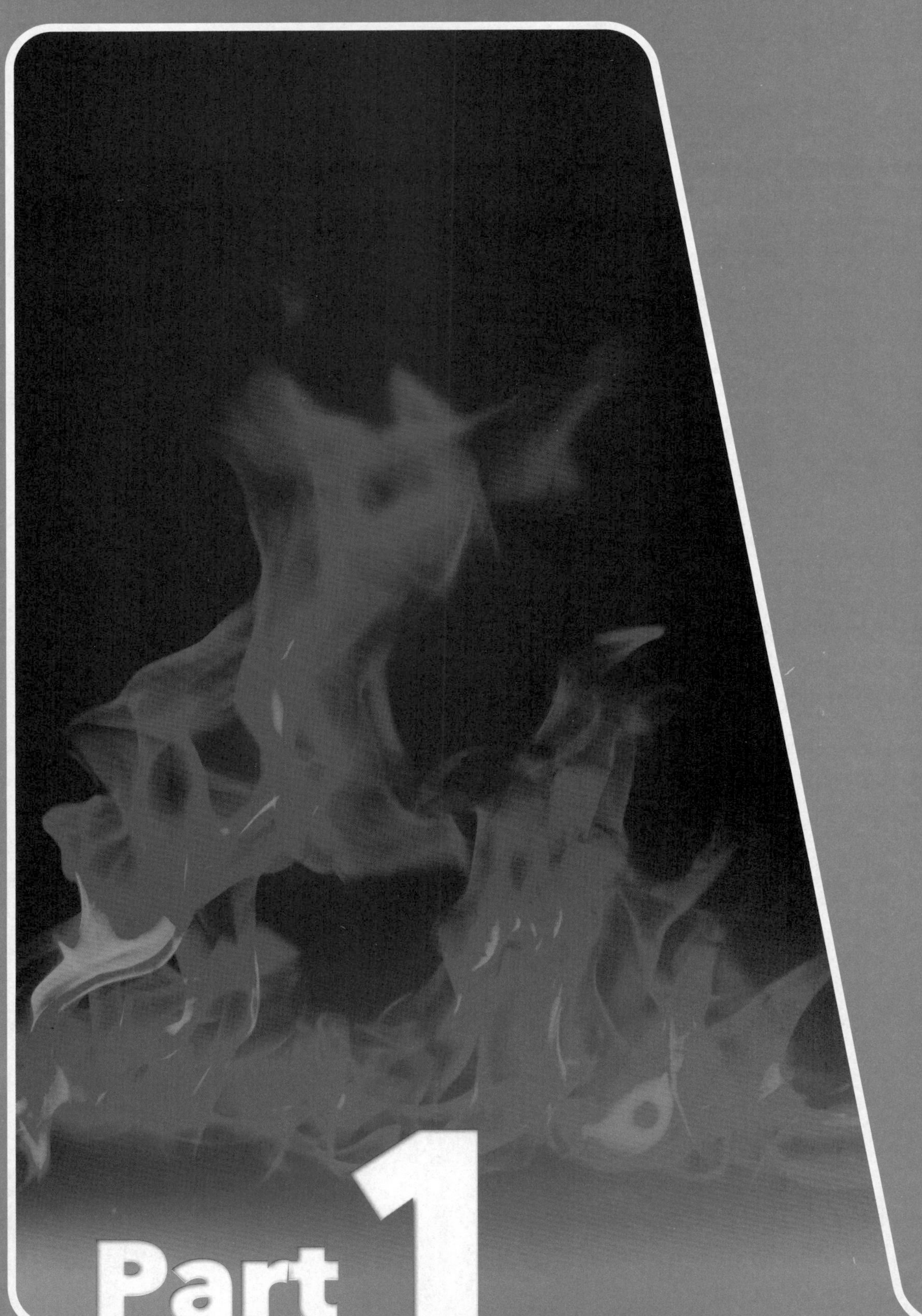

Part 1

소방 기초이론

SECTION

001 물리의 기초

01 단위와 물리학

(1) 단위 : 어떤 물리량의 크기를 객관적으로 나타내기 위한 양

1) SI[1] 기본단위(국제단위계 기본단위) : 7개의 기본단위

물리량	단위 이름	단위 기호
길이	미터	m
질량	킬로그램	kg
시간	초	s
전류	암페어	A
온도	켈빈	K
물질량	몰	mol
광도	칸델라	cd

① kg : 양자역학의 기본상수인 플랑크 상수로부터 정의(플랑크 상수는 빛의 주파수와 에너지 사이의 관계를 연결하는 양자역학적 상수)

② mol : 아보가드로 상수로부터 정의(아보가드로수는 1몰의 기초단위체(분자, 원자, 전자, 이온 등) 속에 들어있는 입자수)

③ A : 기본전하로부터 정의(기본전하(e)는 전자 한 개 혹은 양성자 한 개가 가지고 있는 전하로서, 전하를 띤 모든 입자의 전하량을 세는 기본단위)

④ K : 볼츠만 상수로부터 정의(볼츠만 상수는 어떤 계 속에 존재하는 개별입자가 갖는 에너지를 계 온도와 연관시켜주는 기본적인 물리상수 중 하나)

2) 유도단위 : SI 기본단위로부터 유도된 단위

이름	기호	물리량	다른 단위로 표시	SI 기본단위 표시
헤르츠	Hz	진동수	1/s	s^{-1}
라디안	rad	평면각	$m \cdot m^{-1}$	무차원수

1) Le Systeme International d'Unites(佛)에서 온 약어로 번역을 하면 '국제단위계'라고 하고 영어로는 'The International System of Units'

이름	기호	물리량	다른 단위로 표시	SI 기본단위 표시
스테라디안	Sr	입체각	$m^2 \cdot m^{-2}$	무차원수
뉴턴	N	힘, 무게	$kg \cdot m/s^2$	$kg \cdot m \cdot s^{-2}$
파스칼	Pa	압력, 응력	N/m^2	$m^{-1} \cdot kg \cdot s^{-2}$
줄	J	에너지, 일, 열량	$N \cdot m = C \cdot V = W \cdot s$	$m^2 \cdot kg \cdot s^{-2}$
와트	W	일률, 전력, 방사속	$J/s = V \cdot A$	$m^2 \cdot kg \cdot s^{-3}$
쿨롱	C	전하 또는 전하량	$s \cdot A$	$s \cdot A$
볼트	V	전압, 전위, 기전력	$W/A = J/C$	$m^2 \cdot kg \cdot s^{-3} \cdot A^{-1}$
패럿	F	전기용량	C/V	$m^{-2} \cdot kg^{-1} \cdot s^4 \cdot A^2$
옴	Ω	전기저항, 임피던스, 리액턴스	V/A	$m^2 \cdot kg \cdot s^{-3} \cdot A^{-2}$
지멘스	S	컨덕턴스	$1/\Omega$	$m^{-2} \cdot kg^{-1} \cdot s^3 \cdot A^2$
웨버	Wb	자속	J/A	$m^2 \cdot kg \cdot s^{-2} \cdot A^{-1}$
테슬라	T	자기장 세기, 자속밀도	$V \cdot s/m^2 = Wb/m^2 = N/(A \cdot m)$	$kg \cdot s^{-2} \cdot A^{-1}$
헨리	H	인덕턴스	$V \cdot s/A = Wb/A$	$m^2 \cdot kg \cdot s^{-2} \cdot A^{-2}$
섭씨	℃	섭씨온도	$K - 273.15$	$K - 273.15$
루멘	lm	광선속	$lx \cdot m^2$	$cd \cdot Sr$
럭스	lx	조도	lm/m^2	$m^{-2} \cdot cd \cdot Sr$

※ 단위가 같으면 차원이 같다.

(2) 물리학 : 가설을 세우고 실험을 통해 검증하고 수학적으로 정리하는 학문

(3) 그리스 문자

대문자	소문자	이름	대문자	소문자	이름
A	α	알파	M	μ	뮤
B	β	베타	N	ν	뉴
Γ	γ	감마	Ξ	ξ	크사이
Δ	δ	델타	Π	π	파이
E	ε	엡실론	P	ρ	로
Z	ζ	제타	Σ	σ	시그마
H	η	에타	T	τ	타우
Θ	θ	세타	Φ	ϕ	파이
Λ	λ	람다	Ω	ω	오메가

02 벡터와 스칼라

(1) 스칼라(scalar)

1) 정의 : 크기만 가지는 양

2) 종류 : 기본단위(7개), 전하, 거리, 속력, 에너지

(2) 벡터(vector)

1) 정의 : 크기와 방향을 가지는 양

2) 종류 : 변위, 속도, 가속도, 힘, 무게, 운동량, 충격량, 전기장, 자기장

| 스칼라 | | 벡터 |

03 용어의 정의

(1) 정확도(accuracy)

1) 정의 : 단일 측정값이 참값에 얼마나 접근하고 있는가를 나타내는 척도

2) 측정값이 참값에 가까운 값 : 정확도가 높다.

(2) 정밀도(precision)

1) 정의 : 여러 측정값이 서로 얼마나 접근하고 있는가를 나타내는 척도

2) 반복하여 측정해 참값에 가까운 값 : 정밀도가 높다.

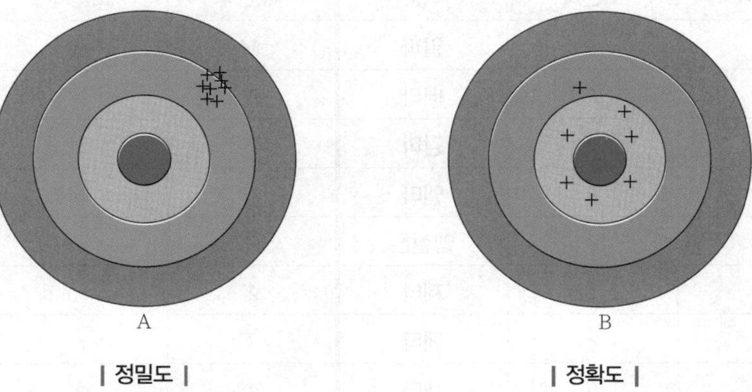

| 정밀도 | | 정확도 |

(3) 질량(mass)

1) 정의 : 한 물질이 얼마나 많이 존재하는가를 나타내는 정도

2) 특성 : 관성을 결정하는 물질 고유의 양(불변)

3) 단위 : kg

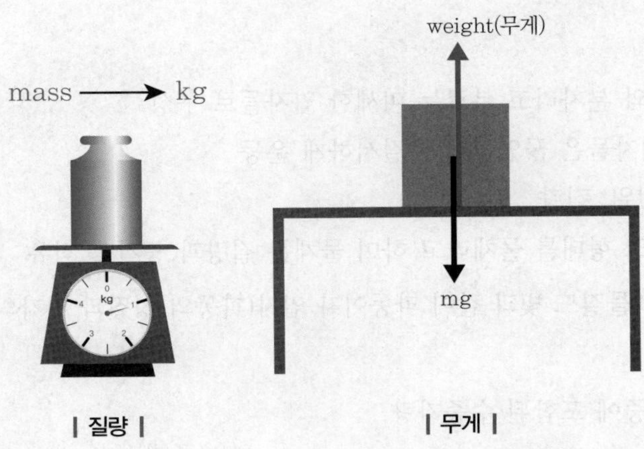

| 질량 |　　| 무게 |

(4) 중량 또는 무게(weight)

1) 정의 : 지구가 물체에 작용하는 힘(중력가속도가 질량에 가해진 양)

2) 단위 : N

3) 중량＝질량×중력가속도 : $W=m\times g$

4) 힘＝중량＝무게

$F=m\cdot a$

$1\text{N}=1\text{kg}\cdot\text{m/s}^2=1{,}000\text{g}\times100\text{cm/s}^2=10^5\text{g}\cdot\text{cm/s}^2=10^5\text{dyne}$

$1\text{kg}_f=1\text{kg}\times9.8\text{m/s}^2=9.8\text{kg}\cdot\text{m/s}^2=9.8\text{N}$

(5) $E=mc^2$(에너지와 질량의 동등성)

(6) 부피(volume)

1) 정의 : 물체가 차지하는 공간이 얼마나 되는가를 나타내는 지표

2) 단위 : m^3

(7) 과학적 방법 : 실험과 관찰에 근거하여 문제를 해결하는 체계적인 방법

(8) 오차

1) 계통오차 : 매번 측정이나 같은 실수가 반복되는 오차로, 수정이 가능한 오차(제어 가능)

2) 우연오차 : 실수가 제멋대로 변하는 것으로, 수정이 곤란한 오차

(9) 양적(정량적)과 질적(정성적)

1) 양적 : 숫자와 관계있는 수를 포함하는 측정값으로, 서로 비교하여 배수나 약수로 표현이 가능

2) 질적 : 수를 알 수 없는 관찰값으로, 배수나 약수로 표현할 수 없으며 상대적인 대소는 구분이 가능

(10) 물질(matter)

1) 물질은 원자와 분자라고 부르는 미세한 입자들로 구성

2) 물질 속의 입자들은 끊임없이 무질서하게 운동

3) 물질의 기본단위 : 질량

4) 물질을 가지고 형태를 물체라고 하며 물체는 질량과 공간을 점유

(11) 물질의 이중성 : 물질도 빛과 같이 파동이자 입자(파동의 성질과 입자의 성질을 모두 가지고 있음)

(12) 습도 : 습공기 중에 포함된 수증기량

1) 절대습도(Absolute Humidity) : $AH(\text{절대습도})=\dfrac{x(\text{수증기[kg]})}{V(\text{건공기[kg]})}$

2) 수증기 분압(P_w) : 습공기 중의 수증기가 단위면적당 누르는 압력

3) 상대습도 : 대기 중에 포함된 수증기의 양과 그 온도에서 대기가 함유할 수 있는 최대 수증기량(포화)의 비율

$$\phi(\text{상대습도})=\frac{\text{습한 공기 중 수증기압[Pa]}}{\text{포화습공기 중의 수증기압[Pa]}}\times 100[\%]$$

$$=\frac{\text{습한 공기 중 수증기량[g/m}^3]}{\text{포화습공기 중의 수증기량[g/m}^3]}\times 100[\%]$$

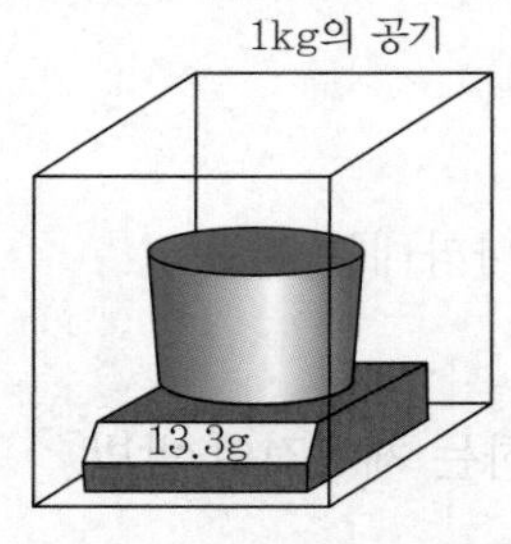

| 절대습도(공기 중 수분의 양) |

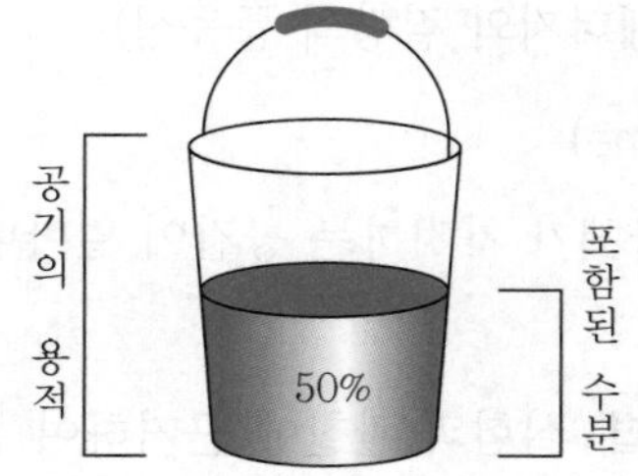

| 상대습도(공기 중 수분의 비율) |

4) 포화

① 공기의 포화 : 공기가 함유할 수 있는 최대 증기량을 포함하고 있는 공기

② 포화증기압 : 어떤 물질의 액상 혹은 고상이 이것과 같은 물질의 기상과 평형상태로 있을 때 그 기체, 즉 포화증기의 압력

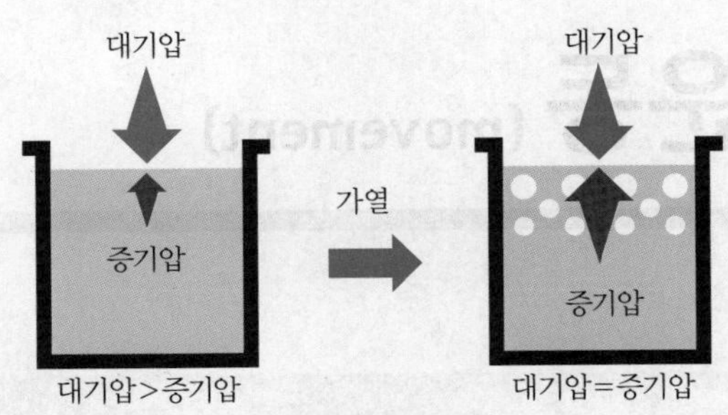

| 대기압과 증가압의 관계 |

③ 빠르게 움직이는 물분자(고온도) : 충돌하여 완전탄성에 가까운 운동

④ 느리게 움직이는 물분자(저온도) : 충돌하면서 합쳐져서 응결

5) 공기는 대기 중으로 상승할수록 냉각되고 팽창(대기압 감소)된다.

① 공기는 기압이 높은 지역에서 기압이 낮은 지역으로 이동하고 이 이동은 상승한다.

② 상승할수록 주위의 기압이 감소하고 팽창이 발생한다.

③ 팽창이 발생하면 열에너지가 운동에너지로 바뀌게 되면서 공기가 냉각된다.

④ 냉각되면 그 안에 포함된 물 분자들이 점점 더 느리게 움직이므로 응결이 발생(구름 형상)한다.

6) 공기 중에 먼지, 연기, 염류와 같은 미세입자 : 응결을 촉진하는 응결핵의 역할(연기감지기 원리)

(13) 양자(量子, quantum)

1) 정의 : 나눌 수 없는 물리량

2) 단위 : 플랑크 상수($h = 6.63 \times 10^{-34} \mathrm{m^2 \cdot kg/s}$)

3) 입자이자 파동 : 양자는 작은 에너지 입자로 파동처럼 이동하지만 입자로 뚝뚝 끊어짐

4) 양자의 전하 : 수축과 팽창을 반복하는 순환과정을 통해 수축할 때 양전하를 띠고 팽창할 때 음전하를 띤다. (순환하는 대립 쌍) → 반입자(대립하는 전하)

SECTION

002 운동 (movement)

01 기본개념

(1) 물체의 위치

1) 위치 : 기준점을 정하고 기준점에서부터 물체가 어느 방향으로 얼만큼이나 있는가?

2) 이동거리 : 물체가 실제 이동한 경로의 길이

3) 변위 : 위치의 변화로 두 지점 간의 직선거리

4) 단위 : m

(2) 평균값

1) 산술평균

① 공식 : $\frac{a+b}{2}$

② 물리적 의미 : a, b 두 점 사이의 중간값

2) 기하평균

① 공식 : $\sqrt{ab}$

② 물리적 의미 : 직사각형의 두 변이 a, b일 때 같은 면적을 가지는 정사각형의 한 변

③ 기하평균은 제곱근을 구하므로 그 값은 무리수(고대 그리스에서는 무리수를 수로 인정하지 않았기 때문에, 이처럼 구한 평균은 기하학적인 의미만을 갖는다고 하여 기하평균이라는 이름이 붙여졌음)

3) 조화평균

① 공식 : $\frac{2}{\frac{1}{a}+\frac{1}{b}}$

② 물리적 의미

㉠ 일정한 거리를 갈 때 a, 올 때 b의 속력으로 왕복할 때 평균속도

㉡ 음악에서 현의 길이가 각각 a, b일 때 두 현의 소리가 잘 조화되는 길이(움직임 또는 변화를 생각할 때 사용하는 평균값으로 소방에서 많이 이용)

㉢ 소방에서 이용 : 여러 가스가 혼합되어 있을 때 평균 연소범위값 산출, 열전달률 산출, 제연설비의 누설면적에서 직렬의 경로 등

4) 평균의 비교

① 두 양수 a, b에 대하여, 이 세 평균 사이에는 항상 아래와 같은 부등식이 성립한다.

② $\frac{a+b}{2} \geq \sqrt{ab} \geq \frac{2}{\frac{1}{a}+\frac{1}{b}}$

(3) 길이와 시간

1) $속도=\frac{길이}{시간}$

2) $운동량=\frac{길이 \times 질량}{시간}$

3) $각운동량=\frac{길이^2 \times 질량}{시간}$

4) $에너지=\frac{길이^2 \times 질량}{시간^2}$

(4) 운동량

1) 운동량(momentum) : 운동의 관성(운동이 변화하지 않으면 관성도, 운동량도 변화하지 않음)

$P(운동량)=m(질량) \times v$

2) 충격량(impulse) = 운동량의 변화

$J(충격량)=F(힘) \times dt(시간)$

$F \cdot dt = m \cdot dv$

3) 충격량의 산출식

$F=ma$

$F=\frac{m \cdot (v_2-v_1)}{t}$

$F=\frac{m}{t}(v_2-v_1)=\rho Q(v_2-v_1)$

여기서, F : 힘[kg·m/s²]

dt : 시간의 변화[s]

m : 질량[kg]

a : 가속도[m/s²]

v : 속도[m/s]

ρ : 밀도[kg/m³]

Q : 유량[m³/s]

(5) 운동량보존법칙 : 운동량은 외부에서 간섭하는 힘이 없으면 자신의 운동량을 그대로 유지하면서 등속 직선운동(운동량은 보존)을 하지만 외력이 있어서 운동에 변화를 주면 운동량도 변화한다.

(6) 등가속도 운동 : 물체에 작용하는 힘의 크기와 방향이 일정(대표 : 중력가속도)

(7) 중력가속도의 산출식

1) v(속력)t(시간)$=2\pi r$(원주)

2) v(속력)$=\dfrac{2\pi r}{t}$

3) a(가속도)$=\dfrac{v^2}{r}=\dfrac{4\pi r^2}{t^2}=\dfrac{4\pi^2}{kr^2}$

4) t^2(운동시간)$=k$(비례상수)r^3(운동반경)

5) $F=m\cdot a$ (m은 물체의 질량)

6) $F=\dfrac{4\pi^2}{k}\times\dfrac{m}{r^2}$

여기에, $\dfrac{4\pi^2}{k}=G$로 놓고 상대적인(relative) 지구의 질량을 M이라 하면

$$F=G\frac{Mm}{r^2}$$

여기서, r : 두 물체의 무게중심 사이의 거리

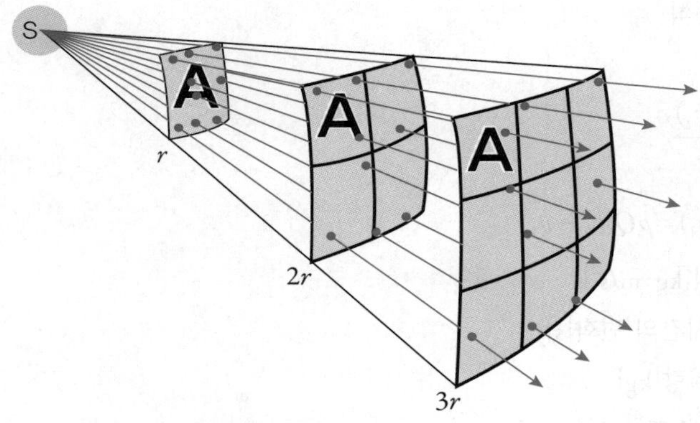

Ⅰ 역 제곱의 법칙(중력과 거리) Ⅰ

꼼꼼체크 역 제곱의 법칙(inverse square law) : 물리량이 거리의 제곱에 반비례하는 법칙

(8) 질량중심

1) 회전의 중심점

2) 질량이 모여 있다고 생각되는 점으로, 질량중심이 지면에 가까울수록 물체는 안정적이다.

(9) 회전운동

1) 각변위 : θ(단위 rad), 선의 변위로 나타내면 $s=r\theta$

여기서, s : 선 변위(위치)

r : 반지름

θ : 각변위(각도)

2) 각속도 : $\omega=\dfrac{d\theta}{dt}$

선의 속도로 나타내면 $v=r\omega$

여기서, ω : 각속도

t : 시간

v : 선속도

3) 각가속도 : $a'=\dfrac{d\omega}{dt}$

선의 가속도로 나타내면 $a=ra'$

여기서, a : 선가속도

r : 반지름

a' : 각가속도

4) 모멘트(moment) = 회전력(turning force)

(10) 진동

1) 진동 : 시간에 따라 왕복운동과 같이 동일한 운동을 반복하는 것(진자의 운동)

진동은 원래대로 돌아오려는 힘이 존재할 때 발생하고 외부 힘이 주어질 때 복원력이 없는 경우는 관성에 따라 운동을 지속한다.

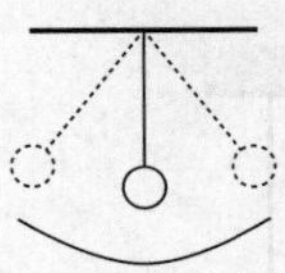

| 진자운동 |

2) 진동수 또는 주파수(frequency, v) : 1초 동안 반복되는 파의 수로, 단위는 [반복되는 파의 수/s] 또는 [Hz]를 사용한다.

3) 진폭(Amplititude, A) : 움직이는 폭

4) 주기 : 진동이라는 동일한 운동을 반복하는 데 걸리는 시간

5) 파장(wavelength, λ) : 파(wave)의 길이, 골에서 골 또는 마루에서 마루까지의 거리

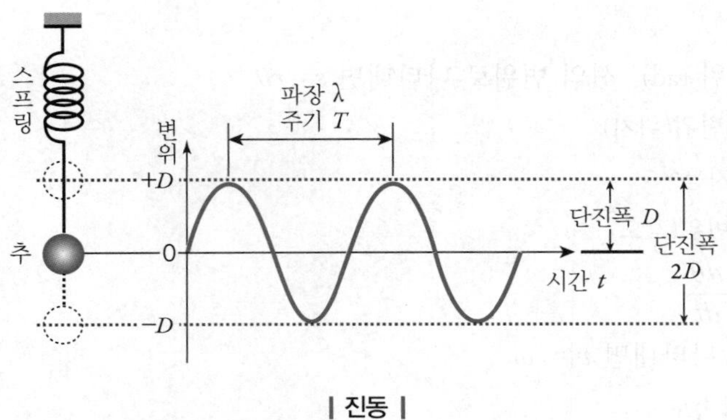

| 진동 |

(11) 마찰

1) 정의 : 물체의 운동을 방해하는 것

2) 운동에너지 → 열에너지

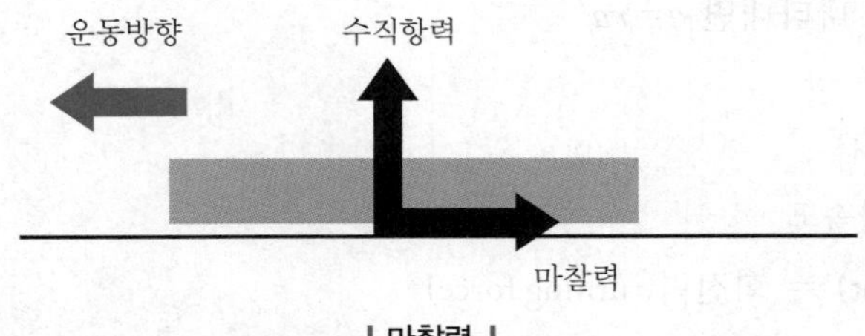

| 마찰력 |

3) 정지 마찰력 : 정지된 물체가 밀리기 시작했을 때 마찰력(물체가 질량이 크면 클수록 큼)

4) 운동 마찰력 : 물체가 움직이면서 그 움직이는 힘에 운동을 방해하려는 마찰력

(12) 탄성(elasticity)

1) 정의 : 모양이 변했던 물체가 원래의 모양이 되고 싶어 하는 성질

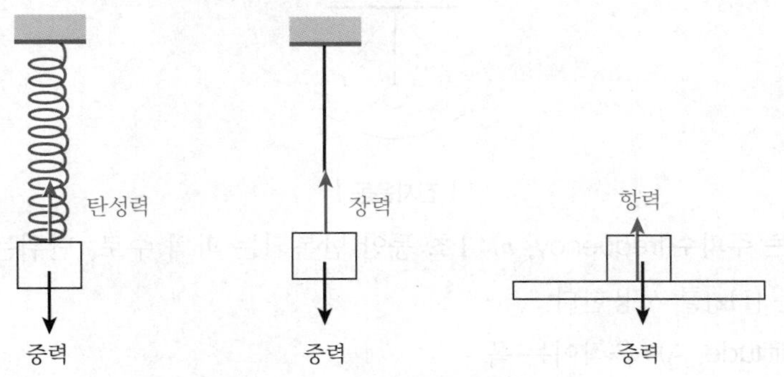

| 힘의 비교(탄성력, 장력, 수직항력) |

2) 탄성의 한계 : 용수철은 어느 정도 힘이 작용했을 때까지는 탄성을 회복하지만, 그보다 더 큰 힘이 작용하면 탄성을 잃어버림(항복점)

3) 탄성력 : 변형에 저항하려는 힘

4) 훅의 법칙(Hooke's law) : F(탄성력)$=k$(비례상수) x(늘어난 거리)

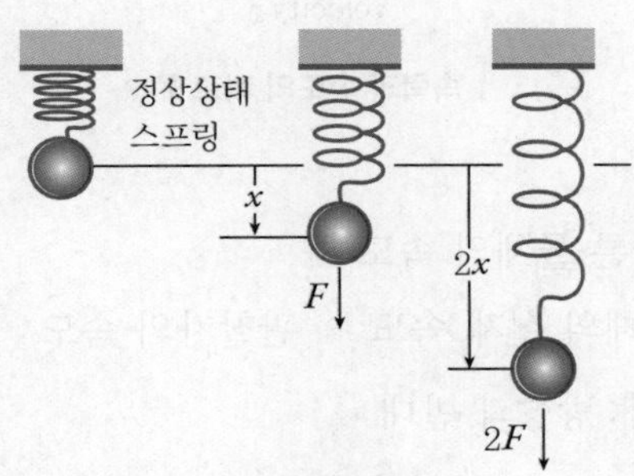

| 훅의 법칙[2] |

(13) 장력(tension)

1) 정의 : 늘어나는 힘과 반대되는 탄성력(원래의 모양으로 돌아가려는 힘)

2) 정지상태 : 장력과 물체의 무게가 평행(모든 줄은 자신이 견딜 수 있는 최대 무게=최대 장력)

02 속력과 속도

(1) 속력과 속도의 비교

구분	속력	속도
공식	속력(speed)$=\dfrac{\text{이동한 거리}}{\text{걸린 시간}}$: $v=\dfrac{s}{t}$	속도(velocity)$=\dfrac{\text{변위}}{\text{걸린 시간}}$: $\vec{v}=\dfrac{\vec{s}}{t}$
의미	정해진 시간 동안 물체가 얼마나 움직였는가를 통해 물체가 얼마나 빨리 달리는가?	정해진 시간 동안 물체의 위치가 어느 방향으로 얼만큼 변했는가를 통해 어느 방향으로 얼마나 빨리 달리는가?
물리량	스칼라	벡터

2) https://www.nde-ed.org/EducationResources/CommunityCollege/Ultrasonics/Physics/elasticsolids.htm

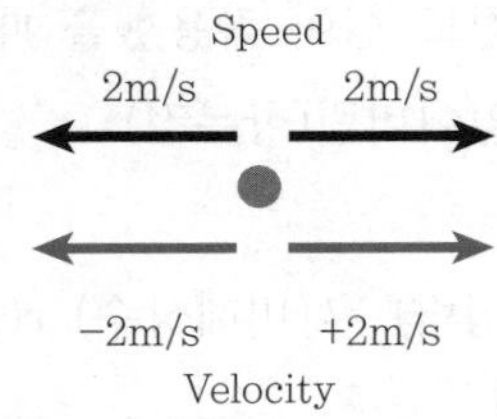

| 속력과 속도의 비교 |

(2) **상대속도**

① 운동하고 있는 서로 다른 물체의 속도 차

② 물체의 상대속도 = 물체의 실제 속도 – 관찰자의 속도

(3) **물리에서 –(마이너스) 의미 :** 방향과 반대

03 뉴턴의 운동법칙(Newton's laws of motion) 117회 출제

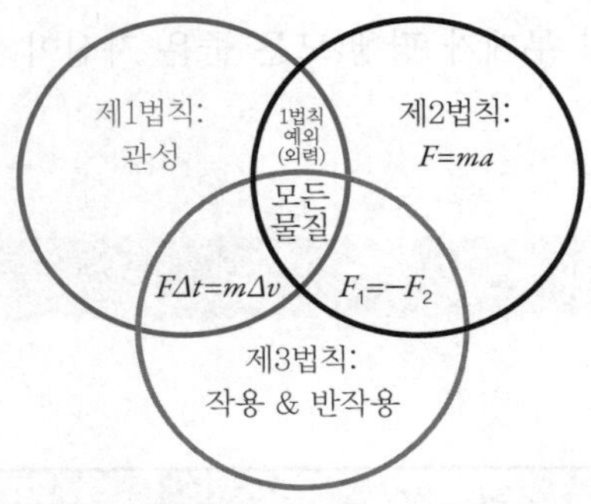

| 뉴턴의 운동법칙의 관계 |

(1) **제1법칙 :** 관성의 법칙

1) **관성 :** 정지해 있던 물체는 정지하려 하고, 움직이고 있던 물체는 계속 움직이려고 하는 물체의 특성

정지한 공은 정지상태를 유지한다.
공에 외력이 주어진다.
공이 벽이라는 외력에 부딪히기 전까지는 운동을 지속하다가 벽에 부딪히면 운동력을 벽에 전달하고 정지한다.

① 관성은 운동상태를 변화시키려고 하는 외력에 저항하는 성질

② **관성은 물체의 질량에 비례**(질량은 관성의 척도 또는 관성의 크기)

③ **관성은 속도의 변화에 비례**

1. 엘리베이터를 타고 빠르게 올라가면서 저울에 올라타면 눈금이 증가하는 것을 알 수 있다. 왜냐하면, 엘리베이터가 가속되면서 생긴 관성력이 아래 방향으로 작용해서 인체의 무게에 합력을 증가시키기 때문이다.
2. **관성력** : 가속도 운동을 하는 관찰자가 느끼는 가상의 힘으로, 예를 들어 버스가 주행 중에 손잡이가 기울어지는 현상이다. 관성력은 가속되는 방향의 반대방향으로 나타난다.

④ **관성의 법칙에 따라 알짜 힘이 작용하지 않으면 운동하는 물체는 원래 운동을 지속함**

2) 현재 운동상태의 변화에 저항하는 힘 → 관성의 양 → 질량

3) 가속도가 0 = 등속도 운동(운동의 변화가 없다)

4) 회전 관성

① 회전 : 어떤 축(회전축)을 중심으로 물체가 도는 것

② 회전축에서 가까우면 적은 힘(회전 관성이 작음), 멀리 떨어진 곳이면 많은 힘(회전 관성이 큼)

5) **회전운동에 작용하는 힘** : 구심력(원심력은 실제는 존재하지 않는 가상의 힘으로, 구심력의 상대적 개념)

6) 토크 = 회전축으로부터의 거리 × 힘 → 회전체를 움직이기 위한 일

(2) 제2법칙 : 힘과 가속도의 법칙

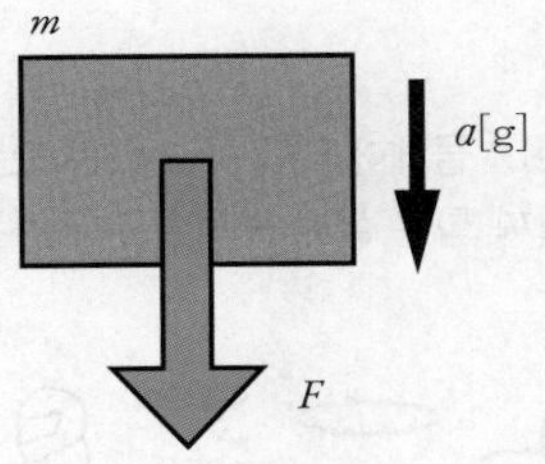

1) F(운동의 원인) = m(물체의 조건) × a(운동의 상태)

여기서, F : 힘[N]

m : 질량[kg]

a : 가속도[m/s^2]

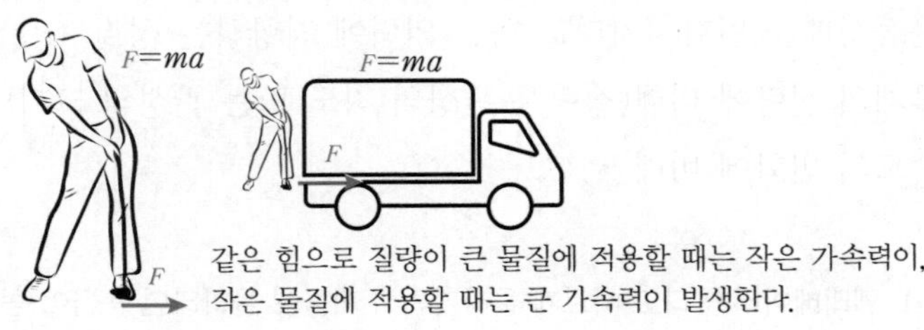

| 힘과 질량과 가속도와의 관계 |

2) 힘의 단위 : $1N=1kg \cdot m/s^2$

3) 무게의 단위 : $1kg_f=9.8N$

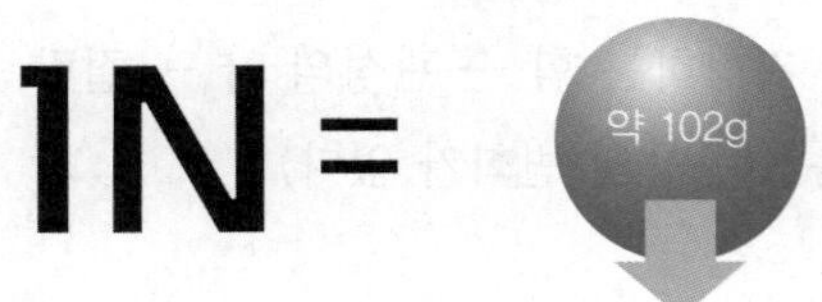

4) 가속도 : 시간의 흐름에 따른 속도의 변화

$$a=\frac{\Delta\vec{v}}{\Delta t}=\frac{\vec{v}_2-\vec{v}_1}{t_2-t_1}$$

여기서, a : 가속도[m/s^2]

Δv : 속도의 변화량[m/s]

Δt : 시간의 변화량[s]

① 외부 힘이 가속도를 만듦(알짜 힘)

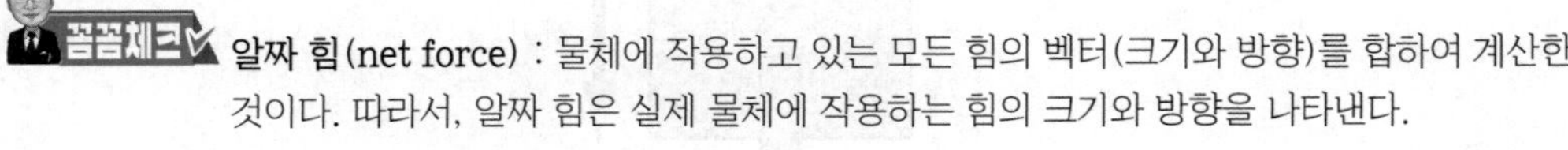

꼼꼼체크 **알짜 힘(net force)** : 물체에 작용하고 있는 모든 힘의 벡터(크기와 방향)를 합하여 계산한 것이다. 따라서, 알짜 힘은 실제 물체에 작용하는 힘의 크기와 방향을 나타낸다.

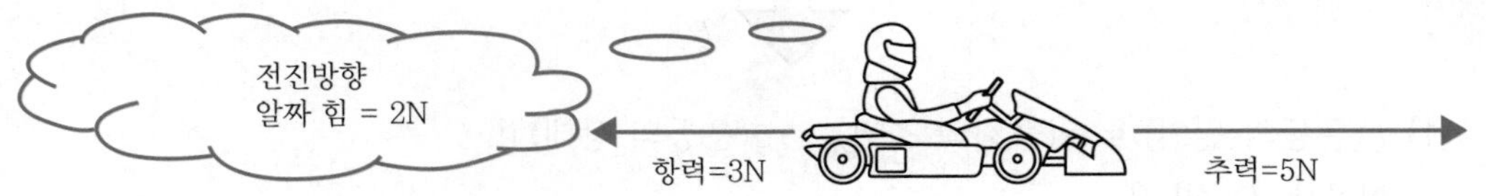

② 질량은 가속도에 저항한다.

$$\frac{F}{m} = \frac{F}{m}$$

따라서, 무거운 것은 가속하기 힘들다.

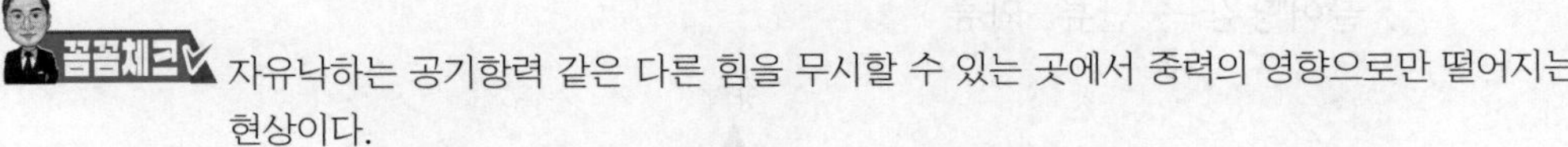

$$a(\text{가속도}) = \frac{F(\text{힘})}{m(\text{질량})}$$

③ 자유낙하 물체들의 가속도(9.8m/s)는 같다. 왜냐하면 지구의 중력가속도가 일정하기 때문이다. 하지만 실제로는 공기항력이 작용하여 낙하 가속도가 점차 감소한다. 지속해서 감소하다가 더 감소하지 않는 값을 가지는 데 이를 임계속도라고 한다.

꼼꼼체크 자유낙하는 공기항력 같은 다른 힘을 무시할 수 있는 곳에서 중력의 영향으로만 떨어지는 현상이다.

(3) 제3법칙 : 작용과 반작용의 법칙

1) 모든 힘에는 크기가 같고 반대 방향으로 작용하는 짝힘이 있다.

2) 모든 상호작용에서 힘들은 항상 한 쌍(작용, 반작용)으로 작용한다.

예 미는 힘(작용) = 안 밀리려고 버티는 힘(반작용)

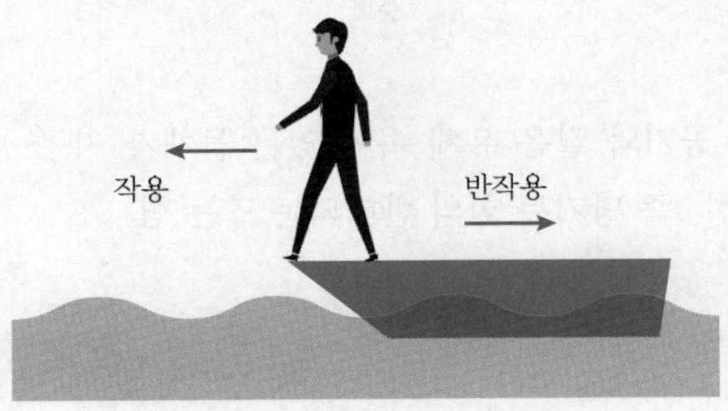

| 작용과 반작용 |

3) 힘은 두 물체 사이의 상호작용(interaction)이다.

(4) 힘

1) 힘의 종류와 크기 : ① 중력 < ② 방사성 물질의 자연붕괴에 관련한 약한 핵력 < ③ 전자기력 < ④ 양성자를 묶는 강한 핵력

2) 힘에 미치는 범위에 따른 구분

① 접촉력 : 접촉해야 힘이 전달

② 장력 : 계에 들어왔을 때 운동에 영향을 미치는 힘

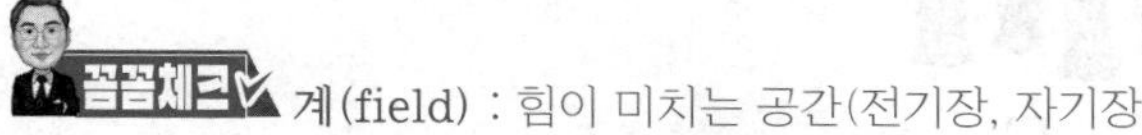

계(field) : 힘이 미치는 공간(전기장, 자기장)

3) 힘의 진행방향에 따른 분류

① 추력 : 물체에 진행방향으로 가해진 힘

② 항력 : 추력으로 인한 속도로 유체로부터 받는 저항력

㉠ 점성항력 : 유체가 물체 표면을 따라 나란히 흐를 때 생기는 일정한 저항력(소방에서의 적용 : 주손실)

㉡ 마찰항력 : 물체의 형태에 의존되는 변화하는 저항력(저항에 의한 급격한 속도의 변화, 부차적 손실)

③ 마찰항력은 물체의 앞에서는 +저항으로 전진을 막고, 물체의 뒤에서는 - 저항으로 끌어당김 → 난류, 와류

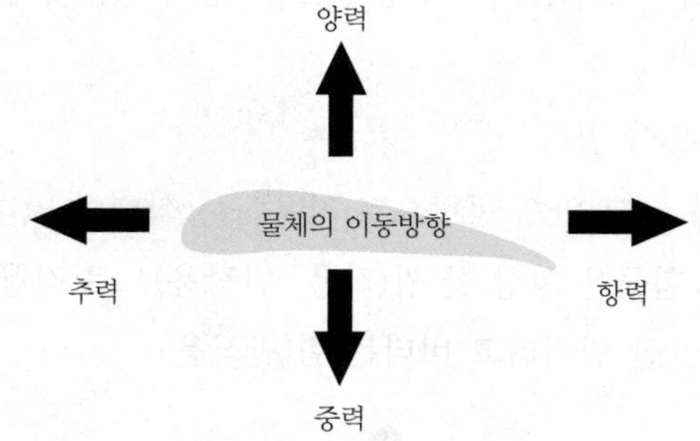

④ 부력

㉠ 정의 : 물과 공기와 같은 유체 속에 있는 물체가 지구 중심으로 작용하는 인력에 반대되는 힘, 즉 당기는 힘의 반대되는 뜨는 힘

㉡ 부력

$$F_b = \rho \cdot g \cdot V = \gamma \cdot V [N]$$

여기서, F_b : 부력[N]

γ : 물체가 잠긴 유체의 비중량[N/m^3]

V : 잠긴 부피[m^3]

㉢ 부력 = 공기 속의 무게 − 물속의 무게

㉣ 물체를 누르는 힘 + 부력 = 밀려난 유체의 무게

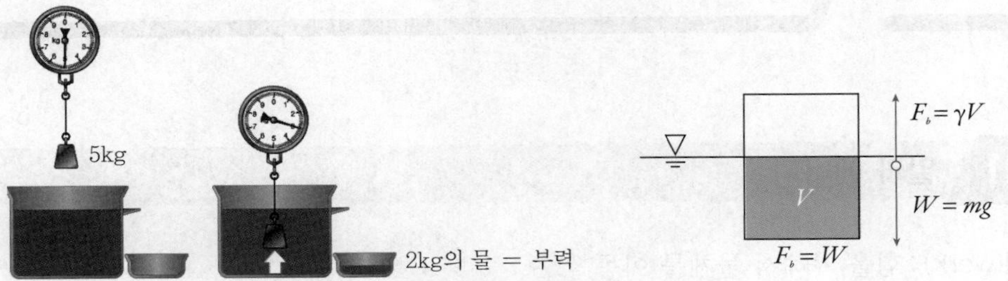

㉤ 기체의 부력 : 온도와 분자량의 함수

- 분자량 : 메탄, 프로판의 경우 분자량이 메탄의 경우 공기보다 작아 상승하고, 프로판은 공기보다 커서 가라앉는다.
- 온도 : LNG의 경우(주성분이 메탄) 분자량은 공기보다 적으나 온도가 아주 낮아서 누출 시 바닥으로 가라앉아 위험성이 증가한다. 온도가 낮으면 물체 내의 분자 간 간격이 좁아서 밀도가 증가하고, 높으면 간격이 넓어져 밀도가 감소한다.

(5) 브라운 운동(Brownian motion) : 영국의 식물학자 브라운에서 따온 이름이다. 기체, 액체와 같은 유체의 수많은 분자가 무질서(random)하게 입자의 주변에 기체, 액체 입자들과 충돌되면서 불규칙적으로 발생하는 운동이다.

| 브라운 운동 |

(6) 마그누스 효과(Magnus effect) : 야구공의 커브의 원리와 같이 시계 반대방향으로 회전을 걸어 주면 야구공 주위의 공기가 그 흐름의 차이로 인해 베르누이 정리에 의해서 유체의 속도가 빠른 부분인 공 뒤쪽의 압력이 낮아져서 오른쪽으로 휘게 된다.

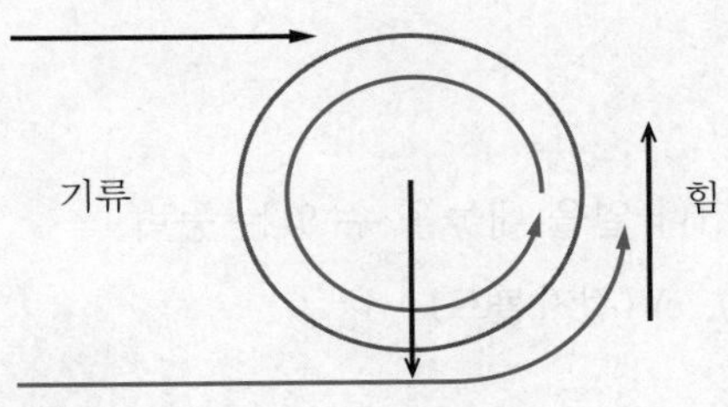

SECTION 003 일과 에너지

01 일과 에너지

(1) 일(work) : 힘을 가해서 물체를 이동

$$W = F \times S$$

여기서, W : 일[J]

F : 힘[N]

S : 힘의 방향으로 이동한 거리[m]

$1\text{J} = 1\text{N} \times 1\text{m} = \frac{\text{N}}{\text{m}^2} \times \text{m}^3 = P\Delta V$

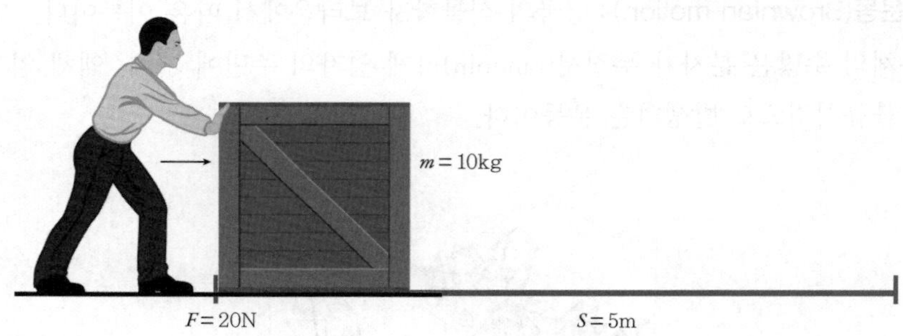

* 거리가 5m이고 질량이 10kg이면 힘은 20N이 된다.

(2) 일률 : 일의 능률

$$P = \frac{W}{t}$$

여기서, P : 일률[W]

W : 일[J]

t : 시간[s]

단위 : $\text{W} = \frac{\text{J}}{\text{s}}$

(3) 에너지(energy) : 일을 하거나 열을 내놓을 수 있는 능력

1) 단위 : J(줄), cal(칼로리), eV(전자볼트)

┃ 위치에 따른 에너지의 변화 ┃

2) 운동에너지(kinetic energy) : 운동에너지의 산출식

v(속도) $= v_0$(원시속도) $+ at$(가속도·시간) ················· ①

S(거리) $= v_0 t_0 + \frac{1}{2}at^2$ ············· ②(속도 ①을 시간에 대하여 적분한 값)

①을 t(시간)에 관하여 정리하면 $t = \frac{v - v_0}{a}$ ·············· ③

③을 이용해서 ②로 정리해 $S = v_0 \times \frac{v - v_0}{a} + \frac{1}{2}a \times \frac{(v - v_0)^2}{a^2}$을 풀면

$2aS = v^2 - {v_0}^2$으로 나타낼 수 있다.

물체가 정지 시 $v = 0$이므로 $2aS = 0 - {v_0}^2$ ··············· ④

여기에 $F = -$(이동물체를 정지시키는 힘이므로 운동방향의 반대)ma에서

$a = -\frac{F}{m}$ ··· ⑤

④를 ⑤에 적용하면 $0 - {v_0}^2 = -\frac{2FS}{m}$

$\frac{1}{2}m{v_0}^2 = FS$(일=역방향 힘에 의한 일)

$$\frac{1}{2}m{v_0}^2 = W$$

여기서, W : 운동에너지[J]

m : 질량[kg]

v_0 : 원시속도[m/s]

3) 위치에너지(potential energy)

① 운동에너지와 위치에너지의 관계

$v^2 = 2gh$ $\left(\text{양변에 } \frac{1}{2}m\text{을 곱하면}\right)$

$\frac{1}{2}mv^2$(운동에너지) $= \frac{1}{2}m \times 2gh = mgh$(위치에너지)

② 위치에너지 : 운동에너지를 넣어두었다가 다시 꺼내놓는 에너지

4) 일·에너지 정리 : 일 = Δ에너지

02 역학적 에너지 보존의 법칙

(1) **역학적 에너지 :** 위치에너지+운동에너지

(2) **역학적 에너지 보존의 법칙 :** 물체의 에너지는 없어지거나 새로 생기는 것이 아니라 다른 형태의 에너지로 전환되기 때문에 전체 에너지의 총량은 불변한다.

(3) 전체 에너지 = 위치에너지 + 운동에너지 + 열에너지 + …… = 일정

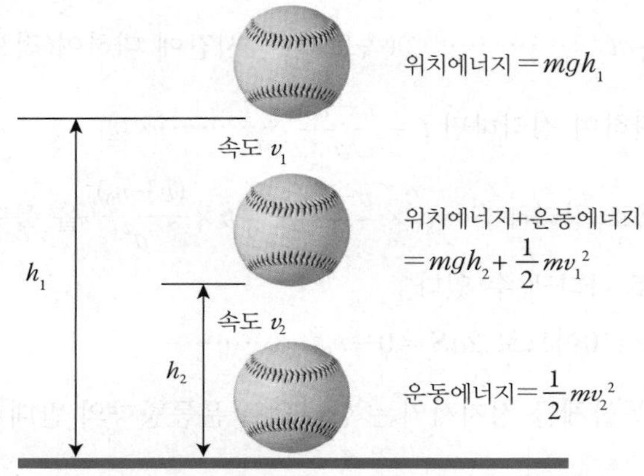

| 높이에 따른 위치에너지와 운동에너지 |

SECTION 004 유체역학(fluid mechanics)

01 유체의 정의와 구분

(1) 정의 : 전단력을 받았을 때 그 힘이 아무리 작다 할지라도 전단력이 작용하면 연속적으로 변형되는 물질

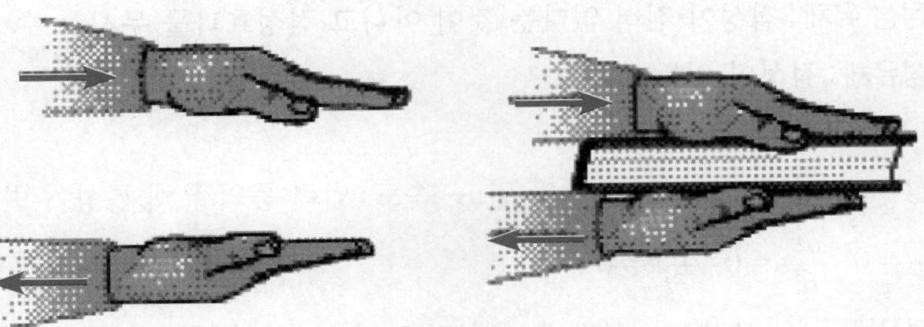

| 유체에서 전단력 |　　　| 고체에서 전단력 |

1) 유체는 외부에서 가해진 전단응력에 저항할 수 없으므로 상기 왼쪽의 그림처럼 유체(공기) 내에서는 손은 자유로이 움직일 수 있다.

2) 고체는 외부에서 가해진 전단응력에 저항할 수 있으므로 상기 오른쪽 그림처럼 고체(책)는 손의 움직임을 마찰력으로 방해한다.

(2) 분류 : 압축성과 점성

1) 압축성과 비압축성 유체

① 비압축성 유체 : $\frac{\partial \rho}{\partial t} = 0$ (항상 밀도가 일정한 유체)

② 압축성 유체 : $\frac{\partial \rho}{\partial t} \neq 0$ (밀도가 시간에 따라 변화가 가능한 유체)

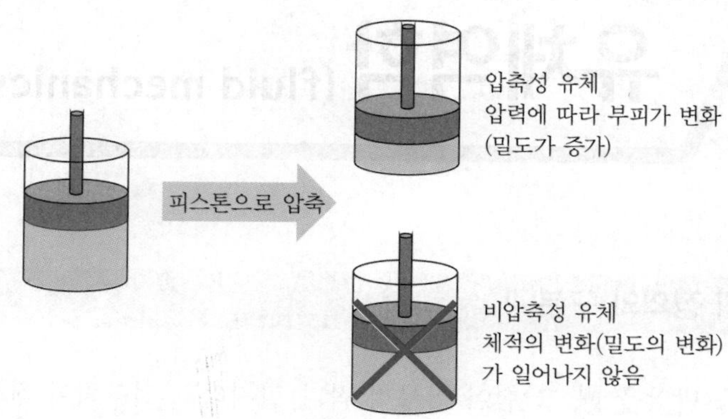

2) 점성유체와 비점성 유체

① 비점성 유체 : 점성이 전혀 없다는 것이 아니고 점성효과를 무시할 수 있는 유체

② 점성유체 : 점성이 있는 유체

3) 정상류와 비정상류

① 정상류(steady flow) : 시간에 따라 밀도, 속도, 압력 등의 유체 특성이 변하지 않는 흐름

$\frac{\partial \rho}{\partial t}=0,\ \frac{\partial v}{\partial t}=0,\ \frac{\partial p}{\partial t}=0$

② 비정상류(unsteady flow) : 시간에 따라 밀도, 속도, 압력 등의 유체 특성이 변하는 흐름

$\frac{\partial \rho}{\partial t}\neq 0,\ \frac{\partial v}{\partial t}\neq 0,\ \frac{\partial p}{\partial t}\neq 0$

4) 등속류와 부등속류

① 등속류(uniform flow) : 시간에 따라 속도가 완전히 동일한 흐름으로, 보통 동일한 관내의 흐름

$\frac{\partial v}{\partial t}=0$

② 부등속류(non-uniform flow) : 시간에 따라 속도가 변하는 흐름으로, 관경이 변화하거나 굴곡, 관부속을 사용하는 흐름

$\frac{\partial v}{\partial t}\neq 0$

5) 완전유체와 실제유체

① 완전유체

㉠ 전단응력을 받지 않는 유체

㉡ 밀도가 일정한 상태에서 점성이 없고($\mu=0$), 회전하지 않음

② 실제유체 : 점성의 영향이 가장 중요한 인자가 되는 유체

6) 가스와 증기

① 가스 : NTP에서 기체 상태로 존재하는 것(**수소가스, 산소가스, 질소가스, 탄산가스, 메탄가스, 프로판가스 등**)

② 증기 : NTP에서 액체로 존재하나 온도가 상승하면 증발하여 기체가 된 것(**수증기, 휘발유 증기, 알코올 증기 등**)

1. NTP(Normal Temperature and Pressure) : 20℃, 1기압
2. STP(Standard Temperature and Pressure) : 0℃, 1기압

02 유체의 특성

(1) 밀도(density)와 비중량(specific weight)

1) 밀도(ρ)

① 주어진 부피에 들어있는 질량

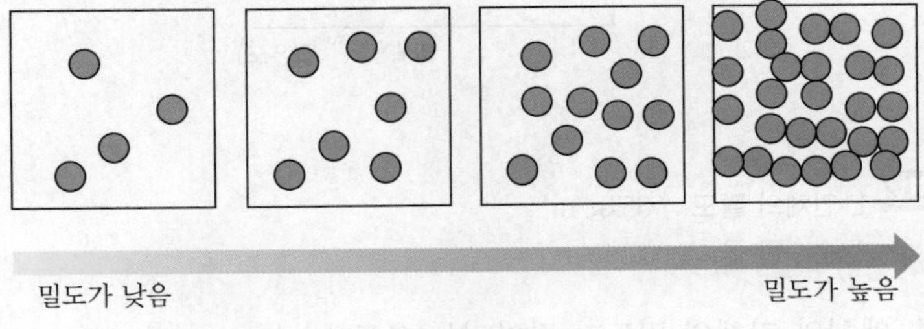

| 밀도 |

$$\rho = \frac{m}{V}$$

여기서, ρ : 밀도[kg/m³]

m : 질량[kg]

V : 부피[m³]

② 물의 밀도 : $1{,}000\text{kg/m}^3 \times 9.8\text{m/s}^2 / 9.8\text{m/s}^2 = 1{,}000\text{kg}_f / 9.8\text{m/s}^2 \cdot \text{m}^3 = 102\text{kg}_f \cdot \text{s}^2/\text{m}^4$

단위	값
공학 단위	$102\text{kg}_f \cdot \text{s}^2/\text{m}^4$
절대 단위	$1{,}000\text{kg/m}^3$
SI	$1{,}000\text{N} \cdot \text{s}^2/\text{m}^4$

③ 공기밀도

㉠ 온도에 따라서 분자 간의 운동력 차이로 인해 거리의 변화가 생겨 밀도가 변화

$$\rho = \frac{353}{T}$$

여기서, ρ : 공기밀도[kg/m^3]

$353 : \frac{29}{0.082}$

T : 절대온도[K]

㉡ 공기밀도 : $1.2kg/m^3 \left(1.2 = \frac{29}{22.4} \quad (0℃,\ 1atm)\right)$

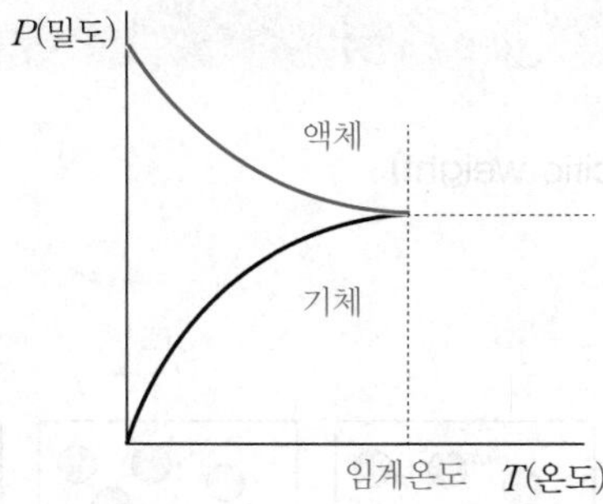

1. **인체의 밀도** : $985kg/m^3$
2. **순수한 물** : $1,000kg/m^3$

④ 임계점 : 액체와 기체의 밀도가 같아지는 온도

꼼꼼체크 부피는 일정한 상황에서 액체의 온도를 높여주면 기체상태로 존재하는 분자수가 많아지기 때문에 질량은 커지고 부피는 그대로라서 기체의 밀도가 커지게 되는 것이고 액체는 온도가 올라가면 기체상태가 되므로 밀도가 낮아진다.

2) 비중량

① $\gamma = \frac{W}{V} = \frac{mg}{V} = \rho \cdot g$

여기서, γ : 비중량[N/m^3]

W : 중량[N]

ρ : 밀도[kg/m^3]

V : 부피[m^3]

g : 중력가속도[m/s^2]

② 물의 비중량 : $1,000kg_f/m^3 = 9,800N/m^3$

3) 비중(specific gravity)

① 정의 : 어떤 물질의 질량과 그것과 같은 체적의 표준물질의 질량과의 상대적 비(비중은 단위를 가지지 않는 물질의 질량에 의한 상대적 개념)

② 액체의 경우는 표준물질로서 4℃의 물을 사용, 기체의 경우는 표준상태(0℃, 1기압)의 공기를 사용

③ 액체 비중 $= \dfrac{\text{어떤 물질의 밀도}}{\text{물의 4℃ 밀도}}$

$$S = \frac{\gamma}{\gamma_w} = \frac{\rho \cdot g}{\rho_w \cdot g} = \frac{\rho}{\rho_w}$$

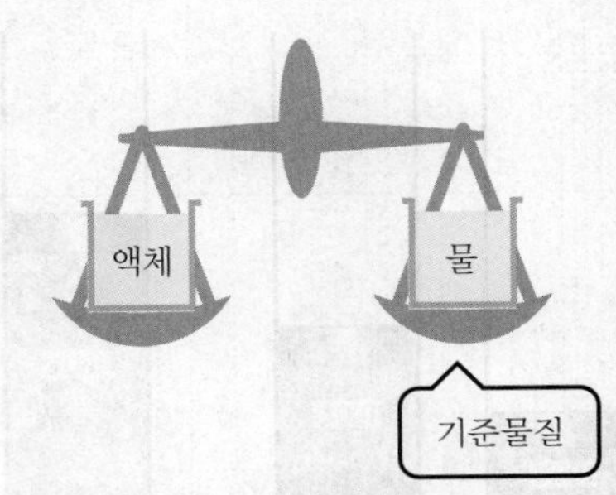

④ 기체 비중(증기 비중) $= \dfrac{\text{어떤 기체의 밀도}}{\text{공기의 밀도}} = \dfrac{\text{어떤 기체의 분자량}}{\text{공기의 분자량(29)}}$

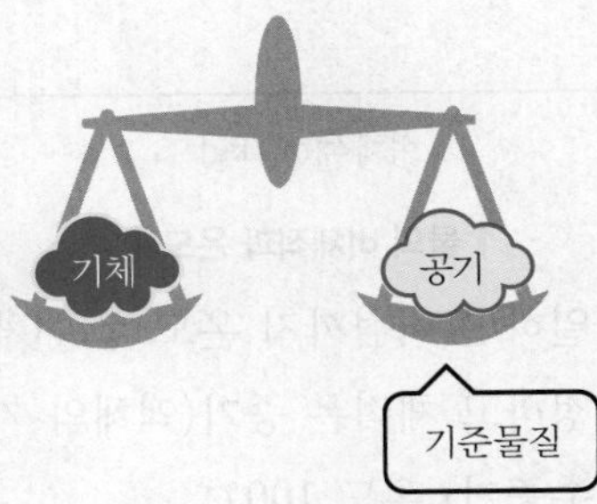

4) 비중 vs 밀도

① 물의 밀도에 대한 비로 나타낸 것이 비중인데, 물의 밀도가 1인 관계로 결국 숫자 부분은 비중이나 밀도나 같다.

② 비중은 원래 단위가 없는 상대적 개념으로 이용하기가 편리하다.

③ 물의 밀도를 MKS 단위계를 쓰면 1,000kg/m^3 (오랜 관습상 1이라고 사용)

물의 밀도 = 1g/cm^3 = 10^{3}kg/m^3

5) 비체적(specific volume ; v) : 밀도의 역수

$$S = \frac{V}{m} = \frac{1}{\rho}$$

여기서, S : 비체적[m³/kg]

m : 질량[kg]

V : 부피[m³]

ρ : 밀도[kg/m³]

① 비체적과 온도 : 고체는 온도에 따른 변화가 거의 없고, 액체는 변화가 있으며, 기체는 변화가 크다.

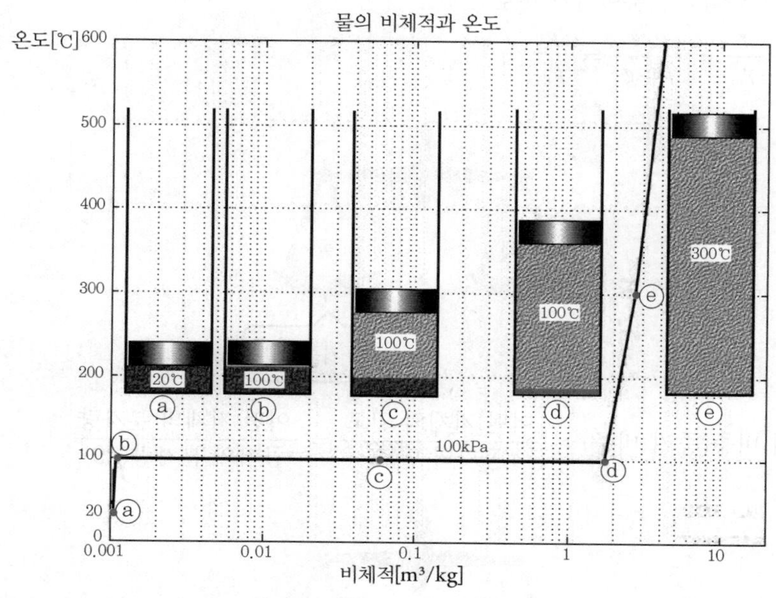

| 물의 비체적과 온도 |

㉠ ⓐ → ⓑ : 액체를 가열하면 비점까지 온도 상승(체적은 미세하게 증가)

㉡ ⓑ → ⓒ : 온도는 일정하고 체적은 증가(액체와 기체상태가 동시에 존재)

㉢ ⓒ → ⓓ : 기체상태(수증기) 온도 100℃

㉣ ⓓ → ⓔ : 기체상태(수증기) 온도 지속적 상승

② 비체적과 압력 : 임계점에 도달하기 전까지는 압력이 높을수록 비체적은 증가하고, 임계점을 지나면 기체로 존재하므로 압력이 감소할수록 비체적이 증가한다.

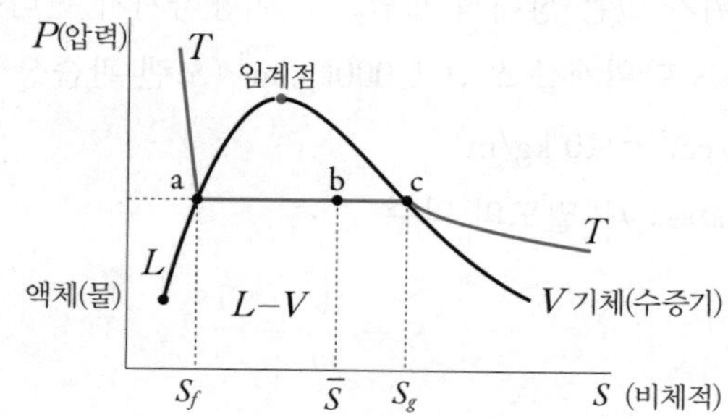

여기서, a : 100% 액체가 되는 점

c : 액체가 되는 점

S_f : 포화액체 비체적

S_g : 포화증기 비체적

삼중점 이하가 되면 액체로 존재할 수 없다.

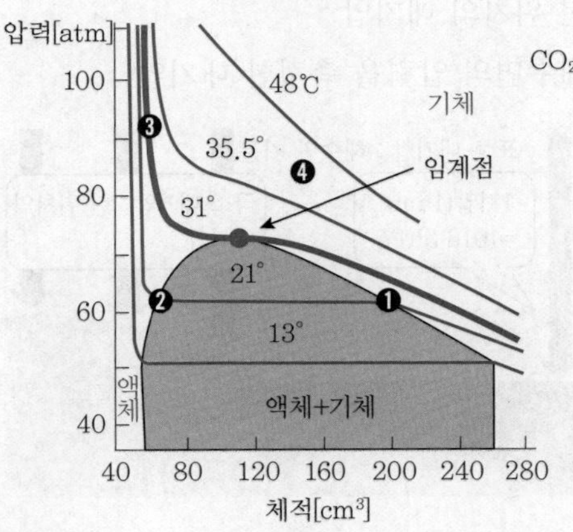

③ 비체적과 압력(이산화탄소)

㉠ 31℃(임계점) 이상의 온도에서 CO_2는 높은 압력(❹)에서도 기체로 존재한다.

㉡ 31℃ 미만에서는 가스를 더 작은 부피로 압축하면 응축이 된다. 따라서, 21℃, 약 6MPa에서 압력 변화없이 기체 일부가 액화되어 부피를 200cm^3(❶)에서 약 55cm^3(❷)로 줄일 수 있다.

㉢ 액체상태에서는 압력이 매우 빠르게 상승한다(❷❸).

㉣ 7.2MPa의 압력을 가하면 기체와 액체의 밀도가 같아지는데 이때의 압력을 임계압력이라 한다.

(2) 압력(Pressure ; P) : 단위 면적당 누르는 힘

1) 공식

$$P = \frac{F}{A} = \frac{W}{A} = \frac{\gamma \times V}{A} = \gamma \times h$$

여기서, P : 압력[N/m^2]

F : 힘[N]

A : 면적[m^2]

γ : 비중량[kg$_f$/m^3]

W : 중량[kg_f]

h : 높이[m]

2) 압력의 구분 125·113회 출제

① 대기압 : 기압계로 측정한 압력으로 대기압은 대기의 무게(공기의 무게)

$$1atm = 760mmHg = 10.332mAq = 101,325N/m^2[Pa] = 10,332kg_f/m^2 = 14.7psi$$

㉠ 국소 대기압 : 현 위치의 대기압

㉡ 표준 대기압 : 해수면의 압력을 측정한 대기압

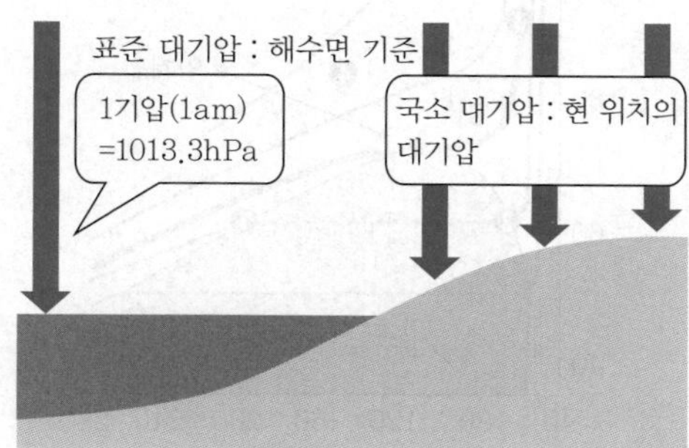

| 압력의 구분 |

② 게이지 압력(P_g) : 표준 대기압을 기준점 0으로 하여 압력계로 측정한 압력

③ 절대압력(P_a) : 일체의 압력이 작용하지 않는 완전 진공상태를 기준 압력으로 하여 측정하는 압력

㉠ 대기압 이상 = 대기압 + 게이지압

㉡ 대기압 이하 = 대기압 − 진공 게이지압

④ 차압 : 어느 한쪽을 기준으로 다른 압력과 차이 압력을 차압(단위 끝에 'Diff' 또는 'D'로 표시)

| 압력의 단위 |

압력의 단위	조합단위
kg_f/m^2	$1N/m^2 = 1Pa$
N/m^2	
$dyne/cm^2$	$1bar = 10^5N/m^2$
mmHg	
bar	
Pa	$1kg_f/cm^2 = 10mAq$
mmAq	

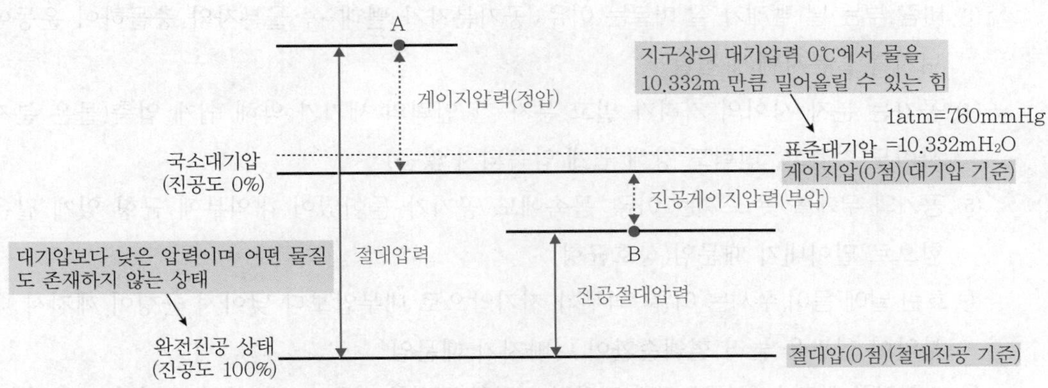

| 압력의 종류와 정의 |

$1kg_f/cm^2$의 질량단위 : $1kg \times 9.8m/s^2/cm^2 = 1kg \times 9.8m/s^2/(1/100m)^2 = 9.8N \times 10{,}000/m^2 = N/m^2 = Pa = 98{,}000Pa = 0.098MPa \fallingdotseq 0.1MPa$(중력단위를 질량단위로 나타냄)

3) 공기와 기압

① 열차가 지나가고 공기가 빨려 나가는 원인 : 공기의 부압과 점성

㉠ 부압 : 열차가 지나가면서 공기를 감압

㉡ 점성 : 감압된 곳으로 공기가 이동하게 되면 점성에 의해서 주변 공기까지 끌어당기면서 이동

② 코안다 효과(coanda effect) : 유체가 곡면을 따라 흐르는 현상(점성을 가진 유체의 특징)으로, 유체의 에너지가 최소한으로 소비되는 방향(저항이 작은 방향)을 미리 파악하고 그 경로를 따라 흐른다.

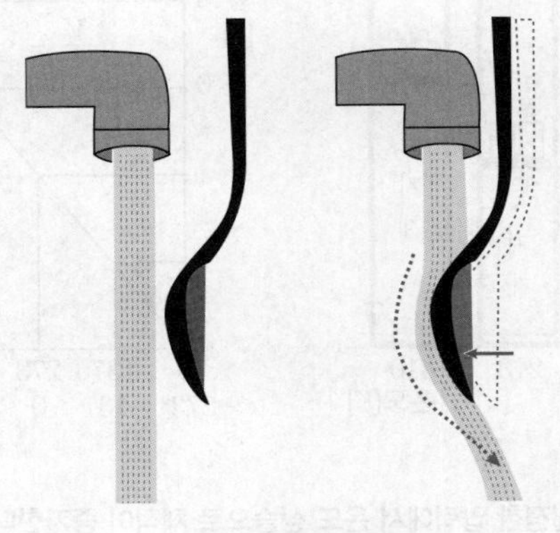

| 코안다 효과 |

③ 바람 부는 날 빨래가 잘 마르는 이유 : 공기분자가 빨래 속 물분자와 충돌하여 운동에너지를 물분자에게 전달

④ 공기는 분자 사이의 거리가 멀고 분자 간 인력의 세기가 약해 쉽게 압축(물은 분자 사이도 가깝고, 인력도 강해 쉽게 압축되지 않음)

⑤ 공기의 무게를 못 느끼는 이유 : 몸속에도 공기가 들어있어 내외부에 균형 있게 같은 힘으로 밀어내기 때문임(상호균형)

⑥ 흐린 날에 몸이 쑤시는 이유 : 외부가 저기압으로 내부압보다 낮아져 균형이 깨져서 내부압이 혈관을 눌러 혈액순환이 나빠지기 때문임

⑦ 비행기를 타고 높은 곳으로 올라가면 고막이 먹먹한 이유 : 고막 안의 공기만 기압이 그대로이고 외부는 낮아지기 때문에 평형이 깨져서 내부압이 고막을 눌러서 발생

⑧ 고산지대에 가면 호흡하기 곤란한 이유 : 내압보다 외압이 낮아져 호흡이 곤란

⑨ 진공(vacuum)

㉠ 고전물리학 : 비어있는 상태

㉡ 양자역학 : 아무것도 없는 것으로 가득 차 있어서 비어있는 상태

⑩ 가스통이 기화가 되면서도 항상 일정 압을 유지하는 이유 : 기화되어 날아가는 만큼 액상 부분이 기화되어 일정 압력을 유지하기 때문임

⑪ 공기는 물체가 날아갈 때 이동을 방해하는 역할을 함으로써 공기의 저항이라고 하고, 따라서 고도가 높은 곳에는 공기가 희박해서 저항이 작고, 고도가 낮은 곳은 저항이 크다. 따라서, 비행기가 높은 고도를 이용해서 비행하는 경우 저항이 작아서 에너지 효율이 높다.

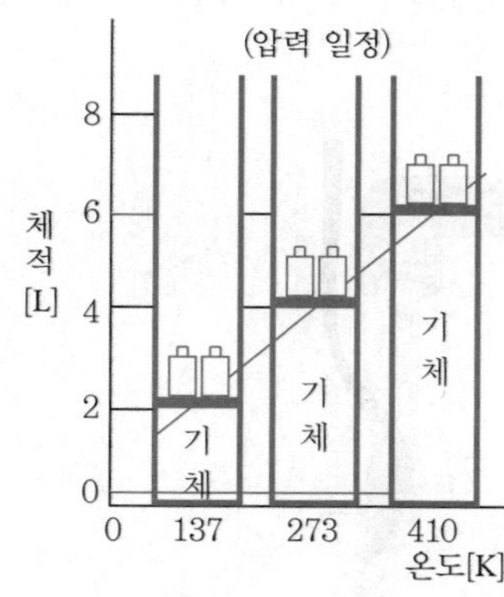

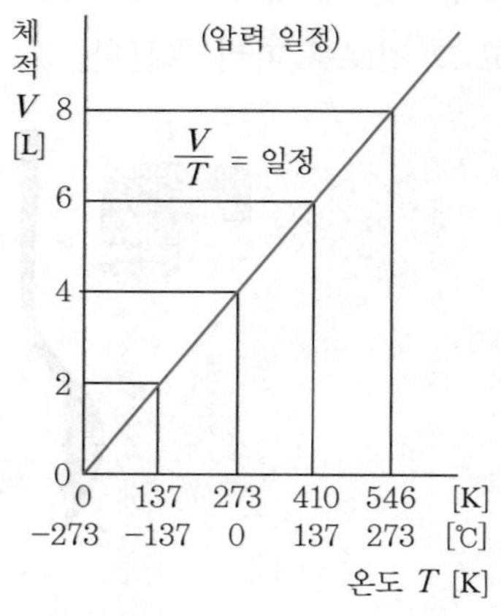

* 일정한 압력에서 온도 상승으로 체적이 증가한다.

4) 증기압(vapor pressure)

① 정의

㉠ 액체와 기체의 평형(포화)이 이루어졌을 때 액체표면 위에 있는 증기분자가 액체 표면을 누르는 압력

㉡ 소방에서 증기압의 단위는 v%(Volume)이고 이는 임의의 온도에서 해당 가스의 부피 비를 나타내는 것이다.

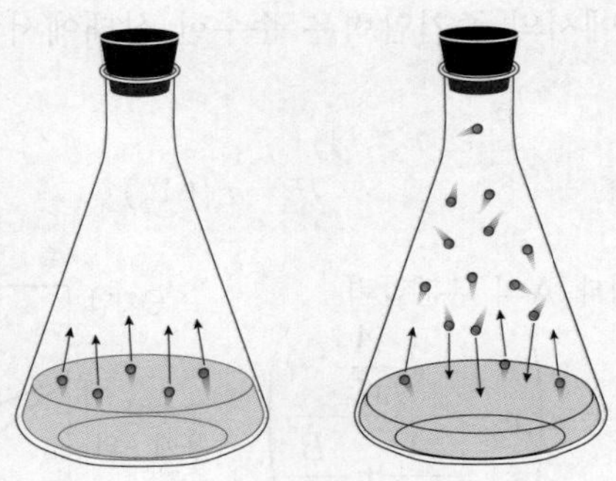

| 증기압(증기가 누르는 압력)[3] |

② 기화 또는 증발(evaporation) : 액체표면에서 액체분자 간의 결합선을 끊고 액체표면에서 벗어나 기상으로 이동하는 현상($T\uparrow$, 증발 $\uparrow$, $P\downarrow$, 증발$\uparrow$)

③ 응축(condensation) : 증기분자들의 수가 증가함에 따라 증기분자들의 일부가 뭉쳐서 액체를 형성하는 과정

④ 밀폐계 : 증발속도 = 응축속도 (동적 평형, 포화증기압)

⑤ 비점(boiling point)

㉠ 증기압이 대기압과 동일하게 되는 온도로 비점 이후에서는 쉽게 기화나 증발이 가능

㉡ 액체의 표면이 가질 수 있는 최고 온도(비점 이상의 온도는 증발잠열로 소모)

㉢ 비점이 발화점보다 높으면 액체상태에서 착화(K급 화재)

⑥ 증기압과 온도

$$\log P_v = A - \frac{B}{T+C}$$

여기서, P_v : 포화증기압[mmHg]

T : 온도[℃]

A, B, C : 물질별 상수

3) http : //www.teachnlearnchem.com에서 발췌

⑦ 인화점에서의 증기압

$$LFL=100\times\frac{V}{P}\left(=100\times\frac{V}{1.01}\right)$$

여기서, LFL : 연소 하한계[v%]

V : 인화점에서의 증기압[kPa]

P : 대기압[kPa]

⑧ 라울의 법칙 : 용액에서의 증기압력은 순수한 상태에서의 증기압력에 몰분율을 곱한 것과 같다.

$$P_A=x_A(V_p)_A$$

여기서, P_A : 기체 상태 A의 부분압력

x_A : A의 몰농도 $\left(x_A=\dfrac{\dfrac{A}{M_A}}{\dfrac{A}{M_A}+\dfrac{B}{M_B}}\right)$

V_P : 증기압력

A, B : 각각의 액체의 질량분율

M_A, M_B : A, B의 분자량

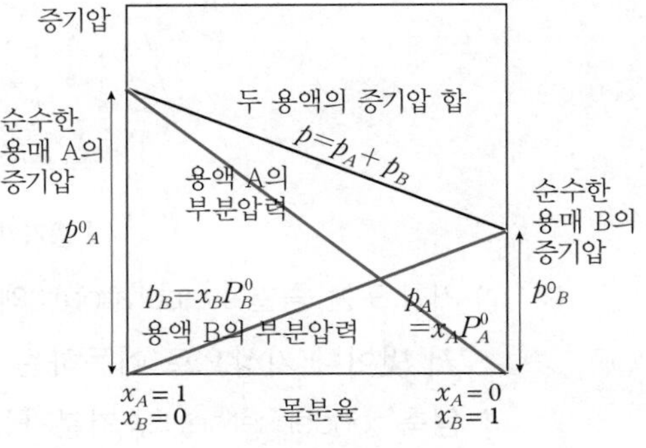

| 라울의 그래프 |

⑨ 돌턴의 분압법칙 : 혼합 물질의 증기압은 각 물질의 부분 증기압의 합이다.

⑩ 대기압과 증기압의 관계

㉠ 시스템이 평형에 있다면 대기압과 증기압은 동일하다. 그러나 시스템이 평형을 유지하지 못한다면 대기압과 증기압은 전혀 상관없게 된다.

㉡ 예를 들어 물이 끓는 경우 증기압과 대기압이 동일한 상태이다.

- 물은 상압의 경우 100℃에서 대기압과 동일한 증기압을 갖는다.
- 용기에 물을 넣고 가열 시 용기 안의 압력은 대기압보다 큰 값을 갖는다. 따라서, 증기압이 대기압보다 커지게 되고 결국 대기압으로 누르는 뚜껑이 열리는 현상이 발생한다.

5) 압력과 온도

① 평형상태(equilibrium) : 포화증기압 곡선은 2개의 상이 존재하는 상태

② 곡선의 안쪽이나 바깥쪽 : 상(phase)은 하나의 상태(액체, 기체)

③ 포화증기압은 액체의 온도가 상승하면 증가한다.

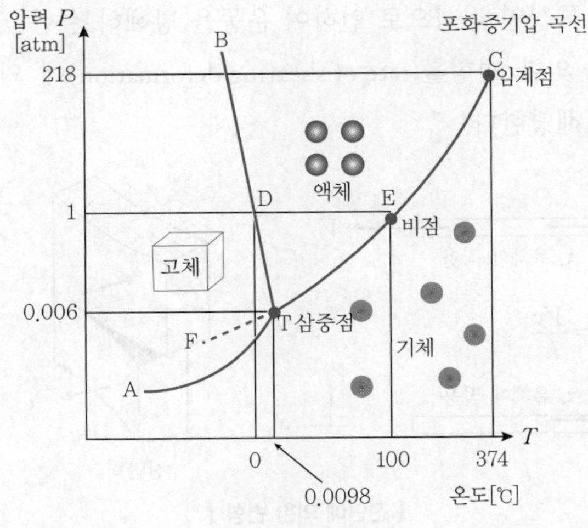

ǀ 물의 상태도 ǀ

(3) 기체 내의 압력

1) 기체와 액체의 주된 차이 : 분자들 사이의 거리와 힘

2) 기체 : 분자들은 서로 멀리 떨어져 있으므로 분자 간의 힘을 거의 받지 않아 매우 자유롭다. 이로 인해 기체는 이동이 쉬워 끝없이 팽창할 수 있고 공간을 채울 수가 있다.

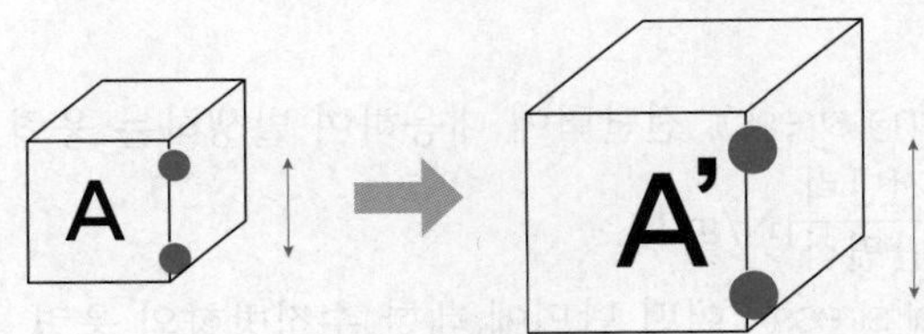

* 기체는 어느 공간이라도 채울 수 있다.

(4) 전단력(shearing force) 122회 출제

1) 전단의 정의 : 물체 안의 어떤 면에 크기가 같고 방향이 서로 반대가 되도록 면을 따라 평행하게 작용시키면 물체가 그 면을 따라 미끄러져서 절단되는 것을 전단 또는 층 밀리기라 하고, 이때 받는 작용을 전단작용, 작용이 미치는 힘을 전단력이라 한다.

2) 전단력 : 일종의 운동에 대한 항력인 마찰력

$$F = \mu A \frac{dv}{dy}$$

여기서, F : 전단력[N]

μ : 점성계수[N·s/m^2]

A : 단면적[m^2]

$\frac{dv}{dy}$: 속도구배[1/s]

3) **발생원인** : 유체의 특성인 점성으로 인하여 운동을 방해하는 힘

4) 전단력은 전단에 의한 변형률(rate of shearing deformation)에 의존하는데, 유체의 경우 이는 속도구배에 해당한다.

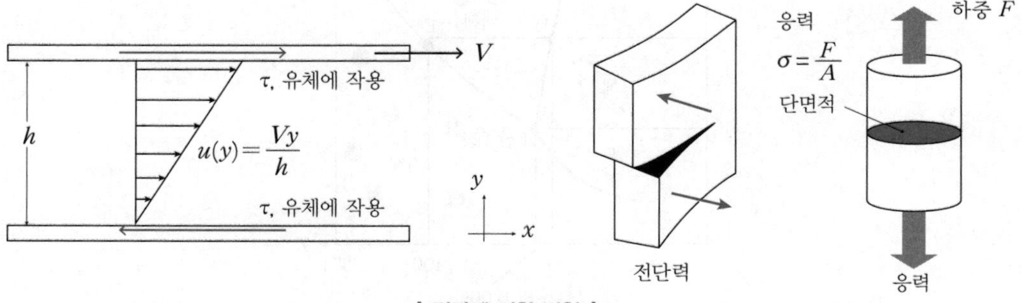

| 전단에 의한 변형 |

(5) 응력(stress)

1) **정의** : 단위 면적당 내력(외력에 저항하여 원래로 돌아가려는 힘)의 크기

2) 물체에 외력이 작용하면 물체 내에는 변형(deformation)이 일어나면서 현 상태를 유지하려는 관성에 의해 저항력이 생겨 외력과 평형을 이루게 된다. 만일 외력이 더 커서 응력을 누른다면 물체는 외형이 변형되게 된다(항복점).

3) 응력(應力)

① 전단응력(shearing stress) : 전단력에 대응하여 발생하는 응력

$$전단응력(\tau)=\frac{전단력}{단면적}[N/m^2]$$

② 수직응력(normal stress) : 어떤 단면에 대한 수직방향의 응력

$$수직응력(\gamma) = \frac{수직력}{단면적}[N/m^2]$$

㉠ 인장응력(tensile stress) : 잡아당기는 힘에 의한 응력

㉡ 압축응력(comprssive stress) : 누르는 힘에 의한 응력

구분	인장응력(tensile stress, σ)	전단응력(shear stress, τ)
개념도	F_t, 면적(A_0), F_t	F_t, F, F_s, 면적(A_0), F_s, F, F_t
공식	$\sigma=\frac{F_t}{A_0}=\frac{N}{m^2}$	$\tau=\frac{F_s}{A_0}=\frac{N}{m^2}$

(6) 뉴턴(Newton)의 점성법칙 117회 출제

1) 점성(viscosity)

① 유체가 얼마나 자유스럽게 흐를 수 있느냐를 설명하는 도구

② 운동에 대한 저항력(끈적끈적한 성질로서 유체가 운동 시 운동과 반대방향의 마찰로서 작용한다고 할 수도 있고 정지된 상태를 그대로 유지하려고 하는 성질)

③ 발생원인

구분	주원인	온도상승 시 점성
액체	분자들 간의 응집력	분자들 간의 결합력의 일종인 응집력이 낮아지므로 점성이 감소
기체	분자들 간의 상호충돌로 인한 운동량 교환	분자 간 충돌이 높아져 점성이 증가

④ 점성력(viscous force) : 층 사이에서 상대적인(relative) 속도에 반대방향으로 작용하고 유체 내에서 마찰력과 같은 효과를 나타내는 힘의 일종

2) 뉴턴의 법칙(Newton's law)

$$\tau = \frac{F}{A} \rightarrow F = \mu\frac{Av}{h}\left(\tau = \mu\frac{v}{h}\right) \rightarrow \tau = \mu\frac{dv}{dy}$$

여기서, τ : 전단응력[N/m²]

μ : 점성계수[N·s/m²]

F : 전단력[N]

A : 단면적[m²]

v : 유체이동속도[m/s]

h : 거리[m]

① 뉴턴유체(Newtonian fluid) : 일정한 온도와 압력 하에서 점성계수가 일정한 유체

② 비뉴턴유체(Non Newtonian fluid) : 점성계수가 속도구배의 크기에 따라 변화하는 유체

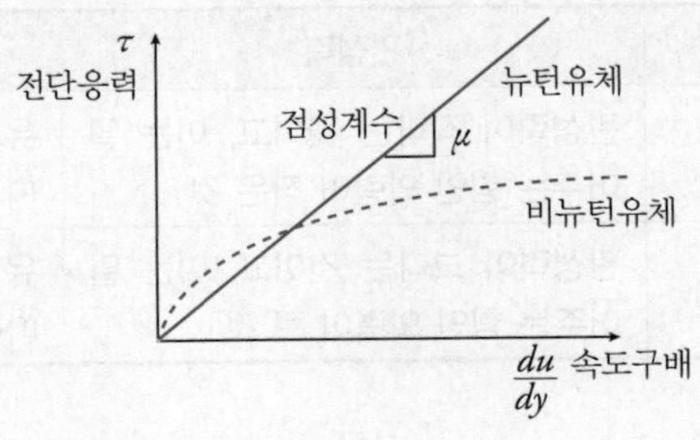

3) 점성계수

① 외력의 변형에 대한 유체 저항

② 외력이 가해질 때 쉽게 흘러가는 정도의 척도

③ 종류

구분	점성계수(뮤, μ)	동점성계수(뉴, ν)
단위	poise[dyne · s/cm²]	Stokes[cm²/s]
의미	분자운동의 운동량 전달과 관련된 물성	유체의 운동량 확산과 관련된 물성
점성계수와 동점성계수 관계식	$\nu = \frac{\mu}{\rho}$ [m²/s] $= \frac{\mu}{\frac{m}{V}}$ 여기서, ν : 동점성계수(공학단위로 m²/s, 절대단위로 cm²/s, 스토크스(Stokes, 기호 : St)) ρ : 밀도[kg/m³] m : 질량[kg] V : 부피[m³]	
액체	온도만의 함수(온도증가에 따라 감소)	
기체	온도의 함수(온도에 따라 증가)	

1Stokes = 1St = 1cm²/s = 10^{-4} m²/s =100cSt(centistokes)

④ 동점성계수가 클수록 운동량 확산이 커서 유체가 정상상태(steady state)에 빠르게 도달한다.

⑤ 열전달 계수(k) : 분자의 불규칙 운동의 운동에너지의 전달

1. **운동량**(momentum) : 운동의 양이 아니라 운동하는 물체의 힘을 의미한다.
2. **운동에너지** : 물체의 운동은 물체를 알짜힘으로 가속시켜서 거리를 이동시키는 것을 의미한다.

4) 레이놀즈수(Re)와 점성의 의미

구분	관성력	점성
레이놀즈수(Re)가 작다.	관성력이 작다는 것이고, 이는 밀어주는 힘인 외력이 작은 것	유체의 점성효과가 크다는 것이고, 따라서 점성유체 성격
레이놀즈수(Re)가 크다.	관성력이 크다는 것이고, 이는 밀어주는 힘인 외력이 큰 것	유체의 점성효과가 작다는 것이고, 따라서 비점성유체의 성격

(7) 유체의 변형(strain)

1) 변형력 : 힘을 받는 물체는 일종의 긴장 상태에 있게 되고 물체가 긴장되는 정도

2) 힘을 받으면 물체가 변형되는데, 변형의 크기가 커지는 이유는 큰 변형력을 받기 때문

이다. 다른 물체에 비해 유체는 쉽게 변형하는 성질을 가지고 있는데, 그 이유는 유체가 힘을 받으면 어느 면이든지 같은 크기의 압력을 받게 되기 때문이다. 따라서, 유체를 다룰 때는 힘보다 압력을 주로 사용한다.

(8) 유체의 유동

1) 다양한 현상 발생 이유 : 유체는 쉽게 변형되어 그 모양이 유체를 담아두는 용기와 같은 모양으로 형성되기 때문이다.

2) 유체가 유동하면서 발생하는 현상

① 유체 입자는 물체의 주변을 따라 움직임(즉, 표면에 달라붙은 채로)

② 박리(separation)

③ 박리된 유동으로 인해 빙빙 도는 순환(circulation) 영역 발생

④ 순환영역 내에서는 유체 입자가 폐쇄된 영역 내에서 움직임

3) 유체와 접하고 있는 물체 : 국부적인 유동 조건(압력, 유체 응력 등과 같은)에 의해 접촉면에서 힘을 받는다.

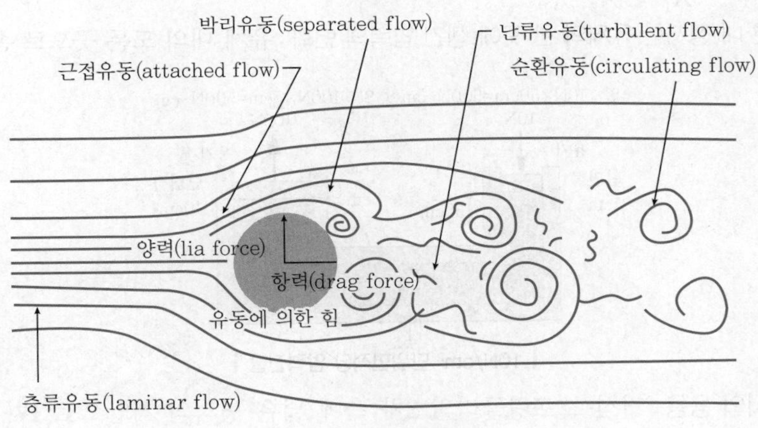

| 유체 유동의 종류 |

03 정역학(statics) : 정지된 유체를 다루는 역학

(1) 정지 유체의 기본 성질

1) 정지 유체 내 임의의 한 점에 작용하는 압력의 크기 : 모든 방향에서 동일

2) 정지 유체 내의 압력 : 모든 면에 수직으로 작용

3) 정지 유체 : 동일 수면상의 압력은 동일

4) 밀폐된 용기 내에 있는 유체에 가한 압력의 크기 : 모든 방향에 같은 크기 → 파스칼의 원리 (유압기의 원리)

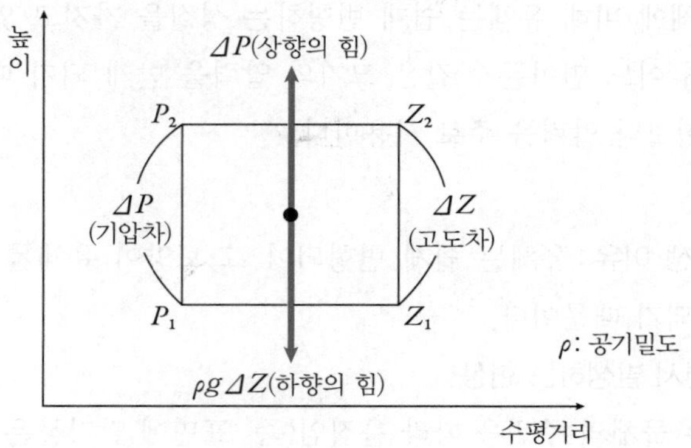

| 정역학적 평형 |

(2) 파스칼의 정리

1) 정의

① 정지 유체에 가해진 압력은 모든 방향에서 같다.

$P_1 = P_2, \ \dfrac{F_1}{A_1} = \dfrac{F_2}{A_2}$

② 그릇 내 정지한 유체의 한 곳에 생긴 압력의 변화 : 유체 내의 모든 곳으로 손실 없이 전달

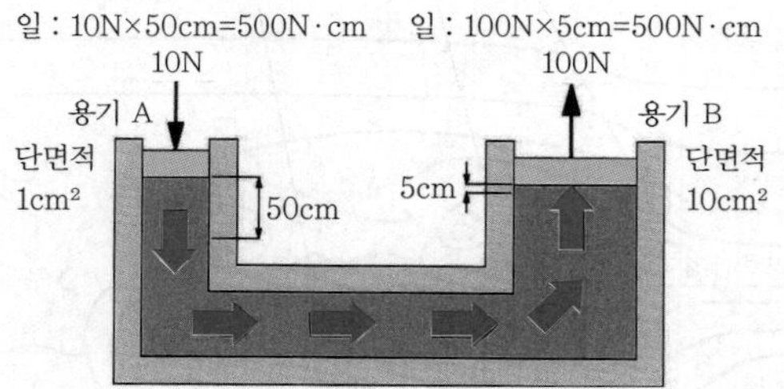

| 10N/cm² 단위면적당 압력전달 |

2) 소방에서의 응용 : 건식 스프링클러의 2차 측에 넓은 면적의 저압으로 1차 측의 좁은 면적의 고압과 힘의 평형

① 클래퍼가 닫히는 조건(1차 측의 힘 = 2차 측의 힘)

② $F_1 = F_2$

③ $\dfrac{F_1}{A_1} = P_1, \ \dfrac{F_2}{A_2} = P_2$

④ $P_1 \gg P_2$

⑤ $\uparrow P_1A_1 \downarrow = \downarrow P_2A_2 \uparrow$ → 면적의 차에 따라서 압력의 차를 두게 하여, P_2의 압력을 적게 유지할 수 있다.

3) 비압축성 유체에만 해당된다.

(3) 정지 유체의 압력 : 정지상태 + 균질의 비압축성 유체

1) 면적이 A인 수평면에 작용하는 압력 : 그것 위에 있는 액체 기둥의 무게

2) $F = m \cdot g = \rho \cdot V \cdot g = \rho \cdot A \cdot h \cdot g$

$$P = \frac{F}{A} = \frac{\rho A h g}{A}$$

$$P = \rho \cdot g \cdot h = \gamma \cdot h$$

$$h = \frac{P}{\gamma}$$

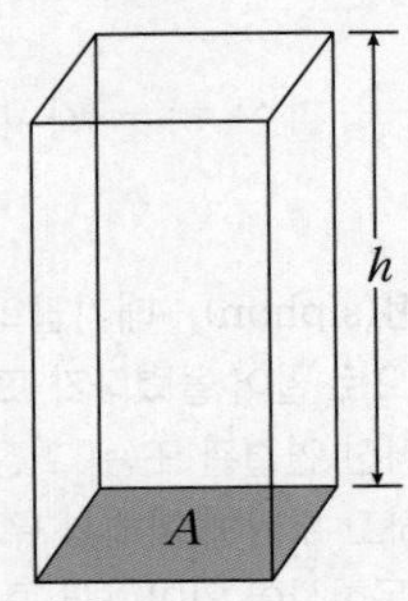

| 물기둥 |

여기서, F : 힘[N]

P : 압력[kg/m^2]

γ : 물의 비중량[kg/m^3]

A : 물기둥의 밑면적[m^2]

h : 물기둥의 높이[m]

ρ : 물의 밀도[kg/m^3]

m : 질량[kg]

g : 중력가속도[m/s^2]

V : 부피[m^3]

(4) 액주계(manometer)

1) U자형 마노미터 : 2관 안의 각각의 높이 차이로 양단 간에 걸린 P_{1L}과 P_{1R} 압력의 차압을 측정(h)

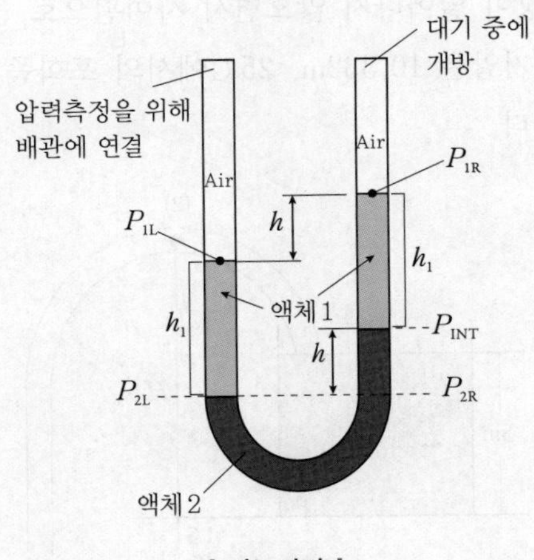

| 마노미터 |

2) $P_{2L} = P_{1L} + \rho_1 \, g \, h_1$

3) $P_{2R} = P_{1R} + \rho_1 \, g \, h_1 + \rho_2 \, g \, h$

4) $P_{2L} = P_{1L} + \rho_1 \, g \, h_1 = P_{1R} + \rho_1 \, g \, h_1 + \rho_2 \, g \, h = P_{2R}$

(5) 사이펀

1) 정의 : 대기압으로 'U'자 모양의 굽은 관을 이용하여 높은 곳에 있는 액체를 낮은 곳으로 옮기는 장치

2) 사이펀 작용 : 사이펀 관이 하는 작용

사이펀(siphon) : 대기압의 차이를 이용하여 높은 곳에 있는 액체를 그 액면(液面)보다 높은 곳으로 밀어 올렸다가 그 힘으로 낮은 곳에 있는 용기로 옮기기 위하여 사용하는, 일종의 구부러진 연결관 또는 그 장치로, 사이펀 관에 유체의 흐름이 발생하면 순간적으로 부압이 발생하고 부압에 의해서 유체가 이동하는 흐름이 발생하는데 이때 부압이 증기압보다 커지면 공동현상이 일어나서 증발이 일어난다.

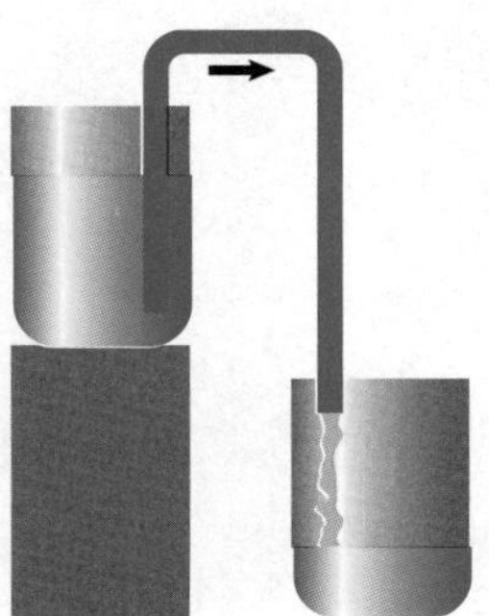

| 사이펀 관 |

예제 아래 그림과 같이 25℃의 물이 커다란 탱크로부터 직경이 일정한 호스를 통해 옮겨진다. 공동현상이 일어나지 않으면서 사이펀으로 옮길 수 있는 높이 H의 최대값을 구하라. 대기압은 10.332m, 25℃에서의 포화증기압은 $0.03kg/cm^2$, 호스 마찰손실은 무시한다.

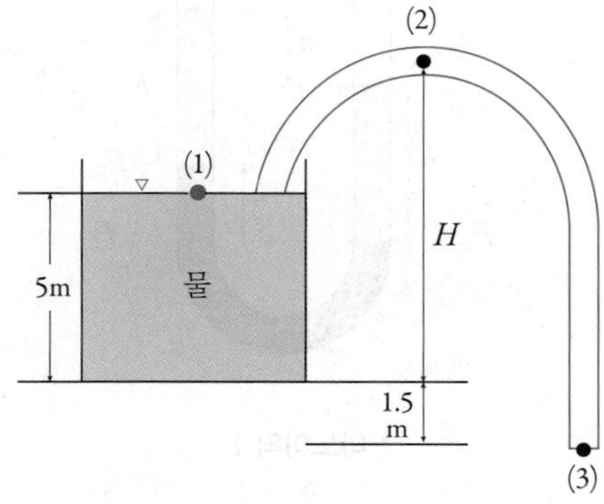

이 유동이 비점성 비압축성, 정상 유동이라면, 점 (1)에서 (2), (3)으로 유선을 따라 베르누이(Bernoulli) 방정식을 적용하여 아래와 같은 식을 얻을 수 있다.

$$\frac{P_1}{\gamma}+\frac{{v_1}^2}{2g}+Z_1=\frac{P_2}{\gamma}+\frac{{v_2}^2}{2g}+Z_2=\frac{P_3}{\gamma}+\frac{{v_3}^2}{2g}+Z_3 \cdots\cdots\cdots\cdots ①$$

탱크의 바닥을 기준으로 잡으면 $Z_1 = 5\text{m}$, $Z_2 = H$, $Z_3 = -1.5\text{m}$이다.

또한, 1 = 0(대기 중에 개방), $P_1 = P_3 = 0$(대기에 노출), $v_2 = v_3$(호스의 지름 일정)

① 식으로부터 $v_3=\sqrt{2g(Z_1-Z_3)} = \sqrt{2\times9.8\times(5-(-1.5)} = 11.287\text{m/s}$

점 (1)과 점 (2) 사이에 식 ①을 이용하면

$$\frac{P_2}{\gamma}=\frac{{v_1}^2}{2g}+Z_1+\frac{P_1}{\gamma}-\frac{{v_2}^2}{2g}-Z_2$$

$$=(Z_1-Z_2)-\frac{{v_2}^2}{2g}$$

점 (1)에서 계기압력을 사용했으므로 $P_1=0$, 점 (2)에서도 계기압력을 사용해야 한다.

$P_2 = 0.03 - 1.0332 = -1.0032\text{kg/cm}^2 = -10.032\text{m}$

$-10.032 = (5-H) - \frac{11.287^2}{2\times9.8}$

$H = 8.832\text{m}$

즉, H가 이 값보다 크면 증발이 발생하여 호스로의 흡입이 곤란하기 때문에 이 값이 최댓값을 가지게 된다.

04 동역학(dynamics)

힘이 물체의 운동에 미치는 영향(운동학+정역학)

(1) 유체에 미치는 힘

1) 중력 때문에 미치는 외력이라는 힘
2) 각 지점 사이의 압력차로 인한 힘
3) 유체 부분의 질량과 이것이 가지는 가속도와의 곱으로 표시되는 관성력이라는 힘
4) 흐르고 있는 유체의 서로 접한 부분 사이에 작용하는 마찰력 또는 전단력
5) 기체인 경우 압축력에 의한 탄성력이라는 힘

(2) 유체의 유동

1) 유선(stream line)
   ① 정의 : 주어진 순간의 모든 점에서 속도벡터에 접하는 가상적인 선
   ② 유동 내 한 점의 속도는 유일하므로 유선은 서로 교차하지 않음

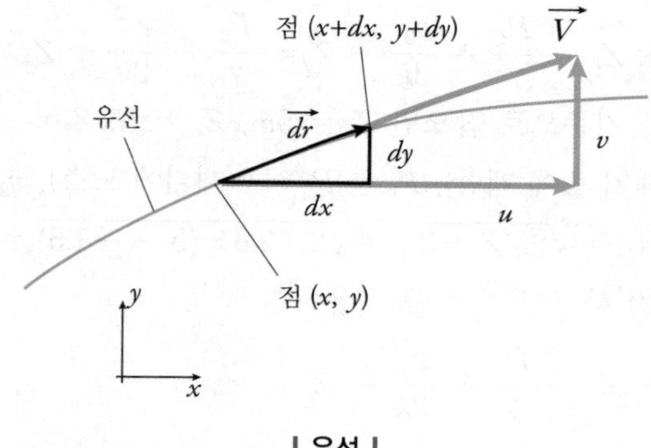

| 유선 |

1. 유선은 유동장 전체에서 운동하는 유체의 순간적인 방향을 나타내는 데 유용
2. **유관**(streamtube) : 개별적인 유선의 묶음

2) 유적선(path line)

① 정의 : 유체입자의 일정한 시간 동안 유동경로

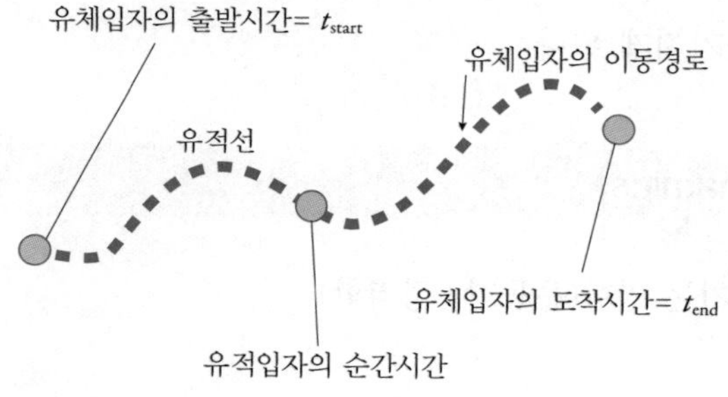

| 유적선 |

② 유적선의 가시화 : 노출시간을 길게 하여 형광염료로 염색된 물방울의 사진을 찍으면 물방울이 움직인 경로를 추적할 수 있다.

③ 유적선은 서로 교차 가능하다.

자동차는 움직이면서 차선을 바꿀 수 있다. 한 자동차가 움직인 경로는 다른 자동차가 움직인 경로와 교차할 수 있다. 따라서, 유적선도 자동차 경로와 같이 서로 교차할 수 있다.

3) 유맥선(streak line)

① 정의 : 어느 특정한 점을 통과한 입자들의 궤적

② 가시화 : 굴뚝에서 나온 연기형상을 촬영

③ 유체입자를 자동차로 비유하면, 고속도로의 특정한 요금계산소를 지나간 자동차들을 이은 선이 유맥선이다.

 유맥선은 실험을 통하여 얻을 수 있는 가장 일반적인 유동형태이다.

4) 유선, 유적선, 유맥선의 공통점과 비교

구분	공통점	비교
유선	어느 주어진 시간에서의 순간적인 유동 형태	–
유적선	시간 이력(time history)을 가지는 유동 형태	일정 시간 동안 노출하여 촬영한 한 입자의 궤적
유맥선		시간을 적분한 유동의 순간적인 궤적

 유선, 유적선 및 유맥선은 정상유동에서는 일치하지만, 비정상유동일 경우에는 크게 다를 수 있다.

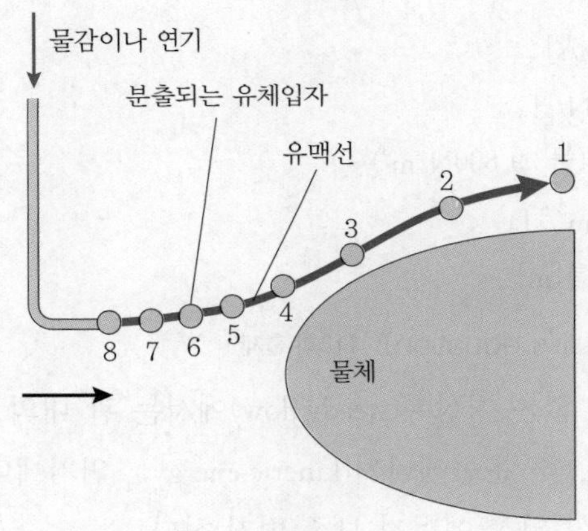

| 유맥선 |

(3) **연속방정식** : 질량 보존의 법칙을 기반으로 하는 방정식으로, 유체가 흐를 때 배관의 구경 변화에도 불구하고 항상 일정한 양의 유체가 흐른다는 의미이다.

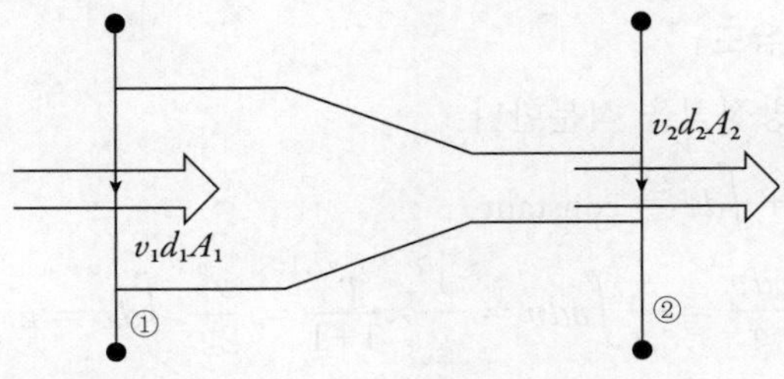

$Q_1[\text{m}^3/\text{s}] = A_1 v_1$, $Q_2[\text{m}^3/\text{s}] = A_2 v_2$

$Q_1 = Q_2$

$\therefore A_1 v_1 = A_2 v_2$

구분	정의	공식
$\dot{m}$: 질량유량[kg/s]	단위시간당 한 단면을 통과하여 유동하는 유체의 질량	$\dot{m}=\rho_1 \cdot A_1 \cdot v_1=\rho_2 \cdot A_2 \cdot v_2\left[\frac{\text{kg}}{\text{m}^2}\times \text{m}^2\times\frac{\text{m}}{\text{s}}=\frac{\text{kg}}{\text{s}}\right]$
G : 중량유량([N/s], [kg_f/s])	단위시간당 한 단면을 통과하여 유동하는 유체의 중량	$G=\gamma_1 \cdot A_1 \cdot v_1=\gamma_2 \cdot A_2 \cdot v_2\left[\frac{\text{N}}{\text{m}^3}\times \text{m}^2\times\frac{\text{m}}{\text{s}}=\frac{\text{N}}{\text{s}}\right]$
Q : 체적유량[m³/s]	단위시간당 한 단면을 통과하여 유동하는 유체의 체적	$Q=A_1 \cdot v_1=A_2 \cdot v_2\left[\text{m}^2\times\frac{\text{m}}{\text{s}}=\frac{\text{m}^3}{\text{s}}\right]$

여기서, $\dot{m}$: 질량유량[kg/s]

ρ_1, ρ_2 : 밀도(물 : 1,000kg/m³)

A_1, A_2 : 배관 단면적$\left(A=\frac{\pi}{4}D^2\right)$[m²]

v_1, v_2 : 속도[m/s]

G : 중량유량[N/s]

γ_1, γ_2 : 비중량(물 : 9,800N/m³)

Q : 체적유량[m³/s]

D : 배관의 지름[m]

(4) 베르누이 방정식(Bernoulli's equation) 113회 출제

1) **정의** : 에너지 손실이 없는 정상류(steady flow)에서는 관 내의 어느 지점에서든지 유수가 갖는 역학적 에너지, 즉 운동에너지(kinetic energy), 위치에너지(potential energy) 및 압력에너지의 합은 항상 일정(에너지 보존 법칙)하다.

2) 오일러의 운동방정식(Euler's equation of motion, 1750)

① 비압축성(incompressible), 비점성(inviscid) 흐름을 다루는 미분방정식

② 오일러 방정식 : $\frac{dp}{r}+\frac{vdv}{g}+dz=0$

3) 베르누이 방정식의 유도

① 오일러(Euler) 방정식을 적분한다.

② $\int\frac{dp}{r}+\int\frac{vdv}{g}+\int dz=\text{constant}$

$$\int\frac{dp}{r}=\frac{p}{r},\ \int\frac{vdv}{g}=\frac{1}{g}\int vdv=\frac{1}{g}\times\frac{v^2}{1+1}=\frac{v^2}{2g},\ \int dz=z$$

$$\frac{p}{r}+\frac{v^2}{2g}+z=\text{constant}$$

$$\frac{p}{r}+\frac{v^2}{2g}+z=H$$

4) 베르누이 방정식 적용의 전제조건

① 1차원, 정상 유동 : 유체의 유동 방향과 직각인 어떤 단면을 지나더라도 동일한 단면 상에서는 일정한 값을 갖는 유동

② 비압축성 유동 : 물과 같은 수계에 적용이 가능하다.

③ 비점성 유동(저항이 없는 유동)

④ 유선을 따른 유동

5) 유체 유동 시 필요한 3대 에너지(수두)

압력	수두	수두공식	이미지
압력에너지(정압)	압력수두(H_P)	$\frac{P}{\gamma}=\frac{\left[\frac{N}{m^2}\right]}{\left[\frac{N}{m^3}\right]}=[m]$	정압 동압
운동에너지(동압)	속도수두(H_v)	$\frac{v^2}{2g}=\frac{\left[\frac{m^2}{s^2}\right]}{\left[\frac{m}{s^2}\right]}=[m]$	
위치에너지	위치수두	$z=[m]$	

1. **동압** : 유체가 운동하며 발생하는 압력
2. **정수압(ρgz)** : 위치에 의한 유체 무게의 효과에 의한 압력

$$\rho gz=\left[\frac{kg}{m^3}\right]\times\left[\frac{m}{s^2}\right]\times[m]=[kg\times m/s^2]\times\left[\frac{1}{m^2}\right]=\left[\frac{N}{m^2}\right]=[Pa]$$

6) 압력에너지(정압)와 동압의 관계 : 반비례

$$H=\frac{P}{\gamma}+\frac{v^2}{2g}=C(\text{일정})$$

전수두는 일정하므로 유속이 클수록(동압이 클수록) 압력에너지(정압)는 감소한다.

7) 베르누이 방정식의 정리

구분	공식	내용
수두식	$\frac{P}{\gamma}+\frac{v^2}{2g}+h=C$	압력수두 + 속도수두 + 위치수두 = 일정
압력식	$P+\frac{\rho v^2}{2}+\rho gh=C$	정압 + 동압 + 위치압 = 일정
에너지식	$PV+\frac{mv^2}{2}+mgh=C$	압력에너지 + 속도에너지 + 위치에너지 = 일정

1지점 에너지 = 2지점 에너지

$$\underbrace{P_1}_{\text{압력 에너지}} + \underbrace{\frac{1}{2}\rho v_1^2}_{\text{운동 에너지}} + \underbrace{\rho g h_1}_{\text{위치 에너지}} = P_2 + \frac{1}{2}\rho v_2^2 + \rho g h_2$$

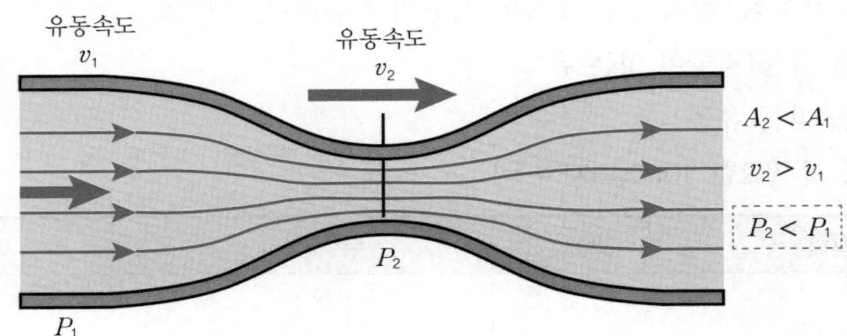

(5) 수정 베르누이 방정식

1) 개념 : 베르누이 방정식은 마찰의 손실이 없다는 가정에서 적용되는 방정식으로, 실제 유체의 경우 유동 시 에너지 손실이 발생한다. 이러한 에너지 손실을 적용한 식이 수정 베르누이 방정식이다.

2) 수정 베르누이 방정식 = 베르누이 방정식 + 에너지 손실

3) 공식

$$H = \frac{P_1}{\gamma} + \frac{v_1^2}{2g} + z_1 = \frac{P_2}{\gamma} + \frac{v_2^2}{2g} + z_2 + H_L$$

여기서, H : 전수두[m]

H_L : 손실수두[m]

P : 압력([Pa]=[N/m²])

γ : 비중량(물 : 9,800[N/m³]=9.8[kN/m³])

v : 속도[m/s]

g : 중력가속도(9.8m/s²)

z : 위치수두[m]

(6) 에너지선과 수력경사선(동수경사선)

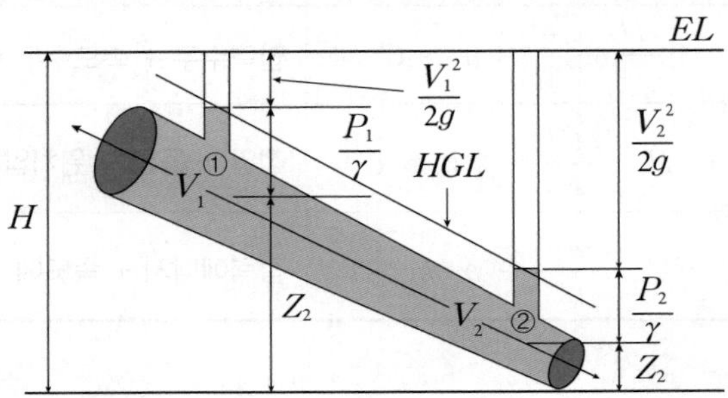

1) 그림에 표시한 유선상의 점 ①, ② 사이에 베르누이의 식을 적용하면,

$\frac{P_1}{\gamma} + \frac{{v_1}^2}{2g} + Z_1 = \frac{P_2}{\gamma} + \frac{{v_2}^2}{2g} + Z_2$로 표시되고 앞의 그림과 같이 된다.

2) 에너지선(EL : Energy Line) : 세 가지 수두(운동·압력·위치 수두)의 합계를 나타내는 선

 에너지선(EL : Energy Line)=에너지 경사선(EGL : Energy Grade Line)

3) 수력 경사선(hydraulic grade line)

① 에너지선 − 속도수두$\left(\frac{v^2}{2g}\right)$

 수력 경사선은 에너지선보다 속도수두만큼 아래에 있다.

② 수계소화설비 노즐의 방수량은 전압의 말단 헤드 등을 제외하고 수력 경사선(정압)에 의해 결정된다.

$$Q = K\sqrt{10P}$$

여기서, Q : 노즐의 방사량[L/min]

K : K−factor

P : 정압[MPa]

(7) 토리첼리식(Torricelli's theorem)

1) 수면에서 깊이 h인 탱크의 측벽에 뚫는 작은 구멍에서 유출하는 액체의 유속을 v_2라고 할 경우

① 1점 (수면) : P_1 = 대기압, $v_1 = 0$

② 2점 (노즐) : P_2 = 대기압, $v_2 = ?$

③ 1점과 2점에서의 에너지 총합은 같으므로 베르누이 방정식을 적용하면 다음과 같다.

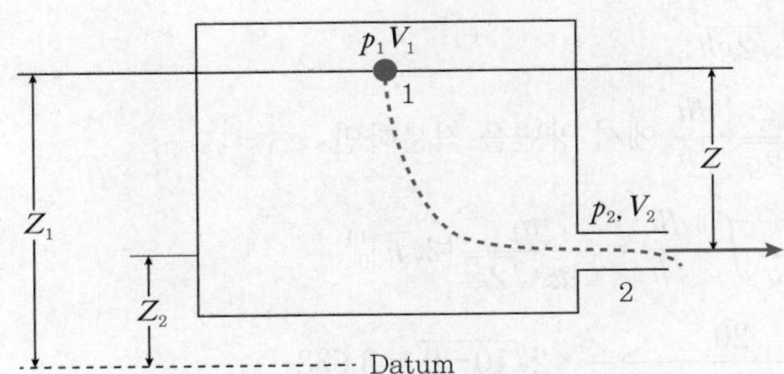

$$\frac{P_1}{\gamma} + \frac{{v_1}^2}{2g} + Z_1 = \frac{P_2}{\gamma} + \frac{{v_2}^2}{2g} + Z_2 \text{ ....} ⓐ$$

④ 위 식을 ⓐ식에 적용하면($P_1 = P_2$, $Z_2 - Z_1 = Z$)

$\frac{{v_2}^2}{2g} = Z$, ${v_2}^2 = 2gZ$, $v_2 = \sqrt{2gZ}$[m/s]

꼼꼼체크 $h(Z)=\dfrac{P[\text{kg/m}^2]}{\gamma[\text{kg/m}^3]}$, $v=\sqrt{2g\dfrac{P}{\gamma}}$

위의 개념은 전수두 Z가 모두 동압으로 바뀐다는 개념인데, 실제로는 오리피스 손실 등에 의해서 전부 동압으로 바뀌지는 않는다. 그때 변화되는 규율을 속도계수(C_v)라고 한다. 따라서, 속도계수는 전수두(Z)에 따라 증가한다.

2) 물통에서 물이 배수되는 시간 계산

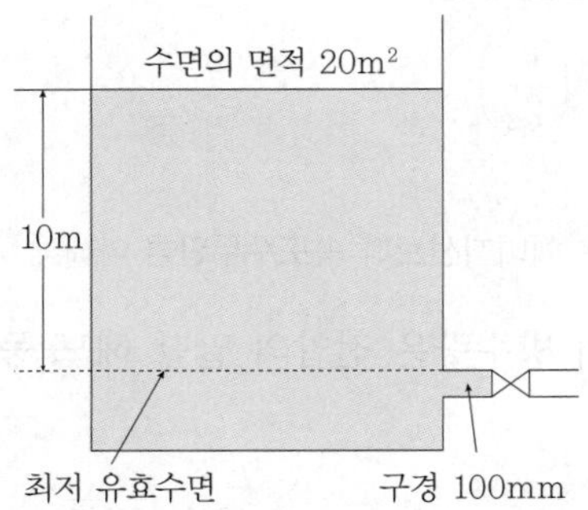

① 그림과 같은 직육면체의 물탱크에서 밸브를 즉각 완전 개방했을 때 최저 유효수면까지 물이 배수되는 시간을 구하면 다음과 같다. 단, 이때 밸브와 배수관의 마찰손실은 무시한다.

② 풀이 : 연속의 정리를 이용해서 푼다. 수면의 면적 $a_1=20\text{m}^2$이고, 배수관의 단면적은

$a_2=\dfrac{\pi\times(100\times10^{-3})^2}{4}=0.007854\text{m}^2$이다.

또, 물의 유효깊이를 h라 하고 유면 강하속도를 v_1, 배수관 내의 유속을 v_2라고 하면, 연속의 정리에 의해

$$a_1v_1=a_2v_2$$

$$a_1\frac{dh}{dt}=a_2\sqrt{2gh}$$

$$dt=\frac{a_1}{a_2\cdot\sqrt{2g}}\cdot\frac{dh}{\sqrt{h}}$$ 에서 양변을 적분하면

$$t=\frac{a_1}{a_2\cdot\sqrt{2g}}\int_0^{10}\frac{dh}{\sqrt{h}}=\frac{a_1}{a_2\cdot\sqrt{2g}}[2\sqrt{h}]_0^{10}$$

$$=\frac{20}{0.007854\times\sqrt{2\times9.8}}\times2\sqrt{10-0}=3,638\text{s}$$

(8) 유체에서의 압력의 구분(수계 소화설비)

1) 정지 유체 : 정압(static pressure, 靜壓)은 정지 유체의 압력

2) 유동 유체

① 전압(P_t : total pressure) : 정체압

② 동압(P_v : velocity pressure, 動壓) : 유체 흐름 방향으로의 압력

③ 정압(P_n : normal pressure) : 유체 흐름에 수직 방향의 압력

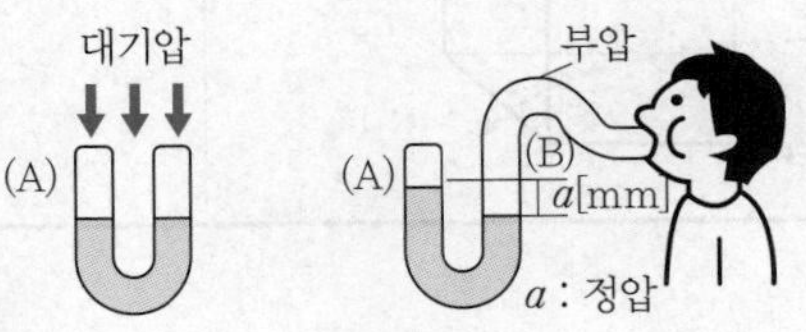

$$P_t - P_v = P_n$$

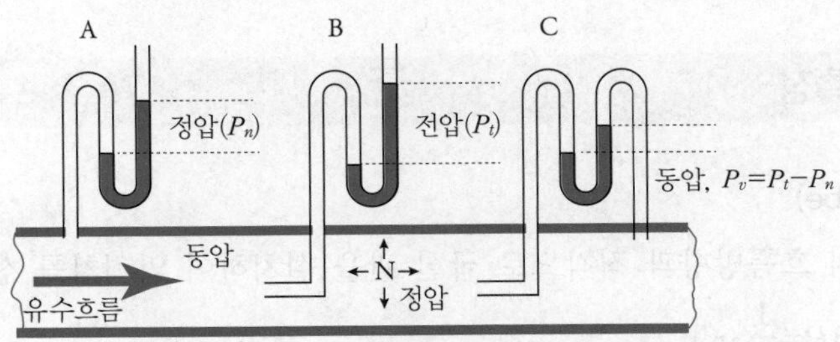

| 배관에서의 정압, 전압, 동압 |

CFD(Computation Fluid Dynamics, 전산 유체역학) : 유체역학의 한 분야로서, 복잡한 표면에서 유체와 가스 상호작용 모사를 위해 컴퓨터를 이용한 문제 해결 방식이다. 수치기법의 알고리즘을 사용하여 유체 유동 문제를 풀고 해석하는 것이다.

(9) 유체의 흐름 128회 출제

구분	오일러(Euler) 방법	라그랑주(Lagrange) 방법
정의	공간상에서 고정되어 있는 각 지점을 통과하는 물체의 물리량(속도변화율)을 표현하는 방법	입자 하나하나에 초점을 맞추어 각각 입자를 따라가면서 그 입자의 물리량(위치, 속도, 가속도)을 나타내는 방법
개념	움직이는 물체를 정지상태에서 관찰하는 것	움직이는 물체를 추적하여 운동량을 관찰하는 것
측정	검사체적(control volume)	위치벡터(x, y, z)
적용	① 방연풍속 측정 ② 송풍기 풍량 측정 ③ 전산유체역학 ④ 구조체의 변형률과 응력 측정	① 유체의 유동(연기, 소화수, 가스계) ② 열유동

구분	오일러(Euler) 방법	라그랑주(Lagrange) 방법
개념도		

검사체적(control volume) : 임의로 만드는 가상의 체적이다. 유체는 이 가상의 체적을 통과할 수 있고 가상의 체적 또한 유체를 통과하며 등속운동을 할 수 있다.

05 유속 측정

(1) 피토관(pitot tube)

1) 정의 : 유체의 흐름방향과 직각으로 굽힌 관을 설치하여 압력차를 산출하는 관(동압 측정=속도, $\Delta P=\frac{1}{2}\rho v^2$)

그림과 같이 유리관을 90° 구부려서 강물 속에 꽂아 놓고 높이 h를 측정하여 유속을 계산한다.

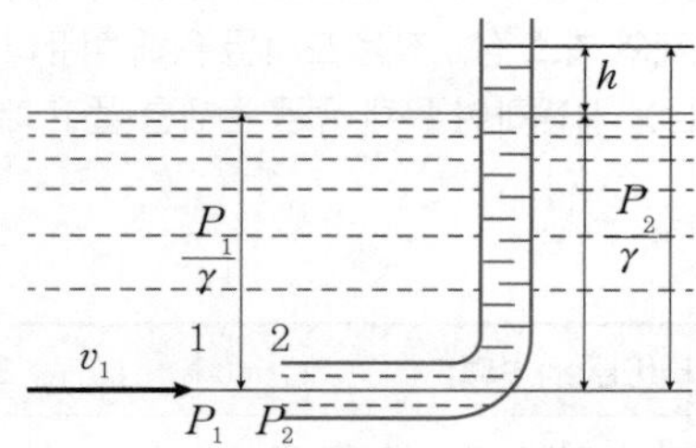

2) $\frac{P_1}{\gamma}+\frac{v_1^2}{2g}+Z_1=\frac{P_2}{\gamma}+\frac{v_2^2}{2g}+Z_2$에서 1(정압)과 2(전압)가 같은 높이이므로 $Z_1=Z_2$, 2의 유속은 수두(h)로 올라갔기 때문에 물은 정지상태이므로 $v_2=0$이 된다(동압이 위치에너지인 수두로 표현).

3) $\frac{v_1^2}{2g}=\frac{P_2-P_1}{\gamma}=h$

4) $v_1=\sqrt{2gh}=\sqrt{\frac{2g(P_2-P_1)}{\gamma}}$

5) 수면에서 측정한 수주의 높이 h를 읽음으로써 1의 유속이 구해지는데 이런 관을 피토관이라 한다. 연속방정식에 의하여 유속을 구하고 여기에 단면적을 곱하여 유량을 계산할 수 있다.

(2) 시차 액주계(differential manometer)

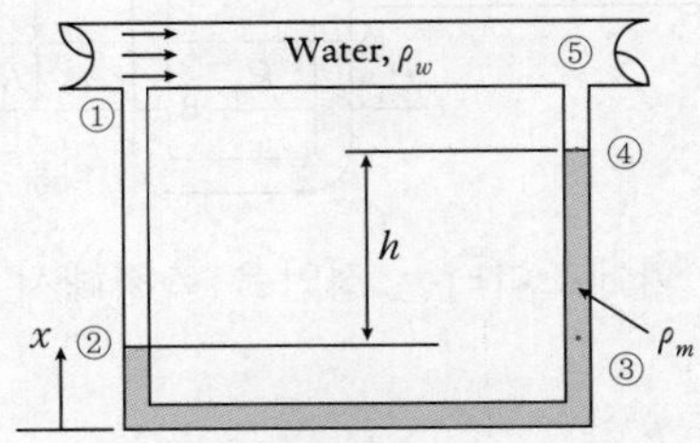

1) $P_1 \neq P_5$

2) $P_2 = P_3$

3) $P_2 = P_1 + \rho_w g(h+x_1-x_4)$

4) $P_3 = P_5 + \rho_m gh + \rho_w g(x_1-x_4)$

5) $P_1 + \rho_w gh + \rho_w g(x_1-x_4) = P_5 + \rho_m gh + \rho_w g(x_1-x_4)$

6) $P_1 - P_5 = (\rho_m-\rho_w)gh = (\gamma_m-\gamma_w)h$

7) $P_1 - P_5$(동압) $= \dfrac{v^2}{2g} \times \gamma_m$

8) $\dfrac{v^2}{2g}\times\gamma_m = (\gamma_m-\gamma_w)h$

9) $v^2 = 2gh\dfrac{\gamma_m-\gamma_w}{\gamma_m}$

$$v=\sqrt{2gh\left(1-\frac{\gamma_w}{\gamma_m}\right)}$$

여기서, v : 속도[m/s]

g : 중력가속도[m/s²]

h : 시차 액주계 높이차[m]

γ_m : 시차 액주계 유체의 비중량[kg_f/m^3]

γ_w : 물의 비중량[kg_f/m^3]

(3) 피토-정압관(pitot-static tube) : 그림은 피에조미터(정압)와 피토관(전압)을 조합하여 시차 액주계로 유속(동압)을 측정한다.

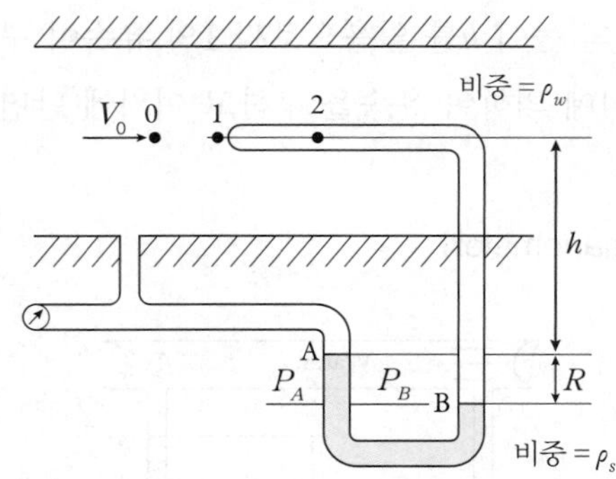

1) 피토관은 전압측정이고 피에조미터는 정압을 측정해서 그 차이로 동압을 측정하는 장치(동압 = 전압 − 정압)

2) $v=\sqrt{2gR\left(\frac{\rho_s}{\rho_w}-1\right)}$

3) 실제의 경우 피토−정압관의 설치로 교란되므로, 유속은 보정되어야 한다.

$$v_0=C_v\sqrt{2gR\left(\frac{\rho_s}{\rho_w}-1\right)}$$

여기서, C_v : 유속계수

v : 속도[m/s]

g : 중력가속도[m/s^2]

R : 시차 액주계 높이차[m]

ρ_s : 시차 액주계의 유체밀도[kg/m^3]

ρ_w : 물의 밀도[kgf/m^3]

4) 피토관과 피토정압관의 비교

구분	정압	사용처
피토관	0	개방공간으로 방출 시 유속측정
피토정압관	≠ 0	배관 내 유속측정

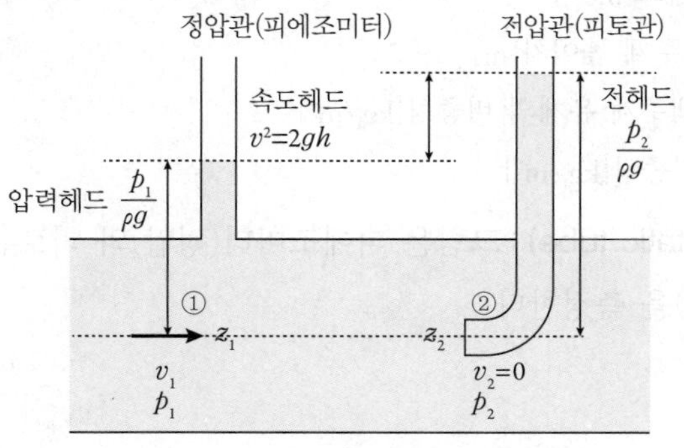

| 정압관과 전압관 |

(4) 열선 속도계(hot-wire anemometer)

1) 두 개의 작은 지지대 사이에 연결된 가는 선(지름 0.1mm 이하, 길이 1mm 정도)을 흐름이 있는 배관에 넣고 전기적으로 가열하여 난류 유동과 같이 매우 빠르게 변하는 유체의 속도를 측정하는 데 사용한다.

2) 응답시간 : 1ms 정도로 매우 짧다.

3) 종류

① 정온 열선 속도계(constant temperature hot-wire anemometer) : 전류에 의해 열선을 가열 → 유체의 유동 때문에 열선의 온도 변화 → 저항의 변화 → 전류의 변화량(유량) → 온도를 일정하게 유지

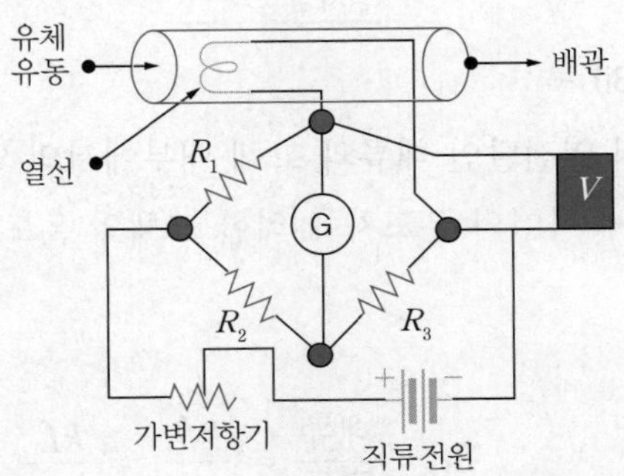

| 정온 열선 속도계 |

② 정전류 열선 속도계(constant current temperature hot-wire anemometer)

㉠ 열선의 전류는 일정하게 유지하고, 전기저항의 변화로 유속을 측정한다.

㉡ 일정한 전류가 흐름 → 휘트스톤브리지에 일정 전압 유지 → 유체 유동 → 열선 온도 저하 → 저항 감소 → 저항 변화(유량)

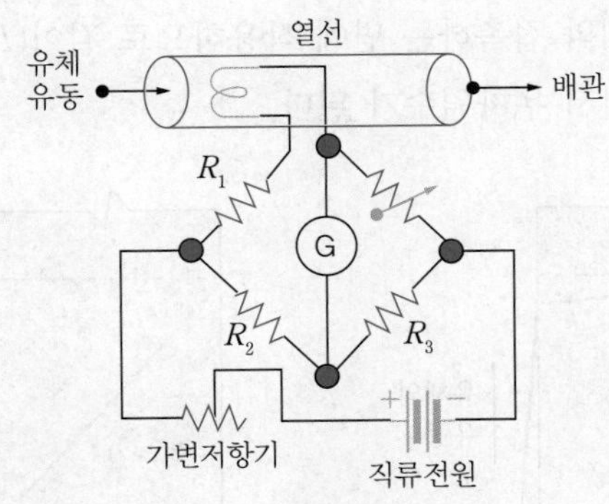

| 정전류 열선 속도계 |

06 유체 관련 무차원수 및 공식 120·81회 출제

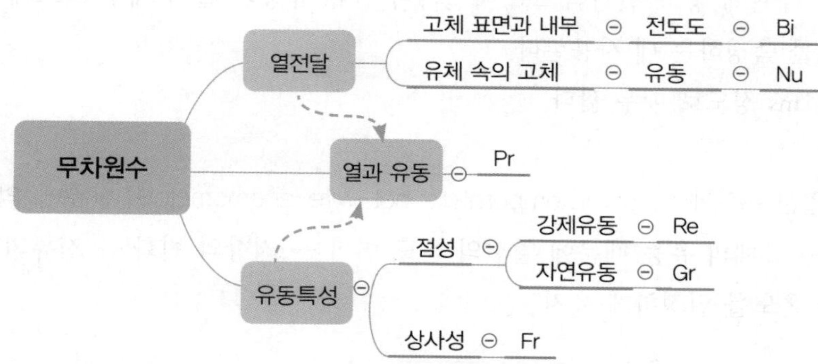

(1) 비오트수(Biot number : Bi)

1) 정의 : 고체 표면에서의 열전달인 대류와 고체 내부에서의 열전달인 전도의 비

2) 목적 : 고체 표면과 유체 사이의 온도차에 의한 고체의 온도강하 기준

3) 공식

$$\mathrm{Bi} = \frac{대류}{전도} = \frac{\dfrac{L}{kA}}{\dfrac{1}{hA}} = \frac{hL}{k_{\text{solid}}}$$

여기서, A : 열전달면적[m^2]

h : 대류 열전달 계수[W/m^2·K]

L : 특성길이[m]

k_{solid} : 고체의 열전도도[W/m·K]

4) 대류(h)는 흐르는 유체와 접촉하는 면에 작용하므로 길이(L)를 곱해주게 되면 열전도도(k)와 단위가 같아지면서 무차원수가 된다.

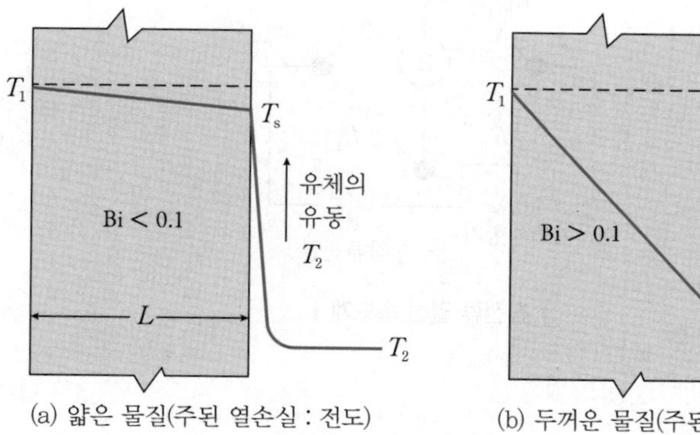

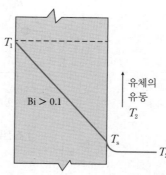

(a) 얇은 물질(주된 열손실 : 전도) (b) 두꺼운 물질(주된 열손실 : 대류)

구분	열전도도(k)	물질	의미
Bi=0	작다.	아주 얇은 물질	고체 표면과 내부 온도가 모두 균일한 이상적인 상태
Bi<0.1(작다)	크다.	얇은 물질	① 고체의 표면에 열을 받았을 경우 즉시 이면에 온도로 전달 ② 전도로 인한 열손실이 큼
Bi>0.1(크다)	작다.	두꺼운 물질	① 고체표면의 온도 상승 ② 대류로 인한 열손실이 큼

5) 소방에서의 적용

① 비오트수가 커지면 상대적으로 두꺼운 물질로 대류가 주된 열전달

② 비오트수가 작아지면 상대적으로 얇은 물질로 전도가 주된 열전달

(2) 너셀(Nusselt)수 132·106회 출제

1) 정의 : 유체 속에 잠긴 고체의 표면을 통하여 열이 출입하는 비율을 나타내는 무차원수 (화염의 대류 열전달)

2) 공식

$$\mathrm{Nu} = \frac{hl}{k_{\mathrm{air}}}$$

여기서, h : 대류 열전달 계수[kW/m^2·K], $q = hA\Delta T$[kW]

k_{air} : 정지된 유체 열전도도[kW/m·K], $q = k\frac{A\Delta T}{l}$[kW]

l : 표면에서의 거리[m]

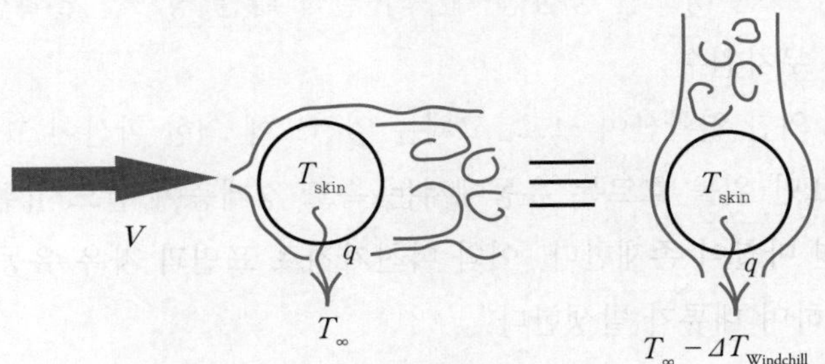

| 유동하는 유체에서 열전달 |　　| 정지된 유체에서 열전달 |

3) 목적

① 정지된 유체를 통해 전도되는 열에 대해 유동상태에서 전달되는 대류열의 비로 너셀수를 알면 유체의 유동과 열전달 상태를 알 수 있다.

너셀수	열전달	내용	유체의 상태
Nu ≒ 1	전도	대류에 의한 열전달 없이 전도 때문에 열전달이 이루어짐을 의미*)	정지된 유체
Nu < 1	대류 < 전도	전도에 의한 열전달이 큼	정지된 유체
Nu > 1	대류 > 전도	대류에 의한 열전달 영향이 크고, 열전도 속도에 미치는 분자의 운동(유체 입자 운동)에 미치는 영향이 작다는 것을 의미	빠르게 유동하는 유체

*) $k = h \times L$

왜냐하면, 대류와 전도가 같다는 것은 대류 에너지 수송이 유체의 입자운동에 의한 열전달이 없고, 전도에 의해서만 이루어진다는 것이다. 이 의미는 벽면 근처에서 유체는 정지되어 있고 벽 표면과 이웃한 유체 사이의 열전달은 전도 때문에 이루어진다는 것이다.

② 소방에서의 의미

㉠ 뜨거운 열기류가 천장면으로 열전달 : 유동하는 유체의 열전달

㉡ 너셀수가 클수록 대류 열전달 증대 : 헤드나 열감지기의 동작이 빨라짐

③ 비오트수(Bi)와 비교

구분	비오트수(Bi)	너셀(Nusselt)수
관심 사항	고체 열전도도(k) 값	대류 열전달 계수(h) 값
열전달	고체	유체
상태	고정	유동

(3) 프란틀(Prandtl)수

1) **정의** : 운동량의 확산 정도인 동점성 계수와 열적 확산 정도인 열확산율의 비를 근사적으로 표현하는 무차원수

2) 유체는 운동에 의한 열확산이 크고, 고체는 열전도에 의한 확산이 크다.

3) 임의 형상의 표면 위를 흐르는 유동에서는 속도 경계층이 반드시 존재하며 경계층 차이로 인한 표면 마찰이 존재한다. 이와 마찬가지로 표면과 자유 유동과의 온도 차로 열 경계층이 발달하며 대류가 발생한다.

① 속도 경계층 : 점성 효과가 중요한 영역

② 열 경계층 : 가열(냉각) 효과가 미치는 영역

$$\mathrm{Pr} = \frac{\text{동점성 계수(유체의 점성에 의한 운동량 전달률)}}{\text{열 확산율(유체의 열전도에 의한 열 확산율)}} = \frac{\nu}{\alpha}$$

여기서, α : 열 확산율(온도 전도율), $\alpha = \frac{k}{c_p \rho}[\mathrm{m^2/s}]$

ν : 동점성 계수, $\nu = \frac{k\mu}{\rho}$[m²/s]

c_p : 비열[kJ/kg·℃]

ρ : 밀도[kg/m³]

k : 열전도율[kW·m/m²·℃]

4) 프란틀(Prandtl)수를 구하는 목적

① 유체의 특성(물성)과 관련된 수

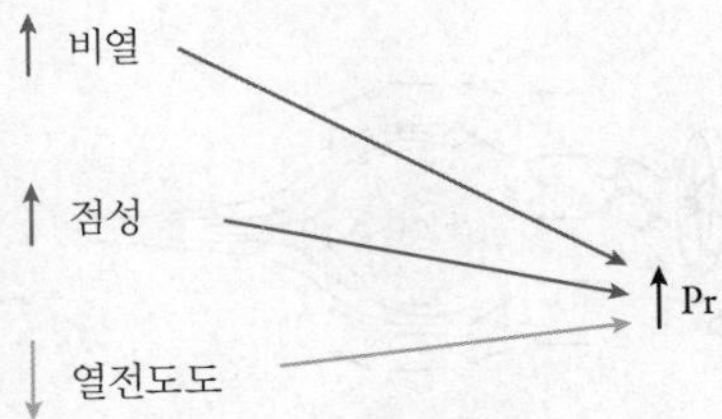

② 속도 경계층과 열 경계층에서의 확산에 의한 운동량 수송과 에너지 수송의 상대적 유효도의 척도(열과 운동량의 상대적 차이)

프란틀수	대상	경계층의 상대적 비	내용
Pr≒1	기체의 대류	$\delta_v = \delta_T$	확산에 의한 운동량과 열 전도가 거의 같다. 프란틀수의 기준이 된다.
Pr<1	액체 금속	$\delta_v < \delta_T$	열 전도가 운동량 전달을 앞선다.
Pr>1	물, 기름	$\delta_v > \delta_T$	운동량 전달이 열전도를 앞선다(물은 6.7).

여기서, δ_v : 속도 경계층

δ_T : 열 경계층

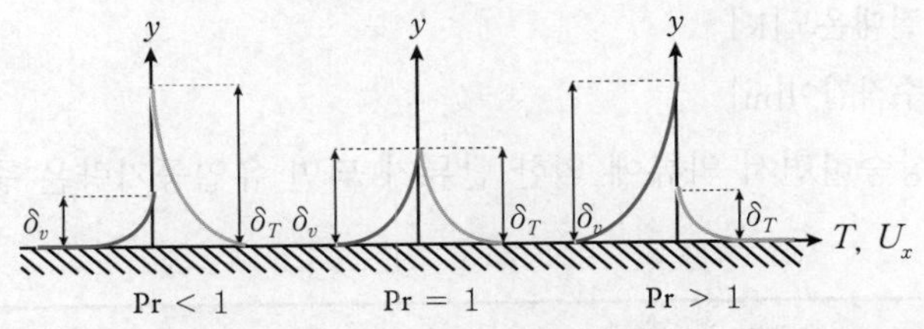

| 프란틀수의 크기에 따른 경계층의 변화 |

③ 각종 유체의 프란틀수

㉠ 가스류(gases) : $Pr = 0.7 \sim 1.0$

㉡ 물(water) : $Pr = 1.0 \sim 10$

㉢ 액체 금속(liquid metal) : $Pr = 0.001 \sim 0.03$

㉣ 유류(oils) : $Pr = 50 \sim 2,000$

(4) 그라쇼프(Grashof)수(자연대류 열전달) 106회 출제

1) 정의 : 유체의 열팽창에 의한 부력과 점성력과의 비에 의해 만들어지는 무차원의 수

2) 자연유동 또는 자연대류 : $Gr = \dfrac{\text{Buoyancy force}}{\text{Viscous drag}} = \dfrac{\text{부력}}{\text{점성력}} = \dfrac{g\beta\Delta TL^3}{\nu^2}$ = 불연속적인 유동

① 그라쇼프수(Gr)는 자연대류 내에서 강제대류의 레이놀즈수(Re)와 같은 역할인 유동 특성을 결정(자연대류에서 난류와 층류를 결정)한다.

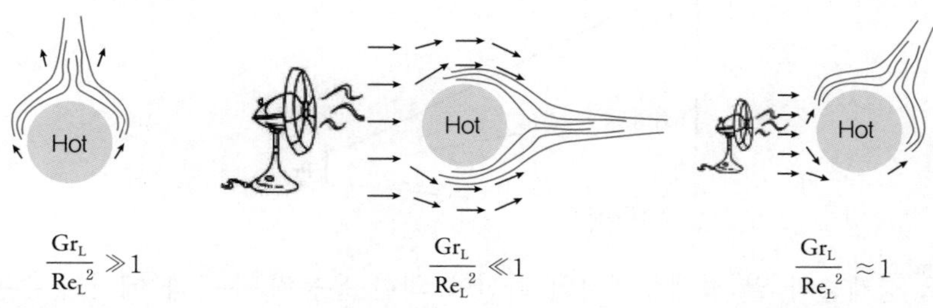

$\dfrac{Gr_L}{Re_L^2} \gg 1$ | 자연대류(관성력 무시) |

$\dfrac{Gr_L}{Re_L^2} \ll 1$ | 강제대류(부력 무시) |

$\dfrac{Gr_L}{Re_L^2} \approx 1$ | 복합대류(관성력, 부력 모두 무시) |

② 자연대류의 부력 : 강제대류의 관성력과 같은 영향

$$K_b = m \cdot g = \rho \cdot \Delta V \cdot g = \rho(V - V_0)g = \rho L^3 \beta \Delta T \cdot g$$

여기서, K_b : 부력

m : 질량

g : 중력가속도

ρ : 밀도[g/cm³]

β : 열팽창계수(기체의 경우 $1/T$)

V : 부피[m³]($V = V_0(1 + \beta\Delta T)$, $V_0 = L^3$)

T : 절대온도[K]

L : 수직길이[m]

③ 화재플럼 : 상승하면서 와류에 의한 난류가 되면 유입공기량은 증가되고 온도는 낮아진다.

구분	그라쇼프수
층류	$Gr < 10^7$
난류	$Gr > 10^7$

3) 소방에서의 적용

① 연소 생성물은 밀도차에 의한 부력으로 상승하며, 부력은 연소 생성물 내부의 점성력에 의한 저항을 받는다.

② Gr이 클수록 부력에 의한 연기유동이 활발해진다(난류유동).

(5) 프루드수(Froude No.)

1) 정의

① 유동의 관성력과 부력(중력)의 비로 나타내는 무차원수

$$\mathrm{Fr} = \frac{\mathrm{Re}}{\mathrm{Gr}} = \frac{\text{관성력}}{\text{부력}} = \frac{v^2}{g \cdot D}$$

여기서, v : 속도[m/s]

g : 중력가속도[m/s²]

D : 지름[m]

② 관성력 : 외력에 의해 발생하는 힘(강제유동)

③ 부력 : 유체의 온도차로 의해 발생하는 힘(자연유동)

2) 소방에서 적용

① 확산화염의 길이

② 분출화염은 프루드수가 크고(빠른 유동), 부력화염은 프루드수가 작다(느린 유동).

③ 터널의 축소 모델링(유동의 역학적 상사성 판단)

④ 플러그 홀링, Pool fire

⑤ 부력이 영향을 미치는 유체의 운동(플럼에서 부력에 의해 올라가는 플럼의 관성력)

프루드수	유동속도	내용
$\mathrm{Fr} \fallingdotseq 1$	임계류	아임계류와 초임계류의 변환점
$\mathrm{Fr} < 1$	느린 유동	자연적인 부력과 같은 유체 유동(초임계류)
$\mathrm{Fr} > 1$	빠른 유동	펌프나 팬과 같은 외부 힘으로 유동(아임계류)

(6) 레이놀즈수(Reynolds No)

$$\mathrm{Re} = \frac{\rho v D}{\mu} = \frac{vD}{\nu} = \frac{\text{관성력}}{\text{점성력}} = \frac{QD}{\nu A}$$

여기서, Re : 레이놀즈수

ρ : 밀도[kg/m³]

μ : 점성계수[kg/m·s]

ν : 동점성계수[m²/s]

v : 속도[m/s]

D : 관경[m]

Q : 유량[m³/s]

A : 배관경[m^2]

1) 유체의 유동 : 점성력과 관성력의 두 가지 힘에 의해 유동특성이 결정된다.

① 점성력 : 물체의 점성에 의해 발생하는 힘($\mu \cdot v \cdot D$)

② 관성력 : 외력(동력기기)에 의해 발생하는 힘($\rho \cdot v^2 \cdot D^2$)

2) 층류와 난류 구분의 기준

구분	범위	특성
층류	Re < 2,100	점성력이 커 층을 이루는 규칙 정연한 흐름(점성유체)
천이영역	2,100 ≤ Re < 4,000	층류에서 난류로의 전이되는 과정
난류	4,000 ≤ Re	관성력이 매우 큰 유체의 불규칙한 흐름(비점성유체의 성격이 큼)

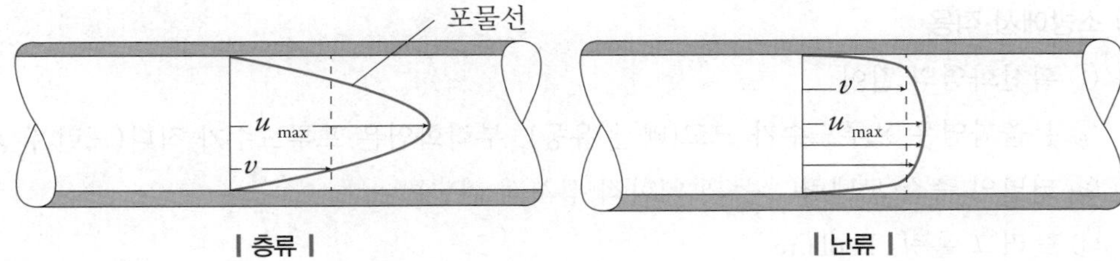

| 층류 |　　| 난류 |

3) 난류 유동의 특징

① 유동장 전반에 걸친 소용돌이(eddy)라 불리는 유체의 선회영역(swirling region)의 임의적이고 빠른 변동으로 속도의 증가에 따라 유동층이 파괴된다.

② 변동은 운동량과 에너지의 전달 확대 : 난류 유동의 격렬한 혼합에 따라 운동량이 달라진 유체 입자들이 접촉하여 운동량 전달이 향상된다.

③ 난류 유동의 마찰계수, 열전달 계수 및 물질전달 계수는 층류 경우보다 훨씬 크다.

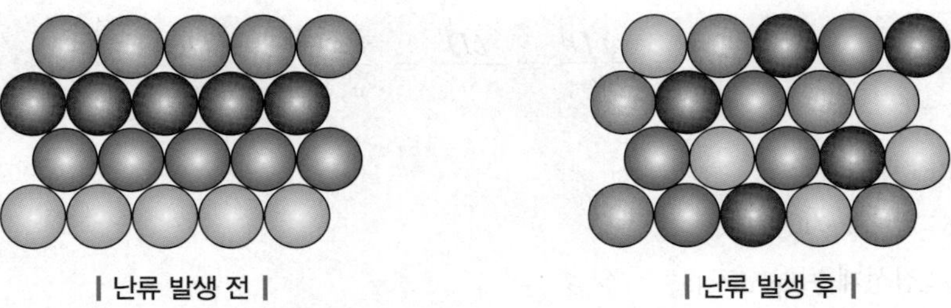
| 난류 발생 전 |　　| 난류 발생 후 |

같은 자유 흐름 속도에서 난류 경계층의 두께는 층류 경계층의 두께보다 크고, 벽면 전단응력은 난류 유동에서 훨씬 크다.

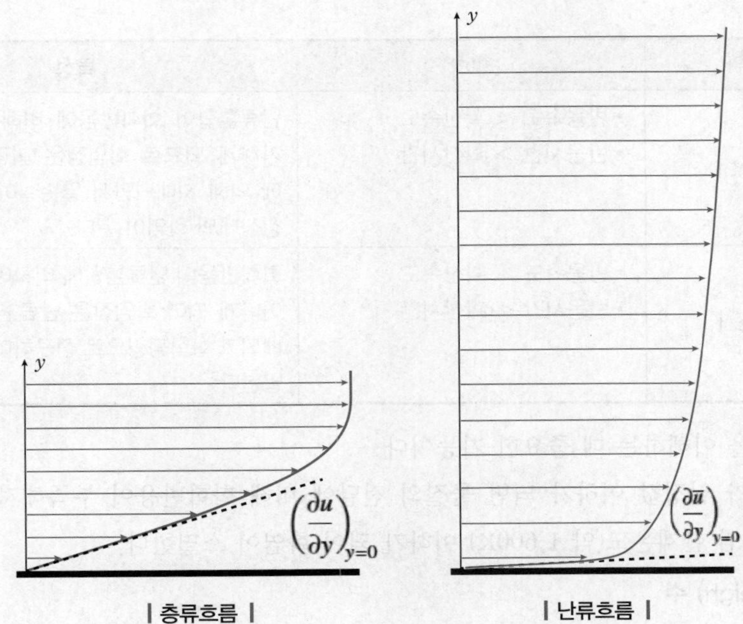

| 층류흐름 |　　　| 난류흐름 |

4) 소방에서의 적용

① 배관 내 유체의 손실수두를 결정(Re → f → 손실수두(H) → 전동기용량 산정)

구분	함수	공식
층류	$f = F(\text{Re})$	$f = \frac{64}{\text{Re}}$
천이영역	$f = F\left(\text{Re}, \frac{\varepsilon}{D}\right)$	Swamee Jain식 $f = \frac{0.25}{\left[\log\left(\frac{\varepsilon/D}{3.71} + \frac{5.74}{\text{Re}^{0.9}}\right)\right]^2}$
난류	$f = F\left(\frac{\varepsilon}{D}\right)$	Karman식 $\frac{1}{\sqrt{f}} = -2.0\log\frac{\varepsilon/D}{3.7}$

② 성능시험배관에서 정확한 유량을 산정하기 위해 유량계와 밸브 간의 일정 거리 이상 유지 : 난류로 인해서 정확한 유량값이 나오지 않는다.

(7) 담쾰러수(Damkohler No(Da)) 125회 출제

1) $\text{Da} = \frac{\text{반응속도}}{\text{확산속도}} = \frac{\text{확산시간}}{\text{반응시간}}$

2) 정의 : 난류 화염장에 있어서 유체의 거동과 화학반응 간 상호작용들을 특정하는 무차원수이다.

3) 구분

범위	의미	특성
Da≪1	• 반응속도 < 확산속도 • 반응시간 > 확산시간	난류혼합이 화학반응에 비해 급격하게 증가하게 되므로 화염장은 비평형 화학반응에 의해 지배되면서 열손실이 발생하여 정상상태의 화염이 된다.
Da≫1	• 반응속도 > 확산속도 • 반응시간 < 확산시간	화학반응이 난류혼합에 비하여 급격하게 일어나게 되어 화염장은 난류혼합에 의해 지배되고 화학평형으로 접근하며 고온으로 폭발한다.

4) 난류화염을 이해하는 데 중요한 기능이다.

5) 담켈러수가 일정값 이하가 되면 물질의 전달에 비해 화학반응이 부족해져서 화염온도가 단열화염 한계온도(약 1,600K) 이하가 되어 화염이 소멸한다.

(8) 레일리(Rayleigh) 수

1) 정의 : 유체가 열을 전달하는 형태가 전도인지 대류인지 판단하는 수

2) 임계 레일리 수 : 대류가 발생하는 레일리 수(10^3)

3) 임계값을 넘으면 버나드 대류라고 하는 규칙적인 운동인 자연대류가 발생하여 열은 대류형태로 전달된다.

4) 임계값보다 작으면 열은 전도의 형태로 전달된다.

5) Rayleigh 수=Grashof 수×Prandtl 수

SECTION

005 경계층과 경계층의 박리

01 경계층(boundary layer)

(1) **정의 :** 물체의 표면에 매우 근접한 부분에 존재하는 유체의 층으로, 거리에 따라 속도와 온도가 변화하는 구간이 존재한다.

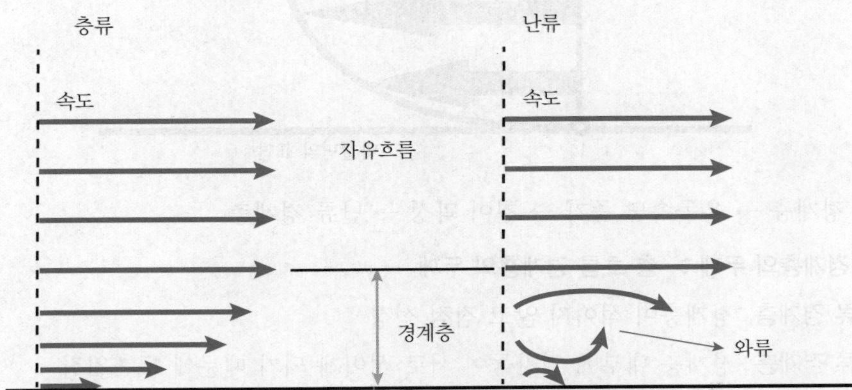

(2) **영향요소**

1) 점성 : 경계층은 점성력(viscous force)에 의한 현상으로서, 경계층 내에서는 유동이 점성의 영향을 크게 받는다. 경계층은 유체의 점성이 클수록 속도가 느려지고 경계층은 두꺼워진다.

2) 유속 : 유속이 빠를수록 경계층은 얇아진다.

3) 전단응력 : 점성으로 인한 유체와 물체 표면 사이에 마찰 때문에 발생하고 전단응력에 의해서 경계층이 두꺼워지는 것을 방해한다.

4) 레이놀즈수 : 클수록 점성을 무시할 수 없는 경계층이 얇아진다.

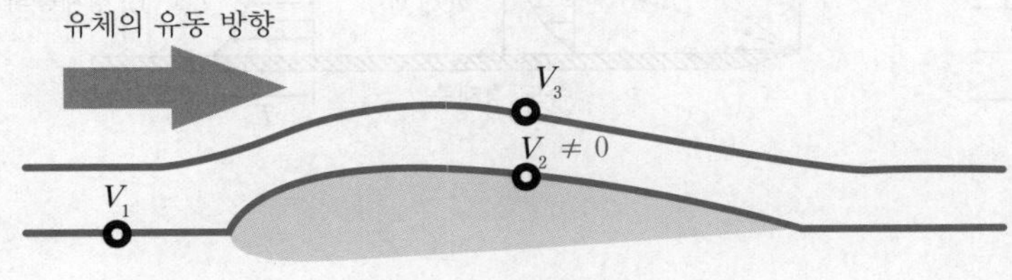

| 비점성 유체인 경우 |

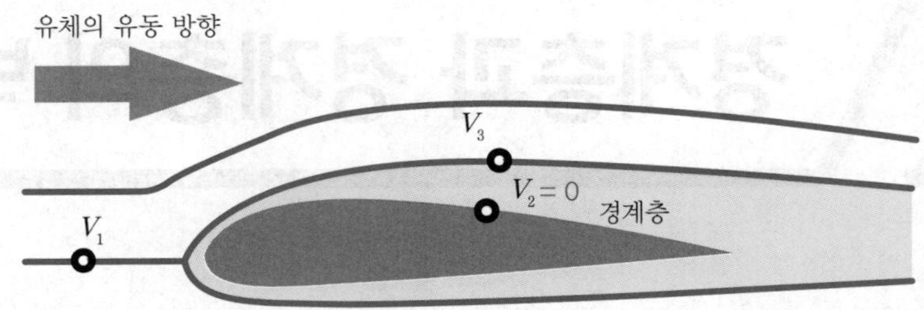

| 점성유체인 경우(점성의 영향에 의해 마찰이 존재하는 영역) |

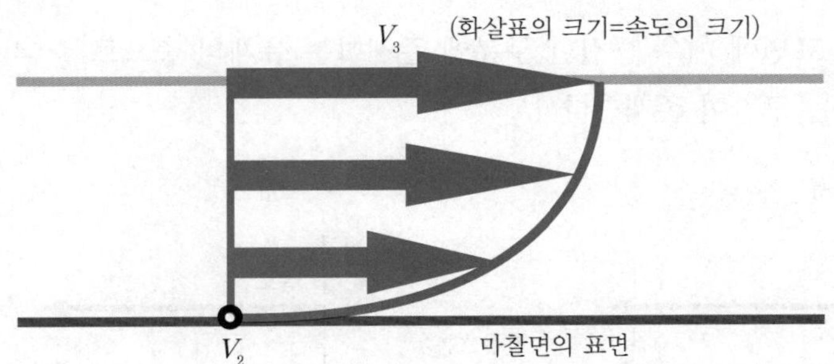

(3) 층류 경계층 → 유동속도 증가 → 천이 과정 → 난류 경계층

(4) 난류 경계층의 두께 > 층 흐름 경계층의 두께

1) 층류 경계층 : 경계층이 섞이지 않고 점점 성장

2) 난류 경계층 : 경계층 내부에 입자들이 서로 섞이게 되기 때문에 두꺼워짐

(5) 경계층 두께

1) 경계층 두께 : 유체의 속도가 자유흐름속도(u_0)의 99%가 되는 지점까지의 수직거리

$t = 0.99 \cdot v_0$

2) 고온의 가스가 평판 위를 유동할 때 경계층은 2가지가 발생한다.

① 속도 경계층(δ_v)

② 열 경계층(δ_T)

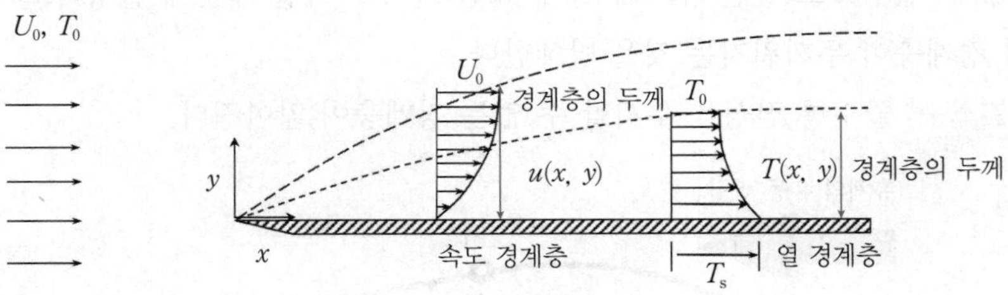

(6) 전단력=전단응력×표면적

1) 전단력은 물체의 표면과 평행하게 작용하는 힘으로 마찰로 발생한 전단력이 항력을 발생하게 한다.

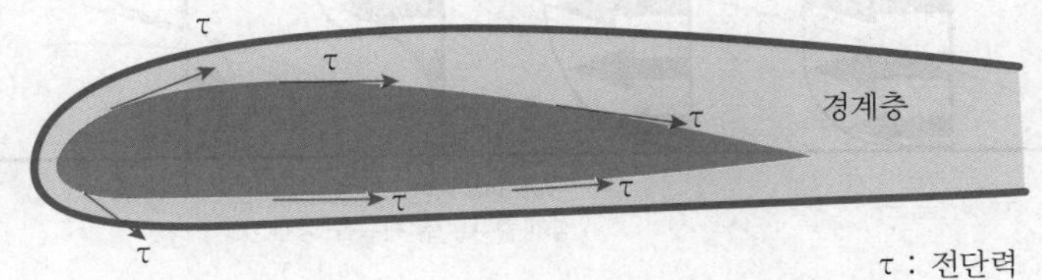

2) 경계층은 유체가 흐를수록 그 두께가 성장한다.
   ① 경계층 안에 있는 유체 입자들은 경계층이 성장함에 따라 발생하는 전단응력 때문에 점점 속도가 감소
   ② 순압력구배(favorable pressure gradient) : 유동방향을 따라 압력이 감소
   ③ 유체는 압력이 높은 곳에서 낮은 곳으로 유동 → 유동이 존재하면 그 유동 진행방향으로 압력은 점점 감소
      ㉠ 유체의 속도가 감소할수록 정압 증가
      ㉡ 유체의 속도가 증가할수록 정압 감소
3) 경계층 내에서 마찰로 인해 속도가 감소해야 하지만 유체가 흐를수록 정압이 감소하기 때문에 오히려 속도감소가 일어나지 않아 순압력구배가 발생하지 않는다.
4) 역압력구배(adverse pressure gradient) : 유동 방향을 따라 정압이 점점 증가하는 것
   유체와 물체 사이의 마찰력 → 물체 표면에 인접한 유동속도(동압)는 점점 감소 → 정압은 증가
5) 박리점 : 역압력구배가 아주 커지면 움직이던 유체 입자는 결국 멈추게 되고 결과적으로 물체 표면에 붙어 있던 유체 입자는 떨어져 나가는 점

02 경계층의 박리

(1) 유동박리 : 유체가 물체 표면에서 떨어져 나가는 현상

(2) 떨어져 나간 유동 : 결국 난류가 되어 물체 뒤에서 역류가 되어 유동을 방해

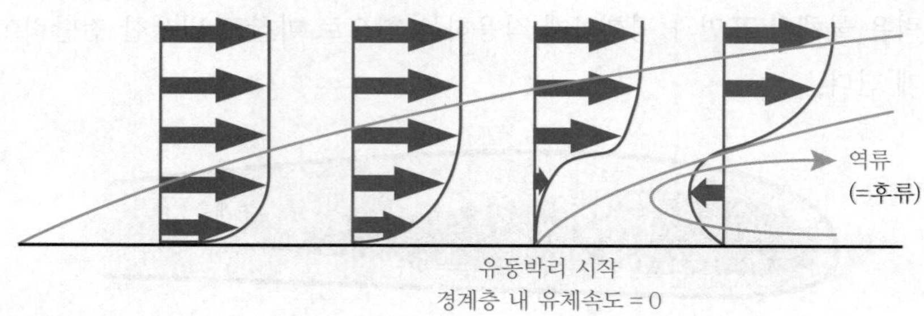

(3) 항력 = 표면 마찰항력 + 유동박리로 인한 항력

(4) 문제점

1) 유동박리로 인한 역류로 인해 난류 형성의 원인이 된다.

2) 유체의 흐름을 방해하는 항력의 원인이므로 에너지 손실이 된다.

(5) 박리현상의 발생조건

1) 속도 : 박리는 층류에서 난류보다 더 많이 발생

2) 압력 : 압력이 증가할수록 유체입자가 경계층으로부터 떨어져 나가 박리가 많이 발생

3) 저항 : 저항이 클수록 박리현상이 발생

4) 항력 : 유체의 이동에 따른 저항으로 항력이 클수록 박리현상이 발생

(6) 소방에서의 적용

1) 흡입측에 버터플라이 밸브의 설치금지(버터플라이 밸브로 인해 유동박리 발생)

2) 배관을 유동하는 유체의 속도가 빨라질수록 박리가 발생하고 이로 인한 역류로 난류가 형성되어 부차적 손실 발생

3) 서징

SECTION

006 열역학 (thermo-dynamics)

01 온도와 빈의 법칙

(1) 온도(temperature)

1) 정의 : 열은 입자의 불규칙한 운동이고 온도는 운동의 평균을 측정한 것

2) 온도의 특징

① 온도는 원자와 분자들의 움직임 정도

② 물체를 구성하는 입자들의 평균 운동 에너지는 절대온도에 비례

③ 물질 간의 열 이동 여부를 결정해 주는 유일한 변수(주위와 열적으로 평형상태에 있는지 혹은 열 교환을 하고 있는지를 판단하는 기준)

예 같은 온도의 쇠와 플라스틱을 만졌을 때 쇠가 차갑게 느껴지는 것은 열전도도(k) 차이에 의한 것이지 온도 차에 의한 것이 아니다.

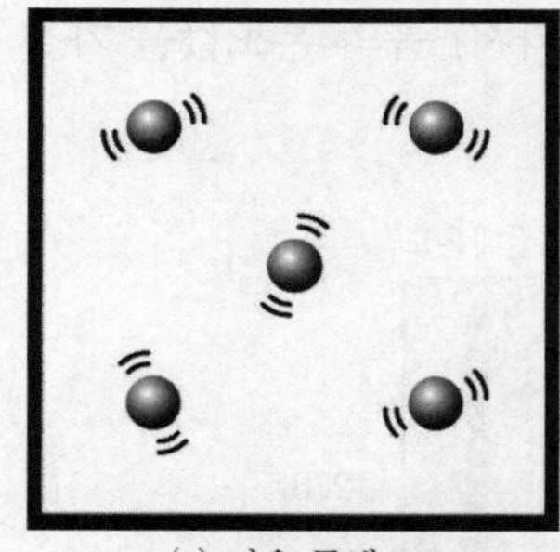

(a) 저온 물체

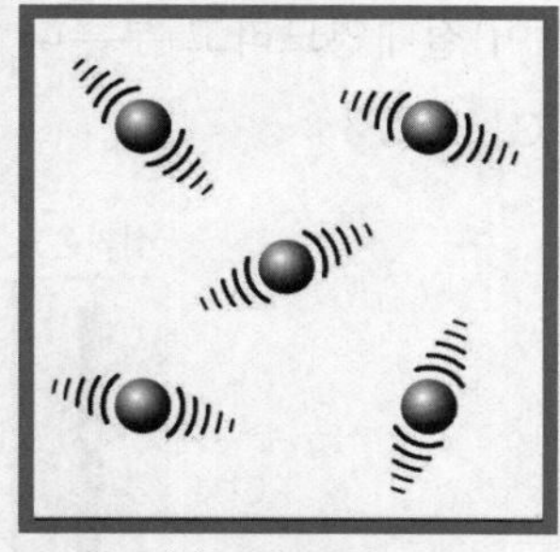

(b) 고온 물체

| 열에 따른 운동량의 변화 |

3) 온도의 한계

① 상한 : 열운동이 증가하면 고체가 액체로 녹고 다시 기체로 증발한다. 온도가 더 올라가면 분자가 원자로 쪼개지고 원자는 전자를 잃게 되어 대전입자의 구름, 즉 플라스마를 형성한다. 따라서, 온도의 상한은 없다.

② 하한 : 압력이 일정할 때 0℃에서 기체 온도를 1℃ 내리면 모든 기체의 부피가 $\frac{1}{273}$씩 줄어든다. 따라서, 0℃의 기체를 273℃만큼 냉각시키게 되면 부피가 $\frac{273}{273}$만큼 수축하여 0이 될 것이다. 이것이 온도의 하한계이다. 이 값을 절대영도라고 한다. 절대

영도는 K로 표시한다. 켈빈(K) 눈금에서 1도는 섭씨 눈금과 같은 간격이다.

(2) 에너지의 척도

1) 기체 : 분자의 병진운동

2) 액체 : 분자의 회전운동

3) 고체 : 분자의 진동운동

(3) 상대온도와 절대온도

1) 온도 T[℃][4] : 물이 어는 온도를 '0', 물이 끓는 온도를 '100'으로 표시하고 그 사이를 100 등분한 온도로 섭씨온도라고 한다.

2) 온도 T[℉][5] : 물이 어는 온도를 '32', 물이 끓는 온도를 '212'로 표시하고 그 사이를 180 등분한 온도로, 화씨온도라고 한다. 화씨온도는 소금물의 어는 온도를 0으로 하여 기준으로 잡았다.

$$T[℉] = \frac{9}{5}T[℃] + 32$$

3) 절대온도 T[K](absolute temperature, 켈빈 온도)

① 에너지의 양으로 온도를 표기한 것이다. 이 온도에서 가장 낮은 온도를 '0'으로 표시하는데 이는 에너지가 없는 상태(원자, 분자의 움직임이 없는 상태)로 앞에서 설명한 것과 같이 절대영도라고 부른다. 따라서, 음의 온도값을 가질 수 없다.

② T[K] = T[℃] + 273

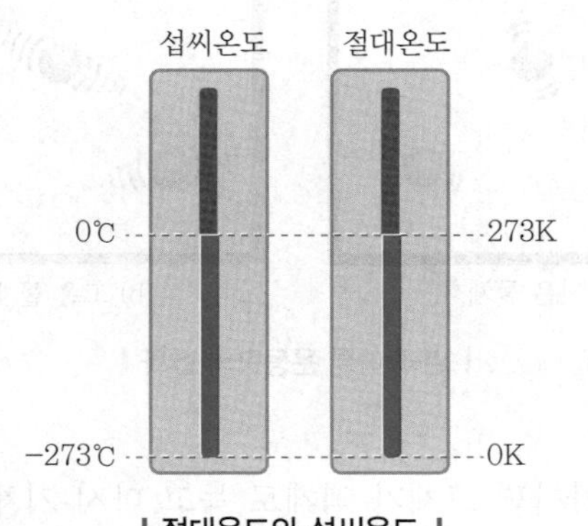

| 절대온도와 섭씨온도 |

4) '섭씨(攝氏)'라는 이름은 셀시우스의 중국 음역어 '섭이사(攝爾思, Shè ěr sī, 서얼쓰)'에서 유래한다.

5) 독일 출신 물리학자 다니엘 가브리엘 파렌하이트(Daniel Gabriel Fahrenheit, 1686~1736)가 1724년, 영국 왕립학회를 통해 제안한 온도 단위계다. 단위기호는 ℉. 화씨(華氏)라는 말은 파렌하이트의 한자 음차인 화륜해(華倫海, Huá lún hǎi, 화룬하이)의 첫 글자를 딴 것이다. 파렌하이트는 염화암모늄(NH_4Cl)과 얼음, 물을 1 : 1 : 1 비율로 섞어 열평형에 도달했을 때 온도를 0도(섭씨로는 약 −18℃), 얼음과 물만 섞었을 때 온도를 32도, 인간의 체온을 96도로 설정하자고 주장했다. 얼음과 물, 염화암모늄을 섞은 온도를 0도로 삼은 것은 당시 유럽에서 인공적으로 만들 수 있는 가장 차가운 온도였기 때문이다. 최근의 화씨는 물의 빙점이 약 32도 가량이고 비등점이 약 212도 가량임이 밝혀져 이 사이를 180등분한 온도 단위로 재정의되었다.

(4) **빈의 법칙(Wien's Law)** : 물체를 가열했을 때 온도를 높일수록 짧은 파장이 되며 색이 적색에서 보라색으로 변화한다. 따라서, 모든 물체는 에너지인 온도(열복사)에 따라 일정한 색을 가지고 색에 따라서 에너지의 양을 추정할 수 있다.

$$\lambda_{max} = \frac{\alpha}{T}$$

여기서, λ_{max} : 최대 세기를 가진 파장[μm]

α : 계수(2.893×10^{-3}[m·K])

T : 절대온도[K]

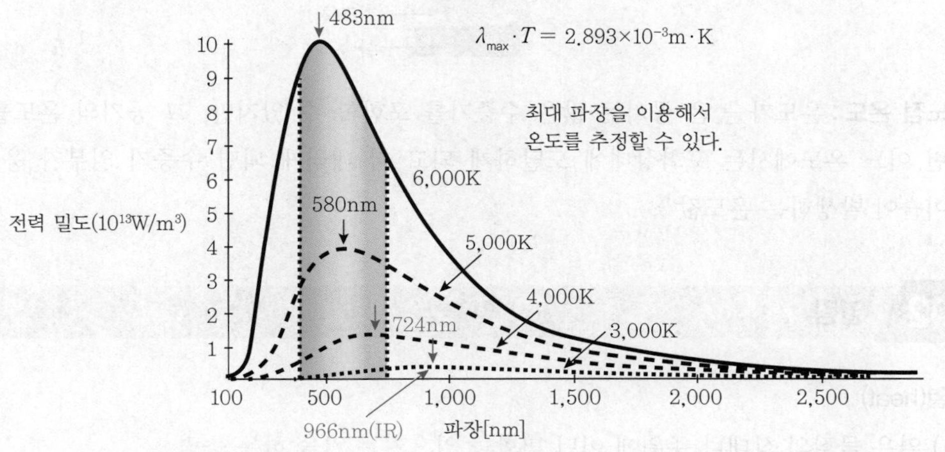

온도[℃]	색상
550	검붉은색
750	선홍색
800	붉은색
900	주황색
1,000	노란색
1,200	흰색

열역학 : 물질 내부에서의 분자운동과 열 현상을 다루는 법칙으로, 열에 의하여 물질이 한 형태로부터 다른 형태로 변화할 때 일어나는 물리적 변화의 상호관계를 연구하는 학문이다.

(5) **건구 온도** : 일반적으로 온도라고 하면 건구 온도를 지칭하는데 주위로부터 복사열을 받지 않은 상태에서 측정하는 온도값

(6) 습구 온도 : 감온부를 천으로 감싸고 천을 물에 적셔서 감온부가 젖은 상태에서 습구 온도계로 측정한 온도값

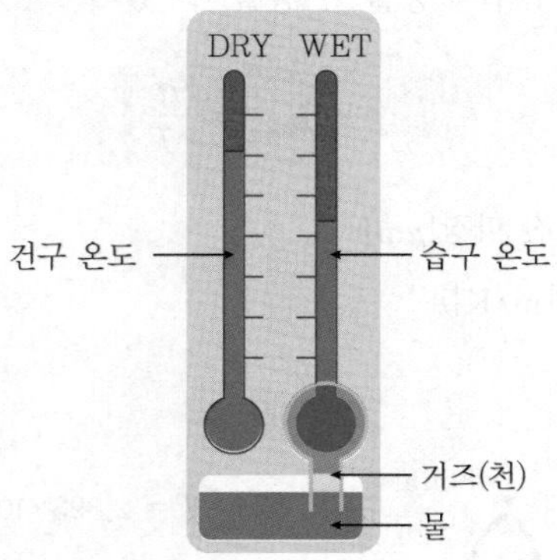

(7) 노점 온도 : 온도가 높은 공기는 많은 수증기를 포함할 수 있지만, 그 공기의 온도를 내리면 어느 온도에서는 포화상태에 도달하게 되고 더 내리게 되면 수증기 일부가 응축되어 이슬이 발생하는 온도값

02 열량

(1) 열(heat)

1) 열은 물질의 상태나 주위에 어떤 변화를 일으키는 일을 하는 능력

2) 정의 : 온도 차에 의한 에너지의 흐름

3) 열은 상대적 개념으로 동일한 열을 가진 상태가 아니면 이동(흐름)이 발생한다. 우리가 이것을 열 전달(에너지의 이동)이라고 한다.

① 열 : 한 물체에서 다른 물체로 이동하는 내부 에너지

내부 에너지(ΔE) : 물질 내 여러 형태의 모든 에너지를 통틀어서 내부 에너지라고 한다. 열역학에서는 열의 변화나 흐름에 따른 내부 에너지의 변화를 연구한다. 이 변화가 바로 온도의 변화로 나타난다.

② 열 에너지 : 열이 물체나 물질로 전달된 후에는 열이 아니라 열 에너지가 된다.

③ 열의 단위는 에너지의 단위와 같다. → 줄(J) 물 1g의 온도를 1℃ 높이는 데 4.18J이 필요하다. 이를 미국에서는 1cal라 한다.

(2) 비열(specific heat, c) 119회 출제

1) 정의 : 단위 질량(1g)의 물질 온도를 1℃ 높이는 데 드는 열량

$$비열(c) = \frac{열량(Q)}{질량(m) \times 온도변화(\Delta T)} \rightarrow Q = c \cdot m \cdot \Delta T$$

2) 단위 : J/g·℃

3) 비열은 물질마다 다르므로 물질의 특성을 나타내며 물질의 질량이나 크기와는 무관하다.

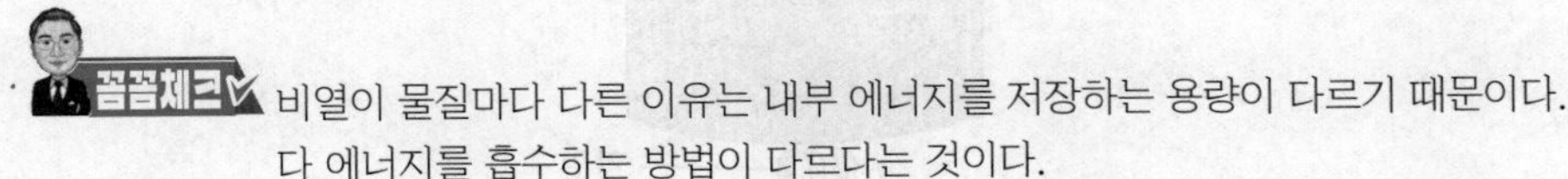

비열이 물질마다 다른 이유는 내부 에너지를 저장하는 용량이 다르기 때문이다. 즉, 물질마다 에너지를 흡수하는 방법이 다르다는 것이다.

4) 종류

구분	정압비열(C_p)	정적비열(C_V)
정의	압력을 일정하게 유지하면서 가열했을 때 물질이 나타내는 비열	부피를 일정하게 유지하면서 가열했을 때 물질이 나타내는 비열
의미	열량의 변화는 내부 에너지의 변화 더하기 정압과정에서의 일	온도변화에 따른 내부 에너지의 변화량
식	$C_P = \left(\frac{\partial H}{\partial T}\right)_P$	$C_V = \left(\frac{\partial U}{\partial T}\right)_V$
일	$W = U + PV = H$	$W = PdV = 0$
크다는 것	외부로의 일을 하는데 열량을 더 많이 사용함	내부 에너지를 많이 축적할 수 있음
수학적	일정한 압력에서 비엔탈피의 온도에 대한 도함수	일정한 체적에서 비내부 에너지의 온도에 대한 도함수

5) 비열비(ratio of the specific heat)

① 정의 : 기체에 대해서 정적비열에 대한 정압비열에 대한 비

$$K = \frac{C_P}{C_V},\ C_P = C_V + R \rightarrow 양변을\ C_V로\ 나누면\ K = 1 + \frac{R}{C_V} \rightarrow C_V = \frac{R}{K-1}$$

② 비열비는 1보다 큰 값을 갖고 공기의 경우는 약 1.4이다.

③ 고체와 액체의 경우 두 비열값의 차이가 별로 없지만 기체의 경우에는 열팽창에 의해 외부압력에 대해 일을 하게 되므로 두 조건하에서의 비열이 달라지게 된다.

④ 비열비가 크다는 것은 동일 발열량당 외부로 하는 일이 많다는 것이다.

(3) 열용량(heat capacity, C)

1) 정의 : 어떤 물질 온도를 1℃ 올리는 데 필요한 열량

$$열용량(C) = 비열(c) \times 질량(m) \rightarrow \frac{열량(Q)}{온도변화(\Delta T)}$$

2) 단위 : J/℃

3) 보통 물질의 크기나 질량이 클수록 열용량이 증가한다.

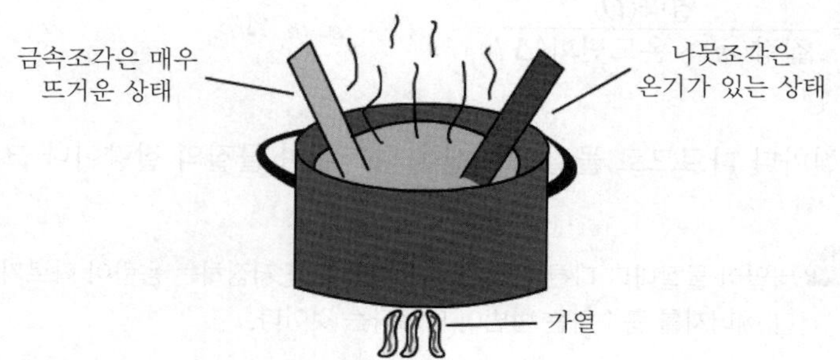

| 금속과 나뭇조각의 열용량 차이로 인한 온도 차 발생 |

(4) 열과 일

구분	공식	방향성
일	$W = F \cdot d = Fd\cos\theta$	벡터
열	$W = P\Delta V\left(\frac{F}{A}\right)(Ad)$	스칼라

03 열팽창

(1) **정의 :** 열 공급 때문에 물질 내부의 온도가 올라가면 분자운동이 활발해서 분자들 사이의 간격이 멀어진다. 이 결과 부피가 상승하는 열 팽창이 발생한다. 이는 분자 간의 결합력 차이에 영향을 받게 된다.

(2) 온도가 상승하면 고체 < 액체 < 기체 순으로 팽창한다.

04 열전달

*** 소방기술사 중권 PART 4 연소공학을 참조한다.**

05 열역학 법칙 117회 출제

(1) **열역학 제0법칙 :** 열역학적 평형의 법칙

만약 계 A와 계 B를 접촉하여 열역학적 평형상태를 이루고 있고 계 B와 계 C를 접촉하여 열역학적 평형상태를 이루고 있다면, 계 A와 계 C를 접촉하면 열역학적 평형을 이룬다 (A=B, B=C이면 A=C).

(2) 열역학 제1법칙 : 에너지 보존의 법칙

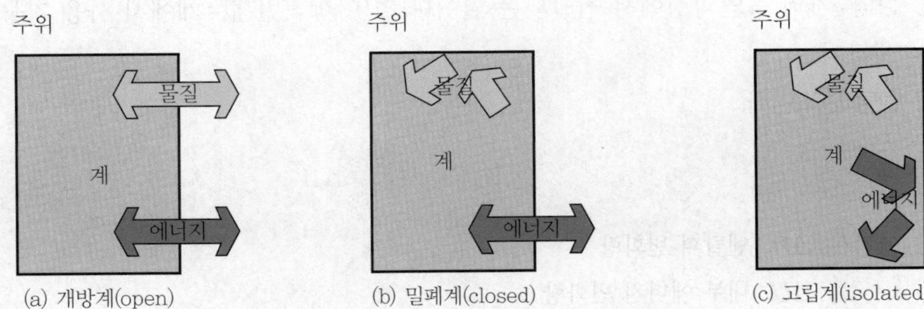

(a) 개방계(open) (b) 밀폐계(closed) (c) 고립계(isolated)

| 개방계, 밀폐계, 고립계의 비교[6] |

구분	물질 전달	에너지 전달	공식	유동	계
개방계	○	○	$q=\dfrac{Q}{m}=\left[\dfrac{kJ}{kg}\right]$	유동계	공간
밀폐계	×	○	$q=\dfrac{\dot{Q}}{\dot{m}}=\left[\dfrac{kJ/s}{kg/s}\right]$	비유동계	질량
고립계	×	×	–	비유동계	–
단열계	×	△(일 ○, 열 ×)	–	비유동계	–

꼼꼼체크 계(system) : 해석을 목적으로 관심을 두고자 하는 어떤 양의 물질이나 혹은 공간을 말한다. 즉, 해석하려는 공간이나 물질의 상상적인 경계를 말한다. 계를 구성하는 물체들 사이에 주고받는 힘을 내력이라 하고 계의 외부에서 물체들에 작용하는 힘을 외력이라고 한다.

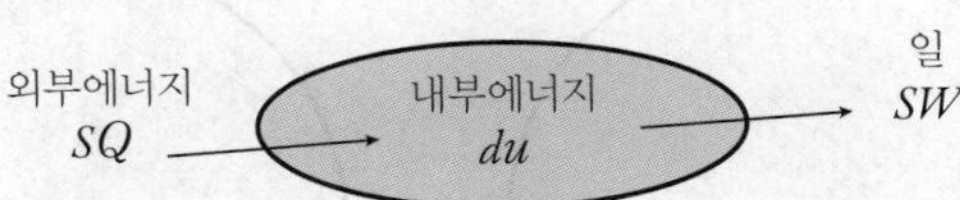

1) 열은 본질상 일과 같은 에너지의 한 형태로서, 열은 일로, 또한 일은 열로 변환하는 것이 가능하다.

2) 밀폐계(closed system)에 대한 일과 열의 출입에 따른 내부 에너지 변화에 대한 관계
   ① 발열 과정(exothermic process) : 열 에너지가 계로부터 주위로 방출되는 과정(−)
   ② 흡열 과정(endothermic process) : 열 에너지가 주위로부터 계로 흡수되는 과정(+)
   ③ 단열 과정(adiabatic process) : 계와 주위 사이에 에너지의 변화가 없는 과정(0)

6) Atkins Physical Chemistry 8th, 2006 29page

3) 엔탈피(enthalpy, H)

① 정의 : 가역 등압과정에서 전달되는 열이나 일(이상적인 값=계에서 사용 가능한 최대 에너지)

② 엔탈피의 변화

$$\Delta H = \Delta U + \Delta W$$

여기서, ΔH : 엔탈피 변화량

ΔU : 내부 에너지 변화량

ΔW : 계의 일($P\Delta V$) 변화량

P : 계의 압력

ΔV : 계의 부피 변화량

③ 소방에서 엔탈피 : 화재는 일정한 압력인 대기압 하에서 발생한 열에 의한 일(ΔV)이고 엔탈피는 일정한 압력 하에서 물질 속에 저장된 에너지를 정량화한 열역학 특성 함수의 하나이다.

④ 일정한 압력 하에서 일어나는 물리·화학적 변화에서 흡수한 열량(Q)은 엔탈피의 변화량과 같다($\Delta H = \Delta Q$).

$$\Delta Q = \Delta U + \Delta W = \Delta H$$

⑤ 발열반응에서의 엔탈피는 감소하고, 흡열반응에서의 엔탈피는 증가한다.

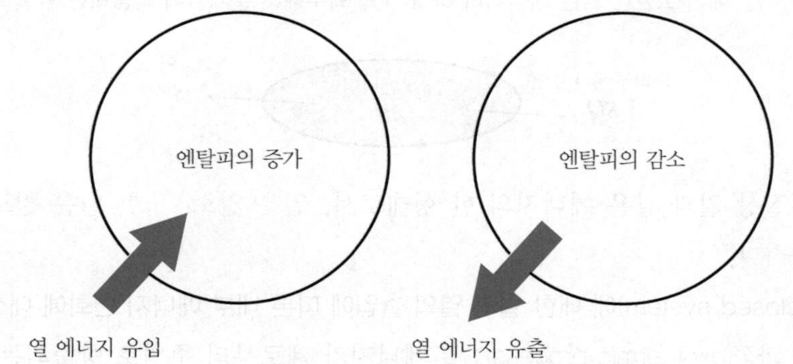

| 엔탈피의 변화 |

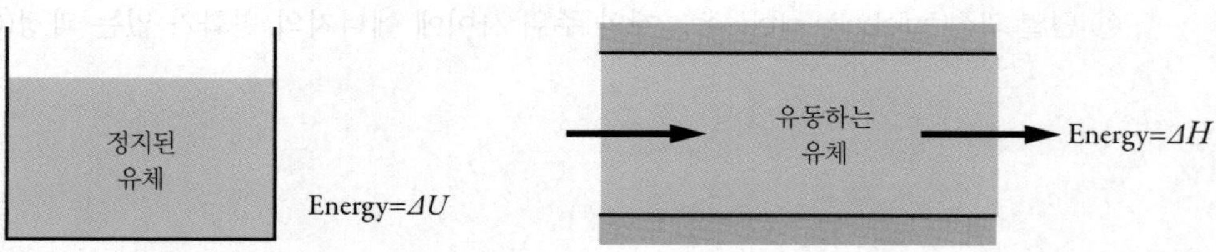

4) 줄-톰슨 효과(Joule- Thomson effect) = 등엔탈피(단열팽창)

① 인력과 반발력

㉠ 협축부를 통과하면 분자 간의 간격이 넓어지고 반발력이 줄어 온도가 감소(예외 : 수소, 헬륨, 네온)

㉡ 인력과 반발력으로 보면 밀집되어 있으면 분자 간의 반발력이 많이 증가하여 운동을 빠르게 하게 되므로 온도가 증가하고 분자 간 간격이 넓어지면 반발력은 줄고 분자 간의 당기는 인력이 증가하게 되므로 운동이 늦어져 온도가 감소

㉢ 인력(분자 간 인력증가) > 반발력 : 온도 감소(운동 에너지 감소) → 이산화탄소의 냉각효과

㉣ 인력 < 반발력(밀집할 때 반발력 증가) : 온도 증가(운동 에너지 증가) → 수소(역줄-톰슨 효과)

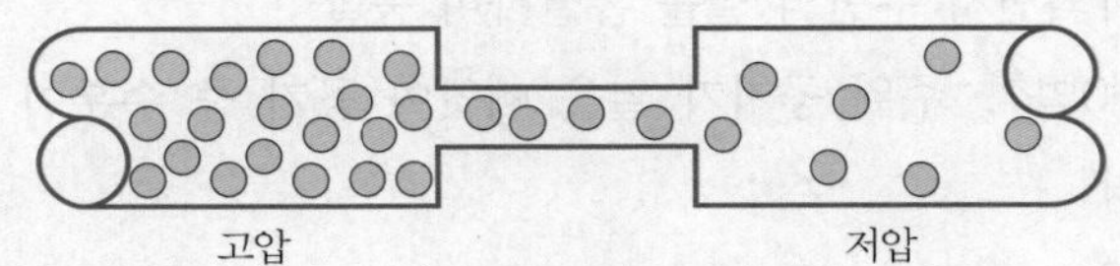

| 줄-톰슨 효과 |

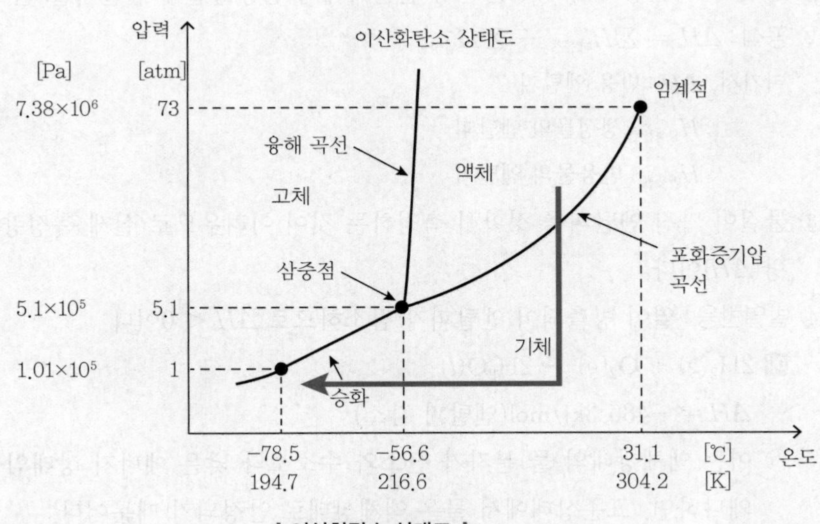

| 이산화탄소 상태도 |

② 단위 : kJ/kg

③ 단열팽창

㉠ 단열 : 단열된 공간 내외부의 열교환은 없다.

㉡ 자유팽창(free expansion) : 단열되어 있는 용기 내부에 존재하는 기체가 진공상태로 퍼져 기체의 에너지와 온도는 변하지 않고 외부에 한 일 없이 엔트로피(S)만

증가하여 팽창하는 비가역 과정을 말하고 줄팽창이라고도 한다.

㉢ 열적 평형상태 → $Q=0$

온도변화 $\Delta T \rightarrow \Delta U=0$

$\therefore\ W=0$

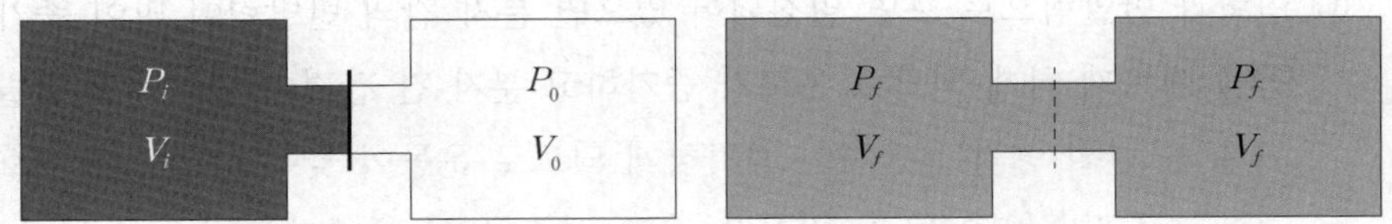

| 열적으로 격리된 챔버에서 부피 $V_i=V_0$가 부피 $V_f=2V_i$로 확장되는 팽창 |

④ 운무현상

㉠ 줄-톰슨 효과에 의해 노즐에서 방사되고 이산화탄소가 냉각되며 대기압으로 압력이 강하되면서 주변의 열을 흡열하여 증발

㉡ 열역학 제0법칙 : 주위 공기가 열을 빼앗아 공기 중 수분이 냉각되어 수증기가 생기는 현상

5) 엔탈피 변화(ΔH)

① 정의 : 화학반응에서 생성물질의 엔탈피에서 반응물질의 엔탈피를 뺀 값

② 공식 : $\Delta H = \Sigma H_{반응물} - \Sigma H_{생성물}$

여기서, ΔH : 반응 엔탈피

$H_{생성물}$: 생성물의 엔탈피

$H_{반응물}$: 반응물의 엔탈피

③ 물질이 가진 엔탈피를 정확히 측정하는 것이 어려우므로 실제 측정량은 엔탈피 변화량(ΔH)이다.

④ 발열반응 : 열이 방출되어 엔탈피가 감소하므로 $\Delta H < 0$이다.

예 $2H_2(g) + O_2(g) \rightarrow 2H_2O(l)$

$\Delta H = -486.3$kJ/mol(엔탈피 감소)

㉠ 이는 액체상태의 물 분자가 산소와 수소보다 낮은 에너지 상태임을 나타내준다. 왜냐하면, 표준상태에서 물은 액체상태로 안정되기 때문이다.

㉡ 다시 말하면 산소와 수소가 결합하여 물이 생기는 반응은 표준상태에서의 발열반응이자 수소의 연소반응이다.

⑤ 흡열반응 : 열이 흡수되어 엔탈피가 증가하므로 $\Delta H > 0$이다.

예 $HgO(s) \rightarrow Hg(l) + \frac{1}{2}O_2(g)$

$\Delta H = 90.8$kJ/mol(엔탈피 흡수)

㉠ 이는 고체상태의 산화수은 분자가 수은과 산소보다 낮은 에너지 상태임을 나타내준다.

㉡ 산화수은이 열을 받아 수은과 산소로 분해되는 반응은 표준상태에서 흡열반응이다.

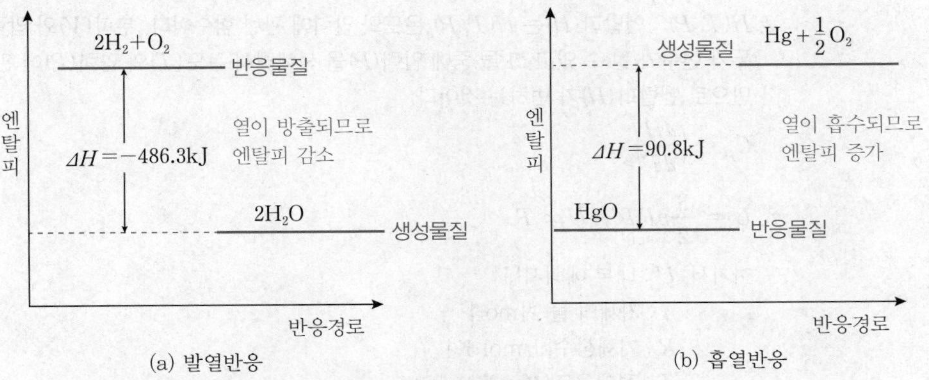

| 화학반응에서의 엔탈피 변화 |

⑥ 등엔탈피 변화 : 엔탈피의 증감이 없는 상태에서 변화

6) 내부 에너지 식

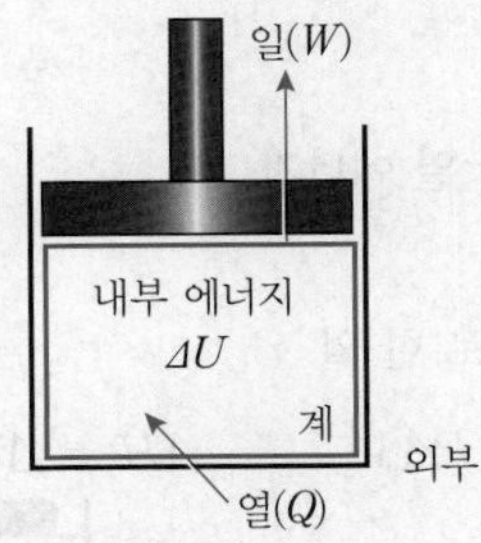

① 계를 이루고 있는 분자들의 전체 일 에너지와 열 에너지의 합

$$\Delta U = \Delta Q - \Delta W$$

여기서, U : 계의 내부 에너지($T,\ V$)

Q : 계로 흘러 들어간 열 에너지

$-W$: 외부 일($P\Delta V$)

② 위 식을 통해 내부 에너지는 물체가 외부에 작용하면 그 양만큼 감소하고, 외부로부터 작용을 받으면 그 양만큼 증가한다는 것과 물체가 열을 받으면 그 양만큼 증가하고, 열을 잃으면 그 양만큼 감소한다는 것을 알 수 있다.

1. $U(T, V)$: 내부 에너지(U)는 사실상 온도와 부피의 함수로, 압력과는 영향이 없다. 그래서 표현을 $U(T, V)$ 이런 함수의 표시로 한다. 압력이 변화하면 부피가 변하고 따라서 내부 에너지가 변하는 것이다.

   $C_V = \left(\frac{\partial U}{\partial T}\right)_V$

2. $H(T, P)$: 엔탈피(H)는 $H(T, P)$ 온도와 압력에 관한 함수이다. 부피(V)와 압력(P) 모두가 변수가 될 수 있고 그 둘 중에 압력(P)을 선택해서 온도(T)와 압력(P)에 관한 함수만으로 엔탈피(H)가 변하는 것이다.

   $C_P = \left(\frac{dH}{dT}\right)_P$

3. $U = \frac{3}{2}nRT \rightarrow U \propto T$

   여기서, U : 내부 에너지[J]

   n : 기체의 몰수[mol]

   R : 기체상수[J/mol·K]

   T : 절대온도(K=273 + ℃)

③ 내부 에너지를 엔탈피 공식에 대입하면

$\Delta H = (\Delta Q - \Delta W) + \Delta W = \Delta Q$

$\therefore \Delta H = \Delta Q$

여기서, H : 엔탈피(T, P)

Q : 계로 흘러 들어간 열 에너지

$-\Delta W$: 외부로 한 일

ΔW : 외부에서 내부로 한 일

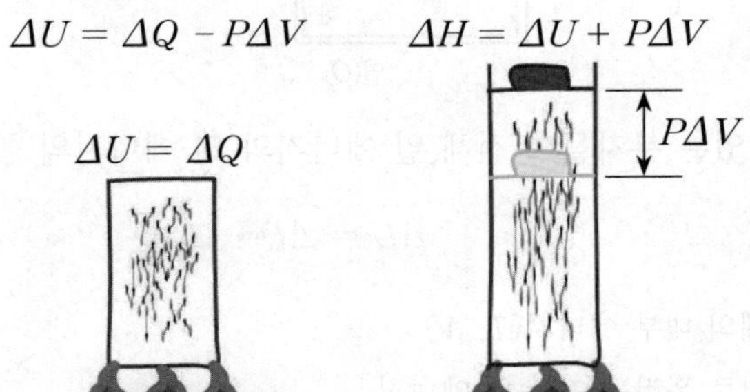

| 내부 에너지와 엔탈피 |

④ 엔탈피(H) : 물체가 가지는 열 에너지(Q)를 나타내는 것이고 이것이 화재 온도를 나타내는 것이다.

7) 우주 에너지의 총량은 항상 일정하다. 에너지는 다른 에너지로 바뀌긴 하지만 스스로 생기거나 스스로 없어지지는 않는다(열을 포함).

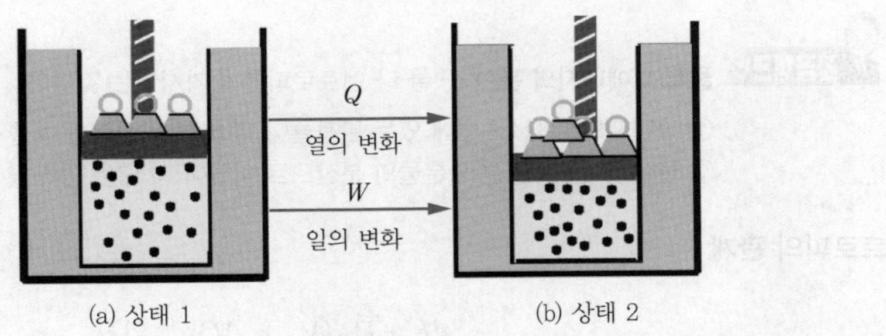

(a) 상태 1 (b) 상태 2

(3) 열역학 제2법칙

1) 엔트로피 법칙으로 에너지의 방향성을 규정한다.
2) 우주의 엔트로피는 항상 증가한다.
3) 열은 차가운 열원에서 뜨거운 열원으로 스스로 흐르지 않는다(에너지의 흐름).
4) 열(heat)이 모두 일(work)로 변하지 않는다.

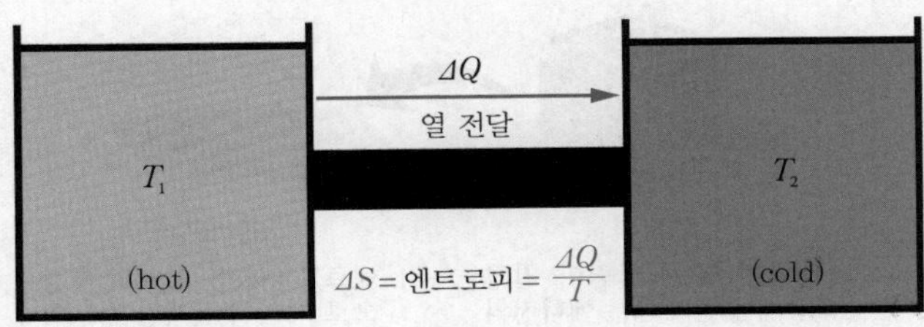

(4) 열역학 제3법칙

1) 물체 온도가 절대 0K에 가까워짐에 따라 엔트로피 역시 0에 가까워진다.
2) 엔트로피의 양이 0이 되는 것은 불가능하다.

06 엔트로피(entropy)

(1) 정의

1) 고전 열역학적 : 엔트로피는 일로 변환할 수 없는 에너지의 양, 즉 쓸모없는 에너지를 지칭한다.
2) 통계 열역학적 : 무질서도
3) 최근 물리학
   ① 에너지의 분산하려는 경향 : 에너지가 집중된 곳에서 주변으로 퍼져 나간다.
   ② 축적된 화학 에너지는 연소하면서 작은 저에너지 분자들의 열로 분산한다.
   ③ 엔트로피는 자발적 과정(spontaneous process)인 에너지 분산을 기술하기 위해 사용되는 용어로 활용된다.

물질과 에너지의 분산 → 둘 다 엔트로피를 증가시키는 것이다.

① 에너지의 분산 : 주변에 있는 분자들이 더 빠른 무질서 운동을 유발한다.
② 물질의 분산 : 물질 성분들의 분산으로 이들이 더 넓은 공간을 차지한다.

(2) 엔트로피의 관계

$$dS = \frac{dU + P \cdot dV}{T} = \frac{\Delta Q}{T} = \frac{\Delta H}{T}$$

여기서, ΔQ : 등온 가역과정에서 계에 가해진 열량(엔탈피)

T : 과정이 일어나는 동안 계에 일정하게 유지되는 절대온도

S : 엔트로피

H : 엔탈피

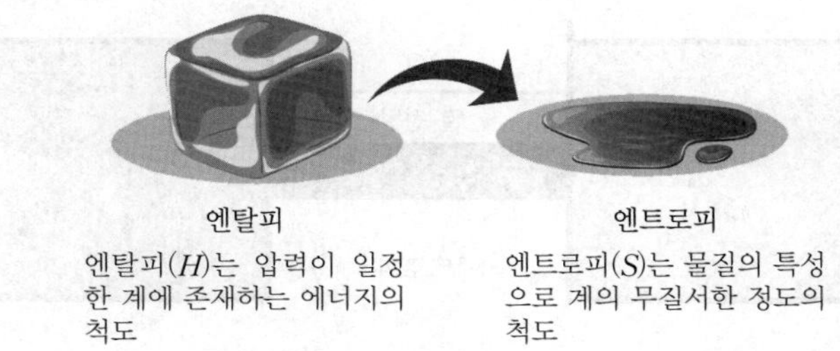

엔탈피
엔탈피(H)는 압력이 일정한 계에 존재하는 에너지의 척도
엔트로피
엔트로피(S)는 물질의 특성으로 계의 무질서한 정도의 척도

(3) 밀폐계에서 $T \cdot dS = \Delta H$는 엔트로피의 변화로 인해 절대온도에서 엔탈피가 변한다는 것을 의미한다.

꼼꼼체크 **가역과정** : 물질의 상태가 한번 바뀐 다음 같은 경로로 원래 상태로 되돌아갈 수 있는 과정

(4) 열이 높은 곳에서 낮은 곳으로 흐르는 경우 분모의 온도(T)가 낮아지므로 엔트로피(S)는 증가한다.

07 효율

(1) 연소효율

1) 공식 : $\text{연소효율} = \frac{\text{실제 연소 시 발열량}}{\text{완전 연소 시 발열량}} \times 100[\%]$

2) 연소효율이 높다 : 열적 피해 증가

3) 연소효율이 낮다 : 비열적 피해 증가(불완전 생성물 증가)

4) 일반적으로 화재 시 열적 피해보다는 비열적 피해가 인명안전에 위해하므로, 연소효율이 낮은 것이 더 위험하다.

(2) 열효율(thermal efficiency)

1) 공식 : 열효율$=\frac{\text{일}}{\text{저위 발열량}}\times 100[\%]$

2) 열역학 제2법칙 : 열기관이 열을 100% 일로 바꾸는 것은 가능하지 않다.

(3) 폭발효율(暴發效率, explosion efficiency)

1) 공식 : $\frac{\text{실제 주위에 방출된 에너지}}{\text{이론적으로 산출되는 폭풍파 에너지}}\times 100[\%]$

2) 밀폐계는 25~50%, 개방계는 1~10%

08 정적변화, 정압변화, 등온변화, 단열변화

(1) 정적변화

1) 정의 : 부피가 일정하게 유지된 채로 열의 출입이 있거나 온도나 압력이 변하는 공정

2) 공식 : 닫힌 계에서 가역적으로 진행될 때 열역학 제1법칙($\Delta U=\Delta Q+\Delta W$) 식에서

$$\Delta W=\int -PdV=0$$

$\therefore\ \Delta U=\Delta Q$, 이때 $\Delta U=\int C_v dT$

3) 정적변화로 가해진 열은 내부 에너지(U)로 저장된다.

(2) 정압변화

1) 정의 : 압력이 일정하게 유지된 채로 열과 일의 출입이 있거나 온도나 부피가 변하는 공정

2) 공식 : 닫힌 계에서 가역적으로 진행될 때 제1법칙($\Delta U=\Delta Q+\Delta W$) 식에서

$$\Delta W=\int -PdV=-P\Delta V$$

$\therefore\ \Delta U=\Delta Q-P\Delta V\rightarrow \Delta H=\Delta Q$, 이때 $\Delta H=\int C_p dT$

3) 정압변화로 가해진 열은 엔탈피 에너지(H)로 저장된다.

(3) 등온변화

1) 정의 : 온도가 일정하게 유지된 채로 열과 일의 출입이 있거나 압력이나 부피가 변하는 공정

2) 공식 : 닫힌 계에서 가역적으로 진행될 때 제1법칙($\Delta U=\Delta Q+\Delta W$) 식에서 이상기체라고 가정하면 $\Delta U=0$(이상기체의 내부 에너지는 온도만의 함수이므로)

$$\Delta W=-\int PdV=-\int \frac{RT}{VdV}=-RT\ln\frac{V_2}{V_1}=-RT\ln\frac{P_1}{P_2}$$

제1법칙에서 $\Delta Q = -\Delta W = RT\ln\frac{V_2}{V_1} = RT\ln\frac{P_1}{P_2}$

(4) 단열변화

1) 정의 : 열의 출입이 없는 채로 일의 출입이 있거나 압력이나 온도 또는 부피가 변하는 공정

2) 공식 : 닫힌 계에서 가역적으로 진행될 때 제1법칙 식에서

$\Delta Q = 0$

$\therefore \Delta U = \Delta W = -\int PdV$

이상기체라고 가정하면 $\Delta U = \int C_v dT$(적분형 식), $dU = C_v dT$(미분형 식)이고

$C_p = C_v + R \rightarrow$ 양변을 C_v로 나누면 $K = 1 + \frac{R}{C_V} \rightarrow C_v = \frac{R}{K-1}$ 식과 $PV = RT$ 식을 미분형 식($C_v dT = -PdV$)에 대입하여 적분하면 이상기체가 단열변화할 때의 온도, 압력, 부피의 관계식과 일을 구하는 식이 얻어진다.

$VdP + KPdV = 0, \ln P + K\ln V = C$

$PV^K = C$

$\therefore \frac{T_2}{T_1} = \left(\frac{V_1}{V_2}\right)^{K-1} = \left(\frac{P_2}{P_1}\right)^{\frac{K-1}{K}}$

여기서, P_1, P_2 : 변화 전후의 압력

V_1, V_2 : 변화 전후의 체적

T_1, T_2 : 변화 전후의 온도

K : 비열비$\left(\frac{C_p}{C_v}\right)$

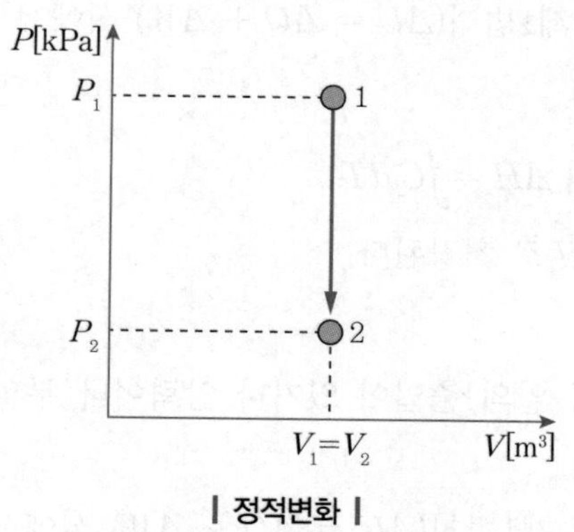

| 정적변화 |

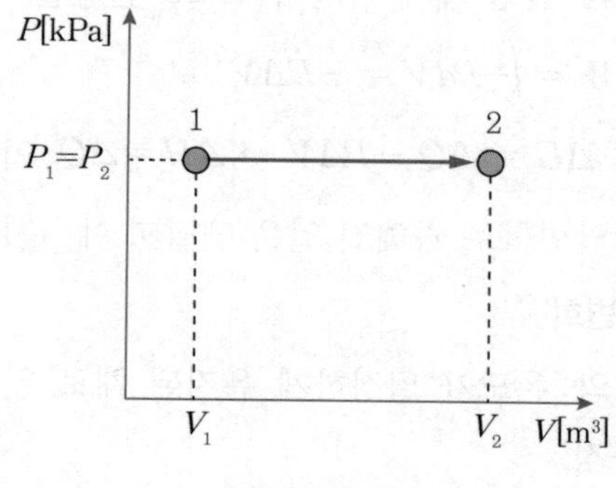

| 정압변화 |

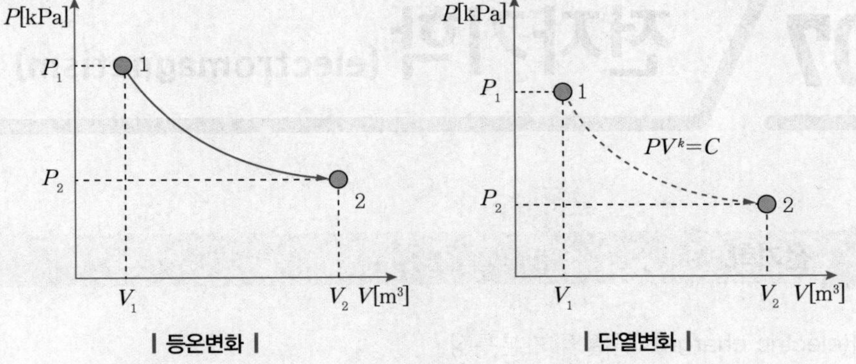

| 등온변화 |

| 단열변화 |

SECTION

007 전자기학(electromagnetism)

01 전기학

(1) 전하(electric charge) : 물질의 기본특성

1. 질량(중력)=전하(전기력)
2. **힘의 법칙** : F(전기력)$=q$(전하량)$\times E$(전기장의 세기)
   전기장의 세기는 전기장 속에서 단위 양전하(1C)가 받는 전기력의 크기이다.

1) 단위 : C(쿨롬)

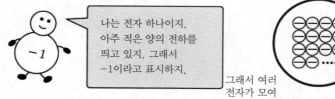

−1
나는 전자 하나이지.
아주 적은 양의 전하를
띄고 있지. 그래서
−1이라고 표시하지.

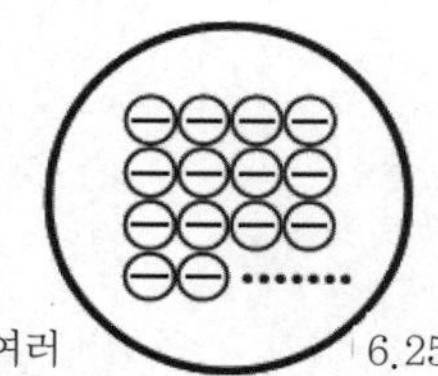

그래서 여러
전자가 모여

전하량=1쿨롬(coulomb)

2) 마찰전기 : 전자의 이동

① 양(+)전하 : 전하를 잃는다.

② 음(−)전하 : 전하를 얻는다.

③ 전하 보존의 법칙 : 전하는 어떤 경우에도 소멸하거나 생성되지 않는다. 즉, 이동해 새로 만들거나 소모되는 것이 아니다.

④ 전하의 양자화 : 모든 전하량은 전자 전하량 1.6×10^{-19}C의 정수배를 가진다.

양자화(量子化, quantization) : 연속적인 양을 어떤 기본단위(양자)의 정수배로 측정하는 양으로 재해석하는 것을 말한다. 즉, 자연수와 같은 셀 수 있는 수로 나타내는 것을 양자화라고 한다.

3) 전하의 유도(electrostatic induction) : 도체를 가까이 대면 물체는 반대의 전하를 유도한다. 이는 전하가 이동하지 않지만, 전하의 중심이 이동한 유전분극이다.

4) 도체와 부도체

① 도체 : 전하의 흐름이 있는 물질(자유전자)

② 부도체 : 원자에 속박된 전자만 있어서 전하의 흐름이 없는 물질

구분	전하의 흐름	분극현상
절연체	×	작다.
유전체	×	크다.

유전체(誘電體, dielectrics) : 양단에 전계 혹은 전압을 인가하였을 때 양 표면에 서로 다른 극성의 전하가 유기되는 물질(분극이 발생하는 물질)

(2) 자기(magnetism)

1) 전류의 고리

2) 자기는 전하의 운동으로 발생

(3) 전류(current, $I \rightarrow I$는 전류의 세기(intensity of current)의 약자)

1) 전압에 의한 전자의 이동, 전위(電位)가 높은 곳에서 낮은 곳으로 전하가 연속적으로 이동하는 현상(전하의 운동 에너지)

2) 1A(암페어)$=\dfrac{q}{t}=\dfrac{1\text{C}}{1\text{s}}$ (즉, 1초에 6.25×10^{18}개의 전하가 흐름)

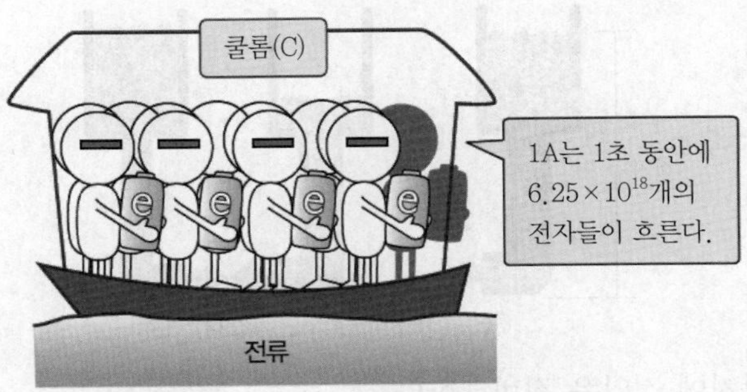

3) 전류는 전기적 압력인 전압으로 흐른다.

4) 전기에는 정상분, 역상분, 영상분 전류가 존재한다.

① 정상분 전류 : 1차 수의 기본파

② 역상분 전류 : 2차 수의 정상의 반대로 흐르는 전류

③ 영상분 전류 : 3차 수의 영상이란 말 그대로 L_1, L_2, L_3 상도 아닌 상이 없는 전류로 대지로 흐르는 전류를 말한다. 대지와 연결된 부분이 중성선이고 영상전류는 중성선으로 흐른다.

④ 차수에 따른 정리

차수	1차	2차	3차	4차	5차	6차
구분	정상	역상	영상	정상	역상	영상

5) 도선에 전류가 흐르는 이유 : 도선 내부에 생성된 전기장에 의해서 전하가 전기력을 받아서 운동

(4) 정전기(static electricity) : 정지된 전하

(5) 전압(voltage, V)

1) 정의

① 압력처럼 전자를 밀어내는 힘(위치 에너지 차)

② 어떤 단위 점전하에 의해 형성된 전계장에서 전계장을 거슬러 무한대에서 r까지 점전하를 이동시키는 데 필요한 일

$$V_r = \int_{\infty}^{r} E \cdot dl$$

여기서, V_r : 전압

E : 전하

dl : 위치의 차(거리)

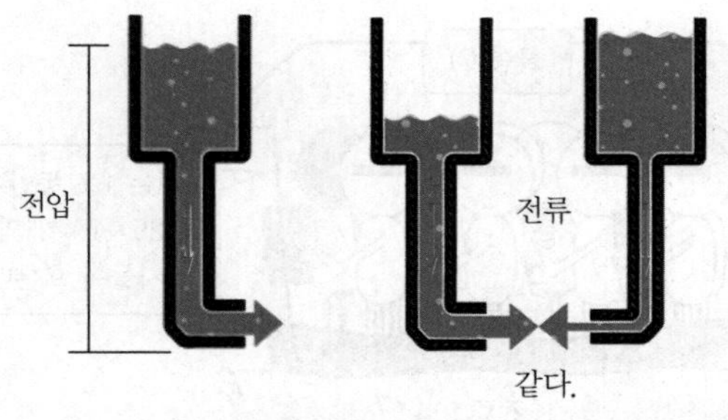

2) 전기 위치 에너지에 전압은 정비례한다.

$$V = \frac{W}{C}$$

여기서, V : 전압[V]

W : 위치 에너지[J]

C : 전하량[C]

3) 전압의 구분

구분	개정 전	개정 후
저압	DC 750V 이하	DC 1,500V 이하
	AC 600V 이하	AC 1,000V 이하
고압	DC 750V 초과 7,000V 이하	DC 1,500V 초과 7,000V 이하
	AC 600V 초과 7,000V 이하	AC 1,000V 초과 7,000V 이하
특고압	7,000V 초과	7,000V 초과

4) 전압 : 전류가 운동 에너지라면 전압은 위치 에너지로, 전압이 높을수록 밀어내는 압력이 증가되어 더 많은 전자가 흐를 수 있다.

5) 공칭전압(nominal voltage)

① 전압의 종류를 표현하는 데 편의상의 목적으로 회로나 시스템에서 사용되는 전압이며, 그 전선로를 대표하는 선간전압을 말하며 그 선로의 이름으로 사용된다.

② 표준전압(standard voltage)이라고도 한다. 흔히 부르는 110V, 220V, 380V, 3,300V 등이 바로 공칭전압이다.

6) 정격전압(rated volt)

① 전기를 사용하는 기계기구와 배선기구 등에서 사용상의 기준이 되는 전압으로, 사용전압이라고도 한다.

② 차단기의 정격전압은 차단기에 부과될 수 있는 사용 회로 전압의 상한을 말하며, 그 크기는 선간전압의 실횻값으로 나타낸다.

7) 상전압(phase voltage) : 교류 다상식 접속에 있어서 1상의 전압

8) 선간전압(line voltage)

① 상선과 상선 간의 전압

② 3상 회로 Y결선 : 선간전압은 상전압의 $\sqrt{3}$배이고 선전류와 상전류는 같다.

③ 3상 회로 Δ결선 : 선간전압과 상전압은 같으나 선전류는 상전류의 $\sqrt{3}$배가 된다.

9) 대지전압(voltage to ground)

① 접지방식의 경우 : 전선과 대지(大地) 사이의 전압

② 비접지방식의 경우 : 전선과 전선 사이의 전압

③ 3상 4선식 전로의 중성점을 접지하면 각 상의 대지전압은 선간전압의 $\frac{1}{\sqrt{3}}$이 된다.

(6) 저항(resistance, R)

1) 저항

① 도체 내 전류의 흐름을 방해하는 정도(임피던스의 실수부)

② 전압의 감소를 초래하고 감소된 에너지는 열로 발생한다.

1. 전자의 이동속도는 1mm/s로 상당히 느리다. 한데 왜 스위치만 올리면 불이 들어오는가? 그 이유는 전자의 이동속도는 느리지만, 전기장이 빛의 속도로 전달되기 때문이다. 그렇다면 왜 이렇게 느린 것인가? 고체는 원자와 원자의 격자결합으로 내부의 진동운동 중 전자가 이 사이를 뚫고 가다가 여기저기 부딪쳐 에너지를 전달하기 때문에 움직임이 느린 것이다. 이를 전기저항이라 한다.
2. 전하는 1.6×10^{-19}C으로 너무 작고, 전류는 6.25×10^{18}개·전자/s를 가지고 있어 전자 한 개가 초당 1조번 충돌을 하는데 전자끼리 충돌할 때에는 완전 탄성적 충돌이 이루어지고 원자핵과 충돌 시 열이 발생하며 운동력을 상실한다. 왜냐하면, 전자는 원자핵보다 너무 작아서 충돌할 때 그 운동력을 모두 원자핵에 전달하게 되기 때문이다.
3. **컨덕턴스(conductance : 전기전도도)** : 전기저항의 역수로서, 기호는 G로 나타낸다.
4. 건조 상태의 몸의 저항은 500,000Ω, 젖은 상태의 몸의 저항은 1,000Ω

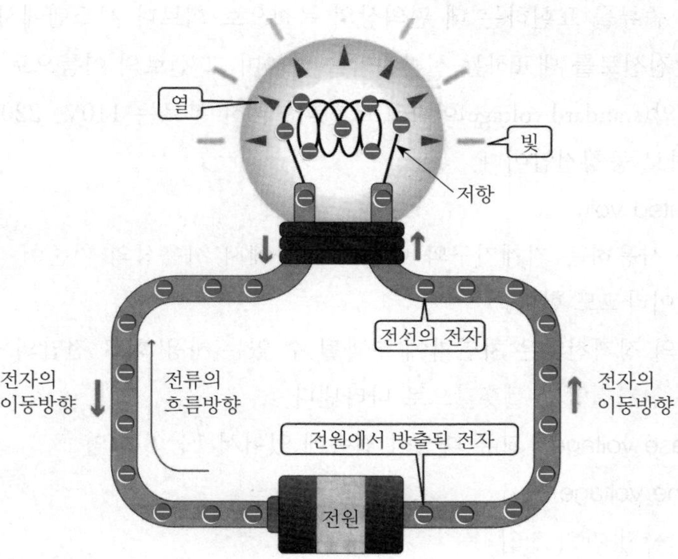

2) 옴(Ohm)의 법칙: $I = \frac{V}{R}$

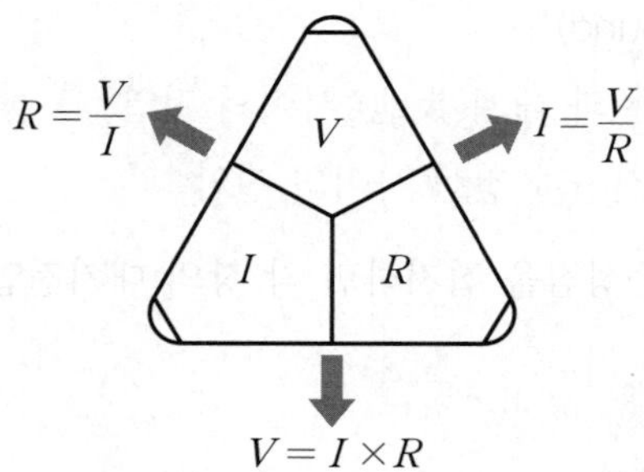

| 옴의 법칙에 따른 삼각형 |

(7) 임피던스(impedance : 교류저항)

1) 정의 : 교류회로에서 인가전압 E[V]와 회로의 전류 I[A]와의 비

2) 기호 : Z

3) 단위 : Ω

4) 공식 : $Z=\sqrt{R^2+X^2}$ (유도성 +, 용량성 −)

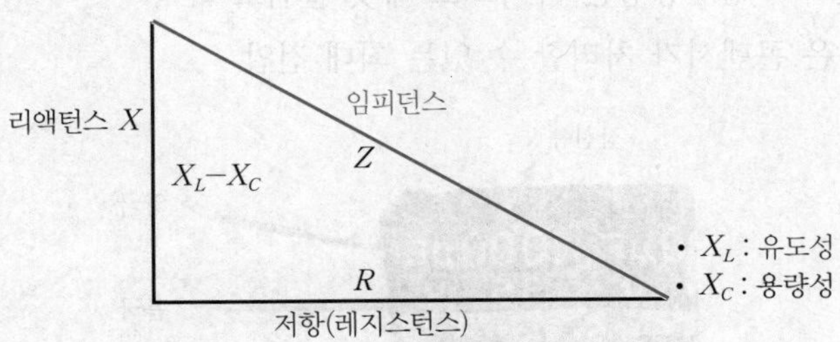

① 리액턴스(X)

㉠ 정의 : 교류회로에서 교류전류가 흐르기 어려움을 나타내는 정도(임피던스의 허수부 X)

㉡ 단위 : Ω

㉢ 종류

• 코일(L)에 의한 유도 리액턴스(X_L)

• 콘덴서(C)에 의한 용량 리액턴스(X_C)

② 커패시턴스(C : capacitance, 정전용량)

㉠ 정의 : 일정한 전위 V를 주었을 때 전하 Q를 저장하는 능력

㉡ 단위 : 패럿[F]

㉢ 공식 : $Q = C\times V$[C]

여기서, Q : 전하량[C]

C : 정전용량[F]

V : 전압[V]

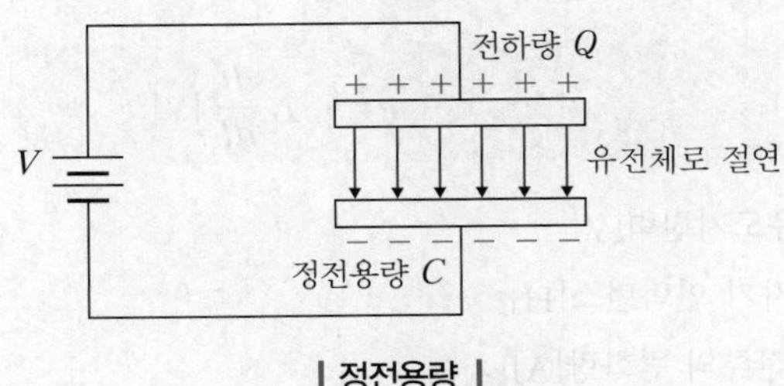

| 정전용량 |

㉣ 콘덴서와 건전지

구분	콘덴서	건전지
저장용량	작음	큼
충 · 방전	빠름	느림

• 콘덴서의 정전용량은 마이크로 패럿 단위로 측정

• 전압은 콘덴서가 처리할 수 있는 최대 전압

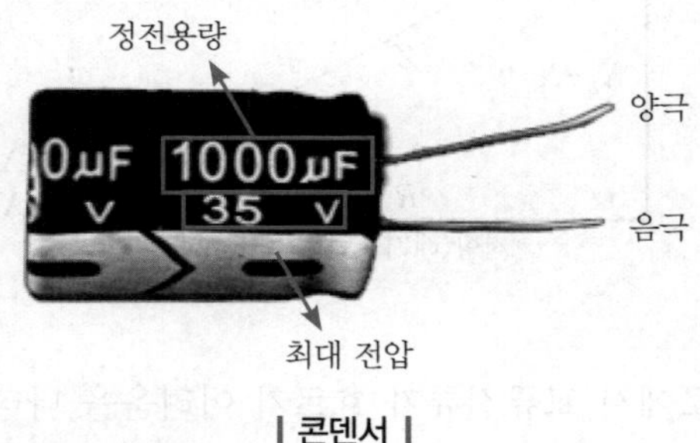

| 콘덴서 |

㉤ 용도

• 전기장의 전계로 에너지를 임시로 저장(중간 물탱크처럼 짧은 시간 동안 전원이 끊어져도 전류 공급)

• 직류의 흐름을 차단

• 전류의 주파수와 축전기의 용량에 따라 교류의 흐름을 조절

• 교류 역률개선

• 정류기 사용 시 전압값을 직류에 가깝게 완만하게 해주는 기능

③ 인덕턴스(L, inductance)

㉠ 코일에 흐르는 전류가 변화되면 그 코일은 변화에 대응하는 전압이 발생된다. 이 전류변화에 대해 발생하는 전압비율을 표시하는 양이다.

㉡ 단위 : 헨리[H]

㉢ 코일에 발생되는 유도기전력

$$e = -L\frac{di}{dt}[\mathrm{V}]$$

여기서, e : 유도기전력[V]

L : 자기 인덕턴스[H]

di : 전류의 변화량[A]

dt : 시간의 변화량[s]

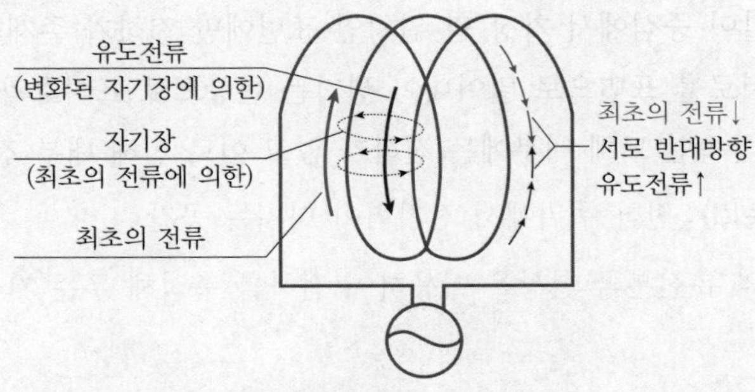

| 유도기전력에 의한 유도전류 |

④ 어드미턴스(admittance)

㉠ 정의 : 임피던스의 역수$\left(Y = \dfrac{1}{Z}\right)$

㉡ 기호 : Y

㉢ 단위 : ℧(모(mho))

(8) 전기력(전하 사이에 작용하는 힘, electric force)

1) 쿨롱의 법칙

① 전하 간의 힘(쿨롱의 힘, 전기력)

$$F = k_e \frac{Qq}{r^2}$$

여기서, F : 힘

k_e : 쿨롱상수(9×10^9)[N]

Q, q : 전하의 크기[C]

r : 두 전하 사이의 거리[m]

쿨롱상수 k_e 값은 약 90억[N]으로 약간만 대전된 물체라도 전기력은 물체들 사이의 중력에 비하여 엄청나게 큰 것을 알 수 있다.

② 같은 부호일 때는 척력, 다른 부호일 때는 인력이 작용한다.

2) 쿨롱의 힘으로 대전된 도체는 과잉된 전하를 가지고 있는데 같은 극성끼리 밀어낸다. 특히, 이렇게 밀다 보면 어느 한 곳에 집중적으로 모이게 되는데 이곳이 바로 뾰족한 침상 형태이다. 따라서, 전하는 침상구조에 집중되게 되고 이것이 피뢰침의 원리이다.

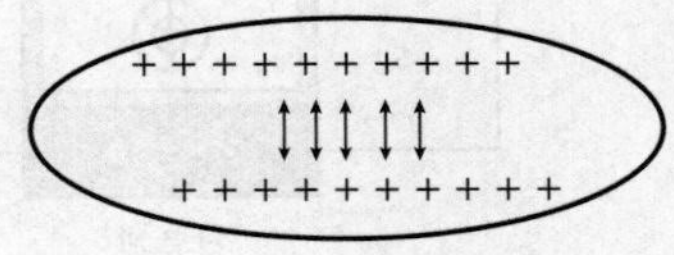

3) 상기 그림과 같이 중심에서 가장 먼 위치인 표면에만 전하가 존재한다. 이는 전하가 같은 양전하로 서로를 표면으로 밀어내어 생기는 현상으로 표피효과(skin effect)라고도 한다. 그러므로 금속인 도체 내부에는 전하가 없고 이로 인해 내부 전기장은 '0'이다.

(9) 전기장(electric field) : 전하 주위에서 전기력이 미치는 공간

(10) 축전지 : 유전체의 유전분극 현상을 이용하여 전하를 축적해 두는 기구

1) 정전용량

$$C = \frac{Q}{V}$$

여기서, C : 정전용량[F]
Q : 전하[C]
V : 전압[V]

2) 저장 에너지

$$U = \frac{1}{2}QV = \frac{1}{2}CV^2$$

여기서, U : 저장 에너지[W]
C : 정전용량[F]
Q : 전하[C]
V : 전압[V]

(11) 전자기 유도(electromagnetic induction) : 자기장의 변화가 전류를 만든다.

1) 전기를 만드는 법칙(패러데이의 법칙) : 코일에 자석을 넣었다 뺐다 하면 그 과정에서 코일에 영향을 미치는 자석의 자장이 변화하고 그에 따라 유도기전력이 생긴다. 왜냐하면, 자장을 일정하게 유지하기 위해 자장이 변화하지 않는 방향(음부호)인 상쇄 방향으로 기전력이 발생한다.

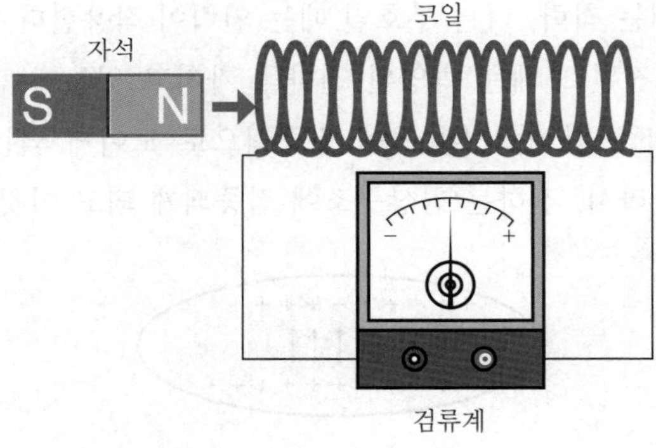

| 전자기 유도 |

2) 렌츠의 법칙

$$e = -N\frac{d\phi}{dt}[\text{V}]$$

여기서, e : 유도기전력[V]

(−) : 렌츠의 법칙에 의한 기전력의 방향

N : 코일의 권선수

$d\phi$: 코일을 쇄교하는 자속[Wb]의 변화량

dt : 시간의 변화량[s]

꼼꼼체크 유도기전력에서 - 값이 붙는 이유 : 외력에 의한 변화에 저항하여 현상을 유지하기 위해 발생하는 기전력으로 외력의 반대 방향이기 때문이다.

(12) 직류와 교류

1) 직류(DC : Direct Current) : 전류는 시간에 구애받지 않고 항상 크기가 일정하며 한 방향인 전류나 전압

꼼꼼체크 직류를 사용하는 이유 : 제어하기 쉽고 회로판을 더 작게 만들 수 있다.

2) 교류(AC : Alternating Current) : 주기적(시간 간격)으로 변화하는 방향을 바꾸어 교대로 정 및 부의 값을 가지는 전류나 전압을 교류(교류라는 말은 교번전류의 약칭)

교류를 사용하는 이유 : 장거리 송전선의 저항으로 인한 에너지 손실을 줄이기 위해 전압을 증가시키고 전류를 감소시킨다.

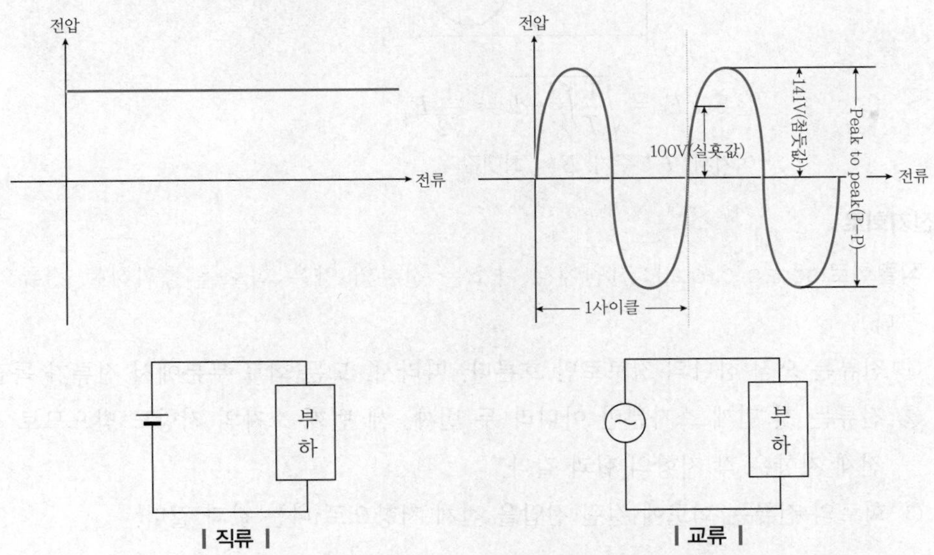

| 직류 | | 교류 |

3) 직류 100V를 어떤 부하에 가해 발생한 열과 같은 열을 정현파 교류에 가해 발생시키려면 141V($100\times\sqrt{2}$)의 전압을 가해야 한다. 교류는 시간에 따라 전압이 변하는데, 어떤 기간에 가장 높은 전압을 첨둣값(sin45)이라 하며 위의 141V는 첨둣값(최댓값)이다.

4) 실횻값

① 정의 : 교류를 직류처럼 계산이나 다룰 수 있게 나타낸 값이다.

② 교류는 시간에 따라 전류와 전압이 변하므로 이들의 순간값을 측정하기 어렵다. 이들의 세기를 나타내기 위해서 평균값을 생각할 수 있으나 반주기($T/2$)마다 방향이 반대되어 평균은 0이 된다. 따라서, 1주기에 대한 교류의 전압, 전류의 제곱의 평균값의 제곱근을 취하여 이들의 세기를 나타내며 이것을 교류의 실효치라 한다.

③ 즉, 정현파 교류 141V는 실제로는 직류 100V와 같은 전력을 가지는데 이를 실횻값이라 한다. 그리고 정현파 교류전압의 최곳값과 최젓값과의 차이를 Peak to Peak라고 하고, P－P라고 표시한다. 최댓값은 실횻값에 1.414($\sqrt{2}$)배이며, 생활에서 부르는 전압의 값은 실횻값이다. 실횻값은 교류가 실제로 일을 하는 값을 나타낸다.

1. **순시값** : 전류와 전압이 시시각각으로 변화하고 있는 값
2. 첨둣값 = $\sqrt{2}$ × 실횻값
3. **실횻값(rms)** : rms란 root mean square의 약자로서, 글자 그대로 해석하면 제곱해서 평균을 취한 후에 루트를 씌운다는 뜻이다. 직류전류를 저항에 흘렸을 때와 같은 열량을 내는 교류전류의 등가치를 나타낸다.

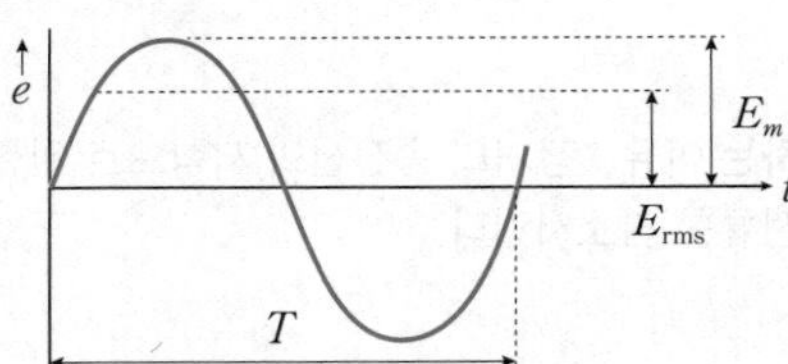

실횻값 $E_{ms} = \sqrt{\dfrac{1}{T}\int_0^T e^2 dt} = \dfrac{1}{\sqrt{2}}E_m$

여기서, T : 주기, E_m : 최댓값

(13) 전기회로

1) 직렬회로(series circuit) : 전원에서 나오는 전류의 양은 회로를 통과하는 전류의 양과 같다.

① 전류는 오직 하나의 경로로만 흐른다. 따라서, 모든 회로 부분에서 전류가 똑같다.

② 전류는 첫 번째 소자뿐만 아니라 두 번째, 세 번째 소자의 저항도 받으므로 회로의 전체 저항은 각 저항의 합과 같다.

③ 회로의 전류는 회로에 걸린 전압을 전체 저항으로 나눈 값과 같다.

④ 직렬회로에 걸린 전체 전압은 회로의 모든 전기 소자에 분배된다. 따라서, 각 소자에 걸린 전압강하의 합은 전압과 같다. 왜냐하면, 전체 에너지의 양은 각각 소모된 에너지의 합과 같기 때문이다.

⑤ 각 소자의 전압강하는 각각의 저항에 비례한다. 왜냐하면, 저항이 작은 소자보다 큰 소자가 전류를 통과할 때 더 많은 에너지를 열로 소모하기 때문이다.

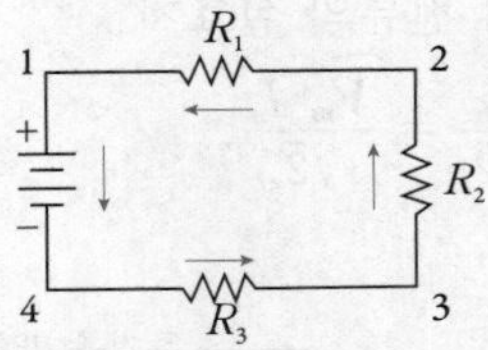

| 직렬회로($R=R_1+R_2+R_3$) |

2) 병렬회로(parallel circuit) : 각 경로에 흐르는 전류의 양은 각 경로의 저항에 의존한다.

① 모든 소자가 회로 내 같은 점(병렬로 분기되고 모이는 점을 각각 A와 B라고 하면) A와 B에 연결되어 있고, 각 소자에 걸린 전압의 크기는 모두 같다.

② 회로의 전체 전류는 병렬 분기점에서 나누어진다. 따라서, 병렬회로의 전압이 같으므로 옴의 법칙에 따라서 각 분기회로로 흐르는 전류는 병렬회로 저항에 반비례한다.

③ 회로의 전체 전류는 각 병렬회로로 흐르는 전류의 합이다.

④ 병렬회로의 수가 증가하면 회로의 전체 저항이 감소한다. 왜냐하면, 이동 전화의 이동 경로가 많아짐으로 지체가 줄어들어 저항이 줄기 때문이다. 따라서, 병렬회로의 수가 증가할수록 회로의 전체 전류는 증가한다. 병렬회로의 전체 저항은 분기회로의 어느 저항보다도 작다.

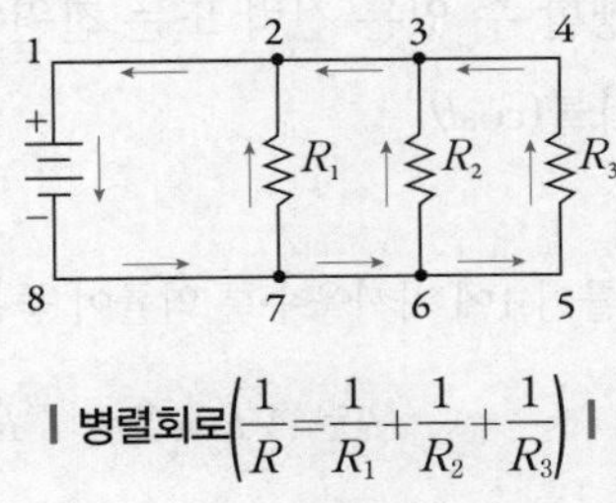

| 병렬회로$\left(\frac{1}{R}=\frac{1}{R_1}+\frac{1}{R_2}+\frac{1}{R_3}\right)$ |

3) 회로 : 전류가 흐를 수 있는 경로로 전기는 전원으로 되돌아 간다.

(14) 전력(electrical power)

1) 전자가 저항을 통하여 이동할 때 전력을 소비한다. 이 작용은 전등, 모터 및 전선 과열과 같은 여러 가지 방식으로 나타난다. 따라서, 100W 전구는 60W 전구보다 더 많은 빛과 열을 발생한다.

2) 정의 : 초당 사용되는 에너지[J/s]

3) 단위 : W(와트(watts))

4) 전기제품의 에너지 : W/h=3,600J

5) 교류전력

① 피상전력 : 전압과 전류의 위상차를 고려하지 않는 전력

㉠ 개념 : 전압의 실효치 × 전류의 실효치

㉡ $P_a = V \times I = \frac{V_m}{\sqrt{2}} \times \frac{I_m}{\sqrt{2}} = \frac{V_m \cdot I_m}{\sqrt{2}}$

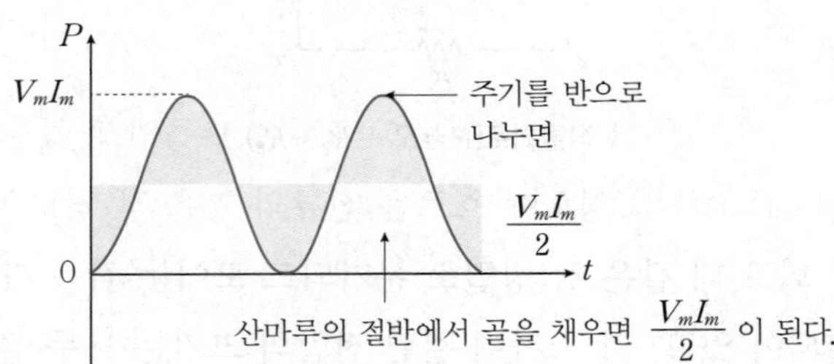

$$P_a = VI = I^2Z[\mathrm{VA}]$$

여기서, P_a : 피상전력[VA]
V : 전압[V]
I : 전류[A]
Z : 임피던스[Ω]

㉢ 단위 : VA

② 유효전력 : 실제 일을 수행할 수 있는 전력 또는 전원에서 부하로 실제 소비되는 전력

㉠ 개념 : 피상전력 × 역률($\cos\theta$)

㉡ $P = P_a \times \cos\theta$

여기서, $\cos\theta$: 역률(역률이 1에 가까울수록 역률이 좋은 것이고 작을수록 역률이 나쁜 것임)

$$P = VI\cos\theta = I^2R[\mathrm{W}]$$

여기서, P : 유효전력[W]
V : 전압[V]
I : 전류[A]
$\cos\theta$: 역률
R : 저항[Ω]

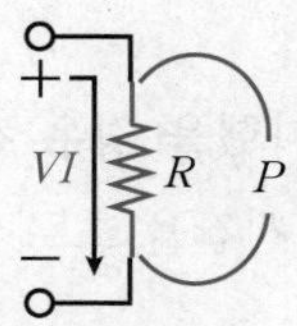

| 유효전력과 전압, 전류, 저항 |

ⓒ 역률 : $\cos\theta = \dfrac{P}{P_a} = \dfrac{\text{유효전력}}{\text{피상전력}}$

ⓓ 단위 : W

③ 무효전력(reactive power) : 전압과 전류의 위상차로 인해 발생하는 실제 일을 수행하는데 소요되지 않는 전력 또는 실제로는 아무런 일을 하지 않아 부하에서는 전력으로 이용할 수 없는 전력

㉠ $P_r = P_a \times \sin\theta$

㉡ $P_r = VI\sin\theta = I^2X$[Var]

여기서, P_r : 무효전력[Var]

P_a : 피상전력

V : 전압[V]

I : 전류[A]

X : 리액턴스[Ω]

$\sin\theta$: 무효율

㉢ 단위 : Var

④ 유효·무효·피상 전력의 관계 삼각형

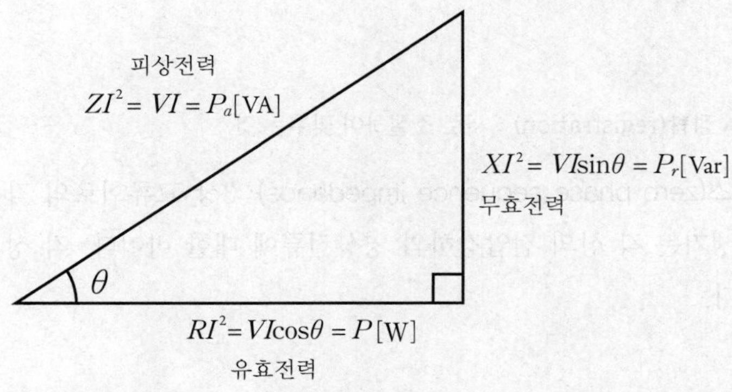

6) 상호관계식 : 피타고라스 정리 때문에 다음 관계식이 성립한다.

$$P_a = \sqrt{P^2 + P_r^2}$$

(15) 시정수(時定數, time constant)

1) 정의 : 전기회로에 갑자기 전압을 가했을 경우 전류는 점차 증가하여 마침내 일정한 값, 정상값의 63.2%에 달할 때까지의 시간을 초로 표시

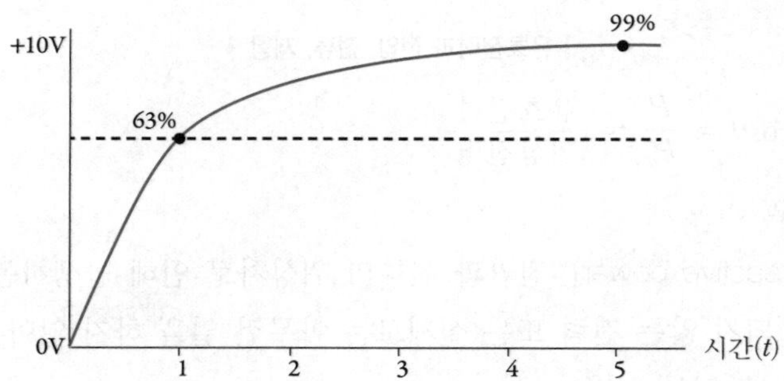

2) 의의 : 어떤 회로, 어떤 물체 혹은 어떤 제어대상이 외부로부터 입력에 대해서 얼마나 빠르게 혹은 느리게 반응할 수 있는지를 나타내는 지표이다. 시정수 값에 있을 때 그 힘으로 구동되는 기기는 “완전하다, 기기가 정상 작동한다.”라는 의미이다.

3) 소방에서의 이용 : 스프링클러와 정온식 감지기의 시간상수 ‘τ’가 바로 시정수를 이용한 것이다.

(16) 영상 임피던스

1) 영상 임피던스(image impedance) : 4단자 회로망에서 출력 단자와 입력 단자에 임피던스를 접속했을 때 입력측에서 본 임피던스와 출력측에서 본 임피던스를 말한다. 이때는 외부의 임피던스와 4단자 회로망의 입력 임피던스가 접속점에서 같으므로 임피던스가 정합(registration)되어 있어 전송 전력의 반사가 일어나지 않아 가장 유효한 전송이 이루어진다.

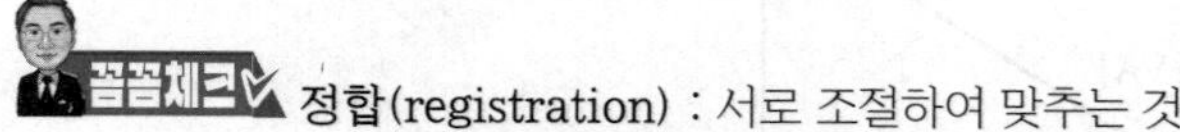

정합(registration) : 서로 조절하여 맞추는 것

2) 영상 임피던스(zero phase sequence impedance) : 3상 교류회로의 각 상에 영상전류가 흘렀을 때 생기는 각 상의 전압강하의 영상전류에 대한 비이다. 각 상의 영상 임피던스는 서로 같다.

(17) 회로소자

1) 서미스터(thermistor) : 온도에 따라 전기저항이 변하는 성질을 가진 반도체 회로소자
2) 사이리스터(thyristor) : PNPN 접합의 4층 구조 반도체 소자의 총칭으로, 소전력용부터 대전력용까지 전류제어 정류소자로서 널리 사용
3) 바리스터(varistor) : 전압에 따라 전기저항이 변하는 성질을 가진 반도체 회로소자

(18) 주파수

1) 고주파(高周波, High Frequency) : 상용 주파수보다 높은 주파수로, 무선 통신용 주파수의 명칭으로서의 고주파(HF)는 3~30MHz의 주파수 범위를 갖는다.

2) 상용 주파수(power-frequency) : 주파수 15~100Hz, 파고율 1.34~1.48 범위의 파형을 갖는 것 중 일반적으로 사용하는 주파수로서, 국가마다 다르며 우리나라는 60Hz를 사용하고 있다. 참고로 유럽은 50Hz, 미국은 60Hz를 사용한다.

3) 주파수의 필터링(교류회로)

① $L-C$ 회로의 공진현상을 이용한다.

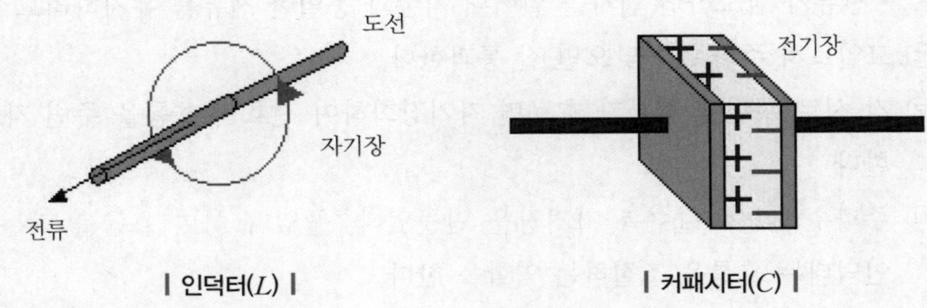

| 인덕터(L) | | 커패시터(C) |

② 인덕터(L) : 발산

㉠ 인덕터(inductor) : 동선과 같은 도선을 나선 모양으로 감은 것으로, 흔히 코일이라고 부른다.

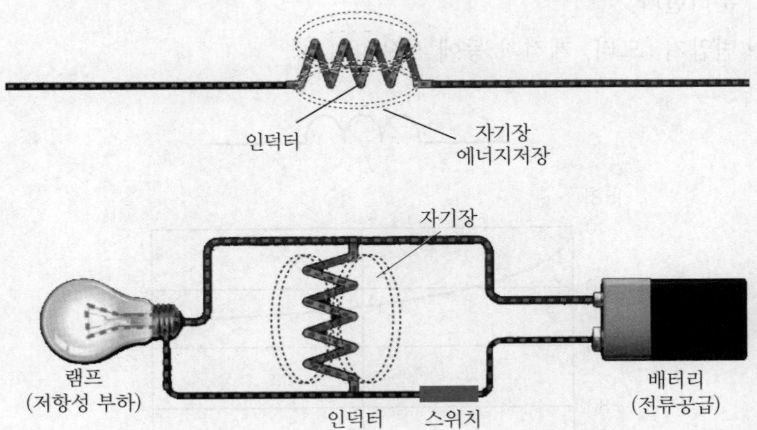

- 스위치를 폐쇄하면 초기에 인덕터는 저항이 있어서 인덕터로는 흐르지 않고 폐회로를 통해 전류가 흐르며 램프는 점등된다.
- 점차적으로 인덕터의 저항이 감소하면서 자기장이 형성(에너지 저장, 역기전력 형성)된다.

- 자기장이 형성되어 저항이 매우 작아진다. 따라서, 램프로는 전류가 흐르지 않고 인덕터로 전류가 흐른다.
- 스위치를 개방하면 인덕터에 저장되어 있는 에너지가 사라질 때까지 램프는 점등된다.

ⓛ 인덕터의 성질
- 인덕터는 변화를 좋아하지 않고 모든 것이 그대로 유지되기를 원한다.
- 전류가 증가하면 인덕터는 반대방향으로 작용하는 힘으로 전류를 막으려고 한다.
- 전류가 감소하면 전자를 밀어내 기존과 동일한 전류를 유지하려고 한다.

ⓒ 코일로서 주파수가 낮으면 잘 통과한다.

ⓔ 긴 선로 주변에 전류가 흐르면 자기장화하여 신호의 흐름을 주변 자기장에 저장한다.

ⓜ 주파수가 올라갈수록 자기장을 만들었다, 풀었다 하며 흐름을 막는다. 따라서, 인덕터는 흐름을 조절하는 역할을 한다.

ⓗ 인덕터의 사용
- 컨버터에 사용하여 직류 출력전압을 증가시키는 동시에 전류를 감소시킨다.
- 인덕터에 사용하여 교류 공급을 막고 직류만 통과시키고 다른 주파수를 걸러 분리한다.
- 변압기, 모터, 계전기 등에 사용한다.

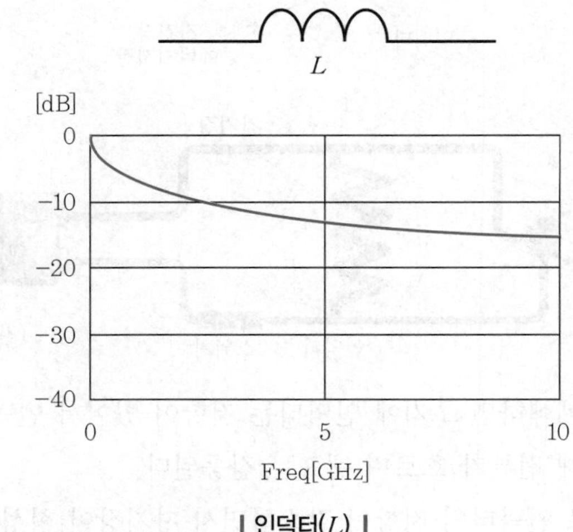

| 인덕터(L) |

③ 커패시터(C) : 수렴

㉠ 콘덴서로 주파수가 높으면 잘 통과한다.

㉡ 분리된 두 개의 금속 사이에 존재하는 유전체가 분극하면서 전기장으로 신호의 흐름을 저장한다.

㉢ 주파수가 올라갈수록 빠른 전기장의 변화를 통해 잘 흐를 수 있도록 한다. 따라서, 커패시터도 흐름을 조절하지만, 인덕터와는 반대로 흐름을 풀어주면서 조절한다.

㉣ $Q = CV,\ I = C\dfrac{dV}{dt}$

여기서, Q : 전하량[C]

C : 정전용량[F]

V : 전압[V]

I : 전류[A]

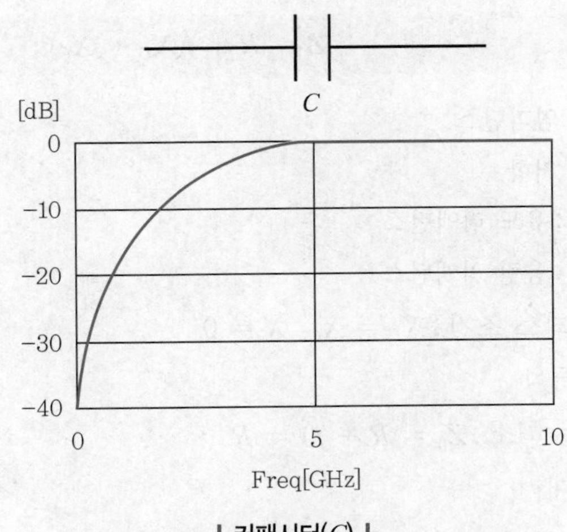

| 커패시터(C) |

④ 직류에서 인덕턴스와 커패시터 : f(주파수)가 0이므로 L은 단락(short), C는 개방(open)을 나타낸다.

⑤ $L-C$ 회로는 대역 거부(band reject) 특성이 일어나 주파수를 막거나 통과시키는 것이 공진이다. 이처럼 인덕터와 커패시터 간의 밀고 당기는 싸움 속에서 힘의 평형을 이루는 어떤 지점의 특정 주파수만 통과시키는 필터링으로 이용할 수 있게 된다. 따라서, 공진(resonance)은 주파수의 선택적 특성을 가지는 현상이라 할 수 있다.

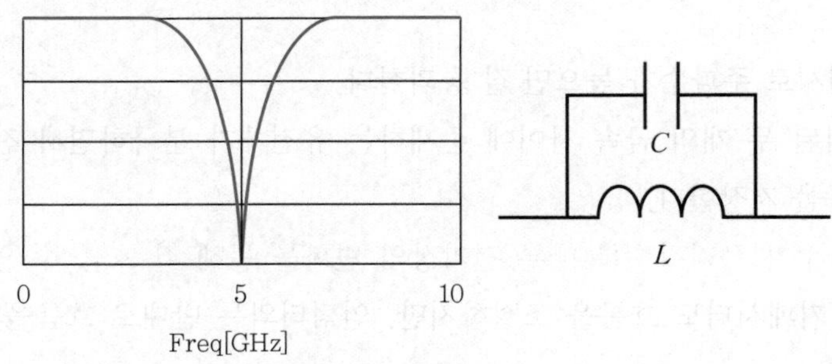

| 공진현상을 이용한 주파수 필터링 |

㉠ 공진 : '같이 진동한다'는 이런 뜻인데 여기서 같이 진동하는 두 개는 코일과 콘덴서이다.

㉡ 공진의 조건

- 코일은 전자유도의 성질, 콘덴서는 정전유도의 성질, 두 개의 서로 다른 성질이 만나는 지점이 공진의 조건이다.

$$Z = R + j(X_L - X_C)$$

여기서, Z : 임피던스

R : 저항

X_L : 유도 리액턴스

X_C : 용량 리액턴스

- 임피던스 최소 조건 : $X_L = X_C,\ X = 0$

㉢ 공진상태의 특성

- 임피던스는 최소 : $Z_0 = R + j0 = R$
- 전류는 최대

㉣ 공진 주파수 : 공진 상태를 만드는 주파수

㉤ 공진의 활용 : 어떤 지점의 특정 주파수만 통과시키는 필터링으로 이용

⑥ 임피던스 매칭

㉠ 정의 : 인덕터(L)와 커패시터(C)가 서로 주거니 받거니 하며 에너지가 절묘하게 똑같아져 어느 한쪽으로 치우치지 않는 상태이다.

㉡ 임피던스 매칭 : LC 소자 손실 없이 통과한다.

⑦ 매칭 주파수 = 공진 주파수(소방의 무선통신 보조설비에서 임피던스 매칭)

(19) 배전 : 전력을 각 수용가로 분배하는 것(배전반 → 간선 → 분전반 → 분기 회로)

(20) 간선의 설계순서

1) 부하의 용량 결정
2) 전기방식과 배선방식 결정
3) 배선방법 결정
4) 전선의 굵기 결정

(21) 분전반 : 배전반으로부터 전기를 공급받아 말단 부하에 배전하는 것

(22) 분기 회로 : 저압 옥내 간선으로부터 분기하여 전기기기에 이르는 저압 옥내 전로

(23) 인버터와 컨버터

1) 인버터(inverter) : 직류를 교류로 변환시키는 장치
2) 컨버터(convertor) : 교류를 직류로 변환시키는 장치

02 자기학(magnetism)

(1) 움직이는 전하 주위에 형성된 자기장

1) 자기가 전류를 만들고 전류가 자기를 만든다(전류는 자기의 고리).
2) 자기적인 현상은 '자기 쌍극자(magnetic dipole)'에 의해서 발생한다.
3) 두 개의 자석이 있는 경우 자기장의 상호작용 : 같은 극은 밀어내고 다른 극은 끌어당긴다(자기력선).

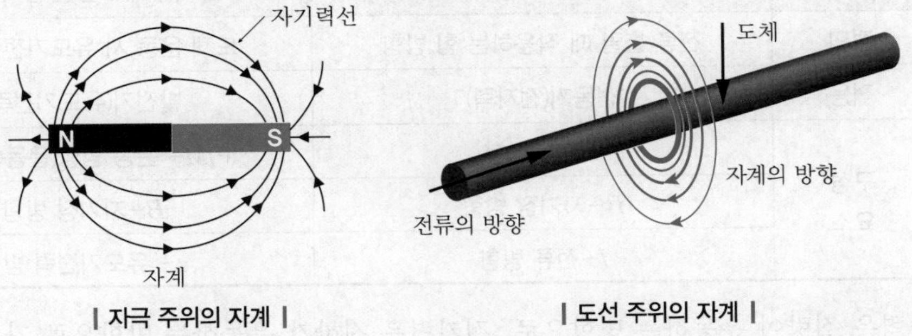

| 자극 주위의 자계 | | 도선 주위의 자계 |

(2) 자극의 힘

$$F = 6.33 \times 10^4 \times \frac{m_1 m_2}{r^2} [\mathrm{N}]$$

여기서, F : 자극의 힘[N]

$m_1 m_2$: 자극의 세기[Wb]

r : 거리[m]

(3) 자기장 : 자기의 영향이 미치는 영역

(4) 자기 : 전하의 운동으로 발생한다.

1) **자전운동 :** 팽이처럼 자신의 축에 대하여 회전하는 운동을 말한다. 같은 방향이면 보강간섭, 다른 방향이면 감쇄간섭으로 자기장을 형성한다.

2) **궤도운동 :** 태양 주위를 도는 위성처럼 전자들이 원자핵을 중심으로 도는 운동을 말한다.

(5) 전류와 자기의 상호작용 : 전류가 흐르는 도선 주위에 형성된 자기장은 동심원 모양이다.

(6) 자기력은 움직이는 전하에 힘을 작용한다. → 전동기의 원리

1) 대전입자가 자기장 방향에 수직으로 운동할 때 받는 힘의 크기가 가장 크다.

2) 다른 방향일 때는 작아지다가 자기장의 방향과 평행하게 되면 받는 힘은 0이 된다.

3) 자기장을 끊으려는 때 가장 힘이 발생($F = B \times I$)한다.

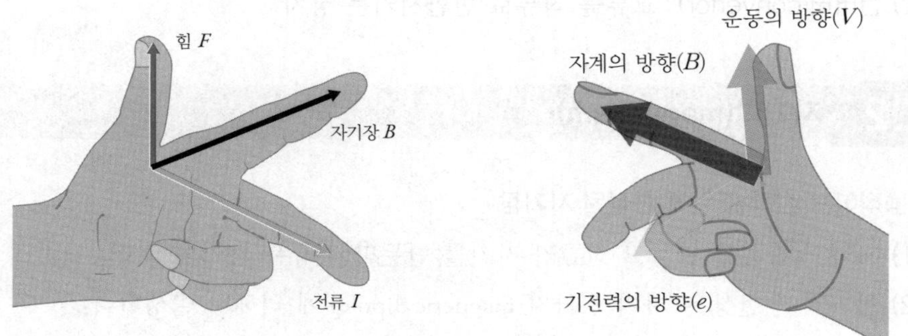

| 플레밍의 왼손 법칙 |　　　| 플레밍의 오른손 법칙 |

구분	플레밍의 왼손 법칙(FBI)	플레밍의 오른손 법칙(vBe)
정의	전류 흘릴 때 작용하는 힘 방향	도체 운동 시 유도기전력 방향
적용	전동기(전자력)	발전기(유도기전력)
구성 요소	F－힘 방향	(F)M－ 운동 방향(운동속도 v)
	B－자기장 방향	B－자기장 방향
	I－전류 방향	e－ 유도기전력 방향

4) 중력은 질량이 운동하는 방향으로, 전기력은 전하가 운동하는 방향으로 가속할 힘인데 반해서 자기력은 전하가 운동하는 방향 및 자기장의 방향에 수직으로 작용하는 힘이다.

$$F = BIL$$

여기서 F : 힘

B : 자기장

I : 전류

L : 자기장에서 전류가 흐르는 길이

03 도체와 부도체

(1) **금속결합** : 공유결합을 하는 분자는 분자를 구성하는 일정한 개수의 원자들이 궤도함수를 공유하는 결합을 형성한다. 이렇게 많은 수의 원자들이 서로 같은 궤도함수를 공유하다 보면 에너지의 중첩이 일어나면서 연속적인 에너지띠를 형성하게 되는데 이를 금속결합이라 한다.

1) 원자가띠(valance band) : 원자핵에 구속된 전자들이 속해 있는 에너지띠 중에서 가장 높은 에너지를 가지는 띠

2) 전도띠(conduction band) : 원자핵의 구속에서 벗어난 전자들이 자유롭게 고체 내부를 이동할 수 있는데 이런 전자들이 속해져 있는 에너지띠(가장 최외곽의 띠)

꼼꼼체크 1. 띠 '들어있는' 것('꽉 찬' 것 ↔ '원자가띠' valence band 포함)
2. 띠 '빈' 것('전도띠' conduction band)

3) 에너지 간격(energy gap) = 위 띠의 바닥 − 아래 띠의 맨 위

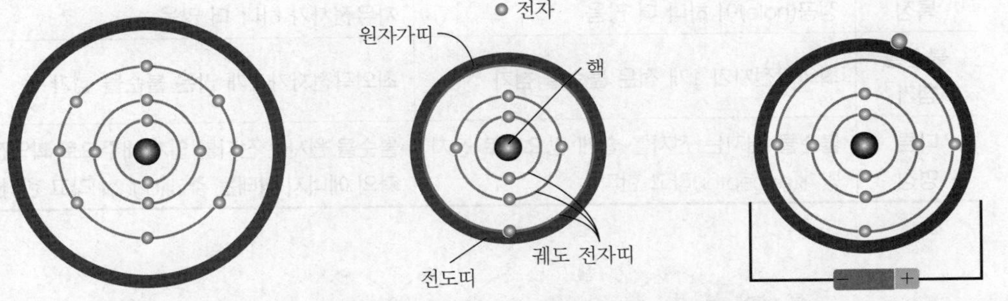

| 절연체(원자가띠와 전도띠가 이격) | | 전도체(원자가띠와 전도띠가 근접) | | 반도체(원자가띠와 전도띠가 일정거리) |

(2) 원자가띠 안에 있는 결합전자들은 그들의 짝이 되는 핵 속에 머물러 있다. 전도띠 안에 전자들은 한 띠에서 다른 띠로 자유로이 이동할 수 있다. 도체, 부도체, 반도체의 구분은 원자가띠와 전도띠의 간격이 얼마나 되어서 그 간격을 전자가 넘나들 수 있는가로 결정하게 된다.

(3) **용어의 정의**

1) 도체(conductors) : 전도띠 안에 많은 전자를 가지고 있는 물질

2) 절연체(insulators) : 전도띠에 전자를 보유하지 않아 전류가 통하지 않는 물질

3) 반도체(semiconductor) : 전도띠에 너무 적은 전자를 보유해 평소에는 전기가 통하지 않는다. 그러나 전도대와 가전도대 사이의 에너지 차가 작아 조그마한 자극(적은 에너지 공급)에도 그 차를 뛰어넘어 전도성을 띠게 된다.

(4) 반도체 126회 출제

1) 반도체 ↔ [절연체]⊗[(작은 에너지 간격)≈(상온 열에너지)]
2) 온도가 낮을 때 절연체지만 온도가 높아지면 원자가띠 전자가 전도띠로 올라가 도체가 된다.
3) 반도체에서 원자가띠의 전자 하나가 전도띠로 올라가면 원자가띠(valence band)에 빈자리 구멍(hole)이 생긴다. 이 구멍을 같은 원자가띠의 전자가 채우면 구멍이 띠 안에서 이동한 셈이고 구멍 이동방향은 전자 이동방향의 반대이다. 따라서, 구멍은 +|e| 전하를 띤 나르기(carrier)의 역할을 한다.

구분	P(positive charge)형 반도체	N(negative charge)형 반도체
정의	빈자리 구멍이 있어 양전하를 띄는 반도체 (Al 등 전자가 4개보다 하나 더 부족한 물질을 실리콘에 결합해 만든 반도체)	자유전자가 더 있어 음전하를 띄는 반도체 (P 등 전자가 4개보다 하나 더 많은 물질을 실리콘에 결합해 만든 반도체)
특징	정공(hole)이 하나 더 많음	자유전자가 하나 더 많음
불순물 첨가	최외곽전자가 1개 적은 불순물 첨가	최외곽전자가 1개 많은 불순물 첨가
다른 명칭	불순물 원자는 전자를 쉽게 받으므로 전자받개(acceptor)라고 한다.	불순물 원자는 전자를 쉽게 내주므로 과잉전자의 에너지 상태는 주개(doner)라고 한다.

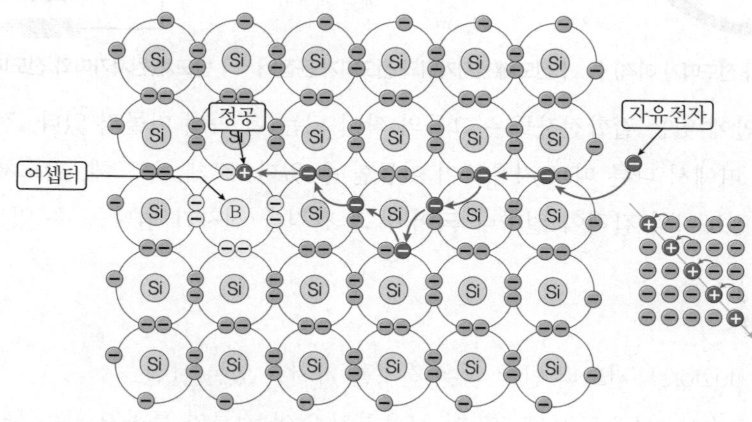

| P(positive charge)형 반도체(semiconductor)의 구조[7] |

7) http : //www.renesas.com/edge_ol/engineer/02/index.jsp에서 발췌

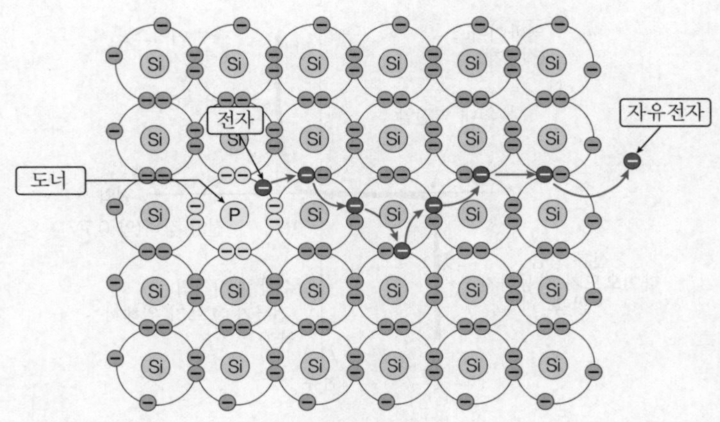

| N(negative charge)형 반도체(semiconductor)의 구조[8] |

① 다이오드 = P(positive charge)형 반도체 + N(negative charge)형 반도체로, 전류를 한 쪽으로만 흘리는 반도체 부품 → 마치 배관의 체크 밸브와 같은 기능

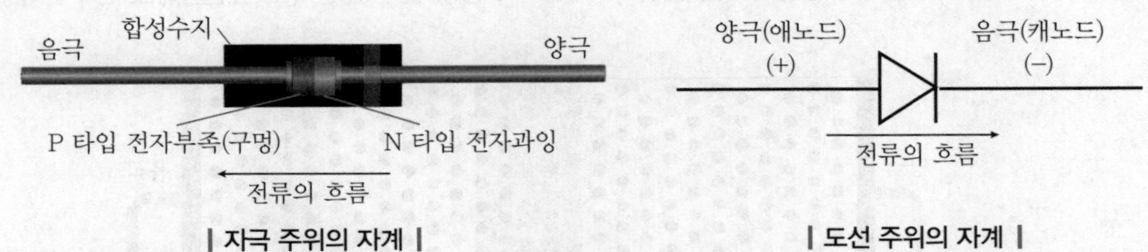

| 자극 주위의 자계 | | 도선 주위의 자계 |

㉠ P–N 접합(junction)

- P형과 N형 반도체를 붙인 것을 P–N 접합이라 한다.
- 접촉면을 통하여 N형에 있는 자유전자가 P형 쪽의 구멍으로 이동하여 N형 쪽으로 (+), P형 쪽으로 (−) 대전
- P형과 N형의 경계면에 전기장을 형성(비움층 or 공핍층)하고, 여기에 약 0.7V의 전압을 공급하면 지속적으로 전하가 N타입에서 P타입으로 이동하며 순바이어스를 만들어 전류가 흐르지만 반대로 역전압을 공급하면 흐르지 않게 된다.

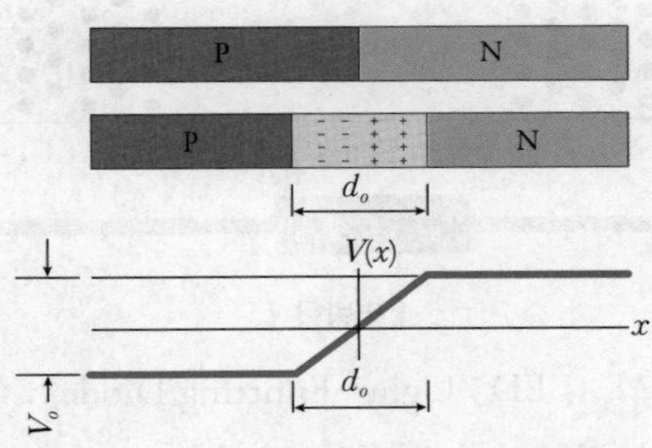

8) http : //www.renesas.com/edge_ol/engineer/02/index.jsp에서 발췌

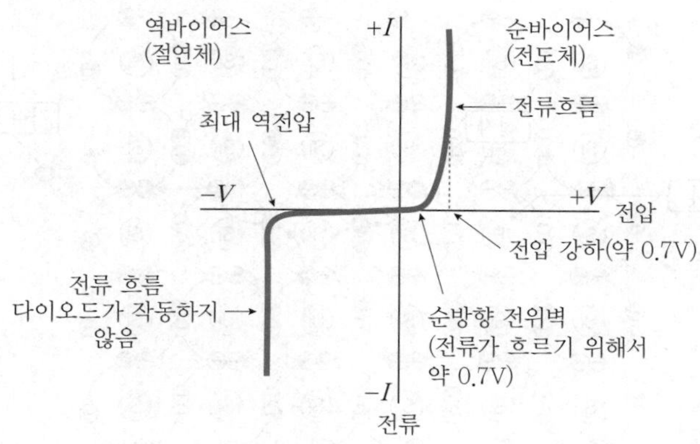

㉡ P-N 접합의 응용

- 정류작용 : P-N 결합은 전류를 한쪽으로만 흐르게 하는 작용

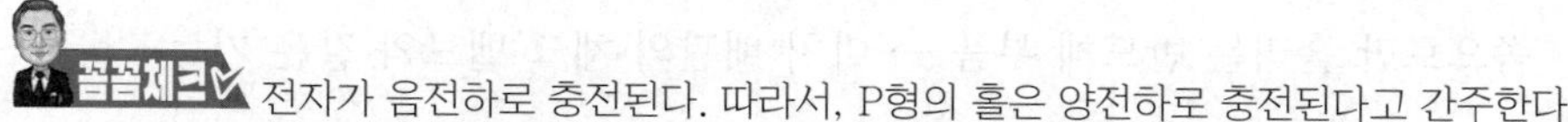

전자가 음전하로 충전된다. 따라서, P형의 홀은 양전하로 충전된다고 간주한다.

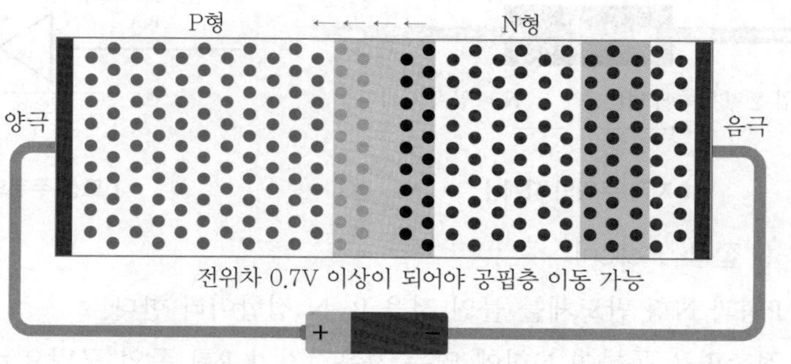

| 순방향 |

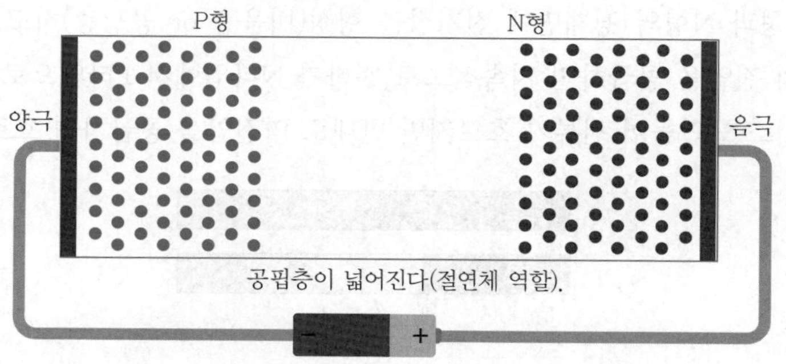

| 역방향 |

- 발광 다이오드(LED : Light-Emitting Diode) : 상온에서 반도체의 전도띠에 있던 전자가 원자가띠에 있는 구멍으로 내려오면서 에너지 차이에 의해서 광자가 나오며 빛에너지가 발생한다. 126회 출제

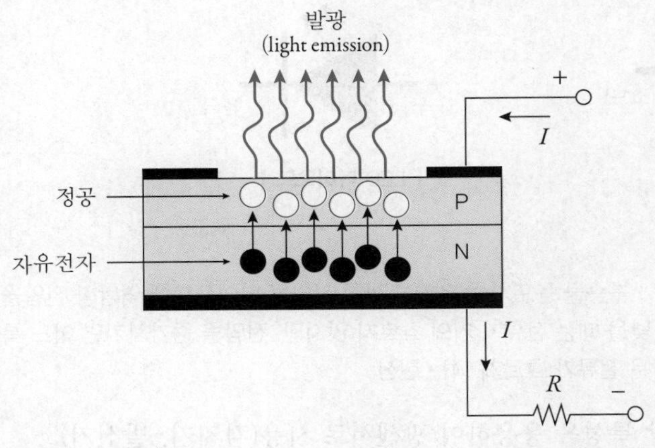

〈메커니즘〉
① P–N 접합 형성, 순방향 전압을 인가
② P형(+)의 정공 : N형으로 확산 → 전자와 재결합
③ N형(+)의 전자 : P형으로 확산 → 정공과 재결합
④ P형에서 N형으로 전류가 흐르며 발광

| 발광 다이오드의 구조 |

– 발광 이극소자 : 이극(양극과 음극)으로 되어 있는 다이오드
– 반도체에 전류를 공급하면 빛이 발생하는 현상(LED는 대부분 전류를 빛으로 전환하므로 일반 전구보다 열효율이 우수)
– LED는 전구에 비해 전력은 $\frac{1}{12}$, 수명은 100배, 반응속도 100배 이상

• OLED(Organic Light–Emitting Display, 유기 발광 다이오드) : 무기물질인 구멍물질과 전자물질을 모두 유기물질로 바꾼 LED
– PM OLED(Passive Matrix Organic Light–Emitting Diode, 수동형 유기 발광 다이오드) : 소자 전체가 한꺼번에 구동
– AM OLED(Active Matrix, 능동형 유기 발광 다이오드) : 소자 한 개 한 개가 개별적으로 구동됨으로써 전력 낭비를 줄이고 효율적
– 유기 발광 다이오드의 특징 : 코팅 같은 공정에 의한 가공이 용이하고 생산성이 높으며 가공비가 저렴

• 태양전지 : 발광 다이오드와는 반대로 빛이 원자가띠에 있던 전자를 전도띠로 옮기는 역할을 하면 전류가 흐른다. 반도체가 태양빛을 흡수하여 전류를 흐르게 하는 장치를 태양전지라고 한다.

ⓒ 다이오드의 종류(소방에 쓰이는 다이오드)

• 정류 다이오드 : 교류를 직류로 변환할 때 응용(수신기)
• 정전압(제너) 다이오드 : 제너현상을 이용하여 일정한 전압(DC 출력)을 얻기 위해 사용(본질 안전 증방폭)

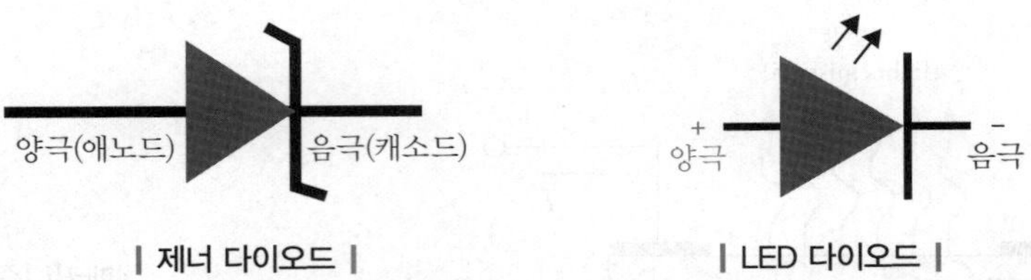

| 제너 다이오드 | | LED 다이오드 |

꼼꼼체크 제너현상(zener effect) : 불순물 농도가 높은 PN 접합 실리콘 다이오드에 역방향 전압을 인가하면 역방향 전압이 낮을 때는 전류가 거의 흐르지 않지만, 전압을 증가시키면 어느 특정한 전압에서 급격히 많은 전류가 흐르게 되는 현상

- 발광(LED) 다이오드 : 발광 특성을 응용하여 광센서로 사용(감지기, 발신기)

② 트랜지스터 : PNP, NPN 접합(스위치 용도(제어용)로 많이 사용)

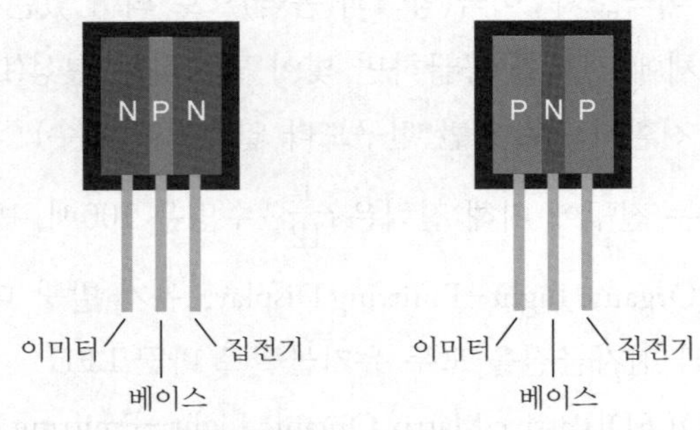

| NPN과 PNP 트랜지스터 |

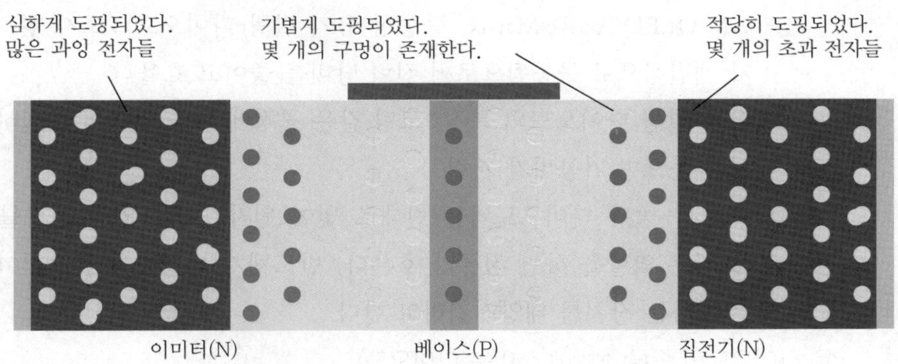

| NPN 트랜지스터 |

㉠ 전지를 이미터(N)와 베이스(P)에 연결하여 0.7V 이상의 전압을 주면 이미터의 과잉전자들이 공핍층을 넘어 베이스의 전공으로 이동하면서 전류가 흐르는 순바이어스가 발생한다.

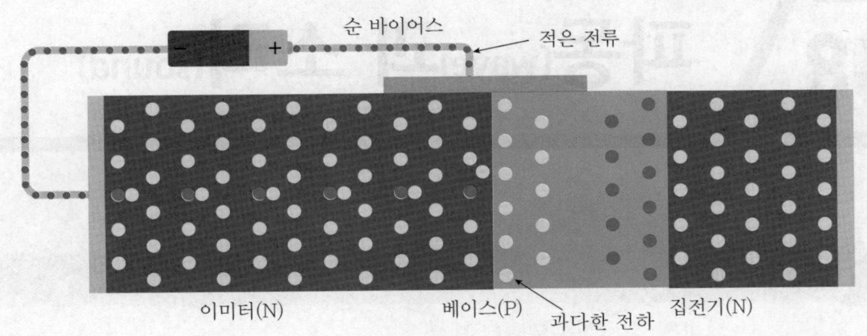

㉡ 다시 전지를 이미터(N)와 집전기(N)에 연결하면 역바이어스가 걸려서 양극은 음극을, 음극은 양극을 끌어당겨 공핍층이 넓어진다.

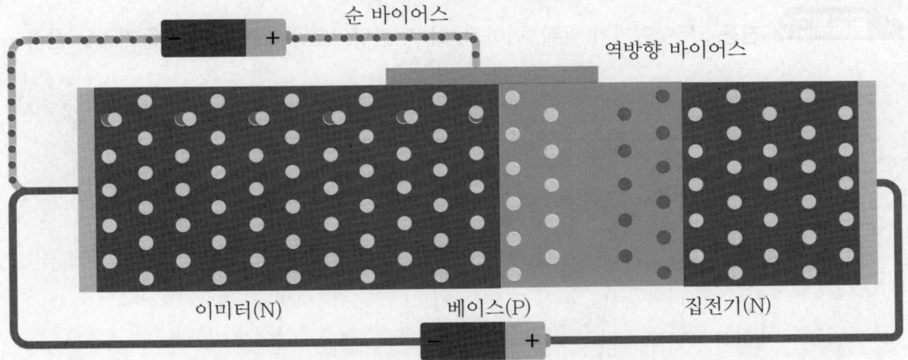

㉢ 베이스 핀에서 더 높은 전압은 트랜지스터를 완전히 열리게 하여 역방향 바이어스 쪽으로 당겨지면서 많은 전류를 흐르게 한다.

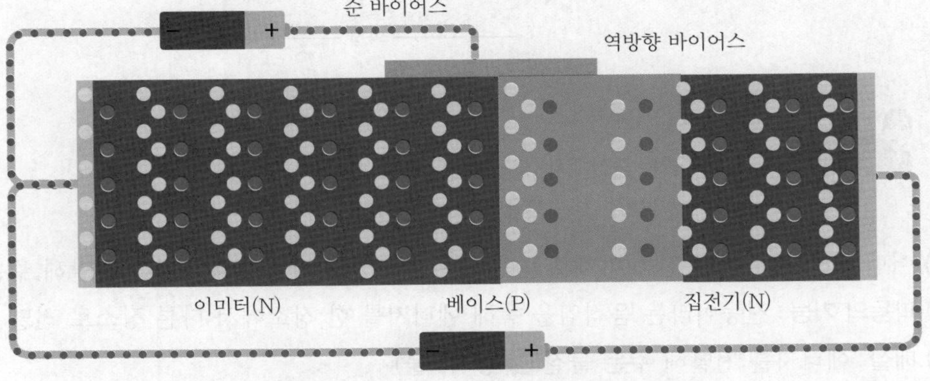

SECTION 008 파동(wave)과 소리(sound)

01 파동(wave)

(1) 정의

1) 진동이 시간과 공간적으로 움직이는 현상

진동 : 무엇인가가 앞뒤, 위아래, 좌우, 안팎으로 시간에 따라 흔들거리는 현상

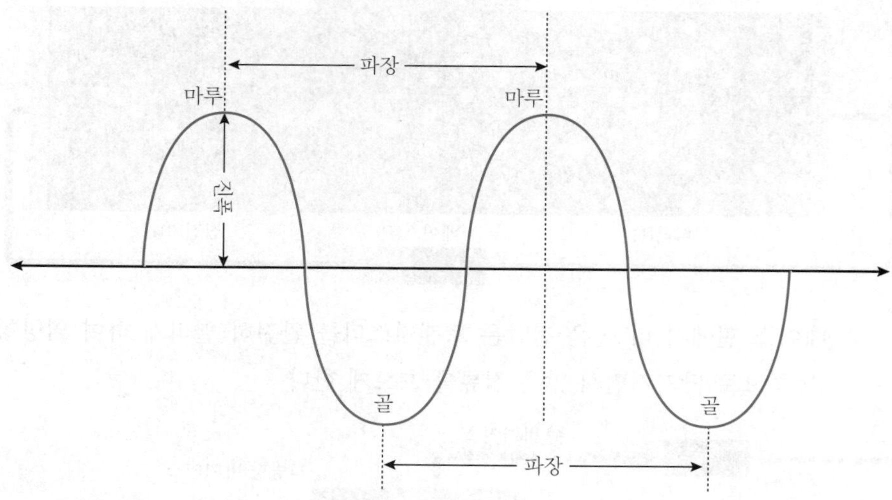

꼼꼼체크

1. **변위** : 진동 중심에서 어느 방향으로 얼마만큼 떨어져 있느냐가 변위
2. **진폭** : 진동자의 변위가 최대일 때의 거리

2) 어떤 장소에서 어떤 진동이 매질을 통해 주위로 퍼져가면서 에너지를 전달해 주는 현상

3) 파동의 기능 : 진동이라는 움직임을 통해 에너지를 한 장소에서 다른 장소로 전달

4) 매질 : 에너지를 전달해 주는 물질(예 공기, 물)

(2) 파동이 만들어지려면 매질이 어느 정도 같은 방향으로 진동하여야 한다. 또한, 매질들의 진동이 하나씩 차례대로 일어나야 한다.

(3) 파동의 속력

$$v = f \cdot \lambda = \frac{\lambda}{T}$$

여기서, v : 파동의 속력

f : 진동수[Hz]

λ : 파동의 파장(람다)

T : 주기

(4) 파동의 전파속도

1) 매질의 물리적 성질에 의해서 결정된다.

2) 진동수나 파장이 다른 파동도 동일한 매질에서는 같은 속도로 전파된다.

(5) 호이겐스의 원리 : 파동이 만들어지면 파동이 전파되는 각 지점이 새로운 파동의 원천이 된다.

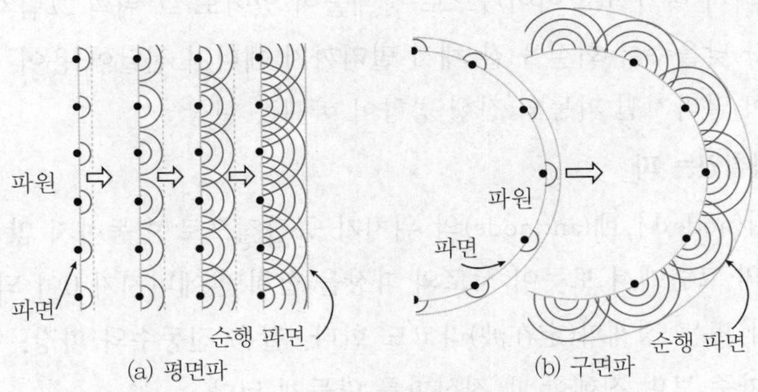

| 호이겐스의 원리 |

(6) 파동의 구분 : 횡파와 종파로 구분한다.

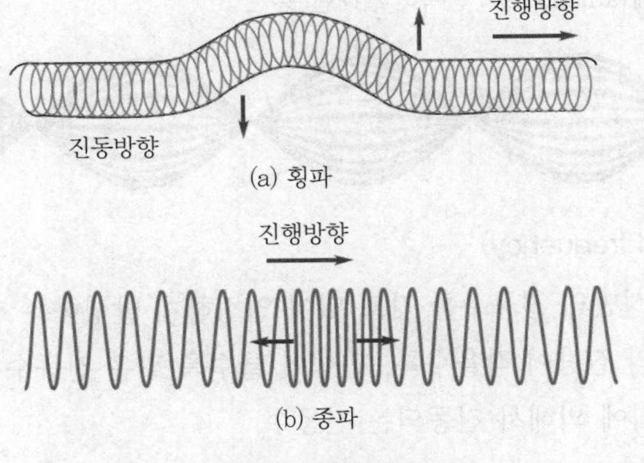

| 횡파와 종파의 비교 |

1) 횡파(고저파, transverse wave)

① 정의 : 파의 진행 방향과 매질의 진동 방향이 수직인 파동

② 기체, 액체, 고체 어디에서나 에너지 전달이 용이(도미노와 같이 일정 거리가 있어도 에너지 전달이 용이)

③ 대표적인 예 : 전자기파, 빛

2) 종파(소밀파, longitudinal wave)

① 정의 : 파의 진행 방향과 매질의 진동 방향이 일치하여 나란한 파동

② 기체나 액체에는 에너지 전달이 잘 안 되고 고체에는 에너지 전달이 용이(매질의 밀도가 높아야지 에너지 전달이 잘 되기 때문)

③ 대표적인 예 : 음파

(7) 파동의 현상

1) 회절

① 회절은 보통 장애물에 부딪혀서 발생하는 다양한 현상

② 파동은 퍼져 나가면서 이어가므로 장애물이 있어도 그 뒤의 그림자 부분까지도 전파

③ 주파수가 낮을수록 회절을 잘 해서 멀리까지 에너지 전달이 용이

2) 굴절 : 매질이 달라지면 파동의 진행 방향이 바뀌는 현상

(8) 정재파 또는 멈춰있는 파

1) 진동의 마디(node)나 배(antinode)의 위치가 공간적으로 이동하지 않는 파동이다. 왜냐하면, 아래의 그림에서 보듯이 서로의 파장을 합치면 에너지가 0이 되기 때문이다.

2) 이를 정상파 또는 정재파(定在波)라고도 한다. 같은 진동수와 파장, 진폭을 갖는 두 파동이 서로 마주 보며 진행할 때 정상파를 만들게 된다.

1. 마디(node) : 진폭이 0인 곳
2. 배(antinode) : 진폭이 최대인 곳

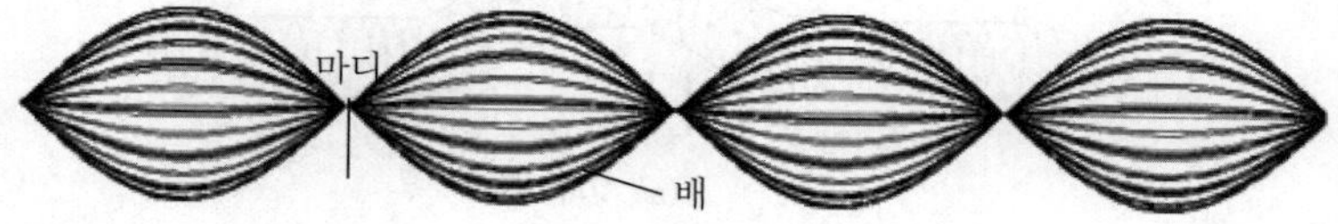

(9) 고유 진동수(natural frequency)

1) 정의 : 물체가 자신만의 진동수를 갖고 있어 일정하게 발생하는 진동

2) 중요 인자 : 물체의 질량이 작을수록, 탄성이 클수록 고유 진동수는 높아짐

3) 강제 진동수 : 외력에 의해서 진동되는 진동수

(10) 공명(resonance)

1) 공명(共鳴, 함께 울음) : 특정 진동수(주파수)에서 큰 진폭으로 진동하는 현상(보강간섭)

2) 공명 진동수에서는 작은 힘의 작용에도 큰 진폭 및 에너지 전달 가능

꼼꼼체크 사람의 내장기관은 1초당 7번 정도의 진동수를 가지고 있다. 차를 타고 가는데 이러한 신체의 진동수와 차의 진동수가 일치하면 공진이 발생하여 더 큰 진동을 유발하여 멀미가 발생하게 되는 것이다.

02 음파(sound wave)

(1) 특성 : 매질(공기)의 소밀파(종파)로, 소리는 에너지 형태로 시공간에서 퍼져 나가는 파동

(2) 음파의 속도 : 350m/s

(3) 음파의 세기 : 데시벨(decibel, dB)

1) 전기공학이나 진동·음향공학 등에서 사용되는 무차원수의 단위

2) 국제단위계(SI)에서 'SI와 함께 쓰지만, SI에 속하지 않는 단위'로 규정

3) 개념

① 소리의 어떤 기준 전력에 대한 전력비의 상용로그값이 벨(bel)이고, 이를 10의 배수(=데시[d])로 변환한 것이다.

② 벨이 상용에서는 너무 큰 값이기에 그대로 쓰기는 힘들어서 통상적으로는 데시벨을 사용한다.

4) 소리의 강함, (음압 레벨, SPL)·전력 등의 비교나 감쇠량 등을 에너지비로 나타낼 때 사용한다.

어떤 기준치 A에 대하여 B의 데시벨 값 $L_B = 10\log_{10}\frac{B}{T}$[dB]

5) **헤르츠(Hz) :** 공기분자들이 1초에 몇 번의 왕복 운동(사이클이 변화)

6) 진폭이 크면 큰 소리가 나고, 진동수가 많으면 고음이 난다.

7) 뜨거운 공기는 빨리 움직인다. 따라서, 소리와 같이 주위의 매질(공기분자)들이 진동하면서 옆으로 전해져 듣게 될 때는 뜨거운 공기가 소리를 빠르게 전달하므로 소리의 속도가 커진다.

03 간섭(interference)

(1) 간섭 : 두 개 이상의 파동이 만나 변위가 커지거나 감소하는 현상

1) 보강간섭(constructive interference) : 파동이 증가하는 간섭으로 파동이 겹쳐지는 현상(파동의 중첩)

2) 감쇠간섭(destructive interference) : 파동이 감소하는 간섭으로 보통 파동이 변위가 반대 방향이어서 합성파의 변위가 작아지게 되는 현상

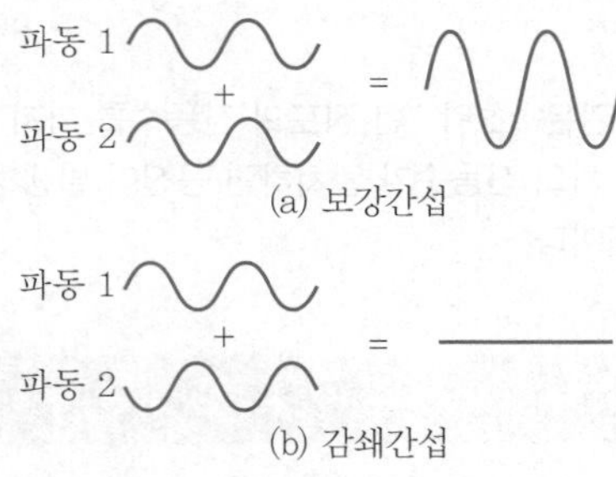

| 간섭 |

파동의 독립성 : 파동이 서로 겹쳐지는 구간에서는 잠시 파동의 변위에 변화가 발생하지만, 그 지점을 통과하면 다시 원래대로 진행한다. 이것을 파동의 독립성이라고 한다. 이러한 파동의 특성 때문에 수많은 전파 등이 뒤섞여 있음에도 불구하고 정보를 유효하게 주고받을 수 있는 것이다.

(2) 간섭은 물결파, 음파, 광파와 같은 모든 파동의 특성이다.

(3) **맥놀이(beats)** : 진동수가 다른 음이 함께 섞이면 합성음이 커졌다 작아졌다 하는 주기적인 요동

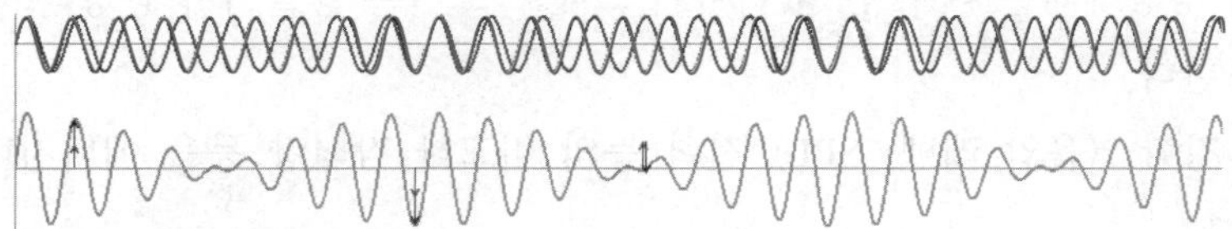

| 맥놀이 현상(보강간섭은 진폭이 높아지고 감쇄간섭은 진폭이 좁아짐) |

(4) **도플러 효과(doppler effect)**

1) 정의 : 움직이는 물체에서 발생한 파동의 파장은 정지한 물체에서 발생한 파동의 파장과 다르다. 즉, 관찰자에게 다가오면서 파동을 내보내면 파장이 짧아지고 관찰자에게 멀어지면 파장이 길어지는 현상이다.

2) 소리를 내는 장치가 소리를 듣는 사람에게서 멀어지거나 가까워지면 소리의 진동수가 달라진다. 왜냐하면, 가까이 오면서 소리의 진동수를 밀어 진동수가 높은 음처럼 들리고, 멀어지는 소리는 진동수가 작아지면서 원래의 음보다 낮은 음으로 들리게 된다.

| 도플러 효과의 예 |

SECTION 009 빛(light)

01 광파 : 전자기파(electromagnetic wave)

(1) 빛

1) 매질이 필요 없는 전자기파로, 고저파(일종의 파동을 통해 에너지 전달)의 일종

2) 원자 내의 전자가 진동하면서 방출하는 전자기파가 운반하는 에너지

3) 빛과 레이저

구분	빛	레이저
색(파장)	섞여 있다.	같다.
방향	다양한 방향	일정한 방향
개념도		

(2) 빛의 속도 : $3 \times 10^8 m/s$

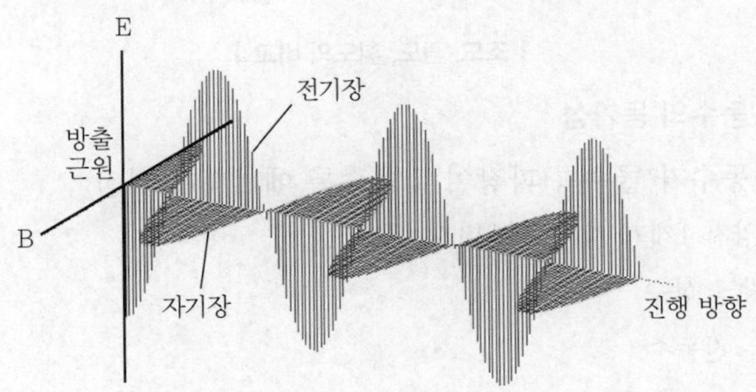

❙ 전자기파의 진행 ❙

(3) 광도와 조명도

구분	광속(光束, luminous flux, 광선속, F)	광도(光度, luminous intensity)	조도(照度, intensity of illumination, E)	휘도(luminance)
정의	단위면적당 비치는 빛의 양	발산하는 빛의 밀도(어느 특정 방향으로 비치는 빛의 세기)	어떤 면이 받는 빛의 세기를 그 면적에 비치는 광속으로 나타낸 양$\left(\frac{광속}{면적}\right)$	일정 면적을 통과하여 일정 입체각으로 들어오는 빛의 양
단위	루멘(lm, lumen)	칸델라(cd)	럭스(lx)	칸델라 매 제곱미터 [cd/m^2] or 니트(nit ; nt)
비고	광원으로부터 방출되는 모든 빛의 양으로 광속이 클수록 광원이 더 밝다.	1cd : 촛불의 빛 세기로 12.57lm	빛을 받는 물체의 밝기 정도이다.	눈부심의 정도이다.

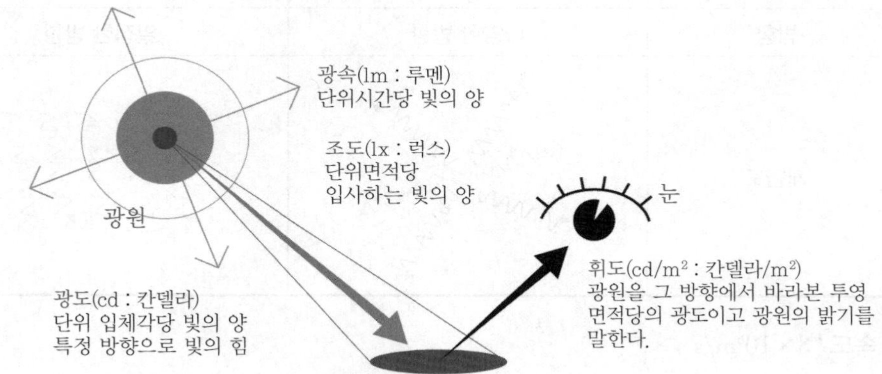

| 조도, 광도, 휘도의 비교 |

(4) 에너지와 고유 진동수의 등가성

1) $E = h\nu$ → 진동수가 클수록(파장이 짧을수록 에너지가 커짐)

여기서, E : 광양자 1개가 가지는 에너지

h : 플랑크 상수

ν : 고유 진동수

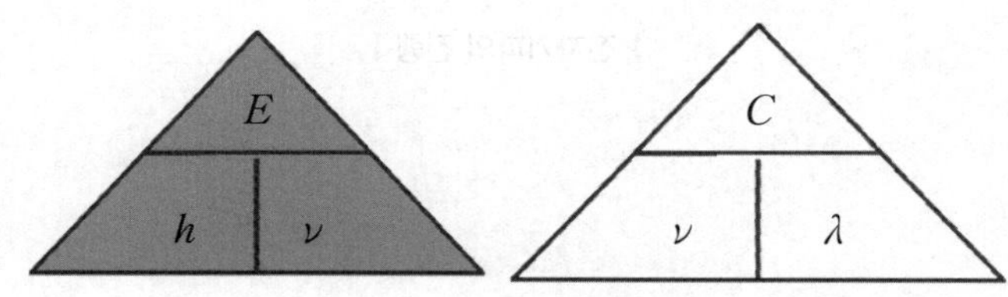

$$\nu = \frac{c}{\lambda}$$

여기서, ν : 진동수

c : 빛의 속도

λ : 파장

$$\lambda = \frac{h}{m \times v} \rightarrow \text{전자의 파장은 전자의 운동량에 반비례}$$

여기서, λ : 파장

h : 플랑크 상수

m : 질량

v : 속도

2) 바닥 상태의 전자는 광자 에너지를 흡수해서 들뜬 상태(태양전지)가 되고 다시 바닥 상태로 되면서 빛에너지를 방출(광전효과)한다.

(5) 에너지와 질량의 등가성 : E(에너지) $= m$(질량)c^2(광속)

(6) 광전효과(光電效果, photoelectric effect)

1) 정의 : 금속 등의 물질이 고유의 특정 파장보다 짧은 파장을 가진(따라서, 높은 에너지를 가진) 전자기파를 흡수했을 때 전자를 내보내는 현상이다.

2) 특정 파장을 한계 파장이라 하며, 그때의 진동수를 한계 진동수(문턱 진동수)라고 한다. 그리고 그 한계 진동수에 플랑크 상수를 곱한 것을 일함수라 일컫는다.

$$\phi = h\nu_0$$

여기서, ϕ : 일함수

h : 플랑크 상수

ν_0 : 한계 진동수

1. **일함수**(work function) : 금속 내부의 자유전자는 그 속에서는 비교적 자유롭게 움직이지만, 금속을 박차고 나가는 데는 얼마 이상의 에너지가 필요하다. 이 에너지를 일함수라고 한다.
2. 에너지를 받아 전자가 진동하기 시작하면 전자들은 마치 진동하는 소리굽쇠가 음파를 방출하는 것처럼 자기 자신의 전자기파, 즉 에너지를 방출한다.

3) 입사한 광자의 에너지가 $E = h \cdot \nu$일 때, 금속에서 전자를 떼어내고 남은 에너지는 전자의 운동 에너지가 된다. 즉, 에너지 보존 법칙에 따라 다음 등식이 성립한다.

$h \cdot \nu$(입사한 광자의 에너지) = 일함수 + 운동 에너지

$$h\nu = \phi + \frac{1}{2}mv^2 = h\nu_0 + \frac{1}{2}mv^2$$

$$\frac{1}{2}mv^2 = h\nu - h\nu_0 = -eV_s$$

여기서, h : 플랑크 상수
ν : 고유 진동수
ν_0 : 한계 진동수
m : 전자의 질량
v : 방출된 전자의 속도
e : 전자의 위치에너지
V_s : 정지 전위

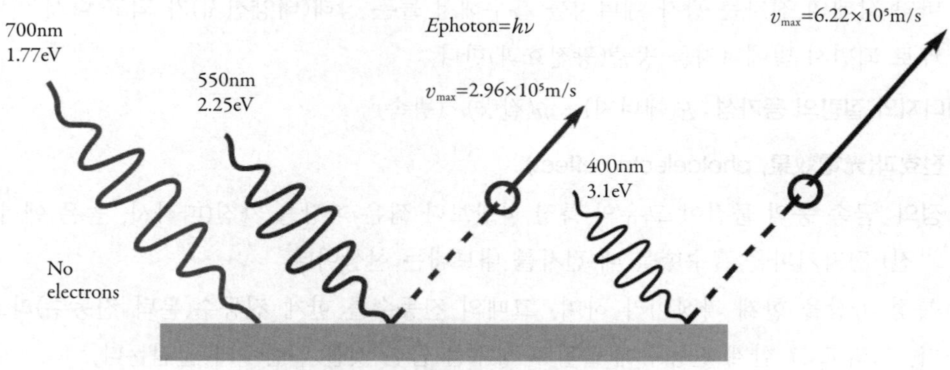

* 포타슘은 2.0eV의 광자 에너지가 필요하다.

| 광전효과[9] |

4) 금속의 자유전자에 에너지를 주면 전자가 밖으로 튀어나오면서 빛을 방출하거나 높은 온도를 유지한다. 빛이 물체에 입사되면(비추게 되면) 물질의 원자에 속박된 전자를 진동시킨다. 진동한 전자가 나오는 것을 광자가 나온다고 하고 광자가 나오면서 빛이 발생한다(광전효과).
5) 일함수 이하인 경우 : 빛을 흡수해서 에너지 증가(온도상승)
6) 일함수 이상인 경우 : 전자가 밖으로 튀어 나가 버리면서 빛 발산

물분자는 거의 모든 빛을 통과(투과)시키지만, 물의 진동수와 유사한 적외선 진동수는 공명현상이 일어나며 흡수하고 온도가 상승한다. 또한, 적외선과 유사한 붉은 빛을 흡수한다. 따라서, 수심 30m 이상 가면 붉은색을 많이 띠게 된다.

9) http : //hyperphysics.phy-astr.gsu.edu/hbase/mod1.html에서 발췌

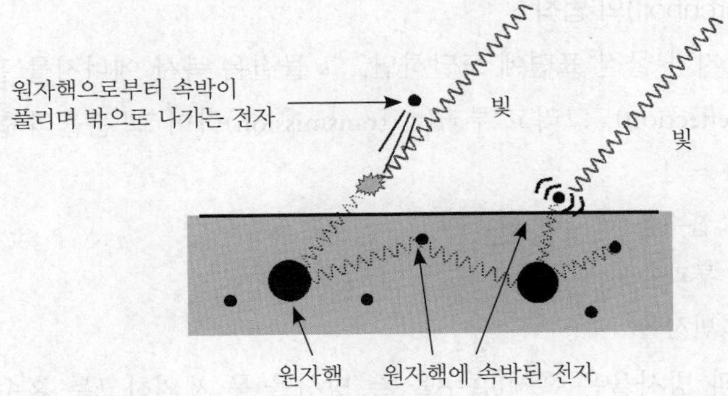

7) 빛을 많이 비추면 튀어나오는 에너지가 증가하는 것이 아니라 튀어나오는 전자수가 증가한다.
8) 금속이 아닌 물질에 빛을 비추면(에너지를 공급하면) 자유전자가 없으므로 오로지 원자의 떨림(진동운동)에 의해서만 에너지가 전달된다. 거리가 멀어질수록 진동 에너지가 약해진다. 이에 비해 금속은 자유전자가 자유롭게 돌아다니며 매우 빠르게 열과 전기가 전달된다.
9) 진동수는 변화하지 않더라도 큰 빛(진폭이 큰)을 쪼이면 커다란 운동량을 가진 전자가 튀어나온다.

02 빛의 반사

(1) 물질과의 상호작용하는 빛은 반사되고, 투과되며, 흡수되고 또는 모두가 함께 일어나기도 한다. 투과한 빛은 굴절된다.

(2) **반사의 법칙 :** 입사각 = 반사각

1) 광선이 거울을 만나면 그 표면에서 광선이 반사되어 나온다. 거울의 표면에는 알루미늄 등 금속막이 입혀져 있는데 이 빛이 가지고 있는 전기장이 금속 내부에 전류를 흐르게 하고 그 전류가 다시 전자기파로서의 빛을 방출(광전효과)한다.

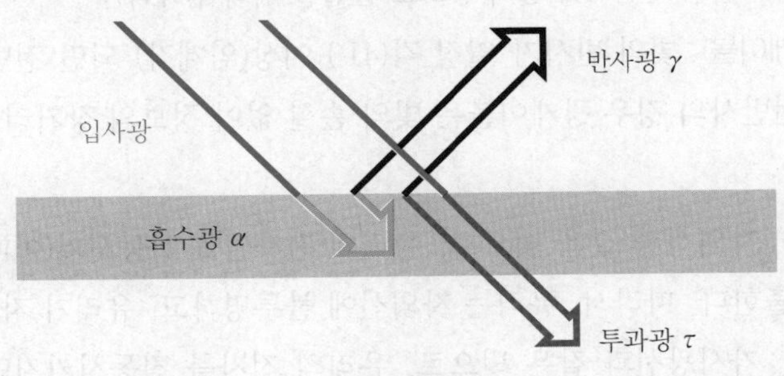

| 빛의 반사법칙 |

2) 키르히호프(Kirchhoff)의 법칙

① 복사 에너지가 물질 표면에 도달하면, 그 물질은 복사 에너지를 흡수(α, absorption), 반사(γ, reflection), 그리고 투과(τ, transmission)하며 그 분율의 합은 1이다.

② $\alpha + \tau + \gamma = 1$

여기서, α : 흡수율

τ : 투과율

γ : 반사율

3) 빛의 흡수율과 방사율은 흑체(흡수율 = 방사율)를 제외하고는 흡수율(α)이 증가하면, 방사율(ε)도 증가한다.

4) 전반사(100% 반사) 현상 : 소방에서는 광케이블 감지기에서 이용한다.

① 정의 : 빛이 굴절률이 높은 물질에서 작은 물질로 입사할 때 입사각이 임계각 이상이면 그 경계면에서 빛이 전부 반사되고 투과되는 빛이 없는 현상

② 임계각(θ_c) : 굴절각이 90°일 때의 입사각(입사각이 임계각보다 크면 전반사 현상 발생)

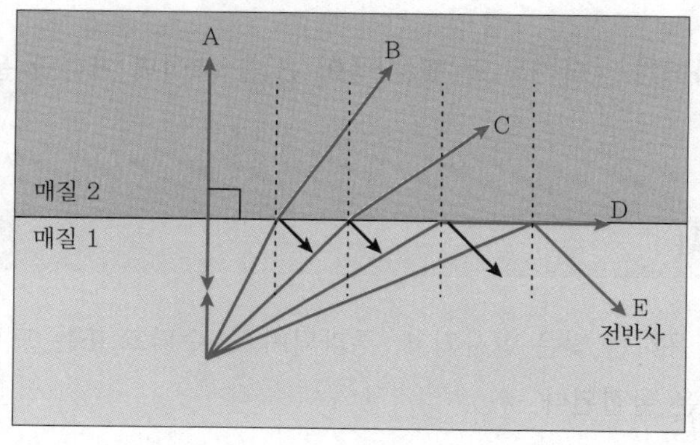

| 전반사 |

③ 임계각 공식 : $\theta_c = \dfrac{1}{n}$

여기서, θ_c : 임계각

n : 굴절률(물질에서 공기 중으로 굴절할 때의 임계각)

④ 전반사(광케이블) : 빛의 반사가 일정 각(41°) 이상(임계각) 되면 전반사(전부 반사)가 발생한다. 전반사의 경우 광케이블은 빛의 손실 없이 정보의 장거리 전송이 가능하다.

(3) 유리의 경우

1) **고진동수의 빛** : 자외선과 같은 빛으로, 유리의 전자들을 진동시켜(이때 공명이 일어남) 대부분 열로 방출한다. 따라서, 유리는 자외선에 불투명하고, 유리가 자외선을 흡수한다.

2) **저진동수의 빛** : 가시광선과 같은 빛으로, 유리의 전자를 진동시키지만 진폭이 훨씬 작아

서 열로 전환되는 에너지가 적고 대부분 빛으로 나온다. 따라서, 가시광선에 투과하는 것이다.

3) **진동수가 낮은 파동** : 유리의 모든 원자와 분자를 진동시킨다. 따라서, 유리의 내부 에너지를 증가시키고 불투명하다. 이를 열파동이라고 한다.

(4) 산란(scatter) : 소방에서 광전식 연기감지기의 원리 **117회 출제**

1) **정의** : 빛이 대기 중의 원자나 분자와 충돌할 때 일부가 방향이 바뀌고 흩어지는 현상

2) **특징** : 파장이 짧을수록 단위 시간당 진동을 많이 한다. 따라서, 대기층을 통과할 때 진동을 많이 해 방해를 크게 받아 산란하기가 쉽다.

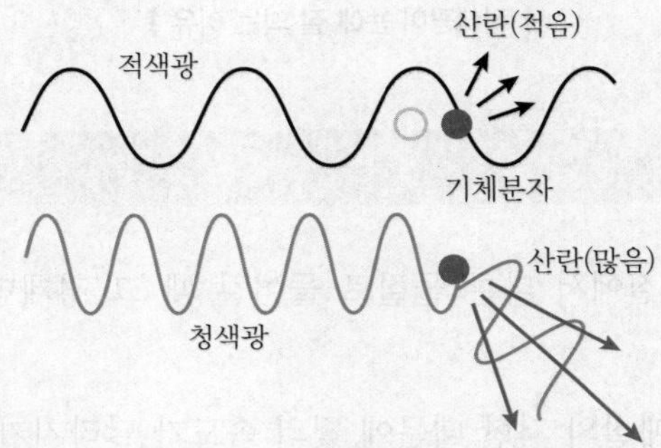

| 파장에 따른 빛의 산란 |

3) **색상** : 빛이 가지고 있는 모든 색 중에서 물체가 어떤 색깔을 많이 흡수하고 어떤 색깔을 많이 반사하는지에 의해 색상이 결정된다. 즉, 반사하는 빛이 색상이다.

① 가장 낮은 진동수의 빛 : 우리의 눈에서 저진동수에 민감한 추상체(cone)를 자극하여 빨간색으로 보이게 한다.

② 중간 영역의 빛 : 중간 진동수에 민감한 추상체를 자극하여 초록색으로 보이게 한다.

③ 고진동수의 빛 : 고진동수에 민감한 추상체를 자극하여 파란색으로 보이게 한다.

④ 세 가지 유형의 추상체 세포를 자극하면 흰색으로 보인다. 따라서, 이 세 가지 색(빨강, 초록, 파랑)을 빛의 삼원색이라 한다.

⑤ 레일리의 법칙

㉠ 개념 : 산란은 빛의 파장의 4제곱에 반비례한다. 즉, 파장이 짧을수록, 에너지가 클수록 산란이 잘 된다.

1. 구름이 흰색인 이유는 큰 물방울은 붉은색을 산란시키고, 작은 물방울은 파란색을 산란시키는데 그 색이 합쳐지면 백색을 나타내기 때문이다(빛이 합쳐지면 백색, 색이 합쳐지면 검은색).
2. 물입자가 어느 정도 이상 커지면 빛이 산란하는 양보다 흡수되는 양이 많아진다. 이때는 먹구름이 된다.

㉡ 비상 시 빨간색의 사용 이유 : 빨간색은 주파수가 낮아 레일리의 법칙에 따라 산란하지 않고 멀리까지 갈 수 있기 때문이다.

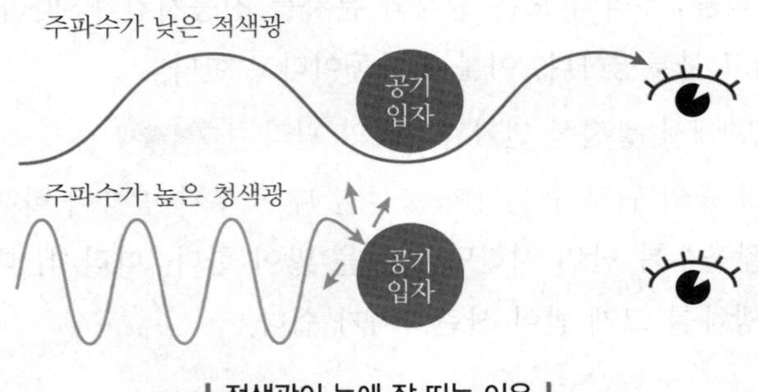

| 적색광이 눈에 잘 띄는 이유 |

03 빛의 굴절

(1) **정의 :** 빛이 어느 한 물질에서 다른 물질로 들어갈 때 그 경계면에서 진행 방향이 꺾이는 현상이다.

(2) **원인 :** 각 매질 속에서 매질의 저항 때문에 빛의 속도가 달라지기 때문이다.

(3) **페르마의 최소 시간의 원리 :** 빛이 지나는 경로는 두 지점을 잇는 여러 경로 중에서 지나가는 시간이 가장 짧은 경로를 선택하여 진행

(4) **스넬(Snell)의 법칙(빛의 굴절법칙) :** 한 매질에서 다른 매질로 입사한 빛 일부는 매질의 경계면에서 반사의 법칙에 따라 반사하고 나머지 부분은 굴절하여 진행(소방에서는 무선통신보조설비의 무반사 종단저항)

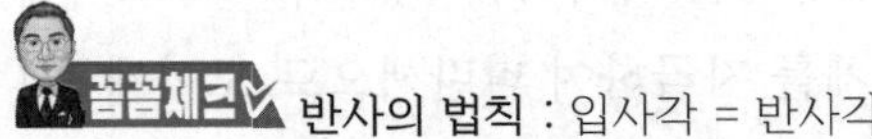

반사의 법칙 : 입사각 = 반사각

(5) **굴절률**

$$n = \frac{c}{v}$$

여기서, n : 굴절률

c : 진공 중에 빛의 속도

v : 물질 내의 빛의 속도

(6) 굴절률이 높을수록 속도는 느려지고, 따라서 굴절률이 높은 매질은 상대적으로 실한 매질이다.

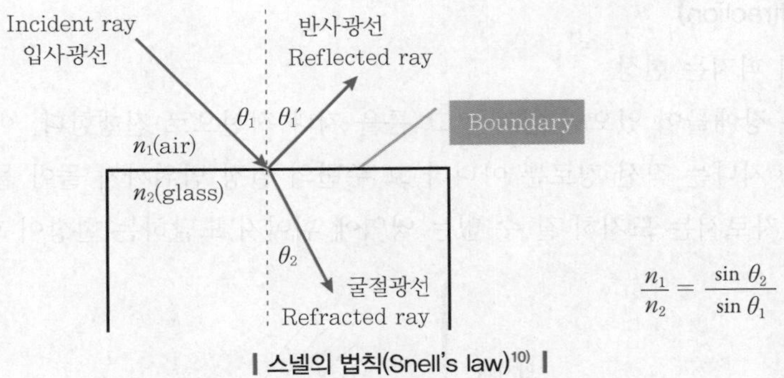

| 스넬의 법칙(Snell's law)[10] |

04 빛의 특성

(1) 빛의 이중성 : 빛은 파동성과 입자성 둘 다 가진다. 따라서, 빛은 파동으로 이동하고 입자로 부딪힌다.

(2) 빛의 분산

1) 정의 : 빛은 백색광이 여러 색으로 분리되는 현상

2) 백색광이 프리즘같은 투명 매질을 통해 진동수가 다른 빛들이 서로 다른 속력으로 진행하기 때문에 굴절되는 정도가 서로 다르다. 따라서, 굴절을 통해 빛을 여러 색으로 분리할 수 있다.

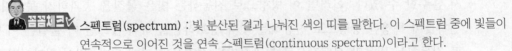

꼼꼼체크 스펙트럼(spectrum) : 빛 분산된 결과 나눠진 색의 띠를 말한다. 이 스펙트럼 중에 빛들이 연속적으로 이어진 것을 연속 스펙트럼(continuous spectrum)이라고 한다.

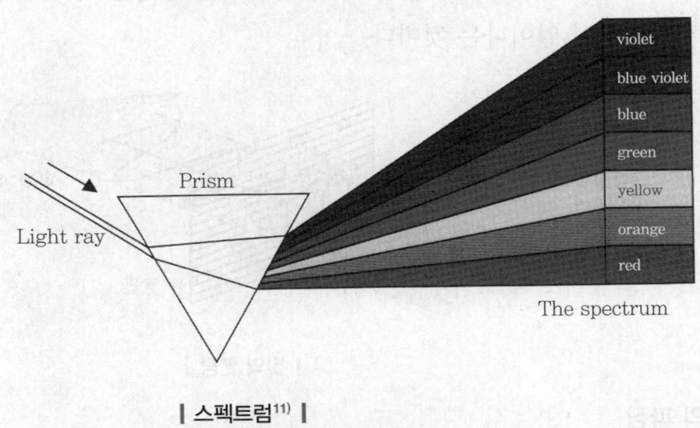

| 스펙트럼[11] |

10) http : //theengineerspulse.blogspot.kr/2011/11/snells-law-for-light-and-students.html에서 발췌
11) http : //www.fdad.co.uk/jf11/?attachment_id=599에서 발췌

(3) 빛의 회절(diffraction)

1) 정의 : 빛이 퍼지는 현상

2) 틈이 있는 장애물이 있으면 입자는 그 틈을 지나 직선으로 진행한다. 이와 달리 파동의 경우 틈을 지나는 직선 경로뿐 아니라 그 주변의 일정 범위까지 돌아 들어간다. 이처럼 파동이 입자로서는 도저히 갈 수 없는 영역에 휘어져 도달하는 현상이 회절이다.

3) 회절은 음파와 광파를 포함한다. 모든 파동의 특성이다.

(4) 편광(polarization)

1) 정의 : 어느 특정 방향으로만 진동하는 빛

2) 일반적인 빛은 진행 방향에 수직인 평면에서 모든 방향으로 진동한다.

3) 편광이 발생하는 이유 : 물질 내부의 전자들이 특정한 방향으로 진동하는 빛과 공명을 해서 흡수할 수 있다. 이러면 이 방향으로 진동하는 빛은 물질을 통과하지 못한다. 또는 전자들이 특정한 방향으로 진동하는 빛과 상호작용을 하지 않으면 이 물질은 이 방향으로 진동하는 빛들만 선택적으로 통과시키는 성질을 가지게 된다. 빛이 횡파이기 때문에 편광현상이 일어나는 것이다.

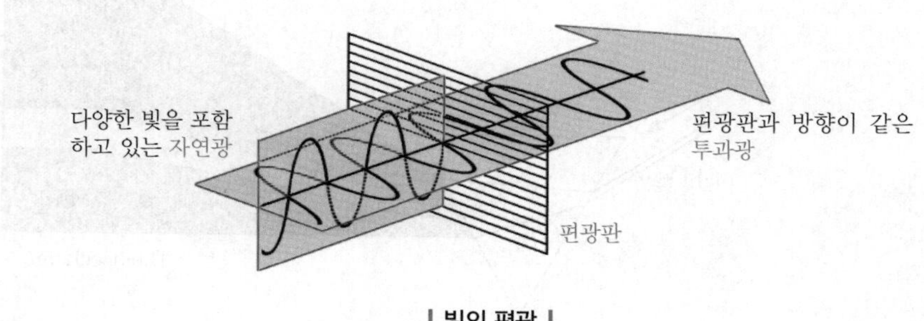

| 빛의 편광 |

(5) 빛의 파장

1) 적외선 파장 : 피부에 흡수되어 열기를 느끼게 하고 온도 상승

2) 복사 에너지 : 에너지가 빛의 파장으로 방출

① 500℃ 정도 : 빨간색 파장대의 빛 방출

② 600~700℃ 정도 : 노란색 파장대의 빛 방출

③ 1,200℃ 정도 : 백색광의 빛 방출

가시광선을 볼 수 있는 이유는 가시광선의 진동수에 진동하는 진동자를 눈이 갖고 있어서 공진을 하기 때문에 볼 수 있는 것이다.

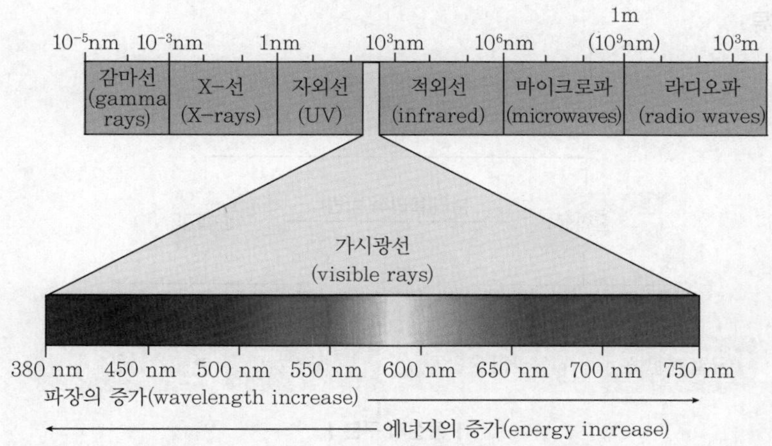

05 기타-레이저(LASER : Light Amplified Stimulated Emission Radiation)

(1) 정의 : 유도 방출되어 증폭된 빛

(2) 구성요건 : 매질, 펌핑, 반사경

(3) 원리

1) 매질을 펌핑하면 매질을 구성한 물질은 높은 에너지 상태로 변한다.

2) 이때 방출된 빛을 반사경으로 증폭할 경우 한 가지 색깔을 가진 강한 레이저가 발생한다.

(4) 소방에서 이용 : 광케이블 감지기의 광원

SECTION 010 화학 기본 이론

01 물질

(1) 물질의 분류

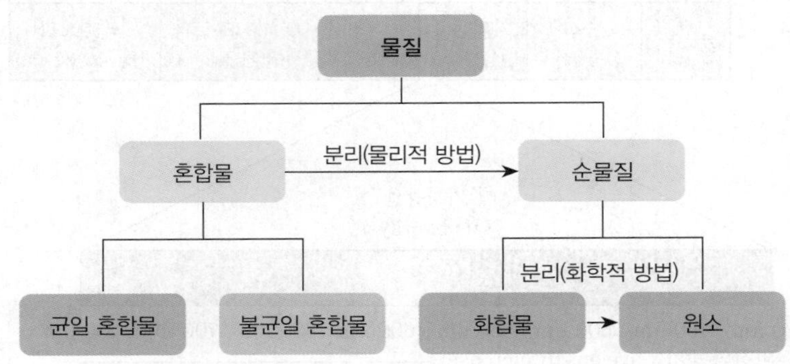

| 물질의 구분 |

1) 화학적 조성

① 원소(element) : 화학적으로 구별되는 오직 한 가지 형의 원자로 된 물체의 종류(원소의 종류 : 108)

② 혼합물(mixture) : 둘 이상의 여러 물질이 화학 반응 없이 섞여 있는 것

| 혼합물의 종류와 특성 |

구분	균일 혼합물 (homogeneous mixture)	불균일 혼합물 (heterogeneous mixture)	콜로이드 (colloid)
정의	성분 물질이 고르게 섞여 있는 혼합물(1nm 이하)	성분 물질이 고르지 않게 섞여 있는 혼합물(1μm 이상)	균일 혼합물과 불균일 혼합물의 중간상태로, 1nm(나노미터)에서 1μm(마이크로미터) 사이의 크기를 갖는 입자들로 구성된 것

구분	균일 혼합물 (homogeneous mixture)	불균일 혼합물 (heterogeneous mixture)	콜로이드 (colloid)
특성	전체적으로 동일성을 가지고 있다.	혼합물 내의 어떤 부분과는 다른 성질을 갖는 부분이 존재한다.	용질이 용매에 완전히 녹아 있는 용액과는 달리, 콜로이드에서는 입자가 균일하게 퍼져 용매 속에 떠다니는 양상을 띤다. 다시 말해서, 입자가 아주 작아 콜로이드의 어느 부분을 취해도 같은 물성을 나타내지만, 또한 입자가 완전히 용해되지 않아서 콜로이드는 용액과 달리 빛을 산란시킬 수 있다.
예	공기, 청동, 사이다 등	우유, 연기, 콘크리트, 대리석 등	폼, 연기, 먼지, 구름, 안개 등

| 콜로이드의 종류 |

		불연속상(용질)		
	구분	고체	액체	기체
연속상(용매)	고체	고체 현탁액 초콜릿	겔 젤리, 치즈	고체 폼 마시멜로
	액체	현탁액 초콜릿 음료	에멀전 우유, 마요네즈	폼 휘핑크림, 포소화약제
	기체	연기 연기, 먼지	안개 안개, 구름	존재할 수 없음

③ 화합물(component) : 2가지 이상의 원소가 화학반응으로 결합하여진 물질로, 서로 다른 원자가 정수비로 결합하여 만들어진다.

예 물(H_2O), 메탄(CH_4), 염화나트륨(NaCl) 등

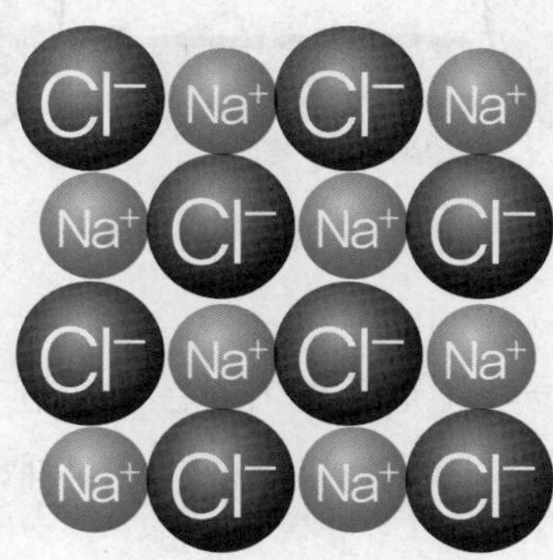

| 염화나트륨 화합물의 예 |

④ 혼합물과 화합물의 비교

구별	혼합물(mixture)	화합물(component)
조성비	농도에 따라 변화	일정
끓는점, 녹는점	온도에 따라 변화	일정
합성 및 분해	물리 변화(혼합, 분리)	화학변화(화합, 분해)

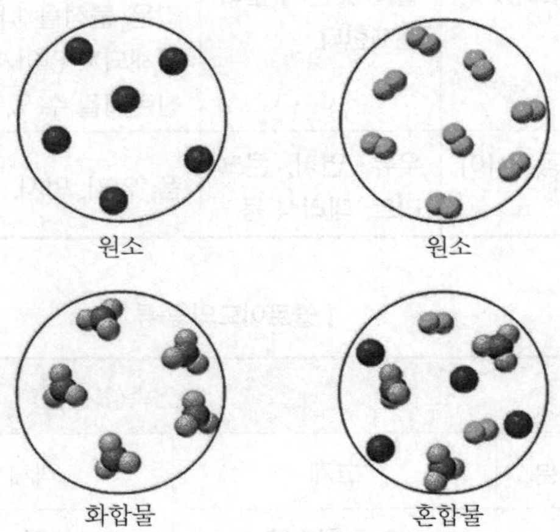

| 원소와 화합물, 혼합물의 차이 |

2) 물리적 상(phase) : 기체(gas), 액체(liquid), 고체(solid) → 물질의 상태(state of matter)

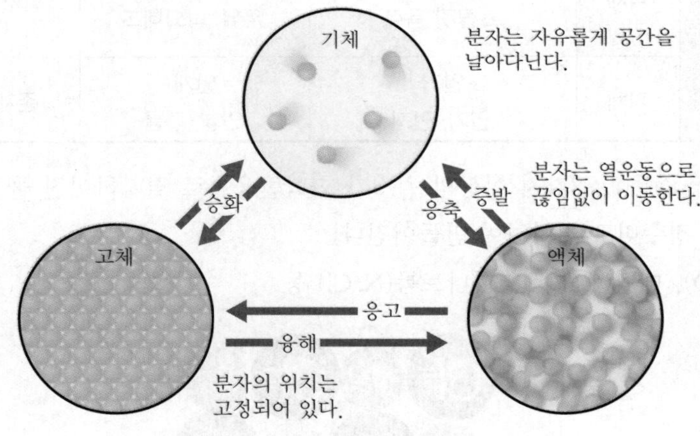

| 물질의 상태 |

① 개요

㉠ 정의 : 일정한 물리적 성질을 가지는 균일한 물질계

㉡ 2상(phases) : 2가지 이상의 상이 함께 존재하는 상태

㉢ 물질의 상을 바꾸려면 열이라는 에너지를 가하거나 제거하여야 한다. 이를 통해 분자 간의 결합력을 약화하거나 강화할 수가 있어 원자와 분자의 움직임에 영향을 줄 수 있기 때문이다.

② 물질 상태의 정의(위험물안전관리법 시행령 [별표 1]의 비고)

㉠ 액체

- 1기압 및 섭씨 20도에서 액상인 것 또는 섭씨 20도 초과 섭씨 40도 이하에서 액상인 것
- **액상 여부를 판단할 수 있도록 시험 규정**: 수직으로 된 시험관(안지름이 30mm, 높이 120mm의 원통형 유리관을 말함)에 시료를 55mm까지 채운 다음 당해 시험관을 수평으로 하였을 때 시료 액면의 선단이 30mm를 이동하는 데 걸리는 시간이 90초 이내에 있는 것

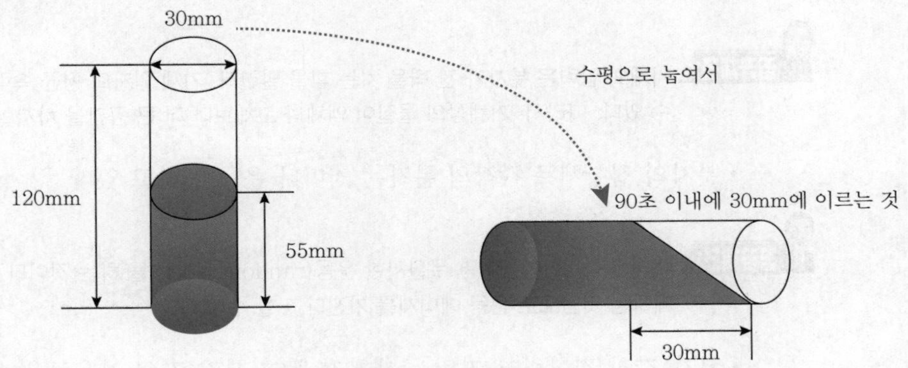

㉡ 기체: 1기압 및 섭씨 20도에서 기상인 것

㉢ 고체: 기체 및 액체 외의 것

㉣ 물질의 상태 비교

성질 종류	기체상태	액체상태	고체상태
압축성	무한히 압축 가능	약간 압축 가능	거의 무시할 수 있는 수준
모양	담는 그릇 모양	담는 그릇의 모양, 평평한 표면과 고정된 부피	그릇에는 관계없이 일정한 형태를 가지고 있음
유동성	빠름, 아주 작은 점도	느림, 여러 가지 점도	높은 압력인 경우 외에는 거의 무시, 아주 높은 점도

성질 종류	기체상태	액체상태	고체상태
구조	원자, 이온, 분자들이 빈 공간을 무질서하게 끊임없이 운동	원자, 이온, 분자들이 조밀하게 밀집되어 제한된 부분만 질서 있고 그 외 부분은 끊임없이 운동	완전히 혹은 거의 완전히 질서 있고 거의 고정된 위치
주요 운동	병진운동	회전운동	진동운동
에너지 함량	가장 큼(에너지를 제거하면 액체가 됨)	중간 크기(에너지를 제거하면 고체가 되고 에너지를 더하면 기체가 됨)	가장 작음(에너지를 더하면 액체나 어떤 경우에는 기체가 됨)

③ 기체·액체·고체 상태의 일반적 성질

㉠ 기체

- 압력은 미립자 운동속도의 제곱에 비례($P \propto v^2$)

기체의 압력은 분자가 관 벽을 치는 힘을 말한다. 기체 입자의 평균 속력은 500m/s라고 할 수 있다. 따라서, 기체상의 물질이 액체나 고체보다 더 큰 공간을 차지할 수 있다.

- 분자의 집합체로 각각의 분자는 저마다 운동을 하고 있다.

절대온도 0K 이상이면 무질서한 운동(random work)을 하는 것이다. 따라서, 기체는 존재하는 것만으로 운동 에너지를 가진다고 할 수 있다.

- 분자 간의 결합력이 거의 존재하지 않아 분자 간의 자유로운 운동이 가능하고 자신의 형태가 고정되지 않은 상태
- 특성 : 낮은 밀도, 큰 압축 및 팽창성, 용기의 내부를 완전히 채우는 성질

㉡ 액체

- 비결정상태로 분자 간의 결합력이 존재하나 그것이 고체보다는 약하고 자신의 형태가 고정되지 않은 상태로 입자들이 서로를 지나가서 여기저기로 돌아다닐 수 있는 이동성이 있다. 이러한 입자들의 이동성 때문에 액체의 특성인 흐름이 형성되고, 담는 그릇의 모양에 따라 부피의 형태가 달라질 수 있다.
- 성질 : 기체와 고체의 성질 중간(고체와 액체는 유사성 존재)
- 특성 : 일정한 부피를 유지하며 형태는 변형이 가능하고, 기체와는 달리 팽창 또는 수축은 작다.

초임계 유체(supercritical fluid) : 임계점 이상의 온도와 압력에 놓인 물질 상태를 일컫는다. 기체의 확산성과 액체의 용해성을 동시에 가지는 기체와 액체의 중간계 성질을 가진다.

ⓒ 고체

- 원자나 분자가 분자 간의 힘(IMF)으로 3차원 공간에 고정된 배열을 이룬 물질의 상태이다. 따라서, 입자들은 앞뒤로, 좌우로, 위아래로 진동할 수 있지만 이동할 수는 없다. 고체 온도를 높이면 진동이 빨라지다 어떤 온도 이상에서는 고정된 배열이 깨지게 되고, 그로 인해서 액체가 된다.
- 분자 간의 결합력으로 일정한 부피와 형태를 유지(온도와 압력에 의해 부피의 변화가 적음)한다.
- 고체의 전기적 성질
  - 원자에서 안쪽 전자 : 원자핵에 강한 속박을 받아 자유롭지 못하다.
  - 원자에서 바깥전자 : 원자핵에 약한 속박을 받아 자유롭다.
  - 원자가 전자 : 자유로운 원자 사이 운동(고체 종류 + 외부조건 → 운동의 정도 차이)이 가능하다.
- 특성 : 높은 밀도, 작은 압축성, 매우 단단한 성질

ⓓ 원자와 분자의 움직임이 활발한 정도 : 기체 > 액체 > 고체

ⓔ 분자의 운동이 약해지면 분자 사이에 작용하는 반데르발스라는 약한 인력에 의해 분자가 모여 결정이라는 형태를 띠게 된다.

(2) 물질의 성질

1) 물리적 성질 : 화학변화를 수반하지 않는 물질의 독특한 성질로, 물리적 변화(physical change) 후에도 분자들은 반응 전과 동일하다.

예 어는점, 끓는점, 밀도, 색, 냄새, 맛, 용해도, 전도성 등 → 세기성질(시강인자)로서 물질의 고유한 성질

1. **물리적 변화** : 물질의 궁극적 조성에 영향을 주지 않는 변화(물질 자체가 바뀌지 않는 변화)
2. **시량인자(크기 성질, extensive properties)** : 물질의 양에 의존
3. **시강인자(세기 성질, intensive preopeties)** : 물질의 양에 무관하고 강도에 의존

2) 화학적 성질 : 화학변화를 수반하는 물질의 독특한 성질

예 산-염기, 산화-환원, 반응성 등

3) 화학반응

① 전자를 주고받으면서 새로운 물질이 되는 반응으로, 비가역적 변화이다.

꼼꼼체크 비가역적이라는 것은 곤란(difficult)한 것이지 불가능(impossible)한 것은 아니다.

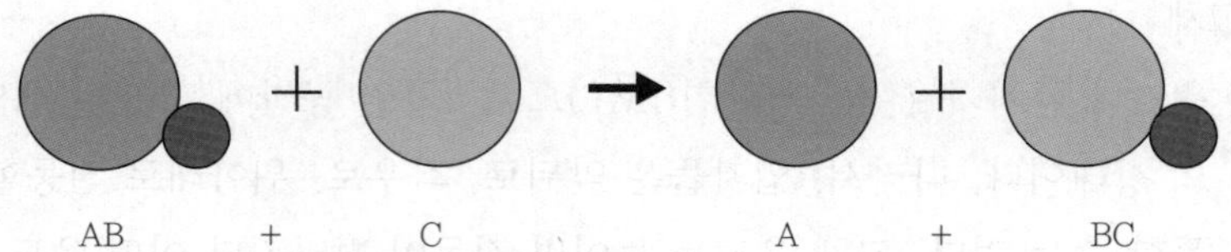

| 화학반응 |

② 물질의 화학적 동일성의 변화에서는 물질에 원래 존재한 원자의 결합을 재배열하여 새로운 결합이 형성된다.

③ 화학반응에서는 원자가 창조되거나 파괴되지는 않는다(보존의 법칙).

(3) 동소체(allotrope)

1) 정의 : 같은 원소로 되어 있으나 모양과 성질이 다른 홑원소 물질(단위분자를 구성하는 원자수가 다름)

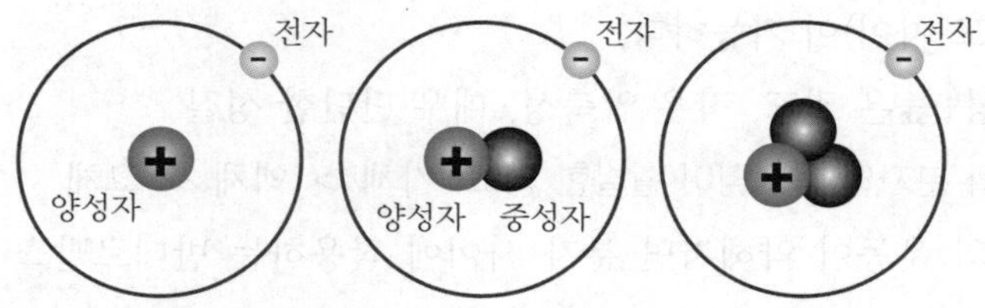

| 수소의 동소체 |

2) 같은 물리적 상태(기체, 액체, 고체)에서 두 가지 이상의 서로 다른 형태로 존재하는 물질(한 가지 원소로 이루어져 있으나 서로 다른 성질을 가지는 물질) → 같은 구성 물질이라도 결합방식이 다를 때 물질의 강도와 화학적 성질이 다르다.

| 흑연의 동소체 |

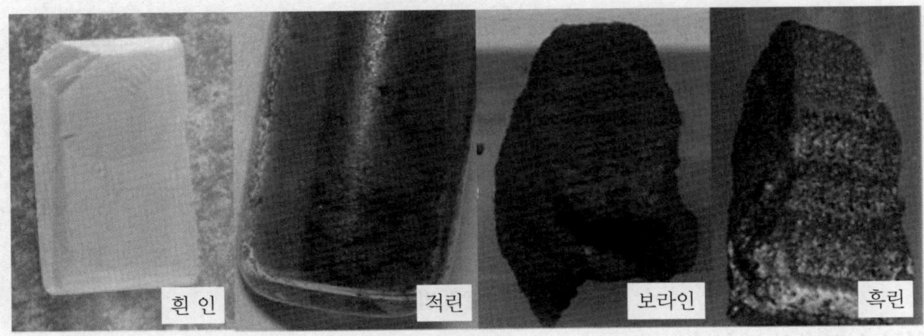

| 인의 동소체 |

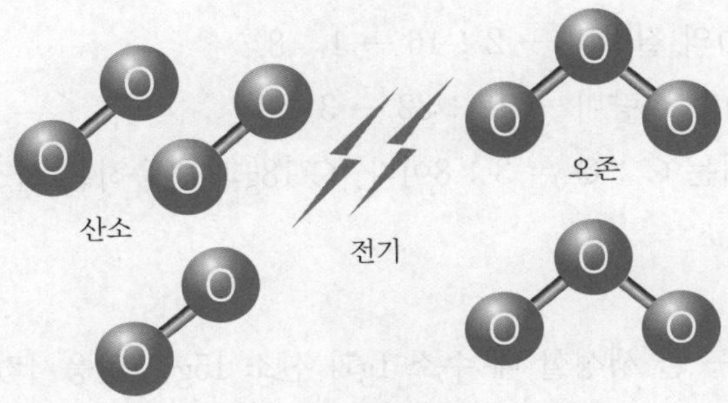

| 오존의 발생구조 |

02 원자(atom)

(1) **개념 :** 물질의 구성단위이고, 분자를 이루는 기본단위로 더는 쪼갤 수 없는 알갱이를 말한다.

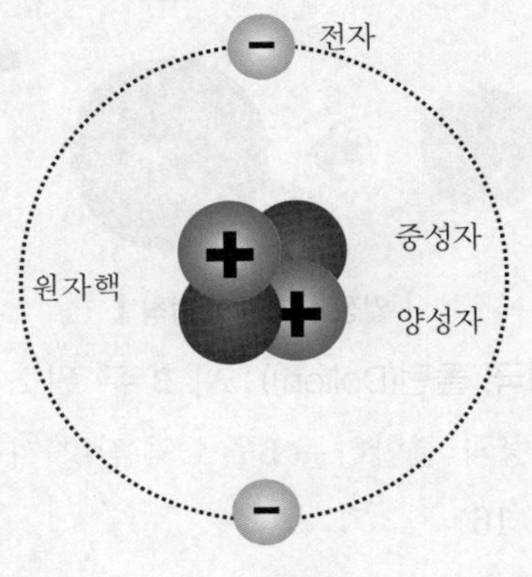

| 원자 |

(2) 원자에 관한 기본법칙(질량과 관계)

1) 질량보존의 법칙(1772, 프랑스, 라브와지에)

① 화학반응에서 반응 전후의 질량은 불변한다.

② 화학반응에서 생성된 물질의 총질량은 반응한 물질의 총질량과 같다.

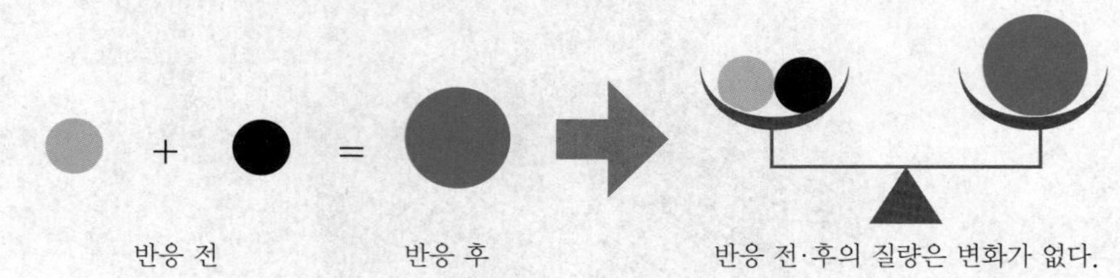

┃ 질량보존의 법칙 ┃

2) 일정 성분비의 법칙(1799, 프랑스, 프로스트(Proust)) : 화합물을 구성하는 각 원소의 질량비는 항상 일정하다.

예 H_2O의 H : O의 질량비 → 2 : 16 → 1 : 8

CO_2의 C : O의 질량비 → 12 : 32 → 3 : 8

예 CO_2의 질량비는 C : O = 3 : 8이다. C 18g과 반응하는 산소의 질량은?

$3 : 8 = 18 : x$

$\therefore x = 48$

예 수소 + 산소 → 물 생성할 때 수소 1g과 산소 15g을 반응시켰을 때 어떤 물질이 몇 g 남는가?

H : O = 1 : 8

∴ 산소 = 7g 남는다.

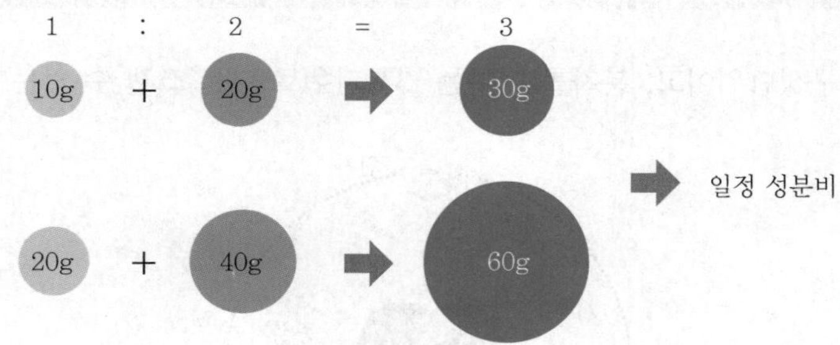

┃ 일정 성분비의 법칙 ┃

3) 배수비례의 법칙(1803, 영국, 돌턴(Dolton)) : A, B 두 원소가 화합하여 둘 이상의 화합물을 생성할 때 A원소의 일정량과 결합하는 B원소의 질량 사이에 간단한 정수비가 성립한다.

예 CO → C : O = 12 : 16

CO_2 → C : O = 12 : 32↘ 산소의 질량비 = 1 : 2

1. 배수비례의 법칙에 적용되는 물질의 예

H_2O와 H_2O_2, CO와 CO_2, $SnCl_2$와 $SnCl_4$, Hg_2Cl_2와 $HgCl_2$, SO와 SO_2 등

2. H_2SO_3와 H_2SO_4는 배수비례의 법칙에 적용 안 된다.

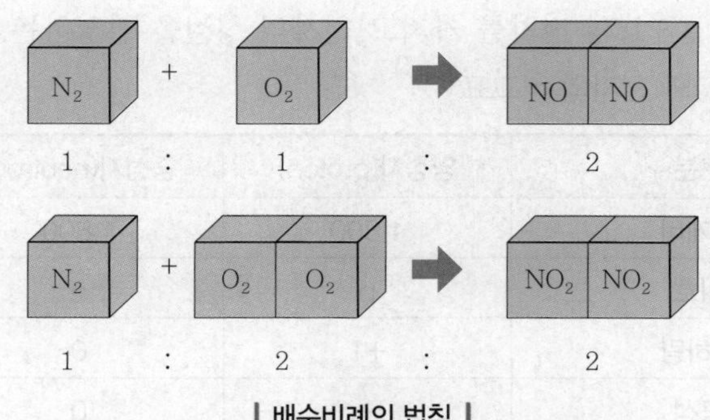

| 배수비례의 법칙 |

(3) 돌턴(Dalton)의 원자설(1803)

1) 원자에 관한 기본법칙(질량보존, 일정 성분, 배수비례의 법칙)을 설명하기 위해 원자설을 제시하였다.

2) 원자의 종류는 원소에 따라 결정되고 같은 종류의 원자는 질량 및 성질이 같다.

3) 원자는 화학변화에 의해 생성, 소멸하지 않는다.

4) 원소에서 화합물이 생성될 때 간단한 정수비로 결합된다.

1. 1) · 3)항 - 쪼갤 수 없고, 생성 · 소멸 안 된다. → 질량보존의 법칙
2. 1) · 2)항 - 쪼갤 수 없고, 같은 원소의 원자는 같은 질량 → 일정 성분비의 법칙
3. 2) · 4)항 - 화합물 생성 시 정수비, 같은 원소의 원자는 같은 질량 → 배수비례의 법칙

5) 원자설의 수정

① 핵화학 발달 : 원자는 쪼갤 수 있고, 생성 및 소멸할 수 있다.

② 동위원소 발견 : 같은 원소의 원자라도 질량과 성질이 다른 것이 있다. 그 이유는 중성자수가 다르기 때문이다.

(4) 원자의 구성

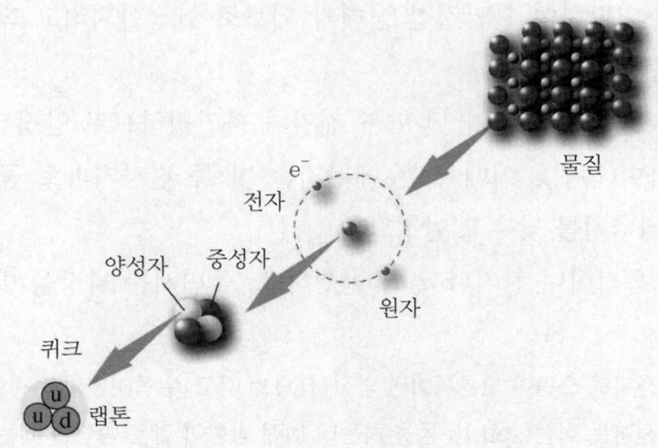

1) 양성자(p : proton) : +1e의 전하를 가지고 원자의 성질을 결정하는 중요인자

① 양성자, 중성자와 전자의 비교표

구분	양성자(proton)	중성자(neutron)	전자(electron)
무게비	1,800	1,800	1(무시)
기호	p	n	e^-
전하량	+1	0	−1
극성	+	0	−
위치	원자핵	원자핵	오비탈

② 원자번호 = 양성자의 수 = 중성자 수 = 전자수

2) 중성자(n : neutron) : 전하는 없는 핵입자(극성이 없음)로, 질량은 양성자와 같다.

3) 자유전자(e^- : electron)

① 정의 : 마지막 궤도의 전자로 원자핵이 구속하는 힘이 약하기 때문에 외부에서 작용하는 작은 힘에도 원자핵의 구속을 벗어나 자유로운 상태가 될 수 있는 전자

② 상태에 따른 구분

㉠ 바닥 상태(복귀) : 양자역학에서 계의 에너지가 최소인 상태

㉡ 들뜬 상태(여기, excitation)

- 계의 에너지가 최대인 상태
- 에너지가 과잉으로 불안정한 상태로 에너지를 방출하고 안정된 상태가 되려고 한다(반응성이 큼).

㉢ 이온화(전리, ionization)

- 궤도 전자가 더욱 강한 에너지를 받아서 원자 내의 궤도 전자가 자유전자가 되는 것
- 궤도를 이탈하여 불안정한 상태가 되므로 안정화되려고 화학반응을 일으킴(반응성 증대)

③ 전자기파 방사 : 들뜬 상태가 된 궤도 전자가 불안정하므로 안정된 더 낮은 준위로 내려가려고 하며(복귀), 이때 남는 에너지를 빛 등 전자기파로 공간에 방사하고 방사한 물질은 에너지를 낮추고 안정화

④ 자유전자는 움직이며 전기나 열이 발생하고, 돌면서는 자장을 발생한다.

1. 전자의 스핀이 오른쪽이면 양전하(+)를 띠고, 왼쪽이면 음전하(-)를 띤다.
2. 전자는 회전(spin)운동을 하는데 회전 방향이 같은 방향일 때는 강한 자성을 띠고, 다른 방향일 때는 상쇄된다.

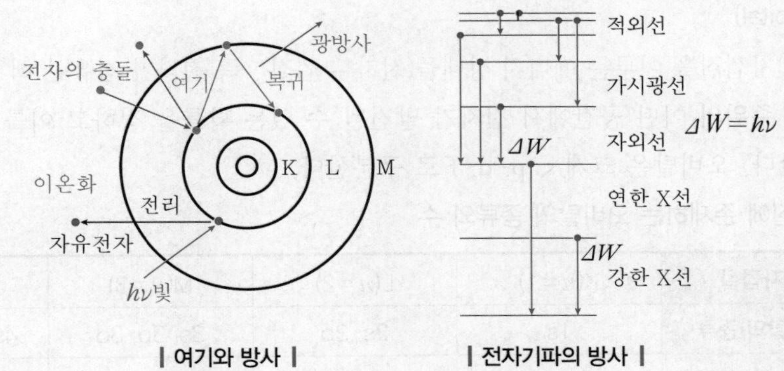

| 여기와 방사 | | 전자기파의 방사 |

⑤ 전자쌍

㉠ 쌍을 이루고 있는 원자가 전자 : 상대적으로 안정

㉡ 쌍을 이루지 못한 원자가 전자

- 자기력선을 방출해서 자성이 커진다.
- 쌍을 이루지 못한 홑전자를 라디칼이라고 하며 라디칼은 불안정성 때문에 높은 반응성을 가진다.

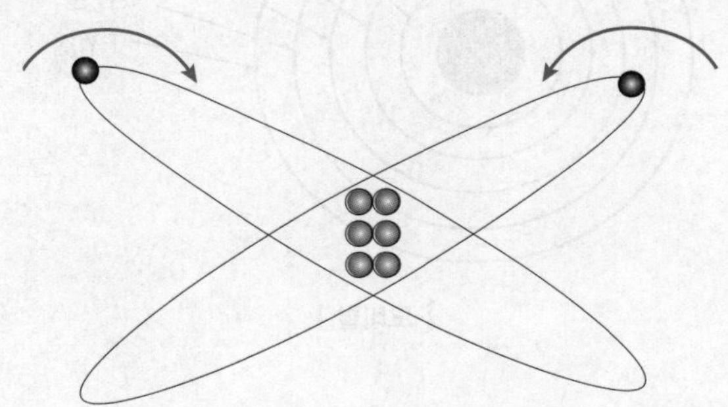

* 전자쌍을 이루는 원자들의 전기력이 서로 스핀 방향이 반대로 상쇄되어 안정화된다.

4) 전자쌍은 전자들의 집합으로 음전하를 띤다.

(5) 원자핵(atomic nucleus)

1) 정의 : 원자 중심 핵이 되는 입자(양성자와 중성자)

2) 원자의 질량 = 원자번호 × 2(양성자+중성자)[g]

원자	원자번호	원자량	원자	원자번호	원자량
수소(H)	1	1	불소(F)	9	19
탄소(C)	6	12	염소(Cl)	17	35.5
질소(N)	7	14	아르곤(Ar)	18	40
산소(O)	8	16	브롬(Br)	35	80

(6) 오비탈(orbital)

1) 정의 : 전자껍질을 이루는 에너지 상태들(전자 부껍질), 즉 전자가 점유한 핵 주위의 영역
2) 원자핵 주위의 어떤 공간에서 전자가 발견될 수 있는 확률을 정하고 이를 궤도(오비탈)라고 한다. 오비탈은 크게 s, p, d, f 로 구분한다.
3) 전자껍질에 존재하는 오비탈의 종류와 수

전자껍질	K(n=1)	L(n=2)	M(n=3)	N(n=4)
오비탈의 종류	1s	2s, 2p	3s, 3p, 3d	4s, 4p, 4d, 4f
오비탈수	1	1, 3	1, 3, 5	1, 3, 5, 7
총 오비탈수	1	4	9	16
전자의 수($2n^2$)	2	8	18	32

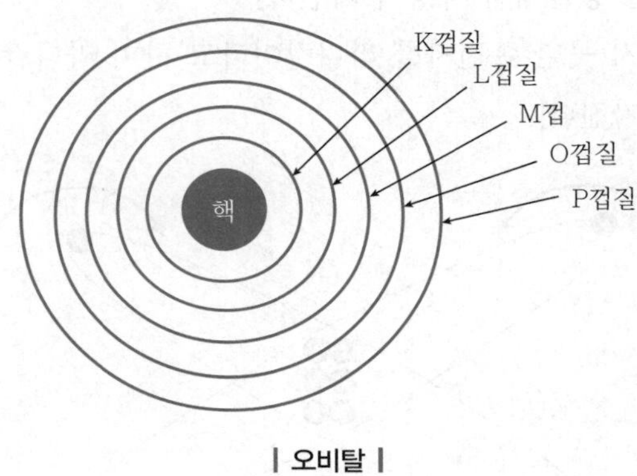

| 오비탈 |

4) 원자가 전자

① 정의 : 가장 바깥 껍질의 전자

② 특성 : 원자가 전자가 다른 원자와 맨 처음으로 상호작용하고, 화학결합에도 참여한다. 따라서, 원자가 전자가 원자의 성질을 결정하는 가장 중요한 인자이다.

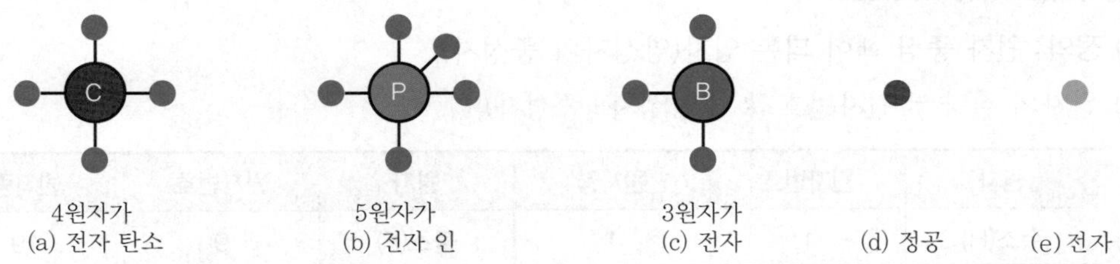

| 원자가 전자 |

③ 훈트의 규칙(Hund's rule) : 각 오비탈에 전자가 채워질 때 전자는 비어 있는 오비탈부터 순서대로 채워진다.

(7) 원자량

1) 정의 : 원자의 질량(원자번호×2(양성자+중성자)[g])

2) 기준 : 탄소에 대한 상대적 질량으로 탄소의 원자량 12이고 이것에 대한 상대적 질량

3) 1g 원자량 : 원자 1몰의 질량으로, 원자량에 g을 붙인 양

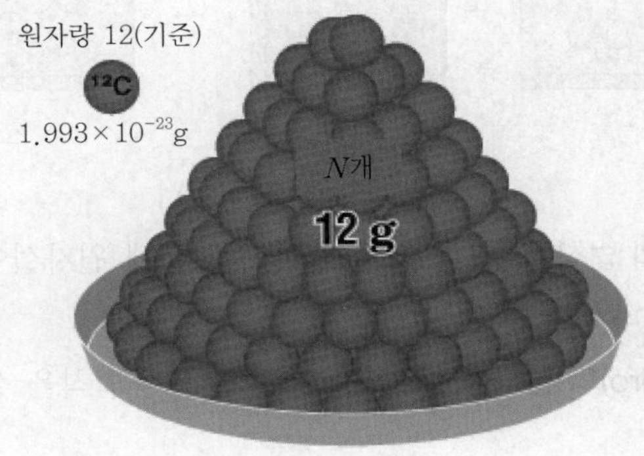

| 원자량 |

03 분자(molecule)

(1) **정의** : 물질의 특성을 갖는 최소 입자

1) 분자는 순수한 화합물에서 그 특징적인 조성과 화학적 성질을 유지하는 가장 작은 입자 또는 독립적으로 안정하게 존재할 수 있는 원소나 화합물의 가장 작은 입자

산소 원자(O)	산소 분자(O_2)
• 원자번호 = 양성자수 = 전자수 : 8 • 질량 : 16(8×2)	질량 : 32
최소 단위	물질을 구성하는 최소 단위

2) 불활성 기체족을 제외한 원자는 불안정하므로, 자연계에서 원자 상태로 존재하지 않고 대부분 안정화된 분자 상태로 존재한다.

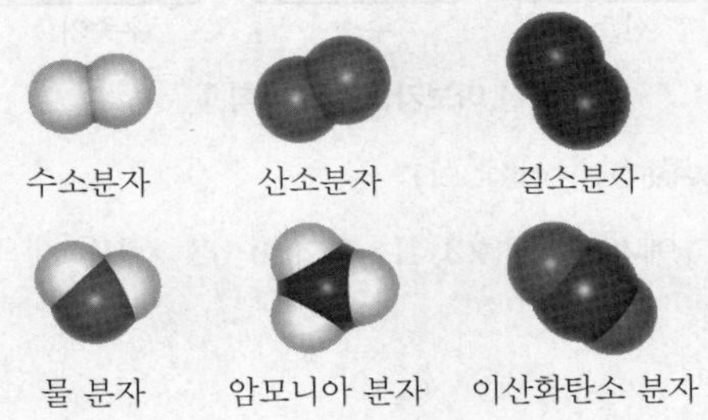

| 분자의 예 |

(2) **분자의 기본법칙** : 기체반응의 법칙, 아보가드로의 법칙(부피에 관한 법칙)

1) 기체반응의 법칙(1808, 프랑스, 게이뤼삭(Gay Lussac)) : 기체 + 기체 → 기체 생성 시 각 기체의 부피 사이에 간단한 정수비 성립

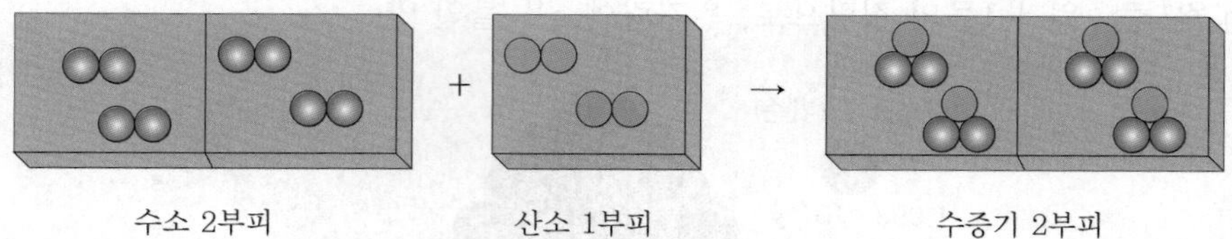

| 게이뤼삭의 법칙(2 : 1 : 2) |

2) 원자설과 기체반응의 법칙 : 원자를 쪼개야 하기 때문에 원자설에 어긋나서 아보가드로가 분자설을 제안하였다.

3) 아보가드로(Avogadro)의 분자설(1811년) : 기체반응의 법칙을 설명하기 위해서 만들어진 가설이다.

① 물질은 원자로 구성된 분자로 이루어진다.

② 같은 물질의 분자는 크기, 모양, 질량이 같다.

③ 분자를 쪼개면 원자(물질의 특성을 잃음)가 된다.

④ 모든 기체는 같은 온도·압력 하에서 같은 부피 속에 같은 수의 분자가 존재 → 아보가드로 법칙

(3) 아보가드로(Avogadro)의 법칙

1) 정의 : 모든 기체는 그 종류와 관계없이 '같은 온도·압력 하에서 같은 부피 속에는 같은 수의 분자가 존재'한다.

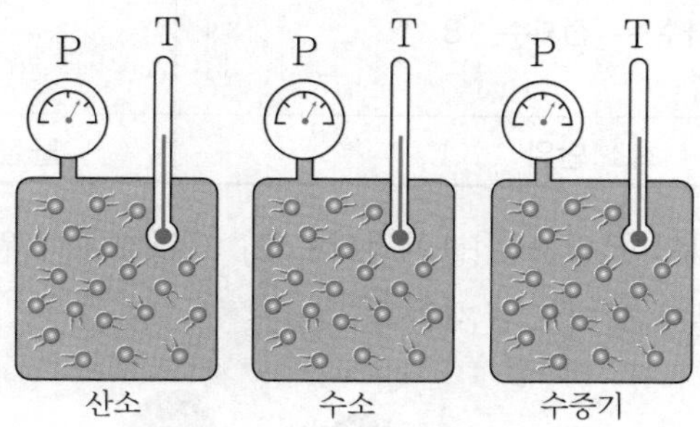

| 아보가드로의 법칙 |

2) 아보가드로의 수(Avogadro's number)

예 0℃, 1기압(atm) 하에서 기체 22.4L 속에 6.02×10^{23}개의 분자가 존재

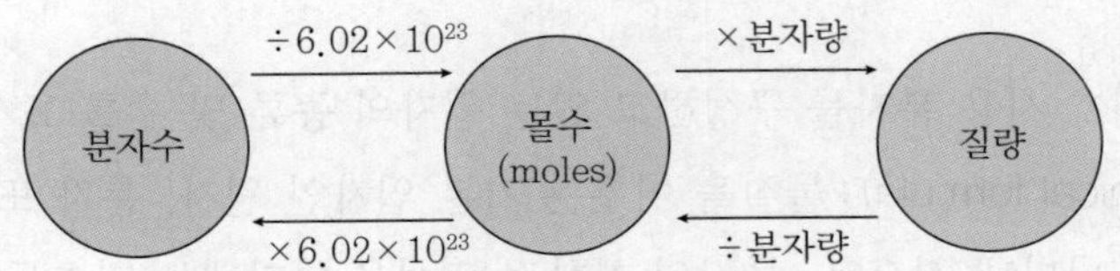

3) 몰(mole)

① 정의 : 탄소 12g 속에 들어있는 원자의 개수와 같은 수의 입자(아보가드로 수)를 가지고 있는 물질의 양

② 예를 들어 물 분자 하나의 질량은 너무 작아서 그것을 모아서(아보가드로의 수만큼)

㉠ 1몰의 질량 : 분자량의 질량

㉡ 1몰의 부피 : 일정한 부피(22.4L)

㉢ 몰 : 계산을 쉽게 하기 위한 물질의 가상단위

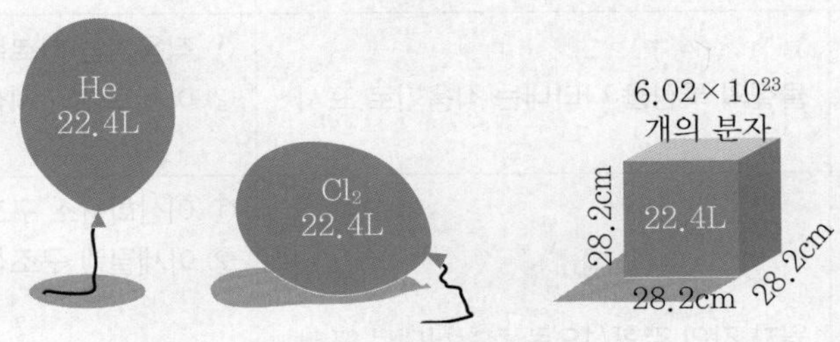

| 1몰(mole) |

③ 필요성 : 정량적인 계산이 가능

④ 몰수와 부피 관계

$$n = \frac{W}{M},\ V \propto n$$

여기서, n : 몰수
W : 질량
M : 분자량
V : 부피

꼼꼼체크 STP에서 이산화탄소(CO_2) 가스 $1m^3$의 질량[kg]

① 이산화탄소 1kmol은 44kg, 체적은 $22.4m^3$이므로

② $1m^3$의 질량 $= \frac{44}{22.4} = 1.964$kg

4) 기체분자는 화학·물리적 특성과는 무관하게 같은 온도와 압력에서 기체 시료가 차지하는 부피는 기체의 mol수(분자수)에 비례한다. 예를 들면 분자의 mol수(분자수)를 2배 하면 부피도 2배가 된다.

(4) 분자식

1) 정의 : 원소기호 사용 분자를 구성하고 있는 원자의 종류 및 수를 표시한 식
2) 화학식(chemical formula) : 물질을 이루는 기본 입자인 원자, 분자 또는 이온을 원소기호를 사용하여 나타낸 식으로, 물질의 화학적 조성을 나타내는 기호들의 조합체

구분	표시방법	표현방법과 예
이온식	이온화 됐을 때의 전하량으로 표시	아세트산의 이온식 : $CH_3COO^- + H^+$
실험식 (empirical formula)	물질을 구성하는 원자의 종류와 수를 간단한 정수비로 표시(개수의 비율로 최대 공약수)	① 포도당의 분자식 : $C_6H_{12}O_6$ ② 포도당의 실험식 : CH_2O
분자식 (molecular formula)	분자를 이루고 있는 원자의 종류와 수로 표시(원소별 개수)	① 분자식 = 실험식 X_n ② 아세트산 분자식 : $C_2H_4O_2$
시성식 (rational formula)	물질의 특성을 나타내는 작용기로 표시	① 작용기인 카르복실기(COOH)로 표현 ② 아세트산의 시성식 : CH_3COOH
구조식 (condensed formula)	원자 간의 결합선으로 결합상태로 표시	① 이산화탄소 구조식 : O=C=O ② 아세틸렌 구조식 : HC≡CH ③ 아세트산 구조식 : H—C(H)(H)—C(=O)—OH

(5) 분자의 힘

1) 분자 간 힘(IMF : Intermolecular forces) : 분자들 사이에 작용하는 인력으로 분자들이 모여서 고체나 액체로 되기 위해 분자 간에 발생하는 힘
2) 분자 내 힘(IMF : Intramolecular forces) : 한 분자 내에서 원자들끼리 서로 붙들고 있는 인력으로 한 분자 내의 원자들을 함께 뭉치도록 하는 힘

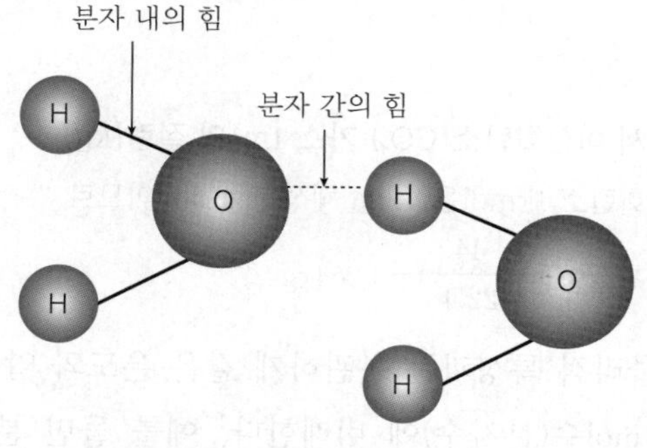

| IMF(분자 간의 힘) & IMF(분자 내 힘) |

3) 일반적으로 분자 간 힘은 분자 내 힘보다 훨씬 약하다.

꼼꼼체크 분자 간 힘(intermolecular) vs 분자 내 힘(intramolecular)

41kJ to vaporize 1mole of water (inter)

930kJ to break all O-H bonds in 1mole of water (intro)

(6) 분자의 특성

1) 분자운동 : 물질을 이루는 분자들의 움직임

2) 원자수에 의한 분자의 구분

① 1원자 분자 : 헬륨(He), 네온(Ne), 아르곤(Ar) 등

② 2원자 분자 : 수소(H_2), 산소(O_2), 염화수소(HCl) 등

③ 3원자 분자 : 오존(O_3), 물(H_2O), 이산화탄소(CO_2) 등

④ 4원자 분자 : 인(P_4), 암모니아(NH_3) 등

3) 분자량

① 정의 : 분자 안 모든 원자의 원자량 합

예 물(H_2O)의 분자량 : $1\times2+16=18g$

② 평균 분자량 : 혼합물의 경우 각 분자의 조성 백분율로부터 평균 분자량을 구한다.

예 공기의 평균 분자량 (공기 중에는 산소 21%, 질소 79%)

$$air = 32 \times \frac{21}{100} + 28 \times \frac{79}{100} = 28.84 = 29g/g\text{-}mol$$

4) 분자의 구조

① 분자의 입체구조

㉠ 화학·물리적 특성을 결정하는 중요한 요인

㉡ 공간이 구성과 결합력 결정

② 전자쌍 반발의 원리(Valence shell electron pair repulsion theory ; VSEPR theory)

㉠ 구조 전자쌍 : σ(시그마) 결합 전자쌍, 비공유 전자쌍 → 분자 간의 결합구조를 결정하는 전자쌍

㉡ 비구조 전자쌍 : π(파이) 결합 전자쌍 → (시그마) 결합 전자쌍 주변에 생기는 전자쌍

1. **시그마 결합** : 원자의 중심축을 포함하는 궤도결합
2. **파이 결합** : 원자의 중심축을 포함하지 않는 결합으로, 시그마 결합보다 효과적이지 않아서 결합력이 약하다.

㉢ 중심원자의 각 전자쌍은 서로 반발하므로 서로 가장 멀리 떨어진 위치에 존재

예 중심원자에 3개의 전자쌍이 존재한다면 각 전자쌍은 중심원자를 중심으로 정삼각형의 형태로 위치한다. 분자를 구성하는 원자들은 결합 전자쌍을 통해 결합하고 있으므로 결합 전자쌍의 배치가 곧 분자의 모양이 된다.

㉣ 전자쌍에는 결합 전자쌍과 비공유 전자쌍(비결합 전자쌍)이 있는데 결합 전자쌍보다 비공유 전자쌍의 반발력이 더 크다.

- 비공유-비공유 전자쌍 간의 반발력이 가장 크며 결합-결합 전자쌍 간의 반발력이 가장 작다.
- 같은 개수의 전자쌍을 갖고 있더라도 결합 전자쌍과 비공유 전자쌍의 구성에 따라 각 전자쌍이 이루는 각이 달라지고 형태가 달라진다.

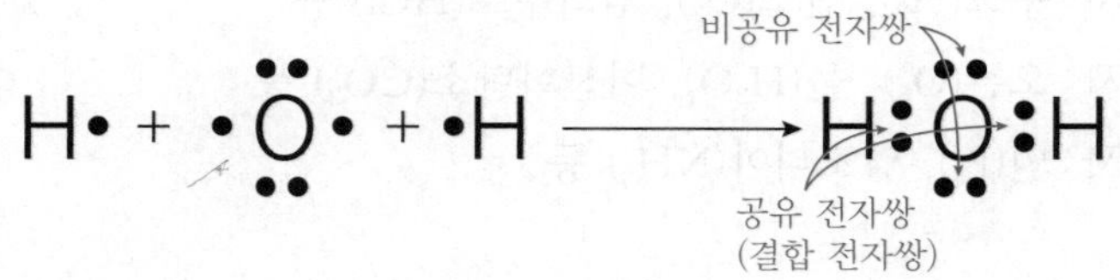

| 공유 전자쌍과 비공유 전자쌍 |

5) 분자의 극성

① 서로 다른 원자가 결합 : 공유 전자쌍은 한쪽으로 치우쳐 부분적으로 양전하와 음전하로 분리되면서 극성을 띠게 된다.

② 극성 공유결합을 하지만 분자 자체가 극성을 나타내지 않는 이유 : 분자구조가 대칭적으로 되어 있어 결합 쌍극자가 극성을 상쇄시킨다.

04 라디칼(radical)

(1) 개념

1) 전자쌍을 갖지 않은 원자가 전자(unpaired valence electron)를 가진 물질(원자, 분자, 이온)

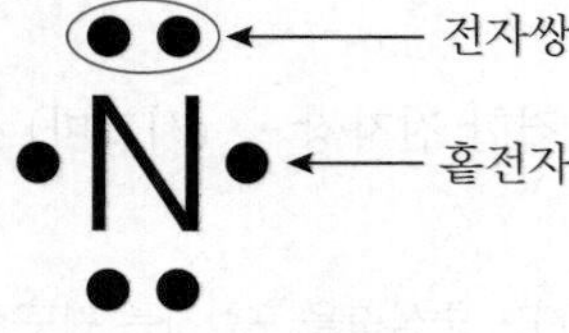

| 라디칼 |

2) 적어도 한 개 이상의 홀전자를 포함한 물질로, 대부분의 전자가 짝이 있는 전자쌍으로 존재(홀로 궤도를 차지하고 있음)

꼼꼼체크 라디칼(radical) : 본래의 어원은 과격하다는 말에서 왔다. 쌍을 이루지 못한 전자 하나가 있어서 다른 물질을 만나면 전자를 뺏거나 주어서 안정된 상태가 되는 것으로 반응성이 크다.

(2) 라디칼의 생성

1) 공유결합은 전자쌍을 공유하는데 라디칼 생성은 전자쌍이 깨어지면서 홀전자가 생성(에너지의 공급)된다.

2) 라디칼은 라디칼 반응을 통해 더 많은 라디칼을 형성한다.

(3) 산소 : 산소분자는 바닥 상태가 2개 라디칼이기 때문에 반응성이 크다.

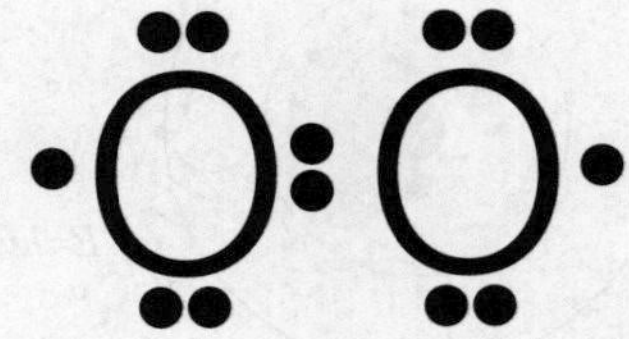

| 산소분자(2중 라디칼) |

(4) 라디칼 반응

1) 개시(initiation) 반응 : 최초 하나의 라디칼이 형성되는 반응

2) 전파(propagation) 반응 : 하나의 라디칼이 중성분자와 충돌해 2개 이상의 라디칼을 만드는 반응

3) 치환반응 : 라디칼의 개수는 변함이 없고, 종류가 바뀌는 반응

① $H_2 + OH \rightarrow H_2O + H$

② $H_2 + HO_2 \rightarrow H_2O + OH$

4) 정지(termination) 반응(종료반응) : 라디칼이 소멸(벽이나 물질에 부딪혀 에너지를 잃어버리고 정지, 라디칼끼리 충돌하여 안정된 생성물을 만드는 경우) → **비활성 전자쌍 형성**

A—B —(열 또는 빛)→ A· + ·B

(a) 개시반응

A· C—D ⟶ A—C + ·D

D· E—F ⟶ D—E + ·F ⟶ 기타 등

(b) 전파반응

F· + ·G ⟶ F—G

(c) 종료반응

(5) 라디칼 반응의 생성물

$$E = h\nu \text{ (빛을 방출)}$$

여기서, E : 광양자 1개가 가지는 에너지

h : 플랑크 상수

ν : 고유 진동수

1) ΔQ(열을 방출)

2) 산화물

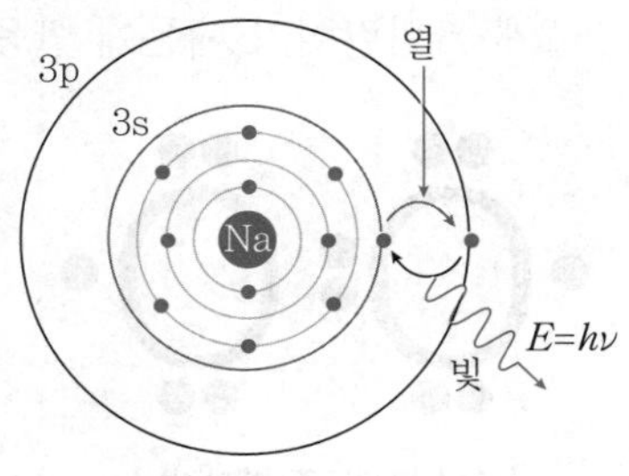

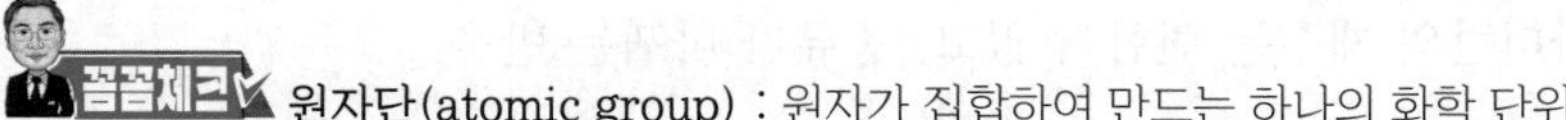

05 이온화(Ionization)

(1) 정의 : 전하를 띤 원자나 원자단

꼼꼼체크 **원자단**(atomic group) : 원자가 집합하여 만드는 하나의 화학 단위

(2) 이온의 형성 : 원자나 분자는 전하를 띠지 않는 중성 입자들이며, 전자를 잃거나 얻으면 또는 전하를 띤 원자 또는 원자들의 집단을 이온이라고 한다. 즉, 전기의 균형이 무너져서 극성을 띠면 이온이 된다.

| 이온화 |

1) 양이온 : 전자를 잃고 (+)전하를 띠는 입자(금속)

예 Na^+, Mg^{2+}, Al^{+3}, K^+, NH_4^+ 등

① 중성인 원자(Na) 또는 원자단이 전자를 잃으면, 양(+)전하를 띤 물질(Na^+)이 되는데, 이 물질을 양이온(cation)이라 한다.

② 화학식 : $Na \rightarrow Na^+ + e^-$

2) 음이온 : 전자를 얻어 (−)전하를 띠는 입자(비금속)

예 Cl^-, S^{2-}, NO^{3-}, SO_4^{2-} 등

① 중성인 원자(Cl) 또는 원자단이 전자를 얻으면 음(−)전하를 띤 물질(Cl^-)이 되는데, 이 물질을 음이온(anion)이라 한다.

② 화학식 : $Cl + e^- \rightarrow Cl^-$

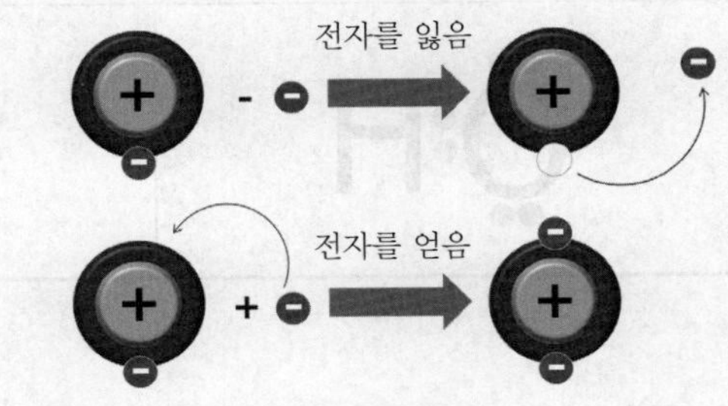

| 양이온과 음이온 |

3) 공기의 이온

① 전계(electric field)의 크기 : 3MV/m 이상

② 아크와 스파크(arc & spark)

㉠ 절연된 두 전극 사이의 매질(공기, 가스 또는 기름 등)에 강한 전계가 가해지면 매질의 절연이 파괴되어 도전로를 형성한다.

㉡ 도전로가 형성되면 이 도전로를 따라 전류가 흐른다. 아크는 방전이 지속되는 것이고 스파크는 순간적인 것을 말한다.

4) 원자와 이온의 차이점 : 전자수

구분	양성자수	전자수
Na 원자	11	11
Na^+ 이온	11	10
Cl 원자	17	17
Cl^- 이온	17	18

5) 라디칼과 이온의 비교표

구분	라디칼	이온
정의	전자쌍을 이루지 않은 전자를 가진 물질	전하를 띤 원자나 원자단
알짜 전하	0	0이 아니다.
불안정성	크다.	작다.
양성자와 전자수	같다.	다르다.
양성자수	변화 없음	변화 없음
전자수	변화 없음	전자수 변화
예	·Ö:H	:Ö:H

(3) 플라즈마(plasma)

1) 정의 : 이온화된 상태의 기체로, 기체에 열을 충분히 가하면 원자들 간의 충돌로 인해 많은 수의 전자들이 원자핵의 구속에서 벗어나게 되는 상태이다.

2) 플라즈마 상태에서는 원자핵과 전자가 분리되어 뒤섞이는 상태가 된다.

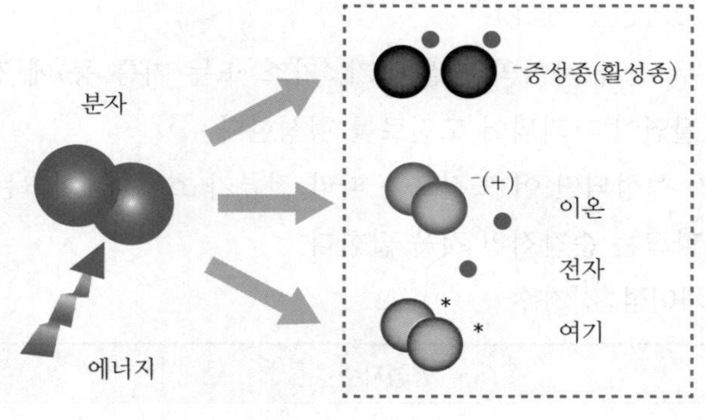

| 플라즈마 |

꼼꼼체크 중성종(활성종) : 원자, 분자, 라디칼과 같이 전하를 갖지 않는 입자

3) 3상과의 차이점 : 3상은 자유전자만 움직이지만 플라즈마는 전자와 양이온 모두가 움직일 수 있다.

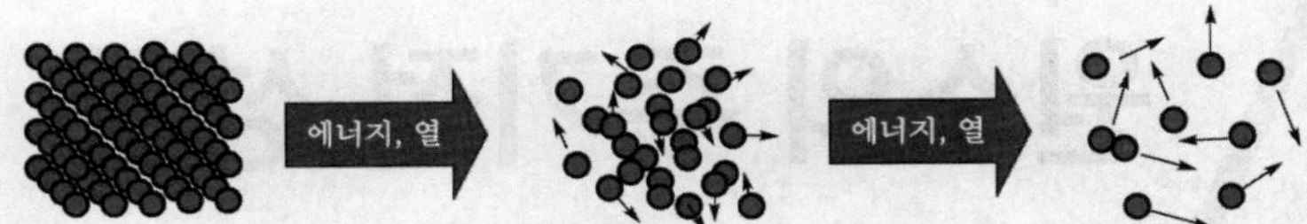

제1상태 : 고체(예 : 얼음)
모양을 유지하고 있고
약간의 진동만 있는 상태

제2상태 : 액체(예 : 물)
분자나 전자의 움직임이
자유로워지고 무질서한 상태

제3상태 : 기체(예 : 수증기)
분자나 전자의 움직임이
더욱더 자유로워진 상태

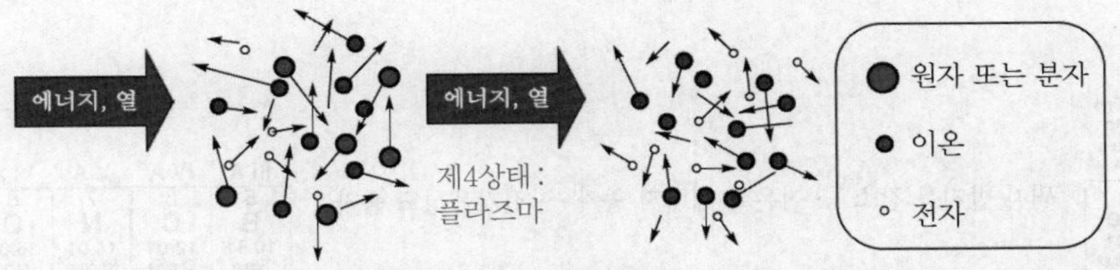

일부 전자가 이온과 전자로 나누어짐
(부분 전리된 플라즈마 상태)

모든 전자가 이온과 전자로 나누어짐
(완전 전리된 플라즈마 상태)

4) 플라즈마의 성질

① 플라즈마는 고온으로 운동 에너지가 매우 크다.

② 전하를 갖는 입자들의 집단으로 전도성이 높다.

③ 화학적으로 활성화(반응성 증대)된다.

④ 빛을 방출한다.

5) 해리(dissociation) : 분자가 그 분자를 구성하고 있는 각각의 이온, 원자보다 작은 분자로 나누어지는 현상을 말한다.

SECTION

011 원소의 주기적 성질

원자 반지름 감소 → 이온화 에너지 증가 → 전기음성도 증가

주기	Alkali metals 1 A	Alkaline earth metals II A	III B	IV B	V B	VI B	VII B	VIII	VIII	VIII	I B	II B	III A	IV A	V A	VI A	VII A	Noble gases O
			Transition metals										Nonmetals					
Period 1	1 H 1.01 Hydrogen																	2 He 4.00 Helium
Period 2	3 Li 6.94 Lithium	4 Be 9.01 Beryllium											5 B 10.81 Boron	6 C 12.01 Carbon	7 N 14.01 Nitrogen	8 O 16.00 Oxygen	9 F 19.00 Fluorine	10 Ne 20.18 Neon
Period 3	11 Na 22.99 Sodium	12 Mg 24.31 Magnesium											13 Al 26.96 Aluminum	14 Si 28.09 Silicon	15 P 30.97 Phosphorus	16 S 32.07 Sulfur	17 Cl 35.45 Chlorine	18 Ar 39.95 Argon
Period 4	19 K 39.10 Potassium	20 Ca 40.08 Calcium	21 Sc 44.96 Strontium	22 Ti 47.88 Titanium	23 V 50.94 Vanadium	24 Cr 52.00 Chromium	25 Mn 54.95 Manganese	26 Fe 55.85 Iron	27 Co 58.93 Cobalt	28 Ni 58.70 Nickel	29 Cu 63.55 Copper	30 Zn 65.39 Zinc	31 Ga 69.72 Gallium	32 Ge 72.61 Germanium	33 As 74.92 Arsenic	34 Se 78.96 Selenium	35 Br 79.90 Bromine	36 Kr 83.80 Krypton
Period 5	37 Rb 85.47 Rubidium	38 Sr 87.62 Strontium	39 Y 88.91 Yttrium	40 Zr 91.22 Zirconium	41 Nb 91.91 Niobium	42 Mo 95.94 Molybdenum	43 Tc (98) Technetium	44 Ru 101.07 Ruthenium	45 Rh 102.91 Rhodium	46 Pd 106.4 Palladium	47 Ag 107.87 Silver	48 Cd 112.41 Cadmium	49 In 114.82 Iridium	50 Sn 118.71 Tin	51 Sb 121.74 Antimony	52 Te 127.60 Tellurium	53 I 126.90 Iodine	54 Xe 131.29 Xenon
Period 6	55 Cs 132.91 Cesium	56 Ba 137.33 Barium	Lanthanide series (see below)	72 Hf (261) Hafnium	73 Ta 180.94 Tantalum	74 W 183.85 Tungsten	75 Re 188.21 Rhenium	76 Os 190.23 Osmium	77 Ir 192.22 Iridium	78 Pt 195.08 Platinum	79 Au 196.97 Gold	80 Hg 200.59 Mercury	81 Tl 204.38 Thallium	82 Pb 207.2 Lead	83 Bi 208.98 Bismuth	84 Po (209) Polonium	85 At (210) Astatine	86 Rn (222) Radon
Period 7	87 Fr (223) Francium	88 Ra 226.03 Radium	Actinide series (see below)	104 Rf (261) Rutherfordium	105 Df (262) Dubnium	106 Sg (263) Seaborgium	107 Bh (264) Bohrium	108 Hs (265) Hassium	109 Mt (266) Meitenium	110 (269)	111 (272)	112 (277)		114 (281)		116 (289)		118 (293)

Rare earth elements—Lanthanide series	57 La 138.91 Lanthanum	58 Ce 140.12 Cerium	59 Pr 140.91 Praesodymium	60 Nd 144.24 Neodymium	61 Pm (145) Promethium	62 Sm 150.4 Samarium	63 Eu 151.96 Europium	64 Gd 157.25 Gadolinium	65 Tb 158.93 Terbium	66 Dy 162.50 Dysprosium	67 Ho 164.93 Holmium	68 Er 167.26 Erbium	69 Tm 168.93 Thulium	70 Yb 173.04 Ytterbium	71 Lu 174.97 Lutetium
Actinide series	89 Ac 227.03 Actinium	90 Th 232.04 Thorium	91 Pa 231.04 Protactinium	92 U 238.03 Uranium	93 Np 237.05 Neptunium	94 Pu (244) Plutonium	95 Am (243) Americium	96 Cm (247) Curium	97 Bk (247) Berkelium	98 Cf (251) Californium	99 Es (252) Einsteinium	100 Fm (257) Fermium	101 Md (258) Menelevium	102 No (259) Nobelium	103 Lr (260) Lawrencium

| 주기율표(1869년 멘델레프(Mendeleev)와 마이어(Meyer)에 의해서 작성) |

선이 굵은 부분은 상온에서 기체, 색이 들어간 부분은 상온에서 액체, 나머지는 상온에서 고체이다.

01 주기율표(periodic table)

(1) 개요

1) 정의 : 자연계에 존재하는 또는 인공적으로 만들어 낸 모든 원소를 그 원자번호와 원소의 화학적 특성에 따라 나열한 표(현재 118개)

2) 활용 : 물질의 화학적 성질 추정

(2) 일반적으로 주기율표 아래쪽 주기에는 원자가 크기 때문에 상대적으로 무르고, 위쪽 주기는 원자가 작으므로 단단하다. 왜냐하면, 원자번호가 클수록 원자의 전자껍질이 두꺼워지고 이로 인해 원자 크기가 커지면 전자 밀도가 낮아져 무르게 된다.

(3) 주기율표 원소의 구분

1) 금속과 비금속

① 금속원소(주기율 대부분은 금속)

㉠ 원자가 전자수가 1~3개로, 원자가 전자를 잃고 양이온이 되어 안정화되기 쉽다.

㉡ 주기율표의 왼쪽 아래로 갈수록 금속성이 커진다.

② 양쪽성 원소

㉠ 금속과 비금속의 성질을 모두 가지고 있다.

㉡ 산, 염기와 모두 반응하고 물과 반응 시 수소 기체를 발생시킨다.

㉢ Al, Zn, Sn, Pb

③ 비금속원소

㉠ 원자가 전자수가 4개 이상으로, 전자를 얻어 음이온이 되어 안정화되기 쉽다.

㉡ 주기율표의 오른쪽 위로 갈수록 비금속성이 커진다.

④ 금속과 비금속 비교표

구분	금속	비금속
상온상태	고체(예외 : 수은)	기체나 액체
전하	양전하	음전하
무게	무거움	가벼움
성질	딱딱함	부드러움
전도체	전도성	비전도성(예외 : 흑연)
녹는점, 끓는점	높음	낮음
이온화 에너지	낮음	높음
음성도	낮음	높음
산화물	염기성	산성

2) 전형원소와 전이원소

① 전형원소 : 1~2족, 3~0족(같은 족끼리는 거의 화학적으로 같은 성질)

㉠ 원자가 전자의 수가 족의 번호 끝자리 숫자와 일치한다.

㉡ 동족 원소는 화학적 성질이 비슷해서 족마다 특성으로 구분이 가능하다.

② 전이원소 → 중금속

㉠ 모두 금속

㉡ 반응성이 작아 촉매로 많이 사용한다.

㉢ 원자가 전자가 1~2개이므로 족이 달라도 화학적 성질이 비슷하다.

㉣ 여러 가지 원자가를 가진다(특성이 같지 않음).

전형원소 / 전이원소 / 전형원소

1 H 1.00794																	2 He 4.002602
3 Li 6.941	4 Be 9.012182											5 B 10.811	C 12.0107	7 N 14.00674	8 O 15.9994	9 F 18.9984032	10 Ne 20.1797
11 Na 22.989770	12 Mg 24.3050											13 Al 26.581538	14 Si 28.0855	15 P 30.973761	16 S 32.066	17 Cl 35.4527	18 Ar 39.948
19 K 39.0983	20 Ca 40.078	21 Sc 44.955910	22 Ti 47.867	23 V 50.9415	24 Cr 51.9961	25 Mn 54.938049	26 Fe 55.845	27 Co 58.933200	28 Ni 58.6534	29 Cu 63.545	30 Zn 65.39	31 Ga 69.723	32 Ge 72.61	33 As 74.92160	34 Se 78.96	35 Br 79.504	36 Kr 83.80
37 Rb 85.4678	38 Sr 87.62	39 Y 88.90585	40 Zr 91.224	41 Nb 92.90638	42 Mo 95.94	43 Tc (98)	44 Ru 101.07	45 Rh 102.90550	46 Pd 106.42	47 Ag 196.56655	48 Cd 112.411	49 In 114.818	50 Sn 118.710	51 Sb 121.760	52 Te 127.60	53 I 126.90447	54 Xe 131.29
55 Cs 132.90545	56 Ba 137.327	57 La 138.9055	72 Hf 178.49	73 Ta 180.94.79	74 W 183.84	75 Re 186.207	76 Os 190.23	77 Ir 192.217	78 Pt 195.078	79 Au 196.56655	80 Hg 200.59	81 Tl 204.3833	82 Pb 207.2	83 Bi 208.58038	84 Po (209)	85 At (210)	86 Rn (222)
87 Fr (223)	88 Ra (226)	89 Ac (227)	104 Rf (261)	105 Db (262)	106 Sg (263)	107 Bh (262)	108 Hs (265)	109 Mt (266)	110 (269)	111 (272)	112 (277)						

| 주기율표상 전형원소와 전이원소 |

(4) 원자번호

1) 정의 : 원소를 구별하기 위해 원자가 가진 원자핵 속에 있는 양성자의 수 또는 전자수

2) 원자번호 = 양성자수 = 전자수(중성원자의 경우)

① 수소(1)~우라늄(92) : 자연에 존재하는 원자

② 93~103 : 인공적으로 만든 원자

3) 질량수

① 질량수 : 한 원자의 양성자수와 중성자수의 합

② 질량수 = 양성자수 + 중성자수

③ 원자번호 = 질량수 − 중성자수

- Z : 질량수 = 양성자수 + 중성자수
- g : 원자가
- A : 원자번호 = 양성자수
- n : 원자의 개수

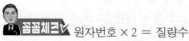

원자번호 × 2 = 질량수

예외) H=1, F=19(18.9984032), Cl=35.5(35.453)

4) 동위원소 : 원자번호는 같으나 질량수가 다른 원소로, 양성자수는 같고 중성자수가 다른 원소, 전자수는 같고 중성자수가 다른 원소이다.

① 원자번호가 같으므로 같은 종류의 원소이다.

② 화학적 성질이 같고, 물리적 성질은 다르다.

(5) 원소 주기율표상의 원소의 주기성

1) 원자량 : 주기에서 오른쪽으로 갈수록, 족에서 아래로 갈수록 증가한다.

2) 원자반경 : 주기에서 왼쪽으로 갈수록, 족에서 아래로 갈수록 증가한다.

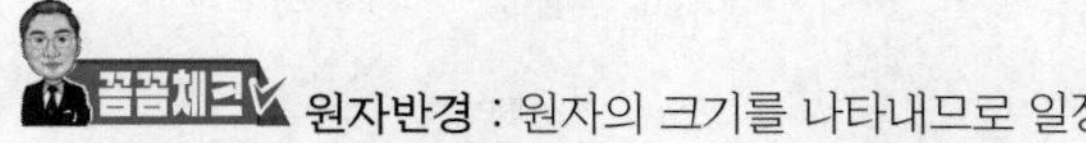

원자반경 : 원자의 크기를 나타내므로 일정

① 족 아래로 갈수록 커지는 것 : 핵으로부터 전자의 평균 거리가 증가하여 커지는 것이다. 즉, 전자수가 증가함에 따라 오비탈에 채워짐에 따라서 원자반경이 커지는 것이다.

② 주기 왼쪽으로 갈수록 커지는 것(5·6·7족) : 음전하보다 양전하수가 적어서 양전하가 공간을 왜곡시키면서 당기는 힘이 감소하기 때문에 전자를 핵 쪽으로 당기는 힘이 약해진다.

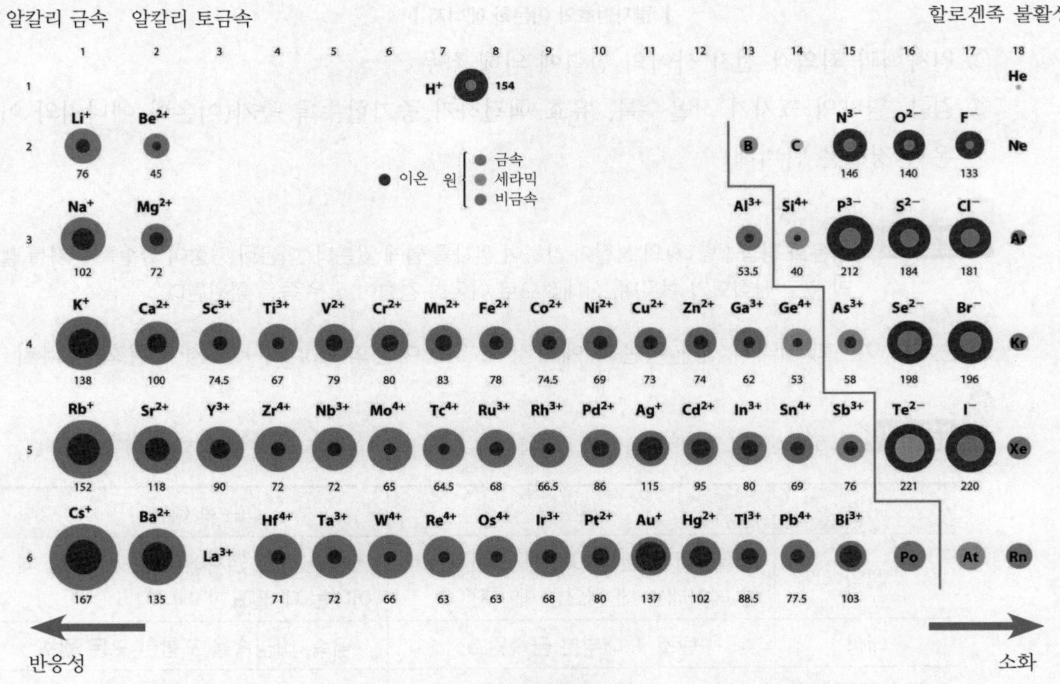

| 원자의 크기[12] |

3) 이온반경 : 주기에서 오른쪽으로 갈수록, 족에서 아래로 갈수록 증가한다.

12) http : //12chemistryperiod1.wikispaces.com에서 발췌

꼼꼼체크 **이온반경** : 양이온과 음이온의 중심 사이의 거리로 이온의 크기를 나타낸다. 이온 상태에 따라 달라진다.

4) 이온화 에너지 : 주기에서 오른쪽으로 갈수록, 족에서 위로 갈수록 증가(아래로 갈수록 감소)

① 정의 : 원자가 전자(valence electron) 1개를 제거하는 데 필요한 에너지[kJ/mol]

예 Na(g) + 496kJ/mol → Na^+(g) + e^-(Na의 이온화 에너지 : 496kJ/mol)

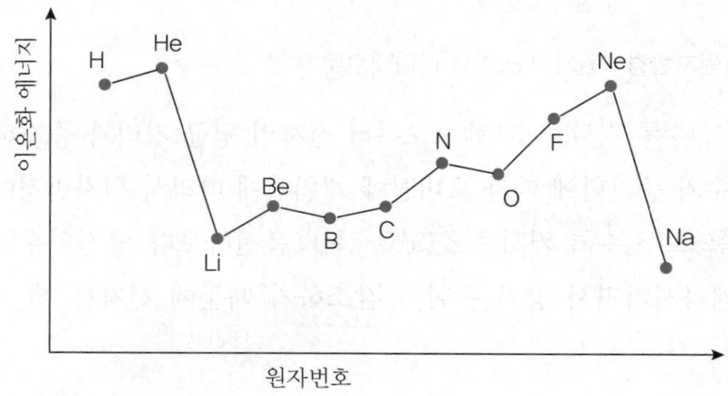

| 원자번호와 이온화 에너지 |

② 원자핵과 최외각 전자 사이의 인력에 의해 좌우

③ 경향 : 원자의 크기가 작을수록, 유효 핵전하가 증가할수록 증가(이온화 에너지와 이온화 경향은 반비례)

꼼꼼체크 **이온화 경향** : 양(+)의 성질이 강하여 전자를 쉽게 잃는다. 이온화 경향이 클수록 전자를 빨리 잃고 산화되기 쉬우며, 상대적으로 이온화 경향이 작은 쪽은 환원된다.

④ 순차적 이온화 에너지 : 1차 이온화 에너지 < 2차 이온화 에너지 < 3차 이온화 에너지

꼼꼼체크 1. 이온화 에너지가 작을수록 이온화가 되기 쉬우므로 반응성이 큰 물질(가연물)이 된다.

구분	일함수	이온화 에너지
정의	고체상태인 원자 표면에서 전자 1개를 떼어내는 데 필요한 에너지	기체 상태인 원자에서 전자 1개를 떼어내는 데 필요한 에너지
대상	탄소 + 대부분 금속원소	금속, 비금속을 포함한 모든 원소
에너지의 크기	크다.	작다.
상태	결합상태	고립상태
단위	eV	kJ/mol[eV]

2. **고립상태인 원자의 성질** : 이온화 에너지, 전자친화도
3. **결합상태인 원자의 성질** : 일함수, 전기음성도

5) 전자친화도

① 정의 : 원자가전자를 얻어 안정한 음이온이 되었을 때 방출되는 에너지[kJ/mol]

예 $F(g) + e^- \rightarrow F^-(g) - 328kJ/mol$ (F의 전자친화도 : −328kJ/mol)

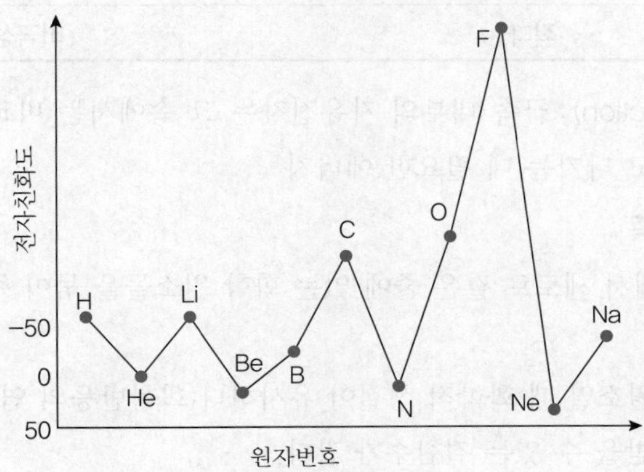

② 경향 : 주기에서 오른쪽으로 갈수록, 족에서 위로 올라갈수록 증가(전자친화도와 경향은 비례)

이온화 에너지		전자친화도
전자를 빨리 방출 → 양이온	↔	전자를 받아들이기 쉬움 → 음이온

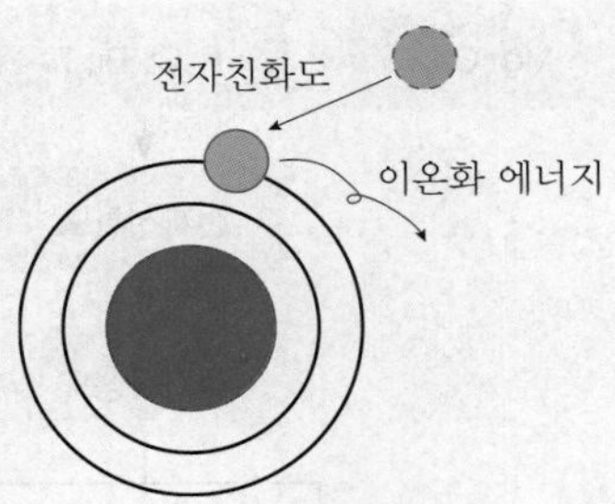

| 전자친화도와 이온화 에너지 |

6) 전기음성도

① 정의 : 분자에서 원자가 공유전자쌍을 끌어당기는 상대적 힘의 크기로, 전기음성도가 가장 큰 불소(F)를 4.0으로 정하고, 다른 원자들의 전기음성도를 상대적으로 정한 값이다.

② 같은 족 : 원자번호가 클수록(위로 갈수록) 원자핵과 전자 사이의 인력이 감소하므로 전기음성도는 작아진다.

③ 같은 주기 : 원자번호가 클수록(오른쪽으로 갈수록) 원자핵과 전자 사이의 인력이 증가하므로 전기음성도는 커진다.

전기음성도 차	결합 특성
크다.	이온결합
중간	극성 공유결합
작다.	비극성 공유결합

7) 일함수(work function) : 금속 내부의 자유전자는 그 속에서는 비교적 자유롭게 움직이지만 금속을 박차고 나가는 데 필요한 에너지

(6) 원소주기율표상의 족

1) 정의 : 주기율표에서 세로로 같은 줄에 있는 화학 원소들을 묶어 족(group)이라 한다.

2) 족의 개수 : 18개

3) 족의 의미 : 전형원소일 때 화학적 성질이 유사하다(화학반응의 연결고리가 유사).

① 전자를 주고받을 수 있는 결합수가 같다.

② 비활성 기체에 도달하기 위한 전자수가 같다.

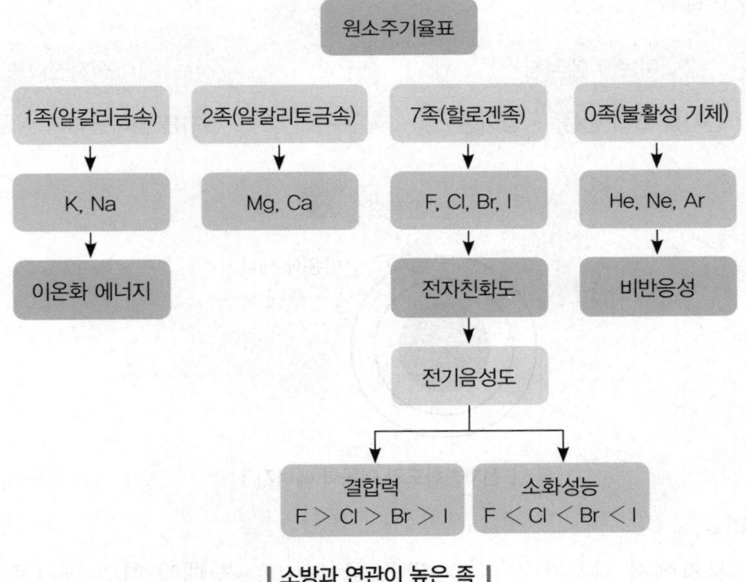

| 소방과 연관이 높은 족 |

02 I 족(알칼리금속, alkali metal, Li, Na, K, Rb, Cs, Fr)

(1) **구조** : 반응성이 큰 금속으로 원자가 껍질에 하나의 s전자를 가진다.

(2) **반응성**

1) 모든 금속 중 가장 전기양성적인 알칼리금속은 최외곽 바깥 껍질의 전자 하나를 잃고서 대단히 쉽게 반응한다.

2) 반응성이 커서 순물질로는 존재하기가 곤란해서 화합물 형태로 존재한다.

(3) 알칼리금속(리튬의 드문 경우는 제외)은 항상 이온성 화합물을 형성하고 단자 +1인 하나의 산화 상태를 가진다(강한 환원성).

(4) 물의 재는 녹아서 염기성 → 알칼리성을 띠기 때문에 단백질의 성분의 때를 녹여 내는 데 효과적(양잿물)

(5) 분자량이 커질수록 물과 반응성이 커진다(Li < Na < K).

(6) **수소(H)**

1) 한 개의 s원자가 전자를 가짐에도 불구하고 알칼리금속과 아주 달라서 같은 족에 포함될 수 없다.

① 예를 들면 알칼리금속의 원자가 전자는 쉽게 제거되어 Na^+ 혹은 K^+과 같은 일가 양이온을 형성하나 수소 원자는 전자를 잃기가 매우 어렵다.

② 일반적인 화학반응에서는 단순한 H^+이온이 형성될 수 없어서 알칼리족에 포함하지 않는다.

2) 수소의 특징

① 금속 위치에 있지만, 비금속이고 H_2로 존재한다.

② 질량 : 1(양성자만 있음)

③ 지구상에 존재하는 원소 중에서 9번째로 양이 많고 우주 전체에 존재하는 모든 물질 질량의 75%를 차지한다(나머지 25%는 He).

④ 반응성이 뛰어나 다양한 화학물질을 만들어 낸다.

(7) **나트륨(Na)** : 대표원소

1) 은백색의 금속임에도 물보다 비중이 작아 물 위에 뜬다.

2) 물과 반응성이 좋아 만나면 수소를 내며 수산화나트륨(NaOH)이 되는데, 이 경우 쉽게 습기를 흡수하여 액체가 된다(가성소다 또는 양잿물).

3) 열과 전기의 전도성이 뛰어나다.

4) 나트륨과 산소의 반응 : 산소와 반응성이 크다.

$4Na + O_2 \rightarrow 2Na_2O$

5) 나트륨과 물의 반응 : 수소를 발생시킨다.

$2Na(s) + 2H_2O(l) \rightarrow 2Na_2OH(aq) + H_2(g)$

6) 소화약제와 반응

$4Na + CO_2 \rightarrow 2Na_2O + C$(이산화탄소)
$4Na + CCl_4 \rightarrow 4NaCl + C$(할로겐 화합물)

03 Ⅱ족(알칼리토금속, alkaline earth metal, Be, Mg, Ca, Sr, Ba, Ra)

(1) **구조** : 최외곽 원자가 껍질에 두 개의 전자(ns^2)가 있다.

(2) 두 개의 전자를 잃어버려 알칼리금속처럼 다만 하나의 산화 상태 +2를 가질 뿐이다. 베릴륨(Be)을 제외하고 대개 이온성 화합물을 형성한다.

(3) **반응성** : 알칼리금속만큼 크지만 무르지는 않다.

(4) **마그네슘(Mg)** : 대표원소

1) 반응성이 커서 연소 시 밝은 빛을 내며 타는 특성이 있어 카메라 플래시, 불꽃놀이에 이용한다.

2) 은백색의 금속으로 하고 처리(열처리)하면 표면적이 매우 낮은 고밀도이며 화학적으로 비활성인 중소 마그네사이트(MgO)가 되고 이는 모든 내화 산화물 중에서 가장 높은 용융온도를 가짐으로써 중요한 산업적 용도는 염기성 내화벽돌로 이용한다.

3) 마그네슘과 물과의 반응 : 마그네슘은 보통 찬물과는 반응하지 않고 수증기와 반응하여 수소가스가 발생한다.

$Mg(s) + H_2O(g) \rightarrow MgO(s) + H_2(g)$

4) 소화약제와 반응

$2Mg + CO_2 \rightarrow 2MgO + C$(이산화탄소)

$2Mg + CCl_4 \rightarrow 2MgCl_2 + C$(할로겐 화합물)

$3Mg + N_2 \rightarrow Mg_3N_2$(불활성 기체)

(5) **칼슘(Ca)** : 대표원소

1) 산소와 반응하여 석회(CaO)라는 비료와 건축재료를 만든다.

2) 소석회라고 하는 수산화칼슘은 산화칼슘과 물이 섞여 만들어지는데 이것이 시멘트이다.

$CaO + H_2O \rightarrow Ca(OH)_2$

04 Ⅲ족(B, Al, Ga, In, Ti)

(1) **성질** : 족의 모든 원소는 +3의 산화 상태의 화합물을 형성한다.

(2) **붕소(B)** : 대표원소이고 반도체 원소이며 화합물은 순수한 상태와 수용액 상태에 있어서 모두가 공유성이다.

(3) **삼족의 나머지 원소** : 금속이며 그들의 화합물은 이온성 혹은 공유성일 수 있고 모든 원소는 수용액 내에서 수화물을 형성한다.

05 Ⅳ족(C, Si, Ge, Sn, Pb)

(1) **성질**

1) 탄소는 비금속, 규소와 게르마늄은 반도체 원소 그리고 주석과 납은 금속으로, 이들 원소의 원자는 원자가 껍질에서 ns^2np^2 배치한다.

2) 4족의 모든 원소는 할로겐과 산소와의 화합물에서 +4인 산화 상태를, 수소화물에서는 −4의 산화 상태를 가진다.

3) 네 개의 결합수가 균형을 이루면서 극성을 띠지 않는다.

(2) **탄소(C)** : 대표원소

1) 원자들이 전자쌍을 공유하여 서로 결합, 사슬이나 고리의 골격구조를 가진 화합물을 형성하는 능력

2) 산소, 황, 질소뿐만 아니라 다른 탄소 원자와 다중 공유결합을 형성할 수 있는 능력

06 Ⅴ족(N, P, As, Sb, Bi)

(1) **성질**

1) 질소와 인은 Ⅴ족의 비금속이고 비소와 안티몬은 반도체 원소에 속하며 비스무트는 금속이다.

2) 원자가 껍질에서 이들 원소의 원자는 ns^2np^2배치를 가지므로 0족 기체 배치보다 전자 세 개가 부족(−3)하다.

(2) **질소(N)** : 대표원소

1) 상당히 큰 전기음성도를 가지며 원자가 껍질에 전자를 여덟 개보다 더 많이 수용시키지 못하기 때문에 질소의 화학적 성질은 Ⅴ족의 다른 원소와 본질에서 다르고 질소는 염소

만큼 전기음성도가 크며 단지 불소와 산소만이 더 큰 전기음성도를 지닌다.

2) 질소는 지구를 둘러싼 공기 대부분을 차지한다(78.084%).

3) 무색, 무취, 무미한 기체이다.

4) 비점이 −196℃로, 비점 이하면 액체로 존재한다.

5) 고온에서는 산소와 반응하여 일산화질소(NO)가 된다(자동차의 배기가스).

$N_2 + O_2 \rightarrow 2NO$

6) NO는 공기 중에서 산소와 반응하여 이산화질소(NO_2)가 된다.

$2NO + O_2 \rightarrow 2NO_2$

7) 질소는 수소와 반응하여 암모니아를 만든다.

$N_2 + 3H_2 \rightarrow 2NH_3$

07 Ⅵ족(O, S, Se, Te, Po)

(1) 산소와 황은 산소족 원소의 비금속 원소이며 셀레늄(Se)과 텔루르(Te)는 반도체 원소이고 방사성 물질인 폴로늄(Po)은 텔루르와 비스무트(Bi)와 유사하지만, 성질에서도 주로 금속성을 나타낸다.

(2) 금속원자로부터 그들이 p 궤도함수로 두 전자가 이동하여 Ⅵ족 원소는 −2가 이온으로 되며 모든 원소 중 전기음성도가 가장 큰 불소 다음으로 큰 전기음성도를 가지는 산소는 대부분 금속과 이온성 화합물을 만든다.

(3) 대표원소

1) 산소(O) : 반응성이 높은 원소로 비활성 기체의 일부를 제외하고는 모든 원소와 반응하며 화합물을 만든다.

2) 황(S)

① 황은 노란색이라는 한자에서 붙여진 이름으로, 밝은 노란색을 띤다.

② 연소 시 파란 불길이 일면서 몹시 고약한 냄새가 나고, 황은 독성을 가지고 있지만 적은 유황성분은 몸속에 들어온 중금속과 결합하여 변으로 나와 몸에 축적되는 것을 방지한다.

08 Ⅶ족(할로겐, Halogen, F, Cl, Br, I, At)

(1) 특징

1) 큰 전자친화도, 큰 전기음성도 및 큰 이온화 에너지를 가지는 비금속이다.

2) 할로겐족은 쉽게 반응하여 −1의 음이온 혹은 한 개의 공유결합을 형성한다.

(2) 대표원소

1) 불소(F)

① 불소 원자(4.0)는 다른 할로겐 원자보다 핵과 전자 간의 간격이 작아서 전기음성도가 크다.

② 반응성이 가장 크지만 결합하고 나면 분해하기가 어렵다.

③ F는 전기음성도는 커서 결합 후 분해가 되지 않아 지속적인 부촉매 효과가 어려우며 할로겐 화합물 소화약제 열분해 생성물 발생원인이다.

2) 염소(Cl)

① 염소는 그리스어로 옅은 녹색이라는 뜻으로, 염소가스가 녹색을 지니고 있어서 붙여진 이름이다.

② 염소는 강한 독성을 가지고 있어 아주 미량이라도 폐를 붓게 하고, 피부에 화상을 입히며, 눈에 염증을 일으킨다.

③ 염소는 바이러스와 박테리아 같은 미생물을 없애고, 종이나 옷을 하얗게 할 수 있으므로 소독제, 표백제로 사용한다.

(3) 할로겐족의 소화능력

1) 결합력(전기음성도)

① 전자를 당기는 능력 : Br + H → HBr

② 크기 : 원자의 크기가 작을수록 전기음성도가 증가하므로 결합력이 향상된다.

F > Cl > Br > I

2) 분해능력(전기음성도와 반대)

① 분해능력에 의해 지속적인 부촉매 효과가 가능하다.

HBr + OH → Br + H_2O

② 크기 : 원자의 크기가 작을수록 분해능력이 감소한다.

F < Cl < Br < I

1. 이온화 에너지가 작다는 것은 전자를 내보내고 이온이 쉽게 되는 가연물이고, 전기음성도가 크다는 것은 전자를 쉽게 빼앗아 온다는 것으로 주로 소화약제로 사용한다.
2. 전기음성도가 크다는 것은 다른 물질의 전자를 쉽게 빼앗은 힘이 크다는 것이다.

09 0족(불활성 기체, noble gas, He, Ne, Ar)

(1) 비반응성

1) 0족에 속하는 원소는 다른 원소와 화합하여 화합물을 만들지 않는다.

2) 오비탈 최외곽의 전자가 전자쌍을 이루며 꽉 차 있으므로 화학적으로 안정하다.

(2) **구조** : 헬륨 원자는 원자핵 주위에 2개의 전자만이 돌아다니고 있고, 그 밖의 다른 8족 원소는 8개의 전자가 원자의 가장 바깥 각을 돌고 있다.

(3) 대표원소

1) 헬륨(He)

① 헬륨은 우주에서는 수소 다음으로 많이 존재하지만 지구에는 많이 존재하지 않는다.

② 헬륨은 화학적으로 안정되어 반응성이 약하다.

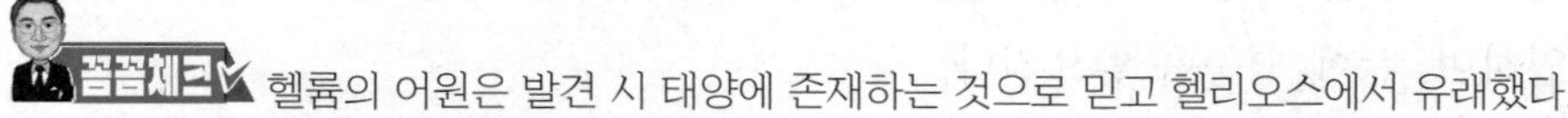

헬륨의 어원은 발견 시 태양에 존재하는 것으로 믿고 헬리오스에서 유래했다.

2) 아르곤(Ar)

① 대기 무게의 1.3%, 부피의 0.94%를 차지한다.

② 지구상에서 발견된 최초의 불활성 기체이다.

SECTION

012 화학결합(chemical bond)

01 개요

(1) 화학결합(chemical bond)

1) 원자 또는 원자단의 집합체에서 그 구성 원자들 간에 작용하여, 이를 하나의 단위체로 간주할 수 있게 하는 힘 혹은 결합을 말한다.

2) 정의 : 전자를 주고받으면서 일어나는 에너지의 변화를 수반하는 반응

(2) 옥테트 룰(octet rule)

1) 정의 : 전자를 주고받음으로 최외각 전자를 8개 채우는 성질

2) 수소와 헬륨을 제외한 다른 원자들은 결합을 형성한 후 8개의 원자가 전자에 의해 둘러 싸인다는 법칙이다.

3) 최외각 전자가 8개가 되었을 때 최외각 전자들이 쌍을 이루며 가장 안정적이다.

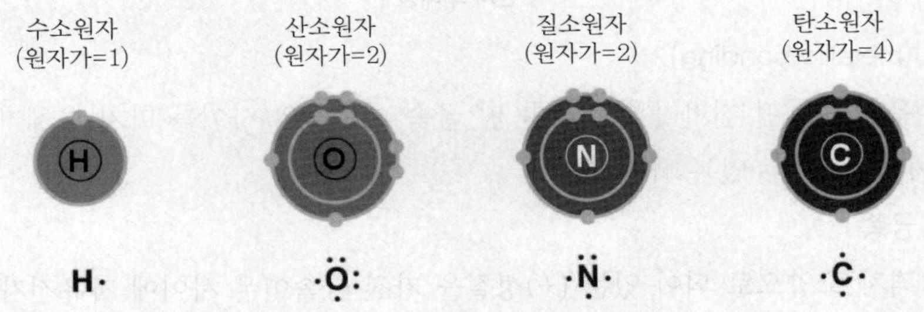

| 주요 원자의 원자가 |

1902년 루이스는 원소의 화학적 성질을 쉽게 이해하기 위하여 정육면체의 꼭짓점에 최외각 전자를 배열한 모델을 제시하였다. 정육면체의 각 꼭짓점을 모두 채우기 위해서는 8개의 전자가 필요하고 이때 원소는 가장 안정화된 형태를 취한다. 따라서, 8개가 되기 위해서 서로 전자를 주고받는다.

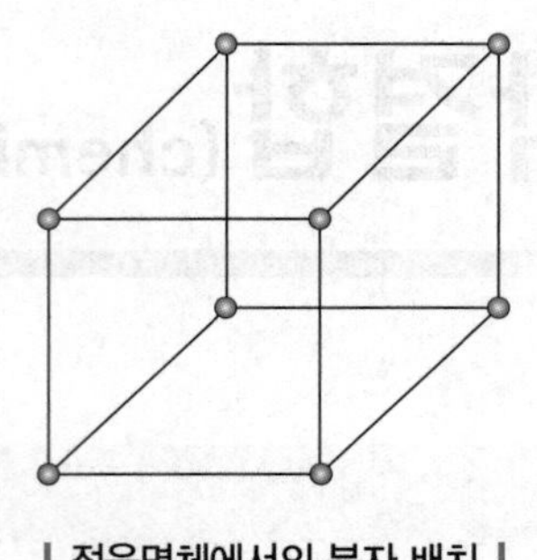

❙ 정육면체에서의 분자 배치 ❙

02 화학결합의 형태(원자와 원자의 결합)

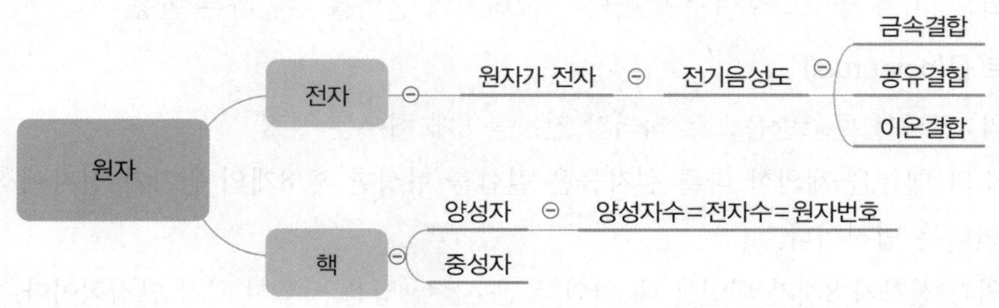

❙ 원자의 매핑 ❙

(1) 금속결합(metallic bonding)

1) 정의 : 음전하를 띤 전자가 양전하를 띤 금속 이온들의 사이를 마치 유체가 흐르듯이 자유롭게 이동할 수 있는 화학결합

2) 대상 : 금속

3) 형태 : 격자 모양으로 되어 있는 (+)성질을 가진 금속이온 사이에 자유전자(−)들이 공유(전자의 바다)

4) 금속결합의 특징

① 비극성 : 전자가 금속의 결정 구석구석 고르게 퍼져 있으므로 극성을 띠지는 않는다.

② 전기(열)전도도 : 자유전자는 온도가 증가함에 따라 높은 에너지를 가지게 되고 증가한 운동 에너지를 다른 전자에게 쉽게 전달하는 전도성 물질이다.

③ 높은 녹는점과 끓는점 : 전자와 금속 양이온 간의 힘은 매우 크기 때문에 결합을 끊으려면 많은 에너지가 필요하다.

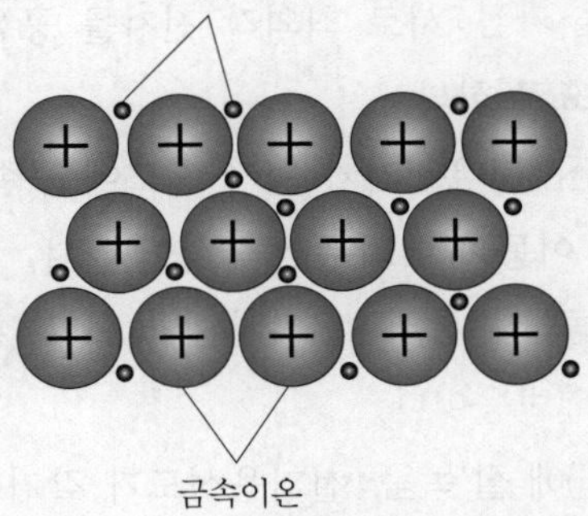
자유전자가 자유로이 금속이온
주변을 떠다닌다.
금속이온

| 금속결합의 일반적 예[13] |

(2) 공유결합(covalent bond, 共有結合)

1) 정의 : 2개 이상의 원자가 서로 전자를 방출하여 전자쌍을 형성하고, 이를 공유함으로써 생기는 결합형태로 두 원자 간 전기음성도 차이가 작다.

2) 대상 : 대부분의 유기화합물, 일부 무기화합물(강산과 강알칼리 제외)

3) 결합력

① 삼중결합 > 이중결합 > 단일결합

② 결합선이 많을수록 결합력이 큼 : 결합차수가 클수록 원자 사이에 공유된 전자쌍의 수가 증가하여 전자쌍들과 핵과의 인력이 증가하므로 결합의 세기가 커진다.

H· + ·H ⟶ H:H

| 단일결합 |

:Ö· + ·Ċ· + ·Ö: ⟶ :Ö::C::Ö:

이중결합

| 이중결합 |

:N· + ·N: ⟶ :N⋮N:

삼중결합

| 삼중결합 |

13) http : //www.bbc.co.uk/schools/gcsebitesize/science/add_aqa_pre_2011/atomic/differentsubrev5.shtml 에서 발췌

4) 공유결합의 특징

① 낮은 끓는점, 녹는점을 가짐 : 서로 최외각 전자를 공유하고 있으므로 이를 분리하는 데 작은 에너지만 필요로 한다.

② 낮은 전기전도성을 가짐 : 자유전자가 원자 궤도에 구속되어 자유로운 이동이 어렵다. 따라서, 열과 전기의 이동이 어려운 비극성이 된다.

③ 유기화합물은 에너지 공급을 통해 연소 : 분해가 쉽고, 분해하면서 에너지를 낮추기 위해 열을 방출하는 발열반응이다.

④ 비극성 용매(C_6H_6, CH_4)에 잘 녹음 : 전기음성도가 같거나 비슷한 두 가지 이상의 원자들이 반응할 때 전자는 어느 한쪽으로 쏠리지 않기 때문에 이동을 하지 못하는 등급 결합을 해서 극성을 가지지 못한다.

5) 극성과 비극성 : 분자들의 전기적 성질에 따라서 극성 분자와 비극성 분자로 구분한다.

① 극성

㉠ 공유결합 분자에서 전하가 한쪽으로 치우쳐 분포한다.

㉡ 극성 공유결합(polar covalent bond) : 전기음성도 차이값이 큰 원자 간의 공유결합이다.

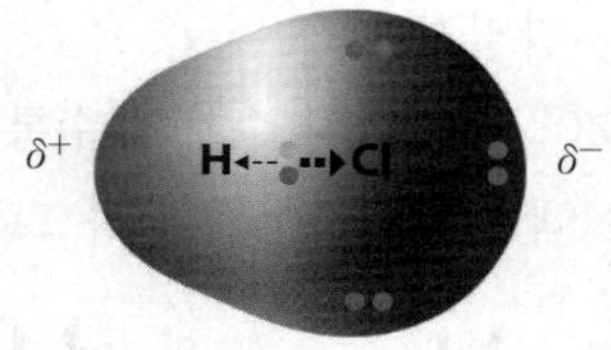

| 극성 공유결합(전기음성도의 차이에 의해 평형이 형성되지 않아 극성을 띰)[14] |

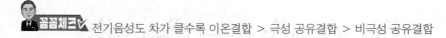

꼼꼼체크 전기음성도 차가 클수록 이온결합 > 극성 공유결합 > 비극성 공유결합

② 비극성

㉠ 두 원자의 전기음성도값이 비슷한 원자들끼리의 공유결합이다.

㉡ H−H, F−F, O=O, N≡N과 같은 동 핵 2원자 분자들이 비극성 공유결합을 한다.

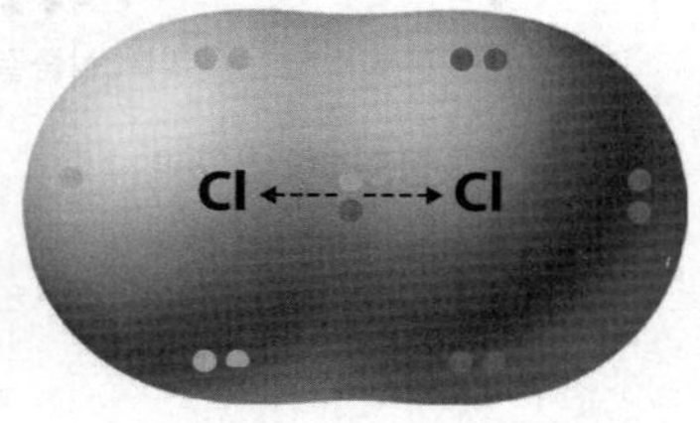

| 비극성 공유결합(공유결합을 하면서 평형을 유지하여 극성을 띠지 않음) |

14) http : //chemwiki.ucdavis.edu에서 발췌

③ 극성 물질과 비극성 물질은 서로 잘 섞이지 않으며, 극성 물질은 극성 물질과, 비극성 물질은 비극성 물질과 잘 섞인다. 물과 기름이 섞이지 않는 이유가 바로 이것 때문이다.

㉠ 소방에서 극성 : 수계 소화설비의 사용성

㉡ 소방에서 비극성 : 폼, 가스계 소화설비의 사용성

④ 극성과 비극성을 동시에 가지고 있는 양극성

㉠ 대표적인 예로 비누를 들 수 있다.

㉡ 물과 기름 사이에 비누를 넣으면 둘을 섞이게 할 수 있다.

(3) 이온결합(ionic bonding)

1) 정의 : 양이온과 음이온이 정전기적 인력(쿨롱의 힘 : Coulombic force)에 의한 화학결합

2) 대상 : 주로 금속(양이온)과 비금속(음이온) 사이에 형성

3) 형태 : 전자를 주고받는 결합(하나는 주고 하나는 받는 구조)

4) 나트륨(Na)이 외각 전자를 한 개 잃어 네온(Ne)의 전자구조를 가진 나트륨 이온(Na^+)이 되고 이 전자는 염소 원자에 들어가서 염소이온(Cl^-)이 되어, 서로 반대로 대전된 이온들 사이에 정전기적 인력에 의한 이온결합하면서 에너지가 방출된다.

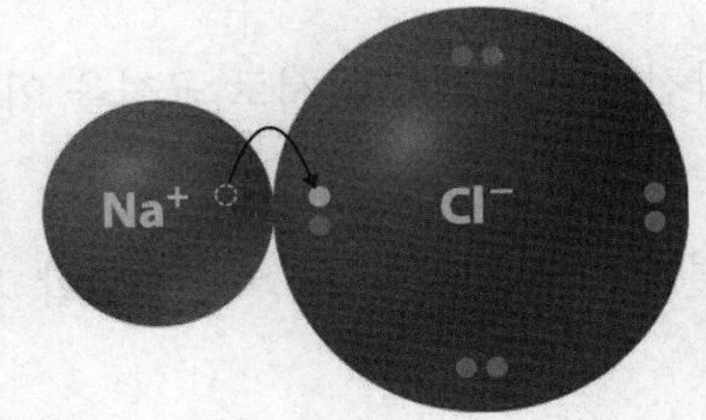

| 이온결합[15] |

5) 특징

① 전자가 자유롭지 못해서 에너지 전달이 쉽지 않아 끓는점과 녹는점이 높다. 이온들이 양이온과 음이온 간의 인력이 작용하는 강한 3차원 구조로 그들의 자리에 강하게 고정된다.

② 극성을 가지고 있으므로 극성 용매에 잘 녹는다.

③ 단단하여 이온성 결정격자를 파괴하는 데 많은 힘이 필요하다.

④ 부서지기 쉽고, 강하게 치면 이온들의 열 사이의 평면을 따라 산산이 부서지게 된다. 왜냐하면, 서로 일정하게 극성 간의 힘을 유지하고 있는데 힘을 가하면 극성 간 균형의 힘이 깨지며 같은 극끼리의 반발력이 생겨 부서지게 된다.

15) http : //chemwiki.ucdavis.edu에서 발췌

⑤ 전기의 비전도체이나 용융상태에서는 이온들이 움직이기 자유로워지므로 염들은 전도성을 띤다.

6) **전기음성도(electronegativity)** : 이온결합에서는 음성도가 큰 물질이 음이온, 작은 물질이 양이온을 띠게 된다.

① 전기음성도가 클수록 이온결합을 한다.

㉠ 전기음성도가 작은 원소의 원자가 큰 전기음성도를 갖는 원소의 원자에게 전자를 빼앗기기 때문이다.

㉡ 특히, 두 원자 사이에서 전기음성도의 차이가 2.0 이상일 때 형성된다.

② 전기음성도가 작을수록 공유결합을 하는데 한쪽에서 일방적으로 전자를 빼앗을 힘이 없기 때문이다.

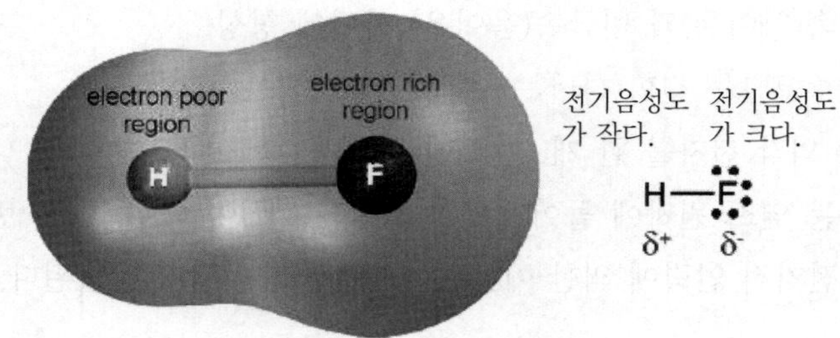

7) 모든 이온 화합물에서 양전하와 음전하가 서로 균형을 이룬다.

(4) 화학결합의 비교

1) 크기 : 이온결합 > 공유결합 > 금속결합 >>> 수소결합 ≫ 반데르발스 힘

2) 결합의 형태

A—A—A—A A—A—A—A A—A—A—A	Na— Cl —Na— Cl Cl —Na— Cl —Na Na— Cl —Na— Cl Cl —Na— Cl —Na	A—A—A—A A—A—A—A A—A—A—A A—A—A—A
공유결합(분자형태로 존재) 화학식으로 나타낸 단위(형태) 그대로 하나씩 따로따로 분리되어 독립적으로 존재	이온결합(원자형태로 존재)	금속결합(원자형태로 존재)
• 음성도 차이가 작음(비극성) • 음성도 차이가 큼(극성)	음성도 차이가 큼	–

SECTION

013 분자 간 힘

01 개요

(1) **분자 간 힘 :** 분자 사이에 작용하며 그들은 금속결합, 이온결합 혹은 공유결합 등의 원자와 원자의 결합힘인 화학적 결합보다 훨씬 약한 물리적 결합이다.

(2) 하지만 특정한 온도에서 분자 간 힘의 세기에 따라 분자 공유물질이 그 온도에서 기체냐 액체냐 혹은 고체냐가 결정된다.

(3) **분자 간 힘의 구분**

1) 쌍극자 – 쌍극자 힘

2) 이온 – 쌍극자의 힘

3) 쌍극자 – 유도 쌍극자의 힘

4) 유도 쌍극자와 유도 쌍극자의 힘

(4) 물리적 결합 → 순물질
　　　　　　　└→ 혼합물

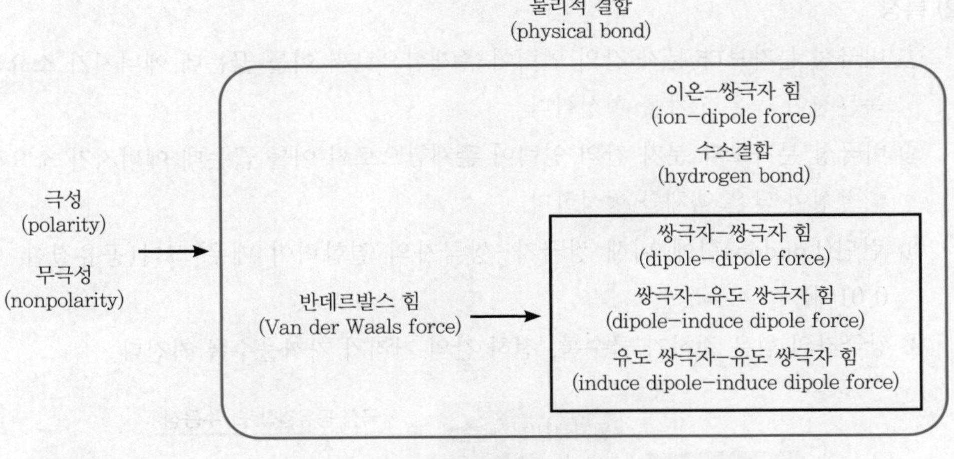

❙ 물리적 결합 ❙

02 쌍극자-쌍극자 힘(dipole-dipole interaction)

(1) **정의** : 분자 내에서 원자의 전기 음성도 차가 있는 경우 원자 사이에 존재하는 공유 전자쌍을 똑같이 공유하지 않고 치우치게 되므로 한쪽 원자는 부분 양전하를, 다른 한쪽 원자는 부분 음전하를 띤다.

(2) 이처럼 한 분자의 부분 전하가 이웃하는 부분 전하와 반대되는 부분 전하를 가지게 되고 인력이 발생하는 것을 쌍극자 - 쌍극자 힘이라고 한다.

(3) **극성 분자들(polar molecules) 사이의 인력** : 쌍극자-쌍극자의 힘

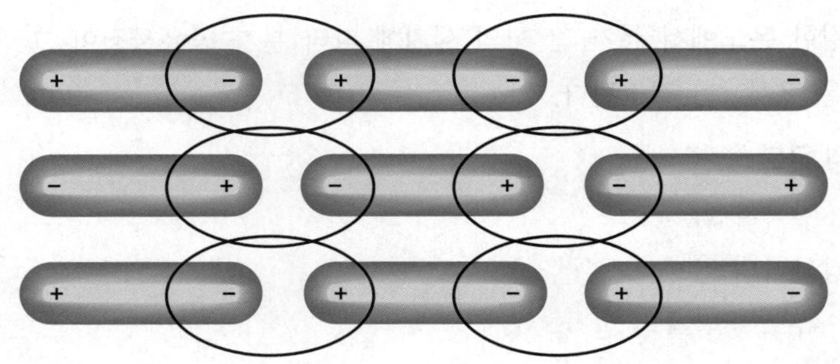

| 쌍극자 - 쌍극자의 힘 |

1) **발생원인** : 극성 분자들에서 한 분자의 양성 부분이 다른 분자의 음성 부분에 가까이 배열하려는 전기적 성질 때문에 발생한다.

2) 특징

① 비극성 분자보다 분자 간의 인력이 존재함으로써 이를 끊는데 에너지가 소요되므로 녹는점이 높은 고체를 형성한다.

② 비극성 분자보다 분자 간의 인력이 존재함으로써 이를 끊는데 에너지가 소요되므로 휘발성이 낮은 액체를 형성한다.

③ 런던(London)힘에 비해 쌍극자-쌍극자의 결합력이 매우 크다(공유결합 세기의 0.01배).

④ 쌍극자의 힘은 전하가 클수록, 전하 간의 거리가 가까울수록 커진다.

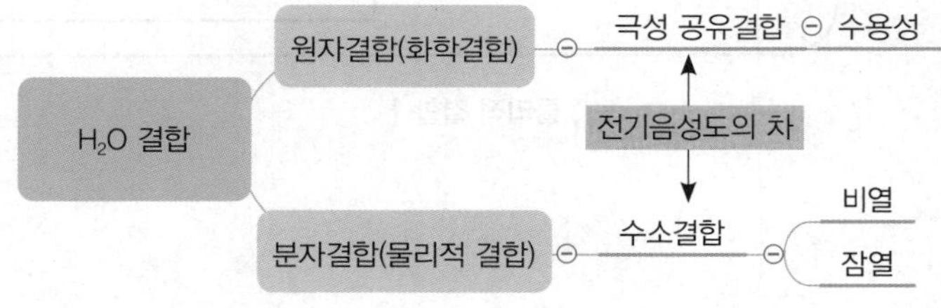

| 물의 결합 매핑 |

(4) 수소결합(hydrogen bond) 115회 출제

1) 정의 : F, O, N처럼 전자를 끌어당기는 힘(전기음성도)이 큰 원자와 수소가 공유결합을 하고 근처에 전기음성도가 큰 원자에 수소가 당겨지는 분자 간의 쌍극자와 쌍극자의 물리적 결합 중 특별하고 강한 결합이다.

꼼꼼체크
1. **물리적 결합** : 두 가지 물질이 성분의 변화 없이 분자 단위로 결합
2. **화학적 결합** : 분자 단위의 성분이 변화하면서 결합력이 생기는 것

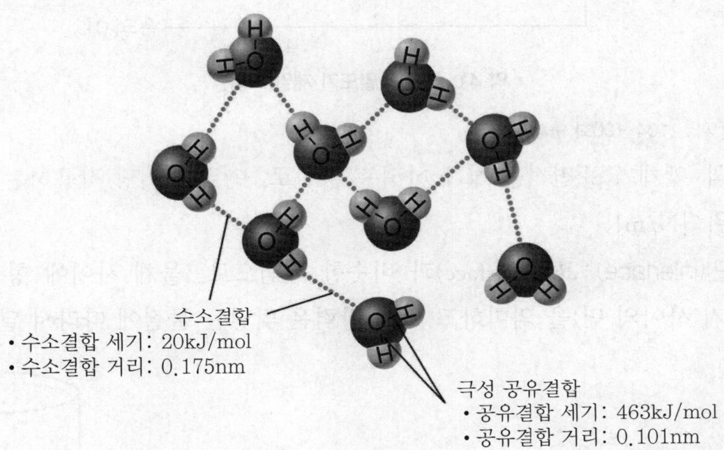

| 물의 수소결합[16] |

2) 특성

① 물은 녹는점과 끓는점, 비열이 높음 : 수소결합은 음성도 차이가 커서 다른 분자 간 인력의 세기보다 커서 분자 간 인력을 끊는데 많은 열(에너지)이 필요하다(물의 비열 : 4.18J/g·℃).

② 물의 밀도

㉠ 물이 얼음될 때 물분자들이 수소결합 때문에 규칙적으로 배열되어 분자 사이의 빈 곳이 많은 육각 고리모양이 된다. 따라서, 같은 질량의 물이 얼음으로 되면 부피가 증가해 밀도가 작아진다. 반면에 온도가 올라가면 물분자 간의 육각 고리모양이 파괴되면서 육각 고리를 형성하면서 차지하던 빈 곳이 줄어들어 물의 밀도가 증가하는 요인이 된다.

㉡ 밀도는 단위 부피당 질량이므로, 4℃ 부근이 가장 부피가 작아지므로 이 부분의 밀도가 가장 크다.

16) http : //wps.prenhall.com에서 발췌

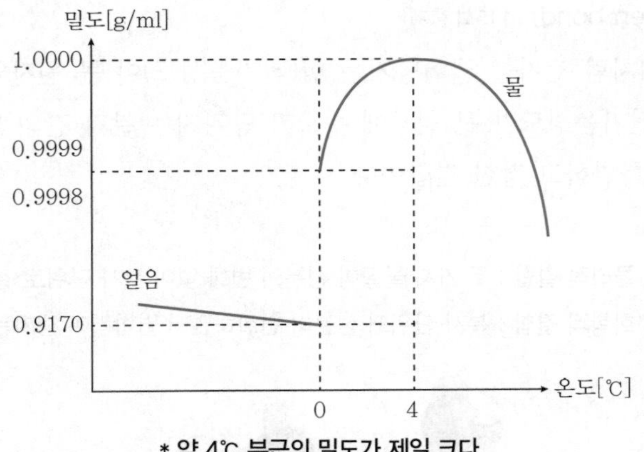

* 약 4℃ 부근의 밀도가 제일 크다.

③ 표면장력 **104·100회 출제**

㉠ 정의 : 액체가 표면적을 작게 하려는 성질로, 단위 길이당 작용하는 힘이다.

㉡ 단위 : [N/m]

㉢ 계면(interface) : 표면(surface)과 비슷한 개념으로, 물체 사이에 형성되는 면(물과 공기 사이의 면)을 의미하고, 표면장력은 맞닿는 물질에 따라서 달라진다.

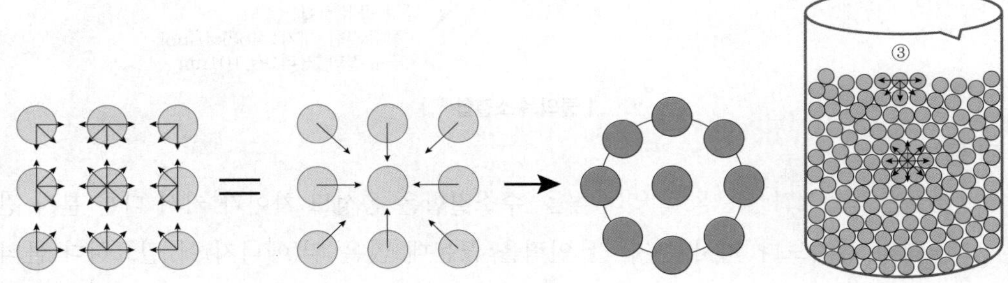

| 표면장력에 의한 물의 형태 |

㉣ 힘의 관점 : 물분자들이 서로 끌어당겨서 전체의 표면적을 줄이는 방향으로 힘이 작용하여 구형태를 가진다.

㉤ 에너지 관점

- 표면에 있는 물분자들은 최대로 결합할 수 있는 결합의 수보다 작게 결합한다.
- 더 결합할 수 있는 용량을 남겨두게 된다. 이를 에너지가 더 높은 상태 또는 반응성이 크다라고 할 수 있다. 이러한 에너지를 표면 에너지(surface energy)라고 한다.

1. 표면 에너지는 모든 물질 사이의 계면이 가지고 있는 계면의 고유 특성이다.
2. 계면 에너지는 고체/액체와 고체/기체 간의 계면 에너지를 의미하는 데에 비해, 표면 에

너지와 표면장력은 액체/기체 사이의 표면 에너지를 의미한다.
3. 계면 에너지, 표면 에너지, 계면장력, 표면장력은 유사한 개념이다.

ⓑ 물은 수소결합으로 인해 강한 분자 간의 힘을 가지기 때문에 표면장력이 크다.

ⓢ 온도가 올라감에 따라 감소 : 액체의 온도가 올라갈수록 분자들의 움직임이 활발해지고 그 결과 분자들의 인력이 감소한다.

ⓞ 점성이 커질수록 증가

- 점성은 움직일 때, 표면장력은 정지할 때 작용한다.
- 점성은 내부에, 표면장력은 자유표면 혹은 두 물질의 접촉면에서 작용한다.

ⓙ 농도가 높아질수록 표면장력이 감소 : 농도가 높아지면 표면의 분자수가 많아져서 표면 에너지가 감소한다.

ⓒ 계면활성제를 첨가할 경우 현저하게 감소한다.

꼼꼼체크 **계면활성제** : 소수기와 친수기를 동시에 가지고 있으며, 표면의 에너지를 낮추는 물질

ⓚ 평형식

- 표면장력(σ)에 의해서 유발되는 힘은 액체 방울의 내부와 외부와의 압력차($\varDelta P$)에 의해서 이루어진 힘과 서로 평형을 이루는 식
- 표면장력을 구하는 공식(단, 단면에 작용하는 힘과 원주에 작용하는 힘이 동일)

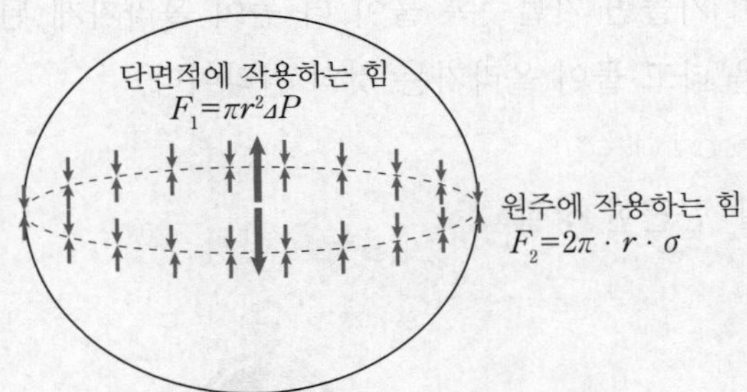

$$F_1 = F_2 \rightarrow 2\pi r\sigma = \pi r^2 \cdot \varDelta P$$

$$\sigma = \frac{\varDelta PD}{4} \text{ [N/m]}$$

여기서, F_1 : 단면적에 작용하는 힘[N]
F_2 : 원주에 작용하는 힘[N]
σ : 표면장력[N/m]
r : 반지름[m]
D : 내경[m]
$\varDelta P$: 물방울 내외부압력차[N/m^2]

④ 모세관 현상

㉠ 정의 : 액체 속에 가는 관을 세우면 관 벽면을 따라 액체가 올라가는 현상이다.

㉡ 물은 표면장력에 의한 강한 응집력과 부착력으로 모세관 현상이 발생한다.

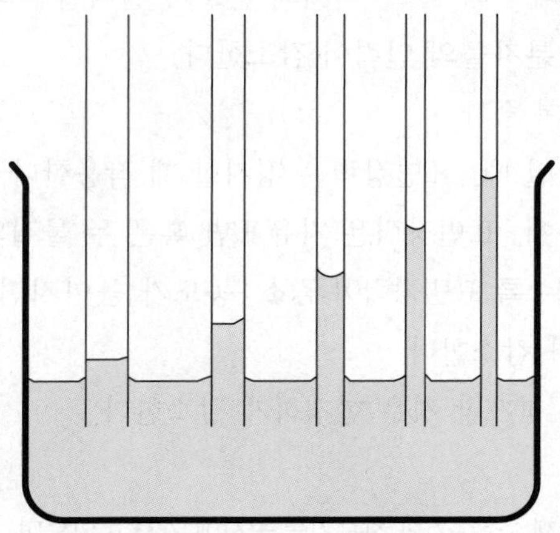

| 물의 모세관 현상의 개념도 |

1. 응집력(cohesion) : 동종 간의 힘
2. 부착력(adhesion) : 이종 간의 힘

㉢ 관이 가늘면 가늘수록 물이 더 높이 올라가게 된다. 식물의 뿌리부터 잎까지 물관을 타고 물이 올라가는 것의 원리이다.

⑤ 점성(viscosity)

㉠ 성질 : 끈끈한 성질

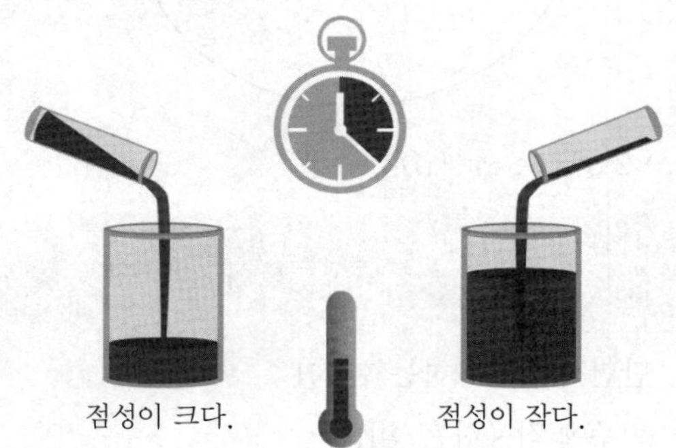

㉡ 동역학 : 흐름에 대한 저항(분자 간의 인력에 의존)

㉢ 단위 : 1Poise = 1g/cm·s, 1stock = $cm^2/s$$\left(동점도 : \frac{점성}{밀도}\right)$

㉣ 점성이 큰 물질의 예 : 글루코스, 슈크로스, 글리세린 등(분자 중 다수의 알코올(OH)이 수소결합을 하고 있어 점성이 크게 나타나는 것)

03 이온–쌍극자 힘(ion – dipole forces)

(1) 정의 : 이온과 쌍극자(극성물질) 사이에 작용하는 힘

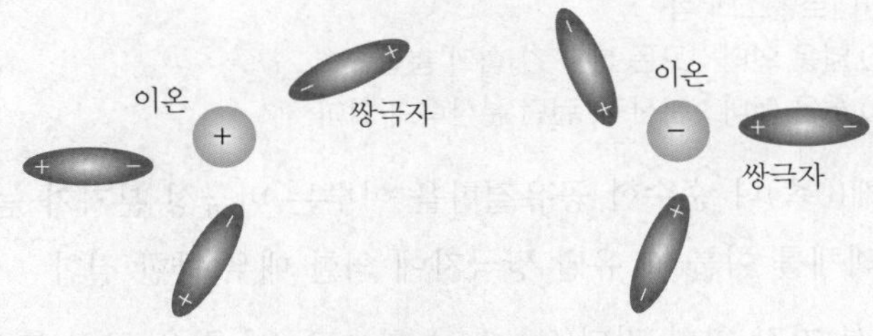

| 이온과 쌍극자 힘 |

(2) 결합력 : 이온의 크기와 쌍극자의 크기에 의존(쿨롱의 법칙)

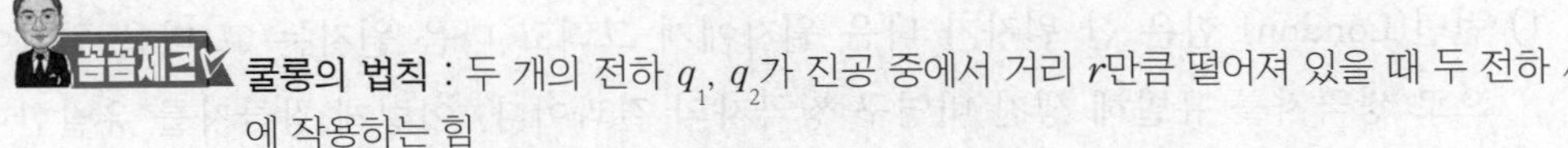

꼼꼼체크 쿨롱의 법칙 : 두 개의 전하 q_1, q_2가 진공 중에서 거리 r만큼 떨어져 있을 때 두 전하 사이에 작용하는 힘

예 $F = k\frac{q_1 q_2}{r^2}$

여기서, F : 쿨롱의 힘

k : 계수

q_1, q_2 : 전하

r : 거리

(3) 수화된 이온(hydrated ion)

1) 예를 들어 NaCl이 물에 녹아 있을 때, Na^+와 Cl^- 이온은 각각 물분자(쌍극자)에 의해 둘러싸여 있으며, 상호 작용력이 존재한다.

2) 주로 이온성 화합물(용질)이 물(용매)에 녹아 용액이 만들어질 때 존재하는 힘이다.

04 쌍극자-유도 쌍극자의 힘 (Van der Waals forces, keesom-force, debye force and London dispersion force)

(1) 정의

1) 결합하고 있지 않은 원자들 사이, 비극성 분자(대칭 구조)들 사이에 작용하는 힘

2) 여러 원자가 결합하여 형성된 분자나 전자를 많이 가지고 있는 원자(쌍극자)의 전자들

이 순간적으로 한쪽으로 쏠리면서 극성을 띠게 되고 이로 인해 발생하는 인력에 의한 힘(유도 쌍극자)

(2) 비극성 분자 사이에 존재하는 인력으로, 무질서하게 되려는 경향, 즉 엔트로피가 증가하는 방향으로 진행

반데르발스의 힘(Vander Waals force) 또는 런던 분산력(London dispersion force)

반데르발스의 힘
① 넓은 의미 : 모든 분자 간 힘의 총합
② 좁은 의미 : 분산력, 런던 분산력의 의미

(3) **대상** : 비활성 기체(0족)나 순수한 공유결합을 이루는 비극성 분자가 높은 압력, 낮은 온도에서 고체 또는 액체를 이룰 때 유발 쌍극자에 의한 매우 약한 결합

(4) 분자 간 힘 중에서 가장 약한 런던(London) 힘으로, 이 힘은 극성 혹은 비극성할 것 없이 모든 원자와 분자에 작용하여 충분히 낮은 온도에서 단원자 0족 기체까지도 액화시킬 수 있는 것은 바로 이 힘 때문이다.

1) 런던(London) 힘은 한 원자가 다음 원자에게 그리고 다음 원자는 그 다음 원자에게 등으로 쌍극자를 유발해 생긴 비영구 쌍극자의 결과이다. 이렇게 쌍극자를 유발한다고 해서 유도 쌍극자라고 한다.

유도 쌍극자

① 전자구름의 진동이 순간적인 비대칭적 전자분포를 유도한다.
② 분자의 전자수가 많으면 편극(polarization)도 쉽게 발생하고, 원자량이 증가할수록 원자들 사이의 구속력이 증가한다.

2) 예를 들면 한순간에 원자의 한쪽이 다른 쪽보다 더 많은 전자밀도를 가질 수 있으며 한쪽에 조금 더 많은 양전하는 이웃 원자로부터 전자를 잡아당기게 될 것이고, 이 결과 순간적으로 인력이 이들 원자 사이에 작용하게 될 것이다. 런던(London) 힘은 아주 인접해 있는 원자와 분자에 있어서 변동 쌍극자 사이의 인력이며 이러한 변동 쌍극자는 물론 전자가 항상 움직이고 있어서 일어난다.

(5) 분산력(dispersion forces)이라고도 하고, 한마디로 원자나 분자에서 일시적인 쌍극자(temporary dipoles)로 인하여 생긴 당기는 힘을 말한다.

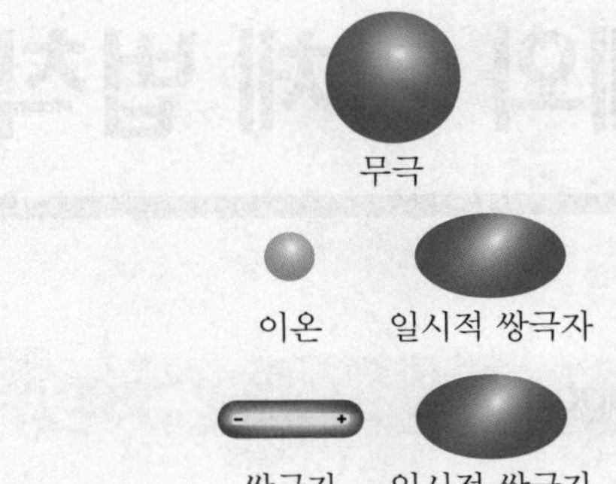

(6) **특징**

1) 런던(London) 힘만을 받는 분자성 고체는 결합력(공유결합의 0.0001배)이 약하므로 녹는점, 끓는점이 낮다.
2) 대부분 승화성이다.
3) 분자량이 클수록 반데르발스(Van der Waals) 힘이 증가한다.

05 유도 쌍극자-유도 쌍극자의 힘(induce dipole-induce dipole force)

(1) **정의** : 무극성 물질끼리도 전자와 다른 물질의 양성자 간의 상호작용에 따라 유도 쌍극자가 형성될 수 있다.

(2) 무극성-무극성 물질의 결합이다.

(3) 물리적 결합 중 가장 약한 결합이다.

SECTION

014 기체와 기체 법칙

01 가스(gas)와 증기(vapor)

(1) 가스와 증기는 공통으로 기체상태의 물질이다.

(2) True gas : 임계점(critical point) 이상의 온도에 있음을 의미한다.

(3) 가스와 증기의 구분

구분	정의	이상기체 상태방정식
가스	상온 · 상압에서 일정한 공간을 점유한 무정형의 유체	적용 가능
증기	상온 · 상압에서 액체나 고체로 존재하는 물질이 압력강하나 온도상승에 의해 기체 상태로 존재	적용 곤란

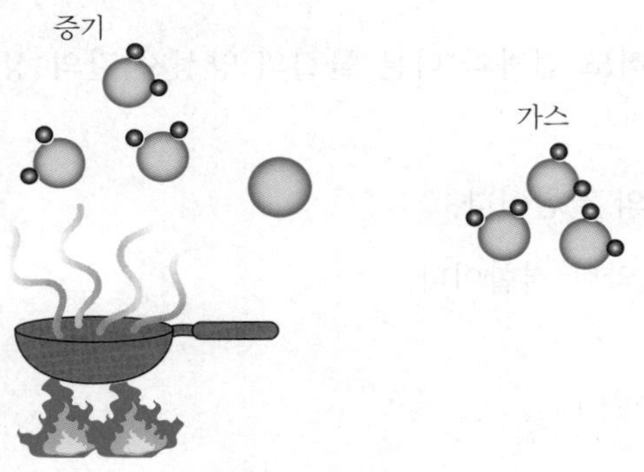

| 가스와 증기 |

02 기체의 압력과 측정

(1) 기체의 성질

1) 기체 분자들은 분자 간 인력이 약하다.

2) 빠른 속도로 운동한다.

3) 기체의 종류와 관계없이 공통적인 성질을 가지고 있다.

(2) 기체의 압력 : 기체 분자가 운동하며 용기 벽에 충돌하여 힘을 미칠 때, 이 힘을 용기 벽의 면적으로 나눈 값

(3) 기압계(barometer) : 대기의 압력을 측정하는 장치

1) 수은압력계에서 압력 P와 액체기둥의 높이 h 사이의 관계식은 다음과 같다.

$$P = \rho gh = rh$$

여기서, P : 압력[kg_f/m^2]

g : 중력가속도 상수($9.807m/s^2$)

ρ : 압력계에 쓰이는 수은의 밀도($13.595g/cm^3$ or $13.595 \times 10^3 kg/m^3$ at 0℃)

h : 액체기둥 높이[m]

2) 1atm = 760.0mmHg = 1.013×10^5Pa (SI 단위) = $10.33mH_2O$

03 기체의 분자운동론

(1) 보일의 법칙(Boyle's law) 122·114회 출제

1) 로버트 보일의 이름을 따서 지어진 법칙으로, 부피와 압력 사이의 관계를 나타낸다.

2) 내용 : (이상)기체의 양과 온도가 일정하면, 압력(P)과 부피(V)는 서로 반비례한다.

$$P \propto \frac{1}{V}$$

3) 공식

$$P \cdot V = k$$

여기서, P : 기체의 압력

V : 기체의 부피

k : 비례상수(기체의 종류와 온도에 따라 다르며, 이러한 조건들이 고정되면 k 값도 일정)

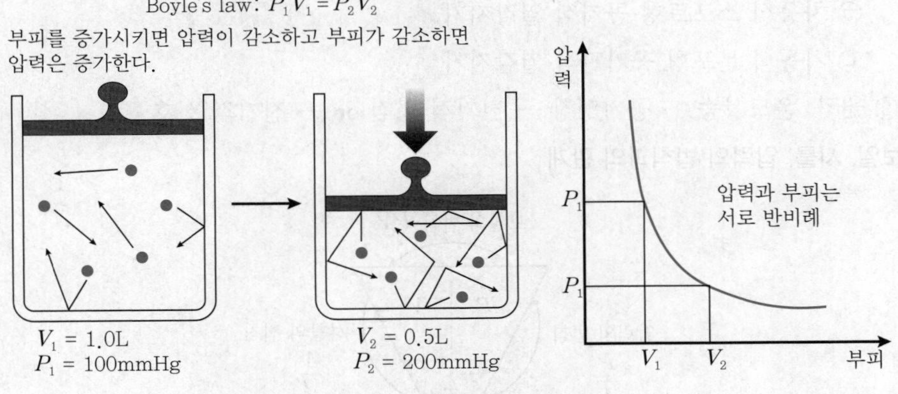

| 보일의 법칙의 예[17] |

17) http : //ygraph.com/graphs/boyleslaw-20111127T211035-2n84rt6.jpeg에서 발췌

(2) 샤를의 법칙(Charles law) 또는 샤를과 게이뤼삭의 법칙 123·122·114회 출제

1) 이상기체의 성질에 관한 법칙이다. 1802년에 루이 조제프 게이뤼삭이 처음으로 발표하였는데, 그는 1787년경의 자크 알렉상드르 세사르 샤를의 미발표한 논문을 인용하면서 이 법칙을 샤를의 법칙이라고 한다.

2) 내용 : 압력이 일정할 때 기체의 부피는 온도가 1℃ 상승할 때마다 0℃ 때 부피의 $\frac{1}{273}$씩 증가한다.

3) 공식

$$\frac{V}{T} = k,\ V \propto T$$

여기서, V : 기체의 부피
T : 기체의 절대온도
k : 기체상수

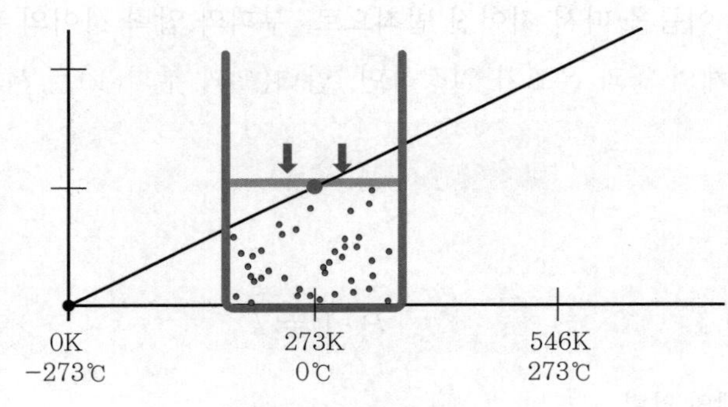

| 샤를 법칙의 예 |

4) 샤를의 법칙 활용한 열감지기

① 종류

㉠ 차동식 스포트형 공기식 열감지기

㉡ 차동식 분포형 공기관식 열감지기

② 원리 : 온도상승 → 공기팽창 → 전기적 접점 on → 전기적 신호

5) 보일, 샤를, 압력의 법칙과의 관계

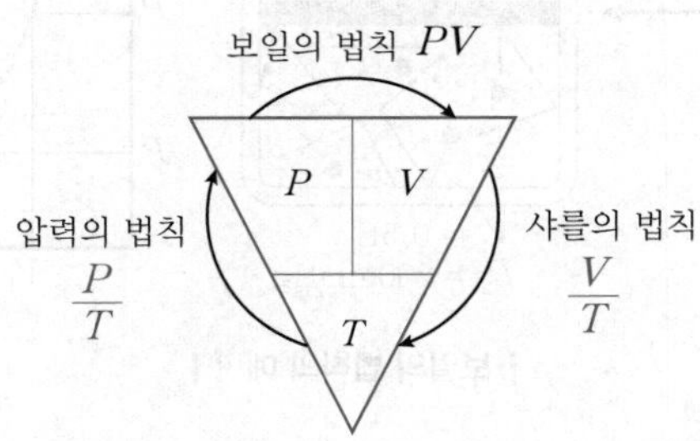

| 기체분자 운동법칙의 삼각형 |

(3) 아보가드로의 법칙(Avogadro's law)

1) 정의 : 모든 기체의 부피는 압력과 온도가 일정하다고 하면 몰수에 비례한다.

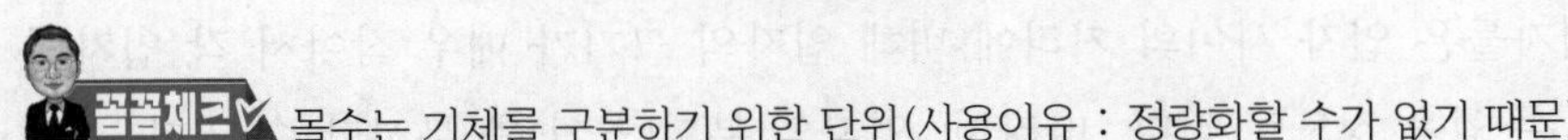

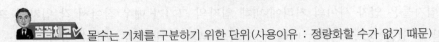

꼼꼼체크 몰수는 기체를 구분하기 위한 단위(사용이유 : 정량화할 수가 없기 때문)

2) 공식 : $V = k \cdot n$ (단, 압력과 온도는 고정)

여기서, V : 기체의 부피

k : 상수

n : 몰수

3) 아보가드로의 수(Avogadro number) : 6.02×10^{23}

(4) 기체의 평균 운동 에너지 : $E_k = \frac{1}{2}mv^2 = \frac{3}{2}hT$

여기서, E_k : 기체의 평균 운동 에너지

m : 질량

v : 속도

h : 볼츠만 상수

T : 절대온도

꼼꼼체크 온도의 기체 운동론적 해석 : 온도란 물질 내에 있는 원자 또는 분자의 평균 운동 에너지

(5) 기체의 평균속도(V) = $\sqrt{\frac{3RT}{M(\text{분자량})}}$

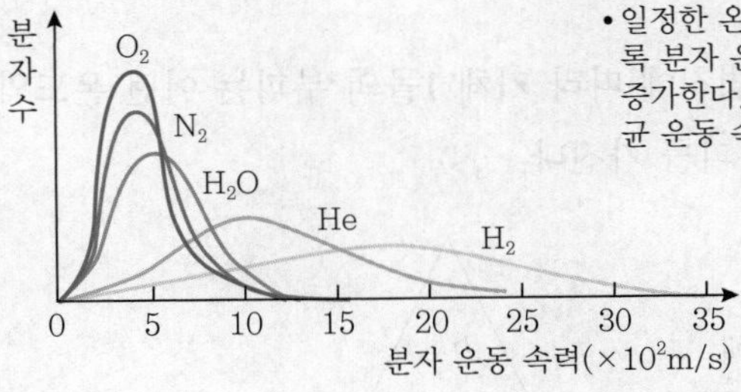

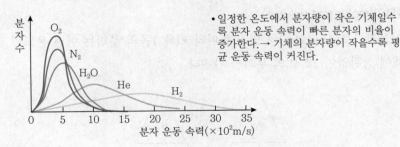

• 일정한 온도에서 분자량이 작은 기체일수록 분자 운동 속력이 빠른 분자의 비율이 증가한다. → 기체의 분자량이 작을수록 평균 운동 속력이 커진다.

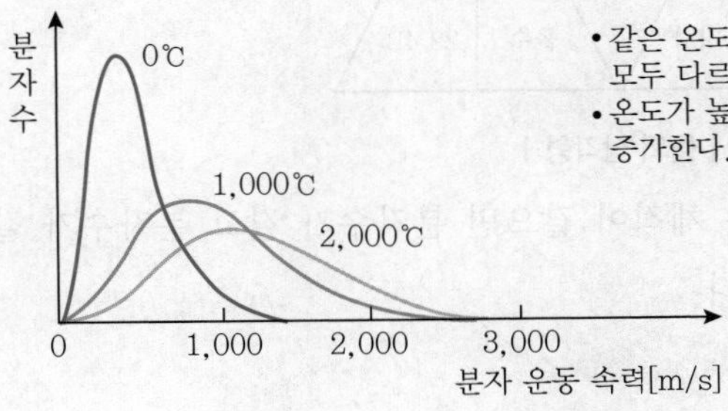

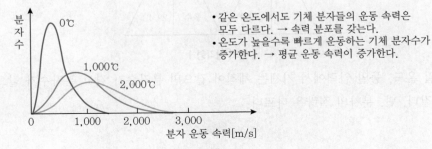

• 같은 온도에서도 기체 분자들의 운동 속력은 모두 다르다. → 속력 분포를 갖는다.
• 온도가 높을수록 빠르게 운동하는 기체 분자수가 증가한다. → 평균 운동 속력이 증가한다.

(6) 기체의 분자운동론 가정

1) 기체는 아주 작은 입자(원자 또는 분자)로 구성되어 있다.
2) 기체 입자들은 입자 사이의 거리에 비해 입자의 크기가 매우 작아서 각 입자의 크기는 무시할 수 있을 정도로 작다. 따라서, 입자의 부피(크기)를 무시할 수 있다.
3) 입자들은 무질서 운동을 하며 용기의 벽에 충돌한다.
4) 입자들 사이에서는 서로 인력이나 반발력이 없다. → (빠른 운동이 가능하고 자유롭게 섞일 수 있음)
5) 기체 입자들의 평균 운동 에너지는 기체의 절대온도에 비례한다.
6) 절대온도가 같으면 평균 운동 에너지는 모두 같다.

(7) 기체의 분자운동론 결과

1) 분자의 평균 운동 에너지 : $\overline{KE} \propto T$ (분자의 운동은 온도에 비례)
2) 분자의 평균속도 : $\bar{u} \propto \sqrt{\dfrac{T}{\text{분자량}}}$ (분자운동속도는 분자량에 반비례하고 온도에 비례)

04 이상기체의 법칙(ideal gas law)

(1) 게이뤼삭(Gay-Lussac)의 결합부피의 법칙

1) 정의 : 기체들이 어떤 온도와 압력 하에서 반응할 때 반응물과 생성물의 부피 간에는 정수비가 존재
2) $2CO + O_2 \rightarrow 2CO_2$ ($CO : O_2 = 2 : 1$)

(2) 기체의 몰부피(molar gas volume)

1) 정의 : 아보가드로(Avogadro)의 법칙에 따라 기체 1몰의 부피는 어떤 온도와 압력 하에서는 기체에 상관없이 22.4L의 부피를 가진다.

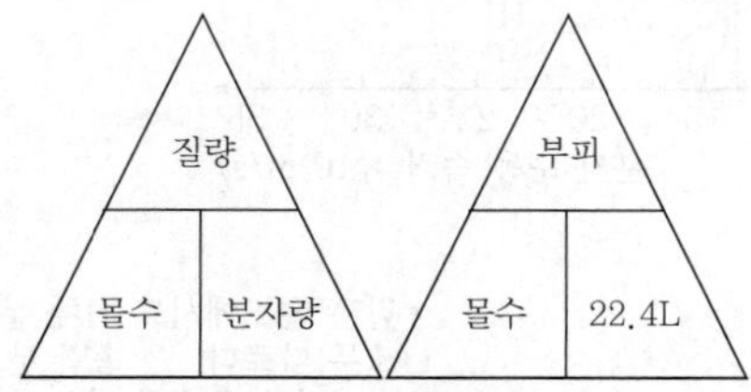

| 몰의 삼각형 |

2) 동일 온도, 동일 압력에서 기체는 체적이 같으면 분자수가 같고 분자수가 같으면 체적이 같다. 단, 분자의 질량은 다르다.

(3) 이상기체 상태방정식 108회 출제

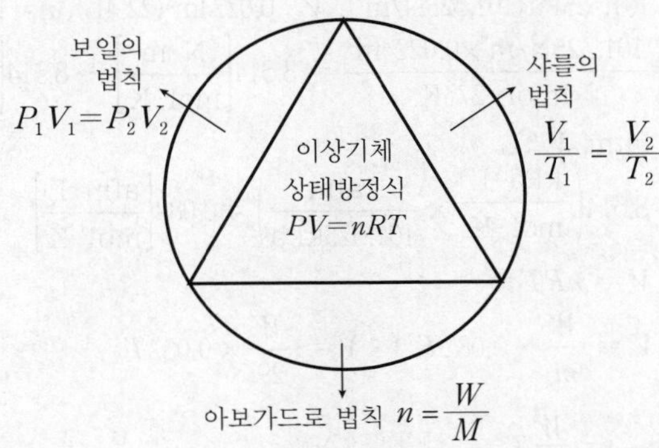

| 이상기체 상태방정식 |

1) 보일(Boyle)의 법칙 : $V \propto \frac{1}{P}$ (T와 n 일정)

2) 샤를(Charles)의 법칙 : $V \propto T$ (P와 n 일정)

3) 아보가드로(Avogadro)의 법칙 : $V \propto nV_m$ (T와 P 일정)

4) 위의 법칙들로부터 이상기체 상태방정식(ideal gas law)을 유도한다.

① 보일(Boyle), 샤를(Charles)의 법칙으로부터 V = 상수 = $\frac{T}{P}$ (일정량의 기체) 기체의 양이 다르면 상수의 값도 달라지므로, 1몰의 경우

$$V_m = R \times \frac{T}{P}$$

여기서, V_m : 1몰의 기체가 차지하는 부피(몰부피)
R : 몰 기체상수
T : 절대온도
P : 압력

② 위 식의 양변에 n을 곱하면, $nV_m = nR\frac{T}{P}$

③ 이상기체 상태방정식은 다음과 같다(상기 3)에 의해 $V \propto nV_m$).

$\therefore PV = nRT$

단위			R의 값
압력	체적	R	
atm	L	L · atm/mol · K	0.082
Pa[N/m^3]	m^3	J/mol · K	8.314

5) 실제 기체는 아주 낮은 압력과 높은 온도에서만 이상기체 상태방정식을 따른다.

꼼꼼체크 1. P : 101,325Pa(101,325N/m²), V : 0.0224m³(22.4L), n=1mol, T=273K

$$R=\frac{101,325\text{N/m}^2\times 0.0224\text{m}^3}{1\text{mol}\times 273\text{K}}=8.314\left[\frac{\text{N}\cdot\text{m}}{\text{mol}\cdot\text{K}}\right]\rightarrow 8.314\left[\frac{\text{J}}{\text{mol}\cdot\text{K}}\right]$$

2. P : 1atm, V : L

$$R=8.314\left(\frac{\text{kPa}\cdot\text{L}}{\text{mol}\cdot\text{K}}\times\frac{1\text{atm}}{101,325\text{kPa}}\right)=0.082\left[\frac{\text{atm}\cdot\text{L}}{\text{mol}\cdot\text{K}}\right]$$

3. $P\cdot V=nRT$

$$P\cdot V=\frac{W}{m}\times 0.082T,\ 1\cdot V=\frac{W}{29}\times 0.082T$$

$$\frac{29}{0.082}=\frac{W}{V}T$$

$$353=\rho\cdot T$$

05 기체의 분출과 확산

(1) 기체의 분출(effusion)

1) 원인 : 기체는 연속적인 병진운동

병진운동은 '같이 진행한다.'라는 의미이다. 가령 공을 굴리면 회전운동과 전체적으로 앞으로 나아가는 병진운동이 결합하여 나타나게 된다. 즉, 분자 자체가 이동하는 운동을 말한다.

2) 정의 : 기체가 들어있는 용기에 매우 작은 구멍을 뚫어 놓을 때 용기 벽에 충돌하는 분자 중 우연히 이 구멍을 통해 용기 밖으로 나오는 현상

(2) 그레이엄의 법칙(Graham's law) 115회 출제

1) 기체 입자의 평균 운동 에너지는 기체의 종류와 상관없이 온도가 같으면 같다. 운동 에너지는 질량에 의해서 결정되고 기체의 종류에 따라서 질량은 다르다. 따라서, 주어진 온도에서 기체 입자의 평균속도는 기체의 종류에 따라서 달라진다.

2) 정의 : 같은 온도와 압력에서 두 기체의 분출(확산)속도는 분자량의 제곱근에 반비례한다.

$$\frac{u_1}{u_2}=\left(\frac{M_2}{M_1}\right)^{\frac{1}{2}}=\left(\frac{\rho_2}{\rho_1}\right)^{\frac{1}{2}}$$

여기서, u : 평균운동속도

M : 분자량의 비

ρ : 밀도

3) 분자량은 밀도에 비례한다는 것이고, 즉 분자량이 적을수록 잘 분출된다는 법칙이다.

4) 그레이엄의 법칙을 이용하여 상온에서 산소나 질소분자의 평균 운동속도를 계산하면 350m/s 정도와 유사한 속도로 움직이고 있음을 알 수 있다. 이는 음속으로 소리가 공기 중의 매질을 진동시켜서 소리를 전달하는 것과 관련있다.

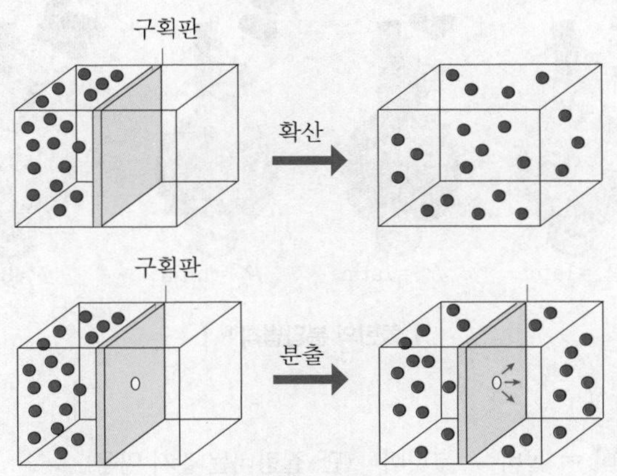

| 분출과 확산의 비교 |

(3) 기체의 확산(diffusion) : 확산속도는 분출속도와 같지 않으나 그레이엄의 법칙이 잘 적용된다.

06 돌턴의 부분압력 법칙(Dalton's law of partial pressure)

(1) 혼합기체 전압 = 각 기체 분압의 합

(2) 공식

$$P_t = P_1 + P_2 + P_3 + P_4 + \cdots\cdots$$

여기서, P_t : 전압

P_1, P_2, P_3 : 성분기체의 분압

$$P_i = X_i \cdot P_t$$

여기서, P_i : 각 성분기체의 분압

X_i : $\left(= \frac{n_i}{n_t}\right)$ 각 성분기체의 몰분율

n_i : 각 성분기체의 몰수

n_t : 전체 기체의 몰수

P_t : 전압

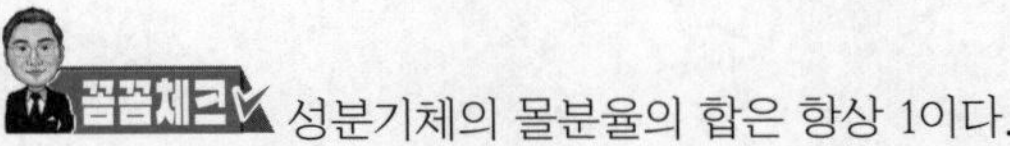

성분기체의 몰분율의 합은 항상 1이다.

예 H_2 2.9atm과 He_2 7.2atm이 들어있는 경우 압력은?
부피 변화가 없는 경우 이곳의 압력은 2.9atm + 7.2atm = 10.1atm

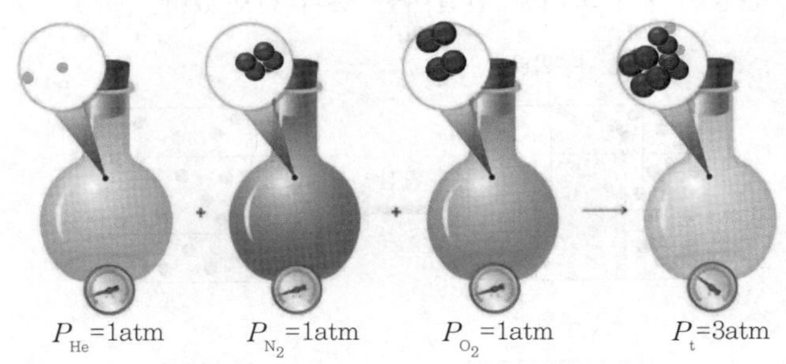

| 돌턴의 분압법칙[18] |

압력비 = 몰비 = 부피비 (단, 질량비는 같지 않음)

(3) 돌턴의 분압법칙으로 알 수 있는 내용

1) 증기압을 알면 그것은 증기의 부피비를 나타내고 이것을 통해 위험성을 알 수 있다.

2) 각 기체 입자(원자 또는 분자)의 부피는 중요하지 않다.

3) 각 기체 입자들 사이의 힘도 중요하지 않다.

예 공기는 산소 21%와 질소 79%로 구성되어 있다고 가정

① 대기압이 약 100kPa이라면 돌턴의 법칙에 의해 이 기체 혼합체에 가해진 총압력의 21%가 산소 분자들에게 가해지고 79%의 압력이 질소 분자들에게 가해지는 것이다.

② 가해진 총압력이 100kPa이므로 산소의 부분압은 21kPa이 되고 질소의 부분압은 79kPa이 된다.

07 가스의 구분

(1) 취급상태에 따른 분류

1) 압축가스

① 상용의 온도 또는 35℃에서 1MPa 이상

② 상온에서 압축하여도 액화하기 어려운 가스

예 질소, 산소, 수소, 메탄 등

18) http : //chemwiki.ucdavis.edu에서 발췌

2) 액화가스

① 상용의 온도 또는 35℃에서 0.2MPa 이상

② 상온에서 압축하면 비교적 쉽게 액화하는 가스

예 프로판, 염소, 암모니아, 탄산가스 등

3) 냉동액화가스(초저온 액체)

① 비등점 -150℃ 이하인 액체(초저온에서 액화가 가능한 가스)

② 천연가스의 주성분인 메탄은 1kg은 0℃, 1기압의 가스 상태로 부피가 약 1.4m³이나 이것을 -162℃까지 냉각하여 액화시키면 0.0024m³로 감소$\left(\text{부피가 약 }\frac{1}{600}\right)$

예 LNG 등

4) 용해가스

아세틸렌과 같이 압축하거나 액화시키면 스스로 분해 폭발을 일으키는 가스이기 때문에 용기에 다공물질과 가스를 잘 녹이는 용제를 넣어 용해시켜 충전하는 가스

예 아세틸렌

(2) 연소성에 따른 분류

1) 가연성 가스

① 공기와 혼합하면 빛과 열을 내면서 연소하는 가스(연소가 가능한 가스)

예 프로판, 일산화탄소, 수소, 메탄 등

② 연소(폭발)하한이 10% 이하의 것

③ 폭발범위(상한계와 하한계의 차이)가 20% 이상의 것

2) 조연성 가스 : 다른 가연성 물질을 연소시킬 수 있는 가스

예 산소, 공기, 염소, 불소 등

3) 불연성 가스 : 스스로 연소하지 못하며, 다른 물질을 연소시키는 성질도 없는 가스

예 질소, 아르곤, 이산화탄소 등

(3) 독성에 따른 분류

1) 독성 가스 : 허용농도가 5,000ppm 이하인 가스

예 염소, 일산화탄소, 아황산가스, 암모니아, 산화에틸렌, 포스겐 등

2) 비독성 가스 : 허용농도가 5,000ppm을 초과하는 가스

SECTION

015 액체와 고체

01 액체(liquid)의 성질

(1) 압력과 온도의 변화에 따른 부피 변화

1) 분자들 사이에 비교적 기체보다는 강하고 고체보다는 약한 분자 간 인력이 존재한다.

2) 기체

① 압력(P) 2배 → 부피(V) $\frac{1}{2}$배

② 온도(T) 2배 → 부피(V) 2배

3) 액체(이상기체의 상태방정식이 적용되지 않음)

① 압력(P) 2배(1atm → 2atm) : 부피(V) 0.01% 감소

② 온도(T) 증가(0℃ → 100℃) : 부피(V) 2% 증가

(2) 점성(viscosity)

(3) 표면장력(surface tension)

(4) 증기압(vapor pressure)

02 고체(solid)

(1) 고체의 형태

고체의 형태	구조단위	결합형태	비고
분자성	원자나 분자	분자 간 힘	Ne, H_2O, CO_2
금속성	원자	금속결합	Fe, Cu, Ag
이온성	이온	이온결합	CsCl, NaCl, ZnS
공유결합성	원자	공유결합	흑연, 다이아몬드

(2) 고체의 종류

고체의 종류	특징	보기
결정성	① 결정들로 구성, 각 결정은 특수한 모양, 깨짐의 방향은 이방성이며, 일정한 면을 가진다. ② 일정한 융점, 녹음열을 가진다.	염화나트륨, 금속
비결정성	① 불규칙한 모양을 가진다. ② 깨짐의 방향이 등방성, 불규칙한 면을 가진다. ③ 어떤 온도 범위 내에서 연화된 후 녹는다.	아스팔트, 파라핀, 창유리

(3) 물리적 성질과 구조단위와의 관계

1) 녹는점과 구조단위

① 고체의 녹는점 : 격자 내의 위치에서 구조단위를 붙드는 힘을 끊어야 한다.

② 분자성 고체 : 약한 분자 간 인력

③ 공유결합성 고체 : 강한 공유결합이 끊어져야 한다. 따라서, 매우 높은 녹는점을 가진다.

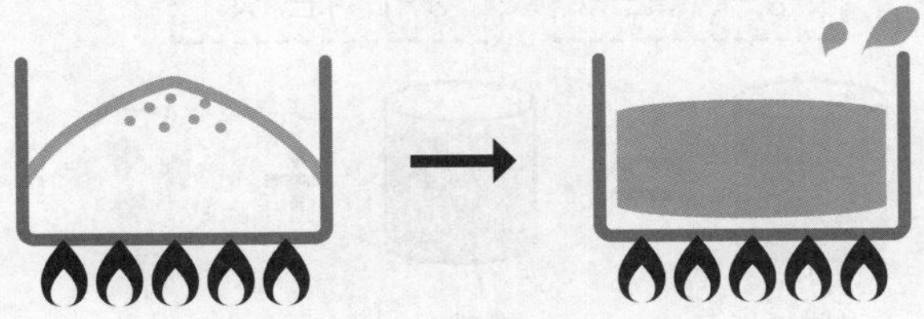

| 녹는점 |

2) 끓는점과 구조단위

① 액체의 끓는점

㉠ 구조단위 사이에 작용하는 힘을 끊어야 한다.

㉡ 액체상태에서 분자들은 약한 분자 간의 힘으로 결속하여 낮은 끓는점을 가진다.

② 분자성 물질의 끓는점 : 런던(London) 힘의 세기가 보통 분자량에 따라 증가하므로 같이 증가(비례)

| 끓는점 |

3) 전도도와 구조단위

물질의 형태	고체의 녹는점	액체의 끓는점	굳기 및 부서지기	전기전도성
분자성	낮다.	낮다.	부드럽고 쉽게 부서진다.	비전도성
금속성	변한다.	변한다.	굳기가 변한다.	전도성
이온성	높거나 매우 높다.	높거나 매우 높다.	단단하고 부서진다.	비전도성 고체, 전도성 액체
공유결합성 (거대분자성)	매우 높다.	매우 높다.	매우 단단하다.	보통 비전도성

03 용액(solution)

(1) 정의 : 용액(solution) = 용매(solvent) + 용질(solute)

용매(solvent)	용질(solute)
녹이는 물질	녹아 있는 물질
양이 많은 것	양이 적은 것

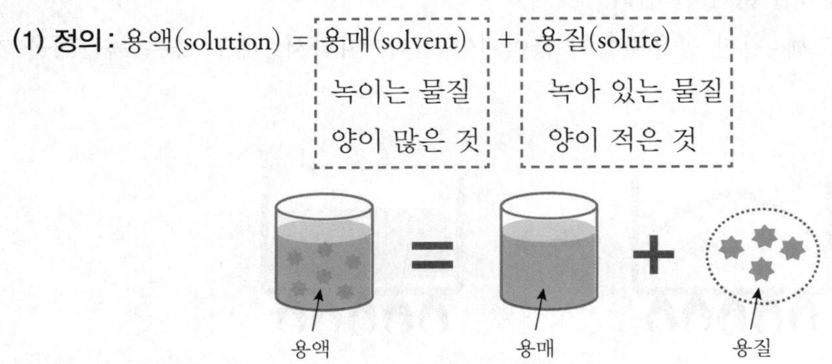

| 용액, 용매, 용질 |

(2) 용액의 분류

1) 기체 혼합물 : 분자들이 독립적으로 운동(분자 간의 인력 대단히 작음) → 돌턴(Dalton)의 분압법칙

2) 고체 혼합물 : 고용체(합금)

3) 액체 혼합물 = 용액

(3) 용해도(solubility)

1) 용해도 $= \dfrac{\text{녹는 용질의 질량[g]}}{\text{용매 100g}}$

2) 액체에 대한 고체의 용해도

① 온도(T)↑ : 용해도↑(용질이 용해되는 과정 : 흡열과정)

온도가 올라가면 뜨거워진 용매 분자의 운동 에너지가 커지면서 고체 용질과 격렬하게 충돌하여 고체 내 입자와 입자 사이의 전기적 인력을 붕괴하기 때문에 액체에 대한 고체의 용해도 증가

② 압력(P) : 무영향

3) 액체에 대한 기체의 용해도

① 온도(T)↓ : 용해도↑

온도가 낮아지면 기체의 운동 에너지가 감소하여 기체의 용질이 용액에 용해

② 압력(P)↑ : 용해도↑

고압에서는 주어진 공간에 더 많은 기체 입자들로 채워지고, 많은 기체 분자들이 용액에 용해

4) 헨리(Henry)의 법칙 : 액체에 대한 기체의 용해도는 부분압력에 비례(압력(P)↑ : 용해도↑)

$$P = k \cdot c$$

여기서, P : 기체의 분압[atm]

c : 기체의 용해도[mol/L]

k : 헨리상수[L·atm/mol]

예 1atm, 100g의 물에 1mg 녹는 기체는 2atm : 2mg이 녹는다.

① 극성이 큰 기체 : 물에 잘 녹으며, 헨리의 법칙을 따르지 않음

예 NH_3, HCl, SO_2, H_2S

② 극성이 없거나 작은 기체 : 물에 약간 녹으며, 헨리의 법칙을 따름

예 CO_2, O_2, N_2, H_2

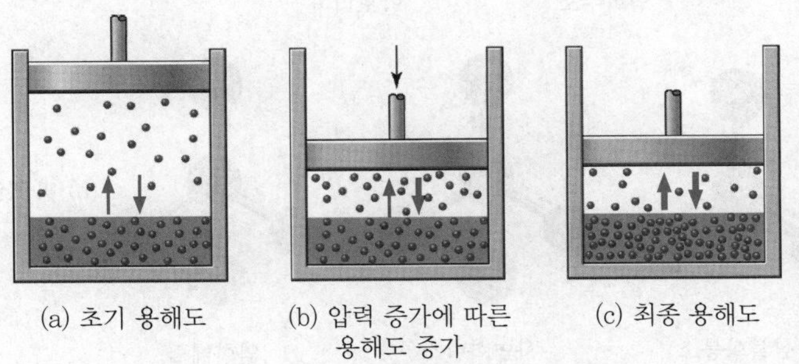

(a) 초기 용해도 (b) 압력 증가에 따른 용해도 증가 (c) 최종 용해도

| 헨리의 법칙[19] |

5) 분자 간 인력

① 물질의 용해도를 설명하는 데 있어서 제일 중요한 요인

㉠ 액체에 고체를 녹이는 것은 여러 가지 면에서 고체가 녹는 것과 비슷하다.

㉡ 용액에서는 고체의 질서 있는 결정구조가 파괴되어 분자의 배열이 무질서해진다.

㉢ 용해과정에서 분자나 이온들은 서로 떨어져야 하며 이러기 위해서는 에너지가 공급(열)되어야 한다.

19) http : //biologicalexceptions.blogspot.kr에서 발췌

㉣ 무질서하게 되려는 경향(열분해) : 엔트로피가 증가하는 방향으로 진행된다. 따라서, 고체는 액체로, 기체로 되려는 경향이 있다.

② 인력에 따라서 물리적 성질이 달라지고, 그 힘은 분자 내 인력(IMF)보다 훨씬 작다.

③ 인력이 큰 분자

㉠ 끓는점, 녹는점이 높아지며, 상대적으로 분자 간 인력이 다른 분자들과는 섞이기 곤란하다.

㉡ 물질이 섞이거나 녹거나 끓거나 할 때는 분자들의 거리가 멀어져야 하므로 분자 간의 인력이 크면 그 과정이 곤란하다.

④ 기체 : 분자 간 거리가 멀어서 인력이 작용하지 않아 분자 간의 자유로운 혼합이 가능하다.

⑤ 액체 : 분자 간 인력이 존재할 때는 용질 분자의 인력과 용매 분자의 인력 차이가 작을 때 잘 섞인다.

⑥ 고체 : 격자결합으로 분자들 사이의 인력이 크므로 서로 잘 섞이지 않는다.

6) 극성과 비극성

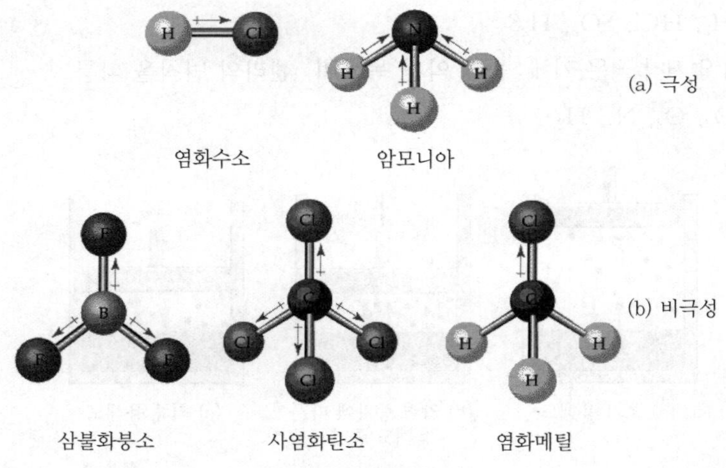

| 극성과 비극성 |

① 용해도를 한마디로 말하면 '끼리끼리 녹는다'라고 할 수 있다. 이는 극성이며 이온성인 화합물은 극성 용매에 잘 녹고 극성인 액체끼리는 잘 섞인다. 비극성인 고체는 비극성 용매에 잘 녹는다.

② 비극성 고체는 극성 용매에 잘 녹지 않는다. 비극성인 액체끼리는 잘 섞이지만, 비극성인 액체와 극성인 액체, 즉 '물과 기름' 같은 것은 섞이지 않는다.

③ 비슷한 극성을 가진 물질들이 섞인 용액에서 새로이 생긴 분자 간의 인력은 섞이기 전 각 개의 물질에서 존재했던 인력과 비슷하다.

④ 대조적으로 에탄올과 물은 무한 비율로 섞인다. 이 경우 두 분자는 모두 매우 극성이 크고 새로 생긴 인력은 섞이기 전의 인력만큼이나 강하게 두 화합물 모두 수소결합을 형성할 수 있다.

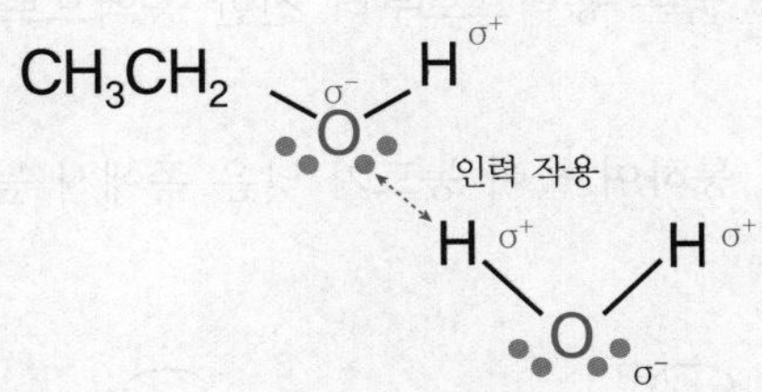

| 에탄올과 물의 혼합 |

⑤ 화학적으로 녹는 것의 기준 : 3g의 유기화합물이 100mL의 물에 녹을 때

⑥ 질소나 산소를 갖고 있어 강한 수소결합을 할 수 있는 화합물

㉠ 대략 탄소 원자의 수가 1~3이면 물에 녹음

㉡ 4~5개일 때는 경계선

㉢ 6개 이상이면 물에는 잘 녹지 않음

⑦ 「위험물 안전관리법」상에서 제4류 위험물 인화성 액체류의 경우 제1석유류부터 제3석유류까지는 수용성과 비수용성에 따라 지정수량을 달리 정하고 있다. 알코올류의 경우 수용성과 비수용성을 구분하지 않은 것은 알코올류의 경우 모두 다 극성 공유결합으로 수용성이기 때문이다.

7) 농도

① 몰농도(molarity) $= \dfrac{\text{용질의 양[몰수]}}{\text{수용액[L]}}$

② 몰수 $= \dfrac{\text{질량}}{\text{몰질량}}$

여기서, 몰질량 : 어떤 분자의 개수가 1mol일 때 그 질량[kg/mol]

③ 질량백분율 $= \dfrac{\text{질량[g]}}{\text{수용액의 질량[g]}} \times 100$

④ 몰분율 $= \dfrac{\text{용질의 몰수[mol]}}{\text{전체 수용액의 몰수[mol]}}$

⑤ 몰랄농도(molal concentration)

㉠ $\dfrac{\text{용질의 몰수[mol]}}{\text{용매의 질량[kg]}}$

㉡ 몰농도는 온도의 변화에 따라 변화하므로 동일한 용액이라도 온도가 변화하면 몰농도는 변화하는데 변화하지 않는 농도가 필요해서 나온 것이 몰랄농도이다.

8) 삼투압(osmotic pressure)

① 반투막 : 용매는 통과시키고, 용질은 통과시키지 않는 막

예 동물의 방광, 식물의 조직

② 삼투현상 : 반투막을 묽은 용액으로부터 진한 용액으로 용매가 이동하는 현상(농도 평형)

③ 삼투압 : 삼투현상을 통하여 물이 농도가 낮은 쪽에서 높은 쪽으로 이동할 때 생겨나는 압력(γh)

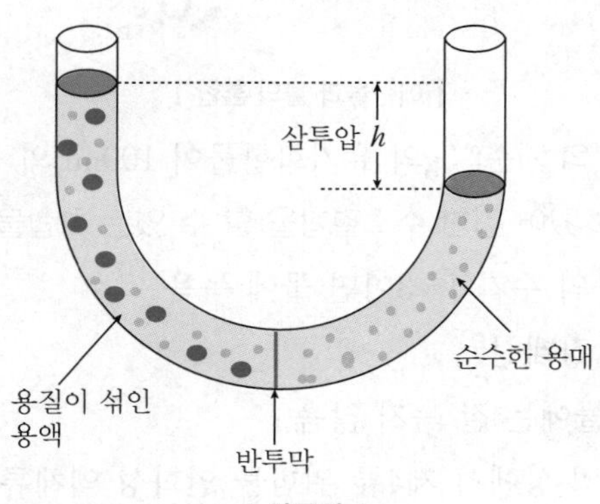

| 삼투압 |

④ 역삼투(reverse osmosis) : 삼투압 이상의 압력을 가하면 용액으로부터 순수한 용매 쪽으로 용매 분자가 이동

SECTION

016 산과 염기(acid, base)

01 산과 염기의 정의

(1) 아레니우스(Arrhenius)의 정의

1) 산(acid) : 수용액 중에서 해리하여 수소이온(H^+)을 내는 물질

2) 염기(base) : 수용액 중에서 해리하여 수산화이온(OH^-)을 내는 물질

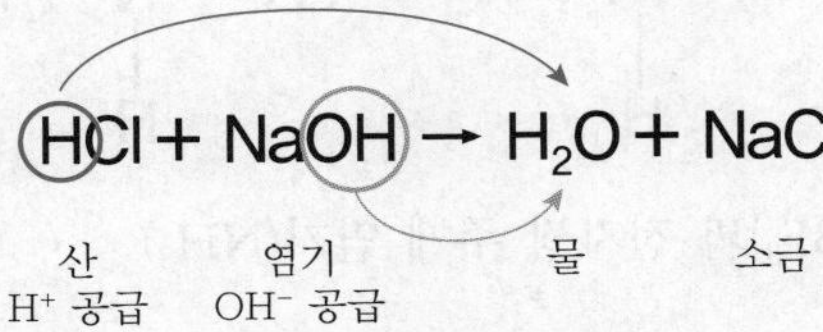

| 아레니우스의 산과 염기식 |

(2) 브뢴스테드와 로우리(Bronsted–Lowry)의 정의

1) 산(acid) : 양성자(H^+)를 내놓는 물질(분자 또는 이온)

2) 염기(base) : 양성자(H^+)를 받는 물질

3) 산과 염기의 양성자 반응

① 양성자(H^+) 주게 산(HCl)과 양성자(H^+) 받게 염기(H_2O)

$HCl + H_2O \rightarrow H_3O^+ + Cl^-$

② 양성자(H^+) 주게 산(HCl)과 양성자(H^+) 받게 염기(NH_3)

$HCl + NH_3 \rightarrow NH_4^+ + Cl^-$

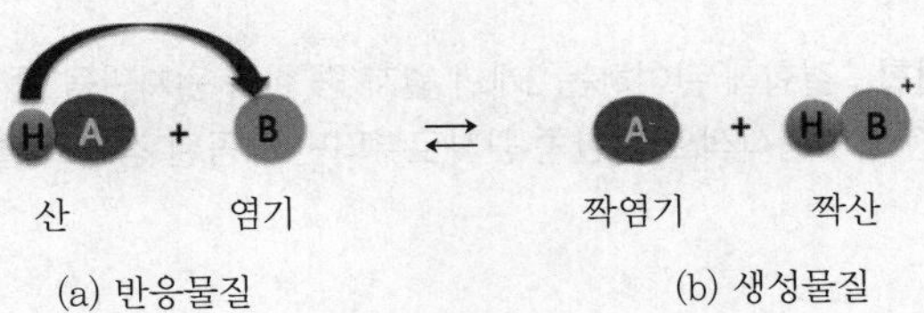

| 브뢴스테드와 로우리의 산과 염기 기본식[20] |

20) http : //study.com에서 발췌

(3) 루이스(Lewis)의 정의 : 비공유 전자쌍을 주고받음에 따라 분류한다. 즉, 전자쌍을 받는 것이 산이고, 주는 것이 염기이다.

1) 산(acid) : 비공유 전자쌍을 받는 분자나 이온이다. H^+ 이온은 다른 원자로부터 전자쌍을 잘 받는 루이스의 산의 성질을 가지고 있다.

2) 염기(base) : 비공유 전자쌍을 주는 분자나 이온이다. OH^- 이온은 산소 원자에 존재하는 비공유 전자쌍이 전자쌍 주개로 작용하므로 염기의 성질이 나타난다.

3) 산과 염기의 전자쌍 반응

① 전자쌍을 받게 산(H^+)과 전자쌍 주게 염기(NH_3)

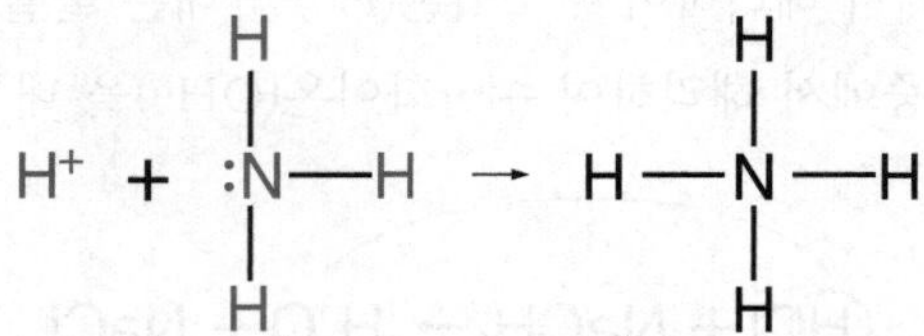

② 전자쌍을 받게 산(BF_3)과 전자쌍 주게 염기(NH_3)

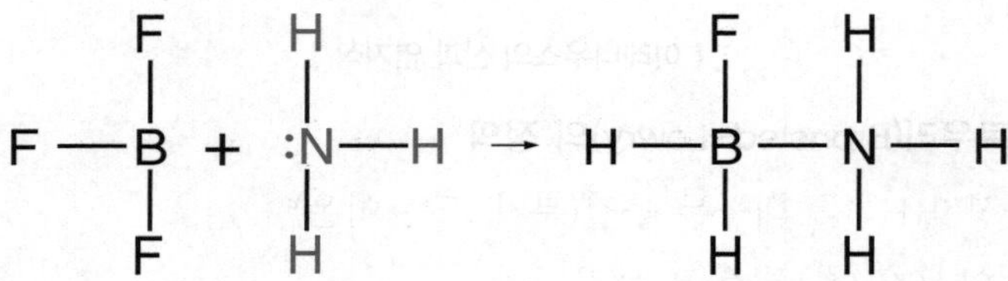

③ 루이스의 배위결합

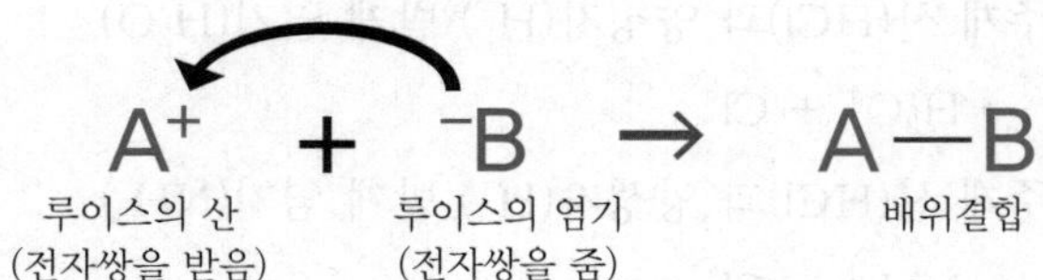

꼼꼼체크 **배위결합** : 결합에 관여하는 2개의 원자 중 한쪽 원자만을 중심으로 생각할 때 결합에 관여하는 전자가 형식적으로 한쪽 원자로부터만 제공된 경우의 결합

02 산(acid)과 염기(base)의 특징

구분	산(acid)	염기(base)
맛	신맛	쓴맛
리트머스	푸른 리트머스 종이를 붉게 한다.	붉은 리트머스 종이를 푸르게 한다.
BTB 용액	색깔을 노랗게 변하게 한다.	푸른색으로 변하게 한다.
특징	① 금속과 반응하여 수소기체 발생 $Zn + H_2SO_4 \rightarrow ZnSO_4 + H_2 \uparrow$ $Zn + 2HCl \rightarrow ZnCl_2 + H_2 \uparrow$ ② pH 척도는 산성도를 나타낸다.	① 단백질을 녹이는 성질이 있다. ② 전해질이므로 수용액 상태에서 전류가 흐른다.

1. BTB 용액(Bromothymol blue)은 산 · 염기 지시약으로 산성에서는 황색이며, 중성에서는 녹색, 염기성에서는 청색으로 나타나는 지시약이다.
2. **pH로부터 $[H^+]$를 계산** : 기본식 $pH=-\log[H^+]$이다. 예로 사람의 혈액의 pH가 7.41일 때 $[H^+]$를 계산하라고 하면 pH = 7.41에서 양변에 음의 값을 곱하면 -pH = -7.41이 된다.
   이때, 양변에 역로그를 곱해주면
   $\frac{1}{\log}(-pH) = \frac{1}{\log}(-7.41)$이 되고 $pH=-\log[H^+]$이므로 이를 다시 정리하면
   $(pH) = \frac{1}{\log}(-7.41)$로 나타내고 -7.41의 역로그값은 3.9×10^{-8}
   최종적으로 $[H] = 3.9\times10^{-8}$으로 나타낼 수 있다.
   $[OH^-]$도 상기식과 같은 방법으로 계산하면 된다.
3. **전해질(電解質, electrolyte)** : 수용액 상태에서 이온으로 쪼개져 전류가 흐르는 물질

| pH에 따른 비교[21] |

21) http : //www.ctec-chemicals.com에서 발췌

03 산과 염기 반응

(1) 산성도와 염기도가 높을수록 더 강한 결합을 할 수 있다.

(2) 산화수가 높을수록 산성도가 높다.

(3) 전자를 내어 줄 수 있는 능력이 클수록 염기도가 커진다.

(4) 강한 산일수록 수소이온을 더 잘 내놓는다. 강한 염기일수록 수소이온을 더 잘 받아들인다. 따라서, 강한 산과 강한 염기는 약한 산이나 약한 염기보다 더 많은 이온을 발생시킨다.

04 염(鹽, salt)

(1) **정의 :** 산의 음이온과 염기의 양이온이 정전기적 인력으로 결합하고 있는 이온성 물질인 화합물

(2) 주로 중성을 띠는 물질이 많으나 산이나 염기를 띠는 물질도 있다.

1) 산성염 : 수소가 포함된 산에서 수소 양이온의 일부만이 다른 금속이온으로 치환된 염으로, 수소이온이 포함된 염

2) 염기성염 : 수산화물이 포함된 염으로, 대부분 불용성

3) 정염 : 어떤 산과 염기에서의 수산화이온과 수소이온이 완전히 다른 이온으로 치환된 염으로, 중성염이라고도 한다.

(3) 염의 가수분해와 액성

1) 가수분해 : 염이 수용액 중에서 이온화할 때 생기는 이온 중 일부가 물과 반응하여 수소이온이나 수산화이온을 냄으로써 수용액이 액성(산성, 염기성)을 나타내는 반응이다. 물을 첨가해서 분해가 일어난다고 해서 가수분해라 한다.

2) 염의 가수분해와 액성

① 약산이나 약염기가 포함된 염만이 가수분해된다.

② 강한 쪽의 영향을 받아 액성이 결정된다.

05 중화반응(neutralization reaction)

(1) **정의 :** 산(acid) + 염기(base) → 염(salts) + 물(water)이 만들어지면서 중성이 되는 반응

(2) **중화반응 결과 :** 물(H_2O)과 염이 생성

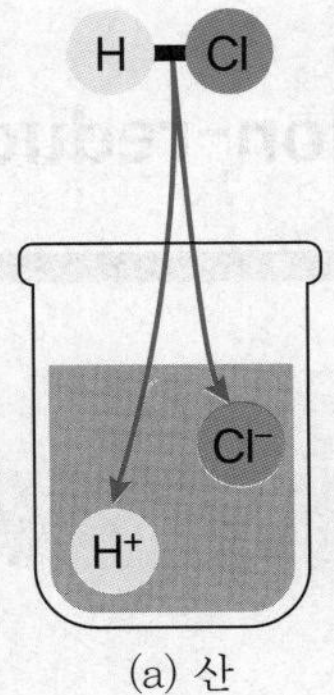

(a) 산

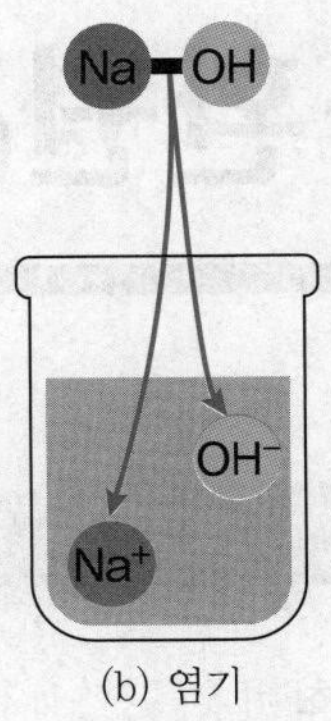

(b) 염기

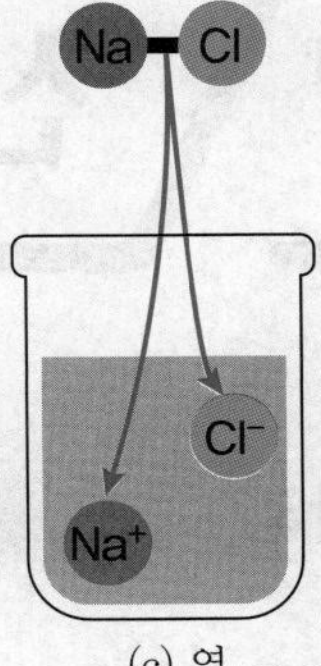

(c) 염

| 중화반응 |

SECTION 017

산화-환원(oxidation-reduction)

01 개요

(1) **정의** : 원자의 산화수가 달라지는 화학반응

산화수 : 원자가 가지는 상대적인 전자수

① 수소 화합물의 수소 산화수 : +1 (예외 금속 + 수소 : -1)

② 산화물의 산소 산화수 : -2 (예외 HO : -1)

(2) 산화와 환원은 서로 반대 작용으로, 한쪽 물질에서 산화가 일어나면 반대쪽에서는 환원이 발생한다.

02 산화(oxidation)

(1) **정의** : 분자, 원자 또는 이온이 산소를 얻거나 수소 또는 전자를 '잃는' 것

1) 산소는 불소(F)를 빼고는 자연계에서 전기음성도가 가장 크다. 따라서, 산소가 어떤 원소와 화합할 때는 그 원소로부터 전자를 빼앗는다(전자수용체(electron accepter)).

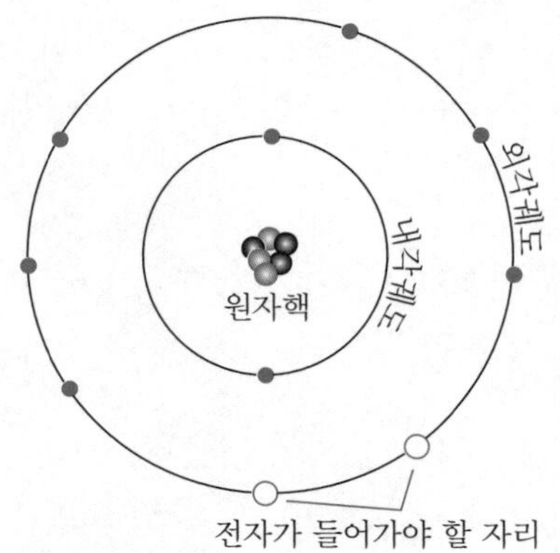

| 산소의 원자구조 |

2) 전자를 빼앗긴 원소는 산화하는 것이고 산소는 전자를 얻으므로 환원된다. 그래서 산소와 화합하는 것을 산화라 한다.

(2) **산화제 :** 자신이 쉽게 환원되면서 다른 물질을 산화시키는 성질이 강한 물질

(3) **산화제가 되기 위한 조건**

1) 발생기 산소를 내기 쉬운 물질

2) 수소와 화합하기 쉬운 물질

3) 전자를 얻기 쉬운 물질

4) 전기음성도가 큰 비금속

03 환원(reduction)

(1) **정의 :** 분자, 원자 또는 이온이 산소를 '잃음'이거나 수소 또는 전자를 '얻음'

(2) **환원제 :** 자신은 산화되면서 다른 물질을 환원시키는 힘이 강한 물질

(3) **환원제가 되기 위한 조건**

1) 발생기 수소를 내기 쉬운 물질 – 산소와 화합하기 쉬운 물질

2) 전자를 잃기 쉬운 물질 – 이온화 경향이 큰 금속의 단체

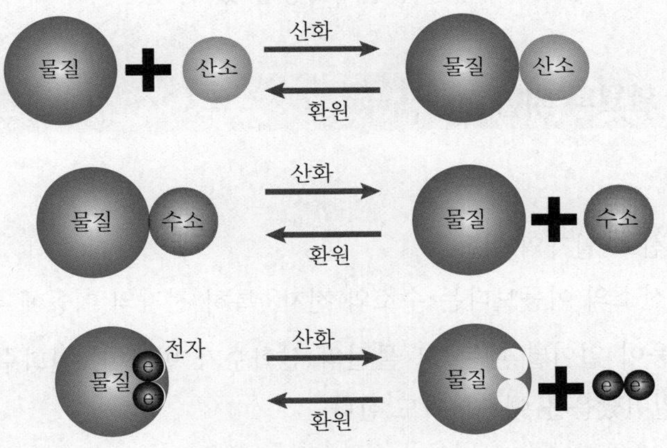

| 산화-환원 반응 |

04 당량과 노르말 농도

(1) **당량(equivalent)**

1) 정의 : 한 물질에 다른 물질이 반응할 때 서로 과부족 없이 대등하게 작용할 수 있는 분량

2) 공식 : 당량수 = 몰수×작용 원자가

3) NaOH는 1몰과 1당량이 같다. 왜냐하면, 작용하는 원자가(OH)가 1이기 때문이다. H_2SO_4인 경우는 1몰은 2당량이 된다. 왜냐하면, 황산 1몰에서 2당량의 H^+가 생성되기 때문이다.

(2) 노르말 농도

1) 공식

$$N = \frac{\text{용질의 당량수}}{\text{용액의 L수}} \text{ or } N = \text{몰농도} \times \text{가수}$$

1. **가수** : 특정 물질에서 나오는 전자, 수소이온, 수산화이온 등의 몰수로 환산한 것
2. 몰농도[mol/L]

2) 노르말 황산(H_2SO_4)은 H^+ 이온의 노르말 농도가 2라는 것을 의미하거나 황산의 몰농도가 1이라는 것을 의미한다. 비슷하게 1몰의 H_3PO_4에서 노르말 농도는 3인데, 이것은 PO_4^{3-}의 총몰수에 대하여 3배의 H^+ 이온을 포함한다는 것이다.

3) 1노르말(N)의 의미 : 용액 1리터당 용질이 1당량 있다.

05 산화와 환원의 의미

(1) 의미

1) 고전적 의미 : 산소 원자의 이동

2) 현대적 의미 : 산소의 이동보다는 수소와 전자, 특히 전자의 이동에 주목

(2) 산화, 환원 반응이 일어날 때는 그 물질의 산화수가 변하며, 산화수의 변화를 기준으로 산화, 환원이 일어났음을 예측하기도 한다.

구분	산화수	전자
산화	증가	잃음
환원	감소	얻음
환원제	증가	잃음
산화제	감소	얻음
산화물질	증가	잃음
환원물질	감소	얻음

(3) 유기화학에서 산화 : 탄소와 산소 혹은 다른 전기 음성적 원소들 사이에 새로운 결합이 형성됨에 따르는 수소의 손실을 의미

(4) 소방에서의 산화-환원 반응

1) 산화반응에서 열이 발생(가연성 물질의 연소 개시)

2) 열분해하여 가연성 가스를 발생 → 화재 확대

SECTION 018 화학반응(chemical reaction)

01 화학반응(chemical reaction)

(1) 정의 : 분자가 더욱 안정된 상태가 되기 위해서 전자를 주고받음으로써 반응 전과 다른 상태가 되는 반응이다.

(2) 화학반응의 결과 : 분자는 화학반응으로 원자가전자가 상대를 바꾼다.

(3) 화학반응이 발생하는 원인에 따른 이론 : 충돌이론, 전이 상태이론 두 가지로 구분한다.

02 화학반응의 이론

(1) 충돌이론(collision theory) 112회 출제

1) 정의 : 화학반응은 한 분자에서 다른 분자로 전자가 전이하거나 전자를 공유하는 방식의 변화 때문에 발생하며 이러한 전이나 공유가 일어나기 위한 충돌을 조건으로 하는 이론

2) 충돌이론의 조건

① 충돌은 충돌밀도에 의존한다.

충돌밀도 : 일정 시간 동안 일어나는 충돌의 수를 그 영역의 부피와 시간으로 나눈 값

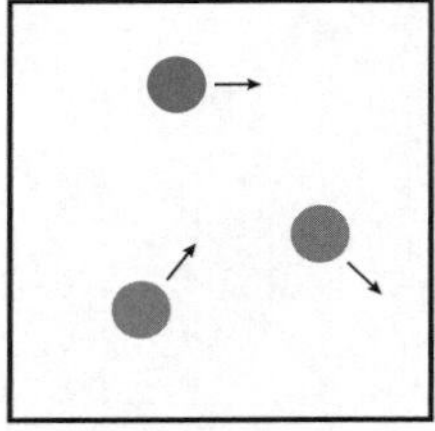
(a) 낮은 충돌밀도

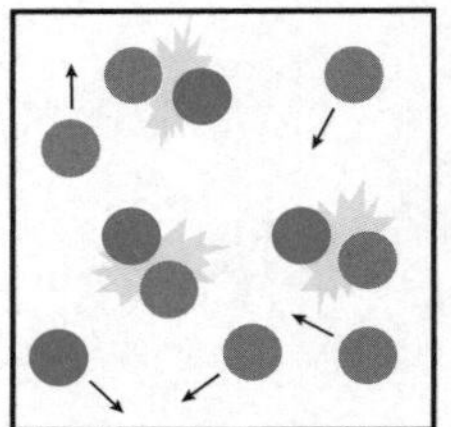
(b) 높은 충돌밀도

② 충분한 에너지를 가진 충돌

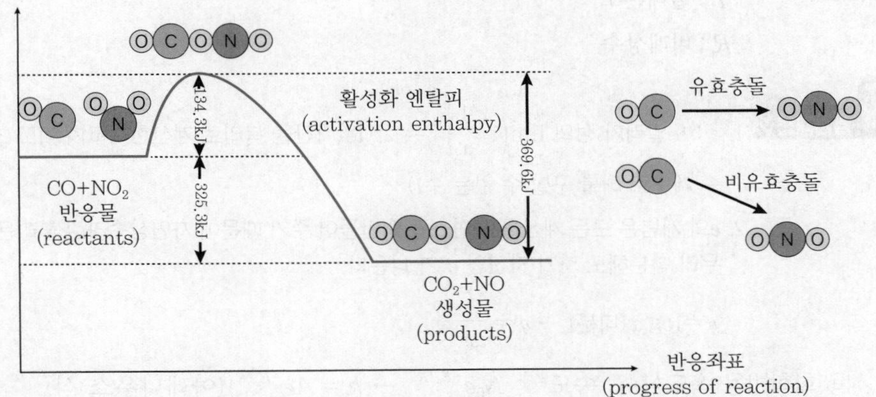

| $CO(g) + NO_2(g) \leftrightarrow CO_2(g) + NO(g) + Q$의 반응경로 |

③ 유효충돌과 비유효충돌

㉠ 유효충돌(effective collision) : 활성화 에너지 이상을 가진 분자가 반응이 일어날 수 있는 적당한 방향으로의 충돌로, 반응이 일어날 수 있는 충돌

㉡ 비유효충돌(ineffective collision) : 활성화 에너지 이상을 가진 분자가 반응을 일으킬 수 없는 충돌로, 반응이 일어날 수 없는 충돌

꼼꼼체크 화학반응이 일어날 때 기체분자는 병진운동도 하지만 회전도 하고 있다. 따라서, 충돌할 때 비켜서 충돌이 일어나면 화학반응이 일어나지 않는다.

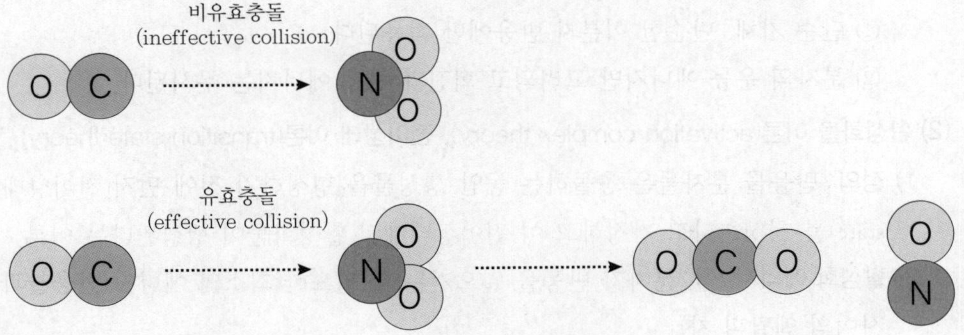

㉢ 반응을 일으키는 충돌 분율 : 전체 충돌과 유효충돌의 비

$$\frac{\text{유효충돌}}{\text{전체 충돌}} = e^{-E_a/RT},\ N = N_0 e^{-E_a/RT}$$

여기서, e : 자연상수

N_0 : 단위 부피와 단위 시간당 전체 충돌수

N : 단위 부피와 단위 시간당 유효충돌수

E_a : 활성화 에너지

T : 절대온도

R : 비례상수

1. e : 오일러가 정의 $\lim_{x \to \infty}\left(1+\frac{1}{x}\right)^x = 2.718$(기간을 복리로 계산한 무리수이고 초월수(유리수 계수로 해를 구할 수 없는 수))
2. e의 개념은 모든 계산을 자연스럽게 만들어 주기 때문에 자연상수라고 불리운다. e^x는 아무리 미분해도 자기 자신인 e^x가 나온다.

   $y=\log_e x$(미분) $\rightarrow y'=\frac{1}{x}$

㉣ 화학반응 속도상수 : 속도 $\propto N_0 e^{-E_a/RT} \rightarrow k = Ae^{-E_a/RT}$(아레니우스 식)

여기서, k : 화학반응 속도상수

A : 빈도계수

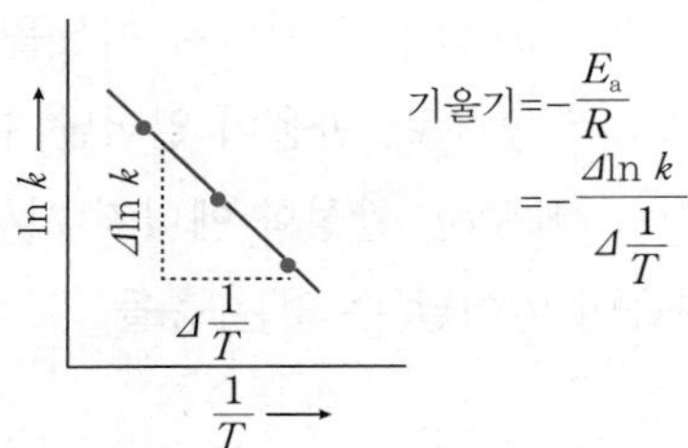

| 온도와 반응속도와의 관계 |

3) 문제점

① 단순 기체, 단순한 이분자 반응에만 적용된다.

② 분자의 운동 에너지만 고려되고 회전과 진동 에너지는 무시된다.

(2) 활성화물 이론(activation complex theory), 전이상태 이론(transition state theory) 112회 출제

1) **정의** : 반응물 분자들은 충돌하는 동안 생성물을 형성하기 전에 먼저 전이상태(transition state)를 형성한다고 가정하고 이 전이상태에서 활성화물이 생성된다는 이론

2) **활성화 에너지(E_a)** : 분자가 반응을 일으키는 데 필요한 최소의 에너지(반응물과 활성화물 사이의 엔탈피 차)

3) 활성화물(activated complex ; H^+, OH^-)

① 활성화 에너지만큼의 에너지를 가진 불안정한 물질이다.

② 전이상태에 있는 높은 에너지 중간체로 순간적으로 존재하다가 곧 반응물로 돌아가거나 생성물이 된다.

4) 전이상태 : 원자나 분자들의 초기 배열상태와 최종 배열상태 사이에는 원자 간 힘과 분자 간 힘에서 생긴 에너지가 최대가 되는 중간 배열상태

5) 분자들이 충돌할 경우

① 화학반응의 조건 : 분자들의 운동 에너지가 활성화 에너지와 같거나 이보다 크면 반응이 발생한다.

② 활성 에너지가 대단히 큰 경우 : 지수항의 음의 부호 때문에 N(충돌수)의 값은 작아지며 주어진 온도에서 반응은 느리게 발생한다.

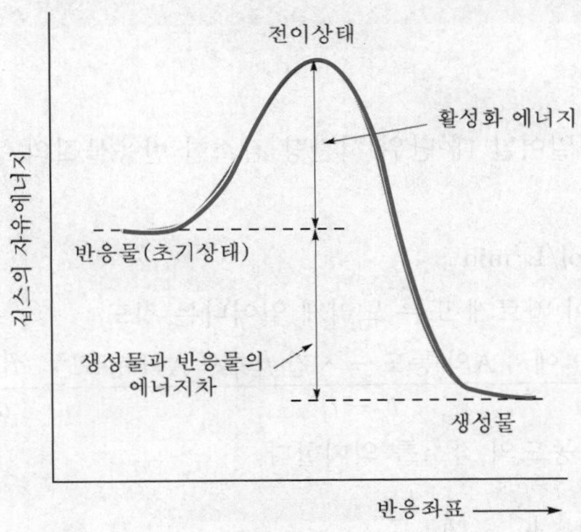

6) 온도 의존성

① 100K의 온도 증가 → 지수항의 값으로는 1,000 이상 증가

② 온도가 증가함에 따라 활성화 상태에 있는 분자의 수는 비례적으로 증가한다.

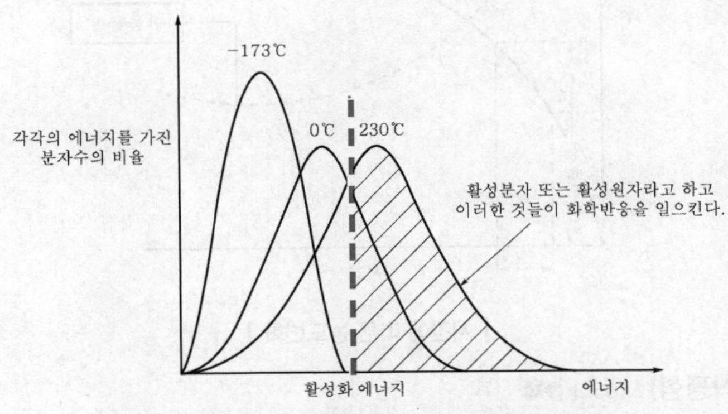

| 온도에 따른 활성화 에너지 이상을 가진 분자수 |

7) 분자가 활성화 에너지의 장벽을 넘으면 반응은 저절로 지속된다.

전이상태를 통과하는 속도상수를 투과계수로 나타낸 식은 다음과 같다.

$$k^{++} = \beta \nu^{++}$$

여기서, k^{++} : 화학반응 속도상수

β : 투과계수(별다른 정보가 없으면 1의 값을 가짐)

ν^{++} : 활성화된 물질의 진동수

8) 높은 에너지 상태를 넘기 위한 활성화 에너지의 크기가 화학반응의 속도를 결정한다.

03 반응속도

(1) 개요

1) 정의 : 화학반응이 일어날 때 단위 시간당 감소한 반응물질의 농도나 증가한 생성물질의 농도

2) 단위 : mol/L·s, mol/L·min

3) 필요성 : 화학반응이 빠르게 또는 느리게 일어나는 정도

4) 공식 : 속도 $= \dfrac{\text{시간 } t_2\text{에서 A의 농도} - \text{시간 } t_1\text{에서 A의 농도}}{t_2 - t_1} = \dfrac{d[A]}{dt} = k[A]$

식에서 '− 부호'는 농도의 감소를 의미한다.

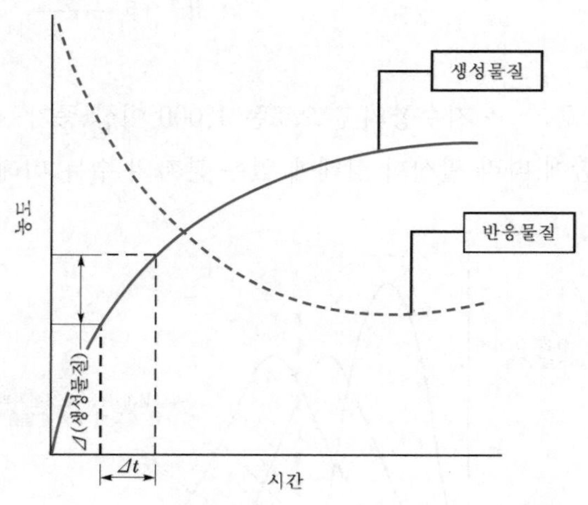

❙ 시간에 따른 농도변화 ❙

(2) 반응속도식(화학평형) 105회 출제

1) 반응속도는 일정한 온도에서 반응물질의 몰농도의 곱에 비례한다.

$$aA + bB \rightarrow cC + dD$$
$$v = k(A)^m(B)^n$$

① 반응속도상수(k) : 농도에 따라 변하지 않고, 온도에 의해서만 변화

② 반응차수(m, n)

㉠ 계수와는 무관하고, 실험적으로 산출

㉡ A에 대해 m차 반응, B에 대해 n차 반응이면, 전체 반응의 차수는 $(m+n)$차 반응

2) 반응속도식(속도법칙(rate law)) : 반응물의 농도로만 표현되는 속도식

① 단분자 반응, 반응물 A : $\text{rate} = k[A]^m$

여기서, k : 속도상수

m : 반응차수(order)

② 다분자 반응, 반응물(A, B) : $\text{rate} = k[A]^m[B]^n$

㉠ 전반응차수 : $m+n$

㉡ 일반적으로, m과 n은 양의 정수 혹은 분수$\left(1,\ 2,\ 3,\ 0,\ \frac{1}{2}\cdots\cdots\right)$ 반응차수는 실험적으로 결정되며 화학반응식의 계수와는 다르다.

(3) 반응속도에 영향을 주는 요인 105회 출제

1) 반응속도는 특정한 반응에서 생성물이 형성되고 그 반응물이 소멸하는 속도로써 보통 혼합물의 한 성분이 소멸하거나 생성되는 속도와 관련해서 논의된다. 반응속도는 끊임없이 변화하는 양으로 반응물(라디칼)이 소멸함에 따라 충돌수가 더욱 감소하여 속도도 느려지므로 반응속도는 특별한 순간에만 표현할 수 있다.

| 반응속도의 결정인자 |

구분	반응속도 결정인자
내부적 요인	반응물의 종류
외부적 요인	농도
	온도
	반응물 사이의 접촉 정도
	촉매

2) 반응물의 종류

① 빠른 반응

㉠ 이온 간의 반응은 빠름 : $Ag^+(aq) + Cl^-(aq) \rightarrow AgCl(s)$ ⇒ 빠르다.

㉡ 이온 간의 반응이라도 원자 간의 결합이 끊어지는 단계가 있는 반응은 느리다.

$3Fe^{+2}(aq) + NO_3^-(aq) + 4H^+(aq) \rightarrow 3Fe^{+3}(aq) + NO(aq) + 2H_2O(l)$ ⇒ 느리다.

② 느린 반응

㉠ 원자 간의 결합이 끊어져 재배열을 일으키는 반응은 느리다.

㉡ 결합력이 강하고, 결합수가 많을수록 느리다.

예 $2HI(s) \rightarrow H_2(g) + I_2(g)$ ⇒ 느리다.

$CH_4(g) + 2O_2(g) \rightarrow CO_2(g) + 2H_2O(g)$ ⇒ 느리다.

3) 농도의 영향

① 농도의 증가 → 입자수의 증가 → 충돌 횟수의 증가 → 반응속도의 증가

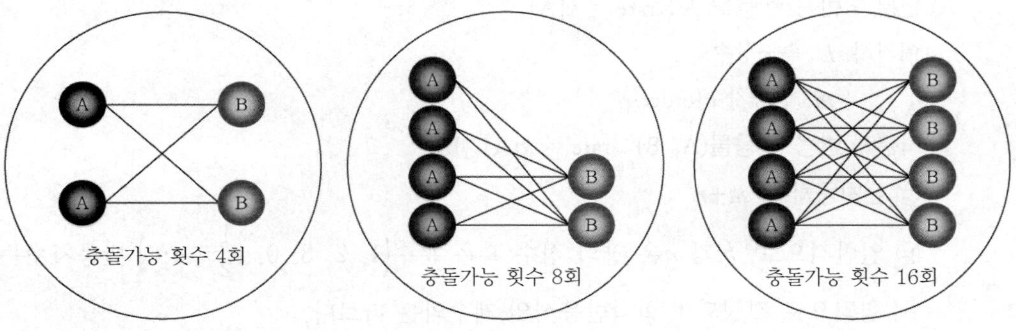

② 동일 상태에서 일어나는 반응

㉠ 1분자 과정 : 반응속도는 반응물의 농도에 비례한다. → $v = k$[반응물]

㉡ 2분자 과정 : 반응속도는 각 반응물(A와 B)의 농도에 비례한다. → $v = k[A][B]$

㉢ 복잡한 반응의 경우 : 농도가 증가할수록 반응속도가 빨라지는 경우가 대부분이다.

③ 반응물의 상태가 다를 때(고체의 표면적) : 상 사이의 접촉면적이 클수록 반응속도가 빠르다(표면적이 클수록 반응속도 빠름).

예 $C(s) + O_2(g) \rightarrow CO_2(g)$에서 석탄 덩어리보다 석탄가루(표면적 대)의 연소속도가 빠르고 알약보다 가루약의 흡수속도가 빠르다.

④ 압력의 영향(기체에만 적용)

㉠ 반응물의 농도가 크면(분자수가 많음) 부분압력이 커진다.

㉡ 압력과 반응속도의 관계 = 농도와 반응속도의 관계

예 $H(g) + I(g) \leftrightarrow 2HI(g)$

v(반응속도) : $k_p \cdot P_{H_2} \cdot P_{I_2}$

여기서, k_p : 압력에 대한 속도상수

P_{H_2}, P_{I_2} : H_2, I_2의 분압

⑤ 한계 반응물(limiting reactant)

㉠ 정의 : 먼저 없어지고 생성물의 양을 제한하는 반응물

㉡ 필요성 : 주어진 반응물들의 혼합물로부터 얼마나 많은 양의 생성물이 만들어질 수 있을지를 결정하기 위해서는 먼저 소모되고 생성물의 양을 제한하는 반응물을 찾아야 한다.

4) 온도의 영향

① 온도가 올라갈수록 분자의 평균 운동 에너지 증가 → 더 강한 에너지로 충돌 → 결합을 깨뜨리는 더 많은 충돌 → 더 빠른 반응

② 온도가 10℃ 상승 → 반응속도 = 2~3배 증가

예 온도 50℃(5×10) 상승하면 $v = 2^5$배 = 32배 증가

③ 온도가 높을수록 분자운동이 활발해짐 → 충돌 횟수 증가 → 활성화 에너지보다 더 큰 운동 에너지를 가진 분자수 증가 → 반응속도 증가

꼼꼼체크 온도가 올라가면 분자의 평균 운동 에너지 증가 → 활성화 에너지 이상의 에너지를 가진 분자수가 증가

∴ 반응속도 증가

④ 분자의 운동속도가 빠를수록 분자 간 충돌이 잦다(분자의 운동속도는 온도에 비례).
→ −273℃인 경우에는 분자의 운동속도가 0으로 분자의 운동이 정지되며 부피도 없어지는 상태가 된다.

⑤ 아레니우스(Arrhenius)식 : 화학반응 속도상수가 온도 의존성을 가지고 있어 반응속도에 영향을 준다. 결국, 온도의 증가나 활성화 에너지가 작을수록 반응속도가 지수적으로 증가한다.

㉠ $aA + bB \rightarrow$ Product

㉡ 화학반응속도 = $k[A]^n[B]$

$$k = Ae^{-\frac{Ea}{RT}}$$

여기서, k : 화학반응 속도상수
A : 빈도계수
E_a : 활성화 에너지
R : 이상기체 상수
T : 절대온도[K]

5) 활성화 에너지와 온도

① 활성화 에너지 : 화학반응속도에 영향을 미치는 주요 인자

② 활성화 에너지가 큰 반응은 온도에 민감하다.

㉠ 다음 그림에서 $H + O_2 \rightarrow OH + O$ 반응은 온도에 의존하는 반응

㉡ 온도를 조금만 낮추면 반응률은 급격히 감소(화염 제거)

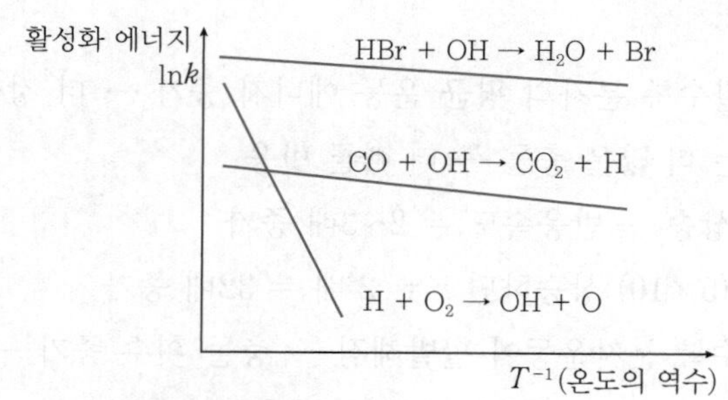

| 활성화 에너지와 온도 |

6) 반응물질 사이의 접촉

① 동일한 기체상이나 액체상에 있는 물질 사이의 반응(균일반응) : 반응하는 분자 사이의 접촉문제는 중요하지 않은데 그 이유는 분자와 이온이 자유롭게 움직이고 충돌이 빈번하기 때문이다.

② 다른 상 사이의 반응(비균일반응) : 반응하는 분자나 이온을 함께 모으는 것이 어려울 수도 있다. 예를 들면 수증기와 붉게 가열된 철 사이의 반응에서 철이 큰 덩어리 상태에 있다면 반응이 매우 느리지만, 금속을 가루로 하면 반응물질인 산소와 접하는 면적이 증대됨에 따라 반응속도가 증가할 수도 있다.

7) 촉매작용(catalyst)

① 정의 : 화학반응에서 자신은 소모되지 않고 반응속도를 빠르게 변화시키는 물질

② 주어진 온도에서 촉매는 평형 혼합물에서의 농도를 변화시킬 수 없고 단지 평형상태에 도달하는 데 필요한 시간을 변화시킬 수 있다.

③ 정촉매와 부촉매의 비교

구분	정촉매	부촉매
반응속도	반응속도를 빠르게 한다.	반응속도를 느리게 한다.
활성화 에너지	활성화 에너지를 낮춘다.	활성화 에너지를 높인다.
화학평형	빨리 도달	늦게 도달

꼼꼼체크 효모 : 사람 몸에 사용되는 촉매로, 단백질로 구성된다.

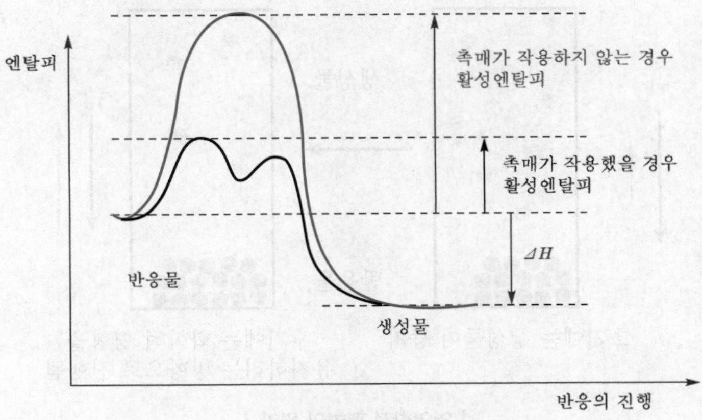

| 촉매에 따른 반응 에너지의 크기 |

④ 촉매와 반응열 : 촉매는 활성화 에너지에만 영향을 미치므로 반응열에는 아무 영향을 미치지 못한다.

8) 반응 메커니즘 : 반응물질이 생성물질로 될 때 단계적으로 진행되는 일련의 과정

① 속도결정단계 : 반응 메커니즘 중 가장 느린 단계

② 중간체 : 앞 단계에서는 생성물로, 다음 단계에서는 반응물로 작용하는 물질

04 화학반응의 법칙

(1) 르샤틀리에 법칙(Lechatelier, 열역학적 평형의 원리)

1) 계에 반응이 주어지면 그 계에서는 반응을 줄이려는 방향으로 반응이 진행

2) 평형상태에 있는 물질계 온도나 압력을 바꾸었을 때 화학반응은 그 요인을 제거하는 방향으로 진행

3) 평형을 유지하려는 방향으로 진행

화학적 평형 : 가역반응에서 일정 시간이 지난 후 정반응과 역반응 속도가 같아져 겉으로 보기에는 반응이 정지된 상태처럼 보이는 상태

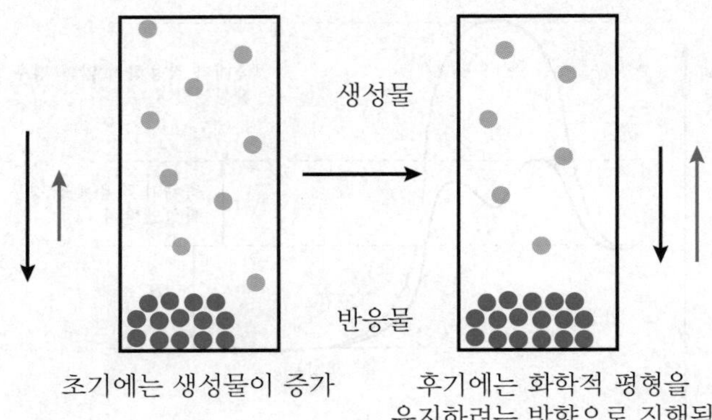

| 열역학적 평형의 원리 |

(2) 아보가드로의 법칙

(3) 깁스의 자유 에너지(Gibbs free energy)

1) 어떤 계의 엔탈피, 엔트로피 및 온도를 이용하여 정의하는 열역학적 함수

2) 자유 에너지의 정의

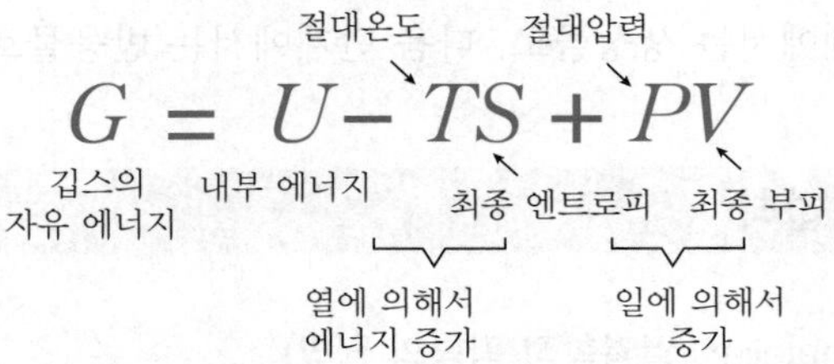

3) 엔탈피 개념을 이용하면 다음과 같이 쓸 수도 있다.

$$G = H - T \cdot S$$

여기서, G : 깁스의 자유 에너지

H : 엔탈피

T : 절대온도

S : 엔트로피

4) 화학반응의 진행 : 엔탈피가 감소하고 엔트로피가 증가하는 방향으로 진행한다.

5) 화학반응이 자발적인지 아닌지를 나타내는 상태함수(state function)로 깁스의 자유 에너지가 0보다 작을 때 자발적이라고 한다.

6) 엔탈피의 변화에 따른 엔트로피의 변화

구분		깁스의 자유 에너지	자발적
발열과정	엔트로피의 증가하는 과정 ($\Delta H < 0, \Delta S > 0$)	항상 음수	○
	엔트로피의 감소하는 과정 ($\Delta H < 0, \Delta S < 0$)	낮은 온도	○
		높은 온도	×
흡열과정	엔트로피의 증가하는 과정 ($\Delta H > 0, \Delta S > 0$)	낮은 온도	×
		높은 온도	○
	엔트로피의 감소하는 과정 ($\Delta H > 0, \Delta S < 0$)	항상 양수	×

7) 연소의 과정은 발열반응이지만 공기 중에 산소와 결합하는 과정에서 엔트로피는 감소한다. 따라서, 연소반응은 계의 엔트로피는 감소하지만, 주위로 방출하는 열 에너지에 의해서 주위의 엔트로피를 많이 증가시켜 계의 엔트로피 감소를 넘어서기 때문에 자발적으로 일어나는 것이다. 하지만 외부의 자극(점화 에너지) 없이는 계의 반응은 일어나질 않는다.

(4) 에너지 보존의 법칙 : 에너지 총량은 항상 일정하다.

05 화학반응의 반응열(Q)

(1) 반응열(Q)의 정의 : 화학반응이 일어날 때 방출되거나 흡수되는 열량

1) 발열반응(exothermic reaction, $Q > 0$)

① 어원을 보면 exo가 있는데 이는 내보낸다는 뜻으로, 에너지를 계에서 밖으로 내보낸다는 것이다. 따라서, 주위가 얻은 에너지가 계가 잃은 에너지와 같아야 한다.

② 반응물의 에너지가 생성물의 에너지보다 커서 반응이 일어날 때 열을 방출하는 반응이다(반응 후 주변 온도 상승).

③ 발열반응에서는 화학결합에 저장된 일부의 위치 에너지가 열 에너지(무질서한 운동에너지)로 바뀌는 것이다.

④ $CH_4(g) + 2O_2(g) \rightarrow CO_2(g) + H_2O(l) - 890.4kJ$ (외부로 방출되므로 음의 값)

2) 흡열반응(endothermic reaction, $Q < 0$)

① 주위로부터 에너지를 흡수하여 계의 에너지가 증가하는 반응이다. 따라서, 계가 얻은 에너지가 주위에서 잃은 에너지와 같아야 한다.

② 생성물의 에너지가 반응물의 에너지보다 커서 반응이 일어날 때 열을 흡수하는 반응

이다(반응 후 주변 온도 하강).

③ $HgO(s) \rightarrow Hg(l) + \frac{1}{2}O_2(g)$, $\Delta H = 90.8kJ/mol$(아래 그림과 같이 엔탈피가 흡수됨)

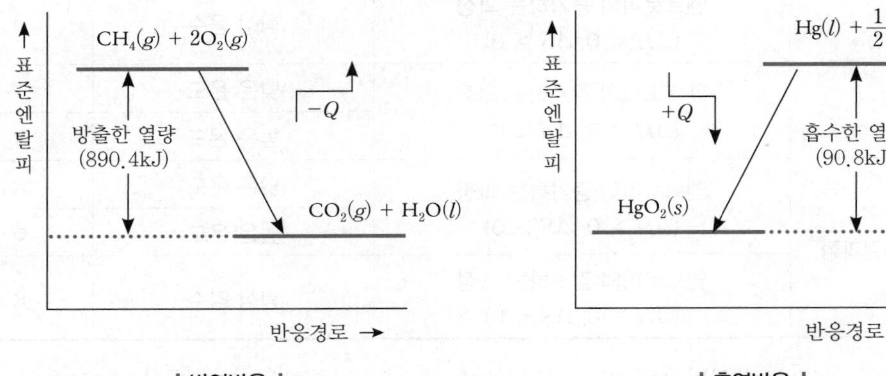

| 발열반응 |　　　　| 흡열반응 |

(2) 반응열의 측정과 종류

1) 반응열의 측정 : 봄베 열량계

① 반응열(heat of reaction) : 화학반응이 일어날 때는 열이 발생하거나 흡수된다. 이때, 발생 또는 흡수되는 열량을 반응열이라 한다.

② 반응열은 반응물질과 생성물질에 저장된 열량이 달라서 생긴다.

③ 반응열(Q) = 질량 × 비열 × 온도변화 = 열용량 × 온도변화

2) 반응열의 종류

① 연소열 : 어떤 물질 1몰이 완전히 연소할 때 발생하는 열량

예 $C(s) + O_2(g) \rightarrow CO_2(g)$, $\Delta H = -393.5kJ$

② 생성열 : 어떤 화합물 1몰이 성분 홑원소 물질로부터 생성될 때의 반응열로 25℃, 1기압일 때의 생성열을 표준 생성열로 한다.

③ 분해열 : 어떤 화합물 1몰이 성분의 홑원소 물질로 분해될 때의 반응열로, 분해반응은 생성될 때의 역반응이므로, 분해열은 생성열과 크기는 같으나 부호가 반대이다.

④ 용해열 : 어떤 용질 1몰이 다량의 물에 용해될 때 출입하는 열량이다.

예 $H_2SO_4(l) + aq \rightarrow H_2SO_4(aq)$, $\Delta H = -19.0kcal$

⑤ 중화열 : 산의 H^+ 1mol과 염기의 OH^- 1mol이 중화될 때 생성되는 에너지, 즉 산과 염기가 반응하여 $H_2O(l)$ 1mol이 생성될 때 발생하는 열량이다.

예 $HCl(aq) + NaOH(aq) \rightarrow NaCl(aq) + H_2O(l)$, $\Delta H = -13.8kcal$

→ 알짜이온 반응식 : $H^+(aq) + OH^-(aq) \rightarrow H_2O(l)$, $\Delta H = -13.8kcal$

(3) 헤스의 법칙(총열량 불변의 법칙) : 1840년, 헤스(Hess) 132회 출제

1) 정의 : 화학 변화가 일어나는 동안에 발생 또는 흡수한 열량은 상태함수(state function)이

기 때문에 반응물질과 최종물질이 같은 경우에는 어떤 경로를 통해 만들더라도 그 경로에 관여한 열함량 변화의 합은 같다는 법칙이다.

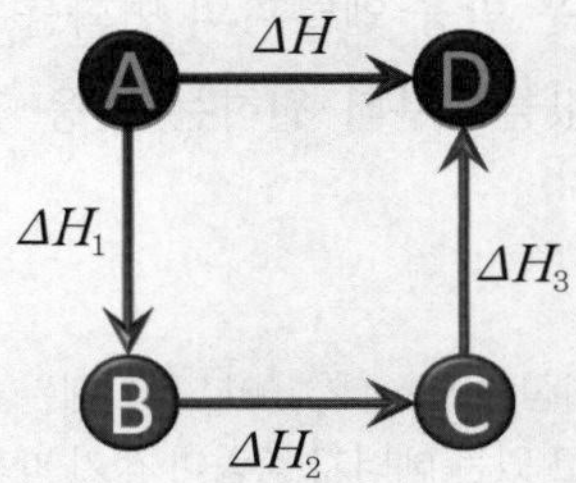

* A → B → C → D로 가거나 A → D로 가거나 열량은 같다.

2) 상태함수 : 반응과정이 어떻게 되든 상관없이 시작과 끝을 중시하는 함수이다. 즉, 처음 상태와 최종상태를 보고 그 상태들을 가지고 있는 값들의 차를 구한 것이다. 처음과 끝이 같으면 중간 경로가 다르더라도 반응열의 총합은 같다.

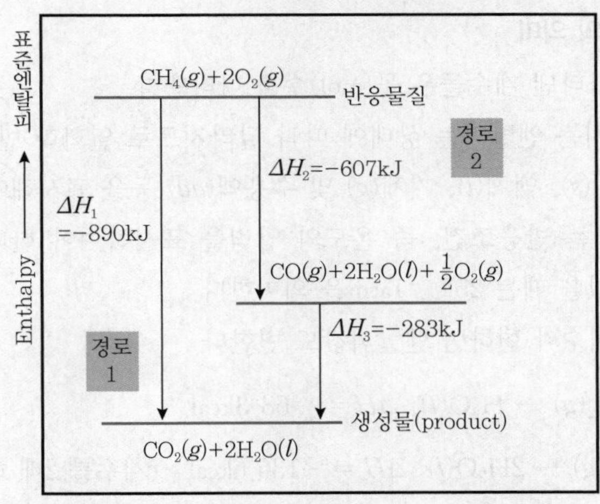

| 메탄의 산화반응[22] |

3) 각 경로에 따른 반응의 합

(경로 1) 탄소와 산소, 수소가 이산화탄소와 물로 되는 경우

$CH_4(g) + 2O_2(g) \rightarrow CO_2(g) + 2H_2O(l)$, $\Delta H = -890kJ$ ··························①

(경로 2) 탄소가 일산화탄소가 되었다가 이산화탄소로 되는 경우

$CO_2(g) \rightarrow CO(g) + 2H_2O(l) + \frac{1}{2}O_2(g)$, $\Delta H_1 = -607kJ$ ························②

$CO(g) + 2H_2O(l) + \frac{1}{2}O_2(g) \rightarrow CO_2(g) + 2H_2O(l)$, $\Delta H_2 = -283kJ$ ···········③

각 경로의 반응식의 합은 서로 같다(①식=②식+③식).

22) http : //www.chem.ufl.edu/~itl/2045/lectures/lec_7.html에서 발췌

$\Delta H = \Delta H_1 + \Delta H_2 = -607\text{kJ} - 283\text{kJ} = -890\text{kJ}$

4) 헤스의 법칙 응용

① 실험적으로 구하기 어려운 반응 엔탈피의 변화를 계산 때문에 구할 수 있다.

② 알려진 반응 엔탈피의 값들로부터 원하는 반응 엔탈피의 값을 계산을 통해서 얻을 수 있다.

왜 100℃ 물에는 화상을 입는데, 100℃ 증기에는 화상을 입지 않는가? 기체 쪽이 분자의 밀도가 작아서 가지고 있는 에너지 총량이 적기 때문이다(물분자수가 적다).

06 열화학 반응식

(1) 정의 : 화학 반응식에 각 물질의 물리적 상태와 열 에너지의 변화를 함께 나타낸 식이다.

(2) 열화학 반응식 표시의 의미

1) 화학 반응식에 나타낸 계수들은 몰(mol)수를 나타낸다.

2) 어떤 물질이 가지는 엔탈피는 상태에 따라 달라지므로 열화학 반응식에는 반드시 물질의 상태, 즉 고체(s), 액체(l), 기체(g) 및 수용액(aq) 등을 표시해야 한다.

3) 열화학 반응식에는 반응조건, 즉 온도와 압력을 표시하여야 한다. 일반적으로 온도와 압력의 표시가 없을 때는 25℃, 1atm을 의미한다.

4) 화학 반응식의 계수가 변하면 엔탈피값도 변한다.

예 $H_2(g) + \frac{1}{2}O_2(g) \rightarrow H_2O(l)$, $\Delta H = -68.3\text{kcal}$

$2H_2(g) + O_2(g) \rightarrow 2H_2O(l)$, $\Delta H = -136.6\text{kcal}$ (계수를 2배 하면, 엔탈피 값도 2배)

(3) 화학량론(stoichiometry) : 화학반응에 참여한 어떤 물질의 양으로부터 반응에 관여한 다른 물질의 양을 계산하는 것으로, 이상적인 화학 반응상태의 양이다.

07 결합 에너지

(1) 정의 : 원자 간의 공유결합을 끊어서 원자 상태로 해리하는 데 필요한 1몰 당의 에너지, 즉 각각의 원자 1몰이 원자 상태에서 결합한 상태로 될 때 발생하는 열량이다.

예 $2H(g) \rightarrow H_2(g)$, $\Delta H = -104\text{kcal/mol}$

ΔH : − 값을 갖는 경우 발열반응

ΔH : + 값을 갖는 경우 흡열반응

(2) 결합에너지의 세기

1) 다중 결합일수록 결합력이 강하다. 이는 결합선이 많고 복잡할수록 끊기가 어렵기 때문이다. 이로 인해 고분자 화합물의 Cross link로 열경화성을 가진다.

꼼꼼체크 가교결합(cross link) : 한 중합체 사슬을 다른 중합체 사슬로 연결하는 결합으로, 결합형태는 공유결합 또는 이온결합의 형태를 취할 수 있다.

2) 극성이 커질수록 결합력이 강하다.

(3) 반응열 계산

1) 공식

$$\Delta H = \Sigma H_{반응물} - \Sigma H_{생성물}$$

여기서, ΔH : 반응 엔탈피
$H_{반응물}$: 반응물의 엔탈피
$H_{생성물}$: 생성물의 엔탈피

$$Q = c_{sp} \times m \times \Delta T$$

여기서, Q : 반응열[kJ]
c_{sp} : 비열[kJ/kg·C]
m : 질량[kg]
ΔT : 온도변화[℃]

2) 발열반응($\Delta H < 0$) : 생성된 분자의 원자 간 결합 에너지 > 반응한 분자의 원자 간 결합 에너지

3) 흡열반응($\Delta H > 0$) : 생성된 분자의 원자 간 결합 에너지 < 반응한 분자의 원자 간 결합 에너지

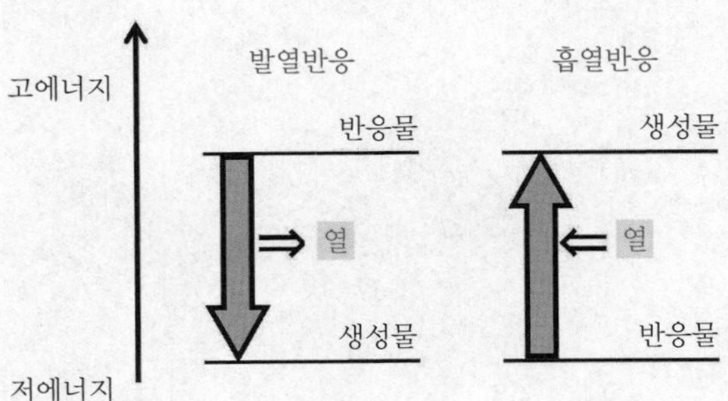

| 발열반응과 흡열반응 |

08 화학반응의 분류[23)]

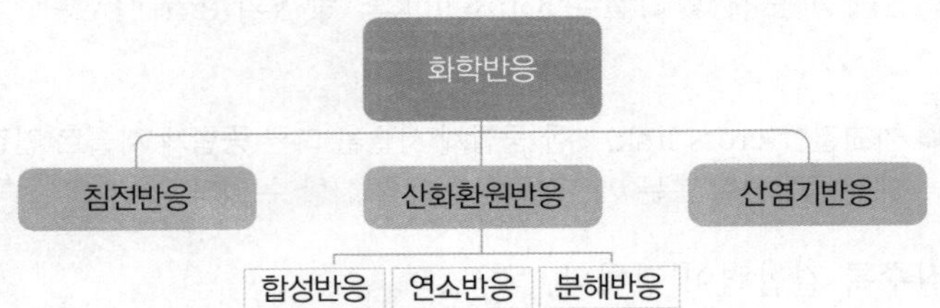

23) 7th Edition Introduction to Chemistry : A Foundation. Steven S. Zumdahl, Donald J. De Cost의 207page

SECTION 019 유기 화합물(organic compound)

01 개요

(1) 정의

1) 과거의 정의 : 생명력이 있는 화합물

2) 현재의 정의

① 탄소를 중심으로 한 화합물

② 예외 : 탄소(C)와 탄소 화합물 중 CO, CO_2, 탄산염은 무기 화합물

3) 탄화수소(hydrocarbon) : 가장 간단한 유기 화합물로, 수소와 탄소만을 포함한 화합물

(2) 특성

1) 성분 원소 : 주로 탄소(C), 수소(H), 산소(O)이며 질소(N), 황(S), 인(P), 할로겐 등의 비금속원소를 포함

2) 종류

① 탄소끼리 결합하여 사슬 모양, 고리 모양의 화합물을 만들며, 이성질체가 많으므로 화합물의 수는 300만 개 이상

② 화학물질 중 95% 이상이 탄소 화합물

3) 융점과 비등점 : 분자 사이의 힘(반데르발스의 힘)이 약하므로 융점, 비등점이 낮다(융점은 대체로 300℃ 이하).

4) 화학결합 : 공유결합

5) 연소특성

① 대부분 쉽게 연소(가연성)하고 이산화탄소가 발생한다.

② 불완전 연소 시 유독가스가 다량 반출된다.

③ 산소가 없으면 열분해되어 탄소(C)가 남는다(그을음 많이 발생).

6) 용해성(녹는점)

① 탄소–탄소, 탄소–수소 결합 : 극성이 작음 → 비극성 용매(유기용매)에 잘 녹는다.

② 유기분자가 산소, 질소 등 전기음성도가 큰 원자를 포함하면 극성을 띠게 되어 극성 용매에 잘 녹는다.

7) 반응속도 : 반응속도가 느리다.

8) 전리반응 : 대체로 비전해질(단, 포름산, 아세트산, 옥살산 등은 전해질)이며 전기전도성이 거의 없다(비극성 공유결합).

1. **전해질** : 어떤 물질을 물에 녹였을 때 전기가 통하는 물질
2. **포름산** : 카르복시르산 중 가장 간단한 화합물(일명 : 메탄산, 분자식 : HCO_2H)

9) 탄소의 원자가 : 4가(일반적으로 네 개의 결합 형성)

10) 휘발성 용제가 많다.

11) 탄소의 결합 성질

① 여러 원소와 강한 결합(수소, 산소, 질소, 할로겐과 강하게 결합)

② 자기 자신과 결합할 수 있는 능력 보유(사슬이나 고리 등의 다양한 형태)

02 탄화수소의 분류 108회 출제

(1) 탄화수소의 구분

1) 지방족 탄화수소

① 포화 : 알칸(파라핀)

② 불포화 : 알켄(에틸렌), 알킨(아세틸렌)

지방족 : 탄소 원자의 곧은 사슬 또는 곁사슬을 가진 탄화수소

2) 고리모양 탄화수소

① 지환족 : 고리 모양 포화

② 방향족 : 고리 모양 불포화

③ 이원소족 : 이원소 고리 화합물

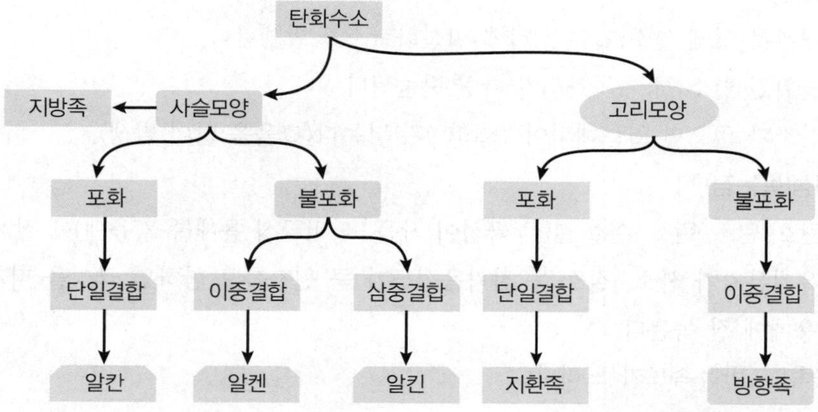

(2) 포화탄화수소(saturated hydrocarbon)

1) 성질 비교표

구분	지방족			지환족
	알칸(alkane)	알켄(alkene)	알킨(alkyne)	시클로 알칸 (cyclo alkane)
일반식	C_nH_{2n+2}	C_nH_{2n}	C_nH_{2n-2}	C_nH_{2n}
결합형식	sp^3 혼성	sp^2 혼성	sp 혼성	sp^3 혼성
결합각	109.5°	120°	180°	109.5°
분자구조	정사면체	평면삼각형	직선형	고리모양
결합수	C—C	C=C	C≡C	C—C
결합거리	0.154nm	0.134nm	0.120nm	0.154nm
자유로운 회전	가능	불가	불가	가능
반응성	치환반응	첨가 및 중합 반응	첨가 및 중합 반응 (금속과 치환반응)	$n < 4$: 첨가 $n > 4$: 치환

2) 포화 탄화수소의 반응성의 크기 : 알킨(alkyne) > 알켄(alkene) > 시클로알칸(cyclo alkane) > 알칸(alkane)

3) 알칸기(alkane) or 파라핀계(paraffin) 111회 출제

① 정의 : 단일 공유결합만을 갖는 사슬형 탄화수소

② 일반식 : C_nH_{2n+2}

㉠ 축소구조식(condensed structural formulas) : 각 탄소 원자에 몇 개의 수소가 결합하여 있는지를 나타낸다.

예 에탄 : $CH_3 - CH_3$, 프로판 : $CH_3 - CH_2 - CH_3$

㉡ 동족계열(homologous series) : 규칙적이고 예측 가능한 성질을 갖게 한다.

㉢ 이성질체(isomer)

- 분자식이 같지만, 구조식이 다른 화합물

예 C_4H_{10}

H H H H
H-C-C-C-C-H ⟶ -C-C-C-C-
H H H H

부탄(bp = −0.5℃)

-C-
-C-C-C-

이소부탄(bp = −11.7℃)

- 이성질체의 수 : 탄소의 수가 증가함에 따라 빠르게 증가

  예 펜탄 = 3개, 헥산 = 5개, 헵탄 = 9개

③ 알칸의 물리적 특징

㉠ 구조 : 분자 간에 인력(런던 분산 힘)이 약한 비극성 대칭 구조이다.

㉡ 물에 녹지 않고 비중이 1보다 작다.

㉢ 비극성 공유결합으로 분자 간 인력이 작아 끓는점이 낮다.

㉣ 부피 팽창비율이 높다.

㉤ 탄소수 증가 : 비중, 녹는점, 끓는점 등이 높아진다.

- 탄소수가 많아질수록 탄화수소 간의 인력이 증가하게 된다. 탄화수소는 비극성인데 비극성은 분자량이 증가할수록 분자 간 인력이 커지는 성질이 있다.
- 탄소수가 많아지면 분자량이 증가하기 때문에 끓는점, 녹는점, 비중이 높아진다.

㉥ 탄소 원자수에 따라 상온에서 상태가 달라진다.

탄소수	상태
4개 이하	기체
5~16개 이하	액체
17개 이상	고체

④ 알칸의 화학적 특징

㉠ 낮은 화학 반응성

㉡ 큰 가연성

㉢ 할로겐 화합물과 치환반응(대부분의 할로겐 화합물은 알칸에서 수소와 치환반응)

㉣ 탄소의 수가 많아짐 = 분자량이 커짐 = 밀도가 커짐 = 녹는점이 높아짐 = 끓는점이 높아짐

⑤ 알칸류의 화재폭발의 특성

㉠ 깨끗한 화염을 내며 급격하게 연소(연료로 사용)

㉡ 일반 가스와 같은 질식 작용

㉢ 유출 시 공기와 확산, 혼합 때문에 폭발범위를 형성

| IUPAC(The International Union of Pure and Applied Chemistry) 명명법 |

CH_4	C_2H_6	C_3H_8	C_4H_{10}	C_5H_{12}	C_6H_{14}	C_7H_{16}	C_8H_{18}	C_9H_{20}	$C_{10}H_{22}$
meth-ane	ethane	pro-pane	butane	pen-tane	hexane	hep-tane	octane	nonane	decane
메탄	에탄	프로판	부탄	펜탄	헥산	헵탄	옥탄	노난	데칸

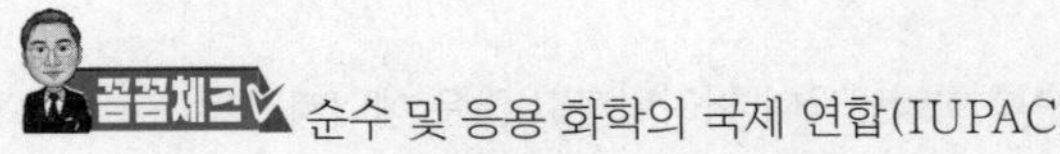

순수 및 응용 화학의 국제 연합(IUPAC)

⑥ 알킬(alkyl)기

㉠ 정의 : 알칸보다 수소를 하나 적게 가진 기

㉡ 일반식 : $C_nH_{2n+1} = R$

㉢ 명명법 : 탄화수소의 어미 −ane을 제외한 −yl를 붙여 주어 메탄은 메틸, 에탄은 에틸 등

㉣ 표시 : 알킬기를 문자 R로 표시(RH는 알칸)

4) 시클로알칸(cyclo alkane, 포화 고리 모양의 탄화수소) : 지환족

① 정의 : 포화탄화수소의 탄소 원자들이 고리형으로 결합한 화합물(고리 모양의 알칸)

② 일반식 : C_nH_{2n}

③ 시클로알칸의 물리적 특징

㉠ 알칸보다 녹는점이 훨씬 더 높다(대칭성이 더 크기 때문에 결정 격자 간의 결합력이 더 크다).

㉡ 알칸과 시클로알칸은 비극성이므로 물에 거의 녹지 않는다.

㉢ 다른 탄화수소에 좋은 용매가 된다.

④ 결합형식 : 탄소와 탄소 사이에 단일결합으로 된 고리 모양으로, sp^3 혼성 오비탈(orbital)이다.

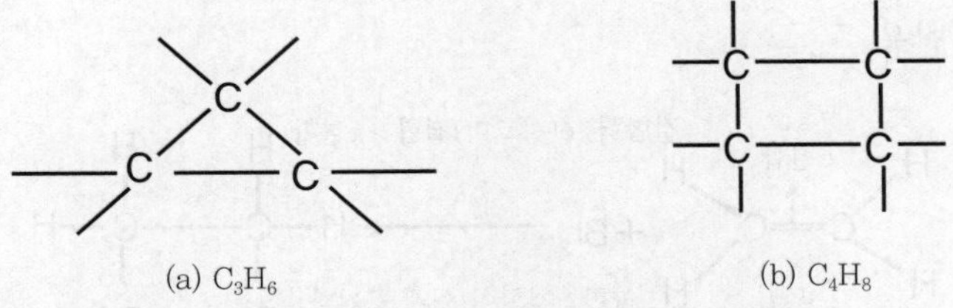

(a) C_3H_6 (b) C_4H_8

⑤ 명명법 : 알칸(alkane)의 이름 앞에 시클로(cyclo)를 붙인다.

⑥ 반응성 : C_3H_6, C_4H_8은 불안전하므로 개환반응

꼼꼼체크 개환반응 : 시클로 화합물의 고리에 다른 물질이 첨가되는 첨가반응

(3) 불포화 탄화수소(unsaturated hydrocarbon) 116회 출제

1) 정의 : 탄소 원자들 사이에 이중 공유결합(알켄)이나 삼중 공유결합(알킨)을 하는 탄화수소(따라서 더 많은 수소를 첨가할 수 있음)

결합수 선의 수가 증가할수록 화학반응이 어려워지고 많은 에너지가 소요된다. 왜냐하면, 끊고 이온이 되는데 더 많은 에너지가 필요하기 때문이다.

2) 특성

① 탄소수가 같은 알칸의 성질과 상당히 비슷하다.

탄소수	상태
4개 이하	기체
5~18개 이하	액체
18개 이상	고체

② 연소반응

③ 첨가반응 : 이중 결합, 삼중 결합 때문에 수소, 염소, 불소, 물 등의 많은 종류의 분자가 첨가되어 '고분자'가 된다.

3) 알켄(alkene) or 올레핀(olefin) or 에틸렌계(ethylene 계)

① 정의 : 하나 이상의 탄소와 탄소의 이중 결합(double bond)을 포함하는 탄화수소

② 일반식 : C_nH_{2n}

③ 결합형식 : 탄소와 탄소 사이에 이중 결합(C=C)

④ 반응성 : 약한 π(파이) 결합이 있어 반응성이 크다.

㉠ 첨가반응(부가반응) : 이중 결합(삼중 결합)물이 단일결합으로 되면서 포화상태로 되는 반응

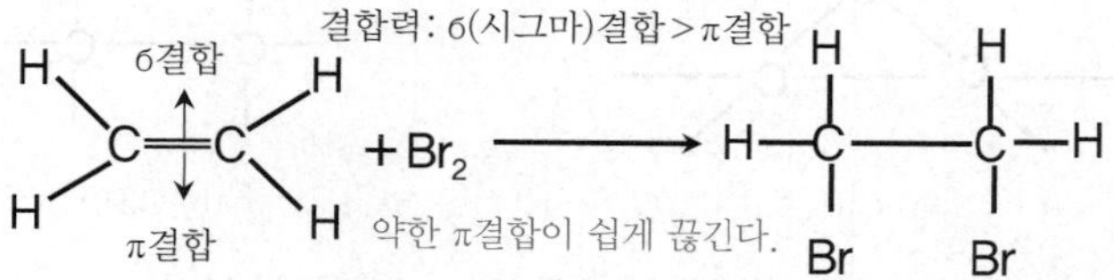

㉡ 중합반응 : 분자가 연속으로 결합하여 큰 하나의 분자를 만드는 반응

4) 알킨(alkyne) or 아세틸렌(acetylene)

① 정의 : 하나 이상의 탄소와 탄소의 삼중 결합(triple bond)을 포함하는 탄화수소

② 일반식 : C_nH_{2n-2}

③ 결합형식 : 탄소와 탄소 사이에 삼중 결합(C≡C)

④ 반응성 : 첨가 및 중합 반응

5) 알켄과 알킨은 포화탄화수소보다 이중 또는 삼중 결합이 있어 반응성이 뛰어나서 첨가반응 및 중합반응이 일어나기 쉽다.

(4) 방향족 탄화수소(aromatic hydrocarbone)

1) 정의 : 벤젠 고리를 가진 어떤 화합물이나 벤젠과 비슷한 성질을 갖는 화합물

2) 특징

① 분자식은 불포화탄화수소를 가리키지만, 이중 결합, 삼중 결합의 반응을 하지 않으며, 첨가반응도 하지 않고 치환반응이 주로 발생

② 탄소–탄소결합이 이중 결합을 가진 것으로 보이나 실제는 단일결합과 이중 결합 사이의 어떤 결합인 혼성구조

③ 벤젠, 톨루엔, 자일렌은 모두 물에 뜨는 액체(비중이 1보다 작음)

④ 용매나 연료로 사용

⑤ 증기는 흡입되었을 때 마취제로 작용

3) 벤젠(C_6H_6)

① 6개의 탄소와 수소로 이루어진 고리 모양의 불포화 방향족 탄화수소

② 구조 : 육각형의 공명구조를 가지고 결합각은 120°

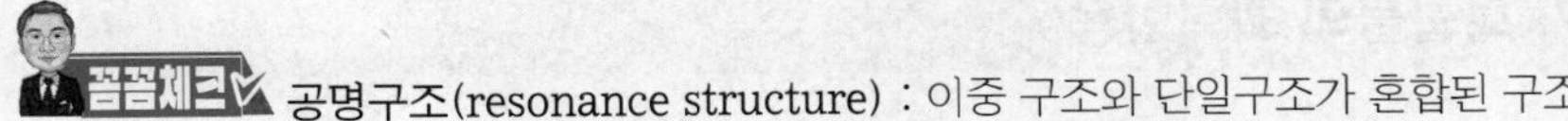

공명구조(resonance structure) : 이중 구조와 단일구조가 혼합된 구조

③ 원래 이들 고리계를 포함하는 향기로운 화합물을 방향족이라 불렀으나 지금은 향기롭지 못한 방향족 화합물도 많이 알려져 있다.

④ 연소특성

㉠ 끓는점이 80℃인 무색 액체이고 방향족 화합물의 특성인 많은 그을음과 불꽃을 내면서 연소한다.

㉡ 연소 시 다른 탄화수소에 비해 C/H 비가 높으므로 많은 산소가 필요하다.

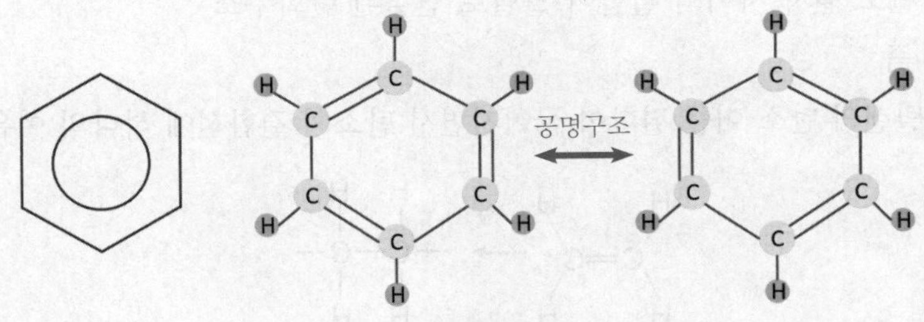

| 벤젠의 구조 |

(5) 무기 화합물

1) 정의 : 무생물체, 광물질에서 얻을 수 있는 물질로 탄화수소인 유기화합물과 대칭되는 개념

위험물 중에서 1·6류는 무기 화합물(대부분), 4·5류는 유기 화합물, 3류는 무기물과 유기 금속화합물이다.

2) 유기 화합물과 무기 화합물의 비교표

구분	유기 화합물	무기 화합물
구성	C, H, O로 구성된 것이 대부분이며, 그 밖에 N, S, Cl 등을 포함하는 것도 있다.	100종류 이상의 다양한 구성성분을 가지고 있다.
결합	공유결합	이온결합, 금속결합
용해성	물에는 녹지 않고 유기용매에 잘 녹는다.	물에는 잘 녹고 유기용매에는 잘 녹지 않는다.
연소성	연소하기 쉽다.	연소하기 어려운 것이 많다.
전해성	비전해질 화합물이 많다.	전해질 화합물이 많다.

03 유기 화합물의 화학반응

(1) 탄소만 유기물을 만들 수 있는 이유

1) 탄소는 원자핵과 전자까지의 거리가 가까워 원자핵이 전자를 강한 힘으로 끌어당긴다.

2) 4개의 전자를 빼앗거나 방출하기가 어렵다.

3) 다른 원자와 다양한 공유결합이 가능하다.

(2) 고분자 결합 메커니즘

1) 사슬결합

① 정의 : 탄소 원자 사이의 결합이 일렬로 연결된 탄화수소

② 메커니즘

㉠ 에틸렌의 탄소 이중 결합이 끊어지면서 탄소의 결합선에 하나의 여유가 발생한다.

$$\mathrm{H_2C{=}CH_2} \rightarrow \mathrm{-CH_2-CH_2-}$$

㉡ 여유분 하나의 결합선이 다른 분자, 원자, 작용기와 결합하면서 아래와 같은 사슬형태의 결합이 된다.

```
   H   H   H   H   H   H   H   H
   |   |   |   |   |   |   |   |
 - C - C - C - C - C - C - C - C -
   |   |   |   |   |   |   |   |
   H   H   H   H   H   H   H   H
```

2) 고리결합

① 정의 : 탄소 원자들이 고리 모양으로 둥글게 결합한 탄화수소

② 메커니즘

㉠ 에틸렌 3개와 다른 원자, 분자, 작용기가 결합한다.

```
H     H     H     H     H     H
 \   /       \   /       \   /
  C=C    +    C=C    +    C=C    + (원자, 분자, 작용기)
 /   \       /   \       /   \
H     H     H     H     H     H
```

㉡ 벤젠고리결합을 형성한다.

```
          H
          |
     H    C
      \ //  \
       C     C - □
       |     ||          +  4H₂ ↑
       C     C
  □ - /  \\ / \
          C    H
          |
          H
```

(3) 고분자 화합물

1) 종류

① 합성 고분자 화합물 : 대표적인 합성섬유나 플라스틱 구조, 성질 및 합성

예 나일론, 폴리에틸렌(PE), 폴리프로필렌(PP), 폴리염화비닐(PVC), 폴리스티렌(PS), 페놀 및 요소수지

② 천연 고분자 화합물 : 탄수화물, 천연고무, 단백질, 셀룰로오스 등

2) 이용 : 섬유, 고무, 플라스틱, 타이어 등

(4) 유기물의 연소반응 진행 : 유기물과 산소가 만남 → 화학반응이 일어날 만큼의 활성화 에너지 공급 → 산화 반응이 발생 → 열, 빛 등 연소생성물이 생성

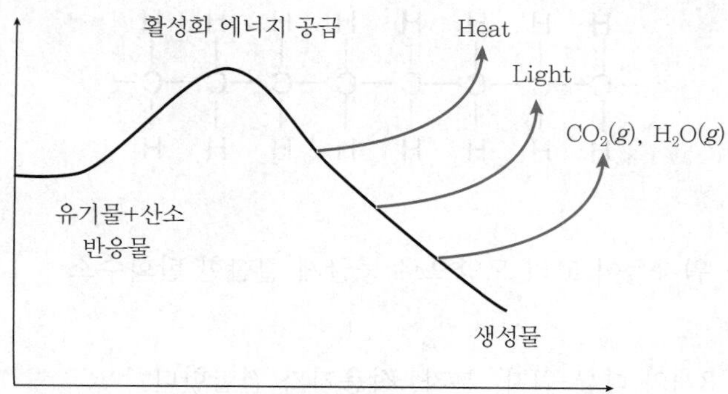

❙ 유기물의 화학반응 ❙

(5) 유기물의 화학반응

1) 첨가반응(addition reaction)

$$\mathrm{H_2C{=}CH_2} + \text{X–Y} \longrightarrow \mathrm{H{-}CHX{-}CHY{-}H}$$

❙ 첨가반응의 예 ❙

① 정의 : 유기반응 중에서 가장 간단한 형태의 반응으로, 분자에 다른 원자나 분자, 이온이 첨가되는 반응(더 낮은 차수의 결합으로 변화)

② 첨가반응의 대상 : 다중 결합을 가진 화합물에 한정(다중 결합만이 결합선이 끊어지면서 다른 원자나 원자단과 결합을 할 수 있기 때문)된다.

③ 첨가반응의 역반응 : 제거반응

㉠ 수소화 반응(hydrogenation) : 탄소의 이중·삼중 결합이 끊어지면서 수소와 결합하는 반응

㉡ 할로겐화 반응(halogenation) : 탄소의 이중·삼중 결합이 끊어지면서 할로겐 원소와 결합하는 반응

2) 제거반응(elimination reaction)

① 정의 : 분자 내의 특정 원자나 원자단이 분자로부터 제거되어서 새로운 분자를 생성하는 반응

② 결합선은 다중 결합으로 변화

③ 제거반응의 역반응 : 첨가반응

$$H-\underset{H}{\overset{H}{C}}-\underset{OH}{\overset{H}{C}}-H \longrightarrow \begin{matrix}H & & H \\ & C=C & \\ H & & H\end{matrix} + \begin{matrix} & O & \\ H & & H\end{matrix}$$

| 제거반응의 예 |

3) 치환반응(substitution reaction)

① 정의 : 분자의 한 작용기가 다른 작용기로 교체되는 반응

② 치환반응을 이용하면 엄청나게 다양한 수의 유기분자 합성 가능

$$H-\underset{H}{\overset{H}{C}}-H + X_2 \longrightarrow H-\underset{H}{\overset{H}{C}}-X + HX$$

| 치환반응의 예 |

4) 전위반응(rearrangement reaction)

① 정의 : 분자를 구성하는 원자의 개수와 조성은 변하지 않고 결합 위치만 바뀌는 반응

② 유기반응 대부분은 치환·첨가·제거 등 반응 중심에서 예기된 구조변화를 일으키는데, 전위반응은 반응 중심에서 떨어진 위치에 결합해 있던 원자 또는 기가 반응 중심으로 이동하는 것이다.

$$\begin{matrix}H & & CH_3CH_2 \\ & C=C & \\ H & & H\end{matrix} \longrightarrow \begin{matrix}CH_3 & & H \\ & C=C & \\ H & & CH_3\end{matrix}$$

| 전위반응의 예 |

(6) 탄소의 결합차수가 증가할수록 결합력이 향상하는 이유

1) 결합차수가 이중·삼중으로 증가 → 공유하는 전자쌍 증가 → 전자들과 핵과의 인력 증가 → 결합길이도 짧아짐

2) 탄소의 단일결합 평균길이 : 0.154nm

3) 탄소의 이중 결합 평균길이 : 0.134nm

4) 탄소의 삼중 결합 평균길이 : 0.120nm

04 작용기(functional group)

(1) 정의

1) 공통된 화학적 특성을 보인 한 무리의 유기 화합물에서 그 특성의 원인이 되는 원자단 또는 결합 양식

2) 유기화학에서 유기분자 내에 있는 탄소와 수소가 아닌 다른 원자를 이종원자라고 한다. 이종은 탄소와 수소와는 다르다는 것이고 이 이종원자를 포함하고 있는 유기분자의 기본단위이다.

(2) 유기물 작용기가 되기 쉬운 이유

1) 무기물 성질 : 어떤 원소의 존재

2) 유기물 성질 : 탄소의 결합방식

3) 작용기 : 유기반응을 포함해 각종 화학반응이 주로 일어나는 부분

4) 작용기 중요성

① 화합물의 크기나 복잡성과는 무관하게 작용기의 종류에 따라 유사한 물리적 성질을 가진다.

② C와 O의 결합일 경우 O의 전기음성도가 커서 O 쪽으로 잡아당겨 치우침이 발생하고 이로 인해 작용기가 되기 쉽다.

③ 작용기 → 분자 간의 힘(음성도) → 물리적 성질

(3) 중요 작용기

1) 수산기(하이드록실기) : 〔−OH−〕기

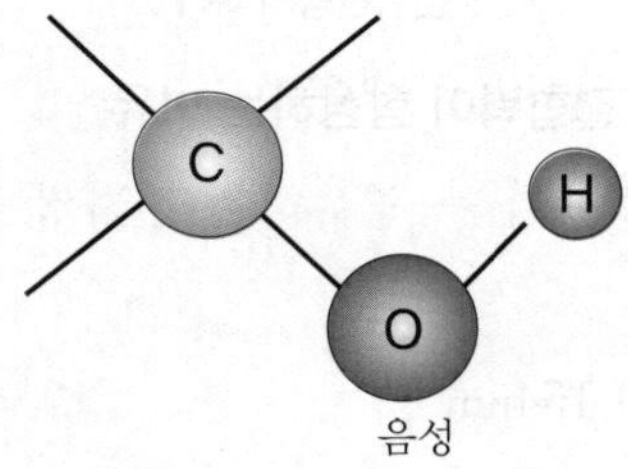

① 정의 : 산소에 수소 원자 하나가 결합한 작용기

② 성질

㉠ 물과 닮아 물에 쉽게 섞인다(친수성). 하지만 탄소수가 많아질수록 물에 대한 용해도가 감소한다.

㉡ 알코올을 만든다.

㉢ 지방족은 OH^-나 H^+로 이온화하지 않고 중성을 띤다.

ⓔ 방향족은 산성을 띤다.

ⓜ 수소결합 : 같은 탄소수의 다른 탄화수소에 비해 녹는점, 끓는점이 높다.

ⓗ Na과 같은 금속과 반응하여 수소(H_2)가 발생한다.

2) 에테르기 : 〔−O−〕기

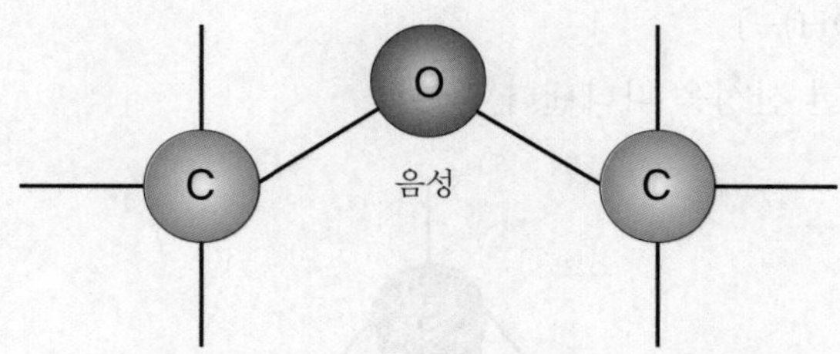

① 정의 : 두 개의 탄소 원자와 산소 원자가 단일결합한 구조

② 성질

㉠ 물에는 녹지 않고(수산기(OH)가 없어서 물과 강한 수소결합을 할 수 없음) 유기물을 녹인다(유기용매).

㉡ 수산기가 없어서 에테르 사이의 분자 간 인력이 상대적으로 약하다.

㉢ 일반적으로 반응성이 약하다.

㉣ 휘발성, 마취성, 인화성이 큰 액체이다.

3) 카르보닐기 : 〔−CHO−〕 알데히드기, 〔−CO−〕 케톤기

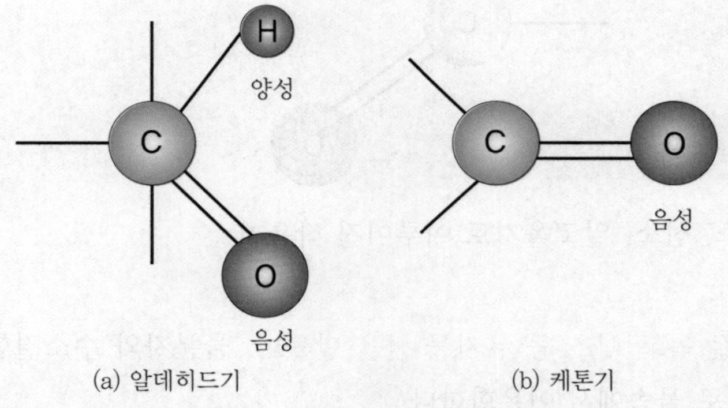

(a) 알데히드기 (b) 케톤기

① 정의 : 탄소 원자가 산소 원자와 이중 결합한 구조이다.

② 독성 물질을 만든다.

③ 알데히드의 성질

㉠ 원자는 극성 공유결합 화합물, 분자는 수소결합

㉡ 산화되어 카르복실기(−COOH−)로 되려는 성질이 커서 환원력이 매우 크다.

㉢ 은거울 반응 : 암모니아성 질산은 용액(톨렌스시약)과 알데히드를 함께 넣고 가열해 은이온을 환원시켜 시험관 표면에 얇은 은박을 생성시키는 반응

④ 케톤의 성질

㉠ 극성 공유결합 화합물

㉡ 결합력이 강해 분자량이 비슷한 비극성 화합물보다 끓는점이 높다.

㉢ 탄소수가 5 이상이면 물에 녹지 않으나 유기용매에는 잘 녹는다.

4) 술포기 : 〔$-SO_2(OH)-$〕

물에 잘 녹고 강한 산성을 나타낸다.

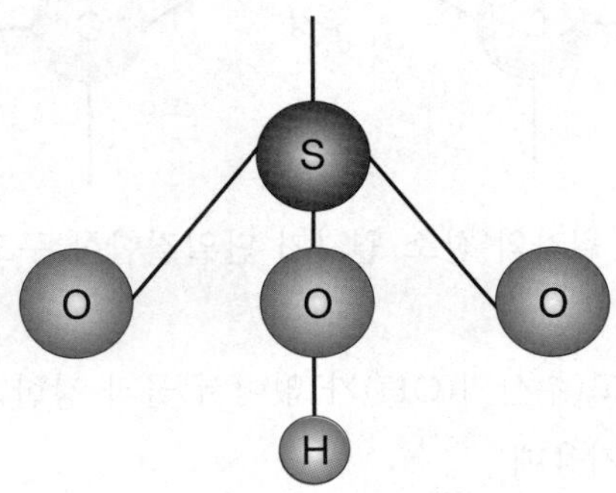

5) 카르복실기 : 〔$-COOH-$〕

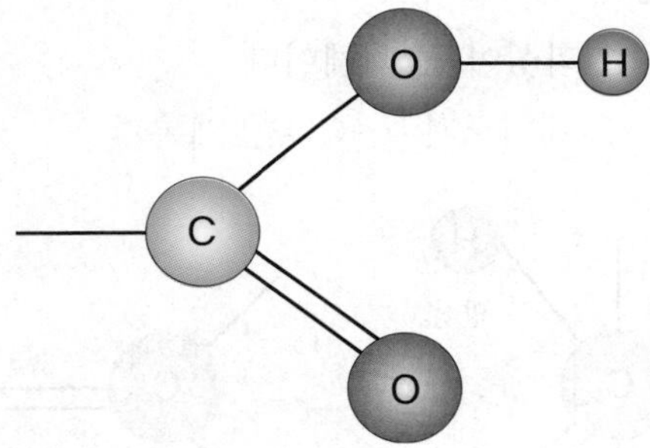

① 정의 : 탄소, 산소, 알코올기로 이루어진 작용기

② 성질

㉠ 물에 잘 녹고 식초 등 유기물 산을 만들며, 물분자와 수소결합을 하며 $R-COO^-$와 H^+로 물속에서 이온화한다.

㉡ 극성 화합물

㉢ 분자 간 결합은 수소결합

㉣ 탄소수에 따른 성질

탄소수	상태
5개 이하	자극성 냄새의 액체
6개 이상	액체(산성)

㉤ 산 촉매하에서 알코올과 축합반응하여 에스테르(COO) 생성(에스테르화 반응)↔ 비누화 반응

$$CH_3CH_2OH + CH_3COOH \underset{\text{열}}{\overset{\text{약간의 } H_2SO_4}{\rightleftarrows}} CH_3COOCH_2CH_3 + H_2O$$

가수분해

꼼꼼체크 **축합반응** : 분자 간에 결합을 해서 간단한 결합은 떨어져 나가는 반응

6) 에스테르기 : 〔−COO−〕

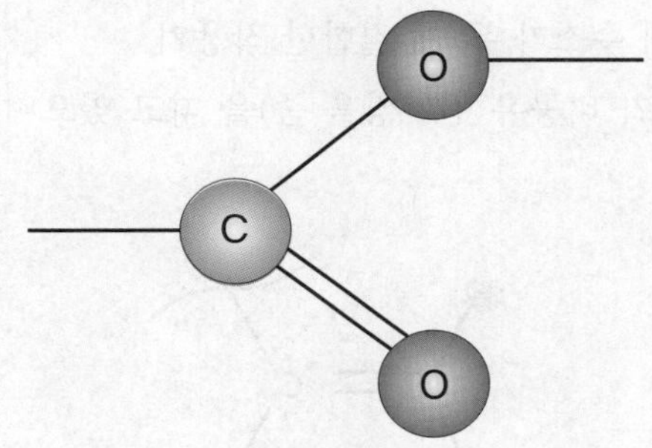

① 정의 : 탄소 한 개와 두 개의 산소로 이루어진 작용기

② 성질

㉠ 가수분해하면 카르복실산과 알코올이 생성된다(비누화 반응). → 1종 분말

㉡ 물에 녹지 않는다.

㉢ 수소결합이 아니라 카르복실산이나 알코올보다 녹는점, 끓는점이 낮다.

㉣ 탄소수가 같은 카르복실산과 이성질체 관계이다.

㉤ 탄소수가 적은 저급은 과일 향기가 있는 액체이고 탄소수가 많은 고급은 향기가 있는 고체이다.

7) 니트로기 : 〔$-NO_2-$〕

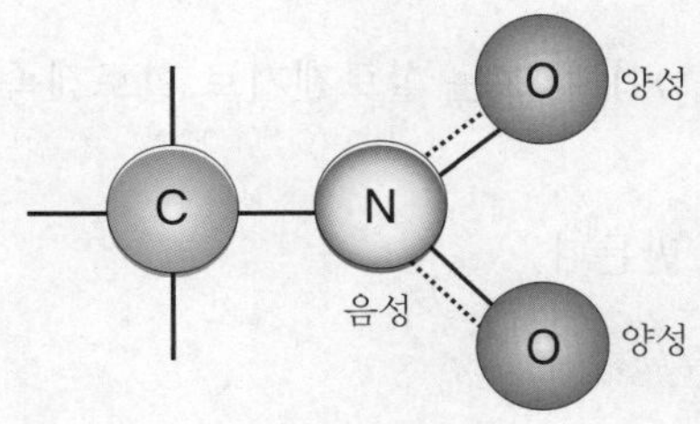

① 정의 : 질소 한 개와 두 개의 산소로 이루어진 작용기

② 성질

㉠ 폭발성(니트로기가 많을수록 증가)

㉡ 향기가 나는 무색 액체(물에는 잘 녹지 않음)

㉢ 비중은 1보다 크고, 독성을 가진 것이 많음

8) 아미노기 : 〔$-NH_2-$〕

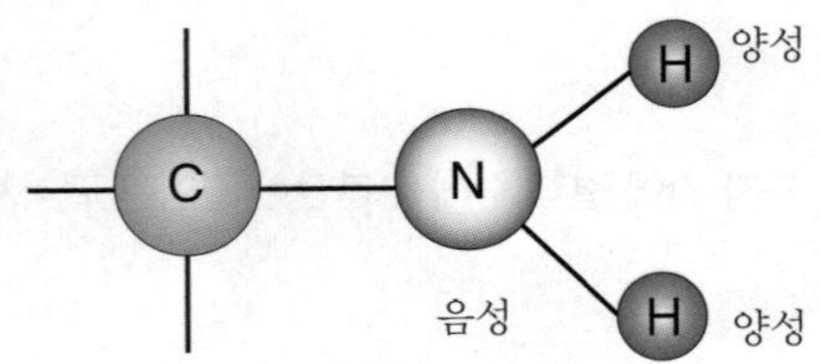

① 정의 : 질소 한 개에 수소가 두 개 결합한 작용기

② 성질 : 염기성(질소가 비공유 전자쌍을 줌)을 띠고 있으며 산과 중화반응

9) 비닐기 : 〔$CH_2=CH-$〕

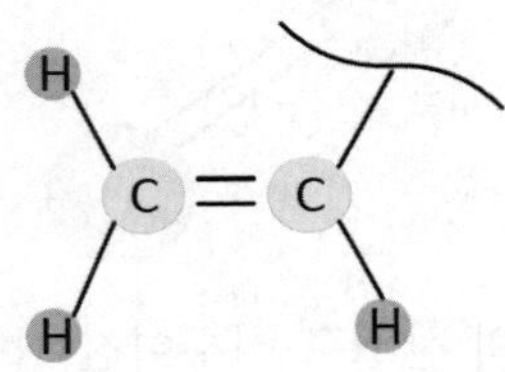

① 정의 : 에틸렌($CH_2=CH_2$) 분자에서 수소 하나가 없는 구조

② 성질

㉠ 반응성이 커서 중합반응을 통해 고분자 화합물을 만든다.

㉡ 가연물질

10) 할로겐기 : 〔$-R-X-$〕

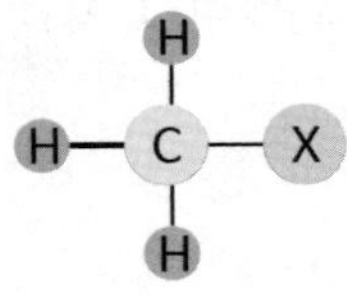

① 정의 : 알킬기(C_nH_{2n+1})이고, X는 할로겐기로 할로겐족의 원소로 구성된다.

② 성질

㉠ 할로겐 화합물을 만든다.

㉡ 친수성

SECTION

020 기타 화학

(1) **반감기(half-life) :** 원래 양의 $\frac{1}{2}$이 되는데 걸리는 시간

(2) 대기 중에 불이 산소를 모두 소모하면서 말끔히 연소시키려면 필요 없는 질소(산소량의 4배)를 불필요하게 데워야 한다.

(3) 철은 연소하지 않는가?
너무 빨리 전도되어 표면 온도가 발화수준까지 절대로 올라가지 않는다. 그러나 스틸 울을 이용하면 불을 붙일 수 있다(산화철).

(4) Mg는 O_2보다 CO_2와 반응성이 더 좋다.

(5) **불포화 탄화수소 :** 2중·3중 결합이 있는 것으로서, 반응성이 풍부하고 촉촉한 느낌(식물성)이다.

(6) **포화 반응, 수소화(수소를 결합하는 반응), 환원 반응 :** 단단한 느낌(동물성)

(7) 다리미에 물을 뿌리고 다리미로 가열 시 섬유 사이사이 사슬구조에 물이 침투하여 물이 증발하며 냉각시키어 조직을 딱딱하게 만드는 것이다.

(8) **트랜스지방 :** 수소화, 환원, 경화 지방(수소첨가로 융점이 높아져 단단해짐)

(9) **건성유 :** 기름 한 방울을 작은 유리판에 바른 뒤, 실온에서 버려두고 하루에 한 번씩 손가락을 도포액에 접속해 묻어나는가를 실험을 통해서 알 수 있다. 짧은 시간 내에 묻어나지 않으면 건성유, 긴 시간 내에 묻어나지 않으면 반건성유이다. 따라서, 이는 기름이 빨리 마르는 성질을 표시하는 지수이고 건성유는 공기 중에 버려두거나 가열하면 산소를 흡수하여, 산화·중합·축합 등을 일으켜서, 점도가 차차 증가하고 마침내는 고화하는 성질을 가진 기름이다.

(10) 두 액체를 혼합했을 때 물과 에탄올처럼 서로 잘 섞이는 것은 상대방 분자와의 인력(부착력)이 자기 분자와의 인력(응집력)보다 크기 때문이다.
① 부착력 > 응집력(잘 섞인다)
② 부착력 < 응집력(잘 안 섞인다)

(11) **고체**

1) 결정성 고체 : 융점에서 고체 → 액체
2) 비결정성 고체 : 유리의 전이온도 → 고체 → 액체

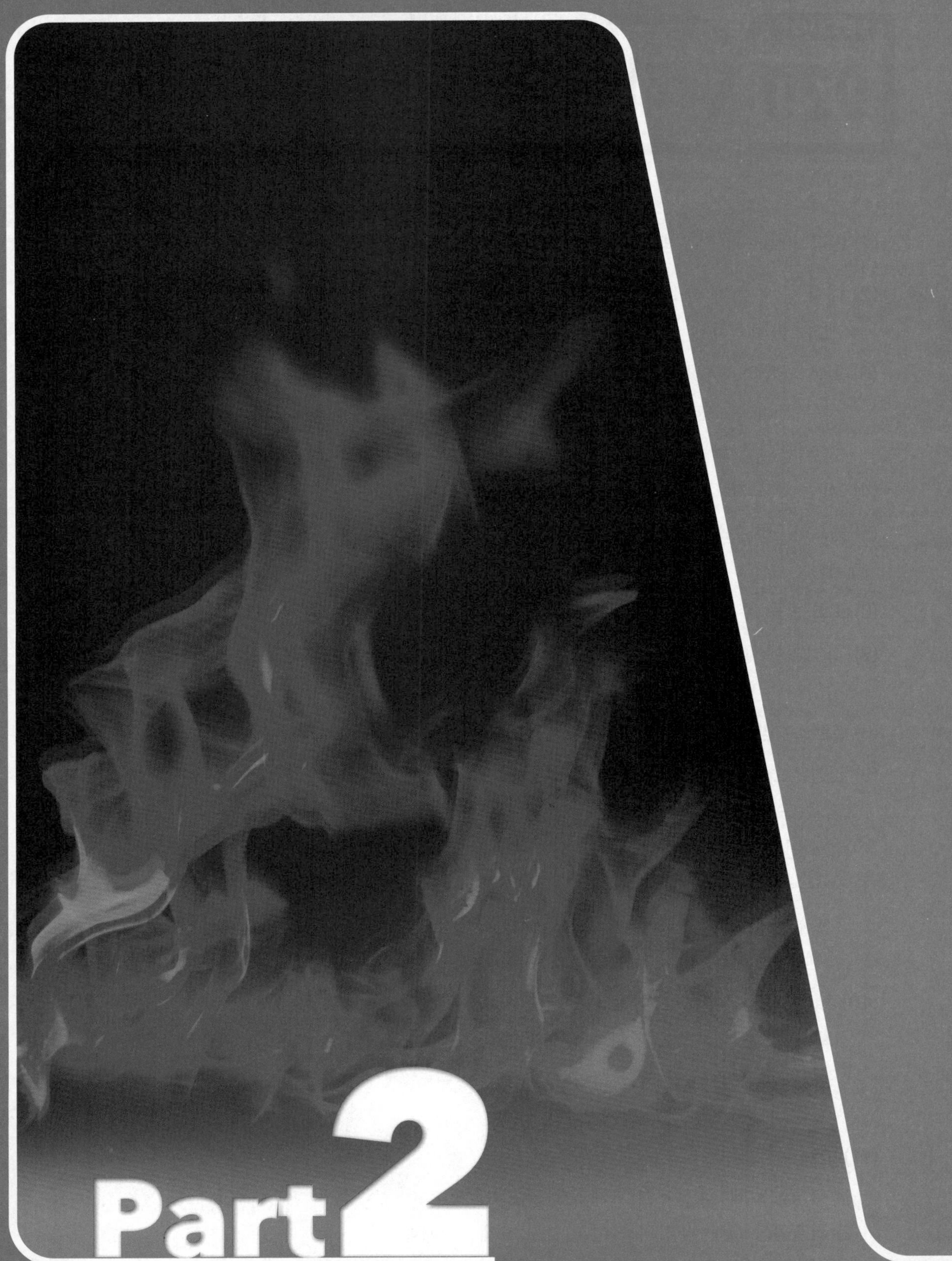
Part 2

소방 기계 Ⅰ

SECTION

001 소방시설의 종류

01 소화설비

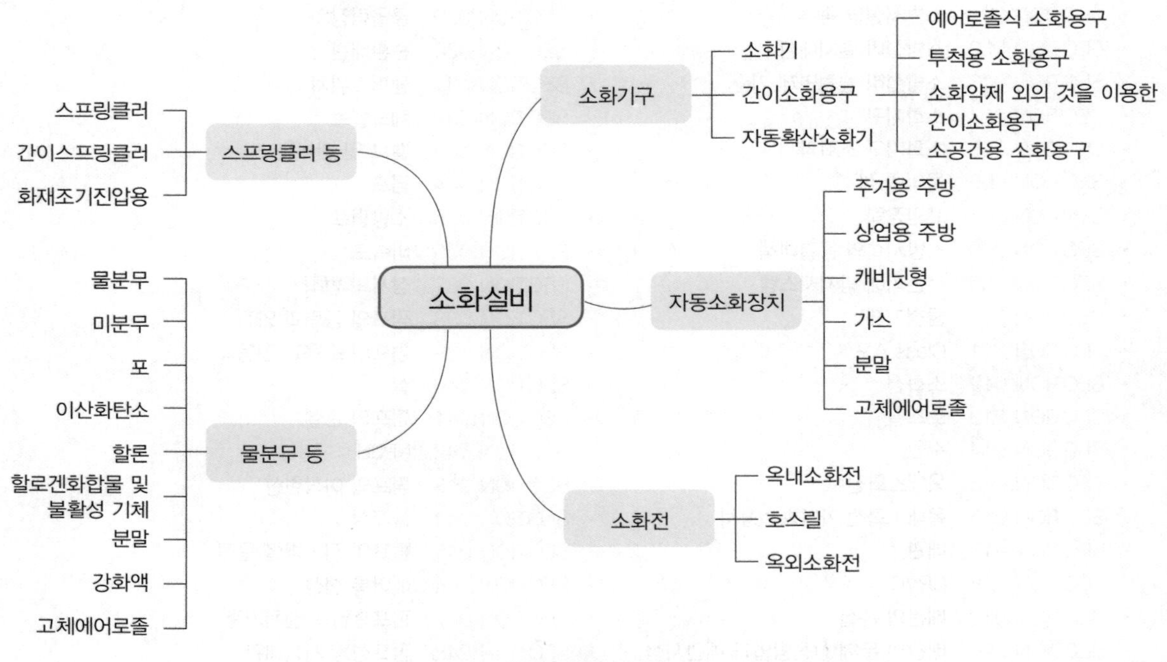

| 소화설비 맵핑 |

02 경보설비

(1) 누전경보기

(2) 가스누설경보기

(3) 단독경보설비

(4) 자동속보설비

(5) 통합감시시설

(6) 비상경보설비(비상벨설비, 자동식 사이렌설비)

(7) 비상방송설비

(8) 자동화재탐지설비 및 시각경보기

(9) 화재알림설비

03 피난구조설비

(1) **유도등 :** 피난구유도등, 통로유도등, 객석유도등, 유도표지, 피난유도선

(2) **피난기구 :** 미끄럼대, 피난사다리, 구조대, 완강기, 피난밧줄, 피난교, 공기안전매트

(3) **인명구조기구 :** 방열복 또는 방화복(헬멧, 보호장갑 및 안전화를 포함), 공기호흡기, 인공소생기

(4) 비상조명등 및 휴대용 비상조명등

04 소화용수설비

(1) 상수도 소화용수설비

(2) 소화수조, 저수조, 그 밖의 소화용수설비

05 소화활동설비

(1) 무선통신보조설비

(2) 제연설비

(3) 비상콘센트

(4) 연소방지설비

(5) 연결송수관

(6) 연결살수설비

소방시설 설치 및 관리에 관한 법률 시행령 [별표 3] 소방용품(제6조 관련)

1. 소화설비를 구성하는 제품 또는 기기
   가. [별표 1] 제1호 가목의 소화기구(소화약제 외의 것을 이용한 간이소화용구는 제외)
   나. 소화설비를 구성하는 소화전, 송수구, 관창(菅槍), 소방호스, 스프링클러헤드, 기동용 수압개폐장치, 유수제어밸브 및 가스관 선택밸브

2. 경보설비를 구성하는 제품 또는 기기
   가. 누전경보기 및 가스누설경보기
   나. 경보설비를 구성하는 발신기, 수신기, 중계기, 감지기 및 음향장치(경종만 해당)
3. 피난구조설비를 구성하는 제품 또는 기기
   가. 피난사다리, 구조대, 완강기(간이완강기 및 지지대를 포함)
   나. 공기호흡기(충전기를 포함)
   다. 유도등 및 예비 전원이 내장된 비상조명등
4. 소화용으로 사용하는 제품 또는 기기
   가. 소화약제([별표 1] 제1호 나목 2) 및 3)의 자동소화장치와 같은 호 마목 3)부터 9)까지의 소화설비용만 해당)
   나. 방염제(방염액, 방염도료 및 방염성 물질을 말함)
5. 그 밖에 행정안전부령으로 정하는 소방관련 제품 또는 기기

SECTION 002

소방설비 설치대상 (소방시설법 시행령 [별표 4])

118회 출제

01 소화설비

소화설비	적용대상		설치기준	비고
소화기	수동식 소화기	연면적	$33m^2$ 이상	노유자시설 1/2(투척용)
		문화재, 가스시설, 전기저장시설	전체	–
		터널	전체	–
		지하구		
자동소화장치	주거용 주방자동소화장치	아파트	모든 층	–
		오피스텔		
	상업용 주방자동소화장치	대규모 점포의 일반음식점	대상 지역	
		집단급식소		
	캐비닛형/가스/분말/고체에어로졸 자동소화장치	화재안전기준에서 정하는 장소	–	
옥내소화전설비	모든 대상 건축물	연면적	$3,000m^2$ 이상 모든 층	지하가 중 터널 제외
		지하층 · 무창층 또는 층수가 4층 이상인 층 중 바닥면적	$600m^2$ 이상 모든 층	축사 제외
	지하가 중 터널	길이	1,000m 이상	–
	행정안전부령으로 정하는 터널		예상교통량, 경사도 등	
	해당 용도 건축물(모든 대상 건축물에 해당하지 않는 것으로서)	근린생활 · 판매 · 운수 · 의료 · 노유자 · 업무 · 숙박 · 위락 · 공장 · 창고 · 항공기 및 자동차 관련 · 국방 · 군사 · 방송통신 · 발전 · 장례 · 복합건축물 용도로 연면적	$1,500m^2$ 이상 모든 층	
		지하층 · 무창층 또는 4층 이상인 층 중 바닥면적	$300m^2$ 이상 모든 층	

<table>
<tr><th>소화설비</th><th colspan="3">적용대상</th><th>설치기준</th><th>비고</th></tr>
<tr><td rowspan="5">옥내소화전설비</td><td>건축물의 옥상</td><td colspan="2">차고, 주차장으로서 차고 또는 주차용도 바닥면적</td><td>200m^2 이상</td><td rowspan="5">–</td></tr>
<tr><td colspan="3">공장 및 창고로서 특수가연물을 저장 · 취급량</td><td>지정수량의 750배 이상</td></tr>
<tr><td rowspan="3">옥내소화전 제외대상</td><td colspan="2">가스시설</td><td rowspan="3">–</td></tr>
<tr><td colspan="2">지하구</td></tr>
<tr><td colspan="2">방재실 등에서 스프링클러, 물분무설비를 원격조정 가능한 업무시설 중 무인 변전소</td></tr>
<tr><td rowspan="10">스프링클러설비</td><td rowspan="5">① 문화 및 집회시설(동식물원 제외)
② 종교시설(주요 구조부 목재 제외)
③ 운동시설(물놀이형 제외)</td><td colspan="2">수용인원</td><td>100인 이상
모든 층</td><td rowspan="5">어느 하나에 해당하는 경우 전 층</td></tr>
<tr><td rowspan="2">영화상영관 용도의 층 바닥면적</td><td>지하층 · 무창층</td><td>500m^2 이상
모든 층</td></tr>
<tr><td>그 밖의 층</td><td>1,000m^2 이상
모든 층</td></tr>
<tr><td rowspan="2">무대부 위치</td><td>지하층 · 무창층 또는 4층 이상의 층</td><td>300m^2 이상
모든 층</td></tr>
<tr><td>위의 층 이외에 있는 경우</td><td>500m^2 이상
모든 층</td></tr>
<tr><td rowspan="2">① 판매시설
② 운수시설
③ 창고(물류터미널)</td><td colspan="2">바닥면적 합계</td><td>5,000m^2 이상
모든 층</td><td rowspan="2">–</td></tr>
<tr><td colspan="2">수용인원</td><td>500인 이상
모든 층</td></tr>
<tr><td colspan="3">층수 6층 이상(기존 아파트 리모델링의 경우 : 연면적 및 층높이가 변경되지 않는 경우 사용검사 당시 기준 적용, 스프링클러설비가 없는 기존의 특정 소방대상물로 용도 변경)</td><td>모든 층</td><td>예외) SP 없는 대상물의 용도변경, 리모델링</td></tr>
<tr><td colspan="3">① 의료시설 중 정신의료기관
② 의료시설 중 종합병원, 병원, 치과병원, 한방병원 및 요양병원(정신병원은 제외)
③ 노유자시설
④ 숙박 가능한 수련시설
⑤ 숙박시설
⑥ 근린생활시설 중 조산원 및 산후조리원</td><td>600m^2 이상
모든 층</td><td>사용시설의 바닥면적 합계</td></tr>
<tr><td colspan="3">창고시설(물류터미널 제외)</td><td>5,000m^2 이상</td><td>바닥면적 합계</td></tr>
</table>

소화설비	적용대상			설치기준	비고
스프링클러설비	래크식 창고	천장 또는 반자의 높이가 10m 초과(반자가 없는 경우 지붕의 옥내에 면한 부분)		1,500m^2 이상	바닥면적 합계
	위의 특정소방대상물 외	지하층/무창층		1,000m^2 이상	바닥면적
		4층 이상인 층으로서 바닥면적			
	래크식 창고 외의 공장 및 창고	특수가연물 저장, 취급량		지정수량의 1,000배 이상	–
		중·저준위 방사성 폐기물의 저장시설 중 소화수 수집·처리 설비		저장시설	원자력법 시행령 제2조 제1호
	지붕 또는 외벽이 불연 또는 내화구조가 아닌 공장 또는 창고시설	창고시설(물류터미널)	바닥면적 합계	2,500m^2 이상	–
			수용인원	250명 이상	–
		창고시설(물류터미널 제외)		2,500m^2 이상	바닥면적 합계
		위의 래크식 창고 외의 것		750m^2 이상	바닥면적 합계
		위의 공장 또는 창고시설 외의 것	지하층·무창층 바닥면적	500m^2 이상	–
			층수가 4층 이상인 것 중 바닥면적		
		위의 특수가연물 저장, 취급실 외의 것		지정수량의 500배 이상	
	지하가(터널 제외)			1,000m^2 이상	연면적
	기숙사(교육연구시설, 수련시설 내)			5,000m^2 이상	연면적
	복합건축물			모든 층	
	교정 및 군사시설	보호감호소, 교도소, 구치소 및 그 지소, 보호관찰소, 갱생보호시설, 치료감호시설, 소년원 및 소년 분류 심사원의 수용거실		해당 장소	–
		출입국관리법의 보호시설		해당 장소	외국인 보호시설의 경우 피보호자의 생활공간, 보호시설이 임차공간인 경우 제외
		유치장		해당 장소	경찰관 직무집행법 제9조
	발전시설	전기저장시설		해당 장소	–

소화설비	적용대상		설치기준	비고
스프링클러설비	특정소방대상물	보일러실	상기에 부속된 것	스프링클러 적용대상에 한하여 적용
		연결통로 등		
	스프링클러설비 제외대상	가스시설	–	특정소방대상물
		지하구		
간이스프링클러설비	근린생활시설	바닥면적 합계	1,000m^2 이상 모든 층	모든 층 적용
		의원, 치과의원 및 한의원	해당 장소	입원실이 있는 시설
		조산원 및 산후조리원	600m^2 미만	연면적 기준
	교육연구시설 내의 합숙소		100m^2 이상	연면적 기준
	의료시설	종합병원, 병원, 치과병원, 한방병원 및 요양병원(의료재활시설 제외)	600m^2 미만	입원실이 없는 정신과 의원 제외
		정신의료기관 또는 의료재활시설 바닥면적 합계	300m^2 이상 600m^2 미만	
		정신의료기관 또는 의료재활시설로 창살이 설치된 시설의 사용 바닥면적 합계(화재 시 자동으로 열리는 구조 제외)	300m^2 미만	
	노유자시설	노유자생활시설	해당 시설	단독주택, 공동주택에 설치된 시설 제외
		상기 외의 노유자시설의 바닥면적 합계	300m^2 이상 600m^2 미만	–
		창살이 설치된 시설의 바닥면적 합계	300m^2 미만	화재 시 자동으로 열리는 구조 제외
	보호시설		사용부분	출입국 관리법, 건물을 임차하여 사용하는 부분
	숙박시설		300m^2 이상 600m^2 미만	바닥면적 합계
	복합건축물		1,000m^2 이상 모든 층	연면적
	공동주택 중 연립주택 및 다세대주택		해당 시설	주택전용 간이스프링클러설비

소화설비	적용대상	설치기준	비고
물분무등소화설비	항공기 격납고	전부	–
	차고, 주차용 건축물, 철골 조립식 주차시설의 연면적	800m² 이상	–
	건축물 내부에 설치된 차고 또는 주차용도로 사용되는 부분의 바닥면적	200m² 이상	–
	기계장치에 의한 주차시설	20대 이상	–
	① 전기실, 발전실, 변전실(가연성의 절연유를 사용하지 아니하는 변압기, 전류차단기 등의 전기기기와 가연성 피복을 사용하지 아니한 전선 및 케이블만을 사용한 전기실, 발전실, 변전실은 제외) ② 축전지실, 통신기기실, 전산실(내화구조로 된 공정제어실 내에 설치된 주조정실로서 양압시설이 설치되고 전기기기에 220V 이하인 저전압이 사용되며 종업원이 24시간 상주하는 것을 제외)	300m² 이상	동일한 방화구획 내에 2 이상의 실이 설치되어 있는 경우 이를 1개의 실로 보고 산정
	소화수 수집·처리 설비가 없는 중·저준위 방사성 폐기물의 저장시설	해당 시설	이산화탄소, 할론, 할로겐화합물 및 불활성기체 소화설비 설치
	지하가 중 터널	교통량, 경사도 등 터널의 특성을 고려한 행정안전부령으로 정하는 터널	물분무설비 설치
	지정문화재	지정하는 것	소방청장이 문화재청장과 협의
	물분무 등 제외대상: 가스시설	–	–
	물분무 등 제외대상: 지하구	–	–
옥외소화전설비	지상 1층 및 2층의 바닥면적 합계	9,000m² 이상	동일구 내에 2 이상의 특정소방대상물이 연소 우려가 있는 구조인 경우 하나의 특정소방대상물로 봄(연소 우려의 구조: 1층 6m 이상, 2층 10m 이상)

소화설비	적용대상		설치기준	비고
옥외소화전설비	보물 또는 국보로 지정된 목조건축물		해당 시설	문화재보호법 제23조
	공장 또는 창고로서 특수가연물을 저장 · 취급량		750배 이상	–
	제외대상	• 아파트 • 가스시설, 지하구 • 지하가 중 터널	–	

02 경보설비

경보설비	적용대상		설치기준	비고
비상경보설비	연면적		400m² 이상	–
	지하층 · 무장층의 바닥면적		150m² 이상	공연장 100m² 이상
	지하가 중 터널		500m 이상	길이
	옥내 작업장		50인 이상의 근로자	전체
	제외대상	지하구	–	–
		모래, 석재 등 불연재료 창고		
		가스시설		
비상방송설비(가스시설 · 지하구 또는 지하가 중 터널 제외)	연면적		3,500m² 이상	모든 층
	층수		11층 이상	
	지하층의 층수		3층 이상	
	제외대상	가스시설	–	–
		터널		
		축사		
		지하구		
		사람이 거주하지 않는 동식물 관련 시설		

경보설비	적용대상		설치기준	비고
누전경보기	계약전류용량	동일 건축물에 계약종별이 다를 시 최대 계약전류용량	100A 초과	준불연재료 외의 재료에 철망을 넣어 만든 것만 해당
	제외대상	가스시설	–	–
		지하구		
		터널		
자동화재 탐지설비	근린생활, 의료, 위락, 숙박 · 장례시설 및 복합건축물의 연면적		600m² 이상	• 근린생활(목욕장 제외) • 의료시설(정신의료기관, 요양병원 제외)
	① 근린생활시설 중 목욕장, 문화 및 집회, 종교, 판매, 운수, 운동, 업무, 공장, 창고, 위험물 저장 및 처리, 항공기 및 자동차관련, 국방 · 군사, 방송통신, 발전, 관광휴게시설 ② 지하가(터널 제외)		1,000m² 이상	–
	① 교육연구(교육연구시설 내에 있는 기숙사 및 합숙소 포함) ② 수련시설(기숙사 · 합숙소 포함, 숙박시설이 있는 수련시설 제외) ③ 동물 및 식물 관련 시설(기둥과 지붕만으로 외부 기류가 통하는 장소 제외) ④ 분뇨 및 쓰레기 처리시설, 교정 및 군사 시설(국방 · 군사 시설 제외) ⑤ 묘지 관련 시설		2,000m² 이상	연면적
	지하구		전체	–
	공동주택 중 아파트 등 · 기숙사 및 숙박시설		모든 층	–
	층수가 6층 이상		모든 층	–
	터널		1,000m 이상	–
	노유자 생활시설		모든 층	–
	노유자시설		400m² 이상	연면적
	숙박시설이 있는 수련시설		100인 이상	–
	공장 및 창고시설로서 특수가연물을 저장 취급량		500배 이상	
	정신의료기관 또는 요양병원	요양병원	전체	정신병원/의료재활시설 제외

<table>
<tr><th>경보설비</th><th colspan="2">적용대상</th><th>설치기준</th><th>비고</th></tr>
<tr><td rowspan="5">자동화재
탐지설비</td><td rowspan="2">정신의료기관 또는 요양병원</td><td>정신의료기관 또는 의료재활시설</td><td>300m² 이상</td><td>바닥면적 합계</td></tr>
<tr><td>정신의료기관 또는 의료재활시설로 창살이 설치된 시설의 바닥면적 합계</td><td>300m² 미만</td><td>화재 시 자동으로 열리는 구조 제외</td></tr>
<tr><td colspan="2">전통시장</td><td>해당 시설</td><td rowspan="3">–</td></tr>
<tr><td colspan="2">발전시설 중 전기저장시설</td><td>해당 시설</td></tr>
<tr><td colspan="2">근린생활시설 중 조산원 및 산후조리원</td><td>해당 시설</td></tr>
<tr><td rowspan="9">자동화재
속보설비</td><td colspan="2">노유자 생활시설</td><td>해당 시설</td><td rowspan="9">화재수신기가 설치된 장소에 사람이 24시간 상시 근무하고 있는 경우 제외</td></tr>
<tr><td colspan="2">노유자시설</td><td rowspan="2">바닥면적 500m² 이상인 층</td></tr>
<tr><td colspan="2">수련시설(숙박시설이 있는 건축물만 해당)의 바닥면적</td></tr>
<tr><td colspan="2">보물 또는 국보로 지정된 목조건축물</td><td>해당 건축물</td></tr>
<tr><td rowspan="2">근린생활시설</td><td>의원, 치과의원 및 한의원으로서 입원실이 있는 시설</td><td rowspan="2">해당 시설</td></tr>
<tr><td>조산원 및 산후조리원</td></tr>
<tr><td rowspan="2">의료시설</td><td>종합병원, 병원, 치과병원, 한방병원 및 요양병원(의료재활시설 제외)</td><td>해당 병원</td></tr>
<tr><td>정신병원 또는 의료재활시설의 바닥면적 합계</td><td>500m² 이상</td></tr>
<tr><td colspan="2">판매시설</td><td>전통시장</td></tr>
<tr><td rowspan="4">단독경보형
감지기</td><td colspan="2">공동주택 중 연립주택 및 다세대주택</td><td>전체</td><td>연동형으로 설치</td></tr>
<tr><td colspan="2">교육연구시설 또는 수련시설 내에 있는 합숙소 또는 기숙사</td><td>2,000m² 미만</td><td rowspan="2">연면적 기준</td></tr>
<tr><td colspan="2">유치원(병설유치원 포함)</td><td>400m² 미만</td></tr>
<tr><td colspan="2">수련시설(숙박시설이 있는 것만 해당)</td><td>전체</td><td>–</td></tr>
<tr><td rowspan="4">시각경보기</td><td colspan="2">근린생활, 문화 및 집회, 종교, 판매, 운수, 의료, 노유자시설</td><td rowspan="4">해당 시설</td><td rowspan="4">적용대상 중 자동화재탐지설비 설치 대상물</td></tr>
<tr><td colspan="2">운동, 업무, 숙박, 위락, 창고시설 중 물류터미널, 발전 및 장례시설</td></tr>
<tr><td colspan="2">교육연구시설 중 도서관 · 통신촬영시설 중 방송국</td></tr>
<tr><td colspan="2">지하상가</td></tr>
</table>

경보설비	적용대상	설치기준	비고
화재알림설비	전통시장	해당 시설	–
가스누설 경보기	문화 및 집회시설, 종교시설, 판매시설, 운수시설, 의료시설, 노유자시설	해당 시설	가스시설이 설치된 경우
	수련시설, 운동시설, 숙박시설, 창고시설 중 물류터미널, 장례시설		
통합감시시설	지하구	해당 시설	–

03 피난구조설비

<table>
<tr><th>피난구조설비</th><th colspan="2">적용대상</th><th>설치기준</th><th>비고</th></tr>
<tr><td>피난기구</td><td colspan="2">특정소방대상물</td><td>모든 층</td><td>피난층, 1층, 2층, 11층 이상과 가스시설, 터널, 지하구의 경우 제외</td></tr>
<tr><td rowspan="2">인명구조기구</td><td>관광호텔</td><td>지하층을 포함한 7층 이상</td><td>해당 시설</td><td>방열복 또는 방화복, 인공소생기 및 공기호흡기</td></tr>
<tr><td>병원</td><td>5층 이상인 병원</td><td>해당 시설</td><td>방열복 또는 방화복, 공기호흡기</td></tr>
<tr><td rowspan="3">공기호흡기</td><td colspan="2">영화상영관</td><td>100인 이상</td><td rowspan="2">–</td></tr>
<tr><td colspan="2">① 판매시설 중 대규모점포
② 운수시설 중 지하역사
③ 지하가 중 지하상가</td><td>해당 시설</td></tr>
<tr><td>이산화탄소소화설비를 설치한 경우</td><td>해당 특정대상물의 출입구 외부 인근</td><td>1대 이상 비치</td><td>호스릴 이산화탄소소화설비 제외</td></tr>
<tr><td rowspan="5">유도등
유도표지</td><td>① 피난구유도등
② 통로유도등
③ 유도표지</td><td>특정소방대상물</td><td>전체</td><td>• 지하가 중 터널 제외
• 동물 및 식물 관련 시설 중 축사로서 가축을 직접 가두어 사육하는 부분 제외</td></tr>
<tr><td rowspan="4">객석유도등</td><td>유흥주점(카바레 · 나이트클럽, 이와 비슷한 영업)</td><td rowspan="4">특정소방
대상물</td><td rowspan="4">–</td></tr>
<tr><td>문화집회시설</td></tr>
<tr><td>종교시설</td></tr>
<tr><td>운동시설</td></tr>
</table>

피난구조설비	적용대상	설치기준	비고
비상조명등	지하층을 포함하는 층수가 5층 이상인 연면적	3,000m^2 이상	가스시설, 창고시설 중 창고 및 하역장, 사람이 거주하지 않거나 벽이 없는 축사 등 동물 및 식물 관련 시실 제외
	지하층 또는 무창층의 바닥면적	450m^2 이상	
	터널	500m 이상	
휴대용 비상조명등	숙박시설	전체	–
	① 영화상영관 · 판매시설 중 대규모점포 ② 지하역사 ③ 지하상가	100인 이상	

04 소화용수설비

소화용수설비	적용대상	설치기준	비고
상수도 소화용수설비	건축물의 연면적	5,000m^2 이상	가스시설 · 지하구 또는 지하가 중 터널 제외
	가스시설로서 지상노출 저장용량 합계	100톤 이상	–
	폐기물재활용 시설 및 폐기물처분시설	해당 시설	–
소화수조 또는 저수조	특정소방대상물의 대지경계선으로부터 180m 이내에 구경 75mm 이상의 상수도 배관이 설치되지 않은 경우	–	–

05 소화활동설비

소화활동설비	적용대상		설치기준	비고
제연설비	문화 및 집회, 종교, 운동시설	무대부의 바닥면적	200m^2 이상	–
		영화상영관	100인 이상	
	지하층, 무창층 : 근린생활, 판매, 운수, 숙박, 위락, 의료, 노유자, 창고시설(물류터미널)로 바닥면적 합계		1,000m^2 이상 해당 부분	–
	지하층, 무창층 : 시외버스 정류장, 철도 및 도시철도, 공항 및 항만시설의 대합실 또는 휴게시설의 바닥면적		1,000m^2 이상 모든 층	–

소화활동설비	적용대상		설치기준	비고
제연설비	지하가(터널 제외)의 연면적		1,000m^2 이상	연면적
	행정안전부령으로 정하는 터널		터널	교통량 · 경사도 등 터널 특성 고려
	특정소방대상물에 부설된 특별피난계단, 비상용 승강기 승강장, 피난용 승강기 승강장		해당 용도	갓 복도형 아파트 제외
연결송수관설비	5층 이상 건축물 연면적		6,000m^2 이상	–
	지하층을 포함한 층수		7층 이상	
	지하층의 층수가 3층 이상이고 지하층 바닥면적의 합계		1,000m^2 이상	
	터널		1,000m 이상	
	제외대상	가스시설	–	
		지하구		
연결살수설비	① 판매, 운수시설, 물류터미널로 바닥면적 합계		1,000m^2 이상	–
	② 지하층	바닥면적의 합계	150m^2 이상	• 지하층이 피난층으로 출입구가 도로와 접한 경우 제외 • 아파트는 대피시설로 사용하는 것에 한함
		국민주택규모 이하인 아파트 지하층 또는 학교의 지하층	700m^2 이상	
	가스시설 중 지상에 노출된 탱크용량		30톤 이상	–
	① 및 ②의 특정소방대상물의 부속된 연결통로		해당 통로	
	제외대상	지하구	해당 용도	
비상콘센트설비	층수가 11층 이상		11층 이상의 층	지하층 포함한 11층 이상 층
	지하층 층수 3개 층 이상이고 바닥면적의 합계가 1,000m^2 이상		지하 모든 층	–
	터널		500m 이상	
	제외대상	가스시설	–	
		지하구		
무선통신보조설비(가스시설 제외)	지하가(터널 제외)로 연면적		1,000m^2 이상	연면적
	터널		500m 이상	–

<table>
<tr><th>소화활동
설비</th><th colspan="2">적용대상</th><th>설치기준</th><th>비고</th></tr>
<tr><td rowspan="6">무선통신
보조설비
(가스시설
제외)</td><td rowspan="2">지하층</td><td>바닥면적의 합계</td><td>3,000m² 이상</td><td rowspan="2">지하층 전 층</td></tr>
<tr><td>지하층 층수 3개 층 이상이고 지하층의 바닥면적의 합계</td><td>1,000m² 이상</td></tr>
<tr><td colspan="2">공동구</td><td>법규정 대상</td><td>국토의 계획 및 이용에 관한 법률 제2조 제9호 규정</td></tr>
<tr><td colspan="2">층수 30층 이상</td><td>16층 이상
모든 층</td><td rowspan="3">–</td></tr>
<tr><td rowspan="2">제외대상</td><td>가스시설</td><td rowspan="2">–</td></tr>
<tr><td>지하구</td></tr>
<tr><td>연소방지
설비</td><td colspan="2">지하구(전력 · 통신사업용)</td><td>해당 용도</td><td>–</td></tr>
</table>

06 소방시설기준 적용의 특례(소급적용의 특례)

다음의 어느 하나에 해당하는 소방시설 등의 경우에는 대통령령 또는 화재안전성능기준의 변경으로 강화된 기준을 적용(소방시설법 제13조)

<table>
<tr><th colspan="3">구분</th><th>내용</th></tr>
<tr><td colspan="3">소방시설</td><td>소화기구, 비상경보설비, 자동화재탐지설비, 자동화재속보설비, 피난구조설비</td></tr>
<tr><td rowspan="4">특정
소방대상물</td><td rowspan="2">지하구</td><td>공동구</td><td rowspan="2">소화기, 자동소화장치, 자동화재탐지설비, 통합감시시설, 유도등, 연소방지설비</td></tr>
<tr><td>전력, 통신</td></tr>
<tr><td colspan="2">노유자시설</td><td>간이스프링클러, 자동화재탐지설비. 단독경보형 감지기</td></tr>
<tr><td colspan="2">의료시설</td><td>스프링클러, 간이스프링클러, 자동화재탐지, 자동화재속보설비</td></tr>
</table>

1. **소급** : 어떤 영향이나 효력을 지난날에까지 거슬러 올라가서 미치게 함
2. **불소급의 원칙**(不遡及-原則) : 법률은 그 법률이 제정되기 전에 발생한 사실에 대해 소급해서 적용되지 않는다는 원칙

SECTION 003

소방설비 설치면제 기준

면제 소방시설	설치면제 기준
물분무 등	스프링클러설비(차고 · 주차장)
스프링클러	자동식 소화장치, 물분무 등 소화설비
간이스프링클러	① 스프링클러설비 ② 물분무소화설비 ③ 미분무소화설비
비상경보설비 또는 단독경보형 감지기	자동화재탐지설비, 화재알림설비
비상경보설비	단독경보형 감지기 2개 이상 + 단독경보형 감지기와 연동
비상방송설비	자동화재탐지설비 또는 비상경보설비와 동등 이상의 음향을 발하는 장치를 부설한 방송설비
피난구조설비	그 위치 · 구조 또는 설비의 상황에 따라 피난상 지장이 없다고 인정되는 경우
연결살수설비	① 송수구를 부설한 스프링클러, 간이스프링클러, 물분무 또는 미분무 ② 가스 관계법령에 따라 설치되는 물분무장치 등에 소방대가 사용할 수 있는 연결송수구가 설치되거나 물분무장치 등에 6시간 이상 공급할 수 있는 수원이 확보된 경우
제연설비	① 공기조화설비가 화재 시 제연설비로 자동전환되는 구조 ② 직접 외기로 통하는 배출구의 면적의 $\frac{1}{100}$ 이상, 배출구로부터 수평거리 30m 이내 설치, 공기유입이 직접 자연적으로 유입 시에는 유입구의 크기가 배출구 크기 이상인 경우
비상조명등	① 피난구유도등 ② 통로유도등
누전경보기	① 아크경보기 ② 지락차단장치를 설치
무선통신보조설비	① 이동통신 구내 중계기 선로설비 ② 무선이동중계기를 설치
상수도 소화용수설비	① 수평거리 140m 이내에 공공의 소방을 위한 소화전 ② 상수도소화용수설비 설치가 곤란하다고 인정하는 경우로서 화재안전기준에 적합한 소화수조 또는 저수조

면제 소방시설	설치면제 기준
연소방지설비	① 스프링클러설비 ② 물분무소화설비 ③ 미분무소화설비
연결송수관설비	① 옥내소화전설비(연결송수구 및 방수구 부설) ② 스프링클러설비(연결송수구 및 방수구 부설) ③ 연결살수설비(연결송수구 및 방수구 부설)
자동화재탐지설비	① 자탐의 기능(감지 · 수신 · 경보 기능)과 성능을 가진 스프링클러설비 ② 자탐의 기능(감지 · 수신 · 경보 기능)과 성능을 가진 물분무 등 소화설비
화재알림설비	자동화재탐지설비
옥외소화전설비	보물 또는 국보로 지정된 목조문화재에 상수도 소화용수설비(옥외소화전 기준)
옥내소화전	호스릴 방식의 미분무소화설비, 옥외소화전설비
자동소화장치	자동소화장치(주거용 주방자동소화장치는 제외)에 물분무 등 소화설비

SECTION

004 소화기구

01 개요

소화기구는 화재 초기에 즉시 대응할 수 있는 소화설비로, 화재진압에 가장 효과적인 설비이며, 다음과 같이 소화기, 자동소화장치, 간이소화용구로 구분할 수 있다.

(1) **소화기** : 소화약제를 압력에 따라 방사하는 기구로서, 사람이 수동으로 조작하여 소화하는 것

1) 소형 소화기 : 능력단위가 1단위 이상이고 대형 소화기의 능력단위 미만인 소화기

2) 대형 소화기 : 화재 시 사람이 운반할 수 있도록 운반대와 바퀴가 설치되어 있고 능력단위가 A급 10단위 이상, B급 20단위 이상인 소화기

3) 자동확산소화기 : 화재 시 화염이나 열에 따라 소화약제가 확산하여 국소적으로 소화하는 소화기

(2) **자동소화장치** : 소화약제를 자동으로 방사하는 고정된 소화장치로서, 형식승인을 받은 유효설치범위(설계방호체적, 최대 설치높이, 방호면적 등) 이내에 설치하여 소화하는 것

1) 주거용 주방자동소화장치 : 가연성 가스 등의 누출을 자동으로 차단하며, 소화약제를 방사하여 소화하는 소화장치

2) 상업용 주방자동소화장치 : 상업용 주방에 설치된 열발생 조리기구의 사용으로 인한 화재 발생 시 열원(전기 또는 가스)을 자동으로 차단하며 소화약제를 방출하는 소화장치

3) 캐비닛형 자동소화장치 : 열, 연기 또는 불꽃 등을 감지하여 소화약제를 방사하여 소화하는 캐비닛 형태의 소화장치

4) 가스자동소화장치 : 열, 연기 또는 불꽃 등을 감지하여 가스계 소화약제를 방사하여 소화하는 소화장치

5) 분말자동소화장치 : 열, 연기 또는 불꽃 등을 감지하여 분말의 소화약제를 방사하여 소화하는 소화장치

6) 고체에어로졸 자동소화장치 : 열, 연기 또는 불꽃 등을 감지하여 에어로졸의 소화약제를 방사하여 소화하는 소화장치

02 설치대상

(1) 소화기(fire extinguisher)나 간이소화용구

1) 연면적 $33m^2$ 이상

2) 지정문화재, 가스시설

3) 터널

(2) 자동소화장치

1) 주거용 주방자동소화장치

① 아파트 각 세대별

② 오피스텔의 전 층

2) 상업용 주방자동소화장치

① 대규모 점포에 입점해 있는 일반음식점

② 집단급식소

3) 캐비닛형 자동소화장치, 가스자동소화장치, 분말자동소화장치 또는 고체에어로졸 자동소화장치를 설치하여야 하는 곳 : 화재안전기준에서 정하는 장소

(3) **가스식, 분말식, 고체에어로졸 자동소화장치 :** 지하구의 제어반 또는 분전반의 내부

03 설계절차

(1) **적응성 확인 :** 소화기구의 소화약제별 적응성 표 2.1.1.1(NFTC 101) 119회 출제

소화약제 구분 / 적응대상	가스			분말		액체				기타			
	이산화탄소소화약제	할론소화약제	할로겐화합물 및 불활성기체소화약제	인산염류소화약제	중탄산염류소화약제	산알칼리소화약제	강화액소화약제	포소화약제	물·침윤소화약제	고체에어로졸화합물	마른모래	팽창질석·팽창진주암	그 밖의 것
일반화재 (A급 화재)	–	○	○	○	–	○	○	○	○	○	○	○	–
유류화재 (B급 화재)	○	○	○	○	○	○	○	○	○	○	○	○	–

구분 \ 소화약제 / 적응대상	가스			분말		액체				기타			
	이산화탄소소화약제	할론소화약제	할로겐화합물 및 불활성기체 소화약제	인산염류소화약제	중탄산염류소화약제	산알칼리소화약제	강화액소화약제	포소화약제	물·침윤소화약제	고체에어로졸화합물	마른모래	팽창질석·팽창진주암	그 밖의 것
전기화재 (C급 화재)	○	○	○	○	○	*	*	*	*	○	–	–	–
주방화재 (K급 화재)	–	–	–	–	*	–	*	*	*	–	–	–	*

주) '*'의 소화약제별 적응성은 형식승인 및 제품검사의 기술기준에 따라 화재 종류별 적응성에 적합한 것으로 인정되는 경우에 한한다.

(2) **소요능력단위 산출 :** 기본소요능력단위 + 추가소요능력단위

1) 기본소요능력단위 : 소화기구 및 자동소화장치의 화재안전기술기준(NFTC 101) 표 2.1.1.2

소화대상물	1단위 능력단위당 면적
위락시설	$30m^2$
공연장, 집회장, 관람장, 문화재, 장례식장 및 의료시설	$50m^2$
근린생활, 판매, 영업, 숙박, 노유자, 공동주택, 업무시설, 공장, 자동차, 관광 휴게시설, 창고	$100m^2$
기타	$200m^2$

단, 주요 구조부가 내화구조이고, 실내 마감재가 불연, 준불연, 난연재인 경우 기본소요면적의 2배 이상 적용할 수 있다.

2) 추가소요능력단위 : 소화기구 및 자동소화장치의 화재안전기술기준(NFTC 101) 표 2.1.1.3

<table>
<tr><th colspan="2">용도별</th><th>소화기구의 능력단위</th></tr>
<tr><td colspan="2">① 다음의 시설. 다만, 스프링클러설비 · 간이스프링클러설비 · 물분무 등 소화설비 또는 주방용 자동소화장치가 설치된 경우에는 자동확산소화기를 설치하지 아니할 수 있다.
㉠ 보일러실(아파트의 경우 방화구획된 것을 제외) · 건조실 · 세탁소 · 대량화기취급소
㉡ 음식점(지하가의 음식점을 포함) · 다중이용업소 · 호텔 · 기숙사 · 노유자시설 · 의료시설 · 업무시설 · 공장의 주방. 다만, 의료시설 · 업무시설 및 공장의 주방은 공동취사를 위한 것에 한한다.
㉢ 관리자의 출입이 곤란한 변전실 · 송전실 · 변압기실 및 배전반실(불연재료로된 상자 안에 장치된 것을 제외)</td><td>① 소화기 : 바닥면적 25m²마다 능력단위 1단위 이상
② 자동확산소화기
㉠ 바닥면적 10m² 이하 : 1개
㉡ 10m² 초과 : 2개
③ ㉡의 주방의 경우 ①에 의하여 설치하는 소화기 중 1개 이상은 주방화재용 소화기(K급)를 설치하여야 한다.</td></tr>
<tr><td colspan="2">② 발전실 · 변전실 · 송전실 · 변압기실 · 배전반실 · 통신기기실 · 전산기기실 · 기타 이와 유사한 시설(①의 ㉢의 장소를 제외)</td><td>① 소화기 : 바닥면적 50m²마다 적응성이 있는 소화기 1개 이상
② 가스식 · 분말식 · 고체에어로졸식 자동소화장치, 캐비닛형 자동소화장치(다만, 통신기기실 · 전자기기실을 제외한 장소에 있어서는 교류 600V 또는 직류 750V 이상의 것에 한함) : 유효설치방호체적 이내</td></tr>
<tr><td colspan="2">③ 지정수량의 $\frac{1}{5}$ 이상 지정수량 미만의 위험물을 저장 또는 취급하는 장소</td><td>① 능력단위 2단위 이상
② 가스식 · 분말식 · 고체에어로졸식 자동소화장치, 캐비닛형 자동소화장치 : 유효설치방호체적 이내</td></tr>
<tr><td rowspan="2">④ 특수가연물을 저장 또는 취급하는 장소</td><td>화재의 확대가 빠른 특수가연물 수량 이상</td><td>수량의 50배 이상마다 능력단위 1단위 이상</td></tr>
<tr><td>화재의 확대가 빠른 특수가연물 수량의 500배 이상</td><td>대형 소화기 1개 이상</td></tr>
<tr><td rowspan="2">⑤ 가연성 가스를 연료로 사용하는 장소</td><td>연소기기가 있는 장소</td><td>소화기 : 각 연소기로부터 보행거리 10m 이내에 능력단위 3단위 이상의 소화기 1개 이상(주방용 자동소화장치가 설치된 장소는 제외)</td></tr>
<tr><td>저장실(저장량 300kg 미만은 제외)</td><td>① 능력단위 5단위 이상의 소화기 2개 이상
② 대형 소화기 1개 이상</td></tr>
</table>

용도별				소화기구의 능력단위
⑥ 가연성 가스를 연료 이외의 용도로 사용하는 장소	저장하고 있는 양 또는 1개월 동안 제조·사용하는 양	200kg 미만	저장하는 장소	능력단위 3단위 이상의 소화기 2개 이상
			제조·사용하는 장소	능력단위 3단위 이상의 소화기 2개 이상
		200kg 이상 300kg 미만	저장하는 장소	능력단위 5단위 이상의 소화기 2개 이상
			제조·사용하는 장소	바닥면적 $50m^2$마다 능력단위 5단위 이상의 소화기 1개 이상
		300kg 이상	저장하는 장소	대형 소화기 2개 이상
			제조·사용하는 장소	바다면적 $50m^2$마다 능력단위 5단위 이상의 소화기 1개 이상

[비고] 액화석유가스·기타 가연성 가스를 제조하거나 연료 외의 용도로 사용하는 장소에 소화기를 설치하는 때에는 해당 장소 바닥면적 $50m^2$ 이하인 경우에도 해당 소화기를 2개 이상 비치하여야 한다.

3) 능력단위가 2단위 이상이 되도록 소화기를 설치해야 할 특정소방대상물
   ① 간이소화용구의 능력단위가 전체 능력단위의 2분의 1을 초과하지 않게 할 것
   ② 예외: 노유자시설

(3) 감소기준

1) 소형 소화기
   ① 소화설비 설치 시: $\frac{2}{3}$ 감소 가능
   ② 대형 소화기 설치 시: $\frac{1}{2}$ 감소 가능
   ③ 예외: 11층 이상, 근린생활시설, 위락, 문화·운동·집회, 판매·영업, 숙박, 노유자, APT, 업무, 교육연구 등의 시설(대부분의 시설이 감소 예외대상)

2) 대형 소화기를 설치해야 할 소방대상물에 소화설비를 설치한 경우: 당해 유효범위 내에서 대형 소화기를 설치하지 않을 수 있다.

04 배치기준

(1) 각 층마다 설치한다.

(2) 보행거리 이내에 위치하도록 설치한다. 다만, 가연성 물질이 없는 작업장의 경우에는 작업장의 실정에 맞게 보행거리를 완화하여 배치할 수 있다.

1) 소형 소화기: 20m

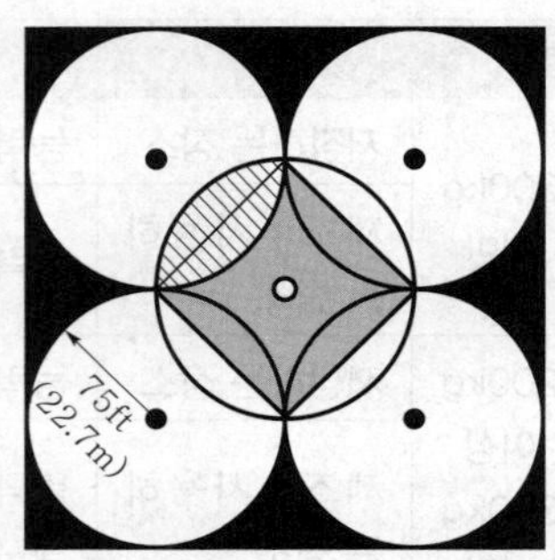

| NFPA 10의 소화기 배치기준(22.7m가 기준이고 배치 가능한 최대 면적은 1,045m^2) |

2) 대형 소화기 : 30m 130회 출제

다음 소화약제량 이상에 해당하는 소화기

소화약제	물	강화액	CO_2	할로겐	분말	포
약제량	80L	60L	50kg	30kg	20kg	20L

(3) (1)·(2) 규정 외에 바닥면적 33m^2 이상으로 구획된 거실(아파트의 경우 각 세대) : 각 구획실마다 추가로 설치한다.

(4) 터널

1) 소화기의 능력단위 : A급 화재는 3단위 이상, B급 화재는 5단위 이상 및 C급 화재에 적응성이 있는 것으로 한다.

2) 소화기의 총중량 : 사용 및 운반의 편리성을 고려하여 7kg 이하로 한다.

3) 설치기준

① 원칙 : 소화기는 주행차로의 우측 측벽에 50m 이내의 간격으로 2개 이상 설치한다.

② 편도 2차선 이상의 양방향 터널과 4차로 이상의 일방향 터널의 경우 : 양쪽 측벽에 각각 50m 이내의 간격으로 엇갈리게 2개 이상 설치한다.

(5) 지하구

1) 소화기의 능력단위

① A급 화재 : 개당 3단위 이상

② B급 화재 : 개당 5단위 이상

③ C급 화재 : 적응성이 있는 것

2) 한 대의 총중량 : 7kg 이하(사용 및 운반의 편리성 고려)

3) 설치위치 및 개수 : 사람이 출입할 수 있는 출입구 부근에 5개 이상

(6) 설치높이 : 1.5m 이하

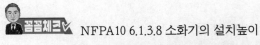

NFPA10 6.1.3.8 소화기의 설치높이

중량	바닥에서 설치높이
18kg 이하	0.35ft(0.1m)~5ft(1.53m) 이하
18kg 초과	0.35ft(0.1m)~3.5ft(1.07m) 이하

(7) 표지설치

1) 소화기에 있어서는 '소화기', 투척용 소화용구에 있어서는 '투척용 소화용구', 마른모래에 있어서는 '소화용 모래', 팽창진주암 및 팽창질석에 있어서는 '소화질석'이라고 표시한 표지를 게시한다.

2) 원칙 : 보기 쉬운 위치

3) 예외

① 소화기 및 투척용 소화용구의 표지 : 축광식 표지

② 주차장 : 1.5m 이상의 높이에 설치

(8) 능력단위가 2단위 이상이 되도록 수동식 소화기를 설치해야 할 소방대상물

1) 간이소화용구의 능력단위수치의 합계수가 전체 능력단위 합계수의 2분의 1 이하

2) 예외 : 노유자시설

(9) 자동확산소화기

1) 정의 : 밀폐 또는 반밀폐된 장소에 고정시켜 화재 시 화염이나 열에 따라 자동으로 소화약제가 확산하여 소화하는 소화기로, 구조는 분말축압식 소화기와 같다.

2) 용도 : 밀폐 또는 반밀폐된 장소에 고정시켜 화재 시 화염이나 열에 의하여 감열부가 동작하여 자동적으로 소화약제가 확산하여 소화하는 것이다.

3) 종류

① 분사식 : 퓨즈블링크 및 유리벌브형의 감지부가 소화약제 저장용기에 부착되어 있어 화재 시 감지부의 작동온도까지 온도가 상승하면 자동적으로 파열·이탈되어 노즐을 통하여 소화약제를 방사한다.

㉠ 소화감지부의 종류 : 용융금속형, 유리벌브형

㉡ 소화약제 : 분말(ABC)

㉢ 용량 : 대부분 3kg

② 파열식 : 투척용 소화용구와 같이 경질유리로 된 용기에 소화약제를 봉입한 제품으로, 화재 시 일정온도가 되면 용기 내의 자체 압력이 증가하여 용기가 파열되면서 소화약제가 화재지역에 뿌려져 소화한다. 파열식 자동확산소화기는 현재 국내에서는 생산되지 않는다.

4) 설치장소

① 화기취급장소(보일러실, 건조실, 세탁실 등)

② 주방(음식점, 호텔)

③ 관리자의 출입이 곤란한 변전실, 송전실

5) 설치기준

① 방호대상물에 소화약제가 유효하게 방사될 수 있도록 설치한다.

② 작동에 지장이 없도록 견고하게 고정하여야 한다.

05 간이소화용구

(1) 정의 : 에어로졸식 소화용구, 투척용 소화용구 및 소화약제 외의 것을 이용한 소화용구, 소공간용 소화용구

소화용구 : 소화기 및 자동식 소화장치 이외의 것으로서, 소화기의 형식승인 및 제품검사의 기술기준 제8조의 규정에 의한 소화약제를 충전하여 소화용으로 사용하는 소화기구

(2) 간이소화용구의 분류

1) 소화약제 외의 것을 이용한 간이소화용구

구분		능력단위
마른모래	삽을 상비한 50L 이상의 것 1포	0.5단위
팽창질석 또는 팽창진주암	삽을 상비한 80L 이상의 것 1포	0.5단위

2) 소화약제의 것을 이용한 간이소화용구

① 에어로졸식 소화용구

㉠ 사람이 조작하여 압력에 의하여 방사하는 기구

㉡ 능력단위의 수치는 1 미만이고, 소화약제의 중량은 0.7kg 미만

㉢ 비재용형

② 수동펌프식 소화용구 : 소화약제를 충전하여 수동펌프로서 방사시키는 것

③ 투척용 소화용구

(3) 투척용 소화용구

1) 정의 : 화재가 발생한 장소에 던져서 불을 끄는 소화용구이다.

2) 소화효과 : 고농축 소화액이 화원이나 딱딱한 물질에 의해 파손되면서 그 순간 산소를 차단해서 불길을 잡는 질식효과를 이용한다.

3) 사용처 : 불길이 거세 다가가기 힘든 경우, 소화기 작동이 어려운 노약자나 어린이

4) 설치기준

① 설치위치 : 거주자 등이 손쉽게 사용할 수 있는 장소에 설치한다.

② 바닥으로부터 1.5m 이하에 설치하고, '투척용 소화용구'라고 표시한 표지를 설치한다.

(4) 소공간용 소화용구

종류	내용
패드형	분전반 등 내부 패널 상단에 부착
용기형	분전반 등 상단에 부착
줄형	줄을 배선에 부착

06 자동소화장치 104회 출제

(1) 주거용 주방자동소화장치 129·119회 출제

1) 정의 : 주거용 주방에 설치된 열발생 조리기구의 사용으로 인한 화재발생 시 열원(전기 또는 가스)을 자동으로 차단하며 소화약제를 방출하는 소화장치[1](주방화재 소화용 + 가연성 가스 차단용)

2) 설치대상

① 아파트의 주방

② 오피스텔(30층 이상)의 주방

3) 기능

① 가스 누설 시 감지 및 자동경보 기능

② 가스 누설 시 가스밸브의 자동차단 기능

③ 가스기구의 과열 시 감지 기능

④ 화재 시 소화약제 자동방출 기능

4) 설치기준

① 방출구

㉠ 환기구(주방에서 발생하는 열기류 등을 밖으로 배출하는 장치)의 청소부분과 분리

㉡ 형식승인을 받은 유효설치 높이 및 방호면적에 따라 설치

② 감지부 : 형식승인을 받은 유효한 높이 및 위치에 설치한다.

③ 차단장치(전기 또는 가스) : 상시 확인 및 점검이 가능하도록 설치한다.

1) 소화기구 및 자동소화장치의 화재안전기술기준(NFTC 101) 1.7.1.4(1)

④ 탐지부 : 수신부와 분리하여 설치한다.

가스의 종류	탐지부의 위치
공기보다 가벼운 가스(LNG)	천장면에서 30cm 이하
공기보다 무거운 가스(LPG)	바닥면에서 30cm 이하

⑤ 수신부 : 주위의 열기류, 습기, 온도 등의 영향을 받지 아니하고 사용자가 상시 볼 수 있는 장소에 설치한다.

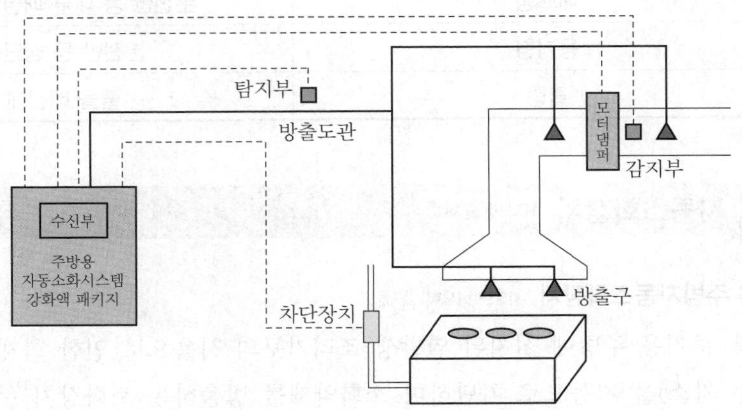

| 주거용 주방자동소화장치 개략도 |

5) 소화약제

① Wet chemical : 초산칼륨(CH_3COOK)이 주성분

② 강화액

6) 음식조리를 위하여 설치하는 설비(화재예방법 시행령 제18조 관련 [별표 1])

① 주방설비에 부속된 배기덕트는 0.5mm 이상의 아연도금강판 또는 이와 동등 이상의 내식성 불연재료로 설치할 것

② 주방시설에는 동물 또는 식물의 기름을 제거할 수 있는 필터 등을 설치할 것

③ 열을 발생하는 조리기구는 반자 또는 선반으로부터 0.6m 이상 떨어지게 할 것

④ 열을 발생하는 조리기구로부터 0.15m 이내의 거리에 있는 가연성 주요 구조부는 석면판 또는 단열성이 있는 불연재료로 덮어씌울 것

7) 작동순서

구분	작동순서	구분	작동순서
가스누출 시	① 탐지부에서 가스 검출 ② 수신부에서 경보발생 ③ 가스차단장치 작동으로 가스공급 중단	화재 시	① 1차 감지부 작동 ② 수신부에서 경보발생 및 예비화재표시등 점등 ③ 가스차단장치 작동으로 가스공급 중단

구분	작동순서	구분	작동순서
가스누출 시	–	화재 시	④ 2차 감지부 작동 ⑤ 수신부에 화재표시등 점등 ⑥ 소화약제 방출

8) 소화성능(주거용 자동소화장치의 형식승인 및 제품검사의 기술기준 제27조)

① 소화시험모형(1모형과 2모형)을 설치하여 철제냄비(직경 300mm, 높이 50mm)에 대두유 800mL(발화점이 360℃부터 370℃까지의 범위로 한다)를 넣고 가열하여 발화시키는 경우 두 모형 모두 소화(소화약제 방사종료 후 2분 이내에 재연하지 않는 것을 포함함) 되어야 한다.

② 철제냄비 대두유에 점화된 후 2분 이내에 소화약제가 방출되어야 한다.

③ 각 방출구의 최소 공칭방호면적은 0.4㎡ 이상이어야 한다.

④ 2개 이상의 방출구를 사용하는 경우에는 1개의 방출구에 대한 공칭방호면적을 적용하여 소화시험을 실시하며 나머지 방출구에서 방출되는 소화약제는 소화시험에 영향을 미치지 아니하여야 한다.

⑤ 공칭방호면적의 계산

㉠ 그림과 같이 방출구를 위치시키고 소화시험을 실시하여 소화 시 방출구 방호면적은 πr^2으로 한다.

㉡ 자동소화장치의 공칭방호면적은 $L_1 \times L_2$이며 공칭방호면적은 방출구 방호면적 내에 위치한다.

㉢ 방출구가 2개 이상인 경우 방출구와의 거리가 d일 때 공칭방호면적은 $L_1 \times L_3$이며, 방출구 방호면적 내에 위치한다.

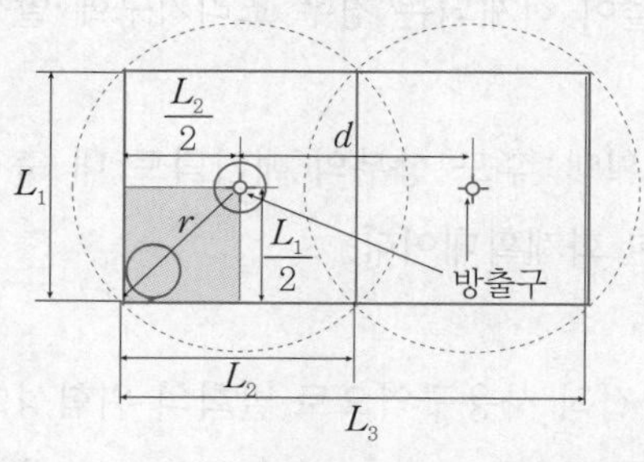

| 공칭방호면적 |

⑥ 방출구의 유효설치높이가 범위로 설계된 경우에는 최소 높이 및 최대 높이에서 각각 소화시험을 실시한다.

(2) 상업용 주방자동소화장치 131·128·124·109회 출제

1) 정의 : 상업용 주방에 설치된 열발생 조리기구의 사용으로 인한 화재발생 시 열원(전기

나 가스)을 자동으로 차단하며 소화약제를 방출하는 소화장치

2) 소화장치 : 조리기구의 종류별로 성능인증을 받은 설계매뉴얼에 적합하게 설치한다.

3) 감지부 : 성능인증을 받는 유효 높이 및 위치에 설치한다.

4) 차단장치(전기 또는 가스) : 상시 확인 및 점검이 가능하도록 설치한다.

5) 분사헤드

① 후드에 방출되는 분사헤드 : 후드의 가장 긴 변의 길이까지 방출될 수 있도록 약제방출 방향 및 거리를 고려하여 설치한다.

② 덕트에 방출되는 분사헤드 : 성능인증을 받은 길이 이내로 설치한다.

6) 화재특성

① 식용유의 경우에는 발화점과 인화점과의 차이가 작고, 발화점이 끓는점 이하인 식용유가 착화되어 발화점 이상으로 온도가 상승하면서 연소가 지속되게 되는데, 이때 연소되는 식용유 표면의 화염을 제거해도 식용유의 온도가 발화점 이상으로 유지되기 때문에 곧바로 재발화가 이루어진다.

② 끓는 식용유에 불이 붙은 경우 기름의 온도를 발화점 이하인 온도로 낮추어야만 소화할 수 있다.

③ 연소 중 식용유의 유표면인 유증기에 물을 부으면 물이 즉시 비등·증발하여 팽창된 수증기 폭발을 동반하여 착화된 식용유가 비산하는 스플래시 현상 때문에 경우에 따라서 1L의 기름으로도 직경 20~30cm, 높이 수 m의 불기둥을 만들게 되어, 연소 중인 식용유에 물을 사용해서는 안 된다.

④ 화재의 확대경로

㉠ 주방으로 화재확대 : 조리기구 주위에 청소 등 유지관리가 미흡하여 기름 찌꺼기가 누적 또는 가연물이 적재되는 경우 조리기구에 발생된 화재가 주방 전체로 확대될 수 있다.

㉡ 덕트를 통한 화재확대 : 후드 상부의 배기덕트 내 축적된 기름 찌꺼기 등에서 발생되어 덕트를 통한 화재확대이다.

7) 주방특성

① 화기취급 : 화기의 직접적 사용구역으로 발화의 위험성이 상존하게 되는 공간이다.

② 가스 등 가연성 기체의 사용

③ 구조(환기) : 상업시설의 경우 좁은 주방은 높은 화재하중 밀도의 공간이 되며, 환기도 후드 등에 의존하며 후드 내에 기름 찌꺼기 등으로 화재확산 우려가 크다.

④ 인력 밀집

⑤ 작업 특성 : 업무과중으로 기름 찌꺼기(그리스) 제거 등의 안전관리에 소홀할 수 있다.

⑥ 업체의 자본력 : 안전에 관한 투자 및 관리가 중소업체의 경우는 취약할 수 있다.

⑦ 불특정 다수인이 모이는 장소

8) 손실저감 대책

① 상업용 주방 자동소화장치 법적 의무화

② K급 소화기 제도 보완

㉠ 자동식(상업용 주방 자동소화장치의 설치) + 수동식(K급 소화기)

㉡ 조리기구 가까이 배치(NFPA10 6.6.2 9 1m 이내)

㉢ 모든 고체 연료를 사용하는 0.14㎥ 이하의 조리실은 2-A의 물소화기나 6L의 K급 소화기 비치(NFPA10 6.6.3)

③ 유지관리기준 법적 의무화

㉠ 상업용 주방 자동소화장치의 점검 및 유지관리 법제화

㉡ 후드 및 덕트의 정기적 청소 의무화

9) NFPA 96(상업용 조리작업의 환기제어 및 화재방지를 위한 표준)

① 일산화탄소 감지기 : 주방과 식당에 설치(단, 열원이 전기인 경우 제외)

② SP

㉠ 퓨즈블링크형 : 6개월 마다 교체

㉡ 글라스벌브형 : 매년 검사 및 청소 또는 교체

③ 방화댐퍼 : 퓨즈형의 온도등급은 190℃, 퓨즈는 6개월 마다 교체

④ 덕트 청소 : 대량 요리작업은 3개월, 소형 요리작업은 1년 이내

(3) 주방 화재진압 시스템(NFPA 17A, UL 300)

1) 설치대상

① 식당, 상업용 및 기관 주방 후드

② 조리기구의 조리장, 덕트 및 필터

③ 기름 제거 장치

④ 냄새 제어 장치

⑤ 조리기기 배기시스템에 설치된 에너지 회수장치

2) 요구성능

① 동시에 작동하는 기능 : 주방 어디에서나 화재발생 시 모든 시스템(전역 또는 국소)이 동시에 작동해야 한다.

② 화재를 일으킬 수 있는 모든 열, 연료 및 전력 공급원을 자동으로 차단하는 차단장치(4.4.1)이어야 한다.

③ 수동작동장치 : 시스템이 완전히 자동화된 경우에도 정전 시에 시스템을 활성화할 수 있어야 한다.

④ 작동하기 위해 전력이 필요한 자동화된 시스템에는 시스템이 제대로 작동하지 않을 때 경고하기 위한 모니터링 장치가 내장되어 있어야 한다. 또한, 시스템이 작동되고 현재 검사가 필요한 시기임을 나타내는 가시적 또는 청각적 신호를 제공해야 한다.

⑤ 화재진압 시스템과 화재경보 시스템이 있는 경우 : 화재진압 시스템을 활성화하면 화재경보가 발동되도록 두 시스템이 연동되어야 한다.

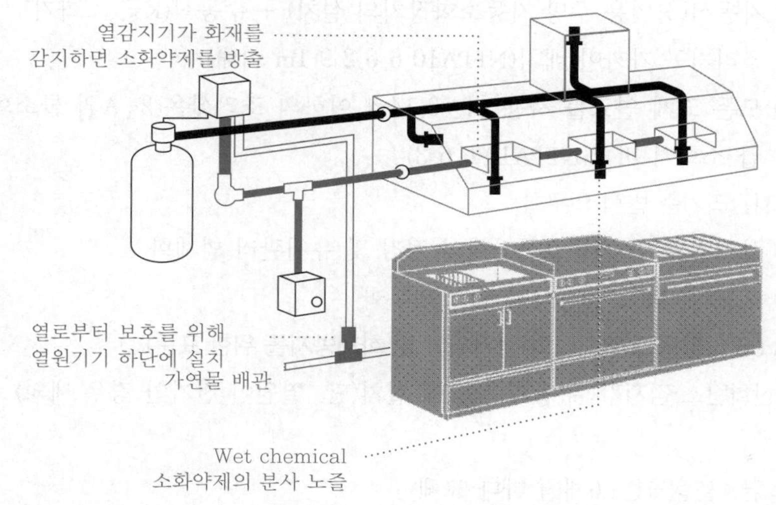

| 자동식 소화장치 설치 예[2] |

(4) 캐비닛형 자동소화장치

1) 개요

① 정의 : 화재에 의하여 생기는 열 또는 연기 등을 감지하여 경보를 발하고 소화약제를 자동으로 방사하여 소화를 행하는 고정된 제어반과 약제용기 일체형인 캐비닛 모양의 소화기기

② 구성 : 감지부, 작동장치, 수신부, 문, 외함, 소화약제 저장용기, 용기밸브, 방출유도관, 방출구, 전자밸브, 단자대 등

2) 용도 및 소화약제

① 사용처에 따른 구분

㉠ 일반용 : 집, 사무실, 작업실, 집회실, 오락실 등에 사람이 거주하는 장소에 사용하는 소화기기

㉡ 창고용 : 창고 등 폐쇄된 장소로 사람이 거주하지 않는 장소에 사용하는 소화기기

② 용량 : 200kg 이하(기술기준)

③ 소화약제의 종류 : 이산화탄소, 할론 1301, HCFC BLEND A, HFC-227ea 등

2) http://www.martinsfiresafety.com/fire-suppression-systems.html에서 발췌

3) 설치기준

① 분사헤드의 설치높이 : 방호구역의 바닥으로부터 최소 0.2m 이상 최대 3.7m 이하로 설치(예외 : 별도의 높이로 형식승인을 받은 경우)할 것

② 화재감지기 : 방호구역 내의 천장 또는 옥내에 면하는 부분에 화재안전기준에 적합하게 설치할 것

③ 방호구역 내의 화재감지기의 감지에 따라 작동되도록 할 것

㉠ 화재감지기의 회로 : 교차회로방식

㉡ 교차회로 내의 각 화재감지기 회로별로 설치된 화재감지기 1개가 담당하는 바닥면적은 화재안전기준에 따른 바닥면적으로 할 것

④ 개구부 및 통기구(환기장치를 포함) : 약제가 방사되기 전에 해당 개구부 및 통기구를 자동으로 폐쇄(예외 : 가스압에 의하여 폐쇄되는 것은 소화약제 방출과 동시에 폐쇄 가능)

⑤ 작동에 지장이 없도록 견고하게 고정시킬 것

⑥ 구획된 장소의 방호체적 이상을 방호할 수 있는 소화성능이 있을 것

4) 방사성능

① 작동 후 신속하게 방호구역에 소화약제를 유효하게 방사

② 충전된 소화약제의 용량 또는 중량의 85% 이상 방사

③ 방사시간

㉠ 이산화탄소 및 불활성기체 : 60초 이내

㉡ 할로겐화합물 : 10초 이내

(5) 고체에어로졸식 자동소화장치 93회 출제

1) 개요

① 정의 : 열, 연기 또는 불꽃 등을 감지하여 에어로졸의 소화약제를 방사하여 소화하는 소화장치

② 주성분 : 알칼리 금속염(KNO_3, K_2CO_3 등)

2) 소화원리

① 고체화합물을 소화약제로 사용하고, 유리벌브 작동장치는 주위 온도의 상승에 의해 자동으로 작동되며, 전기식 감지기와 연동하여 전기신호에 의해 자동으로 작동한다.

② 소화약제 내의 폭발성 물질이 폭발하면서 고농도의 소화성분인 수 마이크론의 작은 미립자상 에어로졸이 발생한다.

③ 고체에어로졸의 라디칼(K)이 O*, H*, OH* 활성라디칼과 반응하여 연쇄반응을 차단하는 부촉매효과를 발생시켜 잔존물 없이 화재를 진압한다.

꼼꼼체크 **비화약식 고체에어로졸** : 자가발전 작동장치를 함께 설치하여 화재발생 시 자가발전 작동장치가 감지, 작동하여 전기적 펄스에 의해 에어로졸을 방출한다. 자체 열 감지에 의한 임펄스 발생으로 무전원, 무보수형이라는 장점이 있다.

④ 소화효과 : 부촉매효과가 크고, 냉각 및 불꽃 전파속도의 지연효과도 기대된다.

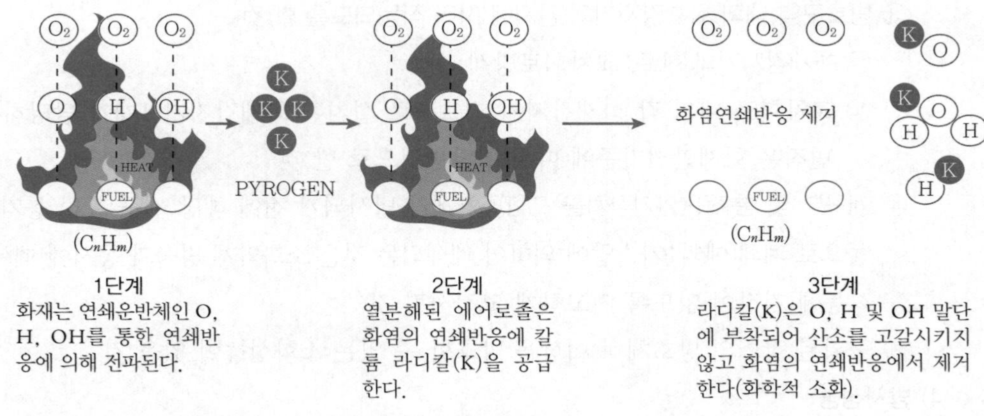
O_2
O
H
OH
HEAT
FUEL
(C_nH_m)
K
PYROGEN
화염연쇄반응 제거
1단계
화재는 연쇄운반체인 O, H, OH를 통한 연쇄반응에 의해 전파된다.
2단계
열분해된 에어로졸은 화염의 연쇄반응에 칼륨 라디칼(K)을 공급한다.
3단계
라디칼(K)은 O, H 및 OH 말단에 부착되어 산소를 고갈시키지 않고 화염의 연쇄반응에서 제거한다(화학적 소화).

| 고체에어로졸 작동메커니즘 |

3) 장단점

장점	단점
① 우수한 소화성능 : 고체에어로졸의 주된 소화효과는 부촉매로 할론과 소화원리가 같으나, 소화성능이 할론의 5배에 달할 정도로 우수하다. ② 높은 신뢰성 : 기존 소화가스설비에 비교하여 작동원리가 스프링클러의 유리벌브 타입과 같은 기계적인 방법에 의한 작동방식으로 신뢰성이 매우 높다. ③ 친환경제품 : 지구온난화 및 오존층 파괴지수가 0이다. ④ 간편한 설치 및 소형화 : 압력용기 및 배관 등이 불필요하고, 가스계 소화설비에 비하여 차지하는 공간이 극히 작다. ⑤ 유지보수 비용절감 : 사용수명 10년 KFI 인증을 받았고 별도의 유지보수가 불필요하다.	① 대규모 공간에는 적응성이 떨어지고 소규모 공간에 한정된 소화효과를 가진다. ② 소화 후 잔존물에 의한 2차 피해 : 고체 미립자에 의한 오염이 발생할 수 있다.

꼼꼼체크 **인명안전 문제** : 2016년 태국의 은행에서 고체에어로졸이 방출되서 8명이 사망한 사고가 발생했다.

4) 소화효과

① 부촉매 효과 : $K + OH \rightarrow KOH + H \rightarrow K + H_2O$

② 화염의 냉각

5) 제품의 종류 및 설치구성

① 작동장치에 따른 구분

구분	설치장소
유리벌브 작동장치	① EPS실, TPS실 등과 같은 소규모의 방호체적 장소 ② 분전반 패널 등과 같은 국소방출방식의 장소
전기식 작동장치	규모가 큰 장소(동시에 작동)

② 구성

규격	내용	구성비	특징
소화약제	질산칼륨(KNO_3)	77	• 오존파괴지수 : 0 • 지구온난화지수 : 0 • 인체독성 : 없음 • 장비부식 : 없음
	탄산칼륨(K_2CO_3)	4	
	수지	19	
냉각제	알루미나 베이스 세라믹볼	–	고온에서 용해되지 않음

(6) 가스, 분말, 고체 에어로졸식 자동소화장치의 설치기준

1) 소화약제 방출구 : 형식승인을 받은 유효설치범위 내에 설치할 것

2) 설치개수 : 방호구역 내에 형식승인된 1개의 제품을 설치(연동방식으로서 하나의 형식을 받은 경우에는 1개의 제품으로 봄)할 것

3) 감지부

① 형식승인된 유효설치범위 내에 설치할 것

② 설치장소의 평상시 최고 주위온도에 따라 다음 표에 따른 표시온도의 것으로 설치할 것(예외 : 열감지선의 감지부는 형식승인을 받은 최고 주위온도범위 내에 설치)

| 자동식 소화장치의 온도범위 |

설치장소의 최고 주위온도	표시온도
39℃ 미만	79℃ 미만
39℃ 이상 64℃ 미만	79℃ 이상 121℃ 미만
64℃ 이상 106℃ 미만	121℃ 이상 162℃ 미만
106℃ 이상	162℃ 이상

4) 화재감지기 감지부를 사용하는 경우

① 화재감지기 : 방호구역 내의 천장 또는 옥내에 면하는 부분에 화재안전기준에 적합하게 설치할 것

② 방호구역 내 화재감지기의 감지에 따라 작동되도록 할 것

㉠ 화재감지기의 회로 : 교차회로방식

㉡ 교차회로 내의 각 화재감지기 회로별로 설치된 화재감지기 1개가 담당하는 바닥면적은 화재안전기준에 따른 바닥면적으로 할 것

③ 개구부 및 통기구(환기장치를 포함) : 약제가 방사되기 전에 해당 개구부 및 통기구를 자동으로 폐쇄(예외 : 가스압에 의하여 폐쇄되는 것은 소화약제 방출과 동시에 폐쇄 가능)

④ 작동에 지장이 없도록 견고하게 고정시킬 것

⑤ 구획된 장소의 방호체적 이상을 방호할 수 있는 소화성능이 있을 것

(7) 이산화탄소 또는 할로겐화합물을 방사하는 소화기구(자동확산소화기 제외)의 설치 제외 장소

1) 지하층이나 무창층 또는 밀폐된 거실로서, 그 바닥면적이 $20m^2$ 미만인 장소

2) 예외 : 배기를 위한 유효한 개구부가 있는 장소

SECTION

005 소화기구 소화약제

01 소화(消火, fire extinguishing)

(1) **정의** : 연소 중인 물질에 대해 인위적인 수단으로 연소를 종식시키는 일

(2) **구분**

1) 물리적 : 냉각, 질식, 제거

2) 화학적 : 억제

(3) **소화약제** : 소화기구에 사용되는 소화성능이 있는 고체·액체 및 기체의 물질

(4) 불을 끄는 데는 가연물(可燃物)·산소원·점화원·연쇄반응 등 연소의 4요소 중 한 가지 이상을 제거하면 된다.

02 소화약제의 조건

(1) 연소의 4요소 중 한 가지 이상을 제거하는 능력이 우수해야 한다.

(2) 경제성을 고려하여 가격이 저렴해야 한다.

(3) 저장 안정성이 있어야 하며 장기간 보관이 가능해야 한다.

(4) 환경오염이 적어야 한다.

(5) 인체에 독성이 없어야 한다.

03 소화약제의 분류

구분	소화약제
수계 소화약제	물
	강화액
	산알카리
	포소화약제

구분	소화약제
가스계 소화약제	이산화탄소소화약제
	할론소화약제
	할로겐화합물 및 불활성기체 소화약제
	분말소화약제

04 각종 소화기 소화약제의 특성 비교

구분	수계 소화약제			가스계 소화약제			
	물	포	강화액	이산화 탄소	할론	분말	할로겐화합물 및 불활성기체 소화약제
주된 소화효과	냉각	질식, 냉각	냉각, 질식	질식	부촉매	부촉매, 질식	질식, 부촉매
소화속도	느리다.	느리다.	느리다.	빠르다.	빠르다.	빠르다.	빠르다.
냉각효과	크다.	크다.	크다.	약간 있다.	작다.	극히 작다.	작다.
재발화 위험성	작다.	없다.	작다.	있다.	있다.	있다.	있다.
대응화재 규모	중형~대형	중형~대형	중형~대형	소형~중형	소형~중형	소형~중형	소형~중형
사용 후 오염	크다.	크다.	크다.	전혀 없다.	전혀 없다.	크다.	전혀 없다.
화재의 적응성	A급	A, B급	A, B, (K)급	B, C급	B, C급	(A), B, C급	(A), B, C급

※ ( )는 종류에 따라서 적응성이 있기도 하고 없기도 한 가변적인 것을 표시한 것이다.

05 각종 소화기 소화약제의 적응화재와 소화효과

화재의 종류	가연물의 종류	적응 소화약제	개략적인 소화효과
A급 화재	(일반 가연물질) 목재, 고무, 종이, 플라스틱류, 섬유류 등	물	냉각
		수성막포(AFFF)	냉각, 질식
		ABC급 분말	부촉매, 피복, 냉각
		Halon 1211	부촉매, 냉각

화재의 종류	가연물의 종류	적응 소화약제	개략적인 소화효과
A급 화재	(일반 가연물질) 목재, 고무, 종이, 플라스틱류, 섬유류 등	할로겐화합물 HCFC 123	냉각, 부촉매
B급 화재	(가연성 액체) 휘발유, 그리스, 페인트, 래커, 타르 등 (가연성 기체)	수성막포(AFFF)	냉각, 질식
		ABC급 분말	부촉매, 질식
		Halon 1211, 1301	부촉매, 질식, 냉각
		할로겐화합물 HCFC-123	부촉매, 질식, 냉각
		할로겐화합물 FK-5-1-12	부촉매, 질식, 냉각
		이산화탄소	냉각, 질식
		BC급 분말	부촉매, 질식
C급 화재	(통전 중인 전기설비) 전선, 발전기, 모터, 패널, 스위치, 기타 전기설비 등	BC급 분말	부촉매, 질식
		ABC급 분말	부촉매, 질식
		Halon 1211, 1301	부촉매, 질식, 냉각
		이산화탄소	질식, 냉각
AB급 화재	일반가연물과 가연성 액체, 기체의 혼합물	수성막포(AFFF)	질식, 냉각
		ABC급 분말	부촉매, 질식
		Halon 1211, 1301	부촉매, 질식, 냉각
BC급 화재	가연성 액체, 기체와 통전 중인 전기설비 외의 혼합물	BC급 분말	부촉매, 질식
		ABC급 분말	부촉매, 질식
		Halon 1211, 1301	부촉매, 질식, 냉각
		이산화탄소	질식, 냉각
ABC급 화재	일반 가연물과 가연성 액체, 기체와 통전 중인 전기설비와의 혼합물	ABC급 분말	부촉매, 질식
		Halon 1211	부촉매, 질식, 냉각
		할로겐화합물 HCFC-123	부촉매, 질식, 냉각
		할로겐화합물 FK-5-1-12	부촉매, 질식, 냉각
D급 화재	가연성 금속과 가연성 금속의 합금	금속화재용	질식, 냉각

꼼꼼체크 소화기용 수계 소화약제에 첨가제 사용 시 적응화재별 분류

구분	A급 화재	B급 화재	C급 화재	D급 화재	K급 화재
강화액	○	△	×	×	△
Wet chemical	○	×	×	×	○
침투제 첨가	○	×	×	×	×
산-알카리제 첨가	○	×	×	×	×
포 소화약제 첨가	○	○	×	×	×

※ ○ : 적응성이 있다, △ : 적응성이 약간은 있다, × : 적응성이 없다.

SECTION 006 물의 특성

01 개요

(1) 물은 소화특성이 우수한 물질로서, 비열과 증발잠열이 커서 냉각효과가 크고 기화 시 체적팽창에 의한 질식효과가 있으며 높은 안정성과 경제성, 환경영향성 등 많은 장점을 가지고 있다. 따라서, 가장 보편적인 소화약제로 사용된다.

(2) 물이 소화약제로 이용되는 특성 중 비열, 증발잠열, 표면장력 등은 물의 수소결합 특성에 기인한 것이다.

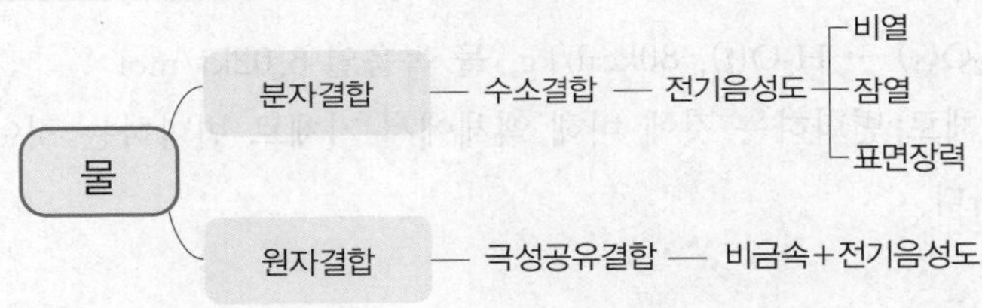

02 물성 111·107회 출제

(1) 상온에서 액체이고 화학적으로 안정된 액체로, 세 가지 상태로 존재가 가능하다.

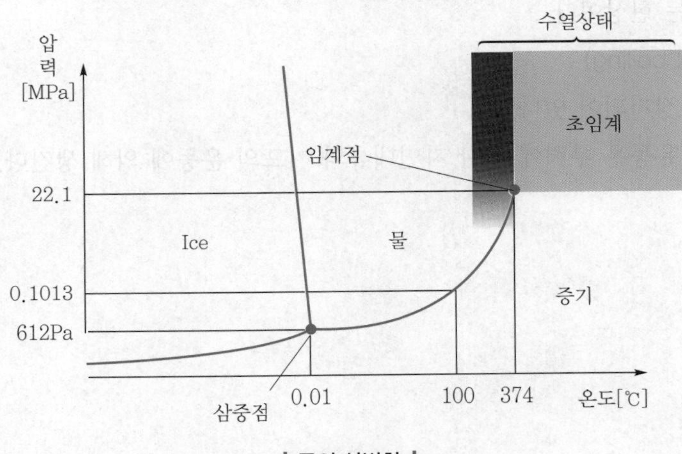

▎물의 상변화 ▎

(2) 비열[kcal/kg·℃, J/g·℃]

1) 정의 : 어떤 물질 1kg의 온도를 1℃ 변화시키는 데 필요한 열량

2) 물의 비열 : 1kcal/kg·℃

(3) 잠열[kcal/kg]

1) 정의 : 물질의 온도변화 없이 상변화에 필요한 열량

2) 증발잠열 : $H_2O(l) \rightarrow H_2O(g)$, 539kcal/kg, 몰 기화열 40.6kJ/mol

| 주요 물질의 물성 |

물질명	용융열[cal/g]	증발잠열[cal/g]	물질명	용융열[cal/g]	증발잠열[cal/g]
물	79.9	539.6	에탄올	24.9	204.0
아세톤	23.4	124.5	납	5.4	222.6
벤젠	30.1	94.3	파라핀왁스	35.0	–
사염화탄소	4.1	46.3	LPG	–	98.0

3) 융해잠열 : $H_2O(s) \rightarrow H_2O(l)$, 80kcal/kg, 몰 녹음열 6.02kJ/mol

4) 고체에서 액체로 변화하는 것에 비해 액체에서 기체로 변화하는 것이 에너지가 7배 정도 더 필요하다.

액체 상태에서 기체 상태로 바뀌는 것이 고체에서 액체로 바뀌는 것보다 분자 간 결합력의 차이가 크기 때문에 더 많은 에너지를 필요로 한다.

(4) 비등 124회 출제

1) 정의 : 액체를 가열하여 액체 내부에서 증발이 생기는 현상으로, 액상에서 기상으로 상이 변화하는 현상이다.

2) 풀비등(pool boiling)

① 유체는 정지되어 있다.

② 유체의 유동은 부력에 의한 자연대류와 기포의 운동에 의해 생긴다.

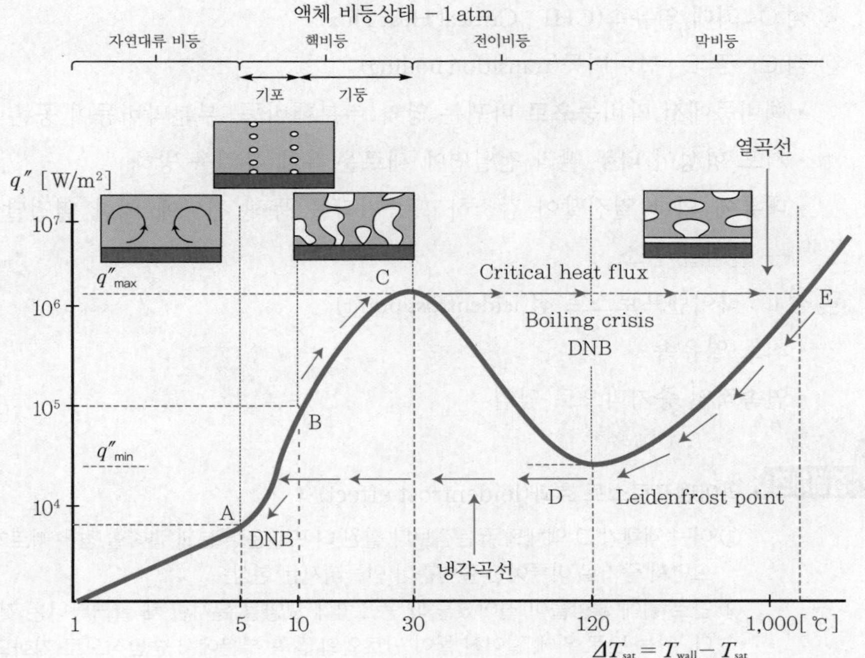

여기서, ΔT_{sat} : 과열온도차

T_{wall} : 전열면 온도

T_{sat} : 액체 포화온도

③ 구간 및 점(point) 설명

㉠ 영점～점 A : 자연대류비등(natural convection boiling)

- 기포의 발생없이 자연대류가 일어나는 영역
- 전열면에서 가까운 액체는 포화온도 이상으로 약간 과열되어 액체 표면으로 상승한 후 증발
- 열전달(Q)은 ΔT의 1.25승에 비례 : $Q \propto \Delta T^{1.25}$

㉡ 점 A : 핵비등이 시작되는 곳(ONB : Onset of Nucleate Boiling)으로, 기포가 막 발생하기 시작

㉢ 점 A～점 C : 핵비등(nucleate boiling)

- 점 A～점 B : 액체 내에서 증기나 기체의 작은 핵을 중심으로 기포가 형성되는 비등형태
- 점 B～점 C : 전열면에서 기포가 형성되어 분리 → 액체 교반 발생 → 자유표면까지 상승
- 액체 교반에 의한 대류열전달계수 증가로 열전달이 잘 일어남 : $Q \propto \Delta T^{4.5}$

㉣ 점 C : 최대 열유속(CHF : Critical Heat Flux)

㉤ 점 C～점 D : 전이비등(transition boiling)

- 핵비등에서 막비등으로 바뀌는 영역 : 부분핵비등, 부분막비등이 공존
- 기포 형성이 너무 빨라 전열면에 새로운 유체 유입을 방해
- 대류에 의한 열전달이 감소하고 증기막을 통해 전도에 의한 열전달이 나타남 → 열전달 감소

㉥ 점 D : 라이덴프로스트 점(leidenfrost point)

- 최소 열유속
- 연속적인 증기막으로 덮임

꼼꼼체크 라이덴프로스트 효과(leidenfrost effect)

① 어떤 액체가 그 액체의 끓는점보다 훨씬 더 뜨거운 부분과 접촉할 경우 빠르게 액체가 끓으면서 증기로 이루어진 절연층이 만들어지는 현상

② 난로 위에 물방울이 떨어졌을 때 동그랗게 모양을 유지한 채 굴러다니는 것을 볼 수 있다. 이는 난로 위에 떨어진 물이 난로와의 접촉 부분에서 순간적으로 기화되어 물이 떠 있게 되고, 기화된 수증기가 열의 전달을 막는 역할을 해서 떠 있는 물은 물방울 형태로 존재하게 되는 걸 말한다.

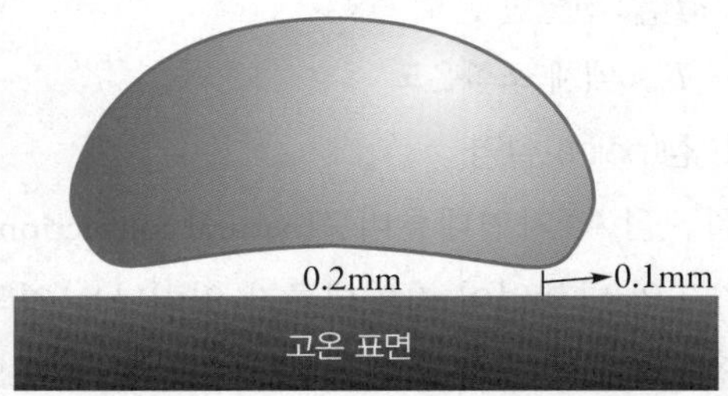

㉦ 점 D～점 E : 막비등(film boiling)

- 전열면 전체에 연속된 막을 형성하는 비등형태
- 대류에 의한 열전달은 거의 없고, 증기막에 의한 전도나 복사에 의해 열전달 발생 → 전열면 온도 급격히 증가

3) 유동비등(flow boiling)

① 펌프 등의 외력에 의해 유체 유동

② 자연대류와 기포뿐만 아니라 강제대류 영향을 수반

(5) 표면장력 : 20℃에서 72.75dyne/cm

(6) 삼중점 114회 출제

1) 정의 : 상평형 그림에서 세 상전이 곡선이 만나는 점이다.

2) 0.006기압에서 0.01℃, 273.16K(열역학적 온도의 단위인 켈빈[K]을 정의하는 기본 고정점임)

3) 삼중점의 압력보다 압력이 낮은 경우 온도와 관계없이 물은 액체로 존재할 수 없고 고체나 기체로 존재가 가능하다.

4) 냉각할 경우 → 기체가 점점 액체와 고체화

5) 가열할 경우 → 고체와 액체가 점점 기체화

6) 압력을 가할 경우 → 기체와 액체가 고체화(물은 융해곡선이 기울어져서 액체로 존재함)

※ 대부분의 물질은 압력을 가하면 밀도가 높은 상인 고체로 변화한다. 하지만 액체의 경우는 액체의 밀도가 고체보다 커서 액체로 존재한다.

7) 압력을 낮추는 경우 → 고체와 액체가 기체화

8) 압력과 온도를 적당히 동시에 변화시킨 경우 → 두 상에 있는 물질

03 물의 화학적 성질 106회 출제

(1) 극성공유결합

1) 물분자는 1개의 산소 원자와 2개의 수소 원자가 극성공유결합을 한다.

2) 산소원자는 음성도가 커서 전자를 잡아당기는 성질이 있는 반면, 수소원자는 전자를 잡아당기는 힘이 가장 작은 원소이다.

3) 수소원자의 전자가 산소원자 쪽으로 당겨져 산소 쪽은 음극성을, 수소 쪽은 양극성을 띠고 있는 극성공유결합을 하며, 각도가 산소 쪽으로 치우치는 형태의 화학적 결합이다.

(2) 물의 수소결합(hydrogen bond)

1) 수소결합(水素結合)의 정의 : N(질소), O(산소), F(플루오린) 등 전기 음성도가 강한 원자와 수소를 가진 분자가 이웃한 분자의 수소원자 사이에서 생기는 인력으로, 일종의 분자 간 인력(분자 사이에 끌어당기는 힘)인 물리적 결합이다.

2) 수소결합은 분자 내에서 일어나는 원자 간의 화학결합이 아니라 분자 사이에서 일어나는 인력으로 발생하는 결합으로, 화학결합과는 다르며 다른 종류의 '분자 간 인력'보다 훨씬 강해 '수소결합'이라고 부를 뿐이다. 하지만 원자 간 결합보다는 약하므로 열 등의 외적 요인으로 쉽게 분리될 수 있다.

3) 특징

① 결합력이 커서 녹는점과 끓는점이 높고, 융해열과 기화열이 크다.

② 물과 물질이 수소결합을 하여 용매와 용질 사이의 인력이 강해지기 때문에 물에 물질이 잘 녹는다.

③ 물분자의 응집력 발생 : 모세관 현상, 표면장력

| 물의 수소결합 |

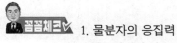

1. 물분자의 응집력
물분자끼리 서로 잡아당기는 힘이다. 삼투압 현상은 대표적인 물의 응집력을 보여주는 현상으로 이는 물이 가는 대롱을 통해 높이 올라가도 물이 끊어지지 않고 연속되는 모세관 현상으로 나타난다. 또한, 식물의 경우 뿌리에서 흡수된 물이 나무 꼭대기까지 도관(물관)을 따라 올라가는 것도 물의 응집력 때문이다. 물의 표면장력도 응집력이며 소금쟁이가 물 위를 걷는 것도 물의 응집력이 소금쟁이의 비중보다 크기 때문에 가능한 것이다.

2. 표면장력
① 액체의 표면에 나타나는 힘
② 응집력에 의해서 응축하려는 힘
③ 표면장력은 온도의 상승과 더불어 감소
④ 물의 표면에 얇은 막을 형성하는 것을 돕는 힘

04 물소화약제의 특징

(1) 소화효과

1) 다양한 물의 소화효과

구분	효과	영향요소	비고
냉각효과	헬륨, 수소를 제외하고 비열이 가장 크며, 액체 중 증발잠열이 가장 큼	물의 표면적, 온도차, 공기 중 수증기 함량, 물의 이동거리 및 속도	물의 대표 소화효과

구분	효과	영향요소	비고
질식효과	기화할 때 부피가 약 1,700배 증가	물입자의 크기(작을수록 표면적이 증가해서 증발이 용이) 및 물의 양	비중 1.1 이상인 물에 불용성인 유류화재에 적용 가능
유화효과	물을 무상으로 분무하면서 운동력을 주면 유류표면에서 일시적으로 섞이는 에멀전이 되어 냉각 및 가연성 증기의 발생 억제	물입자의 크기와 속도(에멀전 상태가 되기 위해서는 물과 섞여 있는 콜로이드 상태가 되어야 하므로 적당한 운동력 필요)	비중이 낮은 유류화재에 적용 가능
희석소화	알코올류 등의 수용성 액체에 가연물의 농도를 낮춤	친수기를 가지는 유기물질	다량의 물이 투입되므로 용기 등이 넘치지 않도록 주의
타격효과	가연물이 파괴되어 제거	방출압과 거리	2차 피해 발생

2) 물의 냉각효과 구분

구분	기상냉각	연소면 주변 냉각	연소면 냉각
메커니즘	화염 냉각	연소면의 주위를 적셔서 연소면이 주변으로 더 이상 확대되지 않도록 화재를 한정하는 화재제어 냉각	플럼의 부력을 뚫고 연소면을 직접 적셔 화재를 진압하는 냉각
설비	물분무, 미분무수	스프링클러설비	ESFR, 옥내소화전

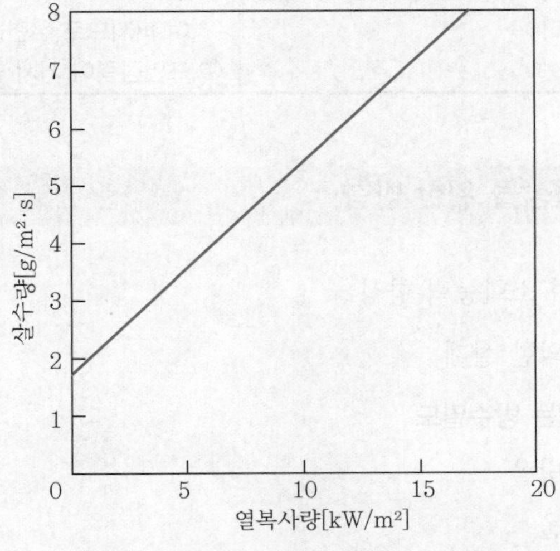

❙ 열복사에 의한 살수량[3] ❙

3) FIGURE 2.7.4 Water Application Rate Needed to Extinguish a Fire on a Vertical Polymethyl Methacrylate Sheet FPH 02-07 Theory of Fire Extinguishment 2-83

3) 물의 냉각효과 영향인자

구분	영향인자
물의 표면적	① 물이 수증기로 기화하면서 크게 증가 ② 물방울이 작을수록 물의 전체 표면적은 증가
온도차	① 물과 주위 공기 또는 물과 연소물질의 온도차 ② 온도차가 클수록 현열이 증가
수증기 함유량	① 수증기 함유량이 증가할수록 화재확대가 억제 ② 수증기가 부유하면서 열을 흡수
물의 이동거리와 속도	물의 열흡수 능력

(2) 장단점

장점	단점
① 소화성능 우수 ② 무독성 : 인체에 무해하고, 변질의 우려가 없어 장기간 보관 가능 ③ 환경영향성 : 환경에 나쁜 영향을 미치지 않음 ④ 안정성 : 수소결합으로 안정성이 높아 각종 첨가제를 혼합하여 사용할 수 있음 ⑤ 경제성 : 어디서나 쉽게 구할 수 있고 가격이 저렴하여 경제적 부담이 적음 ⑥ 다양한 방사형태 : 봉상, 적상, 무상 등 ⑦ 이동성 : 비압축성 유체로서 펌핑이 쉽고, 배관 등을 통한 이송 용이	① 영하의 온도에서는 동결, 동파되어 사용할 수 없음 ② 물과 혼합되지 않는 액체위험물의 화재에 사용할 수 없음 ③ 전기전도성이므로 전기화재에 사용할 수 없음 ④ 금수성 물질인 Na, K, Li, Mg 화재에 물소화약제를 사용하면 H_2가 발생하여 폭발적으로 연소하므로 사용할 수 없음 ⑤ 소화 후 물에 의한 2차 피해(수손피해) 발생 ⑥ 밀도가 커서 유류화재 시 기름이 물위에 부상하여 퍼지므로 유면을 확대시킬 위험이 큼 ⑦ 표면장력이 커서 침투력이 약함

05 소화능력 향상을 위한 방향

(1) 화학물질을 첨가하여 소화능력 향상

(2) 다중화(fail-safe)에 의한 설계

(3) 화재성상에 적응성 있는 방수밀도

1) 화재제어 : 작은 물방울

2) 화재진압 : 큰 물방울

3) 액적의 크기

① 분무액체 내에 존재하는 물방울의 평균직경이 수압의 $\frac{1}{3}$ 승에 반비례하고, 오리피스 직경의 $\frac{2}{3}$ 승에 비례한다.

$$d_m \propto \frac{D^{\frac{2}{3}}}{P^{\frac{1}{3}}} \propto \frac{D^2}{Q^{\frac{2}{3}}}$$

여기서, d_m : 물방울의 평균직경

D : 오리피스 직경

P : 방출압력

Q : 노즐의 방출량

② 물방울의 총표면적은 물의 총방출률을 물방울의 평균직경으로 나눈 값에 비례한다.

$$A_s \propto \frac{Q}{d_m}$$

$$A_s \propto \left(\frac{Q^3 \cdot P}{D^2}\right)^{\frac{1}{3}}$$

여기서, A_s : 물방울의 총표면적

③ 스프링클러헤드로부터 방수되는 물의 열흡수율 : 물방울의 총표면적(A_s)과 물방울온도를 초과하는 천장 가스층의 온도(T)에 따라 변화(흡수율은 표면적과 온도에 의존)

(4) 주수형태

구분	봉상 주수	적상 주수	무상 주수
방사형태	관창을 이용해 물이 가늘고 긴 봉의 형태로 방사	비와 같은 물방울 형태로 방사	안개 모양으로 방사
설비	옥내 · 외 소화전	스프링클러, 간이스프링클러, ESFR	물분무, 미분무
소화효과	화염면을 냉각, 타격, 파괴 효과	연소면 주변을 적셔서 냉각소화	질식(ABC급), 기상냉각
적용화재	열용량이 큰 일반 고체가연물의 대규모 화재	실내의 고체가연물 화재	① 중질유화재(중질연료, 윤활유, 아스팔트 등)에 적합(질식 + 에멀전 효과) ② 전기화재
특징	감전의 위험이 있으므로 안전거리 유지 필요	발화원 주변을 적셔서 주변으로의 화재제어	불연속성을 가지므로 비전도성을 가지게 되어 전기화재에 사용 가능
물방울 직경	–	0.5～6mm	0.1～1.0mm
소화효과	소	중	대
주수거리	대	중	소

06 특수화재와 물

(1) 화학제품

1) 대상 : 카바이드(carbide, 탄화칼슘, CaC_2), 과산화수소(peroxide, H_2O_2) 등과 같은 화공약품

2) 물과 반응하여 가연성 가스와 열이 발생하므로 소화약제로 물 사용을 금지한다.

(2) 활성 금속

1) 대상 : K, Na, Mg, Al, Ti와 같이 반응성이 큰 활성 금속

2) 물과 반응하여 가연성 가스(수소)를 발생시키므로 사용을 금지한다.

(3) 방사성 금속 : 방사능에 오염된 물처리에 문제가 있어 소화수 처리시설을 설치한 경우에만 사용할 수 있다.

(4) 가스 과열된 탱크 : 표면을 냉각시켜 탱크의 열파괴를 방지하여 가스의 누출 및 폭발 방지를 위해 사용한다.

07 결론

(1) 물은 가격이 저렴하고 변질의 우려가 없어 장기보관이 가능하며 어디서나 쉽게 구할 수 있는 소화약제이다.

(2) 물은 인체에 무해하며 각종 약제를 혼합하여 소화효과를 향상시킨 수용액으로 사용이 가능하다.

(3) 물은 인체에 무해하며 소화효과가 다양하고 우수한 가장 보편적인 소화약제이다. 그러므로 물의 특성을 파악하고 동결, 전기전도성 등의 단점을 보완하여 우수한 소화제로 사용할 수 있도록 연구개발이 필요하다.

SECTION

007 표면장력(surface tension) 104회 출제

01 표면장력(surface tension)

(1) **정의 :** 물방울을 유지하려는 힘으로서, 분자 간의 결합을 증가시키려는 길이당 작용하는 힘[dyne/cm]

(2) **표면장력의 발생이유**

1) 액체 내부의 분자는 모든 방향에서 다른 액체분자에 둘러싸여 있어서 그 분자로부터 받는 '당기는' 힘이 균형을 이룬다.
2) 표면의 분자는 액면이기 때문에 상향으로 당기는 힘이 없어 힘의 불균형이 생기고 이로 인해 표면장력이 발생한다.
3) 액면 부근의 분자가 액체 속의 분자보다 높은 위치에 있으므로 위치에너지가 크다.
4) 이 때문에 액체가 전체로서 표면적에 비례한 에너지(표면에너지)를 가지며, 이것이 될 수 있는 대로 작게 하려고 하는 작용이 표면장력으로 나타난다.

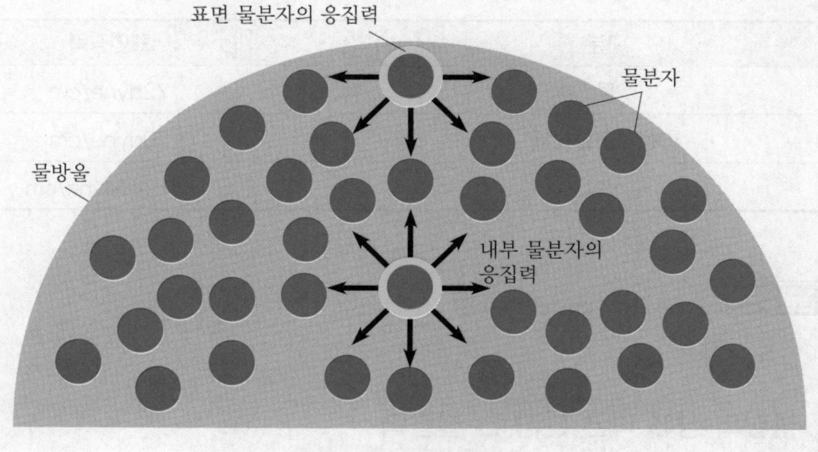

| 물방울의 표면장력 |

(3) **표면장력의 단위** : $\left[\frac{J}{m^2}\right]=\left[\frac{N \cdot m}{m^2}\right]=\left[\frac{N}{m}\right]$

표면장력은 단위길이의 양쪽에 작용하는 힘으로도 표시한다.

(4) 표면장력 평형식

1) 표면장력(σ)은 액체 방울의 내부와 외부의 압력차(ΔP)에 의해서 이루어진 힘과 서로 평형

2) $\sigma = \Delta P$

여기서, σ : 표면장력[dyne/m]

ΔP : 내부와 외부와의 압력차[dyne/cm^2]

3) $F = \Delta PA$

여기서, F : 물입자 표면에 작용하는 힘[dyne]

A : 단위면적[cm^2]

4) 단면적에 작용하는 힘 : $\sigma\pi d = \Delta P \cdot \frac{\pi d^2}{4}$

5) 원주에 작용하는 힘 : $\pi d \cdot \sigma$

$$\pi \cdot d \cdot \sigma = \frac{d^2}{4} \cdot \pi \Delta P$$

6) $\sigma = \frac{\Delta P \cdot d}{4}$ [dyne/cm·N/m]

여기서, d : 직경[cm]

구분	표면장력
물	72dyne/cm
합성계면활성제	30dyne/cm
수성막포	17~20dyne/cm

dyne : 1g · cm/s^2 = 10^{-5}N

02 물질의 상에 따른 분자 간 결합력

(1) **기체** : 물분자가 결합력이 없어 자유롭게 움직인다.

(2) **액체** : 물분자가 결합력이 약해 서로 위치를 약간씩 바꿀 수 있다.

(3) **고체** : 얼음으로 변한 물분자들 사이에 서로 강한 결합력으로 제자리의 진동과 같은 제한 적인 움직임만 가능하다.

03 응집력과 부착력

(1) 유체의 응집력(cohension)

1) 응집력 : 수소결합으로, 유체 내부에서는 분자끼리 잡아당기는 힘
2) 내부의 응집력 : 완전한 힘의 균형을 갖기 때문에 분자 간 작용력(벡터합)은 제로로 안정하다.
3) 공기와 접촉하는 계면의 응집력 : 힘의 균형이 깨진 표면에 가급적으로 공기와 접촉할 수 있는 분자의 수를 줄여서 표면을 최소화하여 안정한 상태를 유지하려는 힘(표면장력) → 구 형태
4) 분자가 무거울수록 증가 → 가장 응집력이 큰 액체는 수은으로, 동그란 모양이다.

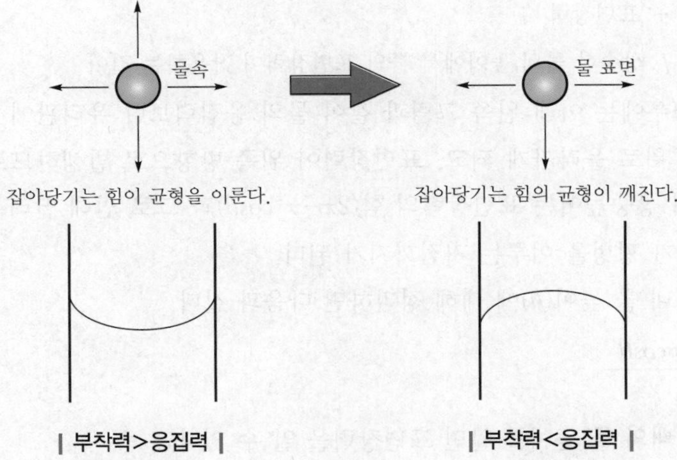

| 부착력>응집력 |　　| 부착력<응집력 |

(2) 부착력

1) 용기와 당기는 힘
2) 얇은 관일수록 응집력과 부착력 증가 → 모세관현상

04 표면장력 측정을 위한 방법

(1) 모세관 상승법(capillary rise method)

1) 모세관에 있는 액체는 모세관에 의해 발생하는 모세관현상에 의한 힘과 중력이 같아질 때까지 상승한다.
2) 액체의 표면장력은 이 상승한 높이를 측정하여 물과 같이 이미 표면장력을 알고 있는 물질과 비교하여 상댓값으로 표현한다.

① 모세관 내의 물 질량 : $W=mg=\frac{m}{V}\times g\times V=\rho gV=\gamma V=\gamma\times(A\times h)$

$=\gamma\times(\pi r^2\times h)$

여기서, m : 모세관 내 물의 질량

ρ : 물의 밀도

$\pi r^2 \times h$: 모세관 내에 물이 채워진 부피

r : 모세관 내부의 반경[cm]

h : 수면으로부터 모세관까지의 수위

② 모세관 내의 물 질량에 중력이 작용하는 힘 : $F = \rho \times \pi r^2 \times h \times g$

③ 표면장력의 힘 : $F = \sigma \times l \times \cos\theta = \sigma \times 2\pi r \times \cos\theta$

여기서, θ : 모세관 내의 유리 표면과 수면이 접촉되어 형성하는 접촉각(물이면 거의 0, $\cos\theta = 1$)

$2\pi r$: 모세관 내벽의 원주

σ : 표면장력

l : 상승한 물의 높이에서 물의 표면장력이 작용하는 길이

④ 물의 경우에는 아래 왼쪽 그림과 같이 물의 응집력보다 유리관에 부착력이 더 커서 유리관 위로 올라가게 되고, 표면장력이 위쪽 방향으로 발생하므로 물을 끌어 올리게 되며 상승높이는 표면장력의 힘($2\pi r \cdot \sigma \cdot \cos\theta$)과 그로 인해 딸려 올라간 물의 무게($\gamma \pi r^2 h$)가 평형을 이루는 지점까지가 된다.

⑤ 모세관 내 물 높이(h)에 대해 정리하면 다음과 같다.

$$h = \frac{2\sigma\cos\theta}{\gamma}$$

⑥ 모세관 내의 물 높이를 알면 표면장력을 알 수 있다.

$$\sigma = (\gamma \times r) \times \frac{h}{2\cos\theta}$$

- N : 바늘
- M : 주행현미경

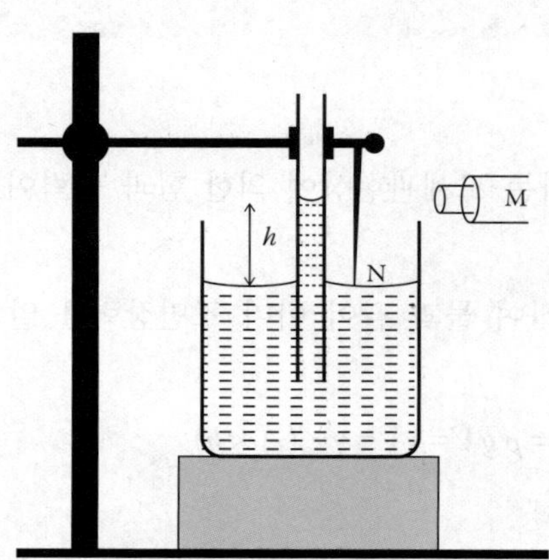

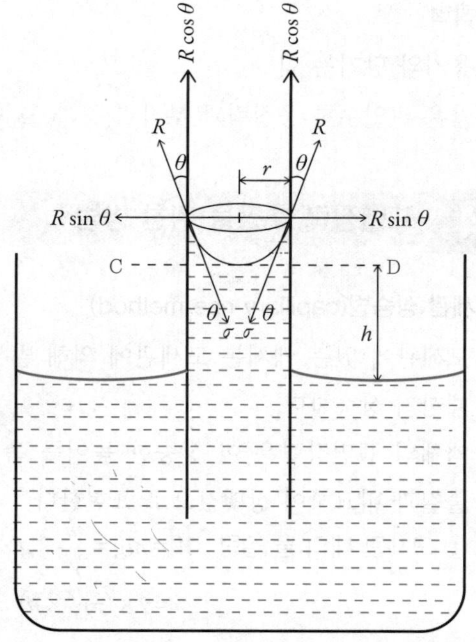

(2) **적하법(drop-weight method)** : 시험재료의 액체 방울이 기준 액체 속에서 낙하하는 시간을 측정하므로써 그 액체의 밀도를 측정하는 방법

(3) 피셔(Fisher) 장력계를 이용하는 방법

05 표면장력 크기의 영향요소(특징)

(1) 액체의 종류

1) 표면장력의 값은 액체의 종류에 따라 결정된다.

2) 여러 액체 중에서 물의 표면장력이 큰 이유는 극성 공유결합과 수소결합에 의한 물분자 간 결합력이 다른 액체보다 크기 때문이다.

(2) 온도

1) 온도가 올라감에 따라 표면장력의 에너지는 감소하는 반비례관계이다.

2) 온도가 증가하면 분자 사이의 운동에너지가 증가하여 알짜인력이 감소하므로 표면장력도 감소한다.

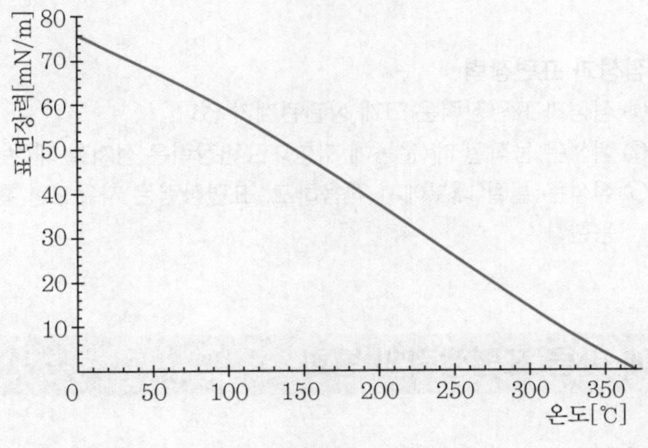

| 표면장력과 온도 |

(3) 불순물 : 계면활성제

1) 대표적으로 비누가 있다.

2) **계면활성제의 구성**

① 소수성 부분 : 탄소원자 여러 개가 연결된 구조, 비극성이다.

② 비극성 부분에 결합되어 있는 친수성 부분 : 극성이다.

1. 일반적으로 비극성 부분의 크기가 극성 부분 보다 큰 편이다. 따라서, 극성 부분(친수성)을 머리(head)라고 하며, 비극성 부분을 꼬리(tail)라고 한다.
2. 머리의 형태에 따라 양이온, 음이온, 중성으로 구분한다.

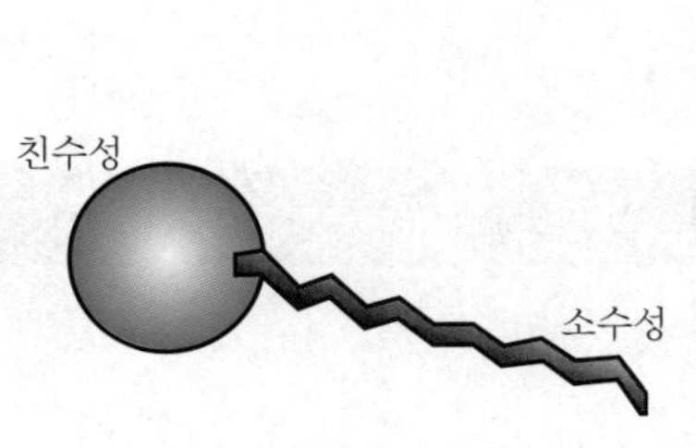

| 계면활성제 분자 |

| 미셀(micelle) |

3) 물에 계면활성제 분자가 일정 농도가 되면 친수성인 계면활성제의 머리부분이 물쪽으로 노출되는 둥근 형태를 띠게 되는데, 이를 미셀(micelle)이라고 한다.

(4) 액면의 오염

1) 더러운 액체 표면 : 액체 내부와 관계없이 표면장력의 크기에 기인하는 독자적인 운동이 나타나서 표면장력이 작아진다.

2) 깨끗한 액체 표면 : 응집력에 의해 독자적인 운동이 곤란해 표면장력이 커진다.

점성과 표면장력

① 점성과 표면장력은 크게 상관관계가 없다.
② 점성은 움직일 때(운동에 저항), 표면장력은 정지할 때(위치에 따른 에너지차)
③ 점성은 물질 내부에서 작용하고, 표면장력은 자유표면 혹은 두 물질의 접촉면에서 작용한다.

06 첨가제에 따른 표면장력의 변화

(1) 표면장력의 증가요인

1) 증점제

① 유기계 : 알킨산나트륨염, 펙틴, 고분자 다당류, 셀룰로오스 유도체, 비이온성 계면활성제
② 무기계 : 벤토나이트, 붕산염
③ 산림화재용 : CMC(sodium Carboxy Methyl Cellulose)와 젤가드(gelgard), 물의 0.5~3wt% (점도는 250cP)

2) 염분(바닷물 : 소금) : 78dyne/cm

3) 온도 : 온도가 낮아질수록 표면장력은 증가한다.

(2) 표면장력의 감소요인

1) 비누 등(유기물질)

2) 알코올

3) 산

4) 표면의 더러움

07 소방에서의 표면장력 이용

(1) 표면장력 증가

1) 증점제로 사용 : 가연물에 대한 물의 부착력이 증가함에 따라 나뭇잎, 가지 등에 잘 붙어 있을 수 있어 소화효과가 증대된다.

2) 물분자 간의 응집력을 증대시켜 화원까지 물방울의 도착률이 높아져 주수율이 향상된다. → 임야화재

3) 물방울의 크기가 커지므로 바람, 기류 등에 의한 영향을 적게 받는다. → 임야화재

4) NaCl(바닷물 : 소금) → 화재진압효과 증대(방재기술 I 220P)

5) 둥글둥글해져서 비표면적이 감소하고 가연물 표면에 흡수되지 않아 냉각능력이 저하된다.

6) 옥내·외 소화전 호스방수 시 물방울로 퍼지지 않고 봉상주수가 가능해 가연물에 대한 기계적 타격이 가능하다.

7) 물방울이 커져야 하는 스프링클러 헤드 : ESFR, Large drop 등

(2) 표면장력 감소

1) 비눗방울이나 액체 속의 기포, 물방울 등이 속이 빈(공기) 공을 만들고 이는 밀도가 낮아서 기름 표면 위에 뜬다. 이를 이용해서 유류화재에 사용하는 포소화약제를 제조한다. → 표면장력이 작을수록 포를 잘 만든다.

2) 물을 잘게 쪼갤 수 있다.

① A급 화재의 경우 재발화 우려가 있을 때 내부로의 침투를 위해서는 물방울이 작아야 한다(class A포).

② 물을 잘게 쪼갬으로써 물을 미립화하여 물분무에 적용할 수 있다.

3) 유화능력이 증가한다.

4) 미립화로 소화효율(침투율 상승, 냉각능력 상승)이 향상되어 사용시간 및 사용량이 단축된다.

5) 흡수속도 및 고체에 대한 흡착성이 향상된다.

6) 증발이 용이해지므로 질식효과와 냉각효과가 우수하여 B·C급 화재에 효과적이다.

7) 물방울이 작아져야 하는 스프링클러 헤드 : 물분무, 미분무 등

(3) 표면장력의 구동류

1) 액면이 주변 화재에 노출된 경우 국부가열의 표면장력 변화로 발생하는 액체의 불연속인 흐름을 말한다.

2) 전도된 열이 표면장력을 낮추고 화염은 더 차가운 영역으로 이동한다. 장력이란 액체분자 간의 당기는 힘으로, 당기는 힘이 작아지면 표면장력이 낮아지는 것이고 쉽게 기화하면서 화염확산속도가 증가한다.

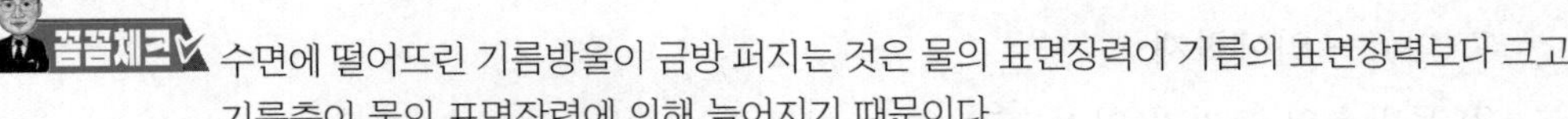

꼼꼼체크 수면에 떨어뜨린 기름방울이 금방 퍼지는 것은 물의 표면장력이 기름의 표면장력보다 크고, 기름층이 물의 표면장력에 의해 늘어지기 때문이다.

SECTION

008 소방시설의 동결대책

85회 출제

01 개요

(1) 소화약제로 물을 사용하는 수계 소화설비는 한랭지에서 이용할 때 설비의 동결에 의한 파손의 문제가 생긴다.

(2) 물은 대기압 하의 빙점이 0℃이므로 대기의 기온이 0℃ 이하가 되는 지역에서는 결빙으로 인해 이용에 문제가 발생한다.

(3) NFPA 13에서는 결빙온도에 노출되어 있는 기타 지역을 통과하는 경우 해당 배관은 단열 피복재, 보온재 또는 온도를 40°F(4℃) 이상에서 120°F(48.9°C) 이하로 유지시키는 다양한 방법을 이용하여 결빙으로부터 방호한다. 하지만 가지배관에는 열선을 사용하지 않는데, 이는 배관을 통해서 과도하게 높은 온도가 전도하여 스프링클러헤드의 오작동이 유발될 수 있기 때문이다.

02 동결현상

(1) 정의와 유동

1) 정의 : 물은 통상 0℃ 이하가 되면 얼음이라는 고체가 되는 성질을 지니고 있다.

2) 물의 유동 : 유동이라는 변형이 발생하면 액체와 고체의 분자 간 결합력의 차이로 강한 결합력을 형성하기가 곤란하여 얼음이 되지 못한다.

(2) 물의 동결 시 체적팽창

1) 물이 동결될 때 분자구조가 육각형이 되면서 분자 간의 반발력으로 약 9%의 체적팽창이 발생한다.

2) 밀폐된 장치의 체적팽창으로 약 25MPa 이상의 높은 압력이 발생하여 기기나 배관의 파손이 발생한다.

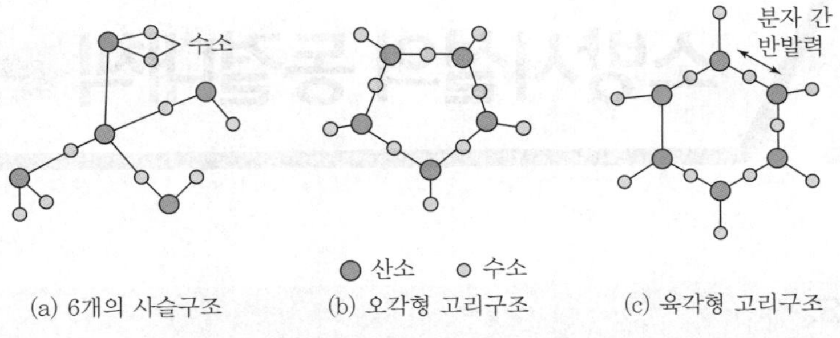

| 물의 다양한 분자구조 |

03 동결방지대책 122회 출제

(1) 보온

1) 정의 : 배관 내 물의 온도가 0℃ 이하가 되지 않도록 외부와의 단열을 위해 단열재를 일정 두께 이상 씌우는 방법이다.

2) 적용대상 : 야간난방 정지로 실온이 떨어져서 동결점 이하가 됨으로써 익일 난방운전 전까지 동결의 가능성이 있는 경우에 사용되는 단기적이고 임시적인 방법이다.

3) 장단점

장점	단점
① 동파 방지 ② 결로 방지 ③ 외부충격완화 ④ 열손실 방지 ⑤ 화상 방지 ⑥ 실내온도변화 방지	① 배관의 두께가 상당히 두꺼워져 공간을 많이 차지한다. ② 비용이 증가한다. ③ 누설부위 등의 식별이 곤란하다. ④ 유리솜이나 암면 등의 보온재 사용 시 인체에 악영향을 미칠 수 있다. ⑤ 동결방지에 한계가 있다.

(2) 전기열선(heat tracing cable)

1) 정의 : 배관 내 물의 온도가 0℃ 이하가 되지 않도록 가열하는 것으로서, 전기열선을 배관에 직접 감는 방법이다.

2) 적용대상 : 외부 노출배관, 주차장, 로비 등 난방에 의하여 실내온도를 0℃ 이상으로 유지할 수 없는 장소의 배관류에 주로 적용되며, 보온재와 함께 사용한다.

3) 장단점

장점	단점
① 혹한지역에도 확실한 동파방지 효과가 있다. ② 비난방지역 및 옥외 노출장소 등에 적합하다.	① 보온이 추가로 필요하다(발생열을 단열하기 위함). ② 유지관리비용이 증가한다(전기료 발생). ③ 정전이나 전기설비 고장 시에는 기능을 발휘할 수 없다. ④ 히팅 코일에서 발열현상으로 화재 및 누전 등의 우려가 있다.

(3) 부동액 주입

1) 정의 : 배관 내 물에 부동액을 주입시켜 물과 부동액을 일정 농도로 유지하는 방법이다.

2) 적용대상 : 실제의 난방 또는 전기열선 방법으로 인한 대책이 곤란한 경우나 경제적인 문제가 있는 경우 적용한다.

3) 부동액의 종류

① 유기물 부동액 : 글리세린, 에틸렌글리콜, 프로필렌글리콜, 디에틸렌글리콜 등

② 무기물 부동액 : 염화칼슘용액($CaCl_2$) + 부식방지제

4) 장단점

장점	단점
신뢰성이 있고 환경에 따른 다양한 점도유지가 가능하다.	① 부식의 우려가 있어 부식방지제 첨가가 필요하다. ② 기온에 따라 점도가 달라지므로 주기적인 점검과 보정이 필요하다. ③ 수원을 오염시킬 우려가 있으므로 역류하지 못하도록 하는 설비를 갖추거나 별도의 수조를 이용해야 한다.

5) 부동액 사용 시 마찰손실계산은 달시-웨버식으로 계산하여야 한다.

(4) 순환배관

1) 정의 : 물이 정체되어 있지 않고, 상시 흐르도록 하여 동결을 방지하는 방법이다.

2) 장단점

장점	단점
별다른 설비의 증설이 필요 없다.	① 펌프의 지속적인 동작이 필요하므로 동력비용이 증가한다. ② 전원차단, 전원장치의 고장, 펌프의 고장 시 기능을 발휘하지 못한다.

(5) 난방

1) 정의 : 건물 내를 난방하여 실내온도를 0℃ 이상으로 유지하는 방법이다.

2) 장단점

장점	단점
사람이 거주하는 장소는 추위 때문에 난방이 필요하므로 이를 이용할 수 있다.	① 사람이 거주하지 않는 장소에서는 비경제적이다. ② 전원차단이나 난방장치의 고장 시 기능을 발휘하지 못한다.

(6) 매설 127·80회 출제

1) 정의 : 배관을 동결심도 이하로 매설하는 방법이다.

흙이 단열재와 같은 기능을 함으로써 지표면으로 들어갈수록 외부와 온도차가 커지고 일정 깊이 이상이 되면 동결온도 이상이 되는 지점이 있어 이 깊이에 배관이 위치하면 동결 우려가 없어진다. 이를 동결심도라고 한다.

2) 옥외설비에서 주로 채택하며, 밸브박스 등에 대해서는 맨홀을 설치하거나 PIV(Post Indicate Valve)를 설치하여 시공하는 등의 주의가 필요하다.

3) 장단점

장점	단점
① 동결방지대책 중 가장 신뢰성이 높다. ② 별다른 유지관리가 필요 없다.	① 초기설치비용이나 보수비용이 높다. ② 점검 및 보수가 곤란하다.

동결심도공식

$$Z = C\sqrt{F}$$

여기서, Z : 동결심도[cm]

C : 정수로 토질, 배수조건에 따라 3~5 값을 선택한다.

F : 수정동결지수$\left(F = \text{동결지수} + 0.5 \times \text{동결기간} \times \dfrac{\text{표고차[m]}}{100}\right)$

(7) 건식·준비작동식 설비, 배관 내 물의 제거

1) 정의 : 동결 우려가 있는 부분에 설비를 설치하여 배관 내에 소화수를 담지 않음으로써 동결을 방지하는 방법이다.

2) 장단점

장점	단점
별도의 추가적인 설비를 요구하지 않는다.	① 건식과 같이 물을 제거하는 경우는 시간지연이 발생한다. ② 싱글인터록 준비작동식의 경우에는 2차측 배관의 상태를 알 수가 없다. ③ 습식보다 더 심한 배관부식이 발생한다.

자동재수밸브(auto drip valve) : 배관에 물을 배출하여 동파를 방지한다.

04 설비별 동결방지대책

(1) 옥외소화전설비

1) 소화전으로 물을 공급하는 공급관에는 물이 차 있지 않은 건식 방식을 이용하거나 동결심도 이하로 매설하여 설치한다.

2) 소화전의 동결상태 확인방법

① 방출구를 손으로 두드려 배관이 울리는 소리로 동결 여부를 판단할 수 있다.

② 소화전 주밸브를 개폐시키면 완전 동결의 경우 밸브 축 주위의 물이 동결되어 밸브가 돌아가지 않는다.

(2) 스프링클러설비

1) 겨울철에 시스템의 동결 우려가 있는 곳에서는 습식 시스템 대신 건식 시스템 또는 준비작동식으로 설치한다.

2) 건식 시스템은 건식 밸브 1차측이 외부로 노출될 때 열선을 감아 동결을 방지한다.

건식 밸브 몸체까지 열선을 감을 경우의 문제점 : 열선의 열공급에 의해 건식 밸브의 플라이밍 워터(priming water)가 증발하고 밸브 시트(seat) 고무가 경화되면서 눌어붙어 건식 밸브의 고착원인이 된다.

3) 냉동창고 같은 급속동결의 우려가 있는 경우 : 더블인터록 준비작동식(double interlock preaction system) 설비를 설치한다.

① 더블인터록은 건식과 준비작동식의 특성을 동시에 가진 것으로, 시스템에 소화수가 공급되기 위해서는 감지기와 스프링클러가 동시에 작동하여야 한다.

② 스프링클러가 동작해야 배관 내에 공기 또는 질소가스를 배출하여 소화수가 배관으로 공급된다.

③ 오작동 우려가 작아서 급속동결 우려가 있는 장소에 적합하다.

4) 드라이펜던트 헤드 : 동결 우려 장소에 하향식 헤드를 설치하는 경우에 설치한다.

SECTION 009 수손피해 방지시스템

01 정의

수손피해란 소화약제로 물을 사용했을 때 이로 인해 발생하는 일체의 피해를 말한다.

02 수손피해 방지대책

(1) 개폐형(on－off) 스프링클러설비 : 소화종료 시 헤드부근의 온도가 40℃ 내외로 낮아지면 바이메탈에 의해 자동으로 오리피스가 폐쇄되어 더 이상의 소화수방출을 막아 수손피해를 최소화한다.

(2) 미분무 소화설비(water mist) : 물의 냉각효과보다 질식효과를 더 이용하는 소화설비이다. 물입자가 작은 소화수를 사용함으로써 적은 양의 소화수로 소화가 가능해져 수손피해를 최소화한다.

(3) 배수시설 : 소화수의 공급량 이상을 배출할 수 있는 배수시설을 설치하여 공급되는 소화수를 즉시 배출함으로써 수손피해를 최소화한다.

(4) 준비작동식 스프링클러시스템 : 싱글이나 더블인터록 사용 시 헤드 등의 소손이 발생해도 소화수방출이 되지 않으므로 수손피해를 예방한다.

(5) 부압식 스프링클러 시스템 : 진공펌프를 이용하여 일제개방밸브 2차측에 부압수(진공)를 만들어 헤드가 파손되어도 소화수방출을 제한하여 수손피해를 최소화한다.

(6) 가스계 소화약제설비 : 물이 아닌 가스를 이용하여 소화 후에도 소화약제 잔존물이 남지 않도록 함으로써 수손피해를 방지한다.

SECTION

010 물첨가제

01 개요

(1) **정의** : 소화약제로서의 물의 단점을 보완하고, 적은 양으로 높은 소화효과를 발휘하기 위해 물에 혼합하는 화학첨가제이다.

(2) **화재에 따른 첨가제**

1) B급 화재 : 계면활성제(탄화수소, 불소계), 단백질을 첨가해 물의 밀도를 개선하여 유류화재에 사용한다.

2) A급 화재 : 통상 소화수에 첨가하지 않았으나 물의 단점을 극복하려는 방안으로 다양한 첨가제를 사용한다.

02 종류 및 특징

(1) 부동액(anti-freeze agent)

1) 사용효과 : 물의 응고점을 낮추어 동결을 방지한다.

2) 종류

① 무기부동액 : 염화칼슘($CaCl_2$)

② 유기부동액 : 글리세린, 프로필렌글리콜, 디에틸렌 등

3) ESFR 설비에 사용하는 부동액 : ESFR용으로 특별히 등록한 것만 사용할 수 있다.

4) 사용대상 : 동결 우려가 있는 장소

5) CPVC 배관 : 글리세린만 사용 가능하고, 다른 부동액은 화학적 손상 우려가 있다.

6) 배관의 마찰손실 계산 시 달시-웨버 식을 적용하여야 한다.

7) NFPA 25 부동액 처리방법[4)]

① CPVC 배관은 글리세린으로만 부동액을 사용하여야 하며, 디에틸렌글리콜 또는 프로필렌글리콜 사용을 금지하고 있다.

② 설비 내 글리세린 수용액의 농도를 50vol% 이하로 적용해야 하고, 처음 부동액 투입

4) NFPA® 25 Standard for the Inspection, Testing, and Maintenance of Water-Based Fire Protection Systems(2017) 5.3.4

시에는 최대 농도 48vol%의 글리세린으로 혼합하여야 한다.

③ 기존설비 내 프로필렌글리콜 수용액 농도는 40vol% 이내이어야 한다.

④ 부동액은 습식 설비에서 가장 먼 부분과 교차하는 배관 부분에서 시험되어야 한다.

⑤ 설비 내에서 채취된 부동액의 응고점이 부정확할 경우 설비를 배수 후 새로운 수용액으로 교체하여야 한다.

⑥ 시방서에는 시험장소와 교체 절차서가 기술되어야 한다.

(2) 침투제(wetting agent)

1) **사용효과** : 물의 표면장력을 감소시켜 물방울을 형성하거나 방사된 물이 흘러내리지 않고 가연물 위로 확산되며 내부로의 침투성을 증가시킨다.

2) **종류** : 탄화수소계 계면활성제(양은 1% 이하)

3) **사용대상**

① 물이 가연물 내부로 침투하기 어려운 목재, 원면, 고무, 플라스틱, 옷, 건초, 짚 및 매트리스 등의 화재에 사용한다.

② 폭발방지용으로 사용한다.

(3) 증점제(thicking agent or viscosity agent)

1) **사용효과** : 가연물의 수직면에 물이 오랫동안 부착(점도 증가)할 수 있고 낙하 시 물방울의 응집력을 강화시켜 물방울이 커짐으로써 화원의 상승기류에 대항하여 가연물 표면에 안착하여 소화시킨다.

2) **종류**

① 유기계 : 알킨산나트륨염, 펙틴, 고분자 다당류, 셀룰로오스 유도체, 비이온성 계면활성제

② 무기계 : 벤토나이트, 붕산염

③ 산림화재용 : CMC(sodium Carboxy Methyl Cellulose)와 젤가드(gelgard)

3) **사용대상** : 임야화재 등에 첨가제로 사용하여 나뭇가지 등에 부착성을 높이고, 물방울 크기를 증대시킨다.

(4) 밀도변형제(density modifier)

1) **사용효과** : 물의 소화능력을 증가시키기 위해 물의 밀도를 낮춰 유류의 표면에 수막을 형성시켜 일반 물로 소화가 곤란한 장소인 비중이 낮은 유류 등의 화재에 적용할 수 있다.

2) **종류** : 폼(foam)

3) **사용대상** : 유류화재, 광산화재 등

(5) 강화액(loaded stream)

1) **정의** : 어는점을 낮추기 위해서 알칼리금속염을 사용하는 물을 기반으로 하는 액체이다

(NFPA에서는 부동액으로 분류).

2) 사용효과

① 냉각효과

㉠ 반응식 : $K_2CO_3 + H_2O \rightarrow K_2O + H_2O(g)\uparrow + CO_2(g)\uparrow - Q$ [kcal]

㉡ 냉각효과 증대 : 탄산칼륨(K_2CO_3) 수용액이 화재 시 열에 의해 산화칼륨(K_2O), 수증기($H_2O(g)$), 이산화탄소($CO_2(g)$)로 열분해되면서 열을 흡수한다.

② 침투효과

㉠ 물의 표면장력은 20℃에서 72.75dyne/cm^2로 가연물 내부로의 효과적인 침투에 한계성이 있다.

㉡ 강화액은 탄산칼륨이 물분자 사이로 끼어들어 분자 간의 응집력을 약화시켜 표면장력을 20dyne/cm^2 이하로 저하시킴으로써 심부화재 가연물에 접촉 시 신속하고 효과적인 화재진화가 가능하다.

③ 질식 효과

㉠ 강화액의 첨가물에 의해 화원과 강화액이 접촉함과 동시에 눈에 보이지 않는 얇은 피막을 형성하여 순간적으로 가연물을 덮어 공급되는 산소를 차단한다.

㉡ 유류화재(B급)에 큰 효과가 있다.

㉢ 피막으로 식용유 유면을 질식하고 물의 냉각효과로 주방화재(K급)에도 적응성이 있다.

④ 연쇄반응 차단 : 화원에 접촉되는 즉시 칼륨이온(K^+) 등이 화염전달 매개체인 수소 라디칼(H), 수산 라디칼(OH), 산소 라디칼(O)과 같은 활성 라디칼과 반응하여 연쇄반응을 차단한다.

⑤ 방염작용 : 무기염들이 가연물질에 흡착되는 순간 화염을 소화하는 방염작용을 함으로써 화재의 확산을 어느 정도 방지하므로 A급 화재에 효과적이다.

3) 종류

① 알칼리강화액 소화약제(pH 8.3)

② 중성강화액 소화약제(pH 7.0) : 환경파괴가 작다.

4) 특징

① 액체계 소화약제임에도 불구하고 -25℃ 이하에서도 사용(NFPA는 부동액으로 취급)할 수 있다.

② 냉각 및 침투 효과가 뛰어나 소파나 목재 화재 등과 같이 침투력이 필요한 장소에 적합하다.

③ 분말과 달리 분진 등이 발생하지 않는다.

| 강화액의 특성 |

첨가제	염류(알칼리금속염의 탄산칼륨, 인산암모늄)를 첨가
소화효과의 상승	물의 소화효과 + 강화액의 부촉매 효과
용도	소화기용, 목재 등의 고체가연물의 화재 시 사용
단점	알칼리성이므로 사용 후 용기 세척 필요(배관이 막히거나 부식)
색깔	황색 또는 무색의 점성이 큰 액체

5) 조성

성분	비율[wt%]
물	60
탄산칼슘(K_2CO_3)	36
유기안정제	2
방청첨가제	2
착색제	약간

6) 사용처 : 일반화재(2-A)뿐만 아니라 약간의 유류화재(1-B)와 주방화재(K)에도 적응성이 있다.

7) 문제점 : 강한 부식성으로 매년 재충전이 필요하다(NFPA 10(2018) 7.3.3.1).

(6) 유화제(emulsion) : 가연물과 에멀전을 형성하여 기름 표면에 산란함으로써 유면을 덮는 유화층을 형성하는 첨가제이다.

1) 소화효과 : 유화제를 포함한 수용액을 분무주수하면 효과적(에멀전 생성)이다.

2) 종류 : 반응성 계면활성제

3) 사용처 : 인화점이 높은 유류화재(중유, 아스팔트, 윤활유) 시 사용한다.

(7) 산-알칼리제

1) 소화효과 : 발생한 황산나트륨과 반응하지 않은 알칼리금속염이 강화액과 유사한 소화효과를 준다.

2) 작용원리 : 산과 알칼리의 화학반응에 의해 발생한 이산화탄소가 방사원이다.

3) 사용처 : A급 화재에만 효과가 있다.

4) 반응식 : $2NaHCO_3 + H_2SO_4 \rightarrow Na_2SO_4 + 2H_2O + 2CO_2$

(8) 소방용수에 섞는 중합체 현탁액(rapid water)

1) 소화효과 : 호스를 통해 방사되는 물의 마찰손실 억제를 위해 사용하는 첨가제로, 물의 점성을 약 70% 정도 감소시켜 동일배관의 방수량을 증가시킨다.

2) 종류 : 산화폴리에틸렌

3) 사용처 : A급 화재

03 첨가제 구비조건

(1) 물과 혼합이 용이해야 한다. 따라서, 화학적 성질이 극성 용매나 용질이어야 한다.

(2) 소화설비를 부식시키지 않아야 한다.

(3) 방사특성에 영향을 미치지 않아야 한다.

(4) 독성이 없어야 한다.

(5) 환경피해를 최소화해야 한다.

SECTION 011 Class A포

01 개요

(1) 폼 블랭킷(foam blanket)을 형성하고 물의 침투성과 확산성을 높인다.

(2) 임야화재나 쓰레기장화재 등에 유효하다.

(3) 폼 블랭킷은 열을 반사한다.

(4) 폼 블랭킷은 수분 내에 형성되어 표면의 수분을 유지할 수 있으므로 지속적인 포의 방사는 필요하지 않다. 압축공기를 이용한 공기포가 가장 오래 지속되는 블랭킷을 만든다.

1. **폼 블랭킷(foam blanket)** : 가연물의 표면을 덮어서 가연성 가스의 생성과 산소와의 접촉을 방해하는 포막
2. UNI 86 테스트 노즐을 사용하여 1%의 농도로 7:1의 팽창비, 25% 환원시간 2분, 어는점은 -4℃, 표면장력은 ≤ 29mN/m이다.

02 혼합방법

(1) 가압된 소화수, 이동식 흡입수조 등을 사용한다.

(2) 혼합비

사용처	혼합비	사용처	혼합비
헬리콥터 버킷(임야화재)	0.3 ~ 0.5%	흡입 노즐	0.3 ~ 0.5%
압축 공기 폼 시스템(CAFS)	0.1 ~ 0.5%	비흡기 노즐	0.3 ~ 0.6%
유류화재	1 ~ 3%	–	–

유류화재에 사용하는 Class B(3~6%)에 비해 혼합비가 작다.

(3) 관로조합방식의 혼합기(eductor) 또는 특수혼합방식을 사용한다.

(4) 폼 블랭킷을 형성하기 위한 공기흡입방법

1) 압축공기

2) 공기포 노즐 사용

3) 표준노즐에 의한 난류와 가연물 표면의 약제 충돌

03 특징

(1) 주로 임야화재에 많이 사용한다.

(2) 인체 및 환경에 독성이 없다.

(3) 친환경제품으로, 사용 후 비료성분으로 전이가 가능(일부 제품)하다.

(4) 금속에 대한 부식성이 없어 항공살포가 가능하다.

04 결론

(1) Class A포는 산업시설의 소화와 심부화재(고무, 면화, 모피, 석탄창고)의 잔화정리에 사용한다.

(2) 임야화재, 대규모 폐타이어 화재, 매립지 화재 등과 같이 물이 가연물 내부로 침투하기 어려운 화재의 경우 침투제(wetting agent)와 Class A포의 사용으로 물의 소화성능을 크게 강화시킬 수 있다.

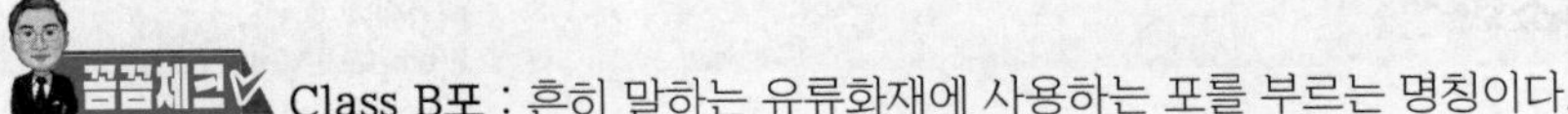

Class B포 : 흔히 말하는 유류화재에 사용하는 포를 부르는 명칭이다.

SECTION
012 소화전(fire hydrant)

01 개요

(1) 소화전은 일반적으로 도시에서 화재발생 시 소화를 위해 수조에 급수관을 연결하고 화재 발생 우려가 있는 장소에 방수구를 설치한 시설로, 배관을 통해 불을 끄기 위한 소화수가 공급되며 방수구에 소화호스를 연결하여 화원에 직접 방사를 통해서 소화하는 일련의 수동식 소화장치이다.

(2) **소화전의 설치장소와 이용목적에 따른 구분 :** 옥내소화전과 옥외소화전

(3) 일반적으로 소화전은 혼자 사용하기 어려우며, 두 사람 이상이 필요하다. 비상 시 소화전 문을 열고 관창(물을 뿌리는 부분, 노즐)과 호스를 꺼낸 후 한 사람은 접혀 있는 호스를 풀고 한 사람은 관창을 가지고 불이 난 지점으로 이동한다. 그 후 관창을 가지고 이동한 사람이 방사할 준비가 되었으면 소화전 옆에 있는 사람이 개폐밸브를 개방하여 방사되는 소화수를 이용하여 소화한다. 이를 혼자 쉽게 이용할 수 있도록 만든 설비가 호스릴설비이다.

02 옥내소화전

(1) 개요

1) **옥내소화전 :** 건물의 옥내에 존재하는 소화전으로, 아파트, 상가와 같은 법적으로 지정된 특정소방대상물의 층마다 설치한다.

2) 옥내소화전의 구성 114회 출제

① 수원(물 공급처)

② 가압송수장치(압력을 가해 물이 배출되도록 하는 장치) : 펌프, 고가수조, 압력수조, 가압수조

③ 배관(물의 이송경로)

④ 밸브류 : 개폐밸브(개폐상태를 확인할 수 있는 OS & Y형을 사용), 체크밸브 등

⑤ 소화전(위치표시등 포함) 또는 방수구

⑥ 호스, 관창

⑦ 제어반(감시, 동력)

(2) 사용목적과 사용대상

1) 사용목적 : 초기 소화작업

2) 사용대상 : 특정소방대상물의 거주자 혹은 이용자

(3) 설치제외 대상

1) 야외음악당, 야외극장 또는 그 밖의 이와 비슷한 장소

2) 식물원, 수족관, 목욕실, 수영장, 그 밖의 이와 비슷한 장소

3) 냉장창고 중 온도가 영하인 냉장실 또는 냉동창고의 냉동실

4) 고온의 노가 설치된 장소 또는 물과 격렬하게 반응하는 물품의 저장 또는 취급 장소

5) 발전소, 변전소 등으로서 전기시설이 설치된 장소

03 옥외소화전

(1) 개요 : 옥외소화전설비의 수원, 가압송수장치, 제어반 등은 옥내소화전설비의 원리와 동일하며, 옥내소화전과 옥외소화전은 사용목적과 방법, 설치위치에 차이가 있다.

(2) 사용목적

1) 부력으로 인한 상승으로 외부공간(발코니, 창문)을 통한 상층 연소확대 방지

2) 분출화염으로 인한 인접 건물로의 연소확대 방지

(3) 구분

구분	지상식	지하식
설치방식	특정소방대상물의 각 부분으로부터 하나의 호스접결구까지의 수평거리가 40m 이하가 되도록 옥외에 설치한다.	보도가 없는 도로에 설치되며, 그 내부에 소방호스를 연결할 수 있는 접속구들을 설치한 형태이다.
장점	① 야간이나 눈이 내릴 때 위치를 쉽게 발견할 수 있다. ② 소화전을 청소하거나 위치를 표시하는 데 비용이 들지 않는다. ③ 유지관리가 용이하다.	① 지상식에 비해 동결위험이 상대적으로 작다. ② 도로상에 장애요인이 되지 않는다.
단점	① 외부로 노출되어 있어서 겨울철에 동결의 우려가 있다. ② 도로상에 노출되어 설치되어 있으므로 통행에 장애요인이 된다.	① 야간이나 눈이 쌓인 경우에는 위치를 찾기가 어렵다. ② 보이지 않아 유지관리가 어렵다. ③ 상대적으로 식별이 어렵다.

구분	지상식	지하식
개념도		

(4) 옥외소화전 비교

구분	옥외소화전	옥내소화전
방호개념	저층부의 연소확대 방지	초기진압용으로 소방대 도착까지
수원	소화전설치개수(max 2)×7m³	소화전설치개수(max 2)×2.6m³
방호반경	수평거리 40m	수평거리 25m
방수구 구경	65mm	40mm
사용자	건물 내 거주자	건물 내 거주자
방수구당 방수량	350Lpm(max 2)	130Lpm(max 2)
방수압력	0.25~0.7MPa	0.17~0.7MPa
펌프 토출량[L/min]	방수구×350(max 2)	방수구×130(max 2)
방수시간[min]	20	20

수평거리 40m : 15m 호스 2본을 연결하면 30m가 되고 노즐 끝에서 10m까지를 소화전의 방수압력인 0.25MPa로 방사가 가능한 소화전의 방호거리로 보고 있다.

(5) 옥외소화전함

옥외소화전 설치개수	소화전함 설치기준
10개 이하	설치된 옥외소화전으로부터 5m 이내의 장소에 1개 이상의 소화전함 설치
11개 이상 30개 이하	소화전함 11개 이상을 분산하여 설치
31개 이상	옥외소화전 3개당 1개 이상씩 소화전함 설치

(6) 옥외매립배관 127회 출제

1) 부식 방지

① 부식발생 환경 검토 : 토양, 수분함유량, 전해질 존재 등

② 적용배관

㉠ 덕타일 주철관

㉡ 소방용 합성수지배관 : 매설배관은 2종 배관 적용(PE관, PVC관)

㉢ STS관

③ 방식을 통한 배관 부식 방지

2) 동결심도

3) 지반침하 : 지질, 지하수, 노후상하수도 관로 등 고려

4) 배관망 및 밸브

① 루프배관 구성을 통한 신뢰도 향상

② PIV를 적용하여 지상에서 밸브 개폐상태를 확인 가능하도록 시공

04 포소화전

(1) 개요 : 포소화전 방수구·호스 및 이동식 포 노즐을 사용하는 설비

(2) 사용목적과 사용대상

1) 사용목적 : 유류화재의 소화

2) 사용대상 : 차고 또는 주차장, 항공기 격납고

(3) 설치장소

1) 차고 또는 주차장

① 완전 개방된 옥상 주차장 또는 고가 밑의 주차장 등으로서 주된 벽이 없고 기둥뿐이거나 주위가 위해방지용 철주 등으로 둘러싸인 부분

② 지상 1층으로 지붕이 없는 부분

2) 항공기 격납고 : 바닥면적의 합계가 1,000m² 이상이고 비행기의 격납위치가 한정되어 있는 경우에는 그 한정된 장소 외의 부분

(4) 설치기준

1) 방사압 : 0.35MPa 이상

2) 방사량 : 300L/min 이상(1개 바닥층 면적이 200m² 이하인 경우 230L 이상)

3) 방사거리 : 수평거리 15m 이상

4) 저발포제의 약제를 사용할 수 있는 것

5) 호스릴을 분리 보관하는 경우 : 3m 이내에 호스릴함 설치

6) 호스릴함 : 바닥으로부터 높이 1.5m 이하, 표면에는 표지와 적색의 위치표시등 설치

7) 수평거리 : 포소화전 25m(호스릴 15m) 이하

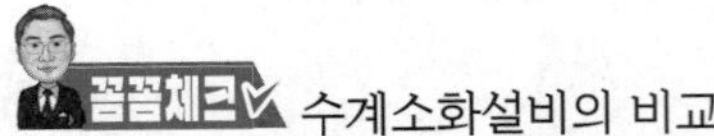

수계소화설비의 비교

종류	방사압력 [MPa]	펌프 토출량 [L/min]	방사시간 [min]	호스구경 [mm]	노즐구경 [mm]	수평거리
옥내소화전	0.17~0.7	방수구×130 (max 2)	20	40	13	25
옥내호스릴	0.17~0.7	방수구×130 (max 2)	20	25	–	25
옥외소화전	0.25~0.7	방수구×350 (max 2)	20	65	19	40
연결송수관	0.35 이상	2,400(3EA)+ 800(max 2)	–	65	–	50
스프링클러	0.1~1.2	기준개수×80	20	–	–	–
간이 스프링클러	0.1 이상	기준개수×50	10	–	–	–
ESFR	0.1~0.52	$12 \times K\sqrt{10P}$	60	–	–	–

05 소화전 방수압력 110회 출제

(1) 수직운동

1) 자유낙하운동(등가속도운동) : $y = \frac{1}{2}gt^2$

2) 낙하속도 : $v = g \cdot t$

3) 수직 낙하시간과 수평거리 이동시간은 같다.

(2) 수평운동

1) 등속도운동 : $x = v \times t$

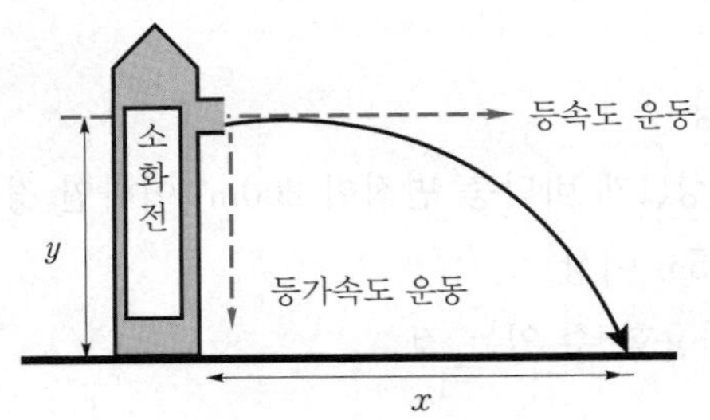

2) 속도 : $v=\sqrt{2gh}$

3) 시간 : $t=\sqrt{\frac{2y}{g}}$

4) 이동거리 : $x=\sqrt{2gh}\times\sqrt{\frac{2y}{g}}$

5) 소화전 방사수두(h) : $x^2=4yh \rightarrow h[\mathrm{m}]=\frac{x^2}{4y}$

SECTION 013

호스릴(hose reel)

114·76회 출제

01 개요

(1) 호스릴 소화전은 폴리에스테르 필라멘트를 일정한 외력에 견디도록 와이어(wire) 재질로 보강해 직조하고 원형상태가 항상 유지될 수 있게 제작된 소방용 호스를 사용하는 소화전이다.

(2) 기존 옥내소화전의 작동 시에는 2인 이상의 인력이 요구되고 노약자 등이 이를 작동하기 어려운 문제점이 있어 이를 개선하기 위해서 나온 소화전설비이다.

02 호스릴 옥내소화전

(1) 호스릴 옥내소화전의 설치기준

1) 방사압력 : 0.17 ~ 0.7MPa

2) 방사량 : 130L/min

3) 호스구경 : 25mm

4) 수원 : 2.6m^3× 최대 2개

(2) 호스릴 옥내소화전과 옥내소화전의 비교

구분	소화전	호스릴
방호대상물 각 부분으로부터 수평거리	25m	25m
수원	130×20분×N(max : 2)	130×20분×N(max : 2)
방사압	0.17MPa	0.17MPa
호스구경	40mm	25mm
배관구경	주배관 : 50mm 이상	주배관 : 32mm 이상
	가지배관 : 40mm 이상	가지배관 : 25mm 이상
개폐장치	앵글밸브	앵글밸브 또는 볼밸브

구분	소화전	호스릴
장점	호스릴보다 관경이 크므로 손실이 적고 많은 양의 소화수 방사 가능	① 조작이 간단하여 1인 사용 가능 ② 노유자 사용 가능 ③ 호스의 점착현상이 없음 ④ 즉시 방수 가능 ⑤ 호스릴에 자동배수밸브가 부착되어 호스 내 잔류하는 물의 배수가 용이
단점	① 2인 이상 필요 ② 노유자 사용이 곤란 ③ 호스를 접어서 보관하므로 점착현상 우려 있음 ④ 접힘이나 꼬임 등의 문제를 해결해야 방수 가능 ⑤ 호스 전체를 펴야 방사 가능	① 양정 증가(마찰손실 증가), 펌프용량 증가, 동력 증가 ② 브라켓 등 부품 증가로 고장발생 우려 있음 ③ 비용 증가

꼼꼼체크 **수평거리가 25m인 이유** : 소방호스는 1672년 네덜란드 예술가이자 발명가인 얀 반 데르헤이덴의 작업실에서 개발되었다. 유연한 가죽으로 제작되었으며 15m(50ft)마다 황동피팅되었고, 길이는 유럽 본토에서 오늘날까지 표준으로 유지되는 반면 영국에서의 표준길이가 25m로 이 표준길이가 수평거리화 된 것이다.

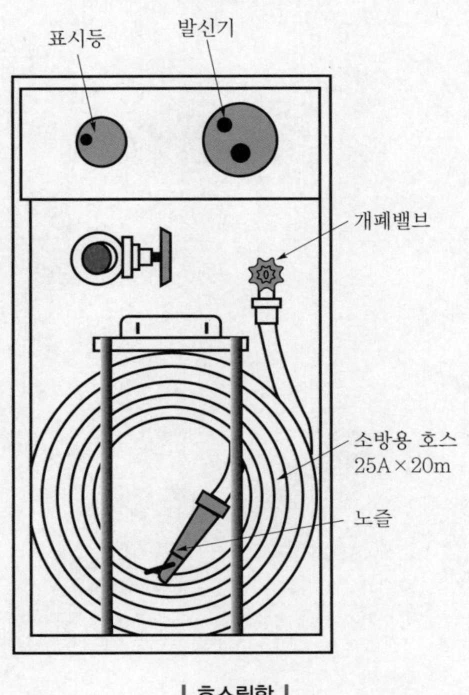

| 호스릴함 |

(3) 호스릴 소화전 사용 시 대책

1) 구경이 축소되지만 유량은 같으므로 유속 증가와 호스가 감겨져 있음에 따른 마찰손실 감소대책이 필요하다.
   ① 조도가 낮은 호스를 사용한다.
   ② 첨가제를 이용하여 손실을 감소시킨다.
2) 수리계산방식
3) 마찰손실비교
   ① 호스길이에 따른 압력손실

호스길이 / 구분	20m	25m	30m
옥내소화전	0.226MPa	0.283MPa	0.340MPa
호스릴	0.312MPa	0.393MPa	0.491MPa

   ② 유량에 따른 압력손실
   ㉠ 130L/min : 0.393MPa
   ㉡ 180L/min : 0.754MPa

SECTION

014 수원

01 개요

수원은 옥내소화전, 옥외소화전, 스프링클러설비, 물분무설비 등 수계소화설비의 소화약제로 소화설비의 종류 및 설치조건 등에 따라 화재를 유효하게 제어 또는 진압할 수 있도록 저장하는 저수량을 말한다.

02 옥내소화전의 저수량

(1) 옥내소화전설비의 1차 수원

1) 1차 수원$[m^3] = 2.6 \times N(\max 2)$

2) 여기서, $2.6m^3 = 130L/min \times 20min$인데, 130Lpm 또는 20분 이상을 설계할 수 있으므로 무조건 2.6을 곱하기보다는 상황에 맞게 계산하여야 한다.

3) 층수가 30층 이상 49층 이하 : $5.2 \times N(\max 5)$ → 기본량의 2배(2.6×2)

4) 50층 이상 : $7.8 \times N(\max 5)$ → 기본량의 3배(2.6×3)

(2) 2차 수원(옥상수조)

1) 목적 : 가압송수장치의 고장이나 정전 시 자연낙차압에 의하여 방사되는 물로 소화를 할 수 있도록 하기 위한 조치

2) 수원량 : 산출된 유효수량 외 유효수량의 $\frac{1}{3}$ 이상을 옥상에 설치한다.

3) 설치면제 대상

면제사유	대상
실효성이 없는 경우	건축물의 높이가 지표면에서 10m 이하인 경우(수압 ×)
	가압수조를 가압송수장치로 설치한 옥내소화전설비
	학교 · 공장 · 창고시설로서 동결 우려가 있는 장소(수동기동)
수조가 건물보다 높게 설치된 경우	수원이 건축물 방수구보다 높은 위치에 설치된 경우
	고가수조를 가압송수장치로 설치한 경우

면제사유	대상
구조상 불가능한 경우	지하층만 있는 건축물
예비펌프	주펌프와 동등 이상의 성능이 있는 별도의 펌프로서, 내연기관의 기동과 연동하여 작동하거나 비상전원을 연결하여 설치한 경우

4) 설치면제 대상에도 불구하고 층수가 30층 이상인 특정소방대상물

① 수원은 위의 1차 수원에 따라 산출된 유효수량 외에 유효수량의 $\frac{1}{3}$ 이상을 옥상에 설치한다.

② 예외

㉠ 고가수조를 가압송수장치로 설치한 옥내소화전설비

㉡ 수원이 건축물의 최상층에 설치된 방수구보다 높은 위치에 설치된 경우

5) 고가수조와 옥상수조의 비교

구분	고가수조	옥상수조
압력이용	낙차압	낙차압(부족 시 가압송수장치)
목적	초기소화	정전 등 비상 시 제한적 사용
수원	1	$\frac{1}{3}$

6) 옥상수조는 이와 연결된 배관을 통하여 소화수를 상시 공급할 수 있는 구조인 특정소방대상물인 경우에는 둘 이상의 특정소방대상물이 있더라도 하나의 특정소방대상물에만 이를 설치할 수 있다.

Single-risk

① 고장 등이 발생할 경우 여러 개의 고장이 동시에 발생하지 않고 시간 차이를 두고 발생한다.

② 고장이 2개 이상 발생했더라도 분석해보면 1개의 고장이 발생된 이후 시간이 경과하여 다른 고장이 추가로 발생되었다는 의미이다.

③ 2개의 건축물에 1개의 옥상수조의 설치가 가능하다는 개념이다.

7) 유효수량

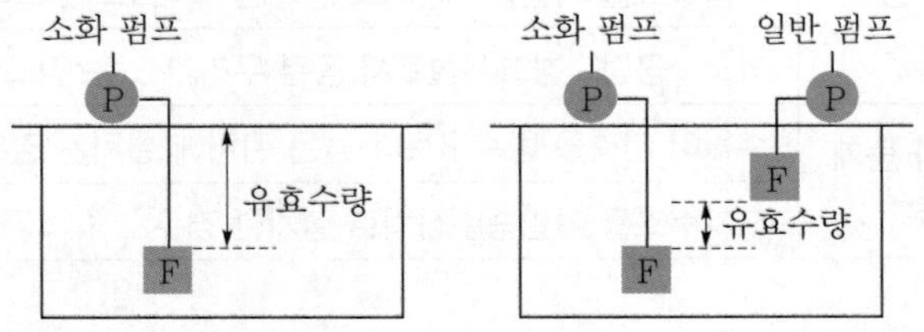

8) 일본의 유효수량

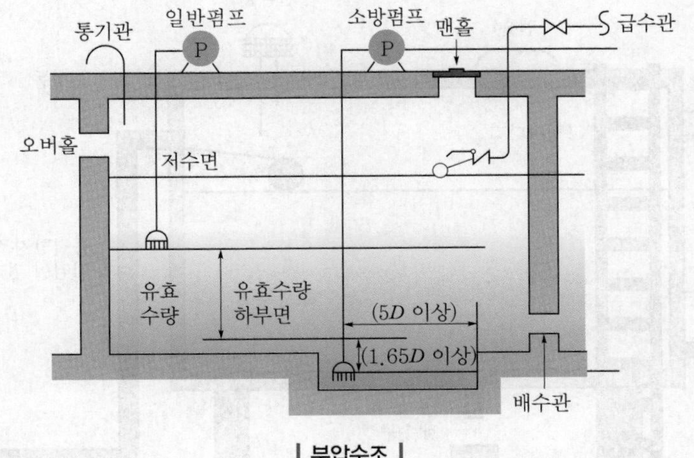

| 부압수조 |

저수면
급수관
일반급수토출관
유효수량
여과장치
(1.65D 이상)
소화설비용 토출관
150mm 이상
D(관내경)

| 정압수조 |

(3) 2 이상의 수계소화설비가 설치되어 있는 경우

1) 각 소화설비에 필요한 저수량을 합한 양 이상
2) 소화설비가 설치된 부분이 방화벽과 방화문으로 구획되어 있는 경우 : 각 고정식 소화설비에 필요한 저수량 중 최대의 것 이상

(4) 수조설치기준

1) 동결방지 조치
2) 점검이 편리한 곳에 설치
3) 수조의 외부에 수위계 설치
4) 수조 외부에 고정사다리 설치
5) 조명설비
6) 수조하부에 배수밸브 및 배수관 설치
7) 전용 수조표지
8) 수조접속부에 전용 수조표지

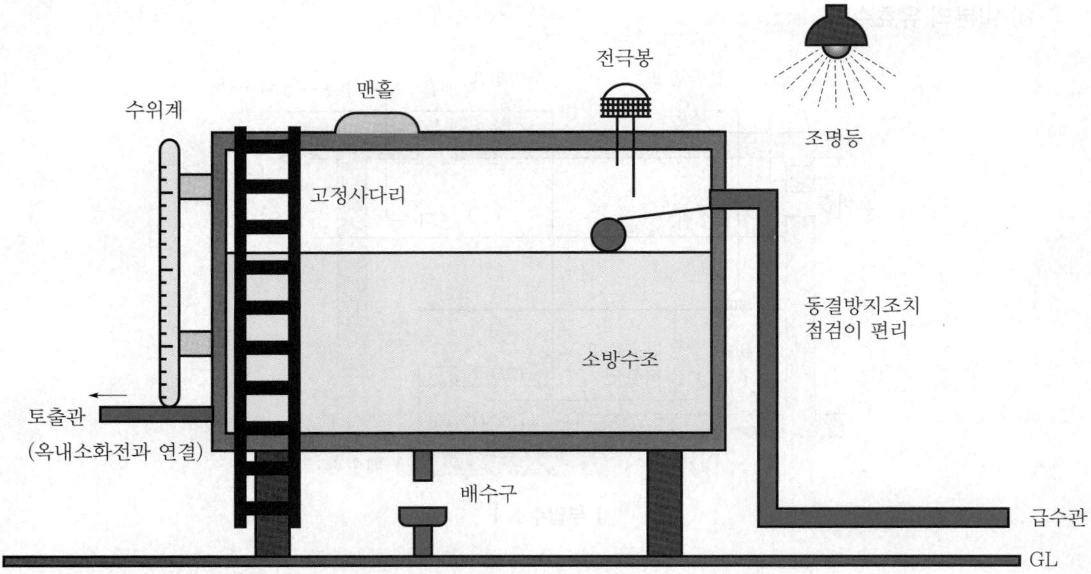

| 수조의 설치기준 |

03 옥외소화전

(1) 옥외소화전설비의 1차 수원

1차 수원 $= 7 \times N$ (N: 최대 2개)

(2) 2차 수원

1) 옥상수조 $=$ 1차 수원$\times\frac{1}{3}$

2) 면제대상 : 옥내소화전과 동일

(3) 수원 $=$ 1차 수원 $+$ 2차 수원

SECTION 015 옥내소화전

01 개요

(1) 초기 화재를 소화하기 위한 목적으로 건물의 내부(옥내)에 설치하는 방수구와 배관, 기동용 수압개폐장치, 송수구 등으로 구성된 설비 일체를 옥내소화전이라고 한다.

(2) 관계자가 화재를 발견하면 옥내소화전함의 문을 열고 소방용 호스와 방사관창(노즐)을 꺼내어 소화전 앵글밸브를 개방한 후 관창을 화재가 발생된 장소로 향해서 물을 방사하여 소화하는 초기 소화설비이다.

02 옥내소화전의 특징

(1) 건물 내부에 설치하는 수동식 소화설비

(2) 건물 내 화재발생 시 소방대가 화재현장에 도착하기 전 건물관계자가 화재를 소화하기 위한 초기 소화설비

(3) 건물 내 거주자, 소방대상물 관계자, 자위소방대원 등이 사용할 수 있는 고정식 소화설비

(4) 소화제로는 물을 사용하며, 옥내소화전함을 소방대상물의 각 층마다, 수평거리 25m마다 설치

03 옥내소화전설비의 기동방법

(1) 수동기동방식

1) 기동(ON)과 정지(OFF) 스위치를 이용하여 펌프를 원격기동하는 방식으로 기동스위치에 보호판을 부착하여 옥내소화전함 내에 설치한다.

2) 기동방식 : 소화전함의 기동스위치를 누르면 기동점등 표시등이 점등되고 펌프가 기동하며 앵글밸브를 개방하면 방수가 시작된다.

3) 설치대상 : 동결 우려가 있는 학교, 공장, 창고(옥상수조를 설치한 대상은 제외)

4) 사용목적 : 겨울철 동결의 우려가 있는 장소에 동파를 방지하기 위해 배관에 물을 채우지

않고 기동신호에 따라 송수를 하여 사용하기 위한 것이다. 따라서, 사용 후에는 물을 퇴수하여야 한다.

5) 내연기관의 펌프나 비상전원을 연결한 펌프를 설치한다. 단, 다음의 어느 하나의 경우는 제외한다.
   ① 지하층만 있는 건축물
   ② 고가수조를 가압송수장치로 설치한 경우
   ③ 수원이 건축물의 최상층에 설치된 방수구부다 높은 위치에 설치된 경우
   ④ 건축물의 높이가 지표면으로부터 10m 이하인 경우
   ⑤ 가압수조를 가압송수장치로 설치한 경우

(2) 자동기동방식(기동용 수압개폐장치)

1) **설치대상 :** 수동기동방식을 사용하지 않는 모든 소방대상물

2) **기동방식 :** 기동용 수압개폐장치

3) **기동메커니즘 :** 소화전함의 앵글밸브 개방 → 배관 내의 압력 감소 → 기동용 수압개폐장치의 압력감지장치 작동(전기적 신호) → 펌프기동

04 옥내소화전설비의 구조

(1) 옥내소화전설비의 구조 : 제어반, 비상전원, 가압송수장치, 옥내소화전함, 수원, 동력장치, 배관 등

(2) 옥내소화전설비의 작동원리

1) 소화전함 내에 보관된 방수구가 개방되면 배관 내의 압력은 순간적으로 감소한다.
   ① 작은 압손실인 경우 : 기동용 수압개폐장치의 압력챔버에서 공기부분이 그 손실을 받아 오동작을 방지한다.
   ② 일정량 이상의 압손실이 발생하는 경우 : 압력챔버 내의 압력스위치가 동작한다.

2) **기동용 수압개폐장치의 충압펌프 압력스위치의 접점이 붙는 경우 :** 충압펌프가 구동되며 배관을 가압한다.

3) **방수구에서 방사되는 물의 양이 많아져 충압펌프로 방수량을 충당하지 못하여 배관 내 압력이 더 감소하는 경우 :** 압력스위치의 주펌프접점이 붙어 주펌프가 기동되어 배관을 가압한다.

(3) 옥내소화전의 계통도

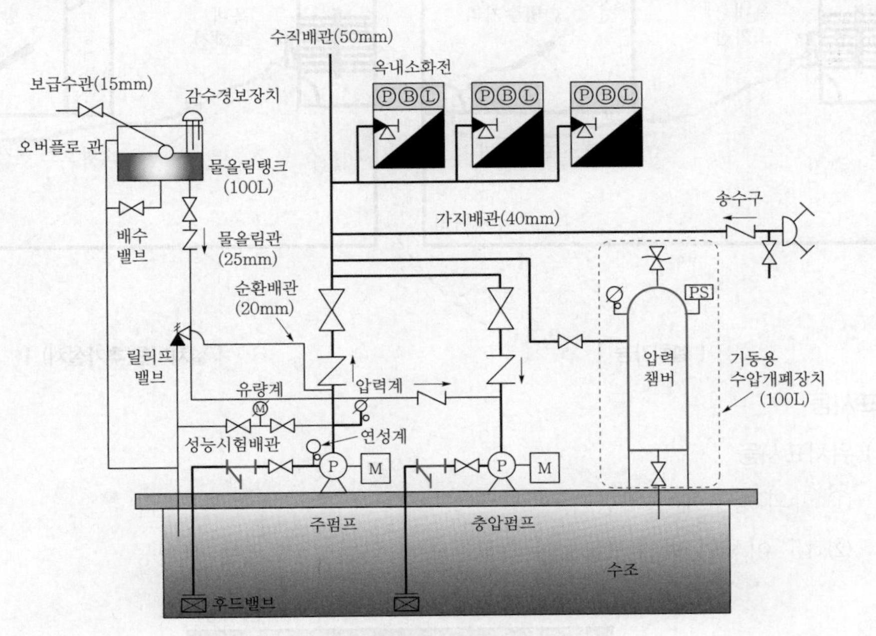

| 펌프 방식 |

05 옥내소화전함

(1) 소화작업을 할 수 있는 기기와 용구를 보관하는 함을 말한다.

(2) 호스, 방사형 노즐 등이 보관되어 있으며, 적색 표시등, 기동장치, 음향장치 등이 부착되어 있다.

(3) 방수구

1) 소방대상물의 층마다 설치한다.

2) 높이 : 바닥에서 1.5m 이하

3) 호스 구경 : 40mm(호스릴 25m)

4) 호스릴의 경우 : 노즐을 쉽게 개폐할 수 있는 장치부착

5) 수평거리 : 25m 이하(호스릴 25m)

단, 대형 공간은 다음과 같다.

① 호스 및 관창은 방수구의 가장 가까운 벽 또는 기둥에 설치한다.

② 방수구의 위치표시는 표시등 또는 축광도료 등으로 상시 확인이 가능하여야 한다.

6) 방수구의 위치표시 : 표시등 또는 축광도료

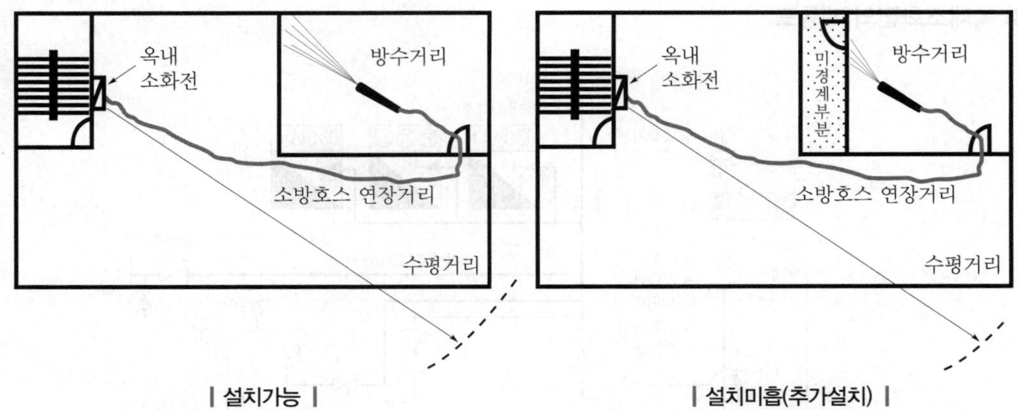

| 설치가능 | | 설치미흡(추가설치) |

(4) 표시등

1) 위치표시등

① 함의 상부에 설치한다.

② 15° 이상의 범위, 10m 이내에서 쉽게 식별할 수 있는 적색등

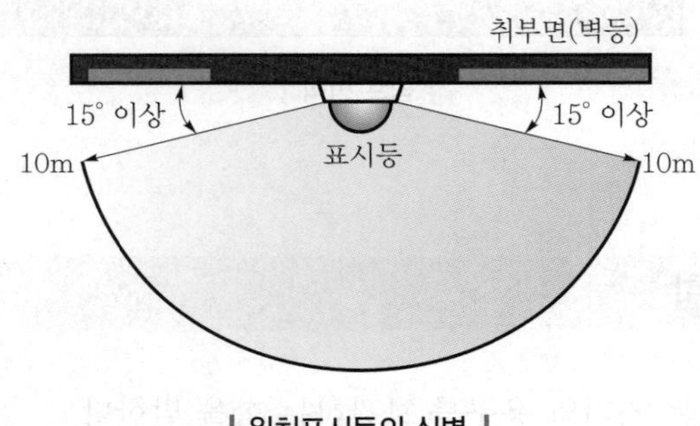

| 위치표시등의 식별 |

2) 가압송수장치의 시동을 표시하는 표시 : 함의 상부 또는 직근에 적색등 설치

3) 사용전압의 130%를 24시간 연속하여 가하는 경우 이상이 없을 것

(5) 표시판 부착

1) 사용요령 : 외국어와 시각적인 그림을 포함하여 표시

2) 표시판을 함의 문에 붙이는 경우 : 문의 내부 및 외부 모두에 부착

(6) 옥내소화전함 재질 및 시험방법

1) 규격

구분	내용
함의 재질 및 두께	강판 : 1.5mm 이상
	합성수지재 : 4mm 이상
문짝의 면적	0.5m² 이상

2) 시험방법

① 강판의 경우 : 염수분무시험방법으로 시험 시 변색, 부식되지 않을 것

② 합성수지재 : 내열성 및 난연성의 것으로서, 80℃로 24시간 가하여 열로 인한 변형이 생기지 않을 것

3) 밸브의 조작, 호스의 수납 및 문의 개방 등 옥내소화전 사용에 장애가 없도록 설치할 것

06 송수구 설치기준

구분	옥내소화전	스프링클러	간이스프링클러	연결살수
설치장소	① 소방차 접근 용이 ② 유리창 낙하물	좌동	좌동	① 소방차 접근 용이 ② 가연성 가스 ㉠ 20m 이격 ㉡ 2.5m×1.5m 콘크리트벽
주배관 연결배관의 개폐밸브 설치 여부	개폐밸브 설치금지 (겸용 설비*는 설치 가능)	① 개폐밸브 설치 가능 ② 개폐상태 확인 가능장소(옥외, 기계실) 설치	좌동	개폐밸브 설치금지 (겸용 설비*는 설치 가능)
구경 및 형태	구경 65mm의 쌍구형 또는 단구형 구경	65mm의 쌍구형	구경 65mm의 쌍구형 또는 단구형 구경 송수배관 안지름 40mm 이상	① 65mm의 쌍구형 ② 헤드 10개 이하 : 단구형
설치높이 기준	지면에서 0.5~1.0m	좌동	좌동	좌동
배수	① 자동배수밸브 ② 체크밸브	좌동	좌동	없음
이물질 침입 방지	마개	좌동	좌동	좌동
송수구수	없음	1개/3,000m², 최대 5개(폐쇄형 헤드)	없음	① 송수구역마다 설치 (개방형) ② 예외 : 선택밸브＋내화구조
송수압력 표지	없음	설치	없음	없음
송수구역 표지	없음	없음	없음	① 송수구역 일람표 ② 예외 : 선택밸브
상수도직결형 또는 캐비닛형	–	–	설치하지 않을 수 있음	–

*) 스프링클러설비 · 물분무소화설비 · 포소화설비 또는 연결송수관설비의 배관과 겸용

07 NFPA 14 Standpipe system(2019)

(1) Class Ⅰ systems : 65mm의 호스를 연결하여 사용할 수 있는 방수구로, 국내의 연결송수관설비의 방수구와 유사한 개념

(2) Class Ⅱ systems : 40mm의 호스를 연결하여 사용할 수 있는 방수구로, 국내의 옥내소화전 방수구와 유사한 개념

(3) Class Ⅲ system : Class Ⅰ systems + Class Ⅱ systems의 개념으로, 연결송수관설비의 방수구와 옥내소화전의 방수구가 병행설치된 개념(40mm + 65mm)

(4) 최소 유량(7.10.2 flow rate)

<table>
<tr><th>분류</th><th>구경</th><th>용도</th><th colspan="4">수리학적으로 가장 먼 호스접결구의 최소 유량</th><th>시간</th><th>호스접결구 최소 잔류 압력</th><th>호스접결구 최대 압력</th></tr>
<tr><td rowspan="5">Class Ⅰ</td><td rowspan="5">$2\frac{1}{2}$in (65mm)</td><td rowspan="5">소방 대용</td><td>기본</td><td colspan="3">500gpm(1,893L/min)</td><td rowspan="7">30분</td><td rowspan="5">100psi (0.69MPa)</td><td rowspan="5">175psi (1.207MPa)</td></tr>
<tr><td>층당 최대 방수구 3개 이상</td><td colspan="3">750gpm(2,840L/min)</td></tr>
<tr><td rowspan="3">수직배관 추가</td><td>80,000ft² 이하</td><td colspan="2">250gpm (946L/min)</td></tr>
<tr><td rowspan="2">80000ft² 초과</td><td>2개</td><td>500gpm</td></tr>
<tr><td>3개</td><td>250gpm</td></tr>
<tr><td>Class Ⅱ</td><td>$1\frac{1}{2}$in (40mm)</td><td>초기 진화용 (관계인)</td><td colspan="4">100gpm(379L/min) (방수구 수 무관)</td><td>65psi (0.45MPa)</td><td>100psi (0.69MPa)</td></tr>
<tr><td>Class Ⅲ</td><td>$2\frac{1}{2}$과 $1\frac{1}{2}$in (65 & 40mm)</td><td>초기 진화 & 소방 대용</td><td colspan="4">Class Ⅰ과 동일</td><td>Class Ⅰ과 동일</td><td>Class Ⅰ과 동일</td></tr>
</table>

(5) 호스접결구

1) Class Ⅰ : 보행거리(travel distance) 60m 이내(스프링클러 미설치 시 40m)(7.3.2.2.1.1)

2) Class Ⅱ : 보행거리(7.3.3)

① 40mm 이상 : 39.7m(130ft) 이내

② 40mm 미만 : 36.6m(120ft) 이내

08 옥내소화전 검토사항

(1) 기준개수 개정

1) 옥내소화전은 화재 초기에 관계인이 사용하는 초기 소화설비로서, 화재가 성장한 이후에는 사용하지 않는 설비이며 국외의 사례를 보아도 5개 동시사용은 과다하다고 보아 2개로 개정되었다.

2) 국내외 비교표

구분	NFTC 102	일본소방법	NFPA 14
수원	$Q \geq 130\text{Lpm} \times 20\text{min} \times N(\leq 2)$	$Q \geq 130\text{Lpm} \times 20\text{min} \times N(\leq 2)$ 1호 소화전 $Q \geq 60\text{Lpm} \times 20\text{min} \times N(\leq 2)$ 2호 소화전	$Q \geq 380\text{Lpm} \times 30\text{min}$
기준 소화전	Max 2 (30층 이상 $N \leq 5$)	Max 2	1
최대 수원	5.2m^3	5.2m^3	11.37m^3

3) 일본소방법과 유사하게 최대 설치개수를 2개로 개정하였는데, 이는 NFPA 14에 비하면 대단히 적은 양이다. 오히려 과거의 최대 수원인 13m^3가 적정하다고 볼 수 있다. 따라서, 이러한 획일적인 기준에서 벗어나 외국과 같이 위험성이 증가함에 따라 수원도 증가시킬 필요성이 있다. 분당 방사량을 증가시키거나 방사시간을 위험용도에 따라 차등 적용하여 최적의 설계를 할 필요성이 있다.

(2) 옥내소화전 사용 시 필요인원

1) 초기 소화설비인데 사용할 때에는 2명 이상의 인원이 필요해 현장에서 사용하지 못하는 경우가 발생하기도 한다.

2) 항상 2인 이상의 관리자가 없는 장소에는 1인이 사용할 수 있는 설비인 호스릴의 설치를 검토할 필요가 있다.

SECTION 016

옥내소화전 가압송수장치

132·130·114·87회 출제

01 개요

(1) 옥내소화전, 스프링클러 등 물을 이용하는 소화설비는 일정량 이상의 수량과 방사압력을 가져야만 유효한 소화활동을 할 수 있다. 이와 같이 수량과 방사압을 공급하는 기능을 하는 장치를 가압송수장치라고 한다.

(2) NFTC에서는 가압송수장치를 펌프, 고가수조, 압력수조, 가압수조 방식의 4가지로 구분한다.

02 고가수조방식

(1) 고가수조의 자연낙차압을 이용하여 가압송수하는 방식이다.

(2) 장단점

장점	단점
① 가장 안전하고 신뢰성이 있는 방식이다. ② 별도의 동력원 및 비상전원이 필요하지 않다. ③ 유지관리가 용이하다.	① 고층부에 저압 우려가 있다. ② 저층부에 고압 우려가 있다. ③ 설치장소의 제약 ㉠ 건축물 하중을 증대시킨다. ㉡ 상층부에 넓은 공간이 필요하다.

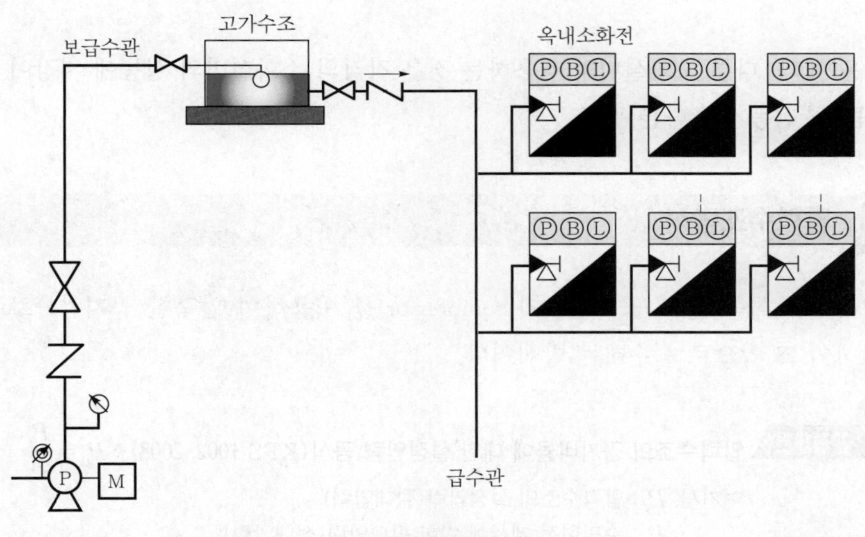

| 고가수조방식 |

03 펌프방식

(1) 펌프의 토출압력을 이용하여 가압송수하는 방식

1) 수동기동방식

① ON−OFF 버튼을 이용하여 펌프를 원격으로 기동하는 방식이다.

② 설치대상

㉠ 학교, 공장, 창고시설로서, 동결 우려가 있는 장소에는 기동스위치에 보호함을 부착하여 함 내에 설치한다.

㉡ 내연기관의 경우는 소화전함에서 원격기동방식이 가능하며 기동을 명시하는 적색등을 설치한다.

③ 검토: 건식의 경우는 배관이 비어 있어 급수에 지연시간이 발생하므로 구역별 MOV를 설치하여 해당 구역의 밸브만 기동하여 급수에 걸리는 시간을 최소화할 수 있다.

2) 자동기동방식: 수압개폐장치를 이용하여 펌프를 자동으로 기동하는 방식으로, 동결 우려가 있는 장소 외에는 모두 자동기동방식을 사용한다.

(2) 장단점

장점	단점
① 건물의 위치나 구조에 관계없이 설치 가능하다. ② 소요 양정, 토출량에 적합한 펌프 선정이 가능하다.	① 전원공급차단이나 펌프 고장 등으로 미작동될 우려가 있다. ② 비상전원이 필요하다. ③ 충압펌프, 압력챔버 등 부대시설이 필요하다(수동기동방식 제외).

(3) 펌프

1) 전용(예외 : 다른 소화설비와 겸용하는 경우 각각의 소화설비의 성능에 지장이 없을 때)

2) 주펌프 : 전동기에 따른 펌프

04 압력수조방식

(1) 압력수조에 물을 넣고 공기압축기(compressor)를 이용하여 압축한 공기압으로 소화수를 가압하여 그 압으로 송수하는 방식이다.

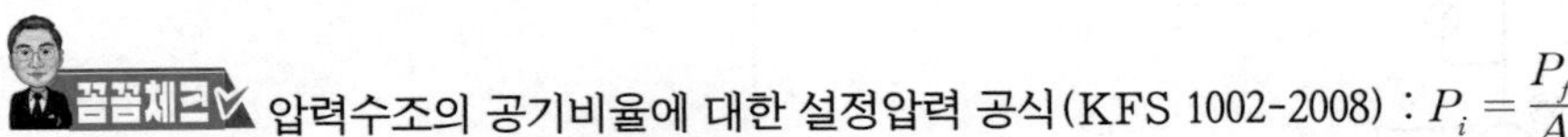

꼼꼼체크 압력수조의 공기비율에 대한 설정압력 공식(KFS 1002-2008) : $P_i = \frac{P_f}{A}$

여기서, P_i : 압력수조의 설정압력(절대압력)

P_f : 수리학적 계산에 의한 필요압력(절대압력)

A : 공기비율

예 배관마찰손실 수두압, 낙차의 환산 수두압, 소화설비 방수압 등 필요압력(계기압)이 0.5MPa이고 압력수조의 $\frac{2}{3}$가 물이라면 공기비율이 $\frac{1}{3}$이므로 P_i는 1.8MPa(계기압 1.7MPa+대기압 0.1MPa)이 된다. 압력이 너무 높다면 공기비율(A)을 높여야 할 것이다.

$$P_i = \frac{(0.5+0.1)\,\text{MPa}}{\frac{1}{3}} = 1.8\,\text{MPa}$$

(2) 장단점

장점	단점
① 펌프방식에 비해 신뢰성이 높다. ② 고가수조방식에 비해 설치장소의 제약이 작다. ③ 별도의 비상전원이 필요없고 공기압으로 일정량 이상의 방사가 가능하다. ④ 유사 시 규정 방수압, 방사량에 즉시 도달 가능: 지연시간이 없다.	① 시간경과에 따라 방수압이 감소한다. ② 고가수조방식과 함께 사용할 경우 에어락(air lock) 현상이 발생할 우려가 있다. ③ 소화수를 탱크용량의 $\frac{2}{3}$밖에 저장할 수 없어 소화수조가 다른 방식에 비해 더 커야 하고 압이 걸려 강도가 더 강해야 한다.

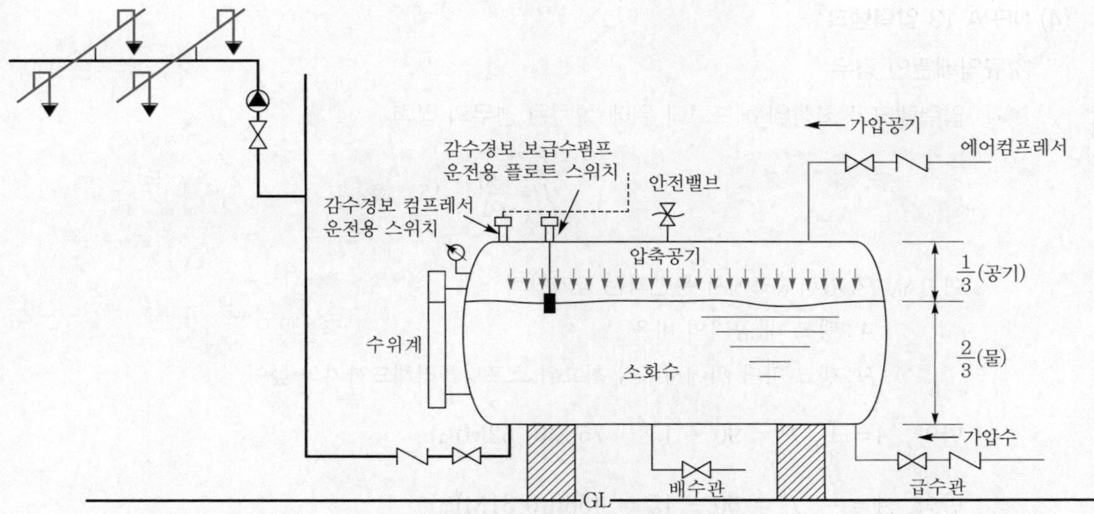

| 압력수조방식의 가압송수장치 |

(3) 압력수조 내 압축공기 압력과 체적의 관계[5)]

1) $P_1 \times V_1 = P_2 \times V_2$

여기서, P_1 : 압축공기압력[MPa]

V_1 : 압축공기체적[m^3]

P_2 : 소화용수 완전방출 시 압력[MPa]

V_2 : 소화수조 내부체적[m^3]

2) 압력수조 최대 용량 : $34m^3$, $\frac{2}{3}$가 소화용수

3) 압축공기압 : 0.52MPa 이상

4) 압력수조 내의 압축공기압

$$P = N \times \left(\text{방사압력} + \text{배관마찰손실} + \text{대기압} + \frac{\text{최고위 살수장치 높이}}{100} \right) - 0.1$$

여기서, P : 압력수조 내의 압축공기압[MPa]

N : $\frac{V_2}{V_1}$의 비, 공기가 $\frac{1}{3}$이면 $1 \Big/ \frac{1}{3} = 3$으로 N은 3

5) 예제

① 조건 : 방사압=0.1, 마찰손실=0.2, 대기압=0.1, 최고 높이=50m$\left(\frac{50}{100} = 0.5\text{MPa}\right)$

② 압축공기압 : $\frac{1}{3}$일 때 $P = 3 \times (0.1 + 0.2 + 0.1 + 0.5) - 0.1 = 2.6\text{MPa}$

5) 포소화설비 화재안전기준 해설서(2019) P132(소방청)

(4) NFPA 13 압력탱크[6)]

1) 규약배관인 경우

① 압력탱크가 최상위 헤드보다 위에 설치된 경우의 압력

$$P=\frac{30}{A}-15$$

여기서, P : 압력탱크에서 운반되는 공기압력

A : 탱크 내 공기의 비율

H : 탱크 바닥 위에서부터 최고위 스프링클러헤드까지의 높이

만약, $A=\frac{1}{3}$, $P = 90 - 15 = 75$psi(0.52MPa)

만약, $A=\frac{1}{2}$, $P = 60 - 15 = 45$psi(0.31MPa)

만약, $A=\frac{2}{3}$, $P = 45 - 15 = 30$psi(0.21MPa)

② 압력탱크가 최상위 헤드보다 아래에 설치된 경우의 압력

$$P=\frac{30}{A}-15+\frac{0.434H}{A}$$

만약, $A=\frac{1}{3}$, $P = 75 + 1.30H$

만약, $A=\frac{1}{2}$, $P = 45 + 0.87H$

만약, $A=\frac{2}{3}$, $P = 30 + 0.65H$

2) 수력계산방식의 경우

$$P_i=\frac{P_f+15}{A}-15$$

여기서, P_i : 탱크압력

P_f : 수력계산에 필요한 압력

A : 탱크 내 공기의 비율

---

6) NFPA 13(2022) 5.2.4.3*

05 가압수조방식

(1) **가압수조 :** 가압원인 압축공기 또는 불연성 고압기체를 이용하여 소방용수를 가압시키는 방식

(2) 사전에 충전한 압축공기나 불연성의 고압가스를 별도의 가압용기에 충전시킨 후 소화배관 내 압력변화가 발생하면 이를 감지하여 용기밸브가 자동으로 개방되어 가압가스가 수조 내 물을 가압하면 그 압력으로 수조 내의 물을 송수하는 비상전원이나 옥상수조가 필요 없는 소규모설비에 사용하는 방식

(3) **가압수조방식의 동작순서**

1) 배관 내 압력감소 : 화재 시 옥내소화전 앵글밸브 등 개방
2) 압력제어밸브 개방 : 압력제어밸브의 입·출구 간의 압력차 감지, 화재인식 후 개방
3) 가압용기 개방 : 가압용 가스(압축공기, 질소) 방출
4) 압력조정장치를 통해 일정압으로 가압수조를 가압
5) 압력제어밸브를 통해 가압수 방출

(4) **장단점**

장점	단점
① 수조 내의 수위나 가압가스의 압력을 임의로 설정하여 조정할 수 있다. ② 비상전원이 필요 없다. ③ 압축공기 또는 질소가스로 가압하여 소화수를 공급하므로 에너지 절감효과가 크다. ④ 기존의 생활용수와 소방용수를 분리하여 수조에 보관하므로 발생된 수질오염문제가 해소된다. ⑤ 옥상수조를 설치하지 않아도 된다. ⑥ 감시제어반 및 동력제어반 구분 설치가 불필요하다.	① 가압용기의 압력누설이 발생할 경우 이를 보충하지 않으면 규정방사압을 확보할 수 없다. ② 수조 및 가압용기는 방화구획된 장소에 한하여 설치가 가능하다. ③ 용량이 비교적 소규모이고 대규모의 경우는 비경제적이다. ④ 화재 시와 비화재 시 자동판단 기능을 하는 기체유로 자동 개폐기술이 필요하다. ⑤ 설비가 복잡하고, 유지관리 개소가 많아지며, 설치비용 및 유지관리비용이 많이 소요된다. ⑥ 압축공기 축압의 번거로움으로 방수시험이 곤란하다.

(5) **가압수조 설치기준**

1) 가압수조의 압력은 방수량 및 방수압이 20분 이상 유지되도록 한다.
2) 가압수조 및 가압원은 방화구획된 장소에 설치해야 한다.
3) 가압수조는 성능인증 및 제품검사의 기술기준에 적합한 것으로 설치할 것

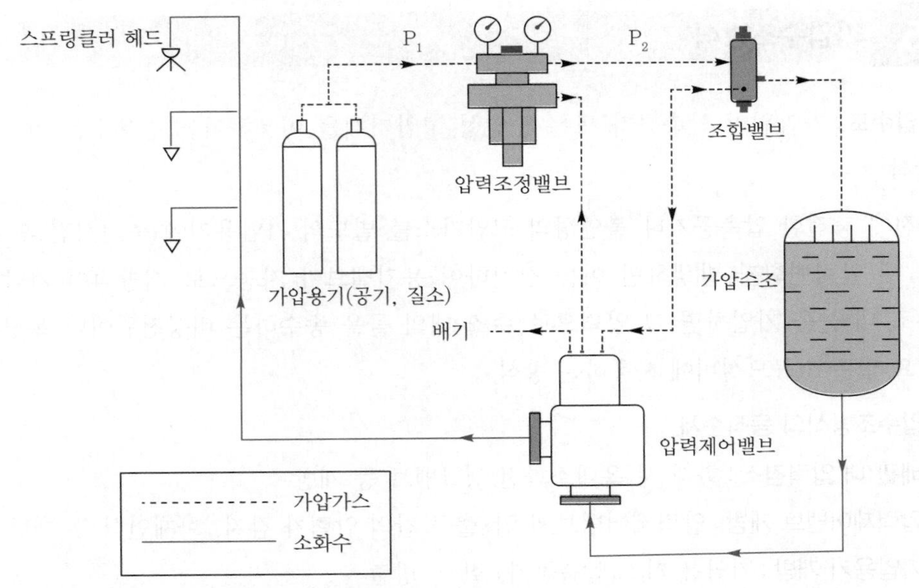

| 가압수조방식의 가압송수장치 |

06 가압송수장치의 비교

구분	고가수조방식	압력수조방식	펌프방식	가압수조방식
비상전원	불필요	불필요	필요	불필요
신뢰성	대	중	소	중
설치규모	대	중	대	소
부대시설	적음	많음 (압축기 등)	많음 (시험배관 등)	적음
적용 제한	있음 (낙차 필요)	없음	없음	없음
저장 제한	없음	있음$\left(\frac{2}{3}\text{ 이하}\right)$	없음	없음
옥상수조 (30층 이상)	불필요	필요	필요	필요
초기 방수압	즉시 형성	즉시 형성	형성 시 시간필요	즉시 형성
방수압 감소	없음	약간 감소	없음	약간 감소

07 가압송수장치의 설치기준

(1) 전동기 또는 내연기관에 따른 펌프를 이용하는 가압송수장치의 설치기준

1) 동결방지 조치를 하거나 동결의 우려가 없는 장소에 설치할 것

2) 쉽게 접근할 수 있고 점검하기에 충분한 공간이 있는 장소로서 화재 및 침수 등의 재해로 인한 피해를 받을 우려가 없는 곳에 설치할 것

꼼꼼체크 **NFPA 20의 펌프설치장소의 조건** : 인공조명이 설치된 장소, 실내온도를 5℃ 이상 유지 가능한 환기시설, 바닥배수 등

3) 특정소방대상물의 어느 층에 있어서도 해당 층의 옥내소화전(2개 이상 설치된 경우에는 2개의 옥내소화전)을 동시에 사용할 경우 각 소화전의 노즐선단

① 방수압력 : 0.17MPa(호스릴 옥내소화전설비를 포함) 이상

② 방수량 : 130L/min(호스릴 옥내소화전설비를 포함) 이상

③ 방수압력이 0.7MPa을 초과할 경우 : 호스접결구의 인입측에 감압장치 설치

4) 펌프의 토출량 : 옥내소화전이 가장 많이 설치된 층의 설치개수(max 2개) × 130L/min

5) 펌프

① 원칙 : 전용

② 예외 : 다른 소화설비와 겸용하는 경우 각각의 소화설비의 성능에 지장이 없을 경우

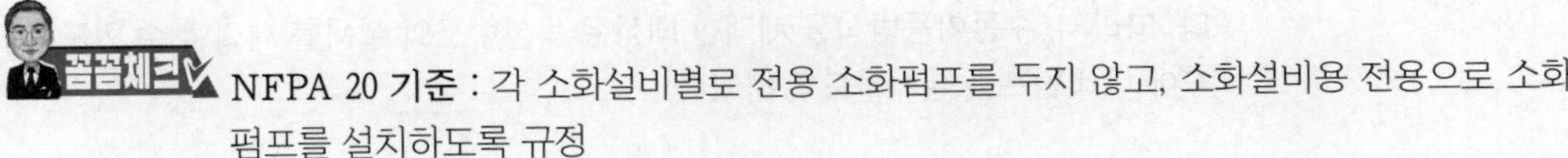

꼼꼼체크 **NFPA 20 기준** : 각 소화설비별로 전용 소화펌프를 두지 않고, 소화설비용 전용으로 소화펌프를 설치하도록 규정

6) 계측기

① 설치장소와 측정압

구분	설치장소	측정압
압력계	펌프의 토출측에 체크밸브 이전에 펌프 토출측 플랜지에서 가까운 곳에 설치	대기압기준으로 양압 측정(0kg)
진공계	펌프 흡입측	진공압(부압) : 0~760mmHg
연성계	펌프 흡입측	양압 + 진공압 : 0.1~2MPa

② 수원의 수위가 펌프의 위치보다 높거나 수직회전축 펌프의 경우 : 연성계 또는 진공계를 설치하지 않을 수 있다.

1. **압력계 기준**(NFPA 25 2020)
   ① 정확도 : 1% 이내
   ② 최고 측정압의 75% 초과하는 체절압력이 형성되는 곳에서는 사용제한(최대 체절압의 2배까지 발생 가능)
   ③ 직경의 크기는 3in 이상
   ④ 압력완충기 사용(바늘의 변동 최소화)
   ⑤ 가장 낮은 압을 측정하는 장치를 사용(예를 들어 20bar를 측정할 수 있는 게이지로 1.5bar를 측정하지 않음)
2. **맥동이 발생하는 장소** : 오일충만식(오일에 의한 충격완화)

7) 순환배관

① **가압송수장치에는** 체절운전 시 수온 상승을 방지하기 위해 순환배관을 설치한다.

② 예외 : **충압펌프**

8) 기동장치

① 기동용 수압개폐장치 또는 이와 동등 이상의 성능이 있는 것을 설치한다.

② 예외 : **아파트·업무시설·학교·전시시설·공장·창고시설 또는 종교시설 등**(NFTC 102 2.1.2에 따라 옥상수조를 설치한 대상은 제외)으로서 동결의 우려가 있는 장소에는 기동스위치에 보호판을 부착하여 옥내소화전함 내에 설치한다.

수동기동방식을 채택한 건물에서는 옥상수조가 연결되어 있고, 배관 내 물이 항상 공급되어 동결의 우려가 있으므로 이를 방지하기 위해 개폐밸브를 설치해야 하는 문제가 발생한다. 따라서, 수동기동방식을 채택한 대상은 옥상수조의 설치를 제외할 수 있도록 하였고 추후에 예비펌프를 설치하도록 하였다.

③ 기동용 수압개폐장치(압력챔버)를 사용할 경우 : 100L 이상

9) 기동용 수압개폐장치를 기동장치로 사용할 경우

① 원칙 : 충압펌프 설치

② 충압펌프성능

㉠ 펌프의 토출압력

- **설비의** 최고위 호스접결구의 자연압 + 0.2MPa

자연압 : 물의 무게에 의한 압력으로 물이 차 있는 배관의 수직 높이로 10m의 물 높이가 0.1MPa을 나타낸다.

- 가압송수장치의 정격토출압력과 같게 할 것

㉡ 펌프의 정격토출량

- 정상적인 누설량보다 적어서는 안 된다.

• 옥내소화전설비가 자동적으로 작동할 수 있도록 충분한 토출량을 유지해야 한다.

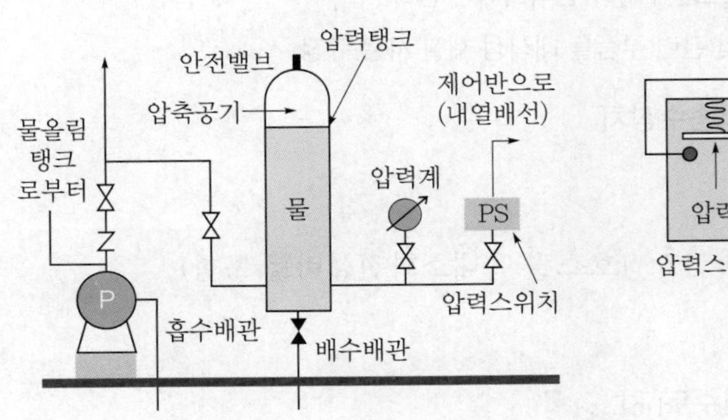

| 기동용 수압개폐장치의 계통도 예 |

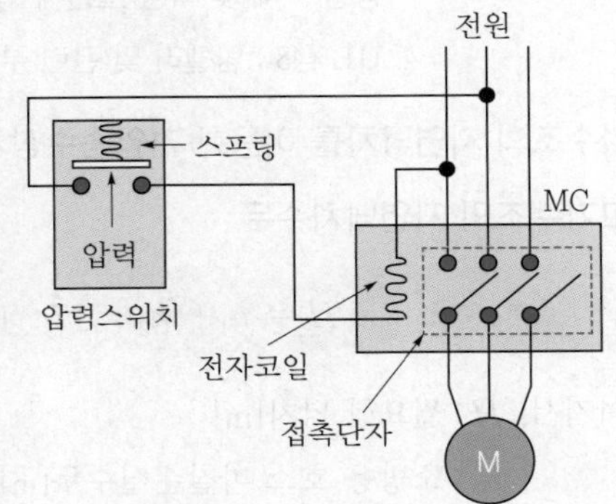

| 기동용 수압개폐장치의 스위치 결선도 예 |

10) 표지설치

① 가압송수장치에는 '옥내소화전펌프'라고 표시한다.

② 가압송수장치를 다른 설비와 겸용하는 경우 : 겸용되는 설비의 이름을 표시한 표지를 함께 표기한다.

11) 내연기관을 사용하는 경우

① 내연기관의 기동은 앞의 8)의 기동장치를 설치하거나 또는 소화전함의 위치에서 원격조작이 가능하고 기동을 명시하는 적색등을 설치한다.

② 제어반에 따라 내연기관의 자동기동 및 수동기동이 가능하고, 상시 충전되어 있는 축전지설비를 갖추어야 한다.

③ 내연기관의 연료량은 펌프를 20분(총수가 30층 이상 49층 이하는 40분, 50층 이상은 60분) 이상 운전할 수 있는 용량일 것

12) 가압송수장치가 기동된 경우

① 원칙 : 자동으로 정지되지 않도록 하여야 한다(수동정지).

② 예외 : 충압펌프

13) 가압송수장치의 주펌프는 부식 등으로 인한 펌프의 고착을 방지할 수 있도록 다음의 기준에 적합한 것으로 한다.

① 임펠러는 청동 또는 스테인리스 등 부식에 강한 재질을 사용한다.

② 펌프축은 스테인리스 등 부식에 강한 재질을 사용한다.

1. **부식에 강한 재질을 사용하는 이유** : 펌프 내부에 부식에 약한 주철제 사용으로 녹 발생으로 펌프 고장 및 수명단축 등의 원인
2. NFPA 20(2019) 3.3.10 **부식 방지 재료** : 황동, 구리, 스테인리스강 또는 기타 동등한 내부식성 재료와 같은 재료

3. NFPA 20(2019) 8.1.5* **펌프재료** : 펌프 제작에 사용되는 재료는 환경의 부식 가능성, 사용된 유체 및 작동 조건에 따라 선택되어야 한다.
4. **UL 448** : 임펠러 및 관련 부품을 내식성 재질 사용 규정

(2) 고가수조의 자연낙차를 이용한 가압송수장치

1) 고가수조의 자연낙차수두

$$H = h_1 + h_2 + 17 \quad \text{(호스릴 옥내소화전설비를 포함)}$$

여기서, H : 필요한 낙차[m]

h_1 : 소방용 호스 마찰손실수두[m]

h_2 : 배관의 마찰손실수두[m]

꼼꼼체크 **자연낙차수두** : 수조의 하단으로부터 최고층에 설치된 소화전 호스접결구까지의 수직거리

2) 설치기기 : 수위계, 배수관, 급수관, 오버플로관, 맨홀

(3) 압력수조를 이용한 가압송수장치

1) 압력수조의 압력

$$P = p_1 + p_2 + p_3 + 0.17 \quad \text{(호스릴 옥내소화전설비를 포함)}$$

여기서, P : 필요한 압력[MPa]

p_1 : 소방용 호스 마찰손실수두압[MPa]

p_2 : 배관의 마찰손실수두압[MPa]

p_3 : 낙차의 환산수두압[MPa]

2) 설치기기 : 수위계, 급수관, 배수관, 급기관, 맨홀, 압력계, 안전장치, 자동식 공기압축기

(4) 가압수조를 이용한 가압송수장치

1) 가압수조의 압력 : 규정 방수량 및 방수압이 20분 이상 유지되도록 할 것

특정소방대상물의 어느 층에 있어도 해당 층의 옥내소화전(2개 이상 설치된 경우에는 2개의 옥내소화전)을 동시에 사용할 경우 각 소화전의 노즐선단에서의 방수압력이 0.17MPa(호스릴 옥내소화전설비를 포함) 이상이고, 방수량이 130L/min(호스릴 옥내소화전설비를 포함) 이상이 되는 성능의 것으로 한다. 단, 하나의 옥내소화전을 사용하는 노즐선단에서의 방수압력이 0.7MPa을 초과할 경우에는 호스접결구의 인입측에 감압장치를 설치하여야 한다.

2) 가압수조 및 가압원 : 방화구획된 장소에 설치할 것

3) 가압수조를 이용한 가압송수장치 : 소방청장이 정하여 고시한 「가압수조식 가압송수장치의 성능인증 및 제품검사의 기술기준」에 적합한 것으로 설치할 것

SECTION

017 배관(pipe) 120회 출제

01 배관재료

(1) 배관 : 압력유체를 이송하기 위한 요소들을 구조에 적합하게 구성한 것이다.

(2) 구비조건

1) 관 내 흐르는 유체의 화학적 성질
2) 관 내 유체의 사용압력에 따른 허용압력 한계
3) 관의 외압에 따른 영향 및 환경조건
4) 유체의 부식성에 따른 내식성
5) 유체의 온도에 따른 열적 변형

(3) 재질에 따른 분류

1) 철금속관 : 강관, 주철관, 스테인리스강관
2) 비철금속관 : 동관, 연관, 알루미늄관
3) 비금속관 : PVC, CPVC, PE, PPC, 철근 콘크리트관, 석면 시멘트관 등

(4) 배관의 표시방법

000 ㉿ SPPS−S−H−2020.11−80A × SCH 20 × 6

1) 000 : 상표
2) ㉿ : 한국산업표준
3) SPPS−S−H : 관 종류 − 제조방법
4) 2020.11 : 제조 연월일
5) 80A : 호칭경(80mm)
6) SCH 20 : 스케줄 번호
7) 6 : 배관 1본의 길이[m]

(5) 한국산업표준(KS A 0503) 126회 출제

1) 물질표시

① 관 내 물질의 종류 식별

㉠ 식별색으로 표시

물질의 종류	식별색	물질의 종류	식별색
물	파랑	산 또는 알칼리	회보라
증기	어두운 빨강	기름	어두운 주황
공기	하양	전기	연한 주황
가스	연한 노랑	–	–

㉡ 식별색에 의한 물질표시방법

- 관에 직접 환상으로 표시한 것
- 관에 직접 직사각형 테두리로 표시한 것
- 표찰을 관에 부착하여 표시한 것

② 관 내 물질의 명칭 표시 : 물질명 그대로 표시(물, 황산) 또는 화학기호를 사용(H_2O, H_2SO_4)

③ 물질의 명칭, 화학기호는 하얀색 또는 검정색을 사용하여 식별색 위에 기재

2) 상태표시

① 흐름방향 표시 : 화살표는 하얀색 또는 검정색

② 표시장소

㉠ 식별색이 관에 환상 또는 직사각형 테두리 안에 표시되어 있는 경우 : 부근에 표시

㉡ 관에 부착한 표찰에 식별색이 칠해져 있는 경우 : 표찰에 표시

3) **압력, 온도, 속도 등의 특성표시** : 관 내 물질의 압력[MPa], 온도[℃], 속도[m/s] 등의 특성을 표시할 필요가 있는 경우 그 양을 수치와 단위기호로 표시한다.

4) 소화표시

① 표시방법 : 빨간색 + 양쪽 흰색 테두리 부착한다.

② 표시장소 : 배관 식별표시 부근에 추가로 표시하며, 소화전용일 경우 소화표시만 하는 것도 가능하다.

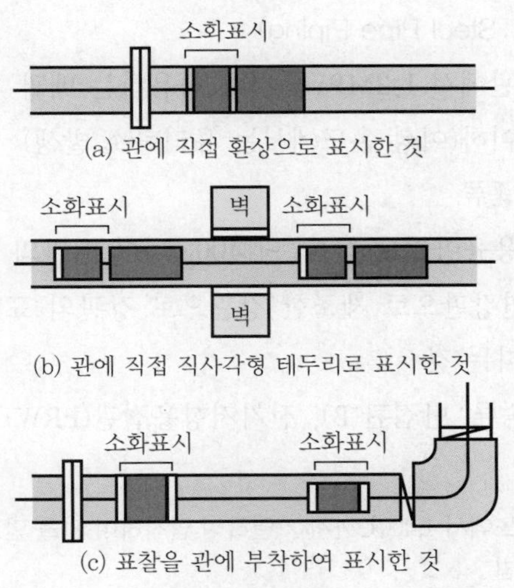

| 소화 표시의 보기(물인 경우) |

02 옥내소화전

(1) 급수배관

1) 원칙 : 전용

2) 옥내소화전 기동장치의 조작과 동시에 다른 설비의 용도에 사용하는 배관과 겸용(or)

① 다른 용도의 송수를 차단할 수 있는 경우

② 옥내소화전설비의 성능에 지장이 없는 경우

(2) 재질

구분	저압 (1.2MPa 미만)	고압 (1.2MPa 이상)
배관용 탄소강관(KS D 3507)	○	×
이음매 없는 구리 및 구리합금관(KS D 5301)	○ (습식만 가능)	×
배관용 스테인리스강관(KS D 3576) 또는 일반배관용 스테인리스강관(KS D 3595)	○	×
덕타일 주철관(KS D 4311)	○	×
압력배관용 탄소강관(KS D 3562)	○	○
배관용 아크용접 탄소강강관(KS D 3583)	○	○

1) 배관용 탄소강관(SPP : Steel Pipe Piping)

① 사용압력 : 소방배관에서 1.2MPa 이하에 사용하는 배관

② 사용온도 : 350℃ 이하(이상 온도에서는 유리탄소 발생)

③ 도금 여부에 따른 종류

㉠ 백관 : 강관에 용융아연도금($1m^2$당 400g)하여 배관의 내식성을 강화한 것

㉡ 흑관 : 열간압연강판으로 제조한 강관으로 강관의 표면에 도장을 하지 않은 강관으로 흑색을 띠는 것

④ 제조방법에 따른 종류 : 단접관(B), 전기저항용접관(ERW)

꼼꼼체크 **단접관** : 노에서 1,400℃까지 가열하여 압착하여 관을 만드는 방법으로 소구경(4″ 이하) 대량생산방법

⑤ 수압시험 : 2.5MPa 이상의 수압을 가해도 이상이 없어야 한다.

2) 압력배관용 탄소강관(SPPS : Steel Pipe Pressure Service)

① 사용압력 : 소방배관에서 1.2MPa 이상이고 10MPa 고압인 부분에 사용하는 배관

② 사용온도 : 350℃ 이하(이상 온도에서는 유리탄소 발생)

③ 제조방법에 따른 종류 : 전기저항용접관(ERW), 이음매 없는 관(seamless pipe)

④ 압력배관용 탄소강관의 화학성분과 인장시험(KS D 3562)

종류의 기호	화학성분[%]					강도시험	
	C	Si	Mn	P	S	인장강도 [N/mm²]	항복점 [N/mm²]
SPPS 250	0.30 이하	0.35 이하	0.30~1.00 이하	0.040 이하	0.040 이하	410 이상	250 이상

3) 배관용 스테인리스강관(KS D 3576) 또는 일반배관용 스테인리스강관(KS D 3595)

4) 이음매 없는 구리 및 구리합금관(KS D 5301)

① 설치대상 : 이음매 없는 관(seamless pipe)으로, '습식 설비'에 적용한다.

② 내열성이 취약한 동관의 특성으로 사용이 제한된다.

5) 덕타일 주철관(KS D 4311)

① 주철에 세륨(Ce)이나 마그네슘(Mg), 칼슘(Ca)을 첨가해서 만든 주철관이다.

② 주철의 주요 성분 : 탄소, 규소, 망간, 인, 황

③ 특성 : 마그네슘 또는 칼슘 등의 흑연구상화 원소를 첨가하여 강도가 높고 연성이 우수하다.

④ 사용처 : 수도용 배관 등

철과 탄소의 합금계에서 탄소량이 2% 미만인 것을 강이라 하고, 2% 이상인 것을 주철이라 한다.

6) 배관용 아크용접 탄소강강관(SPW 400)

① 배관용 탄소강관과 마찬가지로 비교적 사용압력이 낮은 증기, 물, 기름, 가스 및 공기를 수송하는 데 사용한다.

② 보통 1.5MPa 이하의 수도용 배관에 사용한다.

7) 위와 동등 이상의 강도, 내식성 및 내열성이 있는 것

8) 소방용 합성수지배관

① 사용장소

㉠ 지하에 매설하는 경우

㉡ 내화구조로 구획된 덕트 또는 피트의 내부에 설치하는 경우

㉢ 준불연·불연 재료의 천장, 반자 내부에 습식으로 배관하는 경우

② 사용목적 : 시공 편리성, 부식, 스케일 등의 문제로 인해 화재에 의한 열적 피해가 최소화된 제한적인 범위 내에서 합성수지계 배관을 사용한다.

③ 종류

㉠ CPVC(Chlorinated Poly Vinyl Choride) 배관 : 염소화 염화비닐수지

㉡ GRE(Glassfiber Reinforced Epoxy pipe) 배관 : 섬유질보강 열경화성 수지

④ 적용 소화설비

㉠ 옥내소화전설비

㉡ 옥외소화전설비

㉢ 스프링클러설비

㉣ 간이스프링클러설비

㉤ 물분무설비

9) 사용압력에 따른 배관의 선택

① 사용압력이 1.2MPa 미만인 경우 : 배관용 탄소강관(KS D 3507)을 사용한다.

② 배관에서 발생할 수 있는 최대 압력은 체절압력이며, 체절압력은 정격토출압력의 140% 이내이어야 하므로 결국 펌프의 전양정이 85m 초과하는 경우에는 압력배관용 탄소강관(KS D 3562)이나 이와 동등 이상의 강도·내식성 및 내열성을 가진 제품을 사용한다.

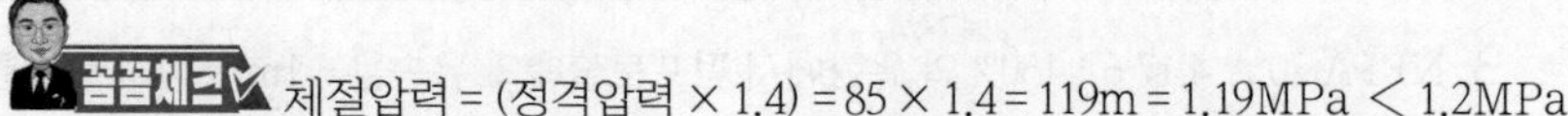

체절압력 = (정격압력 × 1.4) = 85 × 1.4 = 119m = 1.19MPa < 1.2MPa

(3) 펌프흡입측 설치기준(* 뒤 단원 참조)

(4) 토출측 설치기준

1) 체크밸브

① 기동부하를 줄이기 위해서 설치한다.

② 펌프의 수격현상을 완화시킨다.

③ 역류를 방지한다.

2) 개폐밸브 : 급수를 차단할 수 있는 개폐표시형 개폐밸브를 설치한다.

3) 압력계

① 체크밸브 이전에 펌프토출측 플랜지에서 가까운 곳에 설치한다.

② 펌프성능 시험용

4) 구경

① 주배관 : 유속 4m/s 이하

1. 속도제한의 이유 126회 출제

① 배관의 마찰손실 증가 : Hazen-Williams 식에 의해서 유량이 증가하면 마찰손실이 증가하는데 유량은 $Q=Av$로 유속의 증가에 따라서 유량이 증가될 수 있다.

$$P_L = 6.05 \times 10^4 \times \frac{Q^{1.85}}{C^{1.85} \times d^{4.87}} \times L$$

여기서, P_L : 마찰손실[MPa]
Q : 유량[L/min]
C : 조도계수
d : 배관내경[mm]
L : 배관의 길이[m]

② 유속이 증가할 경우 옥내소화전은 유량이 정해져 있으므로 배관의 흐름이 극심한 난류상태가 되어 안정된 압력으로 소화수를 균일하게 공급할 수 없다.

③ 속도 증가로 수격작용 : $F = ma = m\frac{dv}{dt}$로 속도가 증가할수록 수격의 크기는 증가한다.

④ 빠른 유속으로 인한 부식 촉진

2. 배관 내 유속제한

설비	구분	유속
옥내소화전	토출측	4m/s 이하
스프링클러	가지배관	6m/s 이하
	기타 배관	10m/s 이하

3. NFPA 20 A.4.17.6 : 150%의 유량에서 펌프토출측의 유속을 6.1m/s 이하로 제한하고 있지만 부록에서 제한하므로 권장으로 보아야 할 것이다.
수리계산으로 하는 경우에는 65mm 이상을 요구하고 있다(NFPA 14 7.6.3).

② 옥내소화전 배관구경

설비	최소 주배관구경[mm]	최소 가지배관구경[mm]
옥내소화전	50	40
호스릴 옥내소화전	32	25
옥내소화전 + 연결송수관	100	65

※ NFPA 14 7.6 : 연결송수관설비와 겸용이거나 연결송수관용일 경우는 100mm 이상이고 다른 설비와 결합된 경우에는 150mm 이상이어야 한다.

③ 옥내소화전 주배관 구경 유도

$Q = A \cdot v = \frac{\pi}{4} d^2 \cdot v$ (옥내소화전 주배관 구경은 4m/s 이하)

$$d = \sqrt{\frac{4Q}{\pi v}} = 0.564\sqrt{Q}\ [\text{m}]$$

$$d[\text{m}] = \frac{1}{1{,}000} \times d[\text{mm}]$$

$$Q[\text{m}^3/\text{s}] = \frac{1}{60} \times Q[\text{m}^3/\text{min}]$$

$$\frac{1}{1{,}000} \times d[\text{mm}] = 0.564\sqrt{\frac{1}{60} Q}\ [\text{m}^3/\text{min}]$$

$$d = 72.86\sqrt{Q}$$

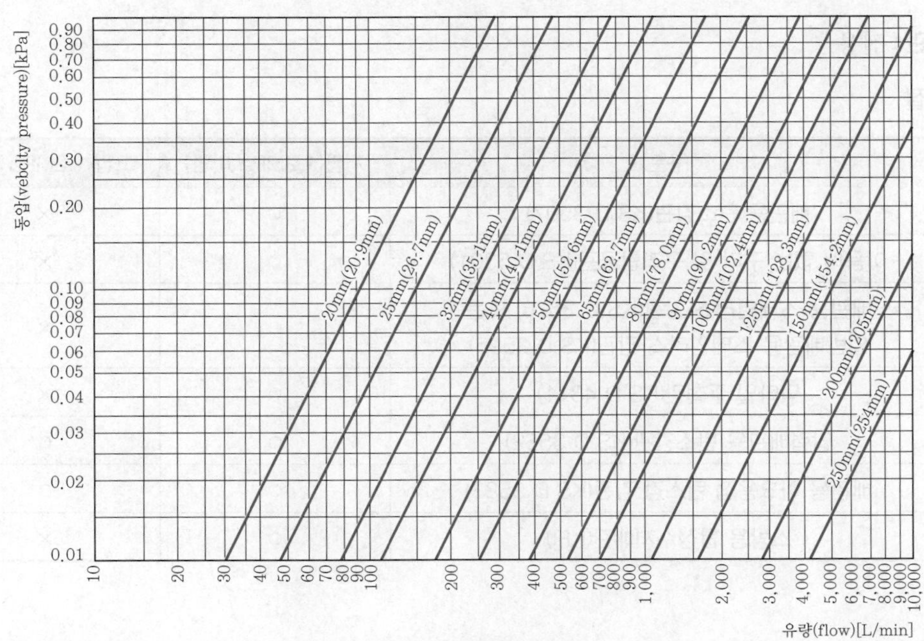

| 압력과 유량에 따른 배관의 선정기준[7] |

7) FPH 15 Water Supplies for Fixed Fire Protection CHAPTER 3, Hydraulics for Fire Protection 15～37

5) 성능시험 배관

6) 순환배관

7) 물올림장치

(5) 배관의 설치장소 : 동결방지조치를 하거나 동결의 우려가 없는 장소

(6) 배관의 식별(or)

1) 다른 설비의 배관과 쉽게 구분되는 위치에 설치한다.

2) 배관표면 또는 배관보온재표면의 색상은 「한국산업표준(배관계의 식별표시, KS A 0503)」 또는 적색으로 식별이 가능하도록 소방용 설비의 배관임을 표시한다.

꼼꼼체크 배관 색상별 사용유체의 종류

배관종류	소방배관	가스배관	급수배관	고압공기	증기, 보일러	급탕배관	오일배관
색상	빨강	황색	청색	백색	노란색	분홍색	회색

(7) 옥외 송수구 설치

03 옥외소화전설비

(1) 배관 : 전용

(2) 재질

구분	저압(1.2MPa 미만)	고압(1.2MPa 이상)
배관용 탄소강관(KS D 3507)	○	×
이음매 없는 구리 및 구리합금관(KS D 5301)	○	×
배관용 스테인리스 강관(KS D 3576) 또는 일반배관용 스테인리스 강관(KS D 3595)	○	×
덕타일 주철관(KS D 4311)	○	×
압력배관용 탄소강관(KS D 3562)	○	○
배관용 아크용접 탄소강 강관(KS D 3583)	○	○
소방용 합성수지배관(KFI)	○	×

SECTION

018 CPVC

115·107·86회 출제

01 개요

(1) **소방용 합성수지배관**: 소방설비에 사용되는 합성수지재료의 배관 또는 이음관을 말하며, 스프링클러설비용과 옥외소화전설비용으로 구분한다.

(2) 기존 PVC 재료에 염소(Cl)를 화학적으로 첨가, 중합반응하여 열가소성 합성수지로 만든 것으로, 기존의 PVC에 비해 분자구조가 바뀌어 내열성, 내식성, 내마모성, 내화학성 등이 한층 강화된 소재이다.

(3) CPVC는 기본적으로 플라스틱재질로서, 재료 자체가 가지는 열적 한계로 인해 사용이 제한된다.

구분	PVC	CPVC
염소함유량	56%	67%
열 변형온도	71～75℃	100～125℃
강도	1	2
난연성과 연기밀도지수	낮음	우수
열적 특성	열가소성	열가소성이나 열가소성, 열경화성 수지와 혼합하여 열적 특성 강화 가능

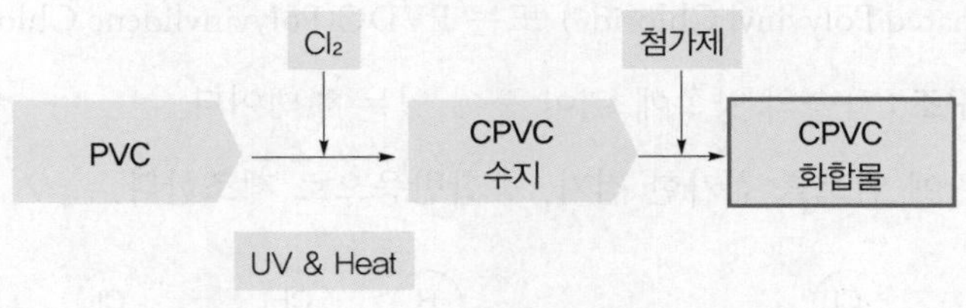

┃CPVC 제조과정┃

(4) 옥내소화전과 스프링클러에 설치 시 CPVC 사용 가능장소

1) 배관을 지하에 매설하는 경우
2) 다른 부분과 내화구조로 구획된 덕트 또는 피트의 내부에 설치하는 경우
3) 천장(상층이 있는 경우에는 상층바닥의 하단을 포함)과 반자를 불연재료 또는 준불연재료로 설치하고 소화배관 내부에 소화수가 항상 채워진 상태로 설치하는 경우

(5) 구성품

1) 배관
2) 이음관(관부속)

(6) 합격표시 : KFI 인증마크를 제품에 부착한다.

(7) 기술기준에 의한 분류

1) **1종 배관 :** 옥내소화전설비 또는 스프링클러설비 등과 같이 옥내에 설치되는 소화설비에 사용하는 배관과 이음관
2) **2종 배관 :** 옥외소화전설비 등과 같이 지하에 매립하여 사용하는 배관과 이음관

(8) 구분

1) **스프링클러설비용 배관 :** 화재의 위험성이 낮은 주택, 병원, 교회 등의 습식 스프링클러설비에 사용하는 배관 또는 이음관으로 화염에 직접 노출되지 않는 배관
2) **옥외소화전설비용 배관 :** 지하에 매설되어 있는 수도용 배관으로부터 옥외소화전연결부까지의 배관
3) 옥내소화전

02 CPVC의 특징

(1) CPVC(Chlorinated Polyvinyl Chloride) 또는 PVDC(Polyvinylidene Chloride)라고 불린다.

(2) CPVC의 분자구조 : 사슬의 양쪽에 Cl이 붙어 있는 형태이다.

(3) 기존 PVC 배관에 염소를 첨가한 첨가, 중합반응으로 제조한다.

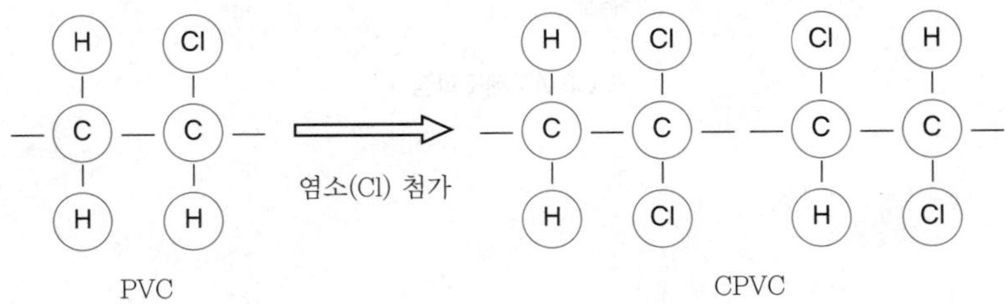

| CPVC의 분자구조 |

(4) 특징

구분		내용
재질	낮은 열전도율	① 열전도율이 0.11W/m · ℃로 작아 열손실량이 적고 항상 일정한 공정온도의 유지가 가능하여 보온과 보냉을 요구하는 배관계통에 사용이 가능하다. ② 응축을 통한 결로를 방지하여 벽이나 구조물의 손상을 방지한다. ③ 얇은 보온재 두께가 가능하다.
	자기소화성	① LOI(한계산소지수)가 60%로서 CPVC가 연소하려면 공기 중의 산소량(21%)보다 훨씬 많이 필요하므로 연소가 어렵다(PVC 40, PP, PS, PB가 18). ② 화염의 크기가 작으며, 연기가 적게 발생한다. ③ 제거화 : 라디칼반응에서 라디칼이 제거되는 것으로, CPVC가 분해되면서 할로겐화합물이 발생하여 이것이 라디칼과 반응하여 라디칼을 제거한다. ④ 가교화 : 제거반응 후 남은 중합체가 이중결합이나 삼중결합을 형성한다. ㉠ 이중결합 : $CH_2-CHCl^- \rightarrow -CH=CH^- + HCl$ ㉡ 삼중결합 : $CH_2-CCl_2^- \rightarrow -C\equiv C^- + 2HCl$
	내화학성	① 내화학성이 우수하다. ② 염소성분과의 반응이 작아 강하고 미생물에 의한 부식도 방지(고분자 CHCl −CHCl 결합으로 배관의 탄소와 물속의 염소와 반응 억제)한다.
	큰 상대조도	① 상대조도가 커서(150) 마찰손실이 적으므로 배관경 선정에 유리하다. ② CPVC는 내식성, 내마모성이 우수하여 배관 내부에 스케일이나 부식이 발생하지 않는다. ③ 수십 년을 사용해도 유속의 변화가 거의 없다.
	내마모성	내마모성이 뛰어나 각종 마모와 부식, 침식 등의 영향을 거의 받지 않는다.
	약한 기계적 강도	강도가 약해서 노출시공이 어렵다.
	높은 열팽창계수	① 강관에 비해 선팽창계수(6.2×10^{-5}cm/cm · ℃)가 크다. ② 배관의 신축을 고려해야 한다. ③ 화재에 직접 노출 시 파괴 우려가 있으므로 방호가 필요하다.
시공	시공편의성	① CPVC는 본드결합방식이므로 좁은 공간에서도 배관설치가 쉽다. ② 중량이 가벼워서 시공이 용이하다.
	높은 유연성	배관이 유연(신장률 40~80)해서 설치가 쉽다.
	경화시간	본드가 경화되는 데 일정시간이 필요(특히 겨울철)하다.

꼼꼼체크 CPVC와 강관의 비교표

구분	CPVC	강관
LOI	60%	불연성으로 LOI가 없다.
열전도율	0.11W/m · ℃	38W/m · ℃
무게	0.39kg/m	2.46kg/m
C Factor	150	100~120

03 CPVC의 시공 시 유의사항

(1) **압력 · 온도의 사용조건 엄수** : CPVC 배관은 사용압력과 사용온도에 따라 배관의 신축이나 강성에 큰 영향을 받으므로 이를 고려하여야 한다.

(2) 배관 시 신축처리가 반드시 필요하다. 왜냐하면 일반 강관에 비해서 열팽창률이 5~6배 정도 크기 때문에 그만큼 배관팽창에 대비하는 신축의 처리가 중요하다.

(3) 접착제는 반드시 적용이 검증된 용해성 접착제(솔벤트 시멘트(solvent cement))를 사용한다.

(4) 배관 및 부속품을 조립한 후 규격과 주위온도에 따른 최소 경화시간을 준수하고 나서 수압시험을 실시한다.

1) 수압시험 : CPVC 배관재의 수압은 200psi(13.6kg_f/cm^2)에서 2시간 동안 유지

2) 시험압력 : 150psi(10.2kg_f/cm^2) + 50psi(3.4kg_f/cm^2)

(5) 경화시간 동안 외부로부터의 충격이나 힘이 가해지지 않도록 하여야 한다. 왜냐하면 접속부위에 강도형성이 되지 않아 쉽게 분리되기 때문이다.

(6) **부동액** : 글리세린 계통

(7) **용접을 이용한 접합일 경우** : 용접봉은 반드시 CPVC형을 사용한다.

(8) 현장에서의 열가공을 엄금한다.

1) CPVC 파이프의 열가공은 일반 PVC보다 고온이 필요하다.

2) 배관현장에서의 열가공 시 파이프의 표면이 타서 재질이 저하되는 문제가 발생하기 때문에 슬리브 및 밴드류는 열가공을 하지 않고 반드시 규격품을 사용하여야 한다.

(9) **취급상 주의사항**

1) 강성이 약하므로 운반 중 떨어트려 충격이 가해지지 않도록 주의한다.

2) 배관작업 중 공구에 의해서 배관이 손상되지 않도록 주의한다.

3) 동절기에는 충격강도가 저하되므로 보온 등 취급상 특별한 주의를 기울여야 한다.

(10) 일부 화학약품의 주의 : 에스테르(ester), 케톤(ketone), 방향족 탄화수소, 크레오소트(creosote), 도료, 방충제, 유기용제 등의 일부 약품에 사용이 불가능하므로 주의한다.

(11) 공기압 시험금지 : 미국의 소방배관 주요 업체에서는 CPVC 배관의 공기압 또는 압축가스 시험을 금지하고 있다. 왜냐하면 공기압 시험도중 배관이 파손되면 사람에게 치명상이 될 수 있기 때문이다.

(12) 행거의 설치기준

1) 행거의 표면은 배관을 손상시킬 만큼 날카롭거나 거칠어서는 안 된다.

2) 행거의 간격은 아래 표를 참고한다.

배관관경[mm]	25	32	40	50	65	80
간격	1.2~1.5m	1.5~2m	2.1m	2.4m	2.7m	3m

04 NFPA의 CPVC

(1) 스프링클러배관의 등록된 온도상한계는 175psi(12.1bar)에서 150°F(65.5℃)이고 하한계는 40°F(4℃)로 제한하고 있다.

(2) 스프링클러배관으로 사용할 때에는 등록된 기관의 마크가 있어야 한다(ASTM 442).

(3) 천장과 반자를 준불연재료 이상을 설치하고 그 내부에 습식 설비에서만 사용이 가능하다.

(4) 옥외 및 가연성 은폐공간에 사용할 수 없다.

(5) 수평 천장 아래 설치 시 노출설치 가능조건 : 천장 아래 20cm 이내에 디플렉터가 설치되어 있는 속동형·주거용 스프링클러에만 사용이 가능하다.

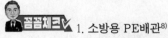

1. 소방용 PE배관[8)]

① 개요 : HDPE 배관은 High Density Poly-Ethylene의 약자로, 고밀도 폴리에틸렌(PE) 원료를 사용하여 부식 및 전식이 없고 수명이 반영구적인 배관이다.

② 특성

구분		내용
열적 특성	자기 소화성	CPVC 배관과 같이 자기소화성이 있으며 LOI값이 60 이상이다.
	열전도도	낮은 열전도도

8) Kupp의 카탈로그에서 주요 내용 발췌

구분		내용
열적 특성	열응력	낮은 열응력으로 노출배관이나 온도변화가 큰 장소에 설치가 곤란하다.
유동특성	C Factor	낮은 값으로 매끄러우며 마찰손실이 작다.
시공특성	유연성	재질이 유연하여 지형에 관계없이 시공이 용이하고, 지진 · 지반 침하에도 강하다.
	경량성	강관중량의 $\frac{1}{7}$ 정도로 가볍다.
	접합성	상황에 맞는 접합방식(조임식, 열융착 등)이 가능하다.
	경제성	자재비가 타 관종 대비 저렴하며 하자보수 등의 유지관리비가 적다.
기계적 특성	기계적 강도	기계적 강도가 강관에 비하여 떨어지기 때문에 외부의 강한 충격이 예상되는 옥외형 배관 또는 천장 노출형태로는 설치가 곤란하다.
	내부식성	장기간 사용이 가능하다.

③ 설치대상 : 지하매설배관 및 한국소방산업기술원으로부터 인증받아 CPVC 사용장소에는 사용이 가능하다.

④ 단점

㉠ 자외선에 노출 시 물성이 변화한다.

㉡ 열에 취약해 120~140℃에 녹는다.

2. IC-PVC 배관

① 외부 : C-PVC 소재

② 내부 : IPVC 소재

㉠ 인장, 내압·내구·내충격성 강화

㉡ 크랙이나 파손의 문제해결

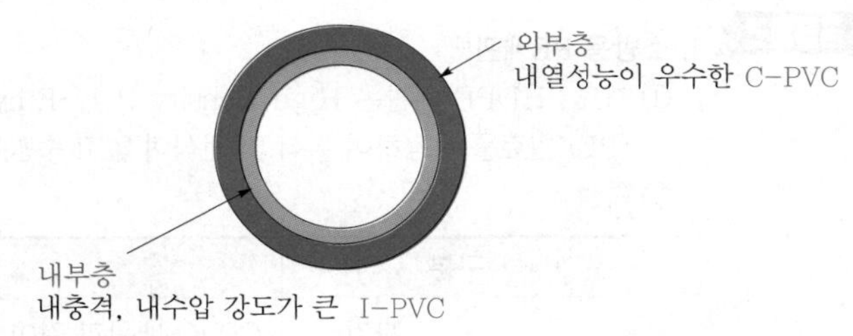

| IC-PVC의 개념도 |

SECTION 019

배관의 손실

01 개요

(1) 유체가 배관 내를 흐를 때는 손실에 의한 압력강하가 발생한다.

(2) 압력강하는 크게 두 가지로 구분한다.

1) 주손실(major loss : friction factor) : 관벽과 유동하는 유체에 의한 마찰(friction)에 의해서 발생하는 손실로 조도에 의한 영향이 크다.

2) 부차적 손실(minor loss) : 유체의 속도가 갑자기 변하는 부분에서 발생하는 손실(유체입자의 마찰 및 박리)이다.

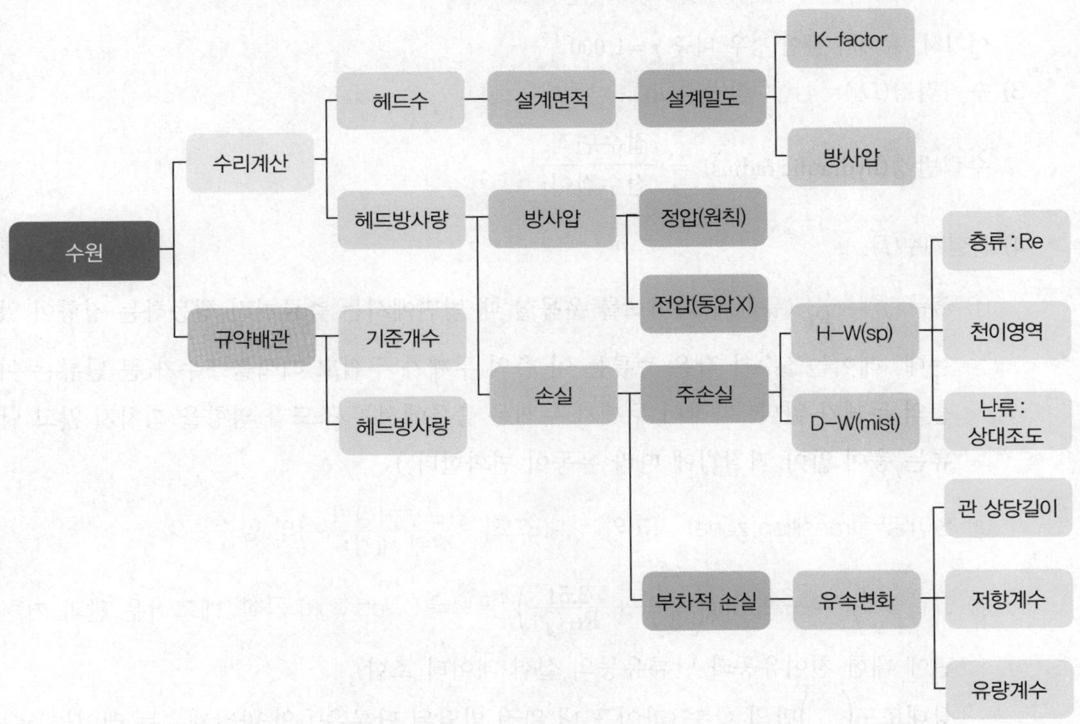

| 수원산정 |

02 주손실 : 관로마찰에 의한 손실 111회 출제

(1) 달시 – 웨버의 식(Darcy–Weisbach formula) 131·129·113·109·107·106회 출제

1)

$$h_L = f \cdot \frac{l}{d} \cdot \frac{v^2}{2g}$$

여기서, h_L : 관로마찰손실[m]

f : 관마찰계수

l : 배관의 길이[m]

d : 배관의 직경[m]

v : 관 내 유체의 평균유속[m/s]

2) 손실압력은 손실수두에 유체의 비중량(γ)을 곱해 주면 되므로 다음과 같이 표시할 수 있다.

$$P_L = \gamma \cdot h_L = f\frac{l}{d} \cdot \frac{v^2}{2g} \cdot \gamma[\text{kg/m}^2]$$

여기서, 유체가 물인 경우 비중 $\gamma = 1,000$

3) 수력직경(D_h)$=4\times$수력반경(R_h)

$$\text{수력반경(hydraulic radius)} = \frac{\text{접수면적}}{\text{접수길이}}$$

4) 마찰계수(f)

① 층류 : $f = \frac{64}{\text{Re}}$(유체가 파이프를 운동할 때 벽면에서는 층류처럼 행동하는 경향이 있는데, 레이놀즈수가 작은 층류는 이 층의 두께가 두껍고 레이놀즈수가 큰 난류는 이 층의 두께가 얇다. 따라서 두께가 두꺼운 층류에서는 조도가 영향을 끼치지 않고 난류는 층이 얇아 거칠기에 따라 유동이 변화한다.)

② 천이영역(transition zone) : Re와 상대조도$\left(\frac{\varepsilon(\text{표면거칠기})}{d(\text{관 내경})}\right)$의 함수

③ 난류 : $\frac{1}{\sqrt{f}} = -2.0\log\left(\frac{\frac{\varepsilon}{d}}{3.7} + \frac{2.51}{\text{Re}\sqrt{f}}\right)$ (콜브룩(Colebrook) 공식 : 매끄러운 관과 거친 관에 대한 천이유동과 난류유동의 실험 데이터 조합)

상대조도$\left(\frac{\varepsilon}{d}\right)$만의 함수 (파이프 내 완전 발달된 난류유동의 마찰계수는 레이놀즈수와 배관내경(d)에 대한 절대조도(e)의 비인 상대조도에 따라 변화한다.)

※ 절대조도(e) : 관 내벽의 불규칙 돌기에 대한 평균값이며, 낡은 주철관의 경우 1~5mm, 배관용 탄소강 강관의 경우 0.15mm, 염화비닐라이닝 강관이나 동관의 경우 0.0015mm 정도이다.

꼼꼼체크 층류의 마찰계수 유도 121회 출제

① 연속방정식

㉠ $Q=A\cdot v$, $Q=\dfrac{\pi\cdot d^2}{4}\cdot v$ ………………… ⓐ

㉡ $\gamma=\rho\cdot g$ ……………………………………… ⓑ

㉢ $\mathrm{Re}=\dfrac{d\cdot v\cdot\rho}{\mu}$ ……………………………… ⓒ

② Hagen-Poiseuille식 및 Darcy-Weisbach식을 통해 구한 손실수두가 같다고 하면

$$f\cdot\frac{l}{d}\cdot\frac{v^2}{2g}=\frac{128\cdot\mu\cdot Q\cdot l}{\gamma\cdot\pi\cdot d^4}\ \cdots\cdots\ ⓓ$$

③ ⓓ식에 ⓐ, ⓑ를 대입

$$f\cdot\frac{l}{d}\cdot\frac{v^2}{2g}=\frac{128\cdot\mu\cdot\left(\frac{\pi d^2}{4}\cdot v\right)\cdot l}{(\rho\cdot g)\cdot\pi\cdot d^4}$$

④ 마찰손실계수에 대하여 정리하면 다음과 같다.

$$f=\left(\frac{d}{l}\cdot\frac{2g}{v^2}\right)\cdot\frac{128\cdot\mu\cdot\left(\frac{\pi d^2}{4}\cdot v\right)\cdot l}{(\rho\cdot g)\cdot\pi\cdot d^4}$$
$$=\frac{64\cdot\mu}{d\cdot v\cdot\rho}$$

⑤ ⓒ식에 의한 레이놀즈지수를 적용하면 마찰손실계수(f)

$$f=\frac{64}{\mathrm{Re}}$$

5) 특징

① 적용이 복잡하다.

② 마찰계수의 값이 층류를 제외하고는 어렵다.

③ 적용 대상

㉠ 150L 이상의 용량을 가진 부동액 주입 동파방지설비

㉡ 중압식 및 고압식 미분무 소화설비

㉢ 포 소화설비

6) 무디선도(Moody diagram) 131회 출제

① 마찰계수를 계산하는 방법이 복잡하고 난해해 보다 쉽게 선도를 이용하는 방법으로 콜브룩의 공식을 기반으로 작성되었다.

② 관의 직경에 대한 상대적 거칠기인 상대조도$\left(\dfrac{\varepsilon}{d}\right)$를 이용하여 마찰손실계수($f$)와 상관성을 찾게 되고 그 관계로 선도를 만든 것으로 상대조도와 레이놀즈수만 알게 되면 선도에서 마찰손실을 구할 수 있다.

③ 원형관이 아닌 경우에는 지름 d대신 $4Rh$를 이용한다.

④ 특징

㉠ 적용이 쉽다. 층류와 난류에서 모두 적용이 가능하다.

㉡ 층류유동에서 마찰계수는 레이놀즈수가 증가할수록 감소하고 상대조도와는 무관하다.

㉢ 마찰계수는 매끈한 관에서 최소이고 조도에 따라 증가한다. Colebrook 공식은 e=0인 경우 프란틀(Prandtl) 방정식으로 축약된다.

$$\frac{1}{\sqrt{f}} = 2.0\log(Re\sqrt{f}) - 0.8$$

㉣ 천이영역에서의 유동은 교란에 의해 층류와 난류를 반복하고 따라서 마찰계수도 층류와 난류 값들 사이를 반복한다.

㉤ 레이놀즈수가 매우 큰 경우 Moody 선도의 마찰계수 곡선은 거의 수평이고 따라서 마찰계수는 레이놀즈수와 무관해진다. 이 영역에서 Colebrook 공식은 아래의 공식으로 축약된다.

$$\frac{1}{\sqrt{f}} = -2.0\ \log\left(3.71\frac{d}{\varepsilon}\right)$$(Karman과 Nikuradse의 식)

㉥ 적용 : 미분무수(water mist), 포(foam), 부동액(스프링클러)

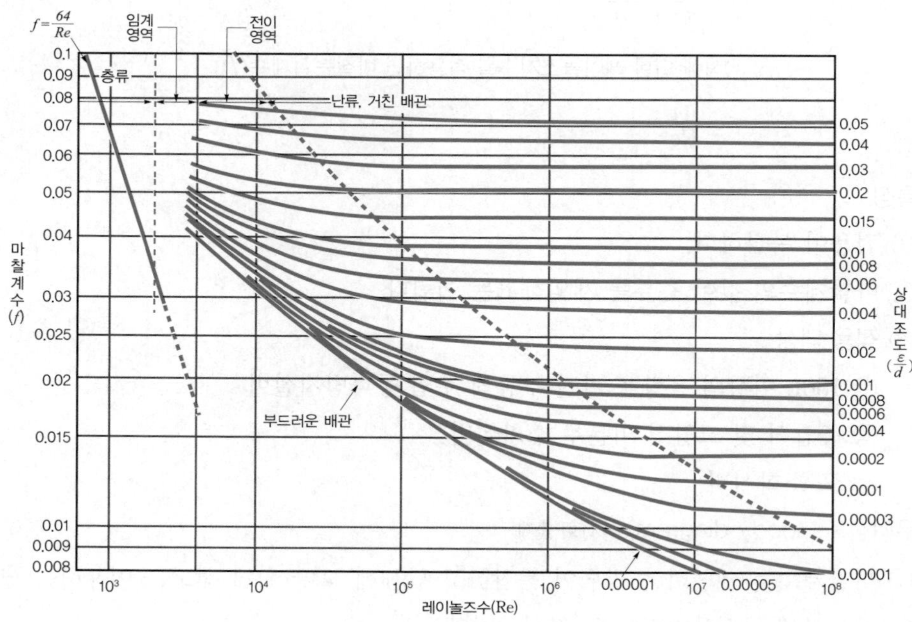

| 무디선도(Moody diagram)[9] |

9) Fire pumps handbook 16page

(2) 하젠-윌리엄스 식(Hazen-Williams) (NFPA 13에서 적용) 129·109·107회 출제

1) 소방에서 마찰손실을 계산하는 데 주로 사용하는 실험식

2) 공식

$$P_L = 6.05 \times 10^4 \times \left(\frac{Q^{1.85}}{C^{1.85} \times d^{4.87}}\right) \times L$$

여기서, P_L : 단위길이당 마찰손실[MPa]

Q : 유량[L/min]

C : 조도계수

d : 배관 내경[mm]

L : 배관 길이[m]

하젠 윌리엄스식 유도

$$v = C \cdot R_H^{0.63} \cdot I^{0.54}$$

$$q = K \cdot A \cdot v = K \cdot \frac{\pi}{4} \cdot d^2 \cdot C \cdot \left(\frac{d}{4}\right)^{0.63} \cdot \left(\frac{h_L}{L}\right)^{0.54}$$

$$q = 0.2805 \cdot C \cdot d^{2.63}\left(\frac{h_L}{L}\right)^{0.54}$$

$$q^{1.85} = 0.0952 \cdot C^{1.85} \cdot d^{4.87} \cdot \frac{h_L}{L}$$

$$H_L = 10.5\frac{q^{1.85}}{C^{1.85} \times d^{4.87}} \times L$$

h_L[m] → P_L[MPa], q[m³/s] → Q[Lpm], d[m] → D[mm]

$$\frac{P_L}{9.8 \times 10^{-3}} = 10.5\frac{\left(\frac{Q}{1,000 \times 60}\right)^{1.85}}{C^{1.85} \times \left(\frac{D}{1,000}\right)^{4.87}} \times L$$

$$P_L \fallingdotseq 6.05 \times 10^4 \times \frac{q^{1.85}}{C^{1.85} \times d^{4.87}} \times L$$

여기서, K : 유량계수(0.357)

R_H : 수력 반경[m]

I : 수로구배[m/m]

h_L : 손실수두[m]

q : 유량[m³/s]

C : 조도계수

d : 배관내경[mm]

L : 배관길이[m]

3) 체지(chezy)식(최초의 마찰손실 공식) : 수로의 유속공식

① $v=C_h\sqrt{R_hI}$

여기서, v : 유속[m/s]

C_h : 유속계수 또는 체지계수($\sqrt{m/s^2}$)

R_h : 수력반경 또는 경심[m]

I : 수로구배[m/m]

수력반경(R_h)과 수력직경(D_h)의 관계: $R_h=\frac{A}{L}=\frac{\frac{\pi\times D_h^2}{4}}{\pi\times D_h}=\frac{\pi\times D_h^2}{4\times\pi\times D_h}=\frac{D_h}{4}$

② 체지의 식을 이용해서 SI단위의 하젠 윌리엄스식으로 변환 **99회 출제**

㉠ $v=C_h\sqrt{R_hI}=C_hR_h^{0.5}I^{0.5}$

$Q=C_h\times A\times R_h^{0.5}\times I^{0.5}$

여기서, Q : 유량[m³/s]

A : 배관의 단면적[m²]

I : $\frac{h_L(\text{손실수두})}{L(\text{배관길이})}$[m/m]

㉡ 하젠 윌리엄스식(체지의 식을 원형배관에 맞게 수정변형한 실험식)

$v=k\times C\times R_h^{0.63}\times I^{0.54}$

$Q=A\times k\times C\times R_h^{0.63}\times I^{0.54}$

여기서, k : 단위를 위한 변환계수(SI 단위일 경우는 0.357을 적용)

C : 조도계수

R_h : 수력반경 또는 경심[m]

I : 수로구배[m/m]

㉢ SI 단위의 하젠 윌리암스식으로 변환

- $Q=A\times k\times C\times R_h^{0.63}\times I^{0.54}$

$$=\frac{\pi}{4}d^2\times k\times C\times\left(\frac{d}{4}\right)^{0.63}\times\left(\frac{h_L}{L}\right)^{0.54}$$

$$=\frac{\pi}{4}\times 0.357\times d^2\times C\times\left(\frac{d}{4}\right)^{0.63}\times\left(\frac{h_f}{L}\right)^{0.54}$$

$$=0.284d^{0.63}C\left(\frac{h_L}{L}\right)^{0.54}$$

- 양변에 $1.85\left(\frac{1}{0.54}\right)$를 곱하면

$$Q^{1.85}=(0.2804)^{1.85}\times d^{4.87}\times C^{1.85}\left(\frac{h_L}{L}\right)$$

$$=0.0952\times d^{4.87}\times C^{1.85}\frac{h_L}{L}$$

- h_L로 정리하면

$$h_L = Q^{1.85} \times 10.5 \times \frac{1}{d^{4.87}} \times \frac{1}{C^{1.85}} \times L$$
$$= 10.5 \times \left(\frac{Q^{1.85}}{C^{1.85} \times d^{4.87}}\right) \times L$$

㉣ 단위변환을 하면 $h_L \to P_L$(m → MPa), d(m → mm), Q(m³/s → L/min)

- $$\frac{P_L}{\frac{11,325[\text{Pa}]}{10.332[\text{m}]} \times 10^{-6}} = 10.5 \times \frac{\left(\frac{Q(1[\text{m}^3] \times 1[\text{min}])}{60[\text{s}] \times 1,000[\text{L}]}\right)^{1.85}}{C^{1.85} \times \left(\frac{d(1[\text{m}])}{1,000[\text{mm}]}\right)^{4.87}} \times L$$
- $$P_L \fallingdotseq 6.05 \times 10^4 \times \frac{Q^{1.85}}{C^{1.85} \times D^{4.87}} \times L$$

③ 체지계수와 달시 웨버의 마찰계수(f)와의 관계

$$C_h = \sqrt{\frac{8g}{f}}$$

예제 개수로에 의한 유량측정 시 체지의 유속공식이 적용된다. 경심이 0.65m, 흠의 바닥구배 I가 $\frac{1}{2,000}$, 체지계수가 25일 때 평균 유속은 얼마인가?

$$v = C_h\sqrt{R_h I} = 25\sqrt{0.65 \times \frac{1}{2,000}} = 0.45\text{m/s}$$

4) 적용조건

① 유체 : 물(난류)

② 물의 비중량 : 1,000kg$_f$/m^3

③ 물의 온도범위 : 7~24℃

④ 유속 : 1.5~5.5m/s

5) 조도계수 : 관의 내벽이 얼마나 거친가 또는 매끄러운가를 나타내는 계수로, 높을수록 물이 저항을 작게 받으며 흐를 수 있다.

① 조도계수

구분	조도계수	구분	조도계수
PVC	150	거친 관	130
STS	150	보통 강관	120
아주 매끈한 신형인 관	140	오래되고 심하게 부식된 관	100

② 조도계수의 지수

㉠ 거친 배관 내에서의 유량에 따른 배관손실수두 : 2

㉡ 부드러운 배관 내에서의 유량에 따른 배관손실수두 : 1.85

6) 적용대상

① 옥내소화전설비

② 옥외소화전설비

③ 스프링클러소화설비

④ 물분무소화설비

⑤ 저압식 미분무소화설비

⑥ 포소화설비(물, 포수용액 배관에 한함)

7) 전제조건 : 완전히 발달된 난류계에서는 f값이 Re에 의존하지 않고 단지 배관의 거칠기의 특성에만 의존한다는 실험 사실에 기반하여 배관의 종류별로 조도계수(C)를 도입한 것이다.

8) 계산방법 : 조도계수 및 등가길이를 반영한 하젠-윌리엄스 식을 이용하여 마찰손실을 계산한다.

(3) 하겐-포아젤(Hagen-Poiseuille)의 법칙

1) 층류의 원형 직관에 있어서의 마찰손실수두로, 소방에서는 사용하지 않는다.

2) 달시-웨버의 식에서 유도한 것이다.

3) 마찰손실 : $h = f \cdot \frac{l}{d} \cdot \frac{v^2}{2g}$

$$\Delta P = f \cdot \frac{l}{d} \cdot \frac{v^2}{2g} \cdot \gamma$$

$$= \frac{64 \cdot \mu}{\rho \cdot v \cdot d} \cdot \frac{l}{d} \cdot \frac{v^2}{2g} \cdot \gamma = \frac{32 \cdot \mu \cdot v \cdot l}{\gamma \cdot d^2} \cdot \gamma = \frac{128 \cdot \mu \cdot Q \cdot l}{\pi \cdot d^4}$$

여기서, $f = \frac{64}{\text{Re}}$, $\text{Re} = \frac{\rho \cdot v \cdot d}{\mu}$

4) 유량 $Q = \frac{\Delta P \cdot \pi \cdot d^4}{128 \cdot \mu \cdot l}$

5) 평균속도 $\frac{Q}{A} = \frac{\Delta P \cdot \pi \cdot d^4}{128 \cdot \mu \cdot l} \cdot \frac{4}{\pi \cdot d^2} = \frac{\Delta P \cdot d^2}{32 \cdot \mu \cdot l}$

(4) 주손실 공식 비교

구분	달시 - 웨버의 식	하젠 - 윌리엄스의 식	하겐 - 포아젤의 식
대상유체	모든 유체 층류, 난류(블라시우스 실험식 또는 무디선도)	물에만 적용	모든 유체에 적용
특징	① 층류에서는 레이놀즈수를 이용하여 계산이 쉬움 ② 난류에서는 계산이 복잡함	조도계수(c)를 이용하여 쉽게 계산	층류유동에만 적용

구분	달시 - 웨버의 식	하젠 - 윌리엄스의 식	하겐 - 포아젤의 식
마찰손실	관의 물리적 특성과 유체의 물리적 특성으로 계산	관의 물리적 특성만으로 계산	관의 물리적 특성과 유체의 물리적 특성으로 계산

1. 쉽게 생각하면 하젠-포아젤 법칙을 발전시킨 것이 달시-웨버의 식이라고 볼 수 있다.
2. FMRC의 15m 소방호스에 대하여 최대 마찰손실값(C:135)

호스구경[mm]	노즐[mm]	유량[L/min])	최대 마찰손실값[MPa]
40	20	380	0.125
50	25	585	0.07
65	30	945	0.055
80	30	1,515	0.055

03 부차적 손실 128·126·117·89회 출제

(1) 개요

1) **정의**: 유체의 속도가 갑자기 변하는 부분에서 발생하는 손실로서, 유체입자의 마찰 및 박리에 의해서 발생하는 손실이다.
2) 관 부속품, 밸브 및 기타 장치 통과 시 벽면과의 마찰, 난류, 박리현상 등에 의해 추가적인 에너지손실이 발생한다. 특히 배관장애물(스윙타입 체크밸브, 특정 종류의 유량계)로 인해 발생하는 손실은 매우 크다.
3) **부차적 손실을 계산하는 방식**: 관 상당길이방식, 저항계수방식, 유량계수방식
4) 급변부에서 유선이 박리되며, 박리유선과 고정벽면 사이에 와류영역이 발생하여 회전하면서 유수단면적을 축소시켜 에너지손실을 유발한다. 단면의 축소보다 확대가 에너지손실이 더 크다.

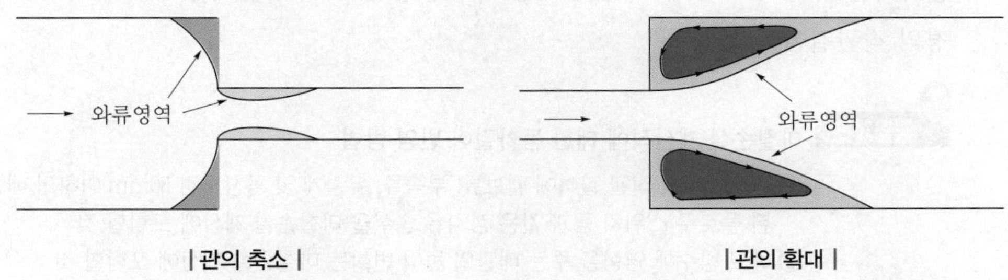

| 관의 축소 | | 관의 확대 |

(2) 관 상당길이(equivalent length) 방식

1) 표를 이용하여 관부속에 의한 손실을 배관길이로 환산(등가길이) : 실제 배관길이에 더하여 계산한다.

$$K \times \frac{v^2}{2g} = f \times \frac{l}{d} \times \frac{v^2}{2g}, \ l_{eq} = d \cdot \frac{K}{f}$$

여기서, l_{eq} : 배관등가길이

2) 등가길이보정 : 일반적으로 표는 Sch 40, 조도계수 120인 강관기준으로 하므로 그 기준을 벗어나면 다음과 같이 보정을 해 주어야 한다.

① Sch 40이 아닌 경우 : $\left(\frac{\text{사용배관의 내경}}{\text{sch 40 강관의 내경}}\right)^{4.87}$ = 보정계수

② 조도계수가 120이 아닌 경우(스프링클러, 물분무) : $\left(\frac{\text{실제조도}}{120}\right)^{1.85}$ = 보정계수

C값	100	120	130	140	150
환산계수	0.713	1.0	1.16	1.33	1.51

③ 조도계수가 150이 아닌 경우(미분무수) : $\left(\frac{\text{실제조도}}{150}\right)^{1.85}$

C값	100	120	130	140	150
환산계수	0.472	0.662	0.767	0.880	1.0

3) 관부속품 및 밸브를 통과하면서 발생하는 부차적 손실은 마찰손실이 아니고 유속의 급격한 변화에 의해 발생하는 손실이다. 물의 흐름 속에서 유속이 증가함에 따라 커지는 난류에 의해 발생한다.

4) 배관의 길이로 환산하여 실제 배관길이에 더하게 되는 '등가길이'를 이용해 상기의 부차적 손실의 계산을 단순화하는 표준방식이다.

5) 통과하는 유체의 흐름에 의한 압력강하와 동일한 크기의 압력강하를 나타내는 동일 구경의 직관길이이다.

꼼꼼체크 마찰손실 계산식에 대한 등가길이 반영 방법

① 관(pipe)의 직관 길이에 밸브류, 부속류, 유량계 및 공칭구경 50mm 이하의 배관에 설치된 플로우 스위치 등과 같은 장치류 손실을 마찰손실 계산에 포함할 것
② 헤드 방수에 영향을 주는 배관의 높이 변화는 마찰손실 계산에 포함할 것
③ 배수배관까지의 연결관로 및 시험밸브의 관로는 마찰손실 계산에 포함하지 않을 것
④ 분류 티(tee)의 경우 그 티(tee)가 설치된 배관 구간의 등가길이에 포함시켜 계산할 것

⑤ 교차배관에서 가지배관으로의 입상 분기관에서는 입상 분기관 상부에 설치되는 티(tee) 또는 엘보(elbow)는 가지배관 구간의 마찰손실 계산에 포함시키며, 입상분기관 하부에 설치되는 티(tee) 또는 엘보(elbow)는 입상 분기관 구간의 마찰손실 계산에 포함시킬 것
⑥ 교차배관에서 가지배관으로의 수평 분기관에서는 그 분기관에 설치되는 티(tee) 또는 엘보(elbow)는 가지배관 구간의 마찰손실 계산에 포함시킬 것
⑦ 직류 티(tee)는 마찰손실 계산에 포함시키지 않을 것
⑧ 리듀싱 엘보(reducing elbow)가 적용되는 경우 작은 쪽 구경의 등가길이에 포함시켜 마찰손실을 계산할 것
⑨ 표준형 및 Long-turn 엘보는 마찰손실 계산에 포함할 것
⑩ 헤드가 회향식 배관이나 플렉시블 호스 등에 의해 연장된 경우 해당 회향식 배관 또는 플렉시블 호스를 마찰손실 계산에 포함할 수 있음

(3) 저항계수(resistance coefficient) 방식 : K값을 이용하는 방법

1) 관부속에 의한 손실은 속도에 의해 좌우된다.

$$h_L = K\frac{v^2}{2g}, \quad h_L = f\cdot\frac{l}{d}\cdot\frac{v^2}{2g}, \quad K\frac{v^2}{2g} = f\frac{l}{d}\frac{v^2}{2g}$$

2) 관 상당길이방식과 저항계수방식의 관계

$$K = f\frac{l}{d}, \quad l_{eq} = d\cdot\frac{K}{f}$$

3) 종류 129·121·104회 출제

① 관의 급격한 확대에 의한 손실

$$\text{돌연확대관의 손실} : h_L = \frac{(v_1-v_2)^2}{2g} = \left(1-\frac{A_1}{A_2}\right)^2\frac{v_1^2}{2g}$$

㉠ 다음 그림의 ㉮·㉯지점에 베르누이방정식을 적용한다.

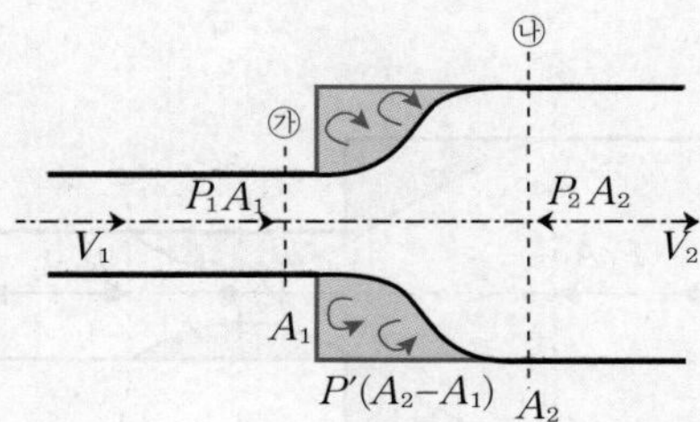

$$\frac{P_1}{\gamma}+\frac{v_1^2}{2g}+Z_1 = \frac{P_2}{\gamma}+\frac{v_2^2}{2g}+Z_2+h_L$$

여기서, $Z_1 = Z_2$

$\therefore h_L = \dfrac{P_1 - P_2}{\gamma} + \dfrac{v_1^2 - v_2^2}{2g}$ ………………… ⓐ식

㉡ 수평관에서 힘의 평형을 고려하면

$\Sigma F = P_1A_2 - P_2A_2 = (P_1 - P_2)A_2$ ………………… ⓑ식

㉢ 운동량방정식

$\Sigma F = \rho Q(v_2 - v_1) = \rho A_2 v_2 (v_2 - v_1)$ ………………… ⓒ식

㉣ ⓑ = ⓒ이므로,

$(P_1 - P_2)A_2 = \rho A_2 v_2 (v_2 - v_1)$

$\therefore P_1 - P_2 = \rho v_2 (v_2 - v_1)$ ………………… ⓓ식

㉤ ⓓ식을 ⓐ식에 대입하면

$$h_L = \frac{\rho v_2 (v_2 - v_1)}{\rho g} + \frac{v_1^2 - v_2^2}{2g} = \frac{2v_2^2 - 2v_1 v_2 + v_1^2 - v_2^2}{2g}$$

$$= \frac{v_1^2 - 2v_1 v_2 + v_2^2}{2g} = \frac{(v_1 - v_2)^2}{2g}$$ ………………… ⓔ식

ⓔ에서 v_1^2으로 묶으면

$$= \left(\frac{v_1}{v_1} - \frac{v_2}{v_1}\right)^2 \cdot \frac{v_1^2}{2g} = \left(1 - \frac{v_2}{v_1}\right)^2 \cdot \frac{v_1^2}{2g}$$

㉥ 연속방정식에 의해 속도와 단면적은 반비례하므로 다음과 같이 나타낼 수 있다.

$$Q = A_1 \cdot v_1 = A_2 \cdot v_2 = \frac{A_1}{A_2} = \frac{v_2}{v_1}$$

$$h_L = \left(1 - \frac{A_1}{A_2}\right)^2 \frac{v_1^2}{2g} = K\frac{v_1^2}{2g}$$

여기서, $K = \left(1 - \dfrac{v_2}{v_1}\right)^2 = \left(1 - \dfrac{A_1}{A_2}\right)^2$

② 관의 급격한 축소에 의한 손실 : 돌연축소관의 경우는 다음과 같은 그림으로 나타낼 수 있다(감압변의 원리). 105회 출제

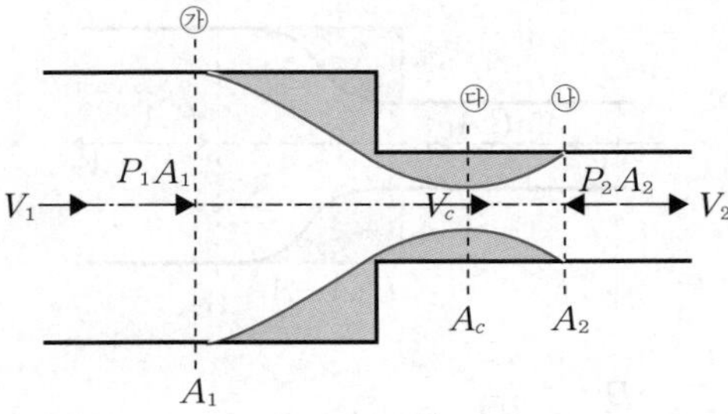

축소관에서 속도가 가장 빨라지는 지점을 ㉰(수축지점)라고 하면 이를 ㉰와 ㉯에 관하여 보면 상기 돌연확대관과 같은 의미이다. 따라서, 다음과 같은 식으로 나타낼 수 있다.

$$h_L = \frac{(v_c - v_2)^2}{2g} = \left(\frac{v_c}{v_2} - 1\right)^2 \frac{v_2^2}{2g}$$

$$= \left(\frac{A_2}{A_c} - 1\right)^2 \frac{v_2^2}{2g}$$

$$= \left(\frac{1}{C_c} - 1\right)^2 \frac{v_2^2}{2g} = K\frac{v_2^2}{2g}$$

여기서, $C_c = \frac{A_c}{A_2}$ (수축계수), $K = \left(\frac{1}{C_c} - 1\right)^2$

③ 점차 확대관의 손실

④ 곡관 손실 : 와류에 의한 손실

⑤ 관부속품에 의한 손실

(4) 유동계수(flow coefficient) 방식

1) 관부속의 유동계수와 유량을 아는 경우에 적용하는 방식이다.

2) 유동계수＝방출계수×속도환산계수

$K = C_d \cdot E$

여기서, C_d : 방출계수(discharge coefficient)

E : 속도환산계수(velocity correction factor)$\left(E = \frac{1}{\sqrt{1-\beta^4}},\ \beta = \frac{\text{오리피스의 직경}}{\text{배관의 내경}}\right)$

방출계수 : 이상 유량(ideal flow)에 대한 실제 유량(actual flow)의 비

3) 공식

$$Q = K \cdot \sqrt{h} = K \cdot \sqrt{\frac{\Delta P}{\gamma}}$$

$\Delta P = \left(\frac{Q}{K}\right)^2 \cdot \gamma$

여기서, Q : 유량

K : 유동계수

h : 수두

ΔP : 압력손실

γ : 비중량

(5) 결론

1) 부차적 손실은 경미하다는 표현에도 불구하고, 배관설비 내에서 발생하는 총 에너지손실 중 매우 큰 부분을 차지할 수 있다.

2) 특히 배관장애물(예 체크밸브, 유량계 등)로 인해 발생하는 손실은 상당히 크므로 손실 계산 시 주의하여야 한다.

길이 30m, 내경 80mm 관에 물이 0.1m³/s로 흐를 때 Darcy-Weisbach의 식을 이용하여 계산한 압력손실이 1MPa이면 관 마찰계수는 얼마인가?

답) ① Darcy-Weisbach 식

$$H_L = f\frac{l}{d}\frac{v^2}{2g}$$

② 계산(단위에 주의)

㉠ 유속 $Q = \frac{\pi}{4}d^2 \times v$

$$0.1 = \frac{\pi}{4}0.08^2 \times v$$

$$v = 19.89\text{m/s}$$

㉡ 마찰손실

$$1\text{MPa} = 1\text{MPa} \times \frac{10.33\text{m}}{0.101325\text{MPa}} = 101.95\text{m}$$

㉢ 관마찰계수

$$h_L = f\frac{l}{d}\frac{v^2}{2g}$$

$$101.95 = f \times \frac{30}{0.08} \times \frac{19.89^2}{2 \times 9.8}$$

$$f = 0.01$$

SECTION

020 배관의 두께 산정방법과 배관시험

01 압력과 허용응력과의 관계로 산출하는 방법

(1) 강관의 두께를 계열화하여 작업상, 경제상의 도움을 위해 Sch No로 표시한다.

(2) Sch No는 10, 20, 40, 60, 80 등이 있는데, 같은 관경에서 스케줄번호가 커지면 관이 두꺼워지고, 그에 따라 내경은 작아지므로 사용압력은 급격히 증가한다.

(3) 공식

$$\text{Sch No} = \frac{P}{S} \times 1{,}000$$

여기서, Sch No : 스케줄번호(배관의 두께)

P: 최대 사용압력[MPa]

S: 허용응력[MPa] $= \dfrac{\text{인장강도}}{\text{안전율}}$

1. SPPS 배관의 인장강도와 항복점

종류	인장강도	항복점
2종	3.8MPa 이상	2.2MPa 이상
3종	4.2MPa 이상	2.5MPa 이상

2. 극한강도 > 항복점 > 탄성한도 > 허용응력 > 사용응력
3. SPPS관 Sch No 40의 관재질 인장강도가 160MPa일 경우 관 내의 유체 사용압력은 몇 MPa인가? (단, 안전율은 4로 함)

풀이) 유체사용압력 계산

$$\text{허용응력} = \frac{160\text{MPa}}{4} = 40\text{MPa}$$

$$\text{Sch No} = \frac{P}{40} \times 1{,}000$$

$$\therefore \text{유체사용압력} = \frac{40 \times 40\text{MPa}}{1{,}000} = 1.6\text{MPa}$$

(4) 소화배관에서의 활용

1) 수계소화설비에서는 사용되는 물의 최대 압력에 따라 적합한 배관의 스케줄번호를 산출하여 적용한다.

① 스케줄번호에 따른 수압시험압력

스케줄번호	10	20	30	40	60	80
수압시험압력[MPa]	2.0	3.5	5.0	6.0	9.0	12.0

② 습식 스프링클러배관의 경우 : 스케줄 없는 일반배관용 강관(KS D 3507)을 사용한다.

③ 건식 스프링클러배관의 경우

㉠ 실정 : 일반배관용 강관(KS D 3507)

㉡ 배관 내에 항상 공기가 채워져 있어 배관 내의 부식이 상대적으로 빠른 속도로 진행되므로 부식 여유를 고려하여 KS D 3562 Schedule 40 배관을 사용하는 것이 바람직하다.

2) 이산화탄소소화설비

① 고압식 : 선택밸브 이전 Sch No 80 이상, 선택밸브 이후 Sch No 40 이상을 적용한다.

② 저압식 : Sch No 40 이상을 적용한다.

3) 할론소화설비 : Sch No 40 이상을 적용한다.

4) 할로겐화합물 및 불활성기체 소화약제 소화설비 : 별도 규정된 배관두께 계산공식을 사용한다.

02 배관의 두께로 산정하는 방법 119회 출제

(1) 압력배관용 탄소강관(SPPS)의 관두께를 다음 식으로 구하며, 계산된 두께를 기준으로 그 값 이상의 두께를 가진 스케줄번호의 관을 선택한다.

(2) 배관두께 산정공식

$$t = \frac{P \cdot D}{2(SE + PY)} + A$$

여기서, t : 관의 두께[mm]

P : 최대 사용압력[MPa]

D : 관의 외경[mm]

SE : 허용응력[MPa]

Y : 보정계수

A : 추가두께[mm]

(3) 할로겐화합물 및 불활성기체 배관두께 산정공식 125회 출제

$$t = \frac{P \cdot D}{2SE} + A$$

여기서, P : 최대 허용압력[kPa]

D : 배관의 바깥지름[mm]

SE : 최대 허용응력[kPa]$\left(\text{배관재질 장강도의 } \frac{1}{4}\text{값과 항복점의 } \frac{2}{3}\text{값 중 적은 값} \times \text{배관이음 효율} \times 1.2\right)$

A : 이음 허용값[mm]

1) 최대 허용압력(P [kPa])

① 배관 내부의 최고 사용압력에 해당하는 값으로, 배관의 재질이나 규격에 따라 허용하는 배관의 최고 압력

② 약제별 최소 사용설계압력 이상이 되어야 함

2) 최대 허용응력(SE [kPa])

① SE : 배관의 최대 인장강도의 $\frac{1}{4}$값과 최대 항복강도의 $\frac{2}{3}$값 중 낮은 값×배관이음효율×1.2

② 배관이음효율

㉠ 이음매 없는 배관 : 1.0

㉡ 전기저항 용접배관 : 0.85

㉢ 가열 맞대기 용접배관 : 0.6

3) 이음 허용값(A[mm])

① 배관이나 관부속을 이음하는 방법에 따른 허용값으로서, 관 내 부식이나 마모 등을 고려한 여유값

② 적용 값

㉠ 나사이음 : 나사산의 높이[mm]

㉡ 절단 홈이음 : 무용접방식인 Groove joint로 홈의 깊이[mm]

㉢ 용접이음 : 허용값 0mm

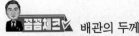

배관의 두께

① 평형방정식 : $P(2r \cdot l) = 2SE(l_t)$

두께에 관하여 정리 : $t = \frac{P_2 r}{2SE} = \frac{PD}{2SE}$

② 허용값으로 보정 : $t = \frac{PD}{2SE} + A$

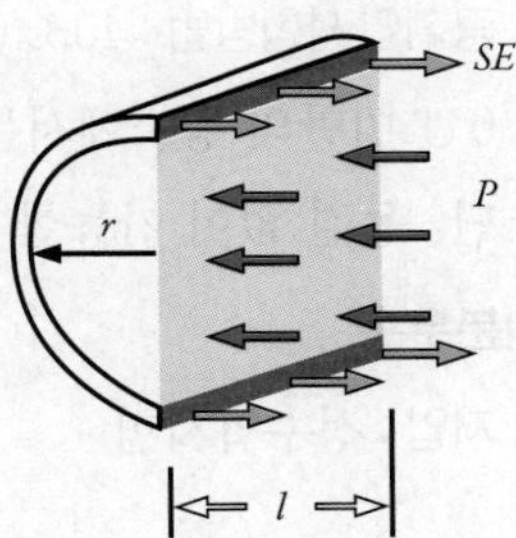

③ 일반적인 강관두께 공식 : $t=\dfrac{PD}{175SE}+2.54$

여기서, t : 관의 두께[mm]

P : 최대 사용압력[kg/mm²]

D : 관의 외경[mm]

SE : 허용응력[kg/mm²]

03 정수압시험(NFPA 11, 12, 13, 14, 2001, 750) 132회 출제

(1) **목적 :** 배관을 설치한 후에 배관의 누설이 있는지를 확인하기 위하여 배관에 일정압을 걸어 놓고 일정시간 동안 누설 여부를 관찰하는 시험방법이다.

(2) **설비별 기밀시험방법**

1) 습식 : 정수압시험

2) 건식 : 정수압시험 + 공기압시험

3) 가스계 : 공기압시험

(3) **정수압시험방법**

1) 시험대상 배관 내에 물을 채우고 24시간 유지하며 배관 내의 잔류공기를 제거한다.

2) 수압시험기의 연결호스를 배관망에 연결한다.

3) 수압시험기를 가동시켜 압력을 상승시킨다.

4) 설정압에 도달하면 배관망의 밸브를 폐쇄한 후 압력강하를 관찰한다.

5) 압력강하가 발생하면 누설부위를 보수한 후 재시험을 실시한다.

6) 압력측정은 설비의 최저부에서 한다.

(4) **시험압력과 판정**

1) **사용압력** 150psi 이하 : 200psi(1.4MPa) 이상

2) **사용압력** 150psi 초과 : 사용압력 + 50psi(0.35MPa) 이상

3) 판정기준 : 2시간 동안 손실 없이 압력유지

(5) **건식 및 준비작동식 스프링클러 :** 정수압시험 + 공기압시험

1) 공기압시험방법 : 40psi(0.275MPa)에서 24시간, 압력손실 1.5psi 이하

2) 0℃ 미만의 장소에서는 최저 온도의 시간대에 실시한다.

3) 단, 동결 없이 가능한 경우에는 반드시 표준정수압시험을 실시해야 한다.

(6) **미분무수**

1) 저압 : 정수압시험

2) 중고압

① 작동압력×1.5 : 10분 시험

② 작동압력 : 110분 시험

(7) 가스계 소화설비 : 공기압시험

1) 할론 1301

① 시험방법 : 150psi 공기압으로 10분간 시험

② 판정기준 : 공기압이 20% 이상 누설되면 안 됨

2) 할로겐화합물 및 불활성기체 소화약제 소화설비 기준

① 시험방법 : 40psi 공기압으로 10분간 시험

② 판정기준 : 공기압이 20% 이상 누설되면 안 됨

(8) 옥외송수구 연결송수관의 인입배관에 있는 체크밸브 사이의 배관은 설비와 같은 방법으로 정수압시험을 실시한다.

1) 일제살수식과 연결된 경우 폐쇄 후 시험을 실시한다.

2) 설비의 시설변경

① 20개 이하의 헤드 : 설비사용압력을 초과하는 시험 불필요

② 20개 이상의 헤드 : 200psi 압력으로 2시간 동안 시험

04 국내시험방법 119회 출제

(1) 시험압력

압력	시험방법	판정기준
1.05MPa 이하의 배관	1.4MPa의 정수압으로 2시간	손실 없이 압력유지
1.05MPa 초과의 배관	사용압 + 0.35MPa의 정수압으로 2시간	손실 없이 압력유지

(2) 종합정밀점검표의 수압시험

1) 가압

① 상용수압이 1.05MPa 미만 : 1.4MPa의 압력으로 2시간 이상

② 상용수압이 1.05MPa 이상 : 상용수압 + 0.35MPa로 2시간 이상

2) 대상 : 시험하고자 하는 장치의 가장 낮은 부분

3) 성능기준 : 배관과 배관, 배관부속류, 밸브류, 각종 장치 및 기구의 접속부분에서 누수현상이 없어야 한다.

4) 수압시험압력

$$P = \frac{2 \times S \times t}{D - 0.8 \times t} \text{[MPa]}$$

여기서, P: 수압시험압력[MPa]

S: 재료의 허용응력[N/mm^2]

t: 관의 두께[mm]

D: 관의 바깥지름[mm]

CRR(상대적 부식의 저항비)

① 배관두께가 가장 얇은 단면 부위를 Sch 40 배관의 두께와 비교한 배관두께의 비
② CRR(Corrosion Resistance Ratio)은 두 배관의 노출된 환경이 동일한 경우 점식에 의해 두께가 가장 얇은 부위에 구멍이 생길 것이라는 가정에서 계산하는 방법이다.
③ 예를 들면 CRR 0.21은 예상수명이 Sch 40 배관의 21% 정도라는 뜻이다.

SECTION 021

배관보온재

01 개요

(1) 단열(斷熱, heat insulation, thermal insulation) : 물체 사이에 존재하는 열의 이동을 막는 것(열절연)을 말한다.

(2) 단열재는 그 사용목적에 따라 보온재, 보냉재, 단열재 등으로 구별해서 부를 때도 있으나 보통은 통상적으로 보온재라는 명칭으로 부른다.

(3) 소방의 주요 소화약제가 물이므로 동결 시 부피팽창으로 인한 배관 등의 소손을 방지하기 위해 배관을 0℃ 이상으로 보온한다. 따라서, 이러한 보온재의 특성을 이해함으로써 해당 장소에 적합한 보온재의 선택을 통해 배관의 안전성을 보장할 수 있다.

02 보온재의 종류

(1) 섬유질보온재

1) 정의 : 유기·무기 섬유를 적당한 결합재에 의해 성형한 것이다.

2) 대표적인 섬유질 단열재로는 암면 및 유리섬유가 있으며, 각각 600℃ 및 300℃ 정도의 단열재로 이용한다.

3) 유기질섬유(펠트) : 양모펠트와 우모펠트가 있고, 아스팔트로 방습한 것은 −60℃ 정도까지 유지할 수 있어 보냉용으로 사용하며 곡면부분을 시공할 수 있다.

4) 무기질섬유

① 암면(rock wool, 岩綿)

㉠ 안산암, 현무암에 석회석을 섞어 용융액화시킨 후 고속회전공법을 통해 섬유모양으로 만든 것으로, 비교적 값이 싸지만 섬유가 거칠고 쉽게 꺾어진다.

㉡ 보냉용으로 사용할 때에는 방습을 위해 아스팔트가공을 해야 한다.

㉢ 보온재 중에서 사용범위와 최고 안전 사용온도가 가장 높아 내화피복재, 내화구조물 등에도 사용한다.

㉣ 화학적으로 안정된 무기질재료이기 때문에 산·알칼리 등 화학약품에 강하며 풍화

작용에 의한 열화현상이 없어 부패 또는 변질되지 않아 반영구적으로 사용할 수 있다.

② 유리섬유(glass wool)

㉠ 순수한 유리원석을 고속원심분리공법을 이용하여 섬유로 만든 것이다. 섬유굵기가 4 ~ 6μm로 가늘고 균일한 섬유모양으로 만든 것으로 흡수성이 높아 습기에 주의해야 한다.

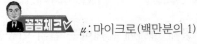

μ : 마이크로(백만분의 1)

㉡ 단열, 내열, 내구성이 좋고 가격도 저렴하여 많이 사용한다.

㉢ 섬유가 집면되어 있어 다량의 공기를 포함할 수 있으므로 보온단열효과가 시멘트 콘크리트의 40배, 흙벽의 12배 정도로 높다.

| 무기질 섬유 보온재 비교표 |

구분 \ 종류	유리솜	광석면(암면류)
밀도[kg/m³]	24	100
열전도율[kcal/mh℃]	0.031	0.039
흡수량	섬유재질로 매우 많다.	매우 적다.
적용가능 온도[℃]	300	600
연소성	불연	불연
시공성	용이	용이
폐기물	산업폐기물	산업폐기물
인체유해성	유해	유해
경제성	저렴	유리솜 대비 2~3배 가격
가열 시 가스유해성	독가스 발생	독가스 발생

(2) 분사식 보온재

1) 재료 : 석면 or 암면 + 무기질결합제 + 압축공기 + 물

2) 상기 재료를 섞어 철골의 기둥, 보 등에 내화피복을 함으로써 다공질의 층을 형성하며 단열(최근에는 건식으로 하는 방법도 발달)하는 습식 공법

(3) 분말보온재

1) 고체 입자상의 물질을 성형한 것이다.

2) 대표적인 예 : 규산칼슘(Ca_2SiO_4)

3) 사용온도 : 650~1,000℃

(4) 발포보온재

1) 정의 : 고체피막으로 형성된 다수의 기포로 구성된 것이다.

2) 종류 : 발포고무, 우레탄 폼, 폴리스티렌 폼 등

3) 사용온도 : 50~100℃

4) 스티로폼(발포 폴리스티렌)

① 흔히 아티론이라 부른다.

② 체적의 97~98%가 공기로, 공기의 단열성으로 냉기, 열에 대한 차단효과가 우수하다.

③ 190~200℃에서 용해되고, 600℃에서는 연소되는 가연성 물질이다.

④ 구성

㉠ 스티로 : 폴리스티렌(PS)

㉡ 폼 : 기포

⑤ 기포구조(closed-cell foam)

㉠ 공기가 포 안에 갇혀 움직이지 못하는 구조이다.

㉡ 탄성력이 낮다(스티로폼을 누르면 잘 회복되지 않음).

㉢ 97~98%가 공기이므로 열전도를 위한 자유전자의 충돌이 작아 열전달이 작다.

5) 우레탄

① 우레탄결합 : OH + N = C = O(이소시아네이트기)

② 우레탄결합 + 소량의 물(발포제) : CO_2가 발생하면서 발포(1,000~3,000배)된다.

발포의 성질에 따라 연질과 경질로 구분한다.

③ 우레탄이 연소할 경우 : CO와 HCN이 다량 발생한다.

6) 고무발포보온재(elastomeric closed cell themal insulation)

① 보온재로 사용되는 것으로는 NBR과 EPDM이 있다.

② NBR(Nitrile Butatiene Rubber)에 PVC(Poly Vinyl Chloride)를 혼합하여 발포한 재질이다.

③ 내구성, 내한성, 내열성, 내수성, 내후성 등이 더욱 보완된 순수한 EPDM(Ethylene Propylene Diene Monomer) 고무를 발포한 재질이다.

④ 발포보온재 비교표

구분 \ 종류	PE 발포보온재(아티론)	발포고무보온재
밀도[g/cm³]	0.034	0.065
열전도율[kcal/mh℃]	0.030	0.030
흡수율[g/cm²]	0.004	0.002
인장강도[kg/cm²]	2.7	2.5
적용온도[℃]	80	−40~105
신장률[%]	97	180
폐기물	산업폐기물	일반폐기물
인체 유 · 무해성	무해	무해
연소성	난연	난연
시공성	제품의 자체로 완료하며 마감이 가능한 보온재이고 섬유보온재와는 달리 따가움이 없어 시공이 편리하다.	제품의 자체로 완료하며 마감이 가능한 보온재이고 섬유보온재와는 달리 따가움이 없어 시공이 편리하다.
재질특성	매우 딱딱하다.	찢어진다.

고무 : 유리면 : 아티론 동일 성능 시 두께비율은 1 : 1.6 : 1.2이다.

(5) 금속질 보온재 : 금속 특유의 열반사특성을 이용한 것으로, 대표적으로 알루미늄박을 사용한다.

(6) 주요 보온재의 특성비교

특성 \ 소재	유리솜 (fiber glass)	스티로폼 (polystyrene)	우레탄 (polyurethane)	고무발포(EFCI)
밀도[kg/m³]	24~96	15~30	30~45 (경질우레탄 기준)	48~136
안전사용온도 [℃]	300	70	100	−200~105
열전도율 [kcal/mh℃]	0.039	• 압출 : 0.023 • 형물 : 0.027~0.039	• 폼 : 0.022~0.025 • 표면 : 1.58~1.45	0.030~0.032
내화염성	비연소성	연소성	연소성	비연소성
화염전파(FSI)	15~20	5~25	30~50	25
연기발생(SDI)	0~20	10~400	155~500	50

특성 \ 소재	유리솜 (fiber glass)	스티로폼 (polystyrene)	우레탄 (polyurethane)	고무발포(EFCI)
유해성	고착제의 연소로 유해함	CFC 사용 CO 가스유출	CFC 사용 CO 가스유출	CFC Free
모세관현상	있음	없음	없음	없음
흡수율	3~5%	< 4%	1~3%	0.2% 이하
유연성	불량	불량	불량	양호
분진발생	있음	조각 날림	적음	없음
문제점	• 습기에 취약 • 태양광에 변형	가연성	가연성	태양광에 경화

(7) 보온재의 설치목적

구분	효과
냉 · 난방 배관에서 사용하는 목적	단열로써 불필요한 방열 방지
	인체에 화상을 입히는 위험 방지
	실내공기의 이상온도 상승 방지
	배관의 결로 방지
배관에서 사용하는 목적	배관손상 방지
	배관식별 용이

(8) 보온재의 성능기준

1) 건축기계설비공사 표준시방서

구분	건축기계설비공사 표준시방서	NFTC
한계산소지수 LOI (KS M ISO 4589-2)	• Class 1 : LOI ≥ 32 • Class 2 : LOI ≥ 2	LOI ≥ 28
건축재료의 화염전파시험 (KS F 2844)	• Class 1 : CHF ≥ 20kW/m² • Class 2 : CHF ≥ 10kW/m²	–
수평연소시험 (KS M ISO 9772)	HF-1 HF-2 HBF	HF-1 등급 이상이면 난연재료로 인정

2) 수평연소시험(horizontal burning test)

구분	난연등급		
	HF-1	HF-2	HBF
선형 연소속도[mm/min]	해당없음		≤ 40
잔염연소시간[s]	5개 중 4개 : ≤ 2, 5개 중 1개 : ≤ 10		해당없음
잔광연소시간[s]	≤ 30		해당없음
각 시험편의 연소길이 (L_d+25mm)	≤ 60		≥ 60
지시솜의 발화	×	O	해당없음

3) UL 723, NFPA 255, ASTM E84

Class IBC(NFPA 255)	화염확산지수(FSI)	발연지수(SDI)
Class Ⅰ(A)	0~25	450 이하
Class Ⅱ(B)	26~75	
Class Ⅲ(C)	76~200	
등급 외	>200	

* FM 4924 test

4) Approval standard for pipe and duct insulation(FM 4924(15))

① 파이프나 덕트에 사용되는 보온재의 수평화염전파 정도를 평가하기 위한 시험방법이다.

② 3개의 배관보온재를 실제 시공조건과 동일하게 설치하되 배관보온재를 포함한 샘플을 프로판 가스버너를 사용하여 10분간 100kW의 열량으로 점화하여 시험한다.

③ 성능기준 : 약 7.3m 길이의 수평형태의 파이프새시 끝까지 화염전파가 되지 않고 시험설비 끝단에서 측정한 온도가 300℃ 이하가 되어야 하고 떨어진 단열재는 바닥에 닿은 후 10초 이내 소화되어야 난연성능 인증을 받을 수 있다.

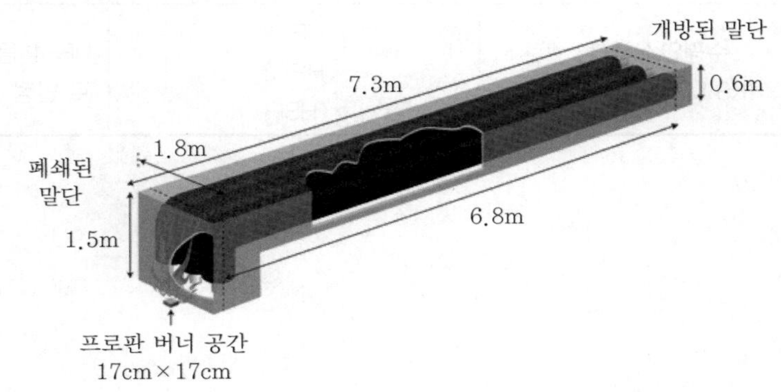

5) Standard test method to evaluate fire performance characteristics of pipe insulation (NFPA 274(18))

① L자 형태의 배관구조물 3개에 보온재를 설치하여 연소특성을 평가하는 방법이다.

② 배관에 보온재를 실제 시공방법과 동일하게 설치한 뒤 프로판 버너를 사용하여 10분간 시험(3분간 20kW±1kW, 7분간 70kW±4kW)을 실시한다. 버너는 시편의 50mm 아래에 위치한다.

③ 유량은 20℃ 온도 및 100kPa 압력의 표준조건에서 85MJ/m^{3}의 프로판에 대한 순 연소열을 사용하여 계산해야 한다.

④ 시험결과 : 연소 시 발생하는 최대 열방출률, 총열방출률(THR), 연기발생량(TSR), 최대 열방출률까지의 시간 등

⑤ 화재발생 시 화염전파는 수평방향보다는 수직방향으로 더 빨리 이동하기 때문에 수직형태의 시험방법은 건축물에 설치하는 배관보온재를 가혹한 조건으로 평가하는 방법이다.

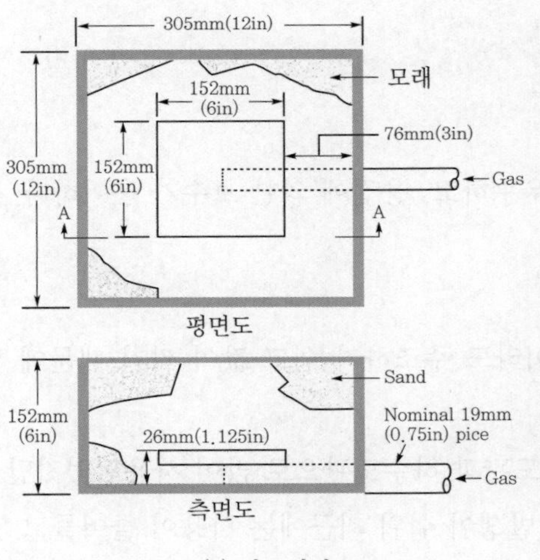

(a) 가스버너

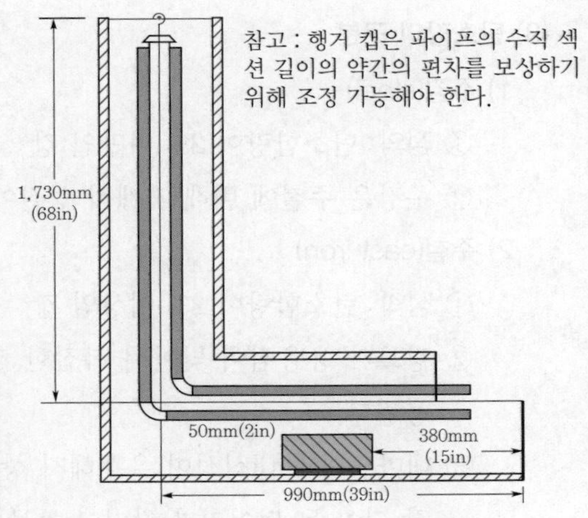

(b) 배관 단열재가 설치된 시험체의 단면

SECTION

022 STS 배관재료의 특성

01 탄소강

(1) 정의 : 철과 탄소가 주성분으로 구성된 금속이다.

(2) 특징

1) 제조공정이 용이하다.

2) 첨가원소의 종류에 따른 다양한 열처리방법으로 물리·기계적 성질, 내식 및 고온 특성의 조절이 가능하다.

3) 지구상에서 가장 널리 이용되는 금속합금이다.

(3) 탄소강의 구분

1) 주강(steel)

① 정의 : 탄소함량이 2% 미만인 강

② 주강은 주철에 비해 기계적 성질이 우수하고, 용접에 의한 보수가 용이하다.

2) 주철(cast iron)

① 정의 : 탄소함량이 2% 이상인 강

② 강보다 용융점이 낮아서 복잡한 것이라도 주조하기 쉽고 값이 싸기 때문에 널리 사용된다.

③ 내마모성과 내식성이 우수해서 상수도관과 하수도관으로 많이 사용되었지만 부식이 잘 되어 녹 덩어리가 쌓이고 녹물의 발생이 쉬워 최근에는 사용이 줄어들고 있다.

(4) 철합금의 경우 대부분 내식성이 약하기 때문에 보호코팅을 하여 이용한다.

(5) 아연도금강관(galvanized steel pipe) : 백관

1) 강관의 표면에 철보다 전위가 낮은 아연금속을 용융아연 도금방식 등을 이용하여 도금층을 형성함으로써 내식성을 향상시킨 강관이다.

용융아연도금(熔融亞鉛鍍金) : 약 450℃에서 녹여 만든 아연에 재료를 담가 표면에 아연층을 형성시키는 작업

2) 문제점 : 시공 시 훼손 및 접속부위에 대한 적절한 방호대책을 수립하지 않는 경우에는

부식으로 인해 녹이 발생하여 사용연수가 급격하게 줄어들 수 있다.

(6) **흑관 :** 철판(코일)을 그대로 성형하여 만든 배관

02 스테인리스강관(stainless steel pipe)

(1) **정의 :** 스테인리스강은 Cr(크롬) 성분이 최소 11wt% 이상 함유된 합금철을 통칭한다.

(2) 크롬함량을 증가시키고 각종 합금원소를 첨가하여 강도와 부동태막을 형성하여 내식성을 강화시킨 특수강이다.

(3) **첨가원소 및 처리방법에 따른 스테인리스강의 구분**

1) 페라이트 스테인리스강(ferritic stainless steel)

① 가장 일반적인 스테인리스강이다.

② 철과 크롬의 합금으로 구성된다.

꼼꼼체크 크롬

① 장점 : 철강의 페라이트조직을 안정화시키는 원소로서, 크롬함량이 높을수록 페라이트는 더욱 더 안정화되어 내식성이 증가한다.

② 단점 : 기계적 성질은 저하되며, 특히 충격인성(fracture toughness)과 용접성이 급격히 저하된다.

③ 용도 : 화공약품의 저장용기, 자동차부품, 건축용 자재

2) 오스테나이트 스테인리스강(austenitic stainless steel)

① 페라이트계의 단점인 가공성과 용접성을 향상시킨 스테인스강으로, 배관재로는 주로 오스테나이트계를 사용한다.

② 구성

㉠ Ni(니켈) : 조직의 안정제

㉡ Mo(몰리브덴) : 부식성 향상

㉢ N(질소) : 몰리브덴의 함량 향상

③ 높은 연성에 따른 우수한 가공성으로 스테인리스 강종에서 가장 널리 사용되고 있으며, 이중 가장 일반적으로 널리 사용되고 있는 종류는 304스테인리스강이다.

④ 오스테나이트 스테인리스강의 종류

㉠ 304 : Fe－18Cr－8Ni 조성으로, 가장 보편적으로 사용되는 스테인리스강

㉡ 316 : Fe－18Cr－12Ni－2Mo 조성으로, 염분이 많은 바닷가나 해수에 사용되는 스테인리스강

(4) 배관재로서 스테인리스강관의 장점

장점	내용
시공용이성	① 압착식 이음방법을 사용하면 작업이 쉽다. ② 중량이 가벼워 취급이 쉽다.
높은 조도계수	① 마찰손실이 낮다. ② 경년변화에 따른 조도계수의 감소가 작다.
경량화	① 탄소강관대비 두께가 얇아도 동일강도를 낼 수 있다. ② 시스템 전체의 중량이 감소한다.
강도	① 강관에 비해 기계적 성질이 우수하여 내마모성이 좋고 두께가 얇아 운반이 쉽다. ② 내충격성이 크고 동결에 대한 저항이 크다. ③ 스테인리스 강관의 인장강도 : 강관의 약 2배, 동관의 약 3배
위생성	적수, 백수, 청수의 염려가 없다.
온도특성	① 저온특성이 우수하여 내동파성이 있다. ② 내화성 및 내열성이 우수하다. ③ 낮은 열전도율로 열손실이 적다.
외관	표면 광택으로 미려하다.
경제성	① 탄소강관의 사용기간이 20년인데 반해 스테인리스 배관은 내식성이 강관의 1,600배로 사용기간이 100년이나 되어, LCC(Life Cycle Cost)가 작아 경제적이다. ② 중량감소, 도장 불필요, 손실이 적어 관경감소 등의 요인으로 경제적이다.
내식성	① 전기적 저항이 커서 누전에 의한 부식인 전식현상을 감소시킬 수 있다. ② 스테인리스강의 비저항은 72.0μΩ·cm로 아연도강관보다 전기저항성이 4배 이상 크기 때문에 전기가 흐르기 힘들지만 전기가 흐르는 동안에는 마치 전기히터의 니크롬선처럼 매우 빠르게 온도가 증가하는 특성이 있다. 이로 인해 급수관 내 결빙을 용해하는 해빙기의 사용효과가 매우 신속하게 나타나 전력소모를 줄일 수 있다.

(5) 단점

1) 가격이 비싸다.
2) 강성이 강해 시공이 어렵다.
3) 용접부위의 부식(* SECTION 024 부식 참조)
   ① 입계부식
   ② 피팅(pitting) 및 틈새부식
   ③ 응력부식균열(Stress Corrosion Cracking ; SCC)

(6) 텅스텐 불활성가스 아크 용접(tungsten inertgas arc welding : 현장 용어는 아르곤 용접)

1) 용접의 종류

① 아르곤 가스를 사용하여 텅스텐 전극에 아크를 발생시켜 하는 용접(TIG : Tungsten Inert Gas)

② 아르곤 가스를 사용하여 소모전극(와이어)으로 아크를 발생시켜 하는 용접(MIGW)

2) 아르곤 가스를 사용하는 이유 : 용접부위의 산화방지와 용융금속 보호작용

① 용접부위가 고열로 용융된 상태에서 그대로 공기 중에 노출되면 산소에 의한 산화나 질소에 의한 질화, 수소에 의한 수소취성이나 크랙 및 공기에 의한 기공 등이 발생한다.

② 일반 철강은 산화되면 녹이 되어 더욱 약해지지만 알루미늄 등은 산화알루미늄이 되면서 더욱 높은 용융점을 갖게 되어 용접이 잘 안 되므로 이 산화막을 벗겨주면서 연속 용접하는 방법으로 아르곤 가스를 사용한다.

3) 장단점

장점	단점
① 스테인리스 배관에 적용가능하다. ② 내부식성이 우수하다. ③ 화재 위험이 없다. ④ 용접부의 기계적 성질이 우수하다.	① 소모성 용접봉을 쓰는 용접방법보다 용접속도가 느리다. ② 용접 잘못으로 텅스텐 전극봉이 용접부에 녹아 들어가거나 오염될 경우 용접부가 취화되기 쉽다. ③ 부적절한 용접기술로 용가재의 끝부분이 공기에 노출되면 용접금속이 오염된다. ④ 불활성 가스와 텅스텐 전극봉은 다른 용접방법과 비교해 고가이다. ⑤ 밀폐된 공간의 경우 질식 위험이 있다.

(7) 무용접 스테인리스이음

1) 종류

① 압착식 조인트 방식

② 확관식 조인트(expanded joint)

③ 삽입식 조인트(inserted joint)

2) 특징

① 손쉬운 시공으로 공기를 단축(경제성)시킨다.

② 무용접으로 화재 등 공사안전관리가 쉽다.

③ 용접으로 인한 품질 저하나 부식발생 우려를 낮춘다.

03 소방에서 사용하는 주요 배관의 특성 비교

(1) 배관재질에 따른 기계적 성질

1) 인장시험

① 목적 : 배관의 기계적 성질을 알기 위한 기본적인 시험이다.

② 시험방법 : 배관을 고정하고 일정한 속도로 반대방향으로 잡아당기는 힘에 대한 물질의 저항성을 측정하는 시험이다.

2) 인장강도(tensile strength 혹은 ultimate strength)

① σ_β(시그마) 또는 σ_B로 표시

② 최고 하중을 원단면으로 나눈 값(공칭응력)이다.

$$\sigma_{max} = \frac{P_{max}}{A_0}$$

여기서, σ_{max} : 인장강도[N/mm^2, kg_f/mm^2]

P_{max} : 최고 하중[N, kg_f]

A_0 : 배관의 단면적[mm^2]

3) 연신율 or 변형률

① 정의 : 물체에 외력이 작용하면 형상이 변화하게 되는데, 이 변형을 단위길이로 나타낸 것이다.

② 공식

$$\varepsilon = \frac{\Delta l_a}{l_a}$$

여기서, ε : 연신율

l_a : 시험편에 표시한 최초의 표점 간 거리

Δl_a : 늘어난 거리

4) 배관재질의 기계적 성질 비교표

항목	스테인리스강관 (STS 304)	배관용 탄소강관 (SPP)	동관	경질염화비닐
인장강도[kg_f/mm^2]	76.7	35.5	24.7	5.6
연신율[%]	55	46.4	53	100
경도[MH_V $-1kg_f$]	190	110	64	120

5) 배관의 굽힘(NFPA)

① 배관의 곡률반경 : 배관의 구부러진 부분의 가상원의 반경

② 곡률반경의 제한을 두는 이유 : 비틀림, 주름, 꼬임 또는 구경 감소나 모양에 뚜렷한 변형

③ 최소 곡률반경

구분		최소 곡률반경
Sch 40, 동관 (단, M 타입은 굽힘 되지 않음)	50mm 이하	구경의 6배
	65mm 이상	구경의 5배
기타		구경의 12배

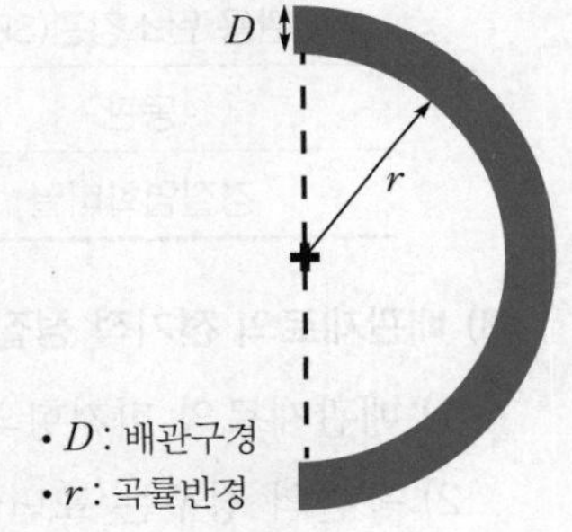

(2) 배관재질의 물리적 성질

1) 배관재료의 중요한 물리적 성질 : 비열, 열전도율, 열팽창계수

2) 비열

① 전도도에 선형적으로 반비례 : 전도도＝구조적 요인×비열

② 비열이 크다는 것은 열용량이 커서 물질이 열을 많이 머금을 수 있으므로 열전달이 원활하게 진행되지 않음을 의미한다.

3) 열팽창계수

① 열팽창계수가 큰 재료를 배관으로 사용하면 열에 의한 열팽창과 수축이 일어나기 때문에 열팽창에 의해 발생하는 응력을 받게 된다.

② 발생하는 응력 : 그 재료의 기계적 성질(신축, 강도 등)에 따라 배관을 파손하는 원인이 된다.

③ 스테인리스강관의 열팽창계수는 17.3×10^{-6}mm/(mm·℃)로, 동관과는 거의 같고 강관에 비해서는 약 1.5배이다. 스테인리스강관은 기계적 성질이 우수해서 어느 정도의 응력은 버틸 수 있는 반면 동관은 기계적 성질이 좋지 않아 신축대책이 필요하다.

4) 열전도율 : 스테인리스강관은 0.039cal/cm·s·℃로 동관의 약 $\frac{1}{25}$, 강관의 약 $\frac{1}{4}$에 불과하다.

5) 배관재질의 물리적 성질 비교

구분	비열[cal/gr · ℃]	열전도율 [cal/cm · s · ℃]	열팽창계수 [10^{-6}mm/(mm · ℃)]
스테인리스강관(STS 304)	0.12	0.039	17.3
배관용 탄소강관(SPP)	0.115	0.142	11.6
동관	0.092	0.934	16.8
경질염화비닐	0.2~0.5	3.62×10^{-4}	60~80

(3) 배관재료의 전기적 성질

1) 배관재료의 비저항의 크기에 따라 전도도가 낮을수록 부식의 우려가 크다.

2) 동관의 경우는 표면에 피막을 형성하여 부식의 진행이 늦다.

3) 배관재질의 전기적 성질 비교

구분	스테인리스강관(STS 304)	아연도강관	동관
비저항[$\mu\Omega$ · cm]	72	14.2	1.71

04 결론

(1) 스테인리스강은 탄소강관 또는 압력용 탄소강관에 비해 기계·물리·전기적으로 배관성능이 우수하다.

(2) 건물의 내부에 들어가는 재질의 경우 그 건물의 라이프사이클에 준하는 수명을 가진 배관을 설치하는 것이 건물 전체 주기로 보아서는 더 경제적이다. 그러나 근시안적 관점에서 설치비용의 절감과 건축주, 시공자, 관리자가 달라 서로의 이익 때문에 사용을 주저한다. 따라서, 보다 안정된 소방설비의 유지를 위해서도 스테인리스관의 소방설비설치는 확대되어야 하는 과제이다.

SECTION 023 강관의 이음방법

01 개요

(1) 강관의 이음방법 : 용접, 나사, 플랜지, 글로브 접합 등

(2) 구경에 따른 이음방법

1) 50mm 이하 : 나사이음

2) 65mm 이상 : 용접접합

02 강관의 연결

(1) 나사이음(thread joint)

1) 정의 : 배관에 숫나사를 내어 부속 등과 같은 암나사와 결합하는 방식이다.

2) 사용목적에 따른 관부속

① 관의 방향을 바꿀 때 : 엘보, 벤드 등

② 관을 도중에 분기할 때 : 티, 와이, 크로스 등

③ 동일 지름의 관을 직선연결할 때 : 소켓, 유니온, 플랜지, 니플(부속연결) 등

④ 지름이 다른 관을 연결할 때 : 리듀셔(이경소켓), 이경엘보, 이경티, 부싱(부속연결) 등

⑤ 관의 끝을 막을 때 : 캡, 막힘(맹) 플랜지, 플러그 등

⑥ 관의 분해, 수리, 교체를 하고자 할 때 : 유니온, 플랜지 등

3) 사용처

① 저압의 일반용 배관에 사용한다.

② 마모, 충격, 진동, 부식이나 균열 등이 발생할 우려가 있는 장소에는 사용을 제한한다.

③ 50mm 이하의 소구경 배관용 탄소강관을 연결할 때 사용한다.

4) 재질에 따른 구분

① 가단주철제 관이음쇠

② 강관제 관이음쇠

(2) 용접이음(welding joint)

1) 정의 : 모재와 용접봉을 녹여 붙이는 방식이다.

2) 종류

<table>
<tr><th colspan="2">구분</th><th>내용</th></tr>
<tr><td colspan="2">가스용접</td><td>가스용접은 용접속도가 전기용접보다 느리고 변형이 심하다.</td></tr>
<tr><td rowspan="2">전기용접</td><td>맞대기용접</td><td>용접하려고 하는 2개의 모재가 거의 같은 면 내에 있을 경우의 용접이음(맞대기이음)이다.</td></tr>
<tr><td>슬리브용접</td><td>주로 특수배관용 삽입용접 시 이음쇠를 사용하여 이음하는 방법으로, 누수의 염려가 없고 관지름의 변화가 없다.</td></tr>
</table>

3) 65mm 이상의 강관, 가스계 소화설비, 압력배관에 사용한다.

4) 배관용접 시 주의사항(NFPA 14. 4.4.2) : 용접의 순서는 NFPA 51B를 따르도록 되어 있다.

① 배관을 용접하는 지역에 비, 눈, 진눈깨비, 강풍 등이 있는 경우 용접해서는 안 된다.

② 토치 절단 및 용접은 배관의 수정이나 수리하는 수단이 되어서는 안 된다.

③ 용접하기 전에 배관은 관부속의 내경과 똑같은 크기로 절단해야 한다.

④ 배관구멍의 단면은 매끄럽고, 절단 시 내부에 떨어진 슬래그와 용접 찌꺼기는 제거해야 한다.

⑤ 관부속이 배관의 내경 속으로 관통하지 않아야 한다.

⑥ 철판을 배관이나 관부속 끝단에 용접해서는 안 된다.

⑦ 관부속을 수정해서는 안 된다.

⑧ 너트, 클립, 앵글브래킷, 기타 다른 고정장치를 배관이나 관부속에 용접해서는 안 된다.

⑨ 완성된 용접에는 균열, 불완전한 융합, 직경 11.6mm 보다 큰 표면의 구멍, 벽 두께의 25% 또는 0.8mm보다 깊은 언더컷이 없어야 한다.

⑩ 완성된 원주 맞대기 용접보강재는 2.4mm를 초과하지 않아야 한다.

(3) 플랜지이음(flange joint)

1) 정의 : 플랜지를 볼트로 체결하여 일체가 되게 연결하는 이음방법이다.

2) 목적 : 관의 보수, 점검을 위하여 관의 해체 및 교환이 필요한 곳에 사용한다.

(4) 홈내기(grooved)이음(기계적 이음(mechanical joint))

1) 정의 : 배관 또는 부속의 끝단에 홈(groove)을 내고 고무패킹이 있는 분할커플링을 끼운 후 분할커플링의 볼트를 체결하는 방식이다.

2) 구성

① 개스킷 : 배관에 홈(groove)을 만들고 서로 연결하여 기밀성을 유지한다.

② 하우징(housing) : 개스킷을 감싸 조여 준다.

③ 볼트, 너트 : 하우징을 연결해 준다.

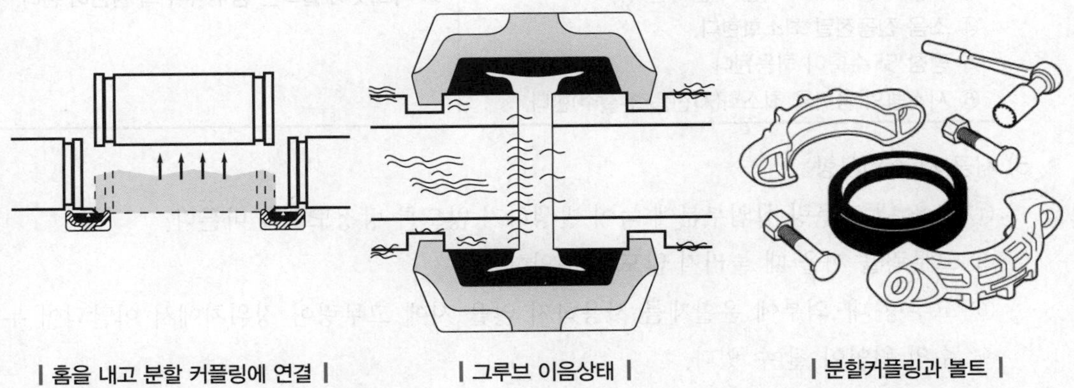

| 홈을 내고 분할 커플링에 연결 | | 그루브 이음상태 | | 분할커플링과 볼트 |

3) 종류

① 고정식 조인트(rigid joint) : 조인트커버가 사선형의 다이어거널슬라이드 방식으로 설계되어 볼트와 너트를 조임으로서 조인트커버의 키(key)가 홈 부위를 잡아주어 배관의 신축, 팽창, 휨, 굽힘 등의 유동성을 억제시켜 배관을 고정시키는 기능을 하기 때문에 무용접 공법에 사용한다.

② 유동식 조인트(flexible joint) : 배관 끝단의 유격과 굽힘각도가 있어 배관의 유동성을 가지는 제품이다. 배관의 신축, 팽창, 진동 및 소음에 의한 배관 길이의 변화를 흡수하여 배관의 피로현상을 완화시켜주기 때문에 내진용인 지진분리이음으로 사용한다.

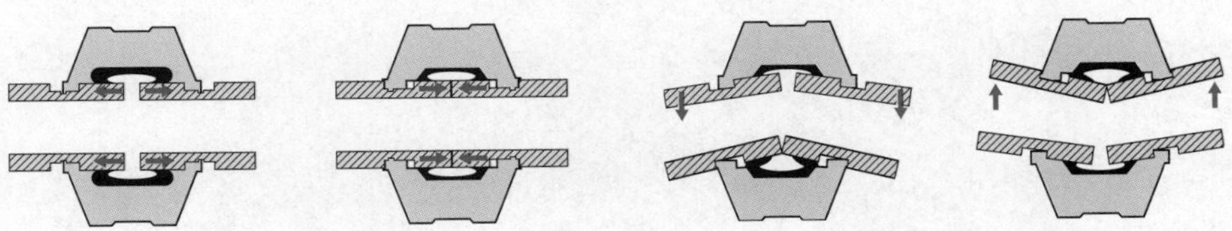

좌우 팽창에 대한 변위를 억제(강성이 요구되는 장소에 사용)

(a) 고정식 조인트(rigid joint)

상하 이동에 대한 변위를 억제(유연성이 요구되는 장소에 사용)

(b) 유동식 조인트(flexible joint)

4) 장단점

장점	단점
① 관 내의 압력이 증가할수록 누수의 우려가 없다. ② 좁은 공간에도 설치가 가능하다. ③ 시공이 용이하고 기간이 단축된다. ④ 소음 진동전달 최소화한다. ⑤ 팽창 및 수축이 허용된다. ⑥ 시스템의 응력을 최소화(지진응력 흡수)한다.	① 소규모 보수 시 어려움이 있다(홈을 내는 장비가 필요). ② 가스켓이 눌리는 경우 누수의 원인이 된다.

5) 시공 시 주의사항

① 홈을 낸 고무링 삽입부분에 녹이 발생하지 않도록 방청도료를 바른다.

② 고무링을 끼울 때 눌리지 않도록 주의한다.

③ 고무링 내·외부에 윤활제를 사용하지 않을 시에 고무링이 정위치에서 이탈되어 누수의 원인이 될 수 있다.

④ 배관 절단 시 면처리를 하지 않을 시에 고무링이 파손되어 누수의 원인이 될 수 있다.

⑤ 볼트, 너트 체결 시 양쪽 조임상태가 불균형이 되면 누수의 원인이 될 수 있다.

SECTION

024 부식(corrosion)

114·89·83·81회 출제

01 개요

(1) 금이나 수은과 같이 처음부터 금속 자체로 채광하는 금속도 있지만, 대부분의 금속은 자연상태에서는 산화물이나 유화물(硫化物)의 광석으로 존재하기 때문에 여기에 에너지를 가하여 환원시킴으로써 정련하여 금속으로 취하는 것이 보통이다. 따라서, 이러한 금속은 자연상태에서는 산화하여 원래의 상태인 산화물이나 유화물로 되돌아가려는 성질을 가지게 된다.

(2) **정의 :** 금속이 주위 환경의 액체나 기체와 접촉하여 화학적 또는 전기화학적 반응에 의해 표면이 산화하여 소모, 파괴되는 현상이다.

(3) 물의 존재하에서 발생하는 부식을 습식(wet corrosion), 물을 접하지 않는 상태에서 발생하는 부식을 건식(dry corrosion)이라 한다.

(4) 습식은 수중, 땅속 그리고 대기 중에서의 부식을 말하며, 비교적 저온에서 발생하는 부식현상이고, 건식은 고온의 공기나 가스 중에서의 부식을 말한다. 대체로 부식이라 하면 습식을 가리키는 경우가 많다. 건식은 특별한 환경에 국한되어 발생하며 열에 의한 산화라고도 한다.

Fe은 매우 안정된 물질로 철 부근의 물질은 철이 되어 안정화하려고 한다. Fe 이전은 융합반응으로 형성, Fe 이후는 폭발로 형성된다.

02 부식발생 메커니즘(mechanism)

(1) 양극반응

1) 우선 철은 양극부에서 Fe이온과 전자로 나뉜다.

2) **화학반응식 :** $Fe \rightarrow Fe^{+2} + 2e^{-}$ (양극반응)

3) 전자를 방출하는 반응을 산화반응이라고 한다. 그래서 철은 Fe이온이 되어 물속에 녹아들고 전자는 금속체를 통해서 이동한다.

(2) 음극반응

1) 전자가 모인 곳이 음극이 되고 음극부는 물속에 녹아 있는 산소에 의해 수산이온을 만든다.

2) 화학반응식 : $2O_2 + H_2O + 2e^- \rightarrow 2OH^-$ (음극반응)

3) 양극에서 방출되는 전자수와 음극에서 수용하는 전자수가 일치한다.

(3) 산화 제1철

1) 양극의 철이온이 음극의 수산이온과 결합하여 산화 제1철을 만든다.

2) 화학반응식 : $Fe^{2+} + 2OH^- \rightarrow Fe(OH)_2$

(4) 산화 제2철

1) 산화 제1철이 산소와 작용하여 산화 제2철을 만든다.

2) 화학반응식 : $4Fe(OH)_2 + O_2 + 2H_2O \rightarrow 4Fe(OH)_3$

(5) 고온일 경우(주로 건식) : $4Fe + 3O_2 \rightarrow 2Fe_2O_3$(산화철)

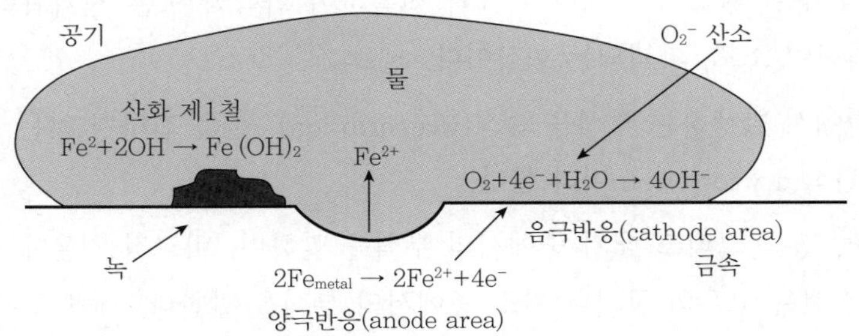

| 부식발생 메커니즘[10] |

(6) 금속부식의 3단계 : ① 에너지 방출과정 → ② 산화작용 → ③ 전류방출

(7) 부식의 색

1) 구리 : 녹색 또는 파란색

2) 철 : 갈색, 적색, 주황색, 노란색

(8) 부식의 조건

1) 양극(부식)과 음극의 존재

2) 전위차와 폐회로가 형성

3) 전해질 : 전류이동 매체

10) http : //www.corrosionist.com/iron_corrosion.htm에서 발췌

03 문제점

(1) 재료의 강도 저하 : 부식이 1%가 되면 강도는 5~10% 감소한다.

(2) 시스템의 성능이 저하한다.

(3) 경제적 손실

1) 부식에 의한 기기의 교환
2) 방식을 위한 추가기기 설치
3) 부식에 의한 운전 중지
4) 제품 손실 및 오염
5) 효율 저하
6) 손상받은 기기로 인한 주변기기 파손
7) 신뢰성, 안전성 저하

(4) 사회적 문제

1) 안전성 : 화재, 폭발, 녹물, 누수, 구조물파괴
2) 인명피해
3) 자원손실

04 종류

부식은 우선 크게 건식 부식과 습식 부식으로 구분하는데, 건식은 고온(수천 ℃)에서 발생한다. 따라서, 일반적인 부식은 습식 부식에 해당하며 그 구분은 다음과 같다.

(1) 전면부식

1) 정의 : 동일한 환경 중에서 어떤 금속의 표면에 균일하게 발생하는 부식이다.
2) 문제점 : 산화 제2철이 되어 팽창과 박락 등이 발생한다.
3) 대책
   ① 재료의 부식 여유두께를 계산하여 설계한다.
   ② 부식방지코팅을 한다.
   ③ 전기방식법을 사용한다.

(2) 국부부식

1) 전식(cathodic corrosion) : 외부 전원에서 누설된 전류에 의해서 전위차가 발생하고, 전지를 형성하여 부식되는 현상이다.

2) 선택부식(selective corrosion) : 재료의 합금성분 중 일부 성분은 용해하고 부식이 힘든 성분은 남아서 강도가 약한 다공성 재질을 형성하는 부식이다.

3) 균열부식이나 간극부식(concentration cell corrosion)

① 정의 : 재료 사이의 틈새나 흠집에서 전해질의 수용액(할로겐원소)이 침투하여 전위차를 구성하고 틈새에서 부식이 급격히 발생한다.

② 문제점 : 틈새 내부는 외부에 비해 용존산소의 공급이 불충분하므로 부동태화가 되기 어렵고 그 때문에 금속이 활성용해를 지속해서 부식이 진행된다.

③ 발생조건 : 틈이나 흠집이 부식영역으로 작용하기 위해서는 용액이 들어올 수 있을 만큼의 공간이 있어야 하며, 용액이 정체될 수 있을 정도로 좁아야 한다.

4) 입계부식(intergranular corrosion) : 금속이 결정입자경계에서 선택적으로 부식이 발생한다.

① 정의 : 금속 조직 내에서 입자들 간의 입계에서 일어나는 부식을 말한다.

② 입계부식에 영향을 주는 요소

㉠ 입계 예민화

㉡ 수소취성

㉢ 열 : 용접이나 가열

입계 : 결정입자(結晶粒子)가 서로 접하고 있는 경계

③ 입계부식이 가장 큰 문제를 일으키는 금속 : 스테인리스 304

④ 발생원인

㉠ 스테인리스가 400~800℃의 열을 공급받으면 크롬성분이 탄화크롬($Cr_{23}C_6$)이라는 탄화물이 오스테나이트의 입계에 발생한다.

㉡ 크롬(Cr)의 함량이 12% 이하로 결정입계가 감소하여 부동태막이 형성되지 않아 크롬결핍층에 공식(pitting)이 발생한다.

㉢ 용접이나 가열 시 발생한다.

⑤ 대책

㉠ 고용화 열처리를 한다.

고용화 열처리(solution heat-treatment) : 합금을 어느 적당한 온도로 가열해서 석출되고 있던 A조직이 고온의 B조직에 완전히 고용하기까지의 시간동안 유지를 한 후 A조직이 석출되지 않는 속도로 상온까지 급랭시킨다.

㉡ 탄소함유량을 낮추어(<0.03%) 탄화물의 형성을 방지한다.

㉢ 안정화제 첨가 : C와 친화력이 크롬(Cr)보다 큰 티타늄(Ti), 탄탈럼(Ta), 나이오븀

(Nb)과 같은 안정화제를 첨가하여 크롬 탄화물의 생성을 막는다.

㉣ 용접 후에는 가능한 급냉각 및 용접부를 연마하고 질산염(NO_3), 크롬산염 등 부동태화제를 처리한다.

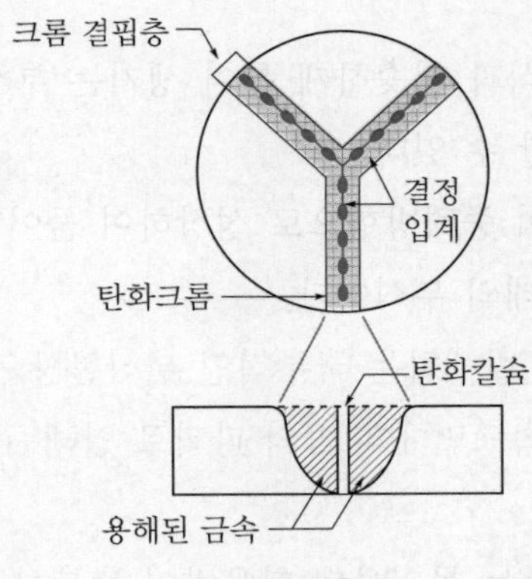

| 입계부식 |

5) 마찰부식 : 금속 간의 마찰로 인하여 그 부위에 발생하는 부식이다.

6) 갈바닉(galvanic corrosion) 부식(이종금속부식)

① 정의 : 재료가 각각 전위차에 의하여 전지를 형성하여 양극이 되는 금속이 국부적으로 부식이 발생하는 현상이다.

② 발생원인 : 전위차가 있는 금속 간의 결합

③ 대책

㉠ 활성화 정도가 유사한 금속 및 합금을 사용한다.

㉡ 이종금속 결합 시 절연을 한다.

㉢ 피복재를 활용하여 접촉을 차단한다.

㉣ 활성화가 더 큰 금속을 소모성 금속으로 활용하는 방식법을 사용한다.

7) 응력부식(Stress Corrosion Cracking ; SCC)

① 정의 : 점식의 진행에 따라 내부의 pH값이 낮아지고 동시에 염소이온(Cl) 농도가 높아진다. 여기에 응력이 가해지면 원자면의 슬립(slip)이 생겨 활성면이 되어 다시 부식이 진행된다. 이와 같은 과정이 반복적으로 진행되는 부식을 말한다.

② 문제점 : 파손과정에 있어서 표면의 극심한 부식현상이나 두께감소 같은 파손을 예측할 만한 외견상 징후를 완전히 파괴에 도달할 때까지 감지하기가 곤란(특히 석유화학 공정상에 빈번히 발생)하다.

③ 발생원인

㉠ 응력부식균열을 일으키는 대표적 물질 : 염소이온(Cl)

㉡ 균열발생온도 : 50~60℃ 이상

㉢ 응력

- 용접잔류응력
- 가공응력 : 표면연마, 파이프가공, 굽힘가공, 리베팅

8) 공식 또는 점식(pitting)

① 정의 : 공식은 균열부식과 비슷하게 틈이 생기는 부식이지만, 공식은 스스로 만들어지는 틈이라고 정의할 수 있다.

② 문제점 : 부식의 방향이 중력방향으로 성장하여 들어가는데 내부에 상당한 부식이 진행된 가장 위험한 형태의 부식이다.

③ 발생원인 : 합금표면에 발생하는 국부적인 부식현상으로, 할로겐이온(Cl^-, F^- 등)이나 황원소(S)에 의해 금속표면에 피막의 파괴로 인해 구멍을 생성시킨다.

④ 대책

㉠ 스테인리스인 경우는 몰리브덴 함유량이 충분히 높은 STS 316과 같은 고합금 스테인리스강을 선택한다.

㉡ 수질을 개선한다.

9) 침식부식(erosion corrosion)

① 금속표면을 빠르게 흐르는 유체로 인해 금속의 보호피막이 분리되어 발생하는 부식이다.

② 배관의 굽힘 부위와 같이 유체가 매우 빠른 속도나 큰 각으로 재료와 충돌하는 부위에 많이 발생한다.

05 영향인자

(1) 외적 요인

1) 용존산소

① 부식은 느린 산화반응으로, 용존산소량이 증가하면 이에 비례하여 부식이 증가하나 그 한계를 넘으면 부식반응에 소모되고 남은 여분의 산소가 보호피막을 형성하기 때문에 부식이 오히려 감소한다.

② 매설되거나 침적된 조건에서 산소농도가 높은 부위와 접촉하는 부위는 산소농도가 낮은 부위에 비하여 음극으로 작용하여 부식을 촉진한다.

2) 용해성분의 영향

① 가수분해(hydrolysis)하여 산성이 되는 물질은 수소이온이 생겨서 용액이 산성을 띠기 때문에 부식을 일으키는 물질이 된다.

꼼꼼체크 가수분해(hydrolysis) : 물이 H^+와 OH^-로 분해되어 일어나는 물분자와 물질과의 반응

㉠ 수소 손상의 종류

구분	내용
수소 취성(hydrogen embrittlement)	금속 내 수소가스가 금속 내부에 칩입하여 수소화합물을 만들어 연성 및 인장강도를 감소시켜 소성변형도 없이 파괴되는 현상
수소 부풀림(hydrogen blistering)	금속 내 수소가스에 의한 부풀림 현상
수소 공격(hydrogen attack)	금속 내 수소가스가 높은 온도에서 금속성분과 상호 작용하여 악영향을 발생하는 현상
탈탄소	금속 내 수소가스에 의해 높은 온도 및 습도에서의 탈탄소되는 현상

㉡ 수소 취성

- 원인 : 수소입자가 작아 금속결합 사이를 쉽게 뚫고 들어가 금속과 반응하기 때문이다.
- 대책
  - 부식억제제를 재료에 첨가하여 수소손상에 강하도록 특성을 변경한다.
  - 열처리를 통하여 금속 내에 존재하는 수소를 제거한다.
  - 니켈을 함유한 강, 합금을 사용함으로써 방지(수소의 확산속도 감소)한다.
  - 200℃ 정도에서 4시간 베이킹(baking)을 통해 산소를 제거한다.

㉢ 수소 부풀림의 대책

- 금속 내 수소가 침투하지 못하는 재료를 선정한다.
- 수소침투가 어려운 재료로 코팅을 한다.
- 부식억제제를 재료에 첨가하여 수소손상에 강하도록 특성을 변경한다.
- 니켈을 함유한 강, 합금을 사용함으로써 방지(수소의 확산속도 감소)한다.

② 염소(Cl^-) 등의 할로겐 이온은 일반적인 부식 외에도 공식, 응력부식의 원인이 된다.

3) 유속

① 유속의 증가에 따라 용존산소의 확산이 가속되어 부식속도가 증가한다.

② 일정 유속 이상이 되면 금속표면에 보호피막이 형성되므로 부식속도가 감소한다.

4) 온도 : 저온에서는 부식률이 낮아지고 약 80℃까지는 온도상승에 따라 부식성이 증대하나 그 이상이 되면 용존산소가 제거되어 부식성이 현저히 저하된다.

5) pH

pH	현상
4 미만	수소발생형 부식은 pH가 감소함에 따라 증가한다.
4~10 미만	산화피막으로 덮이기 때문에 무관하다.
10 이상	pH가 증가함에 산화피막의 안정화가 증가함에 따라 감소한다.

6) 습도

① 높은 습도, 수분, 정체된 물 등은 전해질역할을 하여 부식환경을 조성한다.

② 건조한 환경보다 습한 환경에서 부식률이 높다.

7) 미생물 부식(MIC : Microbially-Influenced Corrosion)

① 박테리아가 철분을 섭취하고 황성분의 막이나 점액을 만든다.

② 황성분에 의해서 배관이 삭아서 배관의 하부에 공식을 만든다.

③ 문제점

㉠ 공식이 빠르게 발생한다.

㉡ 국부부식 : 조도가 감소하여 주손실인 마찰손실이 증대된다.

㉢ 습식뿐만 아니라 건식 설비에 더 큰 영향을 준다(배수 후에도 습한 공기로 인해 박테리아 서식).

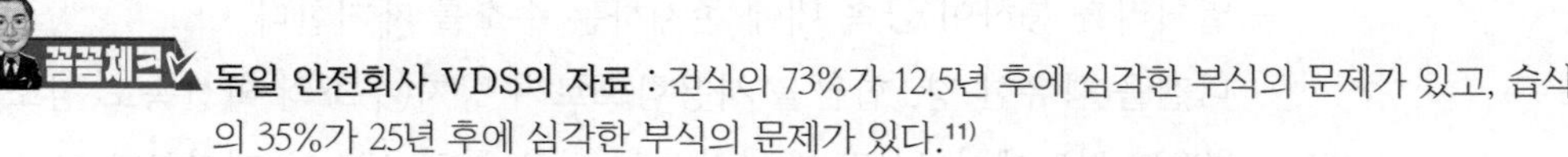

독일 안전회사 VDS의 자료 : 건식의 73%가 12.5년 후에 심각한 부식의 문제가 있고, 습식의 35%가 25년 후에 심각한 부식의 문제가 있다.[11]

④ 대책

㉠ 화학약품 투입구를 설치하여 정기적으로 화학약품을 투입하여 미생물을 제거한다.

㉡ 배관의 내면을 코팅한다.

(2) 내적 요인

1) 금속조직의 영향 : 조직의 불균일성에 의한 국부전지가 발생하여 부식이 발달한다.

2) 가공의 영향

① 열간압연 : 흑피(mill scale)가 발생하여 주변보다 음전기를 띠어 음극으로 작용하게 되고 흑피가 존재하는 표면에 수분이 더해지면 부식고리가 형성되어 모재의 부식이 가속화된다.

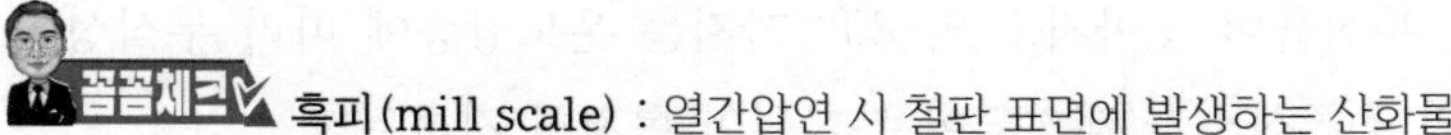

흑피(mill scale) : 열간압연 시 철판 표면에 발생하는 산화물

11) The problem of corrosion in metal fire sprinkler system. MARK KNUREK. 10/01/20/7

② 냉간압연 : 잔류응력을 발생시켜 응력부식을 유발한다.

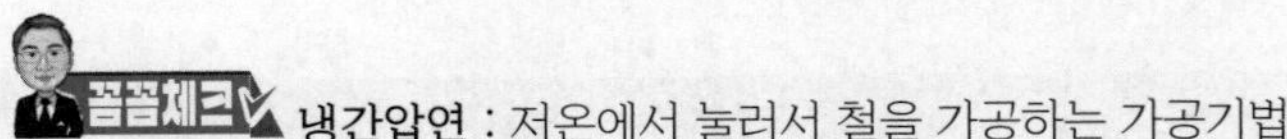

냉간압연 : 저온에서 눌러서 철을 가공하는 가공기법

3) 열처리의 영향 : 열처리는 잔류응력을 제거하여 내식성을 증대시킨다.

4) 표면상태

① 요인 : 금속표면의 상처, 표면의 엉성함

② 완전히 매끄럽게 가공한 것보다 거친 표면이 부식과 화학반응이 훨씬 더 빨리 발생한다.

금속의 표면에너지 상태는 전위적으로 불안정하고 그 전위를 중화하는 기능이 있는 대기 및 수분 · 물에 이온화한 무기물 소금이나 유기물이 금속 표면과 흡착 · 반응해서 안정된 표면으로는 되지만, 부식은 증대한다.

5) 금속전위차

① K > Mg > Al > Zn > Fe > Cu > Au

② 이온화경향이 크면 전위가 낮고 이온이 되기 쉽다.

③ 부식전지에서 양극(부식 발생)이 되기 쉽다.

6) 이종금속 전극전지

① 저전위부분이 양극이 되고 나머지는 음극이 된다.

② 접촉부식, 입계부식의 원인이 된다.

(3) 기타 요인

1) 아연에 의한 철부식 : 아연은 50~95℃에서 급격히 용해하여 수돗물 중에 포함되어 있는 염소이온 등과 반응하여 백수를 만든다.

2) 동에 의한 부식 : 동은 70℃ 내외에서 250ppm 정도가 용출되어 이온화 현상에 의한 부식이 발생한다.

3) 이종금속에 의한 부식 : 금속의 전위차에 의해 발생하는 부식이다.

4) 탈아연현상에 의한 부식 : 일반적으로 아연을 15% 이상 함유한 황동재의 기기를 온수 중에서 사용할 때 일어나기 쉬우며, 용존산소, 탄산가스, 염소이온 등이 탈아연현상을 활성화시킨다.

5) 온도차에 의한 부식 : 국부적으로 온도차가 생기면 온도차 전기를 형성하여 부식이 발생하며, 알루미늄, 동, 아연 등은 고온부가 부식된다.

6) 유리탄산에 의한 부식 : 지하수에 유리탄산(이산화탄소)이 포함되어 있으면 철이 수산화철을 형성하여 부식이 발생한다.

7) 응력에 의한 부식 : 응력이 발생하는 곳에서는 부식이 발생한다.

06 재료별 부식 특징

(1) 아연도강관(백관)

1) 부식을 막기 위하여 관 내외부에 아연(Zn)을 입힌 것으로, 아연은 산소와 반응하여 산화피막을 형성한다.
2) 아연(Zn)은 산성(pH 8~11)에서는 일부가 용수에 용해된다.
3) 용해된 아연(Zn)은 노출된 철에 작용하여 국부적 전지부식을 일으킨다.

(2) 동관 106회 출제

1) 가공 시 혼합된 불순물이 동과 반응하여 국부부식이 발생한다.
2) 작업, 보관, 운반 시 외부의 영향으로 부식이 생성될 수 있다.
3) 용접부위 근처나 가공부위
   ① 공식, 청수 : pH가 낮은 환경, 유리탄산이 많은 환경
   ② 용존산소가 많은 환경
   ③ 공식, 응력부식 : 잔류염소가 많은 환경
   ④ 관 내부에 스케일 등이 많이 부착되어 있는 환경
   ⑤ 궤식 : 흐름이 급변하는 엘보, 티 등의 하류 쪽에서 발생(유속제한 1.5m/s 이하)
   ⑥ 개미집 모양 부식 : 개미산, 초산 등의 유기산으로 인한 부식(피복제 처리)
   ⑦ 보온재에 의한 부식 : 보온재가 젖어서 염소, 암모니아, 황화물 등 부식 매체가 발생(누수라는 1차 원인에 의해 2차 부식 발생)

(3) 스테인리스강

1) 가공 시 인장력을 받은 부위 : 응력부식 발생
2) 용접 시 열을 많이 받은 부위 : 응력부식 및 점식(pitting) 발생
3) 열을 받은 부위 : 산화피막이 파괴되어 입계부식 발생

(4) 라이닝강관

1) 강관 내부에 PVC, 에폭시(epoxy) 등을 코팅한 것이다.
2) 내식성이 매우 뛰어나지만 이음쇠부위, 즉 금속이 노출이 있는 곳에서 문제점이 발생하기도 한다.

07 방지대책

(1) 적정한 배관재료의 선정

1) 내식성이 있는 재료

2) 여유있는 두께

3) 동일 재질의 배관재 사용

(2) 표면처리 : 라이닝(lining) 및 코팅(coating)

1) 관의 내부 또는 외부를 글라스, 합성수지 등으로 라이닝 또는 코팅 피복한다.

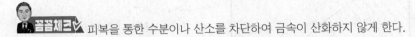

피복을 통한 수분이나 산소를 차단하여 금속이 산화하지 않게 한다.

2) 주의사항

① 배관재료와 피복재료의 열팽창계수의 차이에 따라 라이닝이 배관에서 이탈되지 않도록 주의하여야 한다.

② 코팅되지 않은 코팅 홀리데이(coating holiday) 등이 있으면 전식의 경우 그곳으로 전류가 집중적으로 흘러서 부식이 발생한다.

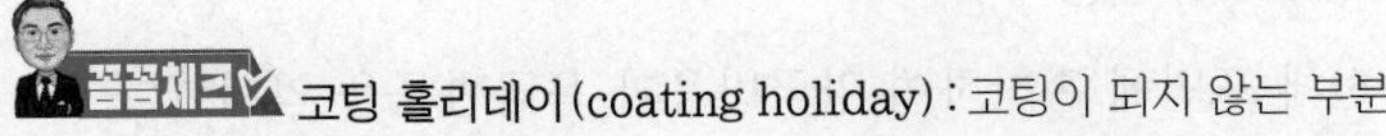
코팅 홀리데이(coating holiday) : 코팅이 되지 않는 부분

(3) 전기방식법 : 다른 금속을 대신 부식시키는 방법

1) 음극방식법

① 유전양극방식

② 외부전원방식

③ 배류방식

2) 양극방식법 : 전위를 높여 부동태 영역으로 만드는 방식 126회 출제

① 부동태화(passive state) : 금속의 부식 생성물(부동태 피막)이 표면을 덮어 버림으로써 부식을 억제하는 경우의 현상

② 부동태 영역(passivation region)

㉠ 금속 산화물이나 수산화물이 금속표면에 피막을 형성하여 안정적으로 존재하여, 금속과 수용액의 접촉을 차단한다.

㉡ 부식의 속도가 매우 작아지는 영역이다.

㉢ 부동태화를 나타내는 금속 : Al, Zr, Cr, Fe, Ni, Co, Mo, Ti, Ta, Nb 등

③ 불활성화 영역(immunity region)

㉠ 금속이 열역학적으로 안정화되는 영역이다.

㉡ 부식이 발생하지 않는 영역이다.

④ 부식 영역(corrosion region) : 금속이온이 안정적으로 유지되며, 빠른 속도로 금속이 용해(부식)되는 영역이다.

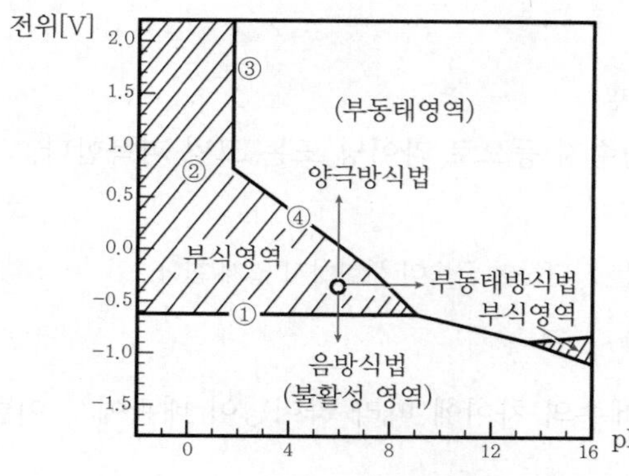

| 철의 포베 도포(pourbaix diagram) |

(4) 부식환경의 제어 : 온도, pH 조정, 용존산소 제거

(5) 부식억제제(corrosion inhibitors) 사용

1) **흡착억제제** : 금속의 전체 표면에 흡착하여 양극반응과 음극반응을 억제한다.

2) **부동태 피막제** : 양극표면으로 이동해서 양극반응을 억제하고 부동태 피막을 형성한다.

3) **음극억제제** : 음극표면으로 이동해서 화학적 또는 전기화학적으로 침전물을 생성시켜 음극을 억제한다.

(6) 고압 선로 주위에 관로매설을 금지하고, 부득이한 경우 접지한다.

(7) 슬리브 관통이나 행거설치 시 관로와 반드시 절연한다.

(8) 유속의 억제 : 유속이 너무 빠르면 배관 내의 라이닝이나 방식제에 의한 보호피막이 파괴될 수 있으므로 유속은 가급적 작게 하는 것이 좋다.

(9) 구조상의 적정설계

1) 이종금속의 조합을 피한다.

2) 불필요한 요철을 제거한다.

3) 응력이 가해지지 않는 구조로 설계한다.

(10) 도금

1) 반응성이 낮은 금속으로 피막을 형성(주석을 이용한 도금 : 양철)한다.

2) 반응성이 큰 금속으로 피막을 형성(아연을 이용한 도금 : 빨리 부식해서 탄산아연을 형

성하여 얇은 막을 형성하고 안쪽의 철을 보호)한다.

(11) 틈새 발생 방지

1) 장비의 접합부를 리벳 또는 볼트로 하지 말고 가능한 한 용접으로 접합한다.
2) 가능하면 테프론 등과 같은 비흡수성 고체를 개스킷으로 사용한다.
3) 배수가 원활하도록 설계해야 한다.
4) 금속표면의 침전물을 자주 제거하고, 표면처리를 실시하여 표면을 균일하게 함으로써 틈새부식을 억제할 수 있다.

(12) 금속표면을 균일하게 가공한다.

(13) NFPA 13(2022)

1) 습식 스프링클러 설비 2차측에 Air venting 설치(A.16.2)한다. → 부식과 미생물 활동을 위한 산소배출 수동 Air venting을 설치하는 경우는 2.1m 이하에 설치한다.
2) 건식·준비작동식 스프링클러 설비 2차측에 질소를 충전한다. → 산소농도를 낮추어 준다(부식방지는 되지만 이전의 부식을 개선하지는 않음)(N A.30.1.8).

(14) 방식방법에 따른 전기화학적 인자 및 대책

방식방법	전기화학적 인자	대책
부식환경의 차단	양극과 음극의 전기저항의 확대	① 투과성이 작은 전색제의 선택 ② 두꺼운 도막화 ③ 차단효과가 큰 안료의 배합
금속면의 부동태화	양극분극의 증대	① 납 등의 방청안료의 배합 ② 부식억제제의 배합
음극방식 작용	음극분극의 증대	① 철로부터 이온화 경향이 큰 금속, 아연 등을 배합한 도료 ② 아연도금 및 용사분무도금

08 결론

(1) 부식은 다양한 문제점을 유발하며, 특히 수계설비에서는 그 발생의 빈도와 영향이 심각하다.
(2) 부식은 소화설비를 작동되지 않게 하거나 동작시간을 지연시킬 뿐만 아니라 스프링클러에서 심각한 살수방해를 일으킨다.
(3) 배관의 부식은 관의 재질, 흐르는 유체의 온도 및 화학적 성질에 따라 다르나 일반적으로 금속의 이온화, 이종금속의 접촉, 전식, 온도, 용존산소에 의해 일어나므로 여기에 대한 적절한 대책을 강구하여야 한다.

SECTION 025 음극부식방지법 (cathodic protection)

01 개요

(1) **전기방식(음극화방식) :** 금속표면에서 유출하는 전류(부식전류라 칭함)의 반대 방향으로부터 충분한 전류(방식전류라고 함)를 인위적으로 계속 흘려보내 부식전류를 소멸시키는 방법이다.

(2) 보통의 경우는 양극부의 전위가 높아서 양극부에서 음극부로 전류가 흐르면서 부식이 발생한다.

(3) 외부전류(방식전류)를 유입시키면 전위가 높은 음극부에 전류가 유입되어 음극부의 전위가 차차 저하되다가 양극부의 전위에 가까워져 결국에는 양극부와 음극부의 전위가 동일해진다.

(4) 등전위가 되면 금속표면에 형성된 부식전류가 자연히 소멸되고 부식이 정지되어 피방식체인 금속은 완전한 방식상태에 도달하게 된다.

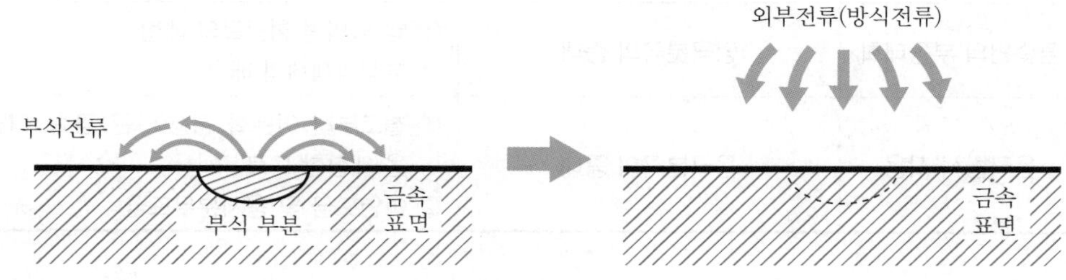

| 음극화방식 |

(5) **전기방식법의 장단점**

장점	단점
① 피방식체 전체에 대하여 완벽한 부식방지효과 : 방식전류는 도장이 불가능한 장소나 환경 또는 피방식체의 미세한 부분까지 유입되어 부식방지효과를 낸다. ② 부식이 진행된 곳에 사용 시 부식확대방지효과가 있다. ③ 타 부식방지장치에 비해서 유지관리비용이 저렴(경제성)하다.	① 공기 중에 노출된 부분의 방식은 불가능하다. ② 많은 경험과 지식이 있어야 효과적으로 설치할 수 있다. ③ 타 부식방지장치보다 초기 투자비가 많다.

(6) 종류

1) 유전양극법(희생양극법)
2) 외부전원법
3) 배류법

(7) 전기방식법의 검토사항

1) 방식에 소요 전류 크기
2) 방식대상물의 재질 및 크기
3) 토양의 고유저항[Ω·m]
4) 양극(anode) 설치장소 및 보호대상과의 거리
5) 타 시설물의 존재 여부

02 유전양극법(희생양극법, sacrificial anode system)

(1) 정의

1) 피방식 금속보다 저전위 금속(유전양극)에 **피방식 금속을 직접 또는** 전선으로 연결하면 이 양금속 간에 국부전지작용이 발생하여 저전위 금속에서 피방식 금속으로 방식전류가 흐르면서 부식을 방지한다.

1. **피방식 금속** : 철
2. **저전위 금속** : 알루미늄, 마그네슘, 아연 등

2) 저전위 금속(유전양극)에서는 전류와 더불어 금속이온(ion)이 방출되면서 시간경과에 따라 소모된다.

3) 저전위 금속이 피방식 금속을 대신하여 희생적으로 소모되어 피방식 금속의 부식이 완전히 정지하는 전기방식법이다.

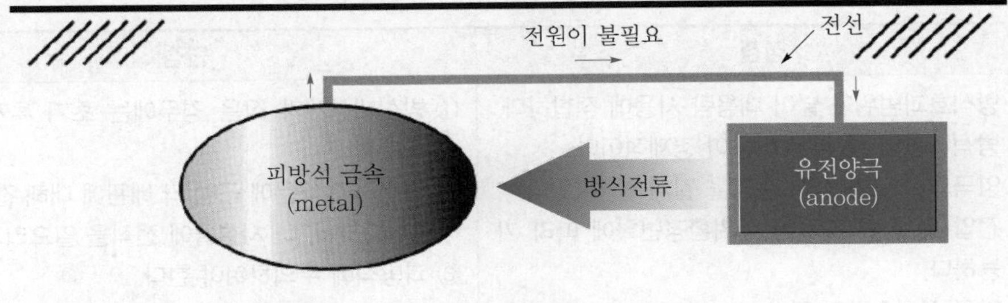

| 유전양극법 |

(2) 유전양극법의 장단점

장점	단점
① 설치방법이 간단하다. ② 방식대상이 작을 경우 경제적이다. ③ 인접 시설물에 대하여 간섭현상이 거의 없어 위험지구에도 설치할 수 있다. ④ 과방식의 염려가 없다. ⑤ 양극 수명 동안 유지보수가 거의 필요 없다. ⑥ 별도의 외부전원이 필요 없다.	① 전류분포가 제한되어 대용량에는 부적합하다. ② 방식대상이 클 경우 비경제적이다. ③ 양극의 소모로 인하여 일정기간 후 보충이 필요하다. ④ 방식전류의 조정이 곤란하다. ⑤ 비저항이 낮은 물기나 토양환경 외에는 활용하지 못한다. 따라서, 설계 전 토양조사가 필요하다. ⑥ 양극 설치수량이 많다. ⑦ 환경변화에 따른 적응이 곤란하다.

03 외부전원법(impressed current system)

(1) 정의 : 외부에서 AC 전원을 공급받아 직류전원을 생산하는 정류기와 유전양극을 방식에 적용하여 방식전류를 유전양극에서 피방식 금속으로 흐르게 하여 방식범위를 넓혀 부식을 방지하는 방법이다.

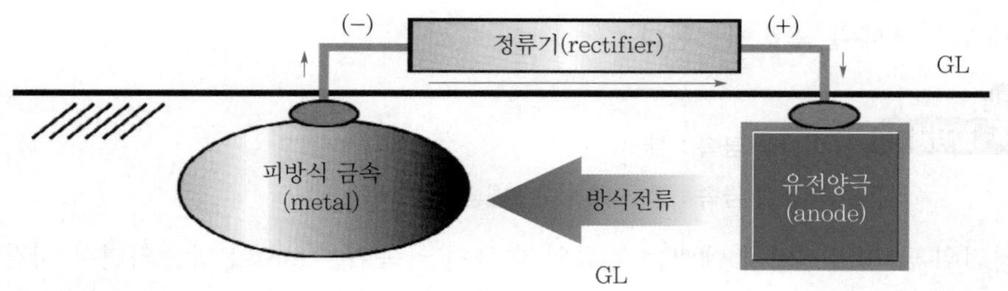

| 외부전원법 |

(2) 유전양극의 종류 : 철, 탄소, 그라파이트, 고규소철, 연은, 백금전극 등

(3) 외부전원법의 장단점

장점	단점
① 방식효과범위가 넓어 대용량 사용에 적합하다. ② 방식대상이 클 경우 비용이 경제적이다. ③ 양극의 소모가 적어 수명을 길게 할 수 있다. ④ 전압 및 전류 조절이 주위환경변화에 따라 가능하다. ⑤ 양극 설치수량이 작다.	① 방식대상체가 작은 경우에는 초기 투자비용이 증대한다. ② 강력하기 때문에 근접 타 배관에 대해 간섭을 준다. 따라서, 타 시설물에 전식을 일으키기 쉽다. ③ 과방식에 주의하여야 한다. ④ 외부의 교류전원이 필요하다.

장점	단점
⑥ 비저항으로 인한 제한이 작다. ⑦ 자동화방식이 가능하다. ⑧ 불용성 양극으로 수명이 길다.	⑤ 유지관리비가 발생(전력비, 인건비)한다. ⑥ 위험물 취급장소에서는 방폭형이 필요하다.

(4) 외부전원법의 종류

1) 심매식, 우물식(deep well) : 지표면의 비저항보다 깊은 곳(15m 이하)의 비저항이 낮은 경우에 적용한다.

2) 얕은 바닥(shallow bed)법

① 비저항이 낮고 토지의 임대나 구매가 용이한 지역에 적용한다.

② 장점 : 시공이 간단하고 유지보수가 쉽다.

③ 단점 : 외부로부터 손상받기가 쉽다.

④ 배관과의 거리는 100~150m 정도 이격하여 설치한다.

3) 분산법(distribution)

① 양극을 지하배관 주변에 등간격으로 설치하여 양극의 발생전류를 지하배관에 균등하게 분포하도록 하는 방식이다.

② 발전소 및 화학플랜트와 같은 제한된 장소에 적합하다.

4) 선형(line anode) : 띠모양의 양극으로서, 단위미터당 발생하는 전류가 작아 다른 시설물에 미치는 영향이 거의 없고 방식대상물의 방식전위가 고르게 분포한다.

5) 망형(mesh anode) : 콘크리트 구조물 내부의 철근부식을 방지하기 위해 만들어진 부식방지법이다.

04 배류법(drainage system)

(1) 개요

1) 정의 : 전철로 인해 매설배관에 흐르는 누설전류를 안전하게 전철의 레일로 돌려보냄으로써 전철 누설전류에 의한 부식을 방지하는 방법이다.

2) 배류선 : 피방식 금속에 유입된 누설전류를 전철의 레일 혹은 전철변전소로 귀환시키기 위해 피방식 금속과 레일 혹은 전철변전소 사이를 전기적으로 접속하는 접속선이다.

(2) 종류

1) 직접 배류법

① 전류는 변전소 양극(+) → 가공 급전선 → 전동차의 전동기 → 레일 → 변전소 음극(−)으로 흘러야 하나, 레일을 흐르는 전류 일부가 대지로 누출되어 피방식 금속에

유입되고, 변전소 부근의 전류 유출부위에서 전식이 발생하게 된다.

② 변전소 부근의 피방식 금속에 전극을 만들고, 이 전극과 변전소의 음극(−) 사이를 직접 도체로 연결하는 방법이다.

2) 선택배류법

① 직접 배류법의 문제점 : 직접 배류법을 적용하면 전철부하의 변동, 전철변전소 사이의 부하분담 변화 등으로 인해 피방식 금속이 레일에 대해 부전위가 되어 역류가 발생할 수 있다.

② 선택배류기(polarized drainage) : 역류를 방지하면서 정방향(피방식 금속으로부터 레일방향)으로 전류를 흘려주기 위해서는 배류선에 다이오드 혹은 역전압 계전기 등의 역류방지장치를 부착하여야 한다. 이 역류방지장치를 선택배류기라고 한다.

3) 강제배류법 : 피방식 금속과 레일 혹은 변전소를 연결하는 회로에 직류전원을 인가하여 강제적인 배류를 촉진하는 방법이다.

SECTION

026 신축이음(expansion joint)

01 개요

(1) 관 속을 흐르는 유체의 온도와 관 벽에 접하는 외부 온도의 변화에 따라 관은 팽창 또는 수축한다.

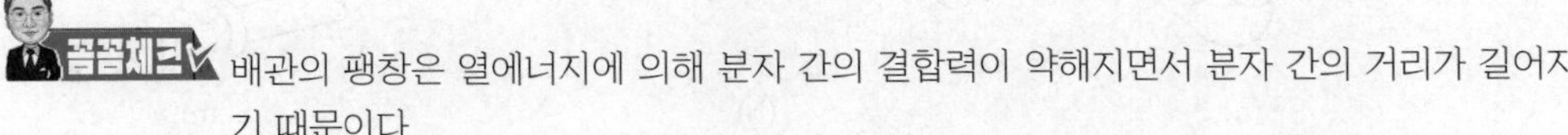

배관의 팽창은 열에너지에 의해 분자 간의 결합력이 약해지면서 분자 간의 거리가 길어지기 때문이다.

(2) 신축

1) 신축의 크기 : 관의 길이와 온도변화와 관련이 있다.

2) 관의 길이 팽창 : 관 지름의 크기에는 별로 관련이 없고 길이와 관련이 있다.

(3) **철의 선팽창 계수** : $\alpha = 1.2 \times 10^{-5}$

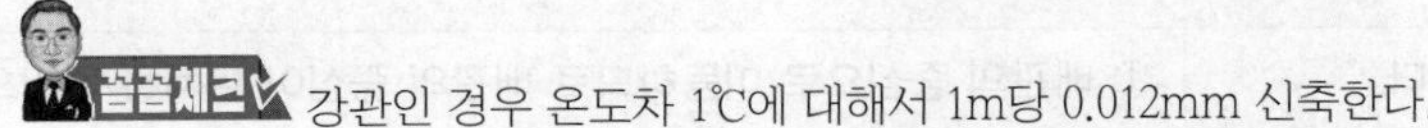

강관인 경우 온도차 1℃에 대해서 1m당 0.012mm 신축한다.

(4) 배관이 팽창 또는 수축함에 따라 배관, 기구의 파손이나 굽힘이 발생하는데, 사고를 예방하기 위해 신축을 흡수하는 이음용 재료인 신축이음쇠(expansion joint)를 사용한다.

(5) **신축이음의 종류**

1) **형태에 따른 분류** : 슬리브형, 벨로즈형, 루프형, 스위블 조인트형, 볼 조인트형 등

2) **신축흡수 능력에 따른 분류**

① 단식 : 배관 등 한쪽만 신축을 흡수한다.

② 복식 : 양쪽의 신축을 흡수한다.

02 종류

(1) 스위블형(swivel type)

1) 정의 : 2개 이상의 엘보를 사용하여 나사회전에 의해 신축·흡수하는 장치

2) 장단점

장점	단점
① 엘보나 티를 이용하여 시공함으로써 경제적이다. ② 쉽게 설치가 가능하다.	① 굴곡부가 증가함에 따라서 압력의 강하가 발생한다. ② 신축량이 클 경우 연결부위에서 누수가능성이 크다. ③ 접속부위가 증가함에 따라 배관 신뢰성이 저하된다.

3) 사용처 : 저압 배관

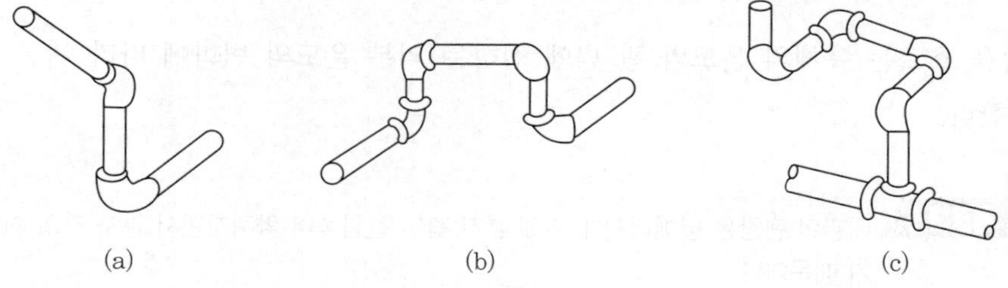

| 스위블형 |

(2) 슬리브형(sleeve type)

1) 정의 : 슬리브의 슬라이딩에 의하여 신축·흡수하는 장치

2) 장단점

장점	단점
① 신축흡수량이 크다. ② 설치장소를 작게 차지하고, 스위블형에 비해 응력이 생기지 않는다.	① 배관의 중심으로 이동하므로 배관의 중심이 일치하지 않으면 파손 가능성이 있다. ② 패킹의 마모에 의한 누수 우려가 있다. ③ 패킹 등을 사용하므로 구조상 과열증기에는 적합하지 않다. ④ 배관 내 곡선부분이 있으면 신축이음에 비틀림이 생겨 파손이 발생한다.

3) 형식 : 단식, 복식

4) 사용처

① 최고 사용압력 0.1MPa 정도의 증기배관 또는 온도변화가 심한 물, 기름, 증기 등의 배관

② 보수가 용이한 장소(벽, 바닥용의 관통배관)

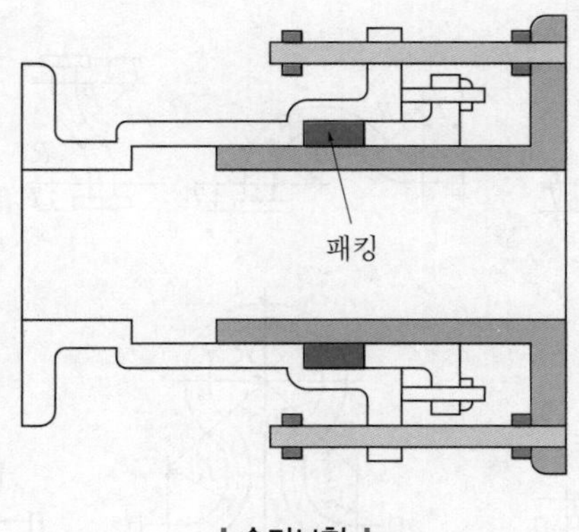

┃ 슬리브형 ┃

(3) 벨로즈형(bellows type)

1) 정의 : 벨로즈로 커버(cover)를 한 형태로 슬리브형에 누설을 강화한 장치

2) 장단점

장점	단점
① 패킹 대신 벨로즈를 이용함으로써 관 내의 누설방지 ② 신축량이 벨로즈의 피치나 산수에 의해 결정되며 구조상 슬리브형에 비해 짧아 작은 공간에도 설치 용이 ③ 슬리브와 같이 응력은 발생하지 않음	① 유체의 성질에 따라 벨로즈가 부식될 우려가 있으므로 스테인리스제 사용 필요 ② 슬리브형에 비해서 상대적으로 비경제적

3) 형식 : 단식, 복식

4) 사용처 : 중·저압 배관

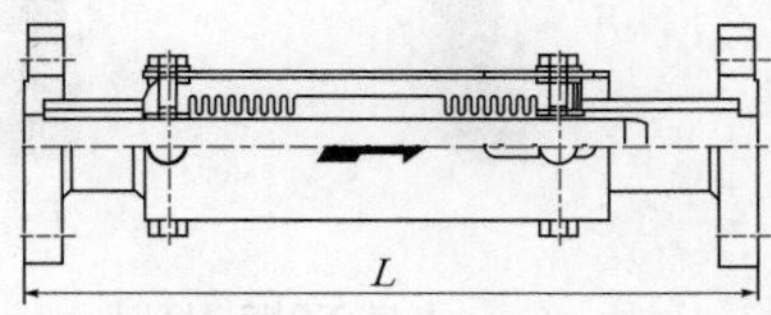

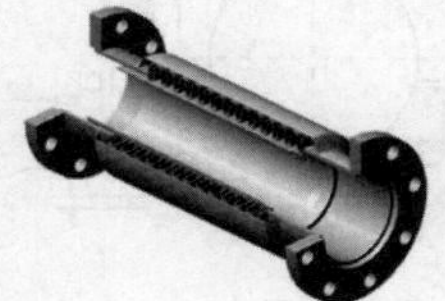

┃ 벨로즈형 ┃

(4) 루프형(loop type)

1) 정의 : 배관을 Loop형으로 굽혀서 신축·흡수하는 장치

2) 장단점

장점	단점
① 접합부위나 연결부위가 없어 고온, 고압에 적합하다. ② 접합부위나 연결부위가 없어 누수가 없다.	① 휘거나 구부림의 공간이 필요해서 다른 신축흡수장치에 비해서 설치공간이 크다. ② 신축의 흡수부분을 외력에 의해서 가공함으로써 응력이 발생한다. ③ 구부리기가 어려운 굵은 배관에서는 적용이 곤란하다.

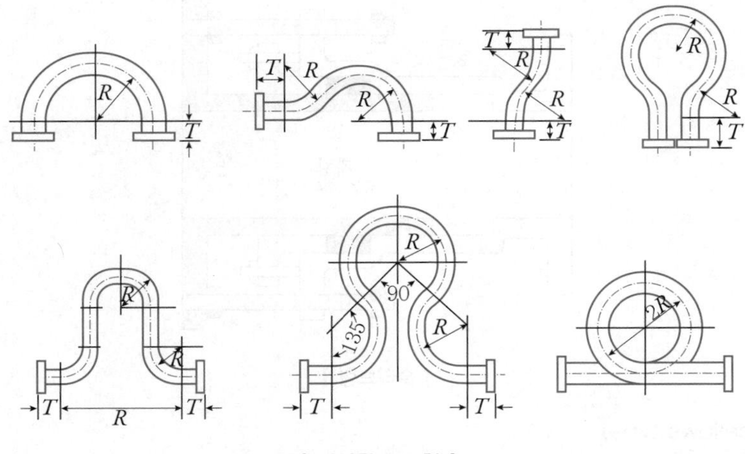

| 다양한 루프형 |

3) 사용처 : 고압 배관, 옥외 배관

(5) 볼타입(ball type)

1) 정의 : 볼모양의 조인트가 회전 및 기울임의 변위를 흡수하는 구조를 가지는 장치

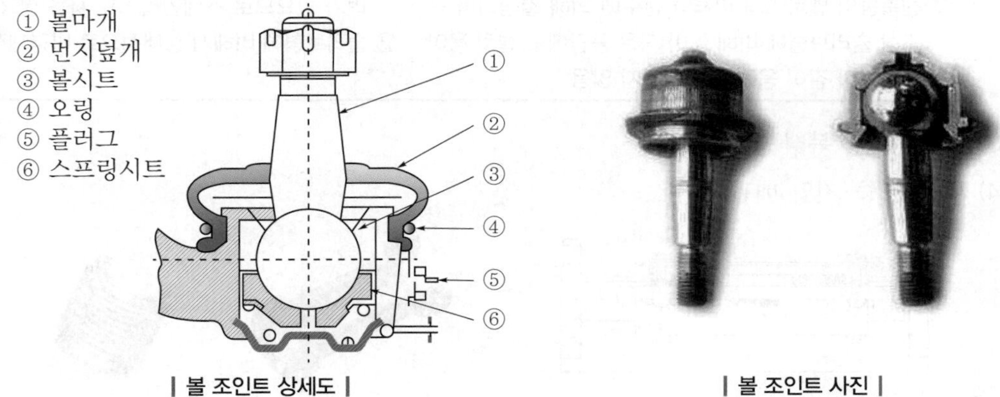

| 볼 조인트 상세도 | | 볼 조인트 사진 |

2) 장단점

장점	단점
① 볼 조인트는 평면상의 변위뿐만 아니라 입체적인 변위까지도 안전하게 흡수하므로 어떠한 형상에 의한 신축에도 배관이 안전하다. ② 앵커, 가이드에도 기존의 타 신축이음에 비하여 간단히 설치할 수 있으며, 면적도 작게 소요된다.	① 누수위험이 있다. ② 비경제적이다.

3) 사용처 : 고온·고압 배관

SECTION 027

안전밸브(safety valve)

111·106·88·84회 출제

01 개요

(1) 안전밸브(safety valve)

1) 목적 : 용기 내의 압력을 조절하여 안전을 유지하기 위해 사용한다.

2) 압력이 일정 규정값 이상 올라가면 자동으로 열려 내부의 유체 일부를 방출하면서 항상 규정된 압력 이하가 되도록 한다.

3) 작동기구에 따른 구분 : 스프링식, 추식, 지레식 등

(2) ISO 정의 : 안전밸브는 일반적인 밸브의 목적인 차단용이 아닌 이상사태 또는 과압 방지를 위해 특수한 목적을 가진 밸브로서, 유체의 압력이 소정의 설정압력을 넘었을 때 자력 이외의 힘에 도움을 받지 않고 스프링의 힘, 밸브 스템의 중량, 지렛대의 추에 의해 자동으로 압력을 분출하고 압력이 정상으로 복원되었을 때 닫히는 밸브를 말한다.

02 안전밸브의 구분

(1) 릴리프밸브(relief valve)

1) 정의 : 작동형태가 초과압력 이상의 압력 증가에 따라 서서히 개방되는 밸브이다.

2) 특징

① 사용대상 : 액체

② 배출된 액체는 저장탱크와 펌프 흡입측으로 되돌려지며, 직접 밖으로 배출되지 않는다.

③ 밸브 개방은 초과압력의 증가량에 비례한다.

④ 초과압력에서 개방되며 25% 과압에서 완전개방되고, 압력이 초과압력 이하로 강하되면 자동으로 닫힌다.

⑤ 설정된 압력 바로 밑에서 작동되도록 사용자압력을 조정해서 사용한다.

⑥ 펌프의 체절압력 미만의 압력에서 개방, 작동한다.

3) 사용목적

① 배관 내의 과압상승 방지

② 압상승 시 경보

4) 사용장소

① 수온상승을 방지하기 위한 릴리프배관

② 압력챔버의 릴리프(relief) 밸브 설치 시 문제점

㉠ 압력챔버 내부는 물로만 충전된 것이 아니라 상부에는 공기가 차 있다.

㉡ 압력챔버가 과도한 압력을 받게 되면 안전밸브(safety valve)가 개방되어 공기가 배출된다.

㉢ 압력챔버 상부는 공기압을 조정하는 밸브가 필요한 것이지 수압을 조정하는 릴리프(relief) 밸브가 필요한 것이 아니다.

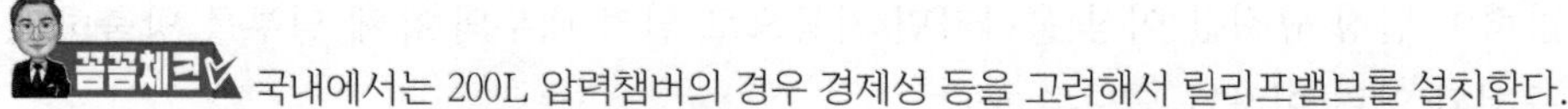

국내에서는 200L 압력챔버의 경우 경제성 등을 고려해서 릴리프밸브를 설치한다.

③ 안전밸브 설치 시 문제점 : 공기배출로 인해 공기가 없어서 발생하는 펌프의 잦은 기동 (대책 : NFPA 20과 같이 2개의 오리피스를 설치해서 압력스위치의 잦은 기동방지)

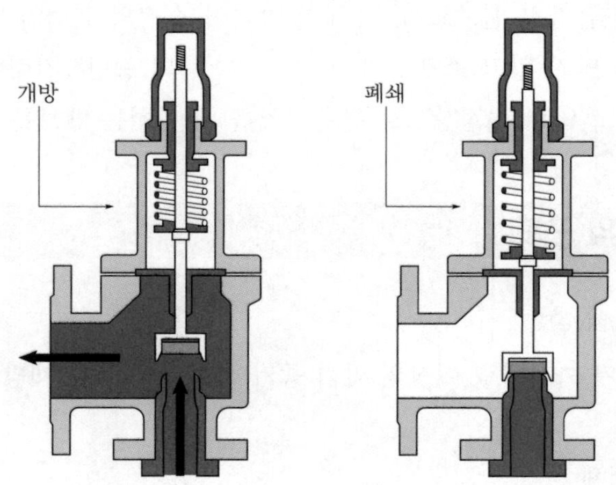

| 순환 릴리프밸브(relief valves) |

5) 순환 릴리프밸브와 압력 릴리프밸브의 설치목적 및 적용

구분	순환 릴리프밸브 (circulation relief valve)	압력 릴리프밸브 (pressure relief valve)
압력값의 조정	가능	불가능
설치목적	체절운전 등에서 수온상승 방지	순간적인 연료의 과다공급으로 인한 비정상적인 회전수 증가가 일어나 과압의 형성 방지(엔진펌프), 시스템의 압력을 제어하거나 제한하는 데 사용되는 밸브

구분	순환 릴리프밸브 (circulation relief valve)	압력 릴리프밸브 (pressure relief valve)
설치장소	펌프토출측 체크밸브 하단 순환배관	주배관(엔진펌프) 알람밸브 2차측
NFPA 20	모터펌프용	엔진펌프용
작동압력	체적압력 이하	배관사용압 이하
보호대상	펌프보호	배관계통 보호
크기	2,500gpm(9,462L/min) 이하 : 0.75″(19mm) 3,000~5,000gpm(11,355~18,925L/min) : 1″(25mm)	엔진펌프의 토출량에 따라 결정

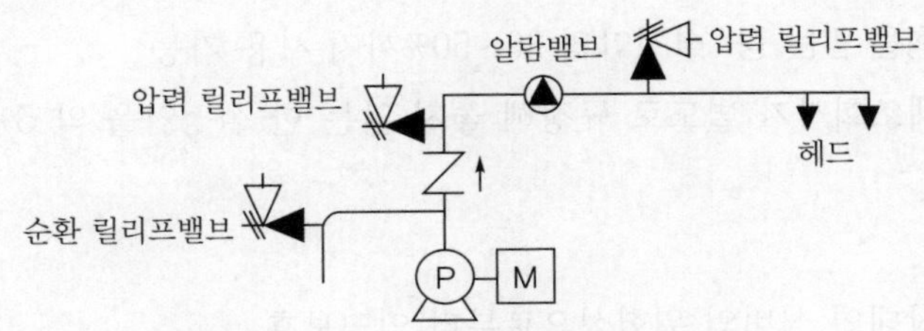

| 압력 릴리프밸브와 순환 릴리프밸브 배치도 |

6) 알람밸브의 2차측 릴리프밸브

① 설치위치 : 알람밸브의 2차측에 설치

② 배관방식 : Tree 방식도 알람밸브 2차측의 압력상승 위험이 있지만, Grid 방식의 배관은 방식 특성상 Air pocket이 없어 소화수의 온도변화에 의한 압력 상승을 흡수하지 못하므로 배관을 보호하는 릴리프밸브의 설치가 반드시 필요하다.

③ 설치기준(NFPA 13 8.1.2)

㉠ 구경 : 5mm 이상

㉡ 동작압력 : 최대 1.2MPa 또는 최대 사용압력 + 0.07MPa

㉢ 압력증가를 흡수할 수 있는 공기저장소가 설치된 경우를 제외하고는 릴리프밸브를 설치할 것

(2) 안전밸브(safety valve)

1) 정의 : 초과압력 이상 시 순간적으로 개방되는 밸브이다.

2) 특징

① 사용대상 : 스팀, 가스, 증기

② 설정압력 초과 시 순간적으로 완전개방 및 팝 액션을 한다.

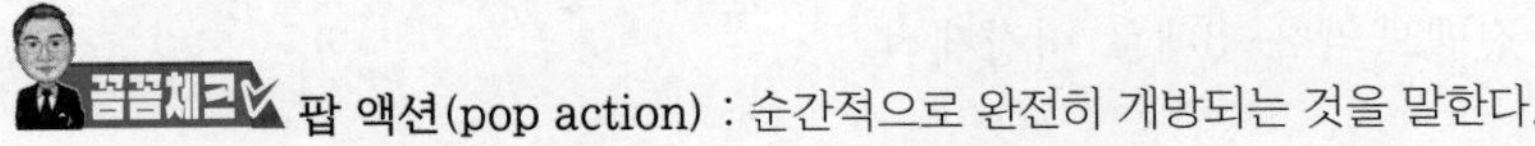

팝 액션(pop action) : 순간적으로 완전히 개방되는 것을 말한다.

③ 과압이 제거된 후 밸브는 설정압력보다 4% 낮게 재설정(ASME 규격 : 증기 4%, 가스 7%, 보통밸브는 4%의 블로다운(blowdown))된다.

분출차(blow down) : 분출압력과 분출정지압력과의 차이를 말하며 압력수치 또는 차이의 백분율로 표기한다.

3) 배압(back pressure)의 종류

① 정지배압 : 안전변이 닫혀 있는 상태에서 걸리는 배압

② 운전배압 : 안전변이 열린 상태에서 걸리는 배압

4) 배압의 영향에 따른 구분

① 배압의 영향을 받지 않는 형 : 설정압의 10% 이내에서 사용 가능

② 배압의 영향을 받는 형 : 설정압의 30~50%까지 사용 가능

5) 안전밸브는 제조회사가 별도로 규정해 놓지 않는 한 설정압을 약 5% 범위 이상 변경시키면 안 된다.

6) 설치목적

① 초과압력상태인 설비의 위험성으로부터 인명보호

② 압력교란에 의한 운전실패기간 중 화학물질의 손실 최소화

③ 설비손상 방지

④ 설비 주변에 있는 자산손상 방지

⑤ 보험료 절감

⑥ 안전규정 준수

7) 작동기구에 따라 스프링식, 중추식, 파일럿식이 있는데, 가스용은 주로 스프링식을 사용한다.

(3) 안전배출밸브(safety relief valve)

1) 정의 : 릴리프밸브와 안전밸브의 중간 정도의 속도로 개방되는 밸브이다.

2) 특징

① 사용대상 : 액체, 기체

② 액체에 사용하는 경우 릴리프밸브로, 증기에 사용하는 경우 안전밸브로 작동한다.

안전밸브기능과 릴리프밸브기능을 함께 가지는 안전장치로, 순간적으로 전체 개방이 되기도 하고 압력상승에 의하여 서서히 열릴 수도 있다.

③ 개방압력 : 안전밸브와 릴리프밸브의 중간

④ 경제성 : 안전밸브의 2~3배로 비경제적

03 안전밸브 작동구조에 따른 분류

(1) 스프링식

1) 정의 : 스프링장력에 의해 작동압력을 제어하는 밸브이다.

2) 특징

① 가장 많이 사용되는 방식

② 사용대상 : 고압식

③ 반영구적

3) 배기형태에 따른 구분

구분	압력배출	사용처
밀폐형	방출관으로 압력을 전부 대기로 방출	화학설비
개방형	방출유체 일부가 가이드와 밸브봉 사이를 통해 대기로 직접 방출	보일러 및 압력용기

4) 형식에 따른 구분

구분	스프링식 작동밸브	균형 벨로즈 스프링식 작동밸브
배압(back pressure)	영향을 받아 최소일 경우에 사용	배출부분이 대기압으로 유지되므로 배압이 존재하는 공정에 사용
특징	스프링의 힘으로 밸브디스크를 시트에 눌러 놓고 내부압력이 그 이상 상승하는 경우 내부의 가스를 배출하여 압력을 낮추는 형태	벨로즈(bellows)를 사용하여 부식유체로부터 스프링을 보호하며, 특히 부식성, 독성가스 등에 사용
배기형태	밀폐형, 개방형	–
양정	저양정식, 고양정식, 전양정식, 전량식	–

5) 양정에 따른 구분

양정(lift) : 밸브 본체가 밀폐된 위치에서 분출량 결정압력의 위치까지 상승했을 때 수직방향의 치수, 즉 안전밸브의 작동거리를 말한다.

구분		밸브 시트구멍 / 양정	특징	안전밸브 단면적	안전밸브의 분출용량
양정식	저양정식	$\frac{1}{40}$ 이상 $\frac{1}{15}$ 미만	① 가장 사용을 많이 하는 방식 ② 구조가 간단 ③ 소형에 사용 : 1톤 이하 보일러	$A=\frac{22E}{1.03P+1}$	$W=\frac{(1.03P+1)AC}{22}$

구분		밸브 시트구멍 / 양정	특징	안전밸브 단면적	안전밸브의 분출용량
양정식	고양정식	$\frac{1}{15}$ 이상 $\frac{1}{7}$ 미만	① 저양정식보다 성능 우수 ② 구조는 더 복잡	$A=\frac{10E}{1.03P+1}$	$W=\frac{(1.03P+1)AC}{10}$
	전양정식	$\frac{1}{7}$ 이상	① 증기분출량이 많고 안전밸브구경이 작아도 됨 ② 고압보일러에 적합 ③ 대형에 사용 : 1톤 이상 보일러	$A=\frac{5E}{1.03P+1}$	$W=\frac{(1.03P+1)AC}{5}$
전양식		1.15배 이상	① 증기분출량이 전양정 안전밸브보다 2배 많고 저양정 안전밸브의 8.8배 ② 대용량	$A=\frac{2.5E}{1.03P+1}$	$W=\frac{(1.03P+1)AC}{2.5}$

[비고] A : 안전밸브 단면적[mm²]
E : 증발량[kg/h]
P : 분출압력 또는 사용압력[kg/cm²]
W : 분출용량[kg/h]
C : 상수(증기온도 280℃ 이하, 최고 사용압력 120kg/cm² 이하는 1)

(2) 중추식

1) 정의 : 추의 무게에 의해 작동압력을 제어하는 방식이다.
2) 동작원리 : 추를 달아 가스압력이 높아질 경우 추의 무게를 이기고 압력을 배출시킨다.
3) 재래식으로, 최근에는 많이 사용하지 않는다.
4) 추중량

$$W[\text{kg}]=A[\text{mm}^2]\times P[\text{kg/cm}^2]$$

여기서, W : 안전밸브의 추중량
P : 분출압력
A : 안전밸브의 단면적

(3) 가용전식

1) 정의 : 용융점이 60~70℃ 정도인 퓨즈메탈을 이용하여 일정온도 이상으로 상승하면 가용물이 녹으면서 압력을 분출하여 압력의 과다상승을 방지하는 방식이다.
2) 특징 : 고온의 장소에서는 사용이 곤란하다.

(4) 파열판식(rupture disk)

1) 정의 : 설정압력 이상으로 상승하면 파열판이 파괴되어 압력상승을 방지하는 방식이다.

2) 장점

① 구조가 간단하고 취급이 쉽다.

② 부식성 유체, 괴상물질을 함유한 유체에 적합하다.

3) 단점 : 비재용형

(5) 지렛대식 안전밸브(레버식)

1) 정의 : 추와 지렛대를 이용하며 추의 위치에 따라 분출압력을 조정하는 방식이다.

2) 특징 : 밸브시트에 걸리는 전압력이 600kg/cm^{2}를 초과하면 사용할 수 없다.

3) 추중량계산

$$W=\frac{P\times A\times L_1}{L}$$

여기서, W : 안전밸브의 추중량[kg]

P : 분출압력[kg/cm^2]

A : 안전밸브의 단면적[mm^2]

L_1 : 레버의 짧은 길이[cm]

L : 레버의 전 길이[cm]

(6) 복합식 안전밸브

1) 정의 : 지렛대식과 스프링식을 조합한 방식이다.

2) 작동 : 과압분출은 지렛대식에 의해 먼저 개방한 다음 스프링식으로 개방한다.

04 안전밸브명판의 표시사항과 누설원인

(1) 표시사항

1) 제조(수입)연월

2) 제조번호 및 밸브번호

3) 사용용도

4) 설정압력[MPa]

5) 분출차(blow down) [MPa] : 보통의 안전밸브는 분출정지차압이 10% 정도이다.

| S종(증기), G종(가스) 안전밸브의 분출차 |

분출압력	분출차
0.3MPa 이하	0.03MPa 이하
0.3MPa 초과	분출압력의 10% 이하

6) 공칭분출량[kg/h]

(2) 안전밸브의 누설원인

1) 밸브와 시트의 가공이 불량한 경우
2) 스프링장력의 감쇠
3) 밸브축과 시트의 이완
4) 조정압력이 낮게 설정된 경우
5) 밸브시트에 이물질이 끼었을 경우

SECTION 028 감압방법

122·104회 출제

01 개요

(1) 화재 시 사람이 들고 조작해야 하는 소화전설비나 호스릴설비는 조작이 가능한 압력범위 내에 들어야지만 쉽게 조정할 수 있으므로 화재안전기준에서 일정압 이하로 압력을 제한하고 있다. 감압방법은 크게 감압밸브식, 고가수조식, 전용 배관식, 부스터펌프식으로 구분할 수 있다.

(2) 감압변은 물이 오리피스를 통과하는 동안 급격한 축소와 확대를 통한 압력손실로 이루어진다.

02 제한 이유

(1) 반동력의 제한

1) 목적 : 일반인이 소화활동상 어려움이 없도록 한다.

2) 반동력 : $20kg_f$ 이하로 제한(2인 기준)한다.

호스릴은 1인을 기준으로 $10kg_f$ 이하로 제한한다.

(2) 반동력 공식[12)]

1) 반동력$(N)=\rho\cdot Q\cdot v=\rho\cdot A\cdot v^2=\rho\cdot\frac{\pi}{4}\cdot D^2\cdot v^2$

여기서, $v=\sqrt{\frac{2p}{\rho}}$

p : 방수압[Pa]

2) 반동력$(N)=\rho\cdot\frac{\pi}{4}\cdot D^2\cdot\frac{2p}{\rho}=\frac{\pi}{2}\cdot D^2\cdot p$

단위변환 $D[\text{m}]=\frac{1}{1,000}\times d[\text{mm}]$

$p[\text{Pa}]=10^6P[\text{MPa}]$

12) FPH 20th 13～33

3) 반동력$(N) = \frac{\pi}{2} \cdot \left(\frac{1}{1,000}d\right)^2 \cdot 10^6 \cdot P$

4) 반동력$(N) = 1.5 \cdot d^2 \cdot P$

여기서, d : 노즐의 직경[mm]

P : 방사압[MPa]

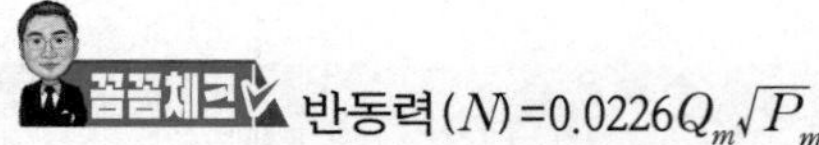

반동력$(N) = 0.0226 Q_m \sqrt{P_m}$

여기서, N : 노즐의 반동력[N]

0.0226 : 계수

Q_m : 노즐의 방사량[L/min]

P_m : 노즐의 방사압[kPa]

(3) 방사압력이 0.7MPa을 초과할 경우

1) 반동이 커서 소화작업이 곤란하다.

2) 소방호스의 파손 우려가 있다.

3) 배관 및 배관부속품의 수명을 단축시키며 누수 등의 원인이 된다.

03 옥내소화전 감압방법

(1) 말단 감압밸브 또는 오리피스 설치방식 105회 출제

1) **설치방식** : 호스접결구의 인입구측에 감압용 밸브 또는 오리피스를 설치한다.

2) 특징

① 설치가 용이하며 기존 건물의 경우에도 손쉽게 적용이 가능하다.

② 수계산을 통하여 층별로 방사압력이 0.7MPa 이상인 위치를 선정하여 소화전 앵글밸브에 설치한다.

③ 모든 감압방식에 공통적으로 적용이 가능하다.

④ 설치가 쉽고 저렴하여 가장 보편적인 감압방법이다.

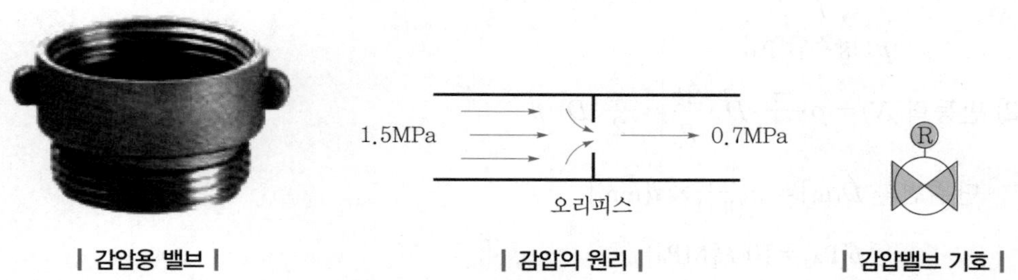

| 감압용 밸브 | | 감압의 원리 | | 감압밸브 기호 |

3) 원리 : 배관의 급격한 축소에 따른 압력손실을 통한 감압

(2) 고가수조방식

1) 설치방식

① 건물 옥상에 고가수조를 설치하고 저층부에 대하여 0.7MPa을 초과하지 않는 범위 내에서 가압펌프 없이 자연낙차를 이용한다.

② 고층건물에서는 고층부와 저층부로 구분하여 설치하고 중간에 중간수조를 설치하여 과압형성을 방지한다.

③ 규정 압력이 부족한 최상부에 펌프를 설치하여 압을 보충한다.

2) 특징

① 고가수조 바로 아래층의 경우 필요한 방수압력이 발생하지 않으므로 고가수조방식을 적용하기 곤란하다.

② 건물 층고가 높아 저층부 중 건물의 하부에서 과압이 발생할 경우 별도로 해당 층에 감압밸브를 추가설치한다.

③ 가압펌프 및 비상전원이 필요 없는 가장 신뢰도가 높은 방식이다.

(3) 구간별 전용배관(고층부, 저층부)방식

1) 설치방식 : 시스템을 고층부 존(zone)과 저층부 존으로 분리한 후 존별로 입상관 및 펌프 등을 각각 별도로 구분하여 설치한다.

2) 특징

① 고층부의 경우 펌프실을 지하층 이외 건물 중간층에도 설치한다.

② 설비를 별도로 구분하여 설치하여야 하므로 공사비가 추가되어 비경제적이다.

③ 하나의 소방대상물이나 설비의 감시, 제어 및 관리의 피로가 증가하고 시설이 이중으로 필요하다.

④ 장비의 신뢰도가 높다.

3) NFPA 20

① 저층부 화재 시 저층부용 펌프만 운전하고, 고층부 화재 시 저층부와 고층부 펌프를 동시에 기동한다.

② 저층부 펌프 토출량이 고층부 펌프 토출량보다 커야 한다(역류방지).

(4) 부스터펌프방식(중계펌프방식)

1) 설치방식 : 고층의 경우 중간 부스터펌프 및 중간수조를 별도로 설치하는 방식이다.

2) 특징

① 송수경로 중간에서 가압해 줌으로써 주펌프에 과다한 양정이 필요 없다.

② 전용배관방식과 같이 공사비가 증가한다.

③ 부스터펌프 고장 시에도 주펌프를 이용하여 고층부에 송수할 수 있도록 설치한다.

(5) 계통별 감압밸브 설치방식

1) 설치방식 : 저층부의 주배관에 작동형 감압밸브를 설치하여 압력을 감압하는 방식이다.

2) 감압밸브의 종류

① 소용량 : 직동형

② 대용량 : 파일럿형

3) 특징

① 건축공간활용을 극대화할 수 있다.

② 설비비용이 감소(우수한 경제성)한다.

③ 펌프정지 시 오리피스형과는 달리 2차측 압력을 일정하게 유지할 수 있다.

④ 고층부용과 저층부용의 배관을 달리하여 저층부 배관 전체의 감압이 가능하다.

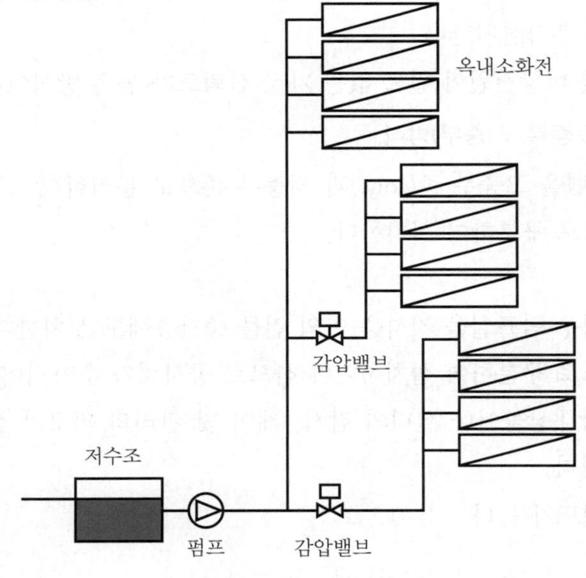

| 계통별 감압변 설치방식 |

4) 소방용 감압밸브

① 필요성 : 수계소화설비는 최상층을 기준으로 소요수량과 양정을 설계한다. 또한, 최대 유량을 기준으로 펌프를 선정하므로 유량변동의 폭이 크고 고양정이 요구되어 저층부와 고층부 간의 압력 불균등이 발생한다.

② 사용목적

㉠ 소화용수의 유량조절, 속도조절, 압력조절

㉡ 배관의 심한 침식이나 부식을 방지

㉢ 모터나 펌프 등의 배관설비 파손 방지

㉣ 갑작스런 압력상승으로 인한 수격현상 방지

㉤ 고압조건에서 필요한 장비설치 불필요

③ 종류와 특징 **111회 출제**

구분	형태	특징
직동식	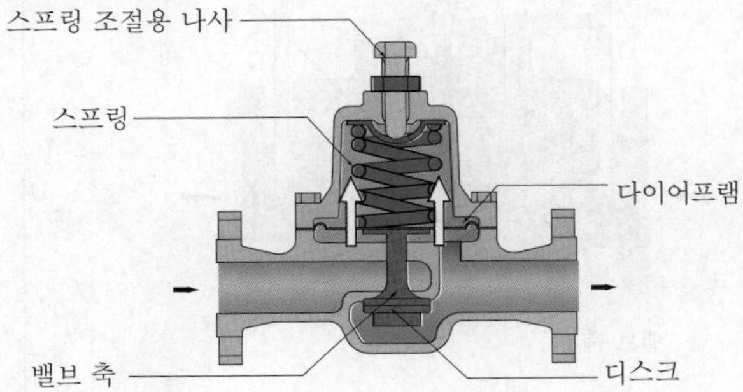 스프링 조절용 나사 스프링 다이어프램 밸브 축 디스크	① 구성원리 : 스프링의 탄성을 이용 ② 장점 ㉠ 작고 가볍다. ㉡ 파이로트식에 비해 저렴하다. ③ 단점 ㉠ 사용가능 범위가 파이로트식에 비해 좁다. ㉡ 정밀 감압이 어렵다. ㉢ 옵셋(설정압력에서 벗어나는 현상)이 발생한다. ④ 설치 : 대소를 병렬 배치한다 ⑤ 감압비 : 크다(크기의 제한이 없음). ⑥ 감압의 정밀도 : 낮다.
공압식	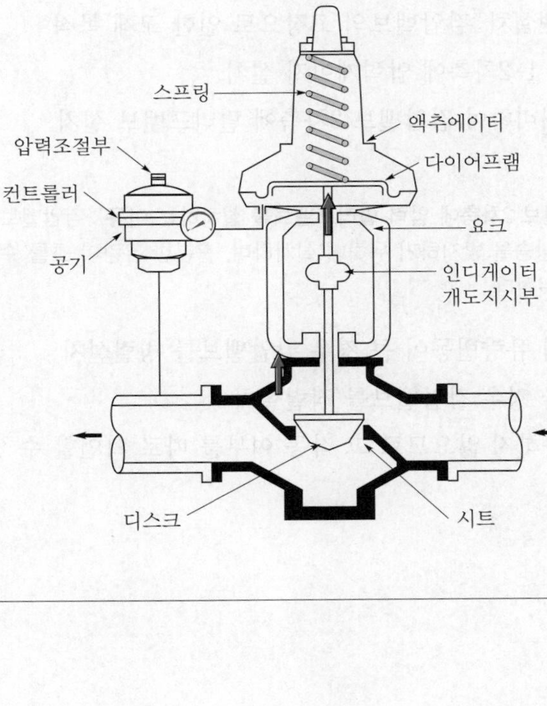 스프링 액추에이터 압력조절부 다이어프램 컨트롤러 요크 공기 인디게이터 개도지시부 디스크 시트	① 구성원리 : 공기압력 + 배관 내 유체 ② 장점 ㉠ 사용가능 범위가 넓어 병렬 대소를 설치할 필요가 없다(유량 2~100%). ㉡ 소유량 통과 시에도 캐비테이션의 발생을 방지한다. ③ 단점 ㉠ 가장 고가이다. ㉡ 구조가 복잡하고 크다. ④ 사용처 : 초고층 빌딩에 적합하다. ⑤ 감압비 : 크다(크기의 제한이 없음).

구분	형태	특징
파일럿식 (균압방지 감압밸브) 104회 출제	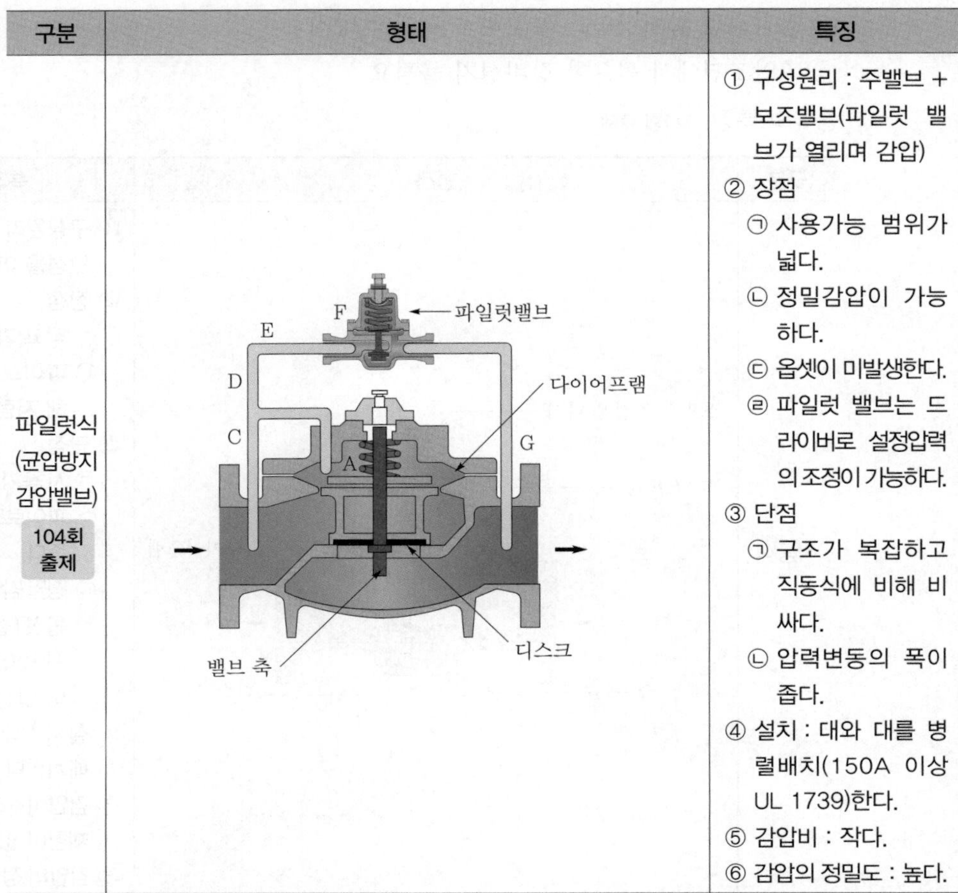	① 구성원리 : 주밸브 + 보조밸브(파일럿 밸브가 열리며 감압) ② 장점 ㉠ 사용가능 범위가 넓다. ㉡ 정밀감압이 가능하다. ㉢ 옵셋이 미발생한다. ㉣ 파일럿 밸브는 드라이버로 설정압력의 조정이 가능하다. ③ 단점 ㉠ 구조가 복잡하고 직동식에 비해 비싸다. ㉡ 압력변동의 폭이 좁다. ④ 설치 : 대와 대를 병렬배치(150A 이상 UL 1739)한다. ⑤ 감압비 : 작다. ⑥ 감압의 정밀도 : 높다.

④ 소방용 감압밸브(PRV) 설치(NFPA 20)

㉠ Bypass 배관설치 : 감압밸브의 고장으로 인한 교체 목적

㉡ 감압밸브의 1·2차측에 압력게이지 설치

㉢ 오동작에 대비하여 감압밸브 2차측에 릴리프밸브 설치

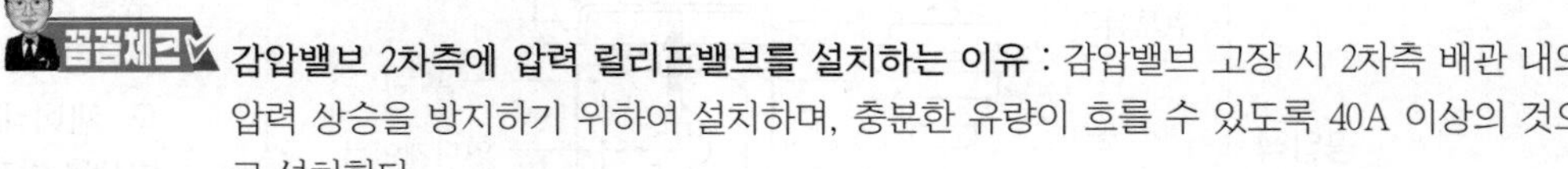

감압밸브 2차측에 압력 릴리프밸브를 설치하는 이유 : 감압밸브 고장 시 2차측 배관 내의 압력 상승을 방지하기 위하여 설치하며, 충분한 유량이 흐를 수 있도록 40A 이상의 것으로 설치한다.

㉣ 화재발생 시 유량변동이 큰 경우 감압밸브를 병렬설치

㉤ 감압비가 클 경우 감압밸브를 직렬설치

㉥ 평상시 사용하지 않으므로 그 작동 여부를 따로 확인할 수 있는 구조

⑤ 표준설치도

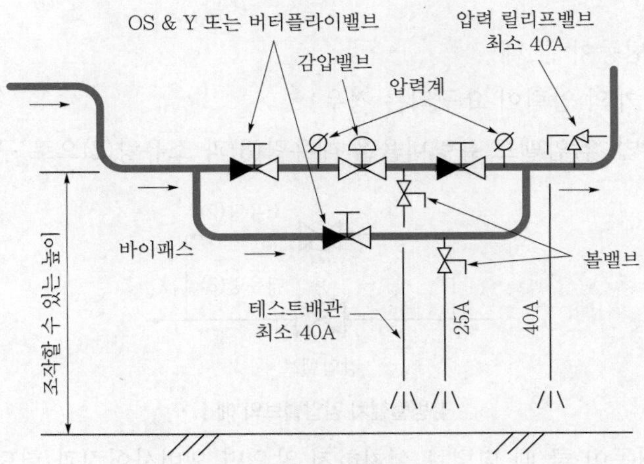

| 감압밸브의 표준설치도 |

⑥ 직렬설치(압력)

㉠ 대상 : 큰 감압비가 요구되는 경우(감압비율 4 : 1 이상)

㉡ 설치방법 : 감압밸브를 2개 설치해서 급격한 감압을 방지한다.

㉢ 감압비율이 1:4 이상이 되는 곳에 1개의 감압밸브만 사용하면 Air pocket이 생겨 공동현상이 발생한다.

1. 보통 감압을 할 때 1차측과 2차측의 차압을 크게 설정하면 밸브 내의 협축부에서 급격한 유속상승 때문에 동압이 크게 증가하고 정압이 크게 하락하여 밸브 내에서 캐비테이션(공동현상) 및 침식과 소음, 밸브감압능력 저하 등이 발생한다. 따라서, 직렬로 설치하여 다단계로 감압을 한다.

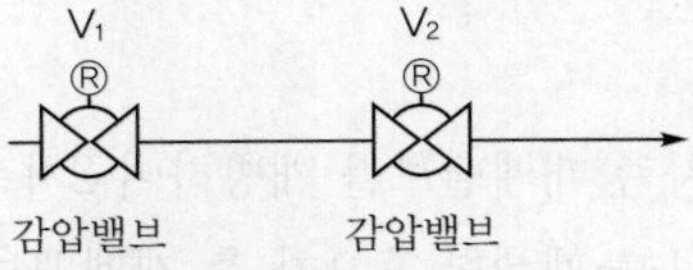

| 직렬설치 감압밸브의 예 |

2. 대감압밸브를 가지고 화재 초기의 저유량에 사용 시 심한 캐비테이션 및 채터링 현상이 발생해 배관 및 관부속의 파손이 발생할 수 있다.
3. **채터링(chattering)** : 릴리프밸브 등에서 스프링의 장력이 약하거나 스프링의 고유진동으로 밸브가 닫힐 때 밸브가 떨리는 현상으로 고음이나 잡음이 발생하는 기계적인 진동

⑦ 병렬설치(유량)

㉠ 대상

- 유량변동이 클 때
- 여러 개의 압력이 요구되는 경우

㉡ 설치방법 : 감압밸브 유량비율을 대유량(8)과 소유량(2)으로 구분(8 : 2)

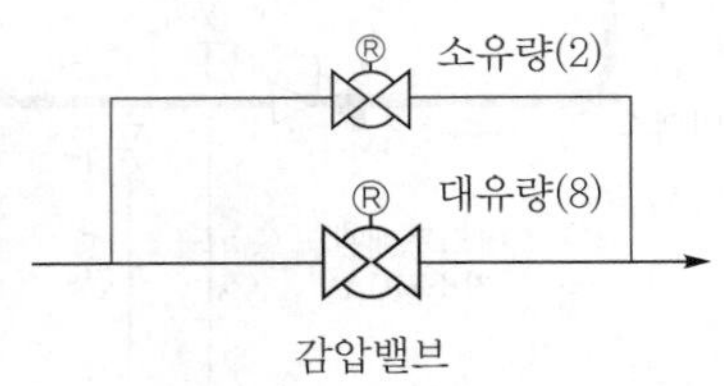

| 병렬설치 감압밸브의 예 |

㉢ 유량변동이 클 때 병렬로 설치하지 않으면 오버사이징과 헌팅현상이 발생한다.

오버사이징 및 헌팅현상

① 원인 : 감압밸브의 산정은 최대 유량을 기준으로 하는데, 유량이 20% 이하의 소유량으로 흐를 때 대유량밸브가 순간적으로 많은 유량을 보내고 닫히므로 밸브의 열림과 닫힘이 반복된다.

② 오버사이징 : 대유량밸브가 소유량으로 서서히 열리는 현상

③ 헌팅현상 : 밸브의 열림과 닫힘을 반복하는 현상

㉣ 화재 초기 시 → 소감압밸브 작동하여 초기 부하에 대응한다.
화재 확산 시 → 대감압밸브 작동하여 대용량 부하에 대응한다.

04 소방용 감압밸브의 성능시험(성능위주설계 평가운영 표준 가이드라인)

(1) 압력설정시험

1) 감압밸브의 2차측 개폐밸브를 개방하여 2차측의 게이지 압력값이 0이 되도록 한다.

2) 2차측 개폐밸브를 폐쇄한 후 1차 측 개폐밸브를 서서히 개방하여 사용압력과 최고 사이의 1차측에 최저용 압력 및 최저/고 사용압력의 중간압력을 2차측에 각각 2분간 가하면서 설정압력과의 편찻값을 확인한다.

3) 2차측 개폐밸브를 폐쇄한 후 1차측 개폐밸브를 서서히 개방하여 1차측에 최고 사용압력을 가하고 2차측 설정압력 범위 중 최저 사용압력과 최고 사용압력 및 최저·최고 사용압력의 중간압력을 각각 2분간 가하여 설정압력과의 편찻값을 확인한다.

(2) 압력유지시험 절차

1) 감압밸브의 2차측 개폐밸브를 개방하여 2차측 게이지 압력값이 0이 되도록 한다.
2) 2차측 개폐밸브를 폐쇄한 후 1차측 개폐밸브를 서서히 개방하여 최저 사용압력을 1차측에 가하고 압력조정장치를 조정하여 2차측 압력을 설정한다.
3) 1차측의 압력을 서서히 높여 최고 사용압력까지 가압할 때 2차측 설정압력의 편찻값을 확인한다.
4) 1)부터 3)까지 시험할 때 제조사가 제시하는 2차측 설정압력 중 최저값, 중간값 및 최고값에서 각각 실시한다.

(3) 방출시험 절차

1) 감압밸브에 2차측 개폐밸브를 개방하여 2차측 게이지 압력값이 0이 되도록 한다.
2) 2차측 개폐밸브를 폐쇄한 후 1차측 개폐밸브를 서서히 개방하여 사용압력을 1차측에 가하고 압력조정장치를 조정하여 2차측 압력을 설정한다.
3) 2차측 개폐밸브를 개방하여 유량을 2분간 방출시키고 설정압력과의 편차를 확인한다.
4) 1)부터 3)까지 시험할 때 제조사가 제시하는 2차측 설정압력 중 최저값, 중간값 및 최고값에서 각각 실시하여야 하며, 개폐밸브를 조절하여 방출유량은 각각 800, 1,600, 2,400L/min으로 한다. 단, 호창경이 80A 이하인 감압밸브는 800L/min의 방출유량만 적용한다.

05 결론

(1) 소화전의 노즐선단 방수압력이 0.7MPa을 초과할 경우 감압장치를 하도록 규정되어 있다.

(2) 이는 초기 소화활동을 원활히 하기 위한 방법이므로 건축물 구조 및 여건에 따라 적정한 감압방법을 선택하여 설치하여야 한다.

SECTION

029 물올림장치(priming tank)

01 개요

(1) **설치대상** : 수원의 수위가 펌프보다 낮은 경우

(2) **목적** : 풋밸브의 고장, 흡수관에서의 누수 등으로 흡입관 내에 물이 없는 경우 펌프기동 시 공회전을 방지(무부하 운전방지)한다.

(3) 부압수조는 펌프 내의 물을 토출해야 진공압이 생기고, 주변 대기압이 진공압보다 크므로 수조의 물을 눌러서 펌프흡입 측에 물을 공급해 준다. 만일 물이 없는 경우에는 진공압을 만들 수 없어 물의 흡입이 곤란하다.

02 설치기준

(1) 물올림장치는 전용의 탱크를 설치하여야 한다.

(2) **탱크**

1) 탱크유효수량 : 100L 이상

2) 급수장치 : 구경 15mm 이상인 급수배관에 의하여 탱크에 물이 계속 보급되도록 할 것

3) 오버플로관 : 50mm 이상

4) 배수밸브

(3) **적정 수위가 되면 물의 공급을 차단하는 장치** : 물올림탱크에 물을 공급하는 급수관의 말단에 설치한다.

(4) **설치위치** : 펌프와 체크밸브 사이에서 분기

(5) **감수경보장치** : 물올림탱크 내의 수위가 감소하였을 때 경보를 발한다.

1) 자동급수장치 : 탱크유효수량의 $\frac{2}{3}$ 지점에서 자동급수하는 장치

2) 감수경보장치 : 탱크유효수량의 $\frac{1}{2}$ 이상 감수하였을 때 감시제어반에 표시등 및 부저 등으로 음향경보를 하는 장치

(6) 물올림탱크로부터 주펌프 측으로 연결되는 물공급관

1) 배관구경 : 25mm 이상

2) 체크밸브를 설치하여 펌프의 가동 시 물이 역류되지 않도록 하여야 한다.

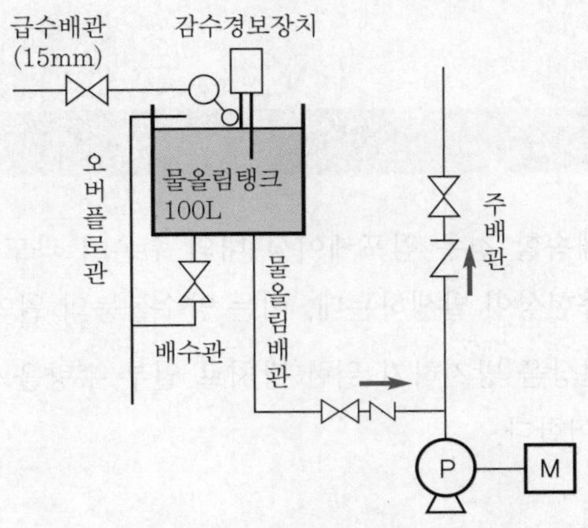

| 물올림장치 |

03 일본의 설치기준

(1) 명칭 : 호수(呼水)장치

(2) 호수조의 용량

1) 100L 이상

2) 후드밸브의 호칭경이 150mm 이하인 경우 : 50L 이상

(3) 기타 : 국내기준과 유사하다.

SECTION 030 순환배관

01 개요

(1) 체절운전을 장시간 계속할 경우 펌프케이싱 내의 수온이 과도하게 상승하여 증발하면서 기포가 발생하는 공동현상이 발생하는데, 이는 양수불능의 원인이 된다.

(2) 순환배관 등은 공동현상을 방지하기 위한 장치로 일부 수량을 방출하여 수온상승이 일정치 이하가 되도록 제어한다.

02 수온상승 방지용 장치

(1) **순환배관설치 :** 수온상승을 방지하기 위해 체크밸브와 펌프 사이에서 분기한 구경 20mm 이상의 배관을 설치한다.

(2) **순환배관상 릴리프밸브를 설치하는 경우**

1) 체절압력 이하에서 개방한다.
2) 최고 사용압력의 120~140% 이내의 성능시험에서 작동한다.

(3) **순환배관상 서미스터밸브(thermistor valve)를 설치하는 경우 :** 수온이 30℃ 이상 상승하면 순환배관상의 서미스터밸브가 작동하여 밸브가 개방되어 수조로 배수된다.

서미스터밸브(thermistor valve) : 온도를 감시하고 있다가 설정온도 이상이 되면 작동하여 개방하는 밸브

(4) **순환배관상 오리피스를 설치하는 경우**

1) 정격토출유량의 2~3%가 흐르도록 오리피스를 조절한다.
2) 오리피스를 통하는 물은 수조에 저장되거나 배수로로 배출되어야 한다.
3) 항상 일정량의 물이 오리피스로 흐르므로 펌프동작 시 수온상승을 방지하지만 토출손실이 발생한다.

03 순환유량

(1) 순환유량은 다음 식으로 산정한 수치 이상이어야 한다.

(2) 설치 시의 양과 비교하였을 때 현저한 차이가 없어야 한다.

$$q = \frac{L_s \cdot C}{60 \cdot \Delta t}$$

여기서, q : 순환유량[L/min]

L_s : 펌프 체절운전 시 출력[kWh]

C : 860kcal(1kWh당 물의 발열량)

Δt : 30℃(펌프 내부의 수온상승 한도)

유의사항 : 순환배관에 설치하는 밸브는 유량조정상 필요한 것이며 함부로 개폐하지 않아야 한다.

SECTION 031 탬퍼스위치(tamper switch) 117·85회 출제

01 개요

(1) **정의 :** 밸브의 개폐상태를 감시제어반에서 감시하기 위하여 급수밸브에 설치하는 스위치이다.

(2) 탬퍼스위치는 급수개폐밸브 작동표시스위치 또는 모니터링스위치라고도 한다.

(3) **탬퍼스위치의 기능 :** 급수배관 개폐밸브의 개·폐 여부를 확인한다. 개폐밸브가 완전개방되어 있지 않으면 그 사실을 전기적 신호로 제어반에 표시해 준다.

(4) **표시방법 :** 수신반의 밸브가 열려 있으면 불이 꺼지고 밸브가 닫혀 있으면 불이 켜지거나 문자나 숫자로 표시한다.

02 필요성

(1) 스프링클러설비와 같은 자동식 소화설비는 화재 시 조속한 화재진압을 위해 급수배관(수원 및 옥외송수구로부터 스프링클러헤드에 급수하는 배관)에 소화수가 상시 공급되어야 한다.

(2) 급수공급관에 설치된 각 개폐밸브를 상시 개방상태로 유지·관리하여야 신속한 급수가 가능하다.

(3) 급수공급관에 설치된 밸브를 열린 상태로 잠금장치를 하는 것(시건장치로 과거에는 이 방법도 사용)도 한 가지 방법이어서 과거에는 잠금장치를 인정해 주기도 했지만, 현재 소방법에서는 그보다 강화된 감시제어반에서 확인할 수 있는 조치를 요구한다.

(4) 일반설비와는 달리 화재가 발생하지 않으면 개폐조작을 할 필요가 없으므로 정비나 기타 사유로 밸브를 폐쇄해도 인지하기가 곤란하기 때문에 이를 보완하기 위해서 설치하도록 한다.

03 설치기준

(1) **화재안전기술기준 :** 급수배관상에 설치된 각 개폐밸브의 개방상태를 감시제어반에서 확인할 수 있는 급수개폐밸브 작동표시스위치를 설치하도록 규정하고 있다.

(2) **설치대상**

1) 적용 소화설비 : 스프링클러 등 소화설비, 물분무소화설비, 포소화설비

2) 적용 제외 소화설비 : 옥내소화전, 옥외소화전

동작시험의 목적은 배선의 단락 유무를 확인하는 것이고 도통시험은 단락을 확인하는 것이다.

(3) **국내 설치기준(NFTC 103 2.5.16)**

1) 개폐밸브가 잠길 경우 : 감시제어반 또는 수신기에 표시, 경보음으로 관계자에게 그 사실을 통보하여야 한다.

2) 감시제어반 : 동작의 유무 확인과 동작시험, 도통시험

3) 스위치에 사용되는 전기배선 : 내화 또는 내열 전선

4) 탬퍼스위치는 급수배관상에 설치되어 급수를 차단할 수 있는 모든 개폐밸브에 설치한다.

(4) **NFPA 설치기준 16.9.3.3.1(NFPA 13(2022)) :** 급수설비 연결밸브, 구역별 제어밸브 및 스프링클러헤드 급수배관의 기타 밸브는 다음 중 한 가지의 방법으로 개폐상태를 감시해야 한다.

1) 중앙집중식, 공동 또는 원격지 신호설비

2) 사람이 상주하는 장소로 음향신호를 발하는 지구신호설비

3) 열린 상태로 잠금장치를 설치한 밸브

4) 열린 상태로 봉인되고 승인된 절차에 의해 매주 검사를 받으며, 소유주의 관리하에 울타리로 구획된 장소에 설치한 밸브이다. 단, 고층빌딩의 층 제어밸브와 순환식 폐루프설비의 스프링클러헤드 유량제어밸브는 상기의 1) 또는 2)를 따라야 한다.

(5) **설치장소**

1) 지하수조로부터 펌프흡입측 배관에 설치한 개폐밸브

2) 주펌프 및 보조펌프의 흡입 및 토출측 개폐밸브

3) 스프링클러설비의 송수관에 설치하는 개폐밸브

NFPA 13에서는 연결송수구 배관에는 차단밸브를 설치하지 않도록 규정하고 있다.

4) 유수검지장치 및 일제개방밸브의 1차측 및 2차측 개폐밸브

5) 고가수조와 스프링클러 입상관과 접속된 부분의 개폐밸브

6) 감압밸브 1차측 및 2차측 개폐밸브

(6) 종류

1) 리드 타입 : 자석을 이용하는 방식

2) 스위치 타입 : 리밋스위치를 이용하는 방식

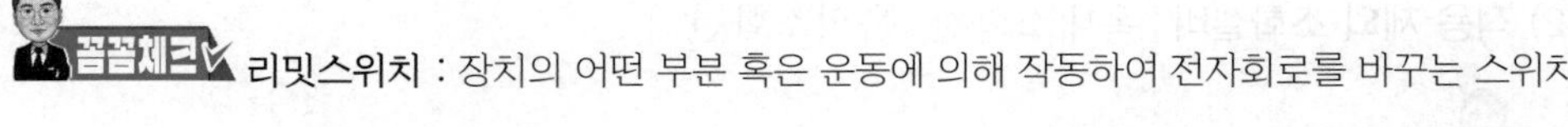

리밋스위치 : 장치의 어떤 부분 혹은 운동에 의해 작동하여 전자회로를 바꾸는 스위치

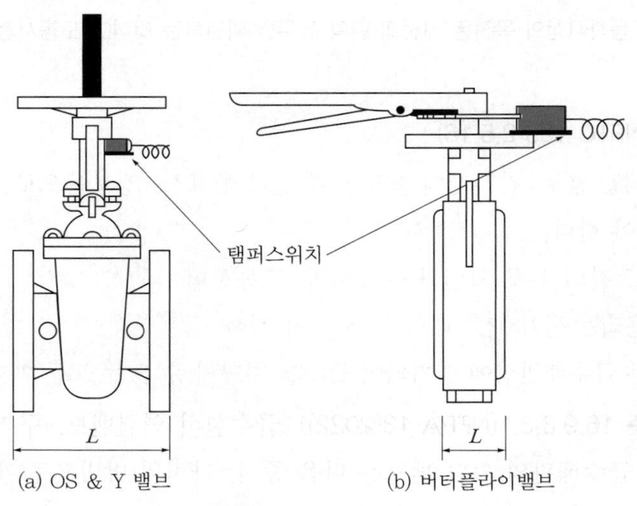

┃ 밸브에 설치된 탬퍼스위치 ┃

04 기타 밸브 개폐상태 감시스위치

(1) 주밸브 감시스위치 : OS & Y 밸브 핸들에 설치해 주밸브의 개폐상태를 감시한다.

(2) 밸브 감시스위치 : 폐쇄되어서는 안 되는 주밸브의 개폐상태를 감시한다.

(3) 모니터스위치 : 배관상 주밸브 개폐상태를 감시한다.

SECTION

032 체크밸브 (check valve)

122·114·111회 출제

01 개요

(1) **정의 :** 배관 내에 유수의 흐름방향을 한 방향으로 제한하여 역류를 방지하기 위한 밸브이다.

(2) 유체의 흐름을 한 방향으로만 유지하기 때문에 영어로 'Non-Return'밸브라고 한다.

02 종류

(1) 스윙형

(2) 리프팅형

(3) 디스크형

(4) 볼형

03 기능

(1) 흐름방향을 한 방향으로만 제한한다.

(2) 수격현상을 방지 또는 완화한다.

(3) 상부의 수압을 하부로 전달되지 않도록 차단한다.

(4) 유량계, 펌프, 컨트롤밸브와 같이 역류 때문에 영향을 받을 수 있는 장치를 보호한다.

(5) 시스템 가동, 중지 시 역류를 방지한다.

(6) 하부에 있는 저장탱크가 고갈되는 것을 방지하여 진공조건을 해소한다(풋밸브).

04 스윙체크밸브(swing check valve)

(1) **구조 :** 스윙체크밸브의 운전특징은 힌지(hinge) 핀을 중심으로 디스크가 유체의 흐름량(유속)에 의해 밀려서 밸브를 개방하고, 유체가 정지(유속=0)함에 따라 밸브출구측 압력과 디스크의 무게에 의해 닫히는 간단한 구조로 이루어져 있다.

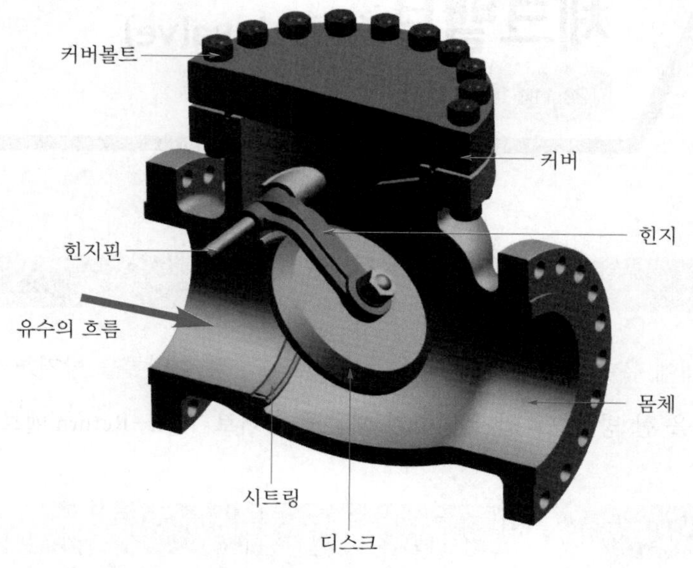

| 스윙체크밸브[13] |

(2) 특징

1) 장단점

장점	단점
① 수직, 수평으로 사용이 가능(주로 수평에서 사용)하다. ② 구조가 간단하고 정비가 쉽다(커버 개방이 용이). ③ 경제적이다. ④ 유체의 흐름이 직선상으로 리프트형에 비해 압력손실이 적다.	① 디스크의 무게 때문에 개방 시 상대적으로 유체흐름에 대한 저항이 크다. ② 디스크가 유체흐름 위에 뜨기 때문에 난류가 생성되어 직관부가 필요(5D)하다. ③ 유체의 심한 와류가 있는 곳에서 디스크의 회전으로 힌지핀이 파손되어 디스크 너트가 풀리거나 또는 디스크의 너트 연결부가 파손하는 경우가 발생할 수 있다. ④ 유체의 흐름방향이 갑자기 바뀌는 경우 ㉠ 디스크가 회전반경이 크고 중력에 의존하므로 닫히는 시간이 길어진다. ㉡ 디스크가 밸브의 시트 쪽으로 세차게 부딪혀 시트의 심각한 마모를 유발하고 배관시스템에서 수격현상이 발생한다.

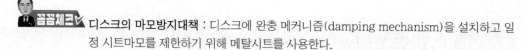

꼼꼼체크 **디스크의 마모방지대책** : 디스크에 완충 메커니즘(damping mechanism)을 설치하고 일정 시트마모를 제한하기 위해 메탈시트를 사용한다.

2) 수격이 발생하므로 토출측 수직배관(vertical line)에서는 사용하지 않는 것이 좋다.

13) ORION사의 2004년 카탈로그에서 발췌

3) 큰 배관구경보다 작은 배관구경에서 많이 사용한다.

4) 특수한 제품 : 힌지핀에 레버 또는 레버중추(lever with counter weight)를 부착하여 디스크의 닫힘시간을 조정한 형식이다.

5) 디스크 개방각도 : 보통 70~80°이며 90°까지 개방하지 않는다.

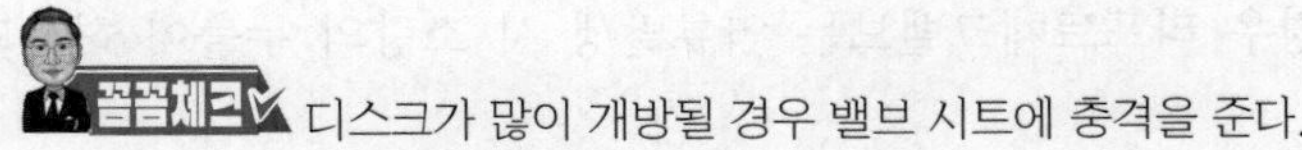

디스크가 많이 개방될 경우 밸브 시트에 충격을 준다.

6) 안전한 운전을 보장하기 위한 대책 : 티, 엘보, 밸브 등과 같이 난류를 발생시키는 대상으로부터 $5D$ 이상의 거리를 두어 설치한다.

05 리프트체크밸브(lift check valve)

(1) 구조

1) 글로브밸브와 유사한 구조로, 밸브 내부에 유체가 '정방향'으로 흐르면 유체의 압력에 의해 시트로부터 콘(플러그)이 수직으로 올라가 밸브가 개방된다.

2) 유체가 '역방향'으로 흐르면 콘(플러그)이 시트쪽으로 되돌아와 역류되는 유체의 압력에 의해 밸브가 폐쇄된다.

(2) 장단점

장점	단점
① 구조가 단순하다. ② 축(spindle)이 유일하게 움직이는 부분이기 때문에 밸브가 튼튼하여 정비가 거의 필요 없어 유지관리가 쉽다. ③ 메탈시트를 사용하기 때문에 시트의 침식현상이 작고 밸브누설이 적다. ④ 맥동이 있는 유체나 비교적 유속이 빠른 배관에 적합한 구조이다.	① 1개의 디스크가 자중에 의해 밸브시트에 얹혀져 있어 수직으로 이동하는 구조로 밸브의 구조상 수평배관(horizontal line)에만 설치되어야 한다. ② 일반적으로 DN 80(인치규격) 구경까지만 공급된다. 이 이상 구경의 밸브는 부피가 너무 크다. ③ 밸브 몸체와 디스크의 내면이 원활하지 못할 경우에는 Cock 또는 Stick 현상이 발생할 수 있다. 이러한 현상을 완화시키기 위해서는 유속범위 내에서 스프링을 채택한 Spring loaded check valve로 변경하기도 한다. 구조는 밸브디스크가 밸브 몸통 또는 뚜껑에 설치된 가이드에 의해 밸브 시트에 대하여 수직으로 작동하는 체크밸브이다. ④ 글로브밸브와 같이 압력손실이 많다. ⑤ 디스크의 채터링(chattering) : 유체의 와류에 의해 디스크가 회전하는 spinning이 발생하며 소음을 유발한다.

Cock 또는 Stick 현상 : 몸체와 디스크의 안내면이 원활하지 못할 경우 밸브가 열려 있는 상태로 다시 닫히지 않는 현상이다.

(3) 적용대상

1) 메탈시트가 사용되는 경우 리프트체크밸브는 역류발생 시 소량의 누출이 허용되는 장소에만 적합하다.
2) 일반적으로 수배관으로 사용처가 제한된다.
3) 맥동이 있는 유체나 비교적 유속이 높은 배관계통에 적합한 구조이다.
4) 고압배관에 적용된다.

(4) 구분

1) 몸통형태에 따른 분류
   ① T Type
   ② Y Type
2) 디스크형태에 따른 분류
   ① 일반형(plug, flat type 등)
   ② 구형(ball type)
   ③ Piston type disc
   ④ Spring loading type disc

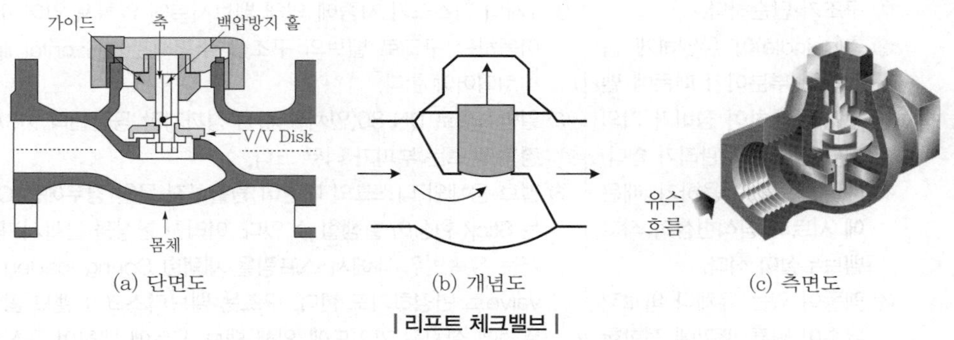

(a) 단면도 (b) 개념도 (c) 측면도

| 리프트 체크밸브 |

06 스모렌스키 체크밸브(smolensky check valve)

(1) 구조 : 리프트형 체크의 일종으로, 헤머가 없는 체크밸브(hammerless check valve)이다.

(2) 특징

1) 장단점

장점	단점
① 통과된 유체의 역류를 방지하고 동시에 클래퍼를 스프링의 장력으로 조기폐쇄시켜 순간적인 수격발생을 방지한다. ② 바이패스(by pass) 밸브가 부착되어 펌프흡입측 진공발생 시 진공상태를 풀어 준다. ③ 바이패스 밸브로 펌프토출측의 배수(2차측 물의 퇴수) 기능 : 동파방지	① 청수(깨끗한 물)에만 사용 가능하다. ② 비경제적(가격이 고가)이다. ③ 고가수조의 토출측 수평부와 같이 압력이 작은 경우에는 작동이 곤란하다.

스모렌스키 체크밸브는 디스크 틈새가 작아 조그만한 오물에도 디스크가 걸려서 기능을 할 수 없다.

2) 사용처 : 강한 수격 및 Water column separation이 발생하는 관로에 주로 사용한다.

(3) 동작 메커니즘

1) 클래퍼 : 평상시 닫힘

0.03MPa 미만이거나 1·2차 동압상태에서 클래퍼는 스프링의 작용으로 인해 닫힘상태가 유지된다.

2) 클래퍼 개방 : 방출

0.03MPa 이상의 유수나 펌프의 기동압이 형성되면 클래퍼가 개방되어 밸브 2차측으로 유수를 발생시킨다.

3) 클래퍼 폐쇄 : 역류방지

2차측으로 방출된 유체가 역류하기 시작하면 클래퍼시트 위치 도달 전에 스프링에 의해 폐쇄되므로 역류 및 수격현상이 방지된다.

4) 바이패스 개방 : 2차 압력의 배수로 인하여 펌프진공이 풀려 수격이 예방되고 또한 안내수 역할에 따른 펌프의 기동, 시험이 가능하다.

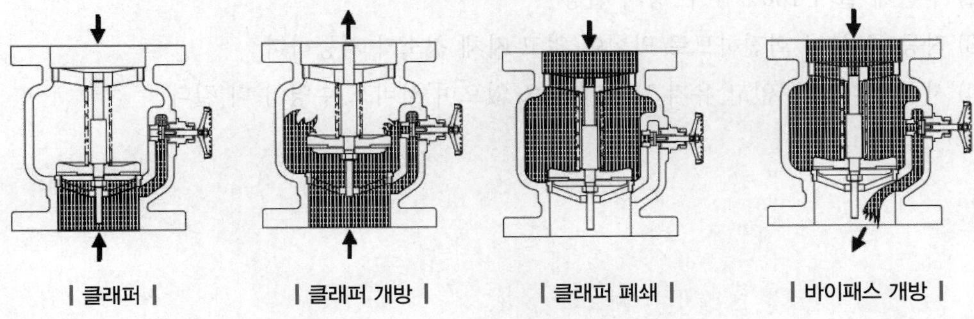

| 클래퍼 | | 클래퍼 개방 | | 클래퍼 폐쇄 | | 바이패스 개방 |

07 풋밸브(foot valve)

(1) 체크밸브 + 여과기능

(2) **기능 :** 펌프시동 전 펌프 밑 흡입관 내에 물을 채우기 위한 유도수(priming)를 급수할 때 또는 펌프운전을 중지한 경우 흡입관 내의 물의 하락을 방지하여 펌프의 기동을 원할하게 한다.

(3) **체크밸브 고장 :** 물이 정상적으로 흡입되지 않는다.

(4) **여과망 :** 입자가 촘촘하면 펌프의 흡입성능이 현저하게 저하(12.7mm를 초과하지 않게)된다.

(5) **밸브 흡입면적 :** 좁으면 공동현상이 발생한다.

| 풋밸브 사진 |

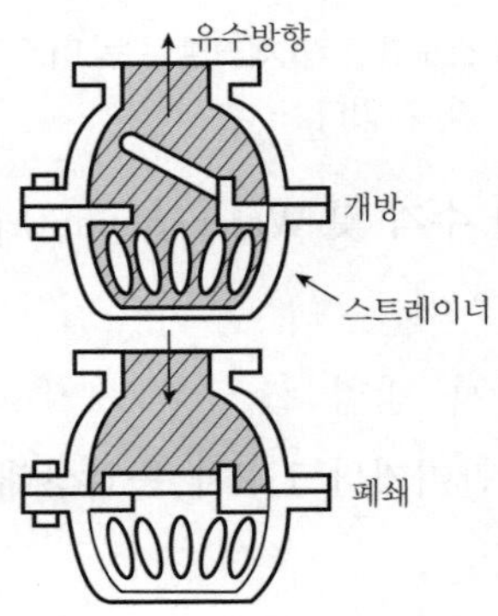

| 풋밸브 동작메커니즘 |

08 NRV(ball type check valve)

(1) **정의 :** 볼을 통하여 유로를 진행방향을 개방하는 체크밸브

(2) **특징**

1) 밸브 전체에서 가능한 최저 압력강하
2) 수년에 걸쳐 100% 누수 방지 밀봉
3) 작동 중 볼이 회전하므로 막힘이 없고 자체 청소가 가능하다.
4) 사실상 마모가 없고 유지 보수가 필요 없으며 서비스 수명이 더 길다.

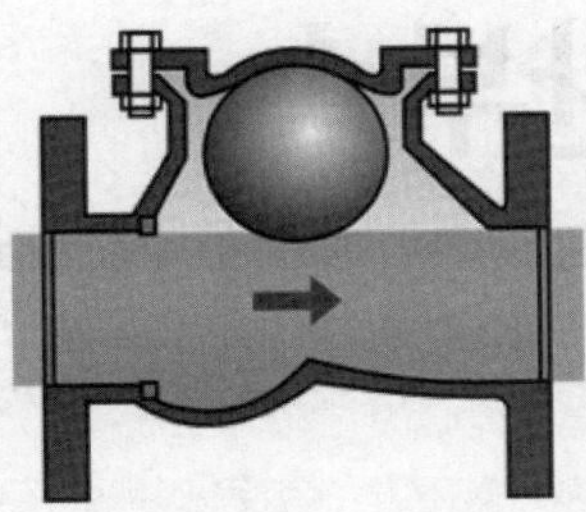
(a) 밸브개방

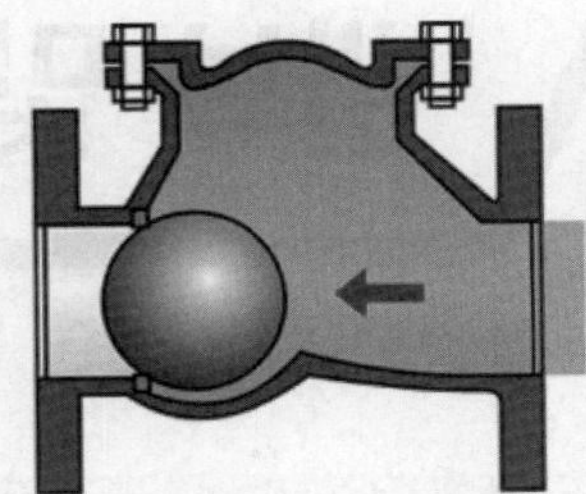
(b) 밸브폐쇄

| 볼타입의 체크밸브 |

09 체크밸브 선정 시 고려사항

(1) **설계압력 :** 압력에 따라 적절한 체크밸브를 선정한다.

(2) **설치방향 :** 유체의 흐름방향에 따라 적절한 체크밸브를 선정한다.

(3) **설치 연결방법 :** 플랜지, 웨이퍼

(4) **수격현상 :** 펌프 후단에 설치되는 체크밸브는 수격현상을 완화할 수 있는 체크밸브를 선정한다.

(5) **재질 :** 배관의 재질과 부식을 고려한 적합한 체크밸브를 선정한다.

SECTION

033 밸브 및 관부속

01 정의

(1) **밸브**: 관 또는 압력용기에 장치되어 그 관로 안에 흐르는 유체, 관로 속의 유체를 차단하거나 유량을 제어하는 기계적 장치이다.

(2) **관부속**: 배관에 사용하는 각종 부속을 말한다.

02 밸브의 사용목적

(1) 유량조절

(2) 압력조절

(3) 유속조절

(4) 유체의 방향전환

(5) 유체의 차단 및 이송

(6) 안전

03 밸브선정 시 고려사항

(1) 유체의 온도

(2) 소요압력의 범위

(3) 소요유량의 범위

(4) 유체의 화학적 특성

(5) 설치요건

04 밸브의 종류 122·111회 출제

(1) 게이트밸브(gate valve) or 슬루스밸브(sluice valve)

1) 정의 : 유체흐름의 방향에 수직으로 움직이는 이동원판(sliding disc)이나 게이트(gate)로 관로를 열거나 막는 개폐구조의 밸브이다.

2) 사용목적

① 차단밸브, 즉 완전열림이나 완전닫힘의 상태로 사용되며 유량조절용으로는 사용하지 않는다.

② 고온, 고압의 여러 종류의 유체에 사용하고 슬러리(slurry)나 고점도의 유체에는 사용하지 않는다.

③ 밸브의 개방이 힘드므로 빈번하게 개폐하는 장소에는 설치하지 않는다.

3) 장단점

장점	단점
① 유체가 밸브 내부를 통과 시에 방향 및 단면의 변화가 없어 개방 시 압력손실이 작다. ② 완전히 닫았을 때는 기밀성능이 우수하다. ③ 부착면 간 거리가 짧으며, 핸들조작이 쉽다. ④ 비교적 제작이 용이하여 광범위하게(소형, 대형, 저압, 고압, 저온, 고온) 제작이 가능하다. ⑤ 밸브개폐에 시간이 소요되므로 수격현상의 발생 우려가 작다.	① 개폐(ON-OFF)용으로만 사용하고 유량조절용으로는 사용이 곤란하다(개폐밸브를 부분 개폐상태에서 사용하면 배면에 와류가 생겨 유체저항이 증가하게 되어 밸브에 진동이 발생하면서 밸브 내면에 침식이 발생할 수 있고 손실이 큼). ② 반쯤 열렸을 때는 진동이 생기기 쉽다. ③ 시트(seat)와 디스크(disc)의 마모가 생기기 쉽다. ④ 밸브 높이가 높고, 리프트가 커서 개폐하는 시간이 많이 걸린다.

(2) 개폐표시형 밸브(OS & Y valve, outside screw & yoke valve) : 게이트밸브의 일종으로, 밸브의 개폐상태를 축의 높이로 쉽게 확인할 수 있도록 만든 밸브이다.

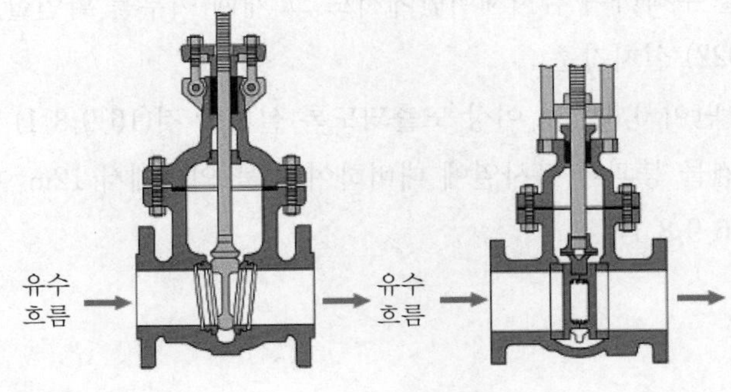

| 게이트밸브 |

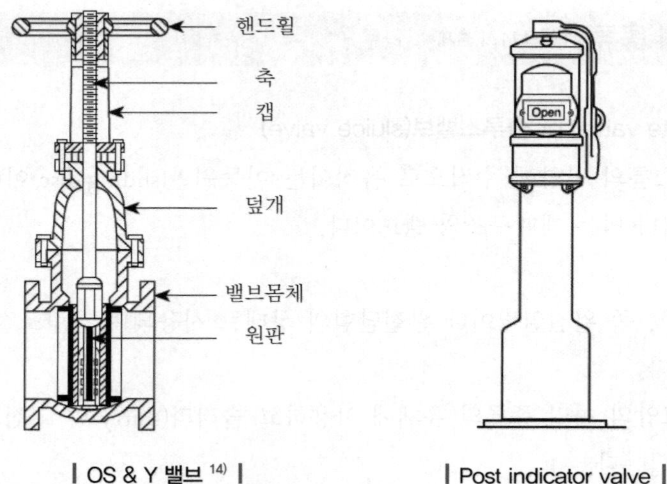

| OS & Y 밸브 [14] |　　| Post indicator valve |

(3) PIV(post indicator valve) 103회 출제

1) 정의 : 밸브의 개폐상태를 눈으로 쉽게 식별할 수 있게 하도록 개방-폐쇄(open-closed 또는 open-shut)의 상태를 문자 등으로 표시할 수 있게 설계된 밸브이다.

2) 개폐상태가 확인된다는 점에서는 OS & Y 밸브도 PIV의 일종이라고 할 수 있으나 PIV에는 개방-폐쇄 등의 글씨가 문자로 표시되어 있고, OS & Y 밸브는 축봉의 길이로 개폐 사실을 누구나 쉽게 확인할 수 있다는 점이 다르다.

3) 특징

① 지중밸브에 비해 부식의 우려가 작다.

② 밸브의 개폐 여부를 지상에 노출된 상태에서 육안으로 확인할 수 있어서 조작에 즉시 대응이 가능하다.

4) 설치기준

① PIV는 육안으로 개폐 여부를 확인할 수 있어야 한다.

② 탬퍼스위치를 부착하여 감시제어반에서도 그 개폐 여부를 확인할 수 있을 것

③ NFPA 13(2022) 설치기준

㉠ 밸브의 상단이 0.8~1m 이상 노출되도록 설치할 것(16.9.8.1)

㉡ 화재 시 건물 붕괴나 복사열에 대비하여 건물 외벽에서 12m 이상 이격하여 설치할 것(A16.9.8.1)

14) NFPA 25 Figure A-9-1(m)(1) Outside screw and yoke(OS & Y) gate valve.

㉢ 소화 주배관에서 소방대상물로 분기되는 부분에 설치할 것

㉣ 차량 통행 등으로 PIV를 설치할 수 없는 장소에는 밸브 피트실을 설치하여 그 내부에 설치할 것

5) 사용장소

① 루프(loop)배관 등에서 블록밸브로 사용할 때 개폐확인이 쉽도록 설치한다.

② 지하에 매설된 밸브의 개폐를 확인하기 위한 목적으로 설치한다.

(4) 버터플라이밸브(butterfly valve)

1) 정의 : 원통형의 몸체 속에 밸브봉을 축으로 하여 평판이 회전함에 따라 유체의 흐름을 개폐하는 밸브를 말한다.

2) 조작방법에 따른 구분

① 레버식

② 웜기어식

③ 유압식

④ 전동식

3) 사용처 : 비교적 누설이 중요하지 않은 저압 대구경 시스템에 사용한다.

4) 장단점

장점	단점
① 압력강하가 작다. ② 동일구경 타 밸브보다 소형, 경량으로 설치 및 취급이 쉽고 배관시스템을 안정화할 수 있다. 따라서, 가격이 저렴하다. ③ 구경범위가 넓다(1,000mm 이상도 가능). ④ 와류나 저항을 피하고 유량조절에 편리하다. ⑤ 개폐확인이 가능하다. ⑥ Quarter turn(90° 회전) 개폐로 조작이 용이하고 긴급개폐가 가능하다. ⑦ 자동화가 쉽다. ⑧ 시트재료의 적용에 제약이 없어 초저온에서 고온 및 고압용으로 제작이 가능하다. ⑨ 개폐용 및 유량조절용으로 사용 가능하다.	① 누설이 많은 편이다. ② 유속이 빠를 때는 고장이 잘 난다. ③ 작동시키는 데 큰 힘이 필요하다. ④ 펌프흡입측에 사용하면 마찰손실이 커서 캐비테이션이 발생 우려가 있다. ⑤ 토출측에 사용 시 급격하게 조작하면 수격작용의 우려(특히 레버식이 크고, 기어식은 상대적으로 느림)가 있다.

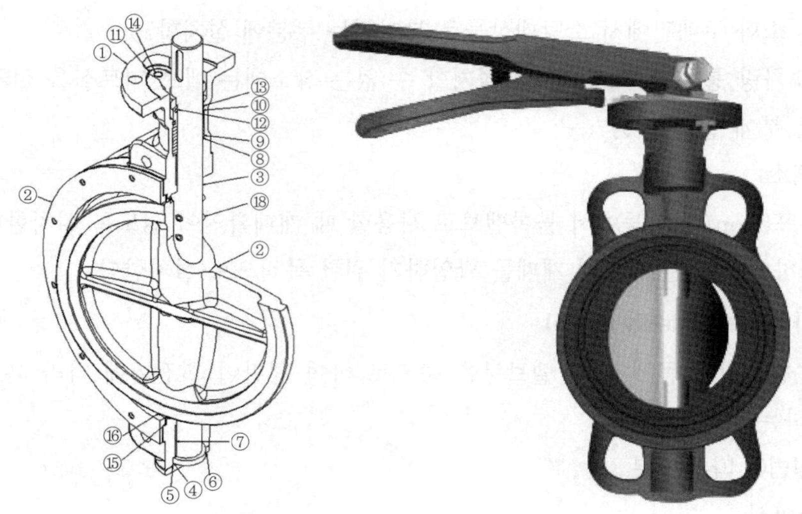

| 버터플라이밸브 |

(5) 글로브밸브(globe valve)

1) 정의 : 유량을 조절하는 용도로 사용되는 유량조절밸브이다.

2) 특징

① 링형태의 시트에 상하로 작동하는 밸브봉으로 유량을 제어한다.

② 디스크, 플러그 또는 볼 형태의 폐쇄장치로 관로의 개구율을 조정한다.

③ 글로브밸브 : 입구와 출구가 일직선(180°)이다.

④ 앵글밸브 : 입구와 출구가 90°이다.

⑤ 구경 : 12인치(300mm) 이하에 사용한다.

3) 장단점

장점	단점
① 밸브 개폐를 위해 오르내리는 리프트가 작아 밸브 개폐가 빠르다. ② 큰 압력강하로 인하여 압력조절이 가능하다. ③ 밸브와 밸브시트 제작이 용이하고 비용이 저렴하다.	① 2개소 이상이 직각으로 굽어지므로 압력강하가 크다. ② 다른 밸브에 비해서 무게가 많이 나간다. ③ 큰 사이즈의 밸브에서는 작동 시 큰 힘이 소요된다.

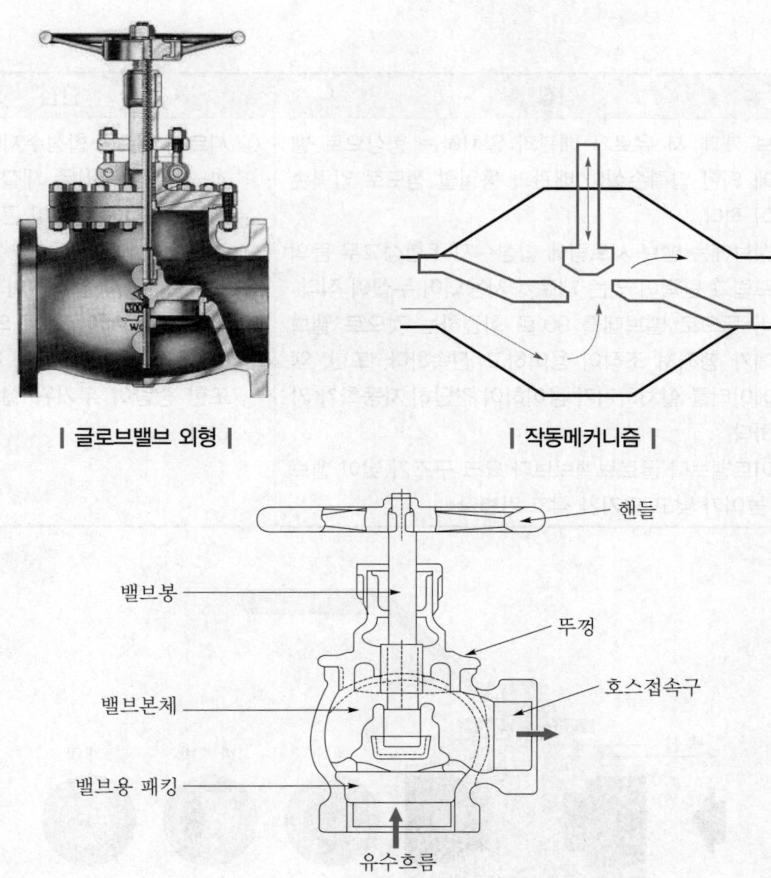

| 글로브밸브 외형 |

| 작동메커니즘 |

| 앵글밸브 |

(6) 볼밸브(ball valve)

1) 정의 : 밸브 몸체 내 가운데 구멍이 뚫린 볼을 내장시켜서 이 볼을 90°로 회전시켜 뚫린 부분이 오면 개방되고 막힌 부분이 오면 폐쇄되는 밸브이다.

2) 특징 : 종래의 밸브에 비해 우수한 실(seal)성, 내구성, 조작성 및 유체저항이 작다.

3) 종류

① 풀보어형(full bore type)

② 리듀스드보어형(reduced bore type)

4) 사용처

① 용도 : 유량조절, 압력조절, 개폐작용 등

② 적용유체 : 일반적인 액체나 가스뿐만 아니라 부식성 유체, 고점도·고온의 액체, 슬러리 등

5) 장단점

장점	단점
① 밸브 개폐 시 유로가 배관과 일치하는 형상으로 밸브에 의한 압력손실이 배관과 동일할 정도로 압력손실이 적다. ② 볼밸브에는 밸브 시트링에 합성수지나 합성고무 등의 부드럽고 탄력이 있는 재료가 사용되어 누설이 적다. ③ 레버 등으로 밸브대를 90°로 회전하는 것으로 밸브 개폐가 행해져 조작이 용이하고 신속하다. 또한, 액추에이터를 설치하기가 용이하여 간단히 자동화가 가능하다. ④ 게이트밸브나 글로브밸브보다 요크 구조가 낮아 밸브의 높이가 낮고 크기가 작고 가볍다.	① 시트의 재료를 합성수지나 합성고무 등과 같은 부드러운 재질을 사용하므로 고온 · 고압에 적용이 곤란하다. ② 신속한 개폐 때문에 수격현상(water hammer)이나 압력변화의 우려가 있다. ③ 모든 실(seal)이 볼에 의해 기밀이 되므로 대형에서는 볼의 제작이 어렵고, 또한 중량이 무거워 설치하기가 곤란하다.

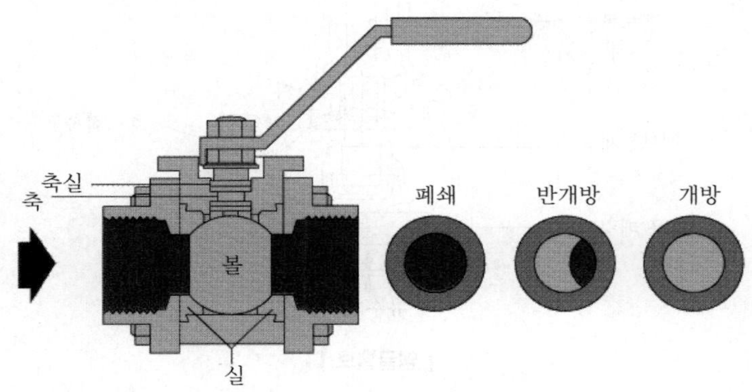

┃ 볼밸브의 구조도 ┃

(7) 여과기(strainer)

1) 정의 : 배관에 설치하는 밸브, 기기 등의 앞에 설치하여 관 속의 유체에 섞여 있는 모래, 찌꺼기 등의 불순물을 걸러내어 기기의 성능을 보호하는 기구이다.

2) 종류

① 콘형(cone type) : 주로 임시용이나 추가 보호용으로 사용하는 잠자리모양의 여과기

② 와이형(Y type)

㉠ 용도 : 주로 일반공정용과 수계로 사용하는 스트레이너는 거의 모두가 Y형이다.

㉡ 목적 : 펌프, 컨트롤밸브, 유량계, 스팀트랩 등의 보호용으로 사용한다.

㉢ 설치방법 : 유수의 흐름방향을 고려해서 밸브의 설치방향과 일치시킨다.

㉣ 여과망의 재질 : 부식에 강한 황동, 스테인리스강, 구리 등

㉤ 여과망의 규격

- 10~15mesh(크면 여과능력 저하, 작으면 손실 증가)
- 최대 구멍크기 : 12.7mm((NFPA 20(2016) 4.15.8.6)

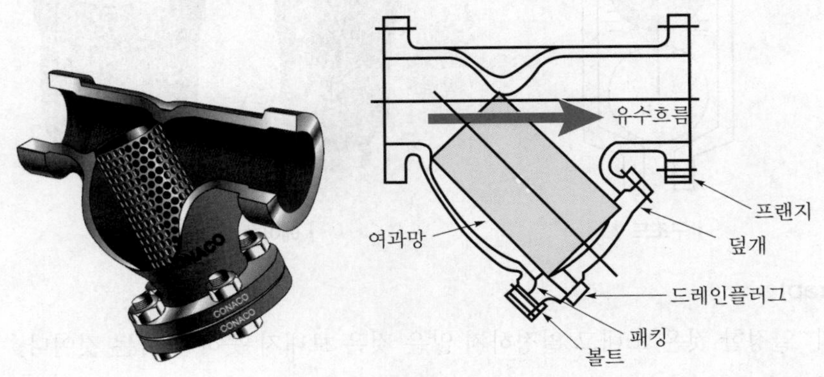

| 와이형(Y type) |

③ 버킷형(bucket type, T type) : Y형에 비해 압력강하가 작고 청소가 쉬움, 수평 구간에만 사용, 비교적 큰 구경에 사용, 유류용

(8) 공기빼기밸브(air vent valve)

1) 필요성 : 배관 내 유체 속에 공기 등의 기체가 섞여 있으면 이 기체는 관로의 높은 곳에 체류하여 유체의 유동을 방해하거나 유량을 감소시킨다.

2) 사용목적

① 유체에서 분리된 공기를 배관으로부터 자동으로 배출하는 데 사용한다.

② 속이 빈 관에 처음 유체를 채울 때 관 내에 차 있는 공기를 배출하는 데도 필요하다.

③ 반대로 관 내의 유체를 전부 배출하고자 하는 경우 공기의 유입구 역할을 한다.

3) 개폐구조

① 공기빼기밸브는 안에 부저(float)가 있어서 관 내 만수인 경우 부저가 부력으로 떠올라서 출구를 폐쇄한다.

② 관 내 만수가 아닌 경우에는 부저가 가라앉아 출구를 개방한다.

4) NFPA 20

① 1.5in(38mm) 파이프 크기 이상의 자동 공기빼기밸브를 설치한다.

② 배관의 가장 높은 곳에 설치한다.

| 구조도 |　　| 에어벤트 사진 |

(9) 트랩(trap)

1) 정의 : 일정한 것은 보내고 일정하지 않은 것은 보내지 못하게 하는 것이다.

2) 종류

① 스팀트랩(steam trap) : 증기나 스팀은 내보내지 않고, 응축수만 환수하는 트랩

② 배수트랩(waste trap) : 배수는 내보내고, 냄새는 들어오지 못하게 하는 트랩

(10) 자동배수밸브

1) 정의 : 배관 내의 고여 있는 물을 스프링의 장력으로 자동으로 배수시킨다.

2) 설치위치 : 송수구로부터 송수를 한 후에 송수구와 체크밸브 사이에 설치한다.

3) 설치목적 : 동파방지

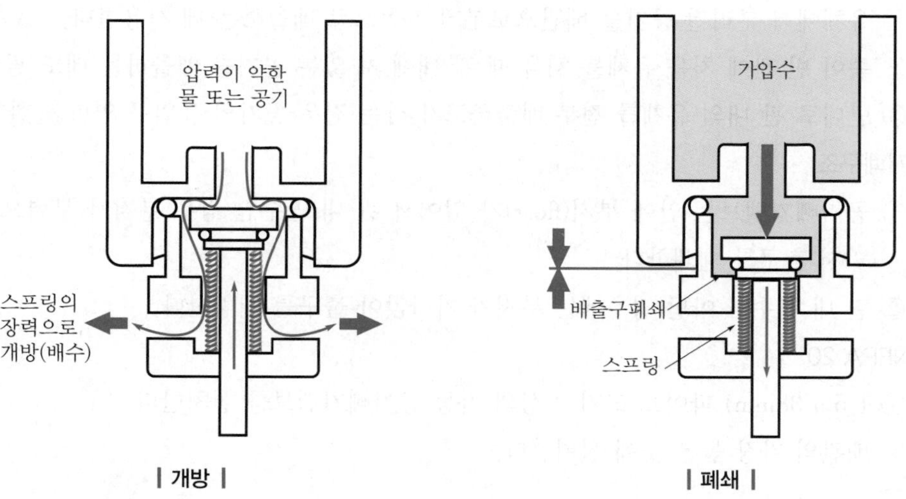

| 개방 |　　| 폐쇄 |

(11) 배수공

1) 정의 : 자동배수밸브가 설치되는 지점의 배관에 배수구멍(직경 5mm)을 뚫어 배수가 되도록 하는 것이다.

2) 단점 : 송수를 할 때마다 배수가 발생한다.

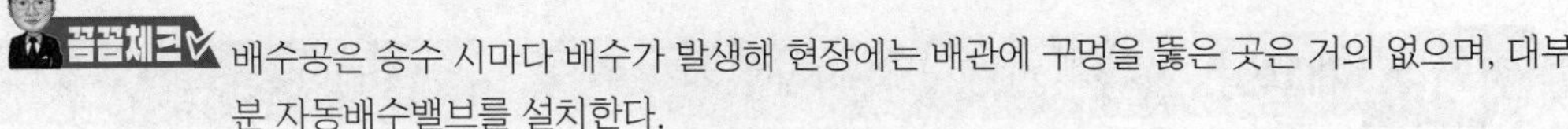

배수공은 송수 시마다 배수가 발생해 현장에는 배관에 구멍을 뚫은 곳은 거의 없으며, 대부분 자동배수밸브를 설치한다.

SECTION

034 펌프

01 개요

(1) **정의 :** 액체나 슬러리를 일정한 장소로 이동하는 데 쓰이는 장치이다.

(2) 펌프는 기계적인 힘으로 물질을 밀어내거나, 물리적인 끌어올림을 통해 발생한 압력을 사용한다.

(3) **터보형과 용적형 펌프의 비교**

구분	터보형	용적형
정의	케이싱에서 임펠러를 회전시켜 액체에 압력 에너지를 주는 펌프이다.	일정한 양에 있는 액체에 압력을 가하여 에너지를 부여하는 구조의 펌프이다.
특징	① 고속회전에 의해 연속류가 된다. ② 흡입, 토출 양정은 비교적 낮다. ③ 양정에 따라 유량이 크게 변동하는 정량성이 낮다. ④ 소형, 경량 ⑤ 진동과 소음이 작고, 송 · 수압 파동이 없어 수량조절도 용이하다.	① 펌프 내에 물이 없이도 흡입할 수 있는 능력이 있다. ② 유량이 터보형에 비해 적다. ③ 양정에 따라 유량이 크게 변동하지 않아 정량성이 우수하다. ④ 대형, 중량

02 펌프의 종류와 특성

(1) 펌프의 종류

① 유량은 적어도 좋지만, 양정을 높이 내고 싶을 때 → 원심펌프

② 유량을 많이 보내고 싶지만 양정은 낮아도 좋을 때 → 축류펌프

③ 유량이 비교적 많고 양정도 어느 정도 필요할 때 → 사류펌프

(2) 터보형 펌프(dynamic pump)의 특성

비교항목	축류식	사류식	원심식(벌류트)	터빈식
비속도	대	중	소	극소
특징	대유량, 저양정	보통	저유량, 고양정	저유량, 고양정
압력전달방법	양력	양력+원심력	원심력	원심력
기계의 크기	소	중	대	대
회전속도	대	중	소	소

(3) 원심식(centrifugal type) : 흡입과 토출방향이 90°이다. 즉, 유체가 측면으로 들어와서 위로 나간다.

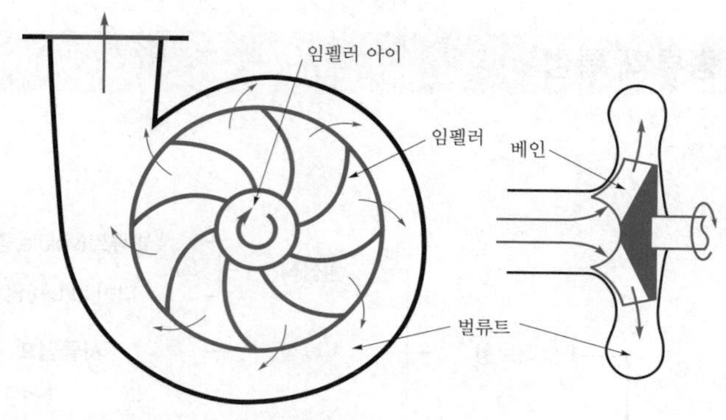

| 원심력식 펌프 |

(4) 축류식(axial flow type)

1) 유체를 밑에서 흡입하여 위로 토출하는 것처럼 유체의 입구방향이 출구방향과 한 방향성을 가진다.
2) 축류식은 배가 추진을 위해 프로펠러가 회전할 때처럼 날개 차의 양력에 의해 액체에 운동에너지를 주고 이것을 압력으로 변환하여 송수하는 방식으로 작동한다.
3) 양정은 5m 정도로 낮으며, 낮은 양정·대용량 사용에 적합하다.
4) 사용처 : 하천의 배수용

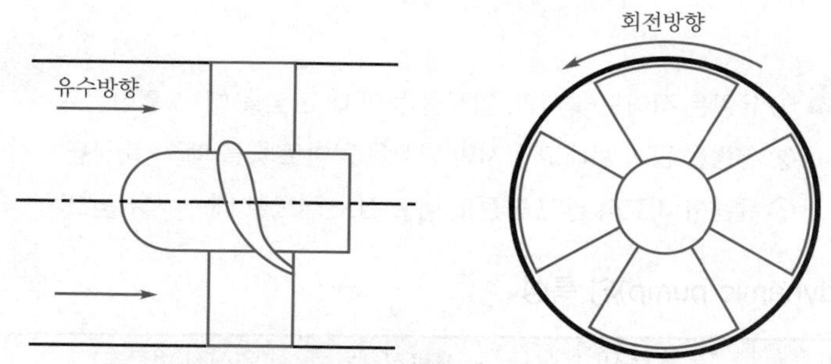

| 축류식 펌프 |

(5) 사류식(斜流)

1) 약 45°로 토출하는 방식으로 원심력과 양력을 동시에 사용하는 펌프이다.
2) 비교적 낮은 양정·고유량에서 사용한다.
3) 원심펌프와 축류펌프의 중간특성을 보이며 공동현상의 발생이 적고 수명이 길다.
4) 사용처 : 하천배수와 빗물배수 등

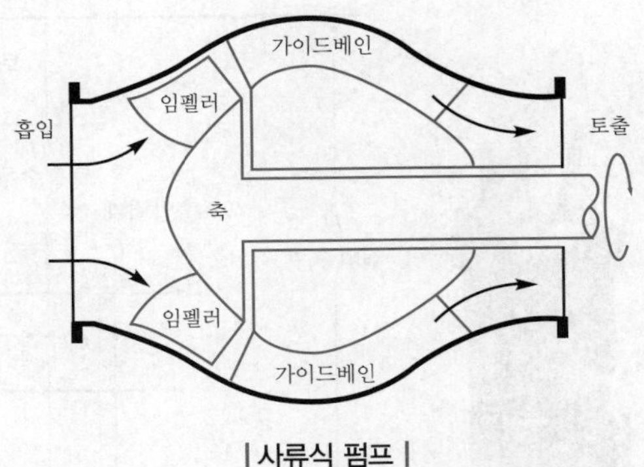

| 사류식 펌프 |

(6) 유수의 흐름방향에 따른 구분

1) 수평회전축(horizontal type) 펌프 : 유수의 흐름방향이 수평이다. 주펌프로 쓰이며 현장에서 가장 많이 쓰이는 제품이다.

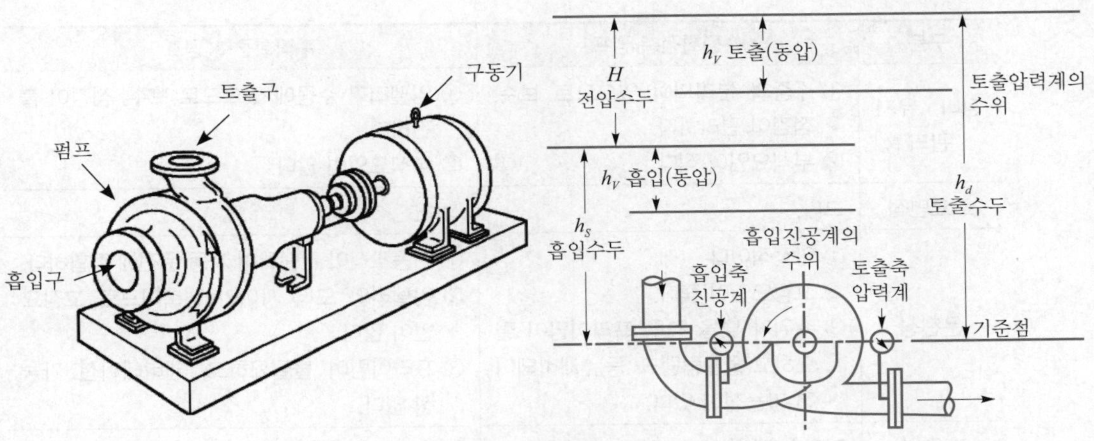

| 수평회전축 펌프 |

2) 수직회전축(vertical type) 펌프 : 유수의 흐름방향이 수직이다. 수직회전축 펌프는 흡입배관이 없는 구조이며 진공계(연성계), 물올림장치가 필요 없다(펌프 자체가 수조 바닥에 설치됨).

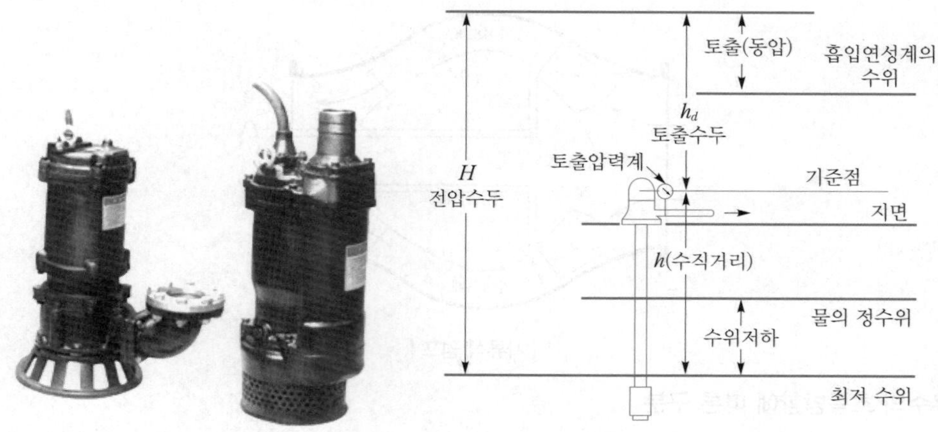

| 수직회전축 펌프 |

3) 비교표

구분	수평회전축 펌프	수직회전축 펌프
정비 · 유지관리	① 수중과 분리되어 있으므로 보수, 점검이 편리하다. ② 부식요인이 적다.	① 임펠러가 수중에 있으므로 보수, 점검이 불편하다. ② 부식요인이 많다.
소요면적	크다.	작다.
운전성	① 안정적이다. ② 고장요인이 적다. ③ 수위가 낮을 경우 프라이밍이 필요하고(물올림탱크 등), 캐비테이션 가능성이 있다.	① 기동조작이 간단하여 자동 운전에 적합하다. ② 임펠러와 모터 사이가 장축이므로 고장요인이 많다. ③ 프라이밍이 불필요하고, 캐비테이션 가능성 없다.
설치비	펌프 자체는 상대적으로 저렴하다.	설치구조에 따라 설치비가 달라진다.

(7) 임펠러 단수로 구분

1) 단단(single stage) : 임펠러 단수가 하나로, 주로 저양정에 사용한다.

2) 다단(multi-stage) : 임펠러 단수를 직렬로 배치하여 1단에서 나온 액체가 2단에서 그리고 그 다음 단으로 계속 연결되는 펌프이다. 펌프의 요구양정이 작은 경우는 하나의 임펠러로 요구양정을 얻을 수 있으나 요구양정이 커짐에 따라 2개 이상의 임펠러를 사용하여 단수를 증가시켜 요구양정을 얻는다.

03 원심펌프(centrifugal fire pump)

(1) 임펠러의 회전 운동에너지를 속도수두와 압력수두로 전환하는 방식이다.

1) 로터(회전자)가 고정자(코일)의 극성변화에 따른 자기장이 형성된다.

2) 회전자기장에 의해 로터가 회전한다.

3) 로터 회전에 모터 축, 커플링, 펌프 축, 임펠러가 회전한다.

고압 영역(물의 토출)
액체는 임펠러 가장자리 방향으로 빠르게 밀려간다.
저압 영역(물의 흡입) : 임펠러눈
블루우트(물의 이송경로) : 케이스 출구에서 펌프출구까지
회전(점차 확대로 속도감소 압력증가) 운동에너지 →
위치 · 압력 에너지

| 임펠러의 에너지변환 |

(2) 유량과 압력

1) 반비례

2) 유량 : 임펠러 두께, 회전속도

3) 압력 : 임펠러 직경, 회전속도

(3) 사용처 : 저양정, 고유량

(4) 종류

1) 벌류트펌프(volute pump)

① 회전차 바깥둘레에 안내깃(vane)이 없고 바깥둘레에 바로 접하여 와류실이 있는 펌프이다.

② 임펠러 1단이 발생하는 양정이 낮은(보통 20m 이하) 저양정에 사용한다.

③ 다단 벌류트 : 하나의 축에 회전날개 및 케이싱을 몇 단이나 거듭하여 양정을 단계적으로 올리는 구조이다(150m 정도까지 가능).

2) 터빈펌프(turbine pump)

① 임펠러 바깥둘레에 안내깃이 있는 펌프 : 안내깃으로 인한 난류 발생을 감소시켜 물의 압력을 증가시키므로 고양정에 사용이 가능하다.

② 사용처 : 고양정(보통 20m 이상)

| 벌류트와 터빈 펌프의 비교 |

구분	벌류트펌프	터빈펌프
임펠러 안내깃	없음	있음
송출유량	많음	적음
양정	저양정	고양정
형상	회전방향 케이스 임펠러	회전방향 안내날개 케이스 임펠러

3) 흡입구의 수에 따라 구분

① 편흡입(single suction) : 흡입구가 한쪽에만 있는 펌프

② 양흡입(double suction) : 흡입구가 양쪽에 있는 펌프로 대유량에 사용한다.

4) 패킹

① 사용목적 : 원심펌프에서는 케이싱 내에서 날개차가 회전하기 때문에 축이 케이싱을 관통하며 축과 케이싱의 틈새를 통해 흡입쪽에서는 공기가 펌프 내에 침입하기 쉽고, 배출쪽에서는 펌프 내의 압력수가 밖으로 새는 것을 방지하기 위하여 사용

② 종류 : 그랜드 패킹, 메커니컬 실

(5) 흡입원리

1) 임펠러의 회전에 따라서 임펠러아이(중심부)에서 운동에너지가 최대가 된다.

2) 베르누이의 정리

$$\frac{p}{r}+\frac{v^2}{2g}+z=\text{constant}$$

3) 위치에너지(z)가 동일하다면 운동에너지$\left(\frac{v^2}{2g}\right)$가 최대일 때 압력에너지$\left(\frac{p}{r}\right)$는 최소가 된다.

4) 임펠러아이에 최소 압력에너지로 부압이 형성되고 대기압이 누르는 물과 압력구배에 따라 물이 이송된다.

5) 이론적으로 완전진공인 760mmHg인 경우에 수두로 10.332mH_2O를 흡입 가능하다.

04 용적형 펌프(positive displacement fire pump)

(1) 피스톤과 플런저의 왕복운동으로 발생하는 압력을 이용하여 송수하는 방식이다.

(2) 특징

1) 이론적으로는 압력변동에 따라 유량이 변화하지 않고 일정하지만, 실제적으로 유량과 압력이 반비례한다.

2) 구조가 간단하고, 저유량, 고양정에 사용한다.

3) 다양한 종류의 유체에 사용할 수 있다.

① 포약제 펌프

② Water mist systems

4) 자흡능력(self priming)을 가진다.

(3) **종류 :** 피스톤펌프, 플런저펌프, 다이어프램펌프

구분	피스톤(piston)	플런저(plunger)	다이어프램
정의	실린더 내 피스톤을 밀어서 유체 가압	실린더 내 플런저(막대모양의 피스톤)을 밀어서 유체 가압	고무 또는 테프론 등의 다이어프램을 상하로 운동시키는 탄성을 이용하여 유체를 가압
사용처	화학공정, 제지공정, 보일러, 물분무	수압 시험용	가솔린 기관의 연료펌프
특징	① 송수압의 파동이 크고, 송수량 조절도 곤란 ② 양수량이 많고 압력이 낮은 장소에 사용 ③ 플런저에 비해 경제적	① 송수량 조절이 용이 ② 양수량은 적지만 압력이 높은 곳에 사용 ③ 누설이 적음	① 진흙이나 모래가 섞인 물에도 막힘이 없음 ② 유체의 누설이 없음

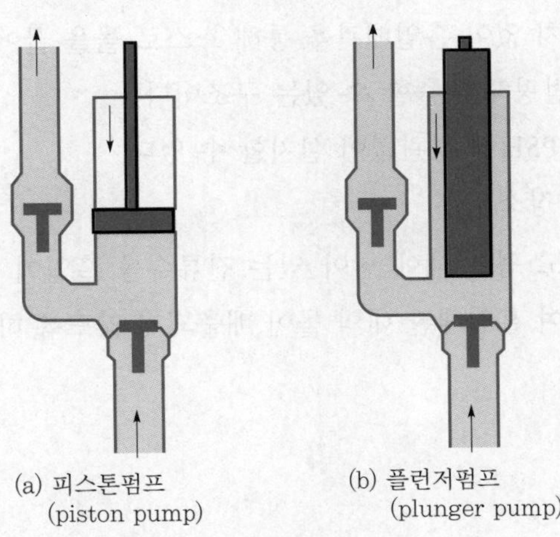

(a) 피스톤펌프 (piston pump)

(b) 플런저펌프 (plunger pump)

| 용적형 펌프의 종류 |

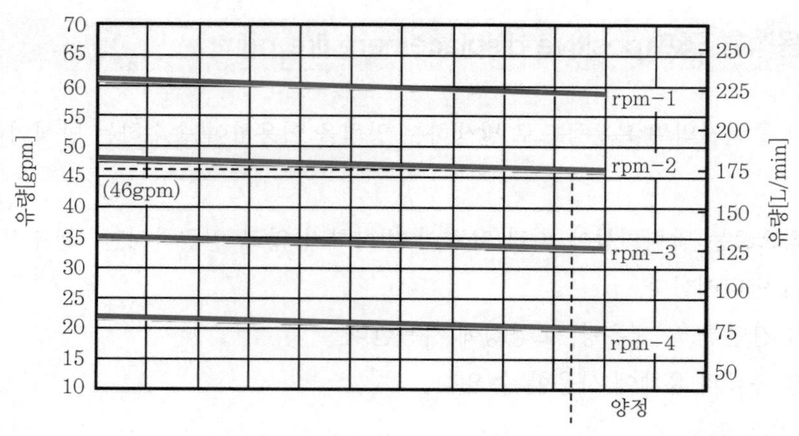

┃ 용적형 펌프의 성능곡선 ┃

05 자흡식 펌프(self-priming pump)

(1) 일반적 펌프의 토출압 형성

1) 펌프의 임펠러로 펌프 내의 물을 밀어 펌프입구를 순간적으로 부압으로 만들어 대기압에 의해서 펌프 내로 물을 다시 유입하여 연속적인 유체의 유동력을 제공하는 구조이다.

2) 토출을 위해서는 펌프에 물이 차 있어야 하고, 펌프가 수조보다 높은 위치에 설치된 경우에는 별도의 물올림배관과 수조를 설치하여 물을 공급한다.

(2) 자흡식 펌프

1) 정의 : 흡입배관에 차 있는 공기를 펌핑유체와 함께 내보내서, 결국 펌프보다 낮은 수위의 물도 끌어올릴 수 있는 펌프(공기를 잘 빼낼 수 있는 펌프)이다.

2) 특징

① 별도의 물올림장치 없이 흡입배관을 통해 스스로 물을 끌어올릴 수 있는 펌프이다.

② 배관 내 공기를 펌핑해 배출할 수 있는 구조이다.

③ 자흡식 펌프는 NPSH에 상관없이 설치할 수 있다.

3) 사용처 : 물량이 적은 장소

(3) 펌프가 정지한 경우에도 펌프 내에 남아 있는 잔류수를 흡입에 사용할 수 있어 흡입배관 끝에 풋밸브를 설치하여 흡입배관 내의 물이 배출되지 않도록 하여야 한다.

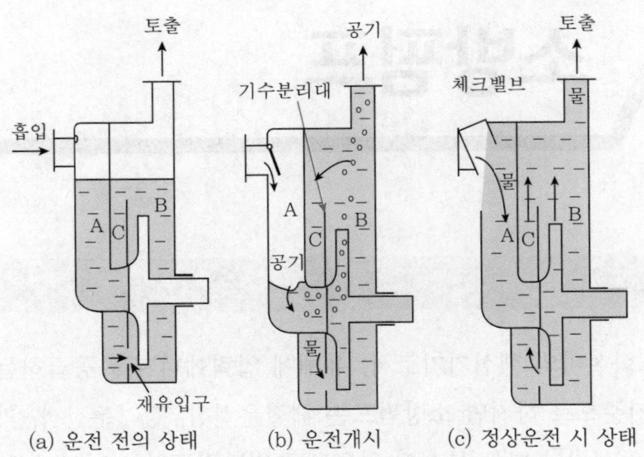

(a) 운전 전의 상태 (b) 운전개시 (c) 정상운전 시 상태

┃ 자흡식 펌프의 운전 및 정지 시 구조 ┃

(4) 운전메커니즘

1) 운전 전의 상태 : 펌프 내에 물이 가득 차 있어 임펠러가 물속에 잠겨 있다.

2) 운전개시

① 물의 이동 : A실 → B실로 이동

② 재유입구를 통한 물의 재유입 : B실의 물은 C실을 지나서 재유입구를 통해 다시 임펠러가 설치된 곳으로 유입된다.

③ 유입공기 분리 및 배출 : A실의 공기는 물과 혼합되어 임펠러에 유입되고, 물과 공기는 B실을 지나 기수분리대에서 분리되어 토출관으로 분출된다.

④ ①~③이 반복되어 공기 제거 : 반복하는 동안 흡입관 내의 공기는 점차 배출되고 급수가 개시된다.

3) 정상운전 : 흡입관 내의 공기가 모두 배출되면 물이 A실에 일시에 유입되면서 정상운전된다.

4) 운전정지 : 운전정지 시 흡입관 내의 물은 떨어지고 밸브가 폐쇄되면서 다음 운전을 위해 필요한 물만 펌프에 잔류한다.

SECTION 035 소방펌프

01 개요

소방펌프는 수계소화설비의 핵심기기로서, 유체에 압력에너지를 공급하는 기기이다. 일반펌프는 정격운전점을 기준으로 하지만 소방펌프는 체절운전점, 정격운전점, 과부하운전점 등 3개의 운전점을 모두 만족시켜야 하는 특성이 있으므로 일반펌프와는 차이가 있다.

02 소방펌프의 특성 77회 출제

(1) 토출량이 일정하지 않다.

꼼꼼체크 다양한 재난상황에서도 성능기준에 적합한 방사압, 방사량이 확보되어야 한다는 의미이다.

(2) 정전이나 비상상황에서도 반드시 작동되어야 한다.

1) 비상전원

2) 디젤엔진 구동방식의 예비펌프

(3) 평상시에는 사용하지 않는다.

꼼꼼체크 사용특성상 운휴기간이 길어 성능시험 및 주기적인 유지관리가 필요하다. 따라서, 점검이 반드시 필요하다.

03 소방펌프 운전점 127·120·119·105·78회 출제

(1) 운전점 A

1) 체절운전점(shut off point, churn pressure) : 정격압력의 140% 이하

2) 목적 : 정격압력의 140%를 초과하면 수온상승에 의한 공동현상이 발생할 수 있기 때문이다.

① 체절운전 시 문제점 : 수온상승(공동현상), 펌프의 무부하운전(과열 및 손상)

② 체절운전에 대한 대책 : 체절압력의 제한(140% 이하), 순환배관 또는 릴리프밸브 설치, 기동용 수압개폐장치에 의한 자동정지(국내 소방법에서는 금지)

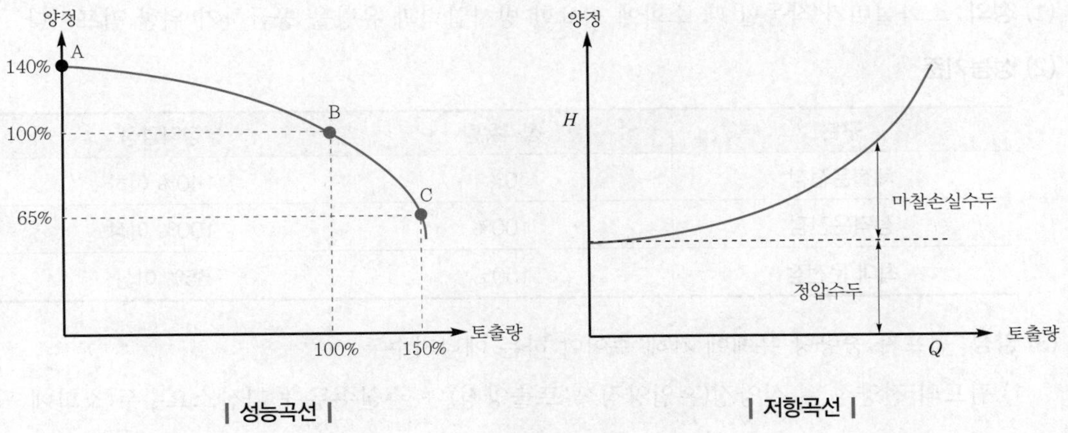

| 성능곡선 |　　　| 저항곡선 |

1. **체절압력(churn pressure)** : 토출측 배관이 완전히 막힌 상태인 Shut off 상태의 운전, 즉 물의 흐름이 없는 상태에서의 압력을 Churn pressure라 한다. 일부책자에는 Churn pressure와 Shut off pressure를 다른 것으로 보는데 NFPA의 경우는 Shut-off (churn) pressure로 같이 보고 있다.
2. **Shutoff pressure** : 펌프 자체 성능에 의한 체절압력
3. **Churn pressure** : 흡입양정이 반영된 체절운전

(2) 운전점 B

1) 정격운전점(rating point) : 정격유량으로 정격압 운전점

2) 목적 : 펌프사양의 2대 요소인 '유량'과 '압력'을 적정하게 얻기 위한 것이다.

펌프는 우리가 원하는 지점으로 얼마나 많은 양의 액체를 적정한 압력으로 발송하는 기계이고 정격운전점은 그 기준이다.

(3) 운전점 C

1) 과부하운전점(overload point) : 정격운전점의 토출량 150%로 운전 시 정격토출압력의 65% 이상

2) 목적 : 화재로 송수구나 헤드가 많이 개방되어도 최소한의 소화에 필요한 압을 형성하기 위한 것이다.

04 주펌프(main pump) 94·76회 출제

(1) 정의 : 소화설비가 작동할 때 소화에 필요한 방사압력과 유량을 공급하기 위한 펌프이다.

(2) 성능기준

구분	정격유량	정격양정
체절운전점	0%	140% 이하
정격운전점	100%	100% 이상
최대 운전점	150%	65% 이상

(3) 양정 : 펌프가 중량당 유체에 가해 주어야 하는 에너지수두

1) 펌프의 전양정 = 실양정(흡입양정 + 토출양정) + 손실수두 + 환산소요수두(소화에 필요한 압)

2) **펌프흡입양정 :** 이론값은 10.33m이나 실제는 손실수두를 고려해 최대 5~6m 정도이다.

(4) 가압송수장치의 주펌프 : 전동기에 따른 펌프로 설치(옥내소화전, 스프링클러 화재안전기술기준)

(5) NFPA 25의 펌프 최소 운전구동 119·115회 출제

1) 전기모터펌프 최소 10분 구동 이유

① 전동기 권선 냉각시간 확보 : 기동 후 전동기 권선이 냉각되는 최소 시간이 10분

② 전동기 수명 단축방지 : 10분 미만으로 반복 운전 시 잦은 기동으로 인한 전동기 수명 단축

③ 펌프 패킹 등 점검 및 누수확인 시간확보

㉠ 펌프 패킹 및 베어링 과열확인 시간확보

㉡ 누수 확인

④ 펌프의 정상 흡입력 및 토출압력 확인 시간확보

2) 디젤펌프 최소 30분 구동 이유

① 펌프 및 구동장치의 과열 확인 : 30분 이상 운전되어야 작동온도(operating temperature)에 도달하고 펌프 및 구동장치의 과열 확인이 가능하기 때문이다.

② 연료의 정체방지 : 연료인 디젤유가 정체되지 않도록 충분한 연료소모시간이 필요하다.

③ 엔진고장 방지

㉠ 연료의 불연소 배기현상(wet stacking)이 장시간 지속 시 엔진성능 저하와 연료소비량 증가를 가져와 엔진 고장으로 이어질 수 있다.

꼼꼼체크 연료의 불연소 배기현상(wet stacking) : 연소되지 않은 연료가 배기시스템으로 전달되는 디젤엔진의 상태이다.

ⓛ 구동장치가 정격온도에 도달할 만큼 오래 구동 시 연소가 용이해져 불연소 배기현상을 최소화할 수 있다.

꼼꼼체크
1. 전기모터 또는 엔진히터가 있는 디젤엔진펌프가 있는 펌프실의 경우 온도는 4℃(40℉) 이상, 소방펌프가 엔진 히터가 없는 디젤엔진을 사용하는 경우 펌프의 작동성을 보장하기 위해 펌프 실내온도를 21℃(70℉)로 유지하여야 한다.
2. 디젤엔진은 매우 복잡한 구조로 크랭크축과 실린더, 기동장치, 연료공급장치, 냉각 · 오일 · 배터리 장치 등이 주요 구성품이다. 정상성능을 유지하기 위해선 주기적 점검과 확인이 중요하다. 배터리 장치의 경우 상시 배터리를 충전해 언제든 엔진을 기동할 수 있도록 돼 있는데 충전기 불량 등으로 배터리가 방전되면 엔진펌프의 기동이 불가능해진다.
3. NFPA 20(11.6.1.1 : Engines shall be started no less than once a week and run for no less than 30minutes to attain normal running temperature)

(6) 최소 유량(minimum flow) 127회 출제

1) 정의 : 펌프를 안정적으로 운전하기 위한 최소한의 유량
2) 소방용 펌프의 경우 릴리프 밸브와 순환배관을 통해서 흐르는 유량이며 체절운전 시 수온 상승에 의한 펌프의 손상을 방지한다.
3) 목적
   ① 방수구 또는 헤드 1개가 방사 시 토출량이 극소가 되어 펌프 운동에너지가 열에너지로 변환되어 수온이 상승한다.
   ② 수온 상승 시 펌프 내압 상승 및 캐비테이션 발생으로 펌프 파손 위험이 발생한다.
   ③ 온도가 증가하고 물의 포화증기압이 증가할수록 펌프의 유체 흡입을 방해한다.

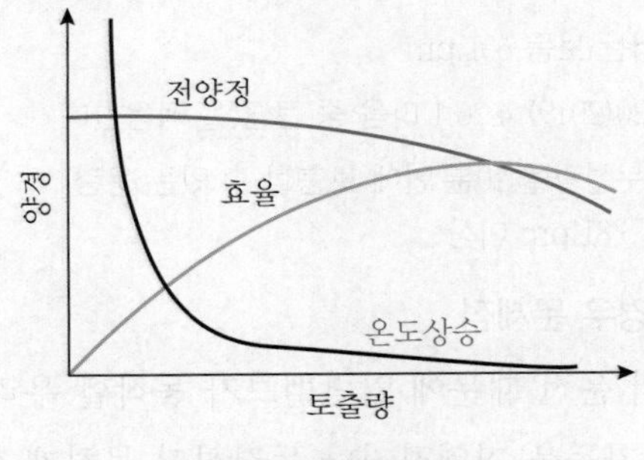

| 유량에 따른 온도상승 |

(7) 엔진펌프의 경제적 설계 104회 출제

1) 일반적인 소방펌프 : 주펌프는 모터펌프를 사용하고 비상전원과 옥상수조 설치

2) 비상전원 중 자가발전설비 면제 : 주펌프를 엔진펌프로 설치

3) 옥상수조를 면제 : 예비펌프를 엔진펌프로 설치

4) 자가발전설비와 옥상수조를 면제 : 주펌프와 예비펌프를 엔진펌프로 설치

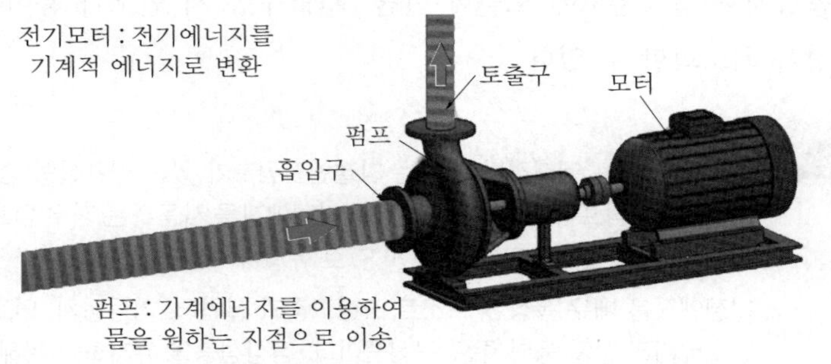
전기모터 : 전기에너지를
기계적 에너지로 변환
토출구
모터
펌프
흡입구
펌프 : 기계에너지를 이용하여
물을 원하는 지점으로 이송

| 펌프의 개념도 |

05 충압펌프(jockey pump) 94·76회 출제

(1) 설치목적

1) 밸브 및 부속장치 등에서 작은 압력이 누설될 경우 압력을 보충하여 배관 내 압력을 일정하게 유지한다.

2) 주펌프보다 먼저 기동하여 저하된 압력을 충압하므로 주펌프의 잦은 기동을 방지한다.

(2) 토출량

1) 최소 토출량 : 정상적인 누설량보다 적어서는 안 되며 설비가 자동적으로 작동할 수 있도록 충분한 토출량을 유지하여야 한다.

2) 최대 토출량 : 헤드 하나의 토출량보다 적어야 한다.

꼼꼼체크

1. 국내에서는 보통 60Lpm
2. NFPA 20(2019) 4.26.1 다음 중 큰 값을 적용한다.
   ① 허용누설량을 10분 안에 보충할 수 있는 용량
   ② 최소 3.8Lpm 이상

3) 충압펌프의 유량이 클 경우 문제점

① 평상시 : 충압펌프의 운전 때문에 알람밸브가 동작할 우려가 있다.

② 화재 시 : 주펌프의 가동을 지연하거나 동작하지 못하게 할 우려가 있다.

(3) 토출압

1) 주펌프의 정격토출압력과 같아야 한다.

꼼꼼체크 주펌프와 정격토출압력이 같은 경우 배관 내의 압력을 요구되는 압력수준으로 항상 유지할 수 있어 화재발생 시 즉각적인 대처가 가능하다.

2) 최고위 살수장치의 자연압 + 0.2MPa

1. **자연압** : 물의 무게에 의한 압력으로 물이 차 있는 배관의 수직높이로 10m의 물 높이가 0.1MPa을 나타낸다.
2. 0.2MPa는 옥내소화전 헤드의 방사압이 0.17MPa이므로 여기에 손실을 고려한 값이다.

(4) 사용펌프 : 웨스코 펌프(마찰펌프)

1) 크기 : 소형

2) 특성 : 저용량으로 순간적으로 고압을 형성한다.

3) 마찰펌프(friction pump)

① 둘레에 많은 홈을 가진 임펠러를 고속회전시켜 케이싱 벽과의 마찰에너지에 의해 압력이 발생하여 송수하는 펌프

② 와류펌프(vortex pump) : 웨스코펌프(westco rotary pump)

③ 특징 : 구조가 간단하고, 구경에 비해 고양정이며, 토출량은 적고, 효율은 낮지만, 운전 및 보수가 쉽다.

④ 사용처 : 충압펌프, 소형 우물용 펌프, 보일러 급수펌프 소용량 고양정 펌프 등(NFPA 20-2019 4.26 Pressure maintenance (jockey or make-up) pumps)

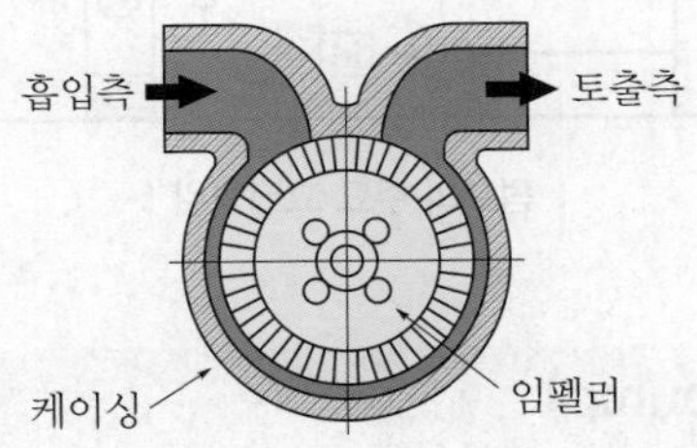

| 웨스코 펌프 개념도 |

(5) 주펌프와 충압펌프의 비교

구분	주펌프	충압펌프
기동	화재 시 큰 압력저하	평상시 작은 압력저하
성능시험	필요	불필요
안전장치	릴리프밸브	없음
비상전원	있음	없음

(6) 충압펌프의 잦은 기동 121회 출제

원인	대책
고가수조에 설치된 체크밸브고장(역류) ········· ①	체크밸브 수리 및 교체
말단시험밸브의 개방 또는 누수 ················ ②	밸브 폐쇄 및 수리
헤드의 고장 또는 누수 ························· ③	헤드 수리
배관의 누수 ····································· ④	배관보수
알람밸브의 배수밸브 개방 또는 누수 ··········· ⑤	밸브 폐쇄 및 수리
송수구 체크밸브의 역류 ························ ⑥	밸브 수리
주배관 체크밸브의 역류 ························ ⑦	밸브 수리
부적절한 DIFF값 설정 ·························· ⑧	적절한 DIFF 설정 또는 압력스위치 교체
압력챔버의 배수밸브 개방 또는 누수 ··········· ⑨	밸브 폐쇄 및 수리

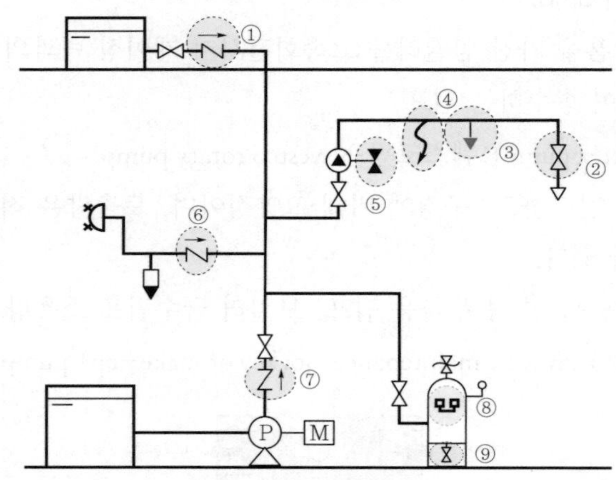

| 펌프의 주요 고장범위 |

06 예비펌프(spare pump)

(1) **정의** : 주펌프의 고장, 수리 및 전원공급이 차단되는 경우를 대비하여 설치하는 펌프로, 주펌프와 동등한 성능을 가진 펌프이다.

(2) 옥상의 2차 수원 **대신 주펌프와 동등 이상의** 예비펌프를 내연기관의 기동과 연동하여 작동시키거나 비상전원을 연결하여 설치한 **경우는 이를 2차 수원으로 갈음할 수 있다.**

07 설치기준(NFTC 102)

(1) 쉽게 접근할 수 있고, 점검하기에 충분한 공간이 있는 장소로서, 화재·침수 등의 재해로 인한 피해를 받을 우려가 없는 장소에 설치한다.

(2) 동결방지 조치를 하거나 동결의 위험이 없는 장소에 설치한다.

(3) 소화설비의 법적 요구 방사압과 방수량 이상을 토출하여야 한다.

(4) 펌프는 전용으로 한다.

(5) 펌프토출측에는 압력계를 펌프토출측 플랜지에서 가까운 곳에 설치하고, 흡입측에는 연성계 또는 진공계를 설치한다.

(6) 성능시험배관을 설치한다.

(7) **순환배관** : 체절운전 시 수온상승을 방지한다.

(8) **기동용 수압개폐장치(압력챔버)** : 용적은 100L 이상

(9) **물올림장치**

1) 전용의 수조를 설치한다.

2) 유효수량 100L 이상, 15mm 이상의 급수배관을 설치한다.

(10) 펌프를 가압송수장치로 사용하는 경우 충압펌프를 설치하여야 한다.

(11) **내연기관 사용 시**

1) 자동기동 및 수동기동 가능

2) 상시 충전된 축전지 설비

08 NFPA 20 펌프 설치기준

(1) **펌프실 보호(4.13.1.1)**

1) 고층건축물(지면으로부터 23m 이상)

① 2시간 이상 내화 또는 소방대상물로부터 15.3m 이상 이격

② 엔진펌프 : Extra hazard group 2에 해당하는 스프링클러로 보호되어야 한다.

2) 그 외 건축물 : 아래의 표에 따라 내화구조로 분리되어야 한다.

펌프실	소방대상물	설치기준
스프링클러 ×	스프링클러 ×	2시간 이상 내화 또는 15.3m 이상 이격
스프링클러 ×	스프링클러 ○	
스프링클러 ○	스프링클러 ×	
스프링클러 ○	스프링클러 ○	1시간 이상 내화 또는 15.3m 이상 이격

(2) 용이한 접근

1) 소방서와 펌프실에 접근 및 위치를 협의

2) 외부에서 펌프실까지 피난로(exit)에 준하는 보호

(3) 급배수 설비를 제외하고는 펌프실에 다른 장비와 관통부는 없어야 한다.

(4) 펌프실의 온도 : 4℃ 이상

(5) 펌프실의 조명 : 인공조명(32.3Lux), 비상조명등(2시간 이상)

(6) 환기설비

09 경제적 소방펌프 사용 104회 출제

(1) 소방펌프선정을 위한 고려사항

1) 정격유량의 150%점에서 동력 선정 : 정격운전점(100%)이나 150%점에서의 수동력은 동일하지만 150%점에서는 효율이 크게 저하되므로 축동력이 증가하여 모터의 용량이 더 커질 수 있기 때문이다.

2) 유량 150%점과 체절점에서의 양정이 적절 : 일반펌프는 정격운전점에서 운전을 원칙으로 하지만 소방펌프는 체절운전 시 정격양정의 140% 이내이어야 하며, 정격유량의 150% 운전점에서는 정격양정의 65% 이상의 성능을 요구하고 있기 때문이다.

3) 펌프보다 수조가 낮은 경우는 NPSH 검토 : 공동현상의 발생을 고려하여 공동현상이 발생하지 않는 펌프를 선정한다.

4) 공장검수 시 입회하여 시험성적서를 작성한다.

(2) 경제적인 소방펌프 진단의 방법과 순서

1) 소장자료 및 이론에 근거한 에너지절약의 개략적인 검토 실시

2) 압력(전양정) 산출

3) 유량 및 압력제어 방법 산출

4) 송출량 측정

5) 조사결과와 이론상의 검토결과의 비교 및 평가

(3) 소방펌프의 제어대책

1) 펌프의 유량이 많은 경우

① 회전차 외경 가공

② 회전차 교환

③ 회전속도 제어(풀리 교체, 인버터 설치, 극수변환모터 채용 등)

④ 소용량 펌프로 교체

⑤ 대수조절(간헐운전)

2) 펌프토출압력이 높은 경우

① 회전차의 외경 가공

② 회전차의 교환

③ 회전차의 단수 감소

④ 회전속도 제어

⑤ 저양정 펌프로 교체

(4) 경년변화에 따른 펌프의 성능변화

1) 사용 후의 경년변화에 의해 배관에 녹이나 스케일이 발생하면 관로저항곡선이 R에서 R'로 변화한다.

2) R'인 관로저항에서도 필요토출량인 Q를 확보할 수 있도록 펌프의 성능에 미리 여유를 주어 다음 점선으로 표시한 그림과 같이 $H-Q$ 곡선으로 잡는 것이 필요하다.

3) 토출측 밸브가 개방된 경우에 초기 운전을 C로 이동하여 과다하게 토출하게 되므로 밸브제어가 필요하다.

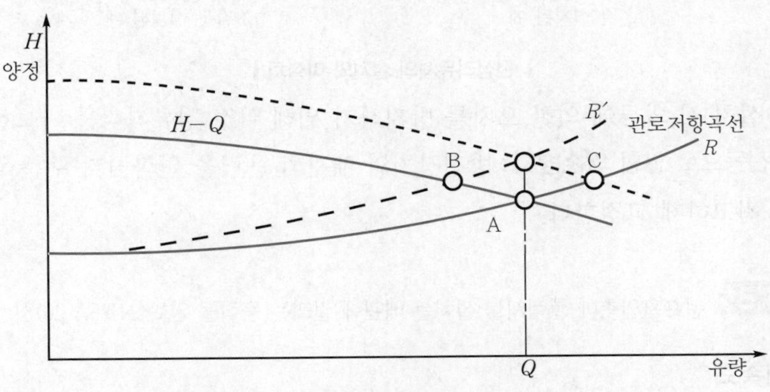

| 경년변화에 따른 펌프의 성능곡선 |

10 소방펌프 선정 시 유의사항과 고려사항

(1) **토출량 :** 소화설비가 요구하는 토출량 이상이고 향후 설비증설 등을 고려해서 여유를 두어야 한다.

(2) 펌프성능곡선($H-Q$ 곡선)의 운전점 3개를 모두 만족하여야 한다.

1) 체절운전

2) 정격운전

3) 과부하운전

(3) **공동현상 방지 :** $NPSH_{av} \geq 1.3NPSH_{re}$(정격토출량의 150% 기준)

(4) **토출측 배관 및 관부속의 최대 허용압력 :** 체절압력 이상

(5) **펌프의 설치 공간 및 환경**

1) 쉽게 접근할 수 있고, 점검하기에 충분한 공간이 있는 장소로서, 화재·침수 등의 재해로 인한 피해를 받을 우려가 없는 장소에 설치한다.

2) 동결방지 조치를 하거나 동결위험이 없는 장소에 설치한다.

(6) 설치 시 유의사항

1) 공동현상을 방지하기 위한 흡입배관 : 공기고임이 없는 구조로 하고 편심리듀셔를 설치한다.

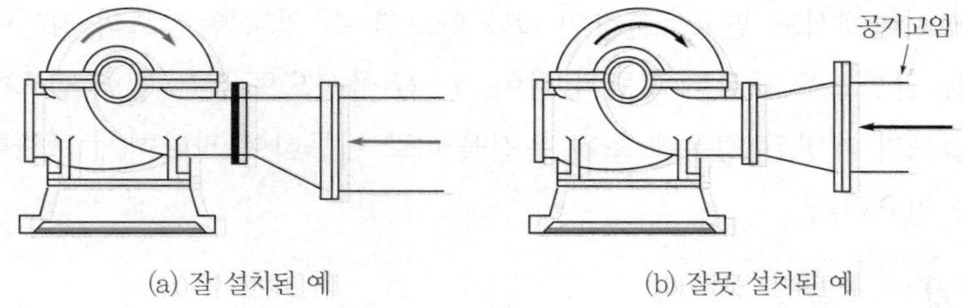

(a) 잘 설치된 예 (b) 잘못 설치된 예

| 편심리듀셔의 설치와 미설치 |

2) 유량계 설치 시 와류에 의한 오차를 방지하기 위해 일정 정류거리를 확보한다.

3) 펌프의 진동으로 인한 파손방지 : 방진장치와 배관의 응력을 완화시켜 주는 플렉시블을 설치하고 견고하게 고정한다.

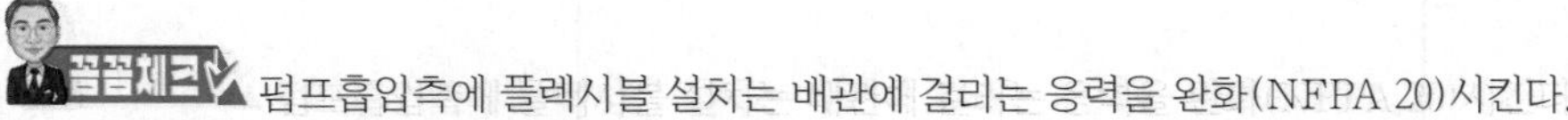

펌프흡입측에 플렉시블 설치는 배관에 걸리는 응력을 완화(NFPA 20)시킨다.

(7) 동력 및 비속도

1) 소요동력 이상을 선정하되 소방운전점 3개를 모두 만족하는 것을 선정한다.

2) 소방펌프는 일반적으로 대유량 저양정 펌프가 사용되는데, 성능곡선이 급경사가 되므로 비속도(N_s)값과 펌프특성을 고려하여 선정하여야 한다.

(8) 계통 신뢰성 향상을 위한 고려사항 119회 출제

1) 수조를 펌프보다 높게 설치하여 $NPSH_{av} > NPSH_{re} \times 1.3$을 유지하고 물올림탱크를 설치하지 않아도 된다.

2) 고가수조방식을 적용하여 신뢰도를 높이고 상층부의 압력부족은 펌프를 이용하여 가압한다.

소방공사 감리결과보고서의 전동기 점검항목 5가지

① 베이스에 고정 및 커플링 결합상태
② 베어링부의 윤활유 충진, 변질상태
③ 본체 방청보존 여부
④ 운전 시 과열발생 여부
⑤ 원활한 회전 여부

SECTION

036 비속도(specific speed)

119·111·106회 출제

01 개요

(1) 펌프는 임펠러가 회전함으로써 유량과 전 양정이라는 기능을 발휘하는 기계이며, 임펠러의 형상을 정의하기 위해 회전속도를 설정하여야 한다. 즉, 펌프의 임펠러형상은 유량, 전양정, 회전속도의 3개 매개변수에서 결정된다.

(2) **정의** : 한 회전차를 형상과 운전상태를 상사하게 유지하면서 그 크기를 바꾸어 단위 송출량에서 단위양정을 내게 할 때 그 회전차에 주어져야 할 회전수

상사성(similarity) : 외관이 같은 모습으로 변화한 것이라도, 그 발생 또는 그들의 계통 발생적 기원이 다른 구조를 말한다.

(3) 비속도(비교회전도)는 모양이 상사인 펌프에 대해서는 동일한 값을 가진다.

02 비속도와 펌프형식

(1) 펌프의 회전수, 즉 임펠러의 회전수 N을 결정하는 방법에는 2가지가 있다.

1) 전동기와 직결하여 사용할 때에는 전동기의 동기속도 n을 계산하여 펌프의 회전수를 결정한다.

① 동기속도공식

$$n[\text{rpm}]=\frac{120f}{p}$$

여기서, n : 동기속도[rpm]

f : 전원의 주파수[Hz]

p : 전동기의 극수

② 전동기의 동기속도 = 전동기의 회전수 = 무부하상태의 이론상 회전수

③ 실제로 펌프를 운전할 때에는 부하가 걸리기 때문에 미끄럼(slip)이 생기고 전부하시에는 2~5%의 미끄럼(slip)을 고려해야 한다. 미끄럼률을 S%라고 하면 펌프의 회

전수 N[rpm]은 다음과 같다.

$$N[\text{rpm}]=n\left(1-\frac{S}{100}\right)=\frac{120f}{p}\left(1-\frac{S}{100}\right)$$

여기서, N : 펌프의 회전수[rpm]

S : 미끄럼률[%]

2) 임펠러의 형상을 처음에 정하고 그 임펠러의 특성의 비속도(비교회전도)를 자료에서 선정하여 가장 효율이 높은 회전수를 선정하는 방법 : 펌프의 정해진 양정과 유량에서 회전차의 형상과 펌프의 형식이 정해졌을 때 이들을 바탕으로 하여 회전수를 선정한다.

① 임펠러의 형상이 정해졌다면 비속도는 적합한 회전수[rpm]를 결정하는 기준이 된다.

꼼꼼체크 임펠러형상의 적절한 비속도에 맞추어 적정 회전수를 정한다.

② 비속도는 펌프의 성능곡선의 모양을 결정짓는다.

(2) 공식

$$N_S = N \times \frac{\sqrt{Q}}{H^{\frac{3}{4}}}$$
$$= N \times \frac{\sqrt{Q}}{\left(\frac{H}{i}\right)^{\frac{3}{4}}}$$

여기서, N_S : 비속도[m·m^3/min·rpm]

N : 펌프의 회전수[rpm]

Q : 토출량[m^3/min]

H : 전양정[m]

i : 단수

1) 전양정 H가 클수록 N_S는 작아진다.
2) 회전수 N과 전양정 H가 일정하면, 유량 Q가 클수록 N_S는 커진다.
3) N_S(600이 기준)가 작은 경우 : 저유량, 고양정 펌프
4) N_S(600이 기준)가 큰 경우 : 고유량, 저양정 펌프

(3) 비속도

1) 펌프를 닮음(상사)을 이루며 계속 그 크기를 바꿔서 단위양정(1m)과 단위유량(1m^3/min)에서 운전하는 단위펌프를 만든다. 이렇게 펌프들을 동일한 양정과 유량으로 만들어 준 후 이때의 회전수[rpm]끼리 비교하는 것이 비속도이다.

꼼꼼체크 비속도는 비교회전도[rpm]란 뜻으로, 바로 비교하지 않고 추상적인 rpm을 만들어 비교하는 것이다.

2) 의미 : 어떤 펌프의 최고 효율점에서의 수치로 계산되는 값, 토출특성을 표현하는 수치이다.

꼼꼼체크 비속도에서 벗어난 상태의 전양정 또는 토출량을 대입해 구해도 된다는 의미가 아님에 유의하여야 한다.

3) 펌프설계 시 보통 요구되는 유량과 양정이 결정되고 회전수가 결정되었다면 비속도는 임펠러의 형상을 정하는 기준이 된다.

4) 전양정은 다단펌프의 경우 회전자 1단당의 양정을 대입하여 계산하여야 함에 유의하여야 한다.

(4) 흡입비속도

$$S = N \times \frac{\sqrt{Q}}{\mathrm{NPSH}_{re}^{\frac{3}{4}}}$$

여기서, S : 흡입비속도

NPSH_{re} : 필요흡입양정[m]

1) 의미
   ① 펌프 임펠러 입구형상(입구면적, 날개입구각도 등)에 의존하는 수치
   ② 펌프의 흡입특성을 표현하는 수치

2) 보통 원심 임펠러의 경우 S는 약 1,200 정도이다.

3) S값이 크다.
   ① 회전수와 유량 일정 : NPSH_{re}가 작다.
   ② 의미 : 작은 NPSH_{re} 조건에서도 운전이 가능할 만큼 흡입성능이 좋은 우수한 펌프

4) S값과 유량 Q가 일정하면 회전수(N)가 클수록 NPSH_{re}는 증가 : 고속회전일수록 캐비테이션이 발생하기 쉬우므로 고속펌프의 흡입조건에 주의가 필요하다.

5) S값과 회전수가 일정하면 유량 Q가 감소 : NPSH_{re}가 감소한다.

6) 비속도의 토출량에 대하여는 양흡입 펌프인 경우 단흡입 펌프토출량(Q)의 $\frac{1}{2}$배로 계산한다.

(5) 회전차의 형상은 N_s가 증대함에 따라 원심형, 사류형, 축류형으로 차례로 변화하며 그림으로 나타내면 다음과 같다.

꼼꼼체크 유량은 적어 좋지만 전양정을 높이 내고 싶을 때는 원심펌프를, 유량은 크지만, 전양정은 낮아도 좋은 때는 축류펌프라고 선정이 구분되므로 소유량, 고양정의 원심펌프는 N_s가 작고, 대유량 저양정 축류펌프는 N_s가 커진다.

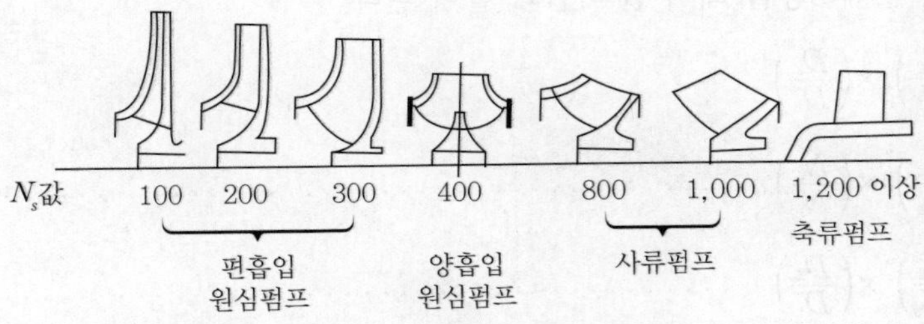

| 비속도값에 따른 임펠러의 단면형상 |

03 비속도 유도

(1) 회전차의 식

$$v=\pi\cdot D\cdot N$$

여기서, v: 회전차의 속도

D: 회전차의 직경

N: 펌프의 회전수

$$\frac{v_2}{v_1}=\frac{D_2}{D_1}\times\frac{N_2}{N_1} \quad \cdots\cdots ①$$

(2) 연속방정식

$$Q=Av,\ A=\frac{\pi D^2}{4}$$

$$\frac{Q_2}{Q_1}=\left(\frac{D_2}{D_1}\right)^2\times\frac{v_2}{v_1} \quad \cdots\cdots ②$$

(3) ②에 ①식을 적용하면 다음과 같다.

$$\frac{Q_2}{Q_1}=\left(\frac{D_2}{D_1}\right)^2\times\frac{D_2}{D_1}\times\frac{N_2}{N_1}$$

$$=\frac{N_2}{N_1}\times\left(\frac{D_2}{D_1}\right)^3 \quad \cdots\cdots ③$$

(4) 토리첼리의 정리 : $v=\sqrt{2gH}$

$$\frac{H_2}{H_1}=\left(\frac{v_2}{v_1}\right)^2$$

$$=\left(\frac{N_2}{N_1}\right)^2\times\left(\frac{D_2}{D_1}\right)^2 \quad \cdots\cdots\cdots ④$$

(5) ③에 2승을, ④에 3승을 해 주면 다음과 같이 된다.

$$\left(\frac{Q_2}{Q_1}\right)^2=\left(\frac{N_2}{N_1}\right)^2\times\left(\frac{D_2}{D_1}\right)^6$$

$$\left(\frac{D_2}{D_1}\right)^6=\left(\frac{Q_2}{Q_1}\right)^2\times\left(\frac{N_2}{N_1}\right)^{-2} \quad \cdots\cdots\cdots ⑤$$

$$\left(\frac{H_2}{H_1}\right)^3=\left(\frac{N_2}{N_1}\right)^6\times\left(\frac{D_2}{D_1}\right)^6 \quad \cdots\cdots\cdots ⑥$$

(6) ⑤에 ⑥을 적용해 정리하면 다음과 같다.

$$\left(\frac{H_2}{H_1}\right)^3=\left(\frac{N_2}{N_1}\right)^6\times\left(\frac{Q_2}{Q_1}\right)^2\times\left(\frac{N_2}{N_1}\right)^{-2}$$

$$\left(\frac{H_2}{H_1}\right)^3=\left(\frac{N_2}{N_1}\right)^4\times\left(\frac{Q_2}{Q_1}\right)^2$$

(7) 회전수 정리

$$\left(\frac{N_2}{N_1}\right)^4=\frac{\left(\frac{H_2}{H_1}\right)^3}{\left(\frac{Q_2}{Q_1}\right)^2}$$

(8) 회전수의 비를 $\frac{N_1}{N_2}$로 바꾸면 다음과 같다.

$$\left(\frac{N_1}{N_2}\right)^4=\frac{\left(\frac{Q_2}{Q_1}\right)^2}{\left(\frac{H_2}{H_1}\right)^3}$$

$$\therefore\ N_1\cdot\frac{Q_1^{\frac{1}{2}}}{H_1^{\frac{3}{4}}}=N_2\cdot\frac{Q_2^{\frac{1}{2}}}{H_2^{\frac{3}{4}}}$$

(9) 여기에서 1번 펌프는 실제 비속도를 구하고자 하는 펌프, 2번 펌프는 가상펌프이다. 따라서, 위 식에서 2번 가상펌프에 $N_2=N_s$, $H_2=1\text{m}$, $Q_2=1\text{m}^3/\text{min}$을 대입하고 1번 실제 펌프에는 $N_1=N$, $H_1=H$, $Q_1=Q$를 대입하면 결과는 다음과 같다.

$$\therefore\ N_s=\frac{N\cdot\sqrt{Q}}{H^{\frac{3}{4}}}$$

04 N_s와 펌프특성

(1) 회전수가 일정할 때 비속도가 변하거나 펌프의 형식이 다르면 펌프의 표준특성을 나타내는 특성곡선의 형태도 변한다. 따라서, 비속도가 특성곡선을 결정한다고 할 수 있다.

(2) 펌프특성은 특성곡선으로 나타나는데, 여기에는 가로축에 토출량, 세로축에 전양정, 축동력, 펌프효율 등을 그림으로 나타낸 것으로 일반적으로는 일정 회전수에서의 펌프성능을 나타낸다.

(3) **비속도의 크기에 따른 비교** 127회 출제

구분	N_s가 높을 경우	N_s가 낮을 경우
유량	크다.	작다.
양정	작다.	크다.
$H-Q$ 성능곡선	급경사	완만하다.
유량이 적을수록 축동력의 변화	증가(700 이상)	감소(600 이하)
토출량과 효율	토출량이 증가할수록 효율은 증가하다가 정격토출량 이상이면 효율은 감소	
	효율변화가 크다.	효율변화가 완만하다.
토출량과 동력	토출량이 증가하면 동력은 감소	토출량이 증가하면 동력도 증가
펌프의 종류	축류, 사류	벌류트, 터빈
특징	① 체절양정은 정격양정에 비해 크게 높다. ② 흡입성능이 나쁘고 공동현상이 발생하기 쉽다.	N_s가 200 이하가 되면 체절양정이 최고 양정보다 아래인 산모양의 곡선이 되어 서징(surging) 현상이 발생할 우려가 있다.

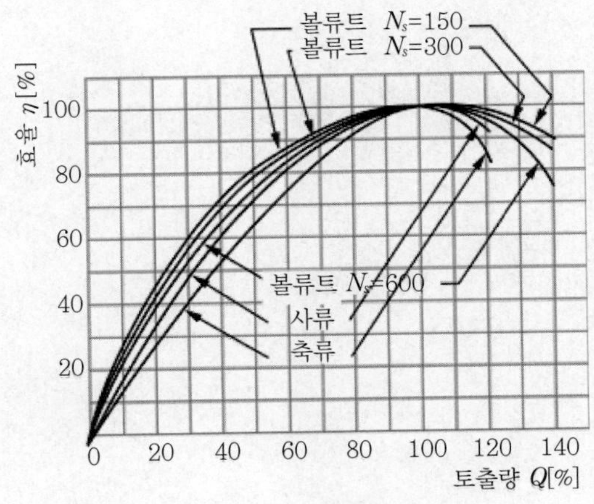

| 비속도에 따른 효율과 토출량 |

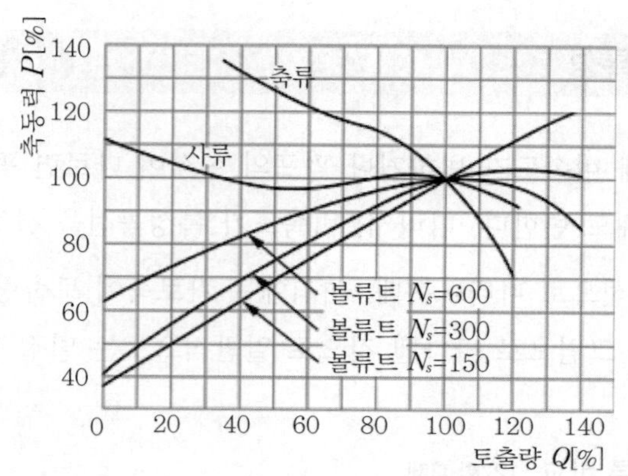

| 비속도에 따른 축동력과 토출량 |

(4) 펌프를 선정하는 경우 이와 같은 N_s에 따른 펌프특성 변화에 주의할 필요가 있다.

05 소방펌프의 선정

(1) 소방펌프는 일반적으로 대유량 저양정의 펌프를 많이 사용하는데, 이 경우 $H-Q$ 곡선이 급경사가 되므로 펌프선정 시 비속도와 펌프특성을 고려하여야 한다.

(2) 소방의 경우 초기 비용보다 동력소비량의 중요성이 떨어지므로, 정격양정 대비 65%에서 정격유량의 150% 이상으로 작동하는 대유량 펌프를 선정하여야 한다.

SECTION

037 상사의 법칙

119·111·106회 출제

01 개요

(1) 상사의 법칙의 정의

1) 상사의 법칙은 원심펌프의 유량, 회전수[rpm], 양정과 동력 소비량 사이의 수학적 관계를 나타낸다.

2) 펌프성능과 관련된 변수 중 하나가 변할 경우 다른 변수들은 이 상사의 법칙에 따라 계산한다.

(2) 상사의 법칙이 필요한 이유

1) 상사의 법칙에 의해 모형에서의 측정값은 일정한 환산율로 원형의 값으로 환산한다.
→ 실물에 의하지 않고 모형을 통하여 실물을 추론한다.

2) 임펠러의 크기를 조정해서 기 제작된 펌프의 압력과 유량을 추정할 수 있다.

3) 회전수의 변경을 통해 유량, 양정, 동력의 변화를 추정할 수 있다.

02 상사의 법칙

(1) 회전수를 N_1에서 N_2로 제어하는 경우의 펌프성능

1) 유량 : $\frac{Q_2}{Q_1} = \frac{N_2}{N_1}$

2) 양정 : $\frac{H_2}{H_1} = \left(\frac{N_2}{N_1}\right)^2$

3) 동력 : $\frac{L_2}{L_1} = \left(\frac{N_2}{N_1}\right)^3$

4) 필요흡입수두 : $\frac{NPSH_{re1}}{NPSH_{reo}} = \left(\frac{N_1}{N_o}\right)^2$

5) 회전수의 변화범위 : 기준회전수의 ±20% 이내

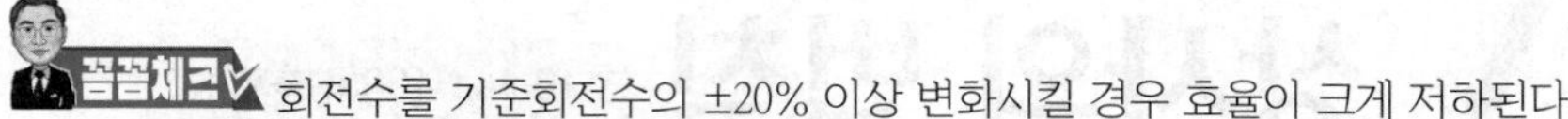

회전수를 기준회전수의 ±20% 이상 변화시킬 경우 효율이 크게 저하된다.

6) 펌프의 회전속도가 50%($N_1 \rightarrow N_2$) 감소할 경우의 변화

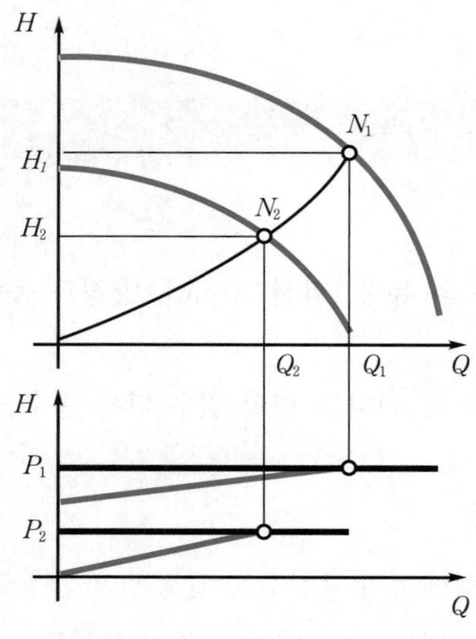

┃ 회전수의 변화에 따른 성능변화 ┃

① 유량 : 50%($Q_1 \rightarrow Q_2$) 감소

② 양정 : 25%($H_1 \rightarrow H_2$) 감소

③ 동력 : 12.5%($P_1 \rightarrow P_2$) 감소

(2) 회전수와 직경변화 : 회전수를 $N_1 \rightarrow N_2$로, 직경을 $D_1 \rightarrow D_2$로 변화시키는 경우의 변화는 다음과 같다.

1) $\dfrac{Q_2}{Q_1} = \dfrac{N_2}{N_1} \times \left(\dfrac{D_2}{D_1}\right)^3$

2) $\dfrac{H_2}{H_1} = \left(\dfrac{N_2}{N_1}\right)^2 \times \left(\dfrac{D_2}{D_1}\right)^2$

3) $\dfrac{L_2}{L_1} = \left(\dfrac{N_2}{N_1}\right)^3 \times \left(\dfrac{D_2}{D_1}\right)^5 \times \dfrac{\eta_1}{\eta_2}$

4) 위 식은 $\dfrac{N_2}{N_1}$ = 0.8~1.2의 범위에서 적용(±20%)이 가능하다.

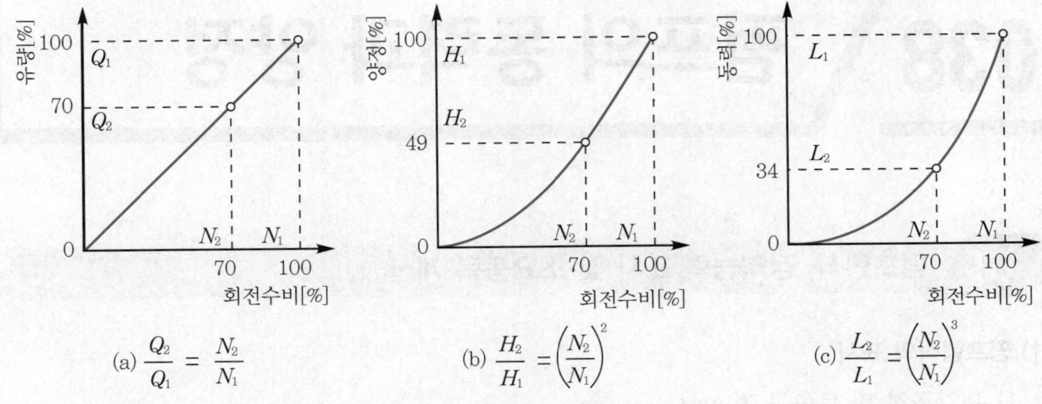

| 회전수비와 유량, 양정, 동력의 관계 |

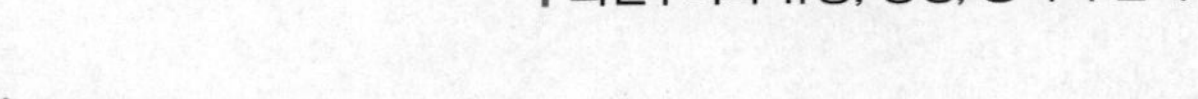

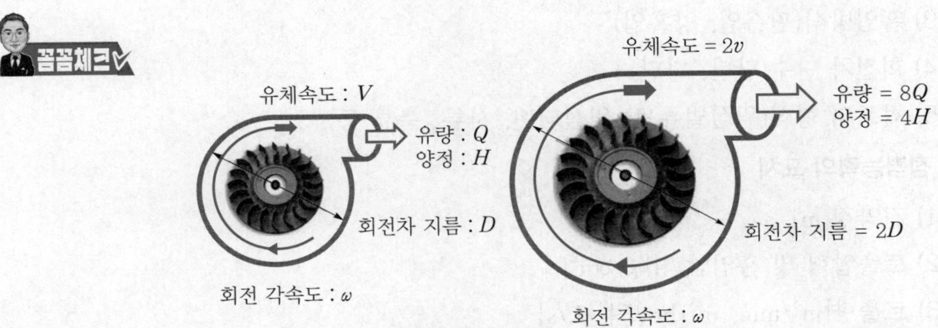

예를 들어, 축척이 2인 펌프를 만들면 회전날개와 연결관 지름 등은 모두 2배가 되고, 면적은 4배, 체적은 8배가 된다. 따라서, 같은 재료로 만들었을 때 무게는 8배가 된다. 날개의 회전 각속도가 같으면 결과적으로 유체속도(v)는 2배, 단면적은 4배가 되므로 시간당 유량(Q)은 8배가 된다. 또 압력은 유속의 제곱에 비례하므로 펌프양정(H)은 4배가 된다. 즉, 크기가 두 배인 펌프를 상사법칙에 맞춰 개발하면 유량(Q)은 8배가 되고 양정(H)은 4배가 되는 것을 알 수 있다.

SECTION

038 펌프의 동력과 양정

01 펌프형식, 정격능력 표시 및 소요동력 계산

(1) 펌프형식의 표시

1) 흡입구경 및 토출구경[mm]
2) 축방향(입축, 횡축, 사축)
3) 흡입방식(편흡입, 양흡입)
4) 회전차 단수(단단, 다단)
5) 펌프의 형식(원심벌류트, 원심터빈, 사류, 축류 등)

(2) 정격능력의 표시

1) 전양정[m]
2) 토출압력 및 흡입압력[kg_f/cm^2]
3) 토출량[m^3/min, m^3/hr 또는 L/s]
4) 구동원동기의 용량[kW, PS]

(3) 소요동력의 계산 : 동력이란 단위시간당 일[J/s = kW]을 말하며, 펌프구동을 위하여 필요한 동력은 전양정, 토출량으로 결정되는 이론동력과 각 기기의 효율로 결정된다.

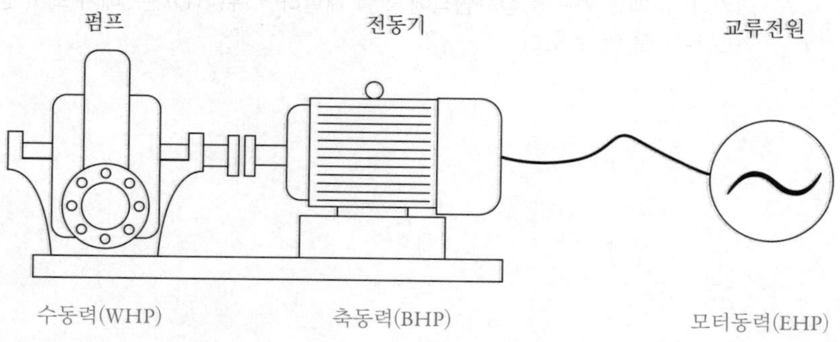

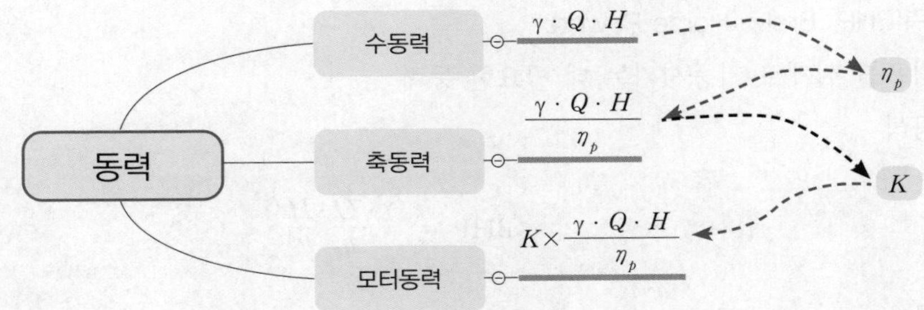

1) 수동력(WHP : Water Horse Power) : 단위시간당 펌프가 하는 일

① 펌프에 의해 이동하는 액체의 중량×펌프에 의해 생성되는 수두

② WHP $= \gamma \cdot Q \cdot H$

$$P_w = 0.163QH[\text{kW}]$$

여기서, P_w : 수동력[kW]

γ : 비중량으로, 물인 경우 1,000[kg$_f$/m^3]

H : 전양정[m]

Q : 토출량[m^3/min]

③ 이를 다시 다음과 같이 나타낼 수 있다.

㉠ 일[J] = 힘×거리 = $m[\text{kg}] \times g[\text{m/s}^2] \times H[\text{m}]$

㉡ 동력[J/s] = 단위시간당 일

㉢ $P_w = \dfrac{m[\text{kg}] \times g[\text{m/s}^2] \times H[\text{m}]}{t[\text{s}]}$

㉣ $m[\text{kg}]/t[\text{s}] = \rho \times q[\text{m}^3/\text{s}]$

㉤ ㉣식을 ㉢식에 대입

㉥ $P_w = \rho \times g \times q[\text{m}^3/\text{s}] \times H[\text{m}] = \gamma \times q[\text{m}^3/\text{s}] \times H[\text{m}]$

$= \dfrac{\gamma \times Q[\text{m}^3/\text{min}] \times H[\text{m}]}{60[\text{s/min}]}$

㉦ $1\text{kW} = 1{,}000\text{kg} \cdot \text{m/s} = 102\text{kg}_f \cdot \text{m/s}$

㉧ $P_w = \dfrac{9.8[\text{kN/m}^3] \times Q[\text{m}^3/\text{min}] \times H[\text{m}]}{60[\text{s/min}]} = 0.163QH$

$= \dfrac{1{,}000[\text{kg}_f \cdot \text{m}^3] \times Q[\text{m}^3/\text{min}] \times H[\text{m}]}{102[\text{kg}_f \cdot \text{m/s} \cdot \text{kW}] \times 60[\text{s/min}]}$

$= \dfrac{1{,}000[\text{kg}_f \cdot \text{m}^3] \times Q[\text{m}^3/\text{min}] \times H[\text{m}]}{6{,}120}$

2) 축동력(BHP : Brake Horse Power)

① 펌프를 실제로 기동시키는 데 필요한 동력

② 공식

$$BHP = \frac{\gamma \cdot Q \cdot H}{\eta_p}$$

여기서, BHP : 축동력

η_p : 펌프의 효율

③ 이를 다시 다음과 같이 나타낼 수 있다.

$$P_p = \frac{P_w}{\eta_p} = \frac{\gamma Q H}{\eta_p \times 102 \times 60} [kW]$$

여기서, P_p : 축동력

P_w : 수동력

η_p : 펌프의 효율

④ 펌프의 효율

구분	정의	관계식	손실원인	개선방안
체적효율 (η_V)	펌프의 입구로 들어온 유량에 대한 송출유량의 비	$\eta_V = \frac{송출유량}{흡입유량} \times 100[\%]$	유체의 누설을 감안한 효율	① 펌프의 기밀도 향상 ② 풋밸브 설치
수력효율 (η_W)	펌프이론에 의해서 계산된 이론수두와 전양정의 비	$\eta_W = \frac{전양정}{이론양정} \times 100[\%]$	펌프 내 마찰손실, 곡관, 단면적 변화 등과 같은 속도손실에 의해 발생하는 손실을 감안한 효율	① 마찰손실감소(조도개선, 관부속과 굴곡 최소화) ② 배관방식 개선(가지배관을 루프나 그리드 배관으로 개선해서 수력효율 향상)
기계효율 (η_M)	축동력에서 펌프 내의 베어링 및 패킹의 손실동력과 원판마찰에 의한 손실동력을 제외한 동력과 축동력의 비	$\eta_M = \frac{축동력-손실}{축동력} \times 100[\%]$	베어링, 축 등에 의한 기계적 손실을 감안한 효율	① 부식방지 ② 베어링과 축에 윤활유 공급

구분	정의	관계식	손실원인	개선방안
전효율 (η_p)	펌프축에 고정되어 있는 회전차를 운전하는 데 필요한 축동력에 대한 수동력의 비	$\eta_p = \dfrac{\text{수동력}}{\text{축동력}} \times 100[\%]$	수력효율×체적효율×기계효율	–

3) 모터동력(EHP) 72회 출제

① 모터를 기동시키는 데 필요한 동력

② $$P_m = \frac{\gamma \cdot Q \cdot H}{\eta_p \times 102 \times 60} \times K$$

여기서, P_m : 모터동력

K : 전달계수

③ 전달계수(K)

㉠ 여유율(α)

- 전압 및 주파수 변동, 연료의 적합 여부, 설계, 제작상의 여유 등을 고려한 값
- 펌프의 운전점이 어떤 폭으로 변화할 때가 있을 때는 일반적으로 축동력도 변화하므로 상용 운전점 내의 최대 축동력 L_S에 대해서 여유를 고려한다.
- 유도전동기 0.1~0.2, 소출력의 엔진 0.15~0.25, 대출력의 엔진 0.1~0.2
- API 규격에서는 원동기의 출력별로 19kW 이하는 0.25, 22~55kW는 0.15, 55kW 이상은 0.10이다.

㉡ 전달장치효율(η)

- 동력전달장치(벨트 또는 전동기 직결 등)에 따른 효율을 고려한 값
- 평벨트 0.9~0.93, V벨트 0.95, 유체이음 0.95~0.97, 커플링 1.0, 감속기 0.94~0.97

㉢ 전달계수 또는 전달효율(K) : $K = \dfrac{1+\alpha}{\eta}$

여기서, K : 전동기 직결 시 1.1, 전동기 이외의 원동기인 경우 1.15~1.2

따라서, $P_m = \dfrac{P_p(1+\alpha)}{\eta}$라고 할 수도 있다.

여기서, P_m : 모터출력

02 펌프의 특성곡선 132회 출제

(1) 특성곡선

1) 정의 : 펌프의 특성을 표시하는 수단
2) 펌프의 특성곡선은 펌프의 규정회전수(부하변동에 따라서 다소의 변동이 생기지만 거의 일정)에서의 토출량과 전양정, 펌프효율, 소요동력, 필요흡입헤드 등의 관계를 나타내는 것으로, 특성 측정방법은 KS B 6301 규정에 따른다.

(2) 펌프 특성곡선 및 성능곡선

1) 원심펌프의 특성은 가로축에 유량[m^3/min], 세로축에 양정[m], 효율[%], 동력[kW]을 잡아서 아래 그래프와 같이 나타낸다.
2) 펌프의 성능곡선인 유량-양정 곡선은 유량이 증가할수록 양정이 약간씩 작아지면서 우측으로 내려가는 우하향 곡선을 나타낸다.

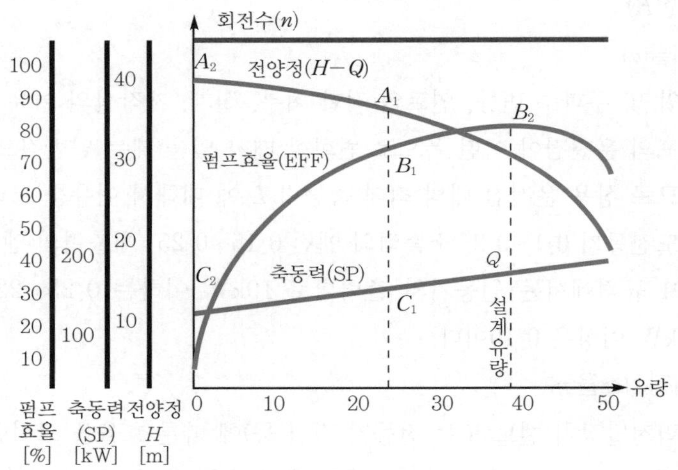

| 펌프의 특성곡선 |

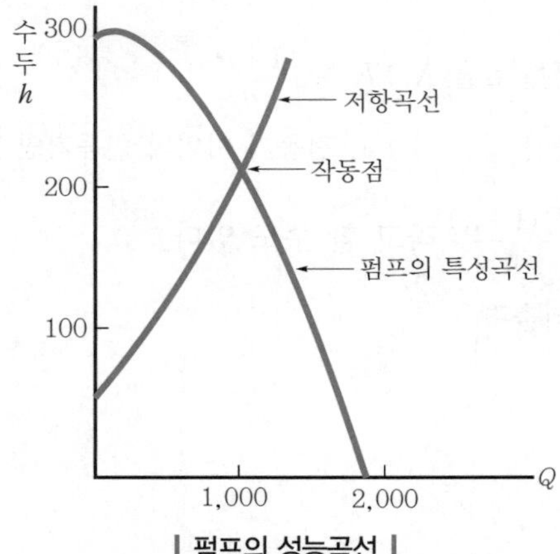

| 펌프의 성능곡선 |

03 펌프의 전양정

(1) 전양정(total head) : 펌프가 해야 되는 일의 총합

전양정(H_t) = 흡입실양정(H_s, actual head of suction) + 토출실양정(H_d, actural head of delivery) + 유속양정(H_v, head of flow velocity) + 관손실양정(H_f, head of friction)

(2) 실양정(actual head) : 흡수면에서 토출조 수면까지의 높이(최고 위치에 설치된 방수구 높이로부터 수조 내 펌프의 풋밸브까지의 높이) = 흡입실양정 + 토출실양정

1) **흡입실양정** : 펌프의 중심선으로부터 흡입액면까지의 수직 높이

2) **토출실양정** : 중심선으로부터 송출액면까지의 수직 높이

(3) 토출단이 기계설비에 직접 접속되어 있으며, 여기에서 필요한 압력이 P[MPa]인 경우에는 펌프 흡수면에서 토출단까지의 높이에 $100 \times P$[m]를 더한 값이 실양정이다.

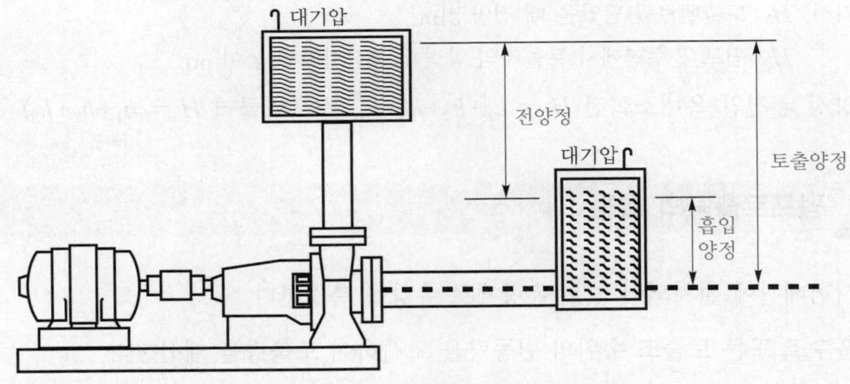

| 가압수조에서 수두압 설명도 |

(4) 토출측 개방 시 펌프 전양정 측정

1) 펌프 흡입측의 압력 P_s[MPa] 측정 : 부압 시에는 감하고(−), 정압 시에는 가산(+)한다.

2) 펌프 토출측의 압력 P_d[MPa]를 측정한다.

3) 토출압력계 중심과 흡입압력계 중심의 높이 차와 속도수두를 측정한다.

4) 펌프 전양정 계산(정압기준)

$$H_T = 100P_d - 100P_s + H_g + \frac{v_d^2}{2g} - \frac{v_s^2}{2g}$$

여기서, H_T : 전양정[m]

H_g : 토출압력계 중심과 흡입압력계 중심의 높이 차[m]

v_d : 토출압력계가 설치된 부분의 관 내 유속[m/s]

v_s : 연성계 또는 진공계가 설치된 부분의 관 내 유속[m/s]

g : 중력가속도(9.8m/s²)

(5) 압력계가 설치되어 있는 부분의 토출측 관경과 흡입측 관경이 같거나 한 치수 정도만 차이가 있는 경우에는 $\frac{v_d^2 - v_s^2}{2g}$(속도수두)는 생략하여도 큰 오차가 없다. 따라서, 그 압력계의 압력(실제로는 정압)을 전압이라 하여도 무방하다.

(6) 토출밸브를 완전히 닫았을 때의 펌프 전양정 조사

1) 펌프 출구측의 압력 P_d[MPa]를 측정한다.

2) 펌프 흡입측의 압력 P_s[MPa]를 측정하는데 P_s 대신에 펌프 흡수면에서 토출측의 압력계 중심까지의 높이 H_d[m]를 측정하여도 된다.

3) 다음의 식을 이용하여 토출측 밸브를 완전히 닫았을 때의 펌프양정을 계산한다.

$H_0 = 100P_d - 100P_s + H_g$[m]

$H_0 = 100P_d + H_d$[m]

여기서, H_0 : 토출밸브를 닫았을 때 전양정[m]

H_d : 펌프 흡수면에서 토출측의 압력계 중심까지의 높이[m]

4) 전양정 = 전압(옥내소화전 $H = h_1 + h_2 + h_3 + h_4$, 스프링클러 $H = h_1 + h_2 + h_3$)

04 펌프토출량의 측정

(1) 성능시험배관에 설치되어 있는 유량계로 유량을 측정한다.

(2) 펌프흡수조 또는 토출조 수위의 변동량을 조사하여 토출량을 계산한다.

$$Q_1 = \frac{A \cdot h}{t} \pm q$$

여기서, Q_1 : 토출유량[m³/min]

A : 흡수조 또는 토출조의 표면적[m²]

h : 수위변화량[m]

t : 측정시간[min]

q : 흡수조로 유입되는 유량(+) 또는 토출조로부터 유출되는 유량(−)[m³/min]

(3) 오리피스를 관로 중간에 설치하고 전후의 압력차로 유량을 측정한다.

(4) 초음파 유량계를 송수관에 설치하여 유량을 측정한다.

SECTION

039 펌프의 소음과 진동

110회 출제

01 펌프의 소음

(1) 일반적 소음

1) 펌프 및 소음레벨은 펌프의 형식, 회전수 및 동력에 따라서 다르다.

2) 설계점의 운전상태에서는 기계로부터 1m에서 80~90dB(A) 정도이고, 일반적으로 디젤 기관보다는 낮고, 전동기와 비교하여도 동등 또는 그 이하이다.

(2) 토출변을 일부 닫은 상태에서의 운전 시 밸브에서 발생하는 소음 : 기계적 원인에 의한 것과 수력적 원인에 의한 것으로 구분한다.

원인	내용	발생소음대책
수력적 원인	① 깃 통과음 : 깃 외주부가 벌류트 케이싱의 벌류트 시작부 또는 디퓨저 깃을 통과할 때 발생하는 압력맥동에 기인한다. ② 캐비테이션에 의한 소음 ③ 회전차 입구의 유속분포가 불균일하여 생기는 소음 ④ 흡입 및 토출 수조의 소용돌이 발생에 의한 소음 ⑤ 서징에 의한 소음 ⑥ 수격현상에 의한 소음	펌프계획 시 회피할 수 있다.
기계적 원인	① 기계구조부분의 공진에 의한 소음 ② 구름베어링의 회전에 의해 생기는 소음 ③ 베어링의 마모 또는 파손 ④ 회전체의 불평형에 의한 진동에 기인하는 소음 ⑤ 회전축이 편심되거나 기계적인 응력으로 축이 휜 경우 ⑥ 공극에 이물질이 들어가면 회전자와의 마찰 ⑦ 볼트 등의 이완 시 ⑧ 엔진펌프 사용 시	① 공진주파수의 회피 ② 미끄럼베어링의 채용 ③ 베어링 교체 ④ 불평형량의 감소 ⑤ 축의 교체 및 정비 ⑥ 이물질 제거 ⑦ 볼트 조임 ⑧ 전기모터로 교체
전기적 원인	① 고조파 발생 시 전압파형의 일그러짐 ② 동기전동기의 난조 ③ 3상 전동기의 운전 중 1상이 결상되면서 회전자계가 불균형 ④ 공극의 간격이 일정하지 않아 생기는 자기적인 불균형 ⑤ 단상 유도전동기의 맥동	① 필터 등 설치 ② 유도전동기 설치 ③ 결상계전기 설치 ④ 공극을 일정하게 설치 ⑤ 3상 유도전동기 설치

(3) 회전차 통과음

1) 여러 소음 중 가장 큰 문제이다.

2) 공식

$$f = \frac{N \cdot Z}{60}$$

여기서, f : 주파수[Hz]

Z : 회전차 깃수

N : 회전수[rpm]

3) 주파수는 통상 50~300Hz로 낮으므로 음을 차단하기는 곤란하다.

4) 압력파동이 펌프 구조부 및 배관계와 공진하면 큰 소음이 나지 않지만, 관로가 긴 경우에는 토출배관 수주의 고유진동과 일치하여 공진이 발생한다.

5) 공진이 발생하는 경우는 배관에서 소음이 발생하는 경우 이외에 배관이 벽을 관통하는 부분 등에서 건물에 진동이 전파되어 건물이 이차 소음원으로 된다.

6) 대책

① 펌프의 회전수가 일정한 경우 : 맥동의 기본주파수도 일정하므로, 주파수만으로 한정하여 소음을 저감하는 방법을 사용한다.

② 펌프의 회전수를 제어하는 경우

㉠ 케이싱벌류트 시작부와 회전차 출구의 간격을 적절하게 조절한다.

㉡ 회전차의 뒷가장자리 또는 케이싱 벌류트 시작부를 경사지게 한다.

㉢ 양흡입 벌류트펌프의 경우에는 좌우의 회전차 위상을 바꾼다.

02 펌프의 진동

(1) 진동의 원인

원인			진동의 특징 및 현상	대책
수력적 원인	캐비테이션	① NPSH 혹은 흡입수위 과소 ② 회전속도 과대 ③ 펌프 흡입구의 편류 ④ 과대 토출량에서의 사용 ⑤ 흡입 스트레이너의 막힘	① 캐비테이션 특유의 소음 발생 ② 주로 토출량이 많을 때 발생 ③ 캐비테이션 발생부분의 금속표면에 둥근 모양의 피팅 발생	① 유효압력을 크게 함 ② 원인 ①, ②, ③은 주로 계획단계에서 해결할 수 있음 ③ 제수변에 의해 유량 조정 ④ 막힌 찌꺼기 제거

원인			진동의 특징 및 현상	대책
수력적 원인	캐비테이션		④ 캐비테이션의 진동스펙트럼은 일정하고 연속적이 아니라 단속적 소멸의 비정상적 현상	
	서징	① 토출량이 극히 적은 개소에서 발생 ② 펌프의 서징조건 ㉠ 펌프 양정곡선이 우상의 기울기 ㉡ 배관 중에 공기조 혹은 공기가 모이는 부분이 있음 ㉢ 토출량의 조정변이 공기조 등의 뒤에 있음	① 전류계침이 크게 흔들림 ② 펌프에 연결되어 있는 배관도 크게 흔들림	① 펌프성능의 개량(주로 계획단계) ② 배관 내에 공기가 모이는 곳을 제거 ③ 펌프 직후의 밸브로 토출량 조절 ④ 유량을 변경하여 서징운전을 피함
	수격현상	펌프의 기동, 정지 및 정전 등에 의한 동력차단 시 배관에 진동 발생	과도현상으로서, 이상압력 상승 혹은 압력 강하 발생	① 계획단계에서 미리 검토하여 해결 가능 ② 기동 정지의 시퀀스의 검토 및 제어 ③ 밸브의 개폐시간 재검토 ④ 서지탱크를 설치하여 이상압력 상승 완화
	펌프 내의 맥동류·박리 등	① 회전차출구 흐름의 맥동 ② 부분토출량에서의 박리	① 펌프의 진동보다 연결배관 등의 진동현상이 많음 ② 특히 이상(위험)진동이 없기 때문에 그대로 운전하여 그 결과로서 진동은 물론 침식, 회전체의 고체접촉 등의 원인이 됨 ③ 통상 펌프에서는 맥동류, 박리류가 많든 적든 존재하고 있고 그 크기 자체가 통상 작은 것이라도 구조계의 강성이 매우 약한 경우에는 진동이 발생하는 경우도 있음	① 설계 시 구조적 종합검토를 통해 해결 가능 ② 토출량 조정 ③ 강성보강에 의해 진동에 대비
	공기의 흡입	① 펌프, 배관에 의해서 ② 잠김깊이 부족 ③ 제진장치에 찌꺼기 등이 막힘에 따라 흡입수위의 저하 ④ 흡입수조의 선회류, 와류 등	캐비테이션과 유사	① 펌프, 배관 플랜지의 체결력 증가 ② 설계단계에서 해결 ③ 제진장치의 청소 ④ 와류방지판, 정류판 등 설치

원인			진동의 특징 및 현상	대책
수력적 원인	공진	–	① 관 내 맥동압 발생, 배관 진동 ② 제어변의 경우 제어계의 조정불량 및 맥동압 발생	① 용량이 큰 밸브로 변경 ② 제어계통의 재조정
기계적 원인	회전체의 불평형	① 평형불량 ② 로타의 열적 굽힘 ③ 정지부와 회전축의 접촉에 의한 로타의 굽힘 ④ 회전체의 마모 및 부식 ⑤ 이물질 부착 ⑥ 회전체의 변형, 파손 ⑦ 각 부의 헐거움 ⑧ 결합상태에서의 불평형	① 회전과 1 : 1로 대응하는 진동 ② 열적 부하에 의해 진동의 크기가 변하는 소형의 로타에서는 비교적 영향을 받기 힘듦 ③ 접촉에 의해 진동이 급격히 증대하는 경우가 있음 ④ 시간의 경과에 따라 진동이 점점 증가 ⑤ 이물질의 부착으로 진동이 점점 증가하고, 부착물의 일부가 박리하면 진동이 급증함 ⑥ 변형의 경우 진동이 서서히 증가하고, 파손의 경우 급격히 증가함 ⑦ 열에 의해 결합부가 느슨해지는 등의 원인인 경우가 있음	① 평형수정을 함 ② 영향도가 비교적 작은 경우는 열영향의 중간점에 주목하여 밸런스함 ③ 열영향이 매우 큰 로타는 별도로 검토해야 함 ④ 마모, 부식의 수리 및 평형의 수정 ⑤ 이물질 부착 방지 및 제거 ⑥ 부품의 교환
	센터링 불량	① 센터링 불량 ② 면센터링의 불량 ③ 열적 얼라인먼트 변화 ④ 기초침하	① 중심이 어긋남과 동시에, 면과 면의 센터링이 불량한 경우에는 축하중이 고르지 못하여 불평형 진동의 감도가 높아지기 쉬움 ② 센터링이 극단적으로 나쁜 경우 ③ 축지지부 혹은 케이싱 등이 열적으로 늘어나 중심을 어긋나게 함 ④ 시간이 경과함에 따라 진동 증가	센터링 수정

<table>
<tr><th colspan="3">원인</th><th>진동의 특징 및 현상</th><th>대책</th></tr>
<tr><td rowspan="3">기계적 원인</td><td>커플링 불량</td><td>① 커플링의 불량
② 체결볼트의 조임 불균일
③ 기어커플링의 기어 이의 접촉 불량
④ 기어커플링의 윤활 불량
⑤ 유체커플링에 의한 진동</td><td>특이한 진동 발생</td><td>① 커플링 교환
② 볼트 또는 고무슬리브 교환
③ 기어 이의 접촉 수정
④ 적당한 윤활방법 검토</td></tr>
<tr><td>축의 손상·마모</td><td>① 드럼축의 손상 마모
② 메탈 GAP 과대
③ 메탈 스펜 과대
④ 윤활 불량</td><td>① 이음(異音)을 수반하는 경우가 있음
② 시간의 경과에 따라 진동이 점점 증대</td><td>① 축 교환
② 메탈 교환
③ 스펜을 줄임
④ 적정한 윤활유 사용
⑤ 급유방법 개선</td></tr>
<tr><td>회전축의 위험속도</td><td>위험속도</td><td>축의 위험속도 부근에서 진동이 급격히 증가하지만 위험속도영역을 지나면 원래대로 회복함</td><td>상용운전속도는 위험속도로부터 25% 정도 낮게 하는 것이 바람직함</td></tr>
</table>

(2) 설치 시 진동의 원인

1) 설치기초가 연약하다.

2) 설계와 설치장소의 환경이 현저히 다르다.

(3) 수력적인 원인에 의한 진동은 펌프가 설계점부근에서 운전되고 있는 경우에는 발생빈도가 낮지만, 설계점으로부터 멀어질수록 진동이 증대한다.

SECTION

040 실(seal)

01 개요

(1) **정의** : 배관이나 회전기기의 연결부위 또는 회전부위의 누설을 방지하고 외부의 오염물질 유입을 방지하기 위한 밀봉부분 또는 밀폐부분을 총칭한다.

(2) 실의 종류는 크게 Static seal과 Dynamic seal 두 가지 종류로 구분한다.

1) Static seal : 플랜지와 플랜지 사이와 같이 면과 면 사이에 끼워서 고정된 상태에 삽입되는 실로, 개스킷이 있다.

2) Dynamic seal : 회전하는 구간에 사용하는 실로, 글랜드패킹, 메커니컬 실 등이 있다.

02 실(seal)의 종류

(1) **오일실**(oil seal)

1) 정의 : 베어링에서 기름이 새는 것을 방지하기 위해 베어링 내에 설치하는 부품의 일부 또는 조합

2) 특징

① 상대적으로 구조가 간단하다.

② 마찰이 작으면서도 밀폐특성이 좋다.

3) 적용대상 : 윤활유나 물의 밀폐

(2) 기계적 실(mechanical seal)

1) 정의 : 축을 가진 회전체에서의 윤활유 등의 누설을 막고, 회전링과 고정링과의 미끄럼에 의해서 기계적(스프링 또는 벨로즈)으로 마찰을 제한하여 밀봉성을 높이고 누설을 최소화하는 부품의 일부 또는 조합

2) 특징

① 고압과 고속의 환경에서도 내구성이 좋다.

② 실(seal)의 구조상 샤프트(shaft)의 마모가 발생하지 않는다.

③ 가격이 비싸다.

3) 적용대상 : 물, 오일, 산, 알칼리 용액 및 공기와 같은 다양한 액체 및 기체의 밀폐(sealing)

4) 구조 : 세라믹링과 카본링 스프링으로 구성된다.

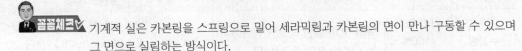

기계적 실은 카본링을 스프링으로 밀어 세라믹링과 카본링의 면이 만나 구동할 수 있으며 그 면으로 실링하는 방식이다.

(3) 글랜드패킹(gland packing)

1) 정의 : 섬유 등의 편조직한 재질을 링 모양으로 압축장착하여 누설을 방지하는 방법이다.

2) 특징

① 조임력과 누설량은 반비례한다.

② 완벽한 누설방지는 되지 않는다.

꼼꼼체크 글랜드패킹은 누설을 완전히 제거하려면 압착으로 인한 마찰발열에 의해 슬리브와 패킹이 탈 수 있으므로 적당한 조임상태로 일정량을 누설시키면서 사용한다.

③ 취급과 사용이 간편하다.

④ 마찰이 크고 마모되기 쉽다.

3) 적용대상 : 물, 기름, 산 및 알칼리성 용액과 같은 거의 모든 액체의 밀폐

4) 종류

구분	내용
압축패킹 (compression packing)	① 보편적으로 사용하는 형태이다. ② 누설을 어느 정도 용인되는 분야에 사용한다.
수력패킹 (hydraulic packing)	① 누설량이 일정량 이상 허용하지 않는 분야에 사용한다. ② 물이나 공기를 다루는 장치에서 사용한다. ③ 고무나 테플론 같은 폴리머 재질을 사용하며 V-type으로 패킹을 만들어서 압착력을 증가, 누설을 최소화한다.

5) 시공방법 : 펌프에 적용하는 형태는 석면사 또는 테플론을 사각 형태로 가공하여 구동축과 하우징 사이에 압입하여 실링한다.

6) 재질 : 일반적으로 섬유질을 사용하고 경우에 따라 Metal이나 고무, Polymer 재질을 사용하기도 한다.

(4) 개스킷(gasket)

1) 정의 : 운동이 없는 부위의 실링(sealing)용으로 사용한다.

2) 사용조건에 따라 다양한 재질과 형상을 사용한다.

03 기계적 실(mechanical seal)과 글랜드패킹(gland packing)의 비교

항목	기계적 실		글랜드패킹	
누설량	거의 없다(100% 누수방지).	극히 적고, 일반 터보형 펌프에서는 $Q<3$~0.01cc/hr이다.	많다.	일반 터보형 펌프에서는 $Q<300$ ~ 1,200cc/hr이다. 분당 20~25 방울의 누수를 허용한다.
수명	길다.	보통 1~2년간 연속사용이 가능하고, 특수한 것은 17년간 연속 사용이 가능하다.	짧다.	장기적으로 글랜드패킹을 교체할 필요가 있으며, 그 빈도가 잦다.
축의 마모	없다.	보통 축, 슬리브의 마찰이 없으므로 마모도 없다.	있다.	축, 슬리브가 외륜을 마찰하므로 마모가 있다.
조정	불필요	자동조정이 된다.	필요	자주 조이지 않으면 누설이 증가한다.
마찰손실	작다.	마찰면적과 마찰계수가 작으므로 소비동력이 작다.	크다.	마찰면적과 마찰계수가 크므로 소비동력이 크다.
동력손실	거의 없다.	회전축의 직접적인 마찰이 배제되므로 동력손실이 거의 없다.	크다.	회전축의 글랜드볼트를 조임에 따라 전동기축 과부하로 수명이 단축된다.
장비의 길이	짧다.	길 경우에도 조정용 스페이스가 불필요하기 때문에 전체적으로는 짧다.	길다.	교체용 스페이스가 필요하기 때문에 길다.
가격	고가	단, 초기비용은 높지만 Seal이 회전축에 접촉되지 않으므로 수명이 길고 전력비가 대폭 감소한다.	저가	글랜드패킹을 1~3개월 내로 주기적으로 교체해 주어야 하며 회전축의 마모로 인한 펌프의 수명단축과 직접 마찰로 인해 전력비가 증대한다.
구조	복잡	부품수가 많고, 고정밀도가 요구되므로 복잡하다.	간단	부품수가 적고, 정밀도가 낮아 간단하다.
취부	어렵다.		쉽다.	
교체	불편	일부 부품에 이상이 있으면 전체를 교환해야 한다.	용이	분해와 교체가 용이하다.
사용펌프	벌류트펌프		압축펌프	

항목	기계적 실	글랜드패킹
예		

SECTION

041 펌프의 손실

01 개요

(1) 축동력 P(회전구동장치(터빈)에 의해 펌프에 공급된 동력)는 발생되는 손실로 인해 에너지가 유체에 100% 전달되지 않는다. 따라서, 손실의 원인을 파악하고 이를 최소화함으로써 펌프의 효율을 최적으로 유지할 수 있다.

(2) **종류 :** 수력손실, 누설손실, 기계적 손실

02 수력손실(hydraulic loss)

(1) **정의 :** 액체가 펌프 흡입구(suction port)로부터 송출구까지 흐르는 동안 유로 전체에서 발생하는 손실수두

(2) 특징

1) 펌프의 성능에 가장 큰 영향을 주는 손실이다.

2) 축동력의 약 8~20% 정도이다.

(3) 수력손실의 종류

1) 주손실 : 펌프 흡입구에서 송출구에 이르는 유로 전체에 따르는 마찰로 인한 손실

2) 부차적 손실

① 곡관, 단면적 변화 등 유체의 속도변화에 의한 손실

② 회전차, 안내깃 등에 유체가 흐를 때 와류에 의한 손실

③ 회전차의 깃 입구와 출구에서 유체입자들의 충돌에 의한 손실

03 누설손실(leakage loss, 체적 손실)

(1) **정의 :** 펌프로부터의 누설이나 임펠러 내 액체의 재순환에 의한 손실

(2) 발생부위

1) 회전차입구에서의 웨어링(wearing ring or mouth ring) 부분

2) 축 추력방지를 위한 평형공(balance hole)

3) 패킹 박스(packing box)

4) 다단펌프의 경우 인접한 두 개의 단 사이 틈새

5) 환상 틈의 누설유량

6) 봉수용 또는 냉각을 위한 주수

(3) 누설수의 종류

1) 펌핑 대상의 유체

2) 봉수봉에 사용하는 압력수

3) 베어링 및 패킹박스 냉각에 사용하는 냉각수

04 기계손실(mechanical power loss)

(1) 정의 : 베어링, 회전하는 부품과 정지하는 부품 간의 마찰로 인한 손실

(2) 특징

1) 회전수의 제곱에 비례한다.

2) 누설손실과 기계손실은 반비례관계이다.

패킹의 압착강도를 크게 하면 누설량은 적어지나 마찰증대로 인한 기계적 손실은 커진다. 따라서, 어느 정도 누설을 허용하더라도 기계손실을 작게 하는 것이 좋다.

3) 스테파노프(Stepanoff, Centrifugal and Axial의 저자)의 경험 : 축동력의 1%

(3) 베어링장치와 누설방지장치에 의한 손실이다.

(4) 구분

1) **기계적 손실 :** 펌프에서는 회전하는 부분인 회전차와 고정된 부분인 케이싱(와류실)의 상대적인 부분에 있어서 원활한 회전을 위한 축수장치(bearing)와 아울러 축의 회전을 허용하게 해준 결과로 인한 누설방지를 목적으로 한 축봉장치와의 관계로 발생한 마찰에 의한 동력손실(L_m)

2) 원판마찰손실(disk friction power loss, 내부 기계적 손실) : 회전차를 단순한 원판(disc)으로 간주하고 그 원판인 회전차가 케이싱 내의 유체를 헤치고 회전하는 데 수반되는 마찰손실 동력(L_d)

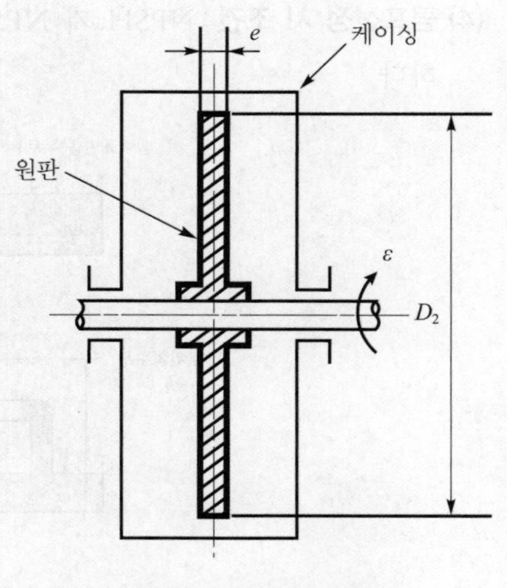

| 케이싱 내 원판의 구성도 |

SECTION 042

NPSH(Net Positive Suction Head)

114·112·91·88·83회 출제

01 개요

(1) **정의** : 흡입배관을 통해 유체를 펌프임펠러로 유동시키는 압력구배(수위에서부터 펌프입구까지의 수두)

(2) 수조의 수위가 펌프보다 낮은 경우 펌프에 의해 물이 자연적으로 흡입되는 것이 아니라 펌프구동에 따라 배관 내 기압이 대기압 이하로 감소하고 이때 외부 대기압이 감소한 기압만큼의 압력구배가 발생하여 이 힘에 의해 배관 내 물이 자연적으로 상승하는 것이다.

(3) NPSH 곡선(NPSH = $NPSH_{av}$)

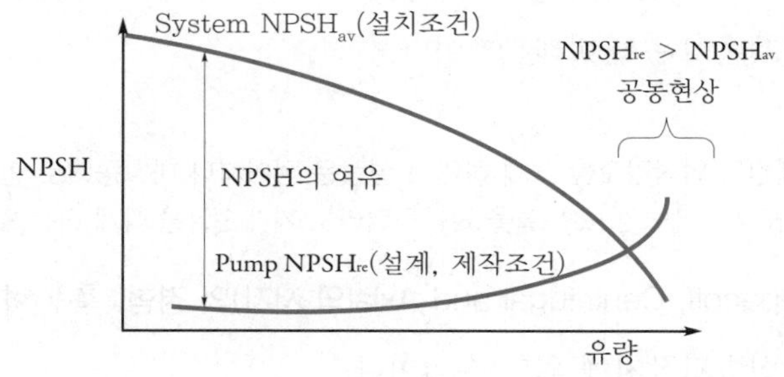

| 소방펌프의 NPSH 곡선 |

(4) **펌프선정 시 조건** : $NPSH_{av}$가 $NPSH_{re}$를 초과하는 펌프이어야 공동현상 없이 송수가 가능하다.

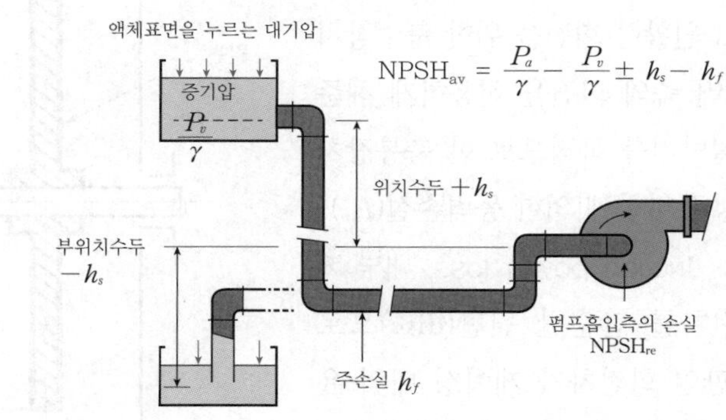

| 펌프흡입측의 압력[15] |

15) Pressure at the pump inlet. Net Positive Suction Head에서 발췌

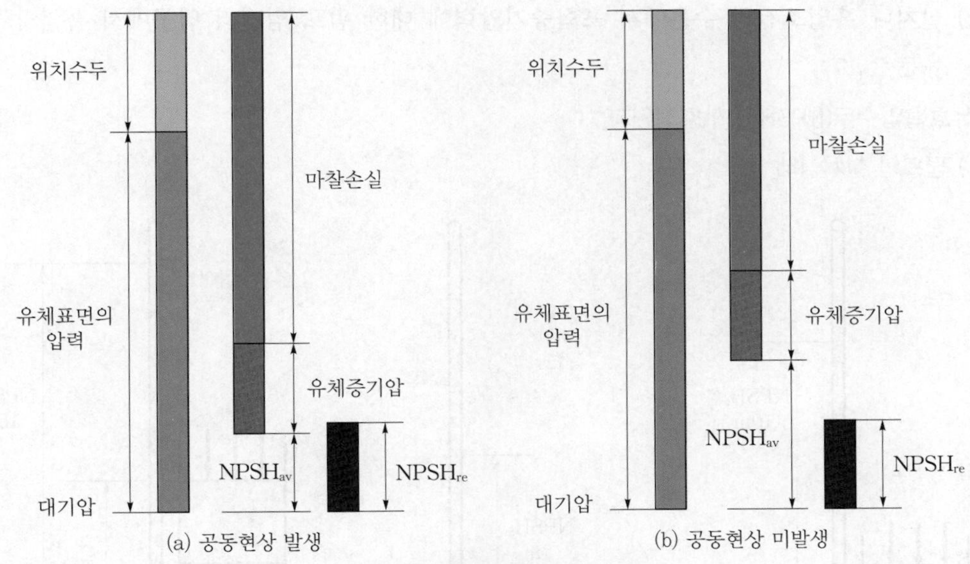

| $NPSH_{re}$와 $NPSH_{av}$의 이해[16] |

(5) $NPSH_{av}$는 설치조건에 의해 결정되고 $NPSH_{re}$는 펌프설계에 의해 결정된다.

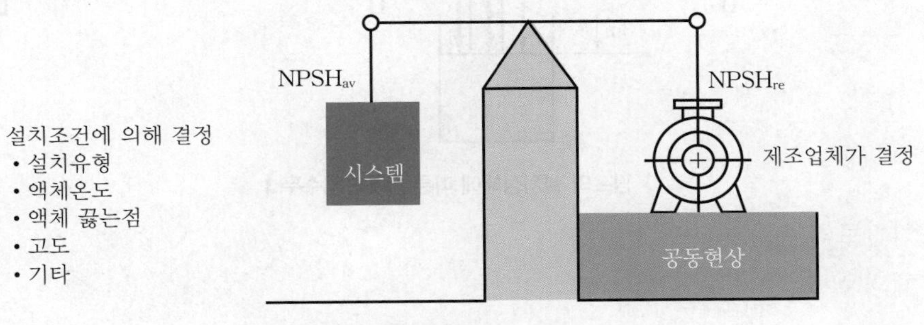

| $NPSH_{av}$와 $NPSH_{re}$의 결정 |

02 $NPSH_{av}$(Available Net Positive Suction Head)

(1) 정의

1) 펌프에 공급되는 유효흡입수두

2) 펌프 흡입점에서의 절대압력(the absolute pressure at the suction port of the pump)[17]

(2) 현장 설치상태에 의한 흡입조건

1) 펌프의 설치조건 및 흡입조건에서 정해진 값

16) Understanding NPSHa and NPSHr. Net Positive Suction Head에서 발췌
17) Understanding Net Positive Suction Head에서 발췌

2) 설치나 흡입조건의 수온에서 포화증기압력에 대한 펌프 임펠러 입구에서 흡입압력 여유분

(3) 유효흡입수두($NPSH_{av}$)의 결정인자

1) 펌프의 설치상태

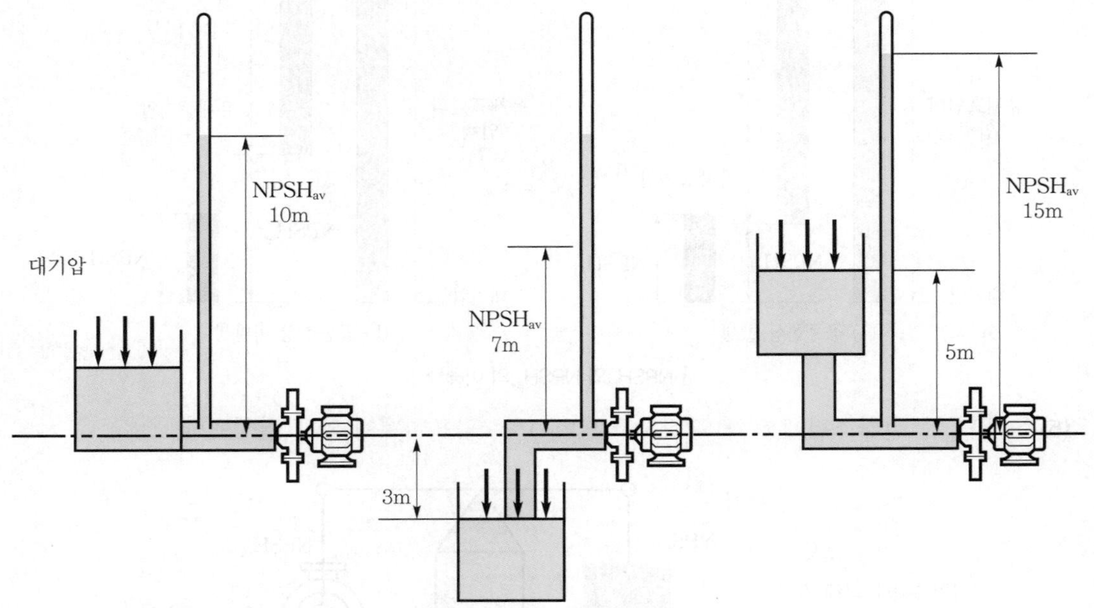

| 펌프의 설치상태에 따른 유효흡입수두 |

2) 흡입관로의 손실

3) 유체의 온도

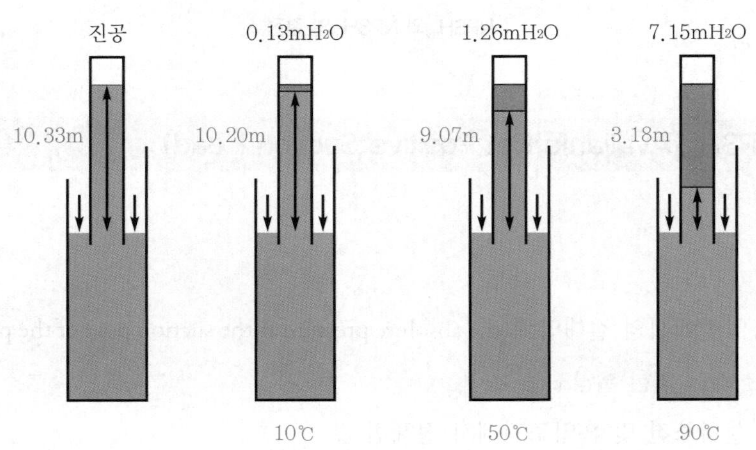

| 유체의 온도에 따른 유효흡입수두(포화증기압과 반비례) |

(4) 유효흡입수두 공식

$$NPSH_{av} = \frac{P_a}{\gamma} - \frac{P_v}{\gamma} \pm h_s - h_f$$

여기서, P_a : 대기압[kg/m^2]

γ : 비중량[kg/m^3]

P_v : 유체의 포화증기압[kg/m^2]

h_s(static head) : 낙차[m]

h_f(friction losses) : 마찰손실[m]

꼼꼼체크 **펌프의 흡입성능 = 포화증기압 ± 펌프의 설치위치 + 마찰손실수두**

(펌프의 흡입성능 = 대기압 − $NPSH_{av}$)

대기압 − $NPSH_{av}$ = 포화증기압 ± 펌프의 설치위치 + 마찰손실수두

$NPSH_{av}$ = 대기압 − 포화증기압 ± 펌프의 설치위치 − 마찰손실수두

이를 수두로 나타내면

$$NPSH_{av} = \frac{P_a}{\gamma} - \frac{P_v}{\gamma} \pm h_s - h_f$$

03 $NPSH_{re}$(Required Net Positive Suction Head)

(1) 정의

1) 펌프 입구에서 임펠러 중심부까지의 손실수두로 필요흡입수두
2) 펌프의 흡입점에서 펌프의 공동현상을 방지하기 위해 요구되는 최소 압력
3) 임펠러 입구에서 압력이 수두환산으로 얼마 저하하는지를 나타내는 값

(2) 펌프 내에서 압력이 가장 낮은 지점 : 임펠러 중심부(임펠러 아이)

1) 중심부에서는 임펠러의 회전에 따른 동압이 최대가 되므로 가장 낮은 정압상태를 형성한다.
2) 정압 이상의 포화증기압을 유지할 필요가 있다.
   ① 포화증기압보다 낮은 경우 : 상온에서도 증발이 발생하여 공동현상이 발생한다.
   ② 펌프의 정압 감소에 해당하는 압력이 $NPSH_{re}$이며, 이 값은 펌프 고유특성의 값이다.
   ③ 펌프제작사가 각 펌프마다 테스트절차를 거쳐 결정하며 해당 펌프에 대한 특성곡선에 표시한다.

(3) 소방펌프는 흡입비속도가 클수록 $NPSH_{re}$가 작으므로 더 우수한 펌프이다. 왜냐하면 $NPSH_{re}$는 일종의 손실이고 작다는 것은 흡입성능이 좋다는 것이다.

(4) $NPSH_{re}$를 구하는 방법(설비계획단계에서 $NPSH_{re}$을 대략 추정해 볼 수 있는 방법)[18]

1) 흡입비속도(S)에 의한 방법

① 흡입비속도 : 캐비테이션의 발생한계를 판정하기 위한 계수

② $NPSH_{re}(H_{sv})$는 회전차 입구에서부터 임펠러 중심부까지의 손실수두를 의미하며, 일종의 부의 양정으로 고려되는 값으로 H_{sv}와 Q와의 사이에는 다음 식의 관계가 성립한다.

$$S = \frac{\sqrt{Q}}{NPSH_{re}^{\frac{3}{4}}} \times N$$

$$NPSH_{re} = \left(\frac{N \times \sqrt{Q}}{S}\right)^{\frac{4}{3}}$$

③ Q는 최고 효율점의 토출량이며 양흡입펌프인 경우에는 $\frac{1}{2}$을 적용한다.

④ Q를 m^3/min, H_{sv}를 m, N을 rpm으로 나타냈을 때 일반설계를 한 펌프에서는 비속도값은 약 1,200~1,300으로 적용한다.

㉠ S=1,300인 경우의 N과 Q에서 $NPSH_{re}$를 구하는 선도는 다음 그림을 통해서 구할 수 있다.

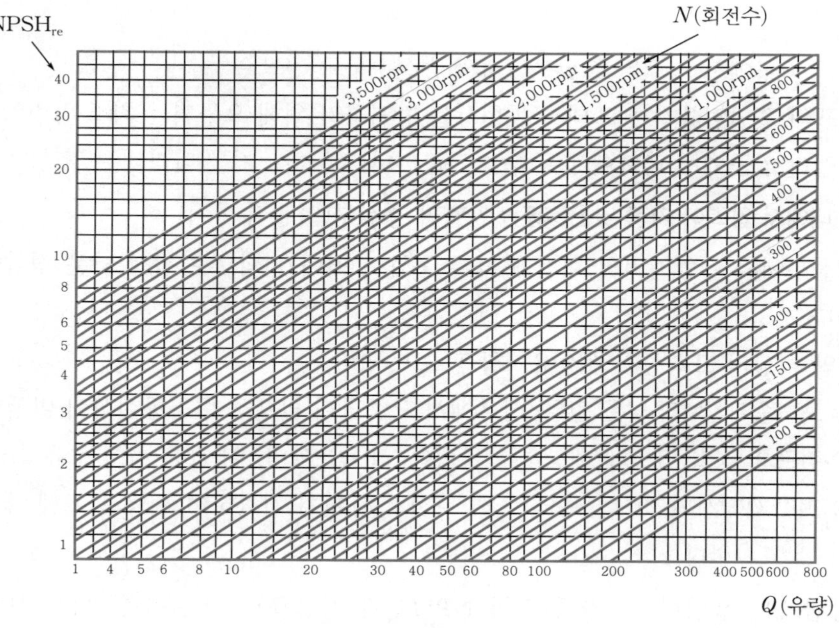

| Q, N에 따른 $NPSH_{re}$ |

18) 효성 EBARA사의 효성 펌프편람에서 발췌

㉡ S=1,300 이외의 경우는 다음 그림상의 환산계수에 의한 방법을 이용한다.

꼼꼼체크 아래의 표를 이용해서 흡입비속도를 S=1,300으로 환산하여 상기 표에 의해서 계산한다.

$NPSH_{re}{'}$(구하고자 하는 필요흡입수두)
=β(필요흡입수두 환산계수) × $NPSH_{re}$(S=1,300 경우의 필요흡입수두)

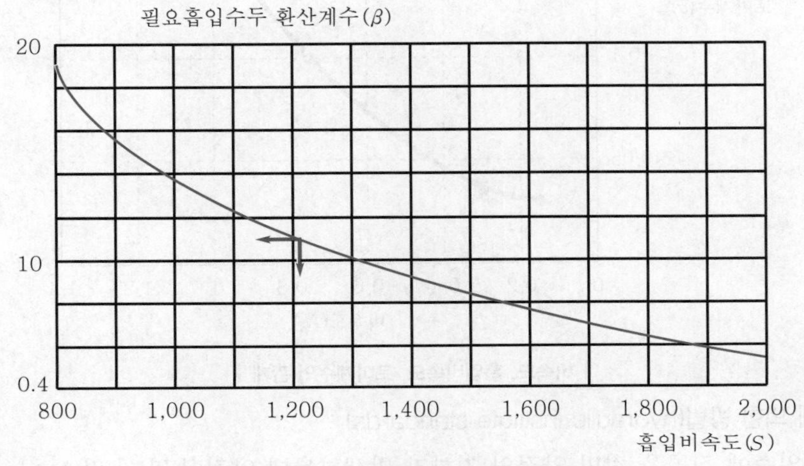

| 흡입비속도와 필요흡입수두 환산계수 |

2) 캐비테이션 계수(Thoma 계수)에 의한 방법

① 펌프 전양정을 H, 그 점에서의 유효흡입수두 NPSH로 표시하면 Thoma 계수(σ)는 다음과 같이 나타낼 수 있다.

$$\sigma = \frac{\text{NPSH}}{H}$$

여기서, σ : 토마의 계수
NPSH : 유효흡입수두[m]
H: 펌프의 전양정[m]

② 토마계수는 아래의 그래프를 통하여 구한다.

③ X축에 비속도(N_s)와 흡입비속도(S)가 만나는 Y축의 값으로 구한다.

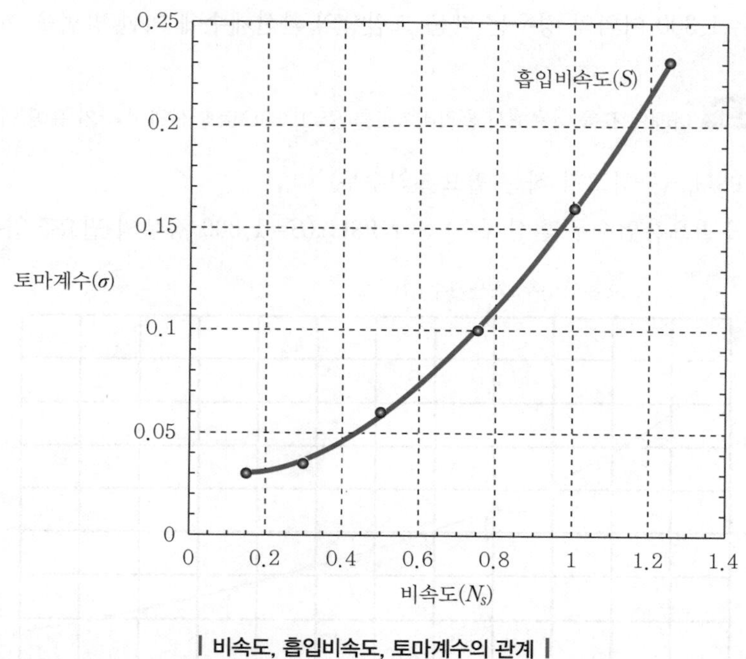

| 비속도, 흡입비속도, 토마계수의 관계 |

3) 실험에 의한 방법(hydraulic institute standards)

① 흡입측에 진공을 걸면 양정의 저하가 발생하는데 양정이 3[%] 감소하는 바로 그 지점이 캐비테이션 발생 초기 단계이다.

② 양정이 3[%] 감소하는 진공압력[mmHg]을 수두[m]로 환산한 값이 $NPSH_{re}$ 값이다.

③ 양정이 3[%] 감소할 때 흡입탱크의 진공압력이 430mmHg이라면 $NPSH_{re}$ 값은 다음과 같다.

$$\frac{430\text{mmHg}}{760\text{mmHg}} \times 1.0332\text{kg/cm}^2 = 0.58\text{kg/cm}^2 = 5.8\text{m}$$

04 펌프의 흡입측 압력분포($NPSH_{av}$ vs $NPSH_{re}$)

(1) 유효흡입수두와 필요흡입수두의 관계식

$$NPSH_{av} = P_a - P_{vp} - H_s - H_f \geq NPSH_{re}$$

여기서, P_a : 대기압

P_{vp} : 유체의 포화증기압

H_s : 낙차

H_f : 흡입배관의 마찰손실

(2) 펌프에서의 유효흡입수두와 필요흡입수두

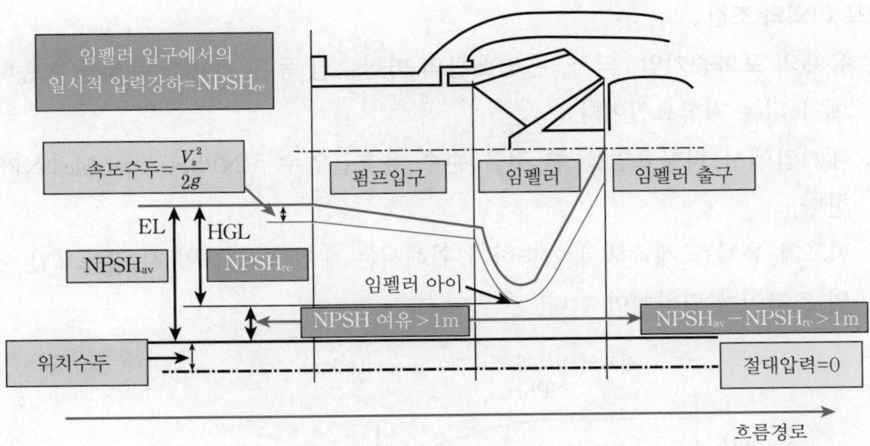

05 안전운전조건

(1) 캐비테이션의 발생 없이 펌프를 안전하게 운전하기 위해서는 펌프 입구 직전에서의 전압력($NPSH_{av}$)이 펌프 내의 물이 유입되면서 발생하는 손실[필요 NPSH × $(1+\alpha)$]보다 α만큼 높아야 한다.

1) 운전범위 내에서 항상 [$NPSH_{av} > NPSH_{re} \times (1+\alpha)$]의 관계를 유지하여야 한다.

2) $NPSH_{av} > NPSH_{re} + 0.5m$(최소기준)

(2) **일반적인 α의 값** : $\alpha \geq 0.3$ (단, $NPSH_{re} \times 0.3 \geq 0.5$)

(3) 적은 유량에서 초기 $NPSH_{re}$은 급격히 높아지므로 적은 유량 운전에 주의가 필요한데, 이의 대책으로는 최소 운전유량을 증가시키거나 펌프 회전속도를 변속하는 것이다.

(4) **소화펌프의 선정**

1) 펌프의 순수흡입수두(net positive suction head) : 펌프 흡입측의 압력수두

① 수원이 펌프보다 아래에 있을 경우 : 흡입수두 = 대기압 − 낙차

② 수원이 펌프보다 위에 있을 경우 : 흡입수두 = 대기압 + 정압

2) 보통의 압력기준은 게이지압을 기준으로 하지만, NPSH는 절대압 기준이기 때문에 절대압의 개념인 Net라는 말을 사용한다.

Net의 사용 이유 : 펌프흡입측 플랜지의 펌프운전 시의 압력계 눈금은 수원이 펌프보다 아래에 있을 경우 부압(-)이 되지만 절대압력으로 환산하면 양압(+)이 되기 때문에 절대압의 개념인 Net라는 단어를 사용하여 NPSH(Net Positive Suction Head)라고 한다. 이 NPSH는 펌프설계와 용량 및 속도와의 함수로서 펌프제조업체에 의하여 주어지며, 순수

필요흡입수두(NPSH Required ; $NPSH_{re}$)라고 한다.

3) 펌프 이외의 조건

① 유체의 포화증기압, 낙차, 흡입배관의 마찰손실 등은 펌프가 유체를 이송하는 데 장애가 되는 저항요인이다.

② 대기압에서 저항요인을 뺀 것을 순수 유효흡입수두(NPSH Available : $NPSH_{av}$)라고 한다.

③ 펌프가 유체를 계속해서 이송하기 위해서는 대기압 − 흡입 시 장애요인 ≥ $NPSH_{re}$의 조건이 성립하여야 한다.

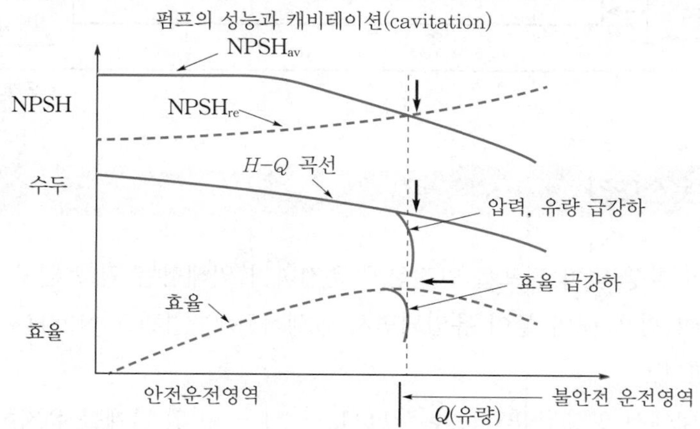

펌프의 성능과 캐비테이션(cavitation)

06 흡입조건개선을 위한 대책

(1) $NPSH_{av}$ 증가방법과 $NPSH_{re}$ 감소방법

<table>
<tr><th>구분</th><th colspan="2">대책</th></tr>
<tr><td rowspan="9">$NPSH_{av}$ 증가</td><td colspan="2">펌프의 설치위치를 낮게 한다(흡입양정 감소).</td></tr>
<tr><td rowspan="5">흡입손실의 감소
$\Delta H = \lambda \cdot \frac{L}{D} \cdot \frac{v^2}{2g}$</td><td>관경($D$)을 크게 한다.</td></tr>
<tr><td>손실이 작은 부속품을 사용한다(버터플라이 ×, 스트레이너 청소).</td></tr>
<tr><td>배관 길이(L)를 짧게 한다.</td></tr>
<tr><td>흡입속도(v)를 줄인다.</td></tr>
<tr><td>회전수를 줄인다.</td></tr>
<tr><td colspan="2">수온을 낮추어 포화증기압을 낮춘다.</td></tr>
<tr><td colspan="2">P_a(흡수면에 작용하는 압력)의 증가 : 압력수조를 사용하여 대기압보다 큰 압력을 공급한다.</td></tr>
<tr><td colspan="2">수직 회전축 펌프를 사용한다.</td></tr>
</table>

구분	대책
$NPSH_{re}$ 감소	단흡입펌프보다는 양흡입펌프를 사용한다$\left(Q \rightarrow \frac{Q}{2}\right)$.
	펌프의 선정 시 $NPSH_{re}$가 작은 펌프를 선정한다.
	정격용량을 현저하게 벗어난 운전을 피한다. 양정변화가 큰 경우 저양정 영역에서의 $NPSH_{re}$가 증가하므로 공동현상에 주의한다.
	펌프의 회전수를 낮추어 흡입비속도를 낮춘다.

(2) $NPSH_{av} \geq 1.3 \times NPSH_{re}$가 되도록 한다(정격토출량의 150% 기준).

(3) **흡입수조의 형상과 치수** : 흐름에 과도한 편류 또는 와류가 생기지 않도록 설치한다.

(4) **흡입조건개선**

1) 대용량 펌프 또는 흡입이 불가능한 펌프는 흡수면보다 펌프를 낮게 설치하거나 압축펌프로 선택하여 임펠러의 위치를 낮게 설치한다.

2) 부스터펌프를 설치한다.

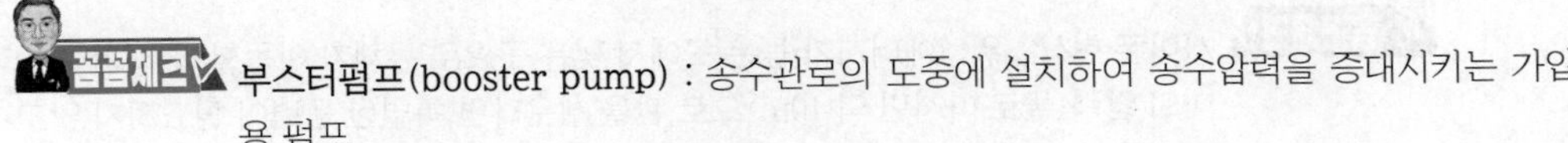

꼼꼼체크 **부스터펌프(booster pump)** : 송수관로의 도중에 설치하여 송수압력을 증대시키는 가압용 펌프

3) 펌프의 흡입측 밸브에서는 절대로 유량조절을 해서는 안 된다(흡입손실 증대).

(5) 펌프의 전양정에 과대한 여유를 주지 않는다.

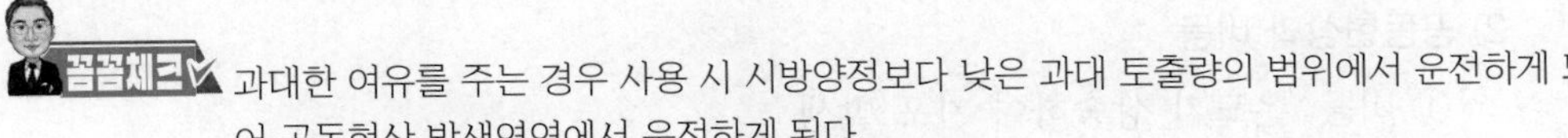

꼼꼼체크 과대한 여유를 주는 경우 사용 시 시방양정보다 낮은 과대 토출량의 범위에서 운전하게 되어 공동현상 발생영역에서 운전하게 된다.

(6) **외적 조건으로 보아 공동현상을 피할 수 없을 경우의 대책**

1) 임펠러의 재질을 캐비테이션 괴식에 대하여 강한 재질로 선택하여 설치한다.

2) 소량의 공기를 흡입측에 인위적으로 넣어서 소음과 진동을 완화시킨다.

07 결론

(1) 펌프에 공동현상(cavitation)이 발생하면 충격, 소음, 진동 등이 발생하여 임펠러손상 등을 일으킬 수 있다.

(2) 수계소화설비의 펌프설계 시에는 반드시 NPSH를 고려하여 공동현상이 발생하지 않도록 해야 한다.

SECTION 043 펌프의 이상현상

01 공동현상(cavitation) 128·125·120·112·91·88·83회 출제

(1) 개요

1) 물의 경우 100℃가 되면 끓지만 이것은 대기압에서 일어나는 현상이며, 압력이 대기압 이하로 떨어지면 비등점이 점점 내려가서 상온에서도 끓게 된다.

2) **정의**: 유체 속에서 압력이 낮은 곳이 생기면 물속에 포함되어 있는 기체가 물에서 빠져나와 압력이 낮은 곳에 모이는데, 이로 인해 물이 없는 빈 공간이 생긴 것을 공동이라고 하고 발생하는 현상을 공동현상이라 한다.

사이폰 현상: 위치에너지가 높은 곳에서 낮은 곳으로 유체가 이동할 때 대기압보다 작은 높이의 압력(물로 따지면 약 10m)으로 관을 세운다면 특별한 동력이 필요하지 않고 자연적으로 높은 곳에서 작은 곳으로 이동하는 현상

(2) **원인**: 정압 < 포화증기압

1) 흡입배관 내 정압(임펠러눈)이 포화증기압보다 낮아서 상온에서 물이 증발하는 현상

2) 공동현상과 비등

① 비등: 온도가 상승하여 기포 발생

② 공동현상: 압력이 감소하여 기포 발생

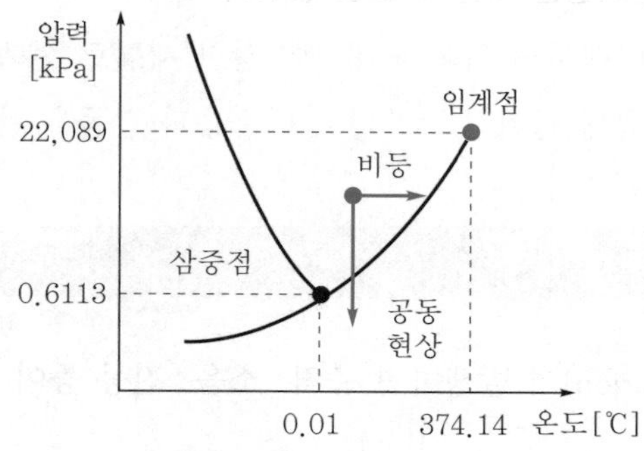

| 물의 공동현상과 비등현상 |

3) 정압이 포화증기압보다 작은 이유

① 전압이 작다(부압수조인 경우 전압이 최대 0.1MPa).

② 동압이 크다. 예를 들어 호스를 접으면 물의 흐름이 빨라지면서 동압이 증가하고 상대적으로 배관을 수직으로 누르는 힘인 정압이 줄어든다.

4) 동압의 계산방법 : 물의 유속을 통해 계산한다.

$$P_v = \frac{v^2}{2g} r$$

5) 전압 − 동압 = 정압

6) 공동현상이 발생하는 주요 장소

① 정압이 작은 곳 : 펌프 흡입측의 임펠러눈에서 가장 빠른 동압이 형성되어 정압이 가장 낮게 형성되므로 공동현상이 발생할 가능성이 크다.

② 동압이 큰 곳 : 밸브류(특히 감압밸브의 협축부로 인해 동압이 증가하고 정압이 감소)

㉠ 공기가는 1차측 압력이 높으므로 그대로 있으나 유체가 밸브를 통과하여 압력이 떨어지게 되면 기포가 발생한다.

㉡ 발생된 기포는 압력이 회복되는 부분까지 이동을 하여 기포가 파괴되는데 이때 기포의 파괴로 압력이 상승하여 소음이 발생되며, 이 현상으로 배관의 진동과 배관 내부의 침식, 부식, 마식 현상이 발생한다.

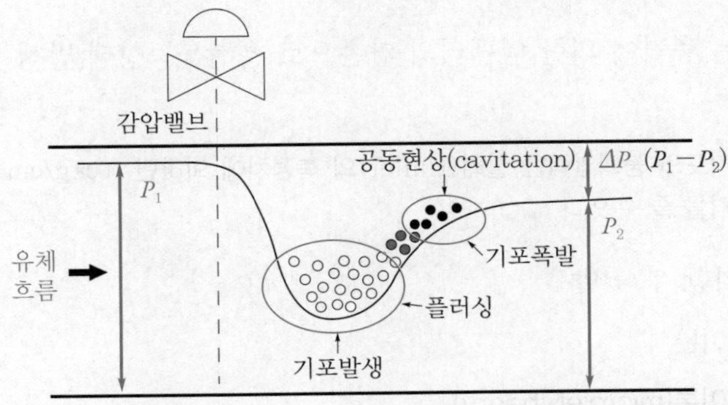

밸브의 공동현상[19]

③ 펌프 토출측 : 수주 분리(water column separation)

19) 삼양밸브 김정열과장의 홈페이지에서 발췌

④ 사이폰관의 공동현상

㉠ 공동현상은 압력이 가장 낮은 A에서 발생한다.

㉡ 호스 토출속도 v_2는 H(수면과 노즐 끝의 차)의 영향을 받는다.

$$v_2=\sqrt{2gH}$$

㉢ 공동현상은 L과 H의 영향을 받는다.

- L이 증가할수록 전압은 감소(전압 = 대기압$-L$(진공압))한다.
- H가 증가할수록 속도가 증가하여 동압이 증가한다.

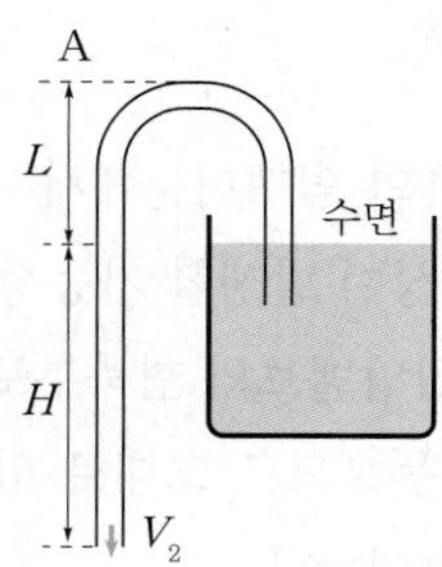

(3) 현상

1) 부드럽지 못한 펌프의 회전음 발생 → 성능 저하

2) 본체의 진동과 소음 발생

3) 송수량의 불규칙성

4) 심한 경우에는 충격에 의한 임펠러의 파손으로 운전불능상태 발생

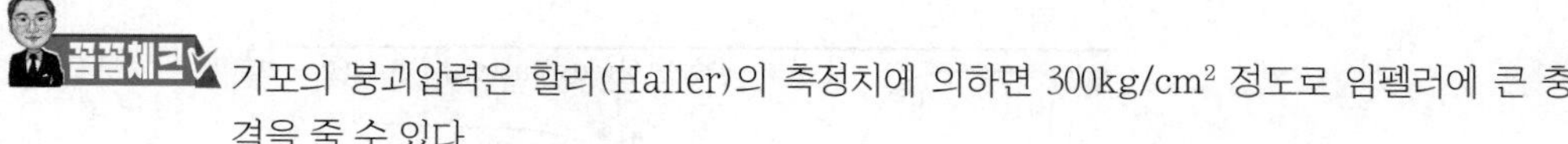

기포의 붕괴압력은 할러(Haller)의 측정치에 의하면 300kg/cm^2 정도로 임펠러에 큰 충격을 줄 수 있다.

5) 공동현상에 의한 부식 발생

(4) 공동현상의 충격이론

1) 마이크로제트 이론(microjet theory)

① 기포가 비대칭적으로 붕괴되면서 매우 작고 높은 속도의 액체제트가 발생한다.

② 액체제트가 임펠러 표면에 충돌하면 표면의 일부가 떨어져 나가는 침식으로 손상이 발생한다.

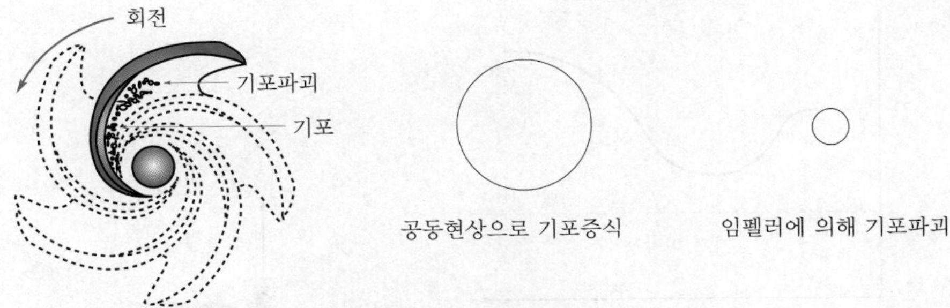

┃ 마이크로 제트 ┃

2) 충격파 이론(shock wave theory)

① 기포의 붕괴 중 기포와 액체 경계면의 급속한 이동으로 인해 생기는 충격파

② 재료표면에 충격파가 충돌하여 발생하는 압축력이 피로(복합적인 하중)나 소성변형(단일 하중)에 의한 손상을 유발한다.

③ 반동적인 붕괴

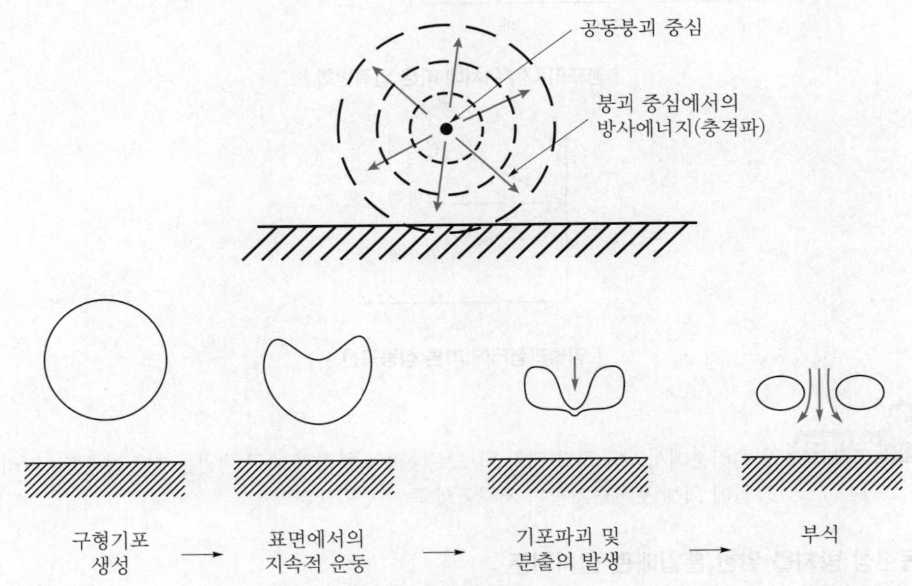

┃ 충격파 및 마이크로제트의 공동현상에 의한 부식 ┃

(5) 원인 및 대책 : * 앞 단원의 흡입조건 개선을 위한 대책을 참조한다.

① NFPA와 FM에서는 한 개 혹은 여러 개 펌프와 연결된 흡입배관의 크기는 펌프가 정격용량치의 150%로 운전 시 유속이 15ft/s(4.6m/s)가 넘지 않도록 설계(공동현상 완화)한다.

② NFPA와 FM에서 흡입배관의 경우 그 직경에 10배 정도의 길이까지는 직관을 설치하도록 권장(공동현상 완화)한다.

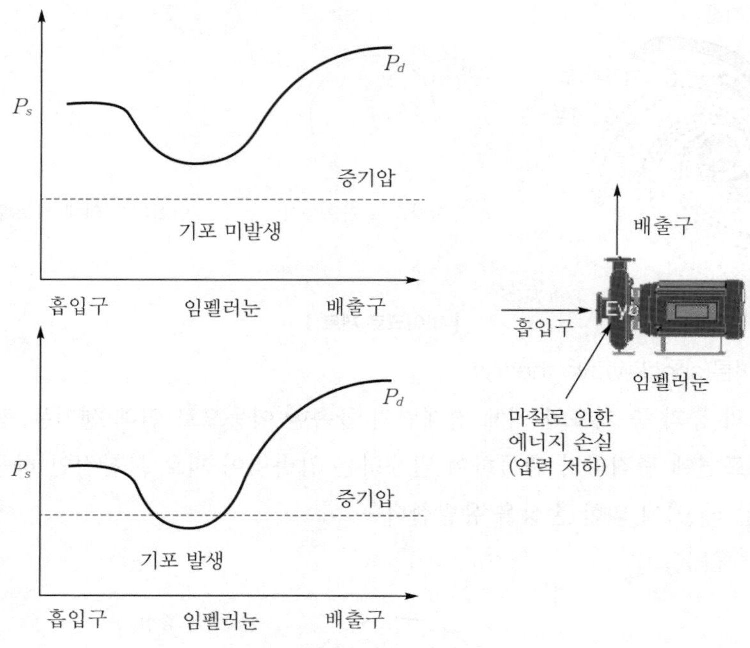

| 펌프의 내부위치에 따른 압력변화 |

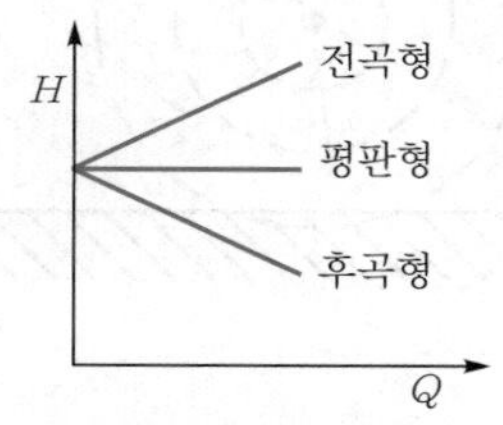

| 임펠러형태에 따른 성능곡선 |

임펠러눈에서 속도가 최대가 되므로 동압이 최대가 되고 정압은 최소가 된다. 따라서, 낮은 정압에 의해 포화증기압이 커지면서 증발이 발생한다.

(6) 공동현상 방지를 위한 흡입배관 설치기준

1) 흡입배관은 전용으로 하며 가급적 길이는 짧고 관경은 크게 한다.
2) 흡입관과 펌프를 연결하는 배관은 편심 리듀서를 사용한다.
3) 흡입배관은 흡입측으로 $\frac{1}{50}$ 이상 오름경사를 준다.
4) 진공계(연성계) 설치 시 가급적 펌프 가까이 설치한다.
5) 스트레이너 설치 시 유수방향에 주의하고, 걸림망은 바닥으로 향하도록 설치한다.
6) 개폐밸브, 버터플라이밸브는 사용을 금지한다.
   ① 물의 저항이 커서 원활한 흡입을 방해하고, 공동현상의 발생 우려가 있다.

② 개폐조작이 순간적이어서 수격작용의 우려가 있다.

③ 마찰손실이 생기고 기포가 형성된다.

흡입측의 압력형성

① 만약 흡입측에 진공압이 형성된다면 수주의 높이가 10.332mmH_2O만큼 상승한다.

② 흡입측 압력 = (대기압 ± 높이 - 마찰) - 해당 온도의 포화증기압

③ 흡입측의 역류방지기능이 있는 버터플라이밸브를 설치할 경우 펌프 흡입 플랜지로부터 15.2m 이상 이격하여야 한다(NFPA 20(2019) 4.29.3.1).

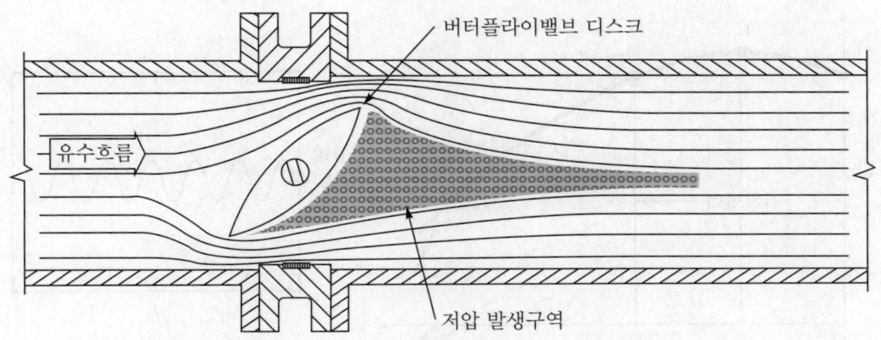

| 버터플라이밸브에서의 공동현상 발생 |

7) 배관의 길이는 직관으로 배관직경의 10배 이상으로 하고, 곡관으로 설치 시에는 굴곡반경을 크게 하고 펌프 몸체에 직접 부착하는 방법은 피한다.

02 맥동현상(surging) 128·114·113·112·101·86회 출제

(1) 개요

1) 정의 : 원심형 펌프나 송풍기의 토출구를 교축하면서 운전하면 유량-압력 곡선이 우측으로 올라가는 부분(저유량)과 내려가는 부분의 동일한 양정에서 유량이 변화하므로, 소음 및 진동이 발생하는 현상이다.

2) 펌프를 운전할 때 송출압력과 송출유량이 주기적으로 변동하여 펌프 입구 및 출구에 설치된 진공계, 압력계의 지침이 흔들리는 현상을 말한다.

(2) 발생이론

1) 그림 $H-Q$ 곡선에서 정점 H_c보다 적은 유량 점 H_2에서 유량 H_c의 H_1점까지의 사이가 서징(surging)의 범위이고 H_2점을 서징의 한계점이라 한다(산고곡선 – 저유량 영역).

2) 우상향 유량-양정 곡선에서 유량의 수요가 감소하여 특성곡선의 최대 양정일 때 유량 Q_c에서 Q_2로 줄이면 이때 관로의 토출압은 H_c보다 커야 하는데 펌프의 실제 토출양정

은 그것보다 낮은 H_2가 된다. 왜냐하면 토출측에 유량을 조절하는 밸브 등이 있어서 토출량을 제한하기 때문이다.

3) 관로의 토출압보다 펌프의 압력이 작아져 물이 펌프 내로 역류한다.

4) 역류하는 물은 역류로 인한 토출량의 감소로 역류량이 줄어들어 역류가 정지하며, 이때 유량은 Q_1이 된다. 펌프는 다시 토출을 시작하여 운전상태는 점 H_1으로 이동한다.

5) 점 H_1의 유량은 수요보다 과다하므로 운전상태는 곧 점 H_2로 이동하는 반복을 시작한다. 이렇게 하여 점 H_1 → 점 H_c → 점 H_2로 상태변화를 반복한다.

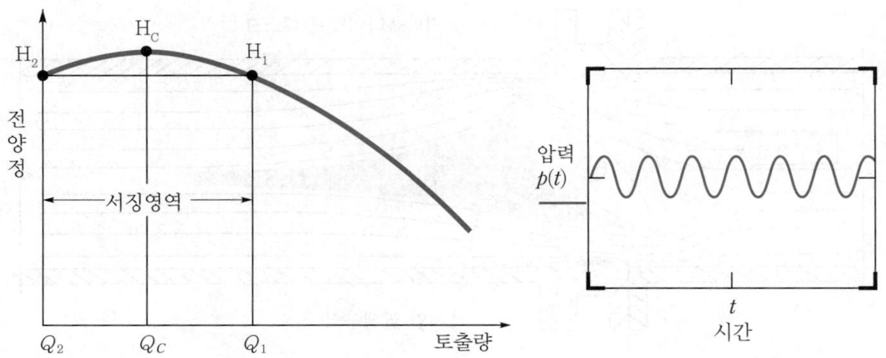

(3) 발생조건

1) 펌프특성

① 임펠러의 형태가 전곡형

② 비속도가 작은 경우

2) 운전특성

① 펌프의 $H-Q$ 곡선이 산형곡선(우상향부가 존재)이고 산형에서 운전 시 발생한다.

② 토출량 Q_1 이하의 범위에서 운전한다.

③ 배관이 길고 배관 중에 수조나 공기조가 있을 경우 발생한다.

④ 유량조절밸브가 탱크 뒤쪽에 있어서 토출량을 조절한다.

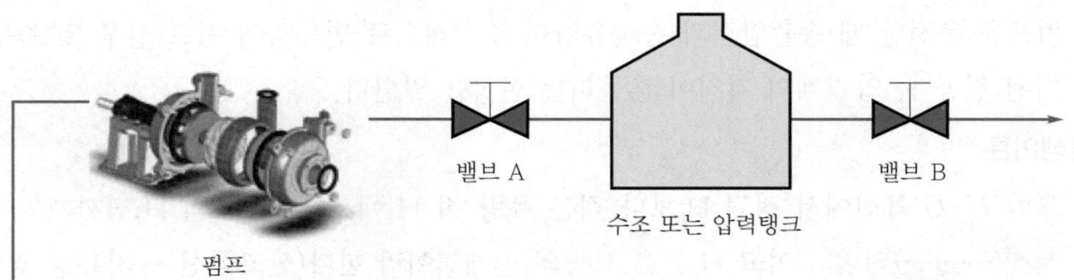

| 서징 발생조건 |

(4) 현상 및 문제점

1) 헤드 또는 방수구에서의 살수밀도가 저하된다.
2) 주기적인 진동과 소음을 수반한다.
3) 한번 발생하면 그 변동주기는 비교적 일정하고 송출밸브로 송출량을 조작하여 인위적으로 운전상태를 바꾸지 않는 한 상태가 지속된다.

(5) 방지대책

1) 펌프의 $H-Q$ 곡선이 우하향구배를 갖는 펌프를 선정한다.
2) 유량을 줄이지 않고 토출측의 밸브를 열어 여분의 유량을 대기에 방출하고 필요한 유량만을 목적물에 공급하는 방법이 가장 널리 사용된다(이는 송풍기에서만 사용 가능).
3) 바이패스(by-pass) : 위의 1)번 방법이 비경제적 또는 위험한 경우 유체를 흡입측으로 되돌려서 순환하는 방법이다.
4) 흡입댐퍼 또는 베인(vane) 조정 : 흡입댐퍼 또는 베인(vane)을 죄면 압력곡선이 우측으로 내려가 서징한계가 좁아져 서징을 방지한다.
5) 배관 중에 수조 또는 기체 상태인 부분을 제거한다.
6) 회전차나 안내깃의 형상치수를 변경하여 특성을 변화시킨다.
7) 관경을 변경하여 유체의 유속을 변화시킨다.
8) 유량을 늘리거나 임펠러 회전수를 변화시킨다.

03 수격작용(water hammer) 128·122·107·80회 출제

(1) 개요

1) 정의 : 관 속을 흐르던 유체의 갑작스러운 속도변화에 의해 운동에너지가 압력에너지로 변환되어 관 및 관 부속품에 충격을 주는 현상이다.
2) 관로 내 유체의 급격한 변화에 따라 유체압력이 상승 또는 강하하는 현상이다.

(2) 발생원인

1) 펌프의 급격한 기동, 정지
   ① 일반적으로 수충격이 문제가 되는 것은 정전 등에 의한 펌프구동력 차단에 따라 펌프가 급정지하는 경우가 대부분인데 펌프가 정지할 때는 수주분리가 발생하며 이로 인해 수격이 발생한다.
   ② 수주분리(water separation)
      ㉠ 진행순서
         - 펌프의 급정지나 급격한 밸브폐쇄로 인해 배관로 도중에 텅 빈 공간 발생

- 빈 공간에 부압 형성
- 배관 내 부압이 흐르는 유체의 증기압보다 낮을 경우 공동현상 발생
- 부압으로 인하여 토출된 물이 역류하면서 발생하는 충격력 발생
- 충격력에 의해 충격음 및 소음으로 펌프나 배관 손상 우려

㉡ 대책 : 급폐쇄식 체크밸브(스모렌스키 체크밸브)를 사용한다.

| 수주분리현상 메커니즘 |

③ 펌프의 기동 : $F = m \cdot a$

④ 펌프의 급정지 : $F = m \cdot a = m \cdot \dfrac{\Delta v}{\Delta t}$

2) 펌프의 회전수 제어 시 발생한다.

3) 밸브의 급격한 개폐

① 압력변동에 의해 배관을 진동시키는 가압 지진력이 발생하여 배관의 고유진동수와 공진하여 충격음이 발생한다.

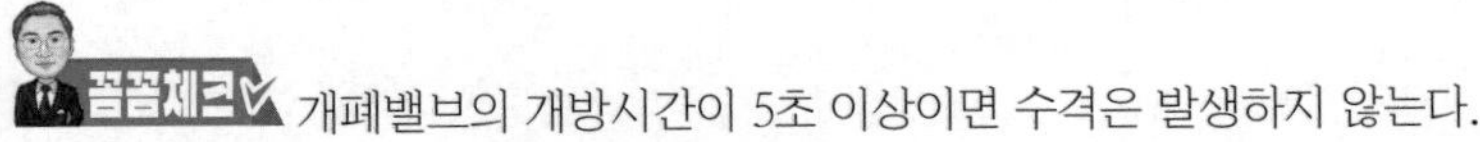

개폐밸브의 개방시간이 5초 이상이면 수격은 발생하지 않는다.

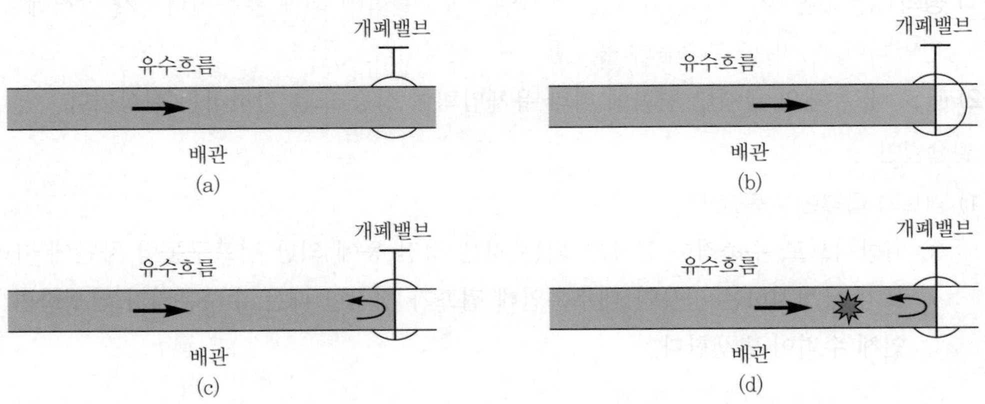

| 밸브의 급격한 개폐에 의한 수격 |

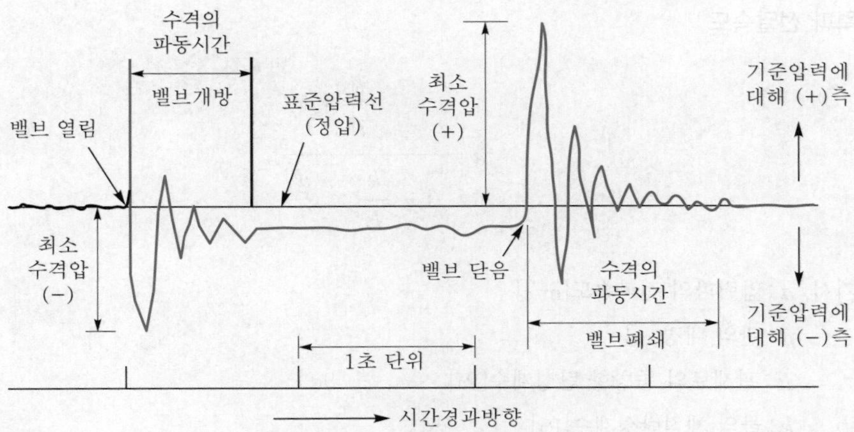

| 밸브의 급격한 개폐에 의한 압력의 변화 |

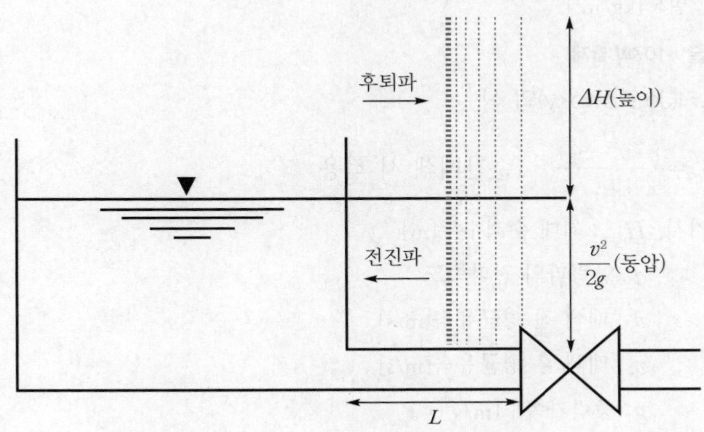

| 밸브에서 개폐에서 발생하는 전진파와 후퇴파 |

② 그림에서 ΔH만큼 압력상승이 이루어지며, 여기서 전진파 도달시간은 $t=\frac{L}{C}$이 되고 후퇴파 도달시간 $t_r=\frac{2L}{C}$이 된다. 여기서, C는 음속이고, T는 밸브폐쇄시간이다. 따라서, 밸브폐쇄시간(T)이 후퇴파 도달시간(t_r)보다 작은 경우 수충격이 발생된다.

4) 배관의 심한 굴곡

(3) 수격압

1) 수격작용에 의한 압력파는 특정속도로 관로 내에 전파된다.

① 압력파의 특정속도를 '압력파의 전파속도'라 하며, 그 크기에 따라 수격압의 크기가 달라진다.

② 수격압은 유속에 비례하므로 2m/s 이하가 바람직하다.

2) 압력파 전달속도

$$a = \frac{\frac{k}{\rho}}{1 + \frac{k}{E} \times \frac{d}{t}}$$

여기서, a : 압력파의 전파속도[m/s]
d : 관의 내경[m]
E : 관재료의 종방향 탄성계수[Pa]
k : 물의 체적탄성계수[Pa]
t : 관의 두께[m]
ρ : 밀도[kg/m^3]

3) 수격압 산출 107회 출제

① 조코스키(Joukowsky)의 식

㉠ $H_{max} = \frac{a(v_1 - v_2)}{g}$ (순간폐쇄 시 적용)

여기서, H_{max} : 최대 수격수두[m]
a : 압력파의 전파속도
v_1 : 폐쇄 전 평균유속[m/s]
v_2 : 폐쇄 후 평균유속[m/s]
g : 중력가속도[m/s^2]

㉡ $\Delta p = \rho \cdot a \cdot \Delta v$ (순간폐쇄 시 적용)

여기서, Δp : 압력의 증가분[Pa]
ρ : 유체의 밀도[kg/m^3]
a : 압력파 전파속도[m/s]
Δv : 평균유속의 차[m/s]

㉢ $t_s \leq 2 \cdot l$의 경우 : 순간폐쇄 또는 급폐쇄

여기서, t_s : 밸브폐쇄로 압력파가 왕복하는 데 소요되는 시간[s]
l : 수격압이 전해지는 관길이[m]

㉣ $t_s \leq 2 \cdot \frac{l}{a}$의 경우 : 급폐지의 경우보다 수격압이 작으며, 그 해석은 복잡하지만 유속에 비례한다.

㉤ 속도차(Δv) → 충격량 → 압력차

$$F=m\cdot a=m\cdot\frac{\Delta v}{\Delta t}$$

$$F\cdot\Delta t=m\cdot\Delta v$$

㉥ 베르누이 방정식 : 속도차=압력차

$$\frac{{v_1}^2}{2g}+\frac{P_1}{\gamma}+z_1=\frac{{v_2}^2}{2g}+\frac{P_2}{\gamma}+z_2$$

$$\frac{{v_2}^2}{2g}-\frac{{v_1}^2}{2g}=\frac{P_1}{\gamma}-\frac{P_2}{\gamma}\quad(\because z_1=z_2)$$

② 탄성파 이론(elastic wave theory)[20]

$$\Delta P_m=\frac{9.81\times a_m\times v_m}{g_m}$$

여기서, ΔP_m : 발생되는 압력[kPa]

a_m : 압력파의 속도[m/s]

v_m : 물의 유속[m/s]

g_m : 중력가속도[m/s²]

(4) 문제점

1) 진동, 소음 발생
2) 배관 및 부속품 파손
3) 주기적인 압력변동으로 인한 자동제어계 등 압력컨트롤을 하는 기기들의 난조
4) 수주분리에 의한 압력강하에 의해 관로가 수축해서 찌그러지거나 재결합 시 발생하는 격심한 충격파에 의해 관로 파손

(5) 방지대책

1) 부압(수주분리)방지법

① 펌프에 플라이휠(flywheel)을 설치한다.

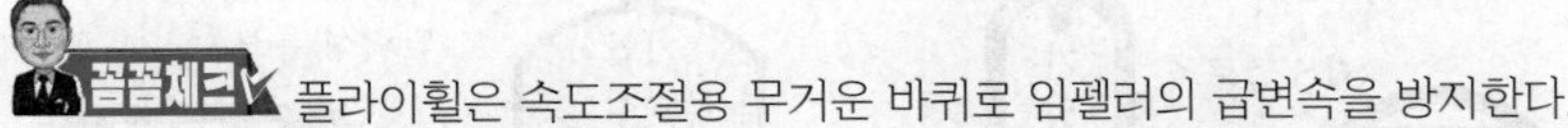
꼼꼼체크 플라이휠은 속도조절용 무거운 바퀴로 임펠러의 급변속을 방지한다.

② 펌프토출측에 공기조(air chamber)를 설치한다.

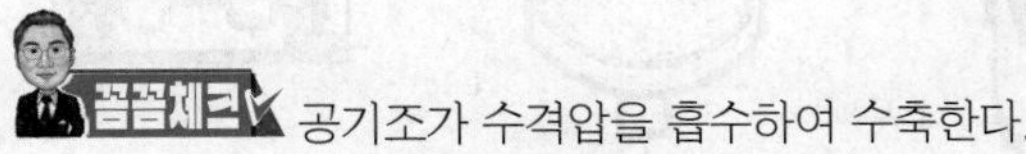
꼼꼼체크 공기조가 수격압을 흡수하여 수축한다.

③ 서지탱크(surge tank)를 설치한다.

20) FPH 15 Water Supplies for Fixed Fire Protection CHAPTER 3, Hydraulics for Fire Protection 15～60

서지탱크(surge tank) : 수차의 압력수로나 펌프토출관 등에 연결되어 유량이 급변한 경우에 발생하는 수격에서 유로나 기기를 보호하고 수압변화를 작게 하기 위한 수조로서, 구조는 내부의 수위가 자동적으로 상승해서 관로 내의 수압변동을 완화하는 작용을 한다.

④ 최저 압력 구배곡선보다 아래에 오는 위치, 즉 양수관의 수평배관은 가능한 한 펌프 가까운 쪽에서 낮은 위치로 수평배관하여 펌프의 수격을 완화시킨다.

⑤ 공기밸브 설치 : 부압이 발생할 경우 공기를 흡입한다.

⑥ 관내 유속을 낮춘다.

⑦ 진동을 흡수하기 위해 Flexible joint를 추가 설치한다.

2) 압력상승경감법

① 완폐 역지변 사용 : 역류를 허락하면서 밸브를 닫는 구조로, 주로 바이패스계통에 사용한다.

② 급폐 역지변 사용

㉠ 역류가 시작되기 전에 밸브를 급히 닫는 것으로, 스모렌스키 체크밸브(완충흡수형) 또는 듀오 체크밸브(버터플라이형)를 주로 사용한다.

㉡ 역류가 커지고 난 다음 밸브가 급격히 닫히면 압력상승이 커지므로, 역류가 일어나기 전에 스프링 등에 의해 강제적으로 신속하게 닫히는 구조이다.

③ 주토출변을 자동폐쇄한다.

3) 수격흡수장치(WHC 설치)

① 과거 : 공기실(air chamber)을 설치하여 충격압을 흡수하였으나(압력챔버와 같이), 시간이 경과함에 따라 공기가 물에 흡수되어 없어지기 때문에 효과가 저하된다.

② 최근 : 공기 등이 물에 흡수할 수 없도록 벨로즈형 또는 에어챔버 등의 워터해머 방지기(shock absorbor)를 설치한다.

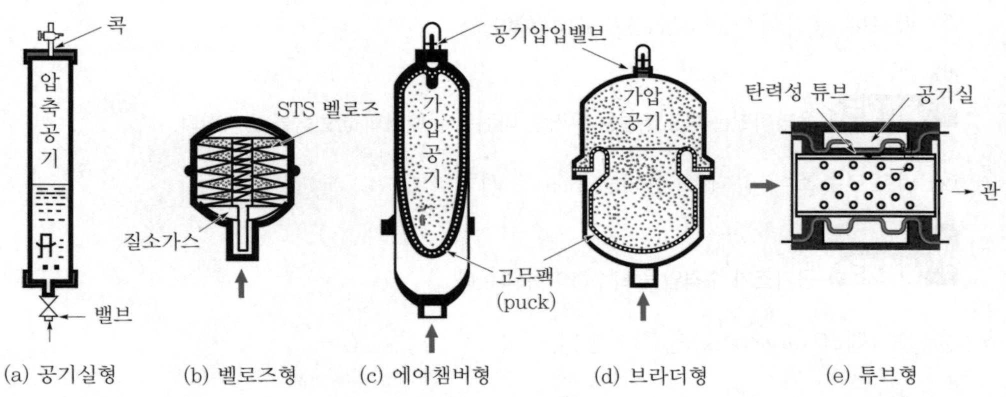

┃ 수격흡수장치 ┃

4) 배관구경을 크게 하여 유속을 감소(2m/s 미만)시킨다.

5) 밸브를 펌프토출구 가까이 설치하고 개폐밸브를 서서히 조작(NFPA 13(6.7.2.1) 5초 이상)한다.

(6) 펌프의 이상현상 비교

구분	발생위치	원인	발생현상
공동현상	펌프흡입측	압력강하로 물속 공기와 물의 분리	① 소음, 진동 발생 ② 펌프성능 감소 ③ 임펠러 침식 ④ 심하면 양수불능
서징현상	펌프토출측	토출측에 압축성 유체, 토출측 밸브 조정	흡입 및 토출 배관의 주기적인 진동과 소음 수반
수격현상	펌프토출측	급격한 개폐	① 기기 파손 ② 소음, 진동 발생 ③ 충격으로 인한 제어기기의 고장

04 펌프의 과열현상(over-heat)

(1) 개요

1) 펌프 운전 시의 구동 동력은 유체의 이송에 1차적으로 사용되게 된다. 그러나 100%의 효율은 불가능하며 이송과 관련된 유효일 이외에 기계손실 등에 의한 에너지 손실이 발생하게 된다. 이러한 에너지 손실은 주로 열로 사라지게 되는데, 이 에너지는 유체를 가열시키는 데 사용된다.

2) 발생 메커니즘 : 운동에너지 → 열에너지 → 수온상승 → 공동현상 및 열변형

(2) 발생원인

1) 토출량이 0(체절운전) 또는 극소의 상태에서 운전 시 효율이 현저히 저하되고, 전동기에서 나오는 동력의 대부분은 열로 변환되어 수온을 상승시킨다. 일정 토출량에서 온도 상승 비율이 급격히 감소한다.

2) 고속 고압 펌프

3) 순환펌프 : 점진적 온도상승

(3) 화재안전기준에 따른 기준

1) 체절운전 시 수온의 상승을 방지하기 위한 순환배관을 설치한다.

2) 체절운전 시 수온의 상승을 방지하기 위하여 체크밸브와 펌프 사이에서 분기한 구경 20mm 이상의 배관에 체절압력 이하에서 개방되는 릴리프밸브를 설치한다.

(4) 펌프의 과열방지 대책

1) 상시 전환(relief) 구조

① 적용기준 : 펌프 토출압력이 낮을 경우에 사용한다.

② 고려사항 : 전환 순환에 사용되는 동력은 무효동력이므로 이를 감안해서 펌프용량에 가산해 설계해야 한다.

③ 방식 : 순환배관을 이용한다.

2) 자동 전환(relief) 구조

① 적용기준 : 펌프의 토출압력이 높을 경우에 사용한다.

② 고려사항 : 일정 유량 이상이 흐르고 있는 정상운전 중에는 전환라인이 자동으로 폐쇄된다. 소요유량이 없거나 최소 허용유량 이하로 내려가게 되면 자동적으로 밸브를 열어서 전환라인을 동작하게 된다.

③ 방식 : 유량계의 신호를 검출하거나 릴리프밸브에 의해서 작동되는 방식을 사용한다.

05 에어바인딩(air binding) 128회 출제

(1) 개요

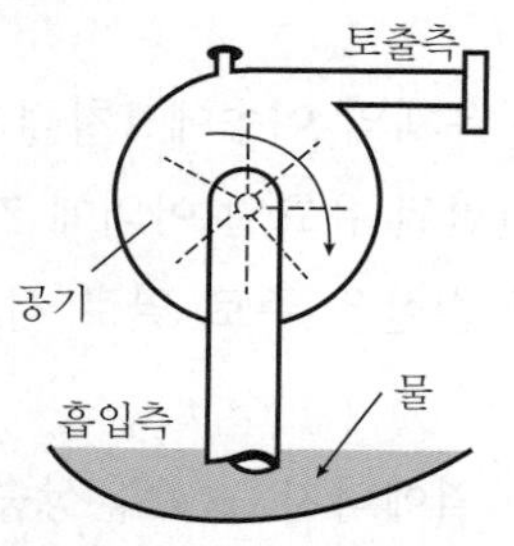

| 에어바인딩 |

1) 정의 : 펌프 내부에 공기가 차서 토출이 되지 않는 현상

2) 처음 원심펌프를 운전할 때 펌프 속에 들어있는 공기에 의하여 수두의 감소가 일어나 펌핑이 정지한다.

(2) 문제점

1) 펌프 내 부압형성 불가로 펌프 기능을 상실한다.

2) 공회전에 따른 펌프 과열을 유발한다.

3) 캐비테이션에 따른 임펠러의 훼손 우려가 있다.

(3) 대책

1) 자동에어벤트를 설치하여 공기를 배출한다.
2) 압입상태의 흡입을 유지한다.
3) 펌프 내 누설을 방지한다.
4) 풋밸브 누설을 방지한다.

SECTION 044 플래싱(flashing)

01 정의

특정 온도의 액체를 그 액체의 온도에 상응하는 포화압력보다 압력이 낮은 곳으로 분사시키면 액이 보유한 현열의 일부를 잠열로 소비하면서 발생하는 급격한 증발현상을 말한다.

02 영향인자

(1) 플래싱(flashing) 현상의 주된 영향인자

1) 유체의 온도

2) 압력

(2) 부수적 영향인자

1) 기포의 생성

2) 기포의 성장 및 붕괴 현상과 배관

3) 밸브의 장치

03 기포 성장형태

(1) 액체가 관 내를 유동하면서 정압강하에 의해 포화증기압 이하의 유동액체가 형성된다.

(2) **성장 메커니즘 :** 포화증기압 이하의 유동액체 → 상대적으로 과열액체 → 작은 기포 핵들의 생성 → 배관 내 정압 감소 심화 → 액체가 증발하면서 점점 성장

04 펌프와의 관계

(1) 펌프운전 시 구동동력은 이송유체의 유효한 일과 각종 손실 등에 의해서 유체의 온도를 상승시킨다.

(2) 펌프의 토출량이 극소상태이거나 체절운전 시 펌프효율의 현저한 저하 : 동력 대부분이 열로 변환되어 수온이 상승한다.

05 문제점

(1) **공동현상 발생 :** 펌프 케이싱 내부에 증기가 발생한다.

(2) 펌프가 과열되고 심하면 모터가 소손되어 펌프작동이 불가능하다.

(3) 구동부가 고착된다.

06 대책

(1) 릴리프밸브 장치

1) 장점

① 장치가 단순하다.

② 설치비가 저렴하다.

2) 단점 : 릴리프밸브 개방에 의한 배출로 펌프효율이 저하된다.

(2) 자동 릴리프 부착 체크밸브 사용

1) 정상운전 중 : 릴리프 부착 체크밸브를 폐쇄한다.

2) 허용 최소 토출량 이하 : 자동으로 밸브를 개방하여 물을 방출한다.

(3) 유량을 검출해 릴리프밸브 작동

1) 펌프와 릴리프밸브 사이에 분기관과 공기작동 릴리프밸브를 설치한다.

2) 릴리프밸브의 2차측을 탱크에 연결하여 3방 전자밸브에 의해 펌프토출량을 검지하여 작동한다.

(4) 순환배관 이용방법

1) 가장 많이 사용되는 방법으로 릴리프밸브와 유사하다.

2) 배관상에 릴리프밸브를 설치하지 않고, 오리피스를 설치하여 펌프 기동 시 조건과 관계없이 배관에 설치된 오리피스를 통하여 물이 방출되는 방식이다.

SECTION

045 펌프의 직·병렬 운전

78회 출제

01 개요

(1) 펌프의 토출량이 부족할 경우 병렬운전을 통해 유량을 보충할 수 있고, 토출압이 부족할 경우 직렬운전을 통해 부족한 압력을 보충할 수 있다.

(2) 이와 같이 직·병렬 운전을 통해 부족한 토출량과 토출압을 보충해서 소화에 최적인 상태로 유지가 가능하다.

02 직렬운전

(1) **직렬운전의 목적** : 수두를 높이기 위한 것이다(토출압 상승).

(2) **펌프 특성곡선**

1) 한 대 운전 시 토출수두 : $H_1 = H_0 - AQ^2$

2) 두 대 운전 시 토출수두 : $H_{2S} = 2(H_0 - AQ^2) = 2H_0 - 2AQ^2$

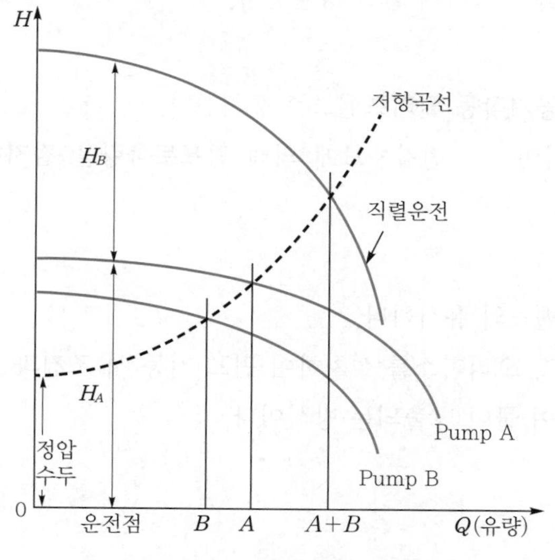

| 직렬로 펌프 2대 설치 시 성능곡선 |

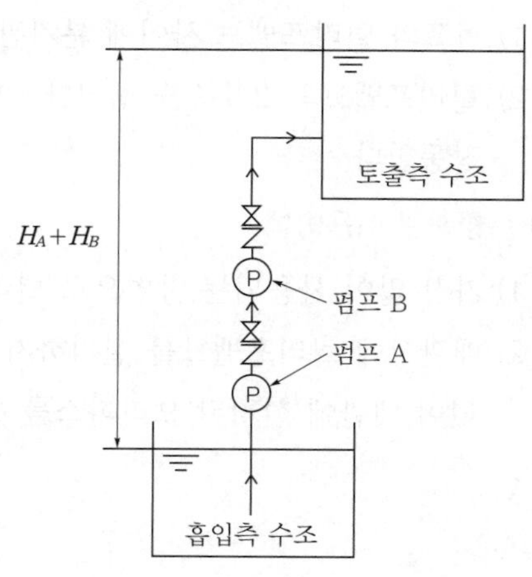

| 직렬운전 |

(3) 고려사항(동일한 저항곡선을 가지는 펌프 2대 기준)

1) 2대 직렬운전 시에 대수적으로 토출압이 2배로 증가하지 않는다.

2) 펌프의 개별적인 운전보다 직렬운전 시 저항 증가 → 토출압이 2배보다는 낮은 지점에 운전점 형성

1. 한 대의 펌프만 구동한다면 동력이 공급되지 않는 다른 펌프를 통한 유동은 손실을 증가시켜 시스템저항을 상승시킨다.
2. **직렬설치 시 주의사항** : 펌프를 정비 보수 또는 부품교환을 하기 위하여 각각의 펌프를 쉽게 분리할 수 있도록 펌프와 배관장치를 잘 배열하는 것이 바람직하다. 따라서, 바이패스(bypass), 개폐밸브, 체크밸브 등이 필요하다.

3) **용량이 큰 펌프 A의 토출측을 용량이 작은 펌프 B 흡입측에 연결** : 반대로 연결하면 공동현상이 발생할 우려가 있다.

4) **용량이 큰 펌프 A가 펌프용량이 작은 펌프 B보다 선행운전** : 후단 펌프를 먼저 시작하면 전단 펌프가 저항이 되고, 흡입손실이 증가하여 공동현상이 발생할 우려가 있다.

5) 직렬배치의 후단 펌프는 흡입압력이 높아지기(전단 펌프의 흡입압력 + 전단 펌프의 전양정) 때문에 축밀봉 부품이나 케이스의 압입압력에 주의가 필요하다.

6) 하나의 펌프가 멈추면 양정이 부족해서 양수가 곤란하다.

03 병렬운전

(1) 병렬운전의 목적 : 유량을 증대시키기 위함이다.

(2) 특성곡선

1) 한 대 운전 시 토출수두 : $H_1 = H_0 - AQ^2$

2) 두 대 운전 시 토출수두 : $H_{2S} = H_0 - A\left(\frac{Q}{2}\right)^2 = H_0 - \frac{1}{4}AQ^2$

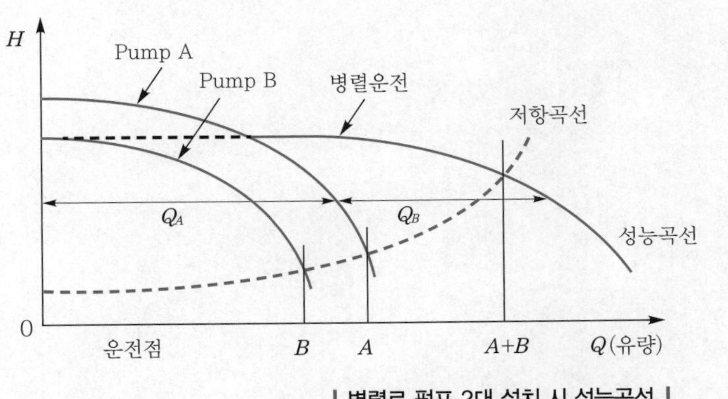

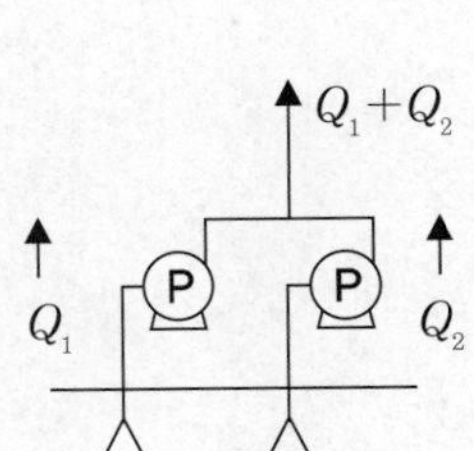

| 병렬로 펌프 2대 설치 시 성능곡선 |

(3) 고려사항(동일한 저항곡선을 가지는 펌프 2대 기준)

1) 펌프 2대를 병렬로 설치해도 대수적으로 토출량이 2배로 증가하지 않는다.

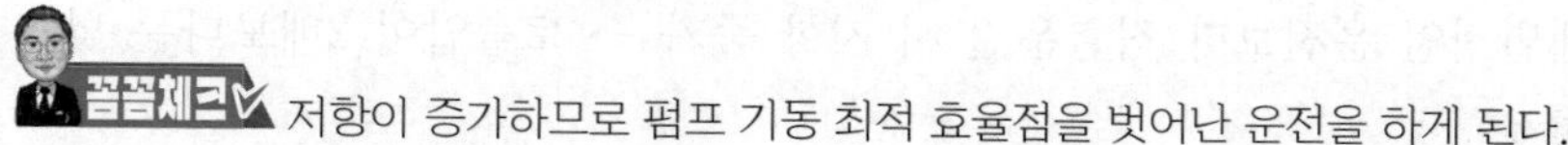

저항이 증가하므로 펌프 기동 최적 효율점을 벗어난 운전을 하게 된다.

2) 한 대의 펌프만 작동될 때 동작하지 않는 펌프를 통해 역류가 발생하지 않도록 하여야 한다.

3) 펌프기동 시 두 대의 펌프가 동시에 동작하면 기동전류에 의해서 소손이 발생할 수 있으므로 2대 기동 시에는 일정시간(약 5초)의 간격이 필요하다.

4) 각 펌프의 HQ 특성의 차이는 가능한 한 작게 되도록 설치하여야 한다.

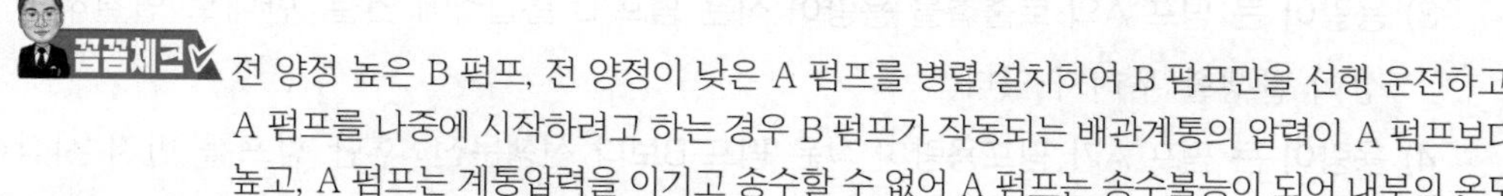

전 양정 높은 B 펌프, 전 양정이 낮은 A 펌프를 병렬 설치하여 B 펌프만을 선행 운전하고, A 펌프를 나중에 시작하려고 하는 경우 B 펌프가 작동되는 배관계통의 압력이 A 펌프보다 높고, A 펌프는 계통압력을 이기고 송수할 수 없어 A 펌프는 송수불능이 되어 내부의 온도 상승을 통한 과열손상의 발생이 우려된다.

5) 동일한 성능의 2대 펌프 운전 시 2대 중 1대가 고장으로 멈추었을 경우 과부하 운전을 하게 되고 캐비테이션에 주의해야 한다.

6) 서로 다른 성능의 2대 펌프 운전 시 저양정 펌프쪽으로 역류에 주의해야 한다.

SECTION 046 에어록(air lock) 현상

80회 출제

01 개요

(1) **정의** : 액체관로 일부에 공기가 차서 펌프 등의 기계가 동작할 수 없게 되거나 액체의 흐름이 막히는 현상이다.

(2) 소방에서 수계소화설비의 가압송수장치는 공통적으로 전동기 또는 내연기관에 의한 펌프를 이용하는 방법, 고가수조의 자연낙차압력을 이용하는 방법, 압력수조를 이용하는 방법, 가압수조를 이용하는 방법 등 4가지 방법 중 어느 한 가지 또는 두 가지 이상을 조합하여 이용한다.

(3) 압력수조에 의한 방법을 사용할 경우 보조수원으로 사용하는 고가수조를 주배관에 연결했을 때 배관 내부에 공기주머니가 형성되어 이것이 고가수조에서 급수되는 물의 이동경로를 막아 고가수조를 사용할 수 없는 현상이 생길 수 있으며, 이 현상을 에어록(air lock) 또는 에어바운드(air bound)라고 한다.

02 에어록의 조건 및 문제점

(1) 조건

1) 고가수조와 압력수조를 동일한 입상관에 연결할 경우
2) 압력수조와 스프링클러 사이의 공통배관 내에서 고가수조측의 체크밸브 위치가 너무 높을 때, 즉 스프링클러의 수두에 의하여 갇혀 있는 압력보다 고가수조의 낙차압력이 작을 경우
3) 압력탱크의 압이 너무 높아 압축공기가 토출측으로 유출되어 배관에 공기주머니(air pocket)를 형성하는 경우
4) 압력저하로 용입되어 있던 기체가 분리되어 기포로 환원되어 공기주머니(air pocket)를 형성하는 경우

(2) 문제점

1) 체크밸브가 열리지 못하여 고가수조의 물이 공급되지 않는다.

2) 압축공기로 인해 불완전한 송수(맥동)가 발생한다.

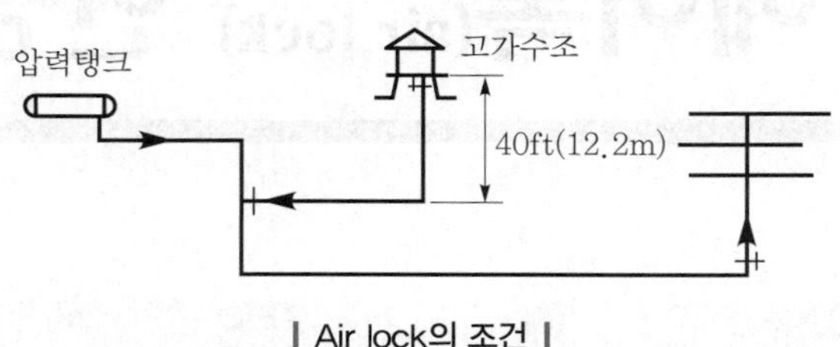

| Air lock의 조건 |

03 체크밸브가 열리지 않는 에어록 방지대책 및 시공 시 주의사항

(1) 고가수조측의 낙차압력이 최소 1kg/cm^2 이상이 형성될 수 있도록 상기 그림과 같이 체크밸브(check valve) 위치를 12.2m 이상 낮게 설치한다.

(2) **배관의 구역분할 :** 저층부는 고가수조가, 상층부는 압력수조가 담당하도록 구역을 분할한다.

(3) 압력수조 내에서 소화수가 방출된 후 압력탱크 내의 잔류압력을 작게 하여 토출측으로 공기주머니가 생기지 않도록 한다.

(4) **고가수조의 Air lock**

1) 고가수조 수평관에 스모렌스키 체크밸브를 사용하는 경우 체크밸브 작동압보다 수력이 작은 경우 밸브가 개방되지 않는 현상

2) 고가수조의 수력이 작은 경우 스모렌스키 체크밸브의 일부만 열리므로 협축부를 통과하면서 감압된 공기가 배관 상부에 공기를 잔류시킨다.

3) 스모렌스키 최소 작동압이 0.03MPa이므로 최소 3m 이상의 수위를 확보해야 한다.

4) 고가수조의 토출측에는 스윙체크와 같이 개로가 크게 확보되는 밸브를 사용해야 한다.

04 공기주머니를 형성하는 에어록

(1) 공기주머니로 인해 기계 특정 부분의 작동이 가로막힌 상태의 에어록이 발생한다.

(2) 원심펌프에서 빈번히 발생한다.

(3) **방지대책 및 시공 시 주의사항**

1) 입상관 최상부에 에어벤트(air vent)밸브를 설치한다.

2) 압력탱크와 펌프의 연결배관은 탱크의 하부에 설치한다.

3) 펌프의 작동 전 공기를 빼거나 자동공기제거펌프(selp priming pump)를 사용한다.

4) 펌프설치 시 흡입배관은 펌프쪽으로 $\frac{1}{50}$ 이상 오름경사를 두어 시공한다.

05 NFPA 20 기준

(1) 압력수조의 설치위치

1) 옥상

2) 예외 : 관계기관의 승인이 있는 경우 지하에 설치 가능

(2) 화재위험이 있는 경우 : 소화장치에 의해 보호

SECTION 047 펌프흡입측 설치기준 129·114회 출제

01 개요

국내에는 펌프 설치위치에 대한 제한이 없지만 NFPA의 경우는 원칙적으로 펌프를 수원보다 아래에 설치한다.

02 국내의 설치기준

(1) **풋밸브 :** 체크 + 여과기능

(2) **스트레이너 :** 여과기능

(3) **연성계 또는 진공계 :** 펌프흡입측의 압력측정

(4) **편심 리듀서 :** 공기고임이 생기지 않는 구조 + 마찰손실 감소

원심 리듀서를 설치하면 상부에 빈 공간이 생겨 공기고임현상이 발생해서 흡입장애가 발생한다.

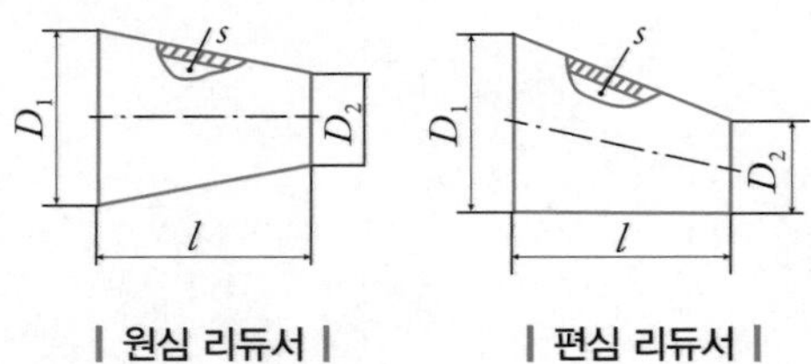

| 원심 리듀서 | | 편심 리듀서 |

(5) **배관 :** 수조가 펌프보다 낮게 설치된 경우는 각 펌프마다 수조로부터 별도로 설치

펌프마다 부압의 형성과 배관길이에 따른 마찰손실로 인해 공동으로 배관을 하는 경우 손실이 큰 배관에는 급수가 제한적일 수밖에 없으므로 별도의 관으로 설치하도록 하고 있다.

(6) **개폐밸브 :** 버터플라이밸브 외의 개폐표시형 밸브

(7) **플렉시블 조인트 :** 펌프의 진동이 흡입측 배관으로 전달되는 것을 방지하여 흡입측 배관 보호

(8) (1), (3), (5)의 경우는 수조가 펌프보다 낮을 때에는 필수적으로 설치하여야 하며 수조가 펌프보다 같은 위치나 높을 경우는 설치하지 않아도 된다.

03 NFPA 20(2019)의 설치기준

(1) 흡입측 게이지압력 : 0 이상(단, 펌프가 수조보다 아래에 있으면 최소 −0.2bar 이상)

(2) 흡입측 관경 : 정격토출량의 150%일 때 유속 4.57m/s 이하(2019 table 4.28(b) Notes 'c')

| 펌프의 배관(table 4.28(b)) |

정격유량 [L/min]	흡입관경 [mm]	토출관경 [mm]	압력 릴리프밸브 [mm](배관보호)	자동 릴리프밸브 [mm](펌프보호)	성능시험배관 [mm]
95	25	25	19	19	32
189	38	32	32	19	50
379	50	50	38	19	65
568	65	65	50	19	75
757	75	75	50	19	75
946	85	75	50	19	85
1,136	100	100	65	19	85
1,514	100	100	75	19	100
1,703	125	125	75	19	100
1,892	125	125	75	19	125
2,839	150	150	100	19	125
3,785	200	150	100	19	150
4,731	200	200	150	19	150

1. **토출 관경** : 정격토출량의 150%일 때 유속이 6.1m/s 이하
2. 자동 릴리프밸브는 정격용량이 2,500gpm(9,462L/min)을 초과하지 않는 펌프의 경우 크기가 19mm(0.75인치)이고 정격용량은 3,000 ~ 5,000gpm(11,355 ~ 18,925L/min)인 경우는 25mm(1인치)이다(NFPA 20 4.12.1.7).

(3) 개폐밸브

1) 버터플라이 밸브 외의 개폐표시형 밸브 : 버터플라이 밸브 사용 시 난류를 유발하여 펌프 성능에 지장을 준다.

2) 예외 : 펌프와의 거리가 15m 이상일 경우, 하지만 개폐시간은 5초 이상

(4) 수평회전축 펌프의 흡입측(4.14.6.3): 흡입측 배관에 흡입배관구경의 10배 이상에 해당하는 직관부 없이 펌프의 중심축과 평행하게 엘보나 티를 설치하지 않는다(물이 불균일하게 임펠러에 전달되어 장기적으로는 펌프 손상의 원인이 됨).

(5) 흡입배관과 펌프의 기초가 동일한 기초 위에 설치되어 있지 않은 경우(4.28.4): 흡입배관에 플렉시블 커플링을 설치하여 배관에 걸리는 응력을 완화시켜주어야 한다.

(6) 흡입측에 공기고임이 생기지 않도록 편심리듀서를 설치한다.

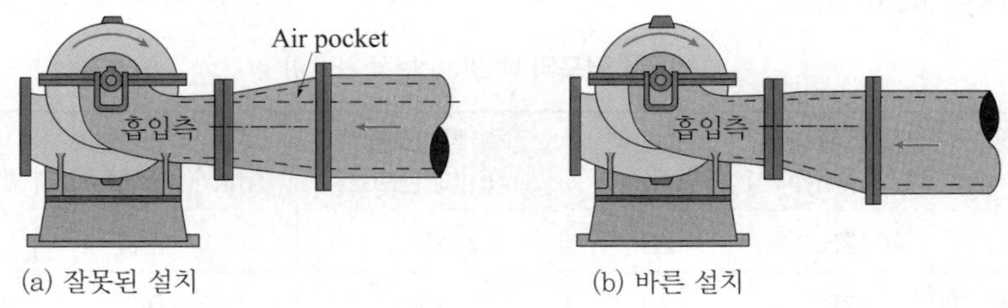

(a) 잘못된 설치 (b) 바른 설치

| 수평배관으로 물을 공급받는 경우 |

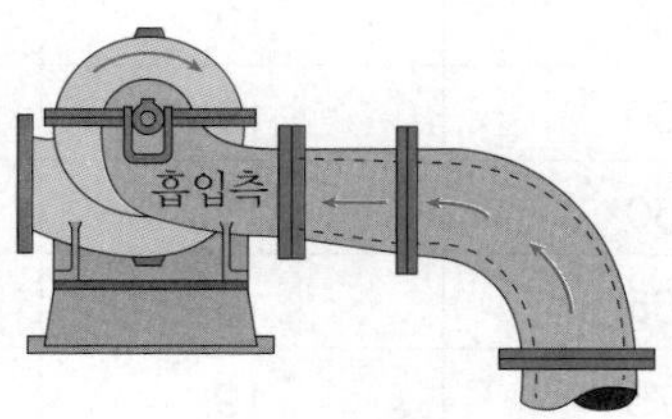

| 펌프 아래에서 물을 공급받는 경우 |

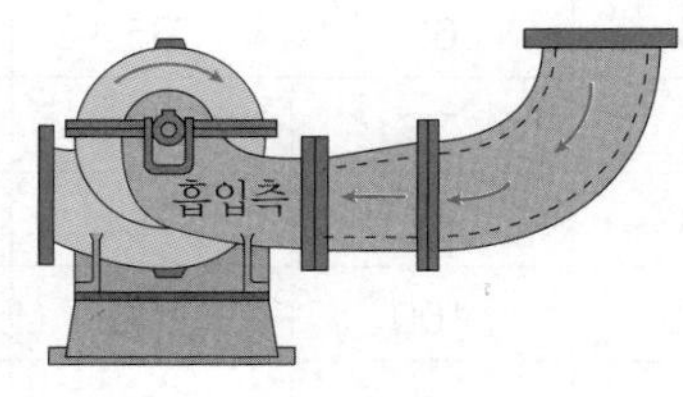

| 펌프 위에서 물을 공급받는 경우 |

SECTION

048 펌프성능 시험배관

01 개요

(1) 목적 : 펌프의 성능이 법정 토출압에서 법정 토출량을 송출할 수 있는지 성능을 확인하기 위한 것이다.

충압펌프는 배관의 정상적인 누설량을 보충해 주기 위한 것이므로 성능을 확인할 필요가 없기 때문에 성능시험배관을 설치할 필요가 없다.

(2) 구성요소

1) 펌프성능 시험배관(pipe)
2) 유량측정장치
3) 개폐밸브, 유량조절밸브
4) 압력계

1. 압력계 설치 시 부르동관을 사용하는 이유는 부르동관이 펴지면서 압력의 일부를 흡수하여 압력계의 파손을 방지하기 때문이다.
2. 압력계의 최고 압력은 최고 사용압력의 1.5~3배를 사용하는 것이 적당하다.
3. 오일충만식은 오일의 충전작용으로 압력으로부터 압력계를 보호하고 진동과 영하의 날씨로 부터 가독성을 증진시킨다.

(3) 설치기준

1) 펌프의 토출측에 설치된 개폐밸브 이전에서 분기한다.
2) 전단에 개폐밸브, 후단에 유량조절밸브를 설치한다.
3) 유량측정장치
   ① 설치위치 : 성능시험배관의 직관부에 설치한다.
   ② 성능 : 펌프 정격토출량의 175% 이상 측정할 수 있어야 한다.
4) 구경 : 정격토출량의 150%로 운전 시 정격토출압력의 65% 이상 될 수 있는 크기이어야 한다.

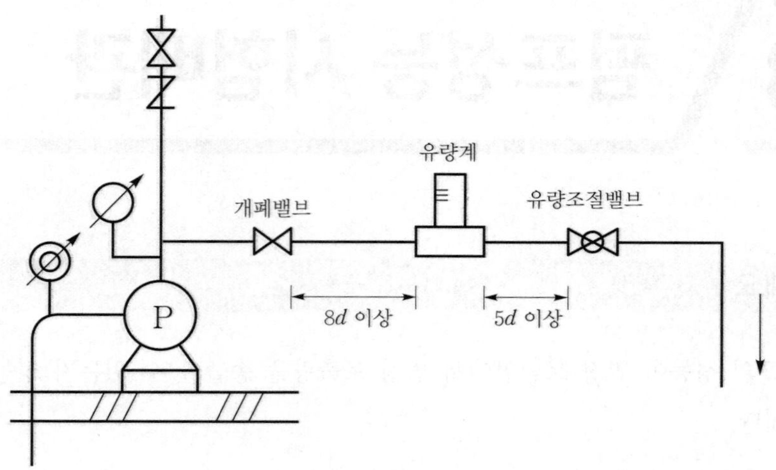

| 성능시험배관 |

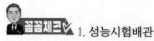

1. 성능시험배관
   ① 성능시험배관에서 유량계 전후의 길이(직경의 8배 및 5배)에 대한 근거 : 내무부예방 2082-3268호 (1983. 8.1) 펌프성능 시험배관의 해설 참조
   ② 유량계 설치 시 개폐밸브만 설치하나 이 경우는 난류로 인하여 원활한 측정이 불가능하다. 따라서, 위의 그림과 같이 개폐밸브 외에 유량조절밸브를 설치하여 측정 시 개폐밸브는 완전 개방한 후 유량조절밸브로 유량을 조정하여 측정하도록 설계 및 시공하는 것이 바람직하다.
   ③ 성능시험배관의 크기산출방법

$$Q \times 1.5 = 2.086 D^2 \sqrt{P \times 0.65}$$

$$D^2 = \frac{1.5Q}{2.086\sqrt{P \times 0.65}} \text{[mm]}$$

$$D = \sqrt{\frac{1.5Q}{2.086\sqrt{P \times 0.65}}} \text{[mm]}$$

2. NFPA 20(2019) : 유량계에서 개폐밸브까지의 거리는 유량계 제조업체가 권장하는 거리이어야 한다(A.4.21.1.2(b)).

02 펌프성능 시험순서

(1) 작동

1) 충압펌프 정지
2) 주펌프 2차측의 제어밸브 폐쇄

3) 성능시험배관의 개폐밸브 개방

4) 압력챔버의 배수밸브 개방(자동기동 확인)

5) 주펌프 기동 후 배수밸브 폐쇄

6) 체절압력 확인 및 릴리프밸브 작동 확인 및 재설정(체절운전)

7) 유량조절밸브를 서서히 개방

8) 정격토출량에서 정격토출압 이상 유무 확인(정격운전)

9) 유량조절밸브를 더욱 더 개방

10) 정격토출량의 150%에서 정격토출압의 65% 이상 여부 확인(과부하운전)

(2) 복구

1) 주펌프 작동정지

2) 성능시험배관의 개폐밸브 및 유량조절밸브 폐쇄

3) 주펌프 2차측의 제어밸브 개방

4) 충압펌프 자동으로 전환

5) 충압펌프 작동으로 충압을 실시한 후 주펌프를 자동으로 설정

6) 다시 복구상태 및 펌프 자동상태 확인

03 NFPA 유량측정방법

(1) 방수구(test header) 이용방법

1) 펌프토출측의 배관을 일부 빼서 옥외에 방수구(test header)를 설치한 후 호스를 연결하고 펌프를 기동한다.

2) 노즐에서 토출되는 수량을 피토게이지나 워터테스터 등을 이용하여 측정할 수 있는 방법이다.

3) 장점

① 옥외 방수구로 사용이 가능하다.

② 국내의 면적식 유량계에 비해 정확한 측정이 가능하다.

(2) 유량계 이용방법 : 성능시험배관과 벤투리식인 차압식 유량계를 주로 사용한다.

(3) 성능시험(NFPA 25(2020) 8.3.3.5)

1) 성능기준 : 체절운전 140% 이내, 정격양정에 정격유량, 유량 150%에서 양정이 65% 이상(명판 표기된 기준의 95% 이상)
2) 3년에 1회 이상 시험 : Test header, Flow meter
3) 3년에 2회 이상 시험 : Closed loop metering(바이패스를 통한 흡입측으로 순환하여 외부배출이 없는 시험)
4) 시험장비
   ① 소방펌프 컨트롤러 : 공장에서 보정되고 ±3% 이내로 조정
   ② 전압 : 정격전압의 5% 이내
   ③ 유량계 : ±3%의 정확도 수준으로 매년 교정
   ④ 그 외 : ±1%의 정확도 수준으로 매년 교정

| 미국의 Test header |

04 판정기준, 문제점 및 개선방안

(1) 판정기준

1) 체절운전 시 토출압력 : 정격토출압의 140% 이하
2) 정격토출압 운전 : 정격토출량 이상
3) 정격토출량의 150%로 운전 : 정격토출압력의 65% 이상

(2) 문제점

1) 현장에서는 쉽게 설치할 수 있는 밴드형(clamp type) 유량계를 설치하고 있다.

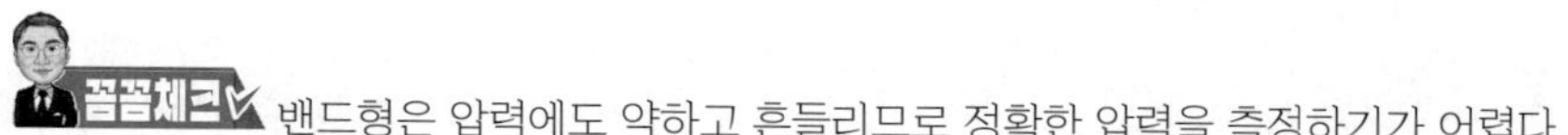

꼼꼼체크 밴드형은 압력에도 약하고 흔들리므로 정확한 압력을 측정하기가 어렵다.

2) 성능시험배관의 구경과 유량계의 구경이 일치하지 않아 정확한 유량측정이 어렵다.
3) 저렴하고 정확성이 떨어지는 저가형 면적식 유량계 사용 : 정확한 유량측정이 어렵다.

(3) 개선방안

1) 밴드형 대신 오리피스 또는 나사식(screw type) 유량계를 설치한다.
2) 성능시험배관의 구경과 유량계의 구경을 가능한 한 일치시킨다.
3) 정확한 유량측정을 위하여 고성능 유량계를 사용한다.
4) 성능시험배관의 절단한 자리는 상처가 없도록 잘 마감하고, 또한 절단할 때 힘을 너무 주어 절단된 끝부분이 조금이라도 가늘어지지 않도록 주의한다.

SECTION 049

베나 콘트랙터(vena contracta)

126회 출제

01 개요

(1) 베나 콘트랙터(vena contracta)란 우리말로는 축맥(縮脈)이라고 하는데, 유체가 용기의 벽에 뚫린 구멍으로 분출되는 경우 처음에는 관성 때문에 벽의 접선방향으로 진행하지만 외기에 접하면 그 유선이 좁아들어 가는 현상을 말한다.

(2) 정의 : 유선이 최소 단면을 형성하는 지점

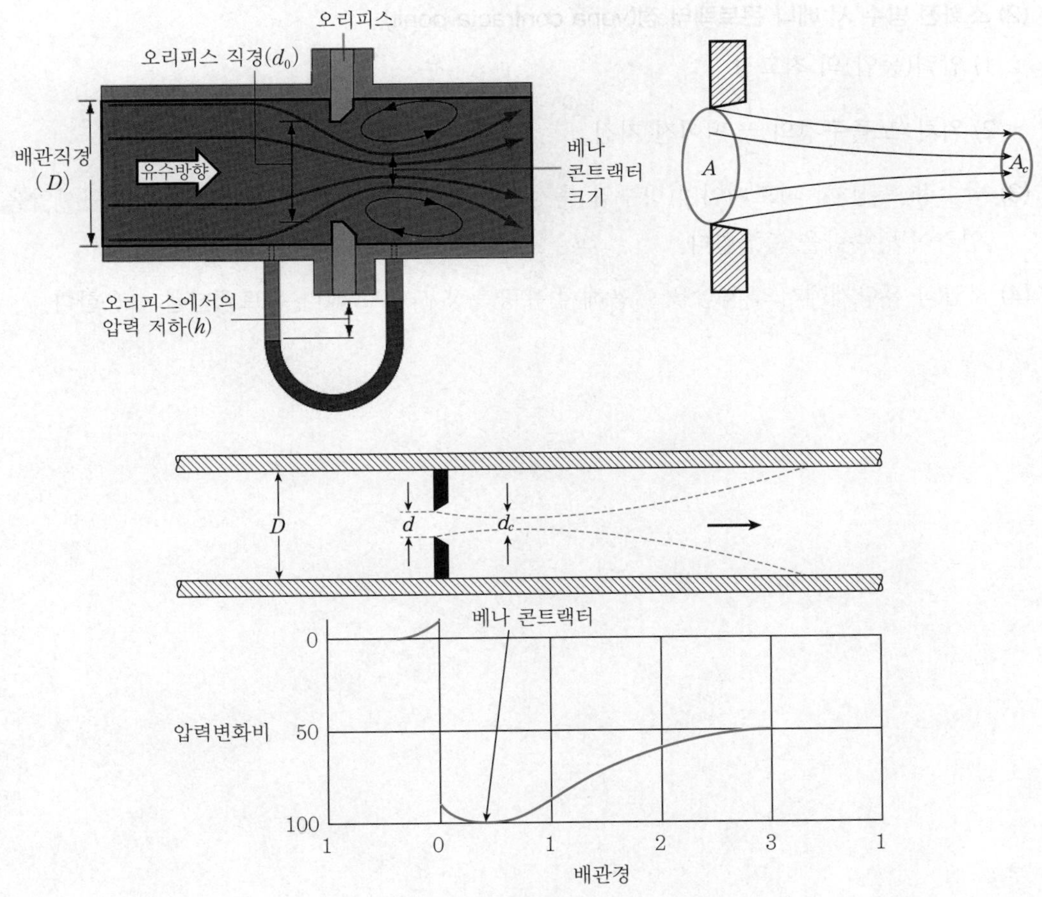

| 베나 콘트랙터의 압력과 면적 |

(3) 수축계수(coefficient of contraction)

1) $C_c = \frac{A_c}{A}$

여기서, C_c : 수축계수

A : 오리피스 면적[m^2]

A_c : 베나 콘트랙터의 면적[m^2]

2) $0.5 \leq C_c \leq 1$

02 소방에서 베나 콘트랙터(vena contracta)의 의미

(1) 소화전 노즐에서 물이 방수될 때 분사되는 물줄기의 단면적이 소화전 관창 끝의 단면보다 작아지는 지점을 베나 콘트랙터(vena contracta)라고 한다.

(2) 소화전 방수 시 베나 콘트랙터 점(vena contracta ponit)

1) 압력(동압)의 최고점

2) 위치 : 노즐구경의 $\frac{1}{2}$ 떨어진 지점

(3) 방수량 측정 시 피토게이지(방수압 측정기)를 이 점에 수직으로 세워서 수두환산압을 확인하여 방수량을 측정한다.

(4) 차압식 유량계에서의 차압을 이용해서 유량측정 시에도 베나 콘트랙터를 사용한다.

SECTION 050

유량계

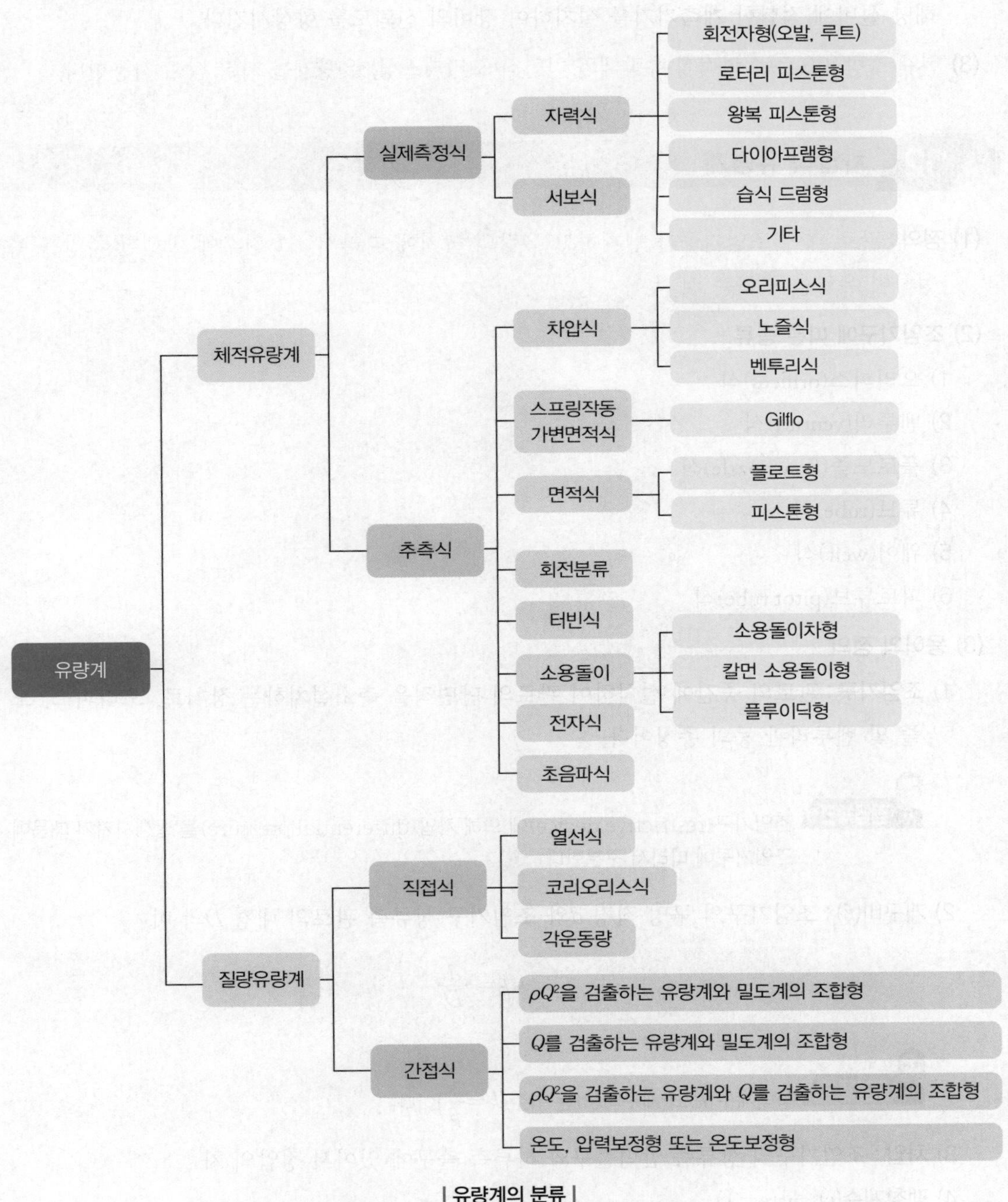

| 유량계의 분류 |

01 개요

(1) 유량계(流量計, flowmeter) : 관이나 수로 속을 흐르는 유체의 유량을 측정하는 장치

(2) 펌프 성능시험 시 펌프의 유량을 측정하기 위한 계측기기인 유량계의 종류와 특성을 통해 해당 설비에 적합한 계측기기를 설치하여 장비의 신뢰도를 향상시킨다.

(3) 현재 소방용으로는 면적식 유량계와 차압식(오리피스형) 유량계를 가장 많이 사용한다.

02 차압식 유량계

(1) 정의 : 관로 내에 조임기구를 설치하고 유량의 크기에 따라서, 그 전후에 발생한 차압을 측정하여 유량을 구하는 것

(2) 조임기구에 따른 종류

1) 오리피스(orifices)식
2) 벤투리(venturi)식
3) 플로노즐(flow nozzle)식
4) 튜브(tube)식
5) 웨어(weir)식
6) 피토튜브(pitot tube)식

(3) 용어의 정의

1) **조임기구 :** 관로의 중간에 설치하여 관로의 단면적을 축소설치하는 장치로, 오리피스, 노즐 및 벤투리관 등의 총칭이다.

조임기구(restrictive device)에 의해 차압(differential pressure)을 발생시키기 때문에 조임기구에 따라서 구분한다.

2) **개구비(β) :** 조임기구의 구멍 직경 d와 조임기구 상류측 관로의 내경 D의 비

$$\beta = \frac{d}{D}$$

꼼꼼체크 축맥계수(k)와 개구비(β)는 역수$\left(k = \frac{1}{\beta}\right)$이다.

3) **차압 :** 조임기구의 상류측 압력출구와 하류측 출구에 있어서 정압의 차

4) **팽창계수(ε) :** 물($\varepsilon = 1$)

5) 방출계수$(C_d)=\dfrac{\text{실제유량}}{\text{이론유량}}$

6) 유량계수(a) : 조임기구를 설치한 관로에 비압축성 유체를 흘려 실험한 후 아래의 식에 의하여 구하는 값

$$a=\frac{C_d}{\sqrt{1-\beta^4}}$$

(4) 차압식 유량계 측정원리 118회 출제

1) 단면이 원형인 수평배관의 중심에 동심원인 구멍이 있는 평판형태의 조임기구를 유수의 흐름방향에 직각으로 설치한다.

2) 유체는 비압축성으로 점도의 영향이 없는 유체이며, 흐름은 정상적인 흐름으로 관로 내를 가득 차 있는 상태로 유동한다.

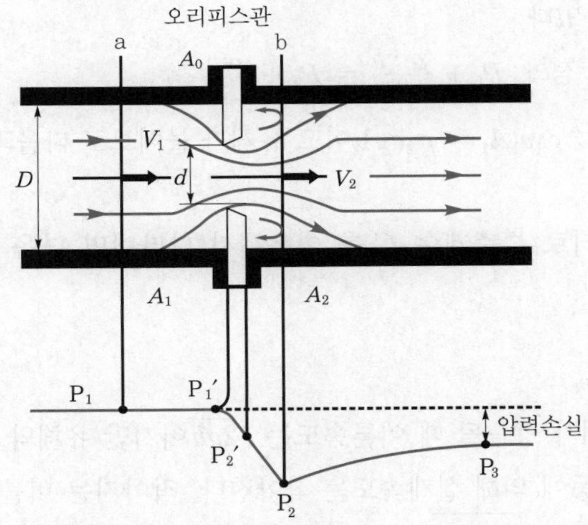

| 차압식 유량계의 압력과 속도의 변화 |

3) 면조임의 상류단면도 a와 하류의 흐름이 좁혀진 단면 b(vena contracta) 사이에는 베르누이 정리와 연속방정식이 성립한다.

4) 베르누이의 정리

① 유속(동압)이 증가함에 따라 정압이 얼마나 감소하는가를 나타내준다.

$$P_t(\text{일정}) = P_s + P_d$$

여기서, P_t : 전압

P_s : 정압

P_d : 동압

② 정압과 동압 중 하나가 커지면 다른 하나는 감소해야 한다. 동압은 속도의 제곱에 비례하므로 어느 한 점에서 흐름의 속도가 증가하면 동압이 커지고 결국 그곳의 정압은 감소하게 된다.

5) 차압을 가지고 다음과 같이 유량을 구할 수 있다.

① 동압 : $P_d = \frac{1}{2}\rho v^2$

② P_t(일정)$= P_s + \frac{1}{2}\rho v^2$

③ $v = \sqrt{\frac{2(P_t - P_s)}{\rho}} = \sqrt{2g\frac{\Delta P}{\gamma}}$

여기서, $\rho = \frac{\gamma}{g}$

④ 상기 식에서 속도는 전압－정압의 차만 구하면 알 수 있다.

⑤ 상기 그림에서 두 지점의 베르누이의 정리와 연속방정식을 이용해서 다음과 같은 식을 도출할 수 있다.

㉠ 베르누이의 정리 : $P_1 + \frac{\rho_1 v_1^2}{2} = P_2 + \frac{\rho_2 v_2^2}{2}$

㉡ 연속방정식 : $\rho_1 v_1 A_1 = \rho_2 v_2 A_2$이고 유체가 물이므로 다음과 같이 나타낼 수 있다.

$Q = A_2 v_2$

⑥ 베나 콘트랙터로 수축계수 C_c를 이용해서 나타내면 다음과 같이 나타낼 수 있다 $\left(C_c = \frac{A_2}{A_0}\right)$.

$Q = C_c \times A_0 \times v_2$

⑦ 노즐에서 유체가 방출될 때 이론속도는 $\sqrt{2gh}$이지만 유체와 노즐과의 마찰, 노즐 내에서의 난류 등에 의해 실제속도는 작아진다. 작아지는 비를 속도계수(C_v)라 한다.

$Q = C_c \times C_v \times A_0 \times \sqrt{2g\frac{\Delta P}{\gamma}}$

⑧ 유량을 다음과 같은 식으로 나타낼 수 있다.

$$Q = C_d A_0 \times \sqrt{2g\frac{\Delta P}{\gamma}}$$

여기서, Q : 유량[m³/s]

C_d : 방출계수

γ : 비중량[kg_f/m^3]

ΔP : 차압[kg/m^2]

A_0 : 배관단면적[m^2]

g : 중력가속도[m/s^2]

6) 장단점

장점	단점
① 구조가 간단하며, 이동 또는 가동부분이 없다. ② 측정특성 및 실험데이터가 풍부하여 규격서의 제작사양, 설치조건을 잘 따를 경우 별도 교정 없이도 5% 정도의 측정 정확도를 얻을 수 있다. ③ 가격이 다른 유량계에 비해 비교적 저렴하고, 대구경 관로에서 더욱 경제적이다. ④ 거의 모든 유체 측정에 쉽게 적용할 수 있다.	① 정확도에 있어서는 다른 전자유량계 등과 비교할 때 차이가 있다. ② 층류유량계를 제외하고는 유량과 관련된 출력신호가 선형이 아니고 유량제곱에 비례하기 때문에 선형신호를 갖는 유량계와 비교하여 하나의 유량계의 측정 범위가 보통 1 : 3 정도로 제한된다. ③ 방출계수 및 정확도는 배관 형태, 유체의 유동상태에 따라 상당히 영향을 받는다. ④ 노후화, 즉 차압검출부 및 도압관 등의 마모와 부식 정도에 의해 큰 오차가 발생될 수 있으며, 이에 대한 영향의 정도가 정량화되어 있지 않다.

(5) 오리피스 유량계

1) 오리피스(orifice)는 조임부의 형태와 위치 및 상하류측의 압력차를 측정하기 위한 압력 취출탭에 있어서 다양한 종류로 구분할 수 있는 가장 보편적인 유량계이다.

2) 공식

$$Q = C_d A_0 \sqrt{2g\frac{P_1 - P_2}{\gamma}} = C_d A_0 \sqrt{2gh\left(1 - \frac{\gamma_w}{\gamma_m}\right)} = C_d A_0 \sqrt{2gh\left(\frac{\gamma_1 - \gamma_2}{\gamma_2}\right)}$$

여기서, C_d : 방출계수

A_0 : 오리피스의 단면적[m^2]

g : 중력가속도[m/s^2]

h : 시차 액주계 높이차[m]

γ_m : 시차 액주계의 유체의 비중량[kg$_f$/m^3]

γ_w : 물의 비중량[kg$_f$/m^3]

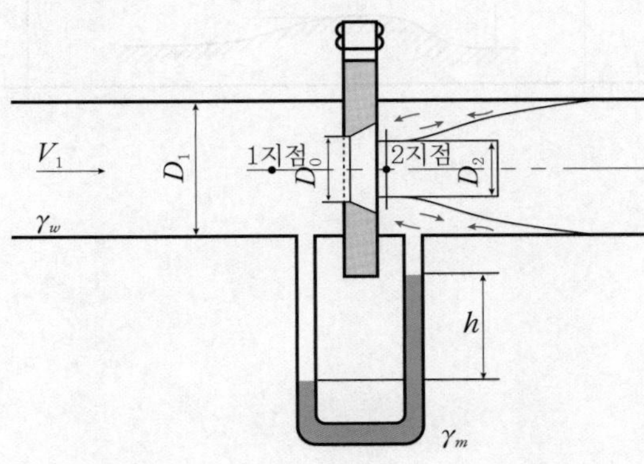

3) 오리피스 유량계의 차압과 유량의 관계 : $Q \propto (\Delta P)^{\frac{1}{2}}$

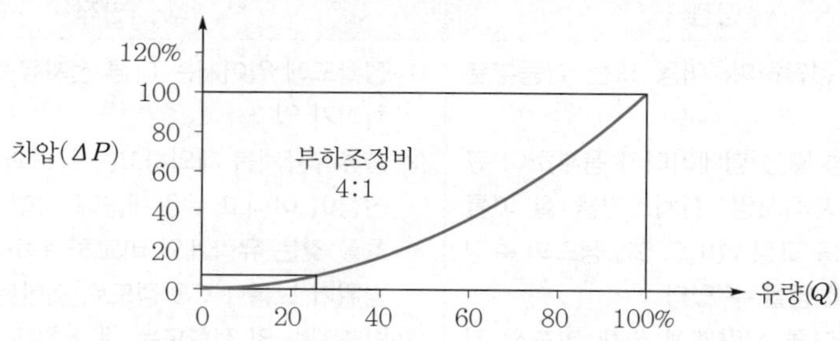

4) 장단점

장점	단점
① 가격이 저렴하다. ② 대부분의 유체에 사용할 수 있다. ③ 설치가 간단하다. ④ 구조가 단순하다.	① 유량측정비가 3 : 1~4 : 1로 좁다. ② 직관거리가 길다. ③ 압력손실이 크다.

5) 오리피스, 유동노즐, 벤투리관 비교[21)]

유량 측정방식	그림	수두손실	가격
오리피스(orifice)	D_1 D_2 흐름	크다.	적다.
유동노즐(flow nozzle)	D_1 D_2 흐름	중간	중간
벤투리관(venturi)	D_1 D_2 흐름	작다.	많다.

21) 3-188 section3 Mechanical Engineering Handbook

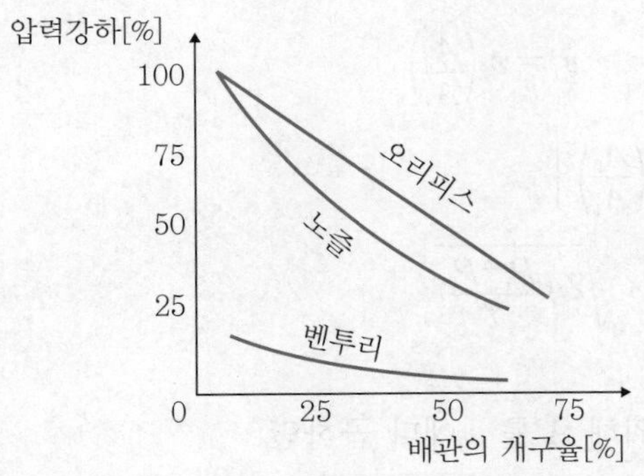

| 배관의 개구율에 따른 압력 강화 |

(6) 벤투리관 유량계

1) **벤투리의 정의** : 관경이 점차 축소되었다가 다시 확대되는 관이다.

2) **측정원리** : 배관의 유동면적을 축소해서 속도를 증가시키고 이에 따라 정압이 감소한다.

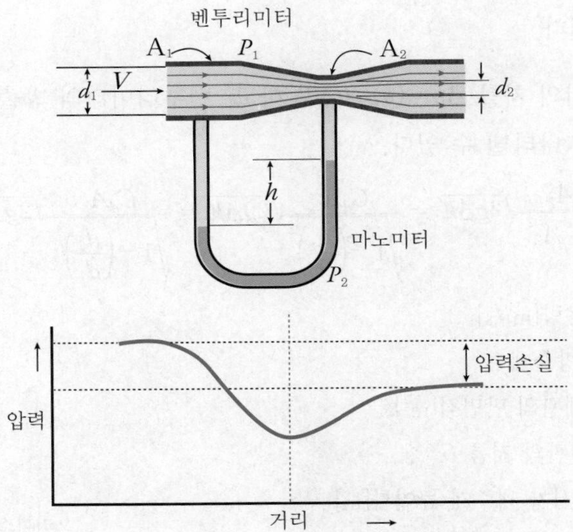

| 벤투리 튜브에서의 압력변화 |

① 수평으로 놓은 벤투리미터의 A_1, A_2 사이에서 흐름에 대한 에너지의 손실은 없고, 또 유체가 비압축성일 때 베르누이의 방정식을 세우면 다음과 같다(동일 유선상이므로 $z_1 = z_2$).

$$\frac{P_1}{\gamma} + \frac{v_1^2}{2g} = \frac{P_2}{\gamma} + \frac{v_2^2}{2g}$$

$$\frac{P_1 - P_2}{\gamma} = \frac{v_2^2 - v_1^2}{2g}$$

② 통로 A_1, A_2의 단면적, 유량을 Q라 하면, 연속방정식은

$$Q = A_1 v_1 = A_2 v_2 \rightarrow v_1 = v_2\left(\frac{A_2}{A_1}\right)$$

③ $\dfrac{P_1 - P_2}{\gamma} = \dfrac{v_2^{\,2}}{2g}\left\{1 - \left(\dfrac{A_2}{A_1}\right)^2\right\}$

④ $v_2 = \dfrac{1}{\sqrt{1 - \left(\dfrac{A_2}{A_1}\right)^2}} \times \sqrt{2g\dfrac{P_1 - P_2}{\gamma}}$

⑤ 유량 Q를 얻기 위해 A_2를 v_2에다 곱하면

$$Q = A_2 v_2 = \frac{A_2}{\sqrt{1 - \left(\frac{A_2}{A_1}\right)^2}} \times \sqrt{2g\frac{P_1 - P_2}{\gamma}}$$ 129회 출제

⑥ 위의 식에서 $\dfrac{P_1 - P_2}{\gamma}$는 두 점 사이의 압력차에 따른 수두의 차이를 나타낸다. 따라서, 지점 1·2의 위치에 각각 액주를 세우고, 액주의 높이를 h_1, h_2라 하면 $h_1 = \dfrac{P_1}{\gamma}$, $h_2 = \dfrac{P_2}{\gamma}$가 된다.

⑦ 두 액주 높이의 차를 $\Delta h = (h_1 - h_2)$라 하고, 벤투리미터의 방출계수를 C_d라면 유량은 아래와 같이 나타낼 수 있다.

$$Q = C_d \frac{A_1 A_2}{\sqrt{A_1^{\,2} - A_2^{\,2}}}\sqrt{2g\Delta h} = \frac{C_d A_2}{\sqrt{1 - \left(\frac{A_2}{A_1}\right)^2}}\sqrt{2g\Delta h} = \frac{C_d A_2}{\sqrt{1 - \left(\frac{d_2}{d_1}\right)^4}}\sqrt{2g\Delta h}$$

여기서, Q : 유량[m³/s]

C_d : 방출계수

A : 배관의 단면적[m²]

d : 배관의 지름

Δh : 시차 액주계 높이차[m]

g : 중력가속도[m/s²]

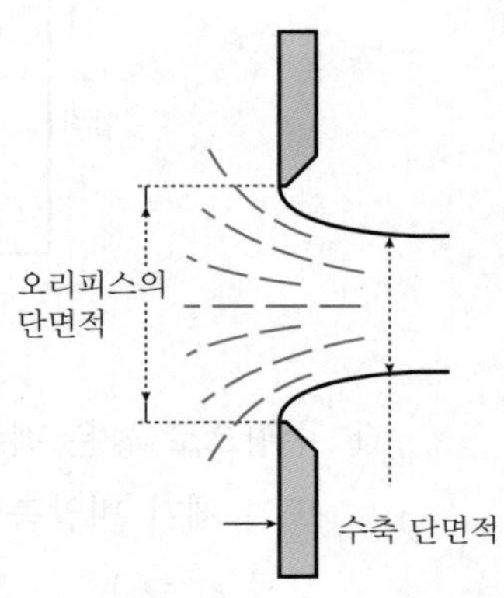

| 오리피스 단면적과 수축 단면적 |

⑧ 방출계수$(C_d) = \dfrac{\text{실제유량}}{\text{이론유량}}$, $C = C_v \times C_c$

⑨ 유속계수$(C_v) = \dfrac{\text{실제유속}}{\text{이론유속}}$

⑩ 수축계수$(C_c) = \dfrac{\text{수축 단면적}}{\text{오리피스 단면적}}$

3) 장단점

장점	단점
① 오리피스에 비해 유입 및 유출 부분이 유선형으로 압력손실이 작다(유출계수≒1). ② 오리피스에 적용할 수 있는 유체에는 모두 적용할 수 있다. ③ 급한 모서리가 없으므로 고형분을 포함하고 있는 유체나 슬러리, 더러운 유체에도 쉽게 적용할 수 있다. ④ 레이놀즈수의 변화에 따른 영향이 작으므로 넓은 범위(range)에 대해서는 오리피스보다 정확도가 높다.	① 오리피스에 비해 구조가 복잡하다. ② 오리피스에 비해 고가이다. ③ 정확도는 $\pm\frac{1}{4}\sim\pm3\%$ RD 정도로 오리피스에 비하여 낮다.

RD(reading) : 읽는 값에 대한 오차를 말한다.

4) 벤투리 효과

① 관의 단면적이 축소

② 연속방정식에 의해 유체의 속도 증가 → 동압(velocity pressure) 증가

③ 베르누이 방정식에 의해 정압(normal pressure) 감소

5) 소방에서의 응용

① 유량 측정 : 벤투리미터(venturi meter), 오리피스미터

② 포 혼합장치 : 라인 프로포셔너, 펌프 프로포셔너

(7) 유동노즐(flow nozzle) 유량계

1) 동심(concentric) 오리피스 구멍의 모서리부분을 하류로 연장시킨 모양의 플로노즐(flow nozzle)을 이용해서 차압을 측정하는 유량계이다.

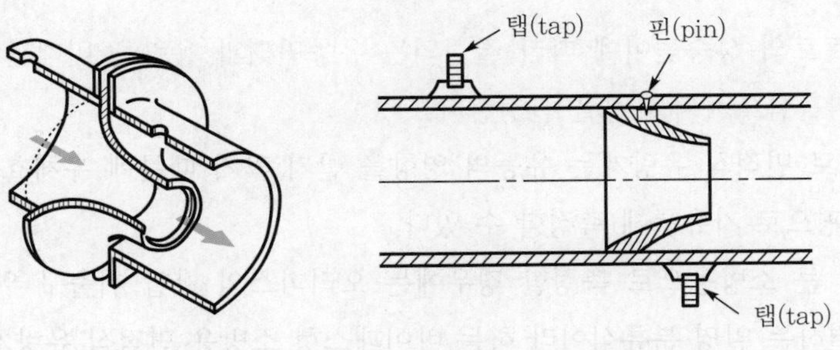

| 유동 노즐의 구조 |　　| 노즐의 압력탭(tap) |

2) 측정원리

① 벤투리미터에서 수두손실을 감소시키기 위하여 있는 확대 원추부를 제외하고는 벤투리미터와 같다.

$$\frac{C_d}{\sqrt{1-\left(\frac{A_2}{A_1}\right)^2}} = C_d \cdot E = K$$

② 공식

$$Q = KA_2\sqrt{2g\frac{\Delta P}{\gamma}}$$

여기서, Q : 유량

K : 유동계수

A_2 : 수축부위 단면적

ΔP : 압력손실

γ : 비중량

3) 장단점

장점	단점
① 오리피스에 비해 부식에 강하다. ② 고속유체의 측정에 적합하다. ③ 액체보다는 기체측정에 적합하다. ④ 노즐의 경우 유동패턴은 오리피스보다 이상적으로 베나 콘트랙터는 약하게 형성되고 2차 유동의 박리 현상도 별로 심각하지 않다.	① 제작 또는 설치가 오리피스보다 어렵다. ② 오리피스에 비해 고가이다. ③ 유체 중 고체입자가 많이 들어 있는 경우 사용이 곤란하다.

03 가변면적식 유량계(variable area type flow meter)

(1) 개요

1) 정의 : 플로트의 상승높이에 따라 결정되는 유동면적과 유량은 비례관계에 있으므로 이 위치를 검출함으로써 유량을 산정한다.

2) 일반적으로 면적식 유량계는 유동의 영향을 받지 않기 때문에 유체흐름과 관계없이 수직 및 수평으로 자유롭게 측정할 수 있다.

3) 유동률이 큰 소방용으로 측정할 경우에는 오리피스의 차압 취출구 위치에 바이패스관으로 연결하는 일명 분류식이라 하는 바이패스형 소방용 면적식 유량계를 사용한다.

4) 구성

① 수직으로 설치된 상부가 개방된 테이퍼관 또는 압축기구를 갖는 직관

② 직관 내부를 자유롭게 상하로 움직이는 플로트(가동부)

5) 측정원리

① 유량계로 유동이 형성되면 부자를 기준으로 전후에 압력차가 발생한다.

② 유량이 증가하면 부자는 상승하며 이에 따라 부자 주위의 유량 통과 면적이 증가하기 때문에 평형상태에서 부자의 아래위에 걸리는 압력차는 일정하게 된다.

③ 유량계를 통과하는 유량은 부자 상승높이에 비례한다.

6) 유량측정

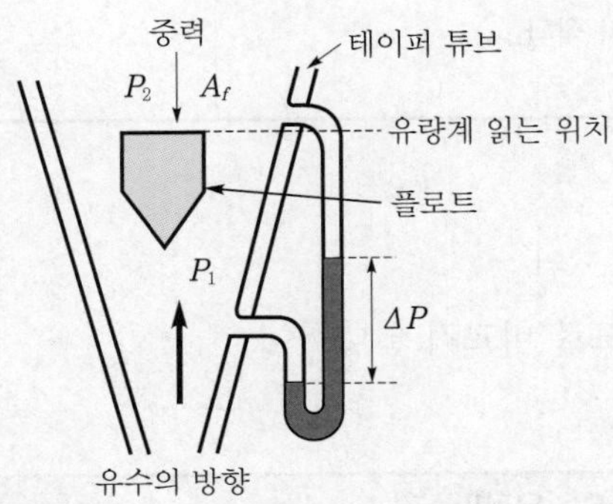

① $W_f + A_f \times P_2 = A_f \times P_1$

여기서, $W_f + A_f \times P_2$: 플로트가 아래로 작용하는 중력

$A_f \times P_1$: 플로트를 위로 밀어 올리는 힘

② $\Delta P = \dfrac{W_f}{A_f}$ ………… ㉠

여기서, ΔP : $P_1 - P_2$

P_1 : 플로트 상류측 압력

P_2 : 플로트 하류측 압력

A_f : 플로트 최대 단면적$\left(\dfrac{\pi d^2}{4}\right)$

W_f : 플로트의 유효중량

③ 관 내를 흐르는 유체의 부피유량 $Q[\mathrm{m^3/s}]$

$$Q = C_d A v = C_d A \frac{1}{\sqrt{2g \times \dfrac{\Delta P}{\rho_0}}}$$ ………… ㉡

여기서, C_d : 방출계수

A : 유동면적

v : 플로트와 테이퍼관 사이에서 유체의 유속

ρ_0 : 유체의 밀도

g : 중력가속도

④ 플로트의 등가밀도를 ρ_f, 플로트의 부피를 V_f라 하면 아래 식과 같다.

$W_f = V_f(\rho_f - \rho_0)$ ………… ㉢

⑤ ㉡식에 ㉠과 ㉢을 적용하면

$$Q = C_d A \sqrt{2g \frac{W_f}{\rho_0 A_f}} = C_d A \sqrt{2g \frac{V_f(\rho_f - \rho_0)}{A \rho_0}}$$

(2) 장단점

장점	단점
① 기체, 액체의 유량측정이 가능하다. ② 소유량, 고점성 유체 및 부식성 유체에 적합하다. ③ 맥동류에서도 오차발생이 작다. ④ 유량측정범위가 넓다.	① 정확도가 낮다. ② 일정한 직관부가 필요하다.

(3) 특징

1) 유체의 흐름방향 : 아래 → 위

2) 유량측정비는 10:1 정도로 비교적 넓다.

(4) 오리피스형과 면적식 비교

구분	오리피스형	면적식
설치장소	성능시험배관 사이	성능시험배관 위
측정원리	차압식 (오리피스 전후의 압력차로 유량검출)	면적식 (플로트를 이용하여 플로트의 위치측정)
정확도	높다.	낮다.
유량범위	크다.	작다.
가격	고가	저가

(5) 구조

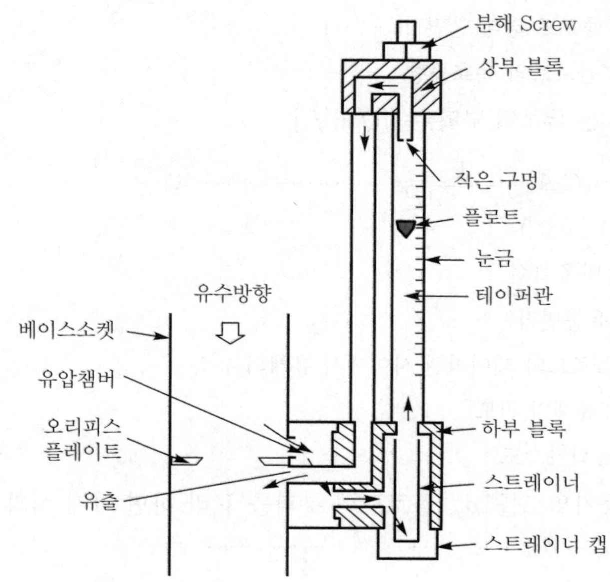

(6) 취급·사용상의 주의점

1) 주배관과 시험배관의 관경이 꼭 일치할 필요는 없다.
2) 시험용의 배관은 유량계의 배관경과 같은 규격의 관을 사용한다.
3) 유량계 전후에는 정도 유지를 위해 직관부 필요 : 엘보일 경우 상류측 $8D$, 하류측 $5D$ 이상의 직관부가 필요하다.
4) 테이퍼관 상류의 작은 구멍이나 유량지시부의 밀부분에 스트레이너가 막히면 유량이 맞지 않게 된다. 따라서, 주기적인 정비가 필요하다.
5) 운전 중 눈금을 읽을 때 주의하여야 한다.
6) 진동이 작은 장소를 선정하고 직관 중심축이 수직이 되도록 설치한다.

04 기타 유량계

(1) 용적에 의한 측정 : 비중량 γ의 일반유체에 대하여 t초간에 용기에 들어간 유체중량 G, 또는 체적 V를 측정하면 유량 $Q[\mathrm{m^3/s}]$를 구할 수 있다. 이는 소용량의 경우에만 가능하고 개략적인 측정을 한다.

(2) 로터미터(rotor meter) : 흐름 속에서 동압을 받아 회전하는 회전차에서는 회전속도가 유량 $[\mathrm{m^3/s}]$, 누적 회전수가 적산유량$[\mathrm{m^3}]$을 나타낸다. 수도계량기에 많이 사용한다.

(3) 초음파 유량계

1) 2조 또는 1조 초음파 발신기와 수신기를 그림과 같이 유속 v의 흐름에 대하여 거리 l만큼 떨어져 설치한다.
2) 2조의 송수신기에서 음이 수신기에 도달하는 시간의 차이 Δt를 측정하고 음속을 c로 하면 $\Delta t = \dfrac{l}{c-v} - \dfrac{l}{c+v}$의 식에서 유속($v$)을 구할 수 있으므로 여기에 단면적($A$)을 곱해서 유량($Q$)을 계산할 수 있다.
3) 초음파 유량계의 종류
   ① 전파 속도차법(travel or transit time) : 초음파가 유체를 통과할 때, 상류에서 하류로 향할 때와 하류에서 상류로 향할 때의 전파속도가 다르다. 이 두 경우의 속도 차가 유속에 비례하기 때문에 이를 이용하는 방법이다.
   ② 상호 상관법(cross correlation) : 두 쌍의 초음파 센서를 일정한 거리를 떨어뜨려 설치하고 상·하류 수신부에 검출되는 신호의 시간차를 이용하여 유속을 계산하는 방법이다.
   ③ 도플러법(Doppler) : 도플러 효과를 이용하여 속도를 구하는 것으로 한 개의 센서를 사

용하여 초음파를 발사하고 흐르는 유체에 입자에 의해 반사되는 초음파 신호를 수집하여 초음파가 발사된 경로상의 유속분포를 예측하여 유량을 계산하는 방법이다.

④ 와류 검출법(vortex shedding) : 흐름 안에 와류 발생장치를 설치하고, 그 뒤에 한 쌍의 초음파 센서를 설치하여 유속에 비례하는 와류 발생주기를 측정하여 유량을 계산하는 방법이다.

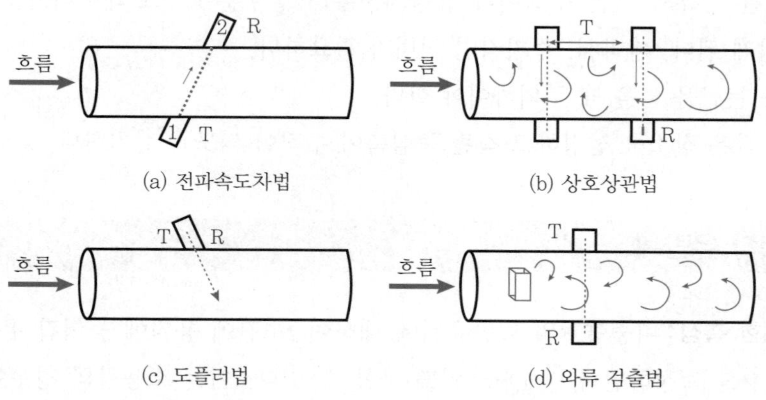

여기서, T : 발신기, R : 수신기

| 초음파 유량계의 종류 |

SECTION 051

소방펌프의 기동방식과 압력세팅방법

01 개요

(1) 가압송수장치로 소방펌프 사용 시 소방펌프가 적정하게 동작하고 적정압을 형성하기 위해서는 기동용 수압개폐장치가 필요하다.

(2) **정의** : 소화설비의 배관 내의 압력변동을 검지하여 펌프를 자동으로 기동 또는 정지시키는 것으로서, 압력챔버, 기동용 압력스위치 등을 말한다.

02 소방펌프의 기동용 수압개폐장치 122회 출제

(1) 기동원리

1) 토출관 내의 압력이 일정기준 이하로 떨어졌을 경우 그 차압을 압력스위치에서 감지하여 자동으로 펌프를 기동시키는 방식이다.

2) 국내와 일본 : 압력챔버의 압력스위치식

① 장단점

장점	단점
① 압력챔버의 수격 및 맥동(헌팅)완화 기능 ② 펌프의 잦은 기동을 방지 ③ 압력스위치 보호 : 맥동압력 흡수	① 압력챔버의 공기는 장기간 놓아두면 공기가 물에 녹아 공기 부분이 줄어들게 되어 수격방지기능이 저하된다. ② 공기부분이 줄어들면 가압수의 맥동압이 직접적으로 압력스위치에 영향을 미쳐 헌팅현상이 발생한다. ③ 압력챔버에 부착되어 있는 압력스위치의 설정압력범위가 제한되어 있고 정밀제어가 곤란하다.

② 압력챔버

㉠ 압력챔버의 종류

- 용량에 따른 분류 : 100L, 200L
- 압력에 따른 분류 : 1MPa, 2MPa

㉡ 압력챔버의 규격은 100L 이상으로 하도록 되어 있지만, 공장 등 큰 규모의 펌프 시설에는 500L 또는 그 이상의 대용량 압력챔버를 설치하는 것이 바람직하다.

압력챔버 내에 공기가 가득 찬 상태에서 물이(압력수) 공기를 밀어 올림으로써 수격방지나 펌프의 잦은 기동을 방지하는 것이다. 따라서, 압력챔버에 공기를 $\frac{1}{3}$ 또는 몇 리터를 채운다는 것은 압력챔버의 기능을 잘못 이해하고 있는 것이다.

③ 압력챔버에 공기넣기

㉠ 목적

- 급격한 압력변화에 의한 펌프의 단속적인 기동과 정지 방지
- 펌프 및 배관 주변기기의 충격과 손상 예방
- 소량의 누수에 의한 펌프의 잦은 기동 방지

㉡ 압력챔버에 공기넣는 방법

구분	내용
안전조치	제어반에서 주펌프, 충압펌프를 정지상태에 둔다(배수 시 펌프의 자동기동을 방지).
배수	① 개폐밸브를 잠근다. ② 배수밸브를 개방하여 가압수를 배출한다. ③ 안전밸브를 개방하여 챔버 내 안전밸브를 통해 신선한 공기를 유입시킨다.
급수	① 완전배수 확인 후 배수밸브 및 안전밸브를 폐쇄한다. ② 개폐밸브 개방하여 챔버 내에 물을 채운다(배관 내 압력만으로 가압).
자동전환	① 충압펌프를 자동전환(충압펌프가 기동하며 설정압력 도달 시 정지)한다. ② 주펌프 자동상태로 전환한다.
	주펌프가 수동정지인 경우 ① 주펌프 압력스위치 동작확인침을 공구를 이용하여 상단으로 올린다(압력스위치를 수동으로 복구). ② 주펌프를 자동상태로 전환한다.

④ 안전밸브와 릴리프밸브

㉠ 안전밸브

- 압력챔버의 안전밸브는 호칭압력과 호칭압력의 1.3배의 압력범위 내에서 작동하여야 한다.
- 호칭압력의 2배에 해당하는 압력을 수압력으로 5분간 가하는 시험에서 물이 새거나 현저한 변형이 생기지 않아야 한다.
- 압력챔버 상부에는 반드시 안전밸브를 설치한다.

릴리프밸브는 작동압력의 설정을 임의로 변경할 수 있으나 이에 비하여 안전밸브는 작동압력이 고정되어 있는 구조이다.

ⓛ 릴리프밸브

- 2.0MPa의 경우 : 압력을 조정할 수 없도록 릴리프밸브를 고정시켜 안전밸브로 사용한다.
- 원인 : 국내에서 1.0MPa용으로 안전밸브가 판매되고 있으나 2.0MPa용은 기성품이 없고 가격이 비싸다.

⑤ 문제점

㉠ 단순 용도와 비교하면 비용이 과다하고 설치공간이 많이 소요된다.

㉡ 상부의 안전변으로 공기가 누설될 경우 맥동압력이 압력스위치로 그대로 전달되어 펌프가 맥동운전을 할 수 있다.

㉢ 펌프의 용량에 비하여 압력탱크의 용량이 너무 작으면, 소방펌프가 순간적으로 기동과 정지를 반복하는 헌팅현상이 발생하여 전자계전기, 소방모터 및 소방배관에 손상을 입힐 수 있다.

㉣ 상부에 안전밸브(safety valve)를 설치해야 함에도 일부는 릴리프밸브를 설치하는 문제점이 있다.

㉤ 압력스위치의 신뢰성 때문에 비검정품으로 대체하여 사용(수은압력계, 접점식 압력계, 전자식 압력스위치 등)한다.

㉥ 압력스위치 세팅의 어려움 : 세팅값 변함, 미세조정 불가, Diff값 제한

㉦ 펌프별로 순차적 기동제어를 하지 못함 : 펌프당 1개의 압력스위치가 필요하다.

㉧ 압력챔버에 설치하는 압력스위치의 수가 증가할수록 기밀성 유지가 곤란(현재 형식승인 최대 3개)하다.

3) NFPA Code 20

① 토출측 배관상에 가는 동관(펌프기동 초기에 배관 내 맥동압력을 압력스위치로 직접 전달하지 않도록 완충작용)에 두 개의 오리피스 내장 체크밸브를 통해 압력스위치로 가압수가 들어갈 수 있도록 설치한다.

② 장점

㉠ 압력스위치로 직접적인 압력전달을 방지하기 위해 두 개의 오리피스를 통과한 물에 의해서 압력을 전달받아 헌팅의 우려가 작고 안정적으로 펌프의 느린 정지가 가능하다.

㉡ 배관의 압력감지는 체크밸브의 개방으로 즉시 감지하여 신속한 기동이 가능하다.

③ 단점 : 수격완화기능이 없다.

④ NFPA 압력스위치방식의 설치방법(압력감지배관)

㉠ 각각의 펌프마다 설치한다.

㉡ 토출측 게이트밸브와 체크밸브 사이에서 15mm 배관을 분기한다.

㉢ 분기배관에 2.4mm 오리피스 내장 체크밸브 2개(간격 1.52m)를 설치한다.

1. **1.52m 간격을 두는 이유** : 2.4mm의 오리피스를 통과시킴으로써 서징으로 인한 맥동현상을 줄이기 위함이다.
2. **15mm 배관에서 분기** : 압력감지배관의 부식 및 막힘 방지
3. **오리피스 내장 체크밸브** : 체크밸브와 유량제어밸브의 기능을 결합한 것으로, 유량을 제한하거나 급격한 압력상승을 방지한다. 체크밸브 내부의 디스크에 2.4mm 크기의 오리피스를 뚫는 이유는 압력스위치까지 2개의 작은 구멍을 통해 배관의 압력이 천천히 전달되어 압력에 둔감해져 펌프가 천천히 정지되게 하기 위함이고, 체크밸브 설치이유는 펌프의 빠른 기동을 위함이다.

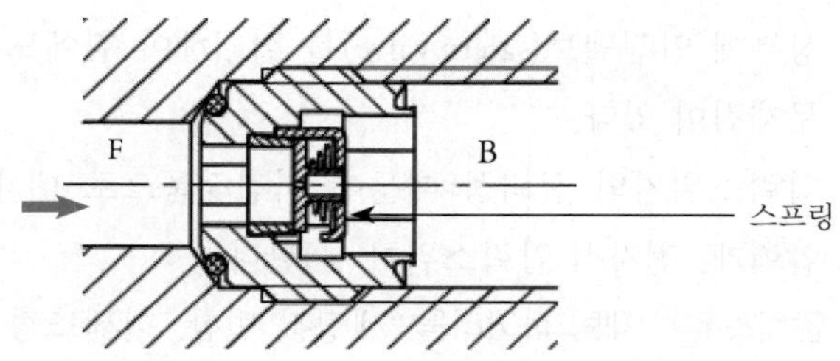

| 오리피스 내장 체크밸브 단면도 |

㉣ 분기배관 끝에 압력스위치 및 드레인밸브를 설치한다.

㉤ 체크밸브의 방향 : 압력스위치에서 토출측 방향으로 한다.

㉥ 설치도

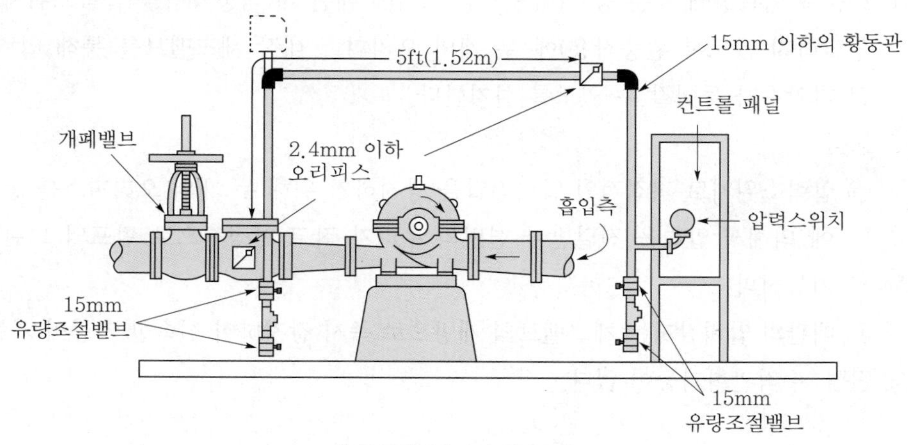

| 압력감지배관의 설치도 |

구분	압력챔버방식	동관의 오리피스 연결방식
설치공간	챔버가 설치되어야 하므로 공간 필요	배관만 설치하면 되므로 공간이 적어도 됨
맥동압력 흡수방법	압력챔버 내의 공기가 압력 흡수	오리피스가 압력 흡수
장점	맥동압력과 수격압 흡수가 용이	① 좁은 장소에 설치 가능 ② 펌프의 빠른 기동과 느린 정지
단점	① 설치공간 필요 ② 비용 증가	① 펌프의 잦은 기동 우려 ② 수격완화기능이 없음

(2) 기동장치의 종류

1) 벨로즈 압력스위치방식

① 드라이버를 이용해서 레인지(range : 정지압)와 딥(diff : 정지압−기동압)을 조절하여 세팅한다.

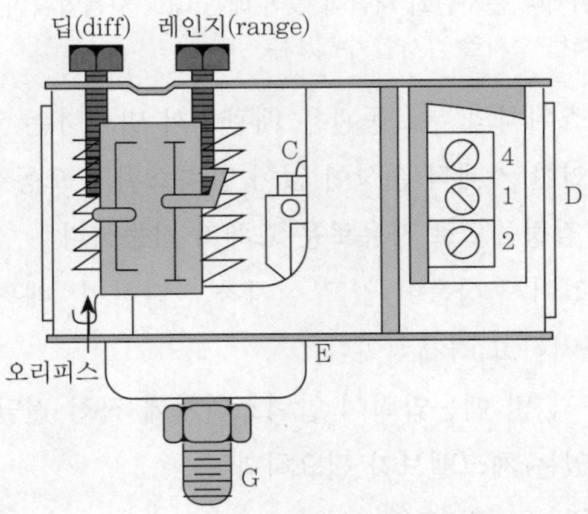

┃ 압력스위치의 레인지와 딥 ┃

② 압력스위치의 동작원리 : 수압의 변화에 따라 벨로즈가 이동하면 접점을 붙였다 떨어뜨렸다 하며 접점신호를 전송한다.

③ 문제점

㉠ 고장 시 교체 곤란 : 압력챔버와 압력스위치 일체형으로 형식승인을 받기 때문에 교체 시에는 사실상 형식승인을 다시 받아야 하는 문제가 있다.

㉡ 측정 시마다 측정값 변화 : 벨로즈의 근본적인 한계로 재현성이 낮다.

㉢ 교정이 곤란하다.

㉣ 정밀도가 낮다.

㉤ 헌팅(hunting)현상 발생 : 압력챔버 위의 압력스위치까지 물이 올라오면 헌팅현상이 발생한다.

ⓑ 압력조정범위가 작아서 기동과 정지압력 간의 차(diff) 압력이 최대 0.3MPa 이상에서는 사용이 불가능하다.

ⓢ 외부 충격에 취약하다.

④ 가격이 저렴하여 가장 많이 사용된다.

2) 부르동관 기동용 압력스위치방식

① 부르동관 기동용 압력스위치의 특징

㉠ 압력스위치의 압력조정범위가 넓다.

꼼꼼체크 기동과 정지압력 간의 사용압력범위는 0.1 ~ 1MPa(10k), 0.1 ~ 2MPa(20k)까지 전 압력범위 조정이 가능하다.

㉡ 압력계의 겸용이 가능하다.

꼼꼼체크 압력스위치에 문자판과 지침이 있어 배관 내의 사용압력이 표시되므로 압력스위치 기능과 배관압력을 수시로 감시할 수 있다.

㉢ 기동용 압력스위치의 부르동관은 배관에서 발생하는 과도압력을 흡수하므로 수격작용으로 인한 기계적 손상이 없어 압력스위치 오동작을 예방한다.

㉣ 자체가 개별 검정품으로 자유로운 교체가 가능하다.

㉤ 압력챔버가 없어 구성품이 없고 설치가 간단하며, 배관상에 설치도 가능하여 공간을 작게 차지하고 경제적이다.

㉥ 배관 내 수충격 및 맥동압력이 압력스위치에 직접 전달되는 것을 방지하기 위해 오리피스가 있는 체크밸브가 필요하다.

② 부르동관 압력스위치의 평면도[22)]

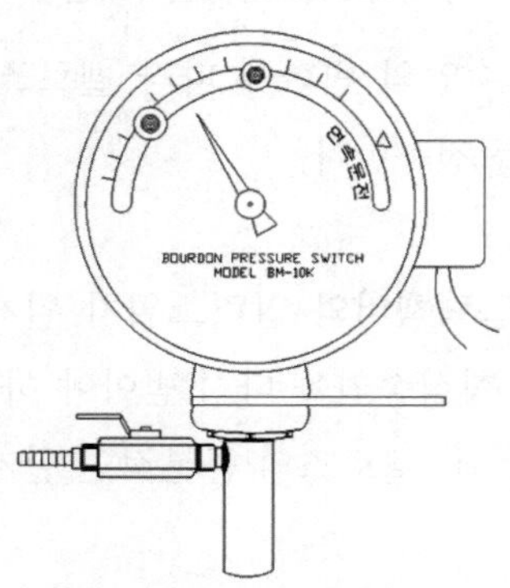

| 부르동관 압력스위치의 평면도 |

22) 동림테크 카탈로그에서 발췌

3) 전자식 압력스위치방식

① 특징

㉠ 압력챔버를 사용하지 않아서 점검 및 유지보수가 쉽다(일부 제품은 압력챔버가 있음).

㉡ 펌프의 헌팅이 없고 기동 및 정지가 정확하다.

㉢ 단일 압력스위치로 2개 이상의 펌프제어(2~4)가 가능하다.

㉣ 펌프토출측 압력의 표시로 압력계가 불필요하다.

㉤ 펌프 기동 및 정지 세팅이 쉽고 정확(0.01MPa까지 세팅 가능)하다.

㉥ 설치공간을 최소화할 수 있다.

㉦ LED 디지털 표시장치 채택으로 인지가 쉽다.

㉧ 다른 압력스위치에 비해 고가이다.

② 전자식 압력스위치의 형태

| 오리피스형 전자식 압력스위치 | | 압력챔버형 전자식 압력스위치[23] |

4) 압력챔버식이 유지관리가 잘 되고 있어 항상 일정한 공기층을 형성한다면 이 시스템이 장점이 더 많은 시스템이라 할 수 있다. 하지만 유지관리에 어려움이 있기 때문에 상기의 다양한 방식을 검토할 필요가 있다.

5) 기동용 수압개폐장치의 비교

구분	작동원리	설치공간	펌프제어	정밀도
압력챔버 압력스위치	기계적 접점	대	1대	소
부르동관 기동용	기계적 접점	중	1대	중
전자식	전자 IC회로	소	2~4대	대

23) 한국소방공사 홈페이지에서 발췌
http : //www.nofire.co.kr/shop/shopdetail.html?branduid=153140&ref=daum_howshop

03 압력스위치의 세팅(setting) 87회 출제

(1) 준비

1) 압력챔버에 공기를 채우고 제어반을 수동으로 전환한다.

2) 주펌프 체절압력과 릴리프밸브 작동압력을 확인한다.

3) 정지점 : 레인지(range)

Range : 작동 정지압력으로서 배관 내 압력이 Range의 조정된 압력만큼 상승하면 펌프가 정지되는 압력설정수치이다.

4) 정지점 − 기동점 : 딥(diff)

Diff : Range의 수치에서 Diff의 수치만큼 배관 내의 압력이 떨어지면 펌프가 기동(작동)하는 수치이다.

(2) 세팅 시 준수조건

1) 펌프의 정지압력

① 원칙 : 각 펌프의 정지압력은 펌프의 체절압력보다 낮아야 한다.

② 예외 : 주펌프는 수동정지가 원칙이므로 체절압력보다 높아야 한다. 자동으로 정지되는 경우 화재진압에 지장을 주기 때문에 펌프를 수동정지하는 것이다.

③ 수동정지의 장단점

장점	단점
① 화재발생 시 펌프의 지속적인 운전으로 소화수 공급이 안정적이다. ② 일정한 방사압과 방사량을 유지한다. ③ 펌프운전이 단순하다.	① 시설관리인이 상주하지 않는 소규모 건물의 경우 대처가 곤란하다. ② 펌프의 장시간 운전 시 고장의 원인이 된다. ③ 반드시 수동정지하여야 한다.

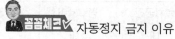

자동정지 금지 이유

① 잦은 기동과 정지로 수격작용(water hammer)의 발생 가능성을 높인다. 따라서, 수격작용으로 인한 배관파손 우려가 증대한다.

② 펌프의 사이클링(cycling) 현상 : 펌프작동 시 반복적으로 기동과 정지를 반복하는 현상

2) 펌프의 작동압력

① 옥상 2차 수원의 낙차압력보다 높아야 한다.

② 제한이유

㉠ 펌프양정이 건물높이보다 작은 경우 압력챔버 위치에서는 언제나 건물높이에 의한 자연낙차압이 작용하므로 압력챔버 내의 압력이 펌프양정 이하로 내려갈 수 없으므로 절대로 자동기동이 될 수 없다.

㉡ 펌프의 기동점은 당해 건축물의 자연낙차압에 0.2MPa을 가산한 압력(스프링클러 : 0.15MPa) 이하로 저하되었을 때 기동되도록 조정하여야 한다.

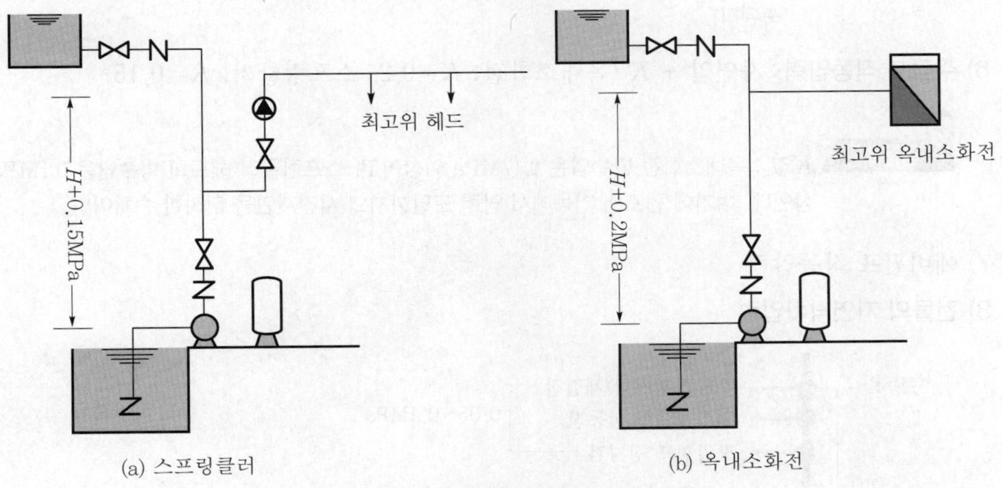

| 압력스위치의 설정압 |

3) 충압펌프의 기동압력

① 주펌프의 기동압력보다 높아야 주펌프의 잦은 기동을 방지할 수 있다.

② 충압펌프의 기동압력은 자연낙차압보다 높아야 한다.

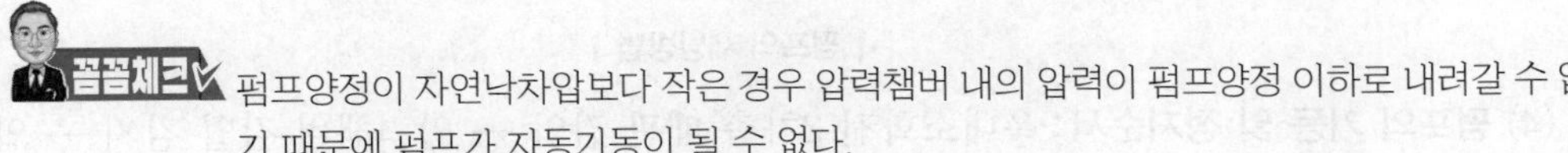

펌프양정이 자연낙차압보다 작은 경우 압력챔버 내의 압력이 펌프양정 이하로 내려갈 수 없기 때문에 펌프가 자동기동이 될 수 없다.

4) 주펌프의 기동압력 : 예비펌프의 기동압력보다 높아야 한다.

5) 충압펌프 정지압력 : 주펌프의 정지압력보다 낮아야 한다.

6) 예비펌프의 정지압력 : 주펌프의 정지압력보다 낮아야 한다.

7) 충압펌프의 Diff는 최소한 1kg/cm^2 이상 : 잦은 ON/OFF를 방지한다.

(3) 국내 세팅방법(고압 순서대로 정리)

1) 주펌프 및 예비펌프 정지압력 : 체절압 + 0.05~0.1MPa

2) 펌프 체절압력

3) 릴리프밸브 작동압력

4) 충압펌프 정지압력 : 충압펌프 작동압 + 0.1~0.2MPa

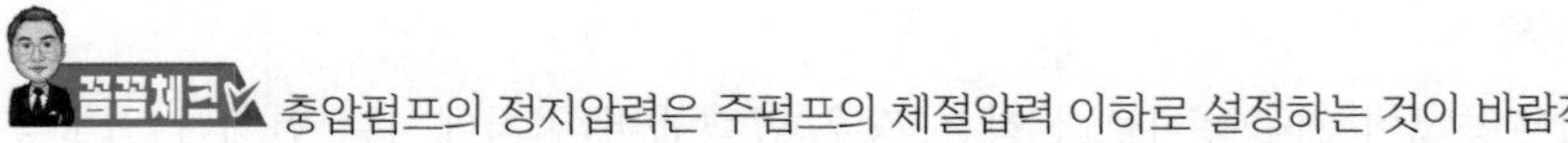
충압펌프의 정지압력은 주펌프의 체절압력 이하로 설정하는 것이 바람직하다.

5) **충압펌프 작동압력** : 주펌프 작동압 + 0.05~0.1MPa(자연낙차압 + 0.15 또는 0.2MPa 이상)

① 펌프의 정지점이 낮으면 펌프의 빈번한 기동, 정지를 유발한다.
② 펌프의 기동점이 높으면 배관 내의 평상시 압력이 너무 높게 유지되어 배관수명이 단축된다.

6) **주펌프 작동압력** : 자연압 + K (옥내소화전: K=0.2, 스프링클러: K=0.15)

K값 : 옥내소화전 방수압은 0.17MPa 이상이고, 스프링클러 헤드의 방수압은 0.1MPa 이상인데, 여기에 펌프의 기동에서 압력 도달까지의 시간지연을 고려한 수치이다.

7) 예비펌프 작동압력

8) 건물의 자연낙차압력

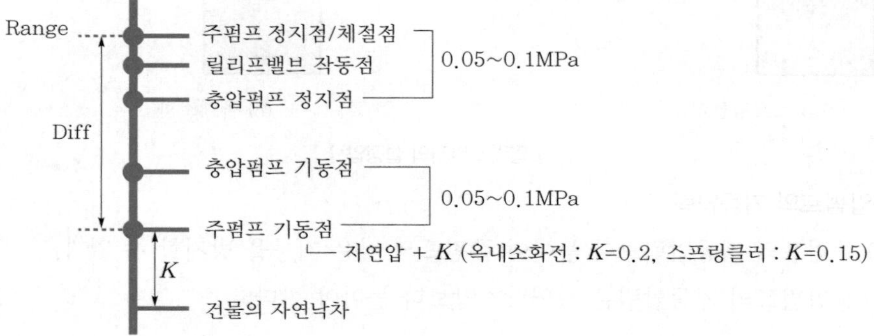

| 펌프의 세팅방법 |

(4) 펌프의 기동 및 정지순서 : 옥내소화전 2차측 배관 감압 → 압력챔버 감압 감지 → 압력스위치 작동 → 충압펌프 기동 → 충압펌프 작동에도 불구하고 충압량 부족 → 압력챔버 감압 지속 → 주펌프 기동 → 방출량 과다 시 충압펌프 정지(충압펌프는 자동정지) → 주펌프 수동정지

| 펌프의 수동정지방법 |

종류	기계적 방법(압력스위치 방식)	전기적 방법(자기유지회로 방식)
기동용 수압개폐장치	주펌프 정지점 : 체절압력 이상에 세팅(펌프가 체절압력 이상을 올리지 못함) ⇒ 펌프 수동정지	주펌프 정지점 : 주펌프 전양정 또는 체절점 근방에 세팅(펌프가 기동 후 정지되지 않도록 자기유지회로 구성) ⇒ 펌프 수동정지

꼼꼼체크 자기유지회로를 수신기와 MCC 양쪽 다 설치하는 경우는 둘 다 정지시켜야 수동으로 정지시킬 수 있다.

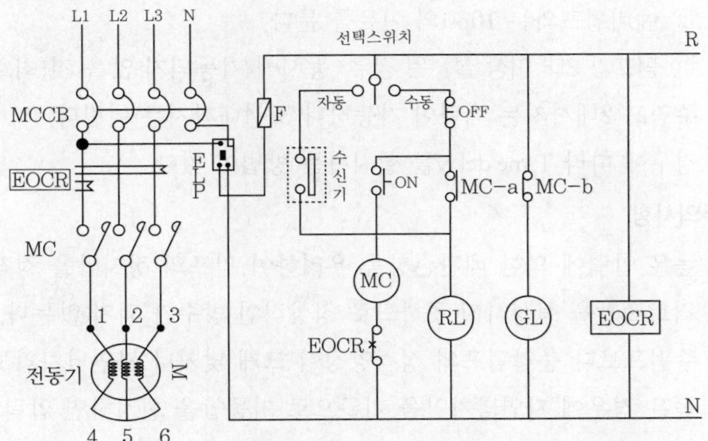

| 자기유지회로 | 105회 출제

(5) NFPA 20에서의 세팅방법(고압 순서) 119회 출제

1) 주펌프 및 예비펌프 정지압력 : 수동정지인 경우는 체절압력 이상, 자동정지인 경우는 체절압력 이하
2) 펌프 체절압력
3) 릴리프밸브 기동압력
4) 충압펌프 정지압력 : 펌프의 토출압력 + 최소 정수두압(흡입측의 최저 정압점)
5) 충압펌프 기동압력 : 충압펌프 정지압력 − 10psi 이상
6) 주펌프 기동압력 : 충압펌프 기동압력 + 5psi 이상
7) 예비펌프 기동압력 : 주펌프 기동압력 − 10psi 이상

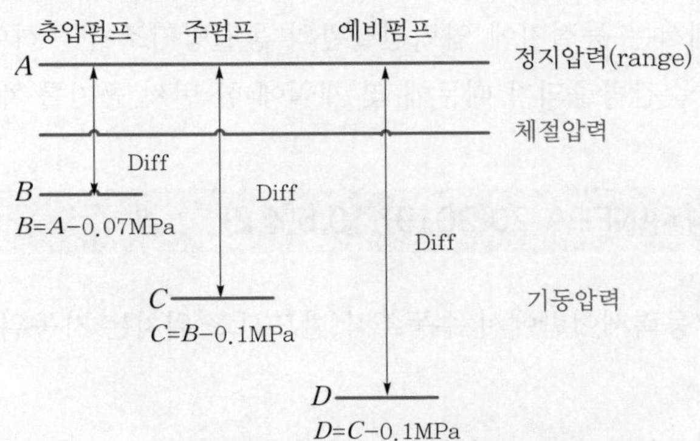

(6) 펌프가 여러 대 있을 경우 세팅방법

1) NFPA 펌프기동
   ① 펌프별로 5psi 정도 여유를 둔다(국내에서는 10psi 정도로 한다).
   ② 예비펌프와는 10psi의 여유를 둔다.
   ③ 펌프가 2대 이상 설치된 경우 : 동시에 기동되지 않을 것(최소 5~10초 이상의 시차)
2) 주펌프 2대까지는 세팅이 가능하나 3~4대까지는 어렵다.
3) 경우에 따라 Time delay를 설치하는 방법이 있다.

(7) 주의사항

1) 높은 압력에 의한 배관손상을 우려하여 펌프의 정지압을 정격토출압 미만으로 하면 정격토출압을 형성하지 못하므로 정상적인 방수가 되지 않는다.
2) 주펌프보다 충압펌프의 정격양정이 크게 낮거나 자연낙차압보다 주펌프 양정이 현저히 높은 경우에 자연낙차압을 기준으로 기동압을 설정하면 압력스위치의 벨로즈 팽창범위 한계(0.3~0.4MPa)를 벗어나게 되어 설정이 되지 않으므로 설비 전체의 유지압력이 높아지더라도 위와 같이 정지압력을 기준으로 기동압을 설정하여야 한다.
3) 압력스위치 세팅은 방호대상물의 여건 및 각 펌프의 설치조건 등을 감안하여 각 펌프의 세팅압력을 설정하는 것이 바람직하다.
4) 압력챔버 내의 공기에 의해 동작되도록 하면 수명을 늘릴 수 있고, 압력챔버 내의 공기량이 줄어 직접 물에 의해서 작동되면 압력스위치의 수명을 단축시키며 작동빈도가 많아지고 펌프나 압력챔버의 사고원인이 되기도 한다. 따라서, 주기적인 공기량 측정과 관리가 필요하다.
5) 한랭지에서는 압력스위치로 압력을 전달하는 가는 배관이 동결되어 압력을 전달할 수 없게 되어 사고를 일으키기도 한다. 따라서, 되도록 압력챔버의 상부로부터 압력전달관을 분기시키며, 탱크 내의 공기량에 주의하여 물에 의해 압력스위치가 동작되지 않도록 하고, 한랭지에서는 동절기에 압력전달관의 동결방지조치를 하여야 한다. 이상과압이 생기면 기체가 순간방출되기 때문에 몇 개월에 한 번씩 공기를 채워주어야 한다.

04 펌프의 정지(NFPA 20(2019) 10.5.4.2)

(1) 수동정지 : 펌프의 동력제어반에서 수동조작(반드시 스위치는 자동위치로 복귀)

(2) 자동정지

1) 최소한의 가동시간은 10분 이상이다.
2) 자동정지는 허용되지 않아야 한다(단, 이상으로 인한 경우는 허용하는 경우 또는 관계기관에서 자동정지를 요구한 경우).

SECTION

052 옥내소화전의 제어반

01 설치목적

(1) 제어반은 옥내소화전설비의 가압송수장치 또는 기동장치에 사용하는 전기적 제어기기로, 감시제어의 기능을 하는 수신장치(감시제어반)와 동력제어의 기능을 하는 작동장치(동력제어반)로 구성된다.

(2) 감시제어반

1) 기능 : 제어·감시 및 조작 등을 감시한다.

2) 소화설비용 수신반으로서 감시 및 제어 기능이 있는 것을 말하며, 일반적으로 소방시설들을 집중감시하는 별도의 장소에 설치한다. 이러한 장소를 일반적으로 방재센터라고 한다.

(3) 동력제어반

1) 기능 : 동력의 공급·차단·예비전원으로 전환 및 감시한다.

2) 동력제어반이라 함은 MCC panel로서, MCC는 Motor Control Center의 약어이다. 각종 동력장치의 감시 및 제어 기능이 있는 것을 말하며, 일반적으로 소화용 펌프 직근에 설치한다.

02 설치기준

(1) 옥내소화전설비

1) 원칙 : 감시제어반과 동력제어반으로 구분하여 설치한다.

2) 예외 : 다음 중 하나에 해당하는 옥내소화전설비

① 비상전원의 설치대상이 아닌 경우

② 내연기관에 의한 가압송수장치를 사용하는 경우

③ 고가수조에 의한 가압송수장치를 사용하는 경우

④ 가압수조에 의한 가압송수장치를 사용하는 경우

(2) 옥내소화전 감시제어반 설치기준

구분	내용
설치장소	화재 및 재해 피해가 없는 곳
감시제어반	전용
전용실	① 전용실에 설치 ② 예외 ㉠ 감시제어반과 동력제어반을 구분하여 설치하지 않는 경우 ㉡ 공장, 발전소 등에서 설비를 집중제어·운전할 목적으로 설치하는 중앙 제어실 내에 감시제어반을 설치하는 경우
전용실 구획기준	방화구획 단, 7mm 이상의 망입유리 등 $4m^2$ 미만의 붙박이창 설치 가능
전용실 층 위치	① 원칙 : 피난층, 지상 1층 ② 예외 : 지상 2층, 지하 1층에 설치 가능한 경우 ㉠ 특별피난계단출입구에서 5m 이내 출입구 ㉡ 아파트의 관리동(경비실)
부대설비	비상조명등, 급 · 배기 설비
소화활동설비	무선통신보조설비 유효하게 통신이 가능
바닥면적기준	감시제어반 필요면적 + 조작면적

(3) 옥내소화전 동력제어반 설치기준

구분	내용
설치장소	화재 및 재해 피해가 없는 곳
동력제어반	전용
외함	① 두께 1.5mm 이상의 강판 ② 이와 동등 이상의 강도 및 내열성능이 있는 것
표지 및 색상	① '옥내소화전설비용 동력제어반'이라는 표지 설치 ② 앞면은 적색

03 감시제어반의 기능

옥내소화전 감시제어반	스프링클러설비 감시제어반
① 각 펌프의 작동 여부를 확인할 수 있는 표시등 및 음향경보기능이 있어야 한다.	① 각 펌프의 작동 여부를 확인할 수 있는 표시등 및 음향경보기능이 있어야 한다.
② 각 펌프를 자동 및 수동으로 작동시키거나 작동을 중단시킬 수 있어야 한다.	② 각 펌프를 자동 및 수동으로 작동시키거나 작동을 중단시킬 수 있어야 한다.

옥내소화전 감시제어반	스프링클러설비 감시제어반
③ 비상전원을 설치한 경우 상용전원 및 비상전원의 공급 여부를 확인할 수 있어야 한다.	③ 비상전원을 설치한 경우 상용전원 및 비상전원의 공급 여부를 확인할 수 있어야 한다.
④ 수조 또는 물올림탱크가 저수위로 될 때 표시등 및 음향으로 경보되어야 한다.	④ 수조 또는 물올림탱크가 저수위로 될 때 표시등 및 음향으로 경보되어야 한다.
⑤ 예비전원이 확보되고 예비전원의 적합 여부를 시험할 수 있어야 한다.	⑤ 예비전원이 확보되고 예비전원의 적합 여부를 시험할 수 있어야 한다.
⑥ 각 확인회로마다 도통시험 및 작동시험을 할 수 있어야 한다. ㉠ 기동용 수압개폐장치의 압력스위치회로 ㉡ 수조 또는 물올림탱크의 저수위감시회로 ㉢ 개폐밸브의 개폐상태 확인회로 ㉣ 그 밖의 이와 비슷한 회로	⑥ 각 유수검지장치 또는 일제개방밸브의 작동 여부를 확인할 수 있는 표시 및 경보 기능이 있어야 한다. ⑦ 일제개방밸브를 개방시킬 수 있는 수동조작스위치를 설치하여야 한다. ⑧ 일제개방밸브를 사용하는 설비의 화재감지는 각 경계회로별로 화재표시가 될 수 있어야 한다.
–	⑨ 다음의 각 확인회로마다 도통시험 및 작동시험을 할 수 있어야 한다. ㉠ 기동용 수압개폐장치의 압력스위치회로 ㉡ 수조 또는 물올림탱크의 저수위감시회로 ㉢ 유수검지장치 또는 일제개방밸브의 압력스위치회로 ㉣ 일제개방밸브를 사용하는 설비의 화재감지기회로 ㉤ 개폐밸브의 개폐상태 확인회로 ㉥ 그 밖의 이와 비슷한 회로 ⑩ 감시제어반과 자동화탐지설비의 수신기를 별도의 장소에 설치하는 경우 이들 상호 간에 동시통화가 가능하도록 하여야 한다.

SECTION 053 옥내소화전 노즐에서 유량측정방법

01 개방된 공간으로 방출되는 유체의 유량측정

(1) 개방된 공간으로 방출되는 유체의 경우는 직접 속도를 측정하여 유량을 계산한다.

(2) 유체가 개방된 공간으로 방출되는 순간 정압은 0이 되기 때문에 동압과 전압이 같아진다.

(3) 피토케이지는 유체의 속도에너지를 압력에너지로 변환시켜 운동 중인 유체의 전압력이나 충격압력을 측정하는 계기(impact tube or pitot gage)이다.

02 피토게이지 측정방법

(1) 방수압 측정위치

1) 노즐선단에서 노즐내경의 $\frac{1}{2}$배 떨어진 위치에서 측정한다.

2) 이 지점이 베나 콘트랙터로 유속이 가장 빠른 점이고 노즐에서 방사된 물은 동압이 바로 전압(정압은 0)이 된다.

(2) 방수압 측정방법 : 노즐선단에서 노즐내경의 $\frac{1}{2}$배 떨어진 위치에서 피토관 입구를 수류의 중심선과 일치하게 하여 물을 방사하면 실제 방출량이 게이지상에 나타난다.

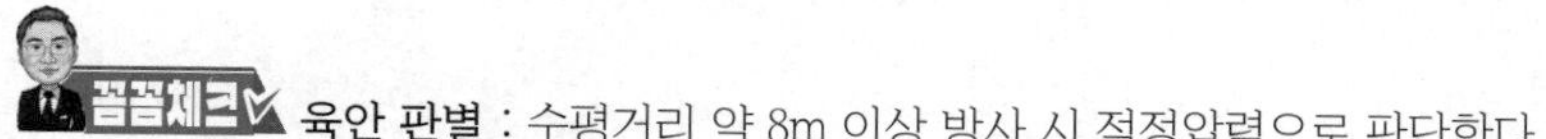

육안 판별 : 수평거리 약 8m 이상 방사 시 적정압력으로 판단한다.

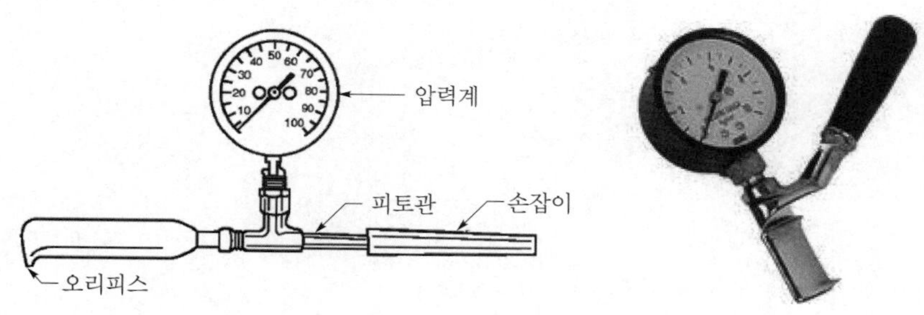

| 피토게이지 |

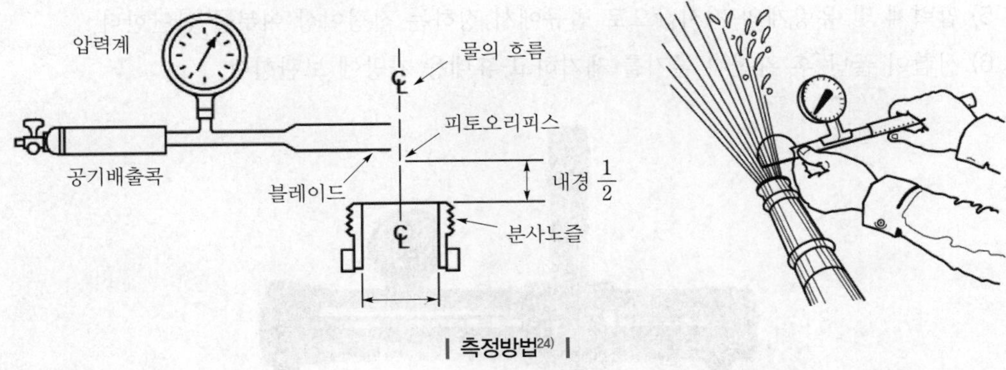

| 측정방법[24] |

(3) 방수량 공식

1) $Q = C_d A v$

2) $\frac{1\text{m}^3 \times 1\text{min}}{1{,}000\text{L} \times 60\text{s}} \times Q[\text{L/min}] = \frac{\pi}{4} \times \left(\frac{1\text{m}}{1{,}000\text{mm}}\right)^2 \times d^2[\text{mm}] \times \sqrt{2 \times 9.8\text{m/s}^2 \times \frac{10.332\text{m}}{0.101325\text{MPa}}}$

$\times C_d \times \sqrt{P[\text{MPa}]} \fallingdotseq 2.107 C_d \cdot d^2 \sqrt{P}$

3) $Q = 2.107 \times 0.99 d^2 \sqrt{P} \fallingdotseq 2.0869 d^2 \sqrt{P}$

$$Q = 2.086 d^2 \sqrt{P}$$

여기서, Q : 방수량[m³/s]

A : 단면적[m²]$\left(\frac{\pi}{4} \times D^2\right)$

v : 유속[m/s]$(v = \sqrt{2gh})$

C_d : 방출계수(0.99)

03 방수압력유량측정기-워터테스터기

(1) 특징

1) 방수압력과 유량의 동시측정이 가능하다.

2) 초경량, 최소형으로 사용이 편리하고 휴대가 간편하다.

(2) 사용방법

1) 앵글밸브를 열고 옥내소화전 펌프를 충분히 가동시켜 배관을 통해 소화수를 방사한다.

2) 녹 등 이물질이 나오지 않으면 앵글밸브를 잠그고 호스 끝에 있는 관창(노즐)을 제거한다.

3) 소방호스에 워터테스터기를 결합한다.

4) 앵글밸브를 열고 펌프를 가동시킨다.

24) NFPA 14 FIGURE B-4.2 Pitot tube position.

5) 압력계 및 유량계의 지시값으로 법규에서 정하는 적정이상 여부를 판단한다.

6) 시험이 끝난 후 완전히 물기를 제거하고 휴대용 가방에 보관한다.

| 워터테스터기[25] |

25) 한국소방공사 홈페이지에서 발췌

SECTION 054 노즐에서 발생하는 힘

01 호스의 반발력(hose line reaction forces)

(1) 호스방향으로 물흐름방향이 바뀌면 호스라인에서 반력이 발생한다.

(2) 소화전과 노즐 사이에서 속도는 호스에서 제한되며 가속도는 0으로 표시된다.

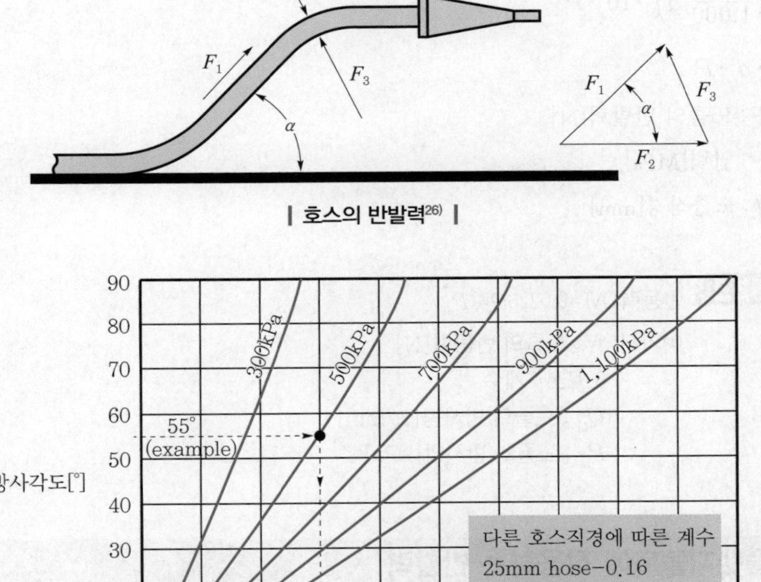

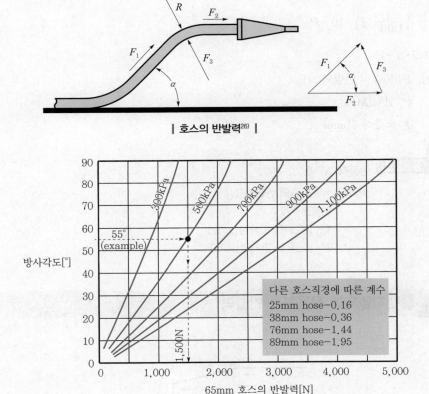

| 호스의 반발력[26] |

| 방사압과 방사각도에 따른 호스반발력[27] |

26) FPH 13-32 SECTION 13 FIGURE 13.3.3 Reaction in a Hose Line
27) FPH 13-33 FIGURE 13.3.5 Reaction Forces in 65mm Hose

02 노즐의 반발력(nozzle reaction)

(1) $F[\mathrm{N}] = \rho \cdot Q \cdot v = \rho \cdot A \cdot v^2 = \rho \cdot \frac{\pi}{4} \cdot d^2$

여기서, $v = \sqrt{\frac{2P}{\rho}}$

P : 방수압[Pa]

(2) $F = \rho \cdot \frac{\pi}{4} \cdot d^2 \cdot \frac{2P}{\rho} = \frac{\pi}{2} d^2 \cdot P$

여기서, $D[\mathrm{m}] = \frac{1}{1,000} \times d\ [\mathrm{mm}]$

$P[\mathrm{Pa}] = 10^6 P[\mathrm{MPa}]$

(3) $F = \frac{\pi}{2} \cdot \left(\frac{1}{1,000} d\right)^2 \cdot 10^6 \cdot P$

(4) $F = 1.5 \cdot d^2 \cdot P$

여기서, F : 노즐의 반발력[N]

P : 압력[MPa]

d : 노즐직경[mm]

반동력$(N) = 0.0226 Q_m \sqrt{P_m}$

여기서, N : 노즐의 반동력[N]

0.0226 : 계수

Q_m : 노즐의 방사량[L/mm]

P_m : 노즐의 방사압[kPa]

03 플랜지볼트에 작용하는 반발력

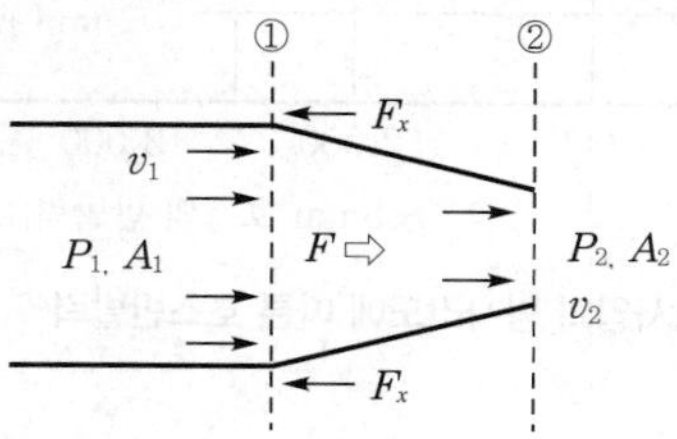

여기서, F_x : 유체가 노즐에 미치는 힘 또는 노즐을 움직이지 않게 소방관이 잡고 있는 힘

(1) **힘의 평형조건[$\Sigma F \neq 0$, $P_2 = 0$(대기에 개방되므로)]** : 전체 힘은 ①지점의 힘에서 F_x(x 방향만 고려, y, z 방향은 무시한다. 왜냐하면 주된 반발력은 유수흐름방향과 반대인 x방향이기

때문이다)와 ②에서의 힘을 빼주면 된다는 의미이다.

즉, $\Sigma F = P_1A_1 - P_2A_2 - F_x$ ………… ㉠

(2) 운동량 방정식 : $F = \rho Q(v_2 - v_1)$…………………㉡

(3) ㉠식을 ㉡식과 연립하여 정리하면 ($\Sigma F = F$), 우리가 알고 싶은 x축의 반발력 F_x를 다음과 같이 나타낼 수 있다.

$$F_x[\text{N}] = P_1A_1 - P_2A_2 - \rho Q(v_2 - v_1)$$
$$= P_1A_1 - P_2A_2 + \rho Q(v_1 - v_2) \cdots\cdots ㉢$$

(4) 베르누이 방정식에 의해

$$\frac{v_1^2}{2g} + \frac{P_1}{\rho g} = \frac{v_2^2}{2g} + \frac{P_2}{\rho g}$$

여기서, P_2는 대기 중에 노출될 때의 압력이므로 $P_2 = 0$

$$\therefore\ P_1 = \frac{\rho(v_2^2 - v_1^2)}{2}$$

(5) $F_x = P_1A_1 + F$

$$= \frac{A_1\rho(v_2^2 - v_1^2)}{2} + \rho A_1 v_1(v_1 - v_2)$$

$$= \frac{\rho A_1}{2}(v_2^2 - v_1^2 - 2v_2v_1 + 2v_1^2)$$

$$= \frac{\rho A_1}{2}(v_2^2 - 2v_2v_1 + v_1^2)$$

$$\therefore\ F_x = \frac{\rho A_1}{2}(v_2 - v_1)^2$$

04 노즐의 방사량 129·125회 출제

(1) $Q = Av = \frac{\pi}{4} \times d^2 \times \sqrt{2gh} = \frac{\pi}{4} \times d^2 \times \sqrt{2g\frac{P}{\gamma}}$

1) $1\text{kg}_f/\text{cm}^2 = 10{,}000\text{kg}_f/\text{m}^2$

2) $1\text{mm} = \frac{1}{1{,}000}\text{m}$

3) $1\text{Lpm} = \frac{1}{1{,}000} \times \frac{1}{60}\ \text{m}^3/\text{s}$ $\left(\text{여기서, } 1\text{L} = \frac{1}{1{,}000}\text{m}^3,\ 1\text{s} = \frac{1}{60}\text{min}\right)$

(2) $\frac{1}{1{,}000} \times \frac{1}{60} Q = \frac{\pi}{4} \times \left(\frac{1}{1{,}000} \times d\right)^2 \times \sqrt{2 \times 9.8\text{m/s}^2 \times \frac{10{,}000P}{1{,}000\text{kg}_f/\text{m}^3}}$

(3) $Q = 1{,}000 \times 60 \times \frac{\pi}{4} \times \left(\frac{1}{1{,}000}\right)^2 \times \sqrt{\frac{2 \times 9.8 \times 10{,}000}{1{,}000}} \times d^2 \times \sqrt{P}$

$= 0.659936385 \times d^2 \times \sqrt{P} \fallingdotseq 0.66 \times d^2 \times \sqrt{P}$

(4) 여기서, 유동계수를 고려하면

$Q = C_d \times 0.66 \times d^2 \times \sqrt{P} = 0.985 \times 0.66 \times d^2 \times \sqrt{P}$

$= 0.6534 \times d^2 \times \sqrt{P} \fallingdotseq 0.653 d^2 \times \sqrt{P}$

여기서, Q: 유량[Lpm]

C_d: 유량계수(0.985)

d: 노즐구경[mm]

P: 압력[kg_f/cm^2]

(5) 압력(P)을 MPa로 고치면

$Q = 0.653 d^2 \sqrt{10P}$

$= 2.086 d^2 \sqrt{P}$

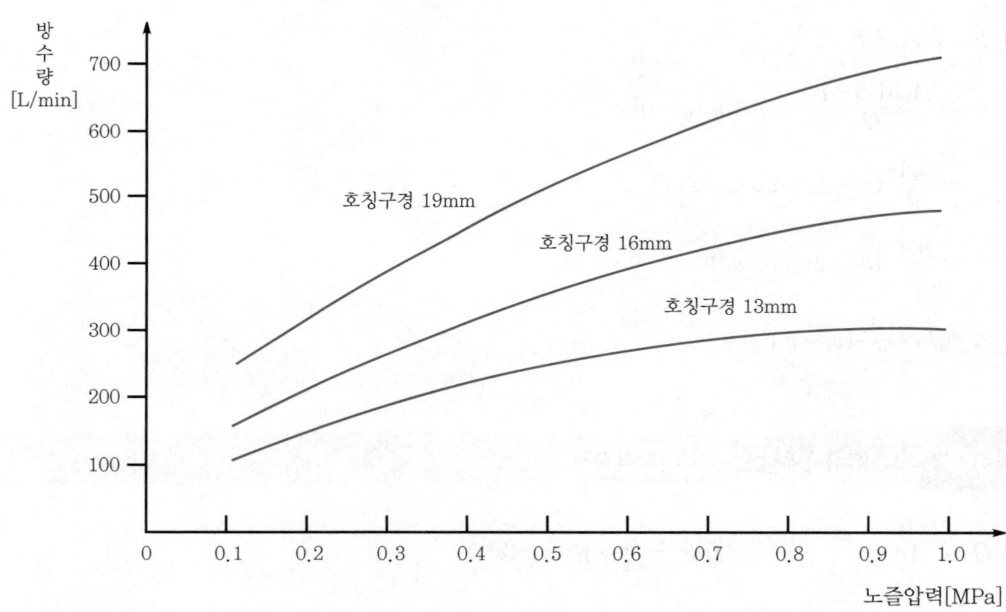

| 봉상방수 노즐압력과 방수량 |

SECTION

055 소화수조

01 수조의 설치기준

(1) 수조에서는 외부에서 수위를 육안으로 쉽게 확인할 수 있는 수위계를 설치한다.

(2) 고가수조의 경우

1) 수계소화설비의 입상관과 연결되는 수평배관에 설치하는 개폐밸브와 체크밸브 사이에 스트레이너를 설치한다.

고가수조에도 고형의 이물질이 존재하여 배관에 장애가 발생할 수 있기 때문에 스트레이너를 설치한다.

2) 입상관과 연결되는 수평배관에 설치하는 체크밸브는 스윙형(swing type)으로 한다.

① 스모렌스키 체크밸브는 리프트형으로서 클리퍼가 내부에 장착된 스프링의 힘에 의해 시트에 밀착하여 폐쇄된 상태이므로, 클리퍼가 개방되려면 개방되는 방향쪽으로 작용하는 수압이 스프링의 힘을 충분히 제압하고도 남는 정도의 크기이어야 한다.

② 스프링을 밀어내는 힘이 있더라도 그 힘이 충분하지 않다면 클래퍼가 불완전하게 개방된다.

③ 고가수조에 연결된 배관에 설치되는 스모렌스키 체크밸브의 경우 스프링 쪽으로 작용하는 수압은 수조의 수면과 배관의 수직높이에 따른 작은 고가압력뿐이므로 이러한 압력만으로는 클래퍼의 개방이 거의 불가능하다.

(3) 수조의 설치기준

1) 점검이 편리한 곳에 설치할 것(수조법 : 수조의 관리를 위해 건축물로부터 60cm 이상 이격)

2) 동결방지조치를 하거나 동결의 우려가 없는 장소에 설치할 것

3) 수조의 외측에 수위계를 설치할 것. 단, 구조상 불가피한 경우에는 수조의 맨홀 등을 통하여 수조 안의 물의 양을 쉽게 확인할 수 있는 구조이어야 한다.

4) 수조의 상단이 바닥보다 높은 때에는 수조의 외측에 고정식 사다리를 설치할 것

5) 수조가 실내에 설치된 때에는 그 실내에 조명설비를 설치할 것

6) 수조의 밑부분에는 청소용 배수밸브 또는 배수관을 설치할 것

7) 수조의 외측의 보기 쉬운 곳에 '소방설비용 수조'라고 표시한 표지를 할 것. 이 경우 그 수조를 다른 설비와 겸용하는 때에는 그 겸용되는 설비의 이름을 표시한 표지를 함께 하여야 한다. 소화설비용 펌프의 흡수배관 또는 소화설비의 수직배관과 수조의 접속부분에는 "옥내소화전소화설비용 배관"이라고 표시한 표지를 할 것

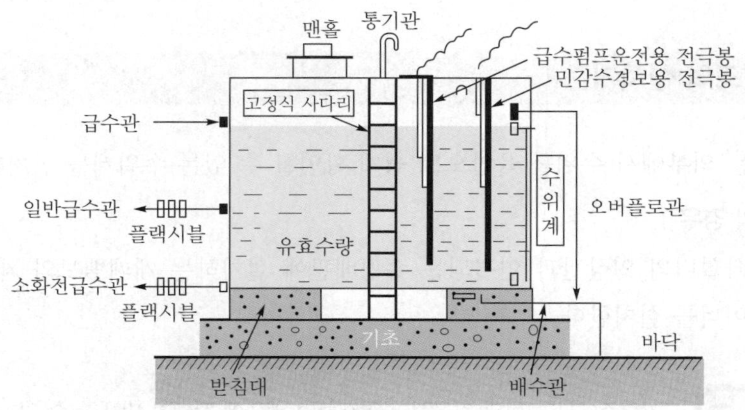

| 소화수조의 구성 |

8) 소화수조 설치 및 성능확인 방법

① 수원량 산정

② 수조 형상 및 재질 결정

③ 수원량에 따른 소화수조 수평지진력 선정

④ 수조 제작업체와 수조설치에 관한 협의사항

㉠ 내진고려

㉡ 바닥면에 수조고정방법 결정(건축구조 분야 구조계산 필요)

㉢ 수조고정에 사용되는 부속재료 결정

⑤ 관련 도면 및 계산서 등 첨부

⑥ 기타 사항

㉠ 수조에 대한 성능인증서를 첨부할 필요 없음

㉡ 반드시 소방전용으로 할 필요 없음

㉢ 반드시 콘크리트로 할 필요 없음

02 수조의 내진설계

(1) 내진설계기준

1) 수조는 지진에 의하여 손상되거나 과도한 변위가 발생하지 않도록 기초(패드포함), 본체 및 연결부분의 구조안전성을 확인하여야 한다.

2) 수조는 건축물의 구조부재나 구조부재와 연결된 수조 기초부(패드)에 고정하여 지진 시 파손(손상), 변형, 이동, 전도 등이 발생하지 않아야 한다.

3) 수조와 연결되는 소화배관에는 지진 시 상대변위를 고려하여 가요성 이음장치를 설치하여야 한다.

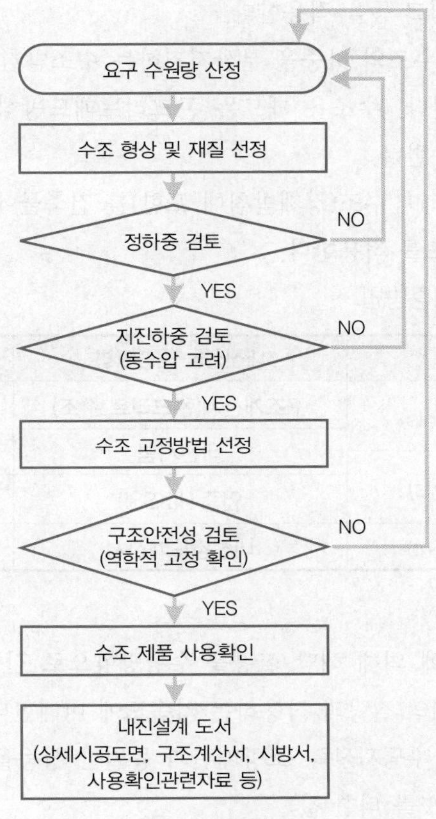

| 수조의 내진절차 |

(2) 수조내진설계

1) 내진설계기준 : 다음의 3가지 방식 중에서 하나를 택하여 적용하여야 한다.

① 동적해석방법

② 등가정적해석법

③ 간편해석법

2) 수조(components), 받침대(supports), 고정앵커(attachment)의 3가지 구성 요소 전부가 내진설계를 만족해야만 내진성능을 확보한 것이다.

① 소화수조의 내진설계 필수사항

㉠ 소화수조가 내진성능을 갖추어야 한다.

㉡ 건축물에 고정되어야 한다.

② 선택사항 : 슬로싱이 우려되는 경우는 방파판을 설치한다.

③ 콘크리트 수조를 설치하는 경우 건축구조기술사의 구조계산서를 제출(착공신고 시)해야 한다.

④ 수조(components) : 내진성능을 갖춘 물탱크로서, FStank(소방내진탱크), 내진 SMC 탱크, 내진 PDF탱크 등을 적용한다.

⑤ 받침대(supports) : 수조의 하중을 분산지지하는 수조받침대로서, 강재받침대(평가대)와 패드가 포함된다. 수조용 패드는 콘크리트패드방식(건축지원)과 건식패드방식(설비전용)을 적용한다.

⑥ 고정앵커(attachment) : 수조(강재받침대 포함)를 건축물에 정착시키는 앵커볼트로 반드시 내진설계강도를 적용한다.

⑦ 수조 내진설계의 검증방법

구성요소	내진성능 검증방법	검증기관
수조(components)	구조계산서(콘크리트 수조)	건축구조기술사
	내진시험	공인시험기관
받침대(supports)	인증서(KSSI)	한국내진안전기술원
앵커(attachment)	내진강도계산서	탱크업체 or 소방업체

3) 수조의 수평지진력(FPW)

① 정의 : 지진가속도에 의해 해당 질량을 수평방향으로 진동시킨 힘으로, 물체에 작용하는 힘은 그 물체의 질량과 작용하는 가속도에 비례한다($F=m \cdot a$).

② 간편해석법에 의한 수평지진력 : 소방배관과 동일한 성능을 기준으로 한다(가동중량으로 수조용량의 15%를 더한 값).

$$F_{PW}=C_P \times W_P$$

여기서, F_{PW} : 수평지진력

W_P : 가동중량

C_P : 지진계수(소방시설의 내진설계 기준[별표 1] 단주기 응답지수별 소화배관의 지진계수)

③ 등가정적하중에 의한 수평지진력 : 동적지진하중을 등가의 정적하중으로 치환하여 수평지진력을 산출하는 방법으로, 건축구조기준 0306.10에 따른다.

$$F_P=\frac{0.4\alpha_P S_{DS}}{\frac{R_P}{I_P}}\left(1+2\frac{z}{h}\right)\times W_P$$

여기서, $0.3S_{DS}I_PW_P \le F_P < 1.6S_{DS}I_PW_P$

α_P : 증폭계수, 1.0~2.5α_P

R_P : 반응수정계수, 1.0~3.5

I_P : 중요도계수, 1.5

W_P : 가동중량

S_{DS} : 단주기에서의 설계스펙트럼가속도

z : 구조물의 밑면으로부터 비구조요소가 부착된 높이

$z=0$: 구조물의 밑면 이하에 비구조요소가 부착된 경우

$z=h$: 구조물의 지붕층 이상에 비구조요소가 부착된 경우

④ 해설서에서는 등가정적하중에 의해 수평지지력을 산정하도록 하고 있다[단, α_P: 1.0, R_P: 2.5, I_P: 중요도계수 1.5, C_P: 지진계수(옥상 0.385, 지하 0.128)].

4) 수조받침대 구성

① ㄷ형강, H형강으로 설치되는 강재받침대(평가대)

② 이격거리확보를 위한 패드

㉠ 콘크리트패드방식(철근콘크리트 줄기초 + 탱크스토퍼)

㉡ 건식 패드방식(강재, CON-스토퍼)

5) 탱크스토퍼(T-스토퍼) : 철근콘크리트 줄기초의 굴곡을 없애고 강재받침대를 수평고정하는 수조 전용 스토퍼이다.

6) 건식 패드(CON-스토퍼) : 레벨편차는 ±5mm/m 이내

03 소용돌이 방지판(anti-vortex plate)

(1) **설치목적** : 흡입배관 말단에 소용돌이가 발생하면 소용돌이의 중심부는 압력이 낮게 형성되고 흡입되는 물의 양이 적어져서 기포가 발생한다. 이로 인해 펌프의 공동현상 등이 발생하므로 소용돌이를 방지하기 위해 설치한다.

(2) **설치위치** : 저수조 탱크에 펌프의 흡입관 말단

(3) NFPA **설치기준**[28)]

1) 크기 : 흡입배관 관경의 2배(표준형 48in×48in)

2) 설치위치 : 물탱크의 바닥면에서 흡입배관 관경의 0.5배 또는 6인치 중 큰 값 이상으로 이격하여 설치한다.

28) NFPA-20-2019 4.16.10

꼼꼼체크 Vortex plate로 표시되어 있는 경우가 있는데, 이는 잘못 표기된 것이고 Anti-vortex plate가 바른 표기이다.

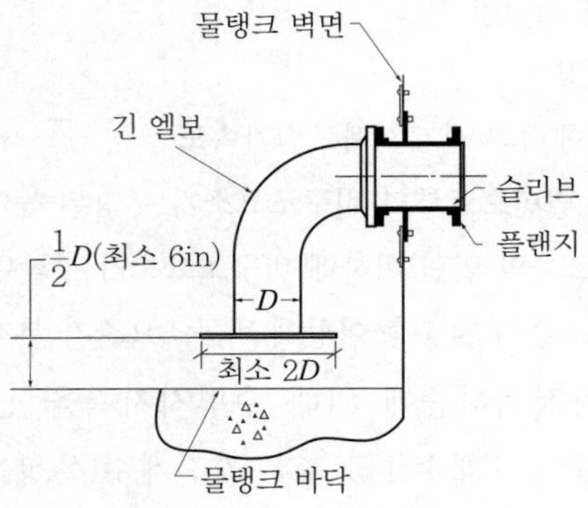

| Anti-vortex plate |

SECTION

056 방수총 시스템(water canon system)

01 개요

(1) 대규모의 중앙홀 또는 아트리움, 실내체육관 등 드넓은 공간을 방호할 수 있는 설비로, 화재 발생 시 불꽃감지기가 신속히 감지하여 화재를 파악하고, 컴퓨터 시스템에 의해 정확하게 '각도, 방수거리' 등을 계산 발사하여 화재를 진화할 수 있는 설비이다.

(2) **방수총 시스템** : 정확한 화재 위치 검출에서 소화까지 동작을 일체화한 시스템

1) 방수총 소화시스템

2) 인텔리전트 화재검출시스템

| 방수총(water cannon) |

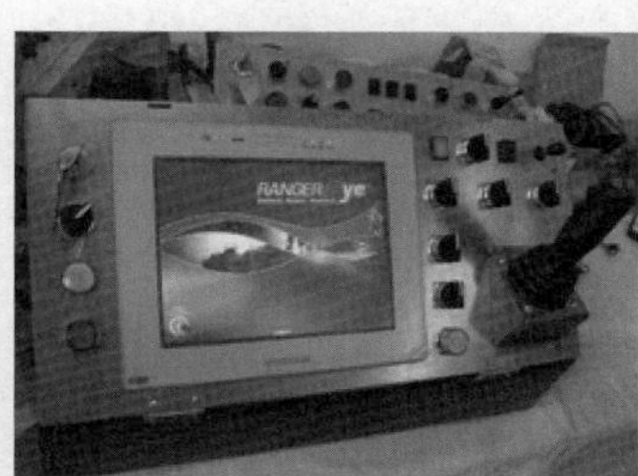

| 제어반(control system) |

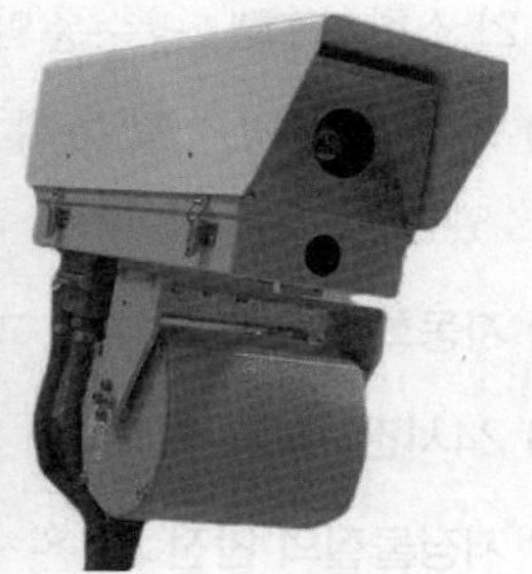

| 주사선형 감지기(scanning type fire detector) |

02 적용대상

(1) 천장 공간이 높아 스프링클러설비의 소화효과를 기대하기 어려운 장소

(2) 천장이 높아 기존의 화재감지기로는 감지가 어려운 장소

(3) 건축구조상 스프링클러 배관을 시공하기 어려운 장소(중량으로 작용)

03 방수총 시스템의 특징

(1) 스프링클러 헤드의 소화효과가 그다지 기대할 수 없는 높은 천장 공간에 대해 저방수압력의 소량 방수량을 기본개념으로 한 화재 목표지점에 대해 확실하게 화재를 진압할 수 있는 시스템이다.

(2) 소화수를 위에서 특정 지역을 향해 포를 쏘듯이 살수함으로써 화재대상 외의 사람이나 재산에 피해를 줄 우려가 작다.

(3) 가장 적절하고 최소한의 살수분포영역으로 화재를 단시간에 소화할 수 있으며, 최소한의 방수량으로 화재를 진압하여 수손 피해를 줄일 수 있다.

(4) **제어시스템** : 화재검출과 소화시스템을 통합하여 개인용 컴퓨터로 제어하여 모니터 화면을 통해 마우스나 키보드를 통하여 수동조정이 가능하다.

1) 인텔리전트 화재검출시스템 : 화재 위치정보의 연산처리, 화재경보의 지시, 화재 위치의 표시

2) 소화시스템 : 방수총의 제어 등

(5) 화재 확산방지를 통해 인력, 장비의 고장이나 운행정지 시간 및 복구비용을 최소화할 수 있다.

(6) **자동화 프로세스** : 비용과 사람, 시간의 낭비를 최소화할 수 있다.

(7) **24시간 자동감시** : 상시 안전성 확보

(8) **저장물질의 안전** : 높은 신뢰성 제공

(9) **방수총의 소화능력(제조사마다 상이)**

구분	방수압력	최대 방수량	유효사거리	수평 · 선회정렬	선회시간
방수총	0.98MPa	20L/s	반경 50m	180°	20s

04 시스템의 구성

(1) **화재검출시스템(주사형 화재감지기)**

1) 불꽃감지기 : 레이더(radar)로 해당 공간을 상하좌우로 주사(走査 : scanning)한다.

꼼꼼체크 1. **레이더** : 전파로 어떤 물체까지의 거리나 움직이는 방향과 모습을 알아내는 기계
2. **주사** : 화면을 순차적으로 정보로 전송하는 방법

2) 공간의 화재상황을 감시하고 화재를 검출한다.

3) 보통 정기적인 점검이나 만일의 사고에 대비하여 거리를 두어 최저 2대 이상 설치한다.

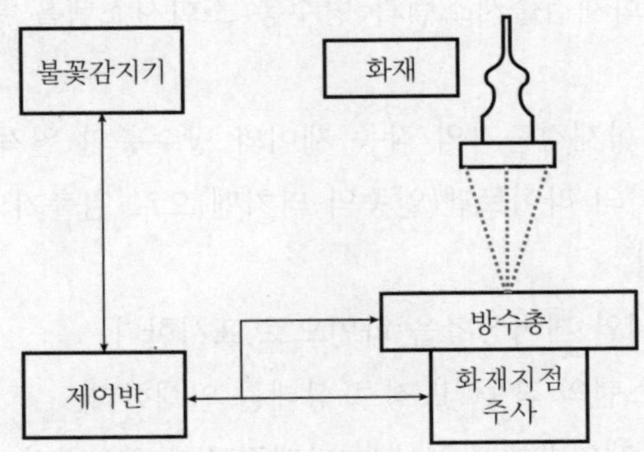

| 자동식 방수총의 개념도 |

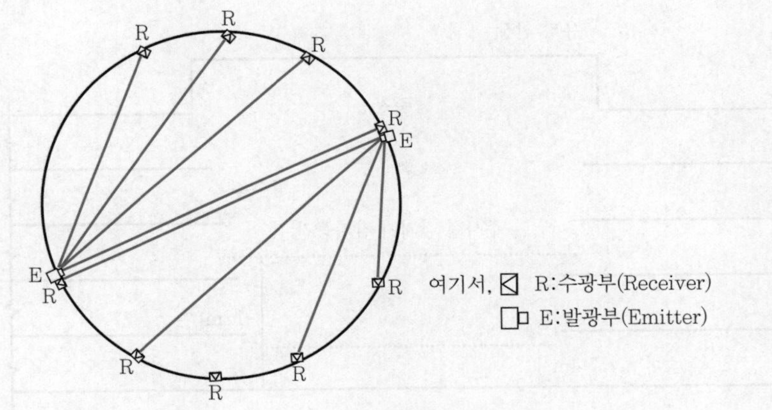

| 감지기 배치 예 |

(2) 방수총 소화시스템

1) **방수총** : 방사압과 방사량에 따라 구분한다.

① 중규모 방수총

② 대규모 방수총

2) **방수총 제어반** : 방수총의 선회나 사정거리 등을 제어한다.

3) **현장 조작반** : 방수총을 현장에서 조작할 때 사용한다.

4) 방수총 펌프 : 방수총에 필요한 압력과 유량의 소화수를 공급한다.

5) 펌프 제어반 : 시스템 제어반에서의 제어로 방수총 펌프를 작동한다.

6) 공기 압축기 : 대규모 방수총에 압축공기를 공급(중규모 방수총에는 설치할 필요가 없다)한다.

(3) 제어시스템

1) 시스템감시 제어반 : 화재검출시스템과 방수총 소화시스템을 통합하여 개인용 컴퓨터로 제어한다.

2) 중앙조작반 : 주사형 화재검출기의 각종 제어와 방수총의 원격수동조작을 행할 수 있으며, 마우스나 모니터의 라이트펜(일종의 터치펜)으로 검출기의 감도설정이나 자기진단 등을 조작할 수 있다.

① 모니터 : 모든 감시와 제어상황을 화면으로 표시한다.

② 프린터 : 모든 시스템의 작동 및 경보 상태를 인쇄한다.

3) 화재 수신기 : 시스템 제어반에서 보내는 화재경보를 표시한다.

(4) 방수총 설치에 필요한 기타 설비 : 비상전원, 수원

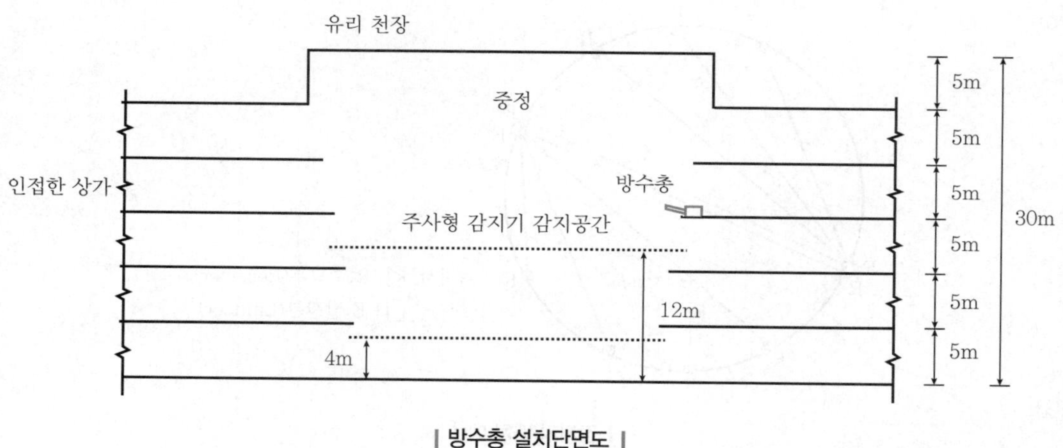

| 방수총 설치단면도 |

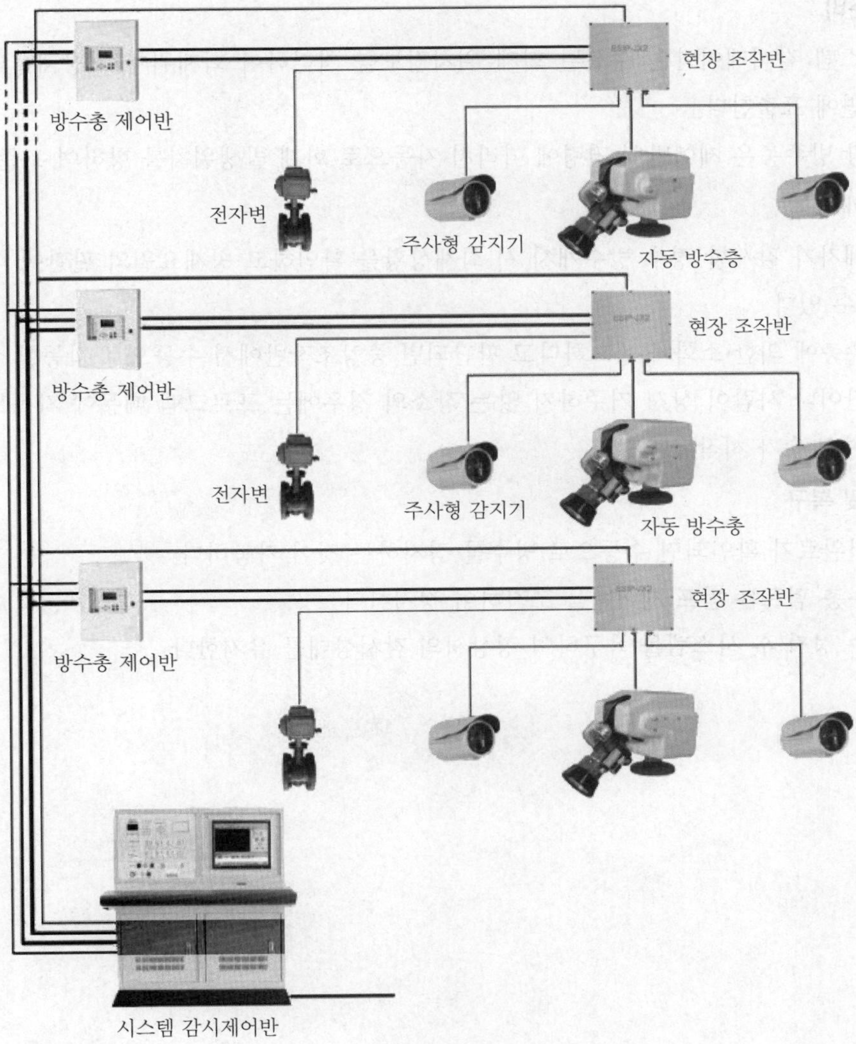

현장 조작반
방수총 제어반
전자변
주사형 감지기
자동 방수총
현장 조작반
방수총 제어반
전자변
주사형 감지기
자동 방수총
현장 조작반
방수총 제어반
시스템 감시제어반

| 방수총 시스템 구성도 |

05 방수총의 작동 메커니즘

(1) 화재 발생

1) 주사형 화재감지기는 방호공간을 감시한다.
2) 감지기는 화재를 감지하면 감지의 대표신호와 화재 위치정보를 시스템 감시제어반에 송신한다.

(2) 방수준비

1) 시스템 감시제어반은 수신된 화재 위치정보를 처리하여 화재위치를 방재실의 모니터 화면에 표출한다.

2) 해당 방수총은 제어반의 명령에 따라서 자동으로 화재 발생위치를 향하여 조준한다.

(3) 방수 개시

1) 관계자가 감시할 경우 방수개시 시 화재상황을 확인하고 방재요원의 판단에 따라 행해질 수 있다.

2) 방수총에 의한 소화가 필요하다고 판단되면 중앙조작반에서 수동으로 작동할 수 있다.

3) 야간이나 사람이 상시 거주하지 않는 장소의 경우에는 프로그램 때문에 자동으로 동작하여 방수가 시작된다.

(4) 소화 및 복구

1) 소화완료가 확인되면 수동으로 방수를 정지하는 것이 가능하다.

2) 방수총 펌프는 펌프 제어반을 조작하여 정지한다.

3) 방수 정지 후 시스템을 복구하여 평상시의 감시상태를 유지한다.

MEMO

Part 3

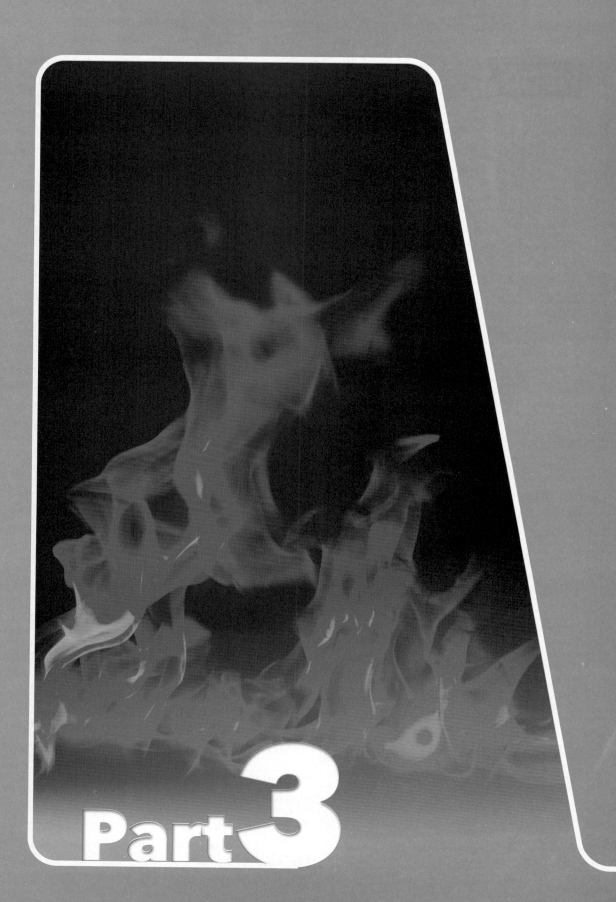

소방기계 Ⅱ

SECTION

001 스프링클러설비의 종류 및 특징

01 설비별 종류

(1) **자동식 스프링클러의 정의 :** 감열부가 정해진 표시온도 이상으로 가열되면 자동으로 녹거나 팽창해서 오리피스를 개방하여 특정 지역에 물을 방수하는 화재진압 또는 제어장치

(2) 스프링클러설비는 방호대상물, 설치장소 등에 따라 폐쇄형 헤드를 사용하는 방식과 개방형 헤드를 사용하는 2가지 방식으로 구분한다.

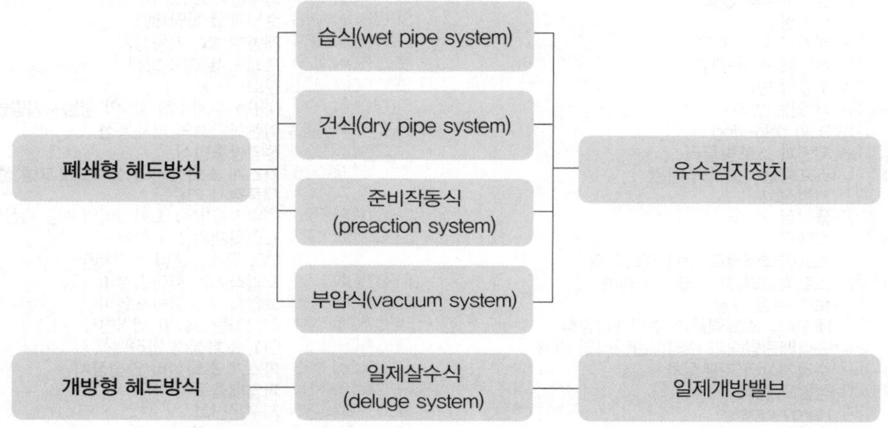

02 설비별 비교

(1) 특징 비교

<table>
<tr><th>구분</th><th colspan="3">유수검지장치 등</th><th>헤드</th><th>1차측</th><th>2차측</th><th>감지기/
수동기동장치</th><th>시험장치</th></tr>
<tr><td>습식</td><td rowspan="4">유수
검지
장치</td><td rowspan="4">종
류</td><td>알람밸브</td><td rowspan="4">폐쇄형</td><td rowspan="5">가압수</td><td>가압수</td><td>없음</td><td>있음</td></tr>
<tr><td>건식</td><td>건식 밸브</td><td>압축공기</td><td>없음</td><td>있음</td></tr>
<tr><td>준비작동식</td><td rowspan="2">준비작동식
밸브</td><td>공기</td><td>있음</td><td>없음</td></tr>
<tr><td>부압식</td><td>부압수</td><td>있음</td><td>있음</td></tr>
<tr><td>일제살수식</td><td colspan="3">일제개방밸브</td><td>개방형</td><td>공기</td><td>있음</td><td>없음</td></tr>
</table>

(2) 적응성과 설치장소 비교

방식	적응성	설치장소
습식	동파가 발생하지 않거나 난방이 공급되는 장소로 헤드의 설치높이가 적정해서 감지에 장애가 되지 않는 장소	동결의 우려가 없는 특정소방대상물
건식	① 난방이 되지 않아 동결 우려가 있는 옥내외의 장소 ② 감지기 설치에 필요한 전원공급이 불가능한 장소	동결의 우려가 있는 옥내외 장소(창고, 옥내외 주차장, 경기장, 공장 등)
준비작동식	① 난방이 되지 않아 동결의 우려가 있는 옥내의 장소 ② 수손피해의 우려가 있는 장소	동결 또는 수손의 피해가 우려가 있는 옥내 장소(옥내 창고, 옥내 주차장, 경기장, 공장)
부압식	① 수손피해가 극심히 우려되는 장소 ② 지진으로 인한 피해가 우려되는 장소 ③ 동결의 우려가 없는 장소	① 동결의 우려가 없는 수손피해 우려가 있는 장소 ② 지진피해 우려가 있는 장소(전기실, 통신실, 문화재, 전시장, 박물관)
일제살수식	① 층고가 높아 천장열기류에 의해서 폐쇄형 헤드가 작동하기 곤란한 장소 ② 화재가 발생하면 연소가 급격하게 확대되는 무대부 등과 같이 초기에 대량주수가 필요한 장소	① 무대부, 연소할 우려가 있는 개구부 ② 위험물저장소 등

(3) 설비별 장단점 비교

방식	장점	단점
습식	① 구조가 단순하고 신뢰도가 높다. ② 설치비가 저렴하고 유지관리가 쉽다. ③ 헤드개방 시 지체현상이 없고 방사가 즉시 이루어진다. ④ 감지기와 같은 전기적 시설이 필요 없다.	① 배관 2차측이 물로 차 있어 동결의 우려가 있는 장소에는 사용이 제한된다. ② 헤드개방 시 즉시 방사가 되므로 오동작 또는 헤드 파손 시에는 수손피해가 발생한다. ③ 오직 헤드의 감열부에 의해서만 동작되므로 층고가 높은 경우 플럼의 온도가 하강하여 헤드개방이 지연될 수 있어 적응성이 떨어진다.
건식	① 동결의 우려가 있는 장소에도 별도의 보온 등 동결방지조치가 없이도 사용 가능하다. ② 옥외와 연결된 개방된 장소에 사용 가능하다. ③ 감지기와 같은 전기적 시설이 필요 없다.	① 공기압축 및 신속한 개방을 위한 부대설비가 필요(공기압축기, QOD)하다. ② 압축공기를 방출한 후 소화수가 방출될 수 있으므로 방사까지 시간지연이 발생한다. ③ 화재 초기에는 화원에 압축공기를 방출함으로써 오히려 화재확대 우려가 있다. ④ 일반헤드의 경우에는 상향형을 사용한다. 따라서, 반자가 설치된 곳에서 하향형으로 설치하기 위해서는 드라이펜던트형을 사용한다.

방식	장점	단점
준비 작동식	① 동결의 우려가 있는 장소에도 별도의 보온 등 동결방지조치 없이도 사용이 가능하다. ② 감지기에 의해서 사전경보가 발생함으로써 사전조치를 신속하게 취할 수 있다. ③ 평상시 헤드파손으로 개방되어도 2차측 소화수가 없어 수손피해의 우려가 없다.	① 감지기설비를 별도로 설치하여야 한다. ② 헤드나 배관의 손상이 있어도 경보가 없으므로 발견이 곤란하여 유지관리가 어렵다. ③ 훈소화재의 경우 차동식 감지기 사용 시 감지기의 동작이 지연되어 헤드가 동작해도 소화수가 방사되지 않을 수 있다. ④ 일반헤드의 경우에는 상향형을 사용한다. 따라서. 반자가 설치된 곳에서 하향형으로 설치하기 위해서는 드라이펜던트형을 사용한다. ⑤ 수손피해를 방지하기 위해 동결 우려가 없는 장소에 설치한 경우 하향형 설치가 가능하다.
부압식	① 비화재 시 헤드나 배관의 파손 시 소화수에 의한 수손피해를 최소화한다. ② 지진 등에 의해 배관이나 일부 헤드가 파손될 때 수손피해를 최소화한다. ③ 배관이나 헤드파손을 알 수 있다.	① 진공펌프나 관련 설비의 고장 시에는 효과를 기대할 수 없다. ② 감지시스템의 고장 시나 감지오류인 경우 스프링클러시스템이 자동으로 동작하지 않는다. ③ 부대설비 때문에 공사비가 크고 유지관리가 어렵다. ④ 동결 우려의 장소에 설치가 곤란하다.
일제 살수식	① 개방형 헤드를 사용함으로써 소화수가 2차측으로 공급되면 살수가 즉시 이루어지므로 급격한 연소확대 우려가 있는 장소에 적합하다. ② 스키핑(skipping) 현상이 발생하지 않는다. ③ 헤드의 감지부가 없으므로 층고가 높은 경우에도 적절한 감지기를 사용하면 적용이 가능하다.	① 구역 전체를 살수하므로 대량의 소화수 공급시스템이 필요하다. ② 구역 전체를 살수하므로 소화수에 의한 2차 피해가 크다. ③ 감지시스템을 구축하여야 한다.

NFPA 13(standard for the installation of sprinkler systems)의 경우

① 건식 설비는 동파 우려가 있는 장소에만 사용토록 제한한다.
② 습식과 준비작동식은 일반적으로 같은 설비로 간주한다. 하지만 ESFR의 경우는 준비작동식을 허용하지 않는다.

03 NFPA 13의 스프링클러의 구분[1]

(1) 습식 스프링클러설비(wet pipe sprinkler system)

(2) 건식 스프링클러설비(dry pipe sprinkler system)

(3) 준비작동식 스프링클러설비(preaction sprinkler system)

(4) 일제살수식 스프링클러설비(deluge sprinkler system)

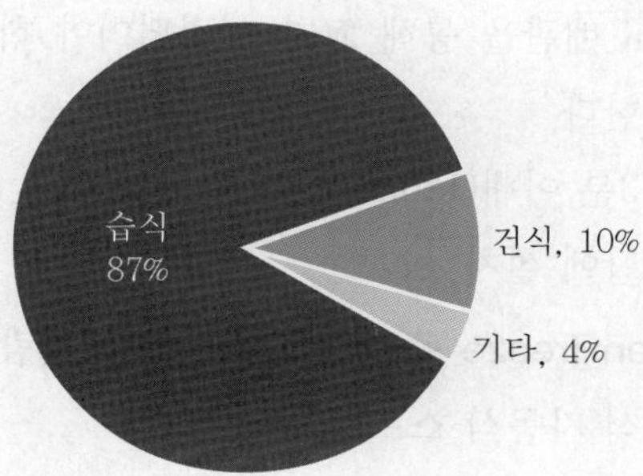

| 2015~2019년도 미국의 스프링클러 방식 |

(5) 건식–준비작동식 조합형 스프링클러설비(combined dry pipe–preaction sprinkler system)

1) 정의 : 건식과 준비작동식의 조합형

2) 메커니즘

① 감지기가 작동하면 급수 본관의 말단에 설치되어 있는 공기배출밸브를 개방한다.

② 공기배출밸브가 동작하면 공기압 저하가 발생해 건식 밸브가 개방된다.

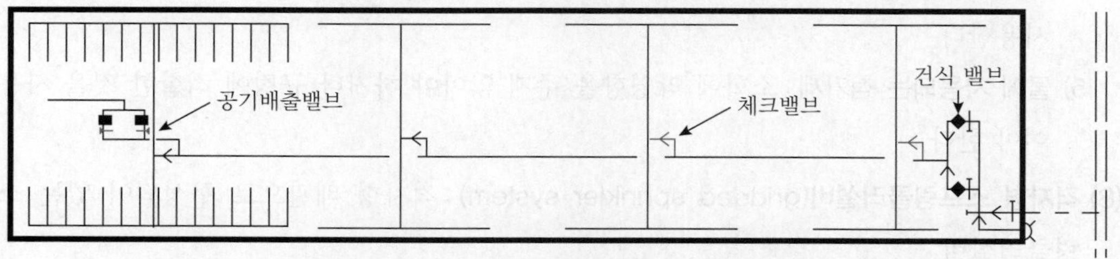

| 건식–준비작동식 조합형 스프링클러설비 개념도(A.8.4.3.2) |

3) 특징

① 2차측에 압축공기가 들어 있어 준비작동식의 문제점인 배관이나 헤드의 파손을 즉시 알 수 있다.

1) 3.4 Sprinkler System Type Definitions. NFPA 13(2019)

② 건식 설비의 문제점인 지연시간을 줄이기 위해 감지기가 화재를 감지하면 QOD를 동작시켜 압축공기를 조기에 방출한다.

4) 사용장소 : 동결 우려가 큰 대형 냉동창고

5) 설치기준

① 보행거리 200ft(61m) 이하의 위치에 수동기동장치를 설치한다(8.4.2.3).

② 전체 헤드수가 600개 이상이거나 구역의 헤드수 275개 이상일 경우는 병렬로 시스템을 구성해야 하며 배관의 크기는 150mm 이상이어야 한다(8.4.3.1).

③ 병렬시스템은 25mm 배관을 통해 교차 연결되어야 하고 하나가 사용 중에는 다른 하나는 차단되어야 한다.

④ 허용되는 최대 시간 : 3분 이내(120m마다 1분 이내)(8.4.5.2)

⑤ 시험장치 : 배관 최말단에 설치

(6) 동결방지 스프링클러설비(antifreeze sprinkler system) : 알람밸브 2차측에 부동액이 함유된 소화수가 들어있는 습식 자동식 스프링클러시스템

(7) 순환식 폐루프 스프링클러설비(circulating closed-loop sprinkler system)

1) 정의 : 평소에 가열 또는 냉각용으로 사용되는 폐루프 배관상 설비배관의 물을 자동식 습식 스프링클러와 연결하여 이용성을 높인 설비이다.

2) 사용목적 : 소방설비의 운휴설비로 사용되어 낭비되는 요인을 막고 평상시 적극적으로 이용하기 위함이다.

3) 사용하는 물의 온도 : 4℃ 이상 49℃ 이하

4) 물의 온도가 37.8℃를 초과하는 경우 : 표시온도가 중온도 등급 이상인 스프링클러헤드를 사용한다.

5) 물에 사용되는 첨가제 : 소화에 악영향을 주지 않아야 하거나 규정에 적합한 것을 사용하여야 한다.

(8) 격자형 스프링클러설비(gridded sprinkler system) : 격자형 배관으로 구성되어 있는 스프링클러설비

(9) 루프형 스프링클러설비(looped sprinkler system) : 루프형 배관으로 구성되어 있는 스프링클러설비

(10) 다순환설비(multi-cycle system)

1) 화재의 열에 의하여 흐름의 개폐를 반복하는 스프링클러설비

2) 열 감지부 : 평상시 닫힌 상태 유지

① 온도가 설정점에 도달하면 감지부가 개방되면서 제어밸브가 개방되고 소화용수를 공급한다.

② 온도가 설정점 아래로 내려가면 제어밸브를 잠그고 용수공급을 중단한다.

3) 열고 닫는 사이클 작동이 짧아지는 것을 방지하기 위해 타이머를 설치한다.

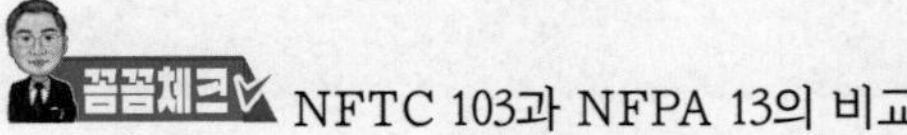

NFTC 103과 NFPA 13의 비교

구분	NFTC 103	NFPA 13
제정기관	소방청(정부기관)	National fire protection association(민간기관)
개정과정공개	입법예고, 의견청취	문서로 각 단계별 개정 과정 공개
개정사유	입법취지 등을 문서로 표현한다.	위원회 보고서 공개를 통해 사안별 개정사유, 논점 및 투표결과 파악이 가능하다.
건축 · 소방법 연계	정부기관이 상이하므로 비유기적이다.	피난통로 접근 보행거리의 스프링클러 설치 시 완화규정 등 유기적 관계를 가진다.
살수밀도	용도에 따른 수평거리 조정으로 살수밀도 차등	위험용도 분류에 따라 살수밀도 차등(4.1~16.3mm/min)
설비작동시간	• 29층 이하 : 20분 • 30~49층 : 40분 • 50층 이상 : 60분	• 경급 : 30분 • 중급 : 60~90분 • 상급 : 90~120분
내진설계	내진기준을 적용한다.	지진지역으로 분류된 곳에서 내진설계기준을 적용한다.
유지관리	자체점검기준 등에 의한다.	NFPA 25, 수계소화설비 유지관리기준에 의한다.

SECTION 002 소화설비의 배관 배열방식 104·80회 출제

01 개요

(1) 소화시설에서의 배관 배열방법은 크게 가스계 소화설비에서 사용하는 토너먼트방식과 수계에서 사용하는 가지(tree) 방식, 루프(loop) 방식, 그리드(grid) 방식으로 구분한다.

(2) 각 배관 배열방식마다 장단점이 있으므로 현장여건을 고려하여 설계자가 가장 합리적이고 효율적인 배관 배열방식을 선정하여야 한다.

02 토너먼트(tournament) 배관방식

(1) **사용목적 :** 가스나 분말소화설비에서 약제를 헤드별로 균등하게 방출하여 공간 내에 효과적으로 섞이도록 하여 소화효과를 극대화하기 위해 사용한다.

(2) **설치방식 :** 각 분사헤드까지의 경로를 대칭적으로 설치하여 방사압과 방사량이 균일하도록 설치한다.

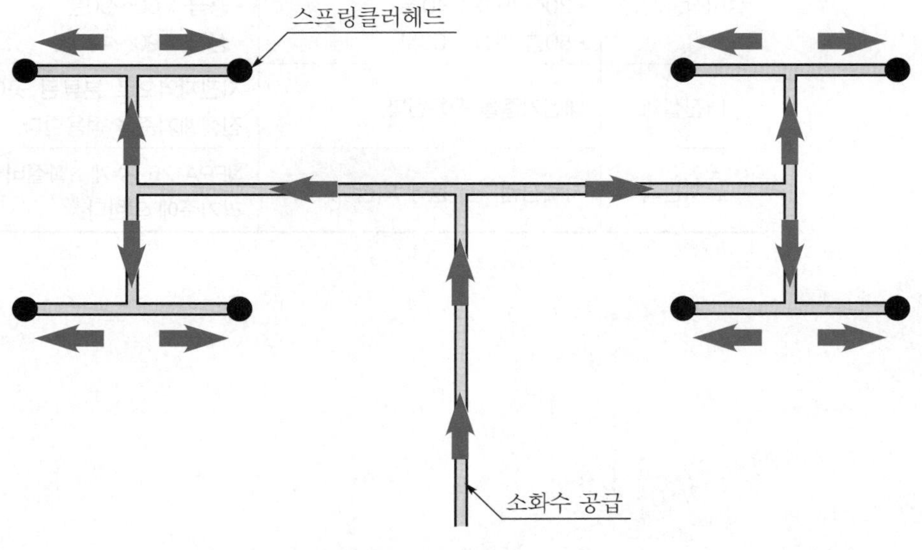

| 토너먼트 배관방식 |

(3) 특징

1) 마찰손실이 커서 수계소화설비에서는 사용하지 않는다(예외 : 압축공기포).
2) 티(tee)에 의한 분기점 수량의 과다로 마찰손실이 증가하며 말단의 헤드방사압력이 저하된다.
3) 배관 주위에 각종 살수장애용 시설물이 있을 경우와 실 모양이 불규칙한 경우에는 균등한 배관설계가 어렵다.
4) 시공 시 많은 티(tee)와 균일한 배관형태이어야 하므로 시공이 어렵다.
5) 수격작용으로 배관파손 우려가 크다.

03 가지(tree) 배관방식

(1) 수계소화설비에서 가장 일반적이고 전통적인 방식이다.

(2) **설치방식 :** 각각의 헤드까지 단일방향으로만 유수되는 배관방식이다.

(3) 특징

1) 티(tee)에 의한 분기점은 가지배관당 1개소로 마찰손실이 토너먼트방식보다 감소한다.
2) 헤드의 방사압력 및 방사량은 각 지점에서 불균일하고 말단부로 갈수록 저항이 증가한다.
3) 배관 주위에 각종 살수장애용 시설물이 있어도 균형을 맞출 필요가 없어서 적절한 배관설계가 가능하다.
4) 시공이 용이하며 유지관리가 편리하다.

(4) 가지형과 토너먼트형 비교표

구분	가지방식	토너먼트방식
Tee에 의한 분기점	가지배관당 1개소	수량 과다
마찰손실	작음	큼(말단의 헤드방사 압력저하)
헤드 방사압 · 방사량	불균일	균일
시공성	용이	어려움
실의 형태	실의 형태에 상관이 없음	실의 형태가 정방형이 아니면 설계와 시공이 어렵고 복잡해짐
적용설비	수계 및 포 소화설비(마찰손실 최소화를 위함)	가스계 및 분말 소화설비(균등한 약제 방사 및 빠른 확산을 위함)
개념도	가지배관	가지배관

04 루프(loop) 방식

(1) 설치방식 : 동작된 헤드에 2개 이상의 유수경로가 생기도록 2개 이상의 교차배관(cross main)이 서로 연결된 배관구성방식이다. 단, 가지배관(branch line)은 서로 연결되지 않았다.

(2) 특징

1) 유수흐름의 분산이 가지방식보다 우수하다.

① 교차배관에서 2개 이상이 연결되어 압력손실이 적은 쪽으로 유수의 흐름이 발생하여 압력손실이 감소한다.

② 압력손실이 작아서 중간이나 말단에서의 압력차가 감소한다.

③ 압력차가 작아서 비교적 고른 압력분포가 가능하다.

2) 소화수공급의 안정성이 가지방식보다 우수하다.

① 중간배관의 막힘에도 우회공급로가 있으므로 유연한 대처가 가능하다.

② 고장수리 시에도 우회공급로로 소화수를 공급할 수 있다.

3) 격자방식(grid)보다는 유수흐름이나 소화수공급의 안정성이 떨어진다.

4) 격자방식과 같은 설비의 제한사항이나 고려사항이 없다(NFPA 13).

5) 가지방식보다는 어렵지만 수계산이 가능하다.

6) 습식·건식 및 준비작동식 스프링클러설비에 적용이 가능하다.

(3) 루프방식의 개략도

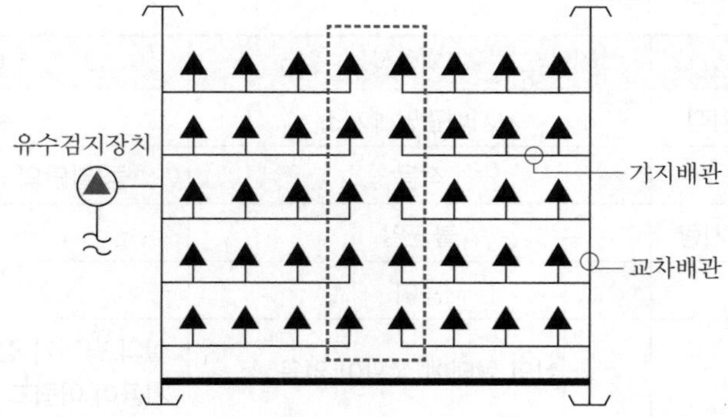

05 격자(grid) 방식

(1) **설치방식** : 평행한 교차배관 사이에 많은 가지배관을 서로 연결한 방식으로, 2 이상의 수평 주행배관 사이를 가지배관으로 연결하는 방식이다.

(2) 작동 중인 헤드가 그 가지관 양끝에서 물을 공급받는 동안 다른 가지관은 교차배관의 물 이송을 보조하는 방식이다.

(3) **격자방식의 개략도**

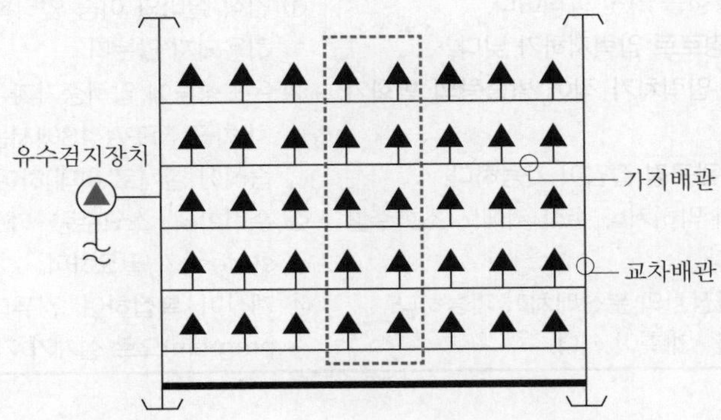

(4) **수력학적 소요수량 계산절차(peaking the system)** : 컴퓨터 프로그램에 의해 계산된다.

1) 초기 설계구역(A_2)을 선택한다.

2) 그 구역의 양쪽에 두 개의 추가구역(A_1, A_3)을 고려한다.

3) A_2가 소요수량이 가장 적은 것(수력학적으로 가장 멀리 있는 것)으로 결정되지 않으면 두 개의 구역 중 가장 많은 구역에 인접한 추가구역(A_4)을 계산하여 A_4의 소요수량이 더 적지 않음을 검증(즉, 가장 수량이 많은 것을 결정)한다.

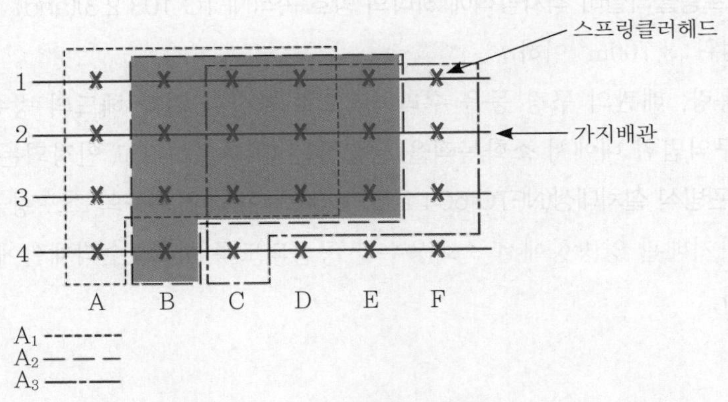

| 그리드배관에서 면적구분방식 |

그리드배관에서 면적구분방식 : 가장 멀리 설치된 헤드를 선정하는 방법으로, 헤드가 똑같이 터진다고 가정하면 가장 멀리 떨어진 곳이 수량이 가장 적은 곳이고 가장 많은 헤드가 개방되는 곳이다. 실제적으로 10층 건물이 있다고 보면 화재 시 1층에서 화재가 발생한 경우는 2~3개의 헤드가 개방되는 반면 최상층인 10층은 10개 이상의 헤드가 개방된다. 따라서, 그리드배관방식에서 설계면적을 산정할 때에는 가장 먼 장소를 선정하는 것이다.

(5) 장단점

장점	단점
① 뛰어난 수력특성을 가진 방식이다. ㉠ 많은 유수경로로 압력저하가 낮다. ㉡ 각 헤드의 압력차가 작아 방출량의 변화가 적다. ㉢ 수원 및 배관구경 절감이 가능하다. ② 중간에 배관이 막히거나 수리 시에도 소화수를 공급할 수 있다. ③ 소화용수 가압장치의 분산배치가 가능하다. ④ 소화설비의 증 · 개축이 쉽다.	① 건식 설비와 이중 인터록 준비작동식 설비에는 허용되지 않는다. ② 온도상승에 압력증가가 커서 릴리프 밸브를 설치(최근 NFPA 13에서는 릴리프 밸브를 모든 습식에 설치로 확대)하여야 한다. ③ 수력학적 소요수량 계산 절차(peaking the system)가 필요하다. ④ 계산이 복잡하여 컴퓨터 프로그램(computer program)으로 설계가 가능하다.

1. 소화용수가 스프링클러헤드에 도달하는데 시간지연이 발생하기 때문에 건식과 이중 인터록은 허용되지 않는다. 이는 다수의 유수경로를 모두 소화용수로 채우려는 데 시간이 소요되기 때문에 그동안에 시간지연이 발생한 것이다.
2. 가지형과는 달리 격자방식 배관 내에 공기부분이 없어서 팽창에 의한 배관압력 상승으로 배관이 파손될 우려가 있기 때문이다.

(6) 화재안전기술기준의 규정

1) 폐쇄형 스프링클러설비 격자방식에 하나의 방호구역(NFTC 103 2.3)(and)

① 면적범위 : $3,700\text{m}^2$ 이하

② 펌프용량, 배관의 구경 등을 수리학적으로 계산한 결과 헤드의 방수압 및 방수량이 방호구역범위 내에서 소화목적을 달성하는 데 충분하다고 인정되는 경우

2) 격자형 배관방식 설치대상(NFTC 604 2.2.7) : 50층 이상 건축물의 스프링클러헤드에는 2개 이상의 가지배관 양방향에서 소화용수가 공급되도록 하고, 수리계산에 의한 설계를 하여야 한다.

(7) 격자방식과 가지방식의 비교

구분	가지방식	격자방식
마찰손실	크다.	작다.
설치비용	크다.	관경의 감소, 일정한 구경의 배관사용, 관 부속품의 감소에 의한 작업의 편리성 및 작업개선 등으로 인하여 감소
소화용수확보량	크다.	작다.
소요압력	크다.	작다.
안정성	작다.	크다.
설계의 난이도	쉽다.	어렵다(컴퓨터를 이용한 계산).
수력특성	나쁘다.	우수(물의 공급을 양쪽에서 받을 수 있어 상대적으로 손실이 적은 쪽에서 소화수를 공급받으므로 수력특성이 우수)
수력계산의 기준	기준점 소화수공급 기준점	스프링클러헤드 소화수공급 기준점

(8) 에어벤트 설치

1) 설치장소 : 배관이 길어 공기가 찰 우려가 있는 습식배관에는 잔류공기를 빼줄 수 있는 '에어벤트'를 입상관의 상부에 설치하여 부식을 방지한다.(8.1.5)

2) 목적 : 부식의 감소, 알람밸브 지연감소, 알람밸브의 오작동 방지

3) 기준(16.7)

① 수동밸브 : 15mm 이상

② 자동 에어벤트

③ 원격 제어의 테스트 밸브

④ 기타 승인된 수단

SECTION 003

스프링클러헤드의 응답특성 (감지특성)

121·107·98·97회 출제

01 개요

(1) 화재 시 감열부가 헤드의 동작에 필요한 열을 얼마나 빨리 흡수하는가 하는 것은 헤드의 동작시간에 많은 영향을 끼친다.

(2) 헤드동작에 필요한 열을 주위로부터 얼마나 빠른 시간 내에 흡수할 수 있는지를 나타내는 특성값(열감도)을 나타내는 지수로, 시간상수(τ), RTI(Response Time Index) 및 Virtual RTI 등이 개발되어 사용되고 있다.

(3) 화재 시 헤드가 감열되기까지 걸리는 시간은 화재진압 또는 화재제어에 매우 중요한 요소이다. 왜냐하면 화재의 성장곡선을 보면 초기에 화재의 급격한 성장으로 인해 제어 또는 진압할 수 있는 적정 지점에서 스프링클러헤드의 동작이 필수적이기 때문에 헤드의 감열시간에 따라 소화의 가부가 결정된다.

02 화재에 의한 열전달 메커니즘

(1) 스프링클러헤드의 설치장소

1) 천장
2) 반자
3) 천장과 반자 사이
4) 덕트, 선반, 기타 이와 유사한 부분으로 폭이 1.2m를 초과하는 부분의 하단
5) 폭이 9m 이하인 실내에 있어서는 측벽에 설치가 가능하다.

(2) 천장 부위에 스프링클러헤드가 설치되므로 플럼의 상승과 천장 열기류(ceiling jet flow)에 의한 열전달에 의해서 감열부가 동작한다.

(3) 감열부 동작의 열전달 요소

1) 대류열 전달계수(h)
2) 천장열기류의 온도 및 속도

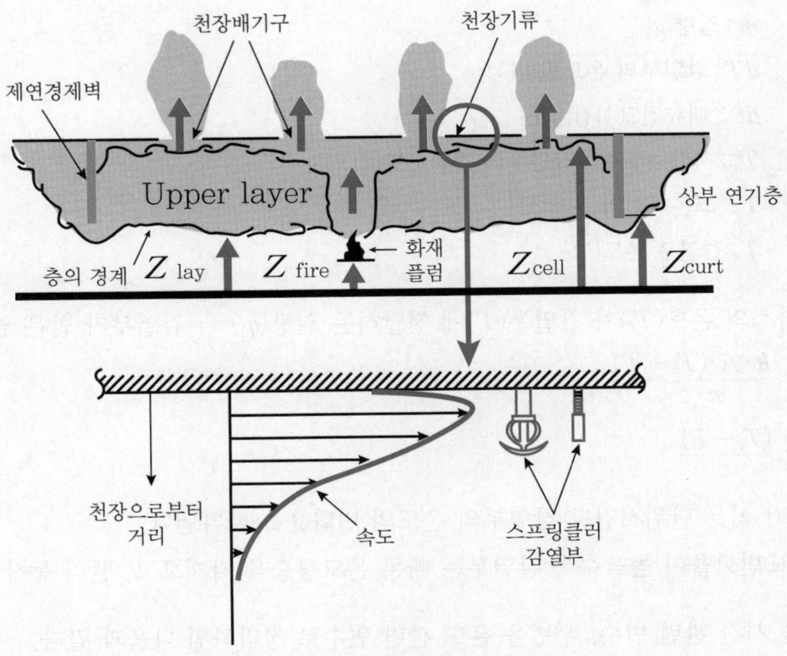

| 스프링클러 동작 메커니즘(simulated by LAVENT)[2] |

03 시간상수(time constant, τ)

(1) 개요

1) 정의 : 스프링클러 감열부에 갑자기 온도를 가했을 경우 온도는 점차 증가하여 마침내 일정한 값에 도달하는데, 이때의 증가비율을 말한다.

2) 고온가스 온도(T_g)의 63.2%에 달할 때까지의 시간을 초로 표시한다.

3) 시상수(時常數) : 어떤 정상상태에 도달하는 데까지 상대적인 값이 exp(−1)이 되는 시간 100−36.8=63.2%

4) 시간상수(τ) : $\dfrac{\text{감열부의 열용량}(mc)}{\text{감열부에 전달되는 대류열량}(Ah)}$ [sec]

(2) 측정

1) $q_1 = h \cdot A(T_g - T)$, $q_2 = m \times c \times \dfrac{dT}{dt}$

여기서, q : 열량[kW]

h : 대류전열계수[kW/m^2·K]

A : 전열면적[m^2]

c : 비열용량[kW/g·℃]

2) NFPA 204 Standard for Smoke and Heat Venting 2018 Edition

m : 질량[g]

dT : 감열부의 온도변화[℃]

dt : 대류전달시간[sec]

T_d : 시간 t에서의 감열부의 작동온도[℃]

T_g : 고온가스의 온도[℃]

T : 감열부 온도[℃]

2) 고온가스의 온도(T_g)가 감열부(T)에 전달하는 열량(q_1) = 감열부가 받은 열량(q_2)

$$\frac{dT}{dt}=\frac{h\cdot A\cdot(T_g-T)}{m\cdot c}$$

$$\frac{dT}{dt}=\frac{(T_g-T)}{\tau}$$

① 상기 식은 단위시간당 감열부의 온도의 변화율을 나타낸다.

② 온도변화율이 높을수록 감열부는 빠른 온도상승을 가져오고, 빨리 동작한다.

3) 좌변을 시간 관련 변수, 우변을 온도 관련 변수로 정리하면 다음과 같다.

$$dt=\frac{\tau}{T_g-T}dT$$

4) 양변을 적분하면 다음과 같다.

$$\int dt=\int_{T_0}^{T_d}\frac{\tau}{T_g-T}dT$$

$$t=-\tau[\ln(T_g-T)]_{T_0}^{T_d}$$

$$=-\tau[\ln(T_g-T_d)-\ln(T_g-T_0)]$$

$$=-\tau\cdot\ln\left(\frac{T_g-T_d}{T_g-T_0}\right)$$

$$=-\tau\cdot\ln\left(\frac{T_g-T_0}{T_g-T_d}\right)$$

$$=\frac{RTI}{\sqrt{u}}\ln\left(\frac{T_g-T_0}{T_g-T_d}\right)$$

여기서, T_0 : t=0일 때 감열부의 주위온도 또는 초기온도[℃]

τ : 시간상수

$\left(\tau=\frac{mc}{Ah}=\frac{RTI}{\sqrt{u}}\right)$[sec]

(3) 시간상수(τ)와 화재성장(fire growth)

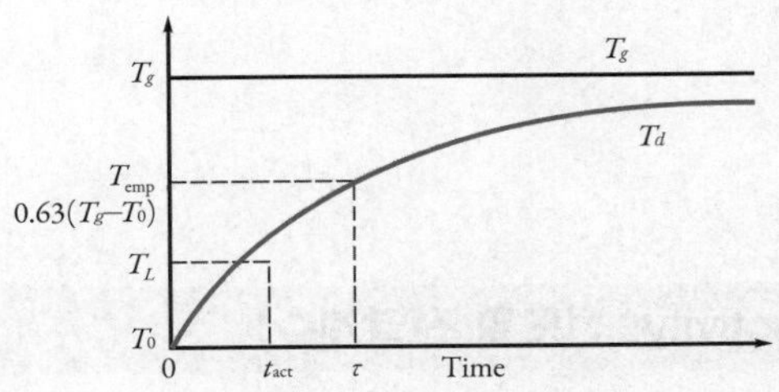

| 고정온도시험(constant temperature condition[3]) |

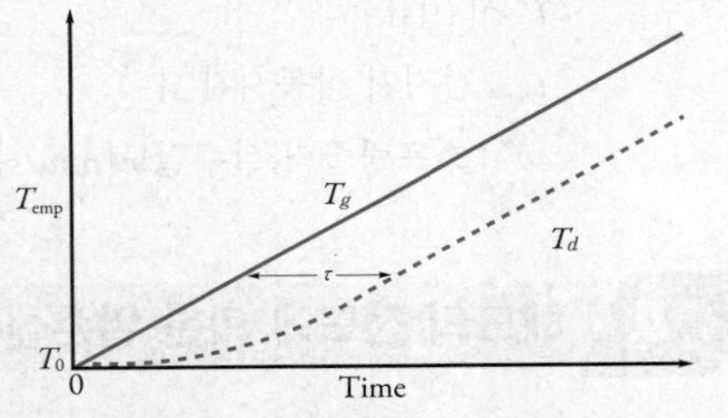

| 상승률 시험(constantly increasing condition[4]) |

(4) 시간상수(τ) 값은 헤드의 동작시간을 평가하는 지수로서 부적합하다.

1) 이유 : 시간상수(τ)가 m, c, A에 대해서는 상수이지만 h(대류열 전달계수)값은 측정환경(시험부 내의 실제 공기속도(u))에 따라 변화하기 때문이다.

2) 천장 열기류(ceiling jet)의 연구에 의하면 대류열 전달계수(h)값은 기류속도의 제곱근에 비례한다.

$\therefore\ h \propto \sqrt{u}\ ,\ \tau \propto \sqrt{u}$

여기서, h : 대류전열계수[kW/m²·K]

u : 기류속도[m/s]

(5) $\tau\sqrt{u}$는 시험장치 내의 실제 공기속도에 관계없이 일정한 값을 갖는다.

1) 시험부 내의 실제 공기속도가 빠르면 h(대류열 전달계수)값이 커져서 시간상수(τ)값은 작아지지만 기류속도($\sqrt{u}$)가 커져서 결과적으로 일정한 값을 가진다.

2) $\tau\sqrt{u} = \dfrac{mc}{Ah}\sqrt{u} = C$ (일정)

(6) 시간상수와 스프링클러 살수밀도(Walton 1988)

$\tau = 3(\dot{w}'')^{-1.85}$

여기서, $\dot{w}''$: 스프링클러 살수밀도[mm/s]

(7) 스프링클러 작동 후 화재의 열 방출률(vettori and madrzykowski)

$$Q(t-t_{act}) = Q(t_{act})\exp\left[\frac{-(t-t_{act})}{3(\dot{w}'')^{-1.85}}\right]$$

여기서, $Q(t-t_{act})$: 스프링클러 작동 후 화재의 열 방출률[kW]

3) Figure 16.1.3 Representation of Time Constant τ for Constant Temperature Condition. 16-4. SECTION 16 Water-Based Fire Suppression Equipment. FPH

4) Figure 16.1.4 Representation of Time Constant τ for Constantly Increasing Temperature Condition. 16-5. SECTION 16 Water-Based Fire Suppression Equipment. FPH

$Q(t_{act})$: 스프링클러 작동 시 열 방출률[kW]

t : 시간[s]

t_{act} : 감지기 작동시간[s]

$\dot{w}''$: 스프링클러 살수밀도[mm/s]

04 헤드의 전도에 의한 열손실(conductivity, 전도열 전달계수)

(1) 플런지시험 또는 투입시험(wind tunnel test or plunge test) 122회 출제

1) 정의 : 헤드로 흡수된 열 중 스프링클러 배관 및 수로 등으로 빼앗기는 열손실량에 대한 특성값을 측정하는 시험으로 시간상수와 RTI를 구할 수 있다.

2) 시험방법

① 스프링클러헤드의 열특성을 측정하기 위하여 강판으로 제작한 풍동(mixing tube)에 히터(3kW)에서 가열된 고온기류를 송풍기로 유속을 조절시켜 가면서 유동시킨다.

② 헤드를 넣은 시점에서 작동할 때까지의 시간을 측정하여 그 값을 측정한다.

3) 장치의 구성

| 플런지 시험장치 사진[5] |

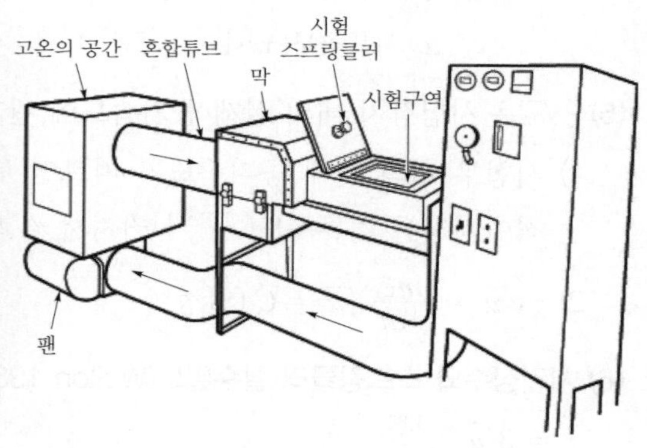

| 플런지 시험장치 그림[6] |

① 시험부(test section) : 길이 22.7cm, 폭 12.7cm, 높이 12.7cm의 크기로 벽에서 스프링클러헤드로의 복사 등의 열전달을 최소로 하기 위하여 알루미늄 재질을 이용하여 제작하며, 상부에는 스프링클러헤드를 넣을 수 있는 구조이다.

② 풍동(mixing tube) : 가열된 공기의 이동경로로, 외부는 열손실을 막기 위해 단열재로 감싼다.

5) Figure C-1 : Response Time Index/Rate of Rise Plunge Test Tunnel. FM 3210(2007). 24Page
6) Figure 16.1.2 Sprinkler Plunge Test Apparatus. 16-4. Section 16 Water-Based Fire Suppression Equipment. FPH

③ 가열공간(heat plenum)

④ 팬(fan)

4) 연장노출시험(prolonged plunge test) : 정온시험(전도열 전달계수를 구하기 위한 시험)

$$C=\left(\frac{\Delta T_g}{\Delta T_{ea}}-1\right)\sqrt{u}$$

여기서, C : 전도열 전달계수

ΔT_g : 최고 온도와 실제 기체(공기)온도와의 차[℃]

ΔT_{ea} : 최고 온도와 평균 유체작동온도와의 차[℃]

u : 시험부 내의 실제 공기속도[m/s]

5) 상승률시험(prolonged exposure ramp test) : 시간상수(τ)와 감열부의 작동온도(T_d)를 알기 위한 시험

6) 플런지 시험을 통하여 스프링클러의 RTI값을 도출할 수 있다.

(2) 전도열 전달계수(Conductivity ; C)

1) 헤드로 흡수된 열이 프레임 등으로 이동하는 열손실을 고려한 지수이다.

2) 헤드의 열손실은 헤드동작을 지연시키므로 전도에 의한 열손실을 고려하여야 한다.

3) 전도열 전달계수값(C)이 작을수록 전도열손실량이 적어 헤드가 조기에 동작한다.

4) 기류속도가 느리거나 플러시형의 경우는 전도열 전달계수가 헤드 동작시간에 많은 영향을 준다.

05 RTI(Respons Time Index : 반응시간지수) 122·119회 출제

(1) 정의 : 헤드의 동작에 필요한 충분한 양의 열을 주위로부터 얼마나 빨리 흡수할 수 있는지를 나타내는 특성값을 'RTI'라고 한다. 94·84·83회 출제

1) 공식 : $RTI=\tau\cdot\sqrt{u}=\dfrac{t_{act}\sqrt{u}}{\ln\dfrac{T_g-T_0}{T_g-T_d}}=$ 상수(constant) 129·116·107회 출제

여기서, $\tau=\dfrac{t_{act}}{\ln\dfrac{T_g-T_0}{T_g-T_d}}$

t_{act} : 감열부 작동시간[s]

T_d : 시간 t에서의 감지부의 작동온도[K]

T_g : 고온가스의 온도[K]

T_0 : $t=0$일 때 감지부의 주위온도 또는 초기온도[K]

2) *RTI* 결정인자 : 감열부의 작동시간(t_{act}), 시간 *t*에서의 감지부의 작동온도(T_d), 시험오븐의 공기온도(T_g), 시험오븐의 풍속(u), 스프링클러의 전도도계수(C)

3) 목적 : 동일한 화재조건에서 스프링클러헤드의 종류에 따라 반응시간의 차이를 평가해서 스프링클러헤드의 성능을 알고 그 성능에 적합한 목적에 사용하기 위함이다.

4) *RTI*는 기류속도가 1m/s의 시간상수값이며, 이 값은 서로 다른 기류속도에서 측정한 시간상수값의 변화를 보상한다.

5) *RTI*가 작을수록 헤드가 조기에 작동한다.

(2) *RTI* 수치만으로는 실제 헤드의 작동시간을 예측하기가 어렵다.

1) 원인 : 여러 가지 주위환경변수에 따라 *RTI* 값이 변동하기 때문이다.

2) 변수요인

① 화재의 성장속도

② 화원의 크기

③ 화원으로부터의 헤드의 설치위치

3) 실제 실험데이터

RTI	스프링클러	감열시간 지연
130	표준형	약 72～300s
34	속동형	약 22～110s

(3) 스프링클러헤드의 형식승인 및 제품검사(기술기준 제13조)

1) 시험장치 : 플런지 시험장치

2) 시험절차

① 풍동 내부에 스프링클러헤드 설치

② 일정한 온도의 기류 공급

③ 스프링클러헤드 작동시간 측정

3) 성능기준 : 시험장치에서 시험한 경우 표시온도 구분에 따른 *RTI*값을 만족해야 한다.

구분 / 표시온도[℃]	표준반응 (standard response)		특수반응 (special response)		조기반응 (fast response)	
	기류온도[℃]	기류속도[m/s]	기류온도[℃]	기류속도[m/s]	기류온도[℃]	기류속도[m/s]
55~77	191~203	2.4~2.6	129~141	2.4~2.6	129~141	1.65~1.85
79~107	282~300	2.4~2.6	191~203	2.4~2.6	191~203	1.65~1.85
121~149	382~432	2.4~2.6	282~300	2.4~2.6	282~300	1.65~1.85
163~191	382~432	3.4~3.6	382~432	2.4~2.6	382~432	1.65~1.85

[비고] 1. 기류온도의 공차는 129~141℃까지는 ±1℃를 적용하고, 141℃를 초과할 경우 ±2℃로 한다.
2. 기류속도의 공차는 ± 0.1m/s로 한다.

06 NFPA에 의한 분류

*RTI*와 전도열 전달계수값(C)으로 구분한다.

(1) *RTI*

구분	*RTI*	*C*	사용처
Fast response	50 이하	1.0	주거형, ESFR
Special response	50~80	1.0	특수용도의 방호
Standard response	80~350	2.0	일반적인 화재제어용

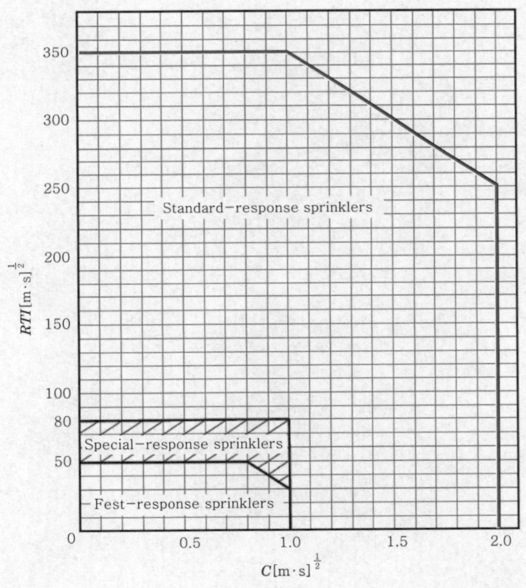

| NFPA에 의한 분류[7] |

(2) Virtual *RTI*[8]

1) 최근의 연구에 의하면 헤드의 동작시간에 영향을 끼치는 인자는 *RTI*뿐만 아니라 전도열 전달계수(C)값도 중요하다고 알려지면서 새로운 지수 Virtual RTI가 개발되었다.

7) FPH 16 Water-Based Fire Suppression Equipment Chapter 6 Residential Sprinkler Systems 16-95
8) 16-5. Section 16 Water-Based Fire Suppression Equipment. FPH

2) RTI 수치만으로는 실제 헤드의 작동시간을 정확하게 예측하기 곤란하므로 RTI에 전도열 전달계수(C)값을 넣어서 컴퓨터 모델링을 통해 실제의 헤드작동시간에 가까운 값을 산출한다.

3) 공식

$$RTI_v = \frac{RTI}{1 + \frac{C}{\sqrt{u}}}$$

여기서, RTI_v : Virtual RTI

C : 전도열 전달계수[$\sqrt{\text{m/s}}$]

u : 기류속도[m/s]

4) 상기 식의 뜻은 기류속도가 빠르면 열을 더 많이 흡수하고, 그만큼 열전도손실이 더 증가한다는 것이다.

SECTION 004

헤드동작시간에 영향을 미치는 요인

01 개요

(1) 화재 시 스프링클러가 화재제어, 진압의 성능을 발휘하기 위해 가장 중요한 요소는 화재가 발생한 후 헤드가 적정한 시간 안에 동작하는가이다.

(2) 화재를 조기에 감지하면 열상승이 충분하지 못한 상태에서 적은 소화수로 조기소화가 가능하므로 피해를 최소화할 수 있기 때문이다.

02 영향인자

(1) 건축특성

1) 천장높이 : 천장이 높을수록 플럼상승하는 데 시간이 지연되고 온도도 하강하므로 헤드 동작시간이 지연된다.

2) 실내온도 : 실내온도가 높을수록 동작시간이 단축된다.

(2) 연소특성

1) 천장 열기류 온도 : $T_g - T_a = \dfrac{5.38\left(\dfrac{\dot{Q}}{r}\right)^{\frac{2}{3}}}{H}$

2) 천장 열기류 속도 : $v = \dfrac{0.2\dot{Q}^{\frac{1}{3}} H^{\frac{1}{2}}}{r^{\frac{5}{6}}}$

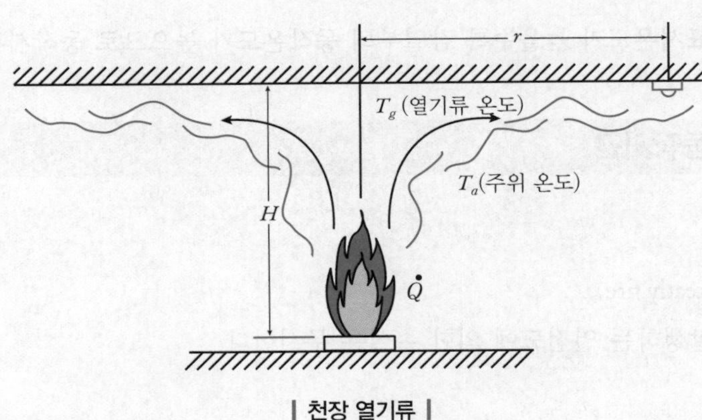

┃ 천장 열기류 ┃

(3) 설치특성

1) 배치간격 : 스프링클러헤드의 배치간격이 길수록 천장 열기류의 온도와 속도가 저하되므로 동작시간이 지연된다.

2) 헤드와 천장과의 이격거리 : 천장과의 이격거리가 클수록 동작시간이 지연된다. 왜냐하면 천장면에 가까울수록 천장 열기류의 온도가 높고, 이격거리가 길수록 온도가 낮아지기 때문이다.

3) 스프링클러의 설치형태

① 열기류와 감열부의 접촉각도가 직각일 때 열전달이 효과적이다.

② 분석

㉠ A : 감열부가 열기류의 열전달에 효과적인 접촉각도인 직각형태

㉡ B : 열기류가 헤드의 프레임에 일부 방해를 받을 수 있는 형태

㉢ C : 헤드의 디플렉터가 열기류의 감열부로의 접촉을 방해하는 형태

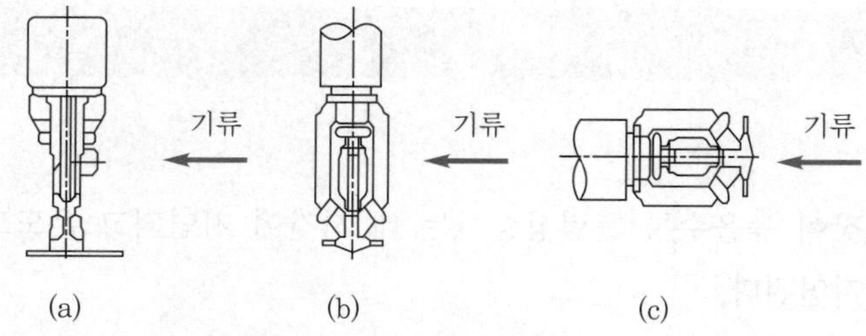

4) 장애물 : 장애물로 인하여 열기류의 이동이 왜곡되거나 지연된다.

5) 급·배기구 : 급배기구로 인하여 열기류의 이동이 왜곡되거나 지연된다.

(4) 헤드특성

1) RTI : 작을수록 헤드동작시간이 단축된다.

2) 전도열 전달계수(C) : 전도열 전달계수가 클수록 감열부의 온도를 빼앗기므로 동작시간이 지연된다.

3) 표시온도 : 표시온도가 높을수록 감열부의 동작온도가 높으므로 동작시간이 지연된다.

03 헤드동작시간

(1) 전제조건

1) 정상화재(steady fire)

2) 헤드에서 발생하는 열전도에 의한 손실은 무시한다.

(2) 공식

$$t_{act} = \frac{RTI}{\sqrt{v}} \left(\ln \frac{T_g - T_0}{T_g - T_d} \right)$$

여기서, t_{act} : 헤드동작시간[s]

v : 기류속도[m/s]

T_g : 연기온도

T_0 : 헤드 초기 온도

T_d : 헤드동작온도

(3) 분석

1) 기류속도가 높을수록 시간상수가 커진다. 반대로 연기온도가 높을수록 시간상수는 작아진다.

1. 시험의 예(하향식 68℃)[9]

기류속도 [m/s]	가스 온도[℃]							
	100		110		120		130	
	τ	*RTI*	τ	*RTI*	τ	*RTI*	τ	*RTI*
2	47	66	–	–	44	62	50	71
3	52	91	46	79	46	79	–	–
4	52	105	56	111	50	99	–	–

2. 작동시간(sec, 68℃)[10]

기류속도 [m/s]	가스 온도[℃]			
	100		110	
	하향식	은폐형	하향식	은폐형
2	34	81	–	63
3	38	–	27	75
4	38	–	33	96

2) 시험 시 주의사항 : 이론적으로는 *RTI* 값은 기류속도와 관계없이 일정하지만, 실제 시험 시는 속도에 따라 포물선의 형태를 띤다.

9) STUDY ON THE RESPONSE TIME INDEX OF SPRINKLERS June 25, 2018 Author : Anonymous
10) STUDY ON THE RESPONSE TIME INDEX OF SPRINKLERS June 25, 2018 Author : Anonymous

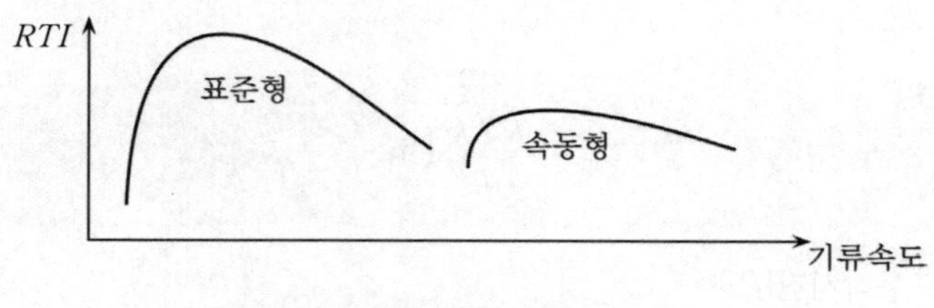

┃ 헤드의 기류속도에 따른 RTI값 ┃

04 결론

인명안전 및 재산상의 손실을 줄이기 위해서는 화재가 대형화되기 전 조기에 소화작업이 이루어져야 하므로 헤드가 작동하는 시간이 빨라지도록 헤드를 선정하고 설치, 배치하는 것이 화재피해를 최소화하는 데 중요한 요소이다.

SECTION 005

스프링클러설비의 방사특성 (화재제어와 진압)

121·107·98·97회 출제

01 개요

(1) 스프링클러의 설치목적은 크게 화재제어와 화재진압으로 구분되는데, 이때 기준은 열방출률(heat release rate)을 급격하게 낮추는가 아니면 더 이상 증가되지 않도록 억제하여 시간의 경과에 따라 자연히 소화되게 하는가이다.

(2) 스프링클러의 동작과 관련된 가장 중요한 특성 두 가지 중 하나는 감지특성으로 화재의 조기감지에 따른 조기조치에 관한 사항이고, 나머지 하나는 방사특성으로 동작된 스프링클러가 가연물 표면을 적절하게 적셔 소화를 가능하게 하는 것에 관한 사항이다.

02 스프링클러의 특성

(1) 스프링클러의 물입자크기에 따른 소화효과구분(0.2~2mm)

물입자크기	발생현상	소화효과
1mm 이상	화염을 직접 뚫고 연소물 표면을 적신다.	연소표면 냉각
0.5~1mm	타지 않는 가연물(즉, 연소면 주변)을 미리 적신다.	화재제어
0.5mm 이하	• 부력에 의해 부유하면서 복사열 차단의 효과가 있다. • 표면적이 상대적으로 커 증발효율이 높으므로 화재실 내의 열기류를 냉각시킨다.	기상냉각

(2) 화재진화 또는 화재제어 능력에 대한 스프링클러의 특성구분(NFPA 13)

1) 열감도(thermal sensitivity)

2) 표시온도(temperature rating)

3) 방수구경(orifice size)

4) 설치방향(installation orientation)

5) 방사특성(water distribution characteristics)

① 적응성(application rate)

② 벽면살수(wall wetting)

③ 살수패턴(discharge pattern)

㉠ 스프링클러의 살수패턴은 아래 그림과 같이 하향 포물선형태를 띤다.

㉡ 살수패턴을 형성하는 주요 요소는 디플렉터로 디플렉터에 부딪치어 물이 쪼개지면서 그림과 같은 형태의 살수패턴을 나타낸다.

㉢ 헤드설치높이가 높을수록

- 방사각도, 살수면적 증가
- 살수밀도 감소
- 감지 지연

㉣ 방사압력이 증대될수록

- 방수각도 증가
- 바닥의 살수면적은 증가(0.4MPa)되었다가 감소

㉤ 스프링클러 : 자중에 의한 낙하

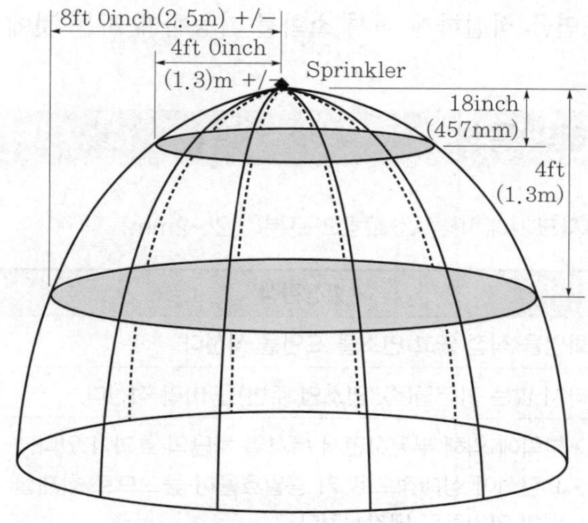

| 스프링클러의 살수패턴[11] |

6) 특수조건 : 스프링클러의 부식이 우려되는 환경에서 사용하기 위해 내식성 재질 또는 특수 코팅으로 제작된 스프링클러를 사용하여 성능저하를 방지할 수 있다.

03 화재제어

(1) 정의 : 화재가 확대되는 규모를 제한하고, 발화지역을 벗어나 성장하고 전파되는 것을 방지하는 일련의 활동을 말한다.

11) NFPA 13 Automatic Sprinkler Systems Handbook 9.5.5.1 250Page (2019판)

(2) 제어메커니즘

1) 물을 방사하여 냉각을 통한 열방출률(HRR)을 감소시킨다.

2) 인접 가연물을 미리 물로 적심으로써 기화열(L)의 크기를 키운다(화재확대 방지).

$$\dot{m} = \frac{\dot{q}}{L}$$

여기서, $\dot{m}$: 질량감소속도[kg/s]

$\dot{q}$: 복사열[kW]

L : 기화열[kJ/kg]

3) 구조물의 손상 및 전실화재(flash over)가 발생되지 않도록 천장의 가스온도를 제어한다.

(3) **화재제어설비** : 스프링클러설비

04 화재진압 120회 출제

(1) **정의** : 화염과 연소 중인 연료표면에 충분한 양의 물을 직접적으로 방사하여 가연물의 표면을 냉각함으로써 화재의 열방출률을 격감시키고 재성장(regrowth)을 방지하는 것이다.

(2) **필요성**

1) 창고와 같은 방호구역의 화재는 일반적인 화재제어의 개념으로는 소화를 달성하기 곤란한 대규모의 열방출률이 발생함에 따라 이를 소화하기 위하여 새로운 개념인 화재진압(fire suppression) 개념이 개발되었다.

2) 래크식 창고에서는 기존의 제어개념으로는 화재방호가 실패하였다.

① 화재의 성장속도가 매우 빠르고 열방출률이 크기 때문에 표준형 헤드는 화재제어가 곤란하다.

② 화재가 성장하기 전에 조기 작동이 필요(RDD ↓)하다.

③ 다량의 물을 연소면에 방사하여 복사열 유속을 급격하게 줄이는 냉각소화가 필요(ADD ↑)하다.

(3) RDD(Required Delivered Density : 소요살수밀도) 94·84·83회 출제

1) 정의

① 가연물에 화재가 발생하였을 때 일정 크기의 화재를 진화하는 데 필요한 최소한의 물의 양을 가연물 상단의 표면적으로 나눈 값이다.

$$RDD = \frac{\text{화재진압에 필요한 최소한의 물의 양}}{\text{가연물 상단의 표면적}}$$

② 물방울이 화염을 뚫고 들어갔다고 가정했을 때 소화에 필요한 연료 표면의 물의 양이다.

2) *RDD*(Required Delivery Density) 값

① *RDD* 실험결과들을 살펴보면 미세한 값의 차이가 판이한 결과를 가져오며, *ADD* 값이 *RDD* 값보다 클수록 짧은 시간 내에 조기진화를 이룰 수 있다.

② *RDD* 값은 가연물의 종류 및 형태에 따라 달라진다.

3) 영향인자

① 가연물

㉠ 열방출률(HRR) : 화재크기

㉡ 형태 : 적재높이, 표면적 등

② 스프링클러헤드 동작시간

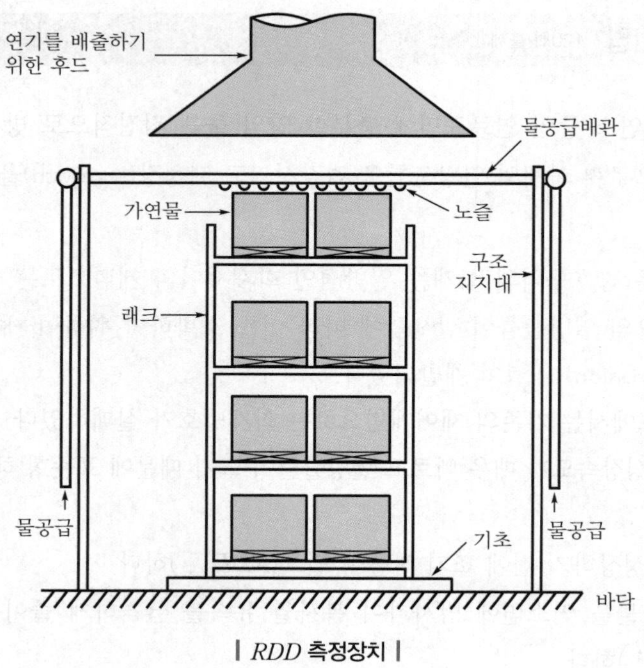

| *RDD* 측정장치 |

4) 측정방법

① 특정한 가연물을 큰 열량계 아래에 원하는 형태로 쌓아 올린 후 점화로부터 일정한 시간을 경과시킨다.

② 상부에 설치된 노즐에서 물을 방사한다.

③ 가연물 아래에 설치된 배관에서 소화를 위해 공급된 물의 양을 측정한다.

④ 공급된 물의 양을 확인한다.

(4) ADD(Actual Delivered Density : 실제 살수밀도) 131·94·84·83회 출제

1) 정의 : 화재 시 발생하는 화염에 침투하여 실제로 연소표면에 도달한 물의 양을 나타내는 값이다.

$$ADD = \frac{\text{분사된 물이 화염을 통과하여 가연물 상단에 도달한 물의 양}}{\text{가연물 상단의 표면적}}$$

2) 영향인자

① 스프링클러

㉠ 구경(K-factor) : 비례

㉡ 방사압력 : 반비례

㉢ 개방된 스프링클러 개수

㉣ 스프링클러의 배치간격 : 반비례

㉤ 살수패턴

㉥ 물방울의 크기

② 스프링클러 개방 시 열방출률(화재 크기) : 반비례

③ 스프링클러와 가연물 상단 사이의 거리

④ 적재방법

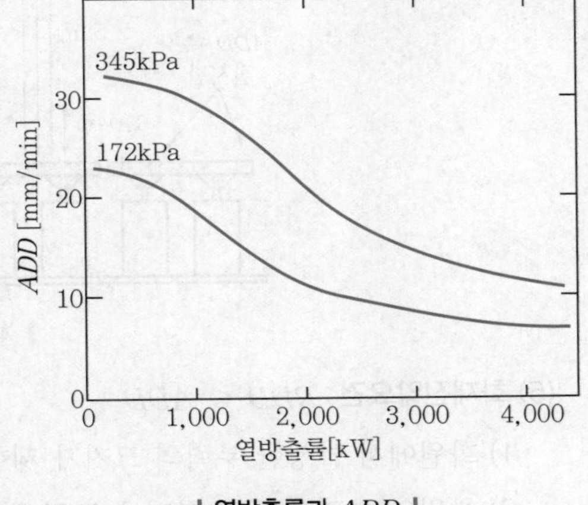

| 열방출률과 ADD |

3) 관계식 : $ADD \propto \frac{K^{1.37}}{\dot{Q}_c^{0.22}} \times \frac{1}{S}$ [12)]

여기서, K : K - factor[Lpm/bar$^{0.5}$]

$\dot{Q}_c$: 열방출률[MW]

S : 스프링클러간격[m]

4) 방사된 물방울이 화염을 침투하는 전형

① 중력에 의한 침투 : 물방울이 지닌 중력이 화염에서 발생하는 상승기류가 지닌 부력보다 우세한 경우 침투가 일어나며 물방울이 클수록 유리하다.

② 모멘텀(momentum)에 의한 침투

㉠ 아래방향으로의 모멘텀은 스프링클러의 방사압력이 클수록 증가하며 이 경우 아래방향으로의 공기유동까지 유도하므로 침투에 더욱 유리하게 작용한다.

㉡ 모멘텀의 증가를 위해 압력을 증가시키면 물방울이 작아지므로 중력식 침투에는

12) Fire Safety, Science and Engineering 368Page

불리하지만 침투가 주로 모멘텀에 따라 좌우되는 경우에는 물방울 입자의 크기는 그 중요성이 상대적으로 감소한다.

5) 목적 : 고려한 가능한 모든 최악의 조건 아래서도 항상 *ADD*가 *RDD*보다 클 수 있도록 스프링클러가 고안되었다. 이는 스프링클러의 신뢰성을 확보하기 위함이다.

6) *ADD*의 측정방법

① 프로판가스 등을 화원으로 사용하고 화재의 열방출률(5MW 내외)을 가정한다.

② 스프링클러헤드를 선정하여 화원의 직상부에 설치한다.

③ 연소 중인 가연성 물질의 상부 수평면 위에 접시를 올려 놓고, 그 속에 고이는 물의 양을 측정한다.

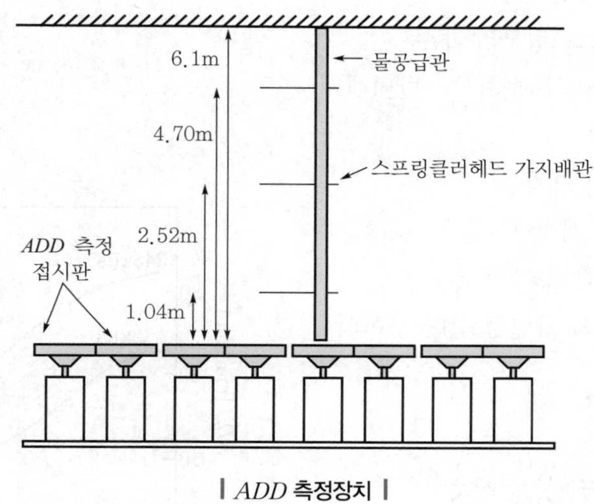

❙ *ADD* 측정장치 ❙

(5) 화재진압요건 : $RDD < ADD$

1) 화원에서 발생한 부력의 크기가 제한적이어야 하므로 헤드동작시간이 빨라야 한다.

2) 화원의 부력을 뚫고 화면에 직접 접촉해야 하므로 물입자가 커야 한다.

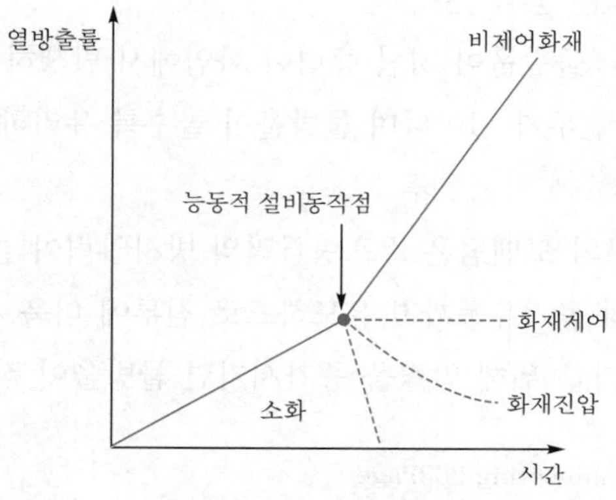

❙ 화재의 제어와 진압 ❙

05 *ADD*와 *RDD* 관계

(1) *RDD*는 시간이 경과할수록 화세가 더욱 확대되어 더 많은 주수가 필요하므로 시간에 따라 증가하는 비례곡선의 형태를 취한다.

(2) *ADD*의 경우는 시간이 지나면 확대된 화세로 인하여 화재플럼 주위로 부력에 의해서 물방울이 비산되거나 증발하는 양이 증가하여 실제 화심 속으로 침투하는 양은 줄어들므로 반비례곡선의 형태를 취하게 된다.

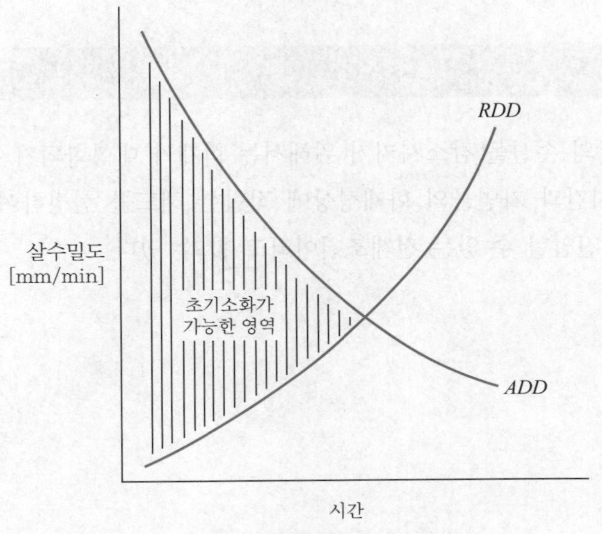

┃ *RDD*와 *ADD*의 일반화된 관계 [13] ┃

(3) 화재 시 조기에 진화가 될 수 있는 조건은 *ADD*>*RDD*인 빗금친 영역이 되고, *RDD* 및 *ADD*의 단위는 [L/min·m²]이다.

┃ 영향인자에 따른 *ADD*와 *RDD*의 비교 ┃

영향인자	*ADD*	*RDD*
천장고의 증가	감소	무관
물입자 크기의 감소	감소	증가
방사압력의 증가	감소	무관
살수밀도의 증가	증가	무관
열방출률의 증가	감소	증가

13) NFPA 13(2019) Section 3.3 · General Definitions 73P

영향인자	*ADD*	*RDD*
SP의 동작시간 지연	감소	증가
*RTI*의 감소	증가	감소

06 스프링클러분사와 화재플럼 간의 상호작용

* 소방기술사 중권 PART 4 연소공학의 화재플럼을 참조한다.

07 결론

인명안전 및 재산상의 손실을 감소시키기 위해서는 화재가 대형화되기 전에 소화작업이 이루어져야 하므로 작동시간과 가연물의 화재성상에 적합한 헤드를 선정하여 설치하는 것이 화재를 유효하게 제어 및 진압할 수 있는 전제조건이라고 할 수 있다.

SECTION 006 스프링클러헤드의 물리적 특성 132회 출제

01 개요

(1) *RTI*, 반사판(deflector), 오리피스(orifice)로 구성되어 있으며, 이것은 스프링클러의 중요한 특성을 결정해준다.

(2) 이러한 세 가지 요소에 의해 스프링클러의 특성이 결정되며, 각각의 요소가 다양하게 결합함으로써 세부적인 특성이 달라질 수 있다. 따라서, 이러한 물리적 특성을 이해하면 스프링클러의 감지와 방사특성을 이해할 수 있다.

02 감열부

(1) 폐쇄형 헤드의 개방을 담당하는 부분이다.

(2) **주요 요소**

1) 시간상수(τ)

2) *RTI*

3) 전도열전달계수(C)

03 디플렉터(deflector)

(1) **스프링클러로부터 방수되는 물방울의 크기와 살수패턴 결정요소**

1) 물방울의 크기 : 화염 속으로의 침투성능과 증발되어 화염과 주위온도를 냉각시키는 소화성능을 결정하는 요인

2) 살수패턴

① 정의 : 헤드로부터 방수각도와 그에 따른 살수면적, 살수밀도

② 기능 : 살수패턴에 의해서 살수밀도의 균일성이 결정된다.

③ 방수형태 : 상향, 하향, 측향

④ 살수각도 및 설치높이

㉠ 각도가 좁을 경우와 설치높이가 낮은 경우 : 바닥에 높은 살수밀도를 얻을 수 있다.

㉡ 각도가 넓은 경우와 설치높이가 높은 경우 : 바닥에 낮은 살수밀도를 얻는다.

⑤ 압력과 살수패턴의 관계

㉠ 0.05~0.5MPa까지는 압력증가에 따라 넓은 원형의 살수면적을 가진다.

㉡ 0.5MPa 이상에서는 압력증가에 따라 살수패턴이 일그러져 타원형 형태가 되어 살수면적이 작아진다.

⑥ 헤드로부터 45cm 이내의 경우 : 물의 불안정화된 상태로 장애물이 살수패턴에 큰 영향을 준다.

(2) 디플렉터 종류에 따른 스프링클러의 분류

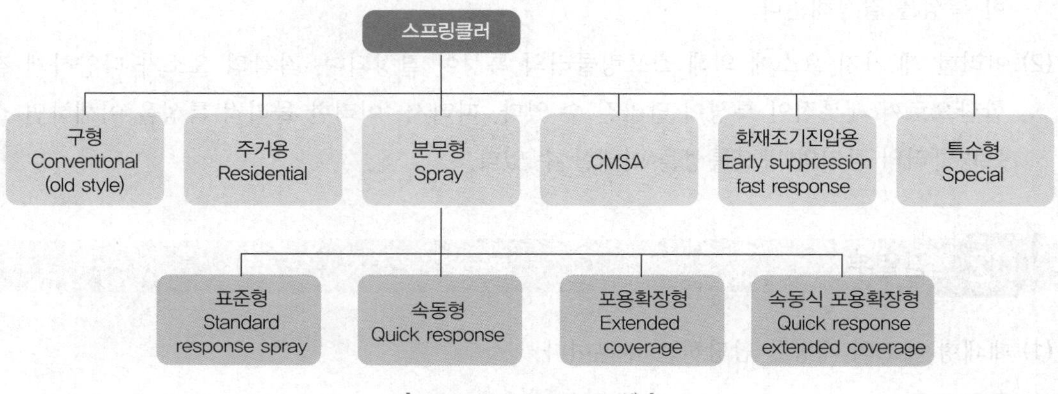

| 스프링클러헤드의 분류[14] |

04 오리피스(orifice)

(1) 헤드의 방수량을 결정하는 요소이다.

(2) 같은 압력에서 오리피스가 작은 스프링클러보다 오리피스가 큰 스프링클러가 방수량이 많다.

1) 의미 : 오리피스가 작은 스프링클러가 화재제어를 하기 위해 필요한 방수압력은 높지만 오리피스가 큰 경우는 낮은 압력으로도 화재를 제어할 수 있다.

2) 오리피스가 클수록 수량이 증가하고 방사시간은 감소한다.

$$d_m \propto \frac{D^{\frac{2}{3}}}{P^{\frac{1}{3}}} \propto \frac{D^2}{Q^{\frac{2}{3}}}$$

14) NFPA 13 Automatic sprinkler systems handbook 2019 edition에서 발췌

여기서, d_m : 물입자의 크기
D : 오리피스 직경
P : 방수압력
Q : 방수량

(3) 화재의 성장이 빠른 경우

1) 오리피스를 통과하는 방수량

$$Q = K\sqrt{10P}$$

여기서, Q : 방수량[L/min]
K : 방출계수[Lpm/MPa$^{0.5}$]
P : 방수압력[MPa]

2) 화재제어하기 위해 보다 많은 방수량 필요 : K값 증대(오리피스 크기 증대), 방수압력 증대

SECTION 007 K-Factor

01 개요

(1) **정의 :** 특정된 압력에서의 방사량을 나타내는 수치

(2) K - **Factor :** 헤드의 제조업체에서 정하는 고유의 값

$$Q[\text{Lpm}]=K\sqrt{10P}[\text{MPa}],\ K=\frac{Q}{\sqrt{10P}}$$

(3) K - Factor에 의해서 물입자의 크기가 결정된다.

02 공식 125회 출제

(1) $Q=C_d A v$

여기서, Q : 유량[m³/s]

C_d : 방출계수

A : 배관의 단면적[m²], $A=\frac{\pi \cdot d^2}{4}$

v : 배관에 흐르는 유체의 속도[m/s], $v=\sqrt{2gh}$

$$Q=C_d \cdot \frac{\pi \cdot d^2}{4} \cdot \sqrt{2gh}$$

꼼꼼체크 $h=\frac{P[\text{kg/m}^2]}{r[\text{kg/m}^3]}=\frac{P[\text{kg/m}^2]}{1{,}000[\text{kg/m}^3]}\times\frac{(10^2\text{cm})^2}{(1\text{m})^2}$

$$Q=C_d \cdot \frac{\pi \cdot d^2}{4} \cdot \sqrt{\frac{2\times 9.8\times 10^4\times P[\text{kg/cm}^2]}{10^3}}$$

$$Q[\text{m}^3/\text{s}]=C_d \cdot 10.99 \cdot d^2 \cdot \sqrt{P}$$

$$Q[\text{L/min}]=C_d \cdot 10.99 \cdot \frac{60{,}000}{10^6} \cdot d^2 \cdot \sqrt{P}$$

$$Q=C_d \cdot 0.66\, d^2\sqrt{P}=K\sqrt{P}$$

즉, $K=0.66\,C_d d^2$

(2) K-Factor의 영향인자

1) 오리피스 구경(d)

2) 방출계수(C_d)

03 표준형 헤드의 K-Factor 유도

$$K = 0.66\,C_d d^2$$

(1) 조건

1) 15A의 내경(d)은 12.7mm이다(인치로 생산되는 파이프규격).

2) 스프링클러의 방출계수(C_d)는 0.75이다.

(2) $K = 0.66 \times 0.75 \times 12.7^2 \fallingdotseq 80$

04 물방울의 크기

(1) 물방울의 크기와 노즐 직경과 방사압과의 관계

$$d_m \propto \frac{D^{\frac{2}{3}}}{P^{\frac{1}{3}}}$$

여기서, d_m : 물방울의 직경

D : 노즐의 직경

P : 노즐의 방사압력

(2) 물방울의 총표면적은 물의 총방출률을 물방울의 평균직경으로 나눈 값에 비례한다.

$$A_s \propto \frac{Q}{d_m} \rightarrow A_s \propto \left(\frac{Q^3 \cdot P}{D^2}\right)^{\frac{1}{3}}$$

여기서, A_s : 물방울 총표면적

Q : 방수량

d_m : 물방울의 직경

(3) 헤드방사압의 제한 이유 : 살수면적 감소

1) 0.5bar(NFPA 13의 최소 압력기준)에서 살수면적이 다음 그림과 같이 형성된다.

$$P=\frac{Q^2}{K^2}=\frac{15^2}{5.6^2}=7.17\text{psi}(0.5\text{bar})$$

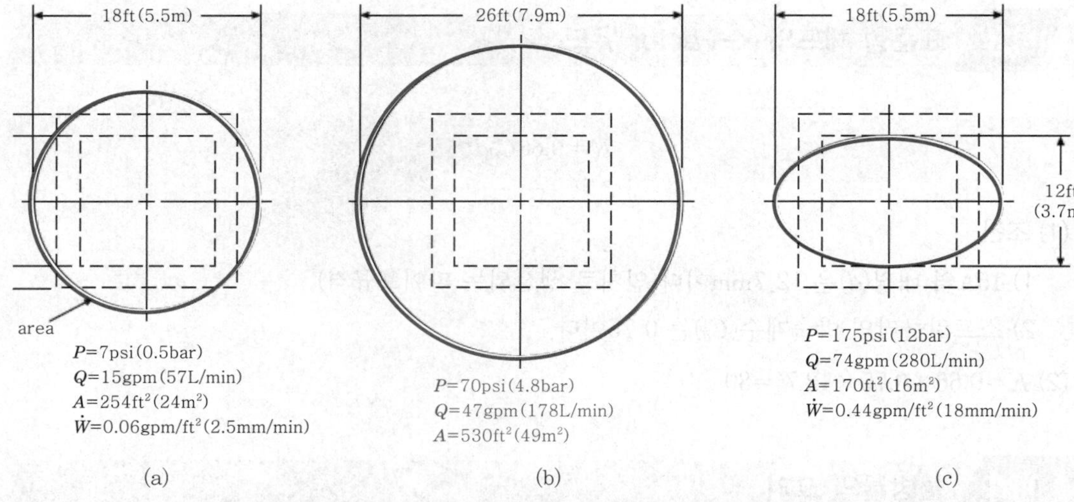

| 표준하향식 스프링클러헤드의 방수압력에 대한 살수패턴(설치높이 2.4m)[15] |

2) 방사압이 증가할수록 살수면적이 증가하다가 4.8bar에서 살수면적이 최대가 된다. 이후에는 방사압이 증가할수록 오히려 살수면적이 줄어드는 형태를 보인다.

3) 압력이 크면(1.25Pa 이상) 경급이나 중급인 경우 방수면적이 작아지지만(왜곡), 입자가 작아지면서 기상냉각 및 질식 효과가 증가하여 소화성능이 감소하지 않으므로 압력 제한을 적용하지 않는다.

4) 상급위험용도, 팔레트, 선반, 래크식 창고의 경우 최대 방수압력은 1.2MPa이다.

5) 위의 용도는 압력이 증가하면 물입자의 크기가 작아져서 화재 플럼에 침투할 운동량(momentum)이 부족하게 돼서 화재진압이 곤란하므로 제한한다.

05 K-Factor와 소화효과

(1) 동일한 압력에서 K-Factor가 클수록 다음과 같은 현상이 발생한다.

1) 물방울 입자의 크기가 증가할수록 자중에 의한 화염면으로의 침투력 증가

2) 살수밀도 증가

15) FIGURE 16.1.6 Spray Pattern (floor level) Versus Discharge Pressure. 16-6Page. SECTION 16 Water-Based Fire Suppression Equipment. FPH

(2) K – Factor는 스프링클러 소화설비에 적용되는 개념으로, K – Factor가 클수록 일반적으로 소화효과가 큰 것으로 볼 수 있다.

(3) **살수밀도[Lpm/m²]** : 스프링클러의 용어로서, 이 값은 헤드의 방출유량을 방호하는 면적으로 나눈 값을 말한다.

06 스프링클러헤드별 K–Factor

(1) 스프링클러의 종류에 따른 K – Factor

스프링클러의 분류		K – Factor
Conventional(구형)		–
Rasidential(주거용)		43~79
Spray (분무형)	Standard response(표준형)	27~114
	Quick response(속동형)	27~114
	Extended coverage(포용확장형)	80~360
	Quick response extended coverage (속동식 포용확장형)	80~360
Large drop(라지 드롭)		160
ESFR		200~357
Special(특수형)		–

(2) K – Factor값이 증가할수록 일정한 방사압에서 방사량이 증가한다.

K-Factor 비교

유량[Lpm] / K값 구분	80	160	240	320	360
$\frac{\text{Lpm}}{\sqrt{\text{kg}_f/\text{cm}^2}}$	80	160	240	320	360
$\frac{\text{Lpm}}{\sqrt{\text{MPa}}}$	253	506	759	1,012	1,138

(3) K–5.6(80) 미만의 스프링클러헤드 제한(9.4.4)

1) 스프링클러는 NFPA 13 9.4.4에서 달리 허용하지 않는 한 최소 K 계수가 5.6(80)이어야 한다.

2) 경급화재 K-5.6(80) 미만의 스프링클러헤드 사용 시 제한

① 수리학적으로 계산하여야 한다.

② 습식만 사용 가능 : 내부 배관 스케일 및 이물질로 막힐 우려(예외 : 도금처리한 경우는 건식, 준비작동식 사용 가능)가 있다.

3) K-Factor 2.8(40) 미만 : 1차측에 스트레이너를 설치한다.

(4) 위험등급에 따른 K-Factor(EN 12845 & NFPA 13)

위험등급	설계밀도(design density) [mm/min]	K-Factor	최소 방사압[bar]
Light hazard	2.25	57	0.70
Ordinary hazard	5.00	80	0.50

SECTION

008 헤드의 분류

01 감도특성(RTI 값과 C에 의한 분류)에 의한 헤드의 분류

* SECTION 003 스프링클러헤드의 응답특성(감지특성)을 참조한다.

02 감열부의 종류에 따른 헤드의 분류

(1) 퓨저블형(fusible element)

1) 정의 : 화재 시 열에 의해 녹는 금속(퓨즈)을 레버(lever)형으로 조립한 것을 감열체로 이용하는 것이다.

2) 작동 메커니즘

① 스프링클러헤드 주변이 충분히 뜨거워지면 땜납이 녹고 두 개의 스프링 암이 플레이트를 분리한다.

② 핍캡(pip cap) 또는 플러그가 떨어져 나가서 막고 있던 물 또는 가압 가스가 스프링클러 헤드를 통해 흐른다.

(2) 글래스벌브형(glass bulb)

1) 정의 : 화재 시 열에 의해 파열되는 유리구 내에 알코올 등 액체를 봉입하여 밀봉한 것을 감열체로 이용하는 것이다.

2) 감열체의 액체 속 기포의 크기에 따라 동작시간을 조정한다.

3) 작동 메커니즘

① 감열체 내의 액체가 가열되면, 액체가 팽창하면서 기포를 누른다.

② 기포가 압력을 흡수할 수 있는 한계를 넘으면 감열체 유리 내로 압력이 작용한다.

③ 강도한계를 넘으면 유리가 파손되면서 오리피스가 노출되어 헤드의 가압수가 방출된다.

4) 봉입액 : 표준형은 알코올이나 글리세린, 조기반응형은 알코올을 사용한다.

5) 유리벌브 구경 : 표준형은 5mm, 조기반응형은 3mm를 사용한다.

6) 동작시간 : 액체 속의 공기방울 크기가 작을수록 팽창공간이 작아 빠르게 동작한다(60~90초).

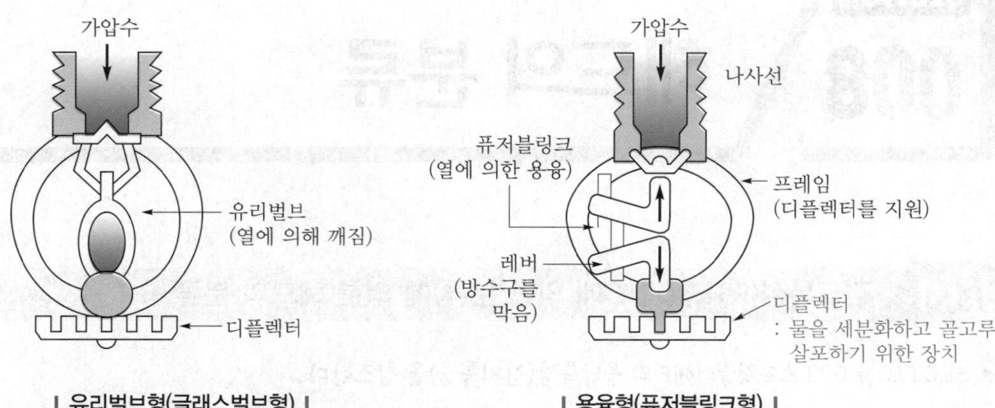

| 유리벌브형(글래스벌브형) |　　| 용융형(퓨저블링크형) |

03 방사형태에 따른 헤드의 분류

(1) 구형(conventional)

1) 살수패턴 : 구형 헤드는 상향형이든 하향형이든 천장방향으로 약 40%를 방수하고 나머지 60%는 천장 아래쪽인 바닥으로 방사한다.

2) 사용처

① 유럽 : 현재에도 구형 재래식 스프링클러헤드를 사용한다.

② 미국 : 모피적재 창고와 같이 상향형 스프링클러헤드 또는 특수용도와 부두 및 선박의 방호용으로 사용한다.

(2) 분무(spray)형

1) 살수패턴 : 80~100%를 아래방향으로 방사한다.

2) 사용처 : 광범위한 화재위험에 대하여 화재제어에 사용되는 스프링클러헤드

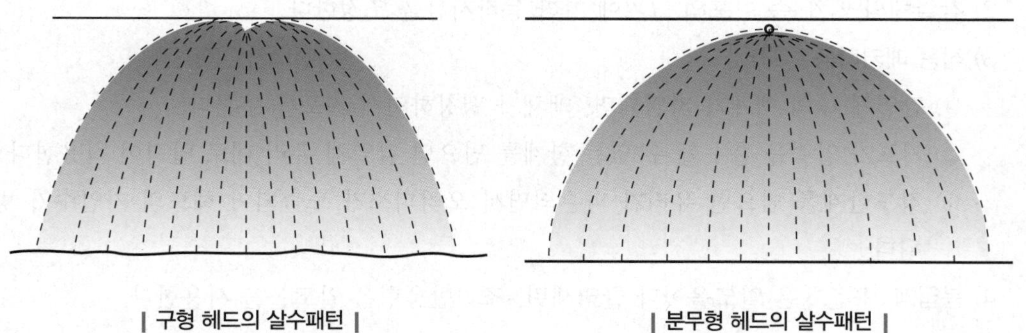

| 구형 헤드의 살수패턴 |　　| 분무형 헤드의 살수패턴 |

04 사용목적에 따른 헤드의 분류

(1) 주거형 스프링클러헤드(residential sprinkler)

1) 정의 : 주거형 건물에서의 거주자의 생존능력 향상을 위해서 개발된 주거시설방호용 스프링클러헤드이다.

2) RTI 값 : 50 이하의 즉동형(fast response)

즉동형은 RTI 값이 50 이하인 헤드를 의미한다.

3) 감지특성 : 보통의 헤드보다 용융링크나 벌브가 작아 RTI(50 이하) 값이 낮아 동작시간이 짧다(3.3.215.4.17).

4) 방수특성 : 벽면을 적시는 방수

5) 방식 : 습식, 건식(15초 이내에 방사)(8.2.3.6.4)

6) 표준형과 주거형 헤드의 비교

구분	표준형	주거형
RTI	80~350	50 이하(즉동형)
유리벌브 구경	5mm	3mm
목적	재산보호	인명보호
K-Factor(오리피스)	크다.	작다.
벽면살수	–	인간의 호흡선인 1.8m 높이까지 적실 수 있도록 설치
순환특성	–	안개형상으로 분사하므로 20%의 방사량이 순환

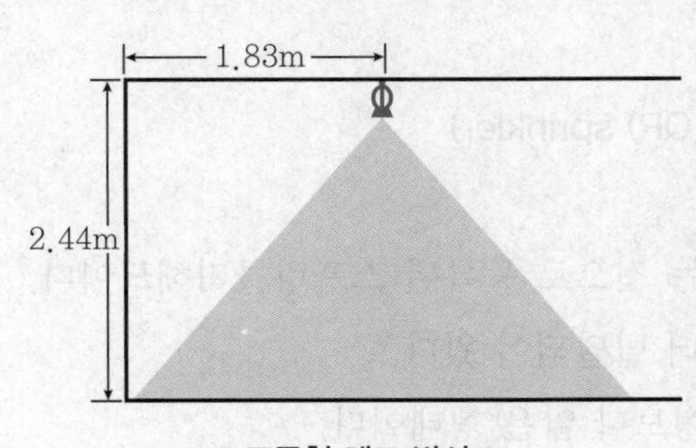

| 표준형 헤드 방사 |

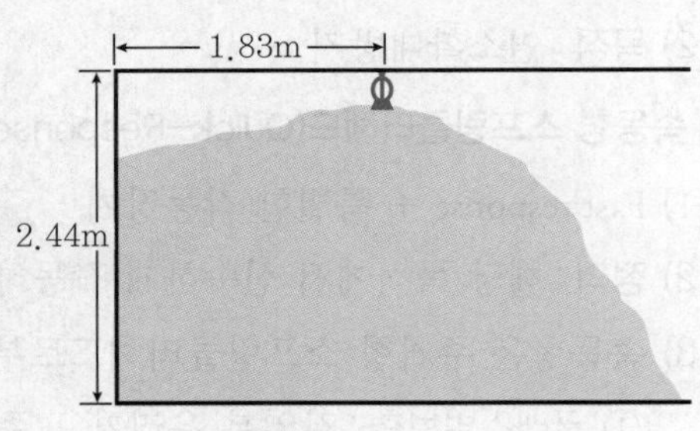

| 주거형 헤드 방사 |

(2) 드라이 스프링클러(dry sprinkler) : 드라이펜던트

(3) 개폐식(flow control SP, ON-OFF SP) : 수손 감소를 위해 개발된 헤드로서, 헤드 주위의 온도변화에 따라 오리피스 개폐를 조정하여 방사되는 물을 자동으로 제어하는 스프링클러헤드

(4) 소구경 오리피스 스프링클러헤드

1) K-Factor : 80 미만
2) 살수패턴은 고압에서 왜곡 우려가 있다.
3) 수력학적 계산에 의한 설계가 필요하다.
4) 습식만 사용이 가능한데, 이는 내부 배관스케일 및 이물질에 따라 성능이 크게 좌우되기 때문이다.
5) 사용처
   ① 소량의 물로도 소화가 가능한 경급 위험 용도
   ② 연소확대 방지용으로 사용 가능
6) K-Factor 40 미만인 경우 : 오물에 의해서 오리피스가 막힐 우려가 있으므로 1차측에 스트레이너를 설치하여야 한다.

(5) 사이클링 스프링클러헤드(cycling sprinkler) : 밸브 클래퍼가 자동으로 ON, OFF를 하여 유수흐름을 제어하며, 수손피해감소를 목적으로 하는 스프링클러

(6) 아틱(attic) 스프링클러헤드

1) 지붕과 경사천장에 적용이 가능하도록 제작된 특수한 형태의 살수패턴을 가진 스프링클러
2) 아트리움에 적용하는 스프링클러헤드

(7) 즉동형 스프링클러헤드(fast response SP)

1) RTI : 50 이하
2) 목적 : 연소확대방지

(8) 속동형 스프링클러헤드(Quick-Response(QR) sprinkler)

1) Fast response + 특별한 작동장치
2) 정의 : 해당 목적에서 신속하게 작동하는 것으로 등록된 스프링클러헤드이다.
3) 속동형은 주거형 스프링클러헤드로부터 발달되어 왔다.
   ① 글래스벌브형 : 감열부 유리가 표준형보다 얇은 형태이다.
   ② 퓨저블링크형 : 감열부의 크기가 표준형보다 크다.

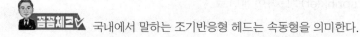

국내에서 말하는 조기반응형 헤드는 속동형을 의미한다.

4) 속동형(Quick Response ; QR)과 표준형 스프링클러헤드의 차이

① 반응속도, 즉 감도의 차이가 있다.

② 속동형은 헤드의 표면적을 증가시켰거나 또는 특별한 작동장치, 즉 금속날개 집열기나 전기적 뇌관(squib)을 부착한 스프링클러헤드로, 재래의 표준형 스프링클러헤드(표준반응속도)보다 훨씬 빠르게 작동한다.

5) NFPA 13에서는 경급 위험용도 : 속동형의 설치를 강제한다.

6) 중급 위험용도에서는 설치 시 : 설계면적을 최대 40%까지 감소시킨다.

7) 상급 위험용도

① 화재의 유형상 표준형 스프링클러가 가지는 살수패턴과 물방울크기가 화재제어에 적합하지 않다.

② 신속한 연소확대로 지나치게 많은 헤드가 개방될 우려가 있어 설치를 제한한다.

8) 종류

① 속동형 조기진압 스프링클러(Quick−Response Ealry Suppression Sprinkler ; QRES)

② 속동형 포용확장형 스프링클러(Quick−Response Extended Coverage Sprinkler)

(9) ELO 스프링클러헤드(Extra Large Orifice)

1) 정의 : 동일조건의 수압력에서 큰 물방울을 방출하여 화염의 전파속도가 빠르고 발열량이 큰 저장창고 등에서 발생하는 대형화재를 진압할 수 있는 헤드이다.

2) *K*−Factor : 160 이상

3) 최소 필요압력 : 0.2MPa

(10) 파일럿(pilot) 스프링클러헤드 : 준비작동식이나 일제개방형에 사용되는 소화용이 아니라 화재감시용의 스프링클러헤드

(11) 특수형 스프링클러헤드(special sprinkler)

1) 정의 : 규정에 따라서 시험 및 등록된 스프링클러헤드이다.

2) 목적 : 기존에 정해지지 않은 새로운 목적이나 시설에 적용되는 스프링클러가 개발되었을 때 이를 새로운 기준이 제정될 때까지 인정해주고 성능에 따라 설비를 제한할 필요성이 대두되면 이에 의해서 적용되는 스프링클러이다.

3) 특수형의 평가기준

① 특정 위험에 관한 화재시험

② 바닥과 벽으로의 살수분포

③ 장애물로 인한 살수분포

④ 헤드의 열감도평가

⑤ 수평 또는 경사 천장에서의 성능시험

⑥ 설계면적

⑦ 천장과 허용 가능한 이격거리

05 개방 유무에 따른 분류

구분	감열부	방수구	설치장소
개방형(open)	×	개방	천장이 높은 무대부, 연소할 우려가 있는 개구부, 공장, 창고, 위험물 저장소 등
폐쇄형(close)	○	폐쇄	개방형의 설치장소 외 장소

06 설치형태에 따른 분류

(1) 은폐형 스프링클러(concealed sprinkler, 컨실드형)

1) 정의 : 리세스드헤드에 덮개가 부착된 헤드로서, 설치 후 외부에서 보이지 않도록 설계되었다.

2) 동작구조(이중 작동구조)

① 1단계 : 온도에 도달되면 덮개판이 이탈된다.

② 2단계 : 온도가 되면 헤드가 작동되어 살수가 개시된다.

3) 덮개판은 감열소자와 같은 열감도를 가지고 있어야 하며 등록사항이다.

┃ 은폐형(concealed type) 스프링클러 ┃

(2) 반매입형 스프링클러(flush sprinkler, 플러시형)

1) 정의 : 부착나사를 포함한 몸체의 일부나 전부가 천장면 위에 설치되어 천장면과 거의 평탄하게 부착되어 있고 감열부만 반자 내에 노출되어 있다가 열을 받으면 튀어나오는 헤드이다.

2) 사용처 : 업무용 건물과 같이 사람의 출입이 많아 미관을 고려하여 설치해야 하는 장소

3) 로지먼트(lodgement) 현상 : 폐쇄형 헤드가 동작할 경우 분해되는 부품이 탈락되지 않고 헤드에 걸려서 살수밀도가 작아지는 현상으로, 플러시헤드, 컨실드헤드, 퓨저블링크헤드에서 많이 발생한다. 115회 출제

① 플러시헤드 디플렉터 결합부 일부 또는 전부가 탈락하는 현상

② 원형 헤드의 오리피스를 막고 있던 동판이 내부에서 돌아다니는 현상

③ 조기반응형 플러시헤드의 경우 감열체가 용융되다 만 상태로 응고되는 경우

㉠ 저성장 화재

㉡ 가연물이 한정된 공간

④ 플러시헤드의 감열체가 일부 용융하는 문제점의 대안 Room heat test(UL199)의 시험방법 개선

㉠ 가로·세로 4.6m, 높이 2.4m 크기 공간 내 천장부 중앙 등에 물이 채워진 스프링클러헤드를 설치하고 화재를 가정해 작동 여부를 확인하는 시험

㉡ 5개의 스프링클러헤드를 천장에 설치하고 천연가스(메탄가스)를 공급하는 샌드버너를 점화한다.

㉢ 일정 가스유량으로 조정한 뒤 온도와 시간을 측정하면서 헤드의 정상 작동 여부를 확인한다.

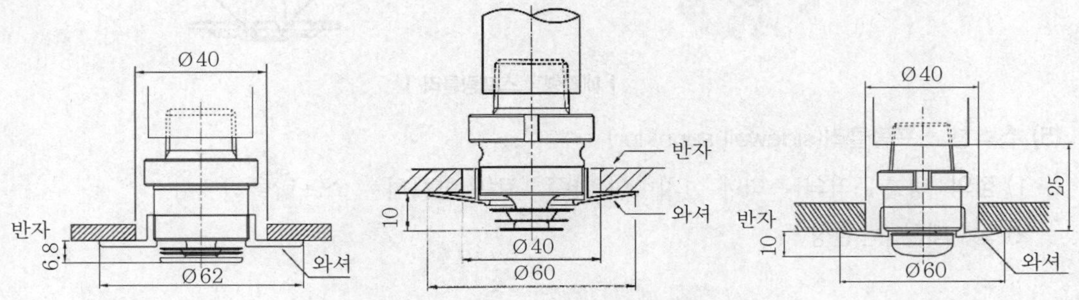

| 플러시형(flush type)[16] 스프링클러 |

(3) 하향형 스프링클러(pendent sprinkler, 팬던트형)

1) 배관에서의 설치위치 : 배관의 하부

2) 설치장소 : 천장 반자가 있는 장소

3) 설치목적 : 오리피스가 바닥쪽을 향하여 설치하므로 하방을 살수한다.

16) http : //tmpccc.com/upload스프링클러roducts_tm/dp_sprinkler/P-Flush%20Type%20Sprinkler. PDF에서 발췌

4) 장단점

장점	단점
① 반자가 설치된 장소에 적합하다. ② 반자를 너무 많이 적시지 않으며 반구형의 패턴으로 방사한다. ③ 천장과 반자 사이에 설치가 쉽다.	① 살수패턴 : 상향형보다는 불량하다. ② 가지배관의 측부나 하부에서 분기 시에는 이물질에 의해 헤드의 오리피스가 막힐 우려가 있다.

(4) 매입형 스프링클러(recessed sprinkler, 리세스드형)

1) 정의 : 부착나사 외 헤드의 몸체 일부나 전부가 보호집 안에 설치되어 있는 헤드이다.

2) 특징

① 내부 배관과 천장면과의 차이로 인한 높이 조정폭이 크므로 설치작업이 매우 편리하다.

② 설치 후 천장면 밖으로 돌출될 수 있는 높이를 조정할 수 있다.

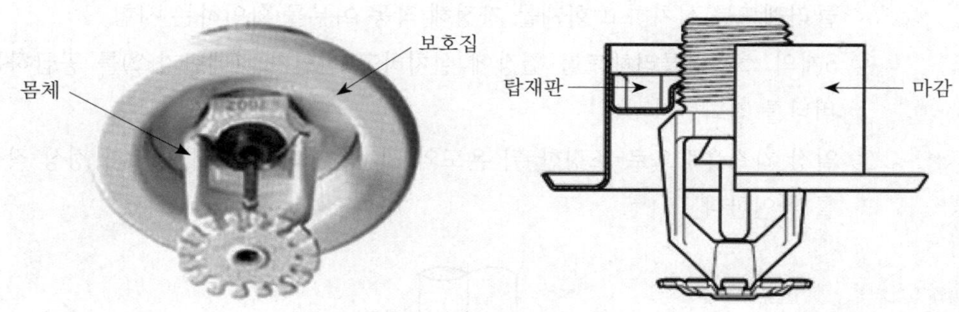

| 매입형[17] 스프링클러 |

(5) 측벽형 스프링클러(sidewall sprinkler)

1) 정의 : 방호구역의 측벽에 설치하여 한쪽으로만 방사하는 스프링클러이다.

2) 살수패턴 : 반원상

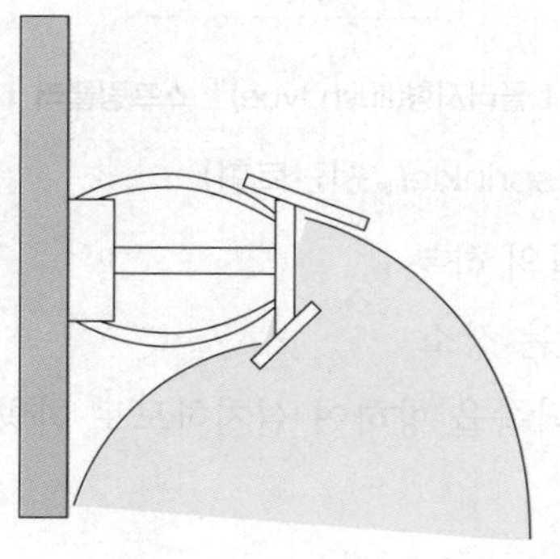

| 살수패턴 |

17) Typical recessed pendent sprinkler (Tyco Fire & Building Products 2006)

3) 설치장소 : 실내의 폭이 9m 이하인 경우에 한하여 벽면에 적용한다.

4) NFPA의 경우 살수패턴이 좋지 않으므로 제한된 용도에만 적용한다(NFPA 13(2022) 10.3.2).

① 경급 위험용도의 평탄한, 수평 or 경사, 평평한 천장

② 중급 위험용도의 평탄한, 평평한 천장으로 특별한 사용처로 등록된 경우

③ 오버헤드 도어 아랫부분

오버헤드 도어(overhead door) : 문의 상부에 힌지가 달려서 위아래로 개방, 폐쇄되는 문

④ 엘리베이터 승강로 위·아래(top and bottom elevator hoistways)

⑤ 강철 기둥 방호(protection of steel building columns)

⑥ 장애물 하부에 추가 설치되는 헤드

⑦ 외부 돌출부 또는 이와 유사한 구조물 보호용

⑧ 기계식 주차장 또는 상하로 주차된 자동차의 하부 보호용

(6) 상향형 스프링클러(upright sprinkler)

1) 배관에서의 설치위치 : 배관의 상부

2) 설치장소 : 천장 반자가 없는 장소

3) 설치목적 : 오리피스가 천장쪽을 향하게 설치하여 디플렉터에 반사되어 하방을 살수한다.

4) 장단점

장점	단점
① 살수패턴이 가장 우수하다. ② 오리피스가 이물질에 의해 막힐 우려가 하향식이나 측벽형보다는 상대적으로 작다.	① 반자가 설치된 경우에는 미관상, 공간이용목적상 설치가 곤란하다. ② 설치 시 배관이 노출되므로 공간활용에 많은 제약이 있다. ③ Pipe shadow effect를 고려하여야 한다.

5) 습식 설비 이외에는 상향식이 원칙이다. 단, 아래의 경우는 예외이다.

① 드라이펜던트 헤드

② 동파의 우려가 없는 장소에 설치하는 헤드(물이 넘어가도 겨울철에 동파 우려가 없음)

③ 개방형 헤드

07 특수한 조건에 사용되는 스프링클러

(1) 내식성 스프링클러(corrosion-resistant sprinkler)

1) 정의 : 부식방지를 위해 코팅이나 도금되어 있는 스프링클러

2) 사용처 : 부식성이 있는 환경

(2) 건식 스프링클러(dry sprinkler)

1) 정의 : 스프링클러가 작동할 때까지 물이 니플로 들어가지 않도록 입구 끝에 실이 있는 확장니플에 스프링클러가 고정된 한랭지역의 동파방지 목적의 스프링클러헤드이다.

2) 사용처 : 드라이펜던트형을 지칭하는 것으로, 동파 또는 열에 의해 증발 우려가 있는 환경

3) 사용대상 : 습식과 건식

4) 목적 : 배관 내의 물이 스프링클러 몸체에 들어가지 않도록 설계

5) 구성 : 입구(입구 실, 플러그, 요크 및 스프링), 플런저, 배관, 유리벌브

6) 작동 메커니즘 : 주위온도가 작동온도에 도달 → 유리벌브 파손 → 유리벌브쪽 구성품 해체 → 플런저 하강 → 스프링의 장력으로 입구 실 개방 → 물이 헤드 몸체로 유입

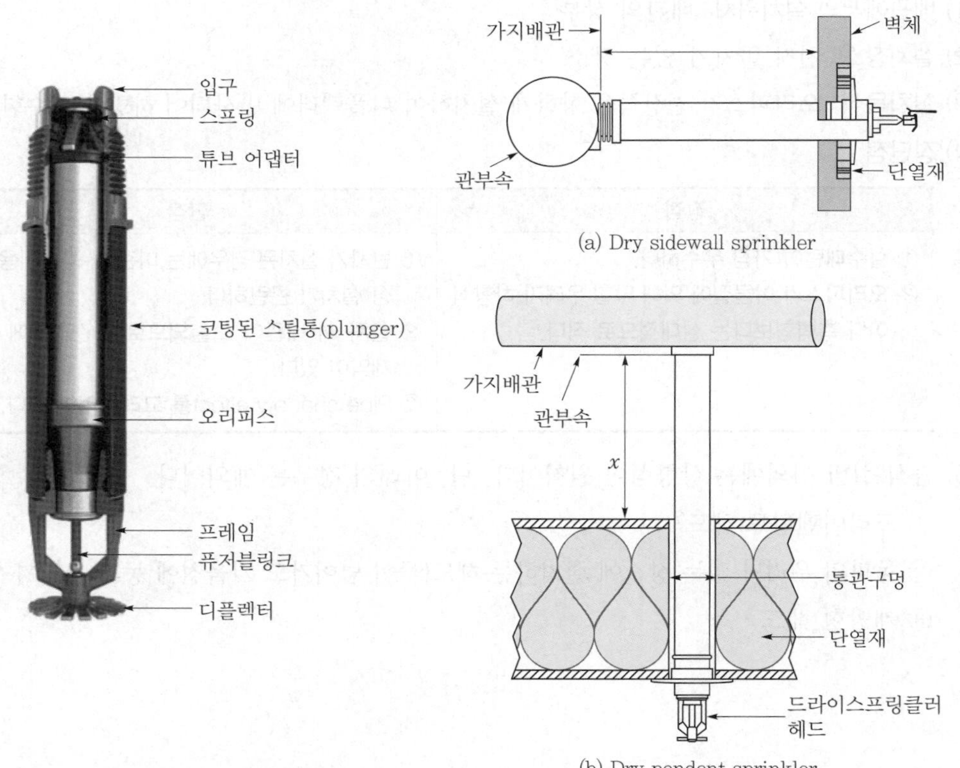

| 건식 스프링클러헤드 |

(3) **기관용 스프링클러(institutional sprinkler)** : 교정시설과 같은 기관에서 사용하는 스프링클러로, 구멍과 형태를 최소화하여 설치(플러시헤드)한다.

(4) **인랙형 스프링클러(in-rack, intermediate level sprinkler/rack storege sprinkler)**

1) 정의 : 래크식 창고의 래크(rack)에 헤드를 설치하는 경우 하부의 스프링클러헤드 감열부가 정상적으로 작동될 수 있도록 하부 헤드에 차폐판을 설치한 스프링클러이다.

2) 설치대상 : 래크식 창고

3) 사용하는 헤드의 종류

① 표준형이나 즉동형의 하향형 또는 상향형

인랙 스프링클러의 속동형 및 표준형 헤드는 초고온 상태에 이르기 전까지 작동하지 않기 때문에 속동형이나 표준형의 동작시간의 차이가 거의 없어서 둘 다 사용하도록 하는 것이다.

② 온도등급 : 중간등급(79~109℃)

4) 목적 : 살수차폐판을 설치하여 상부 헤드의 방사에 따른 하부 헤드의 냉각에 의한 미작동(cold soldering)을 방지한다.

5) 특징

① 일반적으로 성장하는 불기둥 속에 위치했을 때 작동한다.

② 살수패턴이 불기둥을 통과할 필요가 없으므로 중요하지 않다. 또한, 살수장애물에 대한 중요도 역시 낮다.

③ 일반적인 살수장애물에 대한 요구사항은 인랙(in-rack) 헤드에 적용되지 않는다.

6) 설치기준[18]

① 최대 설치면적 : 통로를 포함하는 바닥면적이 40,000ft²(3,716m²) 이하

② K 계수 : 일반적인 경우(80, 115), 특수한 경우(160)

③ Class 1, Class 2, Class 3, Class 4의 물품 창고 및 플라스틱 창고

㉠ 인랙 스프링클러헤드에 차수판

㉡ 2단 이상으로 수평방호벽으로 차폐되지 않는 경우

- 중간온도 등급
- 래크 창고용 헤드

④ 래크 높이 전체에서 수직으로 15ft(4.6m)마다 약 20ft²(1.9m²)의 수평 간격으로 스프링클러(K80, 83~114L/min)를 설치하고 래크 내 스프링클러 상단 위의 보관높이를 10ft(3.05m)로 제한한다.

⑤ FM Global 테스트의 DS 8-9의 지침은 보호되는 상품 위험에 따라 수직으로

18) NFPA 13 8.13

30~40ft(9.1~12.2m)마다 래크 내 스프링클러(K200, 246L/min)를 설치할 수 있고 상단 래크 내 스프링클러 높이 위의 보관높이를 35~40ft(10.7~12.2m)로 허용한다.

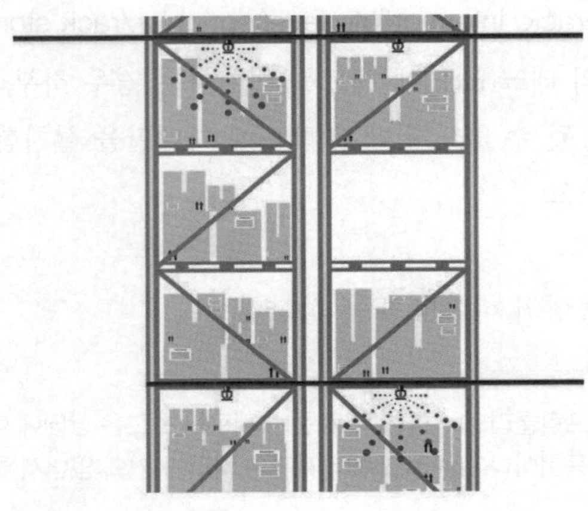

| 인랙헤드의 설치 |

(5) **장식형 스프링클러(omamental/decorative sprinkler)** : 헤드에 장식이나 도금이 되어 있는 스프링클러이다.

(6) **Pilot line detector** : 공기압이나 수압을 이용해 주밸브를 개방하여 화재방호를 위한 유수를 제어하기 위한 표준형 스프링클러헤드 또는 감지기이다.

08 스프링클러헤드의 형식

(1) **제어용 밀도·면적 스프링클러(Control Mode Density/Area(CMDA) sprinkler)**
 1) 일반적인 스프링클러와 같은 살수밀도 설계면적방식으로 설계한다.
 2) 많은 방사량 : K값 200 이상
 3) 감도특성 : 표준형
 4) 창고의 래크에 헤드를 설치한다.

(2) **특수제어용 스프링클러(Control Mode Specific Application(CMSA) sprinkler)**
 1) ESFR과 같이 스프링클러수 × 스프링클러 K계수 × 필요한 압력의 제곱근의 방식으로 설계한다.
 2) 7.6m 높이와 9.1m 높이의 경우 추가 스프링클러 없이 선반을 보호(ESFR과 유사)한다.
 3) 감도특성 : 즉동형
 4) 많은 방사량 : K값 160 이상

(3) 화재 조기진압용 스프링클러(Early Suppression Fast-Response(ESFR) sprinkler)

1) 정의 : 래크식 창고와 같은 특정한 고난이도 화재위험을 진압하기 위한 스프링클러이다.

2) 특징

① 천장부분에만 헤드를 설치하여 화재를 조기에 감지·진압할 수 있는 헤드

② 감도특성 : 즉동형(fast response)

③ 방사량 : 표준형의 4배 이상 방사

④ 물방울 크기 : 표준형에 비해 큰 물방울

(4) 포용확장형 스프링클러(extended coverage sprinkler)

1) 정의 : 넓은 공간을 방호하기 위한 방사(spray)형의 스프링클러헤드이다.

2) 감도특성 : 표준형(standard response) 또는 즉동형(fast response)

3) 사용목적 : 표준형 헤드보다 넓은 공간의 화재제어용

4) 특징

① 살수패턴장애가 발생할 수 있으므로 설치 시 장소의 제한을 받는다.

② 비교적 완만한 경사도의 평천장에 사용하도록 규정되어 있다.

5) 설치방식 : 상향형, 하향형, 측벽형

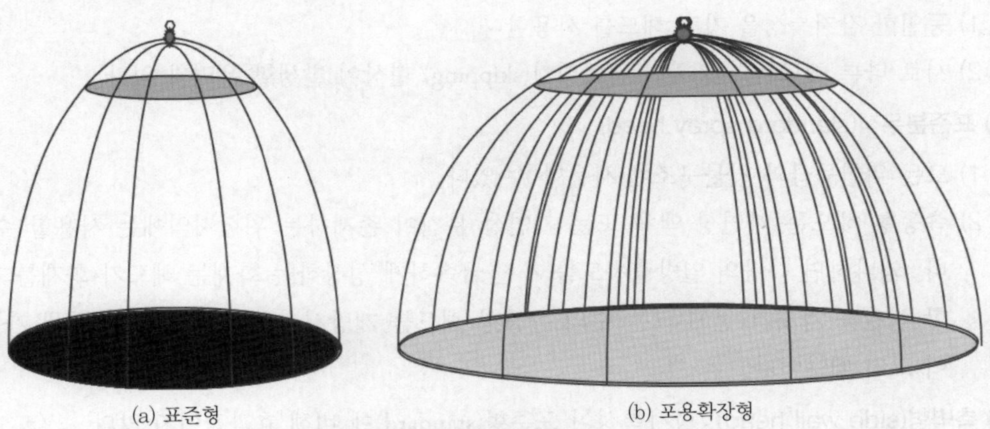

| 표준형과 포용확장형의 살수패턴 비교 |

(5) 분무식 스프링클러(spray sprinkler)

1) 정의 : 넓은 범위의 화재위험을 제어하는 표준형 스프링클러(standard spray sprinkler)

2) 감도특성 : 표준형(standard response)

3) 방사형태 : 분무형(spray)

4) 사용목적 : 헤드 1개당 방호면적이 일정한 범위 이내의 화재제어용

09 스프링클러헤드 시험방법

(1) 폐쇄형 헤드 진동시험

1) 전진폭 : 5mm

2) 진동사이클 : 25회/s

3) 시험시간 : 3시간 시험 후

4) 성능기준 : 2.5MPa 압력을 5분간 가하여 누설되지 않아야 한다.

(2) 폐쇄형 헤드 수격시험

1) 압력변동 : 0.35~3.5MPa/s

2) 시험횟수 : 압력변동 4,000회 실시 후

3) 성능기준 : 2.5MPa 압력을 5분간 가하여 새거나 변형이 없어야 한다.

10 스프링클러헤드 형식 적용 시 유의사항

(1) 구획실 내의 헤드설치

1) 동일한 감지특성을 가진 헤드를 사용한다.

2) 서로 다른 헤드를 사용하면 건너뛰기(skipping) 현상이 발생할 우려가 있다.

(2) 표준분무식(standard spray head)

1) 모든 위험등급과 건물구조에 사용할 수 있다.

2) 속동형 헤드는 가연성 액체 또는 가연성 분진이 존재하는 위험지역에는 사용할 수 없다. 왜냐하면 다량의 열방출속도를 가진 급속하게 성장하는 화재는 헤드가 화재를 제어할 시간을 가지기 전에 많은 수의 속동형 헤드를 개방시켜 설비의 과부하 발생 가능성이 크기 때문이다.

(3) 측벽형(side wall head) : 방사특성이 표준형(standard)에 비해 효과적이지 않다.

(4) 포용확장형(extended coverage)

1) 방수각도가 넓어 살수장애에 많은 영향을 받기 때문에 완만한 경사도의 평활한 평천장에 사용하도록 제한된다.

2) 확장형 스프링클러헤드의 방호면적은 표준형과 유사한 포물선 형태를 가진다.

3) 표준형에 비해 배치간격을 멀리할 수 있지만 표준형에 비해 높은 압력과 많은 유량이 필요하다.

(5) 개방형(open head)

1) 특수한 위험이나 노출을 방호하거나 기타 특수장소에서의 일제살수식 설비에 사용한다.
2) 연소확대 위험이 있는 무대부화재의 방호용으로 사용한다.

(6) 주거용(residential head)

1) 주거용도에서 표준분무형보다 초기에 동작하므로 화재제어능력이 우수하다.
2) 화재가 발생한 실에서 전실화재를 방지 또는 지연시켜 거주자의 피난기회를 확대시켜준다.
3) 습식 설비에 사용이 가능하고 건식 설비에 사용할 때 건식으로 본다(NFPA 13 8.2.2.1).
4) 즉동형 감지특성을 가지며, 표준형보다 벽면을 더 높이 적시는 방사형태를 가져야 한다.

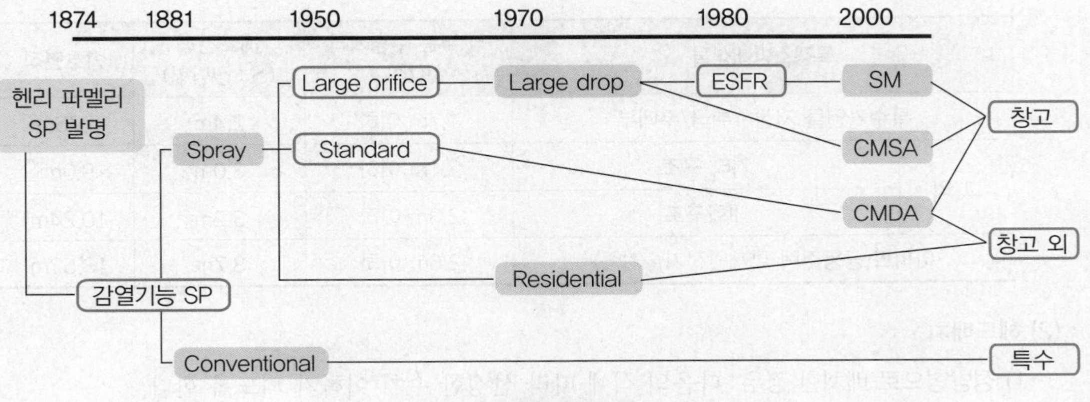

| 스프링클러의 발달과정 |

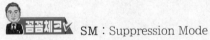

SM : Suppression Mode

(7) 에스커션(escutcheon)(NFPA 13 16.2.5)

1) 정의 : 하향식 헤드의 경우 반자에서 나오는 지점의 구멍을 덮기 위해 에스커션이라는 장식용 링이 포함된 부속이다.
2) 필요성
   ① 에스커션이 없는 경우 열이 구멍을 통해서 빠져나가 헤드를 우회하여 살수가 지연될 수 있다.
   ② 변형되거나 녹는 경우 헤드의 작동 또는 배출특성을 손상시킬 수 있기 때문에 불연재질을 사용해야 한다.
3) 종류
   ① 천장과 같은 높이로 설치되는 스프링클러 프레임용 평판형 에스커션
   ② 천장 아래 2인치까지 매달려 있는 프레임용 조절 가능한 에스커션
   ③ 천장 약간 위에 설치된 프레임용 오목한 에스커션

SECTION

009 스프링클러헤드의 배치 및 선정 기준

01 헤드 배치기준

(1) 수평거리

특정소방대상물		각 부분 수평거리 (R)	헤드간격 (S : 정방형)	방호면적
특수가연물 저장 · 취급/무대부		1.7m 이하	2.4m	$5.76m^2$
그 외	기타 구조	2.1m 이하	3.0m	$9.0m^2$
	내화구조	2.3m 이하	3.2m	$10.24m^2$
아파트(공동주택 화재안전기술기준)		2.6m 이하	3.7m	$13.52m^2$

(2) 헤드배치

1) 정방형으로 배치한 경우 : 다음의 식에 따라 산정한 수치 이하가 되도록 한다.

$$S = 2R \times \cos 45^\circ$$

여기서, S : 헤드 상호 간의 거리[m]

R : 유효반경(1.7~2.3m)

2) 장방형으로 배치한 경우 : 대각선의 길이가 다음 식에 따라 산정한 수치 이하가 되도록 한다.

$$X = 2R$$

여기서, X : 대각선의 길이[m]

R : 유효반경(1.7~2.3m)

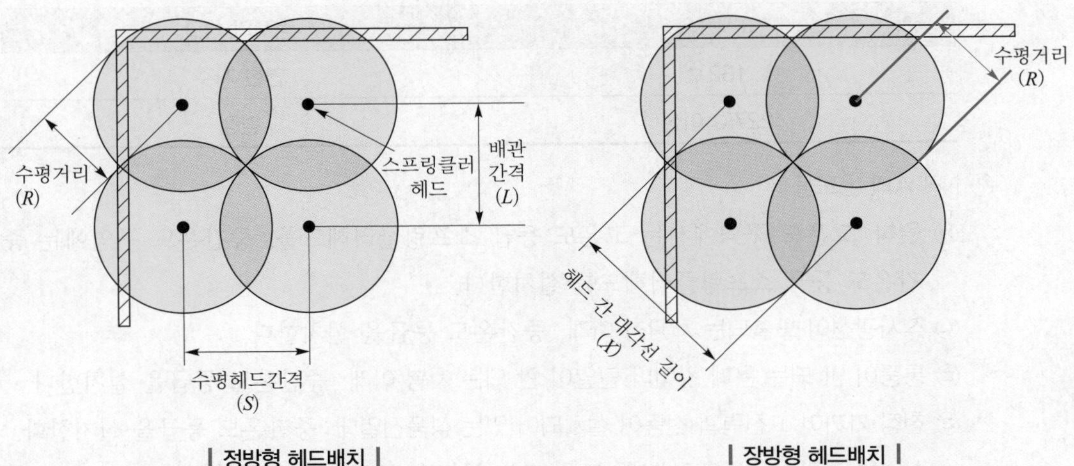

| 정방형 헤드배치 |　　　　| 장방형 헤드배치 |

02 헤드 선정기준

(1) 표준형 스프링클러

1) 무대부, 연소할 우려가 있는 개구부 : 개방형 스프링클러헤드

2) 표시온도

① 화재안전기술기준의 표시온도

최고 주위온도	표시온도[℃]
39℃ 미만	79℃ 미만
39~64℃ 미만	79~121℃ 미만
64~106℃ 미만	121~162℃ 미만
106℃ 이상	162℃ 이상

단, 4m 이상인 공장 및 창고 : 121℃ 이상

② 유리벌브형의 표시온도와 색깔(국내기준)

표시온도	액체의 색깔
57℃	오렌지
68℃	빨강
79℃	노랑
93℃	조록
141℃	파랑

표시온도	액체의 색깔
182℃	연한 자주
227℃ 이상	검정

③ NFPA의 온도등급

㉠ 원칙 : 고온도 구역에서는 고온도 등급 스프링클러헤드를, 중간온도 구역에는 중간온도 등급 스프링클러헤드를 설치한다.

㉡ 직사광선이 노출되는 채광창 아래 : 중간온도 등급을 설치한다.

㉢ 통풍이 안 되는 은폐 간이나 단열이 안 되는 지붕 아래 : 중간온도 등급을 설치한다.

㉣ 천장 가까이 고전력의 전등이 설치되어 있는 상품진열대 : 중간온도 등급을 설치한다.

㉤ 상업용 조리기구나 환기설비 : 고온 또는 특고온 등급을 설치한다.

④ NFPA 온도등급의 목적

㉠ 주위 온도가 높은 장소에 설치하는 경우 스프링클러가 우발적으로 작동하지 않기 위함

㉡ 설계구역에서 작동하는 스프링클러수를 제어하기 위함

3) 최고 주위온도 : 폐쇄형 스프링클러헤드만 해당

$$T_A = 0.9 \times T_m - 27.3℃$$

여기서, T_A : 최고 주위온도

T_m : 표시온도(감열체가 작동하는 온도로서, 헤드에 표시된다. 단, 표시온도 79℃ 미만의 경우에는 최고 주위온도를 39℃로 함)

(2) 간이형

1) 폐쇄형 간이헤드, 동파 우려가 있는 곳에는 개방형 간이헤드를 사용한다.

2) 표시온도

최고 주위온도	표시온도
0~38℃ 이하	57~77℃ 이하
39~66℃ 이하	79~109℃ 이하

(3) ESFR : 작동온도 74℃ 이하

(4) 조기반응형 스프링클러헤드

1) 설치대상

① 주거형, ESFR, 경급 위험 용도 : 즉동형(NFPA 13)

② 스프링클러설비의 화재안전기술기준(NFTC 103)의 조기반응형 스프링클러헤드 설치대상 129회 출제

㉠ 공동주택, 노유자시설의 거실

㉡ 오피스텔, 숙박시설의 침실

㉢ 병원의 입원실

③ 화재조기진압용 스프링클러설비의 화재안전기술기준(NFTC 103B)

2) 정의 : 감열부가 표준형 스프링클러헤드보다 기류온도 및 기류속도에 조기에 반응하여 동작하는 헤드

3) 조기반응형 스프링클러헤드를 설치하는 경우

① 사용방식 : 습식 유수검지장치 또는 부압식 스프링클러설비

② 건식과 준비작동식에는 사용하지 못한다. 왜냐하면, 방사지연이 발생하는 스프링클러 시스템에 조기반응형 헤드를 적용하는 것은 큰 의미가 없기 때문이다.

꼼꼼체크 부압식에 조기반응형 헤드를 적용하는 것은 의미가 없다. 왜냐하면 부압으로 소화수의 방사를 막고 있는 시스템으로 부압식이 동작하기 위해서는 감지기의 동작이 필수적이어서 준비작동식과 동일한 개념이기 때문이다.

SECTION 010

스프링클러헤드 선정 시 고려사항

01 개요

스프링클러헤드 선정 시 고려해야 할 사항은 크게 감지특성에 관한 사항과 방사특성에 관한 사항의 2가지로 구분한다.

02 감지특성

(1) 반응시간지수(RTI)

1) 속동형 헤드 : Fast response(즉동형 RTI 50 이하) + 특별한 작동장치

2) 속동형 헤드가 설치되어 있는 경우 : 구획실 내의 모든 헤드는 속동형이어야 한다.

감열부의 감도 차이에 의한 스키핑(skipping)을 방지하기 위해서이다.

3) 기존의 경급 위험설비에 속동형 또는 주거형 헤드를 사용할 수 있도록 변경하는 경우 : 구획실 내 모든 헤드를 교체하여야 한다.

(2) 표시온도

1) 필요성

① 주변온도가 높은 지역에 설치된 경우 : 헤드의 우발적 작동을 막기 위하여 헤드에 온도 표시를 한다.

② 표시온도에 따라 적절한 헤드 배치 : 해당 설계지역에서 작동하는 헤드의 수를 제한하기 위해서이다.

2) 고온도 등급

① 대상 : 빠르게 성장하는 화재유형

② 필요성

㉠ 화재가 빠르게 성장하는 장소에 중간온도 등급 헤드 사용 시에는 열방출률이 높으므로 화재지역 밖의 헤드의 감열부에도 열이 전달되어 작동한다.

㉡ 화재지역 외에 헤드가 동작하면 오히려 화재 주변 헤드의 동작을 방해하여 살수

밀도가 낮아질 수도 있고, 수원을 조기에 소모하여 적정한 방사시간을 유지할 수 없다.

표시온도(temperature rating)와 감도(thermal sensitivity)의 차이

① 표시온도 : 설치장소의 주위온도
② 감도 : 화재 시 헤드의 동작시간으로, 감도가 좋을수록 동작시간이 빨라진다.

03 방사특성

(1) **결정인자** : 방수량, 작동압력, 물방울의 초기속도, 분사각도, 오리피스의 구경, 설치방향, 살수특성, 특수한 적용조건

(2) **방수량** : 국내 스프링클러 설계기준에 따라 80Lpm

(3) **작동압력** : 말단 헤드에서 최소 압력은 0.1MPa 유지

(4) **물방울의 초기속도**

$$Q = Av = \frac{\pi d^2}{4}v$$

$$v = \frac{Q}{A} = \frac{Q \cdot 4}{\pi d^2} = \frac{0.00133 \cdot 4}{\pi \cdot 0.0152} = 7.53\text{m/s}$$

여기서, Q : 방수량(m^3/s, 80Lpm = 0.00133m^3/s)
A : 오리피스 면적[m^2]
d : 표준형 스프링클러헤드 오리피스 직경(m, 0.015)

(5) **분사각도** : 보통의 표준형 헤드의 경우 남위 10°에서 남위 60° 방향의 범위로 물방울이 분사된다.

(6) **오리피스 구경**

1) 방수량 및 물방울 크기와 같은 특성에 영향을 미친다.
2) K-계수값으로 표현한다.
3) 라지드롭 및 ESFR의 K-계수 : 161.44Lpm/bar^{½} 이상

(7) **설치방향** : 상향형이 소화효과가 가장 뛰어나지만 반자가 있는 경우 또는 벽에 설치하는 경우는 하향식 또는 측벽형을 사용한다.

(8) 살수특성 : 화재를 제어하느냐 진압하느냐에 따라 다른 살수특성이 요구되므로 용도에 맞는 헤드를 선정하여야 한다.

(9) 방사압력(NFPA 13)[19]

1) 지상 : 12bar

2) 지하 : 10bar

| NFPA의 방사량과 방사시간 |

위험도 \ 결정요소		스프링클러		옥내소화전 [L/min]	방사시간
		설계밀도[L/min/m²]	설계면적[m²]		
경급		4.1	280	950	60
중급	Ⅰ	6.1	280	1,900	60
	Ⅱ	8.2	280	1,900	90
상급	Ⅰ	12.2	280	2,840	120
	Ⅱ	16.3	280	2,840	120

04 특수한 적용조건

(1) 동파 우려의 장소 : 상향식

(2) 동파 우려 장소임에도 하향식 설치가 가능한 경우

1) 동파 우려가 없는 장소

2) 개방형 헤드

3) 드라이펜던트 타입 헤드

(3) 부식 우려가 있는 장소 : 부식방지용 헤드 사용

19) 2019 Automatic Sprinkler Systems Handbook. Fourteenth Edition. 7.1.2 Rated Pressure.

SECTION

011 NFPA 헤드 설치

01 개요

(1) 스프링클러 설치 시 이용 가능한 급수설비, 스프링클러헤드의 유형, 건물의 구조적 특성 및 예견되는 화재위험 등을 고려해야 한다.

(2) 스프링클러헤드의 즉각적인 작동을 확실히 하고, 살수패턴장애가 소화성능에 악영향을 미치지 않게 하기 위한 중요사항이다.

(3) 스프링클러의 장애

1) 살수장애 : 물이 바닥에 도달하지 못하게 하는 장애

2) 살수패턴장애 : 물이 안정화되기 전에 장애물에 의해 바닥에 균일한 살수밀도를 형성하지 못하는 장애

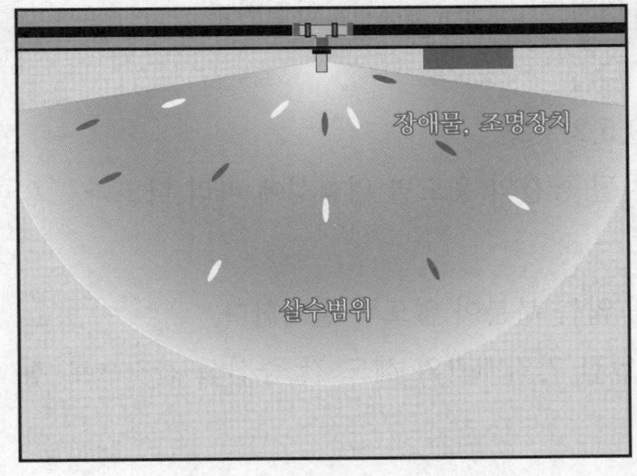

02 스프링클러헤드 설계 시 고려사항

(1) 인명이나 재산 중 어느 것을 또는 양쪽 다 보호할 것인가를 결정

(2) 가연물 화재하중, 열방출률

(3) 방화구획 용도 및 크기

(4) 천장높이 및 경사도

(5) 작동압력

(6) 헤드 배치간격

03 스프링클러헤드 설치 시 원칙

(1) 구획실 내 전체에 설치한다.

(2) 헤드당 최대 방호면적을 초과하지 않도록 배치한다.

(3) 감지특성과 방사특성에 대해 만족할만한 작동성능을 얻을 수 있도록 배치한다.

(4) **특별히 허용되는 지역** : 스프링클러헤드의 생략을 허용한다.

(5) 헤드는 신품만 설치한다.

04 NFPA의 헤드 설치기준

(1) 기본 요구사항

1) 헤드는 원칙적으로 건축물의 모든 부분에 설치한다.

2) 감지장애, 살수패턴장애 등을 고려하여 음영지역(shadow area)을 인정한다.

(2) 최대 방호면적

1) 하나의 헤드당 $400ft^2(36m^2)$ 이하로 한다(9.5.2.2.2).

2) 헤드의 형식과 구조상 특징 및 헤드가 설치될 공간의 용도별 위험성에 따라 다르다.

(3) 배치간격

1) **원칙** : 인접 헤드를 적시지 않으며 방호되지 않는 부분이 없도록 설치한다.

2) 가지배관상의 헤드 간 중심선 간격 또는 인접 가지배관의 헤드 간 중심선 간격으로 정한다.

3) **천장높이 및 구조**

① 헤드는 반드시 천장 근처에서 성장하는 고온플럼 속에 위치하도록 설치하여 감지를 원활하게 한다.

㉠ 반사판 천장과의 최소 이격거리 : 1in(2.54cm) 이상

스프링클러 교체와 진동 시 벽체에 의한 소손방지를 위함이고 최소 이격거리의 기준은 천장이나 반자에서 반사판까지의 거리를 기준으로 한 것이다.

㉡ 반사판 천장과의 최대 이격거리 : 12in(30cm) 이하

② 경사천장 : 천장의 경사를 따라 반사판을 평행하게 설치한다.

③ 수평천장 : 천장의 면과 반사판을 평행하게 설치한다.

④ 천장이 높은 경우 일정 높이마다 설치한다.

4) 벽과의 최대 간격 : 헤드 간 최대 간격의 $\frac{1}{2}$ 이하(2.3m)

5) 벽과의 최소 간격 : 4in(100mm)(NFPA 13(2019)10.2.5.3)

Dead-air space : 열기류 속도가 느려져서 헤드에 동작의 지연시간이 발생하는 것을 말한다.

6) 헤드 간 최소 간격

① 인접 헤드를 적시지 않으며 방호되지 않는 부분이 없도록 유지한다.

② 표준형 스프링클러헤드는 중심선 간 간격이 1.8m 이상 되도록 설치한다.

7) 헤드 간 최대 간격(S)

① 4.6m(평평한 지붕)(ordinary hazard)

② 협소한 방호구역(75m^2 이하)의 경우 벽에서 2.7m까지 가능하다.

8) 가지배관과 가지배관 간 최대 간격(L) : 4.6m(ordinary hazard)

9) 스프링클러헤드의 중심선 간 간격을 1.8m 미만으로도 설치할 수 있는 경우 : 헤드의 감열부가 보호받을 수 있도록 차폐판을 설치한다.

(4) 반사판(디플렉터)

1) 천장과의 거리 : 천장 가까이에 설치한다.

2) 방향 : 살수장애를 최소화하고, 살수패턴을 보다 효과적으로 하기 위하여 디플렉터는 천장, 지붕 또는 계단의 경사와 평행하게 설치한다.

(5) 살수장애물

1) 성능목표

① 살수장애가 최소인 곳에 설치하거나 해당 위험을 충분히 방호하도록 추가로 설치한다.

② 장애물을 보완하기 위해 추가 스프링클러를 사용하면 물 수요와 스프링클러 시스템 비용이 증가하고 장애물의 영향을 최소화할 경우 제공되는 것과 동일한 수준의 보호를 제공하지 못할 수 있다(NFPA 13 9.5.5.1).

2) 장애물 구분

① 장애물 길이

㉠ 연속

㉡ 비연속

② 장애물 위치

㉠ 천장에 근접

㉡ 헤드 하부

3) 중요 고려사항

① 살수장애(dry spaces)

② 살수패턴장애(discharge pattern)

③ 감지장애

4) 장애물별 대책

① 천장에 근접한 연속 장애물(보)

㉠ 문제점 : 살수패턴장애(dry spaces, shadow areas), 감지장애

㉡ 대책 : Beam rule(살수패턴장애 > 감지장애)

② 헤드 하부 장애물

헤드와 장애물 수직거리		문제점	대책
450mm 이하		살수패턴 장애	Three time rule
450mm 초과	폭 1.2m 초과	살수장애	하부에 추가 헤드 설치
	폭 1.2m 이하		• 장애물 양측에 $\frac{1}{2}S$ 이내에 헤드 설치 • Beam rule

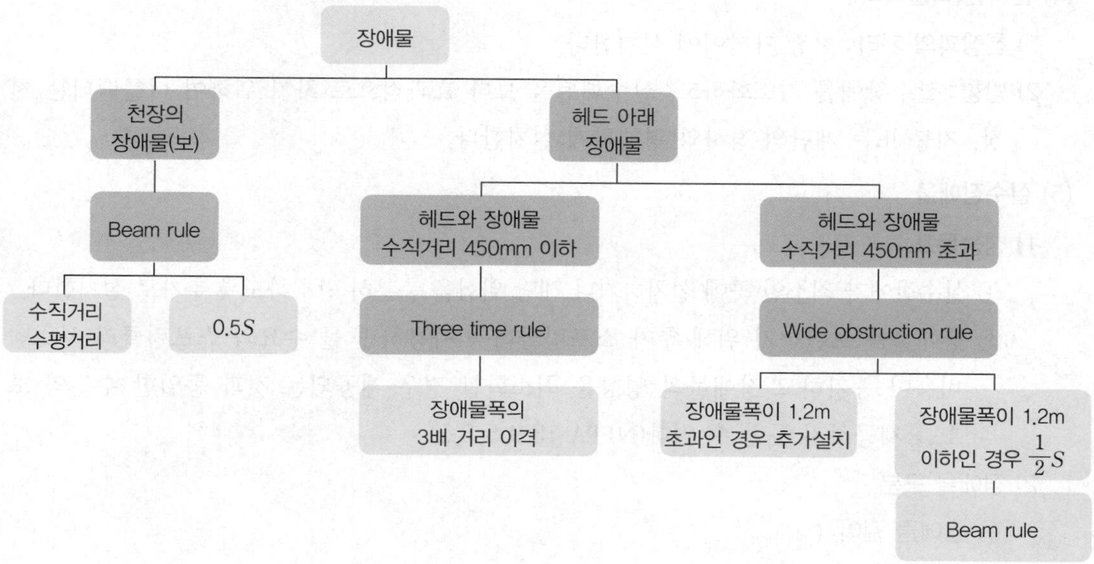

| 장애물에 따른 스프링클러헤드 설치(NFPA 13(2022)) |

5) 배관

① 화재안전기준 해설서

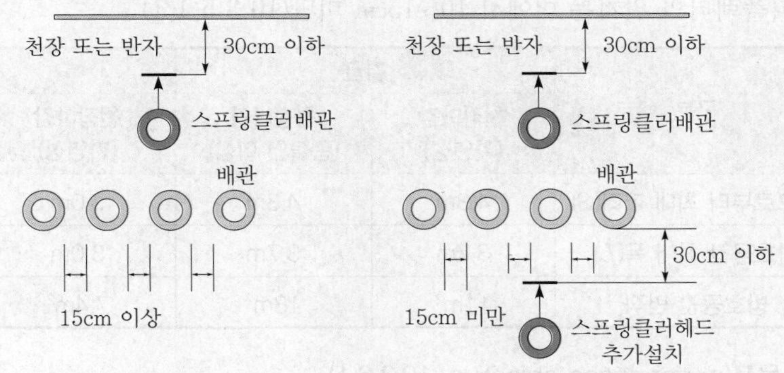

| 개별장애물 | | 하나의 장애물 |

② NFPA 13(2019 10.2.7.2.1.8)

㉠ 표준형

- 배관경 80A 이상일 경우만 장애물로 취급
- 배관간격은 틈새만 있으면 하나로 보지 않음
- 장애물인 경우는 3배 거리규정(max 60cm)

㉡ ESFR : 배관 외경의 3배 이상 거리이격

(6) 계단형 천장(obstructed construction, 10.2.6.1.2)

1) 높이변화가 90cm 이상인 경우 : 그림 1

① 벽으로 간주하므로 그림 1과 같이 $\frac{1}{2}S$ 간격으로 헤드를 천장 상부에 설치한다.

② Beam rule은 적용하지 않는다.

2) 높이변화가 90cm 이하인 경우 : 그림 2

높이변화를 무시하고 헤드를 배치한 후 헤드를 Beam rule에 의해 위치를 결정한다.

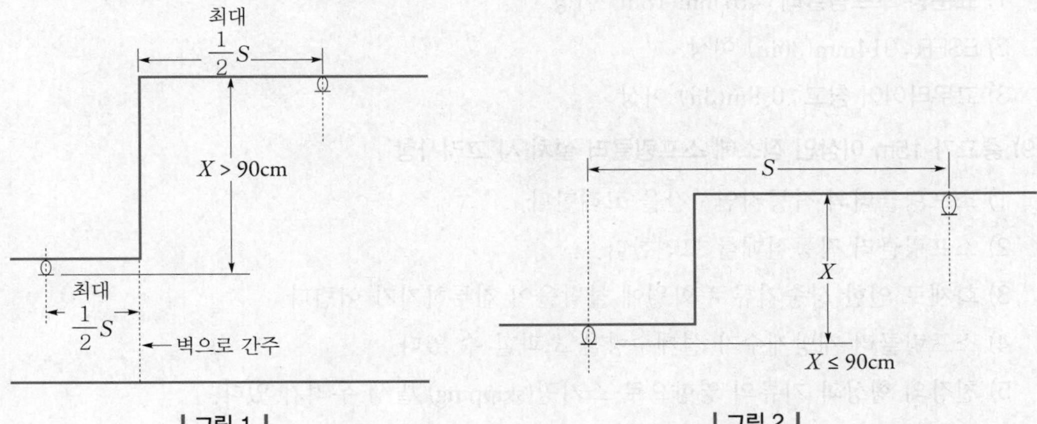

| 그림 1 | | 그림 2 |

(7) 측벽형 헤드 설치

1) 천장 : 디플렉터의 위치는 천장으로부터 10~15cm 미만(10.3.5.1.1)

2) 벽 : 디플렉터의 위치는 벽에서 10~15cm 미만(10.3.5.1.1)

구분	경급		중급	
	천장마감(가연성)	천장마감(준불연 이상)	천장마감(가연성)	천장마감(준불연 이상)
벽으로부터 최대 거리(*S*)	4.3m	4.3m	3.0m	3.0m
방호공간 최대 폭(*L*)	3.7m	3.7m	3.0m	3.0m
방호공간 면적	$11m^2$	$18m^2$	$7.4m^2$	$9.3m^2$

3) 성능 목표(performance objective, 10.3.6.1)

① 스프링클러는 살수장애패턴을 최소화할 위치에 있거나 추가 스프링클러가 설치되어야 한다.

② 측벽형 스프링클러와 조명기구 등 장애물

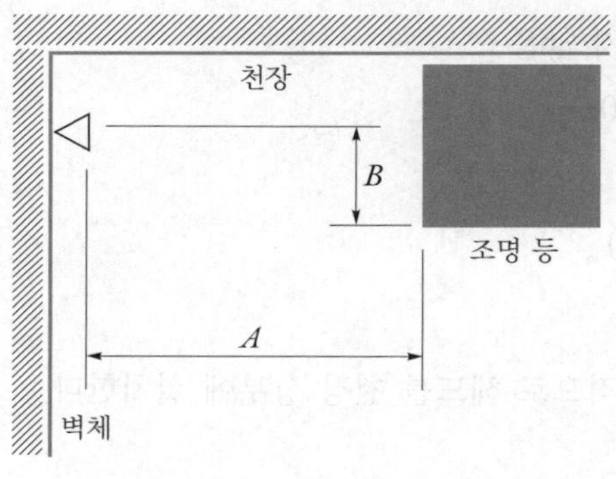

A	*B*
1.2m 미만	0
1.2m 이상	25mm 이하
1.5m 이상	50mm 이하
1.7m 이상	75mm 이하
1.8m 이상	100mm 이하
2.0m 이상	150mm 이하
2.1m 이상	175mm 이하
2.3m 이상	225mm 이하
2.4m 이상	275mm 이하
2.6m 이상	350mm 이하

(8) 적재물 이격거리

1) 표준형 스프링클러 : 457mm(18in) 이상

2) ESFR : 914mm(36in) 이상

3) 고무타이어 창고 : 0.9m(3ft) 이상

(9) 층고가 15m 이상인 장소에 스프링클러 설치 시 고려사항

1) 스프링클러의 작동지연시간을 고려한다.

2) 스프링클러 작동실패를 고려한다.

3) 화재로 인한 상승기류로 화원에 물방울이 침투하기가 어렵다.

4) 스프링클러 개방개수가 설계수량을 초과할 수 있다.

5) 천장의 형상과 기류의 영향으로 스키핑(skipping) 발생 우려가 있다.

6) 화재의 크기가 5,275kW(5,000Btu)를 초과할 수 있으며, 이는 가연물의 양과 특성에 의존한다.

(10) 성능 목표(performance objective) (NFPA 13(2022) 9.5.5.1)(or)

1) 스프링클러헤드는 살수패턴장애가 최소인 곳에 설치한다.

2) 위험을 충분히 방호하도록 추가로 설치한다.

05 헤드 설치기준(NFTC) 표준형

(1) 설치반경 60cm 이상의 공간을 확보한다.

(2) 벽으로부터 에어포켓과 열기류 속도의 저하를 고려하여 10cm 이상 이격한다.

열기류 속도가 저하되면 열전달이 급격히 저하되기 때문에 열로 감지하는 헤드의 성능 또한 급격히 저하($h \propto \sqrt{v}$)한다.

여기서, h : 대류전열계수[kW/m² · K]

v : 기류의 속도[m/s]

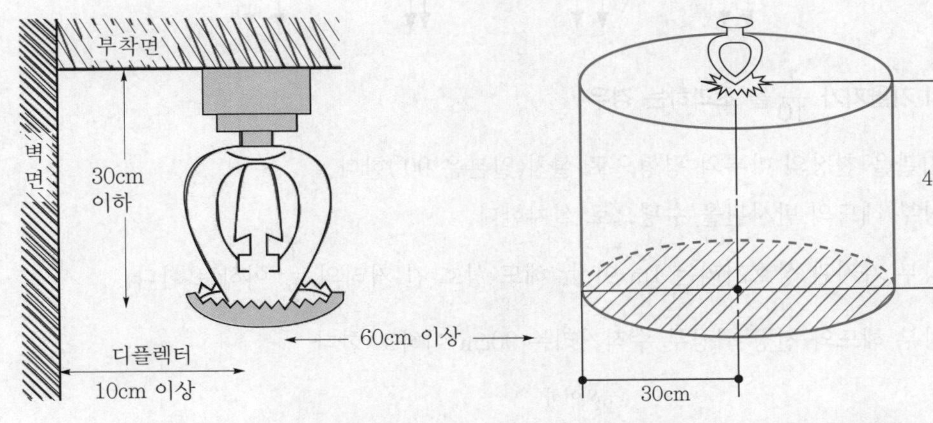

| 스프링클러헤드 설치기준(NFTC) |

| 일본소방법의 설치기준 |

(3) 부착면과 30cm 이하의 위치에 설치한다.

감열부가 동작하려면 천장열기류에 접해야 하므로 천장면에 가까운 위치에 설치해야 열기류의 열전달이 용이하다.

(4) 살수방해 시(배관·행거 및 조명기구)

1) 아래에 설치하여 살수장애가 없도록 설치한다.

2) 예외 : 스프링클러헤드와 장애물의 이격거리를 장애물 폭의 3배 이상 확보할 경우

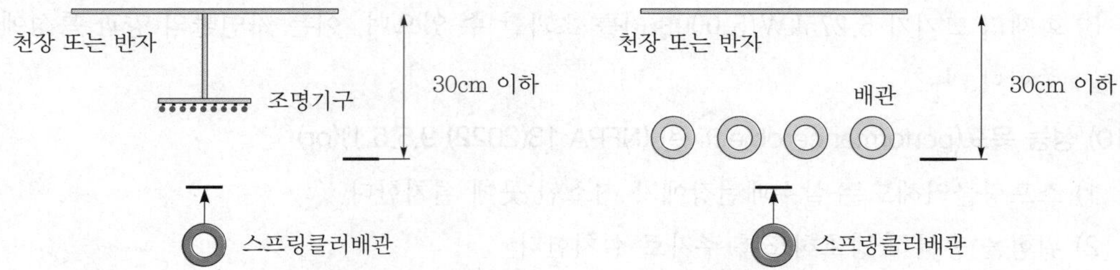

| 살수장애로 30cm 아래에 설치한 스프링클러헤드 |

장애물 폭의 3배 이상 이격하면 장애물보다 아래쪽에 설치하지 않고 천장면에 가깝게 설치할 수 있다.

(5) 반사판, 부착면과 수평으로 설치(예외 : 측벽형, 연소할 우려가 있는 개구부)한다.

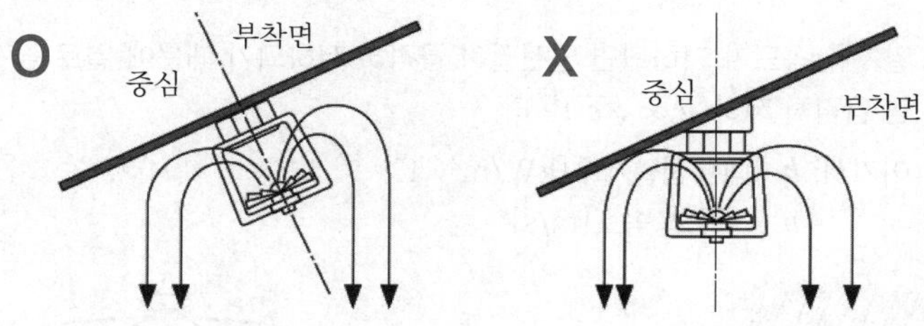

(6) 천장의 기울기가 $\frac{1}{10}$을 초과하는 경우

1) 가지관을 천장의 마루와 평형으로 설치(일본은 90°)한다.
2) 최상부 헤드의 반사판을 수평으로 설치한다.
3) 최상부 가지관 상호거리는 1m 이상, 헤드 상호 간 거리의 $\frac{1}{2}$ 이하로 한다.
4) 최상부 헤드와 천장 최상부 수직거리는 90cm 이하로 한다.

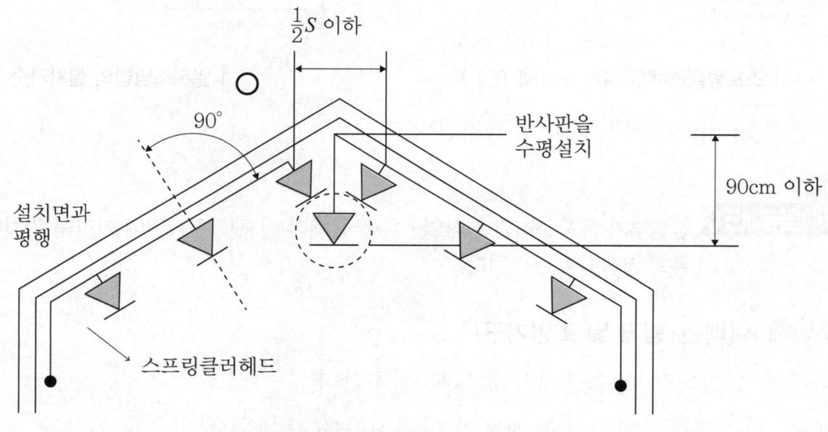

| 경사천장의 스프링클러헤드 설치(S : 헤드 간 간격) |

(7) **측벽형 헤드** : 3.6m 이내 간격

1) 폭 4.5m 미만 : 긴 변의 편측에 일렬로 설치한다.

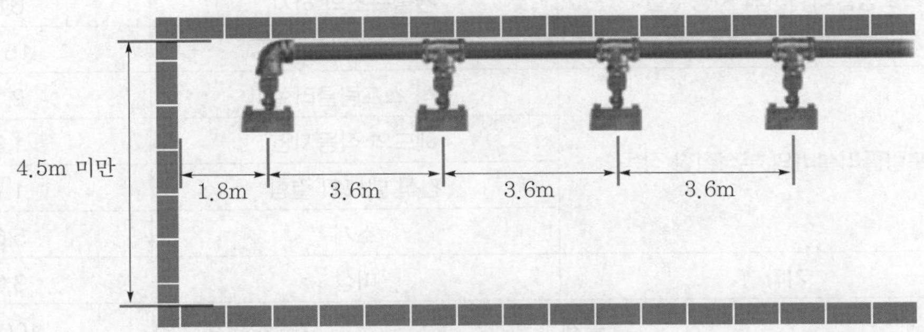

2) 폭 4.5~9m : 긴 변의 양쪽에 각각 일렬로 설치하되 마주보는 헤드는 나란히꼴로 설치한다.

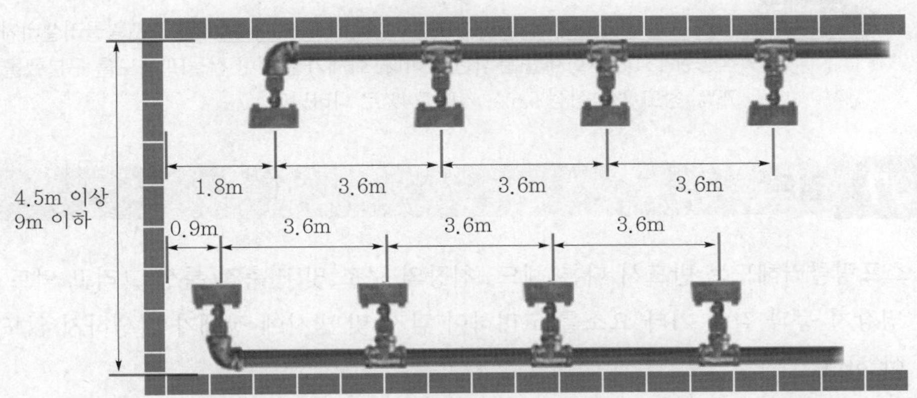

06 스프링클러헤드의 소화실패 원인

항목	세부원인	구성비
스프링클러의 유지관리 부실	밸브잠김	35.4
	부적절한 관리	8.4
	소화배관의 장애	8.2
	설비의 동결	1.4
	소계	53.4
화재위험도에 따른 방호시스템 구축 미흡	업종의 화재하중에 부적절한 성능	13.5
	일부 지역에만 스프링클러 설치	8.1
	소계	21.6

항목	세부원인	구성비
스프링클러설비의 시공부실	부적절한 용수공급	9.9
	건물구조의 하자	6.0
	소계	15.9
스프링클러설비의 부적절한 작동	구식 스프링클러설비	2.1
	헤드의 작동지연	1.8
	건식 밸브의 결함	1.7
	소계	5.6
기타	미상	3.6
총계		100.0

상기 표는 1925년부터 1969년까지 45년간 NFPA에 보고된 스프링클러설비가 부적절하게 작동한 134건의 화재를 분석한 것이다. 화재가 발생한 건물의 용도를 구분했을 때 제조공장 75%, 창고 2%, 상점 5.6%, 기타 7.4%로 나타났다.

07 결론

(1) 스프링클러헤드는 반드시 다른 헤드, 천장의 구조 및 건축적 특성 그리고 덕트 설비와 조명장치 등과 같은 기타 요소를 고려하여 감지 및 방사에 장애가 발생하지 않도록 설치해야 한다.

(2) 이를 준수하지 않으면 헤드의 작동지연, 불필요한 헤드의 동작 및 살수패턴의 편향이나 장애의 가능성이 커진다.

SECTION

012 방수구역과 방호구역

01 개요

(1) 개념

1) 면적을 일정 이하로 제한하지만 수동적, 건축적 측면에서 나누는 것이 아니고 소화설비가 담당할 수 있는 면적 이하로 나누는 것이다.

2) 방화구획과 달리 소화설비가 담당하는 구역만 제한하는 것뿐 물리적으로 건물을 막는 건축적인 구역의 개념은 아니다.

3) 법적 스프링클러 설치대상 건축물 중 방호구역은 폐쇄형 스프링클러시스템이 담당하는 전체 영역으로서의 더욱 넓은 개념이고, 방수구역은 공연장에서의 무대부 등 개방형 헤드가 설치되는 지엽적인 의미로 보는 것이 타당하다.

(2) **방호구역**: 화재안전성능기준에서 폐쇄형 스프링클러설비의 소화범위에 포함된 영역을 말한다.

(3) **방수구역**

1) 방호구역과 유사한 개념이지만 스프링클러나 물분무설비와 같이 소화약제가 물인 경우에 방수구역이라고 한다.

2) 화재안전성능기준에서는 개방형 헤드의 경우 무대부 등 급격한 연소 우려가 있는 장소 등에 설치하므로 법에 의해 스프링클러시설을 설치하더라도 개방형은 일부 특정된 용도에만 제한적으로 사용하여야 한다.

02 방호구역(폐쇄형)

(1) 하나의 방호구역 3,000m²를 초과하지 못한다.

1) 격자형 배관방식을 채택하는 경우: 3,700m² 이하

2) 수리학적 소화목적을 달성하는 데 충분하다고 인정되는 경우로서 소방기술심의위원회의 심의를 거쳐야 한다.

(2) **하나의 방호구역 유수검지장치**: 1개 이상

(3) **하나의 방호구역**

1) 2개층에 미치지 않아야 한다.

2) 예외

① 1개 층에 설치되는 스프링클러헤드의 수가 10개 이하일 때

② 복층형 구조의 공동주택에는 3개 층 이내일 때

(4) 유수검지장치의 설치높이 : 0.8~1.5m

(5) 유수검지장치를 통과한 소화수만 스프링클러의 헤드에 공급되어야 한다(**예외 : 송수구를 통한 공급수**).

(6) 자연낙차에 따른 압력수가 흐르는 배관상에 설치된 유수검지장치(고가수조) : 화재 시 물의 흐름을 검지할 수 있는 최소한의 압력이 얻어질 수 있도록 수조의 하단으로부터 낙차를 두어 설치한다.

(7) 유수검지장치실 표지 설치 : 유수검지장치실임을 관계자가 인지할 수 있어야 한다.

(8) 조기반응형 스프링클러헤드를 설치하는 경우 : 습식 유수검지장치 또는 부압식 스프링클러설비를 설치하여야 한다.

03 NFPA의 방호구역[20)]

하나의 스프링클러설비 입상관이나 겸용설비의 입상관에 의해서 방호되는 1개층 내의 최대 바닥면적은 아래와 같이 제한한다.

위험등급		면적[ft^2]	면적[m^2]
경급 위험(light hazard)		52,000	4,831
중급 위험(ordinary hazard)		52,000	4,831
상급 위험 (extra hazard)	배관스케줄방식(pipe schedule)	25,000	2,323
	수리학적 계산방식(hydraulically calculated)	40,000	3,716
창고(storage)		40,000	3,716

04 방수구역(개방형)

(1) 하나의 방수구역 : 2개층에 미치지 않아야 한다.

(2) 하나의 방수구역마다 일제개방밸브를 설치하여야 한다.

(3) 1구역당 설치헤드수 : 50개 이내

(4) 일제개방밸브 설치위치 : 0.8~1.5m

(5) 출입문 : 0.5m×1m

(6) 일제개방밸브실 표지 설치 : 일제개방밸브실임을 관계자가 인지할 수 있어야 한다.

20) 8.2 System Protection Area Limitations. NFPA 13(2019 Edition)

SECTION 013 스키핑(skipping)

117·100·75회 출제

01 개요

(1) **정의 :** 스프링클러헤드가 방호구역에서 연속적으로 개방되지 않고 중간중간 건너뛰면서 동작하는 현상이다.

(2) 스키핑은 크게 2가지로 구분한다.

1) 화재에 가까이 있는 헤드가 주변 헤드에 의해 냉각되어 동작해야 할 헤드가 동작하지 못하는 현상

2) 화재로부터 멀리 떨어져 있는 헤드가 가까이 있는 헤드보다 먼저 동작하는 현상

(3) 국내에서는 스키핑에 대한 고려 없이 천장의 미관, 조명, 공조그릴 등의 배치에 따라 일률적으로 시공하기 때문에 화재가 발생했을 때 헤드가 개방되지 않는 문제가 발생할 수 있다.

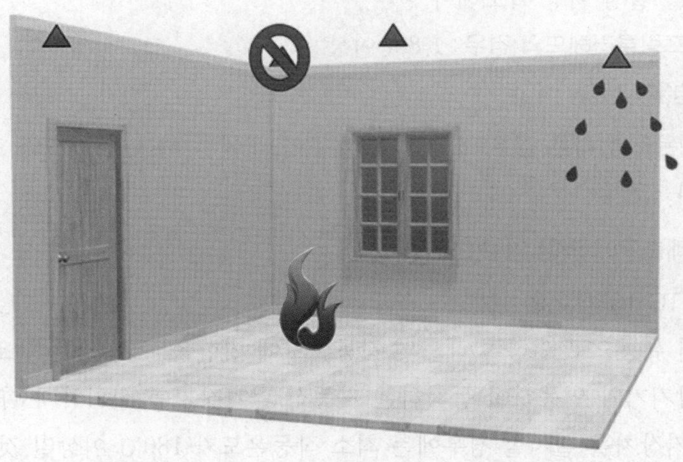

| 스키핑 현상 개념도 |

02 문제점

(1) 살수밀도 부족

1) 원인 : 동작하여야 할 헤드가 동작하지 않는 경우에 발생한다.

2) 영향

① 화재 초기 진압효과 지연

② 연소확대

(2) 과부하

1) 원인 : 동작하지 않아야 할 헤드가 동작하는 경우에 발생한다.

2) 영향

① 방사압·방사량이 부족하다.

② 방사가 지속되면 결국 수원부족을 초래한다.

03 원인 및 대책

(1) 헤드 설치간격

1) 헤드간격을 일정 이상 확보해야 한다.

2) 표준형 스프링클러헤드의 경우 : 1.8m 이상

3) ESFR의 경우 : 2.4m 이상

(2) 열감도, 표시온도가 다른 경우 : 하나의 방호구역 내에는 하나의 감도와 표시온도의 감열부를 설치한다.

(3) 제연설비의 배출구에 의한 영향(ESFR)

1) 환기구(NFTC 103B 2.9)

① 공기의 유동으로 인하여 헤드의 작동온도에 영향을 주지 않는 구조

② 화재감지기와 연동하여 동작하는 자동식 환기장치를 설치하지 아니할 것. 단, 자동식 환기장치를 설치할 경우에는 최소 작동온도가 180℃ 이상일 것

2) NFPA에서는 LAVENT라는 시뮬레이션을 통해서 스프링클러헤드와 배출구 간의 상호영향을 검토한다.

(4) 차폐판 설치 : 차수를 통한 동작지연을 방지한다.

(5) 화재성상에 맞지 않는 헤드 선정

1) 화재성상에 적합한 헤드를 선정한다.

2) 예를 들어 급격한 화재성상에는 조기반응형보다는 표준형의 감도를 가진 스프링클러헤드를 선정함이 바람직하다.

(6) **경사지붕** : 천장열기류가 지붕면을 따라 흘러가므로 스프링클러헤드를 지붕면과 평행하게 설치한다.

(7) 높은 압력

1) 최초 작동하는 헤드의 초기 작동압력이 높아서 살수패턴이 설계와는 다른 형태를 띠어 주변 헤드로 소화수가 튀어서 작동을 방해할 수 있다.

2) 설계 시 헤드압이 균일하게 발생할 수 있도록 하여야 하며 압이 높을 경우에는 감압장치를 설치한다.

SECTION 014

배관 그림자 효과(pipe shadow effect)

117회 출제

01 개요

(1) **정의 :** 스프링클러헤드에서 방사된 물이 배관에 부딪혀서 바닥 일부분에 유효한 살수밀도가 발생하지 못하는 현상(살수패턴장애)이다.

(2) **배관 그림자 효과(pipe shadow effect)로 인한 영향**

1) 차폐된 지역에는 도달되는 물의 양이 적다.

2) 방수침투력이 감소된 지역을 만들 수 있다.

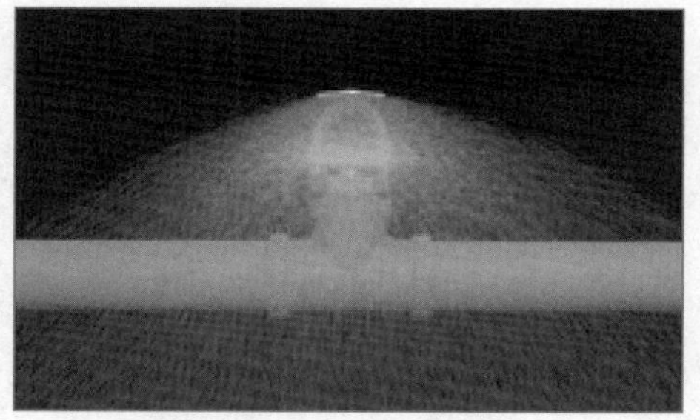

| 가지배관에 물이 부딪히는 살수패턴의 장애 |

(3) 상향형 헤드의 경우 배관이 헤드 아래에 있어서 배관 그림자 효과의 가능성이 크다.

02 헤드설치의 제한

(1) 헤드가 설치되는 입상 가지관은 일정 길이 이상(ESFR : 반사판의 위치는 최소 178mm 이상)이어야 한다.

(2) 가지배관 최대 구경을 제한(50mm 이하)한다.

(3) **상향형의 프레임 :** 가지배관과 평행하게 설치한다.

(4) 행가와 8cm 이상 이격한다.

(5) **ESFR의 경우 :** 화재진압을 위한 설비로 배관 그림자 효과에 따라 성능 저하에 특히 주의한다.

SECTION 015

개방형 격자반자 (open grid ceiling)

01 개요

최근에 설치되는 개방형 반자는 격자, 루버, 벌집과 같이 형태가 다양하다. 이러한 다양한 형태에서 발생하는 스프링클러헤드의 살수장애와 감지장애가 나타날 수 있다.

02 소방청 지침(소방분석제도과-1226 2021.3.16)

(1) 「스프링클러설비의 화재안전기술기준(NFTC 103)」 2.7.1에 따라 개방형 격자 천장의 폭이 1.2m 이상인 경우에는 그 아래에 스프링클러헤드를 추가로 설치하는 것이 원칙이다.

(2) 아래의 표를 충족하는 경우에는 개방형 격자 천장 윗부분에만 스프링클러헤드 설치가 가능하다.

구분	내용
재료 두께	격자구멍의 가장 작은 크기 미만
개구율	개구부의 이 천장 면적의 70% 이상
개구부의 가장 작은 치수	6.4mm 이상
격자천장의 상부 표면과 스프링클러헤드의 최소 이격거리	450mm 이상

03 NFPA 13 설치기준[21)]

(1) **설치기준 :** 개방형 격자반자가 설치된 장소는 반자의 상하부에 모두 설치한다.

(2) **예외 :** 개방형 격자반자가 설치된 장소에서 다음의 경우 반자 위에만 스프링클러헤드를 설치한다.

1) 격자의 최소 치수가 6mm 이상이고 격자의 두께 또는 깊이가 격자 최소 치수를 초과하지 않고 격자의 개구율이 천장면적의 70% 이상을 차지하는 경우

21) Automatic Sprinkler Systems Handbook(2019) 9.3.10* Open-Grid Ceilings

2) 격자반자와 헤드디플렉터의 이격거리

용도	헤드 1개당 방호면적	헤드의 종류	이격거리
경급 위험용도	3m×3m 미만	스프레이 헤드	18in(450mm)
		구형 헤드	
	3m×3m 이상 3m×3.7m 미만	스프레이 헤드	24in(600mm)
		구형 헤드	36in(900mm)
	3.7m×3.7m 이상	스프레이 헤드	48in(1,200mm)
중급 위험용도	3m×3m 미만	스프레이 헤드	24in(600mm)
	3m×3m 이상	스프레이 헤드	36in(900mm)

NFPA의 일반적인 헤드 방호면적이 4.6m×4.6m인데 반해 개방형 격자반자의 경우는 협소해지는 것을 알 수 있다.

(3) 기타 유형의 개방형 반자 : 등록된 경우에 한하여 스프링클러 아래에 설치하도록 허용한다.

(4) 문제점 : 스프링클러 아래에 열린 격자형 계란상자, 루버(louver) 또는 벌집반자를 설치하면 스프링클러가 횡방향으로 움직이는 것을 제한하고 방사특성에 변형을 일으킬 수 있다.

04 일본 소방법

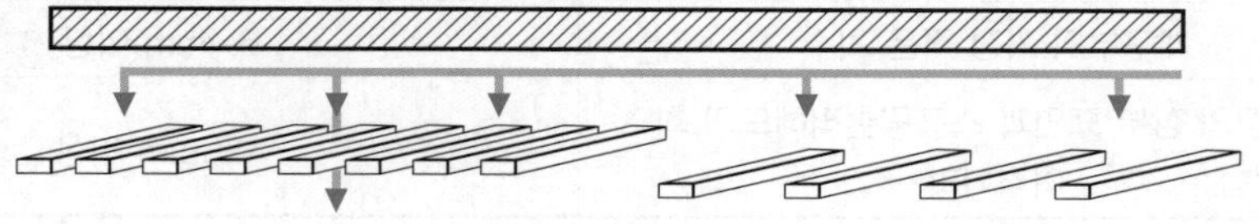

개방률이 70% 미만인 경우에는 반자 아래에 헤드 증설이 필요

개방률이 70% 이상인 경우와 개방형 격자반자와의 거리가 0.6m 이상인 경우에는 아래로 헤드 증설이 필요 없음

SECTION 016 조립형 반자(drop-out ceilings)

01 개요

금속재로 지지대가 설치되고 금속판 또는 합성수지 등을 이용한 판을 지지대에 올려놓는 반자의 경우에는 일반 반자와 달리 스프링클러 설치 시 많은 문제를 유발할 수 있다.

02 NFPA 13 설치기준(9.3.11)

(1) 조립형 반자는 해당 용도로 등록되어 있고, 등록사항에 따라 설치된 경우에 한하여 스프링클러헤드의 아래에 설치할 수 있다.

(2) **등록사항** : UL 723S, FM 4651

(3) **속동형 또는 포용확장형(EC) 스프링클러헤드** : 조립형 반자에 특정 용도로 등록되어 있지 않으면 설치할 수 없다.

(4) 조립형 반자는 화재 초기 단계에서 떨어진다.

1) 스프링클러헤드의 배치와 관련하여, 천장을 고려하지 않아도 된다.

2) 조립형 반자 아래에 스프링클러를 설치하면 안 된다.

(5) **조립형 반자 위에 설치된 배관**

1) 은폐된 배관이 아니다.

2) 적절한 배관보호를 하지 못한다.

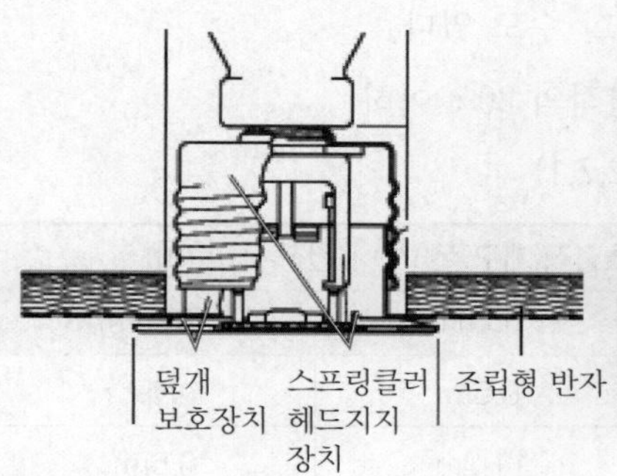

| 스프링클러 설치 예 |

SECTION

017 떠 있는 반자(cloud ceiling)

01 개요

금속재로 지지대가 설치되고 금속판 또는 합성수지 등을 이용한 판을 지지대에 올려놓는 반자인데 판과 판 사이에 공간이 있어 마치 구름과 같은 모양을 가지고 있는 형태로, 일반 반자와 달리 스프링클러 설치 시 많은 문제를 유발할 수 있다.

| 떠 있는 반자의 예 |

02 NFPA 13 설치기준(9.2.7)

(1) **헤드 배치방법 :** 떠 있는 반자(cloud ceiling)의 상·하부에 모두 스프링클러헤드를 설치한다.

(2) 다음의 조건을 만족하는 경우 반자 상부 헤드를 제외할 수도 있다.

1) 떠 있는 반자(cloud ceiling)의 총개구면적이 천장 면적의 20% 이하

2) 간격너비(width gap) 및 헤드 최대 방호면적(table 9.2.7.1)

떠 있는 반자너비	헤드 최대 방호면적(개구 폭[mm]/천장 높이[m])		
	≤ 40mm/m	≤ 60mm/m	≤ 80mm/m
0.6 ~ 0.75m 미만	16m²	6.5m²	NP
0.75 ~ 1.2m 미만	21m²	11.2m²	6.5m²
1.2m 이상	21m²	14m²	14m²

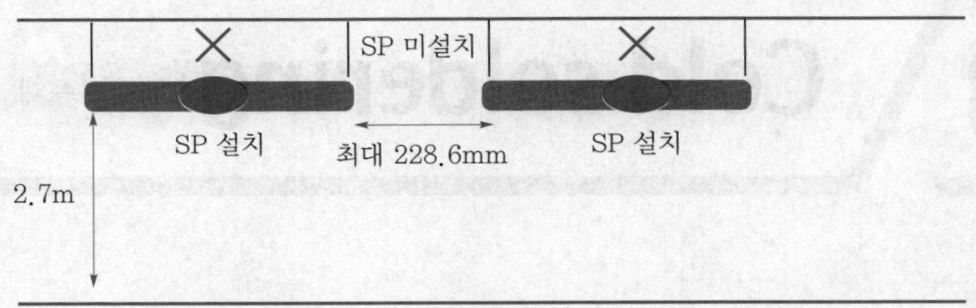

| 설치 예 |

3) 다음 요구조건을 만족하여야 한다.

① 헤드는 속동형(quick response)이어야 한다.

② 떠 있는 반자의 높이는 6.1m 이하이어야 한다.

③ 떠 있는 반자의 형태 : Smooth ceiling construction(A.3.3.43.2(3))

4) 떠 있는 반자 상부 : 불연 또는 준불연 재료로 된 구조

SECTION

018 Cold soldering

117회 출제

01 개요

(1) **정의**: 스프링클러헤드가 부적절하게 설치되어 한 개 헤드의 소화수가 다른 헤드의 감열체를 직접 냉각하여 헤드의 동작이 지연되는 현상이다.

(2) **문제점**

1) 화재 조기진압이 어렵다($ADD < RDD$).

2) 화재가 확대되어 소화에 실패할 수 있다.

02 발생원인

(1) **래크식 창고의 라지드롭 헤드를 수직으로 설치할 경우**: 상단부의 헤드에서 방사된 물이 하단부의 헤드를 직접 적시므로 하부의 헤드가 냉각되어 개방되지 않는다.

(2) **경사지붕**

1) **중앙에 설치된 헤드보다 낮게 설치된 측면부의 헤드**: 중앙에 설치된 헤드에서 방사된 물이 측면부측 헤드를 직접 적시므로 측면부에 설치된 헤드가 냉각되어 개방되지 않는다.

2) **경사지붕과 평행하지 않게 설치된 헤드**: 경사형태로 단차가 만들어지기 때문에 상부에 설치된 헤드에 의해 하부의 헤드가 적셔지므로 하부의 헤드가 냉각되어 개방되지 않는다.

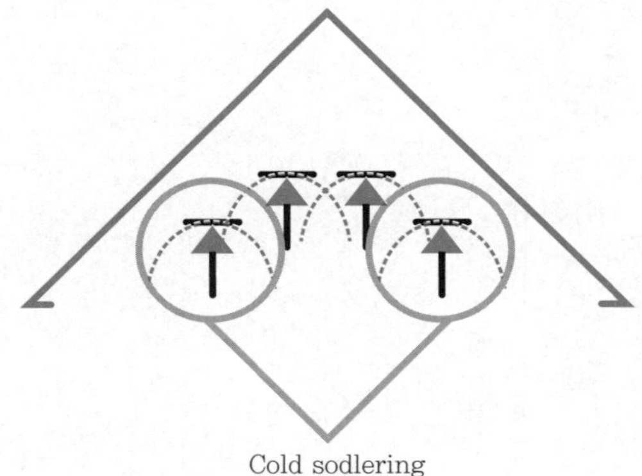

| 경사지붕의 Cold soldering |

(3) **기계실이나 주차장의 경우 천장측에 설치된 헤드 중 덕트 등 장애물로 인한 살수패턴장애를 극복하기 위해 하부에 설치된 헤드**: 상부의 헤드가 하부의 헤드를 적시므로 헤드가 개방되지 않는다.

(4) **헤드의 근접설치**: 6ft(1.83m) 이상 이격

(5) **퓨즈형 헤드(플러시, 원형)**: 온도가 완만히 상승하는 저성장 화재가 발생할 때 스프링클러 헤드가 완전히 개방되지 않고 스프링클러 헤드 내 감지부(감열체)가 녹다 만 상태로 응고되면서 물이 제대로 방출되지 않는 현상이 발생한다.

03 대응방안

(1) **래크식 창고**: In rack 헤드를 설치한다.

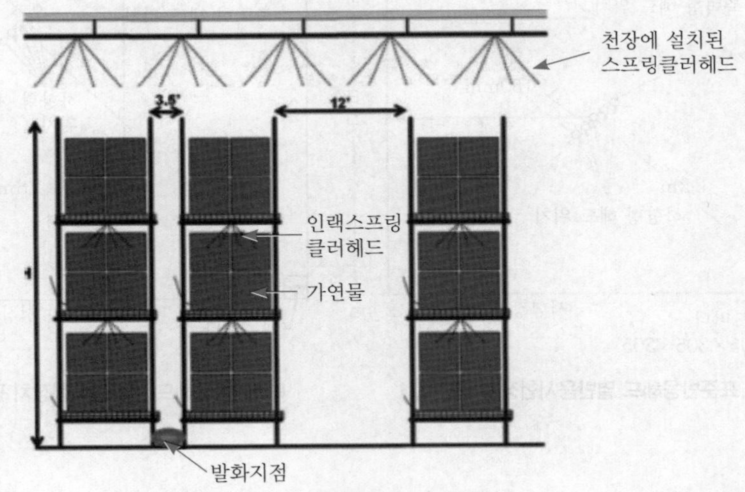

❙ 인랙헤드의 설치 ❙

(2) 헤드 간 간격이 1.8m 이하인 경우 Cold soldering effect를 방지하기 위하여 차폐판을 설치(NFPA 13-2019 10.2.5.4.2)한다.

1) 폭 20cm, 높이 15cm 이상

2) 상단: 상향형 헤드보다 5~7.5cm 높게 설치한다.

3) 하단: 하향형 헤드보다 낮게 설치한다.

4) 헤드동작 시 영향을 받지 않는 재질을 사용한다.

(3) **열반응시험** 130회 출제 : 헤드의 신뢰성을 높여서 Cold soldering effect를 방지한다.

1) 기준: UL199의 Room heat test

2) 시험방법: 가로·세로 4.6m, 높이 2.4m 크기 공간 내 천장부 중앙 등에 물이 채워진 스

프링클러헤드를 설치하고 화재를 가정해 작동 여부를 확인하는 시험이다. 이 시험에서는 우선 5개의 스프링클러헤드를 천장에 설치하고 천연가스(메탄가스)를 공급하는 샌드버너를 점화시킨다. 그리고 일정 가스유량으로 조정한 뒤 온도와 시간을 측정하면서 헤드의 정상 작동 여부를 확인한다.

표시온도 구분		작동시간
표준반응	57~77	231초 이하
	79~107	189초 이하
조기반응		75초 이하

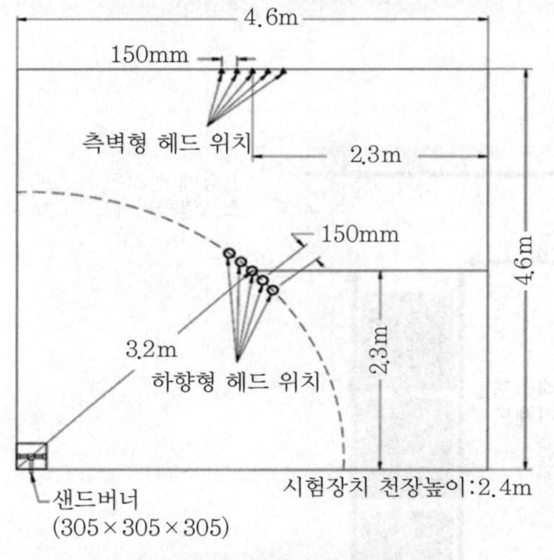

| 표준반응헤드 열반응시험장치 평면도 |

| 조기반응헤드 열반응시험장치 평면도 |

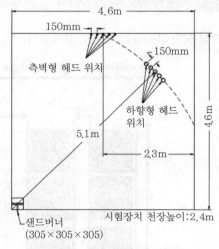

SECTION

019 제연과 스프링클러

01 개요

제연설비와 스프링클러설비가 서로의 성능에 영향을 줄 수 있기 때문에 설치 시 상호 간섭에 의한 성능저하가 발생하지 않도록 설계하고, 유지관리하는 것이 중요하다.

02 제연과 스프링클러의 상호영향

(1) 스프링클러설비가 제연설비에 미치는 영향

1) 연기배출량 감소 : 스프링클러의 소화수에 의한 연기의 냉각으로 연기층이 하강하며, 따라서 연기와 청결층 공기의 혼합된 기체를 배출한다.

2) Smoke-logging 118회 출제

① 정의 : Log는 물에 젖어 무거워진 것을 뜻하며, 연기가 물에 의해 젖어 하강하는 것을 의미한다.

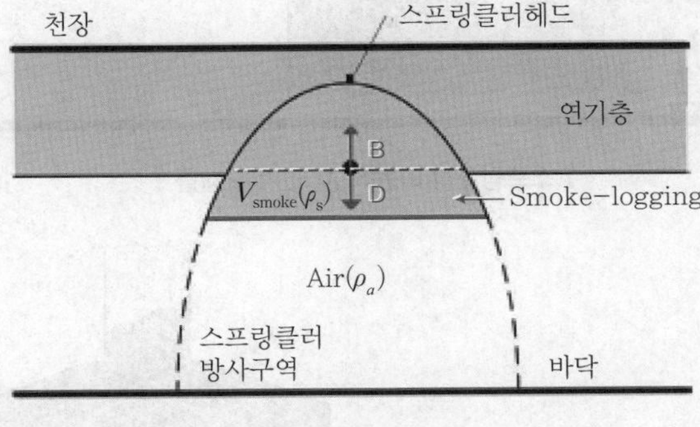

| Smoke-logging[22] |

② 주요 원인

㉠ 냉각효과(cooling effect)

㉡ 연기층의 항력(drag force)의 영향요소 : 물방울의 크기, 물방울의 속도, 항력계수

22) Schematic of instability criterion from Bullen theory

③ 두꺼운 연기층 형성 시 소화수가 방출되는 경우

㉠ 소화수에 의한 냉각

㉡ 연기층의 온도 하락

㉢ 연기층의 부력 감소

㉣ 증발된 수증기와 미립자가 연기층과 혼합되면 연기층 부피 팽창

㉤ 팽창된 부분만큼 연기배출량이 부족해져 연기층 하강(smoke logging) 발생

④ 얇은 연기층 형성 시 소화수가 방출되는 경우

㉠ 소화수에 의한 냉각이 이루어지지만 얇은 연기층으로 인해 효과가 낮음

㉡ 연기층 낮은 온도 하락

㉢ 연기층 낮은 부력 감소

㉣ 낮은 연기층 부피 팽창

㉤ 연기층 하강(smoke logging)이 발생하지 않음

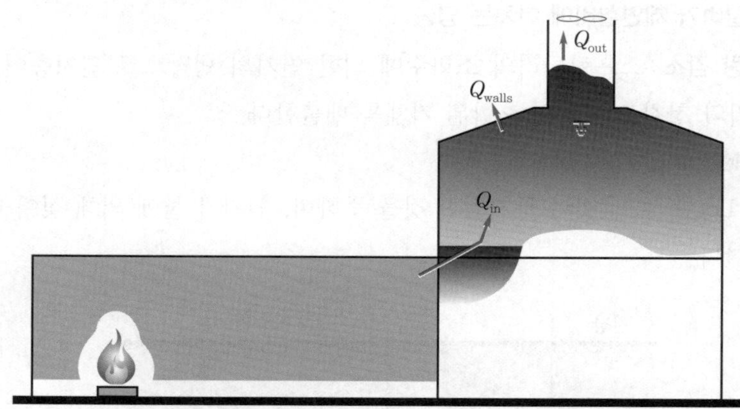

| 스프링클러 미동작 시 연기층 배출 |

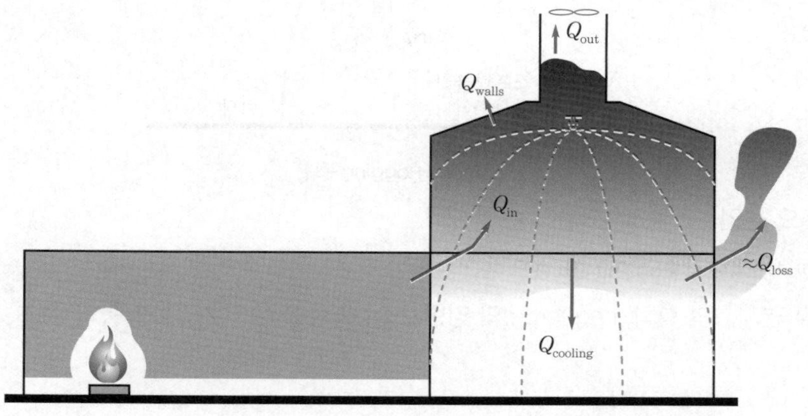

| 스프링클러 동작 시 Smoke logging 발생 |

(2) 제연설비동작이 스프링클러헤드에 미치는 영향

1) 스프링클러헤드의 작동 지연 및 작동 헤드수 증가
2) Skipping 현상 발생

(3) 화재 조기진압용 스프링클러설비의 환기구(NFTC 103B)

1) 공기의 유동으로 인하여 헤드의 작동온도에 영향을 주지 않는 구조이어야 한다.
2) 화재감지기와 연동하여 동작하는 자동식 환기장치를 설치하지 않아야 한다. 단, 자동식 환기장치를 설치할 경우에는 최소 작동온도가 180℃ 이상이어야 한다.

(4) Smoke logging 발생 시 문제점

1) 청결층 미확보로 인해 피난안정성과 소화활동 지원을 못하는 한계를 가진다.
2) 무거운 독성 가스가 다량으로 하강하여 독성에 의한 2차 피해가 발생할 가능성이 크다.

SECTION 020

스프링클러설비의 배관

01 배관

(1) 스프링클러배관의 재질

사용압력	배관의 종류
1.2MPa 이하	배관용 탄소강관(KS D 3507)
	이음매 없는 동 및 동합금(KS D 5301)
1.2MPa 이상	압력배관용 탄소강관(KS D 3562)
	배관용 아크용접 탄소강관(KS D 3583)
위와 동등 이상의 강도 · 내식성 및 내열성을 가진 것	
소방용 합성수지관(지하, 내화구조, 천장에 준불연 이상 습식)	

(2) 스프링클러 급수배관의 설치기준

1) 배관

① 전용으로 할 것

② 예외(or) : 겸용 가능

㉠ 스프링클러설비 기동장치의 조작과 동시에 다른 설비의 용도에 사용하는 배관송수를 차단할 수 있을 경우

㉡ 스프링클러설비의 성능에 지장이 없는 경우

2) 급수를 차단할 수 있는 개폐밸브

① 개폐표시형

② 펌프의 흡입측 배관에는 버터플라이밸브 외의 개폐표시형 밸브를 설치하여야 한다.

3) 배관의 구경

① 수리계산 : 가지배관의 유속은 6m/s, 그 밖의 배관의 유속은 10m/s를 초과할 수 없다.

② 규약배관방식 : 표 2.5.3.3의 기준에 따라 설치한다.

NFPA 13의 경우 각각 헤드의 시 방수량을 계산한 후 수원의 양을 계산하므로 관경을 작게 하여 유속을 증가시켜 설계하면 결과적으로 수원의 양이 증가하므로 유속이 자동조절(self correction)되는 기능이 있다. NFTC의 경우 제한하는 이유는 수원의 양은 손실과 관계없

이 일정하므로 유속제한(관경 제한)이 없으면 자동조절이 없으므로 모든 배관을 최소 구경인 25mm로 설계할 수 있으므로 제한을 두고 있다.

4) 수평주행배관(feed mains) : 직접 또는 라이징 니플(rising nipple)을 통하여 교차배관에 급수하는 배관

5) 입상관 : 스프링클러설비의 모든 수직 급수배관(rising nipple 제외)

6) 교차배관(cross mains)

① 정의 : 수평주행배관 중 가지배관에 소화용수를 공급하는 배관

② 가지배관의 하부 또는 측면에 설치되어 가지배관과 교차되는 배관

7) 가지배관(branch lines) : 스프링클러헤드가 연결된 배관

(3) 펌프흡입측 배관의 설치기준

1) 공기고임이 생기지 않는 구조로 하고 여과장치를 설치하여야 한다.

2) 수조가 펌프보다 낮게 설치된 경우 : 각 펌프(충압펌프를 포함)마다 수조로부터 별도로 설치하여야 한다.

3) NFPA 20

① 흡입측 배관이 정격용량의 150%로 흡입될 경우 : 흡입배관구경의 10배 내에 위치한 배관의 속도는 4.57m/s(15ft/s) 이하이어야 한다.

② OS & Y 밸브 이외의 밸브는 펌프흡입 플랜지의 15.3m(50ft) 이내에 흡입배관에 설치해서는 안 된다.

다른 밸브도 설치가 가능하다. 단, 15.3m(50ft) 이상 이격하여 설치한다.

(4) 연결송수관설비의 배관과 겸용할 경우 배관설치기준

1) 주배관은 구경 100mm 이상으로 한다.

2) 방수구로 연결되는 배관의 구경은 65mm 이상으로 한다.

(5) 펌프의 성능시험배관 설치기준

1) 위치 : 성능시험배관은 펌프의 토출측에 설치된 개폐밸브 이전에서 분기하여 설치한다.

2) 밸브 : 유량측정장치를 기준으로 전단 직관부에 개폐밸브를, 후단 직관부에는 유량조절밸브를 설치한다.

3) 유량측정장치는 성능시험배관의 직관부에는 설치하되, 펌프의 정격토출량의 175% 이상 측정할 수 있는 성능이 있어야 한다.

(6) 순환배관 설치기준

1) 목적과 위치 : 가압송수장치의 체절운전 시 수온상승을 방지하기 위하여 체크밸브와 펌프 사이에서 분기한 구경 20mm 이상의 배관을 설치한다.

2) 릴리프밸브 : 순환배관에 체절압력 이하에서 개방되는 릴리프밸브를 설치한다.

순환배관에는 절대로 개폐밸브로 설치해서는 안 된다. 왜냐하면 폐쇄 시 과열현상이 발생할 수 있기 때문이다.

(7) 동결방지조치를 하거나 동결의 우려가 없는 장소에 설치한다.

(8) 배관은 다른 설비의 배관과 쉽게 구분할 수 있는 위치에 설치한다.

배관 표면 또는 배관보온재 표면의 색상은 「한국산업표준(배관계의 식별표시, KS A 0503)」 또는 적색으로 식별할 수 있도록 소방용 설비의 배관임을 표시하여야 한다.

KS A 0503(배관계의 식별 표시) : 증기(어두운 적색), 공기(백색), 가스(황색), 산 또는 알칼리(회색), 물(청색), 기름(어두운 황적색), 전기(엷은 황색)

(9) 확관형 분기배관을 사용할 경우에는 소방청장이 정하여 고시한 「분기배관의 성능인증 및 제품검사의 기술기준」에 적합한 것으로 설치하여야 한다.

분기배관 130회 출제 : 배관 측면에 구멍을 뚫어 2 이상의 관로가 생기도록 가공한 배관

① 확관형 분기배관 : 배관의 측면에 조그만 구멍을 뚫고 인발 등의 소성가공으로 확관시켜 배관이음자리를 만들거나 배관용접이음자리에 배관이음쇠를 용접이음한 배관

② 비확관형 분기배관 : 배관의 측면에 분기배관의 내경 이상 구멍을 뚫고 배관이음쇠를 용접이음한 배관

③ 표시사항 : 분기배관에는 다음의 사항을 금속제 또는 은박지 명판 등을 사용하여 보기 쉬운 부위에 잘 지워지지 않도록 표시하여야 한다. 단, 설치방법과 품질보증내용의 경우에는 포장 또는 취급설명서 등에 표시할 수 있다.

㉠ 성능인증번호 및 모델명

㉡ 제조자 또는 상호

㉢ 치수 및 호칭(분기관 직근에 치수와 호칭이 별도로 표시되어 있는 때에는 생략할 수 있다)

㉣ 제조년도, 제조번호 또는 로트번호

㉤ 스케줄(schedule) 번호(해당되는 배관에 한함), 배관재질 또는 KS 규격명

㉥ 설치방법(용접 이음부를 베벨엔드로 가공하지 아니한 경우에는 반드시 '그루브 모양을 KS B 0052(용접기호)의 √모양이 되도록 가공한 후 용접이음할 것' 등의 내용을 포함시킬 것)

㉦ 품질보증내용 및 취급 시 주의사항 등

(10) 행가 설치기준

1) 가지배관

① 헤드의 설치지점 사이마다 1개 이상의 행가 설치

② 헤드 간의 거리가 3.5m를 초과하는 경우 : 3.5m 이내마다 1개 이상 설치

③ 상향식 헤드와 행가 사이의 간격 : 8cm 이상

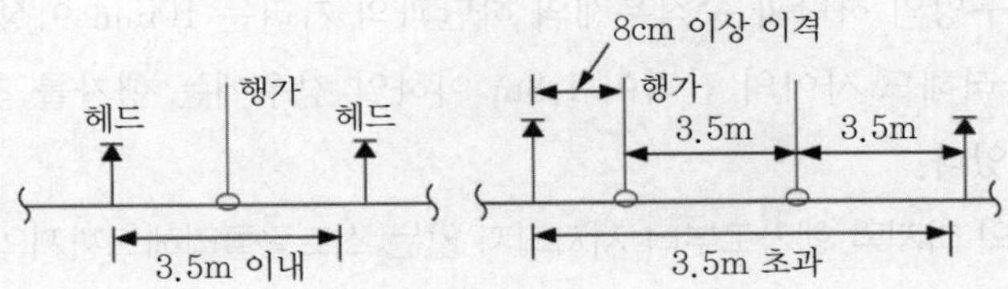

2) 교차배관

① 가지배관과 가지배관 사이마다 1개 이상 설치

② 가지배관 사이의 거리가 4.5m를 초과하는 경우 : 4.5m 이내마다 1개 이상 설치

3) 수평주행배관 : 4.5m 이내마다 1개 이상 설치

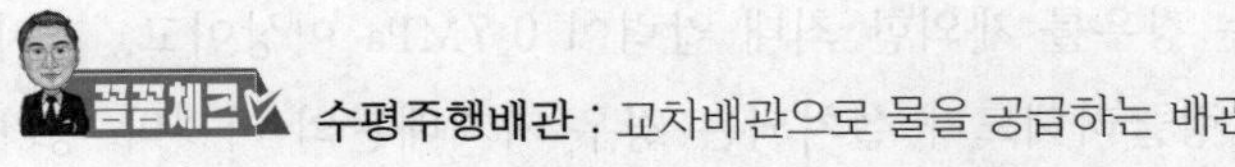

수평주행배관 : 교차배관으로 물을 공급하는 배관

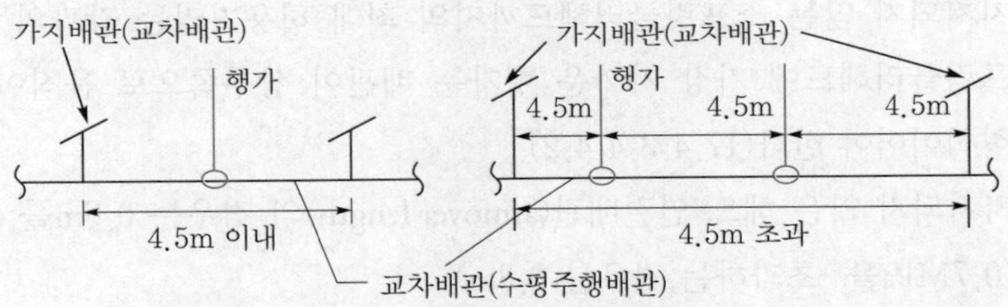

4) NFPA 13의 행가설치방법

① 스프링클러설비의 배관을 지지하는 행가의 하중지지 : 지지점에서 물과 배관 무게의 5배 + 114kg 이상

② 지지점 : 스프링클러설비 배관을 지지할 수 있는 구조

③ 행가의 재질 : 철재

④ 설치거리(17.4.2)

구분	배관구경[mm]											
	20	25	32	40	50	65	80	90	100	125	150	200
강관	NA	3.7	3.7	4.6	4.6	4.6	4.6	4.6	4.6	4.6	4.6	4.6
CPVC	1.7	1.8	2.0	2.1	2.4	2.7	3.0	NA	NA	NA	NA	NA

여기서, NA : 허용하지 않음

⑤ 볼트 또는 봉용 구멍은 볼트 또는 봉의 직경보다 1.6mm 더 커야 한다.

⑥ 볼과 로드에는 평 와셔와 너트가 제공되어야 한다.

⑦ 금속데크(17.4.1.4)

㉠ 아래의 가지배관용 행가는 직경 25mm 이하의 배관의 지지에만 허용되며, 금속 데크에 구멍을 뚫어 관통 볼트를 체결하여 사용한다.

㉡ 볼트 구멍의 하단과 수직부재의 하단과의 거리는 10mm 이상이어야 한다.

⑧ 스프링클러헤드 사이의 간격이 1.8m 이하일 경우에는 행가를 최대 3.7m 이내로 설치할 수 있다.

⑨ 가지배관의 마지막 행가로부터 지지되지 않는 스프링클러헤드까지의 최대 허용거리

강관 구경	최대 허용거리
25mm	0.9m
32mm	1.2m
40mm 이상	1.5m

⑩ 송수구로부터 이송되는 경우를 제외한 최대 압력이 0.7MPa 이상이고, 가지배관에 상향형, 하향형의 스프링클러헤드가 설치되는 경우 가지배관의 마지막 행가로부터 지지되지 않는 스프링클러헤드까지의 최대 허용거리는 강관의 경우 0.3m이다. 스프링클러헤드에 가장 가까운 행가는 배관이 상부쪽으로 움직이는 것을 잡아 주는 형식이어야 한다(17.4.3.4.4.2).

⑪ 지지되지 않은 헤드 연결배관(armover length)의 경우는 0.6m를 초과해서는 안 된다(0.7MPa을 초과하는 경우는 0.3m).

⑫ 측벽형 헤드는 움직이지 않도록 지지해주어야 한다.

⑬ 1.2m 이상의 가지배관은 옆으로 움직이지 않도록 지지해주어야 한다.

⑭ 입상배관(17.4.5)

㉠ 입상배관지지용 클램프로 지지하거나 입상배관 중심으로부터 수평으로 0.6m 이내에서 행가로 지지하여야 한다.

㉡ 수평위치에서 행가로드를 사용하여 벽에 입상클램프를 고정시키는 것은 허용되지 않는다.

㉢ 지지 사이의 거리는 최대 7.6m 이내로 한다.

02 가지배관의 배열

(1) 토너먼트(tournament)방식이 아니어야 한다.

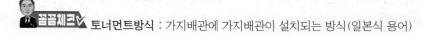

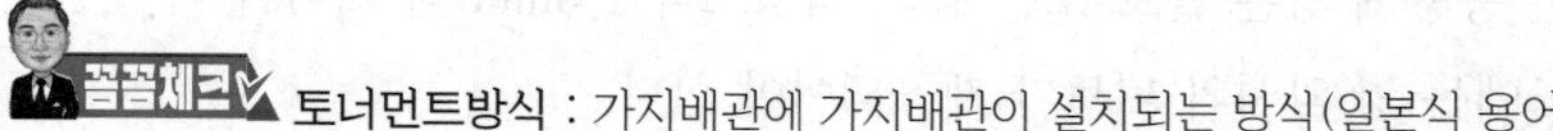

토너먼트방식 : 가지배관에 가지배관이 설치되는 방식(일본식 용어)

(2) 교차배관에서 분기되는 지점을 기점으로 한쪽 가지배관에 설치되는 헤드의 개수

1) 원칙 : 8개 이하

2) 예외

① 기존의 방호구역 안에서 칸막이 등으로 구획하여 1개의 헤드를 증설하는 경우

② 습식 스프링클러에 격자형 배관방식을 채택하는 때에는 펌프의 용량, 배관의 구경 등을 수리학적으로 계산한 결과 헤드의 방수압 및 방수량이 소화목적을 달성하는 데 충분하다고 인정되는 경우

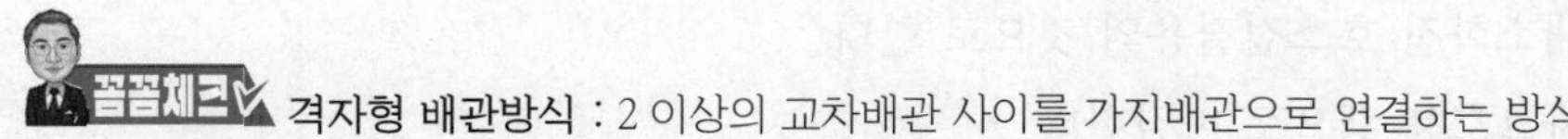

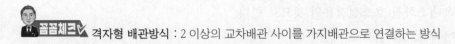

격자형 배관방식 : 2 이상의 교차배관 사이를 가지배관으로 연결하는 방식

(3) 가지배관과 스프링클러헤드 사이의 배관을 신축배관으로 하는 경우

1) 최고 사용압력은 1.4MPa 이상이어야 하고, 최고 사용압력의 1.5배 수압에 변형·누수되지 않아야 한다.

2) 진동시험

① 진폭을 5mm, 진동수를 초당 25회로 하여 6시간 동안 작동시킨 경우

② 매초 0.35MPa부터 3.5MPa까지의 압력변동을 4,000회 실시한 경우에도 변형·누수되지 않아야 한다.

3) 신축배관의 설치길이는 NFTC 103 2.5.9.3(천장·반자·천장과 반자 사이·덕트·선반 등의 각 부분으로부터 하나의 스프링클러헤드까지의 수평거리)의 거리를 초과하지 않아야 한다.

신축배관

① 정의 : 배관의 설치를 용이하게 하기 위하여 배관이 쉽게 구부러지는 특성을 가진 가요성 배관(flexible tube)

② 구성 : 플렉시블 배관, 접합부, 헤드연결용 리듀서 접속부

③ 신축배관 길이제한 : 습식, 건식 및 준비작동식 스프링클러 설비에 적용이 가능하지만 신축배관의 길이가 너무 길면 굴곡 부위 등으로 인해 배관의 마찰손실이 크게 증가하여 유수의 흐름을 방해한다.

03 교차배관의 위치 · 청소구 및 가지배관의 헤드설치의 설치기준

(1) 교차배관의 설치

1) 가지배관과 수평으로 설치하거나 가지배관 밑에 설치한다.

2) 배관의 최소 구경 : 40mm 이상(예외 : 패들형 유수검지장치를 사용하는 경우에는 교차배관의 구경과 동일하게 설치)

(2) 청소구의 설치

1) 교차배관 끝에 개폐밸브 설치(or)

① 호스접결이 가능한 나사식

② 고정배수 배관식

2) 나사식의 개폐밸브

① 옥내소화전 호스접결용의 것으로 한다.

② 나사보호용 캡으로 마감한다.

3) 앵글밸브 : 40mm 이상

4) 청소구의 사용용도

① 배관 설치 시에는 배관 내 플러싱에 사용한다.

② 오랜 시간이 경과한 후에는 배관 내 스케일 발생 시 배관 내부를 세척하는 용도로 사용한다.

(3) 하향식 헤드의 설치

1) 가지배관부터 헤드에 이르는 헤드접속배관은 가지관 상부에서 분기하여야 한다(클로깅 방지).

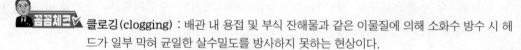

클로깅(clogging) : 배관 내 용접 및 부식 잔해물과 같은 이물질에 의해 소화수 방수 시 헤드가 일부 막혀 균일한 살수밀도를 방사하지 못하는 현상이다.

2) 예외 : 소화설비용 수원의 수질이 「먹는물관리법」 제5조의 규정에 따라 먹는 물의 수질기준에 적합하고 덮개가 있는 저수조로부터 물을 공급받는 경우에는 가지배관의 측면 또는 하부에서 분기할 수 있다.

먹는 물의 관리방법

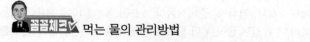

① 소화수조와 생활용 수조 분리 : 불가피한 경우 겸용

② 수조 내부의 청소 : 연 2회 이상

③ 월 1회 이상 수원의 15~20% 주기적 교체

④ 수질관리를 위한 정수장치 설치

⑤ 콘크리트 수조인 경우 : 수질에 영향을 미치지 않는 재질로 내부마감

04 수직배수배관

(1) **구경** : 50mm 이상

(2) **예외** : 수직배관의 구경이 50mm 미만인 경우에는 수직배관과 동일한 구경

(3) NFPA 13[23)]

수직 또는 주배관경[mm]	연결배수관의 관경[mm]
50 이하	20 이상
65, 80, 90	32 이상
100 이상	50(only)

05 주차장의 스프링클러설비

(1) 습식 외의 방식으로 설치한다.

(2) **예외** : 습식으로 할 수 있는 경우

1) 동절기에 상시 난방이 되는 곳이거나 그 밖에 동결의 염려가 없는 곳

2) 스프링클러설비의 동결을 방지할 수 있는 구조 또는 장치가 된 곳

06 스프링클러설비 배관의 배수를 위한 기울기

(1) **습식 스프링클러설비의 배관**

1) 수평으로 할 것

2) 배관의 구조상 소화수가 남아 있는 곳에는 배수밸브를 설치하여야 한다.

(2) **습식 스프링클러설비 외의 설비**

1) 헤드를 향하여 상향으로 설치한다.

① 수평주행배관의 기울기 : 500분의 1 이상

② 가지배관의 기울기 : 250분의 1 이상

2) 배관의 구조상 기울기를 줄 수 없는 경우 : 배수를 원활하게 할 수 있도록 배수밸브를 설치한다.

23) NFPA 138.16.2.4.2

SECTION

021 시험장치

120·110·105회 출제

01 화재안전기술기준의 시험장치

시험장치는 습식, 건식 및 부압식에는 해당 장치를 시험할 수 있는 시험장치를 설치해야 한다.

(1) 설치위치

1) 습식, 부압식 : 유수검지장치 2차측 배관에 연결하여 설치한다.

2) 건식 : 유수검지장치에서 방수압력이 가장 낮은 헤드가 있는 가지배관의 끝으로부터 연결하여 설치한다(유수검지장치 2차측 설비의 내용적이 2,840L를 초과하는 경우 시험장치 개폐밸브를 완전 개방한 후 1분 이내에 물이 방사되어야 함).

(2) 시험장치 배관구경 : 25mm 이상

(3) 시험장치 배관 끝에 설치해야 하는 시설

1) 개폐밸브, 개방형 헤드 또는 스프링클러헤드와 동등한 방수성능을 가진 오리피스

2) 물받이통, 배수관

① 시험 중 방사된 물이 바닥에 흘러내리지 않도록 할 것

② 예외 : 목욕실·화장실 또는 그 밖의 곳으로서 배수처리가 쉬운 장소에 시험배관을 설치한 경우

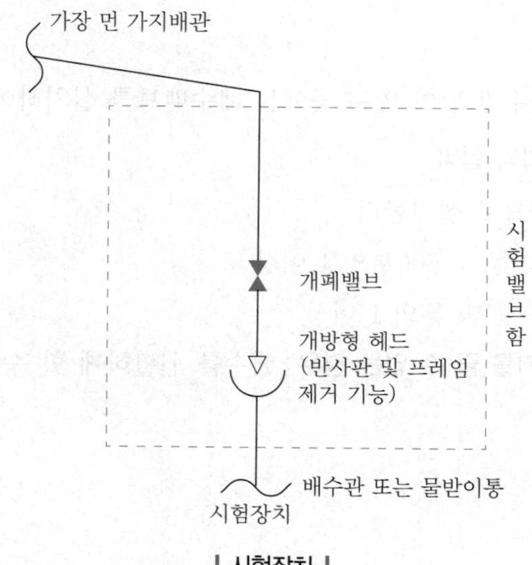

| 시험장치 |

(4) 설치목적

1) 유수검지장치 작동 여부 확인

2) 수신반의 화재표시등, 알람밸브 작동표시등 : 점등 및 경보 여부 확인

3) 해당 방호구역의 음향경보장치 작동 여부 확인

4) 기동용 수압개폐장치의 작동에 따른 가압송수장치의 자동기동 여부 확인

(5) 간이스프링클러 : 유수검지장치를 사용하는 경우 스프링클러와 동일한 설치규정을 적용한다.

02 NFPA 13

(1) 습식 설비(2022. 16.14.1*)

1) 설치목적 : 헤드 개방 시 습식 밸브 경보 확인

2) 설치위치 : 시험장치는 유수검지장치 2차측 어느 곳에 설치하여도 된다. 단, 접근이 쉬운 장소이어야 한다.

3) 설치기준

① 배관 직경 : 25mm 이상

② 오리피스 : 설치된 스프링클러헤드 방수량보다 작거나 동일하고 내식성이 있는 것을 설치한다.

③ 설치위치 : 바닥으로부터 2.1m 이내(국내의 0.8~1.5m와 같은 개념)

4) 시험장치의 목적이 스프링클러헤드 1개 동작 시 경보장치가 경보를 정상적으로 울릴 수 있는지 여부를 확인하는 것이므로 접근이 쉽고 결빙의 우려가 없는 유수검지장치 주변에 설치가 가장 좋은 방법이다.

5) 가장 먼 가지배관에 시험장치를 설치할 경우 경보시험을 할 때마다 산소가 스프링클러설비 배관의 광범위한 부분에 걸쳐 흡입되어 배관의 부식을 촉진한다.

(2) 건식 설비(2022. 16.14.2*)

1) 설치목적 : 헤드작동 시 방수가 시작되는 시간을 측정한다.

2) 설치위치 : 가장 멀리 있는 가지배관 말단에 설치한다.

3) 설치기준

① 배관 직경 : 25mm 이상

② 오리피스 : 설치된 스프링클러헤드 방수량보다 작거나 동일하고 내식성이 있는 것을 설치한다.

③ 압축공기누설 및 건식 밸브의 오동작 방지 : 밸브를 플러그 또는 니플 및 캡으로 봉인한다.

④ 플러그 대신에 니플과 캡 사용 가능 : 미사용 시 공기의 누설 및 건식 밸브의 우발적인 작동을 방지

(3) 준비작동식 설비(2019. 16.14.3)

1) Single 인터록 설비 : 배관파손 감시용 공기를 넣는 경우에 설치한다.

2) Double 인터록 설비 : 건식 밸브와 동일한 규정을 적용하여 방수시간 측정을 한다.

3) Non 인터록 설비 : 동작시험

① 설치대상 : 동작기동용 공기를 넣을 때 설치한다.

② 설치위치 : 가장 멀리 있는 가지배관 말단에 설치한다.

③ 설치기준 : 건식 밸브와 동일한 규정을 적용한다.

(4) 설비별 설치목적과 위치

설비	목적	설치위치
습식	습식 밸브 경보 확인	동결 우려가 없는 장소
건식	방수 시작시간 확인	가장 멀리 있는 가지배관 말단
준비작동식(더블인터록)	방수 시작시간 확인	가장 멀리 있는 가지배관 말단

(5) 일제개방식 설비 : 필요 없음

(6) 유수경보 : 유수흐름이 발생하고 5분 이내에 연속적인 가청경보가 울려야 한다(NFPA 13(2022)N A.7.7.1).

NFPA 13은 준비작동식 스프링클러설비의 헤드 수량이 20개 이상인 경우에는 배관의 이상(파손) 유무를 감시하도록 규정하고 있다.

SECTION

022 플러싱(flushing)

01 개요

(1) **정의** : 배관 내의 이물질을 제거하기 위해 물이나 공기를 이용하여 청소하는 것이다.

(2) **필요성** : 배관에 이물질이 있어 유수의 흐름을 방해하면 설계 시 수량이 나올 수 없으므로 소화성능 저하를 유발할 수밖에 없다. 따라서, 배관의 원활한 유지관리를 위해 필요하다.

02 플러싱(flushing)

(1) 목적

1) 시공 시 : 배관작업 시 이물질 제거

2) 유지관리 시 : 배관 내 스케일 등 불순침전물 등 제거

(2) 방법

1) 수력법 : 물의 흐름방향으로 물을 공급하면서 배관 내 이물질이 배관 말단부 쪽으로 나오도록 하면서 청소하는 방법

2) 수력－공기압법 : 수력법의 반대방향으로 물과 공기를 섞어 보내며 청소하는 방법

(3) **유량** : 유속 3.1m/s 이상을 낼 수 있는 유량으로 실시한다.

SECTION

023 차폐판(baffle plate)

01 개요

(1) 하나의 스프링클러헤드의 방수가 인접한 스프링클러헤드의 작동요소에 부딪혀서 헤드의 작동을 지연시키거나 방해할 가능성을 최소화하기 위해 헤드와 헤드 사이에 차폐판(baffle plate)을 설치한다.

(2) **목적 :** Skipping 또는 Cold soldering 방지

02 설치기준

(1) **화재안전기준 :** 상부에 설치된 헤드의 방출수에 따라 감열부에 영향을 받을 우려가 있는 헤드에는 방출수를 차단할 수 있는 유효한 차폐판을 설치한다.

(2) NFPA 13(2019 10.2.5.4.2)

1) 헤드 간 최소 이격거리(표준형 1.8m) 이상

2) 다음과 같은 경우는 최소 이격거리(표준형 1.8m) 이하로 할 수 있다.

① 차폐판을 헤드의 작동요소를 보호하도록 배치

② 스프링클러 작동 전후에 고정되어 있는 단단한 재료

③ 차폐장치 : 폭 20cm, 높이 15cm 이상

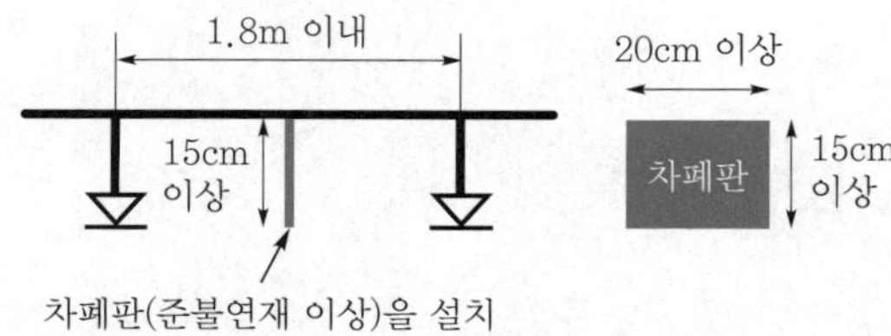

| 차폐장치(baffle plate) |

④ 차폐장치의 설치위치

㉠ 상향형 헤드 : 상부는 헤드보다 5~7.5cm 높게 설치

㉡ 하향형 헤드 : 하부는 헤드의 디플렉터 높이 이하로 설치

1. **인랙형 스프링클러는 1.8m 미만으로 배치** : 인랙은 천장이 아닌 화재에 근접하여 설치되기 때문에 차폐판이 없이도 하부의 헤드가 먼저 동작해 Cold soldering 등이 발생하지 않는다.
2. **집열판(heat collector)** : NFPA 13 9.5.4.1.4(2019)에서는 집열판을 사용해도 천장과의 이격거리에 완화가 없다. 왜냐하면 스프링클러로 전해지는 열전달의 80%는 대류열전달로, 집열판이 설치된 경우 이것이 오히려 열의 축적을 방해할 수 있기 때문이다.

(3) 일본 소방법

1) **피수방지판** : 다른 헤드에서 살수된 물에 의해 감열부분에 영향을 받는 경우에 설치한다.

2) 종류

① 피수방지판 부착

② 피수방지판 부착형 스프링클러헤드

(4) 차폐판과 피수방지판의 차이

1) 차폐판은 헤드가 1.8m 이내에 근접하여 설치하는 경우에 설치한다.

2) 피수방지판은 헤드가 상하로 설치된 경우에 설치한다.

SECTION 024 스프링클러헤드 설치 제외장소

01 개요

스프링클러헤드의 설치가 제외되는 장소는 크게 헤드의 설치가 전혀 필요하지 않은 장소와 스프링클러헤드를 설치하여도 효율성이 작은 장소, 스프링클러헤드를 설치하였을 때 문제를 일으킬 수 있는 장소로 구분할 수 있다.

02 화재위험이 낮은 장소

불연재료로 된 소방대상물로, 탈 것이 없는 장소에는 다음과 같은 곳들이 있다.

(1) 정수장·오물처리장, 그 밖의 이와 비슷한 장소

(2) 불연재료로 된 특정소방대상물 또는 그 부분

1) 정수장·오물처리장

2) 펄프공장의 작업장·음료수공장의 세정 또는 충전하는 작업장

3) 불연성의 금속·석재 등의 가공공장으로서, 가연성 물질을 저장 또는 취급하지 않는 장소

4) 가연성 물질이 존재하지 않는 방풍실

(3) 실내에 설치된 테니스장·게이트볼장·정구장 또는 이와 비슷한 장소로서, 실내 바닥·벽·천장이 불연재료 또는 준불연재료로 구성되어 있고 가연물이 존재하지 않는 장소로서 관람석이 없는 운동시설(지하층은 제외)

(4) 펌프실, 물탱크실, 엘리베이터 권상기실

(5) 공동주택 중 아파트의 대피공간

03 스프링클러헤드를 설치하여도 효율성이 작은 장소

(1) 반자 내부 115회 출제

대상	재질	기준			
천장과 반자	모두가 불연재	천장과 반자의 거리	2m 이상	반자 내부	가연물 없음
			2m 미만		가연물 존재
	한쪽이 불연재료		1m 미만		
	모두가 불연재가 아닌 재료		0.5m 미만		

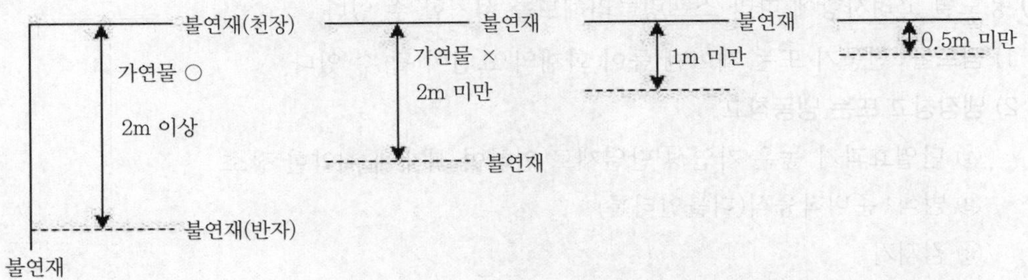

(2) 헤드의 동작이 곤란한 경우 : 20m 이상 현관, 로비

(3) 연소할 우려가 있는 개구부에 드랜처설비 설치

04 스프링클러헤드를 설치하였을 때 문제가 발생할 수 있는 장소

(1) 헤드 설치 시 장소의 이용목적을 크게 제한하는 경우

1) 계단실, 옥외 개방복도, 경사로, 비상용 승강기의 승강장 : 피난의 장애
2) 병원의 수술실, 응급처치실
3) 승강기 승강로

(2) 헤드 동작 시 장비의 파손을 유발하는 경우

1) 통신기기실, 전자기기실
2) 발전실, 변전실, 변압기, 기타 이와 유사한 전기설비가 설치된 장소
3) 고온의 노가 설치된 장소 또는 물과 격렬하게 반응하는 물품의 저장 또는 취급장소

(3) 영하의 냉장창고의 냉장실 또는 냉동창고의 냉동실

05 기타

파이프덕트(파이프·덕트를 통과시키기 위한 구획된 구멍에 한함)·직접 외기에 개방되어 있는 복도·기타 이와 유사한 장소

06 검토

기타 장소에 대한 NFPA 13 기준은 다음과 같다.

(1) 최하층 계단참의 경우 일반적으로 물건 적치 가능성이 크므로 헤드를 설치한다.

(2) 용도별 고려사항에 따라 스프링클러헤드를 설치할 수 있다.

1) **펌프실** : 전동기 또는 제어반 등이 화재의 요인이 될 수 있다.

2) **냉장창고 또는 냉동창고**

① 단열효과가 높은 가연성 단열재로 인하여 화재에 취약한 장소

② 방식 : 준비작동식(더블인터록)

③ 감지기

㉠ 정온식 감지기

㉡ 감지기의 표시온도는 헤드보다 낮아야 한다.

④ 배관

㉠ 배관 내 압축공기 또는 질소로 가압한다.

㉡ 압축공기는 Air dryer filtering를 통해 습기 및 먼지 등을 제거한다.

㉢ 오작동 시 배관 내 물이 빨리 배수가 되도록 배관분리가 가능하고 배관기울기를 통한 배수가 원활하게 한다.

3) **승강기의 승강로 및 파이프덕트 등** : 화재 발생 시 화재 전파 및 확산의 통로로 이용될 수 있다.

07 결론

스프링클러헤드 설치 제외장소는 스프링클러헤드의 설치가 전혀 필요하지 않은 장소, 스프링클러헤드를 설치하여도 효율성이 작은 장소 또는 스프링클러헤드를 설치하였을 때 문제가 발생할 수 있는 장소 등을 열거한 것으로, 스프링클러헤드의 설치를 반드시 제외하기보다는 스프링클러헤드의 설치 여부를 건축물과 연소, 거주자 특성을 고려하여 탄력적으로 적용하여야 한다.

SECTION

025 스프링클러 감지 및 살수장애

01 개요

(1) 스프링클러헤드 장애는 감지장애, 살수패턴장애 2가지로 분류된다. 이러한 장애로 소화성능을 발휘할 수 없게 되거나 소화에 실패할 수 있으므로 이에 대한 적절한 대비가 필요하다.

(2) **NFPA 13과 일본 소방법은 감지장애와 살수장애가 중복되는 경우 :** 감지장애를 더 중요하게 여겨 Three times rule과 $\frac{1}{2}S$를 우선적으로 적용하고 그렇지 못한 경우에는 아래에 추가 설치한다.

02 감지장애 : 스프링클러동작에 장애를 유발하는 요인

(1) 벽에서 10cm 이상 이격

1) 공기의 온도가 정체 공간(dead air space)에 의해 헤드의 동작시간이 길어진다.

2) 메커니즘

① 천장 열기류(ceiling jet flow)가 벽 가까이 접근하면서 밀리는 공기가 벽에 압축되어 저항이 증가한다.

② 천장 열기류의 이동속도가 감소한다.

③ 대류 열전달계수(h)가 감소($h \propto \sqrt{u}$)한다.

④ 열전달량이 감소되므로 헤드의 동작시간이 증가한다.

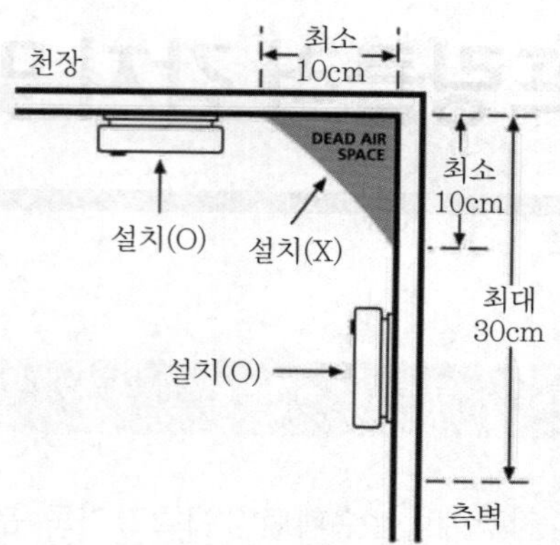

| 스프링클러헤드 설치장소 |

* 위 그림은 연기감지기 설치간격을 설명하지만 스프링클러의 경우도 동일하고 온도가 다른 공간은 스프링클러의 작동에 영향을 줄 수 있다.

(2) 천장에서 30cm 이내에 설치

1) 천장 열기류(ceiling jet flow)의 폭은 천장높이의 5~12% 정도이고 천장높이의 1%에서 온도값이 최고가 된다.

2) 우수한 감지특성을 가지기 위해서는 천장에 가까이 붙일수록 유리하다.

(3) 최소 이격거리(NFPA 13): 주변 스프링클러헤드가 동작하면 물방울이 튀거나 날려서 인접한 스프링클러헤드를 냉각시켜 미작동하게 하는 스키핑현상이 발생할 수 있는데, 최소한의 간격 이상을 유지함으로써 이를 방지할 수 있다.

1) 표준형 : 1.8m 이상

2) ESFR, EC, 주거형 : 2.4m 이상

3) 국내 NFTC의 경우 표준형에 대한 관련 규정이 없다.

(4) 경사천장 제한(ESFR): $\frac{2}{12}$ 이하의 천장에서는 천장면과 반사판이 평행하게 설치되므로 살수패턴의 왜곡이 작으나 그 이상이 되면 왜곡의 우려가 있으므로 경사천장의 경사도를 제한하고 있다.

(5) 감지장애는 헤드동작시간을 지연시켜 화재의 크기가 커짐으로써 화재제어, 진압의 가능성을 감소시킨다.

03 살수패턴장애

(1) 필요성

1) 연구에 의하면 헤드로부터 1.2m 아래에 위치하여야 살수패턴장애가 없는 것으로 확인

되었지만, 현실적으로 설치상 많은 제약이 따르므로 NFPA 13에서는 스프링클러헤드의 아래 450mm 이내에 있는 장애물만 제한하고 있다. 왜냐하면 대부분의 살수패턴은 스프링클러헤드의 반사판에서 시작해서 헤드 아래의 450mm 범위 안에서 물이 어느 정도 안정화되기 때문이다.

2) ESFR과 같은 헤드 : 살수패턴을 형성하기 위해 더욱 넓은 공간(표준형의 2배)이 필요하다.

3) 국내 규정인 NFTC 103의 2.7.7.1 살수가 방해되지 않도록 스프링클러헤드로부터 반경 60cm 이상의 공간을 보유한다. 단, 벽과 스프링클러헤드 간의 공간은 10cm 이상으로 한다.

(2) 살수장애구조(obstructed construction) : 방수를 방해하여 스프링클러헤드의 화재제어 또는 진압능력에 지장을 주는 보, 트러스 또는 기타 구조재 등의 구조

(3) 천장구조물

1) 살수장애구조 부재(이하 장애물) 아래에서는 스프링클러헤드의 반사판을 설치한다.

① 구조부재 아래 25mm에서 150mm에 설치한다.

② 천장과 최대 이격거리 : 550mm

표준형 스프링클러헤드는 감지특성과 살수패턴을 고려했을 때 천장면에서 300mm 이내로 설치하여야 하는데, 장애물에 의한 살수패턴장애를 최소화하기 위해 천장면에서 550mm 이내까지 설치를 허용하고 있다.

2) 천장구조물이 천장으로부터 550mm 이상 아래에까지 설치되는 경우

① 빔룰(beam rule)에 따라 설치한다.

② 반사판은 장애물의 하부와 같거나 상부에 설치하고 천장과 최대 이격거리는 550mm 이내로 한다.

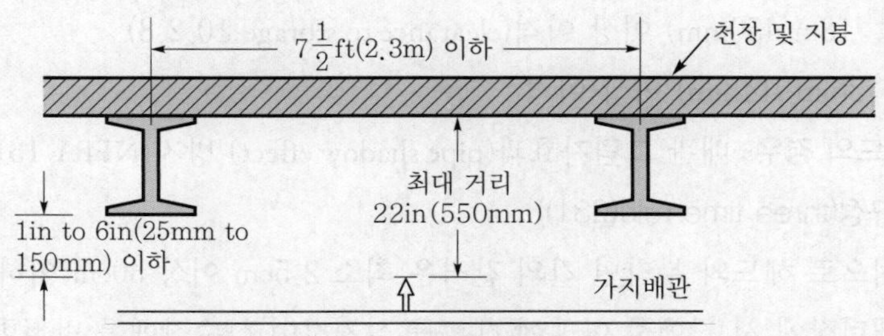

❙ 살수장애 구조부재 아래에 상향형 표준 스프링클러 배치 ❙

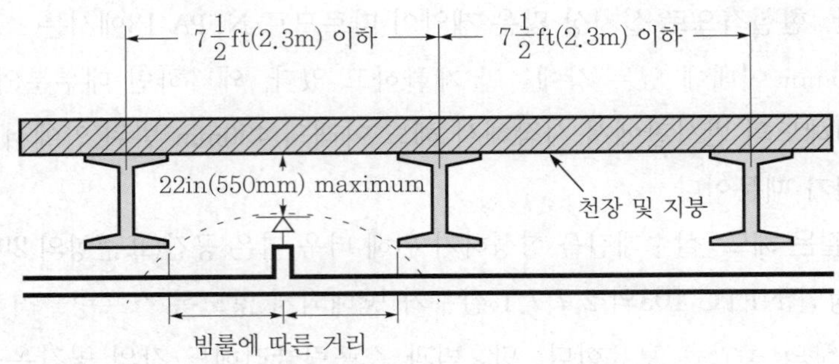

| 스프링클러 반사판이 구조부재의 바닥 위에 위치하여 설치된 살수장애된 구조부재 아래의 상향형 표준스프링클러 배치 |

3) 살수장애구조 부재 사이에 스프링클러헤드를 설치하는 경우 : 반사판은 천장 아래로 25~300mm 이하에 설치한다.

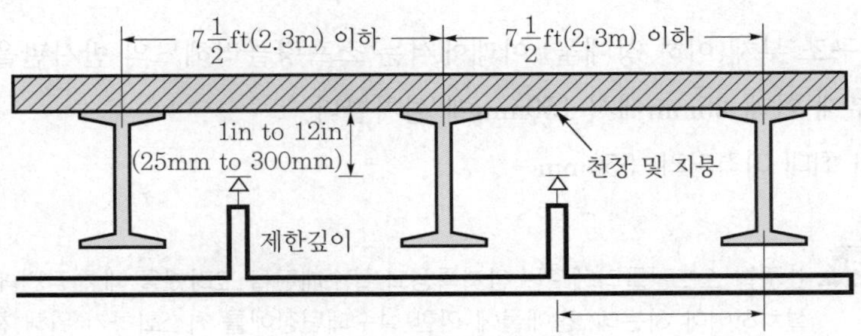

| 장애물이 있는 사이에 상향형 표준스프링클러 배치 |

(4) 살수패턴을 방지하기 위한 제한

1) 디플렉터는 천장과 평행하게 설치한다.

2) 반경 60cm 이내에 장애물이 없어야 한다(NFPA 45cm).

3) 적재물과 이격(NFPA 13)

① 표준형 : 18in(450mm) 이상 이격(clearance to storage 10.2.8)

② ESFR : 36in(914mm) 이상 이격

4) 상향식 헤드의 경우 : 배관 그림자효과(pipe shadow effect) 방지(NFPA 13)

5) 3배 거리규정(three time rule(231))

① 원칙적으로 헤드와 부착면 간의 간격은 최소 2.5cm 이상 30cm 이하로 한다.

② 살수패턴장애 시 장애물 아래에 헤드를 설치하여 살수장애를 방지한다.

③ 살수패턴장애 예외

㉠ 헤드와 장애물과의 이격거리를 장애물 폭(또는 길이)의 3배 이상 확보할 경우 : 헤드를 장애물 아래가 아닌 올려서 천장면에 근접하게 설치할 수 있다(감지장애 최소화).

꼼꼼체크 살수반경 이내에 장애물이 있고 그 거리가 장애물 폭의 3배 이상이면 헤드를 장애물보다 위에 설치(천장에 붙여서)할 수 있다는 것이다.

㉡ 최대 거리 : 60cm 이하(예외 : 기둥)

60cm를 넘으면 살수패턴장애가 없다고 보기 때문에 3배 거리규정은 60cm 이하이어야 한다.

④ EC, 주거형 : 4배의 거리규정

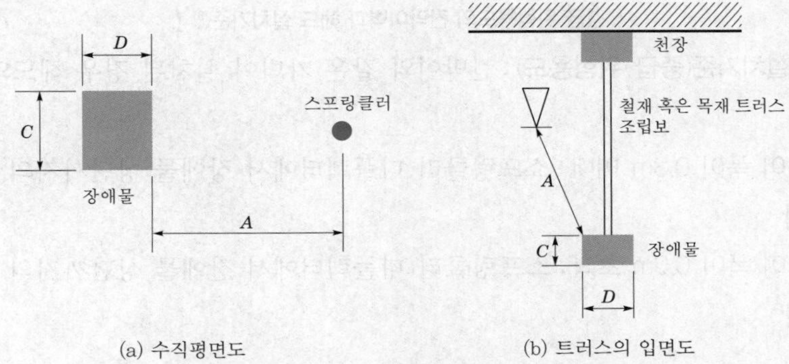

(a) 수직평면도 (b) 트러스의 입면도

$A \geq 3C$ 또는 $3D$
$A \leq 24\text{in}(0.61\text{m})$

C와 D 중에 더 큰 값을 적용한다.

| 장애물과의 최소 이격거리[24] |

6) 3배 거리규정의 예외

① 장애물(폭 1.2m 이하) 반대편에 중심선에서 $\frac{1}{2}S$ 간격으로 헤드 설치(10.2.7.3.1.5)

② 배관 직경 80mm 미만(10.2.7.3.1.8)

(5) 매달린 또는 바닥에 설치된 수직 장애물(10.2.7.3.2)

1) 헤드의 설치기준(경급 위험용도) : 칸막이와 같은 가벽이 설치된 경우 헤드와 가벽과의 설치간격

24) FIGURE 8.6.5.2.1.3 Minimnm Distance from Obstruction(SSU/SSP).

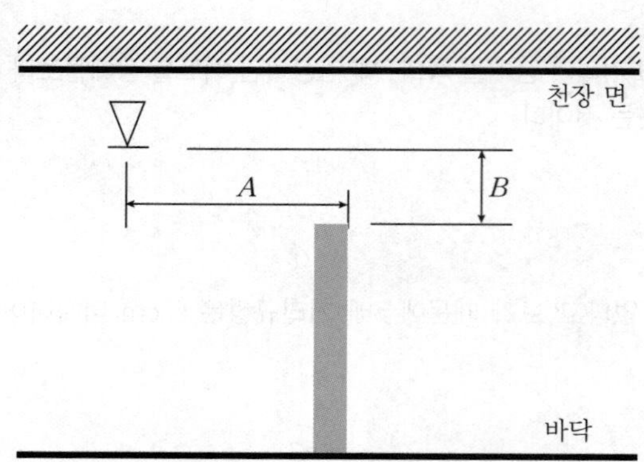

수평거리(A)	최소 이격거리(B)
15cm 이하	7cm 이상
15~23cm	10cm 이상
23~30cm	15cm 이상
30~38cm	20cm 이상
38~45cm	24cm 이상
45~60cm	31cm 이상
60~75cm	40cm 이상
75cm 이상	45cm 이상

┃ 경급 위험용도의 칸막이벽과 헤드 설치기준[25] ┃

2) 헤드의 설치기준(중급 위험용도) : 칸막이와 같은 가벽이 설치된 경우 헤드와 가벽과의 설치간격

① 칸막이 폭이 0.3m 이내 : **스프링클러 디플렉터에서 장애물 상단까지의 거리는 0.15m 이상**

② 칸막이 폭이 0.3m 초과 : **스프링클러 디플렉터에서 장애물 상단까지의 거리는 0.45m 이상**

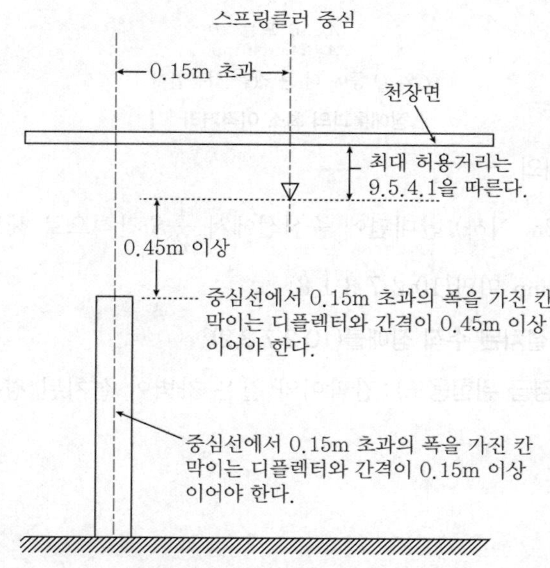

┃ 중급 위험용도의 칸막이벽과 헤드 설치기준[26] ┃

25) NFPA 13(2022) FIGURE 10.2.7.3.2.1 Suspended or Floor-Mounted Obstruction in Light Hazard Occupancies Only (SSU/SSP).

26) NFPA 13(2022) FIGURE 10.2.7.3.2.3 Location of Suspended or Floor-Mounted Obstruction in Ordinary Hazaitl Occupancies(Sprinkler Located to the Side) (SSU/SSP).

04 살수장애(dry spaces)

(1) NFTC 103 2.7.1

1) 스프링클러헤드는 특정소방대상물의 천장·반자·천장과 반자 사이·덕트·선반, 기타 이와 유사한 부분(폭이 1.2m를 초과하는 것에 한함)에 설치하여야 한다. 단, 폭이 9m 이하인 실내에 있어서는 측벽에 설치할 수 있다.

2) 상기 규정은 천장이나 보 하부 등의 폭이 1.2m를 초과하는 경우 하부의 살수장애 공간이 생기므로 하부에 헤드를 설치하여야 하는 규정으로 해석할 수 있다.

NFPA는 장애물만 보고 있는데 우리는 해석상 천장 · 반자 · 천장과 반자 사이로 규정하고 있기 때문에 설치하지 않아도 된다고 해석할 수도 있어 개정이 되어야 하는 규정이다.

(2) NFPA 13(2022)

폭이 넓은 장애물의 헤드위치(wide obstruction rule, A.10.2.7.4.2)는 다음과 같다.

1) 1.2m 초과 시 시설물 아래에 설치하여 살수장애를 방지(skipping 우려가 있는 경우 차폐판 설치)한다.

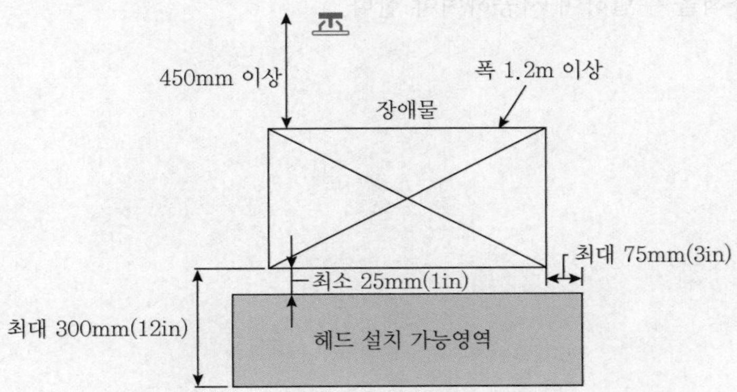

2) 1.2m 이하 시

① $\frac{1}{2}S$ 이하 거리에서 양측에 헤드를 설치한다.

② $\frac{1}{2}S$ 초과하는 거리의 경우 빔룰을 적용한다.

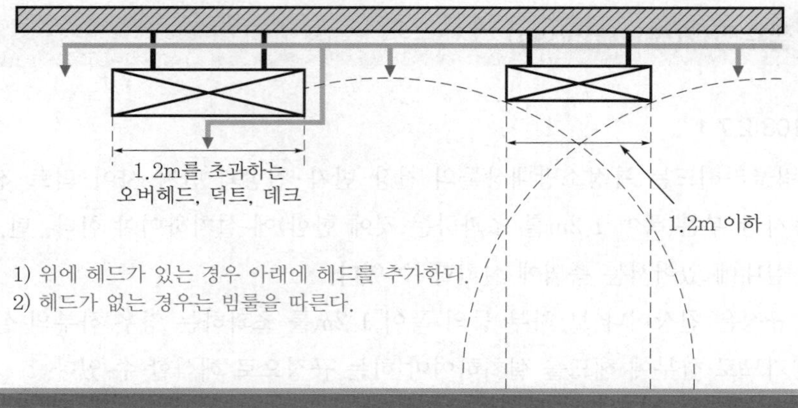
1.2m를 초과하는
오버헤드, 덕트, 데크
1.2m 이하
1) 위에 헤드가 있는 경우 아래에 헤드를 추가한다.
2) 헤드가 없는 경우는 빔룰을 따른다.

05 결론

(1) 스프링클러는 소화설비 중에서도 가장 중요한 설비이다. 스프링클러가 제대로 작동하기 위해서는 감지특성과 살수패턴특성이 적절하게 조화를 이루며 설치되어야 한다.

(2) 그중 헤드의 설치는 화재의 제어와 진압의 방해요소인 감지장애와 살수패턴장애에 대한 적절한 대응책을 수립하여 시공하여야 한다.

SECTION 026 보에 관한 규정(beam rule)

01 개요

(1) 헤드가 동작 후 살수패턴 형성장애 및 방사장애가 발생하지 않도록 하여 설계된 살수밀도가 형성되는 것이 중요하다.

(2) 보(beam) 같은 연속된 장애물의 경우는 기준에 맞는 배치가 중요하다. 따라서, 보와 스프링클러헤드의 수직거리와 수평거리 기준을 보에 관한 규정(beam rule)이라고 해서 살수장애에 대한 최소 기준을 제시하고 있다.

02 NFTC 기준

(1) 소방대상물의 보와 가장 가까운 스프링클러헤드는 다음 표의 기준에 따라 설치하여야 한다.

스프링클러헤드의 반사판 중심과 보의 수평거리	스프링클러헤드의 반사판 높이와 보의 하단 높이의 수직거리
0.75m 미만	보의 하단보다 낮을 것
0.75m 이상 1m 미만	0.1m 미만일 것
1m 이상 1.5m 미만	0.15m 미만일 것
1.5m 이상	0.3m 미만일 것

(2) 단, 천장면에서 보의 하단까지의 길이가 55cm를 초과하고 보의 중심으로부터 스프링클러헤드까지의 거리가 스프링클러헤드 상호 간 거리의 2분의 1 이하가 되는 경우에는 스프링클러헤드와 그 부착면과의 거리를 55cm 이하로 할 수 있다.

(3) **업무처리지침 :** 상기 조항에도 불구하고 '천장면에서 보의 하단까지의 길이에 관계없이 보의 중심으로부터 스프링클러헤드까지의 거리가 스프링클러헤드 상호 간 거리의 2분의 1 이하'가 되는 경우에는 '스프링클러헤드와 그 부착면과의 거리를 30cm 이하'로 할 수 있다.

1) 보의 폭이 1.2m 이하인 경우

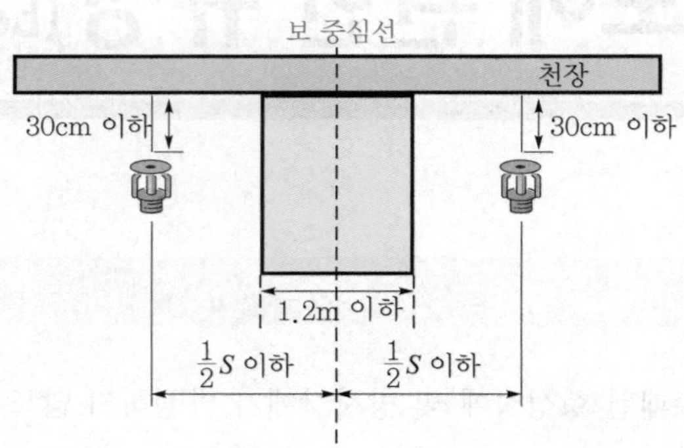

2) 보의 폭이 1.2m 초과인 경우

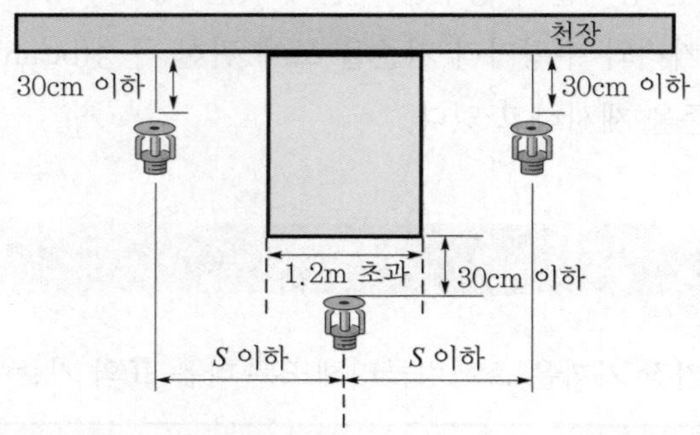

S : 스프링클러헤드 상호 간 거리(내화구조로 정사각형 헤드 배치 시 4.6 × cos45 ≒ 3.25m)

03 기준해설

(1) **보의 길이가 55cm 이하인 경우** : 하나의 살수장애물로 보고 장애물과의 거리가 가까울수록 천장에서 멀리, 장애물 하단에 근접하게 설치하여 살수장애를 최소화하기 위함이다. 이는 감지장애가 발생하더라도 살수장애에 의한 소화능력 저하가 더 크기 때문에 다음 그림과 같이 설치하도록 제한하는 것이다.

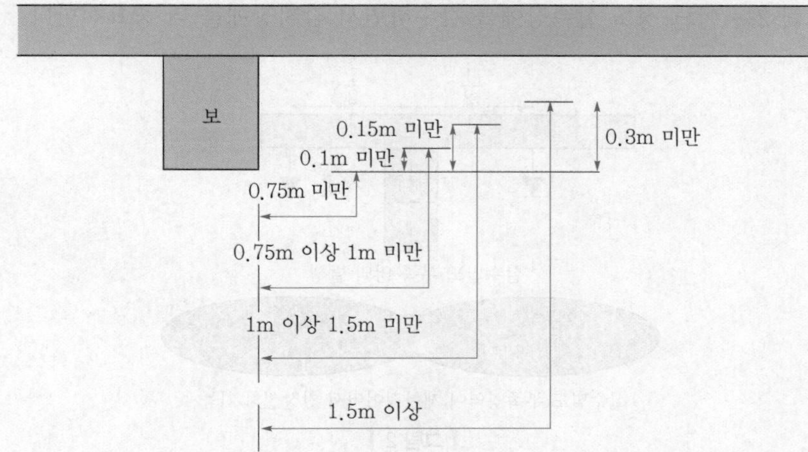

(2) **보의 길이가 55cm 이상인 경우** : 보를 기준으로 2개의 구획된 구역으로 간주하는 것이다. 즉, 별개의 방호공간으로 구분하는 하나의 벽으로 보는 것이다. 따라서, 보의 중심을 기준으로 별개의 공간으로 일반적인 헤드설치기준에 의해 설치하라는 것이다.

04 NFPA 13

NFPA에서도 국내와 마찬가지로 수평거리에 따라서 수직거리가 결정되는 것을 다음 그림을 보면 알 수 있다. 단, 국내기준보다 더 세세하게 구분한 것이 다를 뿐이다.

(1) 장애물(폭 1.2m 이하) 중심에서 스프링클러헤드 간격

1) 천장 또는 천장 근처 장애물은 살수장애뿐만 아니라 감지장애도 고려하여야 하는데, 보(beam) 근처에 헤드 설치 시 문제점은 두 가지 장애(살수장애/감지장애)를 모두 만족시킬 수가 없다는 것이다. 그러므로 살수장애와 감지장애 중 한 가지에 더 중점을 두어야 한다(beam rule).

① 그림 1은 장애물 근처의 헤드를 천장과 이격 : 감지장애보다 살수장애를 더 중요시한다.

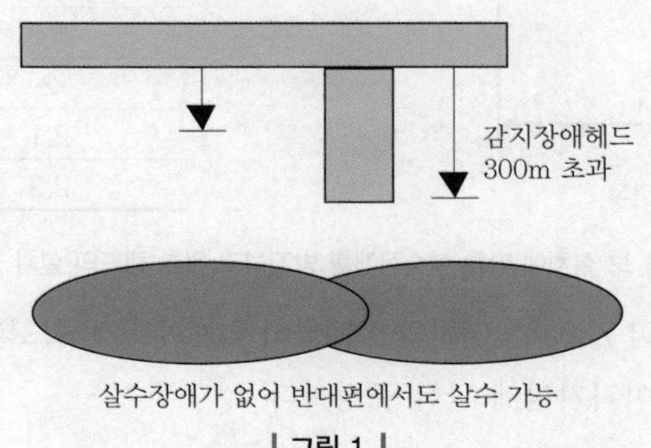

| 그림 1 |

② 그림 2는 어느 정도 살수장애를 감수하면서 감지장애를 더 중요시한다.

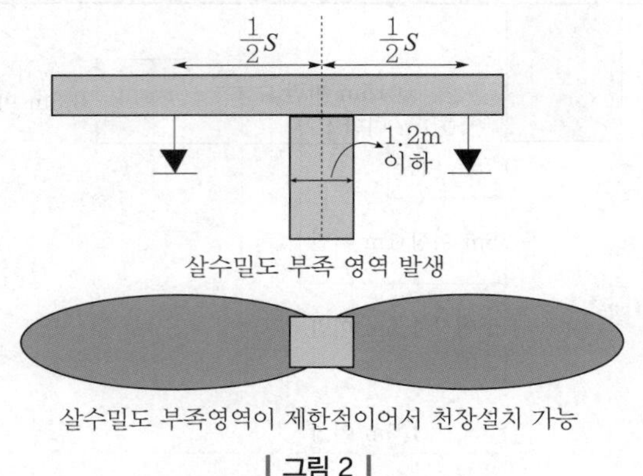

| 그림 2 |

2) $\frac{1}{2}$ 초과 : 그림 1 적용

(2) 폭이 750mm 이하의 긴 장애물이 있는 경우

1) 장애물로부터 헤드의 이격거리(A)는 장애물의 두께(D)와 장애물 하단부와 반사판과의 수직거리(B)의 관계식에 의해 결정한다.

2) 관계식 : $A \geq (D-200\text{mm})+B$

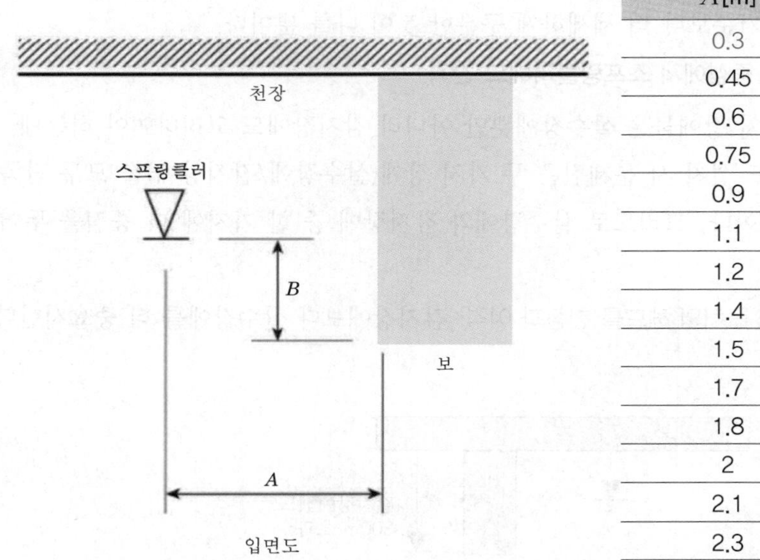

A[m]	B[mm]
0.3	0
0.45	65
0.6	90
0.75	140
0.9	190
1.1	240
1.2	300
1.4	350
1.5	420
1.7	450
1.8	510
2	600
2.1	750
2.3	875

| 보 설치에 따른 살수장애를 방지하기 위한 헤드의 설치 |

3) 벽에 붙어 있는 폭이 750mm 이하의 장애물이 있는 경우 : 헤드를 천장면에 설치하였을 때 장애물과 헤드의 이격거리에 관한 규정이다.

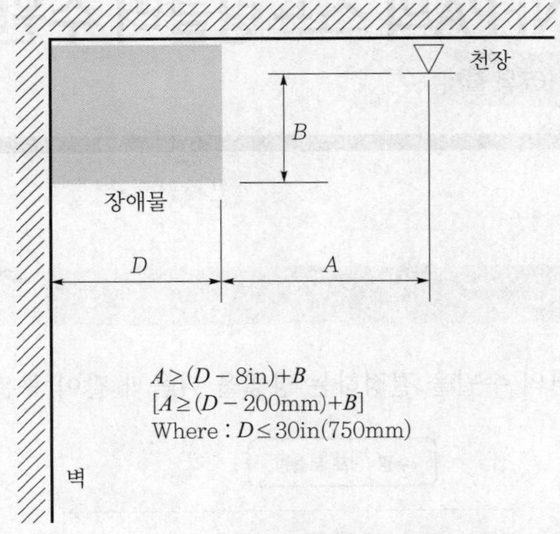

| 벽에 의한 살수장애 |

4) 벽에 위치하는 폭 600mm 이하의 길이가 긴 장애물이 있고 헤드와 장애물 하단과의 거리가 450mm 이상인 경우 : 헤드와 스프링클러와 벽 사이의 거리$\left(\frac{1}{2}S\right)$는 스프링클러에서 장애물이 아닌 장애물 뒤의 벽까지 거리로 할 수 있도록 완화한 규정이다.

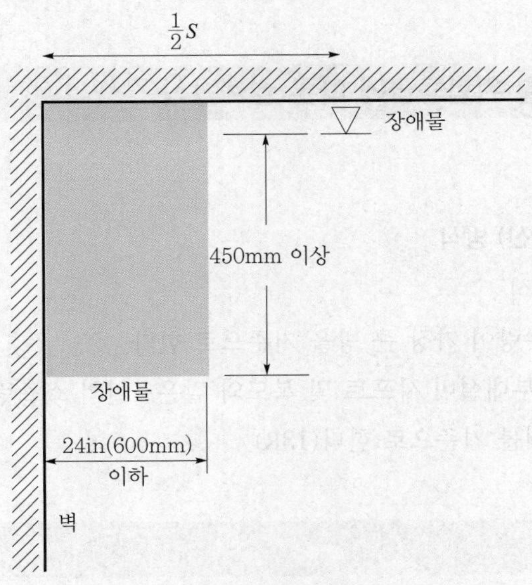

| 벽에 의한 살수장애(폭 600mm 이하) |

SECTION

027 NFPA의 스프링클러 수원계산방식

107회 출제

01 개요

NFPA에서는 스프링클러의 수원을 결정하는 방법을 다음과 같이 구분할 수 있다.

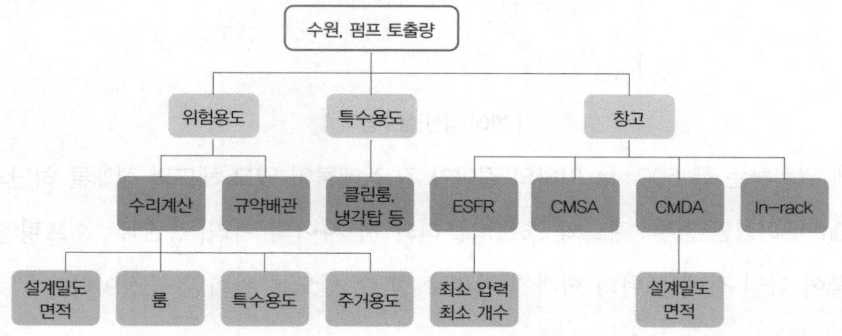

02 장소(용도)별 위험등급에 따른 설계방식

(1) 규약배관설계방식

(2) 수리배관(수력학적 계산) 방식

1) 설계밀도·면적 방식

2) **룸설계방식** : 소요수량이 가장 큰 방을 기준으로 한다.

3) **특수용도** : 건물의 부대설비 샤프트 및 복도와 같은 1열의 스프링클러설비

4) **주거용도** : 헤드 4개를 기준으로 한다(13R).

03 창고설계

(1) 화재진압 : ESFR

1) 최소 작동압력 – 최소 개수 설계방식

2) 가지배관 3개, 하나의 가지배관당 4개의 헤드인 12개가 기준이다.

(2) 화재제어

1) CMDA(Control Mode Density−Area 설계밀도 − 설계면적)

2) CMSA(Control Mode Specific Application)

3) 인랙(in−rack) 스프링클러(Intermediate Level Sprinkler)

04 특수설계

특수한 용도나 장소에 따라 설계하는 방식으로, 원자력 발전소, 클린룸, 냉각탑, 엔진룸 등에 적용한다.

SECTION 028 규약배관방식과 수리배관방식의 비교

119회 출제

01 개요

스프링클러설비의 배관구경을 결정하는 방법에는 모든 헤드에서 압력에 관계없이 일정 유량이 균등하게 방사된다는 가정하에 주어진 표에 따라 관경과 수원의 양을 결정하는 규약방식과 실제로는 유량이 압력에 따라 변하는데 이를 수리학적으로 해석하여 관경과 수원을 결정하는 수리방식이 있다.

02 규약배관방식(pipe schedule system)

(1) 기본개념

1) 모든 헤드에서 일정 유량이 균등하게 방사된다는 가정하에 수원과 주어진 표에 따라 배관구경을 구하는 방식이다.

2) 주어진 헤드수, 특성 및 가연물 종류에 따라 경험상 미리 규정된 관경을 적용하는 방식이다.

3) 배관경의 결정이 간단하고 표준화되어 편리하며 보편적으로 많이 쓰이며 오랫동안 사용해왔으므로 성능이 인정(경험값)된다.

(2) NFTC 기준 118회 출제

1) 배관의 구경

구분	25	32	40	50	65	80	90	100	125	150
가	2	3	5	10	30	60	80	100	160	161 이상
나	2	4	7	15	30	60	65	100	160	161 이상
다	1	2	5	8	15	27	40	55	90	91 이상

배관의 구경에 따라 헤드수를 정한 이유

① 마찰손실이 어느 한계값 이상이 될 수 없도록 하기 위해서이다.

② 배관구경에 따라 최대 유량을 제한하여 마찰손실로 인한 수력손실을 줄이기 위함이다.

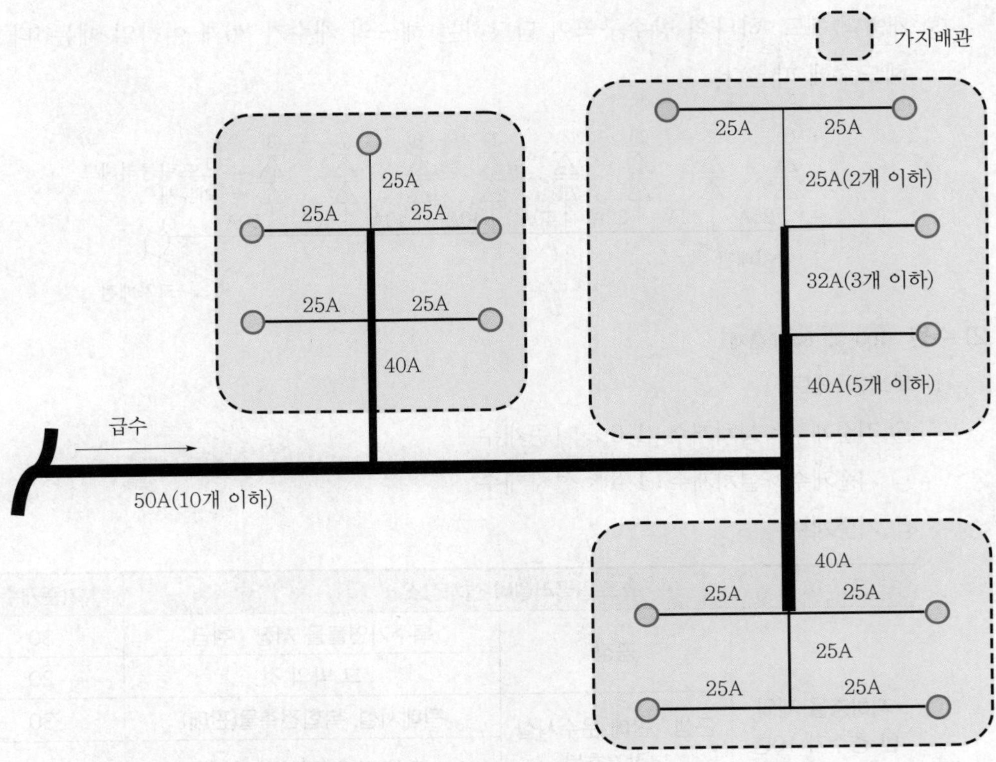

① 폐쇄형 스프링클러헤드를 사용하는 설비 : 최대 면적 3,000m² 이하

② 폐쇄형 헤드를 설치하는 경우에는 '가'란의 헤드수에 따른다.

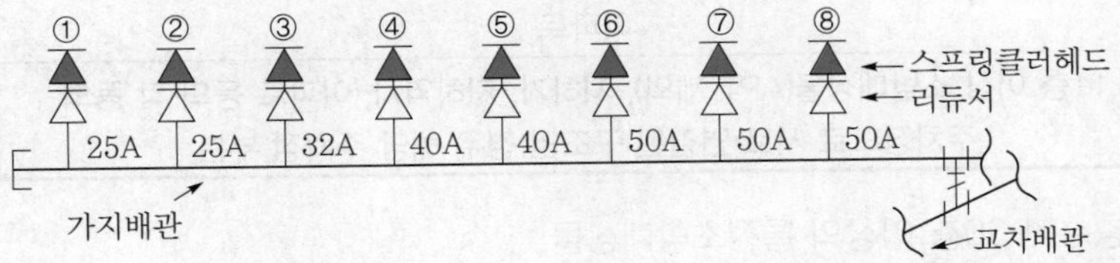

③ 폐쇄형 헤드를 설치하고 반자 아래의 헤드와 반자 속의 헤드를 동일 급수관의 가지관상에 병설하는 경우에는 '나'란의 헤드수에 따른다.

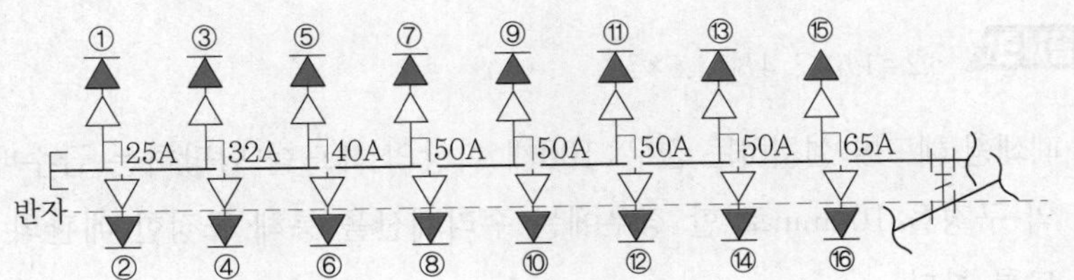

④ 특수가연물 : '다'란에 따른다.

⑤ 개방형 헤드 : 하나의 방수구역이 담당하는 헤드의 개수가 30개 이하일 때는 '다'란의 헤드수에 따른다.

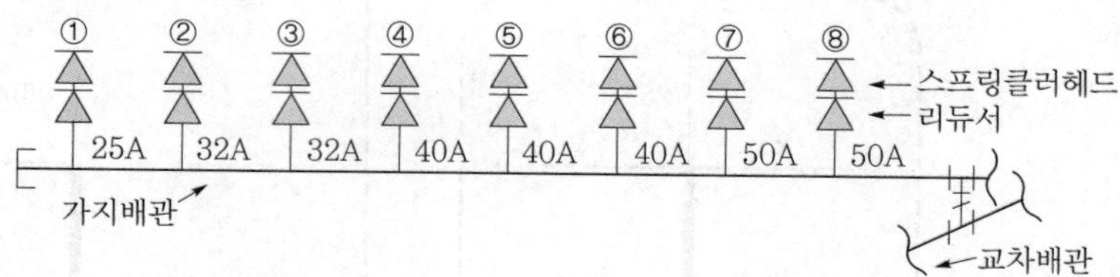

2) 수원 100·92·84회 출제

① 폐쇄형 헤드

㉠ 기준개수<설치개수 : 1.6 × 기준개수

㉡ 기준개수>설치개수 : 1.6 × 설치개수

㉢ 기준개수

스프링클러설비 설치장소			기준개수
지하층을 제외한 층수가 10층 이하	공장	특수가연물을 저장 · 취급	30
		그 밖의 것	20
	근생 · 판매 운수시설 복합건축물	판매시설, 복합건축물(판매)	30
		그 밖의 것(터미널, 역사)	20
	그 밖의 것	헤드의 부착높이가 8m 이상	20
		헤드의 부착높이가 8m 미만	10
아파트			10
11층 이상 소방대상물(APT 제외), 지하가, 지하역사, 아파트 등의 각 동의 주차장으로 서로 연결된 구조인 경우 해당 주차장 부분			30

㉣ 층수가 30층 이상의 특정소방대상물

- 층수가 30층 이상 49층 이하(준초고층) : 3.2 × 설치개수
- 50층 이상(초고층) : 4.8 × 설치개수

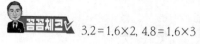

3.2 = 1.6×2, 4.8 = 1.6×3

㉤ 폐쇄형 헤드를 설치하는 경우 : 100개 이상의 헤드를 담당하는 급수배관(또는 밸브)의 구경을 100mm로 할 경우에는 수리계산을 통해 규정한 배관의 유속에 적합하도록 한다.

② 개방형

㉠ 30개 이하 : 설치개수 × 1.6m³

㉡ 30개 초과 : 수리계산(가압송수장치 송수량[L/min] × 20min 이상)

가압송수장치 송수량[L/min] = Q × 스프링클러헤드 설치개수(N)

$Q = K\sqrt{10P}$ (방수압력단위가 kg/cm²일 경우, $Q = K\sqrt{P}$)

여기서, Q[L/min] : 스프링클러헤드의 방수량

P[MPa] : 방수압력(설계압력)

K : 상수

(3) NFPA 규약배관방식

1) 소규모 건물에 적합하다. 하지만 대규모 건물에 설치하지 못하는 것은 아니다. 단지 잔류압력이 증가될 뿐이다.

2) 상급을 제외한 모든 건축물에 적용할 수 있다.

잔류압력(residual pressure) : 수력계산방식의 경우 펌프의 양정을 계산하기 위해 먼저 배관 및 배관부속품의 손실을 계산하고 이를 전수두와 합해서 계산한다. 하지만 규약배관방식의 경우 최상위 헤드까지의 수두에 일정 압력(잔류압력)을 더하여 펌프의 양정을 계산한다.

3) 면적이 465m² 이하 : 규약배관 설계방식의 스프링클러 급수조건(NFPA 13(2019))

위험용도	최소 잔류압력		배관유량(소화전 포함)		방사시간
	psi	bar	gpm	L/min	minutes
경급(light hazard)	15	1	500~750	1,900~2,850	30~60
중급(ordinary hazard)	20	1.4	850~1,500	3,200~5,700	60~90

상급의 경우는 규약배관 설계방식으로 할 수 없고 수리계산에 따라야 한다.

4) 면적 465m² 이상 : 최소 잔류압력이 3.4bar로 증가한다.

5) 가압송수장치 양정계산 : 최상위 헤드까지의 높이 × 0.098bar + 잔류압력(단, 압력손실이 큰 부속은 별도로 고려)

6) 배관관경의 산정(경급의 경우)

관경[in]	1	$1\frac{1}{4}$	$1\frac{1}{2}$	2	$2\frac{1}{2}$	3	$3\frac{1}{2}$	4
헤드 개수	2	3	5	10	30	60	100	

7) NFPA 13과 화재안전기술기준(NFTC 103) 비교(경급화재)

구분		누적방수량[L/m²]	방사시간[min]	최대 간격[m]	수평거리[m]
NFPA 13	수리계산	84~123	30	4.6	3.2

구분		누적방수량[L/m²]	방사시간[min]	최대 간격[m]	수평거리[m]
NFPA 13	규약배관	129 이상	30~60	4.6	3.0
NFTC 103		78.05	20	4.53	3.2

03 수력계산방식(hydraulically designed system) 또는 수리계산방식 90·76회 출제

(1) 기본개념

1) 각 헤드의 유량은 압력에 따라 변하는데, 이를 수리학적으로 해석하여 수원과 관경을 구하는 방식이다.

2) 가장 실제에 근접하고 경제성이 있는 설비(system) 설계가 가능하다.

(2) 유속의 제한

1) NFTC

① 유속이 가지배관 6m/s 이하, 기타 배관 10m/s 이하

② 50층 이상인 건축물의 스프링클러헤드에는 2개 이상의 가지배관 양방향에서 소화용수가 공급되도록 하고, 수리계산에 의한 설계를 하여야 한다(NFTC 604).

2) NFPA 13

① 유속에 대한 최대 한계를 규정하고 있지 않다.

② NFPA

㉠ 유속 증가 → 마찰손실 증가 → 필요방수압을 위해 방수압력 증가 → 수원 증가 → 관경 증가

㉡ 유속증가로 결국 관경이 증가하게 되기 때문에 별도의 제한을 두지 않아도 유속을 상승시키지 않는다.

(3) 수원

1) NFTC : 개방형 헤드 30개 이상인 경우 수리계산을 하도록 규정되어 있다.

2) NFPA

① 각각의 헤드의 방사량을 계산해서 수리계산을 한다.

② 수력계산방식의 방사시간(table 19.2.3.1.2)

위험용도	방사시간[min]
경급(light hazard)	30
중급(ordinary hazard)	60~90
상급(extra hazard)	90~120

③ 위의 방사기간 보다 단축하기 위해서는 중앙방재센터 등에서 유수경보장치를 모니터링할 수 있을 때 허용된다.

④ 2차 수원 : 규정없음(IBC의 ASCE 7에서 분류하는 지진 위험지역(seismic design catagory C, D, E, F)일 때 30분 이상의 2차 수원을 설치)(IBC 903.3.5.2 secondary water supply)

(4) NFPA의 규약배관방식과 수리계산방식의 수량비교

1) 수량비교표

위험용도	규약배관방식[L/min]	수리계산방식[L/min]	시간(분)
경급	1,900~2,850	570~810*	30 또는 60
중급	3,200~5,700	850~2,270**	60 또는 90

* : $4.2L/min/m^2 \times 139m^2 \sim 2.9L/min/m^2 \times 279m^2$

** : $6.1L/min/m^2 \times 139m^2 \sim 6.1L/min/m^2 \times 372m^2$

2) 규약배관방식이 적게는 2배에서 많게는 3배까지 수량이 많음을 알 수 있다. 이는 규약배관방식에서 마찰손실을 고려하여 유량허용값을 보수적으로 결정하였기 때문이다.

04 수력계산방식과 규약배관방식 비교

구분	국내의 규약배관방식	수리배관방식
방호대상물의 화재위험도결정	대상의 이용용도에 따라 구분 (NFPA에서는 위험용도에 따라 구분)	대상의 위험용도에 따라 구분
설계면적결정	없다.	위험용도와 설계밀도에 의해서 결정되며 설계밀도와는 반비례한다.
설계밀도결정	없다.	설계면적과 반비례
기준 헤드수	표(sheet)에 의해 규정	설계면적 내의 헤드배치수
수원	표(sheet)에 의해 규정	계산에 의해 산출
배관의 구경	표(sheet)에 의해 규정	계산에 의해 산출
장점	① 이용이 쉽다. ② 간단명료(표준화, 규정화)하기 때문에 다툼이 없다. ③ 평가나 검증이 필요없다.	① 공학적 접근법에 의한 설계로 압력, 유량이 정확하다. ② 경제적 설비가 가능하다. ③ 방사량이 실제에 가깝다. ④ 증설 등에 효과적으로 대응할 수 있다. ⑤ 설계자에게 융통성을 제공할 수 있으므로 다양한 방법모색으로 소방기술의 발전을 도모할 수 있다.

구분	국내의 규약배관방식	수리배관방식
단점	① 설비가 비경제적이다. ② 일반적인 위험보다 가중치를 주어 설계함에 따라 과다설계 우려가 있다. ③ 고위험도 지역은 과소설계의 우려가 있다.	① 설계가 복잡하다. ② 설계의 상이성으로 다툼이 있을 수 있다. ③ 설계비용이 증가한다.

05 국내기준에 의한 규약배관방식 주수계획의 문제점

(1) NFPA 기준은 위험장소의 경중에서 위험이 클수록 용수공급률, 헤드개수, 배관크기가 수력계산에 의하여 상호연계되어 증가한다.

(2) 화재안전기술기준에서는 설계밀도를 헤드의 수평거리의 개념으로 표현하고 있으나, 이러한 분류방식은 단순히 거리를 통한 위험용도의 표현방법이므로 다양한 위험용도에 대한 분류체계가 미흡하다.

(3) 화재안전기술기준에서는 설계면적을 기준개수에 따라 결정한다. 즉, 살수밀도-설계면적을 결정하는 요인은 별개의 기준으로 분리될 수 없는데도 불구하고 이원화되어 있으며, 분류기준도 위험용도와는 거리가 있는 층수와 높이, 건축물의 용도로 되어 있다.

(4) 헤드 간의 수평거리기준만 명시되어 있고 헤드 간의 최소 배치거리기준이 없어, 헤드 간의 배치를 매우 가깝게 할 경우에는 살수구역의 면적도 작아지고 스키핑도 발생하여 오히려 소화에 실패할 확률이 높다.

06 결론

(1) NFTC에도 수리계산방식이 도입되었으며, 향후에는 점차 수리계산방식의 이용이 확산되어야 한다. 왜냐하면, 수리계산은 방사량, 토출량, 배관의 관경을 공학적으로 분석하여 설계의 타당성 및 정당성을 입증할 수 있다는 장점이 있기 때문이다.

(2) 스프링클러의 시공 시 자재비 및 인건비를 합리적으로 검토할 수 있으며, 정확한 계산을 제시하여 최적의 경제성을 이룰 수 있다.

(3) 수력학적 설계방식은 더 철저하고 정확한 분석을 통해 더욱 효과적인 설계가 가능하고, 이에 따라서 소방기술도 한층 더 발전할 수 있기 때문이다.

(4) 소방기술의 발전을 위해서는 수리계산방법에 대한 보급과 교육, 이의 적정성을 평가하는 방법이나 기관의 설립 등 여러 가지 선행요건이 수립되어야 한다.

SECTION 029 수리계산의 기본절차(NFPA)

01 수리계산방식(hydraulically designed system)의 기본개념 131·126·109회 출제

(1) 실제로 유량은 압력에 따라 변하는데, 이를 수리학적으로 해석하여 수원과 관경을 구하는 방식이다.

(2) 배관구경을 압력손실에 기초하여 공학적으로 산정함으로써 규정된 설계밀도를 특정 지역의 전체에 공급할 수 있는 설비이다.

(3) 신설 설비의 경우는 19.2.3.2의 밀도/면적법에 따라 표 19.2.3.1.1에 따라서 설치하고 기존 설비의 경우는 아래의 Table 19.2.3.1.1 Density/Area를 따른다.

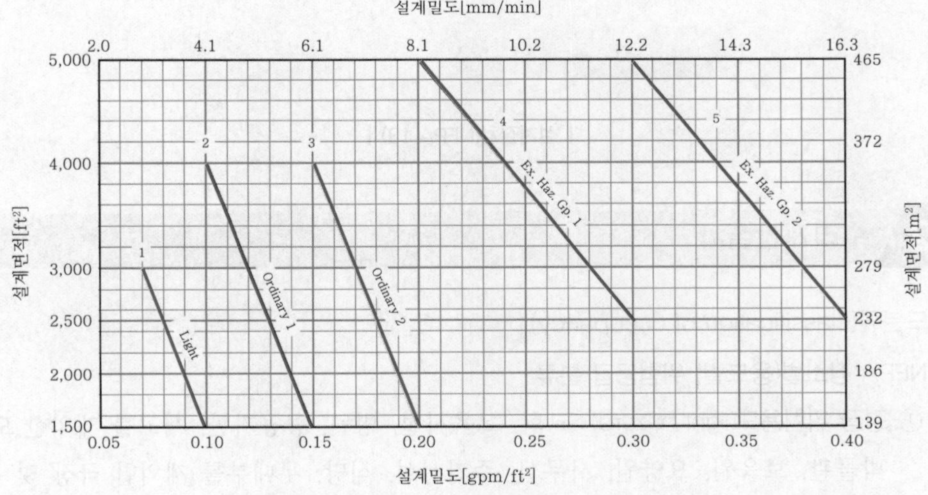

┃ 수력계산에 의한 곡선(Table 19.2.3.1.1 Density/Area)[27] ┃

27) FIGURE 15.4.4 Design Curves for Hydraulically Calculated Sprinkler System FPH 15 Water Supplies for Fixed Fire Protection CHAPTER 4 Water Supplies for Sprinkler Systems 15-69

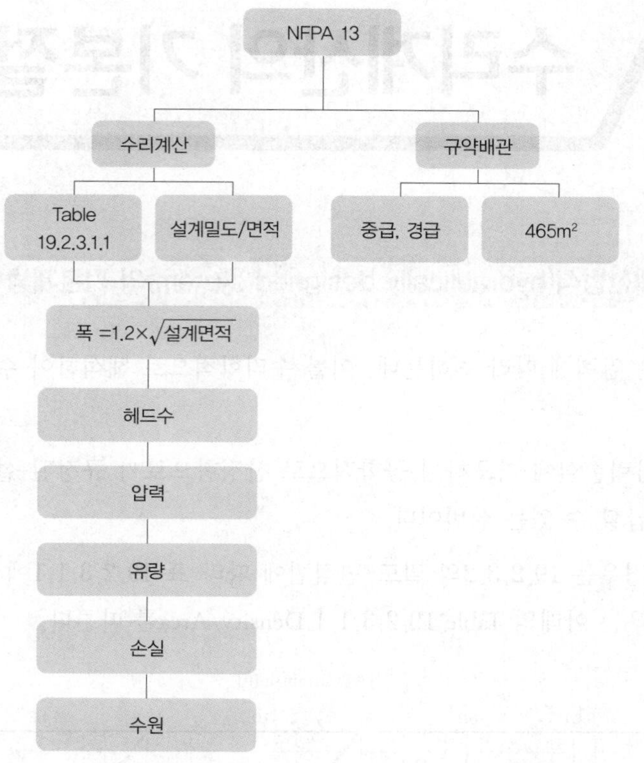

┃ 설계절차(NFPA 13) ┃

02 수리계산절차

(1) 용도분류(classification of occupancy)

1) NFPA 장소별(용도별) 위험등급 분류

① 경급 위험용도(light hazard) : 교회, 교육시설, 병원, 공공기관, 서고를 제외한 도서관, 박물관, 보육원, 요양원, 사무실, 주거시설, 식당, 무대부를 제외한 극장 및 콘서트 홀 등

② 중급 위험용도(ordinary hazard) 그룹 Ⅰ : 주차장, 상품진열대, 제과점, 주류공장, 전자제품공장, 세탁소, 식당의 주방

③ 중급 위험용도(ordinary hazard) 그룹 Ⅱ : 화학플랜트, 제과공장, 증류처리, 드라이클리닝, 도서관의 서고, 상점, 우체국, 차량 정비

④ 상급 위험용도(extrad hazard) 그룹 Ⅰ : 항공기 격납고, 다이캐스팅, 합판 제조공장 등

⑤ 상급 위험용도(extrad hazard) 그룹 Ⅱ : 인화성 액체 도장, 플로우코팅, 플라스틱 생산 시설 등

2) NFPA 장소(용도)별 위험등급 분류기준

위험도＼결정요소		가연물의 양	가연성	열방출률	적재높이	인화성 · 가연성 액체	분진 · 면 · 섬유류
경급		적다.	적다.	낮다.	–	없다.	없다.
중급	Ⅰ	중간	중간	중간	2.4m 이하	없다.	없다.
	Ⅱ	중간 이상	중간 이상	중간 이상	3.7m 이하	없다.	없다.
상급	Ⅰ	많다.	크다.	높다.	–	없다.	상당량 저장
	Ⅱ	많다.	크다.	높다.	–	상당량 저장	–
특수장소		① 케이블 처리실 ② 터빈 발전기 ③ 지하구 등					

(2) 설계밀도(design density) 결정

1) 스프링클러설비의 설계밀도/설계면적(table 19.2.3.1.1 density/area) 129회 출제

설계밀도가 화재를 제어하기 위해서 중요하므로 일정 설계밀도 이상 설계하도록 하기 위해 단일지점의 디자인 개념을 도입한 것이다. 또한 주를 삽입하여 은폐공간에 면적을 증대하여 수량을 증가시키기 위함이다. (19.2.3.1.4)

위험도＼결정요소		설계밀도[mm/min]/설계면적[m^2]
경급		4.1/140 or 2.9/280*
중급	Ⅰ	6.1/140 or 4.9/280*
	Ⅱ	8.1/140 or 6.9/280*
상급	Ⅰ	12.2/230 or 11.4/280*
	Ⅱ	16.3/230 or 15.5/280*

*) 헤드가 설치되지 않아 살수되지 않은 가연성 은폐공간(목적 : 수량 증가)

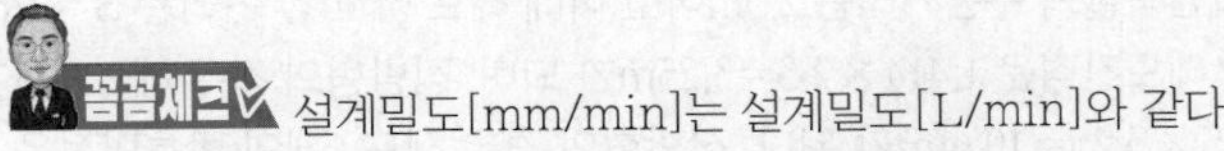

설계밀도[mm/min]는 설계밀도[L/min]와 같다.

2) 설계밀도

① 설계밀도에 가장 큰 영향을 미치는 것은 K–Factor와 압력이다.

② 압력이 높을수록 설계밀도가 커지고 설계면적이 작아져서 기준 헤드수가 적어지며 결과적으로 수원의 양도 적어진다.

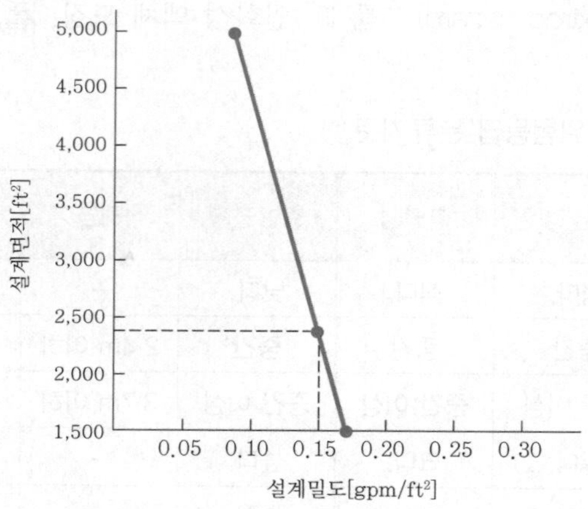

| 설계밀도 면적의 예[28] |

3) 효과적인 설계밀도의 선택

① 가장 효과적인 선택지점은 작은 설계면적에 높은 설계밀도가 적용되는 지점이다. 왜냐하면, 설계밀도는 다소 높아지지만, 전체 소요수량은 낮아지므로 오히려 더 경제적이기 때문이다.

② 설계밀도가 높을수록 높은 압력이 필요하지만 화재제어적인 측면에서 이는 우수한 것으로 판단되며, 따라서 화재를 보다 작은 설계면적으로 제한하고 작동하는 헤드 수를 감소시킬 수 있다.

4) 국내와 NFPA의 설계밀도의 비교

대상		수평거리(R)	환산 설계밀도(정방형)
무대부, 특수가연물 저장 취급하는 장소		1.7m 이하	14mm/min
아파트		2.6m 이하	6.7mm/min
그 외의 소방대상물	내화구조	2.3m 이하	7.6mm/min
	기타	2.1m 이하	9.1mm/min

국내의 일반적인 헤드거리의 설계밀도 · 면적방식 129회 출제

① 국내에서 내화건축물의 수평거리는 2.3m이고 이때 헤드 상호 간 거리는 $S=2R\times\cos45°=\sqrt{2}R$이므로 헤드간격은 $1.414\times2.3=3.25$m가 되며, 정방형의 경우 헤드 1개가 방호하는 면적은 $3.25\times3.25=10.6\text{m}^2$가 된다. 장방형의 경우 헤드 1개의 방호면적은 세장비에 따라 다소 줄어들어 최소 7.6m^2가 된다.

28) Figure 4-3.1. Sample area/density curve. SFPE 4-03 Automatic Sprinkler System Calculations. 4-74page

② 스프링클러헤드 한 개의 방수량은 최저 사용압력인 0.1 MPa에서 1분에 80L가 방사되므로 방호면적이 10.6m²인 경우 살수밀도는 80/10.6 = 7.6Lpm/m², 방호면적이 7.6m²인 경우 80/7.6 = 10.5Lpm/m²이다. 따라서, 국내 스프링클러설비의 살수밀도는 NFPA의 기준의 상급에 해당되는 양이다.

(3) 설계면적

1) 화재 시 헤드가 개방될 것으로 예상하는 면적으로 수력계산에 의한 곡선에서 설계밀도가 구해지면 그 점과 만나는 면적이 설계면적이 된다.

2) 설계면적범위(NFPA 13) : 1,500~5,000ft²(140~465m²)로 제한(단, 헤드가 설치되지 않아 살수되지 않는 가연성 은폐공간의 경우는 3,000~5,000ft²(280~465m²)로 제한됨)된다.

3) 제한사항의 검토(아래 사항의 예시)
   ① 1,500ft²(140m²)보다 작은 경급 위험과 중급 위험 지역에 스프링클러가 설치되는 경우 : 1,500ft²(140m²)에 설계밀도 적용
   ② 2,500ft²(230m²)보다 작은 상급 위험지역에 스프링클러가 설치되는 경우 : 2,500ft²(230m²)에 설계밀도 적용

4) 설계면적 감소 : 다음 모든 것을 만족하는 장소에 속동형 헤드를 설치하는 경우
   ① 습식 스프링클러설비
   ② 경급·중급 용도로 위험도가 낮은 장소
   ③ 20ft(6.5m) 이하의 천장높이(25~40%)로 적절한 천장높이 이하에 위치하는 장소
   ④ 천장공간에 방호되지 않는 부분 : 32ft²(3m²) 이하

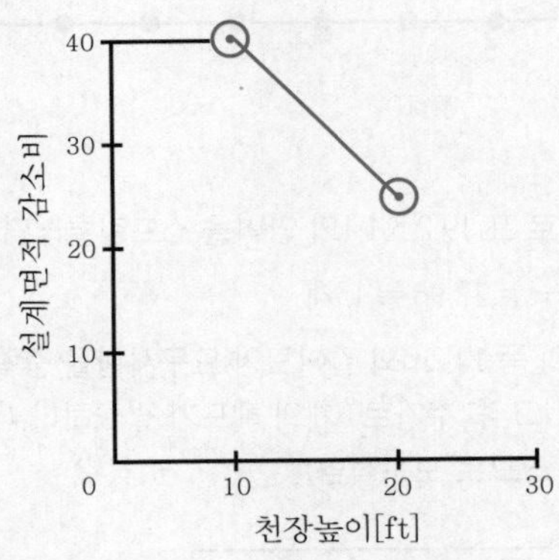

| 속동형 헤드 사용 시 설계면적 감소[29] |

5) 설계면적 증가 : 30%(밀도는 변화가 없다)[30]
   ① 건식 및 더블인터록 준비작동식 스프링클러설비

29) Allowable Reduction in System Area When Quick-Response Sprinklers Are Used. NFPA 13, Standard for the Installation of Sprinkler Systems
30) NFPA 13(2022) 20.13.3 Dry Pipe and Preaction Systems.

② 경사 천장$\left(\frac{2}{12}\text{ 이상}\right)$

6) 설계지점 선택 : 설계밀도가 크고 설계면적이 작은 지점이 수원을 감소시킬 수 있는 가장 효과적인 지점이다. 즉, 가장 적은 물을 사용해서 소화할 수 있는 지점인 것이다.

① 설계밀도가 클수록 헤드의 방사압이 크고 설계면적이 감소한다(표 19.2.3.1.1 단일 지점을 제시).

② 설계면적이 감소하면 헤드수가 감소하게 되어 수원은 감소한다.

(4) 설계면적(design area)의 크기와 형태 결정

$$\text{설계면적의 폭} = 1.2 \times \sqrt{\text{작동면적}}$$

1. $1.2 \times \sqrt{\text{작동면적}}$은 정사각형 형태가 아니라 한 변이 긴 직사각형 형태의 설계면적이 되면 마찰손실이 증가하여 더 많은 수원을 저장해야 하므로 이것은 기존설계보다 보수적인 설계가 된다.
2. 예를 들어 중급 그룹1에 해당되는 아래 그림과 같은 경우 설계면적의 폭은 $L=1.2\sqrt{140}$ $=14.2$m이다.

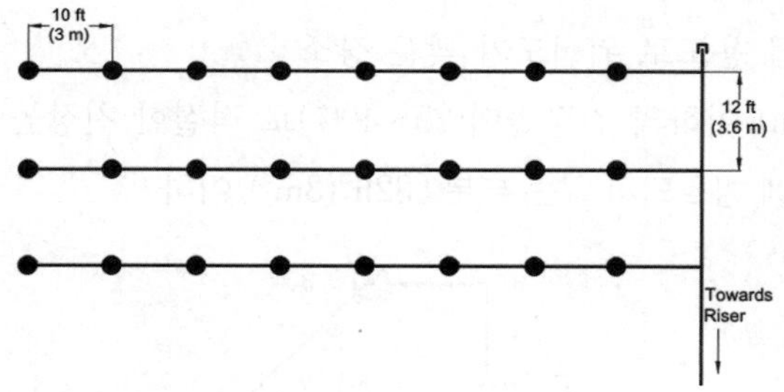

다음 단계로 표 19.2.3.1.1의 영역을 스프링클러당 적용 영역으로 나눈다.

$$\frac{140\text{m}^2}{(3\times3.6)\text{m}^2} = 12.96 ≒ 13\text{개}$$

설계면적의 폭 14.2m의 길이모양 요구사항을 충족시키려면 5개의 스프링클러를 선택하여야 한다. 그 후 추가로 8개의 헤드가 필요하다.(3번째 줄의 끝에서 2개를 빼는 것이 수량이 가장 크므로 보수적임)

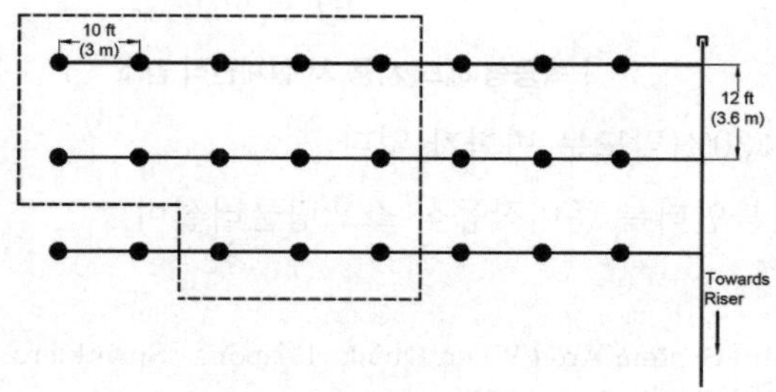

1) 설계면적의 폭이 가지배관의 배열방향과 평형이어야 한다.

2) 설계면적의 폭이 길수록 수원의 양이 증가한다.

(5) 설계밀도에 적절한 스프링클러헤드 선정

1) 설계밀도가 높은 위험분류장소에는 많은 수량을 확보하기 위해 방수압력을 지나치게 높여야 하고 또한 헤드의 배치수량이 많아져야 한다.

2) K값이 큰 헤드를 사용하는 것이 적정하다.

(6) 설계면적에 포함되는 헤드수량 계산 : $\dfrac{\text{설계면적}}{\text{헤드당 방호면적}}$ 및 $\dfrac{\text{설계면적의 길이}}{\text{헤드와 헤드의 간격}}$

1) 경급화재의 상향형, 하향형 헤드의 설치기준

구분	설계방식	최대 방호면적 [m²]	최대 헤드간격[m]
장애물이 없는 불연재료	수리계산방식	20	4.6
	규약배관방식	18	4.6
장애물이 있는 불연재료	수리계산방식	20	4.6
	규약배관방식	18	4.6
노출된 부재가 없고 장애물 없는 가연재료	수리계산방식	20	4.6
	규약배관방식	18	4.6
노출된 부재가 중앙에 3ft(910mm) 이상이고 장애물이 없는 가연재료	수리계산방식	20	4.6
	규약배관방식	18	4.6
중앙에 3ft(910mm) 미만의 부재가 있고 장애물 없는 가연재료	all	12	4.6
노출된 부재가 중앙에 3ft(910mm) 이상이고 장애물이 있는 가연재료	all	16	4.6
중앙에 3ft(910mm) 미만의 부재가 있고 장애물 있는 가연재료	all	12	4.6
10.2.6.1.4에 따른 가연성 은폐공간	all	11	• 4.6으로 경사면에 평행 • 3.0으로 경사면에 수직

2) 중급화재의 상향형, 하향형 헤드의 설치기준

구분	설계방식	최대 방호면적 [m²]	최대 헤드간격[m]
all	all	12	4.6

3) 상급화재의 상향형, 하향형 헤드의 설치기준

구분	설계방식	최대 방호면적 [m²]	최대 헤드간격 [m]
all	규약배관방식	8.4	3.7
	수리계산방식(살수밀도 ≥ 10.2mm/min)	9	3.7
	수리계산방식(살수밀도 < 10.2mm/min)	12	4.6

(7) 첫 번째 헤드로부터 요구되는 최소 압력(NFPA에서는 최소 압력 0.5bar)

1) 최악의 조건(가압송수장치로부터 가장 먼 가지배관)에 설치된 스프링클러헤드의 방수압력을 기준으로 살수되는 방사량을 구하는 것이 보수적인 설계방법이다.

2) 최악의 조건 가정하에 설치 시 가장 많은 수원을 필요로 하기 때문이다.

(8) 첫 번째 헤드로부터 요구되는 최소 유량

1) $Q = k\sqrt{P_1}$

여기서, P_1 : 첫 번째 헤드압력(0.5bar)

2) 첫 번째 헤드압력의 증가 → 살수밀도의 증가 → 수원의 감소(살수밀도가 커져서 적은 수원으로도 소화 가능)

(9) 첫 번째 헤드와 두 번째 헤드 사이의 마찰손실계산 : 하젠-윌리엄스 식(Hazen-Williams formula)

$$P = 6.05 \times 10^4 \times \left(\frac{Q^{1.85}}{C^{1.85} \times D^{4.87}}\right) \times L$$

여기서, P : 단위길이당 마찰손실[MPa/m]

Q : 유량[L/min]

C : 조도계수

D : 배관의 실제 내경[mm]

L : 배관의 길이[m]

1atm = 1.0332kg/cm² = 0.1013MPa

비례식 : 6.174 : 1.0332 = x : 0.1013

$x = 6.053293 \times 10^{-1}$

(10) 두 번째 헤드로부터의 유량계산

$$Q = k\sqrt{P_2}$$

여기서, P_2 : 배관의 손실 + 첫 번째 헤드압력(P_1)

(11) 첫 번째 가지배관상의 연속되는 헤드계산

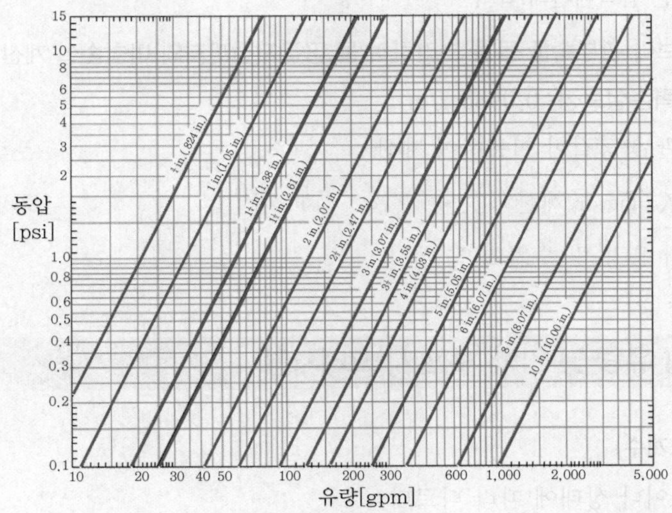

| 유량과 관경에 따른 동압결정에 관한 그래프[31] |

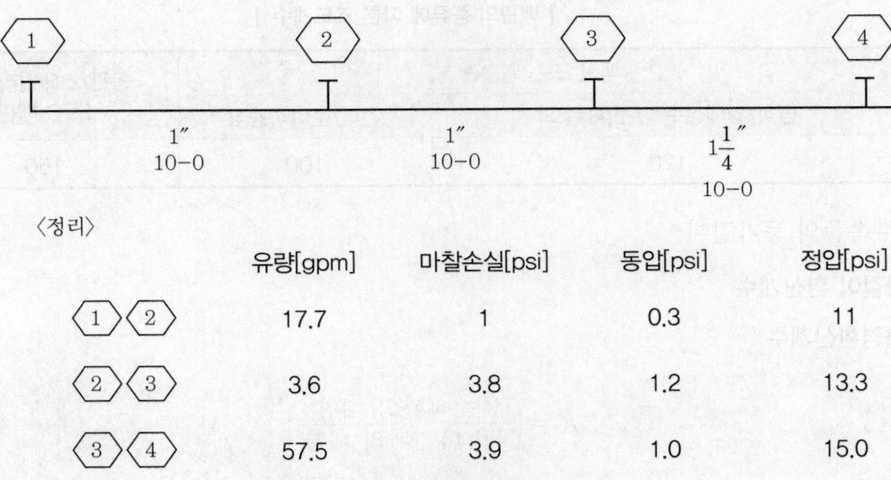

〈정리〉

	유량[gpm]	마찰손실[psi]	동압[psi]	정압[psi]
1 2	17.7	1	0.3	11
2 3	3.6	3.8	1.2	13.3
3 4	57.5	3.9	1.0	15.0

| 첫 번째 가지배관상의 연속되는 헤드계산의 예 |

(12) 압력 불균형 시 유량보정

$$Q_{adj} = Q_L\sqrt{\frac{P_H}{P_L}}$$

여기서, Q_{adj} : 낮은 압력배관의 조정된 유량

Q_L : 낮은 압력배관의 유량

31) FIGURE 15.4.5 Graph for the Determination of Velocity Pressure FPH 15 Water Supplies for Fixed Fire Protection CHAPTER 4 Water Supplies for Sprinkler Systems 15-71

P_H : 높은 압력배관의 압력

P_L : 낮은 압력배관의 압력

(13) 높이변화, 밸브나 관부속품 등을 고려하여 물 공급지점까지의 마찰손실 계산

1) 고도관련 압력손실보정 : 0.098bar/m

2) 관 부속품 : 관 상당길이 이용하여 계산

(14) 가지배관의 K-factor 계산

(15) 가압송수장치 용량 및 수원의 양 계산

03 배관의 유량 및 압력 계산 시 고려사항

(1) C-factor(조도계수)

1) 배관의 재질이나 상태에 따라 다르다.

2) C값이 커지면 손실수두는 감소한다.

| 배관의 종류에 따른 조도계수 |

백관 또는 흑강관		동관/스테인리스관 PVC 배관
습식/일제살수식/건식(질소)	건식/준비작동식	
120	100	150

(2) 관 부속품의 등가길이

(3) 등가길이 환산계수

1) 내경환산계수

$$K=\left(\frac{\text{사용배관의 내경}}{\text{sch40 강관의 내경}}\right)^{4.87}$$

예 4in 90° 표준형 엘보의 경우 표에서는 10ft이나 Sch10 강관의 등가길이로 환산하면 $10\text{ft}\times\left(\frac{4.26}{4.026}\right)^{4.87}=13.17\text{ft}$로 적용한다.

2) C-factor 환산계수

$$C\text{-factor}=\left(\frac{\text{사용배관의 조도}}{120}\right)^{1.85}$$

C-factor	100	120	130	140	150
환산계수	0.713	1	1.16	1.33	1.51

(4) 압력에 의한 유량조정

1) 수력연결점

① 일반적으로 압력불균형이 ±0.5psi(0.03bar) 이하면 무시될 수 있고, 앞서 계산된 두 개의 소요수량은 단순히 더한다.

② 압력의 불균형이 ±0.5psi 이상이면 다시 계산한다.

2) 유수분리

① 설비의 한 지점에서 하나의 압력값이 존재하기 때문에, 분기점에서는 더 큰 압력값이 사용된다.

② 압력 불균형 시 유량보정공식을 이용한다.

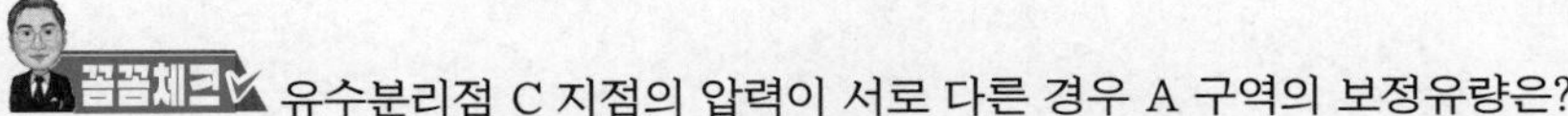

유수분리점 C 지점의 압력이 서로 다른 경우 A 구역의 보정유량은?

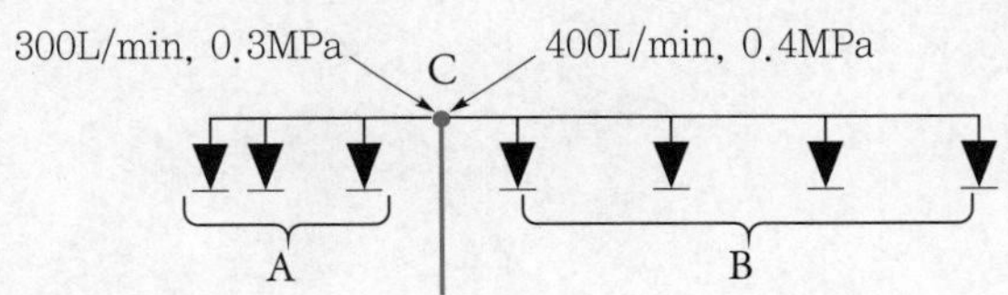

유량은 압력의 제곱근에 비례한다($Q \propto \sqrt{P}$).
유수분리점 C의 압력이 다르므로, 높은 압력(B)을 기준으로 유량과 압력의 비례식을 만들어 작은 쪽인 A구역의 유량을 보정해준다.

$300 : \sqrt{0.3} = Q_{adj} : \sqrt{0.4}$

A구역의 보정유량(Q_{adf}) $= 300\sqrt{\frac{0.4}{0.3}} = 346.41\text{L/min}$

3) 낙차와 관련 압력손실 고려 : 0.098bar/m

4) 역류방지장치를 고려한다.

(5) 설계면적에 포함되는 헤드수량을 확정하여야 한다.

04 설비 작동시간

수리학적으로 계산된 설비에 대한 호스 주수량 및 급수지속시간 요건을 고려하여야 한다.

05 결론

(1) NFTC에도 수리계산방식이 도입되었으며, 향후 수리계산방식이 정착되어야 소방기술의 발전 및 최적설계가 가능해진다.

(2) 수리계산의 장점은 방사량, 토출량, 배관의 관경을 공학적으로 분석하여 설계의 타당성 및 정당성을 입증할 수 있다는 것이다.

(3) 스프링클러의 시공 시 자재비 및 인건비를 합리적으로 검토할 수 있으며, 정확한 계산을 제시하여 과학화를 이룰 수 있다.

SECTION

030 정압과 동압

01 정압과 동압의 개념

(1) 정압(normal pressure, satic pressure)

1) 유체 중에 어떤 점의 모든 방향에서 같은 크기를 나타내는 압력으로, 정지하고 있는 유체뿐만 아니라 운동하고 있는 유체 중에도 존재하는 압력이다.

2) 정압을 에너지로 표현한 것이 위치에너지이다.

배관의 한끝을 봉하고, 한쪽에서 펌프로 유체를 보낼 때에 생기는 압력도 정압이며, 한쪽이 봉해져 있으므로 배관 속에는 유체의 유동이 없다. 이와 같이 유체유동이 없을 때에도 생기는 압력이므로 정압이라 한다.

3) 측정위치 : 관로의 벽면

4) 작용방향 : 고정 시에는 전방향, 유동 시에는 유동방향과 직각방향

5) 특성 : 유동과 관계없이 발생되며, 대기압보다 높으면 양압을, 낮으면 음압을 갖는다.

(2) 동압(velocity pressure, dynamic pressure)

1) 흐름의 속도에 따라서 생기는 압력을 동압 또는 속도압이라고 한다.

2) 동압을 에너지로 표현한 것이 운동에너지이다.

3) 측정위치 : 관로의 중심과 벽면

4) 작용방향 : 유동방향

5) 특성 : 유속의 제곱에 비례하고 비중량에 비례한다$\left(P_v = \frac{\gamma v^2}{2g}\right)$.

(3) 전압(total pressure, potential energy)

1) 정압은 위치에너지의 형태로 나타나고, 동압은 운동에너지를 나타낸다고 생각할 수도 있다. 그래서 이 두 가지의 합은 유체의 에너지의 총합이다.

2) 전압을 에너지로 나타내면 기계적 에너지의 총합이고 유체가 물체와 부딪혀 유동속도가 0일 때 얻은 압력이다.

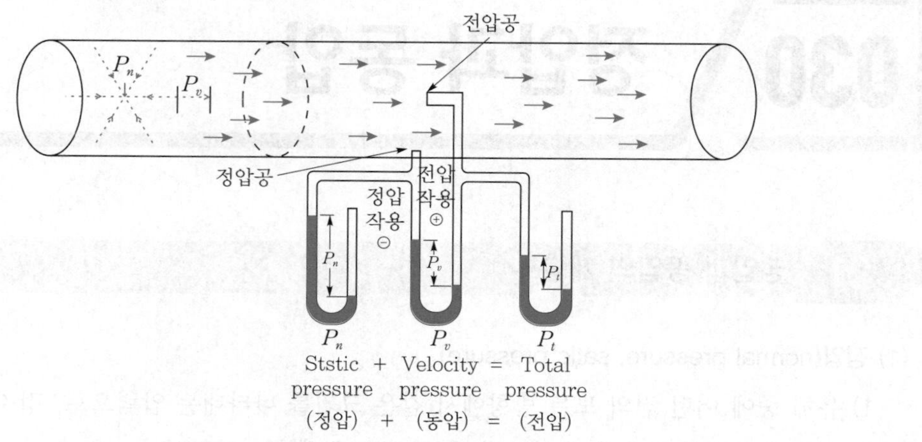

02 소방에서 정압과 동압의 활용

(1) 압력을 계산하는 이유

1) 각 헤드의 유량을 계산($Q=K\sqrt{P_n}$)하기 위해서이다.

2) 압력은 말단 헤드를 제외하고는 원칙적으로 정확한 압력인 정압을 이용하여야 한다.

(2) NFPA 13에서 각 헤드의 방사량을 계산하기 위한 압력 이용방법

1) 정압을 이용하는 방법(normal pressure method)

① 동압을 고려하는 방법으로 전압에서 동압을 빼서 정압을 이용($P_n=P_t-P_v$)한다.

② 이유 : 정압은 전압에서 동압을 빼야 하므로 동압의 변화에 따라 정압이 변화하기 때문이다.

③ 물입자의 크기 : 압력의 영향을 받으므로 물입자가 중요한 물분무나 미분무수는 정확한 배관의 방사압인 정압을 이용하여 계산한다.

④ $d_m \propto \frac{D^{\frac{2}{3}}}{P^{\frac{1}{3}}} \propto \frac{D^2}{Q^{\frac{2}{3}}}$

여기서, d_m : 물입자의 크기
D : 노즐의 직경
P : 압력
Q : 유량

⑤ 말단부 헤드에 전압을 적용하는 이유 : 말단부 헤드에는 정압이 아니라 실질적으로 전압이 작용하기 때문에 전압을 적용한다.

2) 전압을 이용하는 방법(total pressure method)

① 가장 일반적인 스프링클러 수리계산방법이다.

② 전압에 의해 노즐의 물이 방출된다는 가정하에 계산한다.

③ 동압을 무시하고 전압으로 계산 : 정압과 전압이 같다($P_n = P_t$).

④ 동압을 무시하는 이유

㉠ 스프링클러는 물입자의 크기보다는 주변을 적시어서 화재를 제어하는 설비이므로 보수적으로 수원의 양이 증가하므로 전압을 이용하여 계산한다.

㉡ 동압이 무시할 정도로 작기 때문이다.

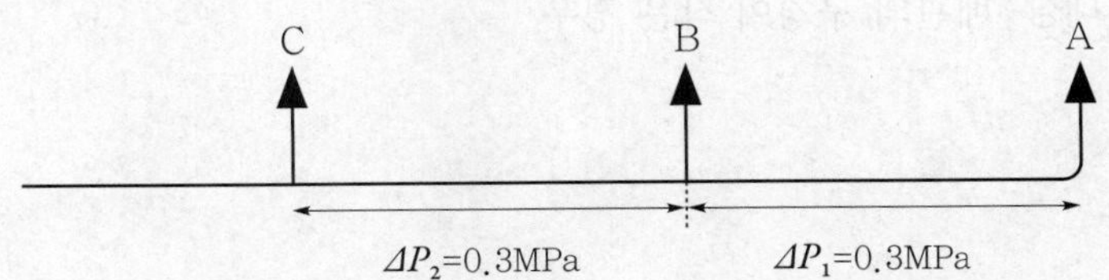

구분		A점	B점	C점	수원
전압	압력[MPa]	0.1	0.13	0.16	–
	유량[L/min]	80	91.21	101.19	272.4
동압	압력[MPa]	–	0.01	0.02	–
정압	압력[MPa]	0.1	0.12	0.14	–
	유량[L/min]	80	84.66	85.42	250.08

⑤ 정압이 적용되지 않는 곳

㉠ 가지배관에 설치된 마지막 스프링클러헤드

㉡ 교차배관에 연결된 마지막 가지배관

㉢ Grid 배관에서 각각의 헤드

㉣ Loop 배관에서 각각의 가지배관

(3) 두 번째 헤드에서의 현상(second phenomenon)

1) 정의 : 가지배관의 끝에서 두 번째 스프링클러헤드의 실제 방수량이 규정 방사량보다 작은 경우

2) 원인 : 마찰손실보다 동압이 더 크기 때문에 끝에서 두 번째 헤드가 끝 헤드보다 압력이 작아진다.

① 말단부 계산압력을 P_1이라 하고, 두 번째 헤드의 계산압력을 P_2라고 가정한다.

② P_2의 압력은 P_1의 압력에서 마찰손실(P_f)을 더한 압력이 형성되어야 하는데, 마찰손실이 동압보다 작으면 계산한 압력 P_2보다 실제 두 번째 헤드에서 발생하는 압력 $P_2{}'$가 작아지는 결과가 발생한다.

예 말단 헤드의 K값이 80이고 압력이 0.1MPa이며 Q_1의 유량은 80Lpm이다.

$Q_1 = 80\sqrt{10P_1}$, $Q_2 = 80\sqrt{10P_2}$, $P_2 = P_1 + P_f - P_v (P_v > P_f)$

$Q_1 > Q_2$, $Q_2 < 80\text{Lpm}$

3) 대책 : 방수량 부족을 보정하기 위해서는 배관의 구경을 변경하거나 마지막 스프링클러 헤드의 방수량을 약간 증가시켜야 한다.

4) 주요 대상 : 배관의 구경이 작은 경우

SECTION

031 Hardy cross

01 개요

(1) 복잡한 소방배관시스템(loop 또는 grid)에서의 압력손실 해석방법이다.

(2) 배관상의 유량을 임의로 분배하고, 각 관로의 압력손실 차이가 허용범위 내로 수렴되도록 반복계산하는 방법이다.

(3) Hardy Cross 교수에 의해 개발된 방법으로, Network에 흐르는 유수는 각 배관의 교차지역에서 마찰손실이 같음을 가정한다.

02 적용대상

루프(loop) 혹은 그리드(grid) 형태의 소화수 배관시스템의 수리계산에 적용한다.

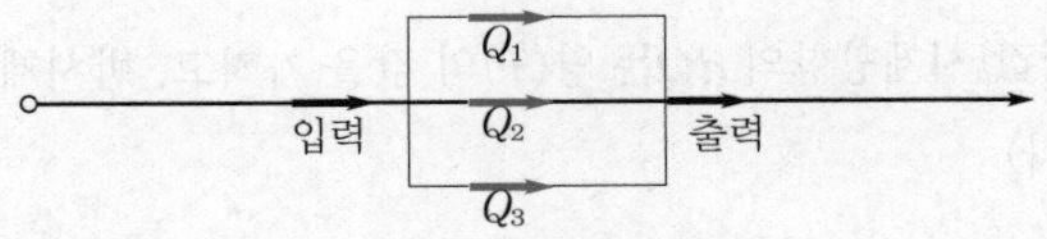

| 루프배관의 유수흐름 |

03 적용원칙

(1) 질량보존법칙

1) 입력유량과 출력유량은 같아야 하며, 전체유량은 경로의 유량의 합과 같다($Q_{in} = Q_{out}$).

2) Q_T(입구의 총량) = $Q_1 + Q_2 + \cdots\cdots$ (출구의 개별유량의 합)

(2) 에너지보존법칙

1) 각 경로의 마찰손실은 같다.

2) $\sum P_f = 0$, 전체 마찰손실의 합은 0이다.

3) $\Delta P_1 = \Delta P_2 = \Delta P_3$, 각 배관이 만나는 곳의 압력손실은 동일하다.

(3) 폐회로에서 루프별 손실수두의 합은 0이다.

어떤 루프상의 한 점에서 출발하여 폐회로를 일주한 후 다시 출발점으로 돌아올 경우 에너지손실의 합은 0이다.

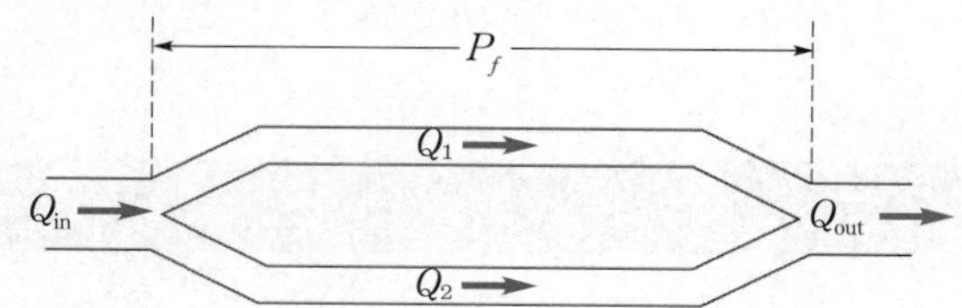

(4) 각 배관의 압력손실은 하젠-윌리엄스식으로 계산한다.

04 보정유량(dQ) 산출법

(1) $\Sigma P_f = 0$

(2) $P_f = K \cdot Q^n$

(3) $Q = Q_0 + dQ$

여기서, Q : 보정된 유량

Q_0 : 가정유량

dQ : 유량보정값(시계방향의 dQ는 양(+)의 값을 가지고, 반시계방향의 dQ는 음(-)의 값을 가진다)

(4) $P_f = K \cdot (Q_0 + dQ)^n$

$= K \cdot (Q_0^n + nQ_0^{n-1} \cdot dQ + \cdots\cdots)$

(5) $nQ_0^{n-1} \cdot dQ$ 다음부터는 값을 무시해도 될 만큼 값이 작으므로 무시한다.

(6) $\Sigma P_f = 0 = \Sigma K \cdot (Q_0^n + nQ_0^{n-1} \cdot dQ)$

(7) $dQ = \dfrac{-\Sigma K \cdot Q_0^n}{n \times \Sigma \dfrac{K \cdot Q_0^n}{Q}}$

(8) $dQ = \dfrac{-\Sigma P_{0f}}{n \times \Sigma \dfrac{P_{0f}}{Q}}$

(9) 하젠-윌리엄스식으로 마찰손실을 구하는 경우 $n=1.85$(달시웨버의 경우는 $n=2$)

$\therefore dQ = \dfrac{-\Sigma P_{0f}}{1.85 \times \Sigma \dfrac{P_{0f}}{Q}}$

05 계산방법

(1) 압력손실 해석절차

절차	방법(SFPE 핸드북)
1단계	① 배관망의 각 구간별로 중요한 변수(배관장, 관경, C–factor)를 파악한다. ② 관경, 유량, C–factor가 다를 경우 별도의 번호를 부여한다.
2단계	FLC(Friction Loss Coefficient)의 계산 $FLC = 6.174 \times 10^5 \times \frac{L}{C^{1.85} \times D^{4.87}}$
3단계	루프에 의해 이어지는 연속성이 충족되도록 분배유량을 가정한다.
4단계	압력손실계산 ① 각 구간(경로)별 마찰손실을 하젠–윌리엄스식을 이용하여 산출한다. ② 압력손실 $P_f = FLC \times Q^{1.85}$[Psi]
5단계	각 루프에 유량의 흐름을 가정하여 부호를 부여한다. 유량이 시계방향 흐름(+), 시계반대방향 흐름(–)
6단계	각 루프별 압력손실합계가 0이 아니면 각 배관의 마찰손실을 추정한 유량으로 나눈다.
7단계	각 루프별로 유량보정값을 계산한다. $dQ = \frac{-\Sigma P_{of}}{1.85 \times \Sigma \frac{P_{of}}{Q}}$
8단계	루프에서 추정된 유량에 보정유량을 더한다. 보정유량=분배유량 + 유량보정값
9단계	보정된 유량으로 마찰손실의 합계 절댓값이 0.5psi(0.035kg/cm^2) 이하가 될 때까지 반복 계산한다.
10단계	임의의 경로에 대한 유입점부터 유출점까지의 압력손실을 계산한다. 이때, 다른 경로로 2번째 계산된 압력손실값은 예상되는 범위 내의 동일한 값이 되어야 한다.

(2) 표를 이용한 압력손실 해석방법

① 구간	② 배관길이	③ 유량	④ dP	⑤ $\frac{dP}{Q}$	⑥ 보정량	⑦ 0.03bar

(3) Network에 대한 Balancing은 NFPA Code 13, article 6–4.2.4에서 권장한 것과 같이 배관 교차점에서의 Balancing 허용압력차는 0.5psi(3.447kPa)로 한다.

예제

아래와 같은 루프배관에서의 유량을 계산하시오.[32]

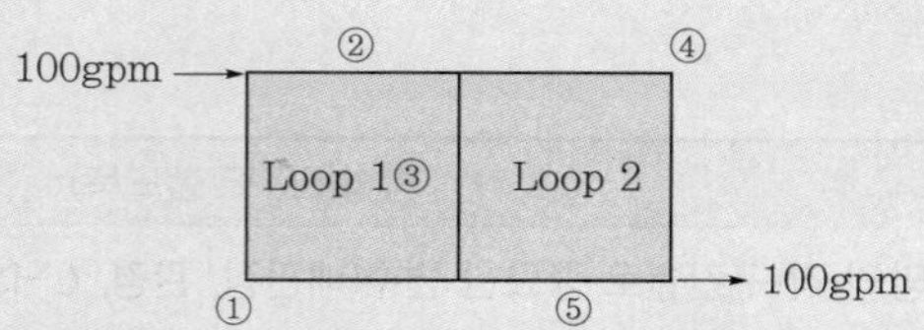

FLC의 값 ① 0.001, ② 0.002, ③ 0.003, ④ 0.001, ⑤ 0.004

[풀이]

(1) 상기 그림의 유량을 3단계에 의해서 다음과 같이 가정한다. 이때, 시계방향으로는 양의 값, 반시계방향으로는 음의 값을 가진다고 한다.

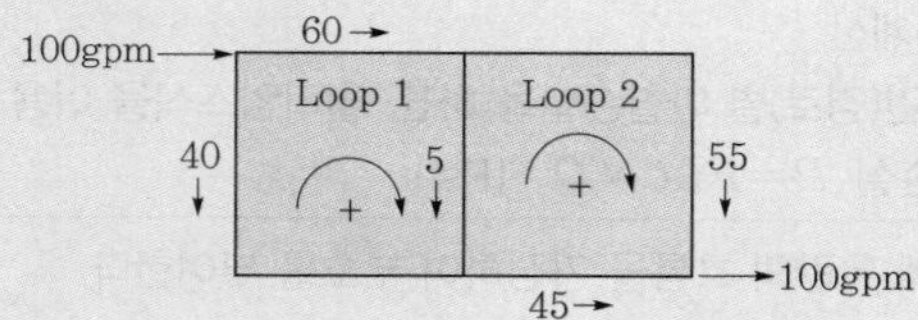

(2) 4단계부터 8단계의 과정에 의해서 다음과 같은 표를 작성한다.

Loop	Pipe	Q	FLC	P_f	dP_f	$\frac{P_f}{Q}$	$dQ=-(dP_f/1.85)$ $[\Sigma(P_f/Q)]$	$Q+dQ$
1	1	−40	0.001	−0.92		0.023		−56.4
	2	60	0.002	3.90		0.065	$dQ=-16.4$	+43.6
	3	5	0.003	0.06		0.012		−11.4
					=3.04	0.100		
2	3	−5	0.003	−0.06		0.012		+6.2
	4	55	0.001	1.66		0.030	$dQ=11.2$	+66.2
	5	−45	0.004	−4.58		0.102		+33.8
					=−2.98	0.144		

(3) 루프 내에서의 dP_f는 0.5 이하이어야 하지만 여기서는 그 값을 초과하므로 유량조절을 위해 dQ를 구해서 유량조정량인 $Q+dQ$를 구한다.

(4) 조정된 유량을 그림으로 나타내면 다음과 같다.

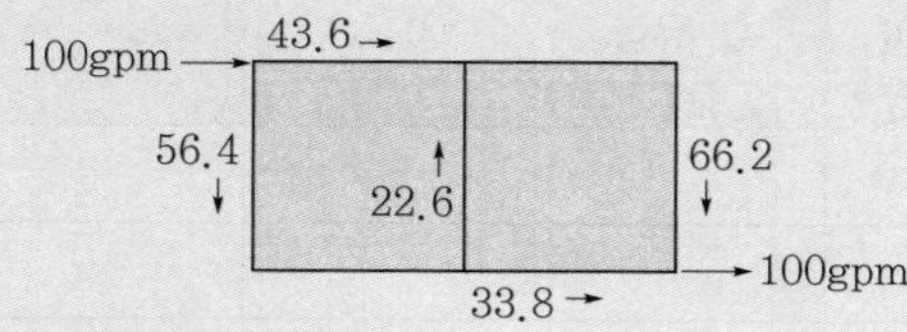

32) SFPE Design Calculations 4-80

(5) 다시 4단계부터 8단계의 과정에 의해서 다음과 같은 표를 작성한다.

Loop	Pipe	Q	FLC	P_f	dP_f	$\frac{P_f}{Q}$	$dQ=-(dP_f/1.85)$ $[\Sigma(P_f/Q)]$	$Q+dQ$
1	1	−56.4	0.001	−1.74		0.031		−54.0
	2	43.6	0.002	2.16		0.050	$dQ=2.4$	+46.0
	3	−22.6	0.003	−0.96		0.042		−20.2
					=−0.54	0.123		
2	3	22.6	0.003	0.96		0.042		+20.5
	4	66.2	0.001	2.34		0.035	$dQ=-2.1$	+64.1
	5	−33.8	0.004	−2.69		0.080		+35.9
					=0.61	0.157		

(6) 루프 내에서의 dP_f는 0.5 이하이어야 하지만 여기서는 그 값을 초과하므로 유량조절을 위해서 dQ를 구해서 유량조정량인 $Q+dQ$를 구한다.

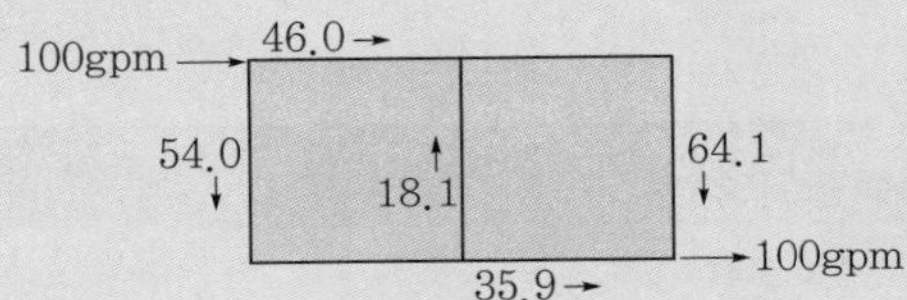

(7) 또 다시 4단계부터 8단계의 과정에 의해서 다음과 같은 표를 작성한다.

Loop	Pipe	Q	FLC	P_f	dP_f	$\frac{P_f}{Q}$	$dQ=-(dP_f/1.85)$ $[\Sigma(P_f/Q)]$	$Q+dQ$
1	1	−54.0	0.001	−1.60				
	2	46.0	0.002	2.38		–	–	–
	3	−18.1	0.003	−0.64				
					0.14			
2	3	18.1	0.003	0.64				
	4	64.1	0.001	2.20		–	–	–
	5	−35.9	0.004	−3.01				
					−0.17			

(8) 루프 내에서의 dP_f는 0.5 이하의 값을 가지므로 상기 조정 유량대로 배관이 흐른다고 추정할 수 있다.

SECTION 032 수동식 기동장치

01 개요

(1) 수동식 기동장치는 적절하게 설치되고 쉽게 접근할 수 있으며, 정확하게 확인할 수 있어야 하고, 적절하게 방호될 수 있어야 한다.

(2) 자동식 기동장치의 고장이 발생한 경우에는 이를 신속하게 동작시킬 수 있는 수동식 기동장치가 필수적이다. 이는 Fail safe의 개념으로도 볼 수 있다.

02 스프링클러

(1) 펌프 작동방법

1) 유수검지장치 : 유수검지장치의 발신, 기동용 수압개폐장치를 혼용하고 있다.

2) 일제개방밸브 : 화재감지기의 감지, 기동용 수압개폐장치를 혼용하고 있다.

(2) 일제개방밸브의 작동

1) 담당구역에 화재감지기, 폐쇄형 스프링클러가 동작한다.

2) 화재감지회로는 교차회로로 설치한다.

3) 교차회로의 예외

① 배관 또는 헤드에 누설경보용 물 또는 압축공기가 채워진 경우

② 부압식

③ 자동화재탐지설비 203 제7조 제1항 단서 조항의 감지기가 설치된 경우

㉠ 불꽃감지기

㉡ 정온식 감지선형 감지기

㉢ 분포형 감지기

㉣ 복합형 감지기

㉤ 광전식 분리형 감지기

㉥ 아날로그방식의 감지기

㉦ 다신호방식의 감지기

㉧ 축적방식의 감지기

4) 수동기동 장치 : 인근에 설치한다.

① 전기식 : 슈퍼비조리패널(SVP) 또는 수동조작함을 조작하여 솔레노이드밸브를 개방하여 유수검지장치 등이 동작하도록 한다.

② 배수식 : 긴급해제밸브 또는 수동기동밸브를 개방하여 중간챔버를 감압함으로써 유수검지장치 등이 동작하도록 한다.

5) 감지기의 설치 : NFTC 203(자동화재탐지설비의 화재안전기술기준) 준용

6) 화재감지기 회로의 발신기

① 설치장소 : 조작이 쉬운 장소

② 스위치 높이 : 0.8~1.5m

③ 층마다 설치, 수평거리 25m 이하

④ 표시등 : 15° 각도, 10m 거리에서 식별 가능하여야 한다.

SECTION

033 습식 설비(wet systems)

01 개요

(1) 스프링클러설비의 종류 중 습식 스프링클러는 구조가 단순하여 부품이 적게 들어가므로 고장의 우려가 작고 오동작이 작아 가장 신뢰성이 뛰어난 설비이다.

(2) 일반적으로 스프링클러설비라고 하면 습식 설비를 말한다. 습식 설비는 유수검지장치인 알람밸브의 클래퍼를 중심으로 1차측과 2차측이 모두 가압송수된 물로 채워져 있는 시스템이다.

(3) 화재발생으로 인해 스프링클러헤드가 개방되면 스프링클러헤드까지 채워져 있던 물이 즉시 살수되며, 이로 인하여 2차측의 압력이 급속히 떨어지면 클래퍼가 자연적으로 개방되어 1차측에 가압송수되어 온 물이 개방된 스프링클러헤드를 통하여 계속 살수되어 화재를 제어하는 시스템이다.

02 습식 설비의 구성

(1) 수원

1) 1차 수원

2) 2차 수원 : 옥상수조에 1차 수원의 $\frac{1}{3}$을 저장함으로써 펌프의 실패를 대비한 Fail safe의 개념으로 설치한다.

(2) 가압송수장치

(3) 알람밸브세트

(4) 배관

꼼꼼체크 습식 배관에는 크기가 $\frac{1}{2}$in(15mm) 이상이고 175psi(12bar) 또는 10psi(0.7bar)에서 배관 압력을 초과한 값 중 큰 값에 작동하도록 설정된 릴리프밸브를 설치하여야 한다. 단, 공기저장소가 압력 증가를 흡수하도록 설치된 경우는 제외한다(NFPA 13).

(5) 스프링클러헤드

03 장단점

장점	단점
① 소화약제가 물이므로 저렴하고, 어디서든지 쉽게 구할 수 있으며, 인체에 무해하다. ② 2차측 배관에 항시 물이 충만되어 있으므로 화재발생 시 스프링클러헤드의 파열과 함께 즉시 물이 살수되므로 화재에 신속히 대응할 수 있고 감열지연에 따른 화재제어의 실패확률이 낮다. ③ 기계적 장치에 의해 자동적으로 동작하므로 고장확률이 낮다. ④ 건식이나 준비작동식에 비해 유지관리가 쉽다. ⑤ 구조가 간단하고 유지관리가 편리하다. ⑥ 전기적 장치의 설치가 필요없다.	① 소화약제가 물이므로 동결의 우려와 수피해, 전기의 전도성 등의 문제가 있을 수 있다. ② 2차측 배관에 항시 물이 충만되어 있어 기온의 변화가 심한 곳이나 동절기에 배관의 동파 우려가 있다. ③ 상시 가압수가 차 있으므로 비화재로 인한 배관파손 시 수피해가 크다. ④ 헤드의 감지부이자 작동원으로 층고가 높아질수록 감지성능 및 작동성능이 저하된다.

SECTION 034 유수검지장치와 일제개방밸브

01 개요

(1) 스프링클러설비는 경보방법 및 작동방법에 따라 크게 유수검지장치와 일제개방밸브로 구분한다.

(2) 구분

<table>
<tr><th>구분</th><th colspan="3">유수검지장치 등</th><th>헤드</th><th>1차측</th><th>2차측</th><th>감지기
/수동기
동장치</th><th>사용
헤드</th><th>시험
장치</th><th>배관
보온</th></tr>
<tr><td>습식</td><td rowspan="4">유수
검지
장치</td><td rowspan="4">종
류</td><td>알람체크
밸브</td><td rowspan="4">폐쇄형</td><td rowspan="5">가압수</td><td>가압수</td><td>×</td><td>표준/
조기
반응</td><td>○</td><td>○</td></tr>
<tr><td>건식</td><td>건식 밸브</td><td>압축
공기</td><td>×</td><td>표준</td><td>○</td><td>×</td></tr>
<tr><td>준비작동식</td><td rowspan="2">준비작동식
밸브</td><td>공기</td><td>○</td><td>표준</td><td>×</td><td>×</td></tr>
<tr><td>부압식</td><td>부압수</td><td>○</td><td>표준</td><td>○</td><td>○</td></tr>
<tr><td>일제살수식</td><td colspan="3">일제개방밸브
(델류지밸브)</td><td>개방형</td><td>공기</td><td>○</td><td>표준</td><td>×</td><td>×</td></tr>
</table>

02 정의

(1) 유수검지장치

1) 정의 : 본체 내의 유수현상을 자동적으로 검지하여 신호 또는 경보를 발하는 장치

2) 종류 : 습식 유수검지장치(패들형 포함), 건식 유수검지장치, 준비작동식 유수검지장치

3) 설치개수 : 하나의 방호구역에 1개 이상 설치

4) 장소 : 화재발생 시 접근이 쉽고 점검하기 편리한 장소

① 하나의 층에 1개의 유수검지장치 등이 설치되는 경우

㉠ 각 층별로 설치하되, 화재로 인한 피해가 없고, 접근하기 쉬우며, 점검하기 편리한 장소로서 피난경로에 가까운 계단실 부근, 화장실 내, 별도로 구획된 유수검지장치실에 설치한다.

㉡ 출입구와 먼 방호구역의 안쪽에는 설치하지 않는다.

② 하나의 층에 여러 개의 유수검지장치 등이 설치되는 경우

㉠ 각각의 방호구역별로 1개씩 설치하거나 2개 이상의 유수검지장치 등을 한 곳 또는 여러 곳에 모아서 설치한다.

㉡ 여러 개의 유수검지장치 등을 한 곳에 모아서 설치하는 경우 : 5개 이하

③ 중층이 있는 건축물의 경우 : 유수검지장치 등은 접근이 쉬운 아래층 또는 위층 중 피난층에 가까운 곳에 설치한다.

④ 창고 등의 경우 : 가연성 물품이 적재되지 않은 공간으로 화재로 인한 피해가 없고, 접근하기 쉬우며 점검하기 편리한 출입구 부근 등에 설치한다.

5) 유수검지장치실

① 별도의 전용실에 설치한다.

② 노출된 장소에 철망 등으로 펜스를 설치한다.

③ 기계실(보일러실, 공조실 등) 내부에 노출상태로 설치한다.

6) 설치위치 : 0.8~1.5m

7) 출입문의 최소 크기 : 0.5m × 1m

유수검지장치를 재설정할 경우 급수밸브를 잠그고 배수밸브를 여는 등의 작업이 필요하므로 공간이 지나치게 협소하지 않도록 하고 접근을 쉽게 하기 위해 출입문의 최소 크기를 규정하고 있다.

8) 설치된 장소에 표지를 설치한다.

9) 유수검지장치를 통과한 소화수만 스프링클러헤드에 공급한다.

10) 자연낙차에 따라 압력수가 흐르는 배관 : 낙차를 두어서 유수검지장치를 설치한다.

자연낙차의 경우는 압력차가 작아서 유수검지장치가 흐름을 감지할 수 없을 수도 있기 때문에 작동에 지장이 없는 최소 높이 이상의 낙차를 요구하는 것이다.

11) 조기반응형 스프링클러헤드를 설치하는 경우 : 습식 유수검지장치 또는 부압식 스프링클러설비를 설치한다.

(2) 일제개방밸브 : 화재발생 시 자동식 또는 수동식 기동장치에 따라 개방되는 밸브

03 부대설비(준비작동식 또는 일제개방밸브 2차측)

(1) 개폐표시형 밸브를 설치한다.

(2) 개폐표시형 밸브와 준비작동식 유수검지장치 또는 일제개방밸브 사이의 배관

1) 수직 배수배관과 연결하고 동 연결배관상에는 개폐밸브를 설치한다.

2) 자동배수장치 및 압력스위치를 설치한다.

3) 압력스위치는 수신부에서 준비작동식 또는 일제개방밸브의 개방 여부를 확인할 수 있게 설치한다.

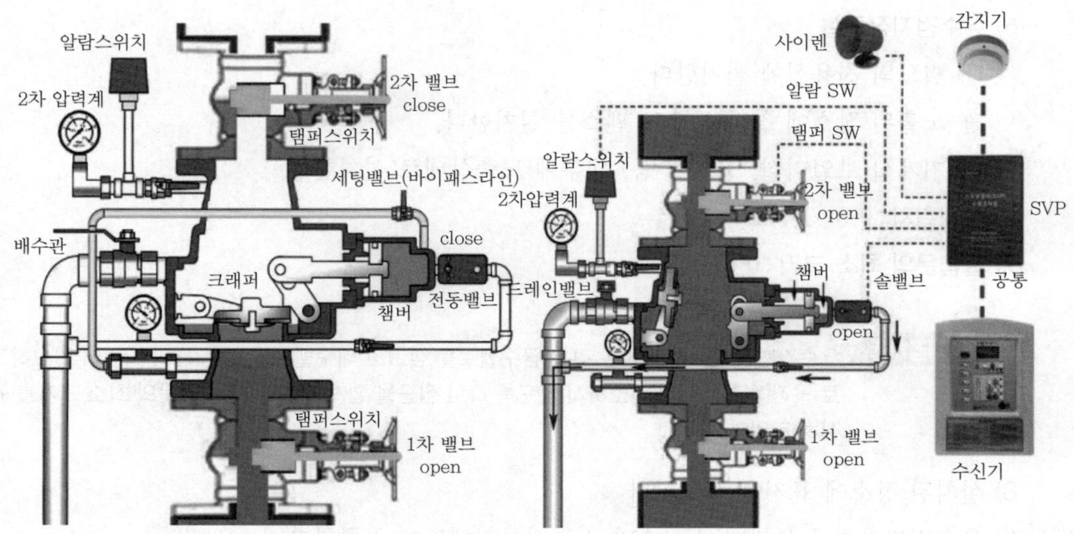

| 준비작동식 부대설비[33] |

NFPA 13에서는 알람밸브 2차측에 릴리프밸브를 설치하여 배관 내 수온상승 등으로 압력이 배관의 허용압 이상 상승되는 것을 방지하고 있다. 하지만 에어탱크가 설치된 경우에는 에어탱크가 압을 흡수하므로 설치할 필요가 없다. 국내의 경우에는 대부분이 가지형으로 배관을 설치하기 때문에 자연적으로 에어포켓이 형성되어 압의 일부를 흡수할 수 있고 기동용 수압개폐장치로 팽창탱크를 사용하기 때문에 증가되는 압의 일부를 흡수할 수 있으므로 알람밸브의 2차측에 릴리프밸브의 사용을 강제하고 있지 않는 것으로 볼 수 있다는 의견이 있지만, 현재 NFPA 13에서는 가지배관방식에도 릴리프밸브를 사용하도록 하고 있으므로 국내에서 가지배관에도 릴리프밸브를 설치할 필요가 있다.

33) 한국소방공사 홈페이지 발췌

04 펌프의 작동 등

(1) 습식·건식

1) 기동장치의 발신이나 기동용 수압개폐장치에 의하여 작동한다.

2) 두 가지를 혼용하여 펌프를 기동시킨다.

(2) 준비작동식 또는 일제개방밸브

1) 화재감지기의 화재감지나 기동용 수압개폐장치에 따라 작동한다.

2) 두 가지를 혼용하여 펌프를 기동시킨다.

3) 준비작동식 또는 일제개방밸브의 인근에서 수동기동(전기식 및 배수식)에 따라서도 개방 및 작동된다.

① 전기식 : 슈퍼비조리패널의 버튼을 조작하여 전기적 신호로 솔레노이드밸브를 동작시켜 준비작동식 유수검지장치 또는 일제개방밸브를 개방시키는 전기적인 방식

② 배수식 : 준비작동식 유수검지장치 또는 일제개방밸브에 수동개방밸브(볼밸브)를 설치하여 수동으로 밸브를 조작하여 유수검지장치 등을 개방시키는 기계적인 방식

SECTION

035 자동경보밸브(alarm valve)

01 개요

(1) 자동경보밸브는 폐쇄형 스프링클러헤드가 개방되면 배관 내에 유수가 발생하고 이에 의해서 자동경보밸브가 작동되어 경보를 발하여 화재발생을 알리는 기능을 한다. 또한, 알람밸브의 클래퍼가 체크기능을 하므로 알람체크밸브라고 하기도 한다.

(2) 기능

1) 체크기능 : 1차측과 2차측을 분리하고 2차측의 역류를 방지한다.

2) 감지기능 : 압력스위치에 의하여 2차측으로 흐르는 가압수를 감지한다.

02 구분

(1) 자동경보밸브 : 체크밸브의 구조에 리타딩챔버나 압력스위치가 달려 있어 유수의 흐름 발생 시 압력스위치가 동작하여 수신기 등에 유수경보를 발신하는 밸브이다.

1) 리타딩챔버(retarding chamber)

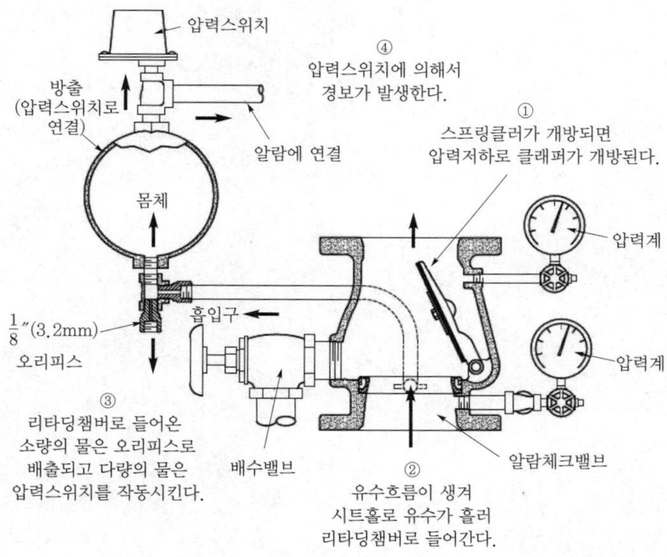

| 리타딩챔버와 주변 배관도 |

① 설치목적 : 비화재 시 압력스위치의 오보 방지

② 주요 사양 : 보호용량 7.5L, 사용압력 2~10kg/cm^2, 작동지연시간 10~30초

③ 작동원리 : 소량의 유수가 발생하면 오리피스로 배출하여 오보를 막아주고, 클래퍼가 개방되어 다량의 유수가 발생하면 오리피스의 배수능력을 초과하므로 압력스위치로 압력이 전달되어 화재신호를 발할 수 있는 구조이다.

2) 압력스위치(pressure alarm switch)

① 설치목적 : 화재표시등 점등, 경보장치 작동

② 작동원리 : 리타딩챔버 내가 압력수로 만수가 되면서 벨로즈를 팽창시켜 접점이 붙으며 폐회로를 구성한다.

꼼꼼체크 송수펌프 기동방식 : 압력스위치 작동방식, 기동용 수압개폐장치 압력챔버에 의한 방법

3) 지연타이머

① 최근 제품은 리타딩챔버를 설치하지 않고 지연타이머가 수신기에 내장되어 있다.

② 기능 : 보통 20초 전후로 타이머를 세팅하여, 알람스위치에서 들어오는 화재발생신호를 리타딩챔버와 같이 일정시간 차단하며, 세팅된 시간이 경과하면 화재신호를 발한다.

③ 압력전달 후 지연회로에 의해 4~7초 후 압력스위치가 동작한다.

4) 압력계 : 알람밸브 1차측과 2차측에 설치되어 정격토출압력을 표시한다.

5) 경보정지밸브

① 설치위치 : 알람밸브 2차측과 압력스위치 사이에 작은 콕밸브로 설치한다.

② 평상시 : 개방

③ 필요 시 : 밸브를 폐쇄하면 압력스위치로 유입되는 물이 차단되어 클래퍼가 열리더라도 경보가 발생하지 않는다.

6) 배수밸브

① 설치위치 : 알람밸브 2차측

② 목적 : 2차측 설비의 보수 등을 위한 물의 배수

③ 평상시 : 폐쇄

④ 필요 시 : 밸브를 개방하면 2차측에서 가압수가 배수되어 알람스위치 작동, 사이렌 경보, 수신반 지구표시등 점등, 펌프 기동

7) 1차측 개폐밸브

① 설치위치 : 알람밸브 1차측

② 목적 : 1차측 급수차단(알람밸브, 배관, 헤드의 교체나 수리 시 가압수 공급 차단)

③ 평상시 : 개방(템퍼스위치 설치)

(2) 패들형(peddle) 유수검지장치

1) 개요 : 배관 내에 패들을 부착하면 유수의 운동에너지에 의해 패들이 움직이면서 접점을 이루어 폐회로가 구성되면서 경보가 발령되고 유수의 신호를 발하는 유수검지장치

2) 특징

① 설치장소가 협소한 곳에도 설치가 쉽다.

② 경계구역 내 배관의 유로가 많이 분기한 곳에 적합하다.

3) 용도

① 스프링클러설비의 작동지역을 신속·정확하게 알기 위하여 스프링클러설비를 세분화하고자 할 경우

② 세탁물 슈트, 창고 같은 특별한 장소에 스프링클러설비를 부분적으로 설치한 경우

③ 경보체크밸브의 보조역할을 할 경우

④ 저렴하므로 경제적인 필요가 있는 경우

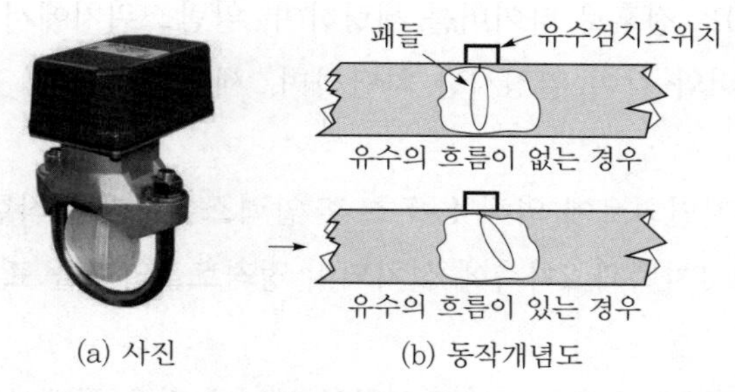

(a) 사진 (b) 동작개념도

| 패들형 유수검지장치[34] |

(3) 유수작동밸브

1) 구조 : 체크밸브에 마이크로스위치가 설치되어 있다.

2) 기능 : 유수에 의해서 체크밸브가 개방되고 이 개방 사실을 마이크로스위치가 감지해서 작동함으로써 수신반에 신호를 전달하여 경보를 발하도록 하는 밸브이다.

스프링클러 알람밸브 1차측과 2차측 압력게이지가 있는데 2차측 압력이 항상 높은 이유

탱크의 압력(1차 압력)이 낮아지면 펌프는 가동된다. 그리고 압력이 상한을 초과하면 펌프는 정지하게 된다. 이때, 채워진 압력이 각 층에서 자연수두압에 따라 2차측의 압력으로 나타난다. 따라서, 2차측 압력이 1차측보다 큰 것이다. 물론 펌프 가동에 따라 일시적으로 상승된 압력으로 인해 2차측의 압력이 정상적인 압력범위를 훨씬 벗어나는 경우도 있다.

---

34) Figure 6. Water Flow and Water Pressure Switches. Fire Service Guide to Reducing Unwanted Fire Alarms. NFPA (2012판)

3) 알람밸브 2차측 과압방지 장치

① 목적 : 알람밸브 2차측의 과압으로 인하여 헤드의 파손 및 수손피해 방지

② 동작원리 : 알람밸브 2차측의 압력계 등 배관 중간에 안전밸브나 릴리프밸브를 설치하고 설정 이상의 과압이 발생할 경우 자동으로 물을 배수시켜 스프링클러헤드 및 배관의 파손 방지

| 알람밸브 2차측 과압방지 장치 |

SECTION 036

스프링클러설비 음향장치 설치기준

130회 출제

(1) **습식 또는 건식** : 헤드가 개방되면 유수검지장치가 화재신호를 발신하고 그에 따라 음향장치가 경보된다.

(2) **준비작동식 또는 일제개방밸브** : 화재감지기의 감지에 따라 음향장치가 경보된다.

(3) **국내외 비교**

1) 국내의 경보방식

① 전자사이렌에서 경보를 발하는 방식 또는 자동화재탐지설비와 병행하는 방식을 사용한다.

② 건물 내부의 관계자에게 경보를 알리는 데 국한된다.

2) NFPA 13

① 국내와 동일한 방식을 사용하기도 하고 유수검지장치로 흐르는 물의 일부를 뽑아 워터모터공이라고 불리는 기계적 경보방식과 겸용으로 사용하기도 한다.

② 건물 외벽에도 설치하여 관계자가 거주하지 않을 때 외부인이 화재사실을 알 수 있도록 하고 있다.

(4) **음향장치**

1) 유수검지장치 등의 담당구역마다 설치한다.

2) 구역의 각 부분으로부터 하나의 음향장치까지의 수평거리 : 25m 이하

3) 경종 또는 사이렌(전자식 사이렌 포함)

4) 주위의 소음 및 다른 용도의 경보와 구별이 가능한 음색

경종 또는 사이렌은 자동화재탐지설비 · 비상벨설비 또는 자동식 사이렌설비의 음향장치와 겸용할 수 있다.

(5) 주음향장치는 수신기의 내부 또는 그 직근에 설치한다.

구분	층수가 11층(공동주택의 경우에는 16층) 이상
2층 이상의 층에서 발화한 때 경보층	발화층
	직상 4개층

구분	층수가 11층(공동주택의 경우에는 16층) 이상
1층에서 발화한 때 경보층	발화층
	직상 4개층
	지하층
지하층에서 발화한 때 경보층	발화층
	직상층
	그 밖의 지하층

(6) 음향장치는 다음의 기준에 따른 구조 및 성능을 갖추어야 한다.

1) 정격전압의 80% 전압에서 음향을 발할 수 있어야 한다.

2) 음량은 부착된 음향장치 중심으로부터 1m 떨어진 위치에서 90dB 이상이어야 한다.

SECTION 037

스프링클러설비의 도통시험 및 작동시험

(1) 준비작동식, 일제개방밸브를 사용하는 설비의 화재감지기회로

(2) 급수배관의 급수개폐밸브 폐쇄상태 확인회로

(3) 수조 또는 물올림탱크의 저수위감시회로

(4) 유수검지장치 또는 일제개방밸브의 압력스위치회로

(5) 기동용 수압개폐장치의 압력스위치회로

(6) 그 밖의 이와 비슷한 회로

SECTION 038

스프링클러설비 감시제어반과 동력제어반

01 스프링클러설비의 감시제어반과 동력제어반의 설치

(1) 스프링클러설비에는 제어반을 설치한다.

(2) 감시제어반과 동력제어반으로 구분하여 설치한다.

(3) **감시제어반과 동력제어반으로 구분하여 설치하지 않을 수 있는 대상**

1) 다음의 어느 하나에 해당하지 않는 특정소방대상물에 설치되는 스프링클러설비

① 지하층을 제외한 층수가 7층 이상으로서, 연면적이 $2,000m^2$ 이상

② 지하층 바닥면적의 합계가 $3,000m^2$ 이상

2) 내연기관에 따른 가압송수장치를 사용하는 스프링클러설비

3) 고가수조에 따른 가압송수장치를 사용하는 스프링클러설비

4) 가압수조에 따른 가압송수장치를 사용하는 스프링클러설비

02 감시제어반 기능

(1) 각 펌프(pump)의 작동 여부를 확인할 수 있는 표시등 및 음향경보기능

(2) 각 펌프의 자동 및 수동 작동 또는 중단 가능

(3) **비상전원을 설치한 경우**: 상용전원 및 비상전원의 공급 여부 확인

(4) **수조 또는 물올림탱크의 저수위**: 표시등 및 음향으로 경보

(5) 예비전원 확보, 예비전원의 적합 여부 시험

03 감시제어반 설치기준

(1) **설치장소**: 화재 및 침수 등의 재해로 인한 피해를 받을 우려가 없는 곳에 설치한다.

(2) 스프링클러설비의 전용으로 한다. 단, 스프링클러설비의 제어에 지장이 없는 경우에는 다른 설비와 겸용할 수 있다.

(3) 감시제어반은 전용실 안에 설치한다.

1) 예외 : 상기의 감시제어반과 동력제어반의 겸용설치에 해당하는 경우와 공장, 발전소 등에서 설비를 집중 제어·운전할 목적으로 설치하는 중앙제어실 내에 감시제어반을 설치하는 경우

2) 전용실의 설치기준

① 다른 부분과 방화구획으로 구분 : 전용실의 벽에는 기계실 또는 전기실 등의 감시를 위하여 두께 7mm 이상의 망입유리(두께 16.3mm 이상의 접합유리 또는 두께 28mm 이상의 복층유리 포함)로 된 4m^2 미만의 붙박이창을 설치할 수 있다.

② 설치층

㉠ 피난층 또는 지하 1층

㉡ 예외 : 지상 2층에 설치하거나 지하 1층 외의 지하층(or)

- 특별피난계단이 설치되고 그 계단(부속실을 포함) 출입구로부터 보행거리 5m 이내에 전용실의 출입구가 있는 경우
- 아파트의 관리동(관리동이 없는 경우에는 경비실)에 설치하는 경우

③ 비상조명등 및 급·배기 설비 설치

④ 무선통신보조설비가 유효하게 통신이 가능하도록(무선통신보조설비가 설치된 특정소방대상물) 설치

⑤ 바닥면적 : 감시제어반의 설치에 필요한 면적 + 소방대원이 그 감시제어반의 조작에 필요한 최소 면적 이상

⑥ 특정소방대상물의 기계·기구 또는 시설 등의 제어 및 감시설비 외의 것을 두지 아니할 것

(4) 각 유수검지장치 또는 일제개방밸브의 작동 여부를 확인할 수 있는 표시 및 경보 기능

(5) 수동조작스위치 : 일제개방밸브 개방

(6) 준비작동식, 일제개방밸브의 화재감지 : 각 경계회로별 화재 표시

(7) 확인회로마다 도통시험 및 작동시험

1) 기동용 수압개폐장치의 압력스위치회로

2) 수조 또는 물올림탱크의 저수위 감시회로

3) 유수검지장치 또는 일제개방밸브의 압력스위치회로

4) 준비작동식, 일제개방밸브를 사용하는 설비의 화재감지기회로

5) 개폐밸브의 폐쇄상태 확인회로

6) 그 밖의 이와 비슷한 회로

(8) **감시제어반과 자동화재탐지설비의 수신기를 별도의 장소에 설치하는 경우**：상호 간 연동하여 화재발생 및 2.10.2.1, 2.10.2.3 및 2.10.2.4의 기능을 확인할 수 있도록 한다.

NFTC 103

2.10.2.1 각 펌프의 작동 여부를 확인할 수 있는 표시등 및 음향경보기능이 있어야 한다.

2.10.2.3 비상전원을 설치한 경우에는 상용전원 및 비상전원의 공급 여부를 확인할 수 있어야 한다.

2.10.2.4 수조 또는 물올림탱크가 저수위로 될 때 표시등 및 음향으로 경보하도록 한다.

04 동력제어반 설치기준

(1) 앞면은 적색으로 하고 '스프링클러설비용 동력제어반'이라고 표시한 표지를 설치한다.

(2) **외함**：두께 1.5mm 이상의 강판 또는 이와 동등 이상의 강도 및 내열성능이 있는 것으로 한다.

(3) 그 밖의 동력제어반의 설치에 관하여는 NFTC 102 제3항 제1호 및 제2호의 기준을 준용한다.

NFTC 103

2.10.3.1 화재 및 침수 등의 재해로 인한 피해를 받을 우려가 없는 곳에 설치하도록 한다.

2.10.3.2 감시제어반은 스프링클러설비의 전용으로 한다. 단, 스프링클러설비의 제어에 지장이 없는 경우에는 다른 설비와 겸용할 수 있다.

SECTION 039 스프링클러설비의 전원

01 상용전원 배선

스프링클러설비에는 다음의 기준에 따른 상용전원회로의 배선을 설치하여야 한다. 단, 가압수조방식으로서 모든 기능이 20분 이상 유효하게 지속될 수 있는 경우에는 그러하지 아니하다.

(1) 저압 수전인 경우에는 인입개폐기의 직후에서 분기하여 전용배선으로 하여야 하며, 전용의 전선관에 보호되도록 한다.

(2) 특고압 수전 또는 고압 수전일 경우에는 전력용 변압기 2차측의 주차단기 1차측에서 분기하여 전용배선으로 하되, 상용전원의 상시공급에 지장이 없을 경우에는 주차단기 2차측에서 분기하여 전용배선으로 한다. 단, 가압송수장치의 정격입력전압이 수전전압과 같은 경우에는 위 (1)의 기준에 따른다.

(3) 배선방법

1) 내화배선 또는 내열배선

2) 감시제어반 또는 동력제어반 안의 감시·조작 또는 표시등회로의 배선은 내화·내열 배선 예외 가능

02 비상전원

(1) **스프링클러설비 :** 자가발전설비, 축전지설비 또는 전기저장장치

(2) 비상전원설치 예외

1) 차고·주차장으로서 스프링클러설비가 설치된 부분의 바닥면적의 합계가 1,000m^2 미만인 경우 : 비상전원수전설비로 설치 가능

2) 2 이상의 변전소에서 전력을 동시 공급

3) 하나의 변전소로부터 전력의 공급이 중단되는 때에는 자동으로 다른 변전소로부터 전력을 공급받을 수 있도록 상용전원을 설치한 경우

4) 가압수조방식

(3) **배선방법 :** 내화배선

03 비상전원 설치기준

상기 규정에 따른 비상전원 중 자가발전설비, 축전지설비 또는 전기저장장치는 다음의 기준을, 비상전원수전설비는 「소방시설용 비상전원수전설비의 화재안전기술기준(NFTC 602)」에 따라 설치하여야 한다.

(1) 설치장소

1) 점검에 편리하고 화재 및 침수 등의 재해로 인한 피해를 받을 우려가 없는 곳에 설치할 것

2) 다른 장소와 방화구획(내연기관의 기동 및 제어용 축전기를 제외)으로 구분할 것

3) 장소에는 비상전원의 공급에 필요한 기구나 설비 외의 것(열병합발전설비에 필요한 기구나 설비는 제외)을 두지 않을 것

(2) 성능 : 20분 이상

(3) **상용전원으로부터 전력공급이 중단된 경우** : 자동으로 비상전원으로부터 전력을 공급받을 수 있도록 할 것

(4) **비상전원을 실내에 설치하는 경우** : 비상조명등

(5) **옥내에 설치하는 비상전원실** : 옥외로 직접 통하는 충분한 용량의 급·배기 설비

(6) **비상전원의 출력용량**

1) 비상전원설비에 설치되어 동시에 운전될 수 있는 모든 부하의 합계입력용량을 기준으로 정격출력 선정(예외 : 소방전원 보존형 발전기)

2) 기동전류가 가장 큰 부하가 기동 시 : 부하의 허용 최저 입력전압 이상의 출력전압 유지

3) 단시간 과전류에 견디는 내력 : 입력용량이 가장 큰 부하가 최종 기동할 경우

(7) **자가발전설비** : 자가발전설비의 정격출력용량은 하나의 건축물에 있어서 소방부하의 설비용량을 기준으로 하고, 소방전원 보존형 발전기의 경우 비상부하는 국토교통부장관이 정한 「건축전기설비설계기준」의 수용률 범위 중 최댓값 이상을 적용한다.

1) 소방전용 발전기 : 소방부하용량을 기준으로 정격출력용량을 산정하여 사용하는 발전기

꼼꼼체크 **소방부하** : 소방시설 및 방화 · 피난 · 소화활동을 위한 시설의 전력부하

2) 소방부하 겸용 발전기 : 소방 및 비상 부하 겸용으로서, 소방부하와 비상부하의 전원용량을 합산하여 정격출력용량을 산정하여 사용하는 발전기

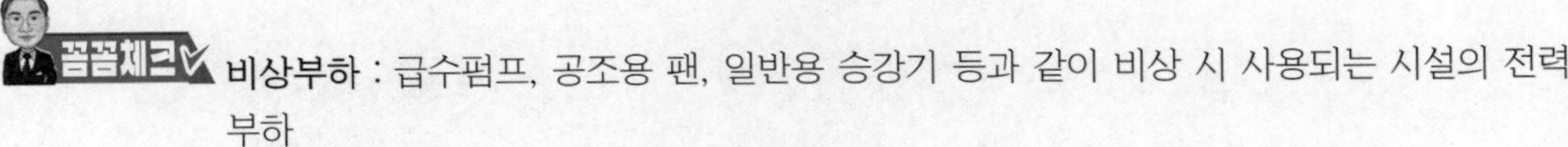
꼼꼼체크 **비상부하** : 급수펌프, 공조용 팬, 일반용 승강기 등과 같이 비상 시 사용되는 시설의 전력부하

3) 소방전원 보존형 발전기 : 소방 및 비상 부하 겸용으로서, 소방부하의 전원용량을 기준으로 정격출력용량을 산정하여 사용하는 발전기

(8) 비상전원실의 출입구 외부 : 실의 위치와 비상전원의 종류를 식별할 수 있도록 표지판 설치

04 소방전원보존형 발전기 제어장치의 설치기준

(1) 자가발전설비 제어반의 제어장치는 비영리 공인기관의 시험을 필한 것으로 설치한다.

(2) 소방전원보존형 발전기의 제어장치

1) 소방전원보존형임을 식별할 수 있도록 표기한다.

2) 발전기 운전 시 소방부하 및 비상부하에 전원이 동시 공급되고, 그 상태를 확인할 수 있는 표시를 한다.

3) 발전기가 정격용량을 초과할 경우 비상부하는 자동적으로 차단되고, 소방부하만 공급되는 상태를 확인할 수 있는 표시를 한다.

SECTION

040 간이스프링클러

103·93회 출제

01 개요

(1) **정의** : 공동주택 중 연립주택 및 다세대 주택과 소규모 영업장에 스프링클러설비의 설치가 곤란하거나 설치되지 않은 건축물에 다중 이용시설과 같이 위험성이 높은 시설을 설치할 경우 화재로 인한 피해를 최소화하기 위해 설치하는 자동식 스프링클러에 준하는 설비이다.

(2) 일반 스프링클러에서는 볼 수 없는 캐비닛형이나 상수도 직결형과 같은 약식설비를 설치할 수 있다.

(3) **용어의 정의**

1) **간이헤드** : 폐쇄형 헤드의 일종으로, 간이스프링클러설비를 설치하여야 하는 특정 소방대상물의 화재에 적합한 감도·방수량 및 살수분포를 갖는 헤드

2) **캐비닛형 간이스프링클러설비** : 가압송수장치, 수조 및 유수검지장치 등을 집적화하여 캐비닛형태로 구성시킨 간이형태의 스프링클러설비

3) **상수도 직결형 간이스프링클러설비** : 수조를 사용하지 않고 상수도에 직접 연결하여 항상 기준 압력 및 방수량 이상을 확보할 수 있는 설비

4) **주택전용 간이스프링클러설비** : 「소방시설법」에 따라 연립주택 및 다세대주택에 설치하는 간이스프링클러설비

(4) **구분**

1) 습식 간이스프링클러설비

2) 준비작동식 간이스프링클러설비

02 설치대상

(1) 공동주택 중 연립주택 및 다세대 주택

(2) **근린생활시설**

1) 바닥면적 $1,000m^2$ 이상의 모든 층

2) 의원, 치과의원 및 한의원으로서 입원실이 있는 시설

3) 조산원 및 산후조리원으로서, 연면적 $600m^2$ 미만인 시설

(3) 의료시설

1) 종합병원, 병원, 치과병원, 한방병원 및 요양병원(정신병원과 의료재활시설은 제외)으로 사용되는 바닥면적의 합계 : $600m^2$ 미만인 시설

2) 정신의료기관 또는 의료재활시설로 사용되는 바닥면적의 합계 : $300m^2$ 이상 $600m^2$ 미만

3) 정신의료기관 또는 의료재활시설로 사용되는 바닥면적의 합계 : $300m^2$ 미만 + 창살 설치

꼼꼼체크 위의 창살은 철재 · 플라스틱 또는 목재 등으로 사람의 탈출 등을 막기 위하여 설치한 것을 말하며, 화재 시 자동으로 열리는 구조로 되어 있는 창살은 제외한다.

(4) 교육연구시설 내의 합숙소 : 연면적 $100m^2$ 이상

(5) 노유자시설

1) 노유자생활시설

2) 노유자생활시설이 아닌 노유자시설 바닥면적의 합계

① $300m^2$ 이상 $600m^2$ 미만

② $300m^2$ 미만 + 창살 설치

(6) 건물을 임차하여 출입국관리 보호시설로 사용하는 부분

(7) 숙박시설 중 생활형 숙박시설 : 바닥면적의 합계 $600m^2$ 이상

(8) 복합건축물 : 연면적 $1,000m^2$ 이상인 것은 모든 층

03 수원

(1) 상수도설비에 직접 연결하는 경우 : 수돗물을 수원으로 사용한다.

(2) 수원

설치대상	기준개수(헤드)	표준방사량	방사시간
그 외 기타	5	50Lpm(표준형 헤드 80)	20분
공동주택 중 연립주택 및 다세대 주택	2	50Lpm(표준형 헤드 80)	10분
상수도설비에 직접 연결하는 경우	수돗물		

04 가압송수장치

(1) 방사압력 : 0.1MPa

(2) **방사량** : 50Lpm(표준형 헤드 80Lpm)

(3) **간이스프링클러설비의 가압송수장치로서 펌프가 설치되는 경우(or)**

1) 습식 유수검지장치를 사용하는 설비의 기동

① 유수검지장치의 발신

② 기동용 수압개폐장치의 작동

③ 유수검지장치의 발신이나 기동용 수압개폐장치 작동의 혼용

2) 준비작동식 유수검지장치를 사용하는 설비의 기동

① 화재감지기의 화재감지

② 기동용 수압개폐장치의 작동

③ 화재감지기의 화재감지나 기동용 수압개폐장치 작동의 혼용

(4) 준비작동식 유수검지장치의 작동기준은 「스프링클러설비의 화재안전기술기준(NFTC 103)」 2.6.3을 준용한다.

(5) **종류**

1) 상수도 직결형

2) 전동기 또는 내연기관

3) 고가수조

4) 압력수조

5) 가압수조

6) 캐비닛형

(6) **상수도 직결형 및 캐비닛형 간이스프링클러설비를 제외한 가압송수장치 설치대상**

1) 1,000m^2 이상의 근린생활시설 : 모든 층

2) 생활형 숙박시설 : 600m^2 이상

3) 연면적 1,000m^2 이상의 복합건축물 : 모든 층

(7) **기동장치**

1) 기동용 수압개폐장치 또는 이와 동등 이상의 성능이 있는 것을 설치한다.

2) 충압펌프 설치(예외 : 캐비닛형)

① 충압펌프의 토출압력

㉠ 최고위 살수장치의 자연압 + 0.2MPa

㉡ 가압송수장치의 정격토출압력과 같게 할 것

② 충압펌프의 정격토출량

㉠ 정상적인 누설량보다 적어서는 안 된다.

㉡ 간이스프링클러설비가 자동적으로 작동할 수 있도록 충분한 토출량을 유지한다.

05 배관 및 밸브

(1) 방식

1) 상수도 직결

2) 가압송수장치 이용

(2) 유수검지장치의 작동(and)

1) 감지기와 연동

2) 수동기동장치

(3) 배관

1) 압력에 따른 배관

압력 1.2MPa 미만	압력 1.2MPa 이상
배관용 탄소강관	압력배관용 탄소강관
이음매 없는 구리 및 구리합금관	배관용 아크용접 탄소강강관
일반배관용 스테인리스강관	이와 동등 이상의 강도 · 내식성 및 내열성

2) 상수도 직결형에 사용하는 배관 및 밸브 : 「수도법」 제14조 (수도용 자재와 제품의 인증 등)에 적합한 제품 사용

3) 소방용 합성수지배관 : 화재 등의 재해로 인하여 배관의 성능에 영향을 받을 우려가 적은 장소

(4) 급수배관

1) 전용

2) 상수도 직결형

① 수도배관 호칭지름 32mm 이상의 배관

② 간이헤드가 개방될 경우에는 유수신호 작동과 동시에 다른 용도로 사용하는 배관의 송수를 자동차단할 수 있는 구조

③ 배관과 연결되는 이음쇠 등의 부속품은 물이 고이는 현상을 방지하는 조치 필요

(5) 간이스프링클러설비의 배관 및 밸브 등의 설치순서

1) 상수도설비에서 직접 연결하여 배관 및 밸브 등을 설치하는 경우

① 폐쇄형 간이헤드를 사용하는 경우 : 수도용 계량기, 급수차단장치, 개폐표시형 밸브, 체크밸브, 압력계, 유수검지장치, 2개의 시험밸브 순으로 설치한다.

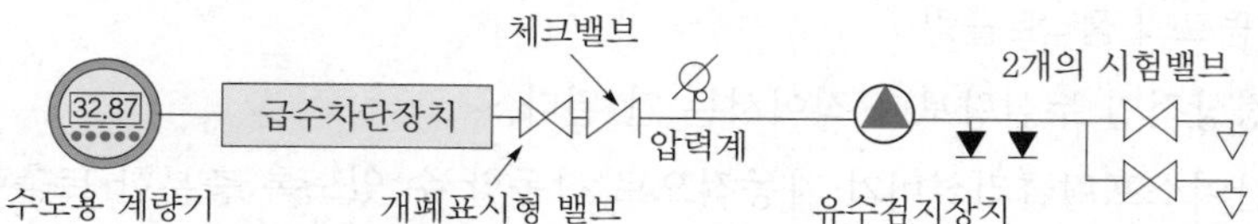

② 간이스프링클러설비 이외의 배관 : 화재 시 배관을 차단할 수 있는 급수차단장치를 설치한다.

2) 펌프 등의 가압송수장치를 이용하여 배관 및 밸브 등을 설치하는 경우 : 수원, 연성계 또는 진공계(수원이 펌프보다 높은 경우를 제외), 펌프 또는 압력수조, 압력계, 체크밸브, 성능시험배관, 개폐표시형 개폐밸브, 유수검지장치, 시험밸브의 순으로 설치한다.

3) 가압수조를 가압송수장치로 이용하여 배관 및 밸브 등을 설치하는 경우 : 수원, 가압수조, 압력계, 체크밸브, 성능시험배관, 개폐표시형 개폐밸브, 유수검지장치, 2개의 시험밸브의 순으로 설치한다.

4) 캐비닛형의 가압송수장치에 배관 및 밸브 등을 설치하는 경우

① 순서 : 수원, 연성계 또는 진공계(수원이 펌프보다 높은 경우를 제외), 펌프 또는 압력수조, 압력계, 체크밸브, 개폐표시형 밸브, 2개의 시험밸브의 순으로 설치한다.

② 소화용수의 공급은 상수도와 직결된 바이패스관 및 펌프에서 공급받아야 한다.

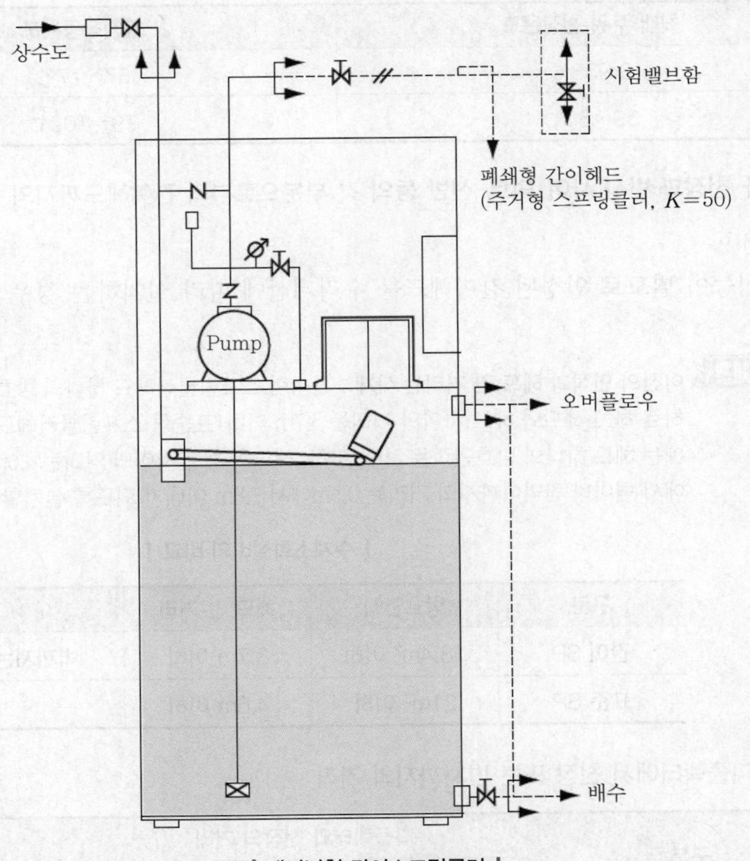

┃ 캐비닛형 간이스프링클러 ┃

(6) 준비작동식 유수검지장치를 사용하는 간이스프링클러설비 유수검지장치 2차측 배관의 부대설비

1) 개폐표시형 밸브

2) 개폐표시형 밸브와 준비작동식 유수검지장치 사이의 배관구조

① 수직배수배관과 연결하고 동 연결배관상에는 개폐밸브를 설치한다.

② 자동배수장치 및 압력스위치를 설치한다.

③ 압력스위치는 수신부에서 준비작동식 유수검지장치의 개방 여부를 확인할 수 있게 설치한다.

06 간이스프링클러헤드의 설치기준

(1) 폐쇄형 간이헤드 사용

(2) 간이헤드의 작동온도

최대 주위 천장온도	공칭작동온도
0~38℃	57~77℃
39~66℃	79~109℃

(3) 천장·반자·천장과 반자 사이·덕트·선반 등의 각 부분으로부터 간이헤드까지의 수평거리

1) 2.3m 이하

2) 예외 : 성능이 별도로 인정된 간이헤드를 수리계산에 따라 설치하는 경우

이전의 면적과 헤드 간 거리는 삭제 : 간이형 스프링클러헤드 하나의 방호면적은 $13.4m^2$ 이하로 하고 헤드와 헤드 사이의 거리는 3.7m 이하(표준형 스프링클러헤드를 설치하는 경우에는 헤드 하나의 방호면적은 $21m^2$ 이하, 헤드와 헤드 사이의 거리는 4.6m 이하), 간이헤드에서 벽이나 칸막이까지의 거리는 0.3m에서 1.8m 이내가 되도록 설치할 것

┃ 수계소화설비의 비교 ┃

구분	방호면적	헤드 간 거리	비고
간이 SP	$13.4m^2$ 이하	3.7m 이하	벽까지는 0.3~1.8m
표준 SP	$21m^2$ 이하	4.6m 이하	–

(4) 간이헤드 디플렉터에서 천장 또는 반자까지의 거리

구분	디플렉터와 천장의 거리		비고
	mm	in	
상향식 · 하향식 간이헤드	25~102mm	1~4in	–

구분	디플렉터와 천장의 거리		비고
	mm	in	
측벽형 간이헤드	102~152mm	4~6in	–
플러시 헤드	102mm 이하	4in 이하	–

(5) 천장 또는 반자의 경사·보·조명장치 등에 따라 살수장애의 영향을 받지 아니하도록 설치할 것

(6) **소방대상물의 보와 가장 가까운 간이헤드의 설치** : 스프링클러와 동일한 기준을 적용한다.

(7) **상향식 간이헤드 아래에 설치되는 하향식 간이헤드** : 유효한 차폐판을 설치할 것

(8) **간이헤드의 방사특성** : 표준형 헤드보다 방사각도를 크게 하여 최소 1.8m의 벽면을 유효하게 적실 수 있다.

(9) 주차장에는 표준반응형 스프링클러헤드를 설치해야 하며 설치기준은 「스프링클러설비의 화재안전기술기준(NFTC 103)」, 2.7(헤드)을 준용한다.

07 간이스프링클러헤드의 방호구역과 유수검지장치

(1) **하나의 방호구역**

1) 면적기준 : 1,000m^2 이하

2) **1개 이상의 유수검지장치 설치** : 화재발생 시 접근이 쉽고 점검하기 편리한 장소

3) 층의 제한

① 원칙 : 2개층 미만

② 예외 : 1개층에 설치되는 간이헤드의 수가 10개 이하인 경우 3개층 이내

(2) **유수검지장치**

1) 실내에 설치하거나 보호용 철망 등으로 구획하여 바닥으로부터 0.8m 이상 1.5m 이하의 위치에 설치할 것

2) 실 등에는 개구부가 가로 0.5m 이상 세로 1m 이상의 출입문을 설치할 것

3) 출입문 상단에 '유수검지장치실'이라고 표시한 표지를 설치할 것

4) 예외 : 유수검지장치를 기계실(공조용 기계실을 포함) 안에 설치하는 경우에는 별도의 실 또는 보호용 철망을 설치하지 아니하고 기계실 출입문 상단에 '유수검지장치실'이라고 표시한 표지를 설치한다.

(3) **간이헤드에 공급되는 물**

1) 유수검지장치를 지나도록 할 것

2) 예외 : 송수구를 통하여 공급되는 물

(4) 자연낙차에 따른 압력수가 흐르는 배관상에 설치된 유수검지장치 : 화재 시 물의 흐름을 검지할 수 있는 최소한의 압력을 얻을 수 있도록 수조의 하단으로부터 낙차를 두어 설치할 것

(5) 간이스프링클러설비가 설치되는 특정소방대상물에 부설된 주차장 부분

1) 습식 외의 방식

2) 예외 : 동결의 우려가 없거나 동결을 방지할 수 있는 구조 또는 장치가 된 곳

3) 표준반응형 스프링클러헤드를 설치할 것(헤드의 방수량은 80L/min 이상)

08 간이스프링클러헤드의 제어반

(1) 상수도 직결형

1) 급수배관에 설치되어 급수를 차단할 수 있는 개폐밸브 및 유수검지장치의 작동상태를 확인한다.

2) 예비전원을 확보하고 예비전원의 적합 여부를 시험할 수 있어야 한다.

(2) 상수도 직결형을 제외한 방식의 것 : 「스프링클러설비의 화재안전기술기준(NFTC 103)」의 2.10(제어반)을 준용한다.

(3) 예외 : 캐비닛형

09 비상전원

(1) 종류

1) 화재안전기준에 적합한 비상전원

2) 비상전원수전설비

3) 예외 : 무전원으로 작동되는 경우에는 모든 기능이 10분 이상 유효하게 지속될 수 있는 구조

(2) 비상전원

1) 일반 : 10분 이상

2) 근린생활시설, 생활형 숙박시설(바닥면적 600m^2 이상), 복합건축물(연면적 1,000m^2 이상) : 20분 이상

3) 상용전원으로부터 전력의 공급이 중단된 때에는 자동으로 비상전원으로부터 전원을 공급받을 수 있는 구조로 할 것

10 주택전용 간이헤드 설치기준

주택전용 간이스프링클러설비는 다음의 기준에 따라 설치한다(예외 : 주택전용 간이스프링클러설비가 아닌 간이스프링클러설비를 설치하는 경우).

(1) 상수도에 직접 연결하는 방식으로 수도용 계량기 이후에서 분기하여 수도용 역류방지밸브, 개폐표시형 밸브, 세대별 개폐밸브 및 간이헤드의 순으로 설치할 것. 이 경우 개폐표시형 밸브와 세대별 개폐밸브는 그 설치위치를 쉽게 식별할 수 있는 표시를 해야 한다.

(2) **방수압력과 방수량** : 2(기준개수)×50Lpm×10분

(3) 배관은 상기 배관의 설치기준에 따라 설치할 것. 다만, 세대 내 배관은 화재 등의 재해로 인하여 배관의 성능에 영향을 받을 우려가 적은 장소에는 소방용 합성수지배관으로 설치할 수 있다.

(4) 간이헤드와 송수구는 상기기준에 따라 설치할 것

(5) 주택전용 간이스프링클러설비에는 가압송수장치, 유수검지장치, 제어반, 음향장치, 기동장치 및 비상전원은 적용하지 않을 수 있다.

(6) 캐비닛형 및 상수도직결형을 사용하는 경우 주배관은 32mm, 수평주행배관은 32mm, 가지배관은 25mm 이상으로 할 것. 이 경우 최장배관은 캐비닛형 간이스프링클러설비의 성능인증 및 제품검사의 기술기준에 따라 인정받은 길이로 하며 하나의 가지배관에는 간이헤드를 3개 이내로 설치해야 한다.

11 결론

(1) 간이스프링클러의 경우처럼 도입과정에서 여과 및 검토 없이 그대로 준용하는 것은 바람직하지 않다.

(2) 무조건적인 법규정을 탈피하고 진보된 과학체계를 도입하여 보다 합리적인 기준을 제정하여야 하며, 기술의 발전을 따라가지 못하는 법령은 민간전문가에게 그 역할을 맡기는 것이 앞으로의 화재안전기술의 발전에 도움이 될 것이다.

(3) 지금까지 국내의 거의 모든 공동주택에 일괄적으로 적용해왔던 표준반응형 스프링클러의 경우, 화재실 내 점유자의 인명을 보호하기에는 동작시간이 늦어 적절치 않은 것으로 판단된다. 마찬가지로 화재감지기의 경우에도 열감지기는 즉각적인 피난경보를 발하기에는 많은 시간지연이 예상되므로 인명의 안전이 중요한 방호대상 공간에는 속동형 스프링클러와 연기감지기를 설치하는 것이 적절할 것이다.

NFPA 13, 13R 및 13D 비교

구분	NFPA 13	NFPA 13R	NFPA 13D
목적	생활 안전 + 기업의 연속성 + 재산보호	생명 안전 전용	생명 안전 전용
완전한 스프링클러라 할 수 있는가?	예	아니요	아니요
건물 높이 증가 허용	예[IBC table 504]	거주시설(R)에 대해서만 [IBC table 504]	아니요
1세대 및 2세대 또는 거주시설(R-3 및 R-4 조건 1 및 타운 하우스)에서 허용됩니까?	예[IBC 903.1.1]	예[IBC 903.1.2]	예 [IBC 903.3.1.3]
거주시설(R)에서 최대 4층까지 허용됩니까?	예[IBC 903.1.1]	예[IBC 903.1.2]	아니요
복합용도/비주거용으로 허용할 수 있습니까?	예[IBC table 508.4, 508.3.1]	아니요 [IBC 903.1.2]	아니요
하나의 방호구역에 스프링클러의 최대 수	4개	4개	2개
호스 수원 필요	예	아니요	아니요
최소 주거밀도	• 신규 : 4.1mm/min • 기존 : 스프링클러 목록	2.0mm/min 또는 스프링클러 목록	2.0mm/min 또는 스프링클러 목록
계산방법	수리계산	수리계산	규약배관

SECTION

041 건식 설비

01 개요

(1) 동결의 우려가 있는 공간에 설치하는 스프링클러설비로서 클래퍼 1차측에 가압수, 2차측의 가압공기가 충전되어 2차측 동결 우려가 없는 시스템이다.

(2) NFPA 13에서는 4℃ 이상으로 유지하기 어려울 때는 스프링클러헤드를 건식 또는 준비작동식 설비로 설치하도록 하고 있다.

(3) 동결의 우려는 방지할 수 있지만 2차측의 압축공기로 인한 화재의 성장, 소화수 방출시간 지연이라는 문제가 있다.

02 구성요소

(1) 건식(dry) 밸브

1) 1차측에 가압수, 2차측에 압축공기가 채워진 상태로 힘의 균형을 유지한다.

2) 압력은 다르지만 힘은 평형을 이루게 하여 1차측과 2차측의 균형을 유지한다.

$$F_1=F_2,\ P_1\cdot A_1=P_2\cdot A_2$$

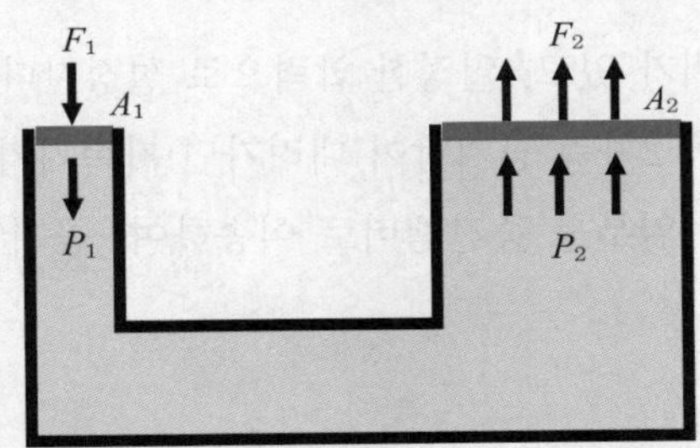

| 파스칼의 원리 |

꼼꼼체크 **파스칼의 원리** : 유체역학에서 폐관 속의 비압축성 유체의 어느 한 부분에 가해진 압력의 변화가 유체의 다른 부분에 그대로 전달된다는 원리

$P_1=P_2,\ \dfrac{F_1}{A_1}=\dfrac{F_2}{A_2}$

3) 면적비 : $\frac{A_2}{A_1} = \frac{1}{8}$ 또는 $\frac{1}{16}$

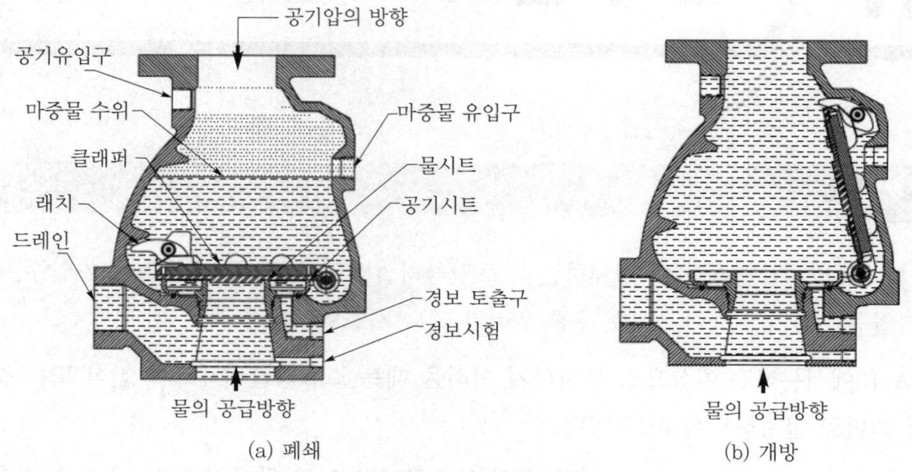

| 건식 밸브의 개방 폐쇄 개념도[35] |

4) 설치위치 : 방호구역에 근접한 위치

5) 건식 밸브 및 급수배관은 동결 및 기계적인 손상으로부터 방호 : 건식 밸브는 4℃ 이상의 환경에 설치하거나 보온 등의 동파방지조치가 필요하다.

(2) 압력계 : 2차측 압축공기 압력이 1차측 수압보다 낮다.

(3) 개폐밸브 : 1·2차측에 설치한다.

(4) 급속개방기구(quick opening device)

1) 가속기(acceleration)

① 설치 : 입구는 2차측 토출배관에, 출구는 중간챔버에 연결한다.

② 작동

㉠ 내부에 차압챔버가 있고, 일정한 압력으로 설정한다.

㉡ 헤드가 개방되어 2차측 공기압이 내려가면 가속기가 작동한다.

㉢ 2차측 압축공기 일부를 중간챔버로 이송하여, 공기압을 통하여 클래퍼를 신속하게 개방한다.

2) 공기배출기(exhauster)

① 설치위치 : 주배관의 말단

② 헤드가 개방되어 2차측의 공기압이 설정압력보다 낮아졌을 때 작동한다.

35) The Reliable Automatic Sprinkler Co의 카탈로그에서 발췌(Model D Dry Pipe Valve)

③ 2차측 압축공기를 대기 중으로 신속하게 배출하는 설비로 최근에는 거의 사용하지 않는다.

(5) 범람 방지장치(Anti-flooding device)

1) 설치대상 : 가속기가 설치된 건식 설비

2) 설치위치 : 건식 설비 입상관과 가속기 사이에 설치한다.

3) 기능 : 밸브 2차측으로 물이 유입될 경우 가속기로 물이 넘어가지 않도록 한다.

(6) 공기압축기(air compressor)

1) 목적 : 2차측 공기압을 채우는 장치로, 항상 일정한 공기압을 유지한다.

2) NFPA 13의 공기압 규정

① 30분 이내에 복구할 수 있는 용량

② 냉동창고와 같이 −15℃가 요구되는 장소 : 60분 이내

③ 냉동창고 등 동결의 우려가 있는 장소의 공기(응축 우려)

㉠ 온도가 가장 낮은 방의 공기(습도가 낮다)를 이용한다.

㉡ 주변 공기를 이용하되 공기건조기를 설치하여 습도가 낮은 공기를 이용한다.

㉢ 압축질소가스를 사용한다.

(7) 압력조정기(pressure regulator)

1) 목적 : 건식 설비 2차측 압력을 일정하게 조절하기 위한 것이다.

2) 공기압축기를 타 설비와 겸용할 때 반드시 사용하여야 한다.

3) 설치위치 : 공기압축기와 건식 밸브의 2차측 배관 사이

(8) 저압력 경보스위치(low alarm switch)

1) 목적 : 누기나 헤드 개방 시 저압의 압축공기 누출을 감지하여 경보를 한다.

2) 설치위치 : 건식 밸브 2차측 배관과 연결

3) 경보 : 공기압축기, 압력조정기, 압력스위치 등의 작동이 불량하거나 결합부분이 불량하여 2차측 배관의 공기누설에 의한 공기압력이 어느 일정한 압력까지 강하되었을 경우

4) 방식 : 압력스위치 또는 압력변환기(pressure tuansducer)

꼼꼼체크 **압력변환기** : 감지된 압력을 측정한 이후에 이를 전기신호로 변경하는 장치(차압센서)

(9) 트리밍 세트(trimming set)

1) 목적

① 건식 밸브의 작동 및 시험을 위하여 설치되는 클래퍼의 밀폐기구

② 과압 배출을 위한 기구

③ 압력표시를 위한 기구

④ 밸브 내 수면을 유지하기 위한 기구

2) 사용처 : 건식 밸브의 시험조작 및 재설정(resetting)

(10) 중간챔버

1) 비화재보 방지 : 알람스위치에 연결되어 간헐적 누수로 생기는 가압수가 중간챔버로 유입된 다음 드레인밸브를 통해 배출되므로 비화재보 방지기능을 한다.

2) 클래퍼의 신속개방 : 헤드가 개방되어 2차측 압력이 낮아지면 가속기가 작동하여 2차측 압축공기 일부를 중간챔버로 보내어 클래퍼를 신속하게 개방한다.

(11) 유수검지장치 2차측 배관의 제한 : 2,840L를 초과하는 건식 스프링클러설비는 시험장치 개폐밸브를 완전 개방 후 1분 이내에 물이 방사되어야 한다.

(12) 헤드

1) 정의 : 물과 오리피스가 분리되어 동파를 방지할 수 있는 스프링클러헤드

2) 설치원칙 : 상향형

하향형 또는 측벽형으로 설치하는 경우 : 배관 내의 공기 속에 있는 습기가 응결되어 생긴 수분이 고이거나 또는 유수검지장치 2차측으로 넘어온 물이 헤드와 가지배관 사이에 고이게 되며, 이것이 동결될 우려가 있기 때문에 하향형이나 측벽형의 설치를 제한한다.

3) 예외적으로 하향형 설치

① 목적 : 반자 등이 설치된 건축물에서 미관과 건물의 활용성을 고려할 경우 상향형 헤드는 사용에 제약이 따른다.

② 하향형 헤드

㉠ 드라이펜던트형 헤드

㉡ 하향형의 회향식 배관으로 설치

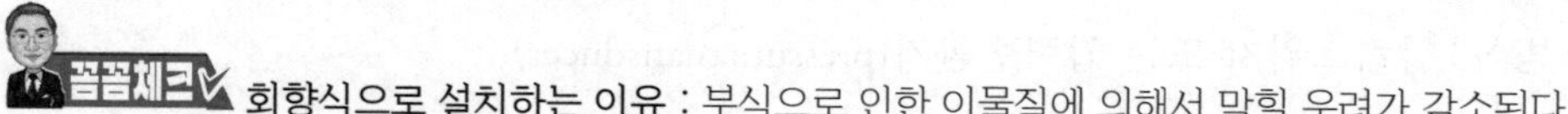

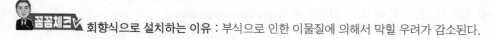

회향식으로 설치하는 이유 : 부식으로 인한 이물질에 의해서 막힐 우려가 감소된다.

4) 측벽형 스프링클러헤드 : 배관 내에 물이 고이지 않도록 설치된 경우

5) 하향형 또는 측벽형 스프링클러헤드와 가지관

① 최소한 4℃ 이상의 온도가 유지되는 장소에 설치한다.

② 급수가 안정적인 경우에는 동관 또는 등록된 CPVC의 사용이 가능하다.

03 장단점

장점	단점
① 동결의 우려가 있는 장소에 사용 가능하다. ② 별도의 감지장치가 필요없다. ③ 기동에 전기장치가 필요없다. ④ 옥외설치가 가능하다. ⑤ 고층건물에 설치했을 경우 배관의 압축공기가 수격작용의 쿠션역할을 하므로 배관의 손상 우려가 작다.	① 압축공기 방출 후 살수가 개시되므로 살수시간이 지연되어 개방되는 헤드수가 증가할 우려가 있다. ② 화재 초기에는 압축공기가 방출되므로 화점 주위에서는 이로 인해 오히려 화재를 촉진시킬 우려가 있다. ③ 일반 헤드 사용 시 원칙적으로 상향형으로만 사용 : 미적, 건축 기능상 장애 ④ 공기압축 및 신속한 개방을 위한 부대설비가 필요하다. ⑤ 감지부의 감열에 의한 기동으로 천장이 너무 높은 곳에 설치 시 동작에 지장 : 헤드의 정온형 감열부 ⑥ 배관 부식으로 생성된 슬러그에 의한 헤드가 막힐 수 있다.

1. 동결 우려가 있는 장소는 습증기에 의해 동파의 우려가 있으므로 공기건조기를 사용하거나 수분을 함유하지 않는 가스를 2차측에 넣어야 한다.
2. 건식은 전기장치도 필요없고, 동결 우려도 없기 때문에 옥외에 설치할 수 있다.

04 유지관리 시 유의사항

(1) 2차 가압공기(air supply)

1) 건식 설비에 사용되는 공기 : 습기가 많은 더운 공기를 피하고 건조된 차가운 공기를 공급하여 배관 내의 응축현상에 따른 응축수의 동결을 방지한다.

2) 공기압축기는 압력조정기에 의하여 시스템 내의 공기압력을 일정하게 유지한다.

(2) 공기압력

1) 건식 밸브 2차측의 공기압력

① 각 제조업체에서 정하는 차압비에 의해 정해진 값이다.

② 특별히 정해진 압력범위가 없는 경우에는 건식 밸브의 작동압력(trip pressure)보다 약 0.14MPa 높게 유지한다.

③ 어떠한 경우에도 건식 밸브 2차측의 공기압력은 1차측의 수압력보다 높아서는 안 된다(동작지연).

2) 2차측 공기압력이 너무 높을 경우

① 공기배출시간이 증가하여 헤드동작 지연시간이 길어진다.

② 전 배관 내에 높은 공기압력을 유지하기가 어려워 유지관리가 곤란하다.

③ 건식 밸브 클래퍼 및 배관이 손상된다.

3) **2차측 공기압력이 너무 낮을 경우**: 1차측의 급수를 공급하는 수압펌프의 작동 시 또는 수격현상 등에 의하여 차압식 건식 밸브의 클래퍼가 열리는 경우가 발생하여 오동작의 우려가 있다.

(3) 작동압력(trip point)

1) **차압식 건식 밸브의 작동압력**

① 밸브 1차측의 수압력의 약 $\frac{1}{4.5} \sim \frac{1}{11}$ 에 해당하는 압력 내외에 있어야 한다.

② 기계작동식 건식 밸브: 건식 밸브 1차측 수압력과 관계없이 약 0.035~0.21MPa의 압력범위에 있어야 한다.

2) **시험 시**

① 건식 밸브 1차측의 수압력을 0.14MPa부터 조금씩 상승시켜가면서 1.2MPa까지의 건식 밸브 작동압력(trip pressure/trip point)을 측정한다.

② 각 건식 밸브의 제조업체 또는 시험기관에서 정하는 건식 밸브의 차압비 및 작동압력을 정확하게 파악하여 건식 밸브 2차측의 공기압력을 항시 일정하게 유지해야 한다.

(4) 공기누설시험 및 조사

1) **공기압시험**: 0.28MPa(40psi)에서 24시간, 압력손실 0.01MPa(1.5psi) 이하

2) **공기누설시험**: 0.35MPa(50psi)에서 공기압력을 가한 후 배관연결부분에 글리세린 또는 비눗물을 발라 누설부분을 찾아내거나 압축공기에 향수를 가하여 공기누설에 따른 향기에 의하여 누설부분을 찾아내어 보수한다.

(5) 정기검사: 주기적인 정기검사를 통해 최적의 유지관리상태를 유지하여야 한다.

05 결론

(1) 건식 스프링클러는 방사시간 지연 및 유지관리에 문제가 있어 NFPA에서는 특별한 경우를 제외하고는 습식설비를 권장한다.

(2) 건식 설비의 경우 동결 우려가 있는 장소에 제한적으로 사용하는 설비로, 다음과 같은 문제를 가지고 있다.

1) 2차측에 압축공기를 배출할 때까지 소화수 공급지연이 발생한다.

2) 스프링클러헤드에서 공기를 방출함에 따라 오히려 화원에 산소를 공급하여 화재를 확대시킬 수 있다.

3) 습식에 비해서 배관의 노후화와 부식을 촉진시킨다.

4) 습식에 설비가 많아 유지관리가 어렵고 고장의 우려가 크다.

(3) NFPA와 NFTC에서는 60초 이내에 최초 방사가 가능하도록 방사시간을 제한하고 있다. 이는 시간지연으로 화재가 기하급수적으로 성장하여 소화불능의 사태에 도달하지 않도록 하기 위함이다.

(4) NFTC에서는 이러한 시간지연 때문에 ESFR과 주거형 스프링클러설비에서는 건식 설비를 사용할 수 없도록 하고 있다. 단, 주거형의 경우 NFPA에서는 등록된 경우에 한하여 제한적으로 사용하게 하고 있다.

SECTION 042

건식 밸브의 방수시간 지연

118·92·79회 출제

01 개요

(1) 건식 설비는 난방이 되지 않아 동결 우려가 있는 공간에 설치하는 스프링클러설비이다.

(2) 건식 설비는 헤드동작 후 배관 안에 있는 공기가 방출될 때까지 일정시간 방수지연이 있으므로 2차측 내용적 제한, 급속개방장치 설치 등의 제한을 가해서 이러한 문제점이 최소화될 수 있도록 하고 있다.

02 방수시간(delivery time) 132·125·111회 출제

(1) 방수시간(delivery time) = 동작시간(trip time) + 소화수 이송시간(transit time)

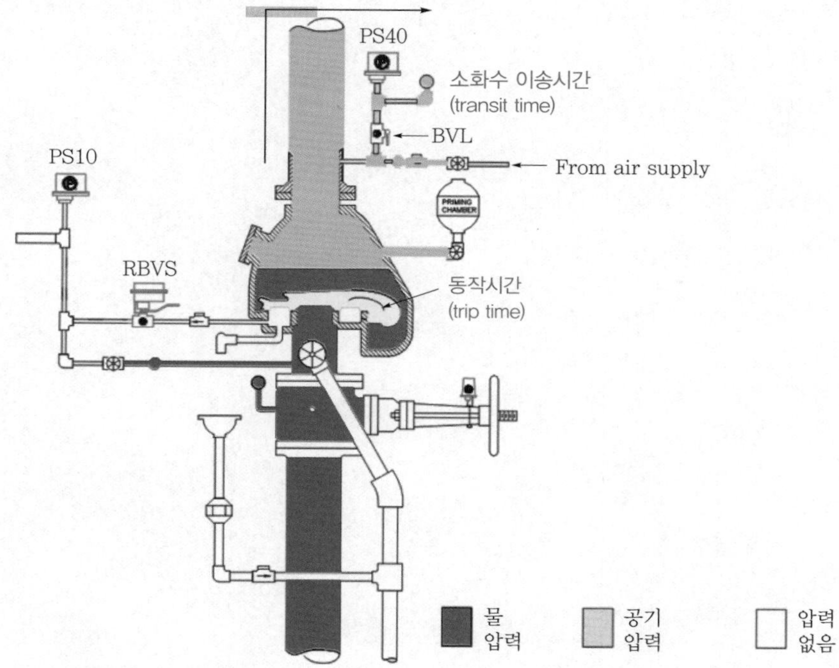

(2) 동작시간(trip time) : 클래퍼 개방시간(압축공기 배출시간)

1) 동작시간(trip time) : 헤드가 화재의 열에 의하여 개방된 후에 건식 밸브의 클래퍼가 열리기까지의 시간을 의미한다.

2) SFPE handbook의 동작시간(trip time)

$$T = 0.0352 \frac{V_2}{A_n \sqrt{T_0}} \ln \frac{P_{a0}}{P_a}$$

여기서, T : Trip time

V_2 : 2차측 내용적

T_0 : 2차측 공기온도

A_n : 개방된 헤드면적

P_{a0} : 2차측 초기 공기압

P_a : 트립압력

3) 가속기(accelerator) : 동작시간이 되기 전 건식 밸브의 중간챔버에 2차측의 압축공기를 불어넣어 강제로 클래퍼를 개방시켜 동작시간을 단축시킨다.

(3) 소화수 이송시간(transit time)

1) 2차측 내용적 : 2,840L(750×3.78L) 이하(내용적 제한), 초과하는 경우 1분 이내 물 방사

2) 배관의 배열 : 격자형(grid) 방식은 사용할 수 없다.

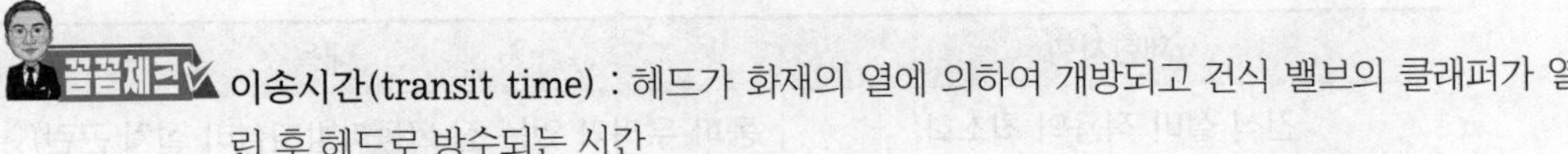
꼼꼼체크 이송시간(transit time) : 헤드가 화재의 열에 의하여 개방되고 건식 밸브의 클래퍼가 열린 후 헤드로 방수되는 시간

3) 1차측 가압수 압력

4) 2차측 공기압

5) 헤드 오리피스 구경 및 개방된 헤드 개수

6) 공기배출기(exhaust) : 건식 밸브 2차측 공기가 대기 중으로 배출하는 장치

(4) 동작시간과 이송시간 영향인자

구분	동작시간	이송시간	대책
2차측 공기압이 높을수록	증가	증가	2차측 공기압을 낮춤
1차와 2차 간 차압이 클수록	증가	증가	저차압 밸브 설치
2차측 배관 내용적이 클수록	증가	증가	2차측 배관을 분리(내용적 낮춤)
1차측 수압이 클수록	증가	증가	저압식 건식 밸브 설치

구분	동작시간	이송시간	대책
헤드의 오리피스 구경이 작을수록	증가	증가	오리피스가 큰 오리피스, 공기배출기 설치
트립압력이 낮을수록	증가	–	트립압력이 낮은 밸브 설치

03 방수시간(건식 밸브가 동작하고 헤드에서 방사되기까지의 시간)의 영향요소

(1) 액셀레이터의 동작시간

(2) 건식 밸브 2차측 배관의 체적

(3) 배관의 배열

(4) 수압 대 공기압비

(5) 헤드오리피스의 크기

(6) QOD 설치

04 설계 시 주의사항(방사시간 지연문제)[36] 125회 출제

(1) NFPA 13의 건식 설비 제한사항

1) 제한사항과 내용

제한사항	내용
건식 설비 적용의 최소화	동파 우려가 있는 장소(동파방지설비 설치 곤란)
건식 설비 용적제한	방수시간 지연은 일반적으로 60초 이내[37](주거시설 15초 이내[38]) ① 2차측 배관내용적 : 500gallon(1,900L) 이하 ② 2차측 배관내용적 : 750gallon(2,850L) 이하(QOD 설치)
설계면적 증가	설계면적을 습식에 비해 30% 이상 증가(수원 30% 증가)
격자형(grid) 방식의 설치금지	소화수 공급시간 지연 발생(예외 : 루프형)
2차측 공기압	① 수압 : 공기압 비(고차압식=5.5 : 1, 저차압식=1.1 : 1) ② 건식 밸브의 작동압력보다 20psi(1.4bar) 높은 압력 ③ 공기충전시간 : 30분 이내
밸브실	조명과 난방설비(열원은 영구적 형태)

36) NFPA 13(2022)에서 발췌
37) NFPA 13(2022) 8.2.3.2
38) NFPA 13(2022) 8.2.3.1.1

2) 시간측정

① 시험장치에 의한 측정 : 가압송수장치에서 가장 먼 가지배관 말단에서 측정

② 프로그램에 의한 측정

3) 용도별 개방 헤드수와 최대 방수지연시간(NFPA 13(2022) table 8.2.3.6.1)

용도와 위험성	최초 개방 헤드수	최대 방수지연시간[s]
주택의 거실(dwelling unit)	1	15
경급(light)	1	60
중급(ordinary Ⅰ, Ⅱ)	2	50
상급(extra Ⅰ, Ⅱ)	4	45
고적재물품(high piled)	4	40

(2) 수압 : 공기비

1) 고차압식(5.5 : 1) : 국내명칭은 저압식이다.

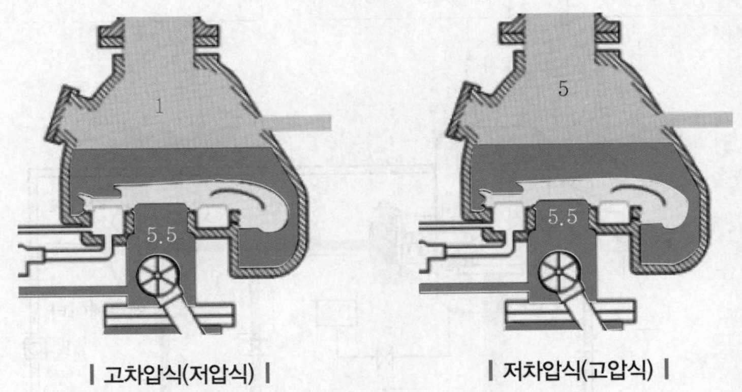

| 고차압식(저압식) | | 저차압식(고압식) |

① 장단점

장점	단점
① 지연시간이 저차압식에 비해 줄어든다. ② 공기압축기 용량이 줄어든다.	압력차가 커서 미세한 압력에도 클래퍼가 동작을 할 수 있으므로 오동작 발생의 우려가 있다.

② 대책

㉠ 자동고수위 경보장치 설치

㉡ 자동배수장치 설치

③ 저압식 2차측 공기 : 저압식 건식 밸브의 클래퍼(clapper)는 2차측 압축공기의 압력에 의해 닫혀 있는 구조가 아니다. 저압식에서의 2차측 공기는 0.01MPa 정도의 압력으로 감지기 역할만 한다.

④ 클래퍼의 개방원리 : 1차측 소화수의 압력이 액추에이터(actuator)의 작동으로 빠지면 중간챔버의 푸시핀이 밀려 나가면서 래치도 밀리면서 클래퍼가 개방된다.

⑤ 액추에이터(actuator)

㉠ 구성 : 양쪽 입구는 2차측 공기압과 연결된 배관과 1차측 소화수와 연결된 배관과 이 둘 사이의 힘의 균형을 맞추어주는 디스크가 있다.

㉡ 메커니즘 : 액추에이터 아래 부분에는 배수관이 있어 평상시에는 공기압으로 디스크가 배수관의 통로를 막고 있다가 공기압이 저하되면 1차측 수압으로 디스크가 밀리면서 배수관을 개방한다. 배수관을 통하여 1차측 가압수가 빠져나가면서 감압이 되어 중간챔버의 압도 감압되어 클래퍼가 개방된다.

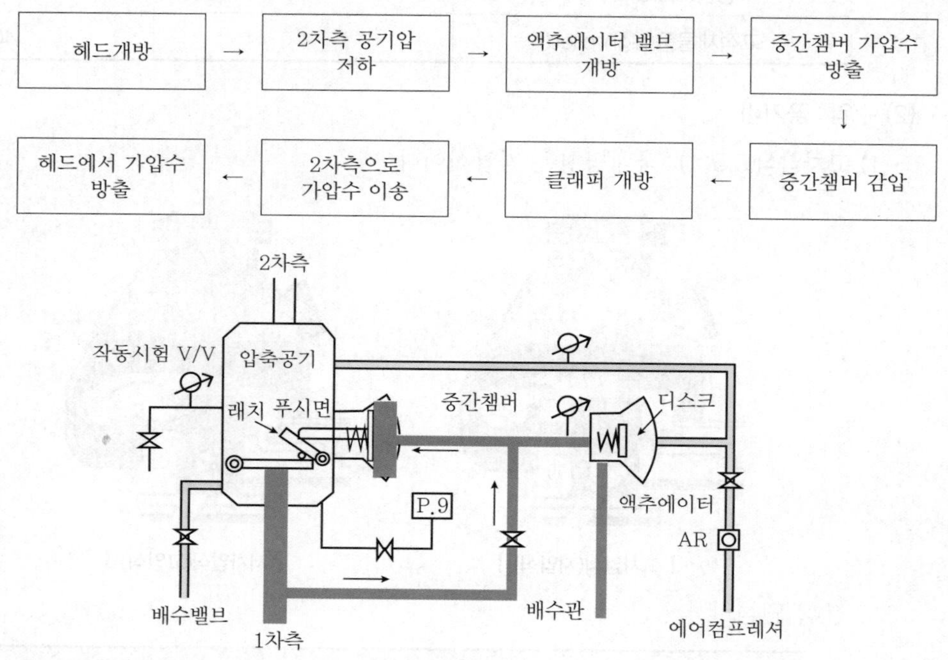

| 저압식 건식 밸브 |

2) 저차압식(5.5 : 5) : 국내명칭은 고압식이다.

장점	단점
① 고차압식의 단점인 오동작을 방지한다. ② 유지관리가 쉽다.	① 2차측 물기둥(water column)과 차동비가 작아서 방수시간(trip time)이 지연된다. ② 고압으로 설비구성부품에 악영향을 미칠 수 있다. ③ 릴리프밸브 설치 : 건식 밸브 작동점보다 20Psi 높은 압력에서 작동하도록 설정하여 2차측의 공기압이 고압이 되는 것을 방지한다.

SECTION 043

Priming water

116·102·88회 출제

01 정의

건식 밸브(dry valve)에서 2차측 밸브 몸체에 채워두는 물

02 구조

(1) 건식 밸브에서 1차측에는 가압수가, 2차측에는 압축공기가 채워져 있어 건식 밸브의 클래퍼를 사이에 두고 압력이 상호작용하여 평형을 이루고 있다(피스톤의 법칙).

(2) 건식 밸브 클래퍼의 경우 상부 클래퍼의 표면적이 하부 클래퍼의 표면적보다 큰데, 이것은 2차측의 공기압이 낮더라도 단면적을 크게 하여 더 많은 힘을 발생시키므로 힘의 평형을 유지하기가 용이하기 때문이다.

(3) 건식 밸브 2차측의 공기압력은 각 제조업체에서 정하는 차압비에 의하여 정해진다.

03 Priming water의 기능

(1) 물을 채워둠으로써 클래퍼의 닫힌 상태를 확실하게 확인할 수 있다.

(2) 클래퍼에 틈새가 생겨 누수가 발생하면 밸브의 드레인에서 물방울이 떨어지게 되므로 기밀 여부 확인이 가능하다.

(3) 물올림에 의해 편평한 물올림의 표면을 통해 공기압력이 클래퍼에 수직으로 균일하게 작용한다.

(4) 물 자체의 중력, 공기압 그리고 클래퍼 자체의 중력에 의해 1차측 압력과 평형을 이룰 수 있게 되어 2차측의 낮은 공기압으로도 클래퍼 폐쇄가 가능하다.

04 물기둥(water columnning) 117회 출제

(1) **정의** : 건식 밸브의 2차측 배관 내에 수분으로 인하여 발생한 응축수가 모여 클래퍼 상부에 물기둥(water columnning)이 생기는 것이다.

(2) **발생원인**

1) 상온의 저하로 인한 2차측 압축공기 결로현상으로 응축수 발생
2) 건식 밸브 2차측의 압축공기압으로 인한 응축수 발생(압력이 높을수록 응축수 발생이 크다)
3) 배관의 수압시험 또는 플러싱(flushing) 후 잔류수 미배출
4) 배출밸브의 막힘으로 인한 Priming water의 증가

(3) **문제점**

1) 보온조치된 부분을 넘어 물이 쌓이면 시스템의 동결 우려가 있다.
2) 건식 밸브의 개방을 방해(공기압력과 1차측 압력 간의 차압범위를 넘어서면 개방을 방해)한다.
3) 물기둥이 공기연결부위 위까지 올라오면 공기를 공급하기 위해 공기관이 개방될 때 소량의 물이 압축기로 들어가 압축기 손상 우려가 있다.

(4) **방지대책**

1) 공기압축기에서의 압축공기 공급 시 습기 제거
   ① 에어드라이어(air dryer) : 유속을 통해 증발
   ② 워터세퍼레이터(water separator) : 충돌과 원심력에 의한 수분제거장치
   ③ 라인필터(line filter) : 에어컴프레셔용 필터
2) 저압식 건식 밸브 사용(2차 압력 감소를 통한 응축수 발생 억제)
3) 건식 밸브에서 응축수 배출장치 설치[드레인트랩(drain trap) : 전기식, 플로트 타입 등]
4) Priming water가 발생하지 않는 형의 건식 밸브 설치
5) 건식 밸브 내부를 관찰하여 응축수를 확인할 수 있는 감시창(sight glass) 설치

SECTION

044 급속개방장치(QOD)

98회 출제

01 개요

(1) 건식 밸브의 최대 문제점은 헤드가 개방 이후에도 건식 밸브 2차측의 가압공기가 유수의 흐름을 방해하여 소화수의 방사시간이 지연되는 것이다.

(2) 이를 완화하기 위해 급속개방장치(Quick Opening Device ; QOD)를 설치하여 스프링클러 헤드에 소화수가 신속히 방출될 수 있도록 한다.

(3) 급속개방장치는 가속기(accelerator)와 공기배출기(exhauster)의 2가지로 구분할 수 있으며, 스프링클러헤드가 1~2개 개방되어 배관 내 압력이 낮아졌을 때 가동되어 배관 내의 공기를 신속하게 방출하거나 클래퍼를 신속히 개방시키는 역할을 한다.

02 가속기와 공기배출기

(1) 가속기와 공기배출기의 비교

구분	가속기(accelerator)	공기배출기(exhauster)
기능	클래퍼 개방시간(triptime) 단축	이송시간(transit time) 단축
입구측	건식 밸브의 클래퍼 2차측 또는 시스템 배관의 말단부분과 연결	건식 밸브의 2차측 직상부에 연결
출구측	건식 밸브의 중간챔버에 연결	대기 중에 노출되어 있으며, 1차측 건식 밸브의 중간챔버에 연결
목적	건식 밸브 2차측 헤드가 개방된 후 건식 밸브 2차측의 공기압력이 설정압력보다 낮아졌을 때 가속기가 작동하여 2차측의 압축공기 일부를 건식 밸브의 클래퍼 1차측 중간챔버로 보내어 건식 밸브가 신속히 개방된다.	건식 밸브 2차측 헤드가 개방된 후 건식 밸브 2차측의 공기압력이 설정압력보다 낮아졌을 때 공기배출기가 작동하여 2차측의 압축공기 일부를 대기 중으로 신속하게 배출시키는 역할을 한다.
NFPA	QOD 설비	NFPA 13에서 삭제

구분	가속기(accelerator)	공기배출기(exhauster)
클래퍼의 작동	건식 밸브의 클래퍼 1차측 압력만을 증가시켜 클래퍼만 작동한다.	건식 밸브의 클래퍼 1차측 압력 증가는 물론 클래퍼 2차측의 압축공기를 신속히 대기 중으로 배출시켜 2차측의 공기압력을 감소시킴으로써 클래퍼를 작동시킨다.
설치기준	건식 밸브 주변에 하나만 설치	배관에 일정구역마다 설치
경제성	우수	불량
시공성	우수	불량

(2) QOD의 설치위치 : 건식 밸브 부근

포핏밸브(poppet valv) : 수직으로 운동하는 시트밸브

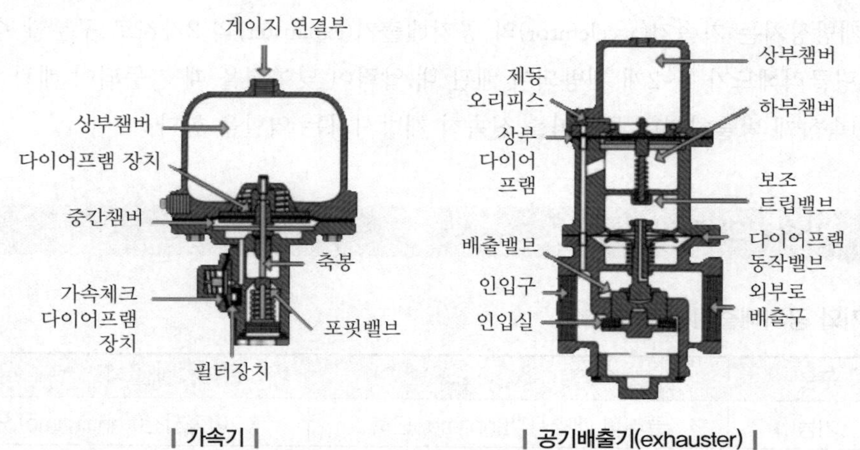

| 가속기 |　　　| 공기배출기(exhauster) |

SECTION

045 준비작동식 스프링클러설비

01 개요

(1) **정의**: 가압송수장치에서 준비작동식 유수검지장치 1차측까지 배관 내에 항상 물이 가압되어 있고 2차측에서 폐쇄형 스프링클러헤드까지 대기압 또는 저압으로 있다가 화재발생 시 감지기의 작동으로 준비작동식 유수검지장치가 작동하여 폐쇄형 스프링클러헤드까지 소화용수가 송수되고 폐쇄형 스프링클러헤드가 열에 따라 개방되는 방식의 스프링클러설비이다.

(2) 감지기가 화재의 발생을 감지하면 준비작동밸브가 자동으로 개방되어 2차측에 송수함으로써 배관 내의 소화수가 준비상태에 있는 방식이며, 화재가 다시 확대하여 헤드가 작동온도에 도달하여 개방되었을 때 비로소 방수되는 시스템이다.

(3) 헤드가 오동작으로 개방되거나 살수관이 파열되면 수손이 클 것이 예상되는 경우나 동결우려가 있는 장소의 건식 대용으로 적용하며, 감지기의 동작으로 화재에는 경보를 발하므로, 사람이 신속히 달려가서 헤드가 개방되기 전에 초기 소화할 수 있는 가장 안전하고 발달된 방식이다.

02 작동메커니즘

(1) **평상시**: 감지기를 이용하는 전기적인 준비작동식 스프링클러시스템은 1차측에 가압송수되어 온 물을 준비작동식 밸브가 강제로 차단하고 있다.

(2) **화재발생 시**

1) 2개 이상의 교차회로 감지기가 먼저 감지하여 전기적 신호로 수신반에 통보한다.
2) 수신반에서 전자변(solenoid valve)을 개방하면 밸브를 폐쇄하던 압이 감소하여 밸브가 개방된다.
3) 2차측의 배관에 물이 채워지고, 스프링클러헤드까지 소화수가 공급되어 대기하는 상태(준비작동상태)가 된다.

4) 화재에 의해 발생한 천장열기류(ceilling jet flow)에 의해 스프링클러 감열부가 용융 또는 파괴되면 스프링클러헤드가 개방되어 살수하는 구조이다.

03 구성

(1) 준비작동식 밸브 세트

1) 준비작동식 밸브(pre-action valve)

2) 전자변(solenoid valve)

3) 화재가 발생하였음을 수신반에 알려주는 압력스위치

4) 주위 배관

5) 1·2차측의 압력을 측정하는 압력계(water gauge)(2EA)

6) 긴급해제밸브(수동개방밸브)

(2) 스프링클러헤드

1) 폐쇄 상향형 헤드

2) 옥외에 쓰이는 감지용 스프링클러는 금속으로 된 퓨즈는 쓰지 않는 것이 원칙 : 외부의 비바람과 눈에 의한 부식 등에 의한 장애 우려가 있기 때문이다.

(3) 슈퍼비조리패널(supervisory and control panel)

1) 기능

① 수동기동장치 : 준비작동밸브 작동

② 스프링클러헤드 또는 배관의 손상 시 배관 내 압축공기의 누설을 감시하는 감시반

③ 방화댐퍼 등 개구부 폐쇄작동기능

2) 준비작동식 밸브의 주요 핵심부로, 이것이 고장나면 준비작동식 밸브가 작동하지 않는다. 왜냐하면 습식이나 건식 밸브와는 달리 준비작동식 밸브는 기계적인 동작메커니즘이 아니라 전기적 신호로 동작하는 메커니즘을 가지고 있기 때문이다. 전기적인 신호에 의한 솔밸브의 기동으로 준비작동식 밸브가 개방된다.

3) 슈퍼비조리패널의 전원차단 또는 자체 고장 시에는 경보장치가 작동하여 관계자에게 통보함으로써 관계자가 유효하게 조치할 수 있도록 한다.

(4) 감지기 : 오동작을 방지하기 위한 교차회로로 구성한다.

교차회로로 설치하는 경우 시간지연이 발생하나 오동작으로 인한 피해가 더 크기 때문에 시간지연을 감수하고서라도 오동작을 줄이기 위하여 교차회로방식으로 설치한다.

(5) 긴급해제밸브(수동개방밸브)

1) 목적 : 화재(솔레노이드 고장)나 시험 시 밸브의 수동개방

2) 기능 : 중간챔버의 가압수를 배출시켜 준비작동식 밸브를 수동으로 개방

3) 평상시 : 상시폐쇄

(6) 경보시험밸브

1) 목적 : 준비작동식 밸브를 개방하지 않고 밸브에서 화재경보시험 실시

2) 설치위치 : 2차 압력스위치 하단

3) 평상시 : 폐쇄

04 종류

(1) 클래퍼방식(clapper)

1) 밸브가 클래퍼를 누르는 걸쇠가 해제됨으로써 개방되는 방식이다.

2) 초기 상태로 세팅할 경우 걸쇠를 원래 위치로 이동시켜 주는 수동세팅이 필요하다.

3) 특징 : 한번 동작한 클래퍼는 다시 배관을 폐쇄하지 않는다.

(2) 다이어프램방식(diaphragm, 최근에는 거의 다이어프램방식 사용)

1) 평상시 중간챔버에 준비작동식 1차측 가압수가 공급되어 다이어프램에 수압을 가하여 밸브를 폐쇄한다.

2) 화재신호 시 전자밸브가 개방되면서 중간챔버의 압력이 강하되고 이로 인해 다이어프램의 수압이 감소하여 밸브가 개방되는 방식이다.

3) 특징 : 다이어프램에 1차 공급수가 가압을 해서 자동복구될 우려가 있으므로 PORV (Pressure Operated Relief Valve) 설치가 필요하다.

PORV(Pressure Operated Relief Valve) : '준비작동식 스프링클러 설비의 동작방법'

* SECTION 046의 싱글인터록 준비작동식 그림 참조 ④

① 작동된 준비작동식 밸브가 1차측 공급수의 압력으로 인해 자동으로 복구되는 것을 방지하기 위한 밸브이다.

② 다이어프램식에만 있다. → 건식 밸브도 다이어프램식인 경우에는 일부 모델에 설치되어 있다.

③ 밸브 작동 시 1차측 개폐밸브 이전에서 중간챔버로 공급되는 물을 PORV를 통해 배수시킴으로서 밸브의 다이어프램을 개방상태로 유지한다.

05 설치장소 및 설치기준

(1) 주요 설치장소

1) 지하주차장 등 주로 배관이 노출된 장소
2) 컴퓨터나 통신장비 등의 설비가 있는 공간, 박물관(수피해 우려 장소)
3) 스프링클러시스템의 오작동에 의한 물의 방사가 특히 문제가 될 수 있는 공간
4) 동결 우려가 있는 장소

(2) 최소 감시압력(NFPA 13) : 0.05MPa의 압력 필요

(3) 헤드의 설치기준(NFPA 13) : 건식 설비기준과 동일

(4) 배관에 20개 이상의 스프링클러헤드가 설치된 경우(NFPA 13) : 자동으로 배관의 이상 유무와 화재감지장치를 감시

(5) 더블 인터록 설비 : 격자형(grid) 금지

06 장단점과 운영방식

(1) 장단점

장점	단점
① 수손피해 감소 ② 비난방지역에서도 사용 가능	① 감지기의 오동작 : 습기와 먼지가 많은 장소 ② 화재감지기의 설치 ③ 감지기 설치가 곤란한 옥외의 개방된 장소에 설치 곤란 ④ 설치비의 비경제성 ⑤ 제어계통이 복잡 : 습식 · 건식보다 신뢰성 저하 ⑥ 배관이나 헤드의 파손이나 균열 등으로 누설부위 발생 시 감지 곤란 : 설비의 신뢰성 저하

(2) 준비작동식 설비의 국내외 운용방식

항목	한국(NFTC 103)	미국(NFPA 13)	비고
준비작동식 밸브개방 방식	싱글 인터록방식	• 싱글 인터록방식 • 논 인터록방식 • 더블 인터록방식	국내는 감지기에 의해 준비작동식 밸브가 개방되는 싱글 인터록방식만 적용
감지기 회로방식	교차회로방식(불꽃감지기 등 8개 감지기 사용 시 단일회로방식 가능)	교차회로방식 규정 없음	국내는 싱글 인터록방식의 오동작을 보완하기 위해 교차회로방식 채택

(3) 준비작동식 밸브 2차측 배관감시

1) 싱글 인터록방식의 유수검지장치 2차측을 비워놓은 상태의 경우 배관의 파손을 알 수 없게 된다.

2) NFPA 13에서는 준비작동식 스프링클러설비의 헤드수량이 20개 이상인 경우에는 배관의 이상(파손) 유무를 감시하도록 규정하고 있다(NFPA 13 8.3.2.4* supervision).

07 작동시험 130회 출제

구분	자동작동시험(작동순서)	수동작동시험(작동방법)
작동방법	감지기 1개 회로 작동 → 경보(경종, 표시등)	① SVP(수동조작함)의 수동조작 스위치 작동 ② 준비작동식 밸브 자체에 부착된 수동기동 밸브 개방 ③ 수신기에서 준비작동식 밸브 수동기동스위치 작동 ④ 수신기에서 동작시험 스위치 및 회로선택 스위치로 작동(회로 작동)
	감지기 2개 회로 작동 → 전자변 기동	
작동순서	중간챔버의 압력 강하 → 밸브 개방	
	2차측 개폐밸브(폐쇄)까지 소화수 가압 → 배수밸브(개방)로 배수	
	전자변은 수동복구 전까지 개방상태를 유지	
	가압수 → 준비작동식 밸브의 압력스위치 작동	

SECTION
046 준비작동식 스프링클러설비의 동작방법

112·98·96회 출제

01 개요

(1) 준비작동식에서는 클래퍼나 다이어프램이 프리액션밸브 2차측을 인위적으로 막아 유수의 흐름을 방지하고, 이를 통해 동파를 방지한다. 따라서, 클래퍼나 다이어프램을 동작시키는 것이 준비작동식 동작시스템의 이해를 위해 중요하다.

(2) 클래퍼나 다이어프램의 동작방법에 의한 분류(NFPA 13)

1) 싱글 인터록(single－interlock)

2) 논 인터록(non－interlock)

3) 더블 인터록(double－interlock)

02 싱글 인터록(single－interlock)

(1) **준비상태 :** 다이어프램 ①이 1차측에서 분기된 세팅배관 ②에 의하여 압력평형을 이룬다.

(2) **작동상태**

1) 감지기 Ⓕ가 동작하면 전동밸브 ③이 배관을 개방하여 다이어프램실의 압력이 강하되며 밸브가 개방된다.

2) 밸브의 세팅배관의 보충수에 의한 자동폐쇄를 막기 위해서 PORV ④가 작동한다.

3) 준비작동밸브 다이어프램 ⑦이 개방되며 압력스위치로 물이 들어가 압력스위치를 작동시켜 경보를 발한다.

4) 개방된 후 헤드 Ⓔ까지 소화수 이동 이후 헤드의 개방에 의해 살수된다.

(3) **특징**

1) 배관의 파손이나 헤드 개방 시 경보시스템이 필요하다.

2) 오동작으로 헤드가 개방되어도 밸브가 개방되지 않기 때문에 수손피해가 작다.

3) 감지기고장 시 시스템이 정상적으로 작동할 수 없다.

4) 국내에서 보편적으로 사용하고 있는 준비작동식 방식이다.

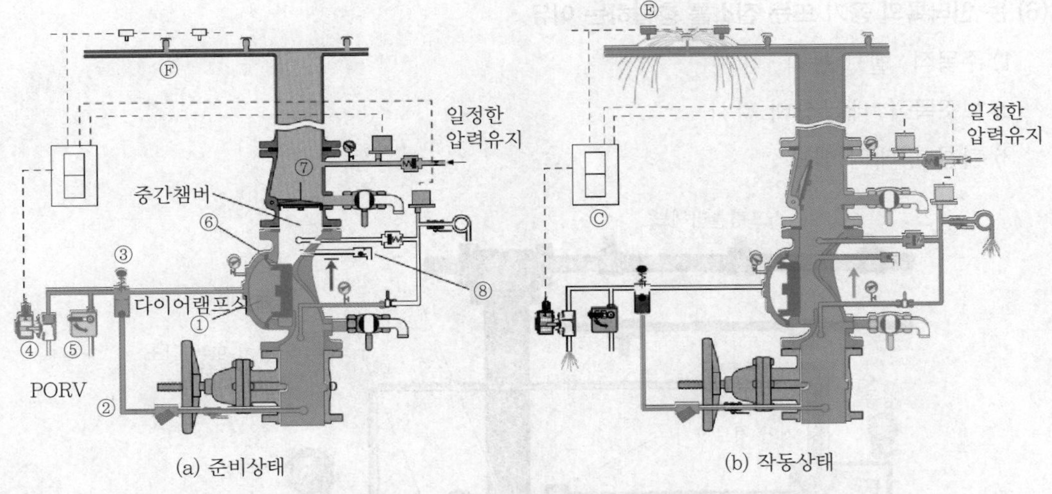

| 싱글 인터록 준비작동식(single interlock pre-action release system)[39] |

03 논 인터록(non-interlock)

(1) **작동상태 :** 감지기 또는 헤드의 동작에 어느 한쪽의 동작에 의해서든 클래퍼가 동작한다.

(2) **목적 :** 감지기가 동작하지 않으면 시스템이 작동되지 않는 싱글 인터록의 문제점을 보강한 방식이다.

(3) 헤드 개방 시 살수가 시작되므로 헤드의 감지특성이 화재제어의 중요한 요소이다.

(4) **문제점 :** 수손피해 우려가 크다.

(5) **2차측 배관 내 :** 공기 또는 질소 충압

1) 헤드의 개방에 의해서 클래퍼가 동작한다.

꼼꼼체크 **논 인터록 준비작동식 밸브** : 감지기에 의해서 전동식으로 동작하는 시스템과 건식과 같이 차압에 의해 동작하는 시스템을 모두 가지고 있어야 하는 밸브로, 밸브의 구성과 메커니즘이 다른 준비작동식 밸브와 다르다.

2) 0.2MPa 정도로 가압하고 있고 0.02~0.05MPa 정도의 압력이 감소할 때 경보신호를 발한다.

3) 최소 가압공기의 규정 : 0.05MPa(0.5bar) 이상(NFPA 13 8.3.2.4.4)

39) BERMAD Water Control Solutions의 홈페이지 제품소개에서 발췌

(6) 논 인터록의 공기 또는 질소를 충압하는 이유

1) 주목적 : 밸브 동작

2) 보조목적 : 배관상태 감시

3) 다른 형태의 밸브

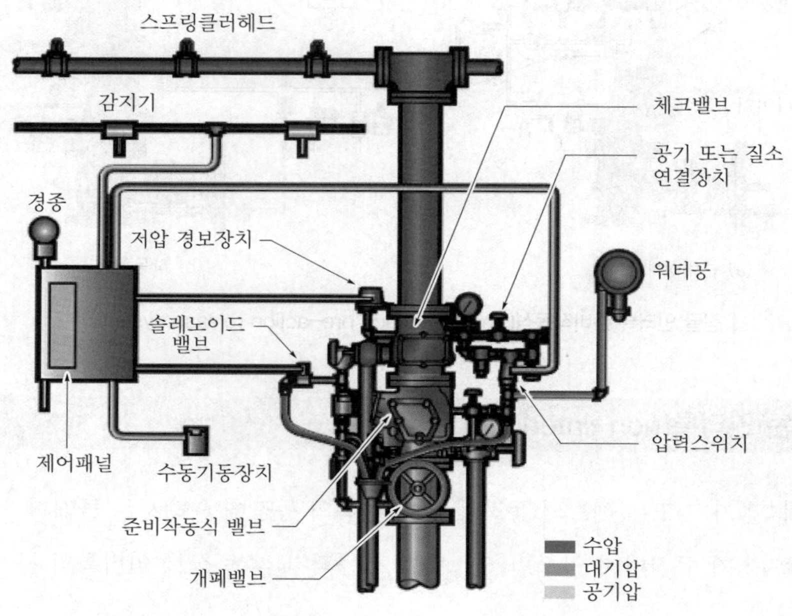

| 논 인터록 준비작동식 밸브 |

04 더블 인터록(double-interlock)

(1) **작동상태 :** 감지기의 화재감지와 헤드 동시 동작 시 클래퍼를 개방한다.

(2) **목적 :** 물이 2차측으로 넘어가 동결의 피해를 최소화한다.

(3) **관리적 측면 :** 안정성 확보

(4) **문제점 :** 초기 진압에 소요되는 시간적 지연발생으로 화재가 확대될 우려가 있다.

(5) **건식 밸브의 제한사항 적용**

1) 2차측 내용적 제한

2) QOD 설치

3) 격자형(grid) 배관방식 제한

4) 설계면적 30% 증대

5) 배관누설시험 : 정수압시험 + 공기압시험

(6) 사용장소

1) 동결 우려가 있는 냉동창고

2) 일반적으로 온도가 매우 낮은 곳에 사용되는 시스템 : 한번의 오작동으로 모든 것이 얼어버릴 수 있는 극도로 추운 곳에서 장비의 신뢰성을 높이기 위해서 사용한다.

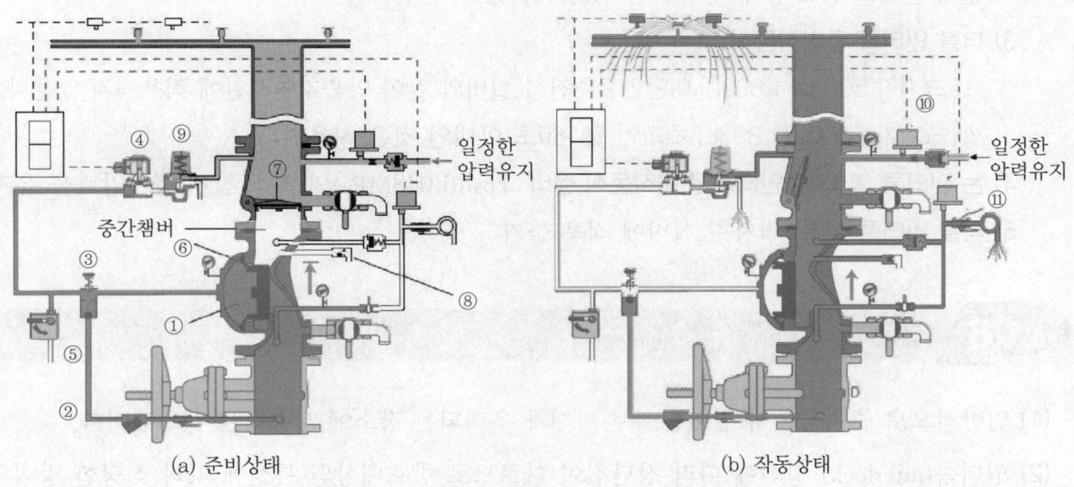

| 더블 인터록 준비작동식(double interlock pre-action)[40] |

05 인터록(interlock) 비교

(1) 종류별 비교

인터록 (interlock system)	유수검지장치 개방기기	장점	단점	비고
Single-interlock (싱글 인터록)	감지기	오작동으로 헤드 개방 시 수손피해가 발생하지 않음	감지기고장 시 작동 곤란	2차측 감시기능 외 국내 시스템과 유사하지만 배관 또는 헤드 누설 경보장치가 필요
Double-interlock (더블 인터록)	감지기 and 헤드	감지기고장 시 헤드감열에 의해 작동	둘다 동작해야 하므로 시간지연이 발생	국내 시스템은 감지기 고장 시 시스템 작동 불가
Non-interlock (논 인터록)	감지기 or 헤드	둘 중에 하나만 동작해도 빠른 기동이 가능	감지기 오동작이나 헤드 파손 시 수손피해	2차측에 가압공기나 질소를 채우기 때문에 QOD 설치 필수

40) BERMAD Water Control Solutions의 홈페이지 제품소개에서 발췌

(2) 설비크기(NFPA 13)

1) 싱글 인터록과 논 인터록의 경우 1개의 준비작동식 밸브에 의해서 개방되는 스프링클러 헤드수는 1,000개 이하이어야 한다(8.3.2.2).

2) 더블 인터록은 용량제한과 시간제한이 건식 설비와 동일하며 설계밀도/면적방식에서 설계면적을 30% 증대시켜야 한다(8.3.2.3).

3) 더블 인터록 준비작동식

① 크기가 500gal(1,893L) 미만인 것 : 건식 설비와 같이 방출지연시간에 적용되지 않는다.

② 크기가 500gal(1,893L) 초과인 것 : 60초 이내인 것은 허용한다.

4) 논 인터록 및 더블 인터록 준비작동식 설비 : 7psi(0.048MPa)의 최소 감시 공기압력을 유지

5) 더블 인터록 설비 : 격자형 설비에 적용 불가

06 결론

(1) 일반적으로 준비작동식 설비는 수손피해가 우려되는 장소에 사용하는 시스템이다.

(2) 인터록(interlock) 방식에 따라 장단점이 다르므로 방호대상의 특성에 따라 적당한 방식의 선택과 적용이 필요하다.

SECTION

047 멀티사이클 시스템 (multi-cycle system)

01 개요

(1) 정의 : 열의 변화에 반응하여 소화수의 흐름을 정지 또는 유동시키는 시스템

(2) 특징

1) 방수 총량 감소 : 수손피해 최소화

2) 피해 최소화 : 신속한 복구 가능

3) 전기적인 메커니즘 이용 : 고장 우려가 있고 장치가 복잡(신뢰성 저하)

02 동작메커니즘

(1) 동작순서

1) 폐루프식 감지회로를 사용하여 열감지기가 평상시는 폐쇄상태로 되어 있다가 온도가 작동점에 도달

2) 감지기의 전기신호를 제어패널로 보내서 제어밸브 개방

3) 소화용수가 배관에 공급되어 헤드에서 방사

(2) 정지순서

1) 소화수의 방사로 온도가 작동점 아래로 하강하면 제어밸브 폐쇄

2) 배관에 소화용수공급 정지

(3) 동작과 정지 사이에 시간이 짧아지는 것을 방지하려는 조치 : 개방되어서 폐쇄될 때까지는 타이머에 의해서 동작을 제한한다.

03 종류

(1) 습식

(2) 일제살수식

(3) 준비작동식 : 싱글 인터록, 더블 인터록

SECTION 048

NFPA의 옥외송수구 연결

117회 출제

01 개요

(1) 국내에서는 옥외송수구의 연결위치에 대한 제한이 없다.

(2) NFPA에서는 스프링클러시스템에 따라 다음과 같이 옥외송수구 연결에 관한 규정이 마련되어 있다.

02 NFPA의 옥외송수구 연결방법

(1) 설비별 옥외송수구 비교표

구분	옥외송수구 연결위치	목적
습식	알람밸브 2차측	알람밸브의 고장으로 클래퍼가 동작하지 않을 때도 시스템의 신뢰도 향상
건식	건식 밸브 1차측	2차측 연결 시 기계적 결합의 취약성으로 압축공기가 누설에 의한 오동작 우려
습식과 건식의 병용	밸브 1차측	건식 밸브와 동일
준비작동식	준비작동식 밸브 2차측	① 고장 시 유수의 흐름에 장애가 발생할 우려 감소 ② 빠른 시간 내에 2차측 공기압 제거
일제살수식	일제개방밸브 2차측	고장 시 유수의 흐름에 장애가 발생할 우려 감소

준비작동식 또는 일제살수식의 경우 문제점 : 송수구 하나로 방호구역이 여러 개 묶인 경우 2차측이 묶인 경우 다른 지역으로 급수의 우려가 있다. 방호구역별 송수구를 설치 시 수십 개의 송수구로 인하여 혼동의 우려가 있다. 대책으로는 송수구에 표시등을 설치하여 해당 송수를 고지하는 방법과 제어반에서 수동으로 동작할 수 있는 수동기동장치 병렬설치하여 델류즈 밸브 기동의 신뢰도를 높이는 방법이 있다.

(2) 설비별 옥외송수구 연결도

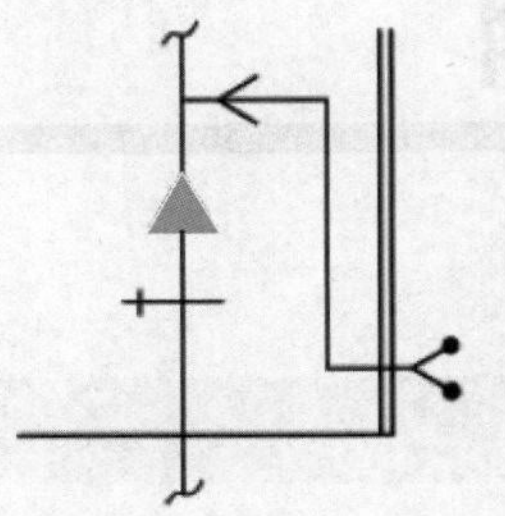

(a) 습식 설비(wet pipe system)

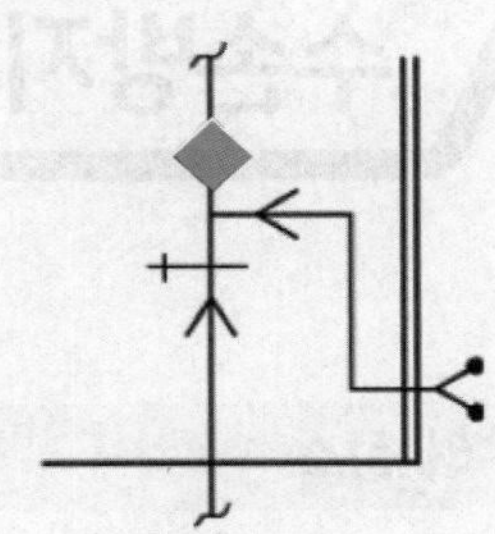

(b) 건식 설비(dry pipe system)

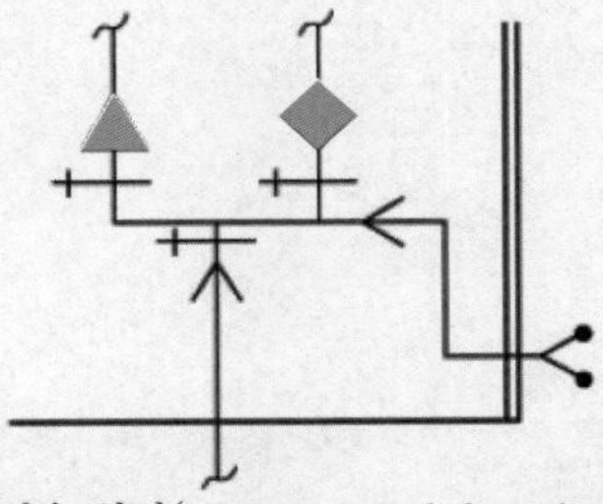

(c) 습식과 건식 겸용 설비(wet pipe and dry pipe system)

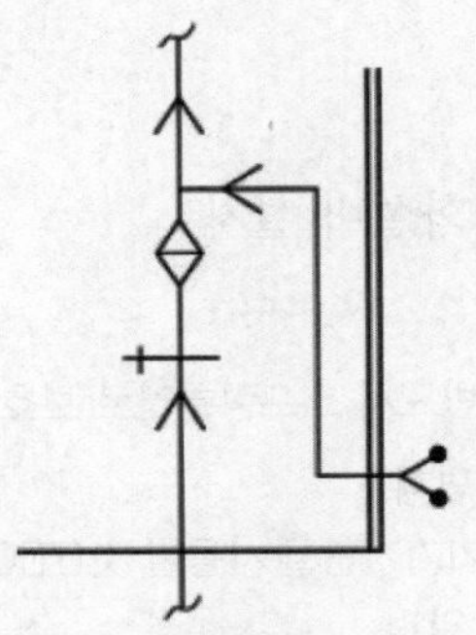

(d) 준비작동식 설비(preaction system)

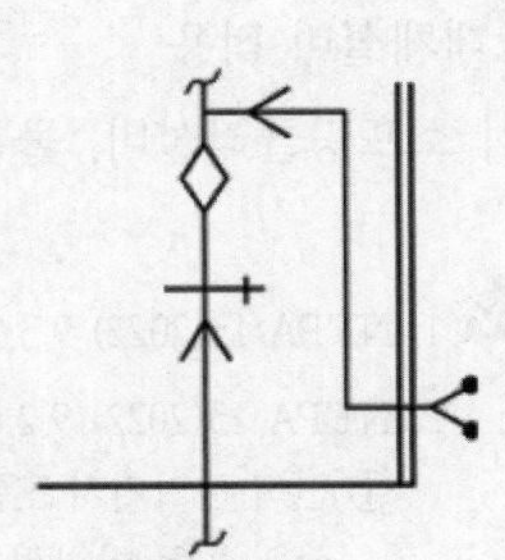

(e) 일제개방식 설비(deluge system)

| 옥외송수구와 배관의 연결 |

SECTION 049 스프링클러동작에 의한 수손방지대책

01 수손 우려 장소

(1) 컴퓨터, 전기실

(2) 엘리베이터(E/V)

(3) 창고

(4) 박물관

02 대책

(1) 컴퓨터 또는 전기실

1) 가스계 등 대체설비 적용

2) 준비작동식 스프링클러설비, 물분무·미분무 소화설비 설치

1. NFPA 13(2022) 9.3.20.1* : 전기실은 반드시 스프링클러로 보호하여야 한다.
2. NFPA 13(2022) 9.2.6 **(전기설비 헤드 면제)**
   ① 건식 전기기기 또는 K급 유입식 전기기기만을 사용할 것(IEC 61039에 따라 300℃ 이상의 높은 발화점을 가진 K 등급 오일)
   ② 전기실이 전기기기 전용일 것
   ③ 장비는 관통부에 대한 보호를 포함한 2시간 내화성능이 있는 구획실에 설치할 것
   ④ 전기실 내부에 가연물을 저장하지 않을 것

(2) 엘리베이터(E/V) : 방수턱 설치

(3) 창고

1) 화재성상에 맞는 헤드 선정

2) 화재조기진압형(ESFR)의 경우 화재조기진압으로 수손피해 최소화

(4) 개폐형(ON-OFF) 스프링클러헤드 사용

스프링클러 부근 열기의 세기에 따라 열림과 닫힘을 반복하는 스프링클러헤드, 수손을 방지하기 위해 사용하는 헤드로, 일명 사이클링 스프링클러(cycling sprinkler) 또는 유량조절 스프링클러(flow control sprinkler)라고도 한다.

1) 목적 : 유량제어형 또는 개폐형(ON-OFF type) 헤드라고도 하며, 방사된 물로 인한 피해를 감소시킨다.

2) 기능 : 주위의 온도에 따라 감열부가 오리피스를 개폐한다.

3) 작동원리

① 평상시 : 바이메탈디스크에 의해 파일럿밸브가 닫힌 상태 유지

② 화재 시 : 바이메탈디스크 가열 → 파일럿밸브 개방 → 다이어프램실로 물 방출 → 다이어프램 개방 → 물이 스프링클러로부터 방사

③ 소화 시 : 바이메탈디스크가 38℃로 냉각 → 파일럿밸브 폐쇄 → 물공급 차단 → 재작동 준비

4) 특징 : 화재 수습 후 재용형

(5) **부압식 스프링클러시스템** : 배관 내에 부압으로 헤드나 배관이 파손되어도 부압으로 물이 방사되는 것을 방지함으로써 수피해를 방지한다.

(6) **멀티사이클 스프링클러시스템** : 제어밸브(파일럿밸브)를 통해서 단속적으로 방사량을 제어할 수 있는 스프링클러시스템

파일럿밸브(pilot valve) : 기구에서, 외부 압력에 따라 알람밸브에서 스프링클러헤드에 공급되는 유량을 제어하는 밸브

SECTION 050

일제살수방식 설비 (deluge system)

01 개요

(1) 준비작동식 밸브와 일제개방밸브는 전동식 밸브로 상호 유사하다.

(2) 일제개방밸브는 밸브 본체만 있어서 드레인밸브, 압력스위치, 세팅밸브, 수동기동밸브, 솔밸브, 압력계 등 주변장치가 부착되어 있지 않으므로 현장에서 별도로 제작, 조립하여야 한다.

1) 일제개방밸브와 준비작동식 밸브의 차이점

① 준비작동식 밸브는 주변장치를 일체화하여 공장에서 제작된 밸브로, 이미 각종 장치가 부착되어 있다.

② 준비작동식 밸브는 폐쇄형 헤드이고, 일제개방밸브는 개방형 헤드이다.

2) 유사점 : 전동밸브로 전기적 신호에 의해 동작한다.

02 설치장소와 구성

(1) 설치장소

1) 화재위험이 큰 장소 : 비행기 격납고, 필름공장, 페인트공장

2) 층고가 높은 장소

3) 무대부 등

(2) 구성

1) 일제개방밸브 : 전자변에 의해 개방

2) 개폐밸브

① 일제살수식에는 개방형 헤드가 설치되어 있으므로 작동시험 시 일제개방밸브가 개방되면 2차측으로 송수가 이루어져 방수구역에 큰 수피해가 발생한다.

② 일제개방밸브는 시험을 위하여 2차측에 다음과 같은 부대설비가 필요하다.

㉠ 개폐표시형 밸브

㉡ 배수배관 설치 및 입상배수배관과 연결

㉢ 자동배수장치

㉣ 압력스위치는 수신부에서 개방 여부 확인

03 구분

(1) 일제개방밸브의 종류에 따른 구분

1) 가압 개방식 : 배관에 전자개방밸브 또는 수동개방밸브를 설치하여 화재감지기에 의하여 전자개방밸브가 작동하거나 수동개방밸브를 개방하여 가압된 물이 일제개방밸브의 피스톤을 끌어올려 밸브가 열리는 방식

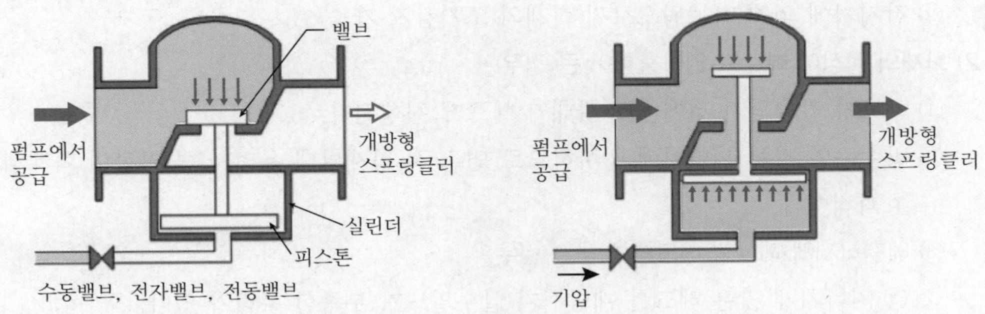

| 가압 개방식 |

2) 감압 개방식 : 헤드 등 작동으로 생긴 감압으로 밸브피스톤을 끌어올려 밸브가 열리는 방식으로, 대부분의 일제개방밸브가 감압 개방식 사용

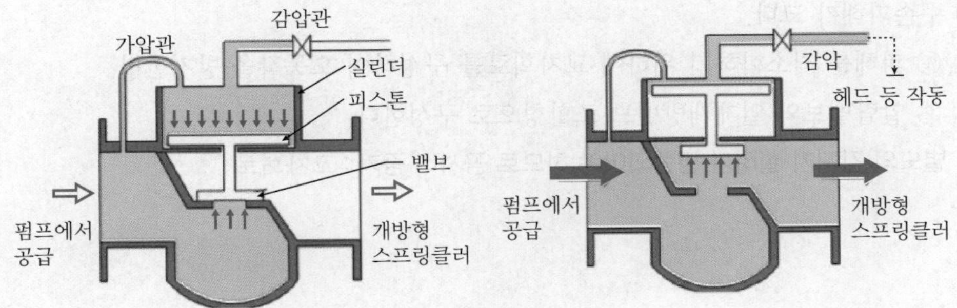

| 감압 개방식 |

(2) 기동방식에 따른 구분

1) 감지기를 이용한 방식

2) 폐쇄형 스프링클러를 감지장치로 이용한 방식

3) 수동식 기동개방

① 수동기동밸브를 사용하여 일제개방밸브를 작동시키는 것으로서, 보통 15A의 볼밸브를 사용한다.

② 설치장소 : 화재 시 접근이 용이한 장소로서 보기 쉬운 곳에 설치한다.

③ 표지 및 보호조치 : 함부로 동작시키지 않도록 보호조치를 하고 설치장소에 표지를 설치한다.

04 일제살수식 설비(deluge system) 설치목적과 문제점

(1) 설치목적

1) 천장고가 높은 장소

① 스프링클러헤드의 감열부 동작지연 발생

② 감지기에 의해 기동됨으로써 화재의 조기감지 가능

2) 화재의 성장이 빠르고 열방출률이 큰 경우

① 헤드가 감열되기 전에 연소확대가 빠르게 진행된다.

② 방수구역 전체를 일시에 방사하므로 연소 시 화재확대 우려가 큰 공간의 화재제어에 효과적이다.

③ 대형화재에 폐쇄형 헤드를 사용할 경우

㉠ 지나치게 많은 헤드를 개방시켜 살수밀도가 부족할 우려가 있다.

㉡ 방호구역과 방수구역의 차이에 의해 화재가 큰 경우에는 개방형 헤드보다 폐쇄형 헤드가 더 많이 작동할 수 있으므로 개방형 헤드가 적합하다.

(2) 문제점

1) 수손피해가 크다.

① 피해를 최소화하기 위하여 교차회로를 구성하여 오동작을 방지한다.

② 알람밸브와 일제개방밸브 조합형으로 구성한다.

2) 별도의 감지기 설비가 병행되어야 하므로 공사비 증가 : 교차회로

SECTION 051

화재조기진압형 (ESFR)

98·91·86·84·77회 출제

01 개요

(1) 화재성장에 빠르게 응답하고, 화재를 제어하기보다는 진압을 위해 많은 양의 물을 방수하도록 설계된 헤드가 설치된 스프링클러이다.

(2) 표준형(standard)보다 물입자의 평균지름이 크고 방수량이 많아서 화원을 뚫고 화재를 진압할 수 있으며, 헤드의 조기감열성능을 향상한 래크식 창고용 스프링클러시스템이다.

(3) 화재진압 시 필요요소

1) 반응시간지수(RTI)

2) 소요살수밀도(Required Delivered Density ; RDD)

3) 실제살수밀도(Actual Delivered Density ; ADD)

(4) **화재조기진압용 스프링클러헤드** : 특정한 높은 장소의 화재위험에 대하여 조기에 진화할 수 있도록 설계된 헤드

02 개념

(1) 화재의 진압

1) 충분한 물이 화재 조기단계에 방수되어, 성장하는 플럼(plume)을 뚫고 연소표면에 침투하여 화재를 소화한다.

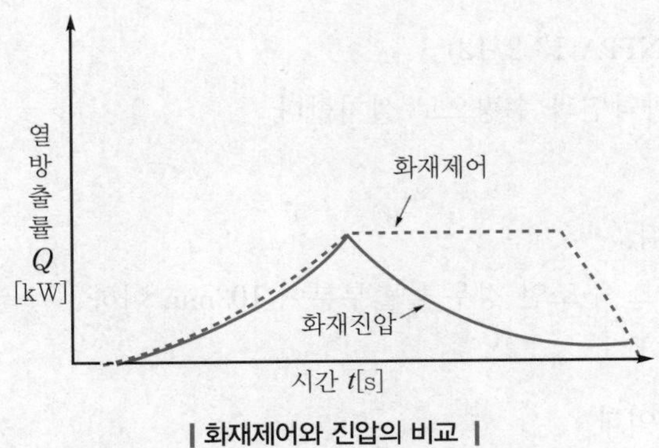

| 화재제어와 진압의 비교 |

2) 화재에 의한 플럼이 성장하면, 물의 침투가 곤란해져 화재진압 가능성이 감소한다.

(2) 급격하게 성장하는 고온 불기둥의 특징(ADD에 미치는 영향)

1) 강한 상승기류가 불타고 있는 지역에 도달하는 방수량을 감소시킨다.

2) 불기둥에 침투된 물방울이 화염에 도달하기 전에 증발하거나 부력으로 인해 먼 곳으로 이동하여 다음과 같은 현상이 발생한다.

① 화재발생지역으로부터 먼 곳에 설치된 스프링클러헤드 작동(불티 등 이동)

② 화재에 가장 인접한 헤드의 동작지연(물방울 이동)

③ 화원 주변에 균일한 살수밀도 형성을 방해하여 화재진압 장애 유발(물방울 이동)

(3) 화재감지특성 및 방사특성 125회 출제

1) 화재감지특성(속동형 헤드)

① 반응시간지수(RTI) : $28\sqrt{m/s}$

② 열전달계수(C) : $1\sqrt{m/s}$

③ 표시온도 : 74℃

2) 방사특성

① 화재진압 : $ADD > RDD$

② K-factor : 200~360

③ RTI 값이 낮을수록 스프링클러 반응이 빠르고 RDD는 낮고 ADD는 높다. ESFR 스프링클러는 RTI가 낮은 $28\sqrt{m/s}$을 가지고 있어서 빠르게 동작하여 화재를 진압한다.

03 설치장소의 구조 125회 출제

(1) 층의 높이

1) 해당 층 높이 : 13.7m 이하

2) 2층 이상일 경우 해당 층 바닥을 내화구조로 하고, 다른 부분과 방화구획한다.

(2) 천장 기울기

1) 168/1,000 이하(NFPA 13 2/12)

2) 초과 시 반자를 바닥면과 수평으로 설치한다.

(3) 천장

1) 평평하게 설치한다.

2) 철재 및 목재트러스 구조인 경우 돌출부분이 102mm 이하

(4) 보간격

1) 0.9m 이상 2.3m 이하

2) 2.3m 이상인 경우 원활한 헤드 동작위해 보로 구획된 천장 및 반자 넓이가 $28m^2$ 이하

1. 상기 내용은 스프링클러의 내용인데 ESFR에 확대 적용하는 것은 바람직하지 않다. NFPA 13에서는 14.2.4.1에서 보의 깊이가 30cm를 초과하는 경우 보와 보 사이에 설치하여야 한다,
2. NFPA 13 3.3.41.1* Obstructed construction의 살수에 방해가 되는 보에 관한 내용을 참고로 한 것이다.

(5) 선반구조 : 하부로 물이 침투하는 구조

(6) 저장물 간격 : 모든 방향에서 152mm 이상 이격한다.

(7) 환기구 : 자동식 환기장치를 설치할 경우에는 최소작동온도가 180℃ 이상이어야 한다.

04 헤드 배치와 설치 125·122회 출제

(1) 충분한 방수가 이루어지는 살수밀도를 유지하도록 헤드를 배치하여야 한다.

1) 헤드 배치간격

① 방호면적 : 6.0~9.3m^2

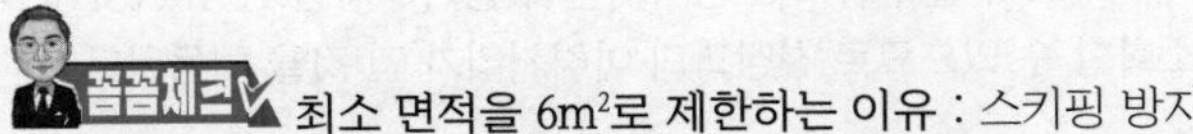

최소 면적을 6m^2로 제한하는 이유 : 스키핑 방지

② 헤드 사이 거리

㉠ 9.1m 미만 : 2.4~3.7m

㉡ 9.1~13.7m : 2.4~3.1m

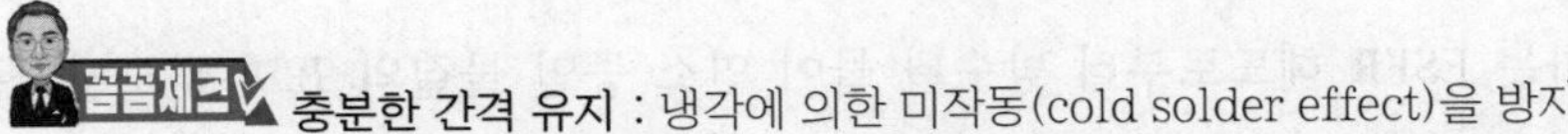

충분한 간격 유지 : 냉각에 의한 미작동(cold solder effect)을 방지

2) 적재물 상단과의 이격거리 유지

① 저장물 상부와 914mm(36in) 이상

NFPA 13(2022) 14.2.12 36in(900mm)

② 스프링클러헤드와 적재물 상부 사이의 최소 이격거리 이상은 허용 : 이격거리가 크면 스프링클러 성능에 영향을 주어 설계요구사항이 변경될 수도 있다.

3) 상향식 헤드 : 가지배관의 최소 178mm(7in) 상부에 설치

상향식 헤드의 경우 가지배관에서 178mm 이상 이격해야 되는 것은 가지배관의 Pipe shadow effect에 의한 살수패턴 장애를 최소화하기 위해서이다.

(2) 헤드와 벽과의 거리

1) 헤드 상호 간 거리의 $\frac{1}{2}$ 이하

2) 최소 102mm(4in) 이상

(3) 천장과의 이격거리

1) 하향식 헤드 : 125~355mm(5~14in)

2) 상향식 헤드 : 101~152mm(4~6in)

천장과 이격거리

① K - factor 및 헤드 설치방향에 의해 결정(NFPA 13 Handbook(2019) 14.2.10.1)

(단위 : mm)

K-factor	하향형(pendent)	상향형(upright)
200, 240, 400	150 ~ 350	–
320, 360, 480	150 ~ 450	–
200, 240	–	75 ~ 300

② 헤드와 천장의 이격거리가 클수록 헤드동작시간이 증가하지만 K-factor 값이 클수록 화재를 조기에 소화할 수 있으므로 천장과의 이격거리가 긴 것을 허용한다.

(4) 천장높이에는 적절한 온도분포 형성

1) 온도분포가 부적정하면 기준개수 이상의 헤드가 작동한다.

2) 설비의 과부하 및 방사특정 부적절이 발생한다.

(5) 살수장애

1) 최초 작동하는 ESFR 헤드로부터 방수된 물이 연소 중인 물질의 표면에 도달하는 것이 전제조건이다.

① 살수장애를 최소화하는 것이 중요하다.

② 다른 유형의 스프링클러헤드에는 용인되는 많은 살수장애물이 ESFR 헤드가 설치되는 장소에는 허용되지 않는다(살수장애가 바로 소화실패와 연결).

2) 지붕이나 천장의 경사도는 $\frac{168}{1,000}\left(\frac{2}{12}\right)$를 초과하지 않는 건물에만 설치할 수 있다.

3) 차폐판 : 상부에 설치된 헤드의 방출수에 따라 감열부에 영향을 받을 우려가 있는 헤드에는 방출수를 차단할 수 있는 유효한 차폐판을 설치한다.

(6) ESFR의 온도등급

1) 헤드의 작동온도 : 74℃ 이하

2) NFPA 13 : 보통등급(57~77℃)

14.2.6 Temperature Ratings. Sprinkler temperature ratings for ESFR sprinklers shall be ordinary unless 9.4.2 requires intermediateor high-temperature ratings.

(7) 배관

1) 방식 : 습식

2) 설치장소 : 동결방지조치를 하거나 동결의 우려가 없는 장소에 설치

3) 배관형태 : 토너먼트 방식이 아닐 것

(8) 저장물 간격 및 환기구

1) 저장물품 사이의 간격 : 모든 방향에서 152mm(6in) 이상

저장물품 사이의 간격을 규정한 것은 수평확산을 방지하고 빠른 수직으로 확산되어 ESFR의 조기 기동을 하기 위함이다. 가연물이 없는 공간으로 수평확산이 지연되어 주변의 다른 가연물로의 연소가 지연된다. 이를 Longitudinal flue space라고 한다(3.3.122*).

2) 환기구

① 공기의 유동으로 인하여 헤드의 작동온도에 영향을 주지 않는 구조

② 화재감지기와 연동하여 동작하는 자동식 환기장치를 설치하지 않는다(자동식 환기장치를 설치할 경우 : 최소 작동온도가 180℃ 이상).

05 수원 및 시험장치 125·117회 출제

(1) 화재조기진압용 스프링클러설비의 수원

$$Q = 12 \times 60 \times K\sqrt{10p}$$

여기서, Q : 수원의 양[L]

K : 상수[L/min·(MPa)$^{1/2}$]

p : 헤드선단의 압력[MPa]

(2) 화재조기진압용 스프링클러헤드의 최소 방사압력

최대 층고	최대 저장높이	화재조기진압용 스프링클러헤드[MPa]				
		K=360 하향식	K=320 하향식	K=240 하향식	K=240 상향식	K=200 하향식
13.7m	12.2m	0.28	0.28	–	–	–

최대 층고	최대 저장높이	화재조기진압용 스프링클러헤드[MPa]				
		$K=360$ 하향식	$K=320$ 하향식	$K=240$ 하향식	$K=240$ 상향식	$K=200$ 하향식
13.7m	10.7m	0.28	0.28	–	–	–
12.2m	10.7m	0.17	0.28	0.36	0.36	0.52
10.7m	9.1m	0.14	0.24	0.36	0.36	0.52
9.1m	7.6m	0.10	0.17	0.24	0.24	0.34

(3) 시험장치

1) 설치위치 : 유수검지장치 2차측 배관에 연결하여 설치

2) 시험장치 배관구경 : 32mm 이상

3) 시험장치 끝 : 개방형 헤드 또는 화재조기진압용 스프링클러헤드와 동등한 방수성능을 가진 오리피스 설치

06 특징(NFPA 13)

(1) 현재 사용 가능한 최대 천장높이 : 13.7m

1) 사유 : 높이가 실험으로 입증된 최대 높이

2) 저장물품을 선택한 후 최소 작동압력을 선정할 때는 천장높이가 중요한 요소가 된다.

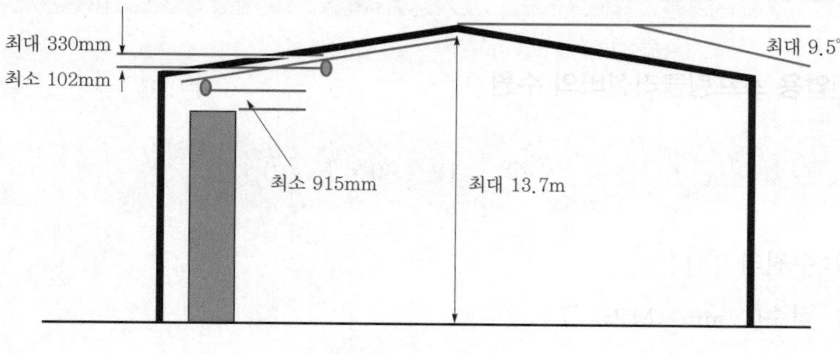

| NFPA의 설치 예 |

(2) 설계방식 : 최소 압력 및 최소 개수 방식

(3) 제연경계벽(23.1.2 draft curtains)

1) ESFR과 스프링클러 시스템이 인접하여 설치된 경우 : 0.6m 이상의 제연경계벽으로 분리되어야 한다.

천장열기류가 이동할 경우 조기반응형인 ESFR의 헤드를 많이 개방시킬 수 있어서 오히려 화재제어에 악영향을 미치기 때문에 제연경계벽으로 분리한다.

2) 제연경계벽 아래는 최소 1.2m의 가연물이 없는 통로로 이격한다.

3) ESFR 스프링클러는 인랙 스프링클러에 보호되지 않는 한 막힌 선반에 보관을 허용하지 않는다.

4) ESFR 스프링클러는 상부가 열린 용기로 보관을 보호하는 것이 허용되지 않는다.

(4) 헤드(23.2 ESFR design criteria)

1) 방식

① 속동형, 습식만 설치 가능

② 동결 우려가 예상되는 지역에서 사용하는 건식이나 준비작동식은 허용되지 않는다.

③ 예외 : ESFR 스프링클러설비에 사용되도록 등록된 부동액을 이용하는 습식 설비에서 이용할 수 있다.

2) 설계영역 : 3개의 가지배관에 4개의 헤드

3) Class A 플라스틱이 보관된 경우

① 최대 보관높이 : 10.7m

② 최대 천장높이 : 12.2m

③ 헤드 : K – factor 360인 중간온도등급의 하향형

④ 헤드와 천장과의 최대 이격거리 : 350mm 이하

⑤ 최소 작동압력

최대 천장높이[m]	최대 적재높이[m]	최소 작동압력[MPa]
9.1	7.6	0.2
12.2	10.7	0.4

⑥ 최소 통로너비 : 8m 이상

4) ESFR의 층고 및 저장높이에 따른 K값(예외 : Class A 플라스틱이 보관된 창고, 타이어, 두루마리 휴지 창고)

최대 층고	화재조기진압용 스프링클러헤드 방사압					
	K=360 하향식	K=320 하향식	K=240 하향식	K=240 상향식	K=200 하향식	K=200 상향식
13.7m	0.28	0.28	–	–	–	–
12.2m	0.17	–	–	0.36	–	–
10.7m	0.14	0.24	0.36	0.36	0.52	0.52

최대 층고	화재조기진압용 스프링클러헤드 방사압					
	K=360 하향식	K=320 하향식	K=240 하향식	K=240 상향식	K=200 하향식	K=200 상향식
9.1m	0.10	0.17	0.24	0.24	0.34	0.34
7.6m	0.10	0.17	0.24	0.24	0.34	0.34

상기 NFPA 13 기준과 국내기준의 상이한 지점이다.

(5) ESFR 스프링클러설비헤드가 장애물 위와 아래에 설치된 경우

1) 추가된 헤드를 수리학적 계산결과에 포함시킨다.

2) 장애물에 추가된 스프링클러헤드(최대 2개)를 포함하여 기존의 헤드 12개에 추가하여 계산한다.

(6) NFPA 13(2019) 기준은 장애물과 헤드의 위치를 3가지로 구분한다.

1) 천장 또는 천장 근처 장애물(14.2.11.1, obstructions at near ceiling)

① 장애물(폭 0.6m 이하) 중심에서 스프링클러헤드 간격(14.2.11.1.2)

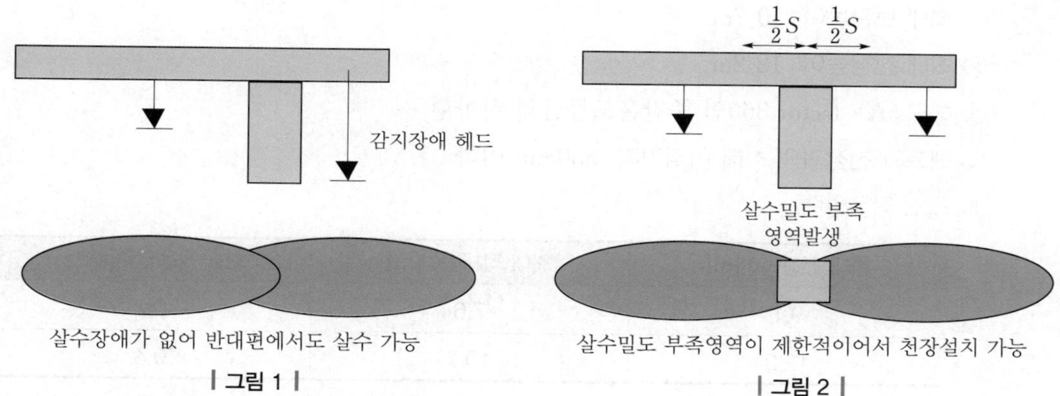

| 그림 1 | | 그림 2 |

㉠ 천장 또는 천장 근처 장애물은 살수장애뿐만 아니라 감지장애도 고려하여야 하는데, 보 근처에 헤드설치 시 문제점은 2가지 장애(살수장애/감지장애)를 모두 만족시킬 수 없으므로 살수장애와 감지장애 중 한 가지에 더 중점을 두어야 한다는 것이다(beam rule).

- [그림 1]은 장애물 근처의 헤드를 천장과 이격 : 감지장애보다 살수장애를 더 중요시한다.
- [그림 2]는 어느 정도 살수장애를 감수하면서 감지장애를 더 중요시한다.

㉡ $\frac{1}{2}S$ 초과 : [그림 1]을 적용한다(14.2.11.1.1).

NFPA 13은 보의 길이와 관계없이 [그림 1]과 [그림 2] 중 하나를 선택할 수 있다. 단, [그림 2]의 경우는 보의 폭이 0.6m 이하인 경우에만 적용할 수 있는데, 그 이유는 보의 폭이 넓을 경우 살수장애 범위가 넓기 때문이다. 이런 경우는 [그림 1]을 적용하여야 한다.

② 장애물(폭 0.6m 초과) 중심에서 스프링클러헤드 간격 : [그림 1]을 적용한다.

③ Beam rule(table 14.2.11.1.1)

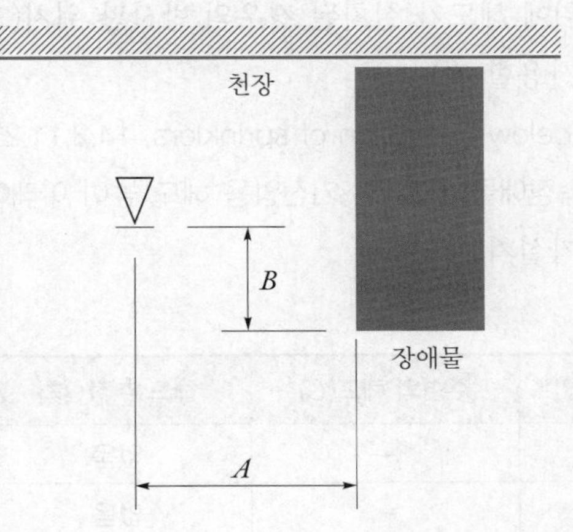

A[m]	B[mm]
0.3 미만	0 이하
0.3 이상	40 이하
0.45 이상	75 이하
0.6 이상	140 이하
0.75 이상	200 이하
0.9 이상	250 이하
1.1 이상	300 이하
1.2 이상	375 이하
1.4 이상	450 이하
1.5 이상	550 이하
1.7 이상	650 이하
1.8 이상	775 이하

④ NFTC 103B

㉠ 표 2.7.1.8(1) 보 또는 기타 장애물 아래에 헤드가 설치된 경우의 반사판 위치

장애물과 헤드 사이의 수평거리	장애물의 하단과 헤드의 반사판 사이의 수직거리	장애물과 헤드 사이의 수평거리	장애물의 하단과 헤드의 반사판 사이의 수직거리
0.3m 미만	0mm	1.1~1.2m 미만	300mm
0.3~0.5m 미만	40mm	1.2~1.4m 미만	380mm
0.5~0.7m 미만	75mm	1.4~1.5m 미만	460mm
0.7~0.8m 미만	140mm	1.5~1.7m 미만	560mm
0.8~0.9m 미만	200mm	1.7~1.8m 미만	660mm
1.0~1.1m 미만	250mm	1.8m 이상	790mm

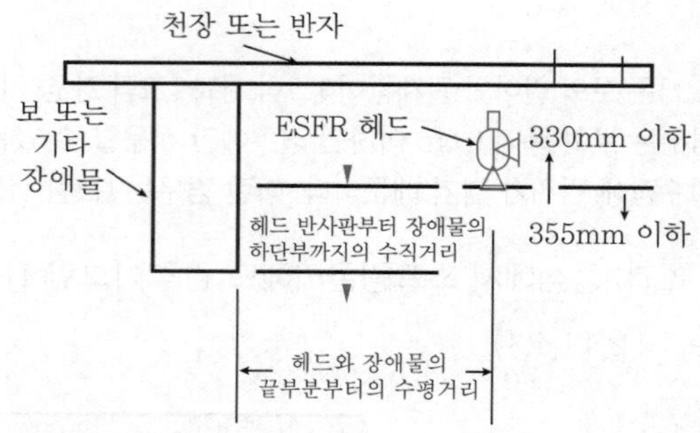

㉡ 그림 2.7.1.8(1) 보 또는 기타 장애물 위에 헤드가 설치된 경우의 반사판 위치(그림 2.7.1.8(3) 또는 2.7.1.8(1)을 함께 사용할 것)

2) 헤드 아래 돌출된 장애물(isolated obstructions below Eeevation of sprinklers, 14.2.11.2*)

① 조명기구 및 유닛 히터와 같은 독립된 비연속장애물이 화재조기진압용 헤드 높이 아래에 위치하는 경우 : 화재조기진압용 헤드를 추가설치한다.

② 설치기준

장애물의 폭(A)	헤드로부터 수평거리(B)	주변의 헤드(C)	헤드 추가설치
38mm 이하	0.3m 이상	–	없음
150mm 이하	0.6m 이상	–	없음
600mm 이하	–	0.3m 이하	없음

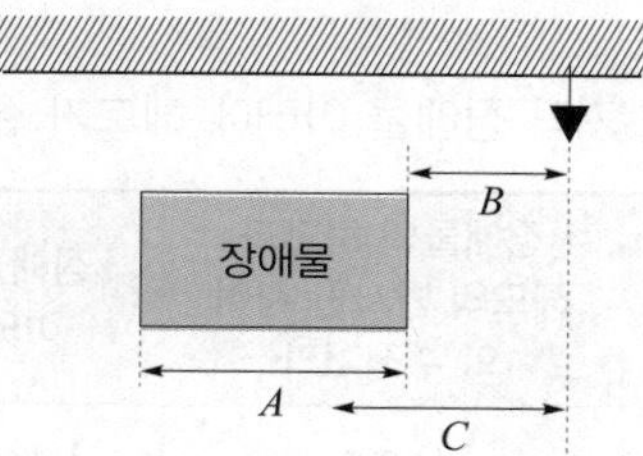

③ 장애물 하단과 화재조기진압용 헤드위치가 14.2.11.1에 적합한 경우(beam rule) : 화재조기진압용 헤드를 추가로 설치하지 않아도 된다.

④ 특수 장애물 규정이 허용되는 화재조기진압형 헤드 : 해당 등록사항에 따라 설치한다.

3) 헤드 아래 연속장애물(continuous obstructions below sprinklers 14.2.11.3)

① 원칙 : 14.2.11.1(beam rule)에 따라 설치

㉠ 화재조기진압용 헤드를 연속장애물 아래에 설치하는 경우

㉡ 덕트, 조명기구, 배관 및 컨베이어와 같이 헤드 높이 아래에 둘 이상의 인접한 헤드의 살수패턴을 제한하는 수평장애물의 경우

② 설치기준

장애물의 폭(A)	헤드로부터 수평거리(B)	반사판으로부터 수직거리(C)	헤드 추가설치
38mm 이하	–	0.3m 이상	없음
150mm 이하	0.15m 이상	–	없음
600mm 이하	0.3m 이상	–	없음

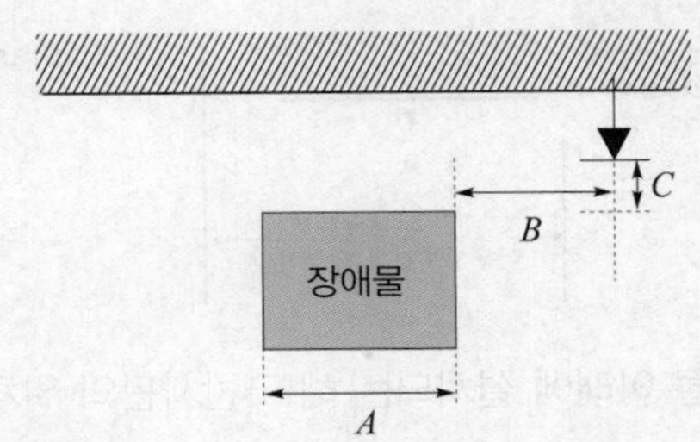

③ 스프링클러헤드의 1열이 장애물 아래 설치된 경우 : 천장 스프링클러헤드는 Table 14.2.11.1.1(beam rule)에 따르지 않아도 된다.

4) NFTC 103B

① 표 2.7.1.8(2) 저장물 위에 장애물이 있는 경우의 헤드설치 기준

장애물		조건
돌출 장애물	0.6m 이하	• 표 2.7.1.8(1) 또는 표 2.7.1.8(2)에 적합 • 장애물의 끝부근에서 헤드 반사판까지의 수평거리가 0.3m 이하로 설치할 것
	0.6m 초과	표 2.7.1.8(1) 또는 표 2.7.1.8(3)에 적합할 것
연속 장애물	5cm 이하	• 표 2.7.1.8(1) 또는 표 2.7.1.8(3)에 적합 • 장애물이 헤드 반사판 아래 0.6m 이하로 설치된 경우는 허용
	5cm 초과 0.3m 이하	• 표 2.7.1.8(1) 또는 표 2.7.1.8(3)에 적합 • 장애물의 끝부근에서 헤드 반사판까지의 수평거리가 0.3m 이하로 설치할 것
	0.3m 초과 0.6m 이하	• 표 2.7.1.8(1) 또는 표 2.7.1.8(3)에 적합 • 장애물이 끝부근에서 헤드 반사판까지의 수평거리가 0.6m 이하로 설치할 것
	0.6m 초과	• 표 2.7.1.8(1) 또는 표 2.7.1.8(3)에 적합 • 장애물이 평편하고 견고하며 수평적인 경우에는 저장물의 최상단과 헤드반사판의 간격이 0.9m 이하로 설치할 것 • 장애물이 평편하지 않거나 비연속적인 경우에는 저장물 아래에 평편한 판을 설치한 후 헤드를 설치할 것

② 그림 2.7.1.8(2) 장애물이 헤드 아래에 연속적으로 설치된 경우의 반사판 위치(그림 2.7.1.8(3) 또는 표 2.7.1.8(1)을 함께 사용할 것)

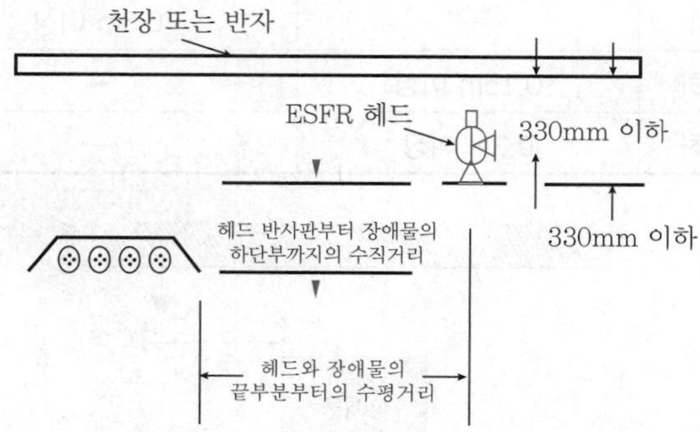

③ 그림 2.7.1.8(3) 장애물 아래에 설치되는 헤드 반사판의 위치

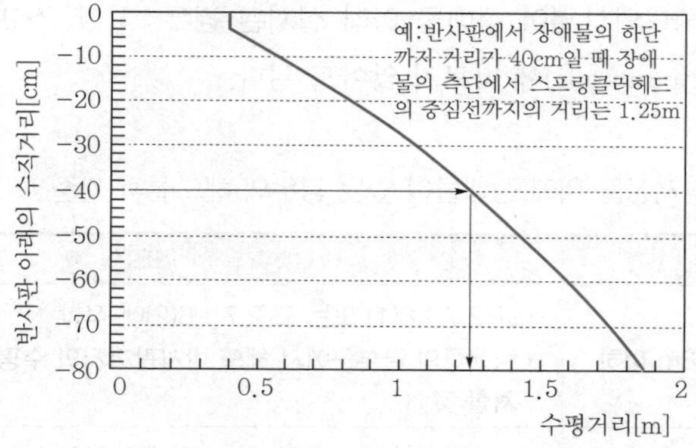

(7) NFPA 13(2022) 가지배관(NFPA 13-2022 14.2.11.3.3)

1) 공칭 직경이 100mm 이하인 가지배관에 직접 부착한다.
2) 배관에서 수평으로 최소 300mm 이상 간격을 띄운다.
3) 스프링클러 디플렉터를 공칭 직경이 100mm 이상인 배관의 중심선에서 최소 300mm 올리기 위해 니플(스프링)이 제공되어야 한다.
4) 배관이 집합된 경우 : 배관직경의 3배 이상 이격된 경우만 별도의 배관으로 간주한다.
5) ESFR의 경우 조기에 화재를 진압하여야 하므로 다른 스프링클러설비에서 용인되는 장애물도 ESFR에서는 문제가 된다.

(8) 화재조기진압용 헤드 1개 최대 방호면적

1) 높이에 따른 방호면적과 설치간격(NFPA 13-2019 table 14.2.8.2.1)

구조		천장/지붕 높이 30ft(9.1m) 이하				천장/지붕 높이 30ft(9.1m) 초과			
		방호면적		배치간격		방호면적		배치간격	
재질	장애물	ft^2	m^2	ft	m	ft^2	m^2	ft	m
불연성	없음	100	9.3	12	3.7	100	9.3	10	3.1
불연성	있음	100	9.3	12	3.7	100	9.3	10	3.1
가연성	없음	100	9.3	12	3.7	100	9.3	10	3.1
가연성	있음	해당 없음							

2) 화재조기진압용 헤드 1개 최소 방호면적 : $6.0m^2$ 이상(skipping 현상 방지)

3) 예외 규정(NFPA13-2019 14.2.8.2.3) : 화재조기진압용 헤드당 방호면적이 $10m^2$를 초과하지 않고 다음 조건을 모두 만족하는 경우 트러스(trusses), 바 장선(bar joist) 및 바람 지지대(wind bracing)와 같은 구조적 요소로 인한 장애물을 제거하기 위해 0.3m 이내에 가지배관방향으로 화재조기진압용 헤드를 이동시킴으로써 발생하는 스프링클러헤드의 최대 배치간격의 편차(deviations from the maximum sprinkler spacing)는 허용한다.

① 이동된 화재조기진압용 헤드와 인접한 화재조기진압용 헤드로 인해 방호되는 실제 평균바닥면적이 $9m^2$ 이내

② 인접한 가지배관은 동일한 패턴 유지

③ 화재조기진압용 헤드 간의 배치간격 : 3.7m 이내

(9) 설치 시 주의사항 125회 출제

1) 설치 제외장소를 검토하여 설치한다.

2) 방사된 물이 화점에 도달할 수 있도록 장애물을 제거한다.

3) 13.7m라는 높이의 한계 및 천장이 평평해서 열을 가두어서 조기에 개방이 가능한 구조로 한다.

4) 스키핑이 없도록 2.4m 이상의 헤드 간 간격을 확보한다.

5) K값이 큰 헤드를 사용하므로 방사량이 많아 적절한 배수설비를 설치한다.

07 설치 제외장소 125·121회 출제

(1) 화재조기진압용 스프링클러설비의 화재안전기준(NFPC 103B) 제17조(설치 제외)

1) 제4류 위험물

2) 타이어, 두루마리 종이 및 섬유류 등 연소 시 화염의 속도가 빠르고 방사된 물이 하부에

까지 도달하지 못하는 것

(2) ESFR 스프링클러설비 방호의 설치 제외장소(NFPA 13(2022) 23.1.3.1)

1) 선반이 가득 차 있는 상태의 래크 적재물

2) 상부가 개방되어 있는 가연성 상자 또는 컨테이너가 들어 있는 래크 적재물

(3) 두루마리 종이저장창고(NFPA 13(2022) 23.6)

1) 수원 : 1시간 이상

2) 기준개수 : 12개

(4) 타이어창고(rubber tires)(NFPA 13(2022) 23.5)

1) NFPA 13의 경우 타이어의 적재방법, 적재높이, 창고의 층고 등을 고려하여 K-factor와 최소 동작압력을 고려하여 설치해야 한다.

2) 설치기준

적재높이[m]	건물 최대 높이[m]	K-factor	헤드	헤드수	최소 기동압[MPa]
7.6	9.1	200	상향형/하향형	12	0.34
		240	상향형/하향형	12	0.24
		320	하향형	12	0.17
		360	하향형	12	0.10
	10.7	200	상향형/하향형	12	0.52
		240	하향형	12	0.36
		320	하향형	12	0.24
		360	하향형	12	0.17
	12.2	240	하향형	12	0.36
		360	하향형	12	0.28

08 장단점

장점	단점
① 천장에만 설치하면 되므로 기존의 In-Rack 스프링클러에 비해 설치비가 경제적이다. ② 적재물의 상 · 하차 시에 빈번히 발생하는 In-Rack 스프링클러의 파손으로 인한 누수손실이 없다. ③ 화재 조기진압에 따르는 피해 감소를 기대할 수 있다. ④ 가연물의 위험도에 의해 분류, 적재해야 하는 번잡함을 피할 수 있다(미국의 경우).	① 화염의 전파속도가 스프링클러의 개방속도를 앞지르는 가연물(인화성액체, 타이어, 두루마리 종이, 섬유류 및 섬유제품 등)에는 사용할 수 없다. ② 최근 창고의 설계추세는 상부에는 ESFR을 하부에는 In-Rack 스프링클러를 설치하므로 기대하는 경제성이 감소된다.

SECTION

052 CMDA와 CMSA

01 개요

(1) NFPA 13에서 창고설계방식으로 사용되는 스프링클러헤드의 종류 : CMDA, CMSA, ESFR

1) CMDA(Control Mode Density/Area) 스프링클러는 설계밀도/면적방식(CMDA)과 유사하게 계산한다.

2) CMSA(특수제어모드용, Control Mode Specific Application)는 ESFR 스프링클러와 유사한 최소 압력 최소 개수방식으로 계산한다.

(2) CMDA, CMSA와 ESFR의 비교

1) CMDA : 사무실, 제조, 소매점과 같은 저장 및 비저장 시스템에 대한 보호, 창고화재 제어용

2) CMSA : 창고화재 제어용

3) ESFR : 창고화재 진압용

02 CMSA 123회 출제

(1) 개요

1) 정의 : 큰 액적을 생성할 수 있고 고위험 화재물질로부터 화재를 통제할 수 있는 사항들이 등록된 분무식 스프링클러헤드

2) 라지드롭 스프링클러헤드와 같이 큰 액적을 생성할 수 있고 특정한 고난이 화재를 제어할 수 있도록 등록된 스프링클러헤드의 한 형태

3) ESFR과 같이 스프링클러수×스프링클러 K 계수×필요한 압력의 제곱근 방식으로 설계한다.

(2) 적용대상

1) 팰릿적재, 밀집적재, 대형 상자적재, 선박적재 또는 양면선반에 적재된 Class Ⅰ 또는 Class Ⅳ 물품의 방호

2) 개방형 목재장선 구조물

(3) 사용설비

1) 습식·건식·준비작동식 설비에 사용이 가능하다.
2) 팰릿적재, 밀집적재, 대형 상자적재, 선박적재 또는 양면선반에 적재된 Class Ⅰ 또는 Class Ⅳ 물품의 방호에 적용되는 준비작동식 설비는 건식 설비로 간주한다.
3) 기존의 라지 드롭헤드(large drop head)는 CMSA에 포함된다.
4) 7.6m 높이와 9.1m 높이의 경우 추가 스프링클러 없이 선반시스템을 보호(ESFR과 유사)한다.
5) 감도특성 : 속동형

(4) 특성

1) 감지특성
   ① 표시온도 : 표준형과 동일
   ② RTI : 50 이하(속동형)
   ③ C : 1 이하
2) 방사특성
   ① K-factor : 160(3.4bar)~240(1.5bar)
   ② 화재제어를 통한 소화

(5) 특징

1) 용이성 : CMSA는 표준형 스프링클러보다는 제한사항이 많고 ESFR보다는 제한사항이 적다.
2) 많은 상업용 저장창고를 표준형 In rack sprinkler 헤드 대신 사용이 가능하다.
3) 냉동·냉장 창고에 ESFR 대신 사용이 가능(건식, 준비작동식)하다.
4) ESFR에 비해 화재진압 효과가 떨어진다.

(6) 적용기준

1) ESFR과 같이 표에 의한 K-factor(160~360)에 의해 적용한다.
2) 적재높이의 제한 : 10.7m 이하
3) 방사압 : 0.175MPa 이상
4) 방사량 : 208Lpm 이상(표준형의 2배 이상)
5) ESFR과 마찬가지로 상부에만 설치 가능(차이점은 ESFR은 진압이고 CMDA는 제어)
6) 응답속도 : 표준형(NFPA), 속동형(FM)

(7) 필요성

1) 현재 국내는 일반창고에 라지드롭형 헤드를 설치하고 있는데 바뀐 기준인 CMSA헤드의 도입이 필요하다.

2) 냉동·냉장 창고는 스프링클러헤드 면제가능 장소로 되어 있어 화재 시 대안이 없는 실정으로 건식이나 준비작동식으로 CMSA를 설치한다면 대응이 가능하다.

(8) CMSA와 CMDA의 차이점

1) CMSA는 다양한 물방울 크기와 살수패턴을 생성하는 고유한 디플렉터가 있어 특수용도에 적합한 헤드이다.

2) CMSA는 CMDA와 같이 일반적인 살수밀도 면적방식의 설계를 적용하지 않는다.

3) CMSA는 화재억제이고 CMDA는 화재제어이다.

03 CMDA

(1) 정의 : 스프링클러는 설계밀도 면적방식을 사용하여 광범위한 위험 유형 및 구성에서 화재를 제어하기 위한 스프레이헤드로, 표준형 헤드와 유사하지만 더 큰 *K*-factor와 더 높은 온도등급을 가지고 있다는 것이 다른 점이다.

(2) 설계절차

1) 저장물품의 종류에 따라서 Class 결정

2) 용도별 설계밀도와 살수면적 선택

3) 적재높이에 필요한 설계밀도 조정

4) 건식 설비를 적용하는 경우 : 설계면적 30% 증가

(3) 설치대상 : 습식, 건식

(4) 특징

1) CMDA 헤드를 사용하면 총 물수요는 줄어들지 않을 수 있지만 설치에 필요한 배관, 부속품 및 행거의 양을 줄여 표준형 헤드보다 더 경제적이다.

2) 응답속도 : 표준형(NFPA), 속동형(FM)

3) *K*-factor : 80, 115, 160, 200, 240, 360

SECTION 053 드렌처설비(drencher)

01 개요

(1) 드렌처설비

1) 스프링클러설비의 화재안전기술기준(NFTC 103) 2.12.2에 따라 연소할 우려가 있는 개구부에 설치하며, 드렌처헤드는 개방형 헤드이므로 일제살수식 스프링클러설비와 동작 메커니즘이 같다.

2) 외국의 사례[41)]

① 개방형과 폐쇄형의 헤드를 적용 가능하다. 하지만 효과적인 작동을 위해서는 동시에 작동해야 하므로 개방형이 더 적합하다 할 수 있다. 폐쇄형은 화재발생 지점만 방사되므로 더 효과적이라 할 수 있다.

② 보호대상 : 지붕, 벽이나 커튼, 창

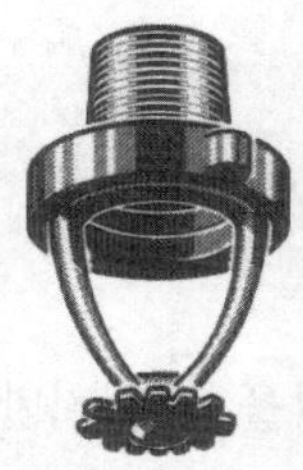
(a) 천장용

(b) 벽이나 커튼용

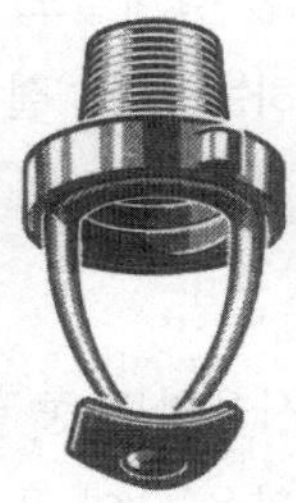
(c) 창문용

| 드렌처헤드 |

③ 일반적인 경우 : 수동으로 동작하고 2~3개의 헤드가 동시에 작동한다.

④ 고층 건축물의 경우 : 제어장치와 수동에 의해 동작하며 3~4개의 헤드가 동시에 작동한다.

⑤ 하나의 제어벨브는 72개의 헤드까지 제어할 수 있다.

⑥ 지붕 및 처마 아래에 설치되는 헤드의 최대 수평거리 : 2.5m 이하

⑦ 창 또는 기타 개구부 또는 벽의 가연성 물질이 너비 2.5m를 초과하는 경우 : 2개 이상 설치

41) Fire Protection of Buildings – High Rise Fire-fighting

⑧ 수평라인에는 12개 이하의 헤드 설치가 가능하고 수직라인에는 6개 이하가 가능(12 ×6=72)

(2) 드렌처헤드 : 드렌처설비의 말단에 설치하는 방수구로서, 감열체 없이 방수구가 항상 개방되어 있는 헤드(국내기준)

(3) 제어밸브 : 드렌처설비에 사용하는 밸브로서, 일제개방밸브 또는 준비작동식 유수검지장치를 말하며, 화재발생 시 드렌처 전용 감지기의 작동에 따라 밸브가 열리고 수동식 기동장치에 따라서도 밸브가 열리는 것

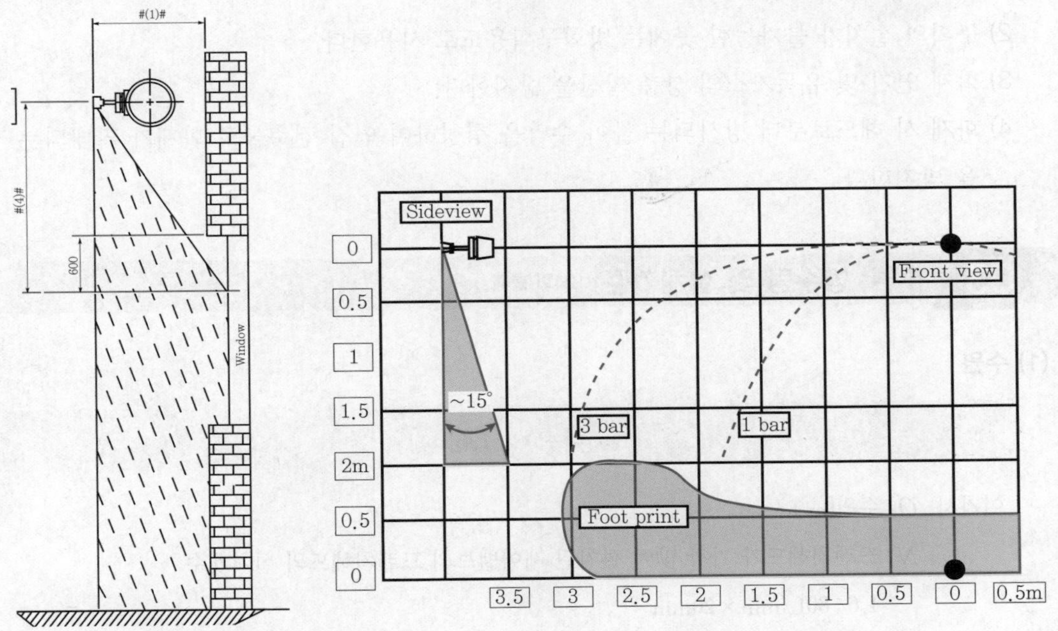

| GW Sprinkler A/S의 Window drencher의 살수패턴 |

드렌처와 스프링클러의 차이점

① 드렌처는 외부에, 스프링클러는 내부에 설치한다.

② 드렌처는 모든 노즐이 동시에 활성화되고, 스프링클러는 개별적으로 노즐이 활성화된다.

02 설치대상, 종류 및 기능

(1) 설치대상 124회 출제

1) 연소할 우려가 있는 건축물 : 외벽, 창, 지붕 등

2) 연소할 우려가 있는 개구부 : 개방형 스프링클러헤드 대신 드렌처설비 설치 가능

(2) 드렌처헤드의 종류

1) 창문형
2) 외벽형
3) 추녀용(처마용)
4) 지붕용

(3) 기능

1) 수막커튼을 형성하여 불꽃이나 복사열을 차단함으로써 건물, 중요문화재 및 가스나 가연성 탱크 등을 보호한다.
2) 구획의 설치가 불가능한 곳에는 방화구획용도로 사용한다.
3) 화재 연기 및 유독가스의 상층 확산을 방지한다.
4) 화재 시 헤드로부터 방사되는 물이 수막을 형성하여 인접 건축물로 화재가 확대되는 것을 방지한다.

03 수원, 방수량 및 설치기준 124회 출제

(1) 수원

$$Q = N \times 1.6[\mathrm{m^3}]$$

여기서, Q : 수원[$\mathrm{m^3}$]

N : 드렌처헤드가 가장 많이 설치된 제어밸브의 드렌처헤드의 설치개수

1.6 : 80L/min × 20min

(2) 드렌처설비는 드렌처헤드가 가장 많이 설치된 제어밸브에 설치된 드렌처헤드를 동시에 사용하는 경우 각각의 헤드선단이 다음과 같은 기준이어야 한다.

1) 방수압력 : 0.1MPa 이상
2) 방수량 : 80L/min 이상

(3) 설치기준

1) 드렌처헤드 : 개구부 위측에 2.5m 이내마다 1개 설치
2) 제어밸브 : 소방대상물 층마다 바닥면으로부터 0.8m 이상 1.5m 이하의 위치에 설치
3) 수원에 연결하는 가압송수장치 : 점검이 쉽고 화재 등의 재해로 인한 피해 우려가 없는 장소에 설치

연소할 우려가 있는 구조 · 부분 · 개구부의 비교

구분	연소할 우려가 있는 구조	연소할 우려가 있는 부분	연소할 우려가 있는 개구부
관련 규정	소방시설 설치 및 관리에 관한 법률 시행규칙 제17조	건축물의 피난 · 방화구조 등의 기준에 관한 규칙 제22조	스프링클러 화재안전기술기준 1.7.1.30
설치 대상	① 건축물대장의 건축물 현황도에 표시된 대지경계선 안에 둘 이상의 건축물이 있는 경우 ② 각각의 건축물이 다른 건축물의 외벽으로부터 수평거리가 1층의 경우에는 6m 이하, 2층 이상의 층의 경우에는 10m 이하인 경우 ③ 개구부가 다른 건축물을 향하여 설치된 경우	인접대지경계선 · 도로중심선 또는 동일한 대지 안에 있는 2동 이상의 건축물(연면적의 합계가 $500m^2$ 이하인 건축물은 이를 하나의 건축물로 본다) 상호의 외벽 간 중심선으로부터 1층에 있어서는 3m 이내, 2층 이상에 있어서는 5m 이내의 거리에 있는 건축물의 각 부분을 말한다. 단, 공원 · 광장 · 하천의 공지나 수면 또는 내화구조의 벽, 기타 이와 유사한 것에 접하는 부분을 제외한다.	각 방화구획을 관통하는 컨베이어 · 에스컬레이터 또는 이와 유사한 시설의 주위로서 방화구획을 할 수 없는 부분
설치 기준	1 · 2층 합계가 $9,000m^2$ 이상인 경우 옥외소화전 설치	① 60+, 60분 방화문 ② 드렌처 ③ 내화구조나 불연재료로 된 벽, 담장, 기타 이와 유사한 방화설비 ④ 불연재료로 된 방화커버 또는 그물눈이 2mm 이하인 금속망	개방형 헤드

SECTION

054 화재확대방지 수막시스템

01 수막설비의 용도

(1) **복사열 감소** : 수막설비 물입자의 흡수율을 증가시키면 투과율이 감소되어 복사열이 감소된다.

1) 연소확대방지 : 복사 또는 대류열이 개구부를 통해 건축물 안으로 전달되는 것을 방지한다.
2) 구조물 보호 : 열적 손상 및 외벽의 발화를 억제한다.
3) 위험물 탱크의 Bleve 방지한다.

흡수율 + 반사율 + 투과율 = 1 → 흡수율 + 투과율 = 1 (반사율이 미미해서 이렇게 표현도 가능)

(2) **가스확산방지**

1) 수직·수평 개구부를 통한 연소확대를 방지하고 연기이동을 방지한다.
2) 지하철 차량 또는 승강장에 화재가 발생했을 때 화재가 일어나지 않는 장소로 화염 및 연기의 이동을 차단한다.
3) 터널 화재 시 연기의 이동을 일정 범위(50m)로 제한하여 연소확대를 방지하고 연기이동을 방지한다.

(3) 증발로 인한 가스희석

02 수막노즐의 종류와 설치대상

(1) **수막노즐의 종류**

구분	방수형태	설치장소	특징
봉상방수	원형 방수구로부터 제트상으로 방수하는 노즐	수막노즐 중에서 수막 형성의 넓이가 가장 작으므로, 높이가 높은 곳이나 바람의 영향이 큰 장소에 적합하다.	복사열 차단효과는 다른 노즐에 비해 감소한다.

구분	방수형태	설치장소	특징
분무방수	안개형태의 물을 원추형태로 방수	입자가 미세하므로 가스의 흡수, 복사열의 차단에 적합하다.	바람 등의 영향을 받기 쉽다.
편평방수	방수각이 15~18°로서 막 모양의 부채형태로 방수	가스의 차단 및 복사열 차단효과가 크다.	수막의 간극이 생기지 않게 설치하여야 한다.

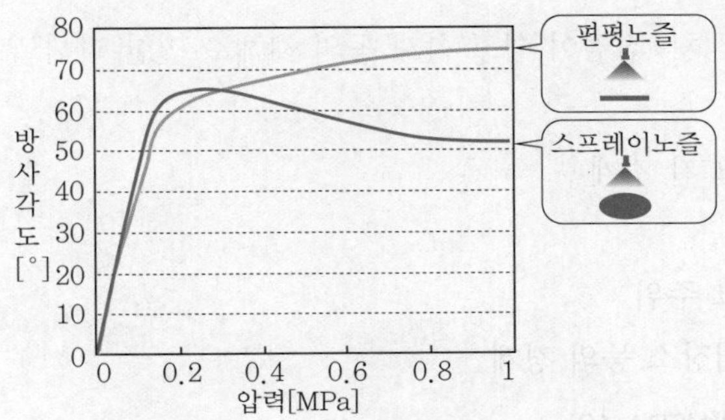

| 노즐의 방사압력과 방사각도 |

(2) 설치대상

1) 연소할 우려가 있는 개구부 : 개방형 스프링클러설비 또는 드렌처설비 109회 출제

연소할 우려가 있는 개구부 : 각 방화구획을 관통하는 컨베이어 · 에스컬레이터 또는 이와 유사한 시설의 주위로서 방화구획을 할 수 없는 부분

① 개방형 스프링클러설비

㉠ 개구부 폭 2.5m 초과 시 상하좌우 2.5m 간격으로 설치한다.

㉡ 개구부 폭 2.5m 이하 시 중앙에 설치한다.

㉢ 헤드와 개구부 벽과의 거리 15cm 이하로 설치한다.

㉣ 사람이 상시 출입하는 개구부로 통행에 지장이 있을 때 : 상부 또는 측벽에 1.2m 간격으로 설치(폭이 9m 이하인 경우)한다.

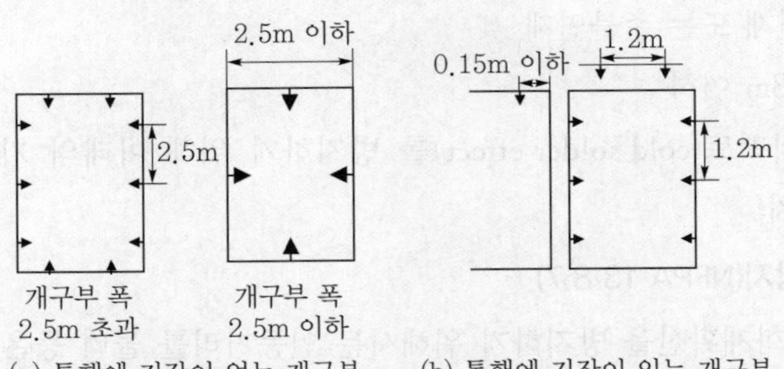

| 스프링클러 설치방법 |

② 드렌처설비

㉠ 개구부 위에 2.5m 이내마다 1개

㉡ 제어밸브 높이 0.8~1.5m

㉢ 수원 : 1.6m^3 × 헤드가 가장 많이 설치된 제어밸브의 헤드 개수

㉣ 방사압 : 0.1MPa

㉤ 방사량 : 80Lpm/개 이상

㉥ 가압송수장치 : 점검이 쉽고 화재 등의 재해로 인한 피해 우려가 없는 곳에 설치

2) 부두

3) 위험물 저장탱크 간 경계

4) 방유제

5) 위험물 저장탱크 주위

6) 민가와 위험물저장소 등의 경계

(3) 옥내 화재확산 방지(NFPA 13)

1) 에스컬레이터 등의 수직 개구부 방호

2) 목적

① 대류열로 인한 상층의 스프링클러헤드 작동 방지

② 복사열에 의한 상층의 연소확대 방지

3) 화염차단장치(draft stop)

① 화재의 차단

② 개구부에 설치하여 개구부를 통해 화염이 건물 내 다른 부분으로 이동하는 것을 차단하는 장치

③ 불연재 또는 준불연재

4) 제연경계벽(draft curtains)

① 위치 : 개구부 직근에 설치

② 높이 : 50cm 이상

③ 재질 : 불연재 또는 준불연재

5) 헤드 간격 : 1.8m 이하

6) 콜드 숄더 이팩트(cold solder effect)를 방지하기 위해 아래의 기준에 적합한 보호판(baffle)을 설치

(4) 옥외 화재확산 방지(NFPA 13 8.7)

1) 건축물 간의 화재확산을 방지하기 위해서는 인동거리를 늘려 등온도 곡선상 발화점 이하로 낮추는 방법이 있지만 도심의 경우는 지대가 높아 거리를 띄우는 것인 Passive 대

책이 곤란하므로 외부에 스프링클러설비를 설치하는 Active 대책을 적용한다.

2) 대류열은 방수로 쉽게 냉각될 수 있지만, 복사열은 방사를 통과하여 인동건물의 외장재나 개구부에 열전달을 하므로, 이를 차단하기 위해 일정 양의 물을 인동건물의 외벽을 따라서 지속적으로 흘러내리도록 외부에 스프링클러를 설치하여야 한다.

3) 수원 : 60분 이상

4) 설비 설치기준(8.7.4~5)

① 제어

㉠ 외부 스프링클러의 각 시스템에는 독립적인 제어밸브가 있어야 한다.

㉡ 개방형 스프링클러의 수동제어는 지속적인 관리가 가능한 경우에만 사용해야 한다.

② 배수장치 설치(개방형은 제외)

③ 체크밸브 : 2개의 벽면에 개별 제어밸브와 헤드가 설치된 경우 다른 벽면의 모퉁이 헤드 1개도 작동하도록 체크밸브를 설치하거나(그림 A) 두 개의 서로 다른 배관이 설치될 경우는 모퉁이에 추가로 헤드를 설치한다(그림 B).

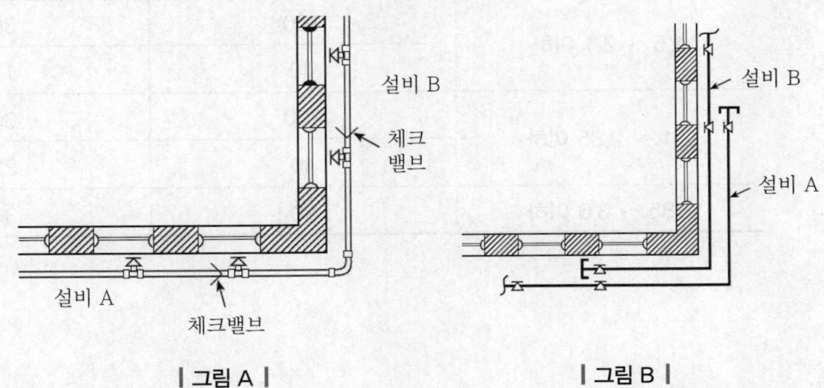

| 그림 A |　　| 그림 B |

④ 연소확대 위험이 2벽면에 영향을 미치는 경우 : 단일 설비가 2벽면을 포용하도록 설치한다.

⑤ 외부에 설치하는 배관 및 부속품 : 내식성

5) 헤드 설치기준(8.7.8)

① 헤드 : 개방형 또는 폐쇄형

㉠ 동결 우려가 있는 장소 : 건식, 부동액을 넣은 습식 설비, 드라이펜던트 헤드와 연결된 습식 설비

㉡ 개방형 스프링클러 헤드는 옥외 화재감시용 장치에 의해서 헤드가 위치한다.

② 하나의 가지배관은 최대 2개층(2개층의 창문)을 방호할 수 있다.

③ 창으로 인한 25mm 이상의 오목부나 돌출부가 있는 경우 : 창에 별도의 스프링클러를 설치한다.

④ 벽 방호용 헤드의 설치위치(8.7.8.3)

㉠ 헤드와 벽면 상부 거리 : 150mm 이하

㉡ 헤드와 벽면의 거리 : 150~300mm

㉢ 헤드 사이 간격 : 2.4m 이하

㉣ 상기규정 외에 제조사의 시방

⑤ 창문 방호용 헤드(8.7.8.4)

㉠ 창문 상단에서 50mm 이내 설치

㉡ 창문 방호용 헤드의 위치

창문의 폭[m]	*K*-factor	창으로부터의 거리[mm]
0.9 이하	40	175
0.9 ~ 1.2 이하	40	200
1.2 ~ 1.5 이하	40	225
	80	300
1.5 ~ 2.1 이하	160	300
	40	175
2.1 ~ 2.85 이하	200	300
	40	225
2.85 ~ 3.6 이하	80	300

SECTION
055 부압식 스프링클러

01 개요

(1) **정의 :** 가압송수장치에서 준비작동식 유수검지장치의 1차측까지는 항상 정압의 물이 가압되고, 2차측 폐쇄형 스프링클러헤드까지는 소화수가 부압(−0.5bar)으로 되어 있다가 화재 시 감지기의 작동에 의해 정압으로 변하여 유수가 발생하면 작동하는 스프링클러설비

(2) 습식 스프링클러의 오동작으로 인한 수피해를 방지하고 건식 설비의 소화지연의 문제점을 개선하기 위해서 개발된 설비로, 준비작동식과 유사한 형태이지만 2차측이 대기압이 아닌 진공을 이루는 점이 다르다.

02 기존 시스템의 문제점

(1) 건식·준비작동식

1) 2차측 배관 내부에 기체가 채워져 있어 소화수 방출시간 지연으로 초기 소화가 곤란하다.

2) 배관 내부에 기체가 채워져 있어 작동 시 2차측의 급속한 충수로 인한 수격현상이 발생한다.

3) 배관 내부가 기체로 채워져 있어 내열성 문제 및 반복적인 결로현상으로 인한 부식발생 등의 우려(pin hole)가 있다.

(2) 습식

1) 스프링클러의 오동작으로 인한 막대한 수손피해의 우려가 있다.

2) 배관 내부의 부식발생으로 핀홀(pin hole) 등이 형성될 경우 물이 방사·누수되어 수손피해가 발생한다.

03 부압식 시스템

(1) 기존 준비작동식 밸브 2차측을 소화수로 충수하고 2차측 배관을 분기하여 진공펌프와 연결한다.

(2) 진공펌프가 2차측의 압력을 부압으로 유지함으로써 스프링클러나 배관의 소손이 발생하더라도 대기압보다 낮아 물의 방사가 이루어지지 않아 수피해를 최소화할 수 있다.

(3) 평상시

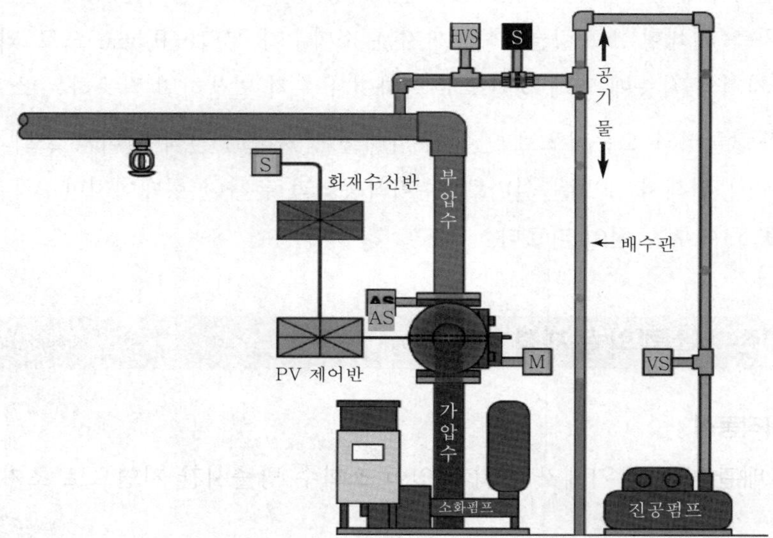

1) 진공펌프로 프리액션밸브 2차측을 감압한다.
2) 감압이 완료되면 진공펌프는 정지시킨다.
3) 통상 감시상태를 유지한다.

(4) 오동작 시

1) 스프링클러헤드가 파손된다.
2) 헤드가 개방되면 배관 내 부압으로 대기압이 더 높아서 물이 밖으로 유출되지 않는다.
3) 준비작동식 밸브 2차측 압력이 상승(−0.05MPa → −0.03MPa)한다.
4) 진공스위치가 작동(−0.03MPa에서 동작하도록 설정)하면서 진공펌프가 동작한다.
5) 수신부와 슈퍼비조리패널에 고장신호가 표시되고 경보가 발생한다.

6) 진공밸브가 개방을 제어한다.

7) 진공스위치와 연동되어 연속으로 공기가 흡입(-0.05MPa~-0.08MPa의 부압형성 시 정지)된다.

(5) 화재 시

1) 화재 발생

2) 화재감지기 동작 후 화재수신반에 화재표시 및 경보 발생

3) 화재수신반과 진공펌프 제어부에서 화재신호 발생

4) 진공펌프 제어부에서 진공펌프 정지 후 수신부에 통보

5) 준비작동밸브 기동제어

6) 밸브개방으로 2차측에 소화수 유입(수신반의 밸브개방 표시등 점등)

7) 알람스위치에서 유수검지

8) 수신반에 유수검지 표시

9) 스프링클러가 헤드의 감열부 작동

10) 헤드 개방과 살수 진행

04 부압식 시스템의 효과

(1) 수손피해 방지

1) 스프링클러 오작동 시 소화수 방출에 의한 수손피해를 방지한다.

2) 부압수 때문에 배관 부식이 일어나기 어렵고, 만일 핀홀이 발생해도 누수하지 않는다.

3) 지진 등의 외력으로 인한 배관 이탈 및 동결손상에도 소화수 방출사고를 예방한다.

(2) 강력한 소화능력

1) 기존 준비작동식에 습식으로 대체할 경우 공기 배출시간과 이송시간이 감소하여 초기 진화능력이 우수하다.

2) 화재 시에는 부압에서 가압으로 압력이 순간적으로 변화하고 시간지연이 아니라 즉시 방사가 이루어진다.

(3) 유연한 설계 : 기존 건물의 특정층 등 유수검지장치마다 '부분설치'가 가능하다.

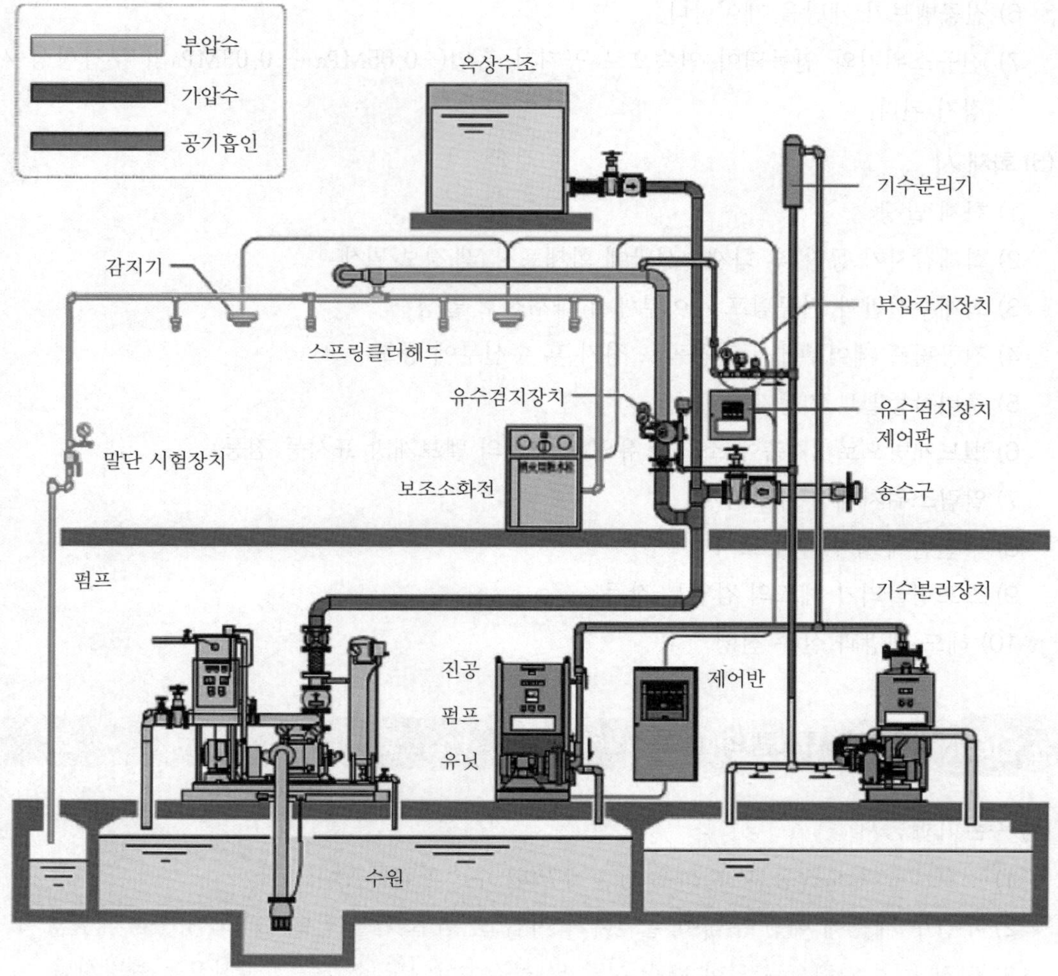

❙ 부압식 설치 예 ❙

05 NFTC에서의 부압식 시스템

(1) 조기반응형 스프링클러헤드를 설치하는 경우

1) 습식 유수검지장치

2) 부압식 스프링클러설비

(2) 시험장치의 설치 : 습식과 부압식 스프링클러설비는 유수검지장치 2차측 배관에 연결하여 설치한다.

(3) 스프링클러설비 배관의 배수를 위한 기울기

1) 습식 스프링클러설비 또는 부압식 스프링클러설비의 배관을 수평으로 할 것. 단, 배관의 구조상 소화수가 남아 있는 곳에는 배수밸브를 설치한다.

2) 습식 스프링클러설비 또는 부압식 스프링클러설비 외의 설비에는 헤드를 향하여 상향으로 수평주행배관의 기울기를 500분의 1 이상, 가지배관의 기울기를 250분의 1 이상으로 할 것. 단, 배관의 구조상 기울기를 줄 수 없는 경우에는 배수를 원활하게 할 수 있도록 배수밸브를 설치하여야 한다.

(4) 준비작동식 유수검지장치 또는 일제개방밸브를 사용하는 설비

1) 화재감지회로는 교차회로방식으로 구성한다.

2) 예외

① 스프링클러설비의 배관 또는 헤드에 누설경보용 물 또는 압축공기가 채워지거나 부압식 스프링클러설비인 경우

② 8개 특수형 감지기를 설치하는 경우

(5) 하향식 스프링클러헤드 설치가 가능하다.

일본의 부압식 설비방식

1) 부압식 습식 준비작동식 스프링클러설비(국내 설비와 유사)

2) 부압식 건식 준비작동식 스프링클러설비

① 충격을 받고 헤드가 파손되어도 누수되지 않는다.

② 배관 내가 부압이기 때문에 습도가 낮아 부식이 저감된다.

③ 배관 내가 부압이기 때문에 충수에 의한 공기의 압축이 없다

④ 배관 내가 부압이기 때문에 충수 속도가 빠르고 조기 방수가 가능하다.

SECTION 056

물분무설비(water spray system)

100·95·93회 출제

01 개요

(1) 화재 시 분무헤드에서 물을 미립자의 무상으로 방사하여 소화하는 설비로서, 질식 작용, 냉각작용, 희석작용, 유화작용을 한다. 주로 가연성 액체, 전기설비 등의 화재에 유효한 소화설비이다.

(2) 정의(NFPA 15(2017))

1) Water spray : 특별히 설계된 노즐 또는 장치로부터 살수패턴, 입자 크기, 속도 및 밀도의 방출을 갖는 형태의 물

2) Automatic water spray nozzle : 캡(버튼 또는 디스크)에 일정한 힘이 가해져 밀폐상태로 유지되던 분사오리피스가 감열소자의 동작에 따라 자동개방되면 압력을 받은 물이 특정한 방향패턴으로 분무하도록 설계된 기구이다.

3) Open water spray nozzle : 물분무소화설비에서 가장 일반적인 형태의 헤드로서, 압력을 받은 물이 개방상태의 분사오리피스를 통하면서 특정한 방향패턴으로 분무하도록 설계된 기구이다. 통상적으로 물분무헤드(water spray nozzle)라 하면 개방형 물분무헤드를 말한다.

4) Water spray system : 물 공급장치에 연결되고 보호 표면 또는 영역에 특정 물 배출 및 분배를 제공하도록 설계된 물분무노즐이 장착된 자동 또는 수동작동 고정배관시스템이다.

(3) 목적

1) 소화 및 연소의 제어, 노출부분의 방호 또는 화재예방을 위해 사용한다.

2) 물입자가 무상으로 방사되므로 고압의 전기화재에도 적합하다.

02 소화원리 127·125회 출제

(1) 표면냉각

1) 미세한 물분무입자의 기상 증발잠열로 인하여 화재 시 발생한 열을 흡수한다.

2) 가연물 전체를 물분무입자가 덮은 경우 효과가 크다.

3) 인화점 60℃ 미만으로 인화점이 낮은 액체에는 냉각효과가 저하된다.

(2) 질식 작용

1) 물분무입자가 화재 시 기화되어 수증기로 전환될 때 대기압 내에서의 부피팽창은 약 1,700배 정도가 되어 연소에 이용될 산소의 부피를 감소시킨다.

2) 공기의 공급이나 유동을 고려하여야 한다.

(3) 유화작용

1) 비수용성 액체위험물의 경우 물분무입자가 속도에너지를 가지고 유표면에 방사되어 유면에 부딪혀 섞이면서 불연성 박막인 유화층을 형성한다.

2) 유화층이 유면을 덮는 것을 유화작용이라 하며, 무상주수 시 유화상태가 된 액체위험물은 에멀전이라는 콜로이드상태가 됨으로써 가연성 가스의 발생량이 감소한다.

3) 계면활성제와 같이 양친매성 물질이 들어가면 유화효과가 증대한다.

(4) 희석작용

1) 대상 : 수용성 액체위험물

2) 수용성 액체위험물은 친수성을 가지고 있어 물과 섞일 수 있으므로 방사되는 물분무입자의 수량에 따라 액체위험물이 비인화성의 농도로 희석된다.

3) 적응성의 확보를 위해서는 다량의 물이 필요하므로 용기를 넘치지 않도록 하여야 한다.

03 기능

(1) 소화 : 물분무입자에 의한 냉각, 수증기로 인한 질식, 유화작용, 희석작용 등의 복합적인 소화원리에 따라 화재를 소화한다.

(2) 화재제어

1) 헤드에서 방사되는 물분무입자가 화재실의 열방출률을 서서히 감소시킨다.

2) 건축구조물이 붕괴되지 않도록 화재실 천장의 온도를 제어한다.

(3) 노출부분의 방호

1) 화재에 노출된 구조물이나 장치의 손상을 최소화하고, 고장을 방지할 수 있는 수준까지 표면온도가 억제되도록 물분무를 사용하여 열을 흡수한다.

2) 수막은 직접 사용보다는 덜 효과적이지만 유리한 조건에서는 방화구역을 구획·분할하여 화재노출에 대한 방호를 제공할 수 있다.

3) 불리한 조건 : 풍손(風損), 열 상승기류, 부적절한 배수로 등

(4) 화재의 예방 : 화재 초기에 화재요인이 되는 인화성 물질을 용해, 희석, 확산, 냉각 및 연소한계 이하로 증기농도를 감소시킴으로써 인접구역의 화재발생을 미리 방지한다.

04 물의 미립화

(1) 물의 미립화방법

1) 기계적 방법

① 선회류형 : 소화수의 흐름을 회전시켜 소화수가 헤드 내부의 실에서 나선형으로 돌면서 유동속도가 빨라지고 물분자 간 결합력이 약화되면서 불안정성이 증가한다. 이러한 소화수가 오리피스를 통과하여 분출되면서 주위의 기체와 마찰에 의해서 작은 물방울로 쪼개지면서 미립화가 이루어진다.

② 디플렉터형 : 소화수를 큰 속도로 디플렉터에 충돌시켜서 물입자의 결합력을 끊어 잘게 쪼개진 미세한 물방울이 만들어진다.

③ 슬리트형(slit) : 소화수를 슬리트라는 얇은 틈으로 방출함으로써 수막상의 작은 물방울이 만들어진다.

④ 충돌형(impingement type) : 유수와 유수를 충돌시켜 물방울 간의 충격으로 결합력을 끊어 미세한 물방울이 만들어진다.

⑤ 고압 제트형(pressure jet type) : 소화수가 소구경의 오리피스로부터 고압의 제트노즐로 분사된 뒤 분쇄되어 물분출과 주위 공기 간의 속도차로 미세한 물방울이 만들어진다.

⑥ 작은 오리피스형(small orifice type) : 작은 오리피스로 물의 동압이 커지고 정압이 작아지므로 물의 방출속도가 증대한다.

㉠ 방출되는 물의 난류성 증가

㉡ 마찰손실 및 각종 손실에 의해 방사되는 물의 양 감소

2) 이유체분사노즐(twin fluid atomizer)

① 물과 압축가스, 두 가지 유체흐름을 활용한다.

② 원리 : 압축가스는 분사속도가 빠르며, 분사속도가 낮은 액체와의 사이에서 큰 상대속도에 의해 미립화가 발생한다.

③ 장단점

장점	단점
㉠ 낮은 수압에서도 분무성능이 극대화한다. ㉡ 고압 노즐에서 발생하는 노즐(헤드)의 막힘 현상을 방지한다.	물과 압축가스를 저장 및 공급할 수 있는 장치가 필요하다.

3) 초음파방법 : 진동자의 고체면에 연료를 공급하여 진동자의 진동으로 분열시켜 미립화하는 방법이다.

4) 과열된 물을 갑자기 증발시켜 미스트 형성

① 해당 액체의 갑작스러운 증발로 동적 에너지의 방출이 일어나고 나머지 물을 분쇄해 비교적 미세한 분무액(D_v 0.90=300μm)을 형성한다.

② 사용처 : 폭발(분진) 방호, 완화

③ 별도의 미분무수를 만들기 위한 노즐이 필요 없다.

(2) 물의 미립화에 따른 소화성능

1) 가연성 액체의 소화성능

대상	물방울 크기	내용
높은 온도의 인화점을 가진 비수용성 액체(중질유)	400~800μm	① 액체를 인화점 이하의 온도로 내리기 위하여 액체 표면을 직접 냉각시키도록 상승기류(부력)를 헤치고 액체 표면에 침투할 수 있는 충분한 운동력이 필요하다. ② 800μm 이상이 되는 큰 물입자는 액체 표면에 튀어서 소화에 효율적이지 못하다. ③ 액체 표면을 침투할 만한 충분한 속도를 주어야 한다. ④ 살수밀도 : 10~70Lpm 정도 ⑤ 노즐의 방사압 : 3kg/cm^2 이상
낮은 인화점, 비수용성(경질유)	300μm	인화점이 45℃ 이하인 액체위험물의 소화를 위하여 화염을 직접 물분무로 냉각(화염냉각)시킨다.
수용성 액체의 소화	400μm 이하	① 물로 희석하여 소화가 가능하다. ② 소화수량이 너무 많으면 오히려 희석된 양이 증가하여 넘칠 수가 있으므로 주의하여야 한다. ③ 물방울 크기가 400μm보다 작아서 작은 물방울로 유층의 하부층이 동요하지 않게 액체 표면층에 살수하면서 희석시킨다. ④ 살수밀도 : 10~20Lpm/m^2 ⑤ 노즐의 방사압력 : 1.5kg/cm^2 이상

2) 유입변압기 등에 적용되는 경우

① 인화점이 45℃ 이상인 비수용성 인화성 액체가 절연유로 유입된 변압기 등 : 고속분무노즐

② 살수밀도 : 10~40Lpm/m^2

3) 노출보호

① 목적 : 산업공장이나 화학공장 등에서 인접한 화재로부터 방호대상물 보호

② 액화석유가스(LPG) 저장시설이나 이와 유사한 곳에 적용할 경우 : 중간 속도 분무노즐

③ 살수밀도 : 10Lpm/m^2

4) 일반화재

① 목적 : 고체 가연물 화재로부터 보호

② 스프링클러와 동일한 소화효과를 내지만 상대적으로 물방울이 작아 냉각 및 질식 소화효과가 우수하여 적은 양으로도 소화가 가능하다.

(3) 물을 미립화하는 데 필요한 힘

1) 물의 운동력

① 오리피스에서 방사된 소화수는 분출운동력에 의해서 지배된다.

② 운동하는 방향은 오리피스의 형상으로 결정된다.

2) 물과 주위 기체의 마찰력

3) 액체와 기체 간의 표면장력

(4) 대상에 따른 물분무의 압력

1) 유입변압기의 방호 : 고속

2) 수막형성 : 저속

(5) 물입자의 동적 특성 116회 출제

1) 모멘텀(momentum) = 질량(mass) × 속도(velocity)

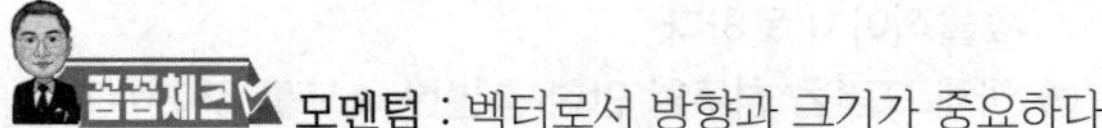

모멘텀 : 벡터로서 방향과 크기가 중요하다.

2) 물입자의 속도(운동에너지)가 클 때 : 물입자의 크기가 작아지므로 기상냉각이나 질식, 희석작용에 유리하다.

3) 물입자의 속도(운동에너지)가 작을 때 : 물입자의 크기가 커지므로 가연물의 표면에 도달하기가 쉬워 표면냉각과 유화효과에 유리하다.

05 작동 메커니즘 및 구성도

(1) 물분무소화설비는 자동밸브 또는 일제개방밸브의 1차측까지 소화수로 충압되어 있다.

(2) 작동메커니즘

1) 화재가 발생하면 수동기동장치의 수동동작 또는 화재감지기나 감지용 스프링클러가 동작하여 전자밸브가 해당 구역의 선택밸브를 개방한다.

① 수동식 기동장치

㉠ 직접조작 또는 원격조작 : 가압송수장치 및 수동식 개방밸브 또는 가압송수장치 및 자동개방밸브 기동

동작밸브	동작방식	동작방법
가압송수장치 및 수동식 개방밸브 or 가압송수장치 및 자동개방밸브	직접조작 (기계적 방식)	수동식 개방밸브를 직접 조작하여 동작
	원격조작 (전기적 방식)	버튼을 누르면 전기적 신호에 의해 원거리에도 자동으로 동작

㉡ 기동장치라고 표시한 표지설치 : 기동장치에서 가까운 곳의 보기 쉬운 곳

② 자동식 기동장치

㉠ 자탐설비의 감지기 작동 또는 폐쇄형 스프링클러헤드의 개방과 연동

• 경보 발생

• 가압송수장치 및 자동개방밸브 기동

㉡ 예외 : 자탐설비수신기가 설치되어 있는 장소에 사람이 상시 근무하고, 화재 시 물분무소화설비를 즉시 작동시킬 수 있는 경우

동작밸브	동작방식	동작방법
가압송수장치 및 자동개방밸브	폐쇄형 스프링클러헤드의 개방 (기계 · 전기적 방식)	유수의 흐름이 발생하고 유수경보장치에 의한 신호에 따라 동작
	자탐설비의 감지기 작동 (전기적 방식)	감지기의 전기적 신호를 수신기가 받아 가압송수장치 및 자동밸브 동작

③ 개방밸브 설치기준

㉠ 자동개방밸브의 기동조작부 및 수동식 개방밸브의 설치위치 : 화재 시 용이하게 접근할 수 있는 곳의 바닥으로부터 0.8m 이상 1.5m 이하

기동조작부 : 자동개방밸브와 연결하여 수동으로도 자동개방밸브를 동작시킬 수 있는 조작부

㉡ 밸브작동 시험장치 설치위치 : 2차측 배관부분에는 당해 방수구역 외

㉢ 시험장치 설치 예외 : 방수구역에서 직접 방사시험을 할 수 있는 경우

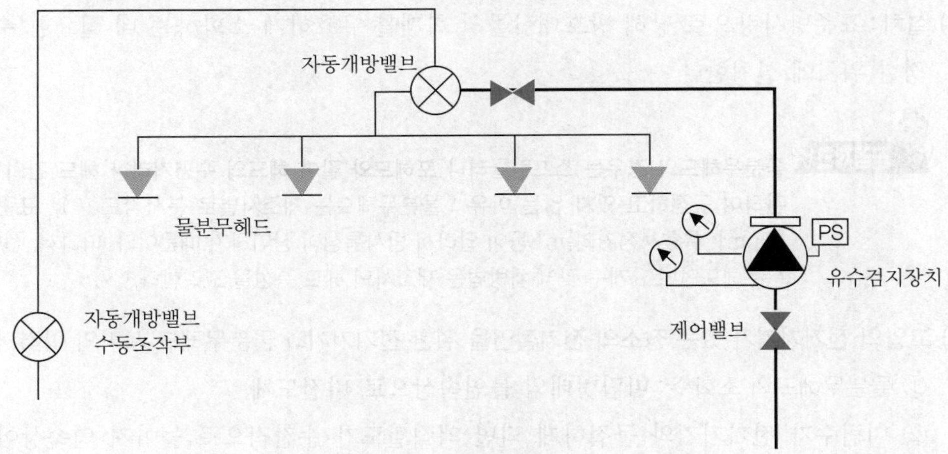

④ 제어밸브(유수검지장치 1차측에 설치된 개폐표시형 밸브)

㉠ 설치높이 : 바닥으로부터 0.8~1.5m 이하

㉡ 표지설치 : 가까운 곳의 보기 쉬운 곳에 '제어밸브'라고 표시

2) 균형을 이루던 알람밸브 1차측의 압력균형이 깨지면서 1차측의 압력저하로 인하여 압력챔버에 부착된 압력스위치가 접점되고 소화펌프가 자동으로 동작한다.

① 소화펌프의 분당 토출량

특정 소방대상물	토출량	비고
특수가연물	10L/min×20분×S	S : 바닥면적 최소 50m²
절연유 봉입 변압기		바닥면적을 제외한 표면적을 합한 면적
컨베이어벨트		벨트부분의 바닥면적 1m²당
차고/주차장	20L/min×20min×S	S : 바닥면적 최소 50m²
케이블트레이, 케이블덕트	12L/min×20min×S	트레이, 덕트 투영된 바닥면적 1m²당
위험물탱크	37L/min · m×πD	D : 탱크직경

② 펌프의 양정

$$H = h_1 + h_2 + h_3$$

여기서, H : 펌프의 양정[m]

h_1 : 물분무헤드의 설계압력 환산수두[m]

h_2 : 배관의 마찰손실수두[m]

h_3 : 낙차환산수두[m]

3) 물분무헤드를 통하여 소화수가 무상형태로 방사되어 소화된다.

(3) 물분무헤드

1) **설치** : 표준방사량으로 당해 방호대상물의 화재를 유효하게 소화하는 데 필요한 수를 적정한 위치에 설치한다.

물분무헤드의 경우는 스프링클러나 포헤드와 같이 헤드의 수평거리나 헤드 간의 거리에 관하여 규정하고 있지 않는 이유 : 물분무헤드는 제조사별로 분사각도($\theta°$), 표준방수량[Lpm], 유효사정거리[m] 등이 달라서 방사특성이 상이하기 때문이다. 따라서, 선택된 물분무헤드의 소요개수 및 배치방법은 제조사의 헤드 특성을 고려한다.

2) 고압의 전기기기가 있는 장소의 전기절연을 위한 전기기기와 물분무헤드 사이의 이격거리

① 물분무헤드의 소화수 : 미립형태의 불연속상으로 비전도체

② 미립수가 전기기기와 근접하게 되면 액적밀도가 순간적으로 높아져 연속상이 되어 도통할 수 있으므로 전기기기와 물분무헤드 사이에 이격거리를 두도록 하고 있다.

전압[kV]	거리[cm]	전압[kV]	거리[cm]
66 이하	70 이상	154 초과 181 이하	180 이상
66 초과 77 이하	80 이상	181 초과 220 이하	210 이상
77 초과 110 이하	110 이상	220 초과 275 이하	260 이상
110 초과 154 이하	150 이상	–	–

3) 물분무헤드의 설치 제외장소 125·121회 출제

① 물과 심하게 반응 또는 위험물질 생성 우려가 있는 장소

② 고온의 물질, 증류범위가 넓어 끓어 넘치는 물질이 있는 장소

③ 운전 시 표면온도가 260℃ 이상으로, 손상 우려가 있는 기계장치

기계장치의 표면이 고온인 장소에 물을 분사하면 순간적으로 냉각되면서 균열이 발생할 수 있다. 배관 내벽의 열팽창을 막고 열응력을 발생시키기 때문이다.

4) 물분무헤드의 특성

① 일반적 헤드의 특성

구분		내용
방수압력	소화용	0.25~0.7MPa
	방호용	0.15~0.5MPa
살수유효각도(θ)		30~120°
방수량		20~180L/min
살수유효반경(r)		0.5~6m
물입자 지름		0.02~2.5mm

② 헤드의 방사특성

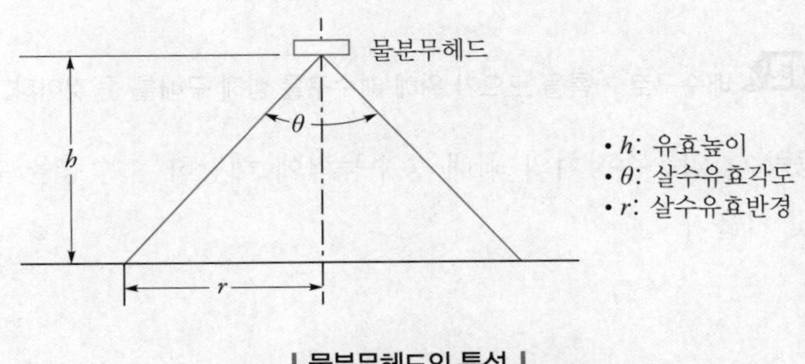

| 물분무헤드의 특성 |

(4) 수원 125회 출제

특정 소방대상물	살수밀도	방사시간 [min]	기준면적(S)	수원
특수가연물	10L/min · m^2	20	바닥면적 최소 50m^2	$10\times20\times S$
절연유 봉입 변압기			바닥면적을 제외한 표면적을 합한 면적	
컨베이어 벨트			벨트부분의 바닥면적	
차고/주차장	20L/min · m^2	20	바닥면적 최소 50m^2	$20\times20\times S$
케이블 트레이, 케이블 덕트	12L/min · m^2	20	트레이, 덕트 투영된 바닥 면적	$12\times20\times S$
위험물 탱크	37L/min · m^2	20	원주길이[m]	$37\times20\times\pi D$

06 물분무소화설비의 배수설비

(1) 배수구

1) 위치 : 차량이 주차하는 장소의 적당한 곳

2) 높이 10cm 이상의 경계턱으로 배수구 설치

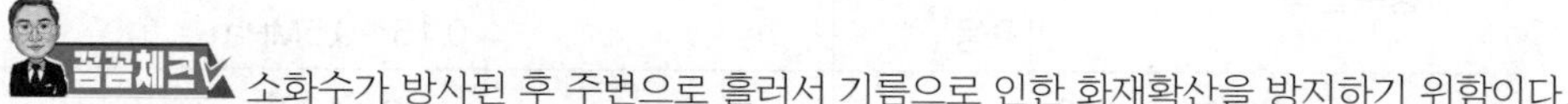

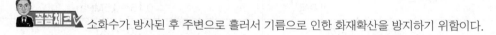

소화수가 방사된 후 주변으로 흘러서 기름으로 인한 화재확산을 방지하기 위함이다.

(2) 기름분리장치

1) 목적 : 배수구에는 새어나온 기름을 모아 소화하기 위함

2) 길이 40m 이하마다 집수관 소화피트 등 기름분리장치 설치

(3) 기울기 : 차량을 주차하는 바닥은 배수구를 향하여 $\frac{2}{100}$ 이상의 기울기 유지

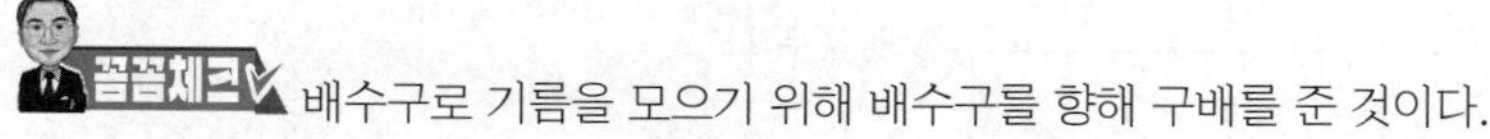

배수구로 기름을 모으기 위해 배수구를 향해 구배를 준 것이다.

(4) 배수설비용량 : 가압송수장치의 최대 송수능력에 해당하는 수량을 유효하게 배수할 수 있는 크기 및 기울기

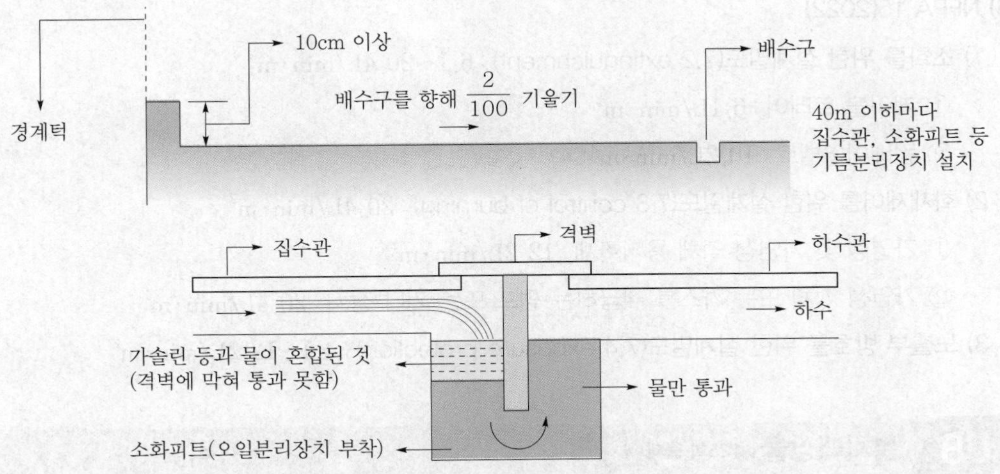

┃ 물분무소화설비의 배수설비 ┃

(5) 물분무설비에 배수설비를 설치하는 이유

1) 차고, 주차장이 물분무설비의 설치대상이므로 소화 시 기름이 비중차에 의해 수면 위로 떠올라 연소면이 확대되는 것을 방지한다.

2) 국내에서는 차고, 주차장에 대해서만 상기 규정의 적용을 강제하고 있다.

07 특징

(1) 스프링클러설비의 단점을 보완한 설비로서, 구성은 스프링클러설비와 거의 같다.

(2) 화재감지기와 가압개방식 일제개방밸브를 사용한다.

(3) **적응성** : A, B, C급 화재

(4) 스프링클러 방수압은 1~12kg/cm², 물분무 방수압은 3.5~7.8kg/cm²(일반적인 기준)

(5) **장단점**

장점	단점
① 미세한 물입자로 열흡수능력 우수 ② 공간에 균일하게 분포 ③ 유류화재 적응성(유화효과) ④ 전기화재 적응성(절연) ⑤ 가스폭발 방지 및 방호 ⑥ 사용범위가 넓음(소화, 억제, 연소방지, 예방)	① 고압 필요 ② 작은 오리피스로 배관 및 수원의 청결성 ③ 물입자가 작아 외기의 영향이 큼 ④ 배수설비 필요 ⑤ 가연물 표면에 물방울이 닿을 경우 열적 쇼크 발생

(6) NFPA 15(2022)

1) 소화를 위한 설계밀도(7.2 extinguishment) : 6.1~20.4L/min·m^2

① 케이블 트레이 : 6.1L/min·m^2

② 컨베이어벨트 : 10.2L/min·m^2

2) 화재제어를 위한 설계밀도(7.3 control of burning) : 20.4L/min·m^2

① 가연성 및 가연성 액체 용기화재 : 12.2L/min·m^2

② 가연성 액체 또는 가스를 취급하는 펌프 또는 기타 장치 : 20.4L/min·m^2

3) 노출부 방호를 위한 설계밀도(7.4 exposure protection) : 4.1~12.2L/min·m^2

08 설치대상물 125회 출제

(1) 소방시설법

1) 항공기 격납고

2) 주차용 건축물로서, 연면적 800m^2 이상인 것

3) 기계식 주차장으로서, 20대 이상의 차량을 주차할 수 있는 것

4) 전기실, 발전실, 변전실, 축전지실, 통신기기실 또는 전산실로서, 바닥면적 300m^2 이상인 것

5) 건축물 내부에 설치된 차고 또는 주차장으로서, 차고 또는 주차의 용도로 사용되는 부분의 바닥면적의 합계가 200m^2 이상인 것

6) 지하가 중 길이가 3,000m 이상으로서, 교통량, 경사도 등 터널의 특성을 고려하여 행정안전부령으로 정하는 위험등급 이상에 해당하는 터널

7) 「문화재보호법」 제2조 제2항 제1호 및 제2호에 따른 지정문화재 중 소방청장이 문화재청장과 협의하여 정하는 것

8) 공장창고로 지정수량 1,000배 이상의 특수가연물을 저장·취급하는 곳

(2) NFPA 15(2022) 1.3(application)

1) 기체 및 액체 가연성 물질

2) 변압기, 오일 스위치, 모터, 케이블 트레이 및 케이블 런과 같은 전기적 위험

3) 종이, 목재, 직물 등의 일반 가연물

4) 추진제 및 불꽃과 같은 특정 유해 고체

5) 증기 완화

09 스프링클러와 물분무, 미분무수의 비교 128·114·110회 출제

(1) 스프링클러와 물분무, 미분무수의 비교표

구분		스프링클러	물분무	미분무수
분사원리		물이 디플렉터에 부딪혀 속도가 순간적으로 감소한 후 큰 물방울 크기에 의해 자중으로 자연낙하하여 대상물에 분사된다.	디플렉터 구조가 있는 헤드도 있으나, 대부분은 유속을 가지고 직접 대상물의 표면에 분사된다. 운동모멘텀에 의해 분사된다.	물이 디플렉터에 부딪히지 않고 유속과 운동모멘텀을 가지고 바로 낙하한다.
주된 소화원리		물방울의 크기가 큰 관계로 화심 속으로 침투하게 되므로 냉각소화가 주된 소화효과이다.	물방울의 크기가 스프링클러보다도 작지만 그래도 주된 소화효과는 화염의 냉각소화이다.	물방울 크기가 작아 증발이 용이하므로 질식 효과가 주된 소화효과이다.
보조적 소화원리		작은 물방울이 불꽃(flare) 주위에서 증발하여 질식 소화된다.	질식 소화의 효과가 스프링클러에 비해 상대적으로 높다. 작은 입자가 운동 모멘텀을 가지고 물 표면을 타격하므로 유화효과인 에멀전이 있다.	증발잠열에 의한 냉각효과
평균 물입자 크기(average droplet diameter[mm])		> 1	0.1	0.01
소화효과	냉각효과	대	중	소
	질식 효과	소	중	대
적용장소		구획화재에 대한 방호	장비나 설비 또는 위험물 탱크에 대한 방호	소규모 구획공간의 방호
운동량		없음(자중낙하)	있음	거의 없음(부유)
적응성		A급 화재	① 가연성 액체화재(B급 화재) ② 옥외변압기 화재 ③ 터널 화재 ④ 위험물 탱크 복사열 차단	① 선박기계실, 터빈실 화재 ② 문화재, 박물관 화재 ③ 항공기 화재 ④ 전기·통신 화재(C급 화재)
비적응성		① B급 화재(연소면 확대) ② C급 화재(비전도성)	① 물과 심하게 반응장소 ② 고온의 노, 수증기폭발 우려 장소 ③ 표면온도 260℃ 이상 장비 설치장소	–

(2) 물방울 크기에 따른 종단속도와 확률분포

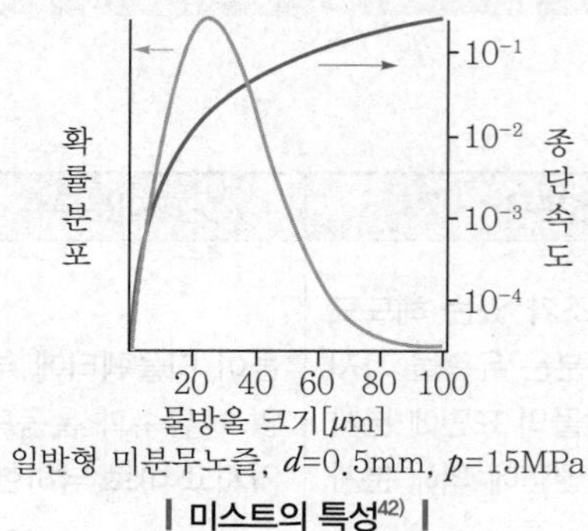

일반형 미분무노즐, d=0.5mm, p=15MPa

| 미스트의 특성[42] |

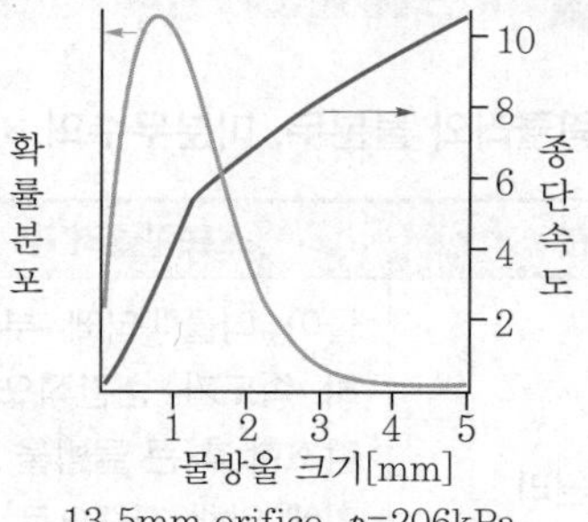

13.5mm orifice, p=206kPa

| 스프링클러의 특성[43] |

42) AEROSOL CHARACTERISTICS : Water mist. The fundamentals of water mist technology. AIIA-SFPE Milan 12.2.2008 Jukka Vaari

43) AEROSOL CHARACTERISTICS : Sprinklers. The fundamentals of water mist technology. AIIA-SFPE Milan 12.2.2008 Jukka Vaari

SECTION 057

초고속 물분무설비 (ultra high speed water spray systems)

01 개요

(1) **구성** : 적외선 및 자외선 불꽃감지기를 이용한 전자제어기가 설치되어 있는 소화설비

(2) 화재가 감지되면, 전자제어기는 솔레노이드밸브, 파일롯형의 헤드 및 일제개방밸브를 신속하게 개방한다.

(3) **작동시간** : 0.1s 이내에 감지한다.

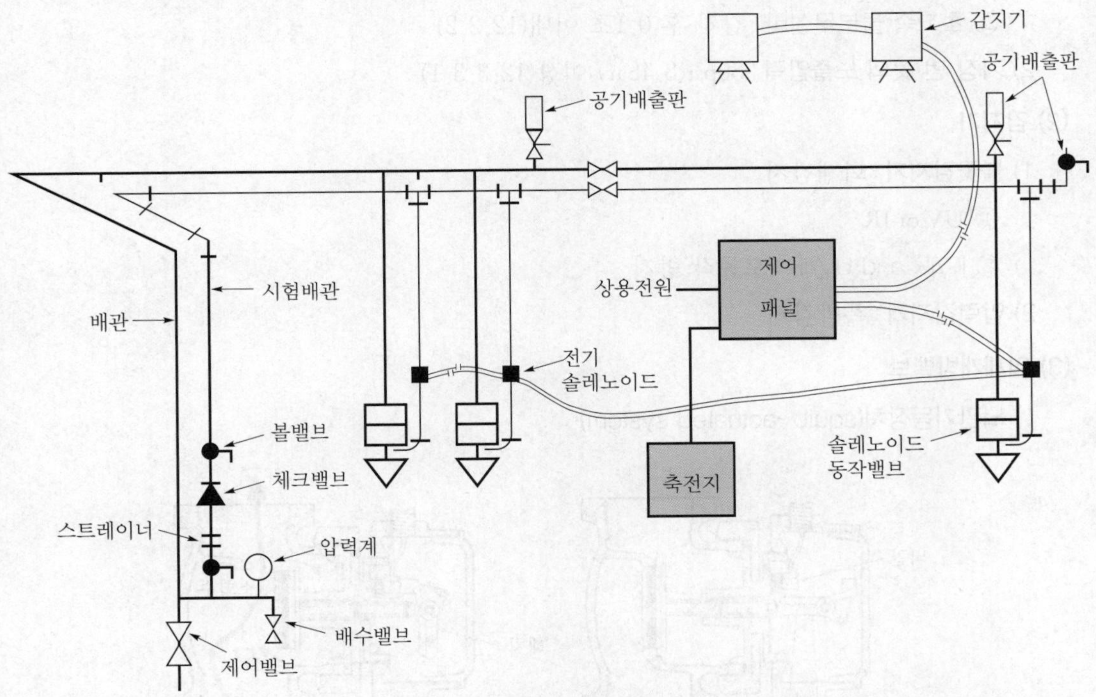

| 초고속 물분무설비[44] |

44) FPH CHAPTER 7, Ultra-High-Speed Water Spray Systems 16-113 FIGURE 16.7.2 Solenoid-Actuated System

(4) 적용대상

1) 민감한 화학물질 제조공정
2) 산소농축 분위기에서 발생한 화재 등 매우 빠르게 확산되는 화재
3) 5류 위험물 저장장소
4) 탄약창고
5) 분진 및 폭발 우려가 있는 장소

02 설치기준

(1) NFPA 15(2017)

1) 살수 개시시간
   ① 물분무설비 : 감지 후 40초 이내(10.4.2.1)
   ② 초고속 물분무설비 : 감지 후 0.1초 이내(12.2.2)
2) 가장 먼 곳의 노즐압력 : 50psi(3.4bar) 이상(12.3.3.1)

(2) 감지기

1) 불꽃감지기 : 화재감지
   ① UV or IR
   ② IR/IR and UV/IR : 오동작 방지
2) 압력감지기 : 폭발감지

(3) 일제개방밸브

1) 뇌관기동장치(squib-actuated system)

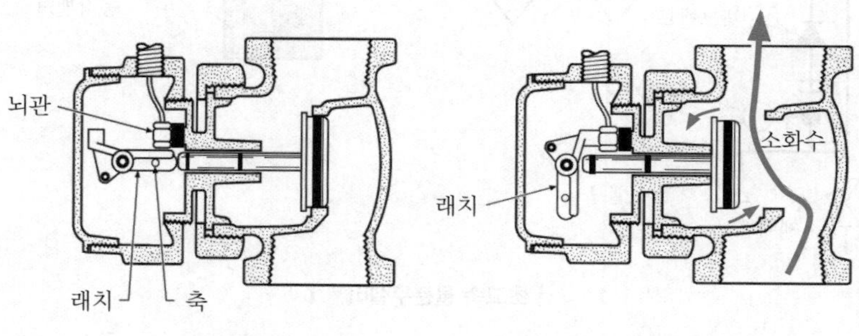

| 작동 전 | | 작동 후 |

① 뇌관을 이용하여 일제개방밸브를 개방한다.
② 개방형 헤드를 사용하기도 하지만 빠른 소화수 방출을 위해 낮은 압력에도 쉽게 파괴되는 얇은 막을 이용하여 밸브 2차측에 물을 채운다.

③ 동작순서 : 화재 → 감지기 작동 → 뇌관 작동 → 배관 가압 → 얇은 막 파괴 → 소화수 방출

2) 솔레노이드 기동장치(pilot solenoid-actuated system)

① 솔레노이드밸브를 이용하여 헤드를 개방한다.

② 감지기 동작 → 솔레노이드밸브 동작 → 노즐 개방 → 소화수 방출

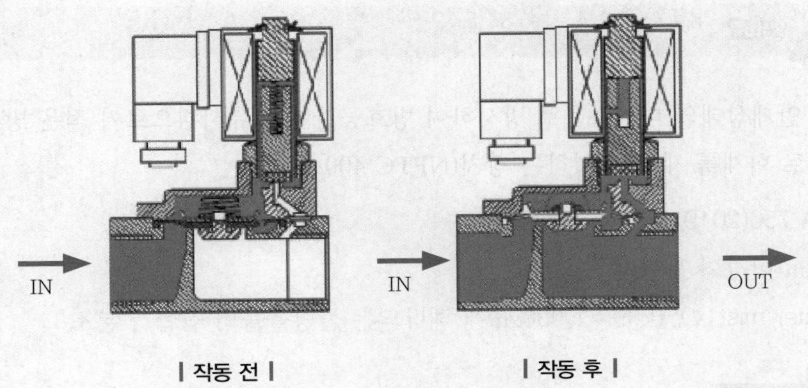

| 작동 전 | | 작동 후 |

SECTION

058 미분무수(water mist) 115회 출제

01 개요

(1) 물을 안개상태의 미세분무로 방사하여 방호공간에 부유시킴으로써 적은 방사량으로 효과적으로 화재를 제어·진압하는 장치(NFTC 400μm)이다.

(2) NFPA 750(2019) 3.32.4 75회 출제

1) 1mm 이하의 물입자

2) Water mist : D_v 0.99=1,000μm에 해당되는 물방울들의 집합적 분포

꼼꼼체크 표준스프링클러 : D_v (0.99)=5,000μm

(3) 소화약제로 순수한 물을 이용하여 A·B·C급의 화재를 진압할 수 있는 화재진압시스템

1) 미분무수는 표면적 대 체적비를 최대화하므로 증발을 통한 질식작용과 열흡수 효과의 극대화를 통해 화재를 제어한다.

2) 물입자의 크기가 감소함에 따라 단위면적당 더 많은 복사열이 흡수되므로 분무수에 포함되어 있는 미세물방울의 비율이 증가하면 화재진압에 필요한 물의 양이 감소하고 방출효율이 향상된다.

(4) **설계목적** 128회 출제

1) **화재제어** : 화재크기 제한, 열방출률 감소 및 구조적 손상 방지

2) **화재진압** : 열방출속도의 급격한 감소 및 재성장 방지

3) **소화** : 연소가연물이 없을 때까지 완전히 억제

02 필요성

(1) IMO(국제해사기구)에서 승선인원 30명을 초과하는 선박에 스프링클러 설치를 의무화하면서 최소한의 중량으로 소화성능을 극대화시킬 필요성 증대

(2) 환경오염으로 인한 할론소화약제의 생산 중단에 따른 대체기술의 필요성 대두

(3) 맨체스터항공기 충돌사고로 인해 항공기 내에 소방설비 설치 필요성 증가

03 분무특성

(1) 액적 크기분포 109회 출제

1) 입자가 작을수록 표면적 증가로 열흡수효율이 향상되고, 공간을 유동하는 시간이 길어져서 열흡수량이 증가한다.

2) NFPA의 누적 체적분포(VMD : Volume Median Diameter) : 체적평균 액적 직경으로 %가 해당 직경보다 작은 크기

① D_v 0.9 : 90%가 해당 직경 이하

② D_v 0.5 : 체적 평균 액적 직경으로 50%가 해당 직경 이하

3) D_v(volume median diameter ; D_{v_f})

① 정의 : 구경 0부터 해당 구경까지의 전체 체적이 총살수체적의 f분율이 되는 액적 구경

② 측정방법 : 미분무수(water mist)는 최저 작동압력에서 노즐로부터 3.3ft(1m) 거리에서 가장 굵은 물방울의 D_v 0.99 측정값이 1,000μm 이하

③ $D_{v_{0.50}}$

㉠ 중간 체적구경

㉡ 총액체체적의 50%는 작은 쪽 구경의 액적, 나머지 50%는 큰 쪽 구경의 액적이 있는 상태

4) 물방울입자의 크기에 따른 구분[45)]

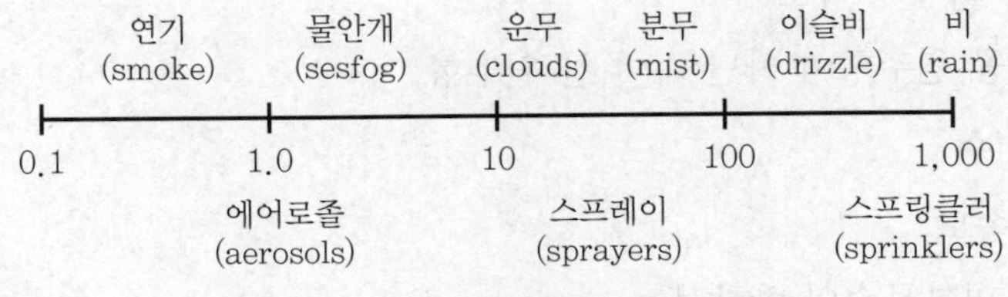

| 물입자의 크기[μm] |

5) 설비별 물입자 크기

소화설비(extinguishing system)	평균 물입자 크기(average droplet diameter)
스프링클러(sprinkler)	> 2mm
물분무(spray system)	0.1mm
미분무수(water mist system)	0.01mm

45) THE SPECTRUM OF DROP SIZES. THE FUNDAMENTALS OF WATER MIST TECHNOLOGY. AI-IA-SFPE Milan 12.2.2008 Jukka Vaari

6) 1L의 물을 미립화했을 때 물방울 크기, 물방울수, 표면적 비교

물방울 크기[mm]	물방울수	표면적[m^2]	
124	1	0.05	
10	1,900	0.6	
1	1,900,000	6	Water mist
0.1	1,900,000,000	60	
0.01	1,900,000,000,000	600	
0.1X	1,000X	10X	

(2) 물입자 크기에 따른 액체가연물 화재진압[46)]

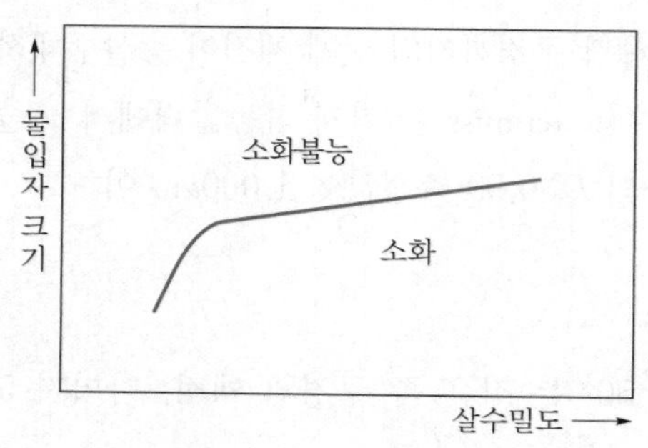

(3) 분무각도

1) 90° 또는 120°의 분무각도

2) 분무형태 : 중공 원추형이 아닌 속이 찬 원추형

(4) 분무운동량의 변수

1) 미분무수의 속도

2) 화염에 대한 미분무수의 방향성

3) 가연물 표면이나 불꽃으로 운송되는 미분무수의 질량

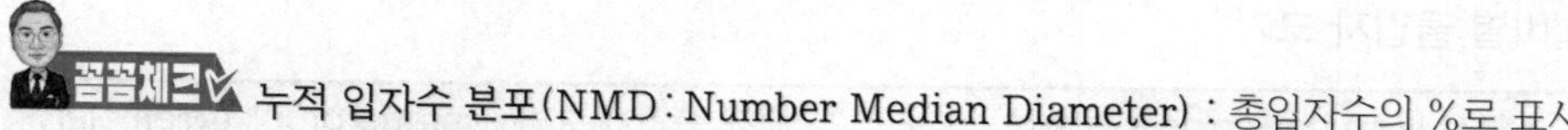

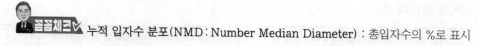

누적 입자수 분포(NMD : Number Median Diameter) : 총입자수의 %로 표시

46) D. J. Rasbash, "The Extinction of Fire with Plain Water : A Review," 1986 : M. M. Braidech, J. A. Neale, A. F. Matson, and R. E. Dufour,"The Mechanism of Extinguishment of Fire by Finely Divided Water" 1955.

04 특성 106회 출제

(1) 장단점

장점	단점
① 소화약제가 100% 순수 물이므로 소화약제에 의한 2차 피해가 거의 없으므로 독성이 없고 환경문제를 일으키지 않는다. ② 스프링클러와 비교 ㉠ 동일 수준의 안전확보가 가능하므로 대체할 수 있다. ㉡ 상대적으로 수손피해가 작다. ③ 전기화재 : 전기부도체 ④ 가연성 액체 : Pool fire(2차원) 및 Spray fire(3차원)의 소화가 가능하다. ⑤ 불활성 또는 폭발억제 설비로 사용 가능 : 할론 및 CO_2 대체 소화시스템으로 적용할 수 있다. ⑥ 화재적응성이 넓다(A · B · C급 모두 적용). ⑦ 배관직경이 감소하고 수원을 절감할 수 있다.	① 분무특성을 향상시키기 위한 작동압력 상승으로 인한 부작용이 발생한다. ② 스케일이나 부식 생성물로 인한 소형 오리피스의 폐쇄 가능성이 있다. ③ 장치의 장기 유지관리에 대한 어려움이 있다. ④ 비경제성

(2) 용도에 따른 소화특성[47)]

유류화재(class B)	일반화재(class A)
① 산소농도를 15% 이하로 유지하여 질식 소화 ② 가연물 표면을 인화점 이하로 낮추어 냉각소화 ③ 복사열을 흡수하여 가연물 표면의 기상화 방지 ④ 가연성 가스의 농도를 낮추어 소화	① 가연물의 표면을 적심을 이용하여 연소반응 억제 ② 산소농도를 10% 이하로 유지하여 질식소화 ③ 미연소 연료표면을 적심으로 복사열량을 감소시켜 연소확대 방지 ④ 스프링클러와 같은 효과이지만 그보다는 훨씬 적은 물량을 사용

05 고려사항

(1) 화염에 초기의 미스트가 접촉함과 동시에 난류가 발생하여 화염확장 우려가 있다.

(2) 순환(pulsing)방식을 통해서 효과적인 소화방법 고려(개폐식)

1) 물 사용량 감소

2) 소화능력 증가

(3) 폭발진압설비

1) 미세한 입자($1\mu m$)가 필요하다.

47) 2009년 SFPE 애틀랜타 심포지엄 발표자료에서 발췌

2) 난류를 증가시켜 화염속도의 상승이나 인화성 가스 연소량 증가 가능성이 있으므로 주의가 필요하다.

(4) 밀폐방호구역에서 작동 시 순간적인 증발로 인한 부피팽창으로 구조물에 피해를 입힐 가능성을 고려하여야 한다.

06 적응 장소에 따른 설치방법(NFPA 750) 128회 출제

(1) 일반용도

1) 경급(light hazard occupancies)

2) 중급 1(ordinary hazard(group 1))

3) 중급 2(ordinary hazard(group 2))

(2) 특수용도

1) 기계실(machinery spaces)

① 특징

㉠ 다양한 가연물 존재 : 가연성 유류, 유압오일, 케이블(cable)

㉡ 화기를 취급하므로 화재위험이 높다.

㉢ 장비를 사용하므로 소화수를 다량 사용할 때에는 장비소손이 발생할 수 있다.

② 소화원리 : 구획된 공간이므로 냉각과 질식이 주소화원리이다.

③ 전역방출방식 적용

④ 개방형 헤드(deluge system) 적용

2) 터빈 엔진실(turbine enclosure)

① 터빈 엔진을 갑작스럽게 냉각하면 손상 위험이 있다. 따라서, Cycling(spray on and off) 시스템 적용을 검토하여야 한다.

② 소화원리 : 질식 효과를 이용하여야 한다. 따라서, 작은 물방울이 유리하다.

③ 노즐의 위치 및 방향이 중요하다.

3) 선박의 객실

① 인명안전이 주목적이다.

② A급 화재 : B급 화재보다 큰 물방울이 필요하다.

③ 습식 설비와 속동형 헤드를 사용하는 것이 바람직하다.

4) 문화재(heritage building)

① 도심에서 많이 떨어질수록 수원의 공급이 제한적이다.

② 스프링클러보다 적은 양의 물로 소화할 수 있는 미분무수 소화설비가 더 적합하다.

③ 문화재의 수손피해를 감소시킬 수 있다.

5) 박물관, 갤러리

① 인명안전 및 재산(전시물) 보호가 주목적이다.

② 준비작동식으로 시스템을 구축하는 것이 수손피해 등을 고려했을 때 가장 적합하다.

6) 전기실 및 전산실

7) 터널(tunnels)

① 최근 10년 동안 가장 발전된 분야이다.

② 수계소화설비의 필요성을 인식해서 다양한 방식이 검토되고 적용된다.

㉠ Water mist

㉡ Water spray

㉢ AFFF

㉣ 고팽창포(high expansion form), CAF

8) 항공기

07 결론

(1) 할론이나 이산화탄소설비가 환경문제로 사용이 제한되면서 가스계 소화설비의 대체물질로서 미분무수에 대한 연구가 더욱 활발해지고 있으며, 앞으로 소화설비의 주요한 부분이 될 전망이다.

(2) 미분무수시스템의 설계는 액적의 크기, 밀도, 분사력, 구획화, 방해물 등을 고려하여 공학적이면서도 타당성 있는 근거를 바탕으로 수행하여야 한다.

(3) 노즐의 분무효율을 향상시켜 액적 크기를 작게 하는 것이 미분무수 기술개발의 첫 단계이다. 다음 단계는 방호구역에 맞도록 해당 설비를 적절하게 조정하는 데 필요한 신뢰성 있는 감지, 급수 설비를 개발하는 것이다.

(4) 미분무수설비는 장점이 많기 때문에 향후 소방기술의 발달과 더불어 그 중요성이 증대되는 설비이다.

꼼꼼체크 수계 소화설비와 가스계 소화설비의 비교

구분		수계 소화설비			가스계 소화설비		
		스프링클러	포소화설비	미분무	할론	이산화탄소	할로겐화합물 및 불활성기체
화재진압 원리		냉각	냉각, 질식	질식, 냉각, 복사열 차단	부촉매	질식	부촉매, 질식
장점		유지 관리 용이	유류화재, 기계설비 화재	전기화재 친환경 소용량	가스계 중 최고의 소화력	저렴, 심부 화재	환경친화적
단점		전기 화재 수피해	대용량 필요	밀폐 공간에 적용	오존층 파괴	질식 우려, 온난화 가스	고가, 낮은 소화력
적용범위	거주 지역	○	○	○	△	×	△
	전기 화재	×	×	○	○	○	○
문제점	질식	×	△	×	△	○	△
	냉해	×	×	×	×	○	×
	지구 온난화	×	×	×	△	○	×
	오존층 파괴	×	×	×	○	△	×

※ ○ : 성능이 있다. 적합하다.
△ : 약간의 효과가 있다. 경우에 따라 적합할 수도, 부적합할 수도 있다.
× : 성능이 없다. 부적합하다.

SECTION 059 미분무수 소화설비의 소화원리

107·106회 출제

01 개요

미분무수(water mist) 소화설비는 냉각, 질식, 적심, 복사열 차단 및 운동효과 등 다양한 소화작용으로 A·B·C급 화재에 적응성이 있는 소화설비이다.

02 주된 소화원리

(1) 기상냉각

1) 소화원리 : 물의 증발잠열이 화염 및 고온의 가스로부터 열을 흡수하여 화염온도를 연소 유지에 필요한 임계수치인 단열화염 온도한계 이하로 떨어뜨리면 화염이 소멸한다.

2) 예혼합화염 : 화염온도가 연소 유지에 필요한 임계수치(단열화염 한계온도) 이하로 떨어지면 화염이 소멸한다.

3) 확산화염 : 화염냉각으로 가연물 표면에 대한 복사량(열피드백)을 감소시켜 가연물의 열분해가 감소한다.

(2) 질식(oxygen displacement) 및 인화성 증기 희석

1) 소화원리 : 물방울이 기화하면서 약 1,700배의 체적팽창을 일으켜 화염으로의 공기혼입을 막고 산소농도를 희석하여 산소농도비를 감소시킨다.

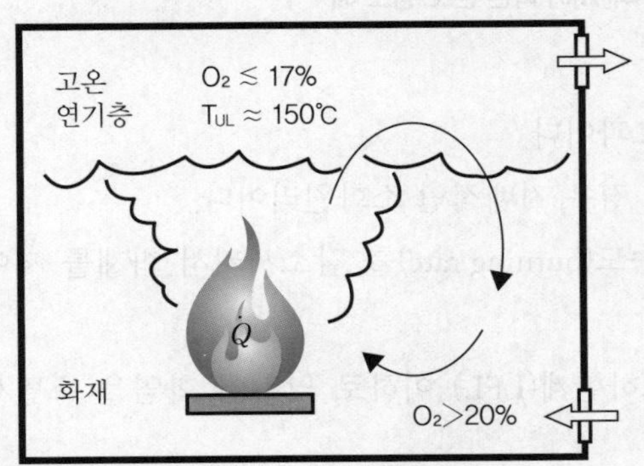

| 화재발생 시 |

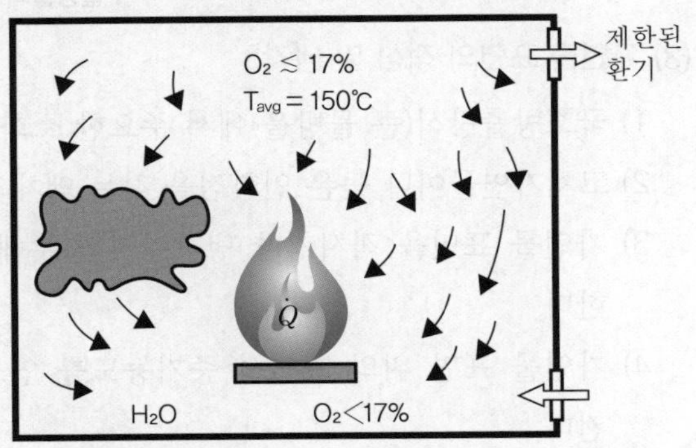

| 미분무수 방사 시 |

2) 빠르게 증발하고 팽창된 수증기가 공기(산소)를 대체한다.

3) 화재의 크기가 클수록 증발로 인한 질식효과는 증대한다.

4) 질식의 효과를 높이기 위해서는 사이클링(cycling, on and off, pulsing) 방식이 효과적이다.

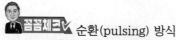

순환(pulsing) 방식

① 미분무 작동의 ON/OFF를 반복하는 방식을 Pulsing이라 하며 방호구역에 Pulsing을 적용한 경우 연속적인 Mist 방출에 비해 소화속도는 빨라지는 반면 물 사용량은 감소한다.

② 최초 OFF 상태에서 재성장한 화재는 방호구역 내부의 산소농도 저하로 고온의 불완전 연소가스를 발생시키고 뒤이은 분무액에 의해 불완전연소가스가 냉각되어 수증기와 혼합 산소를 고갈시켜 질식소화가 이루어진다.

③ 정상상태의 분무에 비해 유효증발량 및 산소감소량을 증가시켜 미분무수의 화재진압 효과를 증대시킨다.

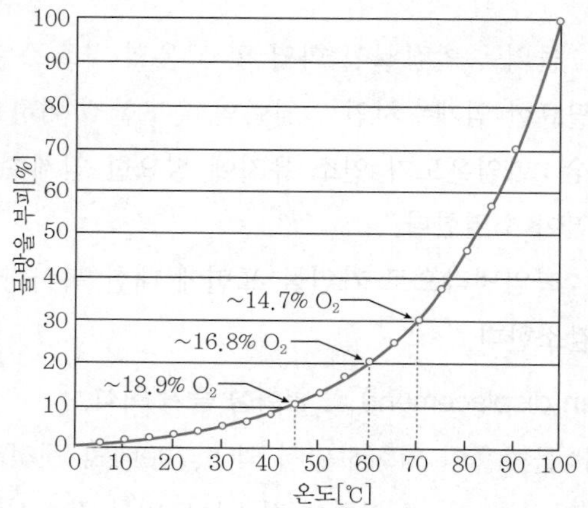

┃ 물방울의 부피[%]에 따른 온도 감소 예[48] ┃

(3) 가연물 표면의 적심 및 냉각

1) 국소방출방식(큰 물방울)에서 주요한 소화효과이다.

2) 고체가연물이나 높은 인화점을 갖는 액체의 경우 지배적인 소화원리이다.

3) 가연물 표면을 적시거나 냉각시켜 열분해속도(burning rate)를 감소시켜서 화재를 제어한다.

4) 가연물 표면 위의 가연성 증기농도를 연소하한계(LFL) 이하로 낮추어 화염을 소멸시킨다.

48) FIGURE 16.8.3 Relationship Between Gas Temperature and Volume Concentration of Water Vapor in Saturated Air. Approximate resultion oxygen concentration is indicated. 16~145Page. FPH 16-08 Water Mist Fire Suppression Systems.

03 부차적 소화원리

(1) 복사열 차단(radiant heat blocking)

1) 화염과 미연소 가연물 사이에 존재하는 부유하는 물방울 및 수증기가 복사열을 흡수하여 복사열선속을 감소시킨다.

2) 물입자가 작을수록 효과가 크다.

3) 분무열 흡수비율(Spray Heat Absorption Ratio; SHAR) : 값이 0.3 이상이면 소염이다.

$$SHAR = \frac{Q_W}{Q_f}$$

여기서, $SHAR$: 분무열 흡수비율

Q_f : 열의 발산율

Q_W : 열의 흡수율

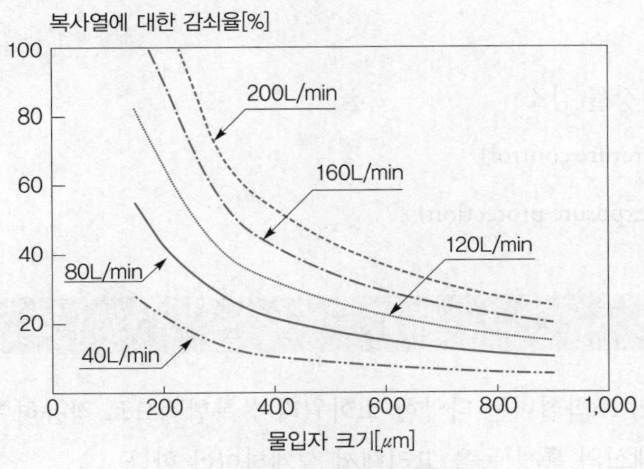

❙ 물입자 크기에 따른 복사열 감쇠율 ❙

(2) 운동효과(kinetic effects)

1) 정의 : 빠른 유체(물방울 + 공기)의 흐름으로 화염을 불안정하게 하여 소멸시키는 방법이다.

2) 가연물의 표면에 있는 가연성 증기와 공기를 수증기 등의 희석제가 운동력을 가지고 밀어내 더 이상 가연물의 표면이 연소범위 내에 위치하지 않도록 함으로써 화염이 지속될 수 있는 환경을 제거한다.

3) 문제점 : 화염이 난류상태가 되어 공기와 가연성 증기가 제거되지 않고 오히려 잘 혼합되어 화염에서의 연소반응이 더 활발해질 수 있는 역효과가 발생할 우려가 있다.

(3) 폭발위험 완화

04 액체 · 고체 화재 소화원리

액체화재 소화원리	고체화재 소화원리
① 화염냉각 ② 증기와 공기 희석 ③ 가연물의 표면냉각	① 화염냉각으로 더 낮은 불꽃 ② 산소농도를 낮추어 훈소로 화재 약화 ③ 가연물 주변을 적심

05 성능목적(performance objectives)

(1) **소화(extinguishment)** : 재발화가 발생하지 않는 완전한 진압(complete suppression)

(2) **화재진압(suppression)** : 열방출률이 급격히 감소

(3) **화재제어(fire control)**

1) 인명안전

2) 구조물 보호

3) HRR, 화재성장률 감소

(4) 온도제어(temperature control)

(5) 연소확대 방지(exposure protection)

06 결론

미분무수(water mist) 소화설비는 다양한 소화원리가 복합적으로 작용하여 소화하므로 가연물 특성, 연소 특성, 화재실의 특성 등을 고려해서 설계하여야 한다.

SECTION 060

미분무수 소화설비의 적용방법, 압력

109회 출제

01 4가지 변수

(1) 방출방식의 적용

(2) 노즐형식

(3) 시스템 작동방법

(4) 시스템 매체 종류

02 구분

(1) 방출방식에 따른 종류(NFPA 750)

구분	국소방출방식 (local application systems)	전역방출방식 (total compartment application systems)	구역방출방식 (zoned application systems)
정의	화재 우려가 있는 대상에 직접 방출하도록 헤드를 방호대상물 주위에 배치	밀폐공간 또는 방호공간을 완전하게 보호할 수 있도록 헤드를 방호구역에 분산배치	전역방출방식과 국소방출방식이 혼합된 형태이며 구획된 공간의 일정한 부분만을 보호하는 방출방식으로, 구역(zone)별 헤드가 구역밸브에 의해 동작하는 방식
고려사항	① 방호대상물 주변 또는 위험요인 주변을 미분무수로 완전히 덮을 수 있어야 함 ② 방호대상 : 폐쇄공간, 개방공간, 외부 개방공간에 있는 방호대상물 또는 위험요인 ③ 감지부가 설치된 자동식 노즐 또는 독립된 화재감지장치에 의해서 동작	① 수동 또는 자동의 방법으로 공간 내에 모든 노즐이 동시에 동작 ② 방호대상 : 밀폐공간 또는 방호공간 ③ 개방형 노즐 사용 ④ 가스계 설비와 달리 큰 개구부가 있어도 효과유지 가능 ⑤ 방호구역 내에서 미분무설비 작동 시 부압에 의한 구조물 피해 고려 ⑥ 물의 사용으로 인해 부가적으로 배수설비 필요	① 수동 또는 자동의 방법으로 방호공간 내에 모든 노즐이 동시에 동작 ② 방호대상 : 밀폐공간 또는 방호공간의 일정한 부분에 존재하는 위험요소의 완전한 보호 ③ 감지부가 설치된 자동식 노즐이나 또는 독립된 화재감지장치에 의해서 동작 ④ 대상구역의 크기, 감지구역의 크기, 화재 시나리오에 의해 작동시켜야 할 노즐수 결정

구분	국소방출방식 (local application systems)	전역방출방식 (total compartment application systems)	구역방출방식 (zoned application systems)
소화 효과	① 기상냉각 ② 가연물 적심	① 냉각소화 ② 질식 소화	① 기상냉각 ② 가연물 적심
개념도	물공급장치	국소방출방식 전역방출방식	Ⓐ Ⓑ Ⓒ 구역밸브
비고	대공간의 위험성이 높은 기기나 장소가 국소적으로 있는 경우에 적합한 방식	가장 일반적인 방호방식	터널 내 화재제어 방식으로 가장 적합한 방식

(2) 노즐형식에 따른 종류[49]

1) 폐쇄형(automatic) : 화재감지설비나 다른 노즐로부터 독립적으로 작동하는 노즐로, 노즐 자체에 감지장치가 내장되어 개별적으로 작동하는 노즐
2) 개방형(nonautomatic) : 평상시 개방되어 있는 노즐로, 독립적인 화재감지설비에 의해서 유수를 공급받아 그룹 또는 공간 전체가 동시에 작동하는 노즐
3) 혼합형(multi-functional) : 폐쇄형과 개방형의 노즐을 모두 사용할 수 있는 노즐

03 시스템의 작동방법(system operation method)

(1) 건식(dry pipe)

1) 폐쇄형 노즐이 개방되어 배관 내의 압축성 공기, 질소 또는 불활성 가스가 형성하는 압력을 저하시키면 차압에 의하여 제어밸브가 동작한다.
2) 제어밸브의 동작에 의하여 개방된 노즐로 미분무수가 배출되는 방식이다.

(2) Engineered 방식 104회 출제

1) 다양한 구획실 및 화재위험에 대해 기본 노즐간격을 규정한 뒤 수력계산에 의해 최소 노즐압력 및 설비유량을 충족시키는지 확인하는 방식이다.
2) 엔지니어의 기술과 능력에 의해서 설계가 결정된다.
3) 소화효과가 있다는 점은 설계자가 입증책임을 진다.

49) NFPA 750 7-3 Nozzle types를 번역한 내용임

(3) **준비작동식(preaction)** : 폐쇄형 노즐과 배관에는 압축성 가스와 독립된 자동화재탐지장치를 동일한 영역에 설치하여 감지기의 작동이나 노즐의 개방을 통하여 미분무수가 배출되는 방식이다.

(4) Pre-engineered 방식 104회 출제

1) 해당 구획실에 해당하는 제한된 크기의 위험요소와 일관성 있는 특성에 맞도록 개발된 설비이다.

2) 과거의 실험이나 사례 등으로 성능이 입증된 설비방식이다.

3) 노즐의 수와 위치, 저장해 두어야 할 물의 양, 배관의 직경 및 최대 길이 등을 모두 공학적으로 처리하여 증명된 설비로 설계자가 입증책임을 지지 않는다.

4) 추가로 수력계산을 하지 않아도 되므로 손쉽고 책임이 작은 설계가 가능한 방식이다.

(5) **습식(wet pipe)** : 노즐의 선단까지 소화수가 공급된 상태에서 불에 의한 가열 때문에 노즐이 개방되어 미분무소화수가 바로 배출되는 방식이다.

(6) **일제개방식(deluge water mist system)** : 개방형 헤드를 사용하는 방식이다.

04 시스템 매체 종류(media system types)

(1) 단일유체(single-fluid) 방식

1) 이유체 노즐에 비해 보다 광범위하게 사용된다.

2) 미분무수를 만드는 방법

① 고압 제트노즐

② 충돌노즐

③ 작은 오리피스노즐

④ 선회류

⑤ 디플렉터

⑥ 슬리트

(2) 이유체(twin – fluid) 방식

(3) 과열된 물을 갑자기 증발시켜 미스트를 발생시킨다.

(4) 초음파로 물을 분해시켜 미스트를 발생시킨다.

05 압력과 물입자 등급(NFPA 750 : 2017)

(1) 압력에 따른 구분

구분	저압 설비	중압 설비	고압 설비
압력	1.2MPa 이하	1.2~3.5MPa 미만	3.5MPa 이상
특징	① 표준형 스프링클러설비 방식과 유사(기존 펌프 이용 가능) ② 노즐 막힘의 우려가 있는 경우는 이중유체(twin-fluid) 방식 적용	① 관 부속품 및 펌프 선정 시 주의 ② 고압용 배관 설치	① 배관의 선정, 설치방식, 펌프 관련 기술이 중요 ② 용적형 펌프 사용

(2) 미분무수 등급(NFPA 750 삭제)

구분	Class 1	Class 2	Class 3
물입자의 90% 크기	200μm 이하	200~400μm	400~1,000μm
압력	고압	저압	저압
소화작용	냉각 및 질식 작용	냉각 및 질식 작용	가연물 적심을 통한 화재제어
특징	방호구역의 기류의 영향을 많이 받는다.	-	국소방출방식

(3) 스프링클러(sprinkler) : 물입자의 90%가 1,000μm 이하

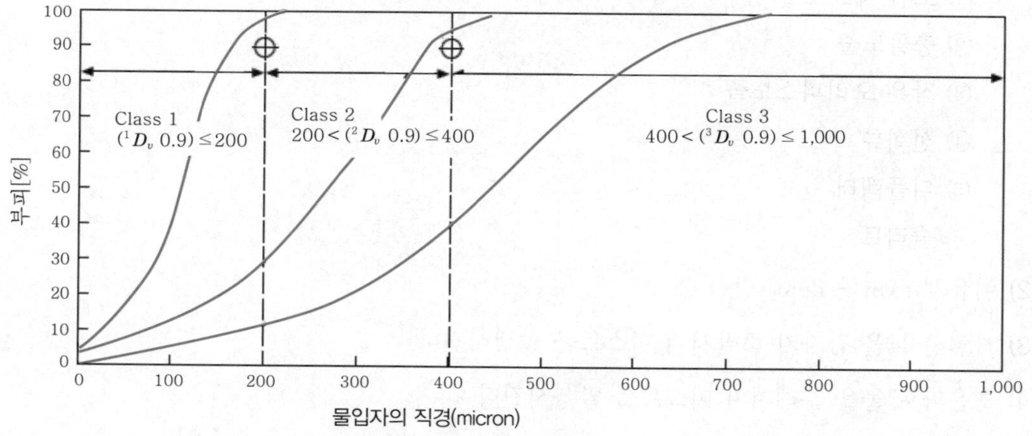

| 물입자 크기와 부피[%]에 따른 등급구분 |

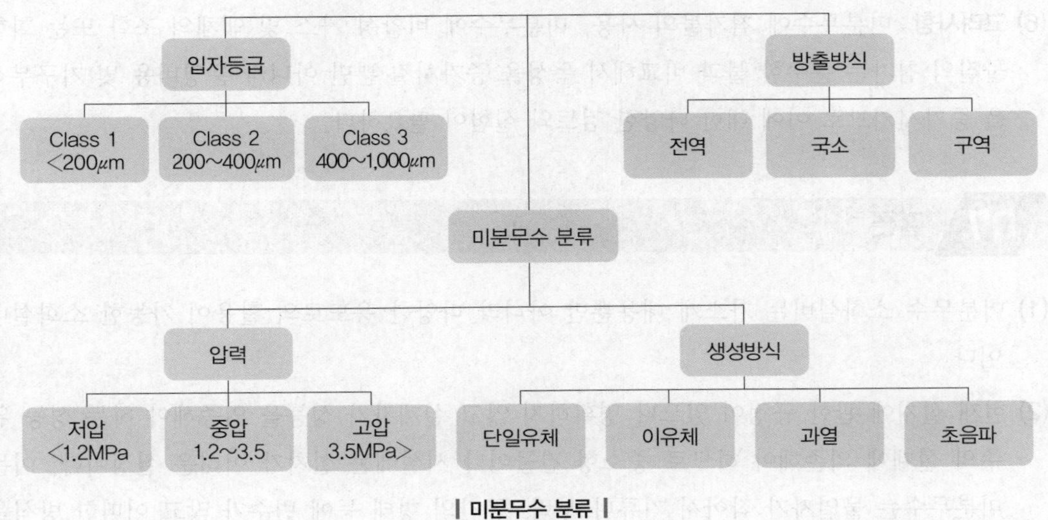

| 미분무수 분류 |

06 미분무수에 사용하는 첨가물

(1) 이유체(two-fluid) 장치

1) 이유체 장치에 압축공기 대신 질소(N_2)나 다른 비활성 가스를 사용함으로써 소화능력을 향상시킨다.

2) 특징 : 질식 효과를 증대시키고 방출 시 고압을 형성해야 할 필요가 없어진다.

3) 액화 이산화탄소 및 물의 결합방사는 좁은 장소에서의 화재진압에 더욱 효과적이다.

(2) 해수(2.5% 염화나트륨 용액)와 낮은 퍼센트의 막 형성약제(예 : 0.3%의 AFFF)의 첨가

1) 탄화수소 액체가연물의 용기화재를 진압하는 데 미분무수의 효능이 향상된다.

2) 은폐된 움푹 들어간 영역에서의 액체가연물 누출화재를 진압하는 데도 효과적이다.

3) 은폐되거나 장애물이 있는 화재에 대해서도 미분무수의 효능이 향상된다.

(3) 부동액 첨가 : 동결문제를 극복할 수 있다.

(4) 계면활성제

1) 액체가연물 용기화재의 표면상에 전파되어 가연성 증기의 발생을 차단시켜 주는 기능을 한다.

2) 숨겨진 구석의 작은 화염까지 소멸시킨다.

(5) 강화액

1) 동결문제를 극복한다.

2) 소화성능이 향상된다.

(6) **고려사항 :** 미분무수에 첨가물의 사용, 미분무수에 비활성 가스 및 액체의 조화 또는 화학물질의 첨가는 순수한 물과 비교해서 독성을 증가시킬 뿐만 아니라 운영비용 및 기구부식을 증가시키므로 이에 대한 다양한 검토와 실험이 필요하다.

07 결론

(1) 미분무수 소화설비는 가스계 대용뿐만 아니라 다양한 용도로의 활용이 가능한 소화설비이다.

(2) 현재 설치에 관한 규정이 있으나 명확하지 않고 설계자가 성능을 입증해야 하는 성능 위주의 설계에 의존해야 하므로 중소형 건물이나 시설에는 설치가 어려운 실정이다. 이는 미분무수는 물입자가 작아서 기류나 부력, 공간의 형태 등에 변수가 많고 어떠한 방식을 사용하고 무엇을 첨가하는가에 따라서 다양한 소화효과를 발휘할 수 있으므로 일률적인 규정으로는 소화효과를 기대하기가 곤란하기 때문이다.

(3) 소규모시설에는 Pre-engineered 방식으로 더욱 쉽게 적용할 수 있도록 하고 성능 위주의 설계입증에 대한 검증절차를 명확히 하여야만 미분무수의 활용도를 보다 높일 수 있을 것이다.

SECTION 061

미분무수 (NFTC 104A)

130·116·115·113·111·110·109·107·106·103·102·97회 출제

01 용어의 정의

(1) **미분무소화설비** : 가압된 물이 헤드 통과 후 미세한 입자로 분무됨으로써 소화성능을 가지는 설비를 말하며, 소화력을 증가시키기 위해 강화액 등을 첨가할 수 있다.

(2) **미분무** : 물만을 사용하여 소화하는 방식으로, 최소 설계압력에서 헤드로부터 방출되는 물입자 중 99%의 누적체적분포가 400μm 이하로 분무되고 A·B·C급 화재에 적응성을 갖는 것이다.

(3) **미분무헤드** : 하나 이상의 오리피스를 가지고 미분무소화설비에 사용되는 헤드이다.

(4) **사용압력에 의한 종류**

구분	사용압력
저압	최고 사용압력 1.2MPa 이하
중압	사용압력 1.2MPa 초과 3.5MPa 이하
고압	최저 사용압력 3.5MPa 초과

(5) **설계도서** : 특정소방대상물의 점화원, 연료의 특성과 형태 등에 따라서 발생할 수 있는 화재의 유형이 고려되어 작성된 것이다.

02 설계도서 작성(화재 시나리오) 124·111회 출제

(1) 설계도서의 구분

1) 일반설계도서 : 유사한 특정소방대상물의 화재사례 등을 이용하여 작성

2) 특별설계도서 : 일반설계도서에서 발화장소 등을 변경하여 위험도를 높게 만들어 작성

(2) 설계도서의 내용

1) 연소특성

① 점화원의 형태

② 초기 점화되는 연료유형

③ 화재위치

④ 시공유형과 내장재유형

2) 건축특성

① 문과 창문의 초기상태(열림, 닫힘) 및 시간에 따른 변화상태

② 공기조화설비, 자연형(문, 창문) 및 기계형 여부

(3) 설계도서의 검증

1) 소방관서에 허가동의를 받기 전에 성능시험기관으로 지정받은 기관에서 그 성능을 검증받아야 한다.

2) 설계도서의 변경이 필요한 경우에는 재검증을 받아야 한다.

03 수원

(1) 수질

1) 「먹는물관리법」 제5조(먹는물의 수질관리)에 적합하여야 한다.

2) 저수조 등에 충수할 경우 : 필터 또는 스트레이너를 통하여야 한다.

3) 사용되는 물 : 입자·용해고체 또는 염분이 없어야 한다.

(2) 배관의 연결부(용접부 제외) 또는 주배관의 유입측

1) 필터 또는 스트레이너를 설치하여야 한다.

2) 스트레이너

① 청소구

② 검사·유지관리 및 보수 시 배치위치를 변경하지 아니하여야 한다.

(3) 필터 또는 스트레이너의 메시 : 헤드오리피스 지름의 80% 이하

(4) 수원의 양

1) 공식

$$Q = N \times D \times T \times S + V$$

여기서, Q : 수원의 양[m^3]

N : 방호구역(방수구역) 내 헤드의 개수

D : 설계유량[m^3/min]

T : 설계방수시간[min]

S : 안전율(1.2 이상)

V : 배관의 총체적[m^3]

2) 첨가제의 양 : 설계방수시간 내에 충분히 사용될 수 있는 양 이상으로 하되 첨가제가 소화약제인 경우 소화약제의 검정기술기준에 적합한 것으로 사용한다.

(5) 수조

1) 재료

① 냉간압연 스테인리스 강판 및 강대(KS D 3698)의 STS 304

② ①과 동등 이상의 강도·내식성, 내열성을 갖는 재료를 사용한다.

2) 용접 시 주의사항

① 용접찌꺼기 등이 남아 있지 않아야 한다.

② 부식의 우려가 없는 용접방식으로 하여야 한다.

3) 수조의 설치기준 : 스프링클러 등과 동일하다.

04 가압송수장치

(1) 전동기 또는 내연기관에 따른 펌프를 이용하는 가압송수장치 : 송수량은 최저 설계압력에서 설계유량[L/min] 이상의 방수성능을 가진 기준개수의 모든 헤드로부터의 방수량을 충족시킬 수 있는 양 이상이어야 한다.

(2) 압력수조를 이용하는 가압송수장치

1) 재료

① 배관용 스테인리스강관(KS D 3676)

② ①과 동등 이상의 강도, 내식성·내열성을 갖는 재료를 사용한다.

2) 설치장비

① 수위계·급수관·배수관·급기관·맨홀·압력계·안전장치 및 압력저하방지를 위한 자동식 공기압축기

② 압력수조의 토출측에는 사용압력의 1.5배 범위를 초과하는 압력계를 설치한다.

3) 작동장치의 구조 및 기능

① 화재감지기의 신호에 따라 자동으로 밸브를 개방하고 소화수를 배관으로 송출한다.

② 수동으로 작동할 수 있게 하는 장치를 설치할 때는 부주의로 인한 작동을 방지하기 위한 보호장치를 강구하여야 한다.

(3) 가압수조를 이용하는 가압송수장치

1) 압력 : 설계방수량 및 방수압이 설계방수시간 이상 유지되어야 한다.

2) 수조 : 최대 상용압력 1.5배의 수압을 가하는 경우 물이 새지 않고 변형이 없어야 한다.

3) 가압수조 및 가압원 : 방화구획된 장소에 설치한다.

4) 수위계·급수관·배수관·급기관·압력계·안전장치 및 수조에 소화수와 압력을 보충할 수 있는 장치를 설치한다.

5) 가압송수장치 : 성능시험기관에서 그 성능을 인정받은 것으로 설치한다.

6) 가압수조 : 전용으로 하여야 한다.

05 방호구역과 방수구역

(1) 방호구역(폐쇄형 미분무헤드)

1) 하나의 방호구역의 바닥면적 : 펌프용량, 배관의 구경 등을 수리학적으로 계산한 결과 헤드의 방수압 및 방수량이 방호구역범위 내에서 소화목적을 달성할 수 있도록 산정한다.

2) 하나의 방호구역 : 2개 층에 미치지 않아야 한다.

(2) 방수구역(개방형 미분무헤드)

1) 하나의 방수구역 : 2개 층에 미치지 않아야 한다.

2) 하나의 방수구역을 담당하는 헤드의 개수

① 최대 설계개수 이하로 한다.

② 2개 이상의 방수구역으로 나눌 경우에는 하나의 방수구역을 담당하는 헤드의 개수는 최대 설계개수의 $\frac{1}{2}$ 이상으로 한다.

3) 터널, 지하구, 지하가 등에 설치할 경우 동시에 방수되어야 하는 방수구역 : 화재가 발생된 방수구역 + 접한 방수구역

06 배관 등

(1) 설비에 사용되는 구성요소 : STS 304 이상의 재료를 사용한다.

(2) 배관의 재질

1) 배관용 스테인리스강관(KS D 3576)

2) 1)과 동등 이상의 강도·내식성 및 내열성을 가진 것을 사용한다.

(3) 배관 용접할 경우

1) 용접찌꺼기 등이 남아 있지 않아야 한다.

2) 부식의 우려가 없는 용접방식으로 하여야 한다.

(4) 급수배관

1) 전용으로 할 것

2) 급수를 차단할 수 있는 개폐밸브 : 개폐표시형

(5) 성능시험배관

1) 설치위치 : 펌프의 토출측 개폐밸브 이전에서 분기하여 직선으로 설치한다.

2) 밸브의 설치위치

① 유량측정장치를 기준으로 전단 직관부 : 개폐밸브

② 후단 직관부 : 유량조절밸브

3) 개폐밸브와 유량측정장치 사이

① 호칭지름의 5배 이상의 직선거리

② 예외 : 해당 유량계에서 별도로 직선거리를 제시할 경우

4) 유량측정장치의 성능 : 펌프의 정격토출량의 175% 이상까지 측정

5) 유량측정장치와 유량조절밸브 사이

① 호칭지름의 8배 이상의 직선거리

② 예외 : 해당 유량계에서 별도로 직선거리를 제시할 경우

6) 성능시험배관의 호칭 : 유량계 호칭

(6) 호스릴 방식

1) 차고 또는 주차장 외의 장소에 설치하되 방호대상물의 각 부분으로부터 하나의 호스접결구까지의 수평거리 : 25m 이하

2) 소화약제 저장용기의 개방밸브 : 호스의 설치장소에서 수동으로 개폐할 수 있는 것

3) 소화약제 저장용기의 가장 가까운 곳의 보기 쉬운 곳에 표시등을 설치하고 호스릴 미분무소화설비가 있다는 뜻을 표시한 표지를 하여야 한다.

07 헤드

(1) 설치위치 : 소방대상물의 천장·반자·천장과 반자 사이·덕트·선반, 기타 이와 유사한 부분에 설계자의 의도에 적합하도록 설치한다.

(2) 하나의 헤드까지의 수평거리 산정 : 설계자가 제시한다.

(3) 헤드 : 조기반응형 헤드

(4) 설치장소의 평상시 최고 주위온도에 따라 다음 식에 따른 표시온도의 것으로 설치한다.

$$T_a = 0.9T_m - 27.3[℃]$$

여기서, T_a : 최고 주위온도[℃]

T_m : 헤드의 표시온도[℃]

(5) 배관, 행가 등으로부터 살수가 방해되지 않도록 설치한다.

(6) 설계도면과 동일하게 설치한다.

(7) 성능시험기관으로 지정받은 기관에서 검증받아야 한다.

08 제어반, 전원 등

스프링클러와 동일하다.

09 청소 · 시험 · 유지 및 관리 등

(1) 청소·유지 및 관리 등은 건축물의 모든 부분을 완성한 시점부터 최소 연 1회 이상 실시하여야 한다.

(2) **배관 등의 청소**: 배관의 수리계산 시 설계된 최대 방출량으로 방출하여 배관 내 이물질이 제거될 수 있는 충분한 시간 동안 실시한다.

(3) 막힘(clogging) 현상 122회 출제

1) 분출헤드 막힘 현상

2) 원인: 용접잔해물, 부식 잔해물 등

3) 문제점: 헤드가 막혀 균일한 살수밀도 형성 곤란

4) 관련규정

① NFTC 104A 2.14 청소·시험·유지 및 관리 등

② 소화설비용 헤드의 성능인증 및 제품검사 기술기준 제50조(막힘시험)

㉠ 헤드는 막힘시험에 따라 오염된 물을 최소 설계압력에서 30분간 연속적으로 방사하는 경우

- 막힘이 없어야 한다.
- 막힘시험 실시 전·후에 각각 측정한 방수량의 편차: 10% 이하

㉡ 막힘시험 시험절차

- 필터(또는 스트레이너)가 내장된 헤드: 최소 설계압력으로 1분간 방사된 유량을 측정한다.
- 시험장치에 필터(또는 스트레이너)가 내장된 헤드를 설치한다.
- 약 1.58kg의 오염물질과 60L의 담수를 혼합시킨 오염물을 최소 설계압력으로 30분간 흐르게 하면서 막힘 여부를 확인한다.

• 시험 중 헤드로 분무되는 오염물은 오염물통으로 순환시키며 통 내의 오염물은 연속적으로 섞여야 한다.
• 구리 또는 스테인리스 재질의 배관 및 배관부속에만 사용하도록 제한된 헤드
  – 오염물질의 50%, 설계압력 4.9MPa 이상
  – 오염물질의 90%를 줄여 시험실시 가능(설치제한사항 표시 필요)
• 오염된 물을 최소 설계압력으로 30분간 방사시킨 후 헤드를 세척하지 아니한 채 측정한 방수량과 막힘시험을 하기 전 방수량의 편차를 확인한다.

5) NFPA 750(2019)

① 외부의 이물질에 의해 헤드가 막힐 수 있는 경우 다음과 같은 장치가 필요하다.
  ㉠ 배출노즐에는 깨지기 쉬운 디스크
  ㉡ 쉽게 날아가는 캡
  ㉢ 기타
② 시스템 전체에 물을 채우고 유동시험
  ㉠ 노즐 배치, 토출 패턴 및 장애물을 점검하는 수단
  ㉡ 설계기준과 실제성능 간의 관계
  ㉢ 물에 의해 운반되는 이물질에 의해 더 작은 배관 및 노즐의 막힘 방지
③ ②의 적용이 곤란한 경우 : 부분유동시험
④ 미분무노즐이 막힐 수 있으므로 부식이 최소화된 관부속을 선정한다.
⑤ 동결의 우려가 있는 장소는 부동액시스템이 필요하다.

10 설계도서 작성기준(화재 시나리오) 124·111회 출제

(1) 설계도서의 검증

1) 소방관서에 허가동의를 받기 전에 성능시험기관으로 지정받은 기관에서 그 성능을 검증받아야 한다.
2) 설계도서의 변경이 필요한 경우는 재검증을 받아야 한다.

(2) 공통사항 : 설계도서는 건축물에서 발생 가능한 상황을 선정하되, 건축물의 특성에 따라 설계도서 유형 중 1)의 일반설계도서와 2)부터 7)까지의 특별설계도서 중 1개 이상을 다음 사항을 고려하여 작성[50]한다.

1) 점화원의 형태
2) 초기 점화되는 연료유형

50) 미분무소화설비의 화재안전기술기준(NFTC 104A) 2.1

3) 화재위치

4) 문과 창문의 초기 상태(열림, 닫힘) 및 시간에 따른 변화상태

5) 공기조화설비, 자연형(문, 창문) 및 기계형 여부

6) 시공유형과 내장재유형

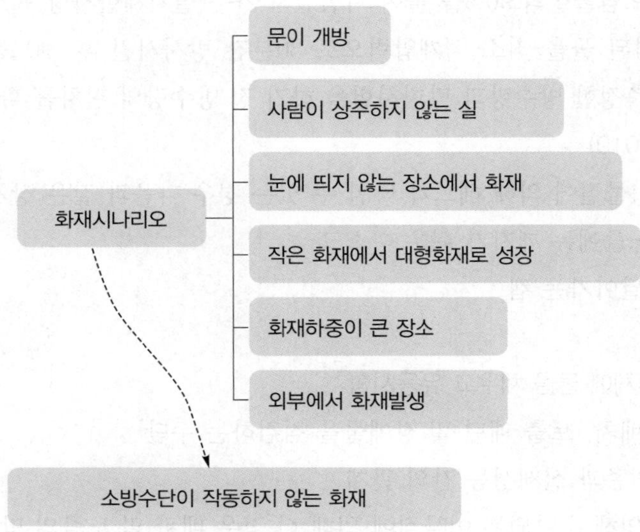

(3) 설계도서 유형

1) 일반설계도서

① 건물용도, 사용자 중심의 일반적인 화재를 가상한다.

② 설계도서의 내용

구분	내용
건축 특성	① 건축물의 높이, 연면적 및 실 크기 ② 가구와 실내 내용물 ③ 개구부 크기 및 형태
연소 특성	① 연소 가능한 물질들과 그 특성 및 발화원 ② 최초 발화물과 발화물의 위치
점유자 특성	① 점유자의 수와 장소 ② 점유자 특성

③ 설계자가 필요한 경우 : 기타 설계도서에 필요한 사항을 추가할 수 있다.

2) 특별설계도서 1

① 내부 문들이 개방되어 있는 상황에서 피난로에 화재가 발생하여 급격한 화재연소가 이루어지는 상황을 가상한다.

② 화재 시 가능한 피난방법의 수에 중심을 두고 작성한다.

3) 특별설계도서 2

① 사람이 상주하지 않는 실에서 화재가 발생하지만, 잠재적으로 많은 재실자에게 위험이 되는 상황을 가상한다.

② 건축물 내의 재실자가 없는 곳에서 화재가 발생하여 많은 재실자가 있는 공간으로 연소 확대되는 상황에 중심을 두고 작성한다.

4) 특별설계도서 3

① 많은 사람들이 있는 실에 인접한 벽이나 덕트 공간 등에서 화재가 발생한 상황을 가상한다.

② 화재감지기가 없는 곳이나 자동으로 작동하는 소화설비가 없는 장소에서 화재가 발생하여 많은 재실자가 있는 곳으로의 연소 확대가 가능한 상황에 중심을 두고 작성한다.

5) 특별설계도서 4

① 많은 거주자가 있는 아주 인접한 장소 중 소방시설의 작동범위에 들어가지 않는 장소에서 아주 천천히 성장하는 화재를 가상한다.

② 작은 화재에서 시작하지만 대형화재를 일으킬 수 있는 화재에 중심을 두고 작성한다.

6) 특별설계도서 5

① 건축물의 일반적인 사용특성과 관련, 화재하중이 가장 큰 장소에서 발생한 아주 심각한 화재를 가상한다.

② 재실자가 있는 공간에서 급격하게 연소 확대되는 화재를 중심으로 작성한다.

7) 특별설계도서 6

① 외부에서 발생하여 본 건물로 화재가 확대되는 경우를 가상한다.

② 본 건물에서 떨어진 장소에서 화재가 발생하여 본 건물로 화재가 확대되거나 피난로를 막거나 거주가 불가능한 조건을 만드는 화재에 중심을 두고 작성한다.

11 문제점

미분무수는 인명안전보다는 재산보호측면이 강하다. 그런데 이를 인명안전코드의 성능 위주 설계내용을 그대로 가져와서 NFTC에 적용한 것이다. 따라서, 설계 시 이러한 면을 고려할 필요가 있다.

SECTION

062 포소화설비

01 개요

(1) 물에 의한 소화방법으로는 효과가 작거나 화재가 확대될 위험성이 있는 가연성 액체 등의 화재에 사용하는 설비

(2) 물과 포소화약제를 일정한 비율로 혼합한 수용액을 공기로 발포시켜 형성된 미세한 기포의 집합체가 연소물의 표면을 차단시킴으로써 질식소화하며, 포에 함유된 수분에 의한 냉각소화효과도 있다.

(3) 대규모 화재의 소화에도 적합하고 옥외소화에도 효력이 있다.

(4) **포소화설비의 구성** : 수원, 가압송수장치, 포방출구, 포원액 저장탱크, 혼합장치, 배관 및 화재감지장치 등

(5) **포의 형성방법**

1) 물에 충격을 주면 포물선을 그리다가 포물선 상수가 붙으면서 원을 이루는데 이것이 기포가 된다.
2) 물의 표면장력이 작용하여 원래의 평평한 표면으로 원상복구된다.
3) 물에 충격력을 주고 표면장력을 낮추면 포를 쉽게 생성할 수 있다.

02 포의 소화단계

(1) **1단계** : 물이 펌프로부터 가압되어 운동에너지를 가지고 이동하는 단계

(2) **2단계** : 다음 그림 ①과 같이 포소화약제와 물이 적정농도(1, 3, 6%)로 혼합되는 단계

(3) **3단계** : 다음 그림 ②와 같이 가스나 공기를 주입해 기포구조가 형성되는 단계

(4) **4단계** : 물과 가스나 공기가 혼입되어 폼을 형성하는 단계

(5) **5단계** : 다음 그림 ③과 같이 포가 방출되는 단계

(6) **6단계** : 일부 포(단백포)가 탄화수소가연물의 표면 위에 두껍고 점성이 있는 포막을 형성하는 단계

1) 수성막포의 경우에는 점성이 훨씬 작아서 가연물의 표면 위에서 급속하게 퍼져 나간다.

2) 수성막 수용액으로 이루어진 기밀성 막을 형성할 수 있다.

(7) **7단계** : 포가 가연물의 표면 위를 부유하는 단계

1) 공기유입을 막는다.

2) 가연물의 증발을 억제한다.

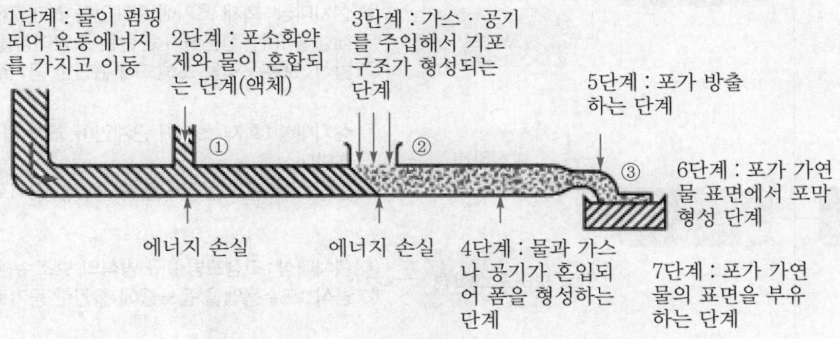

| 포의 소화단계 |

이송시간(transition time) : 포약제와 물을 혼합하고 나서 거품이 생성될 때까지의 시간을 말하며 이를 초과하면 거품생성 전에 금속염(금속 비누형, 단백포 소화약제)이 생겨 그 침전으로 인해 거품생성 및 설비상 장해가 발생한다. 이 시간은 물의 온도, 경로의 영향을 받는다.

03 포소화약제 설치대상

특정소방대상물	설치대상
항공기 및 자동차 관련 시설 중 항공기격납고	규모와 상관없이 적용
주차용 건축물	연면적 800m² 이상
건축물 내부에 설치된 차고 또는 주차장	차고 또는 주차의 용도로 사용되는 부분의 바닥면적의 합계 200m² 이상
기계식 주차장치	20대 이상의 차량을 주차할 수 있는 것
위험물제조소 등의 시설[51)]	소화난이도등급 I의 제조소 또는 일반취급소

51) 위험물안전관리에 의한 세부기준 제128조 (소화설비 설치의 구분)

04 방출방식에 의한 분류 71회 출제

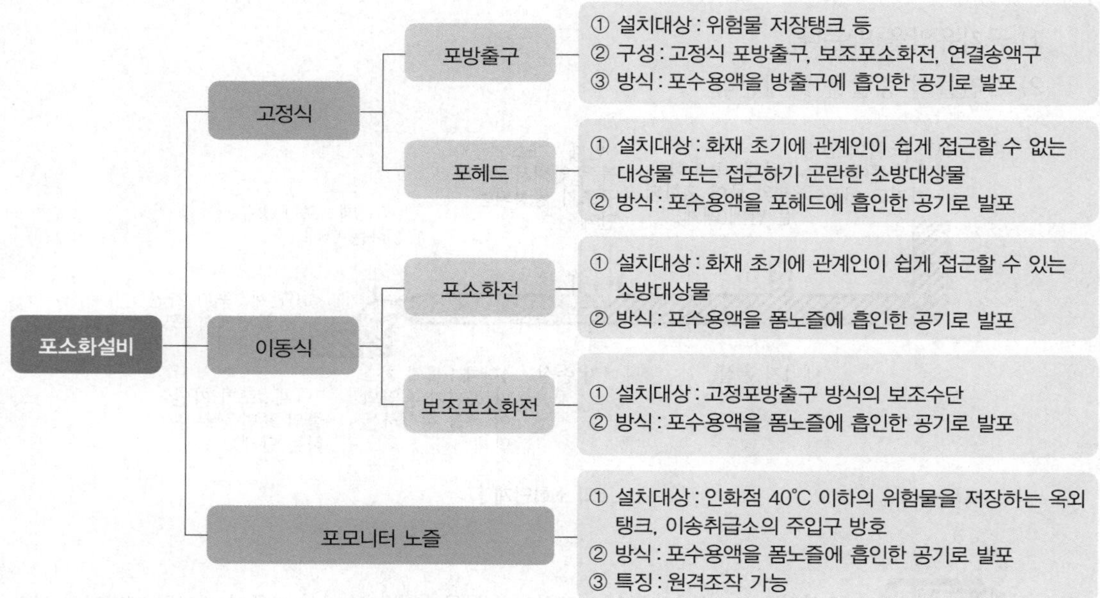
포소화설비
고정식
이동식
포모니터 노즐
포방출구
포헤드
포소화전
보조포소화전
① 설치대상 : 위험물 저장탱크 등
② 구성 : 고정식 포방출구, 보조포소화전, 연결송액구
③ 방식 : 포수용액을 방출구에 흡인한 공기로 발포
① 설치대상 : 화재 초기에 관계인이 쉽게 접근할 수 없는 대상물 또는 접근하기 곤란한 소방대상물
② 방식 : 포수용액을 포헤드에 흡인한 공기로 발포
① 설치대상 : 화재 초기에 관계인이 쉽게 접근할 수 있는 소방대상물
② 방식 : 포수용액을 폼노즐에 흡인한 공기로 발포
① 설치대상 : 고정포방출구 방식의 보조수단
② 방식 : 포수용액을 폼노즐에 흡인한 공기로 발포
① 설치대상 : 인화점 40℃ 이하의 위험물을 저장하는 옥외 탱크, 이송취급소의 주입구 방호
② 방식 : 포수용액을 폼노즐에 흡인한 공기로 발포
③ 특징 : 원격조작 가능

(1) 옥외 탱크 고정포방출구방식

1) 고정포방출구방식은 위험물저장탱크 등에 설치하는 것으로서, 탱크의 구조 및 크기에 따라 일정한 수의 포방출구를 탱크 측면 또는 내부에 설치한다.

2) 종류

① Ⅰ형 고정포방출구 : 통이나 튜브 등을 이용해 콘루프 탱크(cone roof tank)에 사용하는 방출구

② Ⅱ형 고정포방출구 : 반사판을 이용해 콘루프 탱크(cone roof tank)에 사용하는 방출구

③ Ⅲ형 고정포방출구 : 표면하 주입식 방출구

④ Ⅳ형 고정포방출구 : 반표면하 주입식 방출구

⑤ 특형 고정포방출구 : 플로팅 루프 탱크(floating roof tank)에 사용하는 특형 방출구

(2) 포헤드방식

1) 설치장소 : 화재 시 접근이 곤란한 위험물제조소, 취급소, 옥내저장소, 차고 등

2) 고정식 배관에 헤드를 설치하여 포를 방출하는 설비로서, 포헤드의 종류에 따라 다음의 세 종류로 구분한다.

① 포워터스프링클러설비

② 포헤드설비

③ 포워터스프레이

(3) 이동식

1) 정의 : 화재 시 쉽게 접근하여 소화작업을 할 수 있는 장소 또는 방호대상이 '고정포방출구방식'이나 '포헤드방식'으로는 충분한 소화효과를 얻을 수 없는 부분에 설치하는 방식이다.

2) 종류

① 포소화전설비

㉠ 정의 : 소화전과 같이 호스를 들고 화점 근처까지 이동하고 노즐을 통하여 사람이 직접 화점에 포를 수동조작으로 방출하는 방식의 방출구

㉡ 사용처 : 개방된 차고 또는 주차장이나 옥외탱크 저장소의 보조포 설비용

② 호스릴포설비

㉠ 정의 : 가볍고 혼자 작동이 가능한 호스릴을 이용하여 호스를 화점 근처까지 이동하고 노즐을 통하여 사람이 직접 화점에 포를 방출하는 방식

㉡ 방출량이 포소화전보다 작은 이동식 간이설비

㉢ 사용처 : 개방된 차고 또는 주차장, 항공기격납고

(4) 포모니터 노즐방식(위험물안전관리에 관한 세부기준)

1) 정의 : 위치가 고정된 노즐의 방사각도를 수동 또는 자동으로 조준하여 포를 대량으로 방사하는 설비

2) 방호대상 : 옥외의 공작물(펌프설비 등을 포함) 또는 옥외에서 저장 또는 취급하는 위험물을 방호대상물

3) 목적 : 방유제 방호

(5) 압축공기 포소화설비 : 압축공기 또는 압축질소를 일정 비율로 포수용액에 강제 주입 혼합하는 방식

(6) NFPA 11의 포소화설비방식(NFPA 11(2016) 3.3.17)

1) 압축공기포 시스템(Compressed Air Foam System ; CAFS)

2) 고정식 시스템(fixed system) : 고정된 펌프, 배관, 포 방출구를 통해 포를 방출하도록 하는 설비이다.

3) 이동식 시스템(mobile system) : 바퀴가 장착되어 차량에 의해 자체 추진되거나 견인되어 이동 가능한 포발생장치를 사용하는 모든 유형의 폼장치이다.

4) 휴대용 시스템(portable system) : 포 발생장치를 사람이 이동시킬수 있도록 한 방식이다.

5) 반고정식 시스템(semi-fixed system) : 위험한 지점 전까지 고정된 배관이 설치되고 이에 연결된 방식으로 안전거리 확보가 필요하다.

05 방출구에 의한 분류

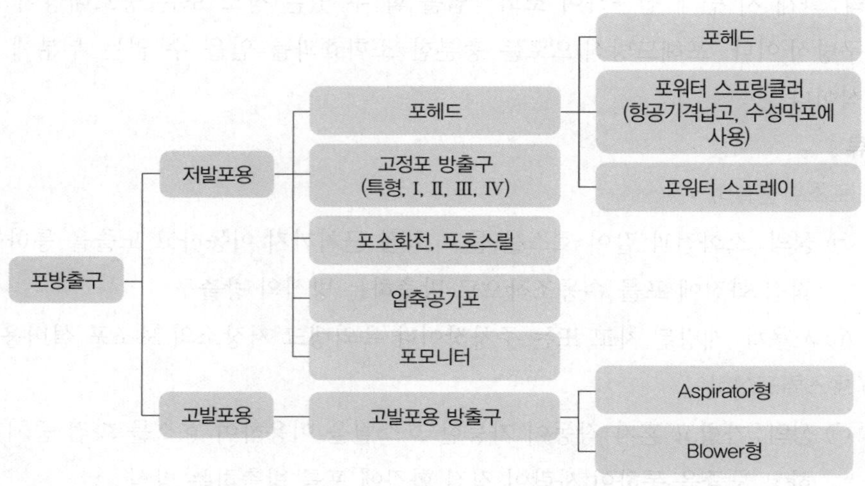

06 포의 소화효과

(1) 질식 효과

1) 인화성 액체의 상부에 존재하는 가연성 증기를 공기로부터 분리한다.

2) 질식(공기와 유류표면의 접촉을 차단) 소화효과

(2) 유화 및 희석 효과

1) 연료 표면에서 가연성 증기의 발생을 억제한다.

2) 유화(물과 기름의 에멀전 상태), 희석(수용성 물질, 즉 알코올계) 소화효과

(3) **열차단효과 :** 포가 복사열을 흡수해서 증발하므로 액표면의 열을 차단하는 효과가 있다.

| 유면에서 포의 소화 |

(4) **증발차단효과 :** 액체의 가연성 증기의 증발을 차단하는 효과가 있다.

(5) 냉각효과

1) 포에서 환원된 물(drainage)이 연료 표면과 주변 표면을 냉각시킨다.

2) 포소화약제는 94 or 97%가 물로 이에 의한 냉각효과가 발생한다.

3) 고인화점 유류인 경우 냉각효과에 의한 소화가 크다.

SECTION

063 포소화약제

01 개요

(1) 포(foam) : 수용액으로부터 생성된 기체가 차 있는 거품으로 기름보다 비중이 낮아서 기름 표면 위를 부유하는 소화약제

(2) 크게 화학포와 기계포로 구분하며, 화학포는 화학작용에 의해 생성되고 기계포는 물과 포원액을 섞어서 포수용액에 포제네레이터로 공기를 주입해 기포구조를 형성한다.

(3) 기계포는 포소화약제와 물을 기계적으로 교반시키면서 공기를 흡입하여(공기를 핵으로 하여) 발생시킨 포로, 일명 공기포라고도 한다. 이 소화약제는 화학포 소화약제보다 농축되어 있으므로 약제탱크의 용량이 작아질 수 있는 장점이 있으므로 대부분의 포소화설비는 기계포이다.

(4) 용도에 따른 국제기준

용도		국제기준(EN)
비수용성 액체가연물용 (석유류용)	저발포	ISO 7203-1 (EN 1568-③)
	중발포	ISO 7203-2 (EN 1568-①)
	고발포	ISO 7203-2 (EN 1568-②)
수용성 액체가연물용 (주류용)	저발포	ISO 7203-3 (EN 1568-④)
	중발포	-
	고발포	-
일반화재용 (나무 등 단단한 가연물)	저발포	-
	중발포	-
	고발포	-

02 포소화약제의 구비조건

(1) 내열성이 좋을 것

1) 단백포가 우수(단, 오염 시에는 급격히 저하)하다.

2) 수성막포는 내열성은 낮지만 유동성이 우수하기 때문에 거품이 파괴하기 전에 소화(초기 소화에 효과적)된다.

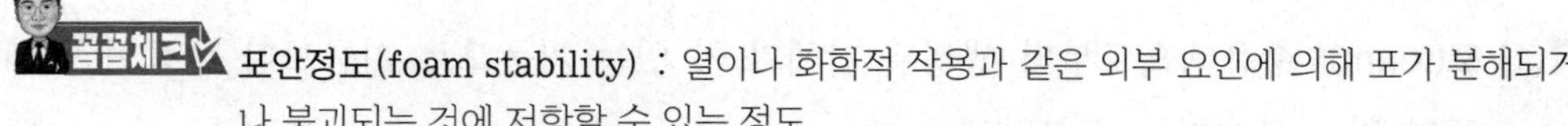

포안정도(foam stability) : 열이나 화학적 작용과 같은 외부 요인에 의해 포가 분해되거나 붕괴되는 것에 저항할 수 있는 정도

(2) 부패 및 변질이 없을 것

(3) 유동성이 좋을 것(위험물 탱크)

1) 포가 유면상을 신속하게 이동하여 확산되어야 질식으로 인한 소화가 가능해지므로 유동성은 포소화약제의 중요한 특성이다.

2) 포소화약제의 유동거리 : 30m 이하(NFPA 11(2016) 5.2.6.2.4)

3) 유동성 : 수성막포 > 합성계면활성제포 > 불화단백포 > 단백포

4) 긴 파이프형 노즐(고압 방출) : 거품의 전단응력이 큰 딱딱한 유동성이 낮은 거품 발생

5) 폼 챔버(저압 방출) : 거품의 전단응력이 작은 유동성이 좋은 거품 발생

(4) 팽창비가 클 것

1) 단백포의 경우 : 6~8배의 팽창비일 때 소화성능이 가장 우수(10배를 넘으면 감소)하다.

2) 팽창비가 클수록 포의 양은 많아지지만, 열에 노출된 경우는 극단적으로 내열성, 보수성이 나빠지고 거품이 오래 지속된다.

① 포에서 환원(drainage)된 포수용액이 적으므로 환원시간이 증가된다.

② 유동률이 감소한다.

3) 합성계면활성제포나 수성막포는 기포성이 좋아서 일반 스프링클러나 소화전과 같이 발포기가 없는 경우에도 포형성 가능 : 팽창비는 2~3배이고 안정성이 나쁘며 환원시간이 짧다.

4) 온도가 상온보다 높은 경우 : 팽창비는 커지지만, 파포가 되고 빨리 수축하는 등의 문제점이 발생한다.

5) 발포기 : 적정한 압력이 필요하다.

① 압력이 낮은 경우 : 거품이 불충분하게 형성된다.

② 압력이 설계압보다 높으면 미세하고 밀도 높은 거품이 되고, 팽창비가 감소한다. 고압으로 인한 거품의 전단응력이 커져 딱딱한 거품이 되고 보수성, 내열성은 커지지만, 거품의 유동성은 감소한다.

(5) **포방사 후 수용액의 환원량** : 25% 이하

(6) **환원시간(포안정성)** 97회 출제

1) 정의 : 환원량이 수용액의 25%가 되는 데 소요되는 시간으로, 분을 기준으로 한다.

1. **환원시간** : 거품질량의 $\frac{1}{4}$이 물로 환원하는 시간으로 환원시간이 길수록 포가 유지되는 시간이 길다.

$\frac{W-W_1}{4}$ (NFPA 11 [D.1.9b])

여기서, W : 포수집용기에 거품이 충만했을 때의 총중량[g]

W_1 : 포수집용기의 중량[g]

2. **환원(drainage)** : 거품에서 물이 서서히 감소되어 거품막이 얇아지고 거품의 저항이 감소하면서 결국 파열되어 아래로 배수되는 현상

2) 포소화약제 형식승인 및 시험세칙 기준(KOFEIS 0103) 발포성능조건

포소화약제의 종류	25% 환원시간[min]	팽창률
저발포(수성막포 제외)	1분 이상	6배 이상 20배 이하
저발포(수성막포 소화약제)	1분 이상	5배 이상 20배 이하
고발포(합성계면활성제)	3분 이상	500배 이상

3) 방수포용 포소화약제의 발포성능

포소화약제의 종류	25% 환원시간[min]	팽창률
저발포(수성막포 제외)	2분 이상	6배 이상 10배 미만
저발포(수성막포 소화약제)	2분 이상	5배 이상 10배 미만

4) 환원시간이 길수록 환원되는 물과 유동성이 줄어든다. 하지만 포의 안정성과 질식 효과는 좋아진다.

5) NFPA 11 D.1.9 Procedure 25% 환원시간 : 2.0~2.5분 또는 2.25분(2.3분)

(7) **침전량**

1) 수용액의 침전량 : 0.1% 이하

2) 변질시험 후 침전량 : 0.2% 이하

(8) **내유성이 강할 것**

1) 불화단백포는 거품이 기름으로 오염되어도 안정성, 내열성, 내화성 등 소화에 필요한 성질을 보유하는 포이다. 기름에 오염된 거품에 점화하여 거품이 타고 있는 상황에서도 거품이 소멸되는 정도가 적은 것으로 알려져 있다.

2) 수성막포는 기름으로 오염되기 어려운 거품이지만, 거품에 기름을 감싸는 성질이 있어 이에 착화하면 거품이 순식간에 불타 없어질 수 있다.

(9) 점착성(부착성)이 강할 것 : 포가 유면에 잘 붙어 있어야 질식 효과를 기대할 수 있으며, 점착성이 약하면 바람이 불거나 상승기류에 의해 포가 유면에서 분리될 수 있다.

(10) 소포성이 적을 것

1) 소포성(消泡性) : 포를 소멸시키는 성질

2) 포가 유지되어야 소화효과를 기대할 수 있으므로 포가 깨지면 소화효과를 기대할 수 없다.

(11) 유면봉쇄성

1) 거품이 유면을 밀봉하여 소화하며, 화재 후 증발을 억제하고 재발화를 방지한다.

2) 단백포 : 유면을 오래 봉쇄하고 있지만, 거품이 기름을 포함하면 빨리 소멸한다.

3) 불화단백포 : 기름에 오염된 상황에서도 내화성, 내유성을 가지고 있고, 유면을 봉쇄한다.

4) 합성계면활성제포 : 기름에 오염되지 않는 상황에서도 내열성, 보수성, 내유성이 떨어지므로 대량 방출소화한 경우에도 거품이 곧 파괴되고, 유면을 봉쇄할 수 없다.

5) 수성막포 : 빠른 유면 봉쇄능력은 있으나 플레어업 위험이 있다.

1. 플레어업(flare-up) : 수성막으로 감싼 유증기가 불꽃에 의해 타는 현상
2. 포카페트(foam carpet) : 유면에 형성된 포의 막

(12) 포 구비조건의 상호관계[52] 111회 출제

| 포의 상호관계 |

팽창비	↑	환원시간	↑
팽창비	↑	유동성	↓
환원시간	↑	안정성	↑
환원시간	↑	유동성	↓

팽창비와 내열성은 환원시간이 긴 것일수록 우수하며, 이는 화염에 노출되어도 포가 쉽게 깨지지 않기 때문이다. 팽창비가 클수록 물이 적게 나오므로 환원시간이 길어진다. 일부 책에서는 팽창비가 클수록 함수율이 줄어들어 내열성이 감소한다고 했으나 팽창비가 클수록 환원시간이 길어지고 내열성이 우수해질 수도 있기 때문에 팽창비와 내열성은 무관하다고 보는 것이 바람직하다.

52) 消防用設備等に関するISO規格の 比較検証事業報告書 (平成２３年度)

03 포소화약제의 특성

(1) 점도

1) 원액의 점도는 혼합기에 의해 만들어지는 수용액의 농도를 결정한다.

2) 점도가 크면 혼합기로 유입되는 원액의 양이 감소하고 수용액의 농도는 엷어진다.

3) 온도가 올라가면 점도는 감소하므로 온도의 변화에 주의하여야 한다.

4) 틱소트로피(thixotropy) : 잃었던 성질로 되돌아가려는 성질

① 포소화약제가 교반을 잘하면 겔(gel)상에서 졸(sol)상이 되는데, 이를 방치하면 다시 겔상이 된다.

② 교반하면 유동성이 증가하여 가연물 표면을 빠르게 덮을 수 있으며, 시간이 경과하면 유동성이 다시 감소한다.

(2) 부식성

1) 포소화약제는 부식성이 있다.

2) 수성막포는 표면장력이 낮아 작은 구멍이나 틈만 있어도 침투하여 부식을 일으킨다.

3) 단백포는 침전물이 벽면에 고착되어 부식이 진행되어도 발견이 어려운 경우가 많다.

(3) 침전과 층간분리

1) 단백포

① 보존 중에 공기 중 산소와 만나 산화반응을 일으키며 침전된다.

② 보관 시에는 산소와 접하지 못하게 저장용기에 공극을 없애야 한다.

③ 불활성기체 등으로 충진하고 약제가 흔들리지 않도록 하여야 한다.

2) 계면활성제 : 밀도차에 의해서 층간분리가 발생한다.

(4) 동결과 사용온도 범위

구분	사용온도	유동점
일반용	−5～30℃	−7.5℃
내한용	−10～30℃	−12.5℃
초내한용	−20～30℃	−22.5℃

유동점(pour point) : 온도를 낮추면 점도가 점차 증대되면서 유동성을 잃고 굳어지는데, 유동성을 잃기 직전의 온도가 유동점이다.

(5) 수용액의 특성

1) 수용액으로 저장(premix)

① 단백포는 변질 우려가 있으므로 저장할 수 없다.

② 계면활성제는 수용액(premix)으로 저장할 수 있으므로 빠른 발포가 가능하다.

2) 계면활성제포를 제외한 포소화약제들은 별도로 보관하다가 포생성 직전에 혼합한다.

04 기계포 소화약제의 구분

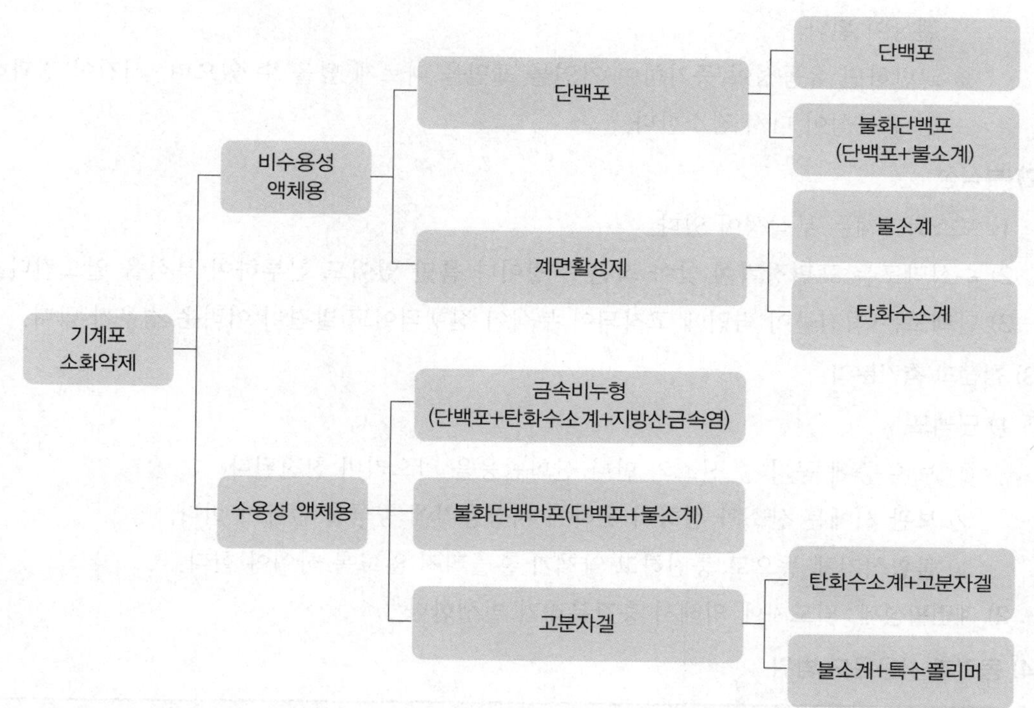

구분	단백포	불화단백포	합성계면활성제포	수성막포
성분	동식물 단백질 가수분해물질 + 염화제일철	단백포 + 불소계면활성제	계면활성제 + 안정제	불소계면활성제 + 안정제
성질	양친매성	단친매성	양친매성	단친매성
내유성	△	◎	×	○
내열성	○	◎	×	×(ring fire)
유동성	△	○	◎	◎

구분	단백포	불화단백포	합성계면활성제포	수성막포
점착성	◎	◎	◎	◎
기포성 (일반 헤드로도 포생성 가능)	△	△	◎	○
유면봉쇄성	◎	◎	×	△
기포성	○	○	◎	◎
안전성 & 보수성	◎	◎	○	○
고발포	×	×	◎	×
저장성	×	◎	◎	◎
ISO 표시	P	FP	SD	AFFF
ISO 정의	가수분해 단백질 원료에서 생성된 거품 원액	불소계 계면활성제를 첨가한 단백포 원액	탄화수소계 계면활성제를 혼합한 것을 약재로 하는 거품 원액	불소계 계면활성제를 혼합한 것을 약제로 탄화수소화합물의 표면에 수성막을 형성할 수 있는 거품 원액
종합성능	3	1	4	2

[비고] ◎ – 매우 뛰어나다, ○ – 우수, △ – 일반, × – 떨어진다

05 단백포(protein foam)

(1) 개요

1) 동물의 단백질을 가수분해하면 아미노산이 된다.

2) 포소화약제는 이 가수분해의 중간과정에서 분해를 정지시킨 소화약제이다.

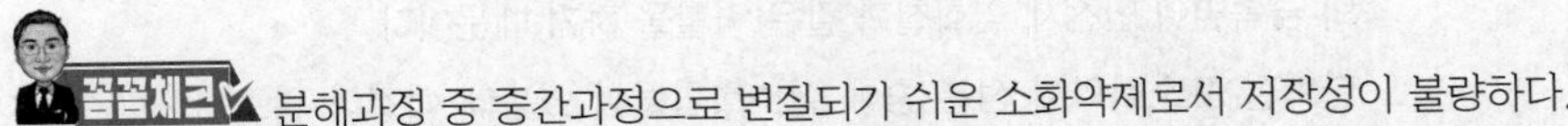

꼼꼼체크 분해과정 중 중간과정으로 변질되기 쉬운 소화약제로서 저장성이 불량하다.

3) 내열성을 높이기 위해서 금속염인 염화제일철($FeCl_2$)을 첨가한다.

꼼꼼체크 염화철은 단백질을 응집시켜 내열성을 증가시키는 능력이 있고 흑갈색을 띈다.

(2) 구성 : 단백질(짐승의 뼈, 뿔 등) + 염화제일철(안정제, 내열성 강화)

(3) 포의 형성

1) 계면활성분자는 액체의 표면에 나란히 모여서 막을 형성하는 반면 단백포는 공기와 뒤섞이며 분자의 일부에 변성(metamorphism)이라고 불리는 변화가 일어나 서로 얽히고설키는 관계에서 막이 형성된다.

포가 변성을 거쳐 얽히고설켜서 형성되므로 막이 깨지기 어려운 안정성이 높고 끈적거리는 점착성이 좋으며 수분이 많은 무거운 포가 형성된다.

2) 연결된 막 사이의 액의 유동이나 흐름이 방해를 받아 유동성이 낮은 포가 형성된다.

3) 막이 열변성이나 경화를 겪으면서 내화성이나 내열성이 큰 포가 형성된다.

(4) 장단점

장점	단점
① 내열성, 유면봉쇄성이 우수 : 오염 시 성능이 급격히 저하된다. ② 원료가 싸고 제조가 용이해 가격은 저렴하다. ③ 포의 막이 단단하고 안정성이 우수하다. ④ 무겁고 끈적거리므로 가연물 표면에 점착성이 우수하다.	① 부식성이 크다. ② 내유성이 떨어져서 오염이 쉽다. ③ 유동성이 나쁘다. ㉠ 방출압이 클수록 유동성이 나쁘다. ㉡ 포 생성 후 발포기까지의 길이가 길수록 유동성이 나쁘다. ㉢ 첨가제인 철이온 첨가량이 많을수록 유동성은 나쁘다. ④ 저장성이 나쁘다. ㉠ 1~3년마다 교환이 필요하다. 왜냐하면 장기간 보관할수록 염화제일철($FeCl_2$)이 염화제이철($FeCl_3$)이 되면서 단백질이 응집 경화가 발생되며 변질된다. ㉡ 염화제이철이 되는 것을 방지하기 위해 불소계 계면활성제를 넣은 것이 불화단백포이다. ⑤ 발포성능이 낮다.

1. 해수를 사용했을 경우에는 유면봉쇄성이 우수하다. 왜냐하면 물속에 칼슘, 마그네슘 등의 금속염이 안정제 염화철과 같은 역할을 하기 때문이다.
2. 단백질 포소화약제 성분 중에 질소화합물이 있는데 이것이 암모니아로 변성이 되면서 동, 아연, STS까지도 부식시킬 정도로 부식성이 크다.
3. 단백질은 양친매성을 가짐으로써 친수기와 소유기를 모두 가지고 있어 유류에 녹으므로 내유성이 떨어진다(소유기).

06 불화단백포

(1) 제조목적 : 단백포의 낮은 저장성을 극복하기 위해 단백질이 경화되지 않도록 불소계 계면활성제(per-fluoroalkyl)를 첨가한다.

(2) 염화제일철($FeCl_2$)을 낮추고 불소계 계면활성제를 높인 소화약제이다.

(3) **구성** : 단백질 + 불소계 계면활성제

(4) **장단점**

장점	단점
① 내유성이 크다(3형 고정포 방출구에 가장 적합한 소화약제). ② 저장성이 좋다. ③ 유동성이 단백포 보다 좋다. ④ 내열성이 좋다(포가 오염시에도 일정한 성능을 보유). ⑤ 혼합비율을 조정하여 다양한 수준의 성능발휘가 가능하다. ⑥ 대형 유류저장탱크 화재 시 가장 적합한 소화약제이다. ⑦ 소화속도가 빠르고, 경년기간이 길다.	① 고가이다. ② 부식 및 환경오염의 우려가 있다. ③ 냄새가 독하고 경화 우려가 있다. ④ 발포성능이 낮다.

1. 불소계 계면활성제를 넣음으로써 양친매성으로 친유기를 가지고 있는 단백포가 단친매성(친수기)을 가진 불소계 계면활성제에 의해서 내유성이 크다.
2. 불소계 계면활성제가 단백질 안정제인 염화제일철($FeCl_2$)의 변성을 막아줌으로써 침전물이 거의 생성되지 않아 장기 보관(8~10년)이 가능하므로 저장성이 크다.
3. 불소계 계면활성제가 단백질의 변성을 억제함으로써 유동성이 단백포보다 좋아진다.
4. 단백포의 일종이므로 단백포의 특성인 내열성을 가지고 있다.
5. 불화단백포나 수성막포에는 다량의 PFOS(5% 이상) 사용으로 발암물질이 발생한다.

07 수성막포(AFFF : Aqueous Film Foaming Foam or light water)

(1) **주성분** : 불소계 계면활성제

1) 탄화수소계 계면활성제의 양친매성(친수기와 친유기) 탄소원자에 결합된 수소원자의 일부 또는 전부가 불소원자로 치환된 퍼플루오르알킬기(per−fluoroalkyl) 또는 폴리플루오르알킬기(poly−fluoroalkyl)를 가지고 있는 불소폴리머를 불소계 계면활성제라고 한다.

2) 불화탄화수소 사슬을 가진 계면활성제로 치환됨과 동시에 단친매성을 가진 친수기로 바뀐다.

(2) **특성**

1) 표면특성, 내열성, 안정성, 내약품성 등 다른 재료에서는 볼 수 없는 특성을 가지고 있다.

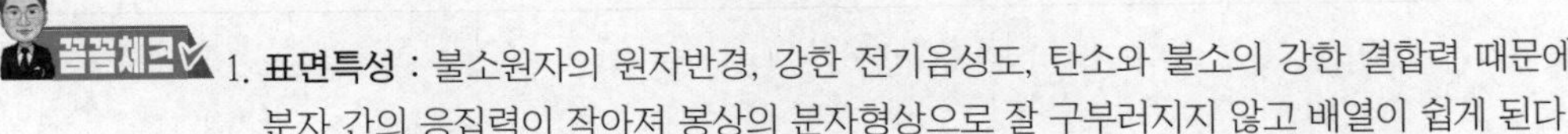

1. **표면특성** : 불소원자의 원자반경, 강한 전기음성도, 탄소와 불소의 강한 결합력 때문에 분자 간의 응집력이 작아져 봉상의 분자형상으로 잘 구부러지지 않고 배열이 쉽게 된다.

이와같이 불소계 계면활성제가 직선상으로 잘 굽혀지지 않고 배열하기 쉬운 것은 말단의 CF_3가 표면에 정렬하여 배열하기 때문이고 이로 인해 보다 적은 농도에서도 작은 계면에너지를 형성할 수 있어 낮은 표면장력을 가지게 된다. 따라서, 불소코팅이 된 프라이팬은 계란이나 음식물이 낮은 표면장력 때문에 붙기가 어려워진다.

2. **계면활성제의 특징**
   ① 표면에 흡착
   ② 표면장력의 감소
   ③ 미셀형성
   ④ 유화작용
   ⑤ 세척작용
   ⑥ 대전방지
   ⑦ 살균작용

2) 수성막(aqueous film)이라는 단분자막을 형성한다.
   ① 물보다 가벼운 인화성 액체 위에 물이 떠 있게 할 수 있으므로 질식과 냉각효과가 증대한다.
   ② 가연성 액체 표면을 덮으므로 증발억제효과가 우수하여 재착화를 방지한다.
   ③ 유류의 표면 위를 덮어나가면서 포의 확산을 빠르게 도와 유동성이 증대한다.

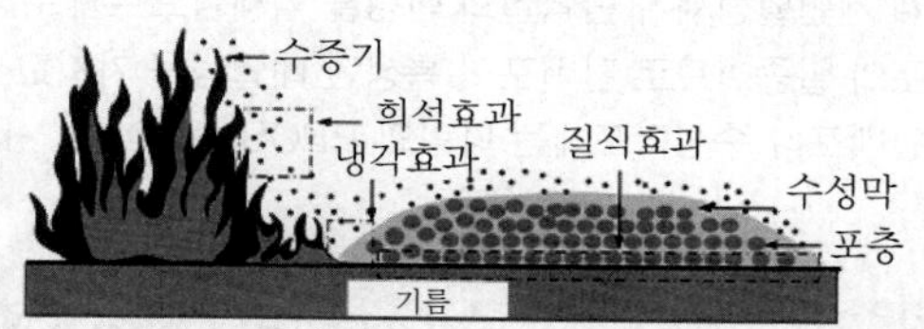

| 수성막포 |

(3) 장단점

장점	단점
① 화학적으로 안정되어 경년기간이 길다(저장기간이 길다). ② 포의 생성이 쉽다. ③ 유동성이 좋다. ④ 포의 막이 깨져도 자기치유성이 우수하여 막이 서로 합쳐서 표면을 다시 덮는다. ⑤ 침투성이 강해 A급 화재에 적응성이 높다. ⑥ 우수한 포 병용성(foam compatibility) : 분말과 Twin agent ⑦ 계면활성제포 중에는 끈적거리고, 무겁고, 수분이 많은 포를 형성한다.	① 내열성이 약하여 가연성 액체 용기화재에서 화구(ring fire)현상이 발생할 우려가 있다. ② 계면활성제의 일부가 불소로 치환된 소화약제로 치환된 불소에 의한 부식성이 증대한다. ③ 표면장력이 큰 등유 등에는 효과적이지만 표면장력이 작은 가연물에는 적합하지 않다. ④ 가격이 고가이다.

장점	단점
⑧ 종래의 포와는 다른 포를 형성함으로써 포의 팽창비율이 소화효과에 직접적인 영향을 주지 않는다. 왜냐하면 적은 양의 포 거품이 형성되도 수성막은 거품에서 흘러나와 형성되므로 유류의 증발작용을 방지하고 소화작업을 극대화시킬 수 있기 때문이다. ⑨ 물뿐만 아니라 유류의 표면장력까지 저하시켜 유면상의 불소계 계면활성제의 단분자막을 급속히 형성한다. ⑩ 기름의 증발을 억제한다. 0.03wt% 첨가 시 통상의 인화점 시험에서 유류의 연소가 발생하지 않는다. ⑪ 유류 소화능력이 우수하다. ㉠ 단백포 소화약제를 비교할 경우 그 소화능력은 약 4배이며, 소화시간은 $\frac{1}{5}$로 성능이 우수하다. ㉡ 분말소화약제를 병용 사용하였을 때는 약 12배의 효과를 발휘한다. ⑫ 해수도 사용이 가능하다. ⑬ 누출화재, 항공기 지상화재, 래크식 창고 화재 등에 사용이 가능하다.	⑤ 다양한 종류가 있어 서로 혼합하지 않고 사용하는 것이 좋다. 과불소화산, 과불소화 카르복실염, 고불소화 술폰산염과 같은 다양한 종류가 있다. ⑥ 수성막 거품 막에 기름을 흡수하는 성질이 있고, 또한 기포 안이나 거품과 거품 사이에 유증기를 감싸는 성질이 있다. 따라서, 거품에 불이 닿으면 한꺼번에 불길이 타오르는 플레어 업(flare up) 위험이 있다. ⑦ 환경오염 및 장기접촉 시 혈액에 축적 및 암유발 가능성이 있다.

1. 유류표면에 막을 신속하게 형성하고 이 막이 거품이 떠서 급속히 전면에 퍼지기 때문에 급속한 소화를 요구하는 유층이 얇은 화재(항공기, 화학공장 유출유)에 효과적이고 소화시간이 빠르다.
2. **포 병용성** : 다른 물질과 접촉했을 때 그 효력을 상실하지 않고 유지될 수 있는 포의 능력
3. 불소계 계면활성제는 1950년대에 개발된 전기분해방식(3M방식)에 의한 방법과 1970년과 1980년대에 개발된 유기합성방법(촉매방법 등)에 의한 제조방식으로 구분된다. 전기분해방식에 의해 제조되는 불소계 폴리머 및 불소계 계면활성제 등에 함유되어 있는 PFOS 및 PFOA 물질들은 환경오염과 발암물질이 있는 것으로 연구조사 결과가 나와서 미국에서는 더 이상 제조 및 판매되고 있지 않다.

(4) 수성막의 성능인정

1) 20℃ 시클로헥산 위에 수성막을 형성할 수 있어야 한다.
2) 인화점이 30℃ 이상인 가솔린, 헥산, 헵탄 등의 석유류에는 수성막이 잘 형성되지 않는다.

수성막 불소단백포(Film Forming Fluoroprotein Foam ; FFFP)

① 탄화수소화합물의 표면에 수성막을 형성할 수 있는 불소단백포 원액을 사용한다.
② 보통 3%, 6% 수용액을 물로 희석한다.
③ 단백질과 안정제, 억제제의 혼합물은 동결, 부식, 세균번식, 연료의 자극을 방지하고, 분말소화약제와 함께 사용할 수 있다.

08 합성계면활성제포

(1) 구성성분

1) 기포제로 사용되는 계면활성제(20%)

① 고급 알코올 → 황산화 → 중화 과정을 거치면 고급 알코올 황산에스테르가 되는데, 이것이 계면활성제이다.

② 수용액으로 존재할 때 어떤 이온성을 나타내는가에 의하여 양·음의 이온성, 바이온성, 양쪽성으로 구분한다.

2) 안정제(1~5%) : 포의 환원시간을 늘리기 위해서 라우릴 알코올(lauryl alcohol)을 사용한다.

꼼꼼체크 라우릴 알코올(lauryl alcohol) : 코코넛에서 얻어지는 지방족 알코올로, 분자식은 $C_{12}H_{25}OH$이다.

3) 가용화 부동제(20~30%)

① 고농도와 물로부터 포를 보호하기 위해 가용화 부동제를 사용한다.

꼼꼼체크 가용화(可溶化, solubilization) : 소량의 오일에 물을 섞이게 하여 만들어지는 것이다.

② 사용이유 : 다른 포소화약제와 달리 물에 섞어서 보관하기 때문이다.

③ 종류 : 글리콜류를 많이 사용하며 에틸렌글리콜을 사용할 때 발포배율이 증대한다.

4) 경수연화제(수%)

① 수질에 따라 포의 안정성이 크게 변화하므로 경수를 연수로 만들어 주는 물질이다.

② 이를 통해 유면봉쇄성이 강해진다.

5) 물(20~30%)

(2) 특성

1) 포형성이 가장 용이한 포로서, 가장 먼저 약제화한 포소화약제이다.

2) 사용수질 : 수질에 따라 발포성능이 변하므로 공업용수 등을 사용할 때에는 미리 시험하여 발포성능을 확인할 필요가 있다.

3) 부식성 : 고급 알코올, 아민염, 암모늄염으로 동, 아연 등에 부식을 일으킨다.

4) 장기보존이 가능하다. 하지만 한번 얼어버리면 0℃가 되도 녹지 않을 수 있으므로 취급에 주의하여야 한다.

(3) 장단점

장점	단점
① 몇 가지 재료만 있으면 쉽게 제조할 수 있으므로 가격이 저렴하다. ② 유동성이 좋다. ㉠ 양친매성으로 기름에 잘 섞인다. ㉡ 소화속도가 단백포의 2배 이상 높다. ③ 발포배율이 다양하고, 고팽창포의 생성이 가능하다. ④ 고팽창포로 건물에 사용 시 수량이 적어 수피해가 적다. ⑤ 3차원 소화가 가능하다. ⑥ 효과적인 질식 소화 : 양친매성으로 포가 유면에 밀착하여 유면과 공기와의 접촉을 차단하고 유류의 증발을 억제한다.	① 수량이 적어 냉각효과가 작다. ② 내열성이 좋지 않아 포가 고온에서 쉽게 깨진다. ③ 내유성이 좋지 않다. ㉠ 양친매성으로 내유성이 좋지 않다. ㉡ 내유성이 약해 소화 후 유면이 다시 나타난다(포가 유류와 섞인다). 따라서, 재발화 우려가 있다. ④ 다양한 종류가 있어서 약제의 보충 시 주의해야 한다. ㉠ (양 · 음)의 이온성, 바이온성, 양쪽성이 있고 구성요소 간 성분비에 따라 달라질 수 있다. ㉡ 양이온, 음이온이 섞이면 착제를 만들어 친수성이 나빠지고 발포성능도 저하된다. ⑤ 열분해생성물, 연소생성물과 만나면 팽창비가 현저하게 저하된다. ⑥ 고발포로 사용하면 발포거리가 짧다. ⑦ 합성 계면활성제가 용이하게 분해되지 않기 때문에 세제공해와 같은 환경문제가 발생한다.

1. 계면활성제의 성분에 따른 종류 구분

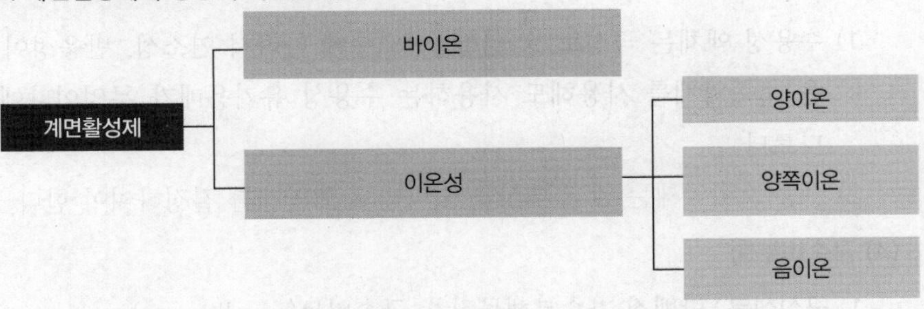

① 양쪽이온은 산성 용액에서는 양이온으로, 알칼리용액에서는 음이온으로, 중성용액에서는 쌍극성 이온으로 사용된다.
② 계면활성제 중 비누는 약알칼리로 피부에 있는 단백질 결합을 끊을 수 있다. 샴푸는 약산성이므로 머리카락의 구조인 S-S결합되어 있는 단백질의 황결합 구조를 보호해 줄 수 있다.

2. 계면활성제의 특성비교

구분	불소계 계면활성제	탄화수소계 계면활성제
최저 표면장력[mN/m]	15	27
표면흡착에너지[cal/mol]	1,300~1,400	910~1,190
HLB	0.870	0.475

구분	불소계 계면활성제	탄화수소계 계면활성제
최저 계면장력[mN/m] 0.1% 용액/Cyclohexane	11.5	1~2

3. HLB(Hydrophile-Lipophlie Balance) : Hydro는 친수성을, Lipo는 친유성을 나타내는 것으로, 계면활성제의 친수성과 친유성의 비율을 뜻한다. 이 수치가 낮으면 친유성을 나타내고 높으면 친수성을 나타낸다.

09 내알코올포 107·104회 출제

(1) 소포현상

1) 포는 개략 94~97%가 물이기 때문에 포가 수용성 용제와 접하면 포에 함유된 수분이 수용성 용제쪽으로 급속히 녹아들어가 포가 탈수되면서 순간적으로 소멸된다.

2) 이와 동시에 수용성 용제는 포 속으로 이동하여 서로 자리바꿈(치환반응)이 되어 수용성 용제가 포의 유기물질을 응고시켜 결국 포가 깨진다.

(2) 목적 : 소포현상을 막기 위해서는 먼저 상기의 치환반응을 막아야 하며, 이러한 필요성에 의해 개발된 것이 내알코올포이다.

(3) 문제점

1) 수용성 액체는 극성도, 라디칼, 탄소수에 따라서 연소성, 반응성이 변화하기 때문에 같은 소화약제를 사용해도 사용하는 수용성 유기용매가 무엇이냐에 따라서 소화효과가 다르다.

2) 만능 소화약제는 없고 대상물에 따라 소화약제를 결정하여야 한다.

(4) 금속비누형

1) 구성성분 : 단백질 가수분해물질 + 금속비누(metallic soap)

금속비누 : 유기산의 알칼리 금속염 이외의 모든 금속염을 가리킨다. 알칼리 비누는 지방산의 알칼리 금속염으로 금속비누의 일종이지만, 단지 비누라 부르며 다른 금속비누와 구별하고 있다.

2) 소포현상 방지원리 : 금속비누는 거품과 수용성 액체의 치환반응을 방지함으로써 수용성 액체에도 파포현상 없이 사용 가능하다.

3) 장단점

장점	단점
① 재연소 방지능력이 우수(단백질)하다. ② 값이 저렴하다. ③ 내열성이 우수(단백질)하다.	① 단백질에 안정제인 금속염에 의해 금속비누가 침전된다. ② 해수의 사용이 곤란하다.

1. 프리믹스 상태에서는 2~3분 이내에 침전이 발생한다. 따라서, 포 수용액은 즉시 발포해야 하며, 포 혼합기 이후의 배관을 가능한 짧게 해서 Transfer time을 짧게 유지해야 한다.
2. Transfer time : 포소화약제와 물이 혼합된 시점부터 거품이 형성될 때까지 경과한 시간

(5) 계면활성제가 보강된 금속비누형

1) 구성성분

① 단백질 가수분해물질

② 금속비누

③ 탄화수소계 계면활성제

2) 장단점

장점	단점
금속비누형과 비교하여 유동성이 우수하다.	금속비누형과 비교하여 내열성이 낮다.

(6) 탄화수소계 고분자겔형

1) 구성성분

① 탄화수소계 계면활성제 : 82%

② 고분자겔(알긴산나트륨) : 17%

2) 소포현상 방지원리

① 알긴산 등 수용성 고분자물질이 알코올 등 수용성 액체와 만나면 불용성의 고분자 겔이 형성되는 것을 이용하여 그 위에 포를 형성한다.

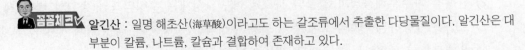

알긴산 : 일명 해초산(海草酸)이라고도 하는 갈조류에서 추출한 다당물질이다. 알긴산은 대부분이 칼륨, 나트륨, 칼슘과 결합하여 존재하고 있다.

② 포가 알코올류에 표면이 닿는 순간 포가 수축되어 불용성 겔이 되고 그 피막 위에 포가 쌓여서 질식 소화가 일어난다.

3) 장단점

장점	단점
소화범위가 넓다.	알긴산의 점도가 높아 동결 우려가 있는 장소(5℃ 이하가 되면 유동점이 됨)에서 사용할 수 없어 별도의 가열장치가 필요하다.

(7) 알코올성 수성막포(AR-AFFF)

1) 구성성분

① 불소계 계면활성제

② 특수 폴리머

2) 소포현상 방지원리 : 연소 표면과 폼 블랭킷 사이에 보호막을 형성하는 폴리머가 포함되어 있다. AR-AFFF 보호막은 타는 액체의 알코올에 의한 거품 분해를 방지한다.

3) 내알코올성 라이트워터는 수성막포 라이트워터의 장점을 지니면서 알코올계의 위험물에도 적용시킬 수 있는 폼 중에서는 사용범위가 가장 다양한 폼이다.

① 석유계 위험물에 적용 : 3% 농도

② 수용성 알코올계 위험물에 적용 : 6% 농도

4) 장단점

장점	단점
① 유류화재에서 비수용성 및 수용성에도 효과적이다. ② 서로 다른 종류의 포 비축량을 절반 이상 줄일 수 있다. ③ 이중막을 형성(수성막 + 폴리머 피막)한다. ④ 수용액의 경우도 3일 정도는 성능이 저하되지 않으므로 약제의 원거리 배치가 가능하다.	점도가 높아 5℃ 이하에서 사용할 수 없어 별도의 가열장치가 필요하다.

(8) 불화단백막포(AR-FFFP : Alcohol Resistant Film Forming Fluoro Protein)

1) 구성성분

① 불소계 계면활성제+단백질 가수분해물질

② 특수 폴리머

2) 단백질 가수분해물질과 결합된 불소계 계면활성제는 수성막포와 동일한 빠른 제어 및 소화를 제공하는 탄화수소에 증기 밀봉 수성막을 생성한다. 극성 용매에서 폼 블랭킷을 용매로부터 보호하는 불용성 폴리머 막이 형성된다.

3) 장단점

장점	단점
① 높은 내열성의 폴리머 막을 형성하여 신속한 소화(녹다운)와 우수한 자기치유성을 가지고 있다. ② 일반 유류화재에도 사용이 가능하다. ③ 흡기없이도 표면에 막을 형성하여 사용이 가능하다.	가격이 비싸다.

10 화학포(chemical foam)

(1) 화학반응식

$$6NaHCO_3 + Al_2(SO_4)_3 \cdot 18H_2O \rightarrow 3Na_2SO_4 + 2Al(OH)_3 + 6CO_2(g) + 18H_2O$$

(2) 두 가지 소화약제인 탄산수소나트륨과 황산알루미늄 수용액의 화학적 반응으로 다량의 포가 만들어지며 포 내부는 기계포와는 달리 포핵을 이산화탄소가 형성한다.

1) 다량의 이산화탄소가 발생하여 소화기 내부가 고압 상태가 되고 그 압력에 의하여 반응액이 밖으로 밀려나가 방사된다. 방사되는 순간에 이산화탄소를 핵으로 하는 포가 불꽃을 덮어서 소화한다.

2) 현재 소방설비용으로는 화학포를 사용하지 않고 있다.

3) 수산화알루미늄은 끈적끈적한 성질로 여기에 탄산수소나트륨 약제에 포함된 수용성 단백질이 혼합되면 점착성이 좋은 포가 생성되어 가연물 표면에 부착되어 불꽃을 질식시킨다.

(3) 화학포의 문제점

1) 약제의 부식성이 크다.
2) 용량이 증가하면 발포장치가 복잡해진다.
3) 유동점이 낮아 동결 우려가 크다.

11 포소화약제의 적응성

(1) 적응화재

1) 적용장소(화재안전기술기준)

① 비행기격납고, 자동차 정비공장, 차고, 주차장 등 주로 기름을 사용하는 장소

② 특수가연물을 저장·취급하는 장소

③ 위험물을 저장·취급하는 장소(제 1·2·3류 위험물의 일부와 제4·5·6류 전부)

2) 적용장소(위험물안전관리법)

① 저장탱크 등 용기화재

② 평면상으로 기름이 유출되는 누출화재

3) 유류화재 시 저발포 포의 사용구분

포의 종류 / 화재의 종류	단백포	불화단백포	계면활성제포	수성막포
용기화재	○	○	×	○
용기화재(Ⅲ형)	×	○	×	○
누출화재	○	○	○	○

4) 고발포의 포 : 계면활성제포

① 소화 이외에도 제연과 증발억제효과가 있다.

② 예

㉠ 지하가의 화재 시 고발포의 포를 주입해서 연기를 배출시키면서 소화한다.

㉡ LNG가 저장탱크로부터 액체로 유출된 경우 고발포의 포로 덮어서 외기로부터의 열차단효과 및 증발차단효과를 낸다.

㉢ 포의 형성이 빨라 조기소화가 가능하다.

5) 문제점

① 소화 후의 2차 피해가 크다(오염).

② 청소가 힘들다.

③ 전기가 통하므로 감전 우려(전기, 통신설비 주적합)가 있다.

(2) 비적응성(사용금지)

1) 5류 위험물로 자기반응성 물질 : 포소화약제의 주요 소화성능은 가연물을 덮어서 질식소화하는 것인데, 자기반응성 물질은 그 자체가 산소를 가지고 있으므로 질식소화가 곤란하여 적응성이 없다.

2) 물과 반응하는 물질 : 포소화약제의 주요 성분은 물이므로 이와 반응하는 물질은 오히려 화학반응을 확대시키므로 적응성이 없다.

3) 인화성 액화가스 : 포소화약제를 인화성 액화가스에 방사할 경우 저온의 액화가스가 오히려 포소화약제의 열을 빼앗고 증발함으로써 소화에 적응성이 없다(예외 : 고팽창포).

12 포소화약제의 환경오염성[53)]

(1) 현재 사용되는 포소화약제의 80%는 PFOS(perfluorooctanoic sulfonate)를 함유하고 있으며, PFOS가 함유되지 않은 포소화약제의 경우 NP(nonylphenol)계 계면활성제가 사용된다.

(2) 불소계 계면활성제 포소화약제는 PFOS(perfluorooctanoic sulfonates)를 함유하고 있는 소화약제이다. PFOS는 생체잔류성 유기화합물(POPs)로 잠정적 발암성이 있는 것으로 규정되어 EU에서는 소화약제의 경우 2011년 6월 27일 이후 전면 규제되었으며, 국제적으로 PFOS에 대한 규제가 확대되고 있다.

(3) **불소계 포소화약제의 문제점**

1) **지속성** : 전기음성도가 큰 안정성이 뛰어난 물질로, 800~900℃ 이상의 고온에서만 분해될 만큼 분해가 어려운 물질이다.

2) **축적성** : 분해되지 않으므로 먹이사슬단계가 높아질수록 많이 축적된다.

3) **발암물질** : 면역체계와 호르몬계를 교란시킬 수 있는 독성을 가지고 있다.

4) **장거리 이동성** : 높은 증기압으로 기체 또는 입자의 형태로 기류를 타고 장거리까지 이동이 가능하다.

(4) 불소 이외에도 할로겐이 포함된 계면활성제는 유해화학물질로 규정되어 사용규제가 강화되고 있다. NP계 계면활성제는 인체에 흡입되는 경우 생체순환계를 교란하는 환경호르몬 물질로 규정되어 있다.

(5) EU에서는 2003년 프랑스의 Bio-ex사에서 불소가 들어 있지 않은 Ecopol이란 포(fluorocompound free foam)를 개발하여 포소화약제 시장에서 50% 이상 점유율을 확보하면서 신 포소화약제로 사용되고 있다. Ecopol은 기존의 합성계면활성제포에 포막의 강도를 높이기 위해 단백포와 유사한 고분자 계면활성제를 혼합사용하여 고발포에서도 강력한 포막강도를 가짐으로써, 유류용 중발포소화약제 인증(EN 1568-1), 유류용 고발포소화약제 인증(EN 1568-2), 유류용 저발포소화약제 인증(EN 1568-3), 알코올용 저발포소화약제 인증(EN 1568-4)을 획득하여 다양하게 활용될 수 있는 소화약제이다.

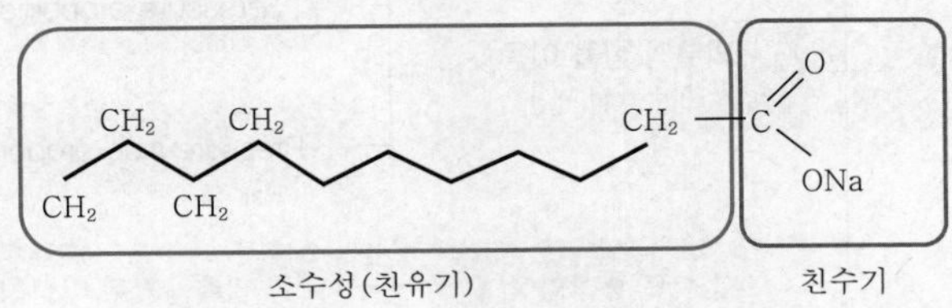

53) 이동호 교수의 '논문 친환경 고발포 특수 소화약제 연구개발'에서 발췌

SECTION

064 포혼합방식(proportioner)

01 개요

(1) **포혼합장치** : 물과 약제를 혼합하여 일정한 비율로 포수용액을 만드는 장치

(2) **포혼합비율** : 3%형, 6%형(고팽창 : 1%, 1.5%, 2%)

(3) **성능결정인자**

1) 소화약제를 화재 시 보충가능 여부 : Pool fire의 장기간 화재 시 대응목적

2) 정확한 혼합비 : 소화약제의 성능 확보

3) 수원의 변화에 대응

(4) **구분**

1) 정량혼합방식 : 일정한 방사량에 대하여는 포소화약제를 항상 일정하게 혼합시키는 방식이다.

2) 비례혼합방식 : 방사유량에 비례하여 포소화약제를 규정농도 허용범위 내로 혼합시키는 방식으로, 외부의 힘을 이용하여 약제를 혼합한다.

02 구분

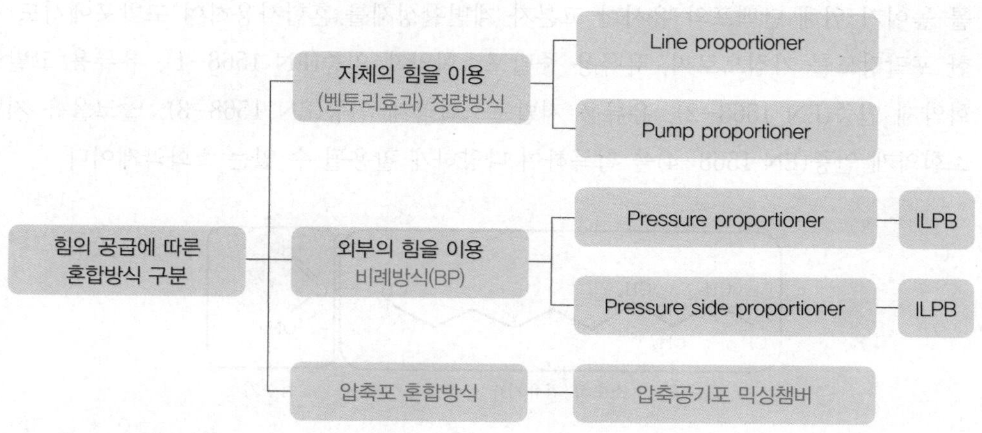

03 종류 125·96·72회 출제

(1) 라인 프로포셔너(line proportioner)

1) 펌프와 발포기의 중간에 설치된 벤투리관의 벤투리작용에 따라 포소화약제를 혼입·혼합하는 방식이다.

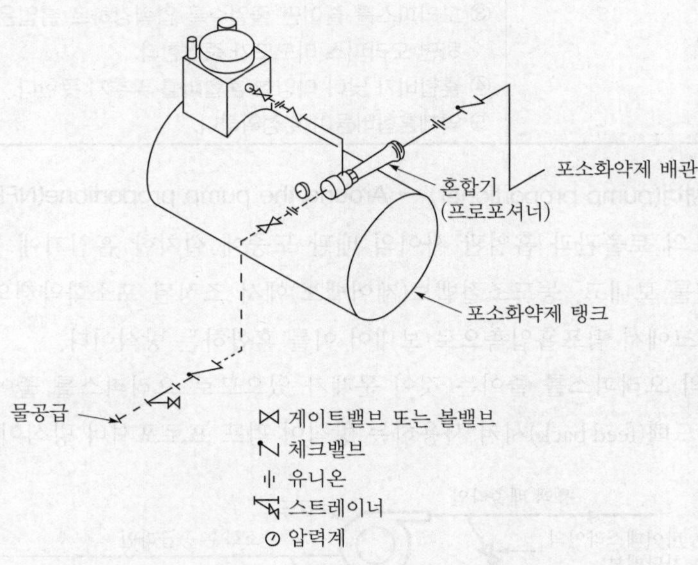

| 라인 프로포셔너 방식[54] |

1. 포 이덕터(foam eductor) : 벤투리 원리로 작동하는 포 혼합장치
2. Venturi effect(벤투리 효과)
   ① 이탈리아 물리학자 벤투리(Giovanni Battista Venturi, 1746~1822)의 이름에서 유래되었다.
   ② 원리 : 좁은 곳으로 유체가 통과할 때 나타나는 효과로 좁은 곳을 통과하면서 속도가 빨라지면 동압이 증가하고 동압의 증가에 따라 정압은 감소하여 일시적으로 대기압 이하가 되면서 용기 내의 유체가 대기압의 누르는 힘에 의해 위로 밀려 올라오는 현상이다.
   ③ 벤투리 효과 이용 : 탱크 내의 약제를 혼합실에서 물과 정량혼합한다.

2) 소규모 또는 이동식 간이설비에 사용(거의 사용하지 않음)한다.

54) NFPA 25 Figure 1-5(t) Line Proportioner

3) 장단점

장점	단점
① 구조가 가장 간단하므로 가격이 저렴하다. ② 손실이 적고 보수가 쉽다. ③ 작동 중에 약제보충이 가능하다.	① 혼합기를 통한 압력손실이 커서 혼합기의 흡입 가능 높이가 제한(약 1.6~1.8m)된다. ② 인입압력이 줄톰슨 효과에 의해서 $\frac{1}{3}$로 감소하므로 높은 수압이 요구된다. ③ 오리피스를 줄이면 줄일수록 압력강하로 흡입은 용이하나 그렇게 하면 오리피스 마모도가 증가한다. ④ 혼합비가 낮아 다양한 혼합비를 맞추지 못한다. ⑤ 약제혼합비율이 부정확하다.

(2) 펌프 프로포셔너(pump proportioner) → Around the pump proportione(NFPA)

1) 정의 : 펌프의 토출관과 흡입관 사이의 배관 도중에 설치한 흡입기에 펌프에서 토출된 물의 일부를 보내고, 농도조절밸브(제어밸브)에서 조정된 포소화약제의 필요량을 포소화약제 탱크에서 펌프흡입측으로 보내어 이를 혼합하는 방식이다.

2) 라인방식의 오리피스를 줄이는 것이 문제가 있으므로 오리피스를 줄이는 대신에 단지 라인을 피드백(feed back)시켜 사용하는 방식이 펌프 프로포셔너 방식이다.

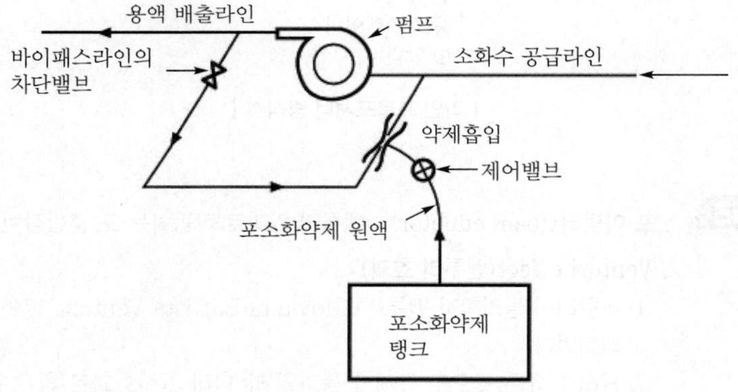

| 펌프 프로포셔너[55] |

3) 화학소방차 등에서 사용할 수 있는 방식(거의 사용하지 않음)이다.

55) NFPA 11 Standard for Low-Expansion Foam 2016 Edition 11-48 FIGURE A.3.3.26 Around-the-Pump proportioner

4) 장단점

장점	단점
① 벤투리효과에 의해서 혼합된 수용액을 다시 펌프로 가압함으로써 압력손실이 작다. ② 구조가 간단하고 보수가 쉽다. ③ 펌프로 다시 섞어줌으로써 소화약제와 물의 혼합이 쉽다.	① 펌프의 흡입측 배관압력손실이 거의 없어야 한다. 압력손실이 클 경우 혼합비가 차이가 발생하거나 원액 탱크 쪽으로 물이 역류하여 탱크를 오염시킬 수 있다. ② 펌프는 포소화설비 전용(일반건물에서는 사용이 곤란, 화학소방차에서 사용)을 사용한다. ③ 포가 펌프를 통해서 혼합되므로 혼합과정에서 펌프를 부식시킬 우려가 있다.

(3) 프레저 프로포셔너(pressure proportioner) → Pressure proportioner tank(NFPA)

1) 펌프와 발포기의 중간에 설치된 벤투리관의 벤투리작용과 펌프가압수의 약제저장탱크에 대한 압력에 의해 포소화약제를 흡입·혼합하는 방식이다.

2) 가장 일반적인 방식으로 압입식(탱크방식)과 압송식(다이어프램방식)으로 구분한다.

① 압입식(탱크방식)

㉠ 펌프의 토출측 송수배관의 일부를 포소화약제탱크에 연결하여 가압수가 탱크로 유입되면서 탱크를 가압하여 포소화약제의 혼합기로 약제를 이송하여 물과 포소화약제가 혼합되는 방식이다.

㉡ 장단점

장점	단점
• 압력손실이 작다. • 1개의 혼합기로 다수의 소방대상물에 적용 가능(50~200%) : 가압을 조정하여 다양한 혼합비 형성이 가능하다.	• 탱크 내에서 포소화약제와 물이 혼합되어 변질되거나 포 형성이 떨어질 수 있다. • 혼합비에 도달하는 시간지연이 발생(압입식)한다. • 포와 물이 섞여서 재사용이 곤란하다. • 포와 물이 섞여서 시험이 곤란하다. • 물과 직접 접촉하기 때문에 비중이 1보다 큰 단백포 계열만 사용이 가능하다.

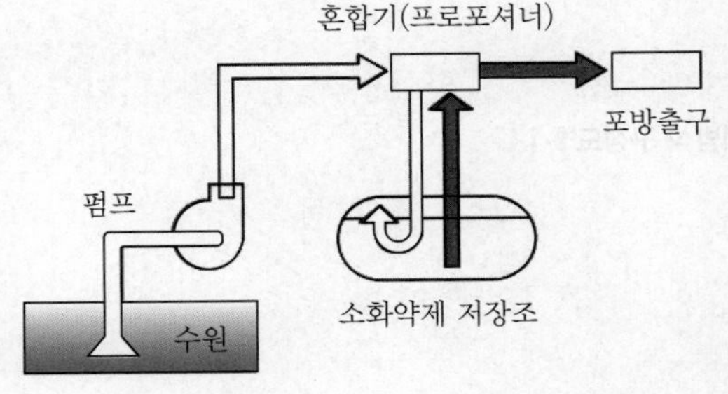

| 압력 프로포셔너방식(압입식) |

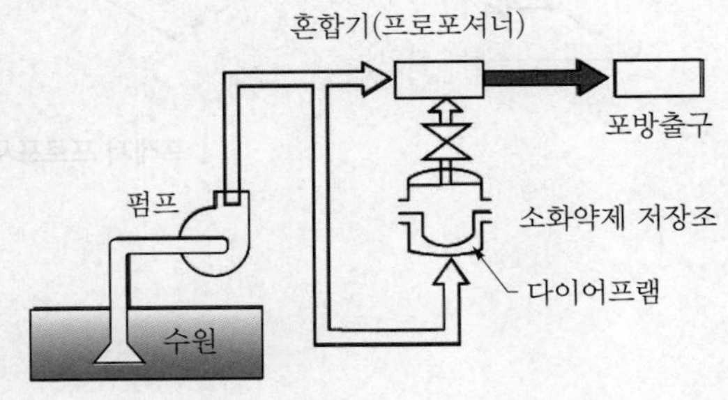

| 압력 프로포셔너방식(압송식) |

② 압송식(다이어프램방식)

㉠ 혼합기 이전에서 분기하여 가압수가 약제탱크의 다이어프램을 가압하여 다이어프램의 압으로 약제를 혼합기로 보내는 방식이다.

㉡ 대부분의 프레저 프로포셔너방식이 여기에 해당되며 가장 많이 사용하는 방식이다.

㉢ 장단점

장점	단점
• 약제량이 정확하게 혼합기로 유입된다. • 1개의 혼합기로 다수의 소방대상물에 적용 가능(50~200%) : 가압을 조정하여 다양한 혼합비 형성이 가능하다.	• 다이어프램의 손상이 빈번히 발생하고 손상되면 약제와 가압수가 혼합되어 적정 혼합비 형성이 곤란하다. • 사용 중에 약제를 보충할 수 없어서 대규모 화재 시 약제량 부족에 대응이 곤란하다. • 저유량의 경우 사용이 곤란하다.

블래더 탱크 프로포셔너(bladder tank proportioner) : 압송식

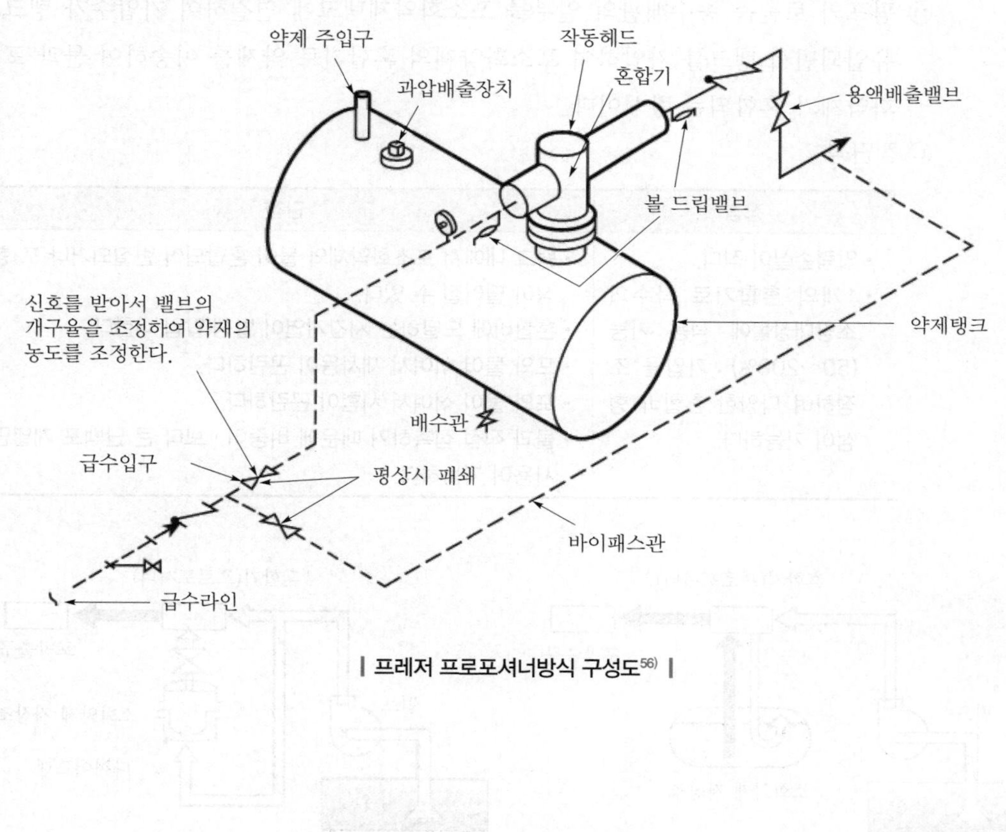

| 프레저 프로포셔너방식 구성도[56] |

56) NFPA 25 Figure A.3.3.33.5 Standard Pressure Proportioner

(4) 프레저사이드 프로포셔너(pressure–side proportioner) → Balance pressure proportione (NFPA) 125·121·118·110회 출제

1) 정의 : 펌프의 토출관에 혼합기를 설치하고 압입용 펌프로 포소화약제를 혼합기로 압입시켜 혼합하는 방식이다.

2) 혼합원리 : 포소화약제 펌프를 별도로 설치하고 약제량을 조절밸브로 조절하여 송수관로의 혼합기로 강제유입시키고 가압송수장치로 물을 공급하여 포수용액을 만드는 방식이다.

3) 프레저 프로포셔너방식의 시간지연 및 재사용 곤란 등의 문제점을 해결하기 위한 방식이 프레저사이드 프로포셔너(pressure–side proportioner) 방식이다.

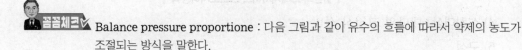

Balance pressure proportione : 다음 그림과 같이 유수의 흐름에 따라서 약제의 농도가 조절되는 방식을 말한다.

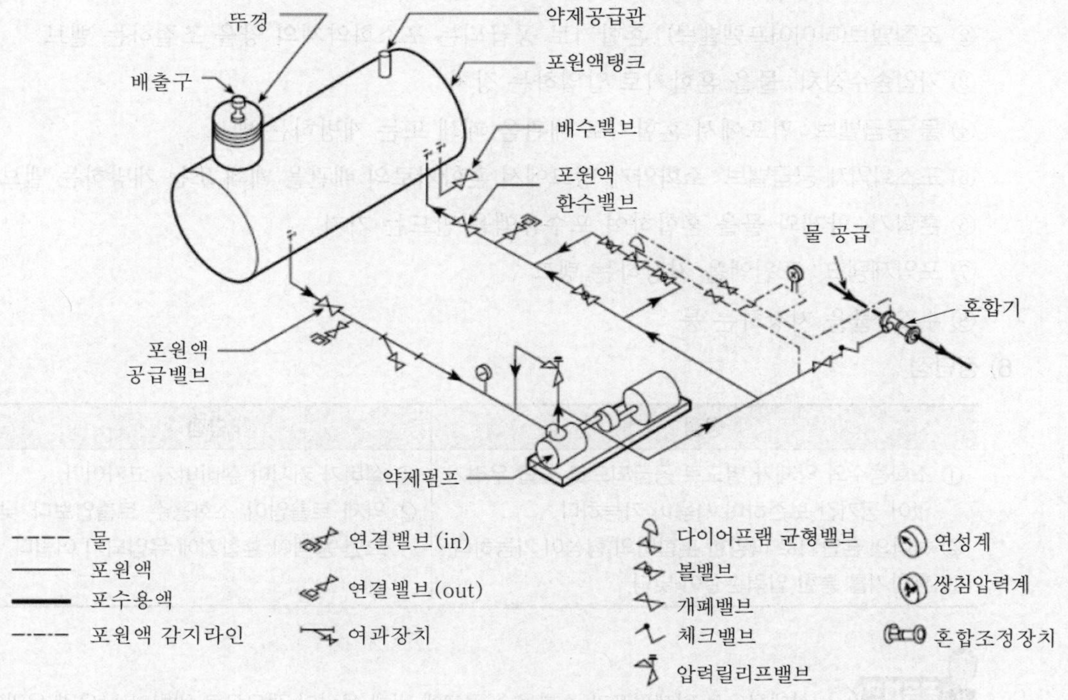

| 프레저사이드 프로포셔너방식[57] |

57) NFPA 11 (2017) FIGURE A.3.3.24.1 Balanced pressure proportioning(pump–type) with Single Injection Point

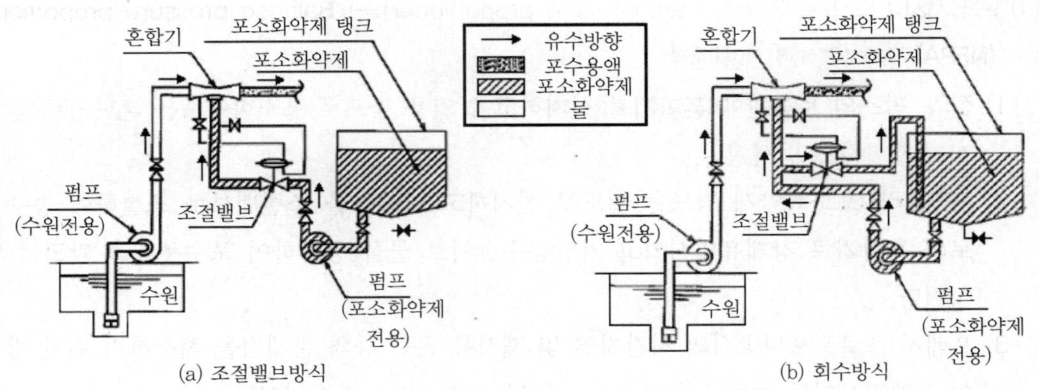

| 일본의 프레저사이드 프로포셔너방식 |

4) 설치대상 : 대단위 고정식 설비

5) 구성

① 포소화약제 펌프 : 포소화약제를 혼합기로 압입하는 펌프

② 조절밸브(다이어프램밸브) : 혼합기로 공급되는 포소화약제의 양을 조절하는 밸브

③ 가압송수장치 : 물을 혼합기로 압입하는 장치

④ 물 공급밸브 : 펌프에서 혼합기로 배관을 폐쇄 또는 개방하는 밸브

⑤ 포소화약제 공급밸브 : 소화약제 탱크에서 혼합기로의 배관을 폐쇄 또는 개방하는 밸브

⑥ 혼합기 : 약제와 물을 혼합하여 포수용액을 만드는 기기

⑦ 포약제탱크 : 포원액을 저장하는 탱크

⑧ 수조 : 물을 저장하는 통

6) 장단점

장점	단점
① 소화용수와 약제가 별도로 공급되므로 혼합 우려가 없어 장기간 보존하며 사용이 가능하다. ② 하나의 혼합기로 다양한 혼합비의 형성이 가능하다. ③ 혼합기를 통한 압력손실이 낮다.	① 설비가 커지며 설비비가 고가이다. ② 약제 토출압이 소화용수 토출압보다 낮으면 용액이 혼합기에 유입되기 어렵다.

1. 상대적으로 약제펌프가 소화용수 펌프에 비해 용량이 적으므로 압력이 낮으면 유입이 곤란하다.
2. Firedos의 정량폼 혼합방식
   ① 프레저사이드 프로포셔너의 일종으로, 포원액펌프의 왕복운동으로 혼합기에 포원액을 공급하고 회전차를 가진 혼합기로 포를 혼합하는 방식
   ② 회전차의 회전수를 이용하면 혼합비의 폭이 넓다. 회전차로 포를 혼합하는 방식으로, 저발포의 경우 포의 혼합에서 혼합비에 문제가 발생할 수 있다(폼도스).

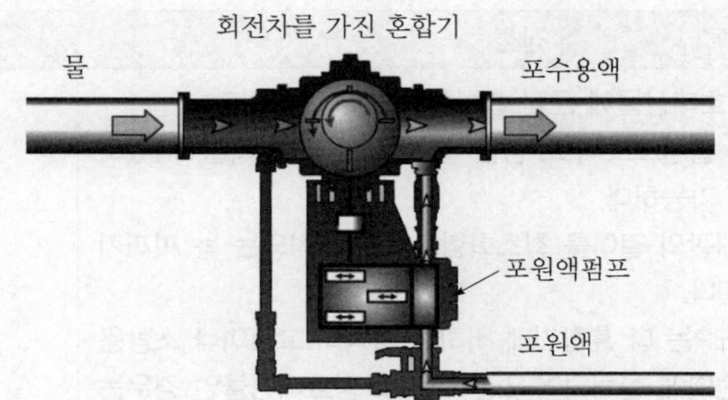

(5) ILBP(In-Line Balance Pressure Proportione)(NFPA) 96회 출제

1) 사용목적 : 배관 내 ILBP를 설치하여 하나의 포 약제펌프에 의해 여러 개의 소방대상물 방호가 가능하다.

2) 종류

① 프레저사이드 프로포셔너(pressure-side proportioner) 방식과 동일한데 배관에 혼합기가 있는 방식

② 프레저 프로포셔너(pressure proportioner tank) 방식과 동일한데 배관에 혼합기가 있는 방식

3) 사용처 : 대단위 화학공장 등 다양한 혼합비를 요구하는 설비

4) 방호구역별로 설치된 스풀밸브(spool valve)가 원액의 양을 조절하며 다양한 혼합비를 조절한다.

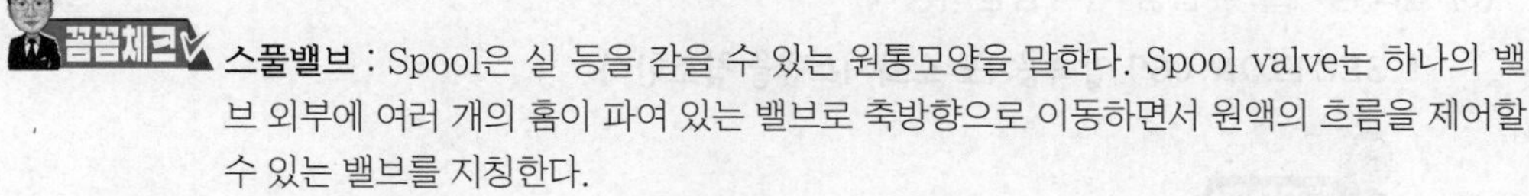

스풀밸브 : Spool은 실 등을 감을 수 있는 원통모양을 말한다. Spool valve는 하나의 밸브 외부에 여러 개의 홈이 파여 있는 밸브로 축방향으로 이동하면서 원액의 흐름을 제어할 수 있는 밸브를 지칭한다.

5) 차이점 : 프레저와 프레저사이드는 1개의 시스템으로 1개의 혼합장치만 사용 가능한 반면 ILBP는 1개의 시스템으로 다수의 다른 혼합장치 사용이 가능하다.

6) 장단점

장점	단점
① 일반소방배관과 겸용이 가능하다. ② 방호대상물별 포혼합이 가능하여 대상물별 농도조절이 가능하다. ③ 혼합장치의 신뢰성이 강화된다. ④ 설비별 다양한 혼합비의 형성이 가능하므로 다른 다수의 방호대상물을 1개의 시스템으로 충족시킬 수 있다(배관별 혼합장치 설치가 가능).	① 설비비가 많이 소요된다. ② 설치공간이 많이 필요하다. ③ 비상전원이 필요하다.

장점	단점
⑤ 혼합장치를 방호대상물에 근접 설치하는 것이 가능하다. ㉠ 이송시간을 줄임으로써 포 방출시간을 매우 단축시킬 수 있어 조기진화가 가능하다. ㉡ 포수용량 배관의 길이를 최소화함으로써 축적되는 녹 찌꺼기가 최소화된다. ⑥ 일반적으로 ILBP는 타 혼합기에 비하여 가격이 고가이나 소방용수 배관망이 전역에 설치되어 있는 대규모 방호대상물인 경우는 오히려 경제성이 더 우수하다.	

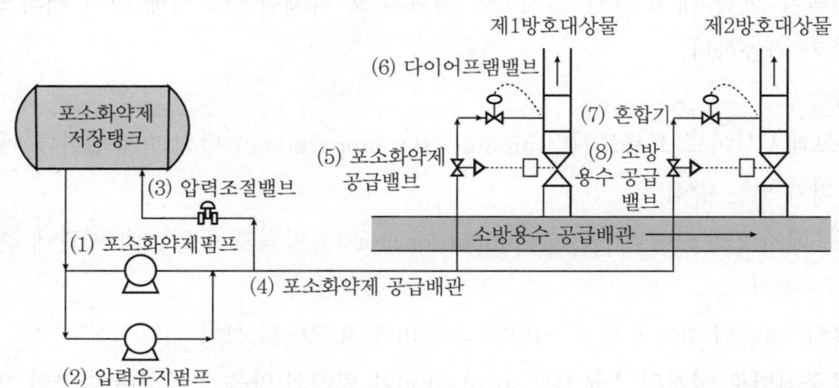

| ILPB의 구조 |

(6) 압축공기포 혼합방식(믹싱챔버방식)

* SECTION 067 압축공기포 소화시스템을 참조한다.

혼합장치(proportioner)의 종류(화재안전기술기준 해설서에서 발췌)

① 비례혼합장치
  ㉠ 방사유량에 비례하여 포소화약제량을 혼합시키는 장치
  ㉡ 유량변화는 50~200% 정격범위를 가지고, 최대와 최소의 비는 1 : 4 정도이다.

② 정량혼합장치 : 한정된 방사지역 내에 방사량이 일정할 때 사용하는 장치로서, 일정한 방사량에 대하여는 포소화약제를 항상 일정하게 혼합시키는 성능을 갖추어야 한다.
  ㉠ 펌프 프로포셔너방식
  ㉡ 프레저 프로포셔너방식
  ㉢ 라인 프로포셔너방식
  ㉣ 프레저사이드 프로포셔너방식

SECTION

065 옥외탱크 고정포방출구

132·79·76회 출제

01 개요

(1) **정의 :** 위험물탱크에 고정 설치하여 발생한 포를 탱크의 유면에 방사하는 장치

(2) 공기흡입구를 통하여 공기를 흡입하면 포발생기(foam maker)에서 포가 형성되어 방출구를 통하여 방사

(3) **위험물탱크**

구분	CRT	IFRT	FRT
탱크의 특성	상압/대기압의 원추형 지붕 형태로 가장 일반적이고 보편적인 저장탱크	CRT와 FRT 탱크의 복합적인 형태로 Cone roof 내부 Floating roof가 설치된 저장탱크(이중 지붕의 탱크)	상압/대기압의 탱크로 CRT와 비슷한 형태이지만 Roof가 Dome 형태로 되어 있는 저장탱크
장점	① 물의 혼입방지 ② 건설비가 저렴 ③ 유지관리가 용이	① 눈/비의 외부 물질이 차단되는 효과 ② 내부의 Floating roof는 Vapor 증발 및 대기 접촉을 차단함	휘발성이 강한 제품의 증발 손실 방지를 위해 사용
단점	① 증발손실이 큼 ② 증기공간이 부식에 의해 손상 우려가 있음	Floating roof의 Sealing 상태 관리를 지속적으로 해야 함	① 빗물/눈 유입의 우려로 Seal 관리 중요 ② 소화약제, 눈, 비로 인해서 지붕의 침유 우려
화재 특성	① 액면 상부에는 가연성 증기가 다량 존재하므로 폭발 우려가 있음 ② 지붕은 폭발 시 압력을 배출할 수 있는 가벼운 구조일 것 ③ 폭발 후 Pool fire 발생 우려 ④ 다비점인 원유인 경우 Boil over나 Slop over의 발생 우려	① Pool Fire가 발생 우려 ② 지붕의 재질이 아래 같은 경우 환형화재(seal fire) ㉠ Steel double deck ㉡ Steel pontoon	① 증기공간을 없앤 부유지붕으로 화재는 증기발생이 가능한 지붕과 벽면 사이의 환상 Seal 부분에서 발생되어 원형 띠 형태로 화재 확산 ② 진화 시 많은 소화약제 살포로 인한 침유 우려

구분	CRT	IFRT	FRT
소화설비	① 고정포 : Ⅱ형, 표면하 주입식(Ⅲ형), 반표면하 주입식(Ⅳ형) ② 보조 포소화전	① 고정포 : Ⅱ형 ② 보조 포소화전	① 고정포 : 특형 ② 보조 포소화전
저장특성	증기압이 높은 물질 저장에는 부적합	최종 제품을 저장하는 소형·중형 탱크에 많이 사용, 최근에는 대형화	주로 대용량 저장에 알맞으며 Cone Roof Tank(CRT)에 비해서 초기 투자비가 많은 편
저장물질	물, 디젤, 중유, 핵산, BTX	가솔린, 톨루엔, 벤젠	나프타, 석유, 등유, 원유
개념도	고정지붕구조 탱크(CRT)	부상덮개부착 고정지붕구조(IFRT)	부상지붕구조 탱크(FRT)

BTX : 벤젠(Benzene ; B)·톨루엔(Toluene ; T)·자일렌(Xylene ; X)

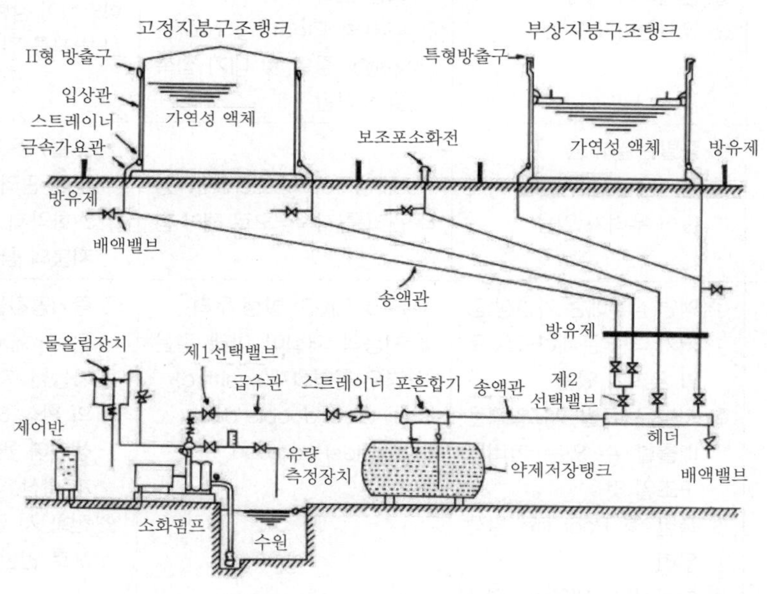

| 고정포방출설비 계통도[58] |

58) KFS 1014 포소화설비기준에서 발췌

(4) 고정포의 종류 및 특징

구분	종류	특징	특징
상부 포 주입방식	Ⅰ형	CRT	다공성관, 포 홈통
	Ⅱ형	CRT, IFRT	반사판(디플렉터)
	특형	FRT	금속제칸막이와 탱크의 환상 부분
하부 포 주입방식	Ⅲ형	CRT	송포관
	Ⅳ형	CRT	격납통, 특수호스

02 종류 131회 출제

(1) Ⅰ형 포방출구

1) 정의

① 방출된 포가 위험물과 섞이지 않고 탱크 속으로 흘러들어가 소화활동을 하도록 통, 미끄럼판 등의 설비가 된 방출구이다.

② 고정지붕구조의 탱크에 상부포주입법을 이용하는 것으로서, 방출된 포가 와류를 발생하지 않고 액면 아래로 몰입되거나 액면을 뒤섞지 않고 액면상을 덮을 수 있는 통계단 또는 미끄럼판 등의 설비 및 탱크 내의 위험물증기가 외부로 역류되는 것을 저지할 수 있는 구조·기구를 갖는 포방출구이다.

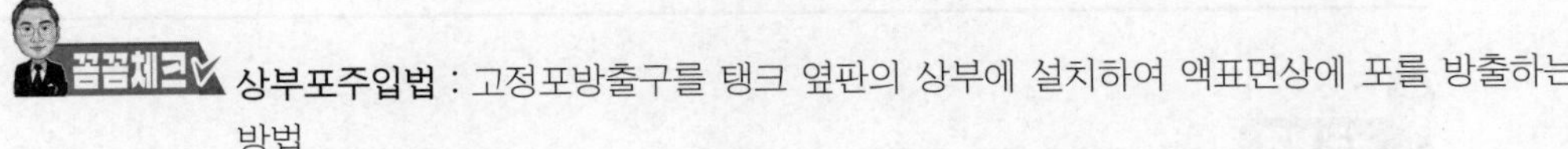

상부포주입법 : 고정포방출구를 탱크 옆판의 상부에 설치하여 액표면상에 포를 방출하는 방법

2) 다공성 관(porous tubes)

① 포챔버(foam chamber) 속에 다공성 관을 둥글게 감아서 쳄버에 수납시키고, 한쪽은 챔버흡입측에 연결하고 반대쪽은 막으로 밀봉한 상태로 설치한다.

② 약제가 방출되면 압력에 의하여 막이 파괴되고 관이 유체의 유동 때문에 펼쳐지며 포의 부력으로 인해 다공성 관 유표면까지 상승하게 되며, 유면 위에서 다공성 관을 통하여 포가 방출된다.

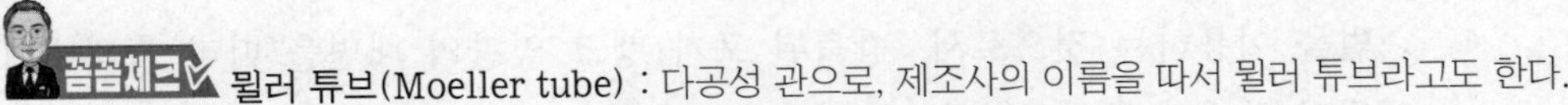

묄러 튜브(Moeller tube) : 다공성 관으로, 제조사의 이름을 따서 묄러 튜브라고도 한다.

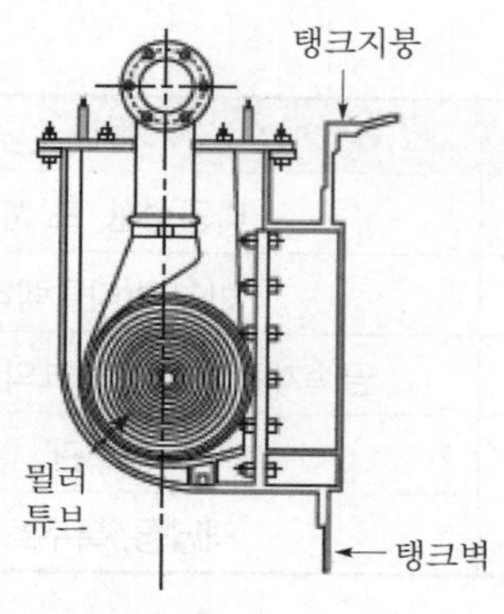

| 다공성 관(porous tubes)[59] |

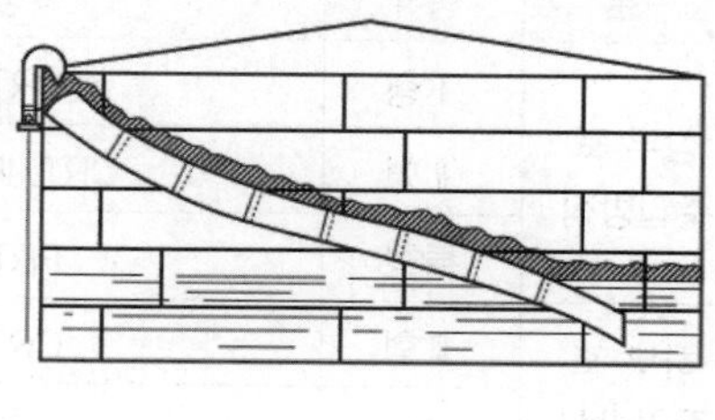
| 포 홈통(foam trough)[60] |

3) 포 홈통(foam trough)

① 내유성 및 내식성이 있는 얇은 철판으로 포의 홈통을 만들고 홈통을 탱크의 밑변에서 1.2m(4ft) 정도의 높이까지 나선형으로 달아내려 고정되게 설치한다.

② 포가 방출되면 나선형의 홈통을 따라 유면에 방출된다.

4) 장단점

장점	단점
① 유면의 심부에서 포를 방출하므로 포가 아래에서 부유하면서 질식 효과를 높여 주어 소화능력이 증대된다. ② 방출구의 특성상 유동성이 우수하다.	① CRT에만 적용 가능하다. ② 화재나 폭발에 의해서 방출구의 파손 우려가 있다. ③ 포의 오염 우려 : 튜브나 홈통에 유증기가 점착되어 방출되는 포를 오염시킬 수 있다. ④ 국내외에서는 거의 사용하지 않는다.

꼼꼼체크 Ⅰ형 포방출구는 구배를 가진 철판으로, 유동성이 좋지 못한 단백포의 방출구로 사용한다.

5) 국내외에서는 잘 사용하지 않는 포방출구이다.

(2) Ⅱ형 포방출구

1) 정의

① 방출된 포가 반사판(디플렉터)에 의하여 탱크의 벽면을 따라 흘러 들어가 액면에 전개되어 소화작용을 하도록 된 포방출구

② 고정지붕구조(CRT) 또는 부상덮개부착 고정지붕구조(IFRT)의 탱크에 상부포주입법을 이용하는 것으로서, 방출된 포가 탱크 옆판의 내면을 따라 흘러내려 가면서 액면 아래로 몰입되거나 액면을 뒤섞지 않고, 액면상을 덮을 수 있는 반사판 및 탱

59) Figure A-1-4(n) Cross section of a Moeller tube chamber. Tube is designed to unroll and fall to oil level. Foam flows through interstices in tube. 11~32page. NFPA 11 Standard for Low-expantion form-1998.

60) Figure A-1-4(o) Foam trough. 11~32page. NFPA 11 Standard for Low-expantion form-1998.

크 내의 위험물증기가 외부로 역류되는 것을 저지할 수 있는 구조·기구를 갖는 포방출구

꼼꼼체크 부상덮개부착 고정지붕구조(IFRT) : 옥외저장탱크에 금속제의 플로팅 루프탱크 위에 팬 등의 덮개를 부착한 고정지붕구조

2) 종류

① 수평형

② 수직형 : 국내에서는 대부분 수직형을 사용한다.

3) 동작메커니즘

① 가압송수된 소화약제 수용액이 폼챔버에 흡입됨과 동시에 공기흡입구에서 공기를 흡입하여 공기포를 발생시킨다.

② 발생한 포를 안정된 성상의 것으로 반사판에 부딪혀 떨어뜨려 탱크 내로 유입시킨다.

4) 장단점

장점	단점
① 포의 오염 우려가 없다. ② 국내 저장소 대부분의 방식이다.	① 방출구의 특성상 유동성이 좋지 않다. ② 화재나 폭발에 의해서 방출구의 파손 우려가 있다.

꼼꼼체크 방출구의 유동성이 나빠 유동성이 좋은 계면활성제포나 수성막포의 방출구로 사용한다.

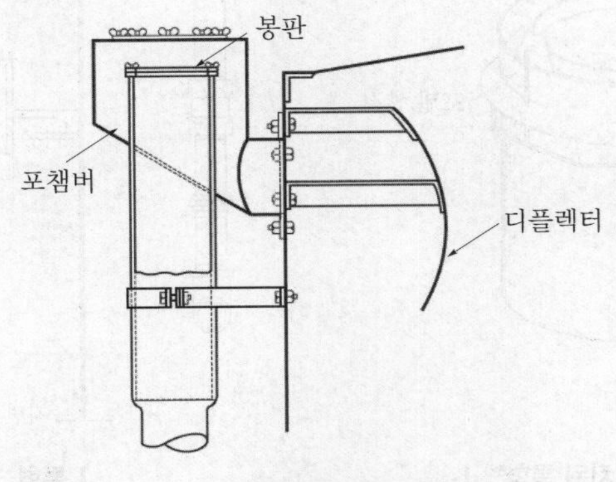

| Ⅱ형 포방출구[61] |

(3) 특형 포방출구

1) 정의 : 부상지붕구조 탱크(floating roof tank)의 측면과 굽도리판에 의하여 형성된 환상부분에 포를 방출하여 소화작용을 하도록 된 포방출구이다.

61) Figure A-1-4(p) Air foam chamber with Type II outlet. 11~32page. NFPA 11 Standard for Low-expantion form-1998

2) 목적 : 액체의 증발손실을 막고 탱크 내 빈 공간을 줄여 화재위험을 감소시키기 위해 사용하는 지붕으로, 증기방출을 위한 배기구가 설치되어 있다.

3) 환상부분

① 부상지붕의 부상부분상에 높이 0.9m 이상의 금속제 칸막이를 탱크 옆판의 내측로부터 1.2m 이상 이격하여 설치하고 탱크 옆판과 굽도리판에 의하여 형성된 부분이다.

② Seal 부분이 누설되거나 닳을 경우 : 화재발생 우려가 있다.

굽도리판(foam dam)

① 플로팅 루프탱크의 상부 포방출구에서 방출된 포를 가둬두기 위해 설치한 격벽이다.

② 방출된 포의 유출을 막을 수 있고 충분한 배수능력을 갖는 배수구를 설치한 것에 한한다.

③ Seal의 종류

㉠ 기본 Seal : 기계적실(철판, STS), 액체실, 폼실

㉡ 2차 Seal : 1차 Seal의 상부에 설치하며 증기장벽과 1차 Seal은 보호한다.

㉢ 이중 Seal

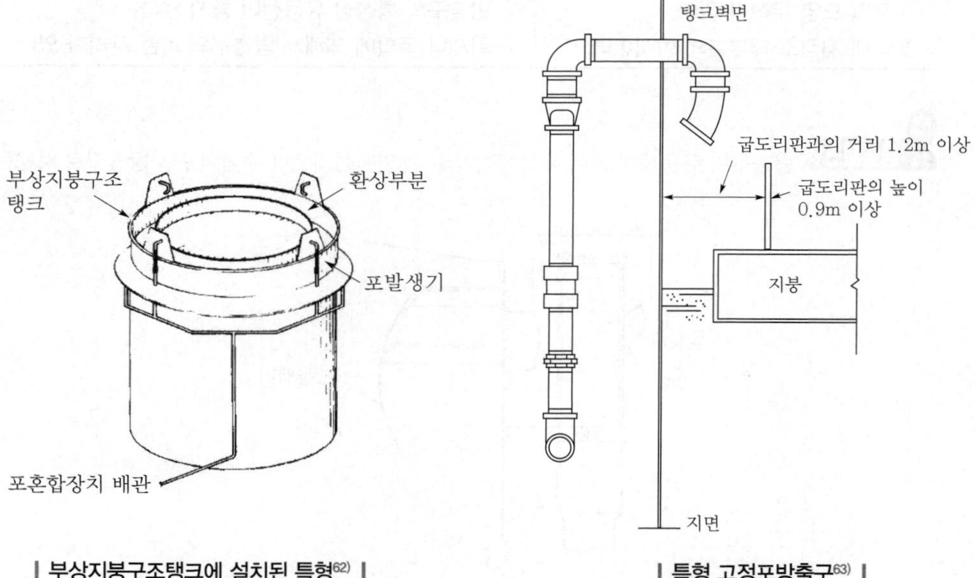

| 부상지붕구조탱크에 설치된 특형[62] |

| 특형 고정포방출구[63] |

(4) 표면하 주입식(Ⅲ형 포방출구, semi-subsurface foam injection device)

1) 정의

① 탱크 상부 측면에 설치되어 있는 폼챔버가 파괴되는 결점을 보완하기 위해 탱크 저

62) Typical Storage Tank Protection. tyco사의 카탈로그에서 발췌

63) Typical Floating Roof Tank Foam Maker Installation. tyco사의 카탈로그에서 발췌

부에서 포를 주입하는 방식이다.

② 고정지붕구조의 탱크에 저부포주입법을 이용하는 것으로서, 송포관으로부터 포를 방출하는 포방출구이다.

1. **저부포주입법** : 탱크의 액면하에 설치된 포방출구로부터 포를 탱크 내에 주입하는 방법을 말한다.
2. **송포관**
   ① 정의 : 발포기 또는 포발생기에 의하여 발생된 포를 보내는 배관
   ② 배관으로 탱크 내 위험물의 역류가 방지되는 구조

2) 설치대상

① 직경 60m를 초과하는 탱크

상부주입방식으로는 최대 포의 확산거리가 30m로 양끝단에서 발포를 하여도 유동하여 최대 60m까지가 발포의 한계이기 때문이다. 따라서, 60m를 초과하는 탱크는 하부주입방식으로 한다.

② 고정지붕탱크(cone roof)의 대기압 탱크에 적용이 가능하다.

③ 점도가 낮은 위험물에 적용한다.

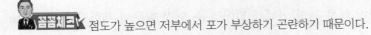

점도가 높으면 저부에서 포가 부상하기 곤란하기 때문이다.

④ 포콘테이너의 위치는 탱크 바닥 물 높이 이상에 설치한다.

탱크 바닥 물과 포가 섞이면 파포현상이 발생한다.

3) 장단점

장점	단점
① 화재 시 탱크 상부 폭발이나 열에 의한 설비파손위험이 작다. ② 포의 확산속도가 빠르다. ③ 대형 탱크의 소화에 경제적이다. ④ 가연성 액체의 대류현상을 일으켜 상부 유온 저하로 화재확산을 방지한다.	① 포가 균일하게 확산되지 않아 부상식 탱크에 부적합하다. ② 수용성 액체위험물에 부적합하다. ③ 점성이 큰 액체와 저장온도가 높은 액체에는 사용이 곤란(파포현상)하다. ④ 포발생기 입구측 포수용액 압력이 높아야 한다. ⑤ 사용되는 소화약제가 제한적이다.

1. 포의 확산속도가 빨라 적은 포방출구를 설치할 수 있으므로 대형 탱크에 경제적이다.

2. 바닥까지 누르는 압력인 배압이 커서 포발생기 입구측을 고압으로 포를 만들어야 한다.
3. **배압**(背壓, back pressure) : 유체가 배출될 때 유체가 갖는 압력이다.
4. 내유성과 내화학성이 큰 소화약제를 사용해야 한다. 고가의 소화약제를 제한적으로 사용해야 하므로 경제적 비용이 증가한다.

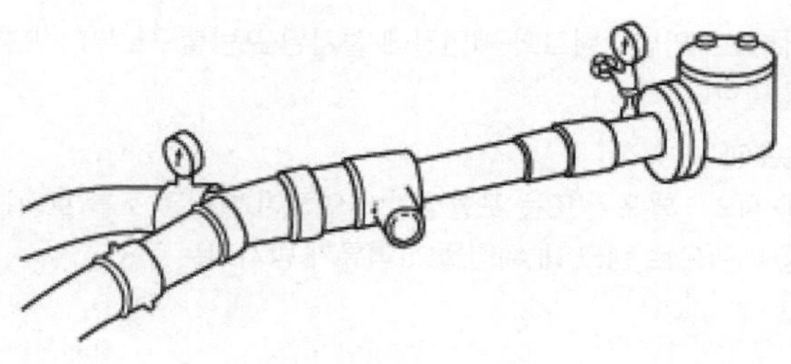

| **배압장치**[64] |

4) 사용되는 소화약제 : 불화단백포, 수성막포(AFFF)

1. 소화성능상에는 표면하 주입식에는 불화단백포가 가장 우수하며, NF Engineering manual에서는 불화단백포를 사용하도록 하고 있으나 현재 국내에서는 환경오염성과 활용성 측면에서 대부분 수성막포가 사용되고 있다.
2. **랩처디스크(봉판)** : 막으로 구성되어 일정 압력 이상이 형성되면 막이 찢어지며 약제가 탱크로 공급되게 하는 역할을 한다.

5) 방출압력제한 : 압력이 너무 크면 연료를 밀어낼 수 있기 때문에 제한한다(max 6bar).

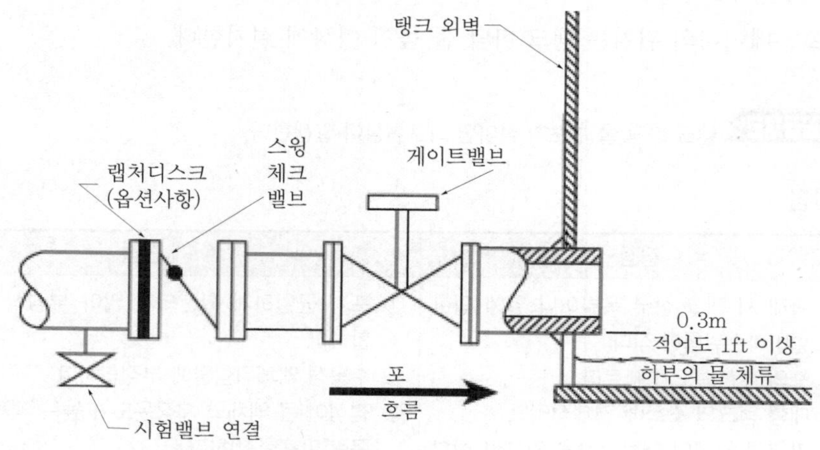

| **표면하 주입방식**[65] |

64) Figure 17.4.21 High Back-Pressure-Type (or Forcing-Type) Foam-Maker FPH 17-04 Foam Extinguishing agent and systems 17-59
65) Figure A-3-2.4.2.1 Typical tank foam-maker discharge connection for subsurface injection. 11 ~ 38page. NFPA 11 Standard for Low-expantion form

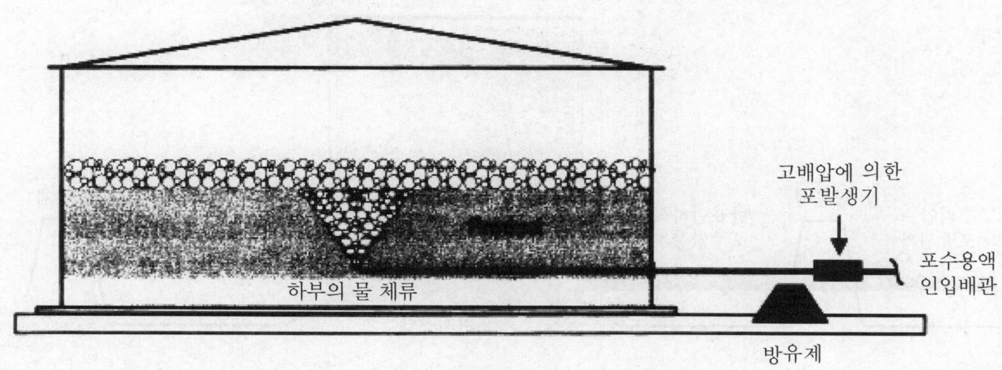

┃ 표면하 주입방식의 약제방사 예[66] ┃

(5) 반표면하 주입식(Ⅳ형 포방출구, semi-subsurface foam injection device)

1) 정의

① 개량형으로 호스가 내장된 호스컨테이너를 저장액 속에 설치하여 화재 시 호스가 액면으로 떠올라 포를 방출, 소화작용을 하도록 된 포방출구

② 고정지붕구조의 탱크에 저부포주입법을 이용하는 것으로서, 평상시에는 탱크의 액면하의 저부에 설치된 격납통에 수납되어 있는 특수호스 등이 송포관의 말단에 접속되어 있다가 포를 보내는 것에 의하여 특수호스 등이 전개되어 그 선단이 액면까지 도달한 후 포를 방출하는 포방출구

꼼꼼체크 격납통 : 포를 보내는 것에 의하여 용이하게 이탈되는 캡을 갖는 것을 포함

2) 목적 : 표면하 주입방식의 일부 소화약제밖에 사용하지 못하는 점과 포가 오염되는 단점을 개선한다.

3) 장단점

장점	단점
① 포가 유류에 오염되지 않고 포의 파괴가 적으며 배압(back pressure)에 대한 영향이 작다. ② 화재 시험결과 유류탱크화재에 가장 우수한 소화설비이다.	호스컨테이너의 신뢰성에 문제가 있어 국내에는 거의 설치되지 못하는 방식이다.

66) Foam Application Method : Subsurface Foam Injection. WILLIAMSFIRE사의 STORAGE TANK FIRE PROTECTION에서 발췌

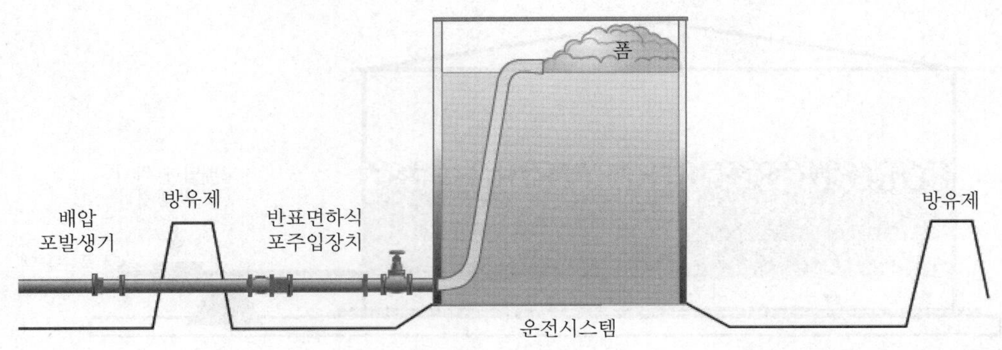

┃ 호스컨테이너의 호스가 전개된 반표면하 주입식 ┃

SECTION 066 고팽창포(high-expansion)

01 개요 132·111회 출제

(1) **팽창비의 정의 :** 발포된 포의 체적 ÷ 포수용액 체적

(2) 팽창비에 따라 저발포와 고발포로 구분하고, 저발포는 자연발포이며, 고발포는 강제발포이다. 하지만 시험 시에는 발포된 포를 넣어두는 포콘테이너의 체적이 1,600이므로 이를 발포 후의 체적으로 보고 체취된 포의 무게를 구해서 나누면 팽창비가 나온다.

$$\text{포팽창률} = \frac{V}{W_1 - W_2} = \frac{1{,}600}{\text{가득 찬 용기중량} - \text{빈 용기중량}} = \text{팽창비}$$

여기서, V : 포수집용기의 내용적[mL]

W_1 : 포수집용기에 거품이 충만했을 때의 총중량[g]

W_2 : 포수집용기의 중량[g]

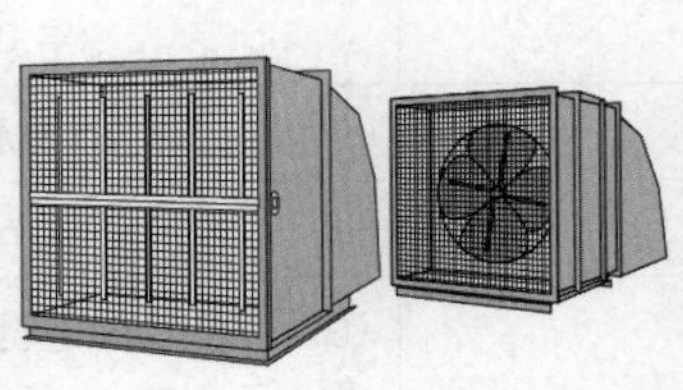

| 고발포발생기 |

(3) **팽창비에 따른 구분**

구분	NFPA	국내기준(NFTC)	일본(소방법)	
저발포	20 미만	20 이하	20 이하	
중발포	20~200 미만	–	–	
고발포	200~1,000 미만	80 이상 1,000 미만	1종	80 이상 250 미만
			2종	250 이상 500 미만
			3종	500 이상 1,000 미만

(4) 고팽창포

1) A급 및 B급 화재의 제어 및 소화에 사용하는 소화약제이다.
2) 밀폐공간에서 사용하기 위한 전역방출용 소화약제에 적합하다.
3) 수분이 매우 적어서 증기 밀폐성, 제연 방지성, 유류에 대한 내성 및 바람에 대한 저항력 등이 좋지 않기 때문에 가연성 액체의 화재와 옥외에는 적응성이 떨어진다.

(5) 소화약제에 따른 팽창비(상온)

1) 합성계면활성제포 : 500배 이상
2) 수성막포 : 5배 이상
3) 기타 : 6배 이상

02 저발포 및 고발포 소화약제 127·108·107회 출제

(1) 비교표

구분	저발포약제(low-expansion)	고발포약제(high-expansion)
팽창비	20 이하	80~1,000 미만
포소화약제	단백포, 불화단백포, 수성막포 등	합성 계면활성제포
포방출구 종류	포헤드, 포워터 스프링클러, 포소화전, 포호스릴, 고정포방출구, 압축공기포	고발포용 고정포방출구
환원시간	1분 이상	3분 이상
방수압력	0.7MPa	0.1MPa
방수량	10L/min	6L/min
적응성	2차원 유류탱크 화재	① 3차원 입체 공간화재진압 ② A급 화재 ③ B급 액체위험물 ④ LNG 누설화재

(2) 고발포의 장단점

장점	단점
① 고팽창포로 단시간에 포가 공간을 채움으로 넓은 장소 및 소방대가 진입하기 어려운 장소의 소화에 용이하다. ② 짧은 시간 내 소화가 가능하다. ③ A급 화재와 LNG화재에 적합하며, B급 화재의 경우는 저발포보다 적응성이 떨어진다.	① 고발포는 수막이 매우 얇아서 내유성 및 바람에 대한 저항이 약하다. ② 옥외의 온도, 습도, 바람 등에 영향을 많이 받는다. ③ 유류화재에 저발포 소화약제에 비해 소화효과가 떨어진다.

장점	단점
④ 화재에서 발생한 열에 의해 포를 형성하는 물이 증발되어 산소농도 감소 및 냉각된다.	④ 사용가능 약제가 합성계면활성제포 뿐이다. ⑤ 사람이 거주하는 장소의 경우는 질식의 우려가 있다.

(3) 고팽창포 소화약제의 인명안전(NFPA 11 6.6 personnel safety)

1) 고팽창포가 발포된 지역에 출입할 때 물로 폼소화약제를 제거한 후 제거된 곳에 진입한다.
2) 공기호흡기를 착용하고 진입한다.

일부 책에 나와 있는 고팽창포에서 호흡이 가능하다는 논거는 NFPA 11에 따르면 불합리한 내용이다.

(4) 고팽창포 소화원리

1) 연소에 필요한 공기의 유동을 제한한다.
2) 소화수가 빠르게 증발한다.
   ① 수증기에 의한 산소농도의 감소(희석)
   ② 증발잠열에 의한 냉각효과 증대
3) 침투능력 증대 : 환원 된 물(drainage)은 포의 계면활성제에 의해서 표면장력이 감소(A급 소화능력 증대)한다.
4) 방출된 포에 의해 주변 미연소 가연물 및 구조체를 방호한다.
5) LPG 화재 : 공기보다 무거운 가스가 발포층 아래로 흘러가 가스운을 형성하거나 재발화 할 위험이 있어서 사용이 곤란하다.
6) LNG 화재
   ① 소화약재로 500 : 1의 팽창비가 가장 적합하다.
   ② 500 : 1 발포층은 포와 LNG 경계층을 급속히 동결시키지만, 이 얼음층은 가벼워서 LNG 표면 위로 부상하게 된다.
   ③ LNG 경계층은 파괴되거나 가라앉지 않고 수 피트의 발포층을 지지할 만큼 강하다.
   ④ 경계층 부근에서 발포층을 뚫고 증발하는 저온 증발기체를 따라 얼음관이 형성된다.
   ⑤ 급속한 포소화약제의 살포는 복사열 수준을 현저히 감소(약 70%)시키며, 포가 더 방출됨에 따라 화염이 포 속으로 사라져 묻히게 된다.
   ⑥ 화재제어가 계속되기 위해서는 소강상태의 화염을 덮어주는 시간이 길어져야 한다(환원시간 15분 이상). 따라서, LNG 풀이 완전히 증발되어 없어질 때까지 포의 살포가 계속되어야 하며, 증기농도수준이 정상상태로 되어야 상황이 종료된 것으로 볼 수 있다.

⑦ 가연성 증기 제어(vapor hazard control) : LNG 증기가스를 발화원으로부터 떨어뜨려 분산한다.

㉠ 500 : 1 팽창비의 포는 LNG 저장탱크 주변의 방유제 벽 구역을 덮어버림으로써 가스의 발화위험을 낮춘다.

㉡ 포는 저온증발액체의 표면을 덮어 LNG 가스가 발포층을 통과하여 올라갈 수 있도록 데워줄 수 있는 충분한 열을 가진 수분을 제공한다(부력효과).

㉢ 부력효과는 지표면 부근의 가연성 기체 표류 가능성을 줄여주고, 대기로의 LNG 가스분산을 돕는다.

(5) NFPA11

1) 전역방출방식

① 포 방출률

$$R=\left(\frac{V}{T}+R_s\right)\times C_N\times C_L \quad (6.12.8.2.3.1^*)$$ 127회 출제

여기서, R : 포 방출률[m^3/min]

V : 관포체적[m^3]

T : 관포시간[min]

R_s : 스프링클러에 의한 파포율[m^3/min]($R_s=S\times Q$)

C_N : 일반적인 감소율

C_L : 누설률

S : 파포율(일반적으로 0.0748m^3/min·L/Lpm)

Q : 스프링클러 방출량[Lpm]

② 최대 관포시간(maximum submergence time table 6.12.7.1)

수용품		비내화구조		내화구조	
		스프링클러설비		스프링클러설비	
		설치	미설치	설치	미설치
276kPa 미만의 증기압력을 가진 인화점 38℃ 미만의 인화성 액체		3	2	5	3
38℃ 이상의 가연성 액체		4	3	5	3
저밀도 가연물(발포 고무, 발포 플라스틱, 롤티슈, 크레이프(crepe) 종이 등)		4	3	6	4
고밀도 가연물(롤 페이퍼 크라프트 (rolled paper kraft), 코팅지 등)	묶여진 것	7	5	8	6
	묶여지지 않은 것	5	4	6	5

수용품	비내화구조		내화구조	
	스프링클러설비		스프링클러설비	
	설치	미설치	설치	미설치
고무타이어	7	5	8	6
종이 및 섬유상자 속의 가연물	7	5	8	6

③ 포소화약제와 수원의 양

㉠ 방호구역의 관포체적에 대하여 규정한 방출량을 25분 동안 작동시킬 수 있는 양과 관포체적의 4배를 발포하기 위해 필요한 양 중에서 작은 것으로 한다.

㉡ 최소한 15분 동안 계속하여 포수용액을 방출시킬 수 있는 양 이상이어야 한다.

④ 발포된 포의 관포체적 안에서 유지되어야 하는 시간

㉠ 스프링클러 설치 : 30분 이상

㉡ 스프링클러 미설치 : 60분 이상

2) 국소방출방식

① 방출률 : 2분 이내 가연물을 0.6m 이상의 높이까지 채워야 한다.

② 포 방출시간 : 12분 이상

3) NFTC와 NFPA 11의 비교

구분	NFTC 105	NFPA 11
관포체적 또는 포의 깊이 (전역방출)	소방대상물의 위치보다 0.5m 높은 위치까지의 체적	최고위 방호대상물 높이의 1.1배 이상이어야 하되, 가장 높은 방호대상물보다 최소 0.6m를 넘어야 한다.
방호면적 또는 포의 깊이 (국소방출)	소방대상물의 최고 높이의 3배 치수를 해당 소방대상물의 각 부분에서 각각 수평으로 연장하는 선으로 둘러싸인 면적	방호대상물보다 최소 0.6m 이상 높이
최대 관포시간	없음	가연물의 종류와 대상물의 구조 및 스프링클러설치 유무에 따라 2~8분
표준방사량	$1m^3$에 대한 분당 포수용액 방출량 × 방호공간의 관포체적	기준 없음(최대 관포시간, 구조에 의하여 산정)
포방출량 (전역방출)	소방대상물과 팽창비에 따라 체적당 방출률이 결정된다. NFPA 11에 비해 포방출량이 대단히 적다.	최대 관포시간과 스프링클러 설치 유무와 누설 여부에 따라 포 방출률이 결정된다.
포방출량 (국소방출)	가연물의 방호면적에 따라 방출률이 결정된다.	2분 안에 가연물을 덮어야 하고 최소 12분 이상 방출

구분	NFSC 105	NFPA 11
포의 누설 여부	기준 없음	누설 여부에 따라 방출률이 달라진다.
포 발생기	500m²마다 1개 이상	포방출률에 적합한 제품 선정
약제 예비용량	기준 없음	포약제 저장량의 2배
방사시간	10분	15분
수원	표준방사량으로 10분 이상	규정한 방출량을 25분 동안 작동시킬 수 있는 양과 관포체적의 4배를 발포하기 위하여 필요한 양 중에서 작은 것(최소 15분)을 선정

03 중 · 고 팽창포 시스템 111·92회 출제

(1) 감지설비에 의한 자동기동 및 수동기동 방식에 의해 구성되며 자동발포를 위한 구성을 위해 NFPA 11-2016 A.6.7.4에서는 다음과 같은 구성도를 나타내고 있다.

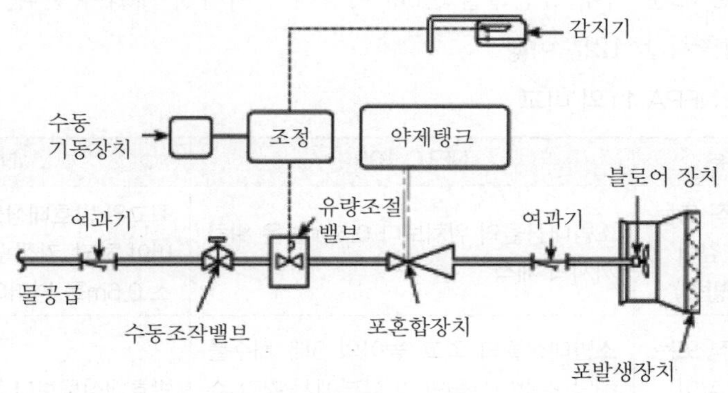

| 고팽창포 구성도[67] |

(2) 발포장치

1) 흡인기형(aspirator type)

① 포수용액이 분사될 때 공기를 자연적으로 흡입하고 포가 막(screen)을 통과하면서 보통 250배의 중팽창포를 생성한다.

② 발포기 : 고정식, 이동식

67) Figure A-1-9.5 Block diagram of automatic medium or high-expansion foam system. 11A Standard for Low-midium-high-expansion form

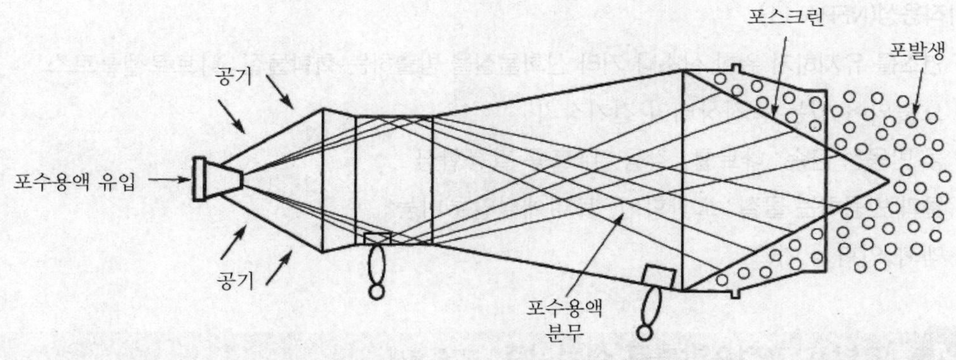

| 흡인기를 이용한 중팽창포 발생장치[68] |

2) 블로어형(blower type)

① 포수용액이 분사될 때 송풍기를 이용해 강제로 공기를 공급하여 포수용액이 막(screen)을 통과하면서 보통 500배 이상의 고팽창포를 생성한다.

② 발포기 : 고정식, 이동식

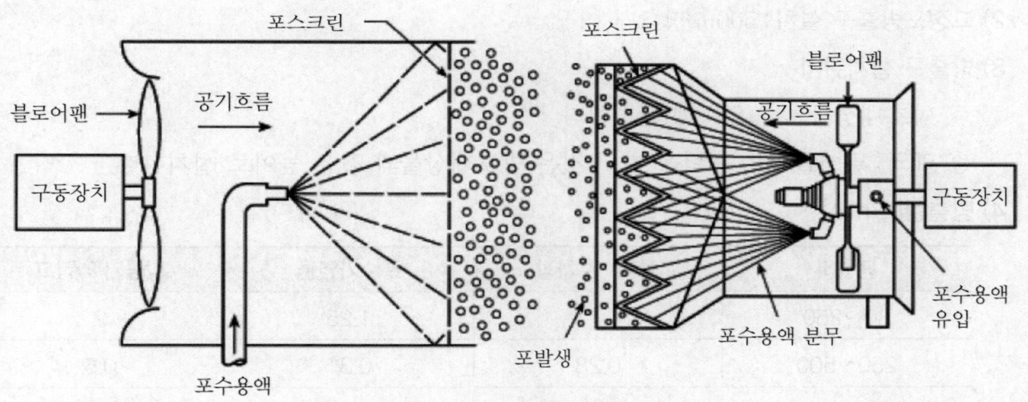

| 블로어를 이용한 고팽창포 발생장치[69] |

(3) CAF : 배관 내를 흐르는 포수용액에 압축공기를 불어 넣는 방식

(4) 적응성(NFPA 11)

1) 일반 가연성 물질

2) 인화성이나 가연성 액체

3) 가연성 물질과 인화성이나 가연성 액체의 복합

4) 액화천연가스(고팽창포에 한함)

68) 11A Standard for Low-midium-high-expansion form
69) 11A Standard for Low-midium-high-expansion form

(5) 비적응성(NFPA 11)

1) 연소를 유지하기 위한 산소나 기타 산화물질을 방출하는 화학물질 : 니트로셀룰로스

2) 노출되어 있는 통전상태인 전기장치

3) 물 반응성 금속 : 나트륨, 칼륨, 나트륨 칼륨합금

4) 물과 반응하는 물질 : 오산화인, 트리에틸알루미늄

5) 액화 인화성 가스

04 고발포 고정포방출구 설치기준 127회 출제

(1) 전역방출방식

1) 개구부

① 자동폐쇄장치 설치

② 예외 : 누출량만큼 포수용액 추가 방출설비를 갖춘 경우

2) 고정포방출구 설치 : 500m^{2}당 1개 이상

3) 방출구 설치위치

① 방호대상물보다 위쪽에 설치한다.

② 예외 : 밀어올리는 능력을 가진 것은 방호대상물과 같은 높이로 설치한다.

4) 방출량[L/min]

팽창비	차고 · 주차장	특수가연물	항공기 격납고
80~250	1.11	1.25	2
250~500	0.28	0.31	0.5
500~1,000	0.16	0.18	0.29

(2) 국소방출방식

1) 연소 우려가 있는 방호대상물 : 하나의 소방대상물로 하여 설치

2) 방호대상물의 높이의 3배(1m 미만의 경우에는 1m)의 거리를 수평으로 연장한 선으로 둘러싸인 부분의 면적(방호대상면적) 1m^{2}에 대하여 1분당 방출량이 다음 표에 따른 양 이상이 되도록 할 것

방호대상물	방호면적 1m^{2}에 대한 1분당 방출량
특수가연물	3L
기타의 것	2L

1. NFPA 11(2016)의 **국소방출량** : 2분 내에 가연물 높이의 0.6m를 덮어야 하고 최소 12분 이상 방출
2. NFPA 11(2016)의 **방출방식**(6.4 types of systems)
   ① 전역방출방식(total flooding systems) : 배관으로 공급되어지는 포 약제와 물이 밀폐된 공간 또는 위험물 주변에 설치되어 방출되도록 배치된 고정식의 포생성기로 구성(6.12.1)
   ② 국소방출방식(local application systems) : 배관으로 공급되는 포 약제와 물이 화재나 누출된 위험물 위에 직접 폼이 방출되는 고정식의 포생성기로 구성(6.13.1)
   ③ 휴대용 포 생성장치(portable foam-generating devices) : 물과 포 약제의 공급을 위한 포 생성기, 수동조작과 호스나 배관과 호스에 의해 연결되어 수송하는 부분으로 구성(6.15.1)

05 검토사항

(1) 저팽창포와는 달리 위험조건별로 구체적인 평가를 거쳐야 한다.

(2) 발포장치를 설치할 경우 연소생성물이 빨려들지 않도록 해야 한다.

(3) 통전 중인 전기설비, Na, K 같은 금수성 물질에는 사용을 금지한다.

(4) 표준방사량에 대한 개념이 고팽창포의 포방출률이 공간을 채워 질식한다는 목적에 적합하지 않다. 국내의 표준방사량으로는 방호공간을 포로 채울 수 없다. 채우기 위해서는 NFPA 11과 같은 방식의 포방출률과 관포시간의 개념이 도입되어야 한다.

(5) 누기, 포수축에 대한 보정, 포파괴속도 등에 대한 고려가 필요하다.

(6) 포소화약제의 저장용량에 대한 예비약제량이 NFPA 11처럼 고려되어야 한다.

06 확대적용대상

(1) 지하주차장
   1) 기존 지하주차장의 소화설비 : 준비작동식 스프링클러
   2) 문제점
      ① 프리액션밸브 2차측 배관의 상태를 파악하기 곤란하다.
      ② 유류화재에 대한 적응성
   3) 고팽창포소화약제는 유류화재에도 적응성이 있고, 주차공간을 빠른 시간 내에 채워 질식 효과도 우수하다.

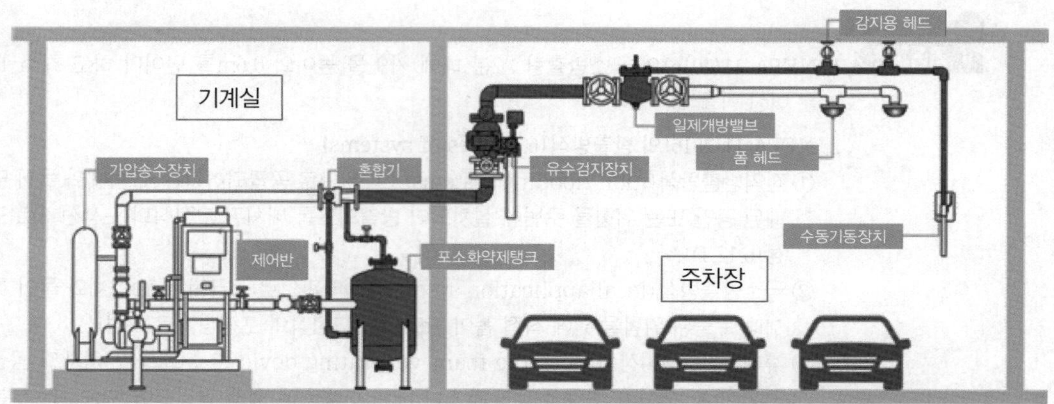

▎일본 주차장에 포소화설비 개념도▕

(2) **지하구** : 공간을 신속하게 채워 질식 냉각소화를 한다.

(3) **변전소**

1) 기존 설비 : 가스계 소화설비

2) 문제점 : 절연유가 사용되는 경우는 유류화재에 대한 적응성

3) 고팽창포소화약제는 유류화재에도 적응성이 있고, 공간을 빠른 시간 내에 채워 질식 효과도 우수하다.

(4) **석탄저장소** : 분진폭발 등의 우려가 있으로 고팽창포소화약제가 적응성이 있다.

SECTION 067

압축공기포 소화시스템

125·121·118·110회 출제

01 개요

(1) **정의** : 포소화약제와 물이 혼합된 포수용액에 압축공기 또는 압축질소를 일정한 비율로 혼합하여 방출하는 방식이다.

(2) **사용매질과 설치장소**

1) 매질 : 압축공기 또는 압축질소

2) 설치장소 : 특수가연물 저장·취급하는 공장·창고, 차고 또는 주차장, 항공기격납고, 발전기실·엔진펌프실·변압기·전기케이블실·유압설비

(3) **필요성**

1) 일반적인 포소화설비는 화재에 의한 오염된 환경에서 포를 생성해야 하기 때문에 포의 안정성과 균질성이 떨어지고, 팽창비도 적정비율의 형성이 곤란한 문제점을 가지고 있고 흡인기(aspirator)형과 블로어(blower)형 고발포기를 사용한 현재의 고정배관식 포소화설비 시스템은 포를 고속으로 주입할 수 없다는 문제점이 있다.

2) 별도의 용기에 주입된 공기나 질소를 사용하여 원하는 팽창비와 포의 품질을 얻을 수 있는 방식이 압축공기포 방식이다.

02 작동메커니즘과 구조

(1) **작동메커니즘**

1) 포수용액 탱크에는 미리 일정 혼합비로 포 원액과 소화수를 혼합한 포수용액을 저장한다.

2) 압축공기는 정압밸브를 통해 일정합으로 배관을 따라 포수용액탱크와 혼합기로 주입한다.

① 주입된 압축공기는 포수용액을 가압하는 역할을 한다.

② 혼합기(믹싱챔버)에 주입된 압축공기는 포발포를 위한 공기주입용으로 사용한다.

③ 포수용액 운동량+압축공기의 운동량

3) 주입되는 포수용액과 압축공기의 양 및 압력 : 소화구역의 크기에 따라 그 비율과 양을 결정한다.

4) 포수용액과 압축공기는 혼합장치를 통해 압축공기포를 형성한다.

5) 전용 노즐을 통해 방사한다.
   ① 일반노즐과 달리 구성상 오리피스 기능 없이 설계한다.
   ② 압축공기포의 추력으로 회전시켜 방사면적을 최대한 늘릴 수 있는 장점이 있다.

오리피스가 없는 이유 : 기존의 포 혼합방식처럼 노즐 끝단에서 공기의 인입이 일어날 필요가 없고, 그리고 이미 이 시스템은 전용 혼합기를 통과하면서 압축공기포가 형성되기 때문에 이 포가 형성된 그대로 최적의 상태를 유지하면서 방사가 이루어져야 하기 때문이다.

6) 포 방출과정 : 넓은 지역에 걸쳐 그 운동량을 상실하지 않은 상태로 고속으로 방출한다.

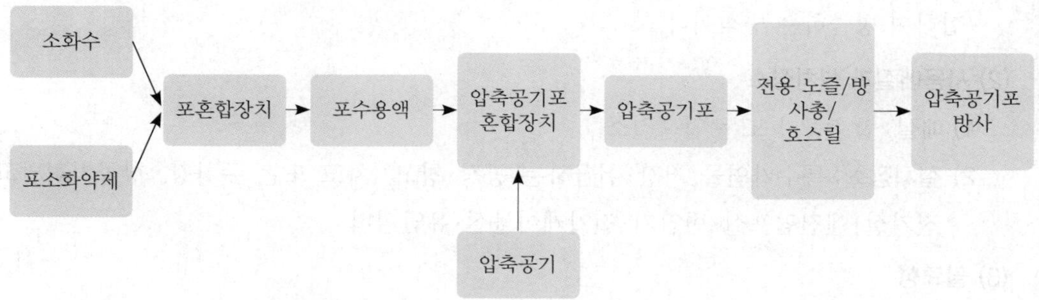

| 믹싱챔버방식의 개념도 |

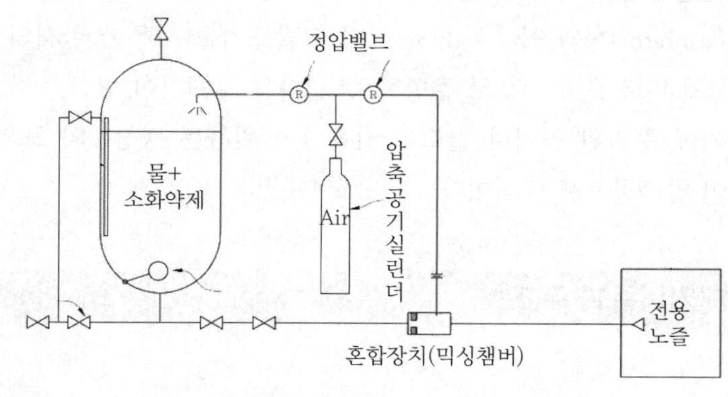

| 계통도 |

(2) 혼합기의 구조

1) 구성 : 공기혼합장치, 압축공기공급기 등
2) 배관 등에 연결할 경우 : 그 기능에 영향을 미치는 변형, 손상 또는 뒤틀림이 생기지 않아야 한다.
3) 배관과의 접속부이음 : 플랜지이음 또는 관용 나사이음 등
4) 공기혼합장치 : 포수용액에 따라 적정한 공기포비를 항상 확보할 수 있는 구조이어야 한다.
5) 포수용액 및 압축공기 등이 통과되는 부분 : 표면이 매끈하게 다듬질되어 있어야 한다.

6) 공기혼합기 및 그 부품 : 보수점검 및 교체가 쉬워야 한다.

7) 압축공기공급기(공기압축기 또는 공기저장 고압용기를 제외)의 각 부분에 가하여 지는 압력 : 1MPa 이하

8) 안전장치 : 압축공기공급기는 최대 사용압력의 110% 이하로 한다.

9) 녹슬 염려가 있는 부분 : 내식처리 또는 방청처리

10) 포소화약제 혼합장치 : 성능인증 및 제품검사

(3) 압축공기포 구분

구분	물과 공기의 혼합비(팽창비)	특성
습식포(wet foam)	1 : 4 이하	기존 포와 유사한 특성, 유동성
중간형태 포	1 : 7	빠른 소화효과, 지속성
건식포(dry foam)	1 : 10 이상	전기화재에 적응성

03 특징

(1) 장점

1) 표면적 증가에 따른 소화효율 향상

① 체적이 증가되어 질식 효과가 높고, 표면적이 증가함에 따라 소화효율 향상

폼에 강제적으로 공기를 압입하여 발포함에 따라 체적 또는 표면적을 대폭 증가시키는 것이 가능하다.

② 공기의 양을 조절하여 점착성과 안정성, 내열성 향상

폼 용액에 들어가는 공기의 양을 조절하여 사용할 수도 있다. 공기의 양을 증가시킬 경우 건조한 면도 크림과 같은 포를 형성하여 수직표면에 부착될 수 있고 그 상태로 상당 시간 유지가 가능하다. 이러한 원리에 의해 다양한 종류의 화재 시 더 효율적으로 진화할 수 있도록 한다. 일반물의 경우 표면장력으로 인해 작은 물방울을 형성하고 서로 결합하려는 성질에 의해 연소하는 연료에 침투하여 화재를 진압하는 물의 능력을 축소시키는 반면 CAF는 표면적을 대폭 증가시켜 열을 더 잘 흡수할 수 있도록 돕는다.

③ 압축공기를 공급하므로 포의 크기 균일

포의 크기가 일정하면 안정성이 증가한다.

2) 소화활동의 안전성 증대

① CAF는 기존 포시스템에 비해 운동량이 커서 멀리까지 방사할 수 있으므로 소방관이 안전한 거리에서 소화활동을 할 수 있다.

② CAF 장비는 일반적인 진압장비 무게의 절반 정도로 가벼워 소방관의 이동성이 증가하며 피로도를 줄여 사고의 위험성을 감소시킨다.

3) 방수량 및 소화시간의 절감 : A급 화재에 A클래스 포와 압축공기 사용 시 적은 양의 물로 보다 효율적인 소화가 가능하다.

1. 일반 물에 비해 낭비되는 비율이 적다(일반물 낭비되는 비율 90%, CAF는 20%).
2. 일반 물의 $\frac{1}{10}$의 양의 적은 양으로 사용할 수 있다.
3. 점착성이 우수해서 더 오랫동안 열에 저항한다.

4) 전기화재에 적응성 : 건식포

5) 빠른 분사속도, 원거리 방사

6) 낮은 수손 피해 : 적은 양의 물 사용

7) 적은 약제의 양 : 기존은 주로 3~6%의 수용액이나 CAF는 보통 0.3~1%의 수용액 적용

8) 화재 재발가능성 감소

9) 깨끗한 공기를 사용하므로 포의 오염 가능성 감소

(2) 단점

1) 비용이 증가한다.

2) 추가장비인 공기압축기가 소요되므로 장비의 신뢰도가 기존에 비해 저하된다.

3) 포에 지속적으로 노출 시 살을 트게 하거나 건조하게 할 수 있다.

4) 대규모 설비에 적용이 곤란하다.

5) 전용 헤드를 사용해야 한다.

6) 설비의 사용제한

① 셀룰로오스 질산염과 같이 산소를 포함하는 자기반응성 물질

② 동력이 공급되는 개방된 전기설비

③ 나트륨, 칼륨과 같은 금수성 물질

④ 트리에틸알루미늄, 오산화인과 같은 물과 반응하는 물질

⑤ 가연성 액화가스

7) 혼합기(믹싱챔버)에서 물, 포소화약제, 압축공기가 섞이는 현상은 여러 유체의 혼합현상으로 방사되는 포의 양과 압력은 적정한 프로그램을 통한 해석이 필요하다.

04 화재안전기술기준

(1) 설치대상

1) 특수가연물을 저장·취급하는 경우 : 습식포

2) 차고 또는 주차장의 경우

3) 항공기격납고의 경우

4) 발전기실, 엔진펌프실, 변압기, 전기케이블실, 유압설비 : 건식포

(2) 수원

$$Q = A \times Q_1 \times 10[\text{min}]$$

여기서, Q : 수원[L]

A : 바닥면적[m^2]

Q_1 : 바닥면적 및 분당 방출량[$L/min \cdot m^2$]

(3) 가압송수장치 : 0.4MPa 이상

(4) 송수구 설치 예외 : 압축공기식 포소화설비를 스프링클러 보조설비로 설치하거나 압축공기식 포소화설비에 자동으로 급수되는 장치를 설치한 때에는 송수구를 설치하지 않을 수 있다.

(5) 배관 : 토너먼트방식

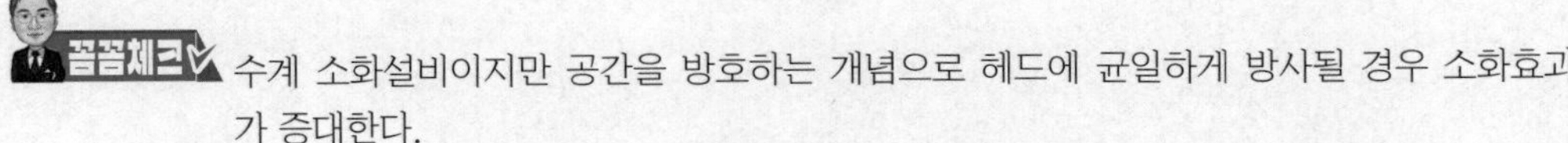
꼼꼼체크 수계 소화설비이지만 공간을 방호하는 개념으로 헤드에 균일하게 방사될 경우 소화효과가 증대한다.

(6) 약제저장탱크 : 하나의 방사구역 안에 설치된 설비를 동시에 개방하여 표준방사량으로 10분간 방사할 수 있는 양 이상을 저장한다.

(7) 혼합방식 : 압축공기포 혼합방식(믹싱챔버방식)

(8) 분사헤드

1) 설치위치 : 천장 또는 반자(측벽설치 가능)

2) 유류탱크 : 바닥면적 13.9m^2마다 1개 이상

3) 특수가연물저장소 : 바닥면적 9.3m^2마다 1개 이상

화재안전기준 해설에 따르면 'NFPA 11에서는 역류흐름방지를 위한 배치에서 요구압력이 0~60psi를 요구하고 있으며 동시에, 소화펌프의 최대 체절압(maximum churn pressure)은 체절압(churn pressure)에 60psi를 더한 값으로 하고 있다. 따라서, 국내의

기준은 60psi(=4.13684bar=0.4MPa)를 준용하여 산정된 것이다.'라고 되어 있는데 이러한 기준은 NFPA 11에서 확인할 수 없었고 제시한 FIGURE A.11.2.8.5.3.8(B) Backflow Preventer Arrangement는 엔진펌프의 열교환을 위해서 지정된 압력인 15~60psi를 초과하지 않도록 하는 것이다.

4) 헤드의 방사밀도

방호대상물	방사밀도[L/min · m^2]
특수가연물	2.3
기타의 것	1.63

SECTION

068 수원과 소화약제량

01 포소화설비 수원

(1) 종류 및 적응성, 수원

<table>
<tr><th colspan="2">특정소방대상물</th><th>설치대상</th><th>수원</th></tr>
<tr><td colspan="2" rowspan="3">특수가연물을 저장 · 취급하는 공장 또는 창고</td><td>• 포워터스프링클러설비
• 포헤드설비</td><td>포헤드수(max 바닥면적 200m^2)×10min</td></tr>
<tr><td>고정포방출설비(전역)</td><td>표준방사량 × 10min</td></tr>
<tr><td>압축공기식 포소화설비</td><td>• 일반가연물, 탄화수소류 :
1.63L/min · m^2 × 10min
• 특수가연물, 알코올류, 케톤류 :
2.3L/min · m^2 × 10min</td></tr>
<tr><td rowspan="6">차고
또는
주차장</td><td rowspan="3">일반적인 경우</td><td>• 포워터스프링클러설비
• 포헤드설비</td><td>포헤드수(max 바닥면적 200m^2)×10min</td></tr>
<tr><td>고정포방출설비</td><td>표준방사량 × 10min</td></tr>
<tr><td>압축공기식 포소화설비</td><td>• 일반가연물, 탄화수소류 :
1.63L/min · m^2 × 10min
• 특수가연물, 알코올류, 케톤류 :
2.3L/min · m^2 × 10min</td></tr>
<tr><td>완전 개방된 옥상주차장</td><td rowspan="3">• 호스릴포소화설비
• 포소화전설비</td><td rowspan="3">• 방수구가 가장 많은 층의 설치개수(max 5개)×6m^3(300L/min×20min)
• 예외 : 1개층의 바닥면적 200m^2 미만인 경우 230L/min 이상(300L/min×0.75)</td></tr>
<tr><td>고가 밑의 주차장 등
① 주된 벽이 없고 기둥뿐인 경우
② 주위가 위해방지용 철주 등으로 둘러싸인 부분</td></tr>
<tr><td>지상 1층 지붕이 없는 부분</td></tr>
</table>

특정소방대상물		설치대상	수원
항공기 격납고	일반적인 경우	• 포워터스프링클러설비 • 포헤드설비 • 고정포방출설비 • 압축공기식 포소화설비	표준방사량×10min
	바닥면적의 합계가 1,000m² 이상이고 항공기의 격납위치가 한정되어 있는 경우	호스릴 포소화설비	방수구 설치개수(max 5개) × 6m³ (300L/min×20min)
발전기실, 엔진펌프실, 변압기, 전기케이블실, 유압설비 : 바닥면적 합계 300m² 미만		고정식 압축공기식 포소화설비	• 일반가연물, 탄화수소류 : 1.63L/min · m² × 10min • 특수가연물, 알코올류, 케톤류 : 2.3L/min · m² × 10min

1. NFPA 11(2016)의 **Ⅱ형 수원** : 방사량 × 30~55min
2. **표준방사량** : 제조사별로 헤드 설계압력에 대해 방출되는 방출량[Lpm]
3. **포소화설비 설치대상에서 삭제되거나 변경된 항목**(2019.08)
   ① 옥외로 통하는 개구부가 상시 개방된 구조의 부분으로서 그 개방된 부분의 합계면적이 해당 차고 또는 주차장의 바닥면적의 15% 이상인 부분
   ② 지상 1층으로서 (방화구획 되거나) 지붕이 없는 부분(변경)
   ③ 지상에서 수동 또는 원격조작에 따라 개방이 가능한 개구부 유효면적의 합계가 바닥면적의 20% 이상(시간당 5회 이상의 배연능력을 가진 배연설비가 설치된 경우에는 15% 이상)인 부분
4. **법령개정 이유**
   ① 건축물 내부에 설치하는 차고 또는 주차 용도의 장소에 수동방식인 호스릴포소화설비 및 포소화전설비를 설치할 수 있었으나 화재 시 신속한 대응이 곤란해 화재가 확대되는 사례가 발생함에 따라 자동방식으로만 설치가 가능하도록 기준을 강화한 것이다.
   ② 지상 1층으로 방화구획 여부와 상관없이 지붕이 없는 차고, 주차장에는 호스릴포소화설비 또는 포소화전을 설치하여 수동대응이 가능하도록 설치대상을 확대한 것이다.

(2) 위험물안전관리법에 관한 세부기준

1) 포방출구방식

$$Q = (A \times Q_1 \times T) + (N \times 8{,}000)$$

여기서, Q : 수원의 양[L]

A : 위험물탱크의 액표면적[L]

Q_1 : 고정포방출구의 방출률[L/m²·min]

T : 고정포방출구의 방출시간[min]

N : 최대 3개, 8,000=400L/min × 20min

① 고정포방출구에 필요한 수원

$$A \times Q_1 \times T$$

여기서, A : 위험물탱크의 액표면적[L]

Q_1 : 고정포방출구의 방출률[L/m²·min]

T : 고정포방출구의 방출시간[min]

포방출구의 종류 / 위험물의 구분	Ⅰ형		Ⅱ형		특형		Ⅲ형		Ⅳ형	
	포수용액량 [L/m²]	방출률 [L/m²·min]	포수용액량 [L/m²]	방출률 [L/m²·min]	포수용액량 [L/m²]	방출률 [L/m²·min]	포수용액량 [L/m²]	방출률 [L/m²·min]	포수용액량 [L/m²]	방출률 [L/m²·min]
제4류 위험물 중 인화점이 21℃ 미만인 것	120	4	220	4	240	8	220	4	220	4
제4류 위험물 중 인화점이 21℃ 이상 70℃ 미만인 것	80	4	120	4	160	8	120	4	120	4
제4류 위험물 중 인화점이 70℃ 이상인 것	60	4	100	4	120	8	100	4	100	4

② 옥외 보조포소화전

$$N \times 8{,}000$$

여기서, N : 최대 3개, 8,000=400L/min × 20min

보조포소화전은 3개(호스접속구가 3개 미만인 경우에는 그 개수)의 노즐을 동시에 사용할 경우에 각각의 노즐선단의 방사압력이 0.35MPa 이상이고 방사량이 400L/min 이상이다.

2) 포헤드방식

$$Q = N \times Q_s \times 10$$

여기서, Q : 수원의 양[L]

N : 가장 많이 설치된 방호구역 내 최대 헤드수

Q_s : 표준방사량[L/min]

10 : 방사시간[min]

1. 방호대상물의 표면적 9m²당 1개 이상의 헤드를, 방호대상물의 표면적 1m²당의 방사량이 6.5L/min 이상의 비율로 계산한 양의 포수용액을 표준방사량으로 방사할 수 있도록 설치할 것
2. 국내의 포헤드 : 형식승인 대상품목이 아니라 제조사에서 표준방사량 이상으로 제작하여 15mm인 경우 표준방사량은 35L/min, 표준방사압은 0.25MPa이나 0.3MPa이고, 20mm의 경우 표준방사량은 약 80~85L/min이다(일본규정을 준용한 것으로 일본은 35L/min은 수성막포에서 75L/min의 경우는 단백포나 합성계면활성제포를 사용).
3. NFPA 11-2016 7.16.1에 의해서 압축공기 포소화설비에서는 델류지 시스템은 최소 10분, 스프레이 타입은 최소 5분 이상 포를 방사하여야 한다고 규정되어 있다.

3) 포모니터 노즐방식

$$Q = N \times 57,000$$

여기서, Q : 수원의 양[L]

N : 모니터 노즐의 개수

57,000 = 1,900L/min × 30min

4) 이동식 포소화설비

① 옥내설치

$$Q = N \times 6,000$$

여기서, Q : 수원의 양[L]

N : 방수구의 설치개수(최대 4개)

6,000 = 200L/min × 30min

② 옥외설치

$$Q = N \times 12,000$$

여기서, Q : 수원의 양[L]

N : 방수구의 설치개수(최대 4개)

12,000 = 400L/min × 30min

③ 노즐선단의 방사압력 : 0.35MPa 이상, 30분간 방사할 수 있는 양

5) 위 1) 내지 4)에 정한 포수용액의 양 외에 배관 내를 채우기 위하여 필요한 포수용액의 양으로 한다.

(3) 표준방사량

1) 화재안전기술기준(NFTC 105)

① 표준방사량으로 해당시간(10분, 포소화전, 호스릴 20분) 동안 방출하는 양으로, 약제의 농도와 상관없이 수원의 양은 100% 이상으로 한다.

② 농도 3%와 6%인 경우 표준방사량은 수원 100% + (3%, 6%)로, 103%와 106%가 된다.

포소화설비			표준방사량[L/min]
포헤드	차고, 주차장, 항공기격납고	수성막포	3.7 × 바닥면적
		단백포	6.5 × 바닥면적
		합성계면활성제포	8 × 바닥면적
	특수가연물을 저장 · 취급하는 장소		6.5 × 바닥면적
포워터 스프링클러헤드			75
포소화전	옥내	일반적	300 × 호스접결구수(최대 5개)
		차고, 주차장 1개층 200m² 이하	230 × 호스접결구수(최대 5개)
	옥외포(보조포)		400× 호스접결구수(최대 3개)
압축공기포	특수가연물		2.3 × 바닥면적
	기타		1.63 × 바닥면적

포워터 스프링클러헤드는 스프링클러와 같이 방수량의 개념이고 포헤드는 방사밀도의 개념이다.

2) 위험물안전관리법

① 세부기준 제133조 제3호의 수원의 양 : 포수용액을 만들기 위하여 필요한 양 이상

② 수원의 양은 수용액이 100%가 되도록 조절해야 하므로 농도 3%일 경우 수원의 양을 97%로, 농도 6%일 경우는 수원의 양을 94%로 계산할 수 있다.

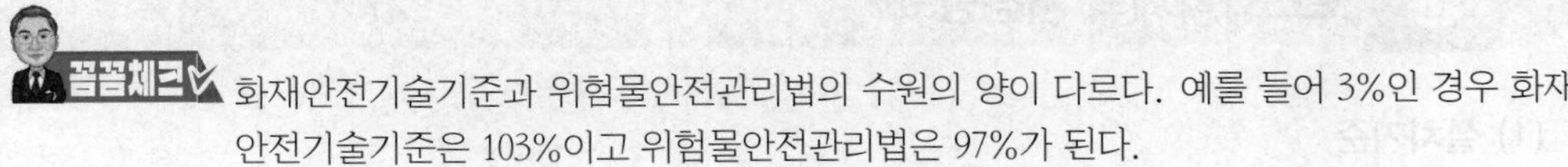

화재안전기술기준과 위험물안전관리법의 수원의 양이 다르다. 예를 들어 3%인 경우 화재안전기술기준은 103%이고 위험물안전관리법은 97%가 된다.

③ 표준방사량은 약제의 농도와 상관관계 없이 수원의 100% 이상으로 한다.

02 포소화설비 가압송수장치

(1) 가압송수장치 포헤드·고정방출구 또는 이동식 포노즐의 방사압력이 설계압력 또는 방사압력의 허용범위를 넘지 아니하도록 감압장치를 설치한다.

1) 포혼합비의 적정성 : 압력이 과다할 경우 혼합비가 설계값과 달리 섞일 수 있다.

2) 과압으로 인한 설비의 파손

① 배관 등 : 배관, 관부속, 호스

② 포방출구

3) 포소화전의 반동력 : 옥내소화전과 같이 반발력으로 제어가 곤란하다.

(2) 가압송수장치의 표준방사량

구분	표준방사량
포워터스프링클러헤드	75L/min 이상
포헤드 · 고정포방출구 또는 이동식 포노즐	각 포헤드 · 고정포방출구 또는 이동식 포노즐의 설계압력에 따라 방출되는 소화약제의 양

(3) 방사압력

1) 포방출구는 제조사별로 방사량과 방사압력을 규정한다.

2) 제조사의 방사압

구분	포헤드	폼챔버	표면하 주입식	포소화전
방사압	0.25~0.3MPa	0.3~0.7MPa	0.7~2.1MPa	0.35MPa

3) 공기포소화설비의 압력 : 전용 0.4MPa 이상(예외 : 자동으로 급수장치를 설치한 경우 전용 펌프를 설치하지 않을 수 있음)

NFPA 20(펌프)에서 역류흐름방지를 위한 배치에서 요구압력이 0~60psi를 요구하고 있으며 동시에, 소화펌프의 흡입측의 최소 정압이 50psi이고 최대 정압이 60psi이므로 60psi(= 4.13684bar = 0.4MPa)를 기준으로 역류되지 않도록 설정값을 정한 것이다.

03 포소화약제의 저장탱크

(1) 설치기준

1) 화재 등의 재해로 인한 피해를 받을 우려가 없는 장소에 설치할 것

2) 기온의 변동으로 포의 발생에 장애를 주지 아니하는 장소에 설치할 것. 단, 기온의 변동

에 영향을 받지 아니하는 포소화약제의 경우에는 그러하지 아니하다.

3) 포소화약제가 변질될 우려가 없고 점검에 편리한 장소에 설치할 것

4) 가압송수장치 또는 포소화약제 혼합장치의 기동에 따라 압력이 가해지는 것 또는 상시 가압된 상태로 사용되는 것에 있어서는 압력계를 설치할 것

5) 포소화약제 저장량의 확인이 쉽도록 액면계 또는 계량봉 등을 설치할 것

6) 가압식이 아닌 저장탱크는 글라스게이지를 설치하여 액량을 측정할 수 있는 구조로 할 것

(2) 저장량

1) 고정포방출구 방식

① 고정포 소화약제량

$$Q = A \times Q_1 \times T \times S$$

여기서, Q : 포소화약제의 양[L]

A : 탱크의 액표면적[m^2]

Q_1 : 단위 포소화수용액의 양[$L/m^2 \cdot min$]

T : 방출시간[min]

S : 포소화약제의 사용농도[%]

Q_1 : 관포체적 $1m^3$에 대하여 1분당 포수용액 방출량

소방대상물	팽창비	단위 포소화수용액의 양 Q_1[$L/m^2 \cdot min$]
항공기격납고	80~250	2
	250~500	0.5 ($\frac{1}{4}$)
	500~1,000	0.29 ($\frac{1}{2} \times 1.2$)
차고 · 주차장	80~250	1.11
	250~500	0.28
	500~1,000	0.16
특수가연물을 저장 · 취급하는 소방대상물	80~250	1.25
	250~500	0.31
	500~1,000	0.18

관포체적(冠泡体積, submergence volume)

① 개념 : 방호대상물의 바닥면으로부터 방호대상물의 실체적에 여유율(safe factor)을 고려한 체적

② 정의 : 해당 바닥면으로부터 방호대상물의 높이보다 0.5m 높은 위치까지의 체적

③ 고발포 고정포방출구의 약제량과 수원의 양을 적용하는 기준

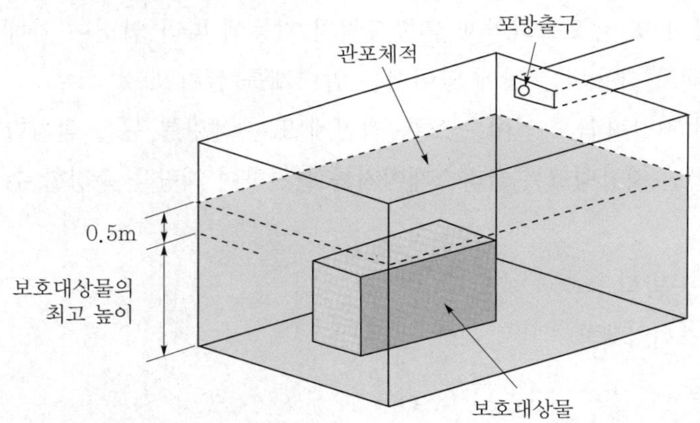

② 보조소화전

$$Q = N \times S \times 8{,}000\text{L}(400\text{L} \times 20\text{min})$$

여기서, Q : 포소화약제의 양[L]

N : 호스접결구수(3개 이상인 경우는 3)

S : 포소화약제의 사용농도[%]

③ 가장 먼 탱크까지의 송액관(내경 75mm 이하의 송액관을 제외)에 충전하기 위하여 필요한 양

「위험물안전관리에 관한 세부기준」 제133조 제3항 마목

포수용액의 양 외에 배관 내를 채우기 위하여 필요한 포수용액의 양

2) 옥내포소화전방식 또는 호스릴방식

① 소화약제량

$$Q = N \times S \times 6{,}000\text{L}(300\text{L} \times 20\text{min})$$

여기서, Q : 포소화약제의 양[L]

N : 호스접결구수(5개 이상인 경우는 5)

S : 포소화약제의 사용농도[%]

② 예외 : 바닥면적이 200m^2 미만인 경우 상기량의 75%

3) 포헤드방식 : 하나의 방사구역 안에 설치된 포헤드를 동시에 개방하여 표준방사량×10분 ($A \leq 200\text{m}^2$)

① 포워터 스프링클러(8m²당 1개) : $Q = N \times 75\text{L/min}\cdot$개 $\times\ 10\text{min} \times S$

포워터 스프링클러 : 포수용액을 헤드에서 방사할 때 공기흡입구로부터 공기를 흡입, 수용액과 공기가 혼합된 상태에서 수용액을 디플렉터에 충돌시켜 포를 형성하여 일정한 면적에 포를 방사하는 헤드

② 포헤드(9m²당 1개) : $Q = A \times Q_1[\text{L/min}\cdot\text{m}^2] \times 10\text{min} \times S$

포헤드 : 포수용액이 포헤드의 노즐을 통해 분사되며 공기흡입구를 통해 들어온 공기와 혼합되고 디플렉터(반사판)를 거쳐 외부의 스크린(그물망)을 통과하면서 포를 형성하게 된다.

소방대상물	포소화약제의 종류	바닥면적 1m²당 방사량
차고 · 주차장 및 항공기 격납고	단백포 소화약제	6.5L/min 이상
	합성계면활성제포 소화약제	8.0L/min 이상
	수성막포 소화약제	3.7L/min 이상
특수가연물을 저장 · 취급하는 소방대상물	단백포 소화약제	6.5L/min 이상
	합성계면활성제포 소화약제	6.5L/min 이상
	수성막포 소화약제	6.5L/min 이상

4) 압축공기포소화설비

① 표준방사량[L/min] × 10분 × S

② 방사밀도[L/min·m²]

방호대상물	방사밀도[L/min · m²]
특수가연물	2.3
기타의 것	1.63

③ NFPA 11(2016)

㉠ 방출시간

- Deluge-type : 10분 이상
- Spray-type : 5분 이상

㉡ 방사밀도

- 탄화수소계 연료 : 1.63L/min·m²(0.04gpm/ft²)
- 수용성 위험물(알코올, 케톤) : 2.3L/min·m²(0.06gpm/ft²)

5) 국소방출방식 고정포소화설비

$$Q = A \times Q_1 \times T \times S$$

여기서, Q : 포소화약제의 양[L]

A : 탱크의 액표면적[m^2]

Q_1 : 단위 포소화수용액의 양[$L/m^2 \cdot min$]

T : 방출시간(10min)

S : 포소화약제의 사용농도[%]

방호대상물	단위 포소화수용액의 양[$L/min \cdot m^2$]
특수가연물	3
기타의 것	2

NFPA 11(2016)의 국소방출량 : 2분 내에 가연물 높이의 0.6m를 덮어야 하고 최소 12분 이상 방출해야 한다.

(3) 위험물안전관리법에 의한 고정포방출구

1) 비수용성 위험물의 약제량 기준

$$Q = A \times Q_1 \times T \times S$$

여기서, Q : 포소화약제의 양[L]

A : 위험물탱크의 액표면적[m^2]

Q_1 : 고정포방출구의 방출률[$L/m^2 \cdot min$]

T : 고정포방출구의 방출시간[min]

S : 소화약제의 농도[%]

2) 수용성 위험물의 약제량 기준

$$Q = A \times Q_1 \times T \times S \times N$$

여기서, Q : 포소화약제의 양[L]

A : 위험물탱크의 액표면적[m^2]

Q_1 : 고정포방출구의 방출률[$L/m^2 \cdot min$]

T : 고정포방출구의 방출시간[min]

S : 소화약제의 농도[%]

N : 위험물계수

꼼꼼체크 1. 수용성 위험물의 방출구별 방출량과 시간

구분	방출량[L/m² · min]	방사시간[min]
Ⅰ형	8	20
Ⅱ형	8	30
특형	8	30

2. 수용성 위험물은 포를 표면에 방사할 때 물과 혼합되어 포가 깨지는 파포현상이 쉽게 발생하므로 이를 정량화한 위험물계수(1~2)를 곱하도록 한 것이다.

04 포소화약제의 송액관 설치조건

(1) 송액관은 포의 방출종료 후 배관 안의 액을 배출하기 위하여 적당한 기울기를 유지하도록 하고 그 낮은 부분에 배액밸브를 설치하여야 한다.

꼼꼼체크 1. **배액밸브의 설치** : 아래쪽에는 배수피트를 설치하여 원활하게 포수용액 배출
2. **적당한 기울기** : 일본의 소방법 기준으로는 $\frac{1}{250}$ 이상으로 한다.

(2) 송액관은 전용으로 하여야 한다. 단, 포소화전의 기동장치의 조작과 동시에 다른 설비의 용도에 사용하는 배관의 송수를 차단할 수 있거나 포소화설비의 성능에 지장이 없는 경우에는 다른 설비와 겸용할 수 있다.

05 포소화설비의 문제점

(1) 국내의 경우 발포기가 방유제 내에 설치된 경우가 대부분이다. 왜냐하면 발포기 이후에는 관경이 크게 증가해 방유제 외에 설치 시 비용이 크게 증가하기 때문이다.

(2) 발포기를 방유제에 설치할 때 발포기의 높이는 방유제보다 높아야 하는데도 불구하고 방유제 높이보다 낮게 설치된 경우가 대부분이다. 이 경우 발포기에 공기가 효과적으로 유입되지 못하고 누출된 기름 등이 유입될 수 있어서 포의 형성에 큰 장애를 일으킬 수 있다.

(3) Ⅰ형, Ⅱ형, 특형의 경우 배관에 플렉시블 조인트를 설치하여 진동 및 충격 흡수를 도모하는데 Ⅲ형과 Ⅳ형의 경우에는 플렉시블 조인트 설치 시 누수가 발생할 우려가 크기 때문에 설치를 하지 않고 있다. 따라서, 이러한 배관에는 배관피로도 분석과 충격흡수를 위한 방안이 검토되어야 한다.

(4) 방유제 내의 배관을 안전성 등을 고려하여 지중 매립배관으로 설치하면 포켓구간이 발생해서 잔류수의 배출이 곤란한 경우가 발생할 수 있다. 잔류수가 많을 경우 화재 시 이로 인한 보일오버나 슬롭오버가 발생할 수 있기 때문에 퇴수를 위한 드레인설비의 설치에 신중을 기해야 한다.

(5) 고정포와 보조포소화전의 배관은 분리되어야 한다. 고정포의 배관은 건식으로 유지하는 반면 보조포소화전은 습식으로 유지하는 경우가 많다. 이 경우 혼합기를 분리하지 않으면 고정포의 적정 배율의 포형성이 곤란하다.

(6) 선택밸브의 위치가 방유제에 근접하여 설치되어 있다. 이로 인해 선택밸브 수동동작 시 복사열에 의해서 작동불능이 발생할 수도 있다.

(7) 대부분의 밸브가 수동조작형이다. 자동방식의 경우 모든 포소화설비가 전동밸브와 자동시스템에 의해 조정되어야 하므로 큰 비용이 발생해서 현재 대부분이 수동방식으로 설치되어 있다.

(8) 포의 방출에 소요시간이 5min 이내로 되어 있는데 수동방식에서는 5min 이내에 폼이 방사되기는 어려운 점이 있다.

(9) 밸브의 개폐를 쉽게 하기 위해 많은 부분에 볼밸브를 설치하는데, 밸브의 점착이 발생한다.

SECTION 069

개방밸브와 기동장치

01 포소화설비의 개방밸브 설치기준

(1) 자동개방밸브의 구조 : 화재감지장치의 작동에 따라 자동으로 개방되는 구조로 할 것

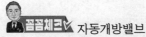

자동개방밸브

① 일제개방밸브(deluge valve)를 사용한다.

② 자동개방밸브의 종류 : 전기식(감지기의 전기적 신호), 기계식(감열식 헤드의 감압)

(2) 수동식 개방밸브의 설치장소 : 화재 시 쉽게 접근할 수 있는 곳에 설치할 것

1. 수동식 개방밸브는 방호구역별로 1개 이상을 설치하되 화재 시 접근이 쉽고 유류화재를 고려하여 열복사 피해 우려가 없는 장소나 방호되는 장소에 설치하여야 한다. 보통 유류저장소에서는 방호벽 내에 설치한다.
2. NFPA 11 : 개방밸브는 탱크로부터 최소 15m(50ft) 이상 이격하여 설치한다.

02 포소화설비의 수동식 기동장치

(1) 장소 및 설치기준

장소	설치기준
차고 또는 주차장	방사구역마다 1개 이상 설치할 것
항공기 격납고	각 방사구역마다 2개 이상 설치할 것 ① 그 중 1개는 각 방사구역에서 가까운 곳이나 조작에 편리한 장소 ② 나머지 1개는 화재감지수신기를 설치한 감시실 등

(2) 2 이상의 방사구역 : 방사구역을 선택할 수 있는 구조로 할 것

(3) 기동장치의 조작부 및 호스접결구 : 가까운 곳의 보기 쉬운 곳에 각각 '기동장치의 조작부' 및 '접결구'라고 표시한 표지를 설치할 것

(4) 기동장치의 조작부

1) 화재 시 쉽게 접근할 수 있는 곳에 설치할 것

2) 바닥으로부터 0.8m 이상 1.5m 이하의 위치에 설치할 것

3) 유효한 보호장치를 설치할 것

(5) 직접조작 또는 원격조작에 따라서 아래를 기동할 수 있는 것으로 할 것

1) 가압송수장치

2) 수동식 개방밸브

3) 소화약제 혼합장치

03 포소화설비의 자동식 기동장치

(1) 자동화재탐지설비의 감지기의 작동 또는 폐쇄형 스프링클러헤드의 개방과 연동하여 아래의 장치를 기동할 수 있는 것으로 할 것

1) 가압송수장치

2) 일제개방밸브

3) 소화약제 혼합장치

(2) 폐쇄형 스프링클러헤드를 사용하는 경우의 설치기준

1) 표시온도가 79℃ 미만인 것을 사용할 것

2) 1개의 스프링클러헤드의 경계면적 : $20m^2$ 이하

꼼꼼체크 스프링클러헤드방식은 습식 및 건식이 사용가능하나 설치장소나 방사특성을 고려할 경우 수피해나 화재확산 우려가 작은 건식이 유리하다.

3) 부착면의 높이 : 바닥으로부터 5m 이하

4) 화재를 유효하게 감지할 수 있도록 할 것

5) 하나의 감지장치 경계구역은 하나의 층이 되도록 할 것

(3) 화재감지기를 사용하는 경우의 설치기준

1) 화재감지기는 자동화재탐지설비의 화재안전기술기준(NFTC 203) 2.4(감지기)의 기준에 따라 설치할 것

2) 화재감지기회로에는 발신기를 설치할 것

(4) 동결 우려가 있는 장소의 포소화설비의 자동식 기동장치 : 자동화재탐지설비와 연동으로 할 것

(5) 포소화설비의 기동장치에 설치하는 자동경보장치 설치기준

1) 방사구역마다 일제개방밸브와 그 일제개방밸브의 작동 여부를 발신하는 발신부를 설치. 단, 일제개방밸브에 설치되는 발신부 대신 1개층에 1개의 유수검지장치 설치 가능

2) 상시 사람이 근무하고 있는 장소에 수신기 설치 : 수신기에는 폐쇄형 스프링클러헤드의 개방 또는 감지기의 작동 여부를 알 수 있는 표시장치를 설치할 것

3) 하나의 소방대상물에 2 이상의 수신기를 설치하는 경우 : 수신기가 설치된 장소 상호 간에 동시 통화가 가능한 설비를 할 것

SECTION

070 포헤드 및 포소화전

01 포헤드

(1) 포헤드의 구조

1) 포헤드(foam head)

① 포소화설비용 전용 헤드로서, 저발포용에 사용한다.

② 포가 형성되는 과정 : 배관 내에서는 포수용액 상태로 흐르다가 헤드에서 방출 시 공기흡입구에서 공기를 흡입하여 헤드의 스크린(금속그물망)에 부딪히면서 포를 형성한다.

③ 바닥 유류화재와 같은 평면화재에 사용하며, 주로 화재강도가 낮은 장소에 설치하는 설비이다.

④ 포형성은 포워터스프링클러에 비해 우수하나 스크린(금속그물망)에 약제가 점착되어 문제가 발생할 수 있다.

2) 포워터 스프링클러헤드(foam water sprinkler head)

① 포 또는 물의 분포를 형성하기 위해 말단의 디플렉터와 연결된 개방형 발포기로 구성된 개방형 공기흡입헤드이다.

② 표준 스프링클러헤드에 상응하는 살수분포를 형성한다.

③ 포를 발생하는 하우징이 부착되어 있는 기계포소화설비에만 사용하는 포헤드로 저발포용이다.

④ 스프링클러(습식, 건식, 준비작동식, 일제개방식) 및 포헤드를 겸용한다.

⑤ 설치장소 : 비행기 격납고, 화학공장, 창고 등

3) 포워터 스프레이헤드(foam water spray head)

① 포 또는 물을 특정 방향으로 방출하는 공기흡입식 방출장치로, 기계포 소화설비에 많이 사용하는 헤드이다.

② 헤드에서 공기를 유입하여 포를 발생하여 물만을 방출할 때는 물분무헤드의 성상을 갖는다.

③ NFPA 11(2016)의 방식(국내에는 없음)이다.

④ 정의 : 스프링클러가 아닌 노즐을 사용하도록 설계된 방식(NFPA 11(2016))이다.

⑤ 화재 시 먼저 물을 배출한 다음 미리 일정기간 동안 포를 배출한 다음 수동차단까지 물을 사용할 수 있는 방식이다.

⑥ 방식 : 습식, 건식, 준비작동식, 일제개방식

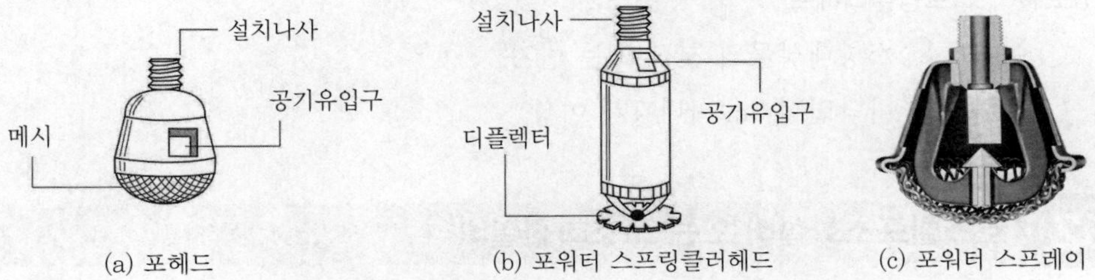

(a) 포헤드 (b) 포워터 스프링클러헤드 (c) 포워터 스프레이

(2) 포헤드, 포워터 스프링클러헤드 설치기준

1) 포헤드의 설치기준

① 방호대상물의 모든 표면이 포헤드의 유효사정 내에 있도록 설치할 것

② 설치장소 : 소방대상물의 천장 또는 반자

③ 설치개수 : 바닥면적 $9m^2$마다 1개 이상

소방대상물	포소화약제의 종류	바닥면적 $1m^2$당 방사량
차고 · 주차장 및 항공기격납고	단백포 소화약제	6.5L/min 이상
	합성계면활성제포 소화약제	8.0L/min 이상
	수성막포 소화약제	3.7L/min 이상
소방기본법 시행령 [별표 2]의 특수가연물을 저장 · 취급하는 소방대상물	단백포 소화약제	6.5L/min 이상
	합성계면활성제포 소화약제	6.5L/min 이상
	수성막포 소화약제	6.5L/min 이상

④ 최소 방사구역 : $100m^2$ 이상

⑤ 보가 있는 부분의 포헤드 설치기준 : Beam rule을 적용한다.

⑥ 포헤드 상호 간의 거리

㉠ 정방형

$$S = 2r \times \cos 45^\circ$$

여기서, S : 포헤드 상호 간의 거리[m]

r : 유효반경(2.1m)

㉡ 장방형

$$p_t = 2r$$

여기서, p_t : 대각선의 길이[m]

r : 유효반경(2.1m)

㉢ 포헤드와 벽 방호구역 경계선의 거리 : 포헤드 상호 간의 거리의 2분의 1 이하

2) 포워터 스프링클러헤드

① 설치장소 : 소방대상물의 천장 또는 반자

② 설치개수 : 바닥면적 $8m^2$마다 1개 이상

02 호스릴포소화설비 또는 포소화전설비

(1) 호스릴포소화설비 또는 포소화전설비 설치기준(차고·주차장)

1) 호스릴포방수구 또는 포소화전방수구(방수구 max 5)를 동시에 사용할 경우

① 포수용액 방사압력 : 0.35MPa 이상

② 포수용액 방사량 : 300L/min 이상(1개층의 바닥면적이 $200m^2$ 이하인 경우 230L/min 이상)

③ 포수용액의 방사거리 : 수평거리 15m 이상

2) 포소화약제 팽창비 : 저발포

3) 호스릴 또는 호스를 호스릴포방수구 또는 포소화전방수구로 분리하여 비치하는 경우 : 3m 이내의 거리에 호스릴함 또는 호스함을 설치할 것

4) 호스릴함 또는 호스함

① 설치위치 : 바닥으로부터 높이 1.5m 이하

② 표면 : 표지와 적색의 위치표시등을 설치할 것

5) 방호대상물의 각 부분으로부터 하나의 방수구까지 수평거리

① 호스릴 포방수구 : 15m이하

② 포소화전방수구 : 25m 이하

(2) 위험물안전관리의 세부기준에 의한 보조포소화전 설치기준

1) 설치위치

구분	설치기준	설치간격
방유제가 있는 경우	방유제 외측의 소화활동상 유효한 위치에 설치할 것	각각의 보조포소화전 상호 간의 보행거리가 75m 이하가 되도록 설치할 것
	옥외소화전에 준하여 설치	방유제의 각 부분(방유제의 외측으로부터 방유제의 내측으로 10m까지의 부분)으로부터 수평거리 40m 이내
방유제가 없는 경우	방호대상물로부터 수평거리 15m 이상 이격 설치	

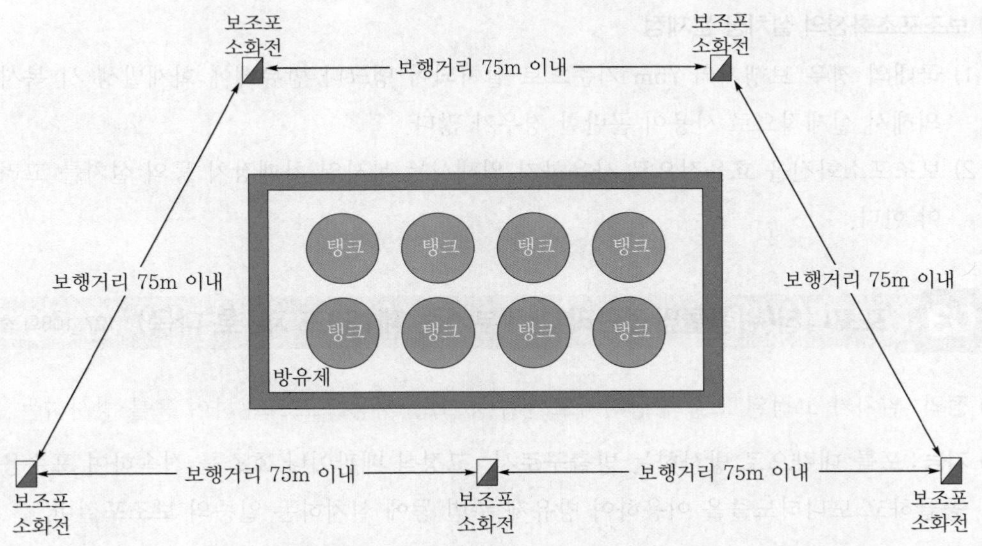

| 보행거리 75m마다 보조포소화전 설치 예 |

2) 설치기준

구분	보조포소화전	포소화전, 호스릴(차고, 주차장)
기준개수	3개	5개
방사압력	0.35MPa	0.35MPa
방사량	300L/min 이상	400L/min 이상
수평거리	40m 이하(상호 보행거리 75m 이하)	• 호스릴 : 15m 이하 • 포소화전 : 25m 이하

3) 보조포소화전 : 옥외소화전기준에 준하여 설치할 것

4) 연결송액구

$$N = \frac{A \cdot q}{C}$$

여기서, N: 연결송액구의 설치수

A: 탱크의 최대 수평단면적[m²]

q: 탱크의 액표면적 1m²당 방사하여야 할 포수용액의 방출률[L/min]

C: 연결송액구 1구당의 표준송액량(800L/min)

(3) **보조포소화전의 목적** : Spill fire 발생 시 방유제 내의 화재를 진압하기 위한 고정포의 보조적 기능이다.

(4) 보조포소화전의 설치상 문제점

1) 국내의 경우 보행거리 75m 기준으로 설치되어 탱크나 방유제에 화재발생 시 복사열에 의해서 실제적으로 사용이 곤란한 경우가 많다.

2) 보조포소화전을 효율적으로 사용하기 위해서는 복사열 차페장치 등의 설치를 고려하여야 한다.

03 포모니터(위험물안전관리법 세부기준 제133조 제1호 다목) 127·108회 출제

(1) 정의 : 위치가 고정된 노즐의 방사각도를 수동 또는 자동으로 조준하여 포를 방사하는 설비

(2) 기능 : 포를 대량으로 방사하는 방출구로서, 고정식 배관이나 호스를 접속하여 포수용액을 공급하고 모니터노즐을 이용하여 방유제 주변 등에 설치하는 일종의 보조포설비

(3) 목적 : 인화점이 38℃ 이하의 위험물을 저장하는 옥외탱크나 이송취급소의 주입구를 방호한다.

(4) 종류

1) **고정포 모니터 :** 옥외의 고정포 소화설비에 사용한다.

2) **이동식 모니터 :** 옥외의 위험물시설의 고정식 포소화설비의 보조적 설비로서, 이동이 가능한 설비이다.

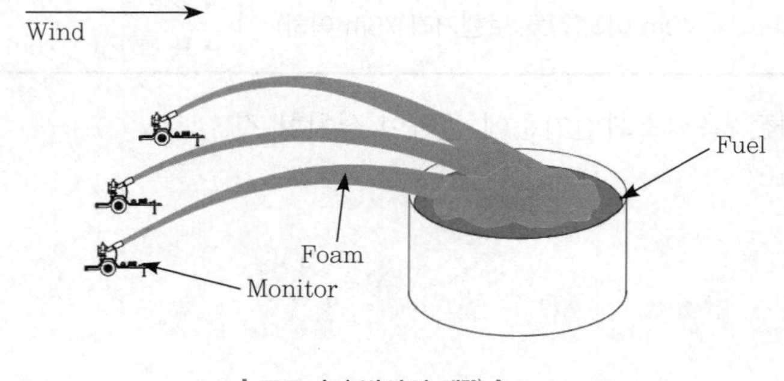

| 포모니터 방사의 예[70] |

(5) 설치기준

1) **포모니터 노즐 수평거리 :** 15m 이내

2) **최소 설치개수 :** 2개

70) Over the top foam application technique with large capacity foam monitors. Fixed or semi-fixed foam fire protection systems for storage tanks.

3) 포모니터 노즐은 소화활동상 지장이 없는 위치에서 기동 및 조작이 가능하도록 고정하여 설치한다.

4) 모든 노즐을 동시에 사용할 경우

① 각 노즐선단의 방사량 : 1,900L/min 이상

② 수평방사거리 : 30m 이상

(6) 수원

1) 수원 : $(57m^3 \times 2)$ + 송액배관 내를 채우기 위하여 필요한 양

여기서, 2 : 최소 모니터 노즐의 설치개수

2) 방사량(30분 이상) : $1,900L/min \times 30min = 57,000L = 57m^3$

SECTION

071 윤화(ring fire)

01 개요

(1) 수성막포에서 많이 발생하는 현상으로, 대형 유류저장탱크 화재 시 소화과정에서 발생한다.

(2) 유류저장탱크의 화염이 분출하는 유류 표면에 포를 방출하는 경우 저장탱크의 중앙부분의 화염은 소화되는 반면 환상부분은 탱크 내벽을 따라 화염이 계속 분출되는 것을 윤화(ring fire)라고 한다.

(3) 탱크 가장자리부분은 탱크 벽면의 고열로 인해 유류가 가열되어 열로 인해 포소화약제의 거품이 소멸되고 열에 의해 유류가 재착화되므로 탱크의 가장자리 부분에만 화염이 지속되는 현상을 말한다.

02 원인

(1) 내열성이 낮은 포소화약제(수성막포, 합성계면활성제포)의 열화

(2) 고온의 벽에 의한 유류의 가열

(3) 조건

1) 저장물의 발화점이 낮은 경질유

2) 저장탱크의 벽면이 열전도성이 큰 금속성 재질인 경우

3) 액면화재가 발생한 경우

(4) 액체가연물이 기화하여 연소범위 형성

03 대책

(1) 탱크 벽면을 물분무(water spray)로 분사하여 벽면을 냉각하면서 포를 방사한다.

1) 소화원리

① 위험물 탱크의 표면에서 대류 열전달에 의해 탱크온도가 감소한다.

② 물 입자에 의해 열 흡수율의 증가로 투과율이 감소하여 수열체가 받는 복사열 감소를 위해 물이 흘러내리는 구조이다.

2) 물분무 소화설비의 설치기준(위험물안전관리에 관한 세부기준 제132조)

① 2 이상 방사구역을 두는 경우 : 인접하는 방사구역이 상호 중복되도록 한다.

② 고압의 전기설비가 있는 장소 : 전기설비와 분무헤드 및 배관과 사이에 전기절연을 위하여 공간을 보유한다.

전압[kV]	거리[cm]	전압[kV]	거리[cm]
66 이하	70 이상	154~181	180 이상
66~77	80 이상	181~220	210 이상
77~110	110 이상	220~275	260 이상
110~154	150 이상		

③ 밸브 및 스트레이너 설치기준

㉠ 제어밸브, 일제개방밸브 또는 수동식 개방밸브 : 스프링클러설비기준을 준용한다.

㉡ 스트레이너, 일제개방밸브 또는 수동식 개방밸브의 설치순서 : 제어밸브의 하부에 스트레이너, 일제개방밸브 또는 수동식 개방밸브

④ 기동장치 : 스프링클러설비의 기준을 준용한다.

⑤ 가압송수장치, 물올림장치, 비상전원, 조작회로의 배선 및 배관 등 : 옥내소화전설비의 기준을 준용한다.

⑥ 헤드의 개수 및 배치

㉠ 헤드 : 방호대상물의 모든 표면을 유효하게 소화할 수 있도록 설치한다.

㉡ 방호대상물의 표면적 1㎡당 표준방수량으로 방수할 수 있도록 설치한다.

⑦ 방호면적 : 150㎡ 이상

⑧ 수원 $= S \times W \times t$

여기서, S : 방호면적[㎡] $150m^2$ 이상

W : $20L/min \cdot m^2$

t : 방수시간(30min)

⑨ 방사압력 : 0.35MPa 이상

⑩ 비상전원 설치

3) 설치 시 검토사항

① 화재하중에 따라 주수시간을 결정

② 물분무헤드 : 대부분 개방형(폐쇄형도 가능)

③ 배수설비 설치

④ 옥외에 설치하는 설비 : 내식성의 재질사용

(2) 단백포, 불화단백포 등 내열성이 우수한 포를 사용하여 벽면의 열전달에 의한 재착화를 방지한다.

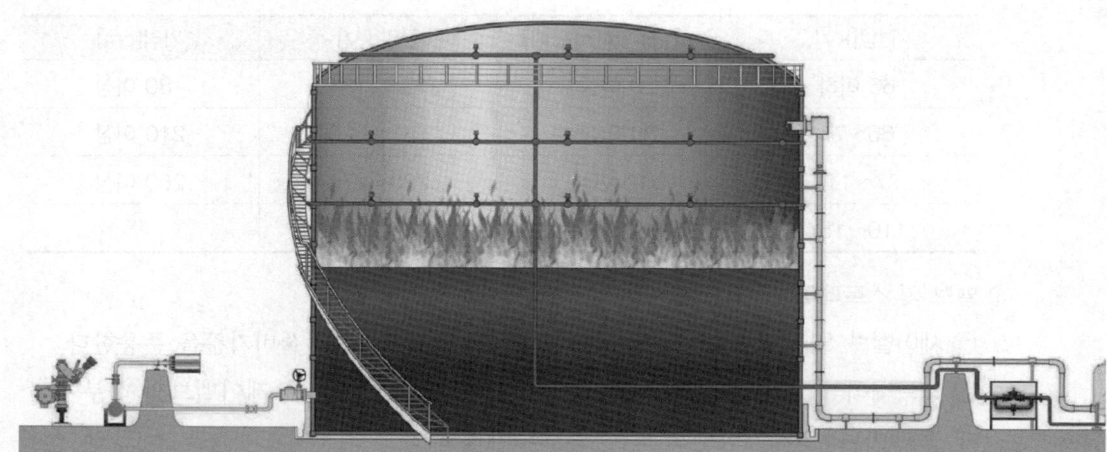

| 물분무설비가 설치된 위험물탱크 |

SECTION 072

NFPA 수계소화설비의 성능시험방법

126회 출제

01 개요

소화설비는 운휴설비로 설비의 상태를 평상시에 알 수가 없는 경우가 많다. 따라서, 실제 사용 시 적정 성능을 유지하기 위한 방법은 점검, 시험 등을 통해서 상태를 확인하여야 하는데 국내와 NFPA의 서로의 차이점을 통하여 우리의 개선방향을 살펴볼 필요가 있다.

02 옥외소화전

(1) 유량시험

구분	국내기준	NFPA 25 7.3.1*(2020)
목적	설치된 옥외소화전 설비의 화재안전기술기준 적합성 확인	이전 시험결과와 비교하여 배관 내부의 이상현상(막힘, 누설 등) 확인
시험방법	피토게이지를 사용하여 각 조건의 방수압 측정 ① 옥외소화전 동시 사용(최대 2개) 시 방수압 및 방수량의 화재안전기술기준(방수압 : 0.25 ~ 0.7MPa, 방수량 : 350Lpm 이상) 적합 여부 확인 ② 옥외소화전 개별 방수압력의 화재안전기술기준(0.25~0.7MPa) 적합 여부 확인	① 정압 및 잔압 측정용 소화전과 피토압력 측정용 소화전을 선택하여 방사 전 정압 측정을 하고, 방사 후 잔압 및 피토압력(동압)을 측정한 후 지난 시험과 결과를 비교하여 배관의 상태 진단 ② 이전 시험결과치와 비교하여 잔압이 10% 이상 차이가 날 경우에는 이상현상을 확인
주기	2회/년	5년

(2) 소화전 시험

1) 관련기준 : NFPA 25 7.3.2(2020 Hydrants)

2) 목적 : 배관 및 소화전 내 이물질 제거 및 배수의 적정성 확인

3) 시험방법

① 각 소화전은 완전히 개방하여 모든 이물질이 완전히 제거될 때까지 유수해야 하며, 1분 이상 개방한다.

② 소화전 가동 후 건식 소화전 몸체로부터 배수가 적절히 이루어지는지를 관찰해야 한다.

③ 완전 배수까지 60분 이상 되어서는 안 된다.

4) 조치사항 : 60분 이내에 배수하지 못하는 토양 조건이나 기타 조건이 있는 경우 또는 지하수위가 소화전 배수구 위에 있을 때는 소화전의 배수구를 막아야 하고 몸체 안의 물을 퍼내야 하며, 혹한 기후에 영향을 받는 지역 내의 건식 소화전 및 배수구가 막힌 소화전은 작동 후에 물을 퍼내야 할 필요가 있음을 표시해야 한다.

5) 주기 : 매년

03 옥내소화전 유량시험

구분	국내기준	NFPA 25 6.3.1(2020)
목적	설치된 옥내소화전 설비의 화재안전기술기준 적합 여부 확인	설치된 옥내소화전 설비의 NFPA 적합 여부 확인
시험방법	피토게이지를 사용하여 각 조건의 방수압 측정 ① 옥내소화전 동시 사용(최대 2개) 시 방수압 및 방수량의 화재안전기준(방수압 : 0.17 ~ 0.7MPa, 방수량 : 350Lpm 이상) 적합 여부 확인 ② 옥내소화전 개별 방수압력의 화재안전기준(0.17~0.7MPa) 적합 여부 확인	① 정압 및 잔압 측정용 소화전과 피토압력 측정용 소화전을 선택하여 방사 전 정압 측정을 하고, 방사 후 잔압 및 피토압력(동압)을 측정한 후 지난 시험과 결과를 비교하여 배관의 상태 진단 ② Class Ⅰ, Class Ⅲ의 경우 동시에 전체를 작동시켰을 경우 1,892L/min, Class Ⅱ 946L/min 이상
주기	2회/년	1회/5년

04 스프링클러

구분	샘플링 시험 NFPA 25 5.3.1.1.1(2020)	배관 내부 상태평가 NFPA 25 14.2.1*(2020)
목적	경년변화에 따른 정상작동 여부 확인	설비의 상태감시 및 이물질제거(MIC)
대상	헤드	배관
시험방법	각 헤드 종류별로 주기마다 샘플(최소 4개 또는 1% 중 큰 값)을 공인기관에 시험 의뢰	① 배관 내 배수 및 설비 분해 ② 배관 내 이물질 제거(필요 시 부품교체) ③ 배관상태 검사는 5년마다 주배관 말단 배수배관 개방, 이물질 제거는 가지배관 말단 헤드(1개) 제거하여 수행 ④ 비파괴검사로 대체가 인정 ⑤ 배관 내 점액발견 시 미생물 부식징후시험

구분	샘플링 시험 NFPA 25 5.3.1.1.1(2020)	배관 내부 상태평가 NFPA 25 14.2.1*(2020)
주기	① 50년 경과 : 10년 ② 20년 경과 조기반응형 : 10년 ③ 초고온(163℃)에 노출되는 용융형 : 5년 ④ 75년 경과 : 5년 ⑤ 15년 경과 건식 : 10년 ⑥ 열악한 환경 : 5년(내부식성 : 10년)	5년

05 밸브 및 부속품

(1) 내부검사

1) 관련기준 : NFPA 25 13.4(2020)

2) 목적 : 설비의 상태감시 및 이물질 제거

3) 대상 : 각 수계설비의 입상관

4) 시험방법 : 배관 내부 상태평가 NFPA 25 14.2.1*와 동일

5) 주기 : 5년

(2) 주배수시험

1) 관련기준 : NFPA 25 13.2.6(2020 Supervisory Signal Devices), 13.3.3.4

2) 목적 : 급수배관과 제어밸브의 상태 감시

3) 대상 : 유수검지장치 및 유수검지장치와 직접 연결된 스트레이너, 제한 오리피스 등 부속품

4) 시험방법

① 유수검지장치의 1차측 압력을 확인하고 기록한다.

② 주배수배관을 천천히 개방하여 깨끗한 물이 방수될 때까지 물을 배수한다.

③ 1차측 압력계의 바늘이 안정화될 때까지 기다린 후 잔압을 기록한다.

④ 주배수배관을 천천히 폐쇄한다.

5) 조치사항 : 전체 유량시험에서 압력이 첫 인수시험 또는 이전 시험과 비교하여 10% 감소되면, 감소원인을 찾아내고, 필요 시 수정되어야 한다.

6) 주기 : 1년

06 수조 내부검사

(1) **관련기준 :** NFPA 25 9.2.6(2020 tests during interior inspection)

(2) **목적 :** 탱크 내부의 부식, 파손 등 확인

(3) **대상 :** 수조

(4) **시험방법**

1) 탱크 내부 물을 배수한 후 육안검사를 통해 부식, 균열, 내부코팅 탈락 등의 여부를 확인한다.

2) 탱크 내부 물을 제거할 수 없는 경우 자격이 있는 잠수부 또는 관할기관의 허가를 받은 비디오 장치를 통해 대체할 수 있다.

(5) **주기 :** 3년(방식 처리되지 않은 스틸 탱크), 5년(그 외의 탱크)

SECTION

073 이산화탄소의 약제특성

01 이산화탄소(CO_2)의 성질 96·83회 출제

(1) 물리적 성질

1) 순수한 이산화탄소는 무색, 무취, 불연성, 비전도성, 비부식성 가스이다.
2) 공기 중에 0.038% 존재한다.
   ① 적외선을 흡수하여 지구의 온도를 일정 온도로 유지한다.
   ② 공기 중 이산화탄소(CO_2) 농도는 이산화탄소(CO_2)가 폐에서 배출하는 비율을 조절 : 혈액과 조직 내의 CO_2 농도에 영향
3) 압축 또는 냉각 : 액체상태로 저장하기 쉽다.
4) 기체팽창률(액체에서 기화 시 체적비는 540배) 및 기화잠열이 가스 중 크다.
5) 자체 증기압이 높아서 가압이 필요 없다.
6) 화재진압 후 소화약제의 잔존물이 없어 증거보존이 용이하며, 2차 피해가 작다.
7) 액체 이산화탄소 소화약제 방출 시, 방출 초기에는 액체 이산화탄소 일부가 급격하게 기화하고, 잔류 이산화탄소는 냉각되며 그 일부는 드라이아이스로 변한다(배관 및 노즐 폐쇄).
8) 에탄올에서는 물에 비해 2배 정도로 잘 녹고 에테르, 벤젠과는 잘 섞이지만 그외 기타 유기화합물에는 잘 녹지 않는다.
9) 분자는 O-C-O로 직선형 구조이며, 극성은 무극성이다.
10) 고체는 분자성 결정으로 존재한다.

분자성 결정 : 비극성 공유결합에 의한 분자를 형성한 물질로, 그 상태가 고체인 결정

구분	내용
분자식	이산화탄소(CO_2)
분자량	44

구분	내용
외관	무색투명의 가스체
기체밀도	1.997g/L(1.53/공기)
액체비중	0.90088(0℃), 1.101(−37℃)
고체비중	1.56(−79℃)
승화온도	−78.5℃(1atm)
임계온도, 임계압력	31.35℃, 72.8atm
증기압	6MPa, at 21℃
공기절연성	공기의 1.2배로 비절연성
비열	0.2kcal/kg · ℃
잠열	56kcal/kg

(2) 화학적 성질 117회 출제

1) 탄소의 최종산화물 : 더 이상 화학반응을 일으키지 않으므로 화학적인 안정성을 가진다.
2) 물에 녹아 있을 경우 : 약산성을 띠며 탄산을 형성한다.
3) 알칼리금속, 알칼리토금속과 반응하면 탄소(C)와 포름산염(HCOO−R)을 형성한다. 활성금속과의 이산화탄소의 반응식은 다량의 가연성 가스와 열을 발생시킨다.
   $4Na + CO_2 \rightarrow 2Na_2O + C$ or $4Na + 3CO_2 \rightarrow 2Na_2CO_3 + C$
   $C + O_2 \rightarrow CO_2 - \varDelta Q$
4) Zn, Fe와 반응 시 : 일산화탄소를 생성한다.
   $Fe + CO_2 \rightarrow Fe_2O_3 + CO$

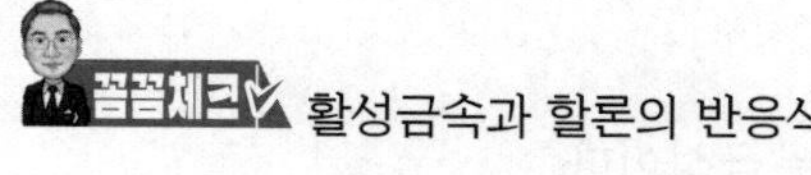

활성금속과 할론의 반응식
$4Na + CCl_4 \rightarrow 4NaCl + C$

(3) 소화약제로서 이산화탄소(NFPA 12(2018))

1) 기상은 이산화탄소 99.5% 이상이어야 하며 맛이나 냄새가 없다.
2) 액상의 수분함량 : 0.01% 이하일 것
3) 유분함량 : 10ppm 이하일 것

02 이산화탄소의 열역학적 상태도 114·107·105회 출제

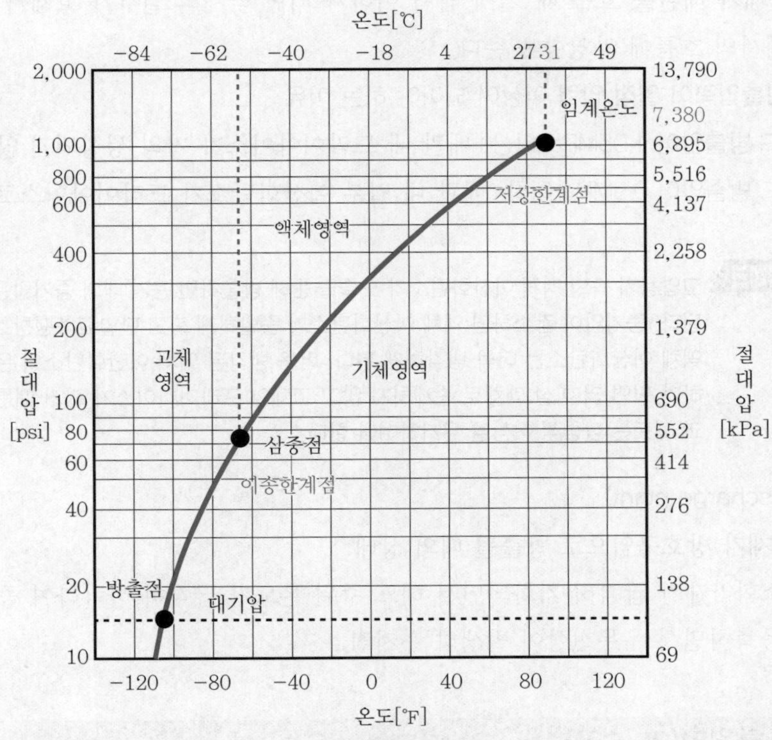

| 이산화탄소의 상태도[71] |

(1) 임계점(critical point) : 72.8atm, 31℃

1) 소화약제의 저장과 관련된 중요상태

2) 상태

① 삼중점에서 임계점(318℃) : 액체와 기체의 혼합상태

② 임계점 이상 : 기체상태(레벨메타로 측정곤란)

3) 임계점 : 상이 변하는 경계점으로 액체와 기체의 밀도가 같아지는 점

4) 임계점 이상 : 기체와 액체의 구분이 형성되지 않아 가스 레벨메타로는 약제량이 측정되지 않는다.

5) 임계온도 : 어떤 물질을 액화시킬 수 있는 최고 온도

6) 임계압력 : 임계온도에서 물질을 액화시킬 수 있는 최저 압력

71) FIGURE 17.1.1 Effect of Pressure and Temperature Change on the Physical State of Carbon Dioxide. FPH 17-4page SECTION 17 Fire Suppression Systems and Portable Fire Extinguishers.

(2) 삼중점(triple point) : 5.1atm, −56℃

1) 5.1atm 이하 압력(삼중점 이하)에서는 액체상태로 존재할 수 없다.

2) 소화약제가 배관을 흐를 때 일정 압력 이하가 되면 약제의 일부가 고체가 되어 배관 및 헤드에서의 흐름에 악영향을 준다.

3) 헤드 방출압력이 일정 압력 이상이 되어야 하는 이유

① 헤드 방출압이 1.05MPa 이상 : 배관 내 드라이아이스가 거의 생성되지 않는다.

② 헤드 방출압이 0.5MPa 이하 : 배관 내 일부 이산화탄소가 드라이아이스로 변환된다.

고압용기 속의 액체 이산화탄소가 노즐을 통해 방출하면 용기 내의 증기압은 점점 감소하게 된다. 증기압이 감소하면 액체 이산화탄소가 증발하게 되고 단열교축팽창효과에 의해 잔존 액체 이산화탄소는 더욱 냉각하게 된다. 더욱 냉각된 액체 이산화탄소의 온도가 삼중점 이하가 되면 더 이상 액체로 존재하지 않고 고체인 드라이아이스가 되기 때문에 최소한 배관과 헤드는 삼중점 이상을 유지하여야 한다.

(3) 방출점(discharge point)

1) 소화약제가 방호구역으로 방출될 때의 상태

2) 일부 소화약제가 급격히 기화되면서 헤드 주위 온도가 급격히 하락하여 공기 중의 수증기가 응축하면서 운무현상이 발생하는 지점

03 소화원리(B · C급)

(1) 질식 소화 : 산소농도를 15% 이하로 낮추어서 화학반응을 억제하는 소화방법

(2) 냉각소화

1) 물리적 냉각효과 : 일반적으로 고압식의 경우 증발잠열 56kcal/kg + 줄-톰슨 효과로 소화약제 방출 시 노즐 근처의 온도는 −80℃까지 저하된다.

① 줄-톰슨 효과(Joule - Thomson effect) : 압축한 기체를 단열된 좁은 구멍(throttling process)으로 통과시켜 넓은 공간으로 팽창하게 되면 온도가 변화하는 현상으로, 압력차에 비례하여 그 효과가 더욱 커진다. 분자 간의 상호작용에 따라 온도가 강하하거나 상승한다. 수소, 헬륨, 네온을 제외하고는 대부분의 기체의 온도가 강하한다. 따라서, 주위 온도를 낮추어 이산화탄소의 일부가 드라이아이스(dry ice)가 되어 시야를 가리게 된다. 이것이 피난의 장애가 된다.

② 인력과 반발력 관점(분자 간 상호관계)

㉠ 인력>반발력 상태(줄-톰슨 효과)

• 기체를 고압에서 저압으로 부피를 팽창시키면 기체분자 간의 거리가 멀어진다.

- 분자 간의 거리가 멀어서 밀어내는 반발력은 감소하고 상호 당기는 인력은 증가한다.
- 분자 간 당기는 인력이 분자의 운동을 방해하여 온도가 저하한다.
- 온도감소(운동에너지 감소) → 이산화탄소의 냉각효과

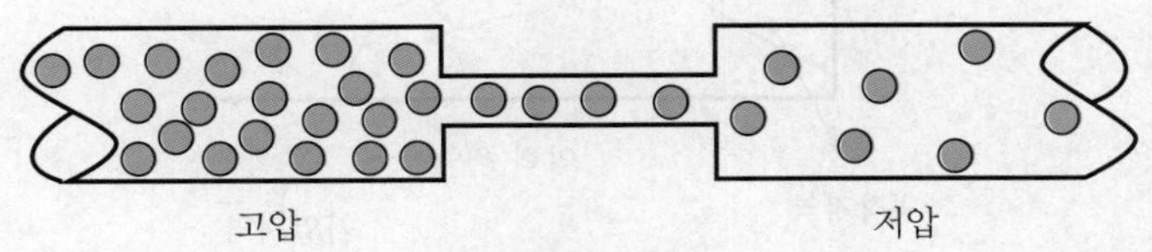

| 줄-톰슨 효과 |

ⓛ 인력<반발력 상태(역 줄-톰슨 효과)

- 고압 상태로 분자 간의 거리가 가까워진다.
- 분자 간에 미는 반발력 증가 → 운동에너지 증가 → 온도 상승(예 : 수소, 헬륨, 네온)

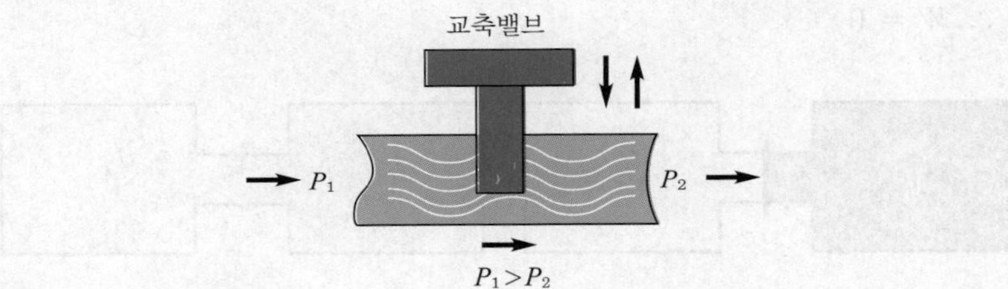

| 줄-톰슨 효과(협축부)[72] |

③ 줄-톰슨 계수(Joule-Thomson coefficient) : $\mu_{JT} = \left(\frac{\partial T}{\partial P}\right)_H$

㉠ 이상기체에서 줄-톰슨 계수는 0이고, 실제기체에서는 기체의 종류, 팽창하기 전의 온도와 압력에 따라 다르다.

ⓛ 모든 실제기체는 줄-톰슨 계수의 부호가 바뀌는 점(줄-톰슨 계수=0)인 점인 줄-톰슨 전환점(inversion point)을 갖는다.

ⓒ 줄-톰슨 전환점에서의 온도를 역전온도(inversion temperature)라 한다.

ⓔ $\mu_{JT} > 0$

- 분모의 압력변화는 항상 음수(교축팽창을 거치면서 압력이 강하, $-\partial P$)
- 줄톰슨 계수가 양수려면 분자인 온도변화 또한 음수($-\partial T$)
- 줄톰슨 계수가 양수라면 줄-톰슨 팽창을 거치면서 온도 저하

72) https : //www.youtube.com/watch?v=Y-fZxwZZkyI

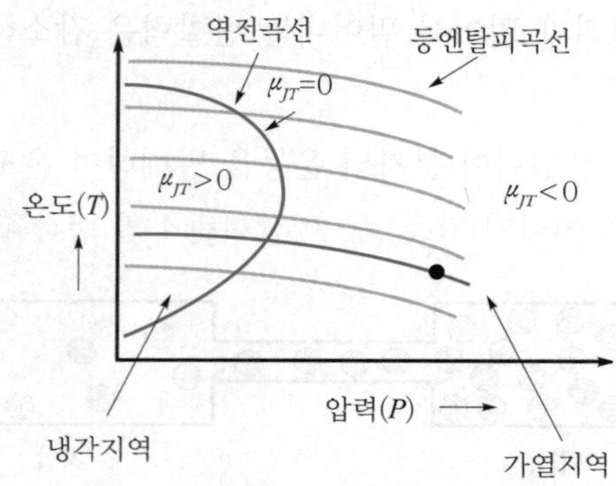

| 온도와 압력에서 역전과 등엔탈피 곡선[73] |

④ 교축과정(throttling process)

㉠ 단열 : 단열된 공간 내·외부의 열교환은 없다. $\Delta H=0$

㉡ $Q=0$(등엔탈피 과정으로 열적 평형상태)

㉢ 온도변화 $\Delta T \rightarrow \Delta U = 0$

$\therefore\ W = 0$

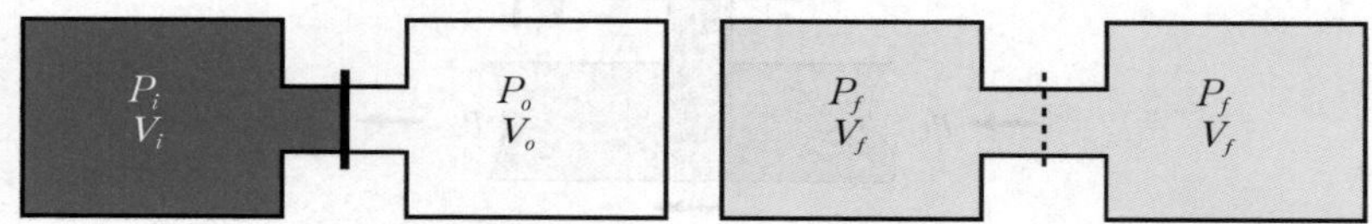

* 열적으로 격리된 챔버에서 부피 $V_i = V_0$가 부피 $V_f = 2V_i$로 확장되는 팽창

㉣ 자유팽창(free expansion) 또는 줄팽창 : 단열되어 있는 용기 내부에 존재하는 기체가 진공상태로 퍼져 기체의 에너지와 온도는 변하지 않고 외부에 한 일이 없이 엔트로피(S)만 증가하여 팽창하는 비가역 과정

⑤ 엔탈피 : 계의 내부 에너지와 외부에 한 일

$$H = dU + dW(dPV)$$

2) 약제별 열용량 : 열용량이 클수록 많은 열을 흡수한다.

소화약제	열용량[J/mol · K]
CO_2	37.5
IG-100	28.5
IG-541	26.1
IG-55	24.6

73) https : //www.youtube.com/watch?v=Zc3AQlC0FII

소화약제	열용량[J/mol · K]
IG-01	20.8

(3) 피복효과(공기비중 1.53) : 심부화재 적응성

04 장단점

장점	단점
① 무색, 무취, 무변질, 무독성 가스이다. ② 자체 증기압(증기압 6MPa at 20℃)이 높아 가압없이 자체압으로만 방출이 가능하다. ③ 전기부도체로 C급 화재에 적응성이 있다. ④ 소화 후 잔존 물질이 없다. 따라서, 다운타임(down time)을 최소화할 수 있다. ⑤ 방사체적(액상 기상 시 540배)이 큰 관계로 기화잠열로 인한 열흡수에 따른 냉각작용이 크다. ⑥ 압축 및 냉각에 의하여 쉽게 액화된다. ⑦ 공기보다 비중(1.53)이 크며 가스상태로 물질 심부까지 침투가 용이하여 심부화재에 적응성이 있다. ⑧ 약제 수명이 반영구적이며 가격이 저렴하다. ⑨ 한랭지에도 동결 등의 우려가 없다.	① 정밀기기의 냉각손상 우려(−80℃까지 온도가 급강하함)가 있다. ② 질식 위험 : 거주지 사용 불가 ③ 지구온난화 물질을 배출한다. ④ 배관설비가 고압이다. ⑤ 방사 시 큰 소음 : 공포, 패닉의 요인이 된다. ⑥ 방출시간이 길다(표면화재 1분, 심부화재 7분). ⑦ 소화효율이 낮다(34% ↑). ⑧ 운무현상에 의한 피난장애가 발생한다.

1. 다운타임(down time) : 장비 재가동에 걸리는 시간을 말한다.
2. 이산화탄소는 공기(DC 30kV/cm, AC 21kV/cm)보다 절연성이 뛰어나다.
3. 공기보다 무거워 날아가지 않고 지속적 소화가 가능하기 때문에 피복효과라고 한다.

05 이산화탄소 방사 시 운무현상

(1) 가압된 이산화탄소가 대기 중으로 방출될 때 줄-톰슨 효과에 의해 잔류 액체 이산화탄소를 냉각한다.

(2) 잔류 이산화탄소는 고체인 드라이아이스 입자로 변하고 공기 중의 수증기는 안개로 변한다.

1) 고압식(21℃)의 경우 : 25%가 드라이아이스

2) 저압식(−18℃)의 경우 : 45%가 드라이아이스

(3) **시간의 경과에 따라 온도 상승** : 드라이아이스가 승화되어 생성된 안개가 한동안 존재한다.

(4) 문제점

1) 줄-톰슨 효과에 의한 대기 중 수분의 운무화와 드라이아이스 : 시야를 차단할 정도가 되어 피난 시 장애가 된다.
2) 질식 소화의 소화능력 저하 : 드라이아이스로 존재한다.
3) 드라이아이스가 배관이나 노즐을 막아서 소화불능이 될 수 있다.

06 이산화탄소(CO_2)의 위험성

(1) 산소농도와 이산화탄소의 농도에 따른 호흡속도

1) 산소농도가 높을수록 호흡속도가 감소하다가 일정해진다.
2) 이산화탄소농도가 높을수록 호흡속도는 급격히 증가하다가 급격히 감소한다.
   ① 폐의 이산화탄소농도보다 외부의 이산화탄소농도가 낮은 경우
      ㉠ 외부의 공기를 받아들이면서 이산화탄소를 밖으로 방출한다.
      ㉡ 이산화탄소농도가 4~7% 정도일 때 호흡속도는 최대가 된다.
   ② 외부의 이산화탄소농도가 폐의 이산화탄소농도보다 높은 경우 호흡이 중단된다.
   ③ 산소의 농도가 아무리 높아도 이산화탄소가 일정 농도 이상이면 질식의 위험이 있다. 예를 들어 산소 80%, 이산화탄소 20%의 경우도 위험하다.
3) 호흡속도는 산소농도보다 이산화탄소농도 변화에 더 큰 영향을 받는다.

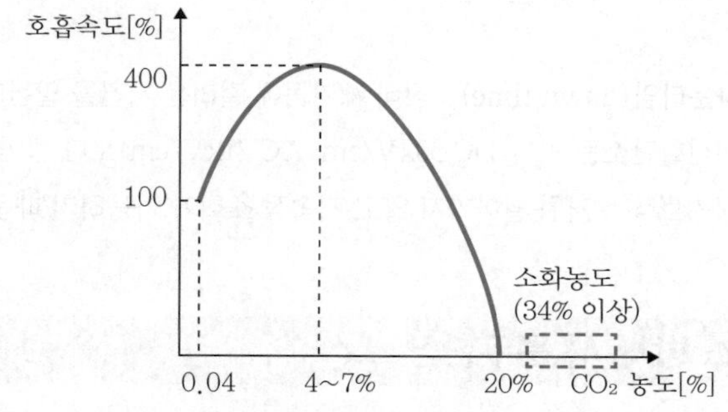

| 이산화탄소농도와 호흡속도 |

(2) 공기 중 이산화탄소(CO_2) 농도는 이산화탄소(CO_2)가 폐에서 배출하는 비율을 조절하여 혈액과 조직 내의 이산화탄소(CO_2) 농도에 영향을 준다.

(3) 생리학적 위험성 : 이산화탄소는 가장 강력한 대뇌혈관 확장제이다.

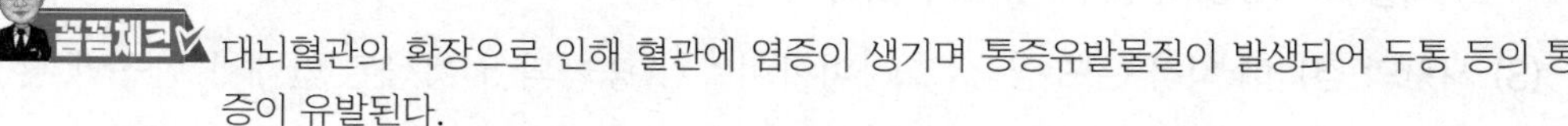

대뇌혈관의 확장으로 인해 혈관에 염증이 생기며 통증유발물질이 발생되어 두통 등의 통증이 유발된다.

1) 고농도일 경우(4% 이상) : 순환계 이상, 혼수상태, 사망

2) 저농도일 경우(4% 미만) : 호흡 증가, 두통, 구토

(4) 이산화탄소(CO_2) 농도 증가에 따른 생리적 반응

이산화탄소 농도[%]	노출시간	영향	반응 이유
0.038[74)]	–	대기 중 농도	–
0.5	–	안전한계농도	–
2	수 시간	• 호흡속도 50% 증가 • 장기간 노출되면 두통, 피로 발생	몸속의 CO_2 방출이 활발
3	1시간	• 호흡속도 100% 증가 • 약한 마취효과 • 청각장애, 두통, 혈액 증가	뇌혈관 확장
4~7	수 분	• 호흡속도는 400% 증가 • 중독 증상 • 약간의 질식	–
7~10	몇 분에서 1시간 이내	이명, 두통, 시각기능장애, 청각기능장애, 호흡곤란 및 발한	각막의 산소소비량이 높으므로 산소가 부족하기 때문이다.
10~15	수 분	현기증, 졸음, 심한 근육경련, 무의식	외부의 CO_2 농도가 더 높기 때문에 폐로 호흡 시 CO_2 농도가 감소하지 않는다.
17~30	1분 이내	의식불명, 중추신경마비, 사망	뇌에 산소공급 중단

(5) 화재 시 발생하는 이산화탄소의 위험성

1) 이산화탄소는 화재 시 대량으로 발생하는 점에서 인체에 치명적이다.

2) 화재실의 이산화탄소 농도가 증가하면 호흡속도가 빨라져서 연소생성물에 존재하는 독성가스의 시간당 흡입하는 양이 증가하여 위험성이 더욱 증대한다.

07 이산화탄소 소화설비의 충전비 설정 이유 117회 출제

(1) 하한계

1) 약제량 과다방지 및 급격한 부피팽창을 방지하기 위해 제한한다.

2) 충전비가 낮으면 온도의 증가에 따른 부피 증가가 급격하게 진행된다.

74) 과거에는 0.033이었지만 NFPA 2008버전에는 0.038로 기재되어 있다. 지구온난화로 점점 증가추세이다.

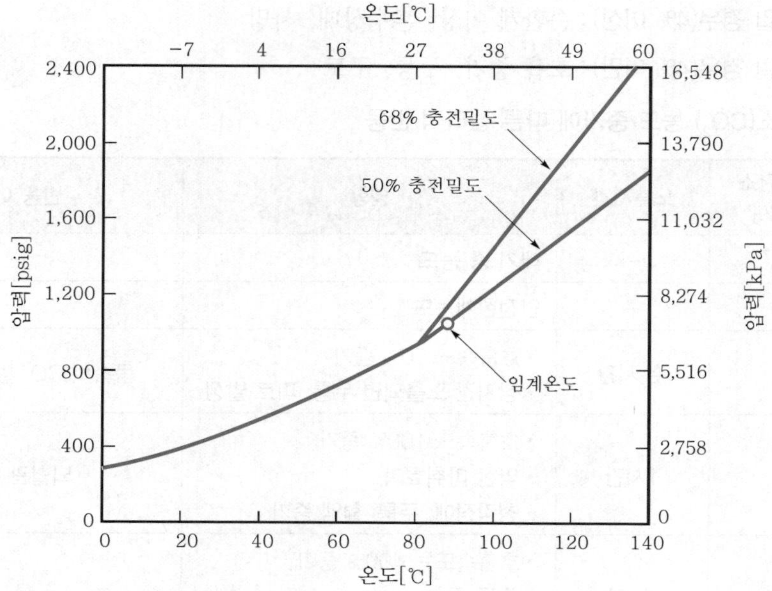

❙ 온도변화와 충전밀도 차이에 따른 용기 내 압력변화 ❙

(2) 상한계

1) 국내와 일본에서는 상한계에 대한 제한을 두고 있지만, NFPA에서는 상한계가 없다.
2) 상한계 이하로 저장하면 용기수가 늘어나기 때문에 비용과 설치공간도 증가하여 규제를 하지 않아도 자율적으로 제한되기 때문이다.

(3) 충전비와 충전밀도

구분	충전비	충전밀도
정의	약제의 중량당 용기의 부피	용기의 부피당 약제의 중량
단위	$\frac{L}{kg}$	$\frac{kg}{m^3}$
의미	충전비가 클수록 용기 내의 약제량이 적다.	충전밀도가 클수록 용기 내의 약제량이 많다.
제한	최소와 최대 충전비 제한	최대 충전밀도 제한
적용설비	이산화탄소, 할론	할로겐화합물 및 불활성기체 소화약제
사용처	일본, 국내	NFPA

08 이산화탄소 소화설비의 적응성과 비적응성

(1) NFPA 12에서의 이산화탄소(CO_2) 소화 적응성

1) 인화성 액체물질
2) 전기적 위험
3) 인화성 액체연료를 사용하는 엔진
4) 일반가연물
5) 고체위험물

(2) NFTC에서의 이산화탄소(CO_2) 소화 적응성

구분	대상		적응성
건축물	변전설비, 발전설비		○
	축전지실 · 통신기기실, 전산실		○
	차고, 주차장(기계식 포함)		○
	항공기, 항공기 격납고		○
	소화수를 수집 · 처리하는 설비가 설치되지 않은 중 · 저준위 방사성 폐기물의 저장시설		○
	지정문화재(소방청장과 협의)		○
위험물	제1류 위험물		×
	제2류 위험물	철분, 금속분, 마그네슘	×
		인화성 고체	○
		그 밖의 것	×
	제3류 위험물		×
	제4류 위험물		○
	제5류 위험물		×
	제6류 위험물		×
특수가연물	가연성 고체류 또는 합성 수지류		○
	가연성 액체류		○
	그 밖의 것		×
가연성 가스			○

[범례] ○ : 적응성 있다, × : 적응성 없다

(3) NFPA 12(2018) 4.1에서의 이산화탄소 비적응성

1) 이산화탄소는 상주하는 장소에는 설치제외

2) 예외적 허용 : 사람이 상주(전역방출방식)

① 다른 가스 소화약제가 LOAEL 이상의 농도가 필요한 경우 또는 방출 시 산소농도가 8% 이하인 경우

② 400V 이상이거나 케이블 등 전선이 있는 경우로 다른 가스계 소화약제는 적응성이 없는 경우

③ 밀폐할 수 없는 개구부 또는 연장방출방식의 설계, 설비 또는 설계와 설비가 다른 가스계 소화약제로는 적응성이 없는 경우

④ 해운 화물창

⑤ 선박 엔진룸

(4) NFTC에서의 이산화탄소(CO_2) 소화 비적응성

1) 전시장 등의 관람을 위하여 다수인이 출입·통행하는 통로 및 전시실 등

2) 방재실·제어실 등 사람이 상시 근무하는 장소

3) 나트륨·칼륨·칼슘 등 활성금속물질을 저장·취급하는 장소

① $4Na + CO_2 \rightarrow 2Na_2O + C$

② $4K + CO_2 \rightarrow 2K_2O + C$

4) 니트로셀룰로오스·셀룰로이드 제품 등 자기반응성 물질을 저장·취급하는 장소

SECTION

074 전역방출방식

01 개요

(1) **정의 :** 하나의 방호구역을 방호대상물로 하여 타부분과 구획하여 방호구역 전체에 소화약제를 방출하는 방식이다.

(2) 공간 전체를 방호함으로써 국소방식에 비해 신뢰성이 높은 대신 비용은 증가한다.

(3) 일정공간을 구획화하여 소화하는 방식으로, 개구부의 유무 및 크기와 압력 증가를 고려해야 한다.

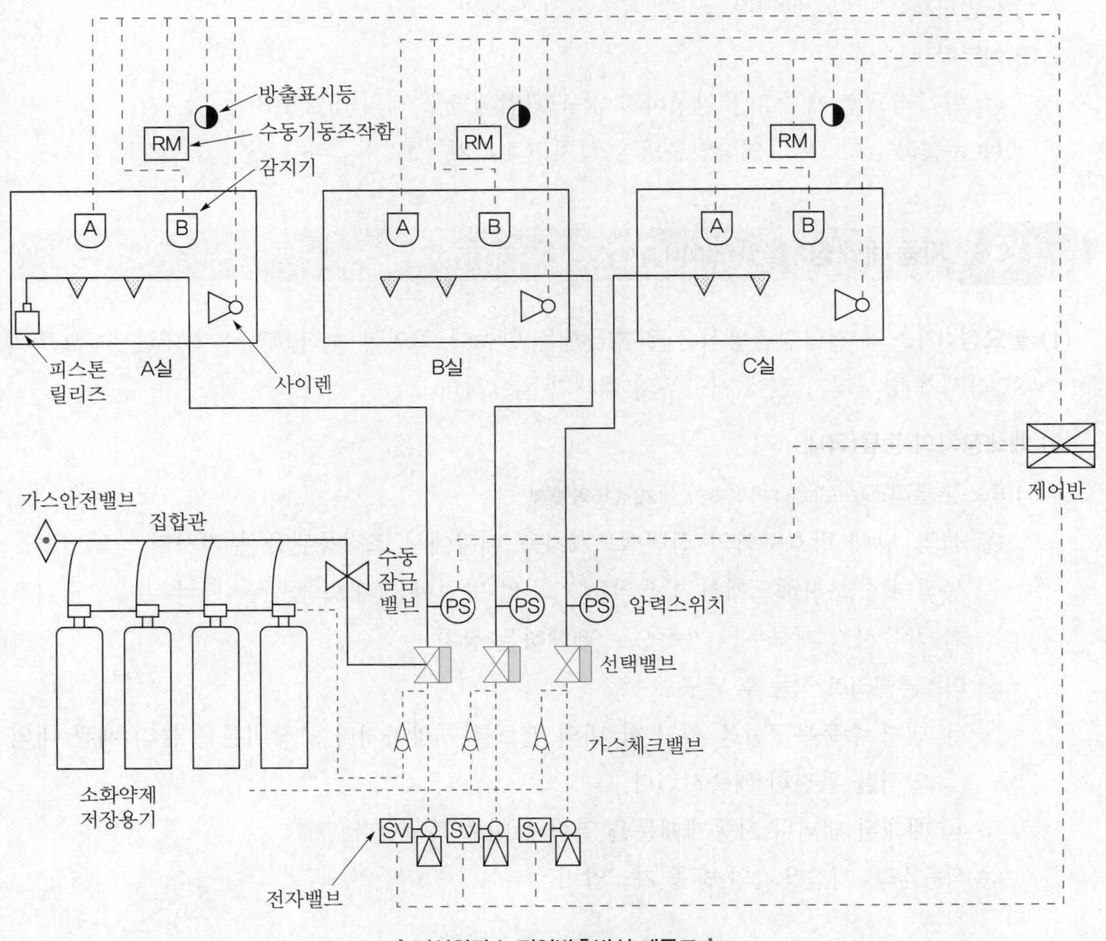

| 이산화탄소 전역방출방식 계통도 |

02 채택기준

(1) NFTC

1) 개구부

① 표면화재 개구부 면적제한 : 방호구역 전체 표면적의 3% 이하

② 통신기기실 또는 특수가연물을 저장·취급하는 특정소방대상물(심부화재) 자동폐쇄장치가 없는 개구부 : 전 표면적의 3% 이하

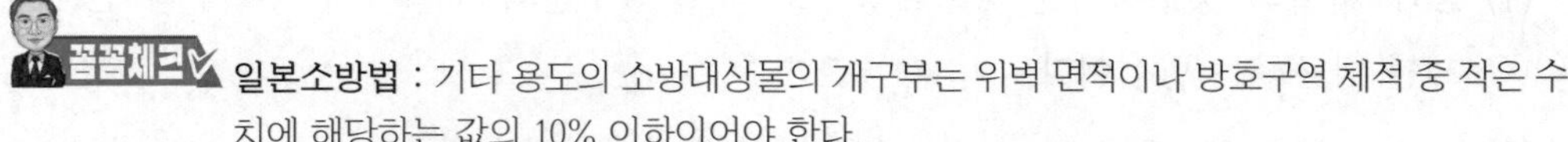

꼼꼼체크 **일본소방법** : 기타 용도의 소방대상물의 개구부는 위벽 면적이나 방호구역 체적 중 작은 수치에 해당하는 값의 10% 이하이어야 한다.

2) 방사된 소화약제가 방호구역의 전역에 균일하게 신속히 확산할 수 있도록 할 것

(2) NFPA 12(2018)

1) 표면화재 : 개구부 보정량 > 기본량 → 적용 불가

2) 심부화재

① 원칙적으로 개구부를 인정하지 않음(과압배출구 제외)(5.2.1.3)

② 누설이 심한 경우 : 연장방출방식 설치(5.4.4.2)

03 자동폐쇄장치 111·108회 출제

(1) 필요성 : 가스의 전역방출방식은 밀폐공간을 만들어 주어야 소화효과를 기대할 수 있으므로 약제가 방사되기 전에 개구부의 폐쇄가 필요하다.

(2) 폐쇄장치의 종류(국내)

1) 피스톤릴리즈(piston release) 126·115회 출제

① 정의 : 당해 방호구역의 선택밸브 2차측 배관에서 조작동관을 분기시켜 선택밸브를 통과하여 분사헤드에서 방사되는 가스의 압력이 그대로 동관을 따라 피스톤릴리즈를 작동시켜 개구부를 자동으로 폐쇄하는 장치

② 피스톤릴리즈 작동 후 복구

㉠ 댐퍼 수동복구함을 열고 함 내의 밸브를 개방하거나 조작버튼을 눌러 배관 내의 압력을 완전히 배출시킨다.

㉡ 폐쇄된 댐퍼나 자동개폐문을 열린 상태로 복구한다.

③ 작동원리 : 저장용기의 방출 가스압력

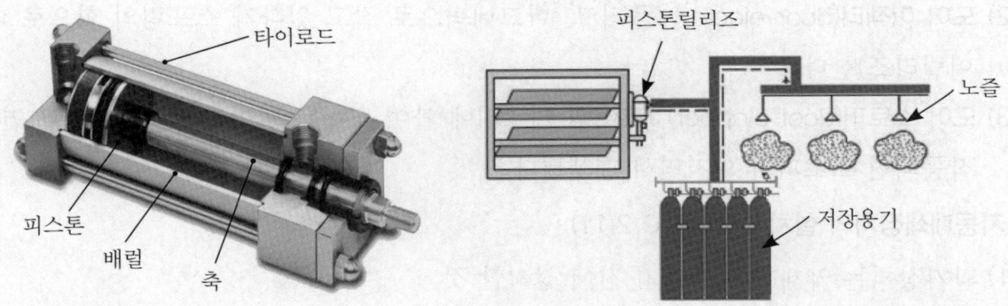

| 피스톤릴리즈 |

④ 댐퍼복구밸브

㉠ 동작된 댐퍼를 복구하여 가스를 배출하기 위해 피스톤릴리즈에 가한 압력을 제거할 것

㉡ 방호구역 또는 방호대상물이 있는 구획의 밖에서 복구할 수 있는 구조로 하고, 그 위치를 표시하는 표지를 할 것

⑤ 문제점과 개선방안

구분	문제점	개선방안
동관	㉠ 동관 연결 시 확관방식으로 연결하여 경년변화에 따른 누기 발생 우려가 있음 ㉡ 동관의 직경과 길이 등에 관한 제한과 규정의 부재	㉠ 고압 호스나 STS관으로 개선 ㉡ 동관의 직경과 길이 등에 관한 제한과 규정의 신설
점검	저장용기의 방출 가스압으로 작동하므로 시험이 곤란함	자체점검 시 시험가스를 이용한 점검
댐퍼	형태와 크기에 대한 제한과 규정의 부재	㉠ 전기식 모터구동방식의 적용 ㉡ 형태와 크기에 따른 설치규정 신설

2) 모터식 댐퍼릴리즈 : 화재가 발생하면 화재감지기의 작동 또는 압력스위치의 작동과 연동하여 댐퍼릴리즈에 설치된 모터가 작동하여 댐퍼를 폐쇄시킨다.

3) 도어릴리즈 : 방화문 등에 설치하는 것으로서, 평소에 문이 열린 상태로 유지하며, 화재감지기 작동에 의하여 잠금장치의 고리가 풀리는 등 잠금장치를 해제시켜 문이 닫히도록 한 설비로 도어클로저나 자동폐쇄장치와 함께 설치한다.

4) 자동폐쇄장치 : 제연구역의 출입문 등에 설치하는 것으로서, 화재발생 시 옥내에 설치된 연기감지기 작동과 연동하여 출입문을 자동적으로 닫는 장치

(3) 폐쇄장치의 종류(미국)

1) 도어 클로저(door closer) : 감지기와 연동하여 암(arm)에 의해서 폐쇄되는 장치로, 수동폐쇄도 가능(자동폐쇄장치)하다.

2) 도어 이젝터(door ejector) : 플러그, 마그네틱으로 잡고 있다가 스프링의 힘으로 폐쇄(도어릴리즈)한다.

3) 도어 스토퍼(door stopper) : 도어의 테두리에 붙여 도어를 열어 둔 상태로 두고 연동되어 작동되면 스토퍼가 펴지면서 폐쇄된다.

(4) 자동폐쇄장치의 설치기준(NFTC 2.11)

1) 환기장치는 약제가 방출되기 전에 정지할 것

2) 자동폐쇄장치는 방호구역의 구획 밖에서 복구하는 구조, 위치표시 표지를 할 것

3) 천장으로부터 1m 이상의 아랫부분 또는 높이의 $\frac{2}{3}$ 이내의 개구부는 약제가 방사되기 전에 폐쇄(상부의 개구부 등은 가산량으로 보완)할 것

(5) 자동폐쇄장치의 설치기준(NFPA 12 2018)

1) 개구부 자동폐쇄가 곤란한 경우

① 방출시간 동안 손실량을 가산해 준다.

② 설계농도가 34%를 초과하는 경우에는 보정계수에도 가산해 준다.

2) 환기장치정지가 곤란한 경우

① 방출시간 동안 손실량을 가산해 준다.

② 설계농도가 34%를 초과하는 경우에는 보정계수에도 가산해 준다.

(6) 자동으로 폐쇄되지 않은 개구부 : 개구부의 크기에 따라 소화약제의 양을 할증(심부화재는 폐쇄)해 준다.

(7) 가스계 개구부 폐쇄의 일반기준

1) 개구부는 원칙적으로 폐쇄한다.

2) 개구부가 있는 경우 : 폐쇄할 수 없는 경우는 약제량을 가산해 준다.

3) 환기장치가 있는 개구부 : 환기장치를 정지시키고 소화약제량을 가산(덕트 개구부만큼 가산)해 준다.

4) 유리창문 등의 경우 : 가스 방사압력에 의해 파손될 우려가 있는 경우에는 소화약제량을 가산해 준다.

04 음향경보장치 설치기준

(1) 기동장치

1) 수동식 기동장치 : 기동장치의 조작과정에서 경보를 발하는 것으로 할 것

2) 자동식 기동장치 : 화재감지기와 연동하여 자동으로 경보를 발하는 것으로 할 것

(2) 경보지속시간 : 소화약제의 방사개시 후 1분 이상

(3) 성능 : 방호구역 또는 방호대상물이 있는 구획 안에 있는 자에게 유효하게 경보

(4) 방송에 따른 경보장치 설치기준

1) 증폭기 재생장치의 설치위치 : 화재 시 연소의 우려가 없고, 유지관리가 쉬운 장소에 설치

2) 방호구역 또는 방호대상물이 있는 구획의 각 부분으로부터 하나의 확성기까지의 수평거리 : 25m 이하

3) 제어반의 복구스위치 조작 : 경보를 계속 발할 수 있는 것

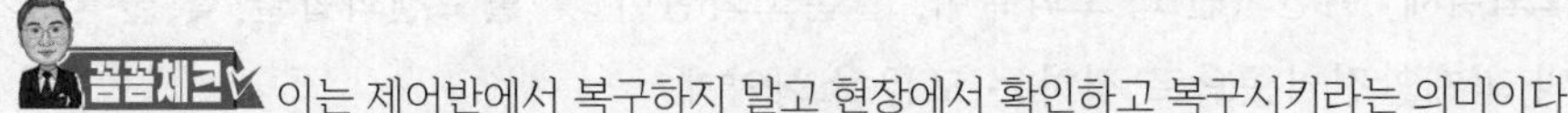

꼼꼼체크
이는 제어반에서 복구하지 말고 현장에서 확인하고 복구시키라는 의미이다.

05 배출설비

(1) 지하층, 무창층 및 밀폐된 거실 등에 이산화탄소 소화설비를 설치한 경우 : 소화약제의 농도를 희석시키기 위한 배출설비가 필요하다.

(2) 목적 : 소화 후 구획실의 정비나 점검을 위해 이산화탄소농도를 감소시키기 위해서이다.

(3) 이산화탄소 소화설비(호스릴 제외)를 설치해야 하는 특정소방대상물 : 공기호흡기를 한 대 이상 비치 「소방시설 설치 및 관리에 관한 법률 시행령」 [별표 4]

1) 방출된 지역에 진입할 경우 사용한다.

2) 구조 시 보조마스크를 사용한다.

06 과압배출구(pressure venting)

약제방출로 인해 과압이나 감압 발생으로 인한 압력방출을 통해 방호구역의 파괴를 방지한다.

07 설계프로그램

이산화탄소 소화설비를 컴퓨터를 이용하여 설계하는 경우에는 「가스계 소화설비의 설계프로그램 성능인증 및 제품검사의 기술기준」에 적합한 설계프로그램을 사용하여야 한다.

SECTION 075

가스계 소화설비의 설계프로그램 성능인증 및 제품검사 기준

01 용어의 정의

(1) **가스계 소화약제** : 이산화탄소 소화설비, 할론소화설비 및 할로겐화합물 및 불활성기체 소화설비의 화재안전기준으로 정하는 모든 소화약제

(2) **충전밀도** : 소화약제 저장용기의 단위체적당 충전되는 소화약제의 질량[kg/㎥]

(3) **소화농도** : 규정된 실험조건의 화재를 소화하는 데 필요한 소화약제의 농도

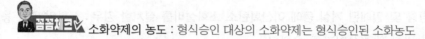

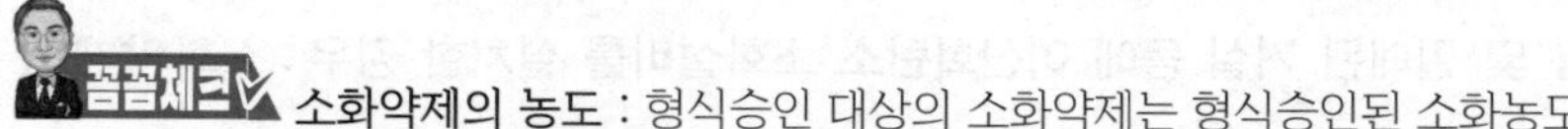

꼼꼼체크
소화약제의 농도 : 형식승인 대상의 소화약제는 형식승인된 소화농도

(4) **설계농도**

1) 목적 : 방호대상물 또는 방호구역의 소화약제 저장량을 산출하기 위한 농도

2) 소화농도에 안전율을 고려하여 설정한 농도

(5) **배관비** : 소화약제의 체적 대비 해당 방호구역 전체 배관체적의 백분율

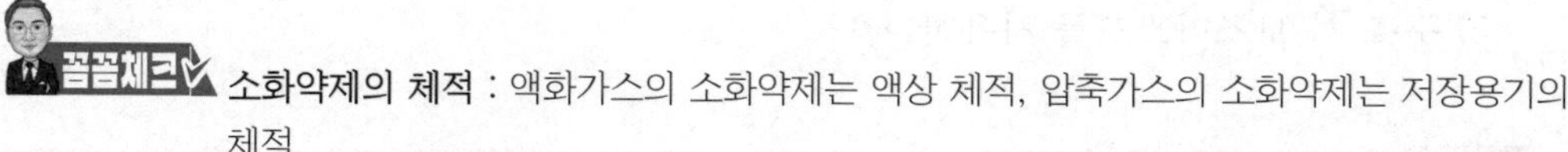

꼼꼼체크
소화약제의 체적 : 액화가스의 소화약제는 액상 체적, 압축가스의 소화약제는 저장용기의 체적

(6) **방출시간** : 분사헤드로부터 소화약제가 방출되기 시작하여 방호구역의 가스계 소화약제 농도값이 최소 설계농도의 95%에 도달되는 시간

(7) **분사헤드 최소 설계압력** : 가스계 소화설비의 설계매뉴얼 또는 설계프로그램에서 정하는 분사헤드 설계압력의 최솟값

02 설계매뉴얼

가스계 소화설비를 설계하는 데 활용하는 매뉴얼에는 일반적인 설계가이드라인 이외에 다음의 사항이 포함되어야 한다. 단, 외국어 매뉴얼의 경우에는 한글로 번역하여 원본과 한글본으로 작성하여야 한다.

(1) 유량계산에 사용하는 기본적 원리

(2) 배관비에 대한 제한사항

(3) 각 배관규격별 최소 및 최대 유량

(4) 티(tee)분기 시 유량분기의 한계를 포함한 티분기 방법 및 티부속의 설치 시 전·후 이격거리 등에 대한 정보

(5) 각 분사헤드별 약제 도달시간의 편차 및 각 분사헤드별 약제방출 종료시간에 대한 편차 제한시간

(6) 분사헤드 최소 설계압력

(7) 최소 및 최대 분사헤드 오리피스 크기 제한과 분사헤드 오리피스 크기의 결정방법 및 분사헤드의 선정기준

(8) 분사헤드 방호면적 및 설치높이(최소, 최대)에 대한 제한사항과 방호구역 내 분사헤드 위치에 대한 정보

(9) 저장용기 최소 및 최대 충전밀도

(10) 최소 및 최대 설계방출시간

(11) 설비작동온도 범위에 대한 제한사항

(12) 설계절차와 유량계산에 컴퓨터를 이용하는 경우 설계프로그램 입력절차 및 출력자료에 대한 설명

(13) 유체흐름에 영향을 주는 모든 부속품에 대한 등가길이

(14) 설비의 시공 및 작동 그리고 유지관리에 대한 지침

1) 주의 및 경고표지

2) 설비를 구성하는 모든 부품에 대한 도면 및 기술사양

(15) 신청업체의 상호명 및 제품모델번호 등을 표시해야 할 주요 부품

1) 저장용기, 밸브

2) 분사헤드

3) 플렉시블호스

4) 선택밸브

5) 저장용기 작동장치(니들밸브 등)

6) 기동용기함 등

03 설계프로그램 126·125·112회 출제

(1) 가스계 소화설비를 설계하는 데 활용하는 유량계산방법 등의 프로그램(이하 '설계프로그램')의 구성

1) 최대 배관비
2) 소화약제 저장용기로부터 첫 번째 티분기 지점까지의 최소 거리
3) 최소 및 최대 방출시간
4) 소화약제 저장용기의 최대 및 최소 충전밀도
5) 배관 내 최소 및 최대 유량
6) 각 분사헤드에 대한 연결배관의 체적
7) 분사헤드의 최대 압력편차
8) 연결배관 단면적에 대한 분사헤드 오리피스와 감압오리피스 단면적의 최대값 및 최소값
9) 분사헤드까지 약제도달시간에 대한 헤드별 최대 편차, 분사헤드에서 약제방출 종료시간에 대한 헤드별 최대 편차(단, 불활성기체의 경우에는 약제방출 종료시간은 제외)
10) 티분기 방식과 분기 전·후 배관길이에 대한 제한
11) 티분기에 의한 최소 및 최대 약제분기량
12) 배관 및 관부속 종류
13) 배관 수직높이 변화에 따른 제한사항
14) 분사헤드 최소 설계압력
15) 설비의 작동온도(소화약제 저장용기의 저장온도)

(2) 위 (1)의 요건이 포함되고 다음에 적합하게 설계하여 신청자가 제시하는 50개 설계모델의 설계값 등을 설계매뉴얼과 설계프로그램으로 확인하는 경우 산출되는 값 등과 일치하여야 한다.

1) 제출하는 50개 모델에 대해서는 설계매뉴얼 및 설계프로그램에서 규정하고 있는 제한사항들을 모두 포함하여 설계할 것
2) 제출된 설계모델은 분사헤드의 개수를 3 이상 100 이하의 범위 내에서 고루 분배하여 설계할 것
3) 50개의 설계모델 중 20개 이상은 비균등 배관방식이 포함되도록 설계할 것(비균등 배관설계가 허용되는 것에 한함)
4) 설계모델별 도서에는 방호구역명세, 소화약제량, 유량계산결과, 배관도면, 설계분석사항(설계불능 시 그 제한사유) 등이 포함되도록 설계할 것

04 설계프로그램의 유효성 확인

(1) **유효성 확인의 목적** : 가스계 소화설비 설계프로그램 유효성 확인을 통해서 설계프로그램의 적정성 평가를 할 수 있고, 결국에는 방호공간의 균일한 설계농도를 확보하기 위함이다.

(2) **유효성 확인시험의 모델** : 신청자가 제시하는 20개 이상의 시험모델(분사헤드를 3개 이상 설치하여 설계한 모델) 중에서 임의로 선정한 5개 이상의 시험모델을 실제 설치하여 시험을 실시한다.

1) 소화약제 : 소화약제는 「소화약제의 형식승인 및 검정기술기준」에 적합하다.

2) 기밀시험 : 소화약제 저장용기 이후부터 분사헤드 이전까지의 설비부품 및 배관 등은 양끝단을 밀폐시킨 후 98kPa 압력공기 등으로 5분간 가압하는 때에 누설되지 않아야 한다.

(3) 방출시험 125회 출제

가스계 소화설비의 설계프로그램 성능인증 및 제품검사의 기술기준 [별표 2] 방출시험의 시험방법 및 시험설비요건 등

① 방출시간 및 방출압력
㉠ 온도 · 압력 분포곡선을 구하는 데 필요한 온도 또는 압력센서를 각 분사헤드의 노즐부 등에 설치한다.
㉡ 온도와 압력센서의 입 · 출력 신호를 초당 10회 이상 검지 · 기록할 수 있는 장비를 사용한다.
㉢ 방출시간 또는 방출압력(평균방출압력을 포함) 등을 유효하게 측정 또는 산정할 수 없어 다른 시험방법을 적용할 때에는 이의 과학적인 근거와 내용 등을 충분히 파악하여 합당한 것으로 인정되는 경우에만 적용한다.

② 방출량
㉠ 방출량은 「가스계 소화설비의 화재안전기준」에 규정된 시간 내에 해당되는 농도를 방출할 수 있도록 하여 시험한다.
㉡ 방출량시험은 소화시험에 적합한 경우 생략할 수 있다. 단, 비대칭 배관방식을 포함한 설계프로그램의 경우에는 비대칭 배관방식을 포함한 시험모델로 소화시험을 실시하여 적합한 경우에 한하여 방출량시험을 생략할 수 있다.

③ 소화약제 도달 및 방출종료시간 : 소화약제 도달 및 방출종료시간의 측정은 제1호의 규정을 준용하여 시험한다.

1) 방출시간 91·77회 출제

① 방출시간의 산정(표면화재) : 방출 시 방출헤드의 압력변화곡선에 의해 산출하며 산출된 방출시간은 다음 표의 기준에 적합해야 한다.

구분	방출시간 허용한계
10초 방출방식의 설비	설계값 ±1초
60초 방출방식의 설비	설계값 ±10초
기타의 설비	설계값 ±10%

② 이산화탄소 소화설비의 심부화재 : 7분 이내에 방출+2분 이내에 설계농도 30%에 도달할 것

③ 압력곡선으로 방출시간 산정할 수 없는 경우 : 공인된 다른 시험방법(온도·농도 곡선 등) 및 기술·과학적으로 인정되는 시험방법에 적용하여 시험

2) 방출압력 : 각 분사헤드마다 설계값의 ±10% 이내

3) 방출량

① 각 분사헤드마다 설계값의 ±10% 이내

② 표준편차 : 각 분사헤드별 설계값과 측정값의 차이의 백분율의 5 이내

③ 소화약제의 방출량 : 질량 또는 농도 등을 측정하여 산출

4) 소화약제 도달 및 방출종료시간

① 분사헤드에 소화약제가 도달되는 시간의 최대 편차 : 1초 이내

② 소화약제의 방출이 종료되는 시간의 최대 편차 : 2초 이내(이산화탄소 및 불활성기체는 제외)

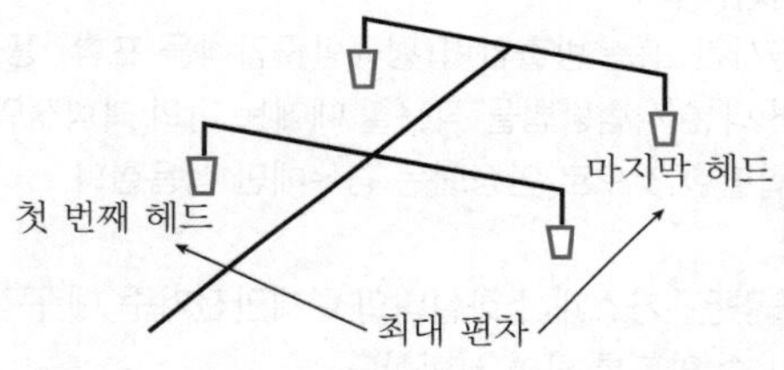

┃ 헤드 간 최대 편차 ┃

(4) 분사헤드 방출면적시험

1) 시험방법 : [별표 3]의 분사헤드별 방출면적시험

2) 소화시간 : 모든 소화시험모형은 소화약제의 방출이 종료된 후 30초 이내에 소화

3) 소화약제 방출에 따른 시험실의 과압 또는 부압은 설계값(신청자가 제시한 압력값) 이하

1. [별표 3] 분사헤드 방출면적시험의 시험방법 및 시험설비요건 등

① 시험방법

㉠ 방출면적시험은 [별표 2]와 같이 시험설비를 구성 설치한 후 실시한다.

㉡ 분사헤드는 각 종류별로 설치하여 시험한다.

㉢ 원형캔 소화시험모형의 n-헵탄에 점화하여 30초간 예비연소시킨 후 개구부를 닫고 즉시 소화약제가 방출되도록 한다.

㉣ 소화약제의 농도는 B급 소화농도로 하여 시험한다. 이 경우, 소화농도는 「소화약제의 형식승인 및 검정기술기준」에 의하여 형식승인된 것 이상의 농도로 한다.

㉤ 배관은 (20 ± 2)℃에서 분사헤드 최소 설계압력이 되도록 구성하여 시험한다.

② 원형(캔) 소화모형의 설치

㉠ [그림 2]의 원형캔 소화모형을 [그림 2]의 시험실 배치모형과 같이 시험실의 구석으로부터 50mm 이내 위치의 시험실 바닥과 천장에 각각 1개씩 설치하여 시험한다.

㉡ 차폐판 중앙부 뒤에 시험실 바닥으로부터 30cm 상부지점과 천장으로부터 30cm 하부지점에 각각 1개씩 설치하여 시험한다. 단, 시험실의 높이가 낮아 상하지점에 각각 설치하는 것이 불가능한 경우에는 한 개씩만 설치하여 시험한다.

③ 시험실 내의 차폐판 설치

㉠ 시험실 내의 차폐판은 [그림 2]와 같이 시험실 천장과 바닥 사이에 수직이 되도록 분사헤드와 분사헤드 분사방향의 시험실 벽 사이의 중앙에 설치하여 시험한다.

㉡ 차폐판의 폭은 시험실의 짧은 벽길이의 20%가 되도록 제작하여 설치한다.

④ 기타 시험설비의 구성

다음의 내용을 명확히 알 수 있는 조건하에서 시험설비를 구성한다.

㉠ 분사헤드의 종류

㉡ 각 분사헤드의 방호면적

㉢ 설비의 최저 작동온도

㉣ 방호구역 내 분사헤드 설치위치

㉤ 각 분사헤드에 대한 배관의 크기와 수, 관부속의 최대수 및 분사헤드 최소 설계압력

㉥ 최대 충전밀도

㉦ 최대 방출시간

㉧ 과압배출구 설치면적 및 위치

[그림 2] 분사헤드 방출면적 확인시험의 시험실 배치

구분	모형	비고
시험실 배치의 예 (360도 분사헤드)	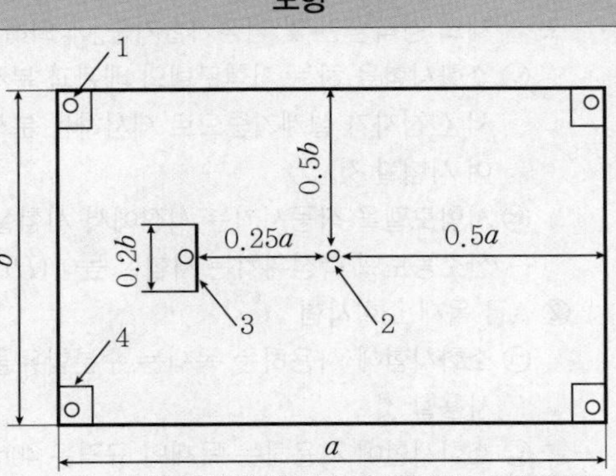 1 0.5b 0.25a　0.5a b　0.2b 3　2 4 a	1. 원형 캔 2. 분사헤드 3. 차폐판 4. 점화구

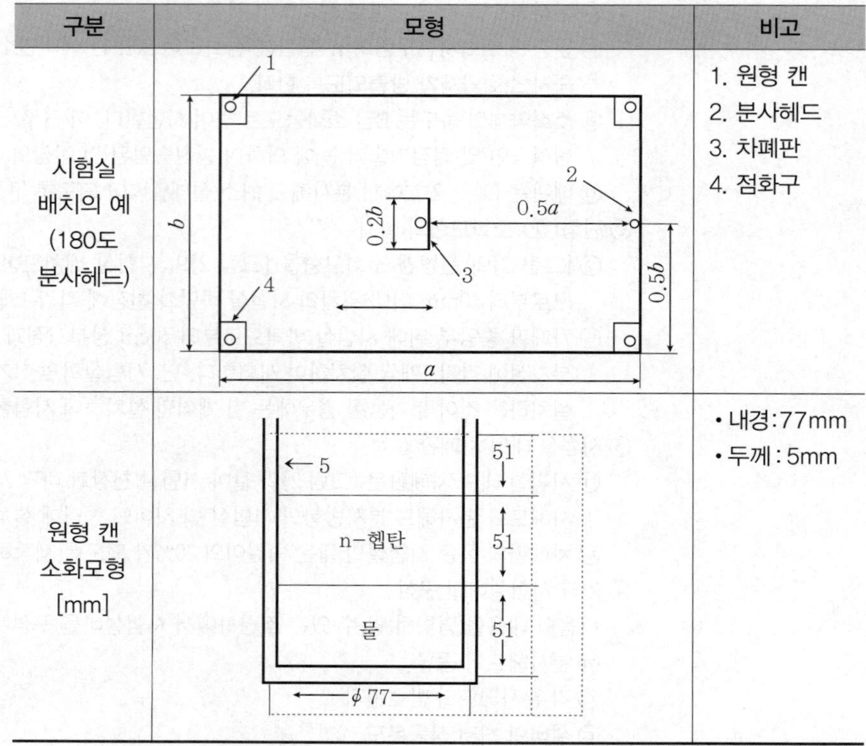

구분	모형	비고
시험실 배치의 예 (180도 분사헤드)		1. 원형 캔 2. 분사헤드 3. 차폐판 4. 점화구
원형 캔 소화모형 [mm]		• 내경:77mm • 두께:5mm

⑤ 소화시험 : [별표 4]에서 정하는 바에 따라 소화시험을 하는 경우 다음의 규정에 적합하여야 한다.

2. [별표 4] 소화시험의 시험방법 및 세부요건 등

① 시험방법

㉠ 소화시험에 사용하는 소화약제의 농도는 신청인이 제시한 소화농도를 적용하여 시험할 것. 다만, B급 소화농도의 경우 「가스계 소화설비의 화재안전기준」 또는 「소화약제의 형식승인 및 검정기술기준」에 의하여 승인된 소화농도 이상일 것

㉡ 소화시험을 하는 시험모델의 배관과 분사헤드는 분사헤드의 방출압력이 (20±5)℃에서 신청자가 설계기준으로 제시하는 분사헤드 최소 설계압력 이하의 범위로 구성하여 시험할 것

㉢ 시험모델을 작동시키는 시점에서 시험실 내의 산소농도는 20.0% 이상이어야 하며, 산소농도의 측정위치는 시험실 높이(H)의 0.1H, 0.5H, 0.9H 지점에서 측정할 것

② A급 목재 소화시험

㉠ 소화시험에 사용하는 목재는 수분함유율이 13% 이하인 소나무 또는 가문비나무를 사용할 것

㉡ 소화시험에 사용하는 목재의 규격은 40mm×40mm×(450±50)mm 크기로 각목 6개씩 4개 층으로 직각으로 쌓을 것

㉢ 소화시험모형은 점화용 연소대에 점화 후 360초 동안 예비연소시킨 후에 설비를 작동시켜 시험할 것. 이 경우 A급 소화모형에 대한 예비연소는 시험실 밖에서 실시하고 예비연소 종료 15초 전부터 소화설비 작동 전까지의 사이에 시험실 중앙에 넣어 시험할 것

ⓔ 예비연소는 연소면적이 $0.25m^2$인 정방형 팬(square steel pan)에 12.5L의 물과 1.5L의 n-헵탄을 부어 목재가 연소되도록 하여야 하며, 목재 하부로부터 팬 상부까지의 거리는 300mm이고 목재 하부는 바닥으로부터 600mm일 것
ⓜ 분사헤드로부터 소화약제의 방출이 종료된 후 소화시험모형의 소화 여부를 확인하고 10분 동안 기밀상태를 보전한 후에 소화시험모형을 시험실 밖으로 꺼내어 잔염 및 재연소 여부를 확인할 것
ⓑ 소화약제 방출 전 시험실의 산소농도는 평상시 대기 중 산소농도보다 0.5% 이상 낮지 않도록 유지하고, 소화시험 중에 발생하는 소화생성물로 인한 산소농도의 변화값이 1.5% 이내가 되도록 하여야 할 것. 이 경우 산소농도의 변화값은 방출시험 시(colddischarge)의 산소농도 변화값과 비교하여 산출할 것

③ A급 중합재료 소화시험
㉠ 소화시험에 사용하는 중합재료는 [표 1]의 물성에 해당하는 것을 사용할 것
㉡ 소화시험에 사용하는 중합체로 된 재료의 규격은 (405±5)mm×(200±5)mm×(10±1)mm 크기로 [그림 3]과 같이 4개를 배치할 것
㉢ 소화시험 재료는 두께 2~3mm의 금속판으로 만들어진 틀 안에 위치하여야 하고 틀의 규격은 380mm×850mm×610mm의 크기로 [그림 3]과 같이 바닥과 양면이 개방되어 있는 구조로 할 것
ⓔ 소화시험 재료와 틀은 [그림 3]과 같은 차폐막 안에 배치하되, 두 개의 차폐막은 950mm의 정방형에 높이 305mm의 크기로 바닥으로부터 90mm 띄워진 위치에서 재료와 평형하게 배치하고 두 개의 차폐막은 45°를 회전시켜 설치할 것
ⓜ 점화용 연소대는 2mm 두께의 스테인리스 재질로 하며 연소대 내부의 수치는 51mm×112mm×21mm(가로×세로×깊이)이며 중합재료로부터 12mm 아래에 설치할 것
ⓑ 소화시험은 점화용 연소대에 점화 후 210초 동안 예비연소시킨 후에 개구부를 닫고 즉시 시험모델의 가스계 소화설비를 작동시켜 시험할 것. 이 경우 예비연소는 시험실 안에서 실시할 것
ⓢ 예비연소는 점화용 연소대에 물 40mL와 n-햅탄 6mL를 넣어 중합체가 연소되도록 하며, 중합체로부터 연소대의 예비연소물질까지의 거리는 12mm가 되도록 설치할 것
ⓞ 소화약제 방출 전 시험실의 산소농도는 제2호 바목의 기준에 적합할 것

[표 1] A급 중합재료의 물성

콘칼로리미터(cone calorimeter)에 $25kW/m^2$ 열원에 노출								
중합재료	색상	밀도 [g/cm^3]	착화시간		착화시간에서 180초까지 평균 열방출률		유효순연소열	
			s	허용오차	kW/m^2	허용오차	MJ/kg	허용오차
PMMA	흑색	1.19	77	±30%	286	±25%	23.3	±25%
PP	흰색 (착색하지 않음)	0.905	91	±30%	225	±25%	39.6	±25%

콘칼로리미터(cone calorimeter)에 25kW/m² 열원에 노출								
중합재료	색상	밀도 [g/cm³]	착화시간		착화시간에서 180초까지 평균 열방출률		유효순연소열	
			s	허용오차	kW/m²	허용오차	MJ/kg	허용오차
ABS	베이지색 (착색하지 않음)	1.04	115	±30%	484	±25%	29.1	±25%

A급 소화시험에 사용되는 중합재료는 PMMA(Polymethylmethacrylate), PP(Polypropylene), ABS(Acrylonitrile-Butadiene-Styrene polymer) 등 3가지 중합재료를 사용한다.

[그림 3] 중합재료 소화시험 및 차폐막 모형 (단위 : mm)

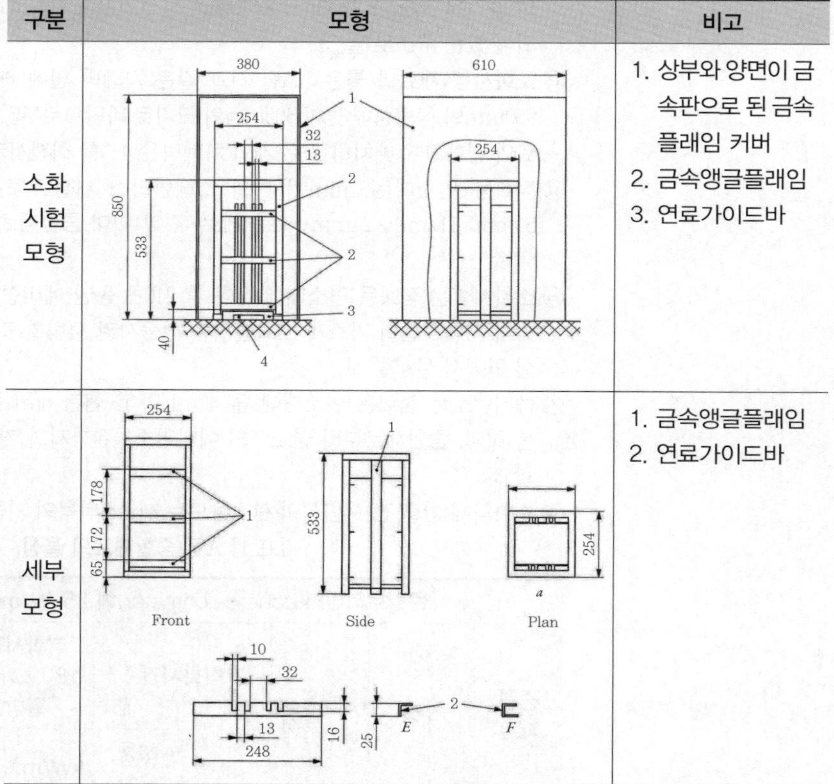

구분	모형	비고
소화시험 모형		1. 상부와 양면이 금속판으로 된 금속 플래임 커버 2. 금속앵글플래임 3. 연료가이드바
세부 모형		1. 금속앵글플래임 2. 연료가이드바

구분	모형	비고
차폐막 모형	305 305 900 1 2 90 950 90 950	1. 폴리카보네이트 또는 금속차단막 2. 블록(cinder block)

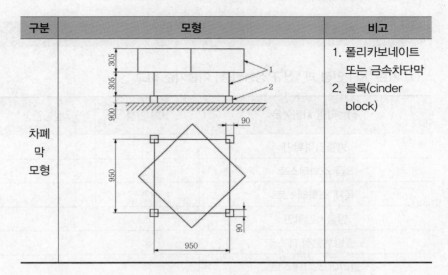

④ B급 소화시험

㉠ B급 소화시험은 [그림 4]와 같이 연소면적이 0.25㎡인 정방형 팬(square steel pan)을 바닥으로부터 600mm 이격하여 시험실 중앙에 설치하고, n-헵탄의 액위가 팬 상단 아래 50mm가 되도록 12.5L의 n-헵탄을 부어 시험할 것

㉡ 소화시험모형의 n-헵탄에 점화하여 30초간 예비연소 후 개구부를 닫고 즉시 시험모델의 가스계 소화설비를 작동하여 소화약제를 방출시킬 것

㉢ 소화약제 방출 전 시험실의 산소농도는 제2호 바목의 기준에 적합할 것

[그림 4] B급 소화시험을 위한 팬 모형 단면도 (단위 : mm)

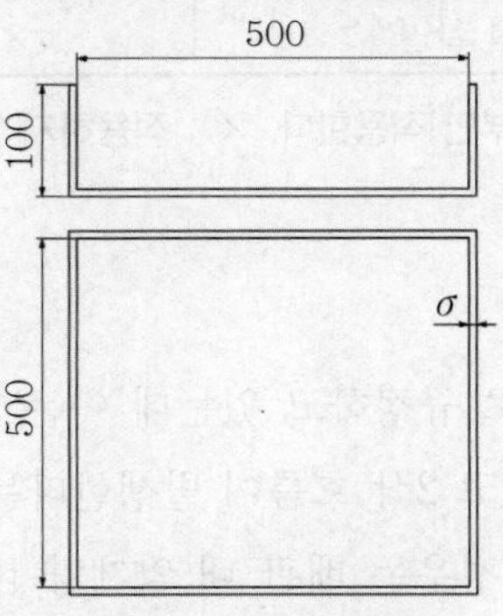

(5) 소화시험

구분		소화시간	기준
A급 소화시험	목재	600초 이내	① 잔염이 없어야 한다. ② 재연소(reignition)되지 않는다.
	중합재료	① 60초 이내 ② 내부 2개의 중합재료 상단의 불꽃 180초 이내	① 잔염이 없어야 한다. ② 600초 이내에 재연소되지 않는다.
B급 소화시험		30초 이내	재연소(잔염을 포함)되지 않는다.

05 결론

(1) 기존 「KFI 인정」과 「신규 성능인증」 기술기준 비교

성능확인 시험항목	KFI 인정	성능인정	국제기준 (UL, ISO)
방출압력확인	○	○	○
B급 소화테스트	○	○	○
목재 소화테스트	○	○	○
방출시간확인	△	○	○
노즐방호면적 테스트	×	○	○
폴리머 소화테스트	×	○	○
최대 · 최소 방출시간 확인	×	○	○
분사헤드별 방출량 확인	×	○	○
Tee 분기량 확인	×	○	○
최대 · 최소 흐름률 확인	×	○	○
분사헤드 간 최대 압력 및 도달시간편차 확인	×	○	○
약제충전비(최소 · 최대) 확인	×	○	○
180° 분사헤드능력 확인	×	○	○

[범례] ○ : 적용한다, △ : 일부만 적용한다, × : 적용하지 않는다

(2) 문제점과 개선대책

1) 배관비

① 할론을 1.5배로 규정하고 있는데 이는 배관의 방호거리가 길어서 액상과 기상이 분리된다는 것이고 2상 흐름이 발생한다는 것이다.

② NFPA 12A의 경우는 배관 내 약제량 비율이 80% 이하로 하고 있으므로 이를 준용하는 것이 바람직하다.

2) 배관의 수직높이 변화

① 현재 제조사가 배관의 수직높이 변화값이 50m 이하로 신청할 경우 시험없이 50m를 적용하고 50m를 초과하여 신청하면 인증시험을 실시하므로 거의 대부분 제조사가 50m로 신청한다. 수직높이가 길어지면 2상 흐름이 발생하므로 이를 제한하여야 한다.

② 해외 제조사 배관의 수직높이

㉠ 할로겐화합물 : 10m 전후(방사압이 큰 HFC-23은 16m)

㉡ 불활성기체 : 3m 전후

SECTION 076

전역방출방식 소화설비약제량 계산방법

01 개요

이산화탄소 소화설비는 약제를 비교적 짧은 시간에 방호구역으로 방출하여 산소농도를 일정 수준 이하로 낮추어 소화하는 설비로서, 자유유출(free efflux)을 가정하여 기본약제량을 계산한다.

02 약제량 선정 시 고려사항(NFPA 기준)

(1) 기본약제량

1) 방호구역체적

2) 소화약제 소화농도

3) 방호구역 예상 최저 온도

(2) **개구부 보정량** : 개구부 면적 및 위치

1) **표면화재** : 방출시간 동안 유출되는 양을 보정해야 한다.

2) **심부화재** : 원칙적으로 개구부가 없어야 한다.

03 기본이론

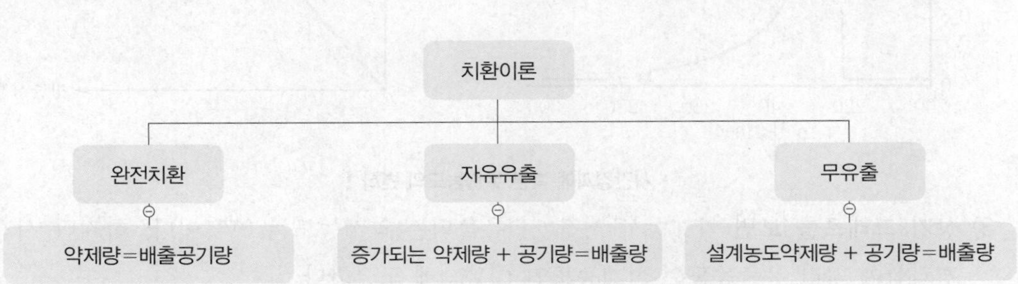

(1) 완전치환

1) 약제방출 시 방사된 이산화탄소의 부피에 상당한 공기가 외부로 배출된다는 전제하에서 이론을 전개한다.

2) 불활성화 방법 중 진공퍼지와 같은 개념으로 방호공간을 진공시킨 다음 약제를 넣는다는 개념이다.

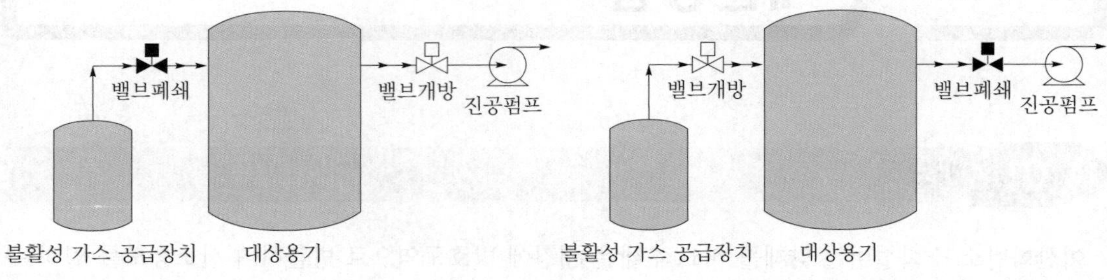

(a) 공간을 진공으로 만듦 (b) 약제를 공간에 투입

3) 약제의 손실이 발생하지 않는 치환으로 필요약제량이 가장 적다.

4) 실제적으로 방호공간에 소화약제를 넣기 위해 그 공간을 진공시킨다는 것이 곤란하므로 가스계 소화약제에서는 사용되지 않는 개념이다.

(2) 자유유출(free efflux) 117·109회 출제

1) 방사되는 약제의 부피만큼 방호구역의 공기와 소화약제의 혼합기체가 외부로 배출된다.

2) 초기에는 약제의 농도가 낮은 상태로 유출이 일어나고 시간이 경과할수록 일정한 농도(C)값에 가까운 양이 배출된다.

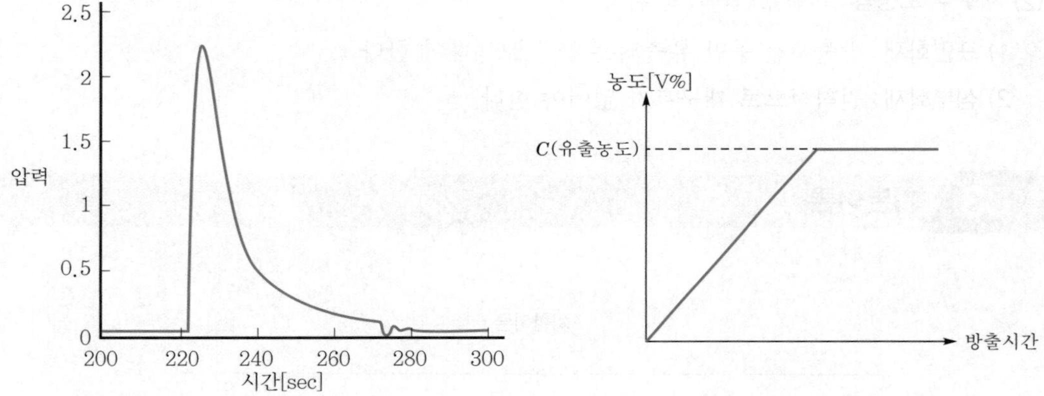

| 시간경과에 따른 유출농도의 변화 |

3) 상기 그래프를 보면 약제방사 시작 시 유출되는 약제농도는 0V%이다. 하지만 시간이 경과함에 따라 유출농도는 설계농도인 C[V%]에 도달한다.

4) 불활성화 방법 중 스위프퍼지와 유사한 방법으로 약제를 넣음과 동시에 약제가 공기와 섞여 배출되면서 시간이 경과함에 따라 불활성화 농도가 형성되는 방법이다.

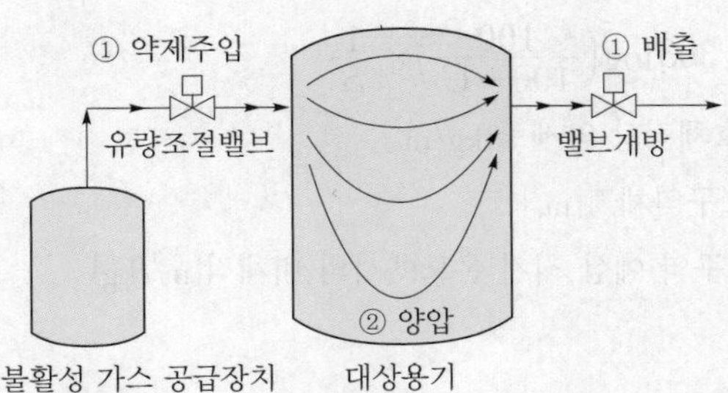

5) 이산화탄소나 불활성 기체 소화약제와 같이 방출 초기에 높은 양압을 형성하는 약제의 적절한 누설이론은 다음과 같다.

① 이산화탄소 소화설비나 불활성 기체는 분사헤드에서 가스방사 시 방사압이 매우 높아서 개구부나 누설 틈새를 통하여 방호구역으로부터 공기와 약제가 잘 섞이지 않은 낮은 농도부터 자유롭게 유출된다.

② 이러한 누출은 이산화탄소와 불활성 기체와 같이 질식소화를 주된 소화효과로 하는 설계농도가 높은 설비의 경우 기화되면서 발생하는 부압보다 약제량이 기화해서 증가하는 가압이 크기 때문이다.

6) 이산화탄소와 IG-541 소화약제에 적용되는 농도비를 구하는 식 117·112·109·105회 출제

① 자유유출식 유도식을 통해 방호체적 $1m^3$의 약제량을 $X[m^3/m^3]$라고 하면

$$e^X = \frac{100}{100-C}$$

$$C_1 = \frac{21}{100},\ C_2 = \frac{O_2}{100},\ O_2 = (100-C)\times 0.21$$

$$Q_V = V\ln\left(\frac{\frac{21}{100}}{\frac{(100-C)\times 0.21}{100}}\right)$$

$$= V\ln\frac{100}{100-C}$$

② 양변에 로그를 취하면 $\log_e e^X = \log_e \frac{100}{100-C} = \ln\frac{100}{100-C}$

③ $X\log_e e = \ln\frac{100}{100-C}$

④ $\log_e e = 1$

⑤ $X = \ln\frac{100}{100-C}$

⑥ $\ln X = 2.303\log X$

⑦ $X = 2.303\log\frac{100}{100-C}$

여기서, X : 방호체적당 체적약제량$[kg/m^3]$

C : 소화약제 설계농도[%]

⑧ $X_s[\text{kg/m}^3] = 2.303\log\left(\frac{100}{100-C}\right)\times\frac{1}{S}$

여기서, X_s : 방호체적당 약제량[kg/m³]

V : 방호구역체적[m³]

S : 방호구역 예상 최저 온도에서의 비체적[m³/kg]

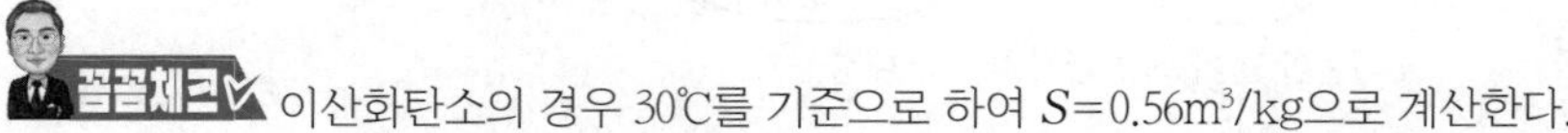

이산화탄소의 경우 30℃를 기준으로 하여 $S=0.56\text{m}^3/\text{kg}$으로 계산한다.

7) 약제량 계산 : 방호구역 내의 누설 틈새를 통하여 약제와 공기와 혼합가스가 방호구역 내 약제농도에 비례하여 누출된다는 가정하에서 기본량을 계산한다.

① 이산화탄소(CO_2)의 경우 : 저장단위가 kg이므로

$$X_s[\text{kg/m}^3] = 2.303\log\frac{100}{100-C}\times\frac{1}{S}$$

$$S\left[\frac{\text{m}^3}{\text{kg}}\right]=\frac{22.4}{44}+\frac{22.4}{44}\cdot\frac{t}{273}$$

여기서, S : 비체적, 특정된(specific) 상태에서의 체적[m³/kg](t[℃]에서의 비체적 $S=K_1+K_2\times t$)

K_1 : 0℃에서의 비체적$\left(K_1=\frac{22.4}{\text{분자량}}\right)$

K_2 : 0℃에서 t[℃]까지의 비체적 변화량$\left(K_2=K_1\times\frac{t}{273}\right)$

② 불활성기체 소화약제의 경우 : 저장단위가 m³

$$X\left[\frac{\text{m}^3}{\text{m}^3}\right]=2.303\log\frac{100}{100-C}\cdot\frac{V_S}{S}$$

여기서, V_s : 20℃의 비체적

(3) 최악의 경우 누출(worst-case leakage) 또는 무유출(no efflux)

1) 보수적 가정

① 유출되는 약제의 농도가 처음부터 최악의 경우인 설계농도(C)로 유출된다는 전제하에 이론을 전개한다.

② 동일한 조건에서 기본약제량이 자유유출보다 더 많이 발생한다.

③ 이산화탄소(NFPA 12)에서는 무유출(no efflux)이라는 표현을 사용하고 할로겐화합물 및 불활성기체 소화약제(NFPA 2001)에서는 최악의 경우 누출(worst-case leakage)이라는 표현을 사용하고 있다. 여기서 실제로 적용되는 할로겐화합물 및 불활성기체 소화약제의 용어가 더 합리적인 표현이라 할 수 있다.

④ 무유출의 의미 : 압력퍼지와 같이 약제가 완전히 섞이기 전에 유출이 없다는 의미이다.

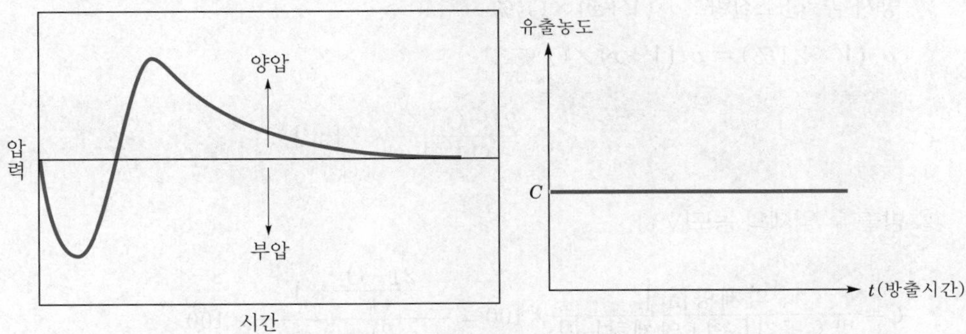

2) 할론 소화약제 또는 할로겐화합물 소화약제에서 적용

① 소화약제량이 소량 사용되고 약제를 방사한 후 순간적인 압력강하가 발생하여 부압이 형성되었다가 순간적으로 압력이 상승하여 양압이 걸린 상태에서 누설이 발생한다.

② 약제가 부압과 양압으로 변화하면서 공기와 완전혼입된 농도(C)에서 방출이 일어나는 것으로 보는 것이다.

3) 불활성 퍼지 중 압력퍼지와 같은 방법으로 약제를 넣고 난 후에 약제와 공기가 혼입된 상태에서 배출을 반복해서 농도를 유지하는 방법

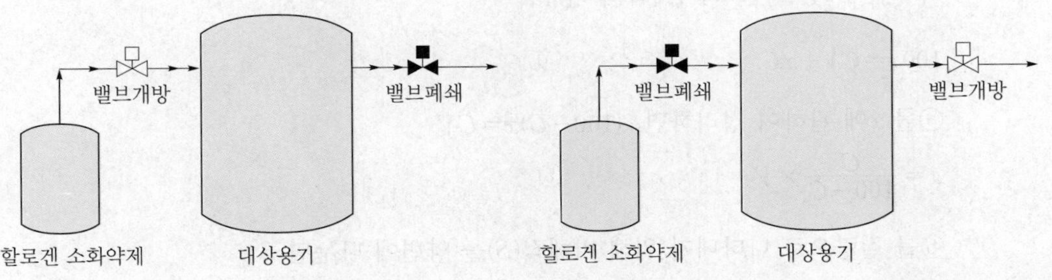

(a) 약제를 방호공간에 투입 (b) 방호공간을 개방해서 약제와 공기의 혼합가스 배출

4) 소화약제량 계산

① 필요한 소화약제량[m^3] : 전제조건 → 방출 전·후 산소의 질량[kg]은 같다(압력퍼지).

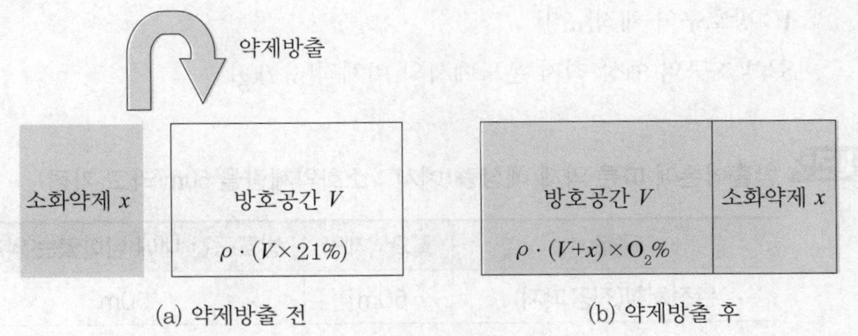

(a) 약제방출 전 (b) 약제방출 후

방사 전 산소질량 : $\rho\cdot(V\times 21\%)$

방사 후 산소질량 : $\rho\cdot(V+x)\times O_2\%$

$\rho\cdot(V\times 21\%)=\rho\cdot(V+x)\times O_2\%$

$$x=\frac{21-O_2[\%]}{O_2[\%]}\times V[m^3]$$

② 방출 후 약제의 농도[V%]

$$C=\frac{약제량[m^3]}{방호공간[m^3]+약제량[m^3]}\times 100=\frac{\frac{21-O_2}{O_2}\times V}{V+\frac{21-O_2}{O_2}\times V}\times 100$$

$$C=\frac{21-O_2}{21}\times 100[\%]$$

③ 소화약제량[kg]

$$C=\frac{약제량[m^3]}{방호구역[m^3]+약제량[m^3]}\times 100$$

$$\frac{x}{V+x}\times 100=C$$

여기서, x : 방출된 소화약제의 체적[m^3]

$100x=CV+xC$ ··············ⓐ

ⓐ를 x에 관하여 정리하면, $(100-C)x=CV$

$x=\frac{C}{100-C}\times V$ ··············ⓑ

ⓑ를 질량으로 나타내기 위해 비체적(S)을 양변에 나누면

$$Q[kg]=\frac{C}{100-C}\times\frac{V}{S}$$

여기서, Q : 할로겐화합물 소화약제량[kg]

V : 방호구역 체적[m^3]

S : 방호구역 예상 최저 온도에서의 비체적[m^3/kg]

꼼꼼체크 방출이론에 따른 약제 예상량(예시 : 소화약제량을 50m³라고 가정)

구분	필요약제량	방호공간 내에 남아있는 약제량	누설량
완전치환(진공퍼지)	50m³	50m³	0

구분	필요약제량	방호공간 내에 남아있는 약제량	누설량
최악의 경우 누출(압력퍼지)	100m³	50m³	50m³
자유유출(스위프퍼지)	69m³	50m³	19m³

04 화재안전기술기준(NFTC)의 기본소화약제량 계산 108회 출제

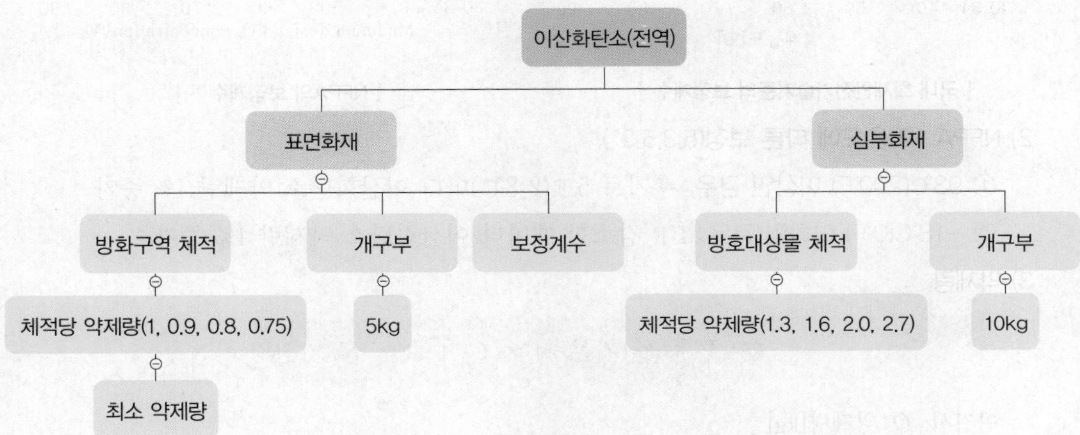

(1) 표면화재

1) 이산화탄소의 경우 화재안전기술기준에서 다음과 같이 표를 이용하여 약제량을 계산하도록 규정하고 있다.

1. 이 표는 자유유출(free efflux) 상태라는 가정에서 계산된 수치이다.
2. 방호구역에 불연재료나 내열성의 재료로 밀폐된 구조물이 있는 경우에는 그 체적을 감한 체적으로 한다.
3. 1m³당 약제량(B)< 최소 약제량(A×B) = 최소 약제량($A \times B$)

방호구역(A)	1m³당 약제량(B)	최소 약제량($A \times B$)	비고
45m³	1kg	45kg(1병)	자동폐쇄장치를 설치하지 않은 개구부면적당 5kg
45~150m³	0.9kg		
150~1,450m³	0.8kg	135kg(3병)	
1,450m³	0.75kg	1,125kg(25병)	

4. **방호구역체적이 작을수록 1m³당 약제량이 많은 이유** : 체적이 작을수록 체적당 표면적은 커진다. 약제는 체적당이지만 누설량은 표면적당이므로 누설량이 많아지므로 약제량이 더 필요하다(체적은 3승, 면적은 2승이므로 클수록 그 격차가 커진다).

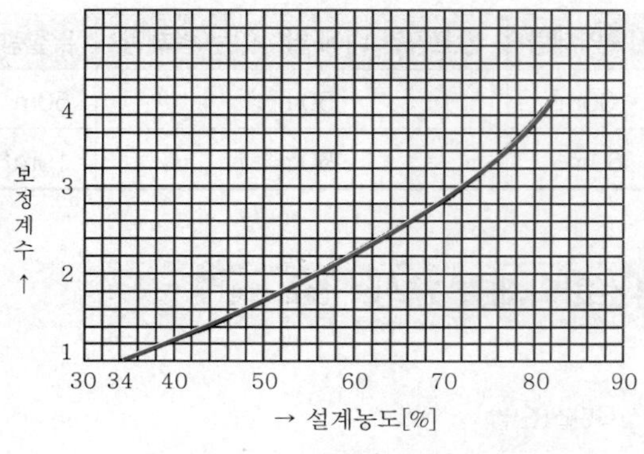

| 국내 화재안전기술기준의 보정계수 |

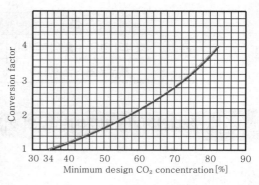

Conversion factor
4
3
2
1
30 34 40 50 60 70 80 90
Minimum design CO_2 concentration[%]

| NFPA의 보정계수[75] |

2) NFPA 12 온도에 따른 보정(5.3.5.3*)

① 93℃(200℉) 이상인 경우 : 추가로 5℉(2.8℃)마다 이산화탄소 약제량 1% 증가

② −18℃(0℉) 이하인 경우 : 1℉ 감소할 때마다 이산화탄소 약제량 1% 증가

3) 약제량

$$Q = V \times K_1(\text{기본량}) \times C_F + A \times K_2(\text{가산량})$$

여기서, Q : 약제량[kg]

V : 방호구역의 체적[m^3]

A : 방호구역의 개구부면적[m^2]

K_1 : 체적당 방출계수[kg/m^3]

K_2 : 개구부 면적당 방출계수[kg/m^2]

C_F : 설계농도에 따른 보정계수

4) 가산량

① 전역방출방식의 방호공간 밀폐를 위한 개구부 : 자동폐쇄장치

② 개구부 : 방화문, 창문, 환기구 등

5) NFPA 12(2018)

① 개구부 자동폐쇄가 곤란한 경우 : 방출시간 동안(1분) 설계농도에서 예상되는 손실과 동일한 양의 이산화탄소 가스를 가산량으로 추가한다.

② 환기설비를 정지시킬 수 없는 경우 : 이산화탄소를 방출하는 동안에 해당하는 양을 가산량으로 추가하여야 하며, 설계농도가 34%를 초과하는 경우는 보정계수(Material Conversion Factor ; MCF)를 곱한다.

75) NFPA 12-2018 Carbon Dioxide Extinguishing Systems 12-15

③ 표면화재 최소 약제량(table 5.3.3(b))

방호구역(A)	$1m^3$당 약제량(B)	최소 약제량($A \times B$)	비고
$3.96m^3$ 이하	1.15kg	–	–
$3.97 \sim 14.15m^3$	1.07kg	4.5kg	
$14.16 \sim 45.28m^3$	1.01kg	15.1kg	
$45.29 \sim 127.35m^3$	0.90kg	45.4kg	
$127.36 \sim 1,415.0m^3$	0.80kg	113.5kg	
$1,415m^3$ 초과	0.74kg	1,135kg	

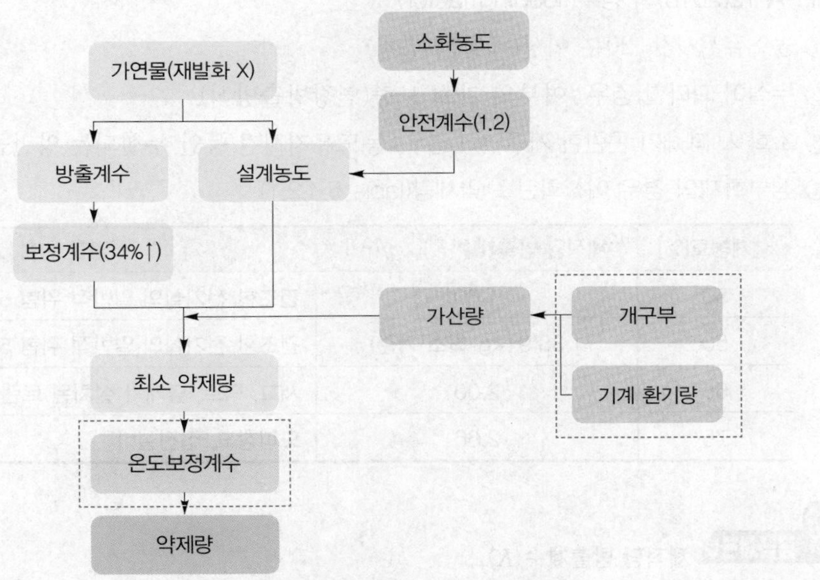

| NFPA 12 표면화재 소화약제량 |

(2) 심부화재

1) 정의 : 케이블실, 전기설비, 고무면화류창고 등과 같이 화원이 표면에만 머무르지 않고 가연물 내부에 있어 일정시간 피복질식을 하여야 재발화가 발생하지 않는 화재

2) 고체연료에서는 물리적인 배치에 다른 차폐효과로 인한 복사와 대류의 열손실률이 광범위하게 변하기 때문에 기체나 액체연료와 같이 최소 설계농도와 이론소화농도를 구하기가 어렵다. 따라서, 고체연료의 설계농도는 시험과 경험에 의해 결정된다.

방호대상물	kg/m³	설계농도	비고
유압기기를 제외한 전기설비, 케이블실	1.3	50	자동폐쇄장치를 설치하지 않은 개구부 면적당 10kg
체적 55m³ 미만의 전기설비	1.6	50	
서고, 전자제품창고, 박물관, 목재가공품창고	2.0	65	
고무 · 면화류 창고, 모피 · 석탄 창고, 집진설비	2.7	75	

3) 개구부

① 국내 : 개구부 면적은 방호구역 전체 표면적의 3% 이하

② NFPA 12 : 원칙적으로 개구부를 허용하지 않고 누설량이 많으면 연장방출방식 적용

4) NFPA 12(2018)의 경우(flooding factor)

① 농도유지시간 : 20분 이상(재발화 방지)

② 누설이 과다한 경우 : 여분의 가스 보충(연장방출방식)

③ 소화 시 폐쇄가 곤란한 개구부의 경우 : 농도유지시간 동안 누설되는 양만큼의 약제 보충

④ 심부화재의 경우 이산화탄소 약제량(table 5.4.2.1)

설계농도[%]	체적당 방출계수(K)[kg/m³]	특별한 위험
50	1.60	건조한 전기실의 일반적 위험 56.6m³ 이하
50	1.33(91kg 최소 기준)	건조한 전기실의 일반적 위험 56.6m³ 초과
65	2.00	서고, 덕트, 덮개가 설치된 트랜치
75	2.66	모피창고, 집진설비

꼼꼼체크 체적당 방출계수(K)

① NFPA에서 이산화탄소의 비체적 기준온도를 30℃와 10℃의 2가지로 제시(NFPA 12 : 2018, D.1)

② 심부화재는 표면화재보다 온도가 낮고 농도 유지시간이 있어야 하므로 같은 온도에서 소화약제량이 증가하는 10℃ 적용

③ 10℃의 비체적 $S = 0.509 + 0.509 \times 10/273 \fallingdotseq 0.52$ m³/kg

④ 심부화재 시의 온도는 10 ℃(86 ℉)를 기준으로 하고 비체적은 0.52m³/kg 적용

⑤ $X[\text{kg/m}^3] = 2.303\log\left(\frac{100}{100-C}\right) \times \frac{1}{0.52}$

㉠ 50% : $2.303\log\left(\frac{100}{100-50}\right) \times \frac{1}{0.52} = 1.33\text{kg/m}^3$

㉡ 65% : $2.303\log\left(\frac{100}{100-65}\right) \times \frac{1}{0.52} = 2.0\text{kg/m}^3$

㉢ 75% : $2.303\log\left(\frac{100}{100-75}\right) \times \frac{1}{0.52} = 2.7\text{kg/m}^3$

5) 오버랩(overlap)

① 심부화재의 경우 체적 $56.6m^3$ 미만의 전기설비는 단위체적당 1.6kg의 약제가 요구되고, $56.6m^3$ 이상의 전기설비는 단위체적당 1.33kg의 약제가 요구되므로 표면화재와 같이 최소 약제량이 정해지지 않으면 $56.6m^3$가 $55m^3$보다 작아지는 오버랩현상이 발생한다.

② NFPA 12에서는 최소 약제량 91kg을 설정해서 체적 $56.6m^3$ 이상의 약제량을 늘려주어 오버랩이 되는 문제점을 방지한다.

6) 심부화재의 약제량이 표면화재보다 많은 이유

① 표면화재가 심부화재보다 화염을 제거하기 더 어렵다.

② 심부화재는 재발화 위험이 크기 때문에 소킹타임이 필요하고, 이 소킹타임 동안 농도를 유지하기 위해서 소화약제량이 더 많은 것이다.

7) 약제량

$$Q = V \times K_1(\text{기본량}) + A \times K_2(\text{가산량})$$

여기서, Q : 약제량[kg]

V : 방호구역의 체적[m^3]

A : 방호구역의 개구부면적[m^2]

K_1 : 체적당 방출계수[kg/m^3]

K_2 : 개구부 면적당 방출계수[kg/m^2]

(3) 선형상수(S) 125·109회 출제

1) 정의 : 가스계 소화설비에서 소화약제 방출 시 온도에 따른 비체적의 변화로 설계농도의 유지를 위해 사용되는 보정계수이다.

2) 아보가드로의 법칙 : STP(0℃ 1atm)에서 1mol은 22.4L(1kmol은 $22.4m^3$)이다.

3) 이산화탄소(CO_2)의 STP에서의 비체적(K_1[m^3/kg])

① 공식

$$K_1[m^3/kg] = \frac{22.4m^3}{\text{분자량}[kg]}$$

② 이산화탄소(CO_2)의 경우 : $\frac{22.4m^3}{44kg} = 0.509m^3/kg$

4) 샤를의 법칙

① 모든 기체부피는 온도에 따라 증가하며, 1℃ 증가할 때마다 0℃ 부피의 $\frac{1}{273}$씩 증가한다.

② 특정 온도에서의 비체적[m^3/kg] $= K_1 + \frac{t}{273}K_1 = K_1 + \frac{K_1}{273} \times t$

이때, $K_2 = \frac{K_1}{273}$ 이라 하면

$S = K_1 + K_2 \times t$

여기서, t : 방호구역 예상 최저 온도

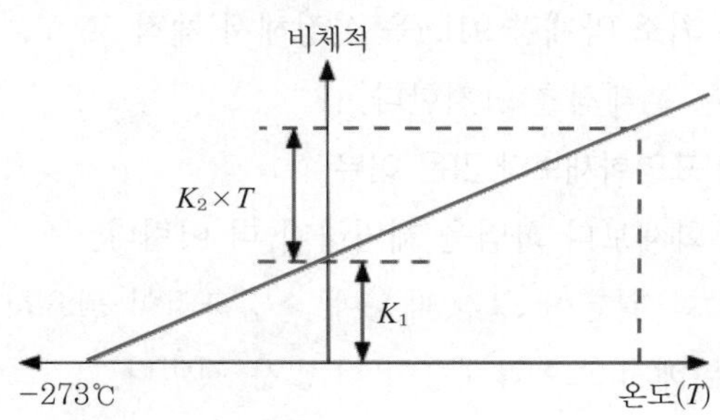

| 온도에 대한 비체적 변화 |

> Boyle's 법칙 : pV = 일정 (n, T는 상수)
>
> Charles's 법칙 : $\frac{V}{T}$ = 일정 (n, p는 상수)
>
> Avogadro's 법칙 : V = 몰수(n) 비례 (p, T는 상수)

5) 표면화재와 심부화재의 선형상수

① 표면화재

㉠ 온도기준 : 10℃

㉡ 선형상수 계산 : $S = 0.509 + 0.509 \times \frac{10}{273} = 0.528\text{m}^3/\text{kg}$

② 심부화재

㉠ 온도기준 : 30℃

㉡ 선형상수 계산 : $S = 0.509 + 0.509 \times \frac{30}{273} = 0.565\text{m}^3/\text{kg}$

(4) 방사시간과 방사압

방사시간	표면화재	1분 이내
	심부화재	7분 이내(2분 이내 설계농도의 30%)
분사헤드 방사압	고압식	2.1MPa
	저압식	1.05MPa

(5) 검토

1) 전기설비(심부화재)의 경우 최소 약제량 규정이 필요하다.

2) 방호구역 체적이 감소할수록 방출계수가 증가하는 이유

① 체적당 방호구역 표면적이 크기 때문이다.

② 표면적은 자승에 비례하고 체적은 삼승에 비례하기 때문이다.

05 개구부 보정량

(1) 이산화탄소

1) 표면화재 : $5kg/m^2$

2) 심부화재 : $10kg/m^2$

(2) Halon 1301 : $0.32kg/m^2$

(3) NFPA 기준

1) 이산화탄소 표면화재용 : 폐쇄될 수 없는 개구부는 누설량만큼을 보충한다.

2) 이산화탄소 심부화재용 : 원칙적으로 개구부 자체를 인정하고 있지 않다(NFTC 전 표면적 3% 이내).

3) 할로겐화합물 및 불활성 기체 소화약제 : 이산화탄소와 동일하다.

(4) 가스소화약제 누설량의 결정인자

1) 개구부의 크기

2) 개구부의 위치

3) 설계농도

4) 농도유지시간(soaking time)

(5) NFTC 자동폐쇄장치

1) 환기장치는 약제가 방출되기 전에 정지

2) 천장으로부터 1m 이상의 아랫부분 또는 높이의 $\frac{2}{3}$ 이내의 개구부 폐쇄

3) 복구는 방호구획 밖에서 할 수 있는 구조로 하고 그 위치를 표시한 표지

06 NFPA 12의 이산화탄소 소화설비 기본약제량 계산방법(자유유출(free efflux) 가정)

(1) 표를 사용하여 약제량 계산 : NFTC와 유사

(2) 식을 이용하여 약제량 계산

$$X[\mathrm{kg}] = 2.303\log\left(\frac{100}{100-C}\right)\cdot\frac{V}{S}$$

(3) 최소 산소농도를 사용하여 최소 이론농도(C_{th})를 계산하는 경우 다음 식을 사용한다.

$$C_{th}[\%]=\frac{21-O_2}{21}\times100$$

여기서, 21 : 공기 중 산소농도[%]

O_2 : 약제 방출로 인한 산소농도

설계농도(C) = 최소 이론농도(C_{th}) × 1.2

(4) 자유유출식 유도[76)] 117·112·109·105회 출제

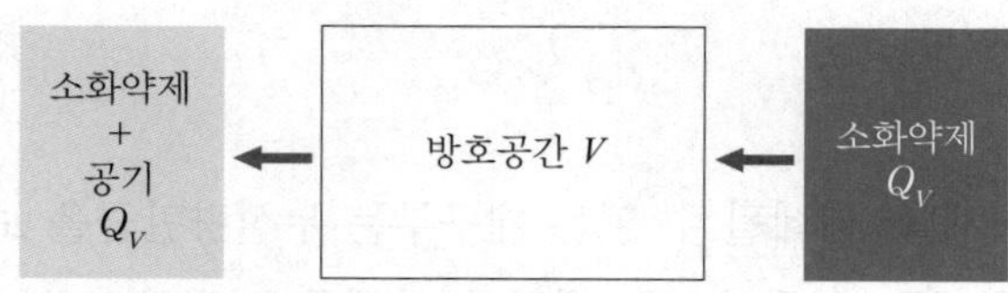

| 자유유출의 개념 |

1) $V\dfrac{dC}{dt}=-CQ_V$

2) $\dfrac{dC}{C}=-\dfrac{Q_V}{V}$

3) $\displaystyle\int_{C_1}^{C_2}\frac{dC}{C}=\int-\frac{Q_V}{V}dt$

4) $\ln\dfrac{C_2}{C_1}=-\dfrac{Q_V}{V}t$

5) $Q_V=V\ln\dfrac{C_1}{C_2}$

여기서, V : 방호구역체적[m^3]

Q_V : 필요약제량[m^3/s]

C : 용기 내부의 산소의 부피농도비

C_1 : 방사 전 산소의 부피농도비

C_2 : 방사 후 산소의 부피농도비

t : 시간

76) 김정진 기술사의 유도식 발췌

6) $C_1=\frac{21}{100}$, $C_2=\frac{O_2}{100}$, $O_2=(100-C)\times0.21$

$$Q_V=V\ln\frac{\frac{21}{100}}{\frac{(100-C)\times0.21}{100}}=V\ln\frac{100}{100-C}$$

7) $\frac{Q_V}{V}=\ln\frac{100}{100-C}$

8) $X=\ln\frac{100}{100-C}$

9) $e^X=\frac{100}{100-C}$

(5) 최악의 경우 누출과 자유유출의 약제량 비교 : 방호공간의 체적 200m³, 방호구역 최소 예상 온도가 30℃인 경우의 계산

1) 최악의 경우 누출(무유출) : $\frac{200}{0.56}\times\frac{50}{100-50}=357.14\text{kg}$

2) 자유유출 : $2.303\log\left(\frac{200}{100-50}\right)\frac{1}{0.56}\times100=247.60\text{kg}$

이를 통해서 최악의 경우 누출의 약제량이 자유유출에 비해서 많음을 알 수 있다.

07 약제량 선정 시 변수

(1) 방호구역 체적

(2) 소화약제 농도

1) 가연물의 특성
2) 가연물의 형상이나 배치
3) 방호공간 내의 공기의 양
4) 소화약제 방출 전까지의 가연물의 연소시간
5) 방호공간 체적에 대한 연소표면적의 비

(3) 방호구역 예상 최저 온도

(4) 개구부 면적 및 위치

1) **표면화재 :** 방출시간 동안 유출되는 양을 보정한다.
2) **심부화재 :** 원칙적으로 개구부가 없어야 한다.

SECTION 077 표면화재(surface fire)와 심부화재(deep seated fire)

01 개요

(1) 이산화탄소 소화약제는 소화약제를 계속해서 방출하는 것이 아니라 단시간 내에 한번에 소화약제를 방출(flooding)하는 방식이므로, 화재의 특성에 따라 소화약제량 및 방출시간, 농도유지시간(soaking time, holding time) 등이 다르게 적용된다.

$$T = T_1 + \max(T_2,\ T_3) + T_4 + T_5$$ 127회 출제

여기서, T : 가스계 소화설비 소화시간

T_1 : 감지시간-화재발생부터 감지기 작동까지의 시간

T_2 : 구획조성시간

T_3 : 피난시간-방화구획 또는 피난을 위해 필요한 시간

T_4 : 규정방출시간-설계농도의 도달시간(할로겐화합물 및 불활성기체는 95%)

T_5 : 설계농도의 유지시간

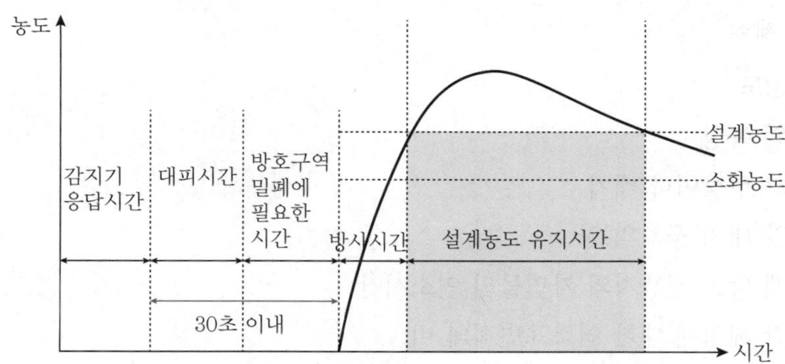

| 설계농도까지 도달하는 시간 |

(2) 이산화탄소 소화약제의 특성에 따라서 화재를 구분한 것이 표면화재와 심부화재이다.

(3) 두 화재의 특성에 따른 농도유지시간의 유무

1) 표면화재 : 농도유지시간 개념이 없음

2) 심부화재 : 7분(NFPA 12 20분)

(4) 화염의 소화 난이성

1) 심부화재의 설계농도가 큰 이유는 소화가 어려워서가 아니라 소화약제농도를 일정하게 유지하기 위함이다.

2) 심부화재의 경우 설계농도가 클수록 농도유지시간이 증가한다. 이는 적용장소인 고무저장창고 등이 재발화 위험성이 크기 때문에 설계농도를 더 높게 유지하기 때문이다.

02 화재의 특성에 의한 분류

(1) 표면화재(surface fire)

1) 재발화 위험이 없는 화재(NFPA 12)

2) 가연성 액체 및 가연성 가스 등 가연성 물질의 표면에서 연소하는 화재(NFPC 106 제3조)

(2) 심부화재(deep seated fire)

1) 설계농도에 도달하면 소화는 되지만 그 후에 재발화(훈소화재로 전환) 위험이 있다고 가정하는 화재(NFPA 12)

2) 종이·목재·석탄·섬유류 및 합성수지류 같은 고체가연물에서 발생하는 화재형태로서 가연물 내부에서 연소하는 화재(NFPC 106 제3조)

(3) 표면화재와 심부화재의 비교

구분	불꽃연소(표면화재)	표면연소(심부화재)
시간당 방출열량	많다.	적다.
연소속도	매우 빠르다.	느리다.
개구부	인정(약제 보정)= 개구부 보정량<기본량	불인정(국내 전체 표면적의 3% 이하)
화재구분	표면화재	심부화재
적응화재	얇은 A급, B급 화재	두꺼운 A급, C급 화재
재발화	없다.	있다.

구분	불꽃연소(표면화재)	표면연소(심부화재)
에너지	고에너지 화재	저에너지 화재
연소특성	고체의 열분해, 액체의 증발에 따른 기체의 확산 등 연소양상이 매우 복잡	고비점 액체생성물과 타르가 응축되어 공기 중에서 무상의 연기 형성
불꽃 여부	있다.	없다.
연쇄반응	있다.	없다.
연소물질	① 열가소성 합성수지류 ② 가솔린, 석유류의 인화성 액체 ③ 가연성 가스	① 열경화성 합성수지류 ② 종이, 목재, 섬유류, 연탄, 전분, 짚 ③ 코크스, 목탄(숯) 및 금속분(Al, Mg, Na)
소화대책	연소 4요소 중 하나 이상 제거	연소 3요소 중 하나 이상 제거
소방대상물	① 유압기기가 있는 전기실 ② 보일러실, 발전실, 축전지실 등 ③ 주차장, 차고, 항공기 등 : 인화성 액체	① 유압기기가 없는 전기실, 통신기기실 ② 박물관, 도서관, 창고 등 : A급 가연물 다량 저장장소 ③ 종이, 목재, 석탄, 섬유류 등 : 특수가연물 저장장소
농도유지시간	없다(방출과 동시에 소화).	7분(20분 이상(NFPA 12))
개구부	누설량 보정	방호구역 전체 표면적의 3% 이하
최소 설계농도	34% ↑	50% ↑
소화	① 34% 이상의 농도로 질식 소화 ② 방사시간 1분	① 50% 이상의 농도로 질식 소화 및 냉각소화 ② 방사시간 7분, 설계농도가 2분 이내에 30%에 도달

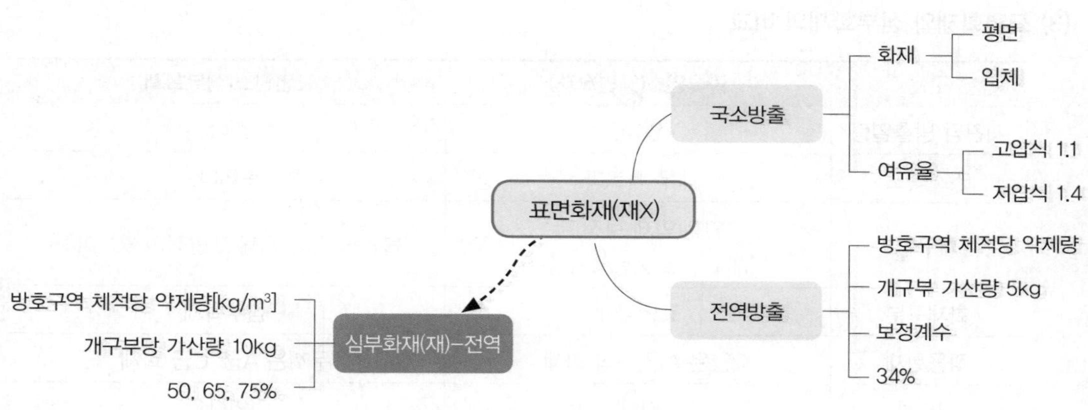

| 표면화재와 심부화재의 맵핑 |

03 국외기준 비교

<table>
<tr><th>기준</th><th>소화약제</th><th>화재</th><th>농도유지시간 기준</th></tr>
<tr><td rowspan="4">NFPA Code</td><td rowspan="2">이산화탄소</td><td>표면화재</td><td>농도유지시간이 없다. 재발화 위험이 작기 때문이다.</td></tr>
<tr><td>심부화재</td><td>20분 이상</td></tr>
<tr><td colspan="2">할론</td><td>10분 이상</td></tr>
<tr><td colspan="2">할로겐화합물 및 불활성 기체</td><td>10분 이상 또는 관계자 도착시간</td></tr>
<tr><td rowspan="5">GE GAP[77]</td><td rowspan="2">이산화탄소</td><td>표면화재</td><td>3분 이상</td></tr>
<tr><td>심부화재</td><td>20분 이상(서고는 30분 이상)</td></tr>
<tr><td rowspan="2">할론</td><td>표면화재</td><td>10분 이상</td></tr>
<tr><td>심부화재</td><td>30분 이상</td></tr>
<tr><td colspan="2">할로겐화합물 및 불활성 기체</td><td>10분 이상</td></tr>
<tr><td rowspan="4">UL[78]</td><td rowspan="2">할론</td><td>Class A Fire</td><td>일반화재 소화테스트 합격</td></tr>
<tr><td>심부화재</td><td>10분 이상</td></tr>
<tr><td rowspan="2">할로겐화합물 및 불활성 기체</td><td>Class A Fire</td><td>일반화재 소화테스트 합격</td></tr>
<tr><td>심부화재</td><td>10분 이상</td></tr>
</table>

77) 구 IRI(Industrial Risk Insurer) : 미국산업재해보험사
78) UL(Underwriters Laboratories) : 미국보험협회시험소

SECTION 078

CO_2 국소방출방식 약제량

01 개요

(1) 국소방출설비는 방호대상물이 밀폐되어 있지 않거나 방호구역이 전역방출의 요구사항이 맞지 않는 곳에서 인화성 액체, 가스, 얇은 고체에서의 표면화재에 적용하는 이산화탄소 소화설비방식이다.

(2) 전역방출방식과 국소방출방식 비교

구분	전역방출방식	국소방출방식
방호대상	방호구역의 공간	방호구역의 방호대상물
방호구역	구획	개방
개구부	폐쇄	-
화재	표면화재, 심부화재	표면화재
약제량	공간의 체적	방호대상물의 표면적이나 체적

(3) NFTC와 NFPA의 국소방출방식

구분	이산화탄소	할론	할로겐화합물 및 불활성 기체
NFTC	적용	적용	미적용
NFPA	적용(12 chapter 6)	미적용	적용(2001 chapter 6)

02 소화원리

(1) **주된 소화효과 :** 액체의 증발잠열을 이용한 냉각소화

1) 가스상태의 이산화탄소 소화약제는 소화효과의 하나인 질식이 개방된 공간의 특수성으로 소화효과가 작게 발휘된다.

2) 개방공간에 사용됨에 따라서 방호구역 외부의 공기에 의해서 희석되므로 질식 효과를 기대하기가 곤란하다. 따라서, 액상 이산화탄소가 기화하면서 빼앗는 잠열에 의해서 소화능력이 결정된다.

(2) **부차적 소화효과 :** 질식 소화

03 분사헤드의 설치기준

(1) 소화약제의 방사에 따라 가연물이 비산하지 않는 장소에 설치한다.

(2) 소화약제의 저장량을 최소 30초 이내에 방사한다.

(3) 성능 및 방사압력

1) 방사된 소화약제가 방호구역의 전역에 균일하게 신속히 확산할 수 있도록 한다.

2) 분사헤드의 방사압력이 2.1MPa(저압식은 1.05MPa) 이상의 것으로 한다.

04 기본약제량 : 소화에 필요한 약제량

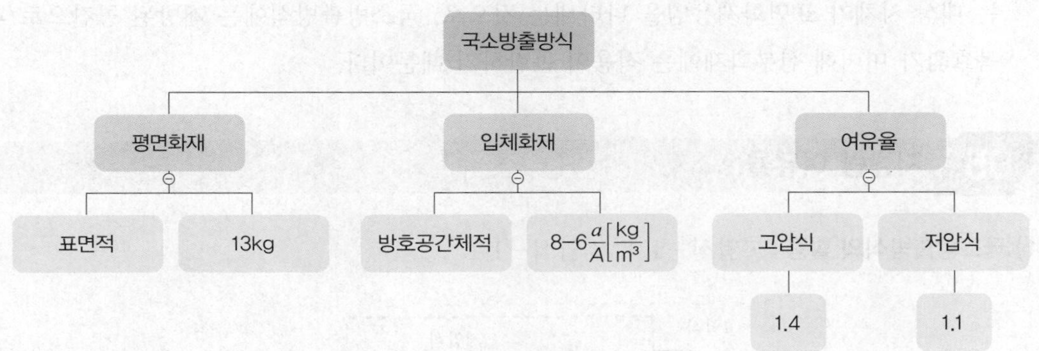

(1) 국소방출방식의 약제량

화재	구분	고압식 소화약제량	저압식 소화약제량
평면화재	① 윗면이 개방된 용기에 저장하는 경우 ② 화재 시 연소면이 한정되고 가연물이 비산할 우려가 없는 경우	방호대상물의 표면적[m^2]$\times 13$[kg/m^2]$\times 1.4$	방호대상물의 표면적[m^2]$\times 13$[kg/m^2]$\times 1.1$
입체화재	기타	방호공간[m^3]$\times\left(8-6\frac{a}{A}\right)$[$kg/m^3$]$\times 1.4$	방호공간[m^3]$\times\left(8-6\frac{a}{A}\right)$[$kg/m^3$]$\times 1.1$

여기서, 방호공간 : 방호대상물의 각 부분으로부터 0.6m의 거리에 따라 둘러싸인 공간[m^3]

Q : 방호공간 $1m^3$에 대한 이산화탄소 소화약제의 양$\left(8-6\frac{a}{A}\right)$[$kg/m^3$]

a : 방호대상물 주위에 설치된 벽의 면적합계[m^2]

A : 방호공간의 벽면적(벽이 없는 경우에는 벽이 있는 것으로 가정한 당해 부분의 면적)의 합계[m^2]

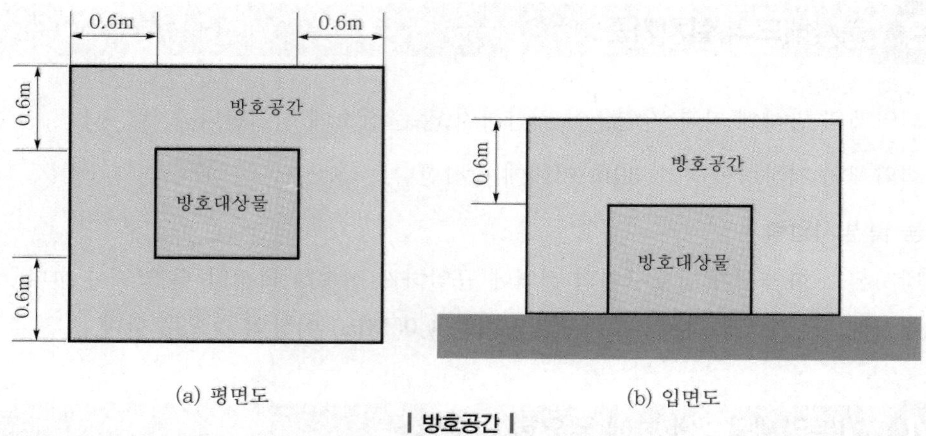

| 방호공간 |

(2) 이산화탄소 국소방출방식에서 심부화재와 표면화재를 구분하지 않는 이유 : 국소방출방식을 쓰는 대상 자체가 표면화재용임을 나타내는 것으로, 국소방출방식에는 개방된 공간으로 피복효과가 미미해 심부화재에는 적용이 곤란하기 때문이다.

05 저장량 여유율

(1) 국소방출방식의 할증 : 고압식 − 1.4, 저압식 − 1.1

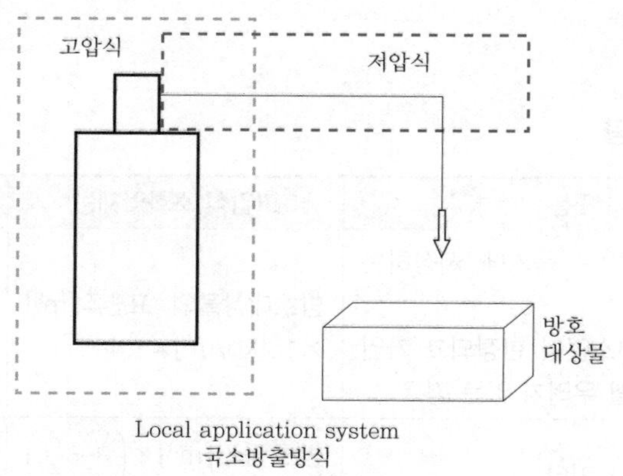

| 국소방출방식의 할증대상 |

(2) 저장상태(용기)에 의한 할증

1) 고압식

① 용기 내 소화약제의 약 70%가 액체이다.

② 소화약제 방사 시 70%의 액체가 증발에 의한 냉각소화를 하고, 30%의 기체는 주변으로 비산한다.

③ 40% 할증(여유율)을 적용한다.

④ 예를 들어 국소방출방식의 소화대상의 약제소요량이 100kg이라고 한다면, 저장용기 내 소화약제를 100kg 저장 시 실제로 소화에 사용되는 약제량은 70kg이 될 것이다. 따라서, 140kg을 저장하면 98kg의 소화약제가 실제적인 일을 하는 것이다.

$\frac{1}{0.7} = 1.43 \fallingdotseq 1.4$

2) 저압식 : 저장압력과 상대적으로 낮은 온도로 저장하므로 100% 액체이다.

(3) 국소방출방식 배관의 기화량(저압식, 고압식)

1) 공식

$$Q = \frac{W \cdot C_P \cdot (T_1 - T_2)}{J}$$

여기서, Q : 증발된 이산화탄소[kg]

W : 기화된 이산화탄소의 중량[kg]

C_p : 배관의 비열(강철 0.11kcal/kg·℃, 0.46kJ/kg·℃)

T_1 : 방출 전 배관 평균온도(일반적으로 약 20℃)

T_2 : 평균 이산화탄소온도(고압식 : 16℃, 저압식 : −21℃)

J : 증발잠열[kcal/kg](고압식 = 35.5, 저압식 = 66.6) → kJ/kg으로 바꾸면(고압식 = 149, 저압식 = 279)

2) 배관의 증발량에 의한 할증

① 고압식 : ΔT가 0에 가까우므로 배관증발량을 무시한다.

② 저압식 : ΔT가 비교적 큰 값을 가지게 되므로 이로 인한 손실로 10% 할증이 필요하다.

③ 기화하면서 소화효과가 저감되므로 이에 대한 여유율을 준 것이다.

3) 할증계수

구분	고압식	저압식
저장상태에 의한 할증	1.4	1
배관의 기화량	1	1.1
계	1.4	1.1

(4) 손실률의 보충(국내 논문자료 출전)

1) 고압식 : 고압으로 방사되므로 방호대상물에 부딪히면서 많은 손실 발생(손실률 30%)

2) 저압식 : 저압으로 방사되므로 손실이 적게 발생(손실률 10%)

06 NFPA 12(2018)의 이산화탄소 소화설비 국소방출방식

(1) 적용대상

1) 구획되어 있지 않은 인화성 액체나 가스, 두께가 얇은 고체류의 표면화재
2) 전역방출방식의 조건에 맞지 않는 경우
3) 예 : 침지탱크(dip tank), 도장부스(spray booth), 유입변압기, 증기배기관(vapor vent), 압연기, 인쇄기 등

(2) 방출시간

구분	NFTC 106	NFPA 12(2018)
방출시간	최소 30초 이내	30초 이상
약제량[kg]	방호공간[m³]$\times\left(8-6\dfrac{a}{A}\right)$[kg/m³]×여유율	방호공간[m³]$\left(16-12\dfrac{a}{A}\right)\left[\dfrac{kg}{m^3\cdot min}\right]$×방출시간[min]
의미	일정한 약제량을 결정하고 이를 30초 이내라는 시간에 방사하는 방식	방출시간에 의해서 약제량이 결정되므로 방출시간이 길수록 약제량이 증가하는 방식

NFPA에서는 분당 방사량으로 약제량을 계산하는데 국내에서는 약제방출시간이 30초가 기준이므로 위의 방출계수의 값에 $\dfrac{1}{2}$을 곱한 값으로 계산한다.

(3) NFPA 12(2018)의 국소방출방식에선 천장높이에 따른 방호면적을 다음과 같이 제한하고 있다.

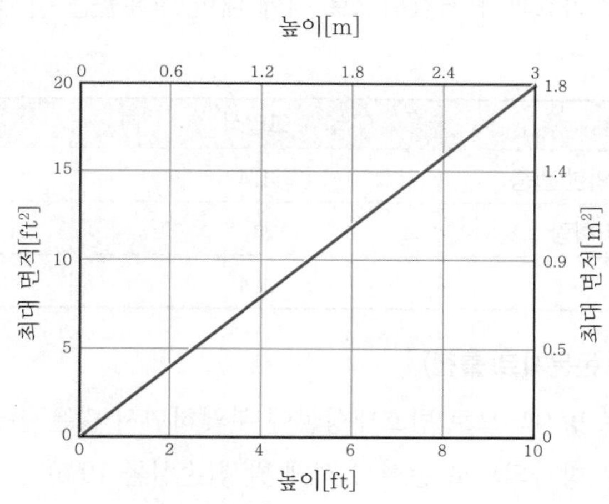

| 천장높이에 따른 헤드의 방호면적 |

(4) 준 심부화재

1) 개요

① 정의 : 파라핀 왁스, 식용유와 같이 비점(boiling point) 미만의 자연발화점(AIT)을 가진 가연물이 있는 곳에서 유효방출시간은 재착화 우려가 있는 경우의 화재를 말한다.

② 방호방법 : 표면온도를 자연발화점 이하로 낮추어야 재발화를 방지할 수 있기 때문에 표면화재보다 방출시간이 길고 약제량이 많아야 한다.

2) 최소 유효방출시간(액체방출시간) : 3분 이상

07 호스릴설비 122회 출제

(1) 정의 : 분사헤드가 배관에 고정되어 있지 않고 소화약제 저장용기에 호스를 연결하여 사람이 직접 화점에 소화약제를 방출하는 이동식 소화설비

(2) 화재 시 호스를 이용하여 사람이 조작하는 간이설비로서 사용자가 화재 시 직접 사용하는 수동식 설비이다. 조작 후 사용자가 대피할 수 있어야 하므로 현저하게 연기가 체류할 우려가 없는 장소로서 다음의 경우에 한하여 적용한다.

1) 1층(또는 피난층)으로서 지상에서 개방(수동 또는 원격 조작)할 수 있는 개구부의 유효면적의 합계가 바닥면적의 15% 이상이 되는 부분

2) 전기설비가 설치되어 있는 부분 또는 다량의 화기를 사용하는 부분(당해 설비의 주위 5m 이내 부분을 포함)의 바닥면적이 당해 설비가 설치된 구획의 바닥면적 1/5 미만이 되는 부분

(3) 호스릴설비의 성능기준

구분	수평거리	노즐방사량	약제량(노즐당)	저장용기 설치	밸브개폐
내용	15m	60kg/min	90kg	호스릴마다	수동

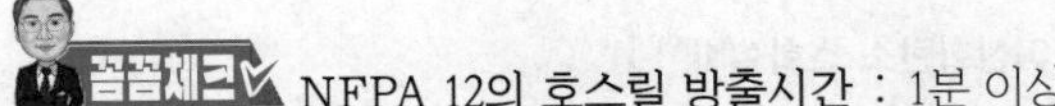

NFPA 12의 호스릴 방출시간 : 1분 이상

(4) 호스릴 이산화탄소 소화설비의 차고 또는 주차의 용도로 사용되는 부분설치 제외 : 자동차의 화재하중이 점차 증가되었고 방화구획의 완화 등으로 확산 우려가 증가되어 수동식 소화설비만으로는 소화가 곤란하므로 제외되었다.

SECTION

079 저압식 이산화탄소설비

102회 출제

01 개요

(1) **정의** : −18℃에서 2.1MPa의 압력으로 이산화탄소를 액상으로 저장하는 방식

(2) 언제나 저온인 −18℃의 온도를 유지해야 하므로 단열조치 및 냉동기가 필요하며, 약제용기는 대형 저장탱크 1개 또는 모듈형 저장용기 1개 이상을 사용한다.

(3) 이 방식은 용기저장실 설치용적 등이 제한되고 많은 약제량을 필요로 하는 대단위의 소방대상물에 적합한 이산화탄소 소화약제 설비방식이다.

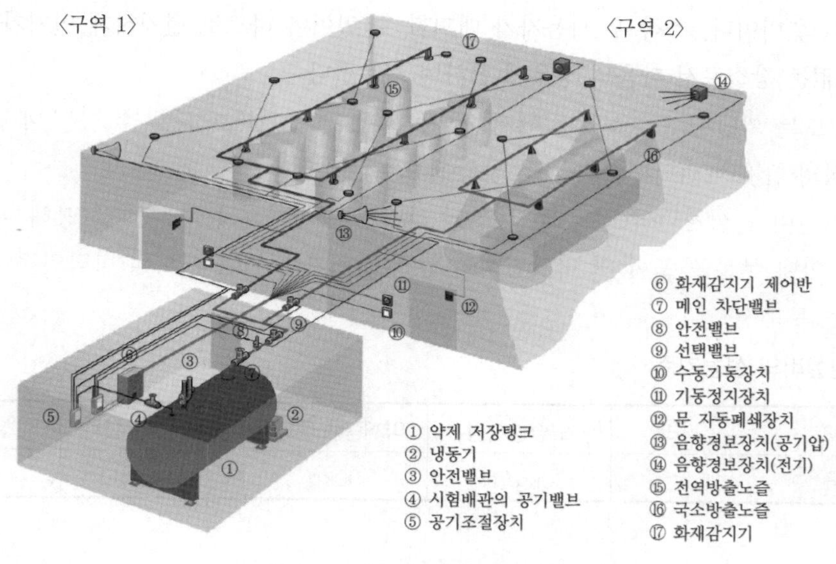

| 저압식 이산화탄소 소화설비[79] |

02 적용대상

(1) 일반 건축물로서 고압식 용기를 다량으로 설치하기에 곤란한 장소에 사용한다.

79) Minimax사의 Carbon Dioxide Extinguishing Systems Fighting fire with CO_2 카탈로그에서 발췌

100% 액상으로 저장하고 용기가 아닌 탱크에 저장하므로 오히려 용기보다 약제 설치공간이 줄어들기 때문이다. 일반적으로 3,000kg 이상이면 저압식이 고압식에 비해서 경제적이라고 할 수 있다.

(2) 원자력발전소와 같이 이산화탄소 방호구역이 많으며, 폭발방지용 이너팅 가스로 이산화탄소를 사용하는 장소

(3) 화력발전소의 석탄, 시멘트 공장의 분쇄, 저장, 운반 설비 등 다량의 이산화탄소가 필요한 장소

03 저압식 이산화탄소 소화설비의 종류

구분	저압식 모듈형 시스템	저압식 탱크형 시스템
형태	냉동기를 저장용기 상부에 장착한 모듈형	냉동기를 저장용기 측면에 장착한 탱크형
고압가스 안전관리법	적용대상	적용대상
약제량	5,000kg 이하인 중형 이산화탄소시스템	5,000kg 이상인 대형 이산화탄소시스템
특징	저장용기 1세트에 다양한 용량의 이산화탄소를 저장	5톤에서 40톤까지 1개의 탱크에 저장

04 저압식 이산화탄소 안전관리

(1) 압력경보장치

1) 정의 : 저장탱크의 압력을 감시하는 장치

2) 기능 : 용기 내부가 저압이나 고압이 될 경우 수신반에 이상 경보

3) 작동압 : 2.3MPa 이상 1.9MPa 이하의 압력에서 작동

(2) 내부압력이 일정한 기준을 초과하면 용기 내 안전밸브가 개방된다.

1) 안전밸브 : 내압시험압력의 0.64배 내지 0.8배 압력에서 작동

2) 봉판 : 내압시험압력의 0.8배 내지 내압시험압력에서 작동

꼼꼼체크 봉판(frangible disc) : 과도한 압력이 발생할 경우 파열되도록 설계된 얇은 금속판

(3) 자동냉동장치를 설치하여 21kg/cm^2(−18℃)의 압력을 유지한다.

(4) 저압식의 설치장소

1) 외국 : 지상에서 플랜트(plant)에 설치한다.

2) 국내 : 지하공간에 주로 설치하므로 다음과 같은 문제가 발생한다.

① 누설 문제

② 설치 문제

05 저압식과 고압식의 비교 114회 출제

구분	고압식	저압식
저장용기	실린더형(cylinder type)으로 용기의 크기 68L, 45kg	탱크형(tank type)으로 용량에 따라 다양하게 제조 가능
용기당 저장량	45kg의 실린더(cylinder)용기	5~60ton 다양한 크기의 탱크
저장용기실 면적	크다.	고압식의 1/2 정도로 작다.
저장용기 수동조작	수많은 용기의 수동기동장치(니들밸브)를 모두 개별적으로 수동조작시켜야 하는 번거로움이 있다.	저장탱크 상부의 주제어밸브 1개만 수동으로 동작시키면 되므로 간편하다.
재충전방법	용기를 분해하여 가스충전소로 이동시켜 충전한다.	탱크로리차의 호스에 연결하여 간단하게 충전이 가능하다.
저장압력	6MPa at 21℃	2.1MPa at −18℃
배관두께	Sch 80	Sch 40
충전비	1.5~1.9	1.1~1.4
안전밸브	배관의 안전장치 : 최고 사용압력의 0.8배	용기의 안전장치 : 내압시험압력의 0.64~0.8배
봉판작동압	−	내압시험압력의 0.8~1.0배
압력경보장치	−	2.1±0.2MPa 작동
자동냉동장치	−	−18℃, 2.1MPa을 유지
용기시험압력	25MPa	3.5MPa
저장용기실 배관	용기와 가스 집합관이 복잡하게 배열되어 있고 각 방호구역에 필요한 용기를 작동시키기 위한 기동용 동관연결이 복잡하게 되어 있다.	탱크와 배관이 간단하게 배열되어 있고 각 방호구역에 필요한 약제량을 방출시키기 위한 기동용 동관이 필요 없다.
전원의 필요성	−	냉동기를 설치해야 하므로 필요
경제성	3,000kg 미만에서 경제성 우수(소규모)	3,000kg 이상에서 경제성 우수(대규모)

구분	고압식	저압식
방출시험	한꺼번에 전체 약제량이 방출되므로 시험이 곤란하다.	필요한 가스량만큼 수동 또는 자동으로 방출이 가능하므로 방출시험이 상대적으로 쉽다.
가스방출 시 제어	방출제어 불가능	수동기동 및 정지로 방출제어 가능
방출압력	2.1MPa	1.05MPa
배관의 부속압력	1차 : 4MPa, 2차 : 2MPa	2MPa
약제량 확인	육안으로 확인이 곤란, 점검 시 저울이나 레벨미터를 이용	약제량 표시계로 약제량 확인
약제량 누설 시 확인	확인 곤란	약제량 표시계로 확인 가능

06 기체방출시간(initial vapor time or vapor delay time) 131·105회 출제

(1) 개요

1) 정의 : 이산화탄소 소화약제의 액상 방출이 증기에 의해 지연되는 시간

2) 기체방출시간(저압식)

$$D_t = \frac{w \cdot C_p \cdot (T_1 - T_2)}{0.507R} + \frac{16,830V}{R}$$

여기서, D_t : 기체방출시간[s]

w : 배관에 흐르는 이산화탄소 중량[kg] → see Table FM A-3-3.1.2

C_p : 배관의 비열(강철 0.11kcal/kg·℃, 0.46kJ/kg·℃)

T_1 : 방출 전 배관 평균온도(일반적으로 약 20℃)

T_2 : 평균 이산화탄소온도(고압식=15.6℃, 저압식=－20.6℃)

R : 시스템의 설계유량[kg/min]

V : 배관의 체적[m^3] → see Table FM A-3-3.1.2

3) 배관에서 증발된 가스질량(저압식, 고압식)

$$Q = \frac{W \cdot C_P \cdot (T_1 - T_2)}{H}$$

여기서, Q : 배관에서 증발된 이산화탄소[kg]

W : 기화된 이산화탄소의 중량[kg]

H : 증발잠열[kJ/kg](고압식=149, 저압식=279)

4) 영향인자

① 배관의 온도 : 배관의 온도가 높을수록 기체방출 지연시간이 증가

② 배관중량 : 배관중량이 클수록 배관에 흡수되는 열량이 증가하여 Vapor delay time 증가

③ 배관 내용적 : 배관 내용적이 클수록 기체방출 지연시간 증가

④ 유량 : 이산화탄소의 방출유량이 클수록 Vapor delay time 감소

5) **분사헤드에는 액체가 방출되지 않고 기체가 방출되는 기체방출시간** : 증발잠열과 저장온도의 함수

(2) 방식별 특성

1) 전역방출방식

① 기체방출로 인한 지연시간이라는 것이 문제가 되지는 않는다.

② 단지 지연시간만큼의 소화가 늦추어질 뿐이다.

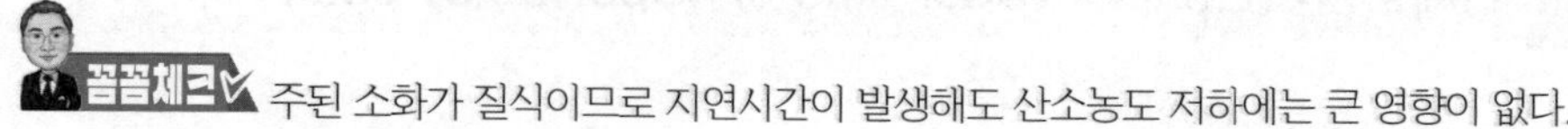

주된 소화가 질식이므로 지연시간이 발생해도 산소농도 저하에는 큰 영향이 없다.

2) 국소방출방식 : 증발잠열에 의한 냉각효과가 주된 소화효과이므로 **기체방출시간이 길면** 길수록 소화능력이 저하된다.

(3) 대책

1) 추진제 : 원활한 약제방사를 통한 방출시간 지연 완화

2) 배관장의 축소

07 저압식 저장탱크 주변의 계통도

다음 그림은 탱크 주변의 계통도와 밸브의 개폐 여부를 표시한 것이다.

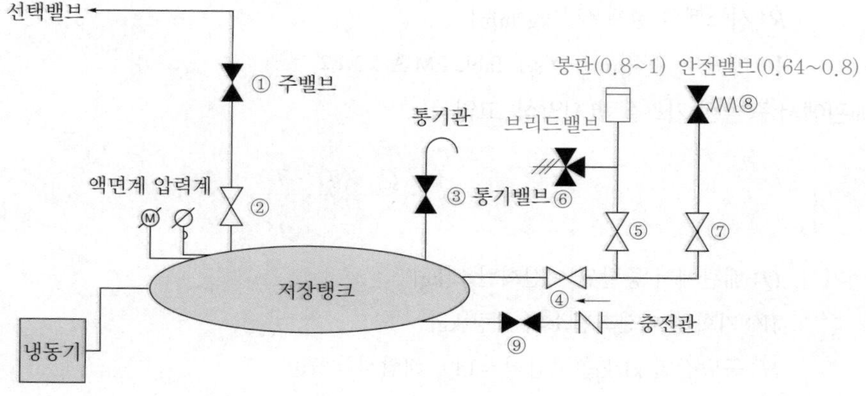

(1) **항상 닫혀 있는 밸브** : ① ③ ⑥ ⑧ ⑨

(2) **항상 열려 있는 밸브** : ② ④ ⑤ ⑦

꼼꼼체크 브리더밸브(breather valve) : 탱크 내를 대기압과 평형을 이룬 압력으로 해서 탱크를 보호하는 밸브 또한 탱크에서 증발하는 양을 줄이는 밸브

SECTION 080

고압식 이산화탄소설비

01 고압식 설비의 흐름도 126·105회 출제

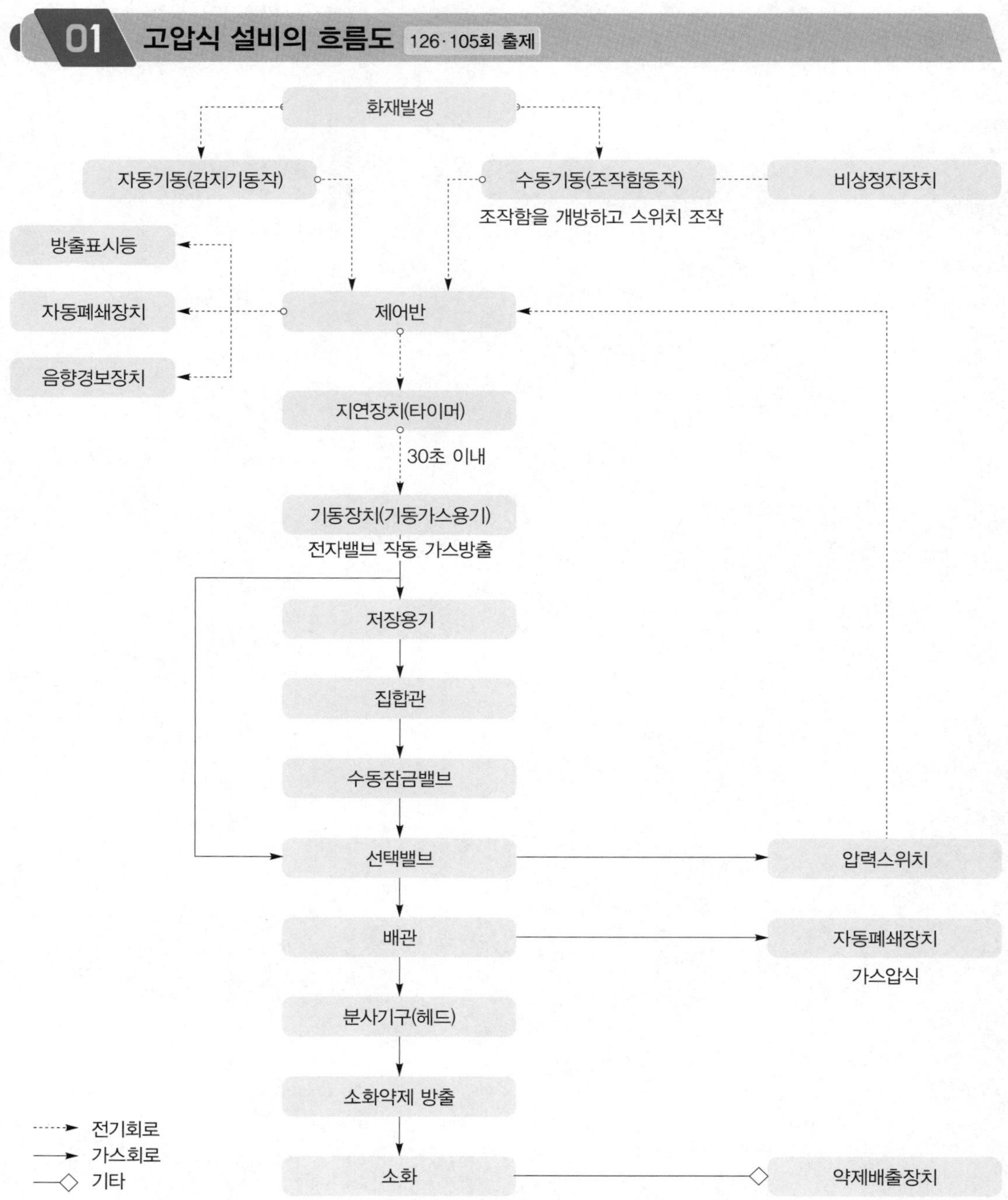

02 개요

(1) **정의 :** 상온 20℃에서 6MPa의 압력으로 이산화탄소(CO_2)를 액상으로 저장하는 방식

(2) 고압으로 이산화탄소를 액상으로 하여야 하므로 저장 시 임계온도 이하를 유지하도록 하여야 한다.

(3) 가장 보편적으로 이용하는 이산화탄소설비로 이산화탄소의 질식과 냉각을 이용하여 방사와 동시에 소화한다.

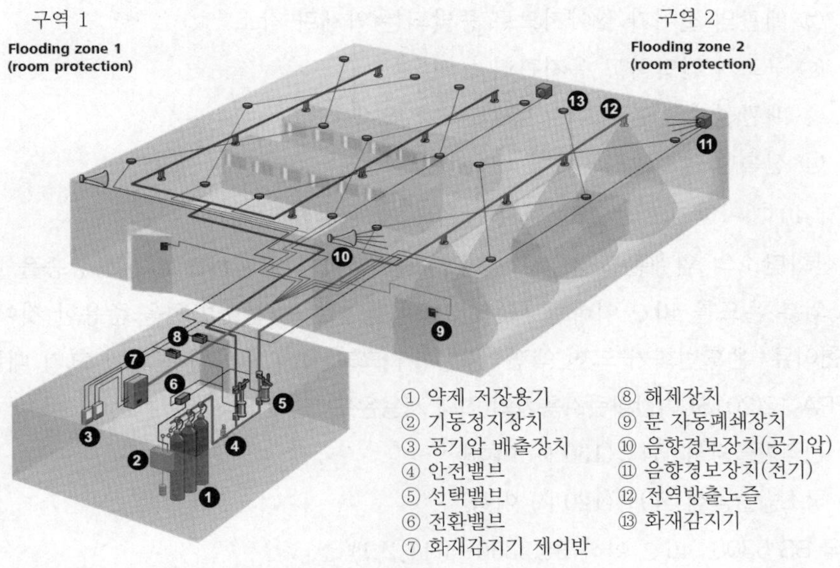

| 고압식 이산화탄소 소화설비[80] |

03 저장용기의 설치기준 130·120회 출제

(1) 설치장소

1) 원칙 : 방호구역 외의 장소에 설치

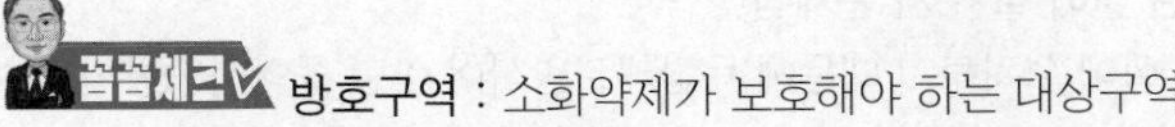

방호구역 : 소화약제가 보호해야 하는 대상구역

2) 예외 : 방호구역 내에 설치할 경우에는 피난 및 조작이 용이하도록 피난구 부근에 설치

80) Minimax사의 Carbon Dioxide Extinguishing Systems Fighting fire with CO_2 카탈로그에서 발췌

방호구역 외의 장소에 설치하라는 이유 : 저장용기가 방호구역 내에 있으면 화재로 인한 손상으로 정상적인 작동이 어려울 수 있으므로 이를 제한한 것인데, 모듈러형이나 집중저장방식의 경우에는 방호구역당 설치되므로 별도의 방호구역 외에는 경제적인 이유 등에 의해 설치가 곤란하다. 따라서, 이를 방호구역 내까지 확대한 것이다.

3) NFPA 2001(2018)

① 약제용기를 방호구역 내에 설치하여 신뢰성을 높이도록 한다. 단, 방호구역 내에 화재 및 폭발에 의한 피해를 받지 않게 조치하도록 한다.

② 방호구역에 설치 시 장점

㉠ 배관의 길이가 짧아지므로 증발되는 약제량 감소

㉡ 구조가 간단하고 유지관리 용이

㉢ 배관설계가 단순하여 약제불균형 방지

㉣ 신속한 약제방사

(2) 온도가 40℃ 이하이고, 온도변화가 작은 곳에 설치한다.

1) 이산화탄소의 임계온도 31.35℃ 이후에는 액화가 곤란하므로 온도상승을 제한하기 위해 외부 온도를 40℃ 이하로 제한한 것이다. 이는 일본소방법을 준용한 것이다.

2) 제한이유 : 온도변화가 크면 액면의 변화가 크고 용기 내압의 변화가 크기 때문이다.

3) NFPA 12(2018) 이산화탄소용기의 최대 사용온도

① 전역방출방식 : 54℃(130℉) 이하

② 국소방출방식 : 49℃(120℉) 이하

4) 영국 BS 5306 : 46℃ 이하(BS 5306-4 11.2.1)

(3) 직사광선 및 빗물이 침투할 우려가 없는 곳에 설치한다.

(4) **방화문으로 구획된 실에 설치** : 방호구역의 화재로 인해 피해를 받지 않게 하려고 방화문으로 공간을 구획화한다.

1. '방화문' 국가화재안전기술기준 NFTC 106 1.7.1.8 건축법 시행령 제64조 60분+방화문, 60분 방화문 또는 30분 방화문

2. **방화문으로 구획된 실에 설치 시 문제점**

① 별도로 구획된 실에 설치하기 때문에 독립배관방식이 아닌 중앙집중방식을 사용할 수밖에 없다(왜냐하면 여러 개의 실별 방화구획을 할 수 없기 때문이다).

② 소화약제를 방호구역 근처에 설치할 수 없다. 이로 인해 관리가 어렵고 쉽게 수동조작할 수 없게 되었다.

③ 방출거리가 길어 할론의 방출시간이 10초 이상이며, 소화부산물 발생이 용이하다.

④ 예비용기를 설치하기 어렵다. 구획된 실에 최대량을 기준으로 설치하므로 예비용기 설치가 곤란하다.

⑤ 방호구역과 약제저장실이 떨어지다 보니 먼 거리까지 이송 가능해야 하므로 고압식의 개발에 치중할 수밖에 없었다.

3. 방화문으로 구획하되 일정 규모 이상의 저장소는 고압가스안전관리법의 기준을 준수한다.
   ① 저장용기실 : 벽두께 및 철근 배근간격 검토
   ② 방화문 두께

(5) 표지설치 : 용기의 설치장소에는 당해 용기가 설치된 곳임을 표시한다.

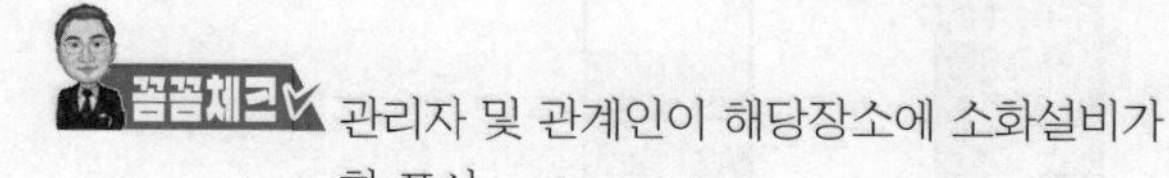

관리자 및 관계인이 해당장소에 소화설비가 설치됨을 알고 주의, 대응을 위해 고지하기 위한 표시

(6) 용기 간의 간격 : 점검에 지장이 없도록 3cm 이상의 간격을 유지한다.

용기의 점검장비가 들어갈 수 있고, 용기의 분리 등이 쉽게 될 수 있도록 그 사이의 최소 간격을 제한한다.

(7) 가스계 소화설비의 예비용기설비(reserve system)

1) 목적 : 화재진압 후 태세
   ① 화재진압 후에도 즉시 방호설비가 재정비되어 즉각적인 재작동준비가 가능하도록 하기 위한 것이다.
   ② 예비용기설비가 없다면 약제의 재충진으로 작동이 재개되기 전에 상당한 시간이 소요되기 때문이다.
2) NFPA 2001 : 필요한 경우 설계약제량의 배수에 해당하는 약제량을 확보한다.

(8) 이산화탄소 등 액체 약제용기 내의 압력

1) 이산화탄소용기 내의 이산화탄소량이 다를지라도 기체와 액체가 공존하고 있으면 언제나 압력이 일정하게 유지된다.
2) 이산화탄소용기에 압력계를 부착하지 않는 이유 : 기체와 액체가 평형을 이루기 때문에 약제가 기화되더라도 압력은 일정하기 때문이다.
3) 방출 시 압력변화
   ① 이론상 : 약제가 방출되는 동안 평형을 이룰 수 있도록 시간이 충분히 주어진다면 배출압력은 일정하다.
   ② 실제상 : 평형을 이룰 시간적 여유가 없이 약제가 급속하게 방출되기 때문에 일부 압력저하가 발생한다.

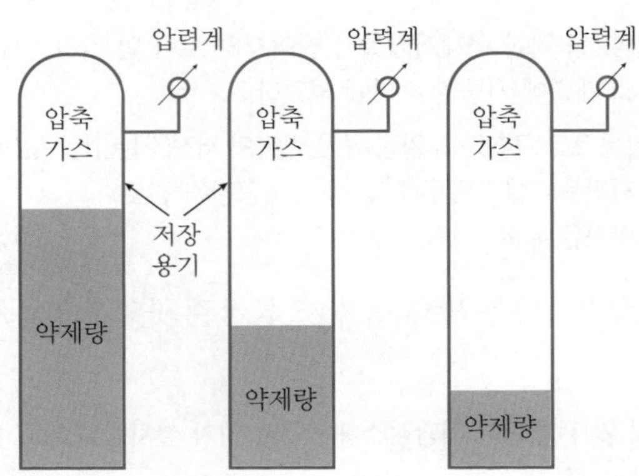

┃ 약제의 변화에 따른 압력계의 변화(일정한 압을 유지) ┃

4) 압력용기의 검사기준(국내 고압가스안전관리법 시행규칙 제39조에 의한 [별표 22])

① 재검사기간이 되었을 경우 : 소화용 충전용기 또는 고정장치된 시험용 충전용기의 경우에는 충전된 고압가스를 모두 사용한 후 재검사

② NFPA

㉠ 약제를 방사하지 않으면 용기검사기준이 없다.

㉡ 약제를 방사한 경우 : 5년이 경과한 용기는 방사 후 수압테스트를 거쳐 통과한 후 재사용이 가능하고, 12년이 경과한 후에는 폐기한다.

(9) SFPE Handbook of fire protection engineering 43의 배관 및 약제저장실을 설계하는 방식

1) 공유공급방식(shared supply) : 약제실은 하나, 방호구역은 다수인 방식으로, 국내에서는 대부분 경제적인 이유로 공유공급방식을 적용한다.

2) 집중저장방식(central storage) : 하나의 약제용기 세트가 하나의 방호구역을 가지는 방식

3) 모듈러방식(modular) : 하나의 방호구역에 소량의 약제용기를 분산 저장하는 방식

구분	집중저장방식	모듈러방식	공유공급방식
설비비용	중	대	소
설치비용	중	대	소
설계의 난이성	대	소	대
설치의 난이성	대	중	대
운영 및 유지관리	중	대	소
신뢰성	중	대	소
가스의 불균등 방사	중	소	대
미래의 유연성	소	대	소

04 기동장치 130회 출제

(1) 설치기준

1) 전기식, 가스압력식 또는 기계식에 의하여 자동으로 개방되고 수동으로도 개방될 수 있어야 한다.

2) 저장용기 개방밸브에는 안전장치(안전봉판)가 설치되어야 한다.

(2) 수동식 기동장치

1) 정의 : 수동으로 개방하는 것으로서, 안전핀을 빼고 수동용 누름단추를 눌러 밸브를 개방한다.

2) 작동메커니즘

① 니들밸브의 누름단추 누름 → 스핀들이 안쪽으로 밀려 들어가면서 피스톤 가격 → 피스톤에 의하여 파괴침이 봉판을 뚫어 약제용기 개방 → 약제 방출 → 첫 번째 저장용기의 액체와 가스가 집합관으로 유동 → 개방된 선택밸브를 통과하여 헤드로 가스 방출, 방출표시등 점등

② 선택밸브를 통과하는 저장용기의 가스 중 일부의 가스가 동관으로 이동한다.

㉠ 다른 용기개방

㉡ 방출표시등 점등

㉢ 피스톤릴리지로 방호구역 개구부 폐쇄

③ 니들밸브의 기능 : 용기밸브에 부착되어 화재 시 니들핀으로 용기밸브 작동

④ 자동작동 : 기동용기에서 방출된 이산화탄소에 의하여 자동으로 작동

⑤ 수동작동 : 안전핀 제거 후 니들핀을 안쪽으로 누르면 수동으로 작동

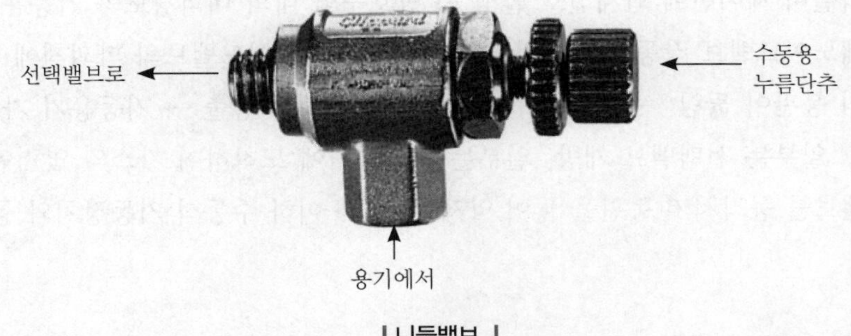

| 니들밸브 |

3) 설치기준

① 설치대상

㉠ 전역방출방식 : 방호구역마다 설치

㉡ 국소방출방식 : 방호대상물마다 설치

② 설치장소 : **해당 방호구역의** 출입구부분 등 조작을 하는 자가 쉽게 피난할 수 있는 장소

③ 기동장치의 조작부

㉠ 설치위치 : 바닥으로부터 높이 0.8m 이상 1.5m 이하

㉡ 보호판 등에 따른 보호장치를 설치

④ 기동장치에는 그 가까운 곳의 보기 쉬운 곳 : '이산화탄소 소화설비 기동장치'라고 표시한 표지

⑤ 전기를 사용하는 기동장치 : 전원표시등

⑥ 기동장치의 방출용 스위치 : 음향경보장치와 연동

⑦ 수동식 기동장치의 부근 : 소화약제의 방출을 지연시킬 수 있는 비상스위치 설치

1. **비상스위치** : 자동복귀형 스위치(abort S/W)로서, 수동식 기동장치의 타이머를 순간 정지시키는 기능의 스위치(손을 떼면 다시 타이머 작동)
2. NFPA 12 : 이산화탄소 소화설비에서 abort S/W 사용금지
3. NFPA 2001 : 비상스위치보다 수동식 기동장치가 작동 우위

(3) 자동식 기동장치 114·107·98회 출제

1) 가스압력식 기동장치(차압식)

① 작동메커니즘 : 2회로의 화재감지기, 수동조작함의 수동스위치 작동 → 이산화탄소 소화설비 제어반에 화재신호 발생 → 방호구역 내의 대피경보와 기동용기에 설치된 솔레노이드밸브 작동(지연시간경과 후) → 솔레노이드밸브의 파괴침에 의해 기동용기의 봉판이 뚫림 → 기동용기의 가스가 동관으로 방출 → 기동용기 가스가 동관을 타고 일부는 선택밸브 개방, 일부는 저장용기에 도착하여 가스의 압력에 의하여 니들밸브를 동작시켜 봉판을 뚫어 약제 배출 → 이하 수동식 기동장치와 동일

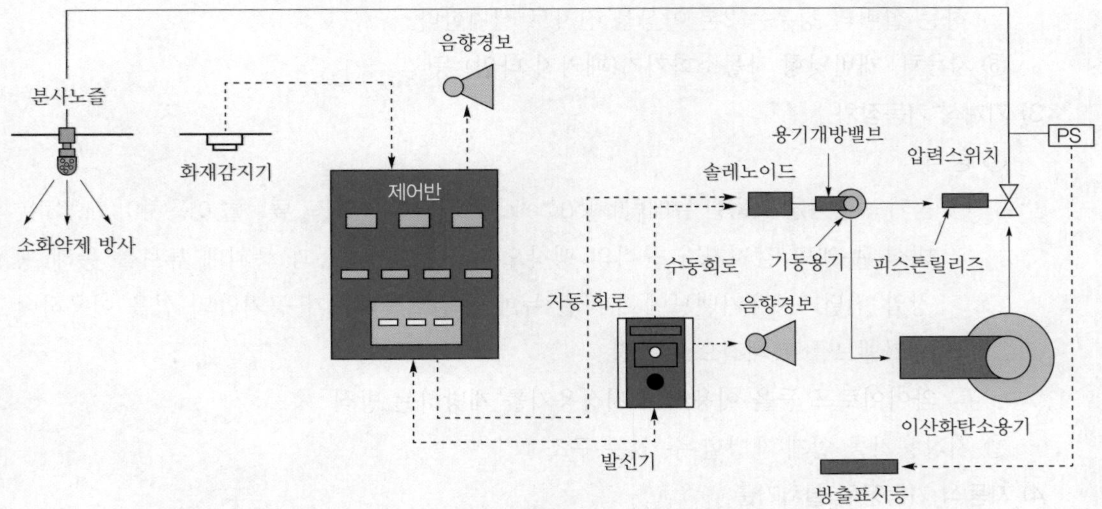

| 가스압력식 기동장치 계통도 |

② 기동용 가스 누설 시 문제점 : 저장용기가 개방되므로 기동관에는 릴리프밸브를 설치해서 누설량 발생 시 외부로 배출시켜 저장용기의 개방을 방지한다.

③ 가장 보편적인 방식으로 고압식에서 사용하는 방식이다.

④ 기동용 가스용기

㉠ 용적 : 5L 이상

㉡ 질소 등의 비활성기체로 6.0MPa 이상(21℃ 기준)의 압력으로 충전한다.

⑤ 기동용 동관

㉠ 문제점 : 구부러짐과 기계적인 손상, 연결부위 및 확관으로 인하여 신뢰도가 낮다.

㉡ 개선대책 : 플렉서블튜브(고압 호스)나 스테인리스관 등으로 기동라인을 구성한다.

㉢ 압력게이지 설치

2) 전기식 기동장치

① 일반적으로 차압식 용기밸브에 가스압력식의 니들밸브를 부착하는 대신 전자밸브(솔레노이드밸브)를 부착하여 전기신호를 받아서 밸브를 구동시켜 용기를 개방한다.

② 작동메커니즘 : 화재 감지(감지기, 수동조작장치) → 제어반에서 기동전류가 전자밸브로 전달 → 전자밸브의 파괴침이 용기밸브의 봉판을 뚫어서 용기밸브 개방 → 이하 수동식 기동장치와 동일

③ 가스압력식과 전기식 기동장치의 차이점

㉠ 약제용기밸브에 가스압력개방식의 니들밸브를 부착하는 대신 전자변이 부착된다.

㉡ 전기식에서는 기동용 용기가 없다.

④ 전자밸브의 설치 : 모든 저장용기마다 설치하는 것은 아니며, 7본 이상을 동시에 개방

하는 설비의 경우는 2본 이상을 전자로 설치한다.

⑤ 사용처 : 캐비닛형 자동소화기기(패키지 타입) 등

3) 기계식 기동장치

① 방식

㉠ 공기의 팽창을 이용한 뉴매틱(pneumatic) 감지기 및 뉴매틱 튜브를 이용하여 개방하는 방식 : 뉴매틱 감지기가 공기의 팽창으로 기동 → 기동과 동시에 튜브를 통해 팽창압 전달 → 용기밸브에 부착된 뉴매틱 컨트롤헤드가 공기압의 힘을 이용하여 용기밸브를 기계적으로 개방

㉡ 와이어로프 등을 이용하여 저장용기를 개방하는 방식

② 저장용기를 쉽게 개방할 수 있는 구조

4) 자동식 기동장치 설치기준

① 자동화재탐지설비의 감지기의 작동과 연동

② 수동으로도 기동할 수 있는 구조

③ 기동장치의 조작부

㉠ 설치높이 : 바닥으로부터 높이 0.8m 이상 1.5m 이하

㉡ 보호장치 설치 : 보호판 등

④ 표지설치 : 기동장치에는 그 가까운 곳의 보기 쉬운 곳에 '이산화탄소 소화설비 기동장치'라는 표지

⑤ 전원표시등 : 전기를 사용하는 기동장치

(4) 자동-수동 겸용식

1) 야간이나 휴일에는 자동

2) 평상시 근무자가 있는 경우 수동으로 전환하는 방식

(5) 지연장치 132회 출제

1) **필요성** : 전역방출방식의 경우 감지기나 수동기동장치의 기동조작으로 인해 음향경보장치가 작동하고 경보와 함께 구획 내의 인원이 실외의 안전한 장소로 대피할 시간적 여유가 필요하다.

2) **지연시간** : 30초 이내

3) **음성안내** : 지연장치 동작 시에 소화약제가 방출된다는 사실을 음성으로 안내하여 관계자가 신속하게 대피할 수 있도록 도모한다.

4) **Abort SW** : 지연장치는 누르고 있는 동안만 시간이 정지되는 방식으로, 스위치를 OFF 시키면 다시 시간이 진행되므로 오동작일 경우에는 지연장치 스위치를 누른 상태에서 조치를 취하여야 한다.

NFPA 12(2018) 4.5.4.11에서는 이산화탄소 소화설비에서는 Abort SW를 설치하지 않도록 하고 있다. 왜냐하면 사람이 거주하지 않는 장소에 설치되므로 지연장치를 동작시킬 우려가 없기 때문이다.

05 연결관 및 집합관

(1) **연결관 :** 저장용기의 용기밸브에서 집합관에 연결시키는 배관

(2) **집합관 :** 각각의 저장용기로부터 연결하여 모여지는 배관

(3) **가스체크밸브(NFTC 106 제4조 제1호의 7)**

1) 설치위치 : 소화약제용기와 집합관, 선택밸브와 기동용기 라인 사이에 설치

2) 목적 : 가스를 일정한 한 방향으로 흐르게 하기 위함

3) 예외 : 하나의 방호구역만 담당하는 경우

1. 기동용 이산화탄소(CO_2)는 동관을 따라 흐르는데 방호구역외 타 방호구역의 선택밸브가 개방되어 있으면 화재와 상관없는 타 구역으로 방사되고 소화능력 이상의 약제용기가 개방되면 소화약제의 낭비가 발생되기 때문에 이를 일정한 한방향으로 흐르게 하기 위해서 체크밸브를 설치한다.
2. NFPA 12(2018)에서는 하나의 방호구역만 담당하는 경우에도 설치하도록 규정하고 있는데 이는 정비 중 가스누출의 우려가 있어서 정비자를 보호하기 위한 안전관리상 때문이다.

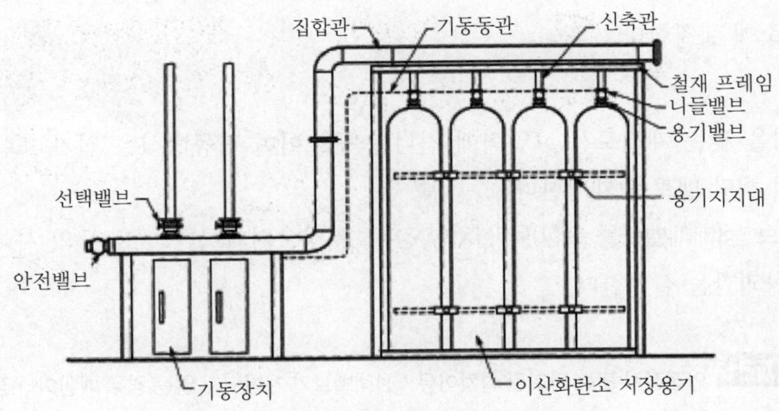

| 미국의 이산화탄소 저장용기 설치방법 |

(4) **릴리프밸브(relief valve)**

1) 기능 : 누설된 기동용 가스를 배출하여 약제 니들밸브의 기동 방지

2) 설치위치 : 기동용기와 저장용기 사이의 동관에 설치

(5) 안전장치

1) 저장용기의 용기밸브(개방밸브)에 설치 : 봉판

① 작동시기 : 이산화탄소 저장실의 온도가 저장온도 범위를 초과하면 용기의 내압이 급격하게 상승하여 내압시험의 0.8배 이하

② 목적 : 가스압력이 안전장치의 작동압력 범위 내에 도달하면 봉판이 파괴되어 가스를 방출시켜 내압을 낮춰 용기의 파손을 보호한다.

2) 저장용기와 선택밸브 사이에 설치 : 안전밸브

① 설치위치 : 집합관 말단에 설치한다.

② 목적 : 저장용기로부터 가스누설이 있는 경우 집합관 내 압력이 상승하여 일정 압력에 도달하면 안전판이 파괴되어 과압가스가 배출된다.

3) 안전장치의 작동압

① 고압식 : 20×0.8≒16MPa

② 저압식 : 3.5×0.8≒2.8MPa

4) NFPA 12 (2018)

① 고압식 : 2,400psi(16.5MPa) 이상 3,000psi(20MPa) 이하의 압력에서 작동(4.7.2.2.1)

② 저압식 : 450psi(3.1MPa) 이하의 압력에서 작동(4.7.2.2.2)

06 선택밸브(selection valve) 130회 출제

(1) 정의 : 소화약제의 방사구역을 선택하기 위해서 각 구획마다 설치하는 밸브로, 방호구획 외의 장소에 설치한다.

(2) 특징

1) 내식성을 갖는 재질로서 고압력에 견디는 구조이며 작동방식은 전기 또는 가스압력에 의하여 해당 밸브를 개방한다.

2) 선택밸브 등(개폐밸브를 포함)을 설치한 경우 : 저장용기와 선택밸브 등의 사이에 안전장치 또는 파괴판을 설치한다.

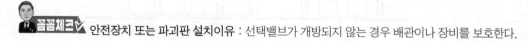

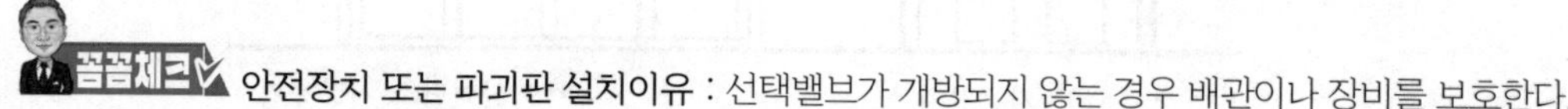

안전장치 또는 파괴판 설치이유 : 선택밸브가 개방되지 않는 경우 배관이나 장비를 보호한다.

(3) 설치

1) 형식승인대상품목으로 제품검사를 받은 합격된 제품을 사용한다.

2) 소방대상물의 방호구역마다 설치한다.

(4) 작동방식에 따른 분류

1) 가스압력개방식(피스톤릴리즈 방식)

① 작동순서 : 기동가스의 압력 → 선택밸브의 피스톤릴리즈 작동 → 걸쇠(latch)구조로 된 폐쇄장치를 해제시켜 작동되는 방식

② 특징

㉠ 구조가 간단하고 기계적인 힘을 이용하므로 신뢰도가 높다.

㉡ 가스압 개방시험을 하기 위해서는 일정량의 가스가 소요되어 번거롭다.

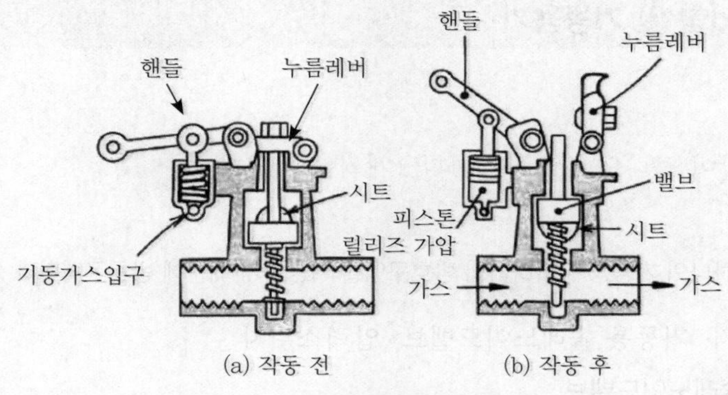

| 가스압력개방식 선택밸브 |

2) 전기개방식(솔레노이드 방식)

① 전기개방식 기동용기밸브와 같이 사용되는 것

② 감지기에 의해 화재감지 → 제어반에 화재신호 발신 → 제어반에서 선택밸브 기동신호 발신 → 선택밸브의 솔레노이드 작동 → 누름레버 해제 → 선택밸브 개방

③ 특징

㉠ 전기적 신호를 통해 전동밸브의 동작으로 개방되는 방식

㉡ 쉽게 시험이 가능하다.

㉢ 전기를 사용하므로 신뢰도는 가스압력식보다 낮다.

④ 사용처 : 국내에서는 캐비닛형 자동소화기기(패키지설비)에 사용한다.

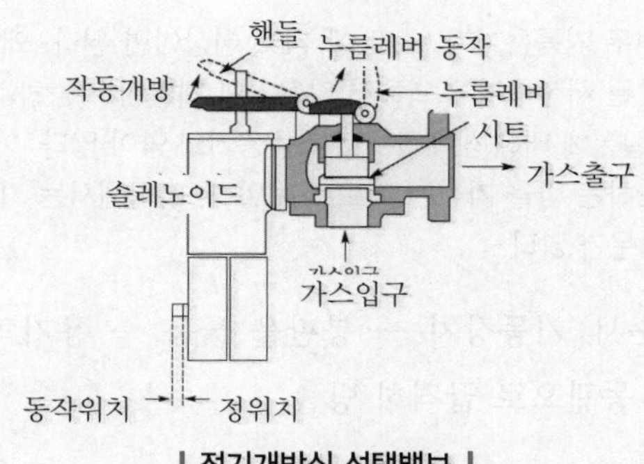

| 전기개방식 선택밸브 |

(5) 고려사항

1) 선택밸브의 플랜지 연결방법

① 나사이음 : 나사의 결합력이 시공방법에 따라 차이가 발생한다.

② 용접이음 : 플랜지와 선택밸브가 용접으로 강도가 안정적이다.

2) 선택밸브의 플랜지 볼트이음 : 규정에 적합하게 설치하지 않거나 느슨하게 연결된 경우가 있다.

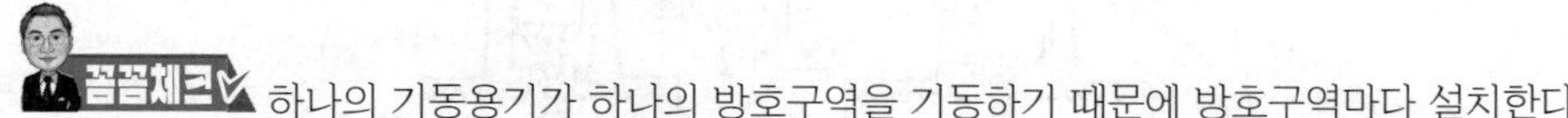

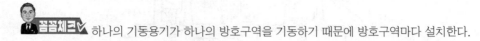

07 기동용기함 및 기동용기

(1) 기동용기함

1) 선택밸브와 같이 하나의 방호구역마다 1개씩 설치한다.

꼼꼼체크 하나의 기동용기가 하나의 방호구역을 기동하기 때문에 방호구역마다 설치한다.

2) 구성 : 기동용기, 기동용 솔레노이드밸브, 압력스위치

3) 기동용기 및 솔레노이드밸브

① 기동용기의 용기밸브 : 저장용기밸브와 같은 차압식 니들밸브로 크기만 소형으로 축소시킨 것이다.

② 기동용기 설치기준

㉠ 용기에 사용하는 밸브 : 25MPa 이상의 압력에 견딜 수 있는 것

㉡ 안전장치 : 내압시험압력의 0.8배 내지 내압시험압력 이하에서 작동

㉢ 기동용 가스용기의 용적 : 5L 이상

㉣ 해당 용기에 저장하는 질소 등의 비활성기체는 6.0MPa 이상(21℃ 기준)의 압력으로 충전

㉤ 기동용 가스용기에는 충전 여부를 확인할 수 있는 압력게이지를 설치할 것

꼼꼼체크 일본의 경우 기동용기가 0.27L에 145g 이상이면 된다. 왜냐하면 하나의 저장용기만 개방하면 개방된 저장용기에 의해서 타용기의 개방이 가능하기 때문이다. 하지만 한국의 경우는 5L로 일본에 비해 상대적으로 기동용기의 양이 많다. 이는 기동용 가스용기로 선택밸브까지 개방하는 양을 가산한 것으로 보인다. 미국에서는 기동용 가스용기로 선택밸브를 개방하는 경우가 많다.

③ 기동용기의 개방순서 : 기동장치 → 봉판을 뚫음 → 용기의 기동가스가 압력구배 → 저압측인 기동용 동관으로 급격히 방출

(2) 기동용 동관

1) 기동용 가스누설 시 문제점

① 기동용 가스의 압력이 손실되어 충분한 압력에 미치지 못하면 저장용기 파괴침이 봉판을 완전하게 뚫지 못하여 약제방출이 실패 또는 살짝 뚫려 저장가스의 방출이 길어져서 소화에 실패하는 원인이 될 수 있다.

② 기동가스의 누설로 용기약제 방출

2) 개선대책

① 바이패스(bypass) 회로구성 : 선택밸브 2차측으로 공급된 방출가스의 압력을 다시 저장용기로 보내서 용기밸브를 완전하게 개방시키도록 동관의 회로구성

② 기동용 동관에 릴리프밸브 설치 : 미세한 기동용 가스누설 시 이를 대기 중으로 방출

(3) 압력스위치

1) 설치위치

① 기동용기함 내(대부분의 경우)

② 선택밸브의 2차측 배관상

2) 기능 : 압력스위치에서 배관의 압력변동을 감지해서 제어반으로 신호를 보내고 방출표시등을 점등한다.

(4) 기동장치의 문제점

1) 기동장치를 구성하는 배관이 동관이다.

① 현재 기동장치는 대부분 가스압력식 기동장치를 사용하고 이 경우 동관(6mm)을 주로 사용한다.

② 동관은 시공이 용이하고 내부식성은 강하나 강도가 약해서 외부의 충격이나 고압에 의한 변형의 우려가 있다.

③ 동관의 연결방법으로 확관방식을 적용하는 경우 확관 시 균열이 발생하거나 강도가 저하되어 누기될 우려가 있다.

2) 기동용 가스로서의 이산화탄소의 문제점

① 대부분 이산화탄소를 기동용 가스로 사용하는데, 온도가 저하될수록 압력이 저하되는 문제점이 있다.

② 일반적인 기동용기는 20℃ 상온에서는 약 58bar의 압력을 가진다. 하지만 소화약제 저장실의 온도가 떨어질수록 이산화탄소의 압력도 저하되고 약 0℃에서는 압력이 35bar 정도로 낮아진다. 따라서, 기동압이 부족한 문제점이 있다.

3) 성능검증 없는 기동장치 구성품 문제 : 국내에서 기동장치 중 선택밸브를 제외한 나머지 개별부품에 대한 성능검증이 전무하다. 따라서, 기동장치의 신뢰성을 답보할 수 없다.

(5) 기동장치의 대책

1) 플렉시블튜브(고압 호스)나 스테인리스관을 이용한 기동라인

① NFPA에서는 이러한 기동라인을 구부러짐이나 기계적 손상이 발생되지 않도록 규정

② 대부분이 플렉시블튜브(고압 호스)나 스테인리스관 등으로 기동라인 구성

③ 국내에서도 동관의 사용보다는 플렉시블튜브(고압 호스)나 스테인리스관을 이용한 기동라인의 구성 필요

2) 기동용 가스로 질소 사용

① 미국에서는 기동용기의 안정성을 확보하기 위해 온도에 따른 압력변화 폭이 낮은 질소(N_2)를 기동용 가스로 적용한다.

② NFPA 기준에서 기동용기를 사용할 경우 모든 저장용기를 개방할 수 있는 충분한 유량을 갖추도록 한다.

③ 작동장치는 일반적으로 −29~54℃의 사용온도 범위 내에서 성능을 확보하도록 규정한다.

④ 국내에서도 기동용 가스로 질소를 사용하고 기동용기가 모든 저장용기를 개방할 수 있는 충분한 양을 가지거나 바이패스 회로를 구성한다.

3) 기동장치의 성능검증

① NFPA 기준에서는 이러한 가압식 용기밸브 기동장치를 성능시험을 통해 검증된 제품만을 사용하도록 규정하고 있다.

② UL 기준에서 용기밸브의 기동장치가 일정 기준 이하의 힘으로 작동되는지 여부를 확인하며 연결배관구경에 따라 개방이 가능한 최대 용기수에 대해서 검증한다.

③ 국내에서도 선택밸브만 검증할 것이 아니라 기동장치의 성능시험을 통해 검증된 제품만 사용할 수 있도록 강제할 필요가 있다.

(6) 기동용기 약제량 측정방법

1) 측정 순서

① 기동용기함 문을 개방한다.

② 기동용기에서 솔레노이드밸브를 분리한다.

③ 기동용기함에서 기동용기를 분리한다.

④ 기동용기를 저울에 놓고 중량을 측정한다.

2) 판정방법

① 저장약제 중량[kg]=측정한 총중량−용기밸브중량−기동용기중량

② 용기밸브중량[kg] : 용기밸브의 표면에 'W−0.5'라 각인되어 있으며 이것이 용기밸브의 중량을 나타낸다. 무게(W)가 0.5kg이라는 의미이다.

③ 기동용기 중량[kg] : 기동용기 상단 표면에 'W-3.5'라 각인되어 있으며 이것이 기동용기의 중량을 나타낸다. 무게(W)가 3.5kg이라는 의미이다.

④ 만약 기동용기의 총중량은 4.7kg, 기동용기 밸브 중량은 0.5kg, 기동용기 3.5kg일 경우 저장약제량[kg]=4.65−0.5−3.5=0.65kg

⑤ 화재안전기술기준에 이산화탄소의 최소 요구량은 0.5kg 이상이므로 판정이 양호하다.

08 분사헤드

(1) 방사압과 방사시간

분사헤드의 방사압		방사시간		
저압식	고압식	전역방출방식		국소방출방식
		표면화재	심부화재	
1.05MPa	2.1MPa	1분 이내	7분 이내 (2분 이내에 설계농도의 30%일 것)	30초 이내

1. **상온에서 고압식**(NFPA 12 : 2018 table 4.7.5.3.1)
   ① 방출압력 : 300psi(2.1MPa) 이상
   ② 방출유량 : 0.69kg/min·mm^2 이상
2. **상온에서 저압식**(NFPA 12 : 2018 table 4.7.5.2.1)
   ① 방출압력 : 150psi(1.05MPa)
   ② 방출유량 : 0.559kg/min·mm^2 이상
3. **일본 시행규칙 제19호 제2항 제2호** : 고압식은 1.4MPa, 저압식은 0.9MPa
4. **분사헤드 방사압** : 방출시간 동안의 분사헤드 오피리스 1차측의 평균압력

(2) 방사유량

구분		방사유량
전역방출방식	표면화재	$\dfrac{\text{약재저장량}}{1\,\text{min}}$
	심부화재	$\dfrac{\{\text{방호체적}[m^3] \times \text{방호대상물의 약제량}[kg/m^3] + \text{개구부 면적} \times 10kg/m^2\} \times 30\%}{2\,\text{min}}$
국소방출방식		$\dfrac{\text{약재저장량}}{30\,\text{s}}$

(3) 분사헤드의 오리피스구경 등의 설치기준

1) 분사헤드
   ① 부식 방지조치
   ② 오리피스의 크기, 제조일자, 제조업체 표시
2) 분사헤드의 개수 : 방호구역에 방사시간이 충족되도록 설치
3) 분사헤드의 방출률 및 방출압력 : 제조업체에서 정한 값
4) 오리피스의 면적 : 분사헤드가 연결되는 배관구경면적의 70% 이하

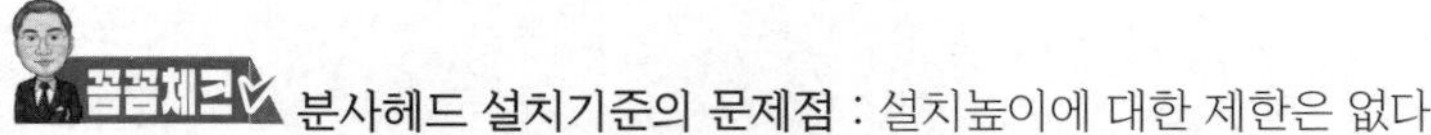

분사헤드 설치기준의 문제점 : 설치높이에 대한 제한은 없다.

(4) 이산화탄소 소화설비의 분사헤드의 설치제외 장소

1) 전시장 등의 관람을 위하여 다수인이 출입·통행하는 통로 및 전시실 등
2) 방재실·제어실 등 사람이 상시 근무하는 장소
3) 나트륨·칼륨·칼슘 등 활성금속물질을 저장·취급하는 장소
4) 니트로셀룰로오스·셀룰로이드제품 등 자기연소성 물질을 저장·취급하는 장소

09 배관 및 부속류

(1) 배관

1) 전용 배관으로 설치
2) 강관의 경우(or)
   ① 압력배관용 탄소강관(KS D 3562)으로 이음이 없는 스케줄 80 이상(저압식은 40 이상)
   ② ①과 동등 이상의 강도, 아연도금 등으로 방식처리
3) 동관의 경우
   ① 이음매 없는 관으로 동 및 동 합금관(KS D 5301)
   ② 사용압력 : 고압식은 내압 16.5MPa, 저압식은 3.75MPa 이상
4) 부속류
   ① 고압식의 경우
      ㉠ 개폐밸브 또는 선택밸브의 2차측 배관부속 : 호칭압력 2.0MPa 이상
      ㉡ 1차측 배관부속 : 호칭압력 4.0MPa 이상
   ② 저압식의 경우 : 2.0MPa의 압력에 견딜 수 있는 배관부속을 사용

(2) 배관의 구경은 시간 내에 방사될 수 있는 것

NFPA 12 2에서는 관내의 유량, 관경, 관의 길이, 저장, 배관압력의 관계를 다음 식에 의해 이산화탄소 관경을 결정한다.

$$Q^2 = \frac{(3{,}647)(D^{5.25}Y)}{L + 8.08(D^{1.25}Z)}$$

여기서, Q : 유량[kg/min]
D : 관의 내경[mm]
L : 배관의 길이[m]
Y, Z : 저장압력과 배관압력에 관계되는 계수

10 화재감지기 130회 출제

(1) 화재감지기의 회로구성방법

1) 교차회로방식으로 하고 A회로 감지기와 B회로 감지기가 동시에 작동하는 경우에 기동하는 AND회로를 구성한다.

2) 목적 : 약제가 오동작으로 방사 시 인적·물적·환경적 피해가 크기 때문에 이를 최소화로 하기 위해서이다.

(2) 복합형, 불꽃, 아날로그, 다신호식, 광전식 분리형, 축적형, 복합형 감지기는 신뢰도가 높은 감지기로 간주할 수 있으므로 교차회로를 구성하지 않는다. 상기 감지기에 교차회로 구성을 하지 않는 이유는 감지기의 오동작이 적고 신뢰도가 높기 때문이다.

(3) 화재감지기와 연동해서 자동으로 기동하는 음향경보장치를 설치하여야 한다.

SECTION

081 이산화탄소설비 제어반

01 개요

(1) 이산화탄소설비의 제어반 및 화재표시반은 법적 기준에 의해 설치한다. 단, 자탐설비 수신기의 제어반이 화재표시반 기능을 갖춘 것을 설치하는 경우에는 화재표시반을 생략할 수 있다.

(2) 제어반 및 화재표시반에는 당해 회로도 및 취급설명서를 비치하여야 한다.

02 제어반

(1) 수동기동장치 또는 감지기 신호를 수신하여 음향경보장치 작동

(2) 소화약제 방출 또는 지연

(3) 기타 제어기능

(4) 전원표시등 설치

03 화재표시반

(1) **정의 :** 제어반의 신호를 수신하여 표시하는 기능을 가진 것

(2) 각 방호구역마다 음향경보장치의 조작 및 감지기 작동을 명시하는 표시등과 이와 연동하는 벨, 부저 등의 경보기 설치

(3) 수동기동장치에서 그 방출용 스위치의 작동을 명시하는 표시등 설치

(4) 소화약제 방출을 명시하는 표시등 설치

(5) 자동식 기동장치에 있어서는 자동·수동 명시하는 표시등 설치

04 제어반, 화재표시반 설치장소

화재, 진동, 충격, 영향의 우려가 없고 점검이 편리한 장소

SECTION 082 CO_2 소화설비 안전대책

01 개요

이산화탄소 소화설비는 가격이 싸고 소화능력이 우수하지만 일단 오방출사고가 발생하면 질식으로 인한 인명사고로 이어질 가능성이 크기 때문에 설치·관리에 주의를 기울여야 한다.

02 이산화탄소 방출 시 인명에 대한 위험성

(1) 이산화탄소 소화농도로 방출 시 질식 우려가 있다.

(2) 약제방출 동안이나 운무현상에 의해서 피난 및 소화활동 시 시야장애가 발생한다.

(3) 방호구역 인근장소에 가스가 체류(비중이 1.53)한다.

(4) 저장용기의 안전장치가 작동되어 방출 시 가스가 체류하는 장소

03 고려사항

(1) 즉각적인 대피

(2) 들어가지 못하도록 하는 경고표지

(3) 인명구조를 위한 안전보호장구(공기호흡기)

(4) 인명구조 훈련

(5) 예비 방출경보

04 안전대책

(1) 소화설비 설치제한(NFTC 2.8 분사헤드 설치 제외)

(2) 방호구역안전

1) 양방향의 피난구를 설치한다.

2) 출입문

① 피난방향으로 열릴 것

② 자동폐쇄장치

3) 피난경로 : 유도등, 유도표지, 비상조명등 설치

4) 음향경보장치 설치

① 방출 이후 1분 이상 경보 지속

② 방호구역 안에 있는 자에게 유효하게 경보

③ 제어반에서 복구스위치를 조작하여도 계속 경보(현장에서 복구)

④ 음성으로 피난안내 등을 하면 보다 효과적이다.

5) 방출표시등 : 소화약제가 방사되었음을 관계자에 통보해 주기 위한 장치

6) 비상용 호흡장비 등은 쉽게 이용할 수 있도록 유지 관리할 것

7) 방호구역을 신속하게 환기시키는 환기장치 설치

8) Lock-out 밸브(NFPA 12(2018))

① 설치위치 : 약제저장실과 방출헤드 사이

② 설치목적 : 점검 및 공사 시 수동으로 폐쇄하는 밸브

③ 국내(NFTC 106 2.5.3)

㉠ 소화약제의 저장용기와 선택밸브 사이의 집합배관에는 수동잠금밸브를 설치하되 선택밸브 직전에 설치

㉡ 선택밸브가 없는 설비의 경우 저장용기실 내에 설치하되 조작 및 점검이 쉬운 위치에 설치

④ NFPA와 NFTC의 차이점

㉠ NFTC는 저장용기실에 설치하고, NFPA는 노즐과 배관 사이에 설치하라고 하여 방호구역마다 설치하도록 규정하고 있는 것이다.

㉡ NFTC는 감시의 규정이 없고, NFPA는 밸브의 개폐를 제어반에서 감시할 수 있어야 한다(4.5.5).

㉢ NFPA는 안전밸브를 추가로 설치하도록 하고 있어 폐쇄 시 고압에 관한 대책이 있다(4.7.2.3).

⑤ 방출지연스위치와 Lock-out 밸브 국내외 규정비교

구분	방출지연스위치(abort switch)		수동잠금밸브(lock-out valve)	
	NFTC	NFPA	NFTC	NFPA
이산화탄소	○	×	○	○
할로겐화합물 불활성기체	○	○	×	○

9) 과압배출구 : 약제방출로 인해 과압이나 감압 발생으로 인한 압력배출을 통해 방호구역의 파괴 방지

(3) 방호구역 인접부분(약제가 누설될 우려가 있는 장소)

1) 소화약제 배출조치
2) 음향경보장치
3) 방출표시등

(4) 설비관리

1) 이상신호에 의한 오방출 방지회로 설치
2) 점검 시 안전확보를 위해 개폐밸브 설치
3) 방호구역 출입통제 및 관리 실시
4) 상시 충분한 정비점검 실시
5) 비화재보가 작은 감지기 설치

(5) 기동장치

1) 의도적인 조작 이외에는 기동하지 않는 안전한 구조(인터록 등)
2) 주의사항, 표지판 설치
3) 수동조작함 개방 시 즉시 경보를 발할 수 있는 구조

(6) 공기호흡기

(7) 안전시설 등

1) **시각경보장치 설치** : 소화약제 방출 시 방호구역 내와 부근에 가스방출 시 영향을 미칠 수 있는 장소에 설치하여 소화약제가 방출되었음을 알도록 할 것
2) **위험경고표지 부착** : 방호구역 출입구 부근의 잘 보이는 장소에 약제방출에 따른 위험경고표지 부착

(8) 주의사항표지 : 이산화탄소(CO_2) 경고표지 설치장소(NFPA 12)－5개의 설치장소

장소	표시내용
방호구역 내	경고 이산화탄소(CO_2) 가스 경보가 작동되면 즉시 대피하시오.
방호구역 입구	경고 이산화탄소(CO_2) 가스 경보가 작동되면 환기될 때까지 들어가지 마시오.
인근지역	주의 이산화탄소(CO_2) 가스가 이곳에 체류될 수도 있으니 경보가 작동되면 즉시 대피하시오.

장소	표시내용
약제저장실	주의 들어가기 전에 CO_2 가스를 환기시키시오. CO_2 가스가 이곳에 체류될 수도 있어 질식을 일으킬 수 있습니다.
수동조작반	경고 이 장치를 작동하면 CO_2 가스가 방출되므로 작동시키기 전에 사람이 있는지 확인하시오.

05 결론

화재 시 인명, 재산의 손실을 최소화하는 소화도 중요하지만, 평상시 안전도 중요하므로 설계 초기부터 인명안전에 주의하여야 한다.

SECTION

083 가스계 소화설비 안전장치

01 개요

(1) 가스계 소화설비에서 소화약제 저장용기, 기동용 가스용기, 소화가스 방출배관 등의 이상과압(정상적인 압력보다 높은 압력)에 대비하여 안전장치를 설치하고, 기동용 가스가 이동하는 동배관에는 누설된 기동용기 가스가 저장용기밸브를 오작동시키는 것에 대비하여 안전장치를 설치한다.

(2) 위험성

1) 강한 독성(acute toxicity)

2) 심장 민감도(cardiac sensitiz)

3) 분해 생성물(decomposition products)

4) 산소결핍(oxygen depletion)

02 가스계 소화설비에서 안전장치(밸브) 설치장소

(1) **소화약제 저장용기** : 소화약제 저장용기 내에 이상과압이 발생하였을 때 안전밸브를 통하여 외부로 가스압력이 방출되어 저장용기가 파괴되는 사고가 일어나지 않도록 한다.

(2) **기동용 가스용기** : 기동용 가스용기 내에 이상과압이 발생하였을 때 안전밸브를 통하여 외부로 가스압력이 방출되도록 안전밸브를 설치한다.

(3) **소화약제 저장용기와 선택밸브 또는 주개폐밸브 사이**

1) 소화약제가 방출되었으나 선택밸브 또는 주개폐밸브가 열리지 않았을 때 방출된 고압력에 대비하여 배관을 보호하기 위하여 배관 내 일정압력 이상이 되었을 때 안전밸브를 통하여 배관의 외부로 가스압력이 방출되도록 안전밸브를 설치한다.

2) 안전장치는 내압시험압력의 0.8배에 작동되어야 한다.

(4) 기동용 가스의 누설압으로 인하여 저장용기가 개방되는 것을 방지하기 위하여 릴리프밸브를 설치한다.

1) 설치장소

① 기동용기함 내에 설치

② 방호구역의 기동용 배관의 끝에 설치

2) 화재안전기술기준에는 설치에 대한 기준이 없지만 적합한 장소에 설치

3) 안전밸브(가스 오토드립밸브)를 통하여 외부로 누출되어 저장용기나 선택밸브 등을 작동시키는 사고가 일어나지 않는다.

(5) 저장용기와 집합관 사이의 체크밸브

1) 저장용기와 집합관의 연결배관에 체크밸브 설치

2) 예외 : 저장용기가 하나의 방호구역만을 담당하는 경우

(6) 수동식 기동장치 부근의 비상정지스위치

1) 목적 : 소화약제의 방출 지연

2) 위치 : 수동식 기동장치 부근

3) 기능 : 자동복귀형 스위치로서, 수동식 기동장치의 타이머를 순간 정지

4) 이산화탄소의 경우 비상정지스위치 설치 금지(NFPA 12(2018) 4.5.4.11)

NFPA 12(2018) 4.5.4.11 Abort switches shall not be used on carbon dioxide systems.

03 할로겐화합물 및 불활성기체 소화약제 안전대책(NFPA 2001(2018))

(1) 적절한 피난구와 피난통로 확보

(2) 신속하고 안전한 피난을 확보하는 데 필요한 비상조명등과 방향표지판 설치

(3) 화재를 감지하자마자 화재가 발생한 지역에서 즉시 조작할 수 있는 수동기동장치 설치

(4) 위험지역의 비상구는 밖으로만 열리는 자동폐쇄장치가 설치된 문 설치

(5) 위험지역의 분위기가 정상적으로 회복될 때까지의 경보 지속

(6) 출입구와 위험지역 내부에 부착하는 경보 및 안내표지 설치

(7) 비상용 호흡장비 등은 쉽게 이용할 수 있도록 유지관리를 철저하게 실시

(8) 방호구역을 신속하게 환기시키는 장치 설치

(9) 비상정지스위치(4.3.5.3)

1) 방호구역 내부에 설치

2) 출구 부근에 설치

3) 계속해서 손으로 누를 때에만 작동하고 손을 떼면 자동복귀되는 형식

4) 수동제어가 비상정지스위치보다 우선함

5) 청각 및 시각적인 표시

04 가스계 소화약제의 위험성

(1) 강한 독성

1) 근사 치사농도(Approximate Lethal Concentration ; ALC) : LC_{50}와 유사한 개념으로, 실험쥐를 15분 동안 독성에 노출시켰을 경우 50%가 치사하는 농도

2) LC_{50}(lethal concentration) 시험용 동물의(시험에서 규정된 시간 동안) 50%가 치사하는 농도(4시간)

3) 흡입으로 인한 급성 독성 증상 노출관찰 : 구토, 눈과 호흡기 주변, 피부의 영향을 관찰한다.

① 급성 : 24시간 내

② 준급성 : 1개월 또는 그 미만

③ 준만성 : 1~3개월

④ 만성 : 3개월 이상

4) 중추신경계의 영향 : 무력화(비정상적인 행동, 무감각, 발작 또는 경련, 혼수상태)

5) 유전학·생식학적으로 영향을 주는 독성 : 장기간 걸친 동물시험 등

(2) 심장 민감도

1) 할론, 할로겐화합물 소화약제와 관련되는 위험성

2) 일부 화학물질이 혈액 안으로 유입되면, 심장은 아드레날린에 민감한 반응을 보이고, 아드레날린은 심장박동을 증가시킨다. 심하면 심장마비까지 유발할 수 있다.

3) 심장 민감도 영향

① NOAEL(No Observed Adverse Effect Level)

② LOAEL(Lowest Observed Adverse Effect Level)

③ PBPK

(3) 열분해 생성물

1) 할로겐화합물의 경우 불화수소(HF)의 발생으로 인한 생리적 피해 우려가 크다.

2) 영향인자 : 화재의 크기, 소화약제의 종류, 실내의 구조, 단열 정도 등

(4) 산소결핍

1) 불활성기체의 대표적인 위험요소이다.

2) 불활성기체 소화설비는 일반적으로 약 10.5%의 산소농도를 유지하도록 설계되나 경우에 따라서는 더 낮은 산소농도로 설계되기도 한다.

3) 호흡장애 : 산소농도와 밀접한 관련으로 심하면 졸도 등

SECTION 084

과압배출구(pressure venting)

115·111·108회 출제

01 개요

(1) 전역방출방식으로 질식이 주소화원리인 이산화탄소, IG-541 같은 경우 방사 시 순간적으로 실내압력이 상승 또는 하강하여 방호공간을 과압 또는 감압해서 압을 배출하거나 공기를 유입하여 평형압을 형성할 필요가 있다.

1) 할로 카본계 가스

① 부압 형성: 약제는 노즐에서 액체에서 증기로 상변화를 겪으며, 그 결과 방호구역의 공기에서 열을 흡수해서 온도가 낮아지고 공기가 수축하면서 부압이 형성된다.

② 양압 형성: 가연물의 고온이 방호구역 및 그 내용물에서 냉각된 공기로 열전달이 발생하여 약제의 팽창으로 인해 실내압력이 증가하는 양압이 형성된다.

2) 불활성 가스: 배출은 압력이 최대로 급격히 증가(양압 형성)한 후 시간이 지남에 따라 상대적으로 느리게 압력이 감소한다.

(2) 과압이나 감압으로 방호구역의 개구부가 파손되어 누설이 발생할 수 있기 때문이다. 따라서, 이 압력의 배출구가 필요하다.

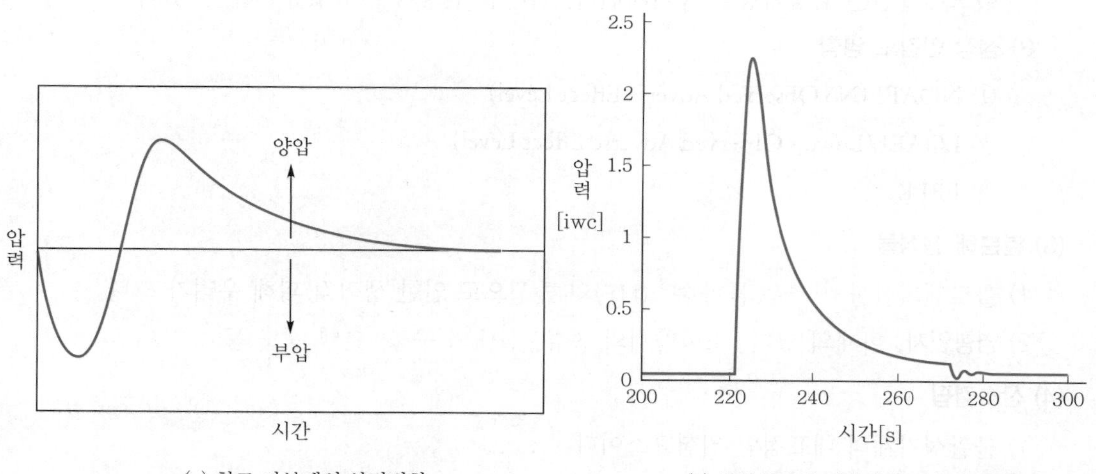

(a) 할로 카본계의 압력변화

(b) 불활성계와 이산화탄소의 압력변화

| 소화약제 방사 시 실내압의 변화(fire protection handbook 17-7) |

02 과압배출구 면적

(1) CO_2

1) 공식

$$X[\mathrm{mm^2}] = \frac{239 \cdot Q}{\sqrt{P}}$$

여기서, Q : 계산에 의한 소화약제량[kg/min]

P : 방호구역 허용강도[kPa]

2) 방호구역의 허용강도기준

| 빌딩에 따른 방호구역 허용강도 |

종류	방호구역 허용강도[kPa]
가벼운 건축물(light building)	1.2
일반 건축물(normal building)	2.4
지하실, 저장소, 둥근 천장의 방(vault building)	4.8

(2) IG-541

1) 공식

$$X[\mathrm{cm^2}] = \frac{42.9 \cdot Q}{\sqrt{P}}$$

여기서, Q : 계산에 의한 소화약제량[$\mathrm{m^3/min}$]

P : 방호구역 허용강도[$\mathrm{kg/m^2}$]

2) 방호구역의 허용강도기준

종류	방호구역 허용강도[$\mathrm{kg/m^2}$]
경량 칸막이	10~30
블록마감	50~100
철근콘크리트	100~200
구체적인 종류를 알 수 없는 일반적인 건축자재	49

(3) 변화 전 공식 및 단위

1) CO_2

$$X[\mathrm{mm^2}] = \frac{239 \cdot Q}{\sqrt{P}}$$

변수	변환 후 단위	변환 전 단위
X (면적)	1cm²	$1\text{mm}^2 = \text{cm}^2 \times \frac{100\text{mm}^2}{\text{cm}^2}$
Q (유량)	1m³/min	$1\text{kg/min} = \frac{\text{m}^3}{\text{min}} \times \frac{\text{kg}}{0.56\text{m}^3}$
P (압력)	1kg/m²	$1\text{kPa} = \text{kg/m}^2 \times \frac{\text{kPa}}{100\text{kg/m}^2}$

2) 단위환산계수를 변환 전 공식에 대입

$$X\,(1\times 100) = \frac{239\times\frac{Q}{0.56}}{\sqrt{\frac{1}{100}P}} \rightarrow X[\text{cm}^2] = \frac{42.7\cdot Q}{\sqrt{P}}$$

여기서, Q: 계산에 의한 소화약제량[m³/min]

P: 방호구역 허용강도[kg/m²]

(4) 과압배출구 면적산정의 일반식

1) $X[\text{cm}^2] = \frac{Z\times Q_m}{\sqrt{P}}$

여기서, X: 과압배출구 면적

Z: 소화약제에 따른 계수

Q_m: 계산에 의한 소화약제량

P: 방호구역 허용강도[Pa]

2) 소화약제에 따른 계수

소화약제의 종류	계수(Z)
IG-100	134
IG-541	134
IG-55	134
HFC-23	2,730
HFC-227ea	1,120

03 배출방식

(1) 인접실 배출방식

1) 과압가스를 인접실로 배출하는 방식

2) 인접실에 거주자가 없거나 외기와 면하는 장소인 경우에 적용하는 방식

(2) 덕트(duct) 배출방식

1) 덕트를 이용하여 별도의 장소 또는 옥외로 배출하는 방식

2) 인접실에 거주자가 있는 경우에 적용하는 방식

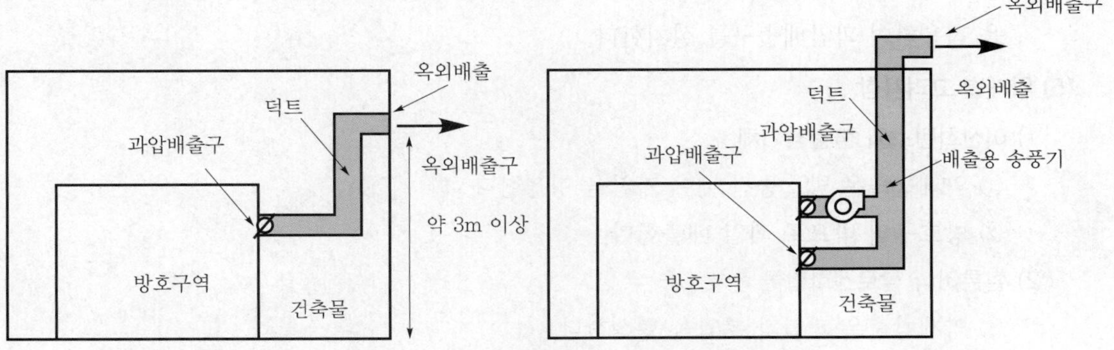

❙ 과압배출구 설치 예 ❙

04 설계 시 주의사항

(1) 국내법상에는 과압배출구에 대한 최소 작동압력, 최소 높이 등의 규정이 없으나 NFPA 2001(2018) Pressure Relief Vent(PRV) tips에서는 관련규정이 있으므로 이를 살펴봄으로써 우리 규정의 문제점을 개선할 수 있다.

(2) 과압배출구 선정

1) 과압배출구 계산결과의 면적 크기를 적용하여 현장 여건에 따라 댐퍼의 규격 및 수량을 결정한다.

2) 백드래프트형(back draft type)의 과압배출구를 설치하는 경우 : 550mm × 550mm 이하

역풍방지 댐퍼(back draft damper, shutter, check damper) : 팬이 역류에 의해 움직일 수 있다. 이로 인해 팬의 수명이 단축될 수 있기 때문에 기류의 흐름방향이 정방향이면 개방되고 기류가 역류하면 자동적으로 차단되는 마치 배관의 체크밸브와 같은 일정한 방향으로 흐르게 하는 댐퍼이다.

(3) 과압배출구 위치

1) 일반적으로 약제가 연소생성물보다 비중이 크므로 과압배출구는 천장 가까이 설치한다.

2) 방출헤드에서 멀리 설치한다.

(4) 국내에서의 방호구역의 압력 과다적용

1) 국내는 대부분 이산화탄소의 경량건축물 기준인 1.2kPa로 적용하고 있다.
2) 외국의 경우는 빌딩코드에서 명시하는 내벽 파티션(interior wall partitions)의 압력을 적용해 석고보드 등 경량 건축물에서는 250Pa, 콘크리트 벽체를 가진 방호구역은 500Pa을 적용하여 과압배출구를 설치한다.

(5) 약제별 고려사항

1) 이산화탄소와 불활성기체
   ① 약제방출은 방호공간 내에 가압을 형성한다.
   ② 방호구역 밖으로 과압 배출한다.
2) 할론이나 할로겐화합물
   ① 약제방출은 과압과 부압을 형성한다.

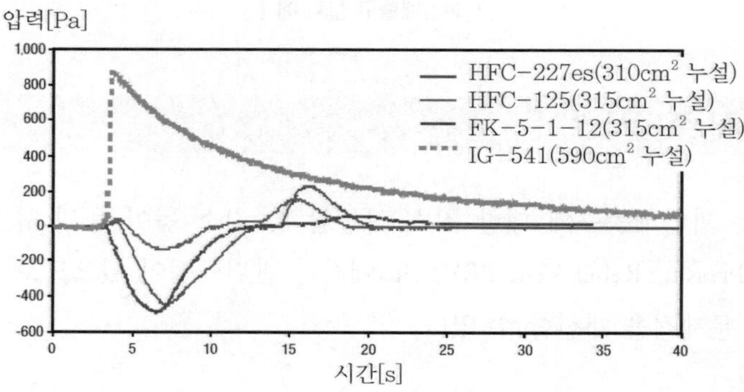

┃ 할로겐화합물과 불활성기체의 구획공간의 시간에 따른 압변화 ┃

┃ 할로겐화합물과 불활성기체의 양압과 부압(3M 자체시험 결과) ┃

구분	최대 부압[Pa]	최대 양압[Pa]
FK-5-1-12	1,053	144
HFC-125	316	402
HFC-227ea	891	359

   ② 약제와 온도의 영향을 고려하여 배출 및 공기의 유입도 고려하여야 한다.

3) 약제별 과압과 부압 고려사항

소화약제명	과압	부압
FK 5-1-12	○	○
HFC 125	○	○
HFC 227ea	○	○

소화약제명	과압	부압
HFC 23	○	×
IG-01	○	×
IG-100	○	×
IG-55	○	×
IG-541	○	×
CO_2	○	×

(6) **점검** : 최소한 일년에 한 번 이상은 과압배출구가 제대로 작동하는지를 확인하여야 한다.

(7) 개구부 또는 쉽게 나타나거나 예측되지는 않지만 문, 창문, 댐퍼에 틈이 있으면 충분히 배출 가능하므로 추가적인 배출이 필요 없을 수도 있다.

(8) **자동문의 자동폐쇄 여부** : 화재 시 감지기와 연동

1) 피난측면 : 자동으로 개방

2) 소화측면 : 자동으로 폐쇄

(9) 과압배출구는 창문의 유리가 파괴되기 전에 신속하게 개방한다.

(10) 약제에 따라서 과압뿐 아니라 부압도 고려하여야 한다.

SECTION 085

지구온난화(global warming)

83회 출제

01 개요

온실효과(greenhouse effect)는 이산화탄소와 같은 온실가스가 태양으로부터 지구에 들어오는 짧은 파장의 태양 복사에너지는 통과시키는 반면 지구로부터 나가려는 긴 파장의 복사에너지는 흡수하므로 지표면을 보온하는 역할을 하여 지구 대기의 온도를 상승시키는 작용이다.

02 지구온난화의 원인

(1) 이산화탄소 농도가 증가하면 이산화탄소의 열흡수율이 높아 많은 열을 흡수하여 대기의 온도를 상승시킨다.

1) 농도가 증가하면 할수록 대기 중의 이산화탄소량이 많아져 더 많은 열을 흡수한다.

2) 대기의 온도가 상승하면 그만큼 해당 온도에서 더 많은 수증기를 함유할 수 있게 된다(포화수증기량이 증가하기 때문이다).

3) 수증기가 모여 구름을 형성하지 않는 한, 이 수증기 또한 열을 흡수한다.

(2) 수증기를 온실기체라고 보지 않는 이유는 구름을 형성하여 햇빛을 반사하기도 하기 때문인데 늘어난 수증기가 모두 다 구름을 형성하는 것은 아니다. 결국, 이산화탄소가 지구온난화의 주범이라고 하는 이유는 두 가지이다.

1) 이산화탄소는 열을 흡수하여 온실효과를 유발하는 어떤 기체보다도 대기 중에 많이 있다는 점

2) 대기 중의 이산화탄소 농도가 높아져 더워진 대기는 수증기를 더 많이 함유할 수 있다는 점

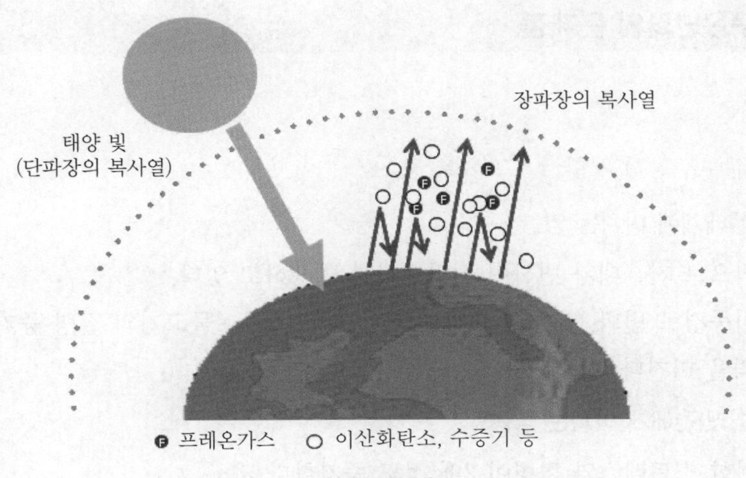

❙ 온실효과 ❙

03 온실가스의 종류와 온난화지수

(1) 지구온난화에 영향을 미치는 온실가스의 종류

1) 직접 온실가스 : 이산화탄소, 메탄, 아산화질소, 수소불화탄소, 과불화탄소, 육불화황

2) 간접 온실가스 : 일산화탄소, 질소가스, 비-메탄휘발성 유기물질

(2) 지구온난화지수(Global Warming Potential ; GWPs)

1) 개념 : 온실가스별로 지구온난화에 기여하는 정도가 다르며, 일반적으로 이산화탄소를 기준으로 각 가스별 기여 정도를 명시한 것이다.

2) 공식

$$GWP = \frac{\text{어떤 물질 1kg에 의한 지구의 온난화 정도}}{CO_2 \text{ 1kg에 의한 지구의 온난화 정도}}$$

3) 온실가스별 지구온난화지수(GWP)

온실가스	지구온난화지수(GWP)
이산화탄소(CO_2)	1
메탄(CH_4)	21
아산화질소(N_2O)	310
수소불화탄소(HFCs)	150~11,700
과불화탄소(PFCs)	6,500~9,200
육불화황(SF_6)	23,900

04 지구온난화의 문제점

(1) 해수면 상승

(2) 농업에 미치는 부정적 영향

(3) 육상, 수상 생태계에 미치는 영향

1) 전 세계적으로 기후대가 변하여 식량변화가 발생하고 있다.

2) 어류의 이동경로 변화, 해양생태계 변화, 산소량 감소, 물고기의 질병 증가로 인해 수산업에 타격을 미친다.

(4) 에너지, 산업, 인간에게 미치는 영향

1) 더위로 인한 스트레스와 질병이 2배 정도 증가한다.

2) 전염성 질병체의 분포변화로 전염병 이동이 증가한다.

3) 에너지 사용량이 증가한다.

4) 산업발달에 제한요소(탄소종량제, 탄소거래제 등)가 된다.

05 대책

(1) 이산화탄소(CO_2) 가스의 배출 억제방안

1) 화석연료의 사용량 저감

2) 대체 에너지원 개발

(2) 이산화탄소(CO_2) 가스의 흡수 확대방안 : 숲을 가꾸고 나무를 심는다.

SECTION 086 Halon 소화설비

01 개요

(1) **할론소화설비** : 탄화수소화합물에서 수소를 할로겐족 원소로 치환하여 할로겐족의 부촉매 효과를 이용한 가스계 소화약제이다.

(2) 가스계로 비전도성, 소화 후 피해예방 등의 가스소화설비의 본연의 장점을 가지고 있고, 이산화탄소와는 달리 냉각효과가 작아 첨단장비나 통신장비 등의 냉해를 줄 우려도 없고, 적은 소화약제로 소화가 가능한 장점이 있어 취급 및 보관이 용이하여 널리 사용해 온 가스소화약제이다.

(3) 휘발성이 강해서 과거에는 휘발성 소화약제라고 불리기도 했다. 하지만 할론의 오존층 파괴 때문에 몬트리올의정서 등에 의해 사용이 제한되어 현재에는 할로겐화합물 및 불활성기체 소화약제로 교체되고 있는 실정이며, 제한된 용도에 한하여 사용하는 소화설비이다.

02 할론시스템의 구분

(1) 가압방식

1) **개요** : 온도에 따라 변화하지 않고 일정하게 압력을 유지하기 위하여 질소 등의 가스를 가압원으로 사용한다.

2) 축압식

① 가압가스인 질소를 할론소화약제와 한 용기에 넣어 축압(2.5MPa or 4.2MPa)으로 가압한다.

1. 2.5MPa : 이음매가 있는 압력용기 적용, 4.2MPa : 이음매가 없는 압력용기 적용
2. **국내의 프로그램 인정을 받은 Halon 1301** : 용기의 충전압력이 4.2MPa(600psi) 밖에 없다.

② 할론 1301, 1211 등 : 상온에서 기상으로 존재하므로 이를 액상으로 보관하려면 고압으로 가압하여 액상으로 만들어 저장하여야 한다.

3) 가압식

① 별도의 가압용 질소탱크를 설치하고, 방사 시 가압용기 내의 질소로 약제를 가압하여 할론을 방사하는 방식이다.

② 할론 2402 : 상온에서 액체상태로 자체 증기압만으로는 방사될 수 없으므로 방사는 별도의 외부가압원(15MPa)을 설치하여야 한다.

4) 질소의 특성

① 화학적으로 안정된 비반응성 물질로, 다른 물질(특히, 산소)과의 반응성이 매우 작다.

② 반응하더라도 흡열반응을 한다.

③ 대기 중에 존재하는 천연가스(공기 중에 78%)로 인체에 무해하다.

④ 임계온도가 매우 낮아 상온에서는 액화되지 않으므로 축압용 가스로 사용하기에 적합하다.

⑤ 가격이 저렴하고 제조가 쉽다.

(2) 방출방식에 의한 구분 114회 출제

1) 전역방출방식

2) 국소방출방식

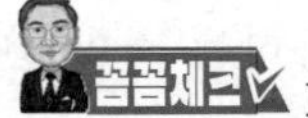

NFPA 12A에서 국소방출방식이 없는 이유 : 1990년도 이전에는 국소방출방식을 인정하였으나 1990년 이후부터는 할론 1301의 경우 국소방출방식을 삭제하여 코드에 없다. 왜냐하면 할론의 경우는 저농도로 단시간 내에 방사하여 순식간 내에 소화하는 시스템으로 구획화가 되어 있지 않은 국소방출방식의 경우는 소화성능을 확보할 수 없기 때문이다.

3) 호스릴방식(이동식 또는 수동식)

① 이동식 설비로서 화재 시 사람이 호스를 이용하여 화재장소에 수동으로 약제를 방사하는 수동식 설비이다.

② 화재 시 연기가 차서 위해로 인하여 소화활동이 곤란해질 우려가 없는 장소에만 설치한다.

③ 적용대상

㉠ 1층(또는 피난층)에 있는 부분으로서 지상에서 개방(수동 또는 원격조작)할 수 있는 개구부 유효면적의 합계가 15% 이상이 되는 부분

㉡ 전기설비가 설치되어 있는 부분 또는 다량의 화기를 사용하는 부분(당해 주위 5m 이내의 부분을 포함)의 바닥면적이 해당 설비가 설치되어 있는 구획의 바닥면적에 $\frac{1}{5}$ 미만이 되는 부분

④ 성능조건

㉠ 방호대상물의 각 부분으로부터 하나의 호스접결구까지의 수평거리 : 20m 이하

㉡ 호스릴을 설치하는 위치마다 저장용기 또는 저장탱크 설치

㉢ 저장용기의 개방밸브는 호스 설치장소에서 수동으로 개폐할 수 있는 구조

| 방사량 및 소화약제량 |

수평거리	노즐방사량[kg/min]			노즐당 약제소요량[kg]		
	1301	1211	2402	1301	1211	2402
20m	35	40	45	45	50	50

03 할론소화설비 계통 및 작동

(1) 계통 : * 이산화탄소 소화설비와 유사하므로 앞 단원을 참조한다.

(2) 작동순서

1) 할론소화설비의 구성 및 작동순서는 이산화탄소 소화설비와 유사하므로 앞 내용을 참조한다.

2) 차이점 : 가압식에서 기동용 가스(기동용기에서 방출)가 가압용 가스용기, 소화약제 저장용 용기밸브를 동시에 개방시키고, 가압용 가스(15MPa)의 공급관에는 압력조정기가 설치되어 2MPa 이하의 압력으로 소화약제 저장용기의 약제를 가압하여 방출하는 점

04 할론소화설비의 주요 구성부 및 기능 등

(1) 할론소화약제의 저장용기

1) 가압식

2) 축압식 : 국내에서는 가압식은 거의 없고 축압식이 대부분이다.

3) 충전비 : 하나의 집합관에 접속되는 용기는 충전비가 동일하여야 하며 다음 기준을 적용한다.

구분	소화약제의 종류	충전비
축압식	1301	0.9 이상 1.6 이하
	1211	0.7 이상 1.4 이하
	2402	0.67 이상 2.75 이하
가압식	2402	0.51 이상 0.67 이하

(2) 가압용 가스용기 및 기타 부속장치 등 : 가압용 및 기동용 가스용기는 고압가스 안전관리법령에서 정하는 고압용기를 사용한다.

1) 가압용 가스용기

① 가압식 할론 2402 소화설비용으로는 보통 내용적 40L 정도의 가압용 질소용기 사용

② 구성 : 용기밸브, 전자식 솔레노이드밸브 또는 가스압식의 피스톤밸브 등

③ 질소충전압

㉠ 고압식 : 40℃에서 15MPa로 충전

㉡ 저압식 : 1.5MPa로 충전

2) 기동용 가스용기

① 할로겐화합물 소화설비에 설치하는 기동용 가스용기는 질소 또는 이산화탄소를 충전한 용기를 사용한다.

이산화탄소는 쉽게 액화가 가능하여 소형으로 보관할 수 있고 높은 증기압을 가지고 있기 때문에 기동용 가스로 사용했으나 겨울철 압력저하로 질소 등으로 대체하는 것이 바람직하다.

② 구성 : 용기밸브, 전자식 솔레노이드밸브 또는 가스압식의 피스톤밸브 등

③ 용기의 내용적 : 이산화탄소 1L 이상(질소 등 5L)

④ 이산화탄소 충전가스량 : 0.6kg 이상

⑤ 이산화탄소 충전비 : 1.5~1.9

⑥ 이산화탄소 내압시험압력 : 25MPa

3) 지연장치

4) 압력조정기

① 설치위치 : 가압용 가스용기의 가스(15MPa) 저장용기 또는 저장탱크의 후단이자 약제용기 전단에 설치

② 목적 : 가스압력을 2MPa 이하의 일정한 압으로 감압조정하는 장치로 일정한 압력으로 소화약제를 방사하기 위함

5) 니들밸브

6) 가스 체크밸브(gas check valve)

7) 릴리프밸브(relief valve)

8) 약제용기 안전밸브(safety valve)

① 설치목적 : 일시적으로 가스압력이 급격하게 상승해서 배관이나 용기의 최대 압력을 초과하여 파손시키지 못하도록 밸브 내부 동판이 파괴되어 압력을 빼주도록 설계된 과압방지밸브

② 안전밸브의 작동압력 : 5.5~8MPa

9) 음향경보장치

① 수동기동장치 : 수동으로 동작시켜 기동하는 음향경보장치

② 자동기동장치 : 화재감지기와 연동해서 자동으로 기동하는 음향경보장치

10) 선택밸브

11) 기동장치

① 수동식 기동장치 설치기준

㉠ 전역방출방식은 방호구역마다, 국소방출방식은 방호대상물마다 설치

㉡ 해당 방호구역의 출입구부분 등 조작하는 자가 쉽게 피난할 수 있는 장소에 설치

㉢ 기동장치의 조작부 : 바닥으로부터 높이 0.8m 이상 1.5m 이하의 위치에 설치, 보호판 등에 따른 보호장치를 설치

㉣ 기동장치에는 그 가까운 곳의 보기 쉬운 곳에 '할론소화설비 기동장치'라고 표시한 표지를 할 것

㉤ 전기를 사용하는 기동장치 : 전원표시등을 설치

㉥ 기동장치의 방출용 스위치 : 음향경보장치와 연동

② 수동식 기동장치의 부근 : 소화약제의 방출을 지연시킬 수 있는 비상스위치 설치

③ 자동식 기동장치 설치기준

㉠ 자동식 기동장치에는 수동으로도 기동할 수 있는 구조

㉡ 전기식 기동장치 : 7병 이상의 저장용기를 동시에 개방하는 설비는 2병 이상의 저장용기에 전자개방밸브를 부착

㉢ 가스압력식 기동장치

- 기동용 가스용기 및 해당 용기에 사용하는 밸브 : 25MPa 이상의 압력에 견딜 수 있는 것
- 기동용 가스용기의 안전장치 : 내압시험압력 0.8배 내지 내압시험압력 이하에서 작동

④ 기계식 기동장치 : 저장용기를 쉽게 개방할 수 있는 구조

12) 배관

① 저장용기 또는 저장탱크에서 할론소화약제를 분사헤드까지 보내는 배관, 가압가스 및 기동용 가스를 보내는 배관 : 전용 배관으로 설치

② 독립방식 : 하나의 구역을 담당하는 소화약제 저장용기의 소화약제량의 체적합계보다 그 소화약제 방출 시 방출경로가 되는 배관(집합관 포함)의 내용적이 1.5배 이상일 경우에는 해당 방호구역에 대한 설비

꼼꼼체크 1. 할론소화약제량을 체적 V[L]라고 하고, 방출경로가 되는 배관의 내용적을 V_p[L]라고 하면, $V_p = V \times 1.5$이어야 한다. 이는 배관의 내용적을 제한하는 것으로, 경로상 배관의 체적이 소화약제의 체적에 비하여 1.5배 이상인 경우는 소화약제가 분사헤드를 통하여 방사될 때까지의 시간이 길어지게 되므로 배관 내에서 기화하는 비율이 커진다. 따라서, 제한된 시간인 10초 이내에 방사가 곤란해지므로 별도의 독립배관방식으로 설치하도록 하고 있다. 이는 방출시간 10초로 할론소화약제를 이송할 수 있는 한계거리를 의미한다.

2. 배관비가 1.5 이상이면 독립배관을 구성해서 배관비를 1.5 이하로 낮추어야 한다는 의미이다.

③ NFPA 12A[81] : 배관 내 약제량 비율이 80% 이하

$$\text{배관 내 소화약제량 비율[\%]} = \frac{K_1}{\frac{W}{V_p} + K_2}$$

여기서, V_p : 배관의 내용적[ft^3]

W : Halon 1301의 소화약제량[Ib]

K_1, K_2 : 테이블 H.1(a)에 의한 계수

| 배관 내 약제비 상수 표 Table H.1(a) |

충전압(psig)	충전밀도	K_1	K_2
600	70	7,180	46
	60	7,250	40
	50	7,320	34
	40	7,390	28
360	70	6,730	52
	60	6,770	46
	50	6,810	40
	40	6,850	34

13) 분사헤드

① 전역방출방식

㉠ 방사된 소화약제가 방호구역의 전역에 균일하게 신속히 확산

㉡ 할론 2402를 방출하는 분사헤드 : 해당 소화약제가 무상으로 분무

81) NFPA 12A : 2018 Annex H(Nozzles) H.1

ⓒ 분사헤드의 방사압력

소화약제의 종류	방사압력
1301	0.9MPa 이상
1211	0.2MPa 이상
2402	0.1MPa 이상

ⓓ 분사헤드의 방사시간 : 기준저장량의 소화약제를 10초 이내에 방사

② 국소방출방식

ⓐ 설치장소 : 소화약제의 방사에 따라 가연물이 날아서 흩어지지 않는 장소

ⓑ 할론 2402를 방출하는 분사헤드 : 해당 소화약제가 무상으로 분무되는 것

ⓒ 분사헤드의 방사압력 : 전역방출방식과 동일

ⓓ 분사헤드의 방사시간 : 기준저장량의 소화약제를 10초 이내에 방사

③ 할론소화설비 분사헤드의 오리피스구경, 방출률, 크기 등에 관하여는 아래와 같이 설치(차고 또는 주차의 용도로 사용되는 부분 제외)한다.

ⓐ 분사헤드 : 부식방지조치

ⓑ 오리피스의 크기, 제조일자, 제조업체가 표시

ⓒ 분사헤드의 개수 : 방호구역에 방사시간이 충족되도록 설치

ⓓ 분사헤드의 방출률 및 방출압력 : 제조업체에서 정한 값

ⓔ 분사헤드의 오리피스 면적 : 분사헤드가 연결되는 배관구경 면적의 70% 이하

14) 비상전원 : 할론소화설비의 비상전원 및 배선은 이산화탄소 소화설비를 준용하여 설치한다.

05 소화메커니즘(mechanism) : 부촉매효과

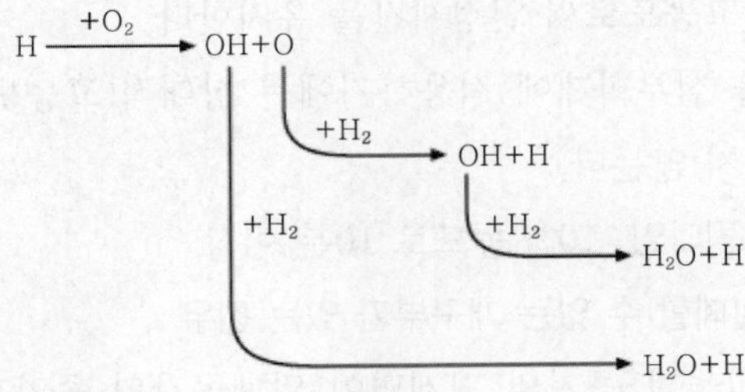

최종 결과 : $H + 3H_2 + O_2 \rightarrow 2H_2O + 3H$

06 소화효과

(1) 화학적 소화 : 부촉매효과(주된 소화효과)

(2) 물리적 소화

1) 열용량

2) 소화약제의 기화 : 증발잠열

3) 분해에 의한 에너지 흡수 : 탄소(C)와 불소(F)의 결합이 절단

4) 산소농도 감소

(3) Halon 1301의 소화효과

1) 약 80%의 화학적 소화효과

2) 약 20%의 물리적 소화효과

07 소화농도

(1) 불꽃설계농도

1) 컵버너 시험(cup-burnner test)인 B급 소화농도의 120%

2) 최소 설계농도 : 5% 이하인 경우에는 5%

(2) 최대 설계농도 : 정상거주지역에서는 소화농도의 2배인 10%를 초과하여 적용해서는 안 된다.

(3) 심부화재

1) 소킹타임(soaking time)

① 저농도(약 5~10%)로 약제를 방출하여 짧은 시간 내에 화학반응에 의한 연소의 연쇄반응을 억제한다.

② 조기에 소화가 가능한 표면화재에 주로 사용하나 심부화재의 소화에 적용할 때에는 소화가 가능한 고농도로써 일정시간을 유지한다.

③ 할론소화약제를 심부화재에 적용하기에는 상대적(고농도 유지)으로 경제성이 나빠서 통상 사용하지 않는다.

④ NFPA 12A의 소킹타임 : 10% 농도로 10분 이상

2) 전역방출방식에서 밀폐할 수 없는 개구부가 있는 경우

① 할론, 공기 혼합물과 공기의 경계면이 밀폐공간의 중앙까지 내려오는데 걸리는 시간 동안의 농도유지시간이 필요하다.

② 보통 10분간의 소킹타임이 요구된다.

(4) NFPA 12A : 할론의 호스릴과 국소방출방식을 인정하지 않고 있다.

NFPA 12A에서 호스릴과 국소방출방식을 인정하지 않는 이유 : 약제량이 적고, 방사압이 낮으며, 방사시간이 짧아 상기 시스템에 소화효과를 기대하기 어렵고 약제의 환경오염성 때문에 더 이상 설비의 사용이 제한됨에 따라 적용될 필요성이 없기 때문이다.

(5) NFTC의 할론의 소화약제량

1) 전역방출방식

① 방호구역의 체적 $1m^3$당 약제량

방호구역의 체적에 불연재료나 내열성의 재료로 밀폐된 구조물이 있는 경우에는 그 체적을 제외한다.

소방대상물 또는 그 부분		소화약제의 종별	K_1 방호구역의 체적 $1m^3$당 소화약제량[kg] A(최저수치)	K_2 가산량 면적 $1m^2$당 소화약제 가산량 [kg] $A \times 7.5$
전기실, 통신기기실, 차고, 주차장 이와 유사한 전기설비가 설치되어 있는 부분		할론 1301	0.32 이상 0.64 이하	$2.4kg/m^2$
소방기본법 시행령 별표 2의 특수가연물을 저장·취급하는 소방대상물 또는 그 부분	가연성 고체류, 가연성 액체류	할론 2402	0.4 이상 1.1 이하	$3.0kg/m^2$
		할론 1211	0.36 이상 0.71 이하	$2.7kg/m^2$
		할론 1301	0.32 이상 0.64 이하	$2.4kg/m^2$
	사류(실류), 고무류, 종이조각류, 목모 ⇒ 심부성 화재	할론 1211	0.6 이상 0.71 이하	$4.5kg/m^2$
		할론 1301	0.52 이상 0.64 이하	$3.9kg/m^2$
	합성수지류를 저장·취급하는 장소	할론 1211	0.36 이상 0.71 이하	$2.7kg/m^2$
		할론 1301	0.32 이상 0.64 이하	$2.4kg/m^2$

② 방호구역의 개구부에 자동폐쇄장치를 설치하지 않은 경우 : 기본량 + 개구부 가산한 양

1. K_1은 Volume factor, K_2는 Opening factor라고 하며 이를 모두 합쳐서 방출계수(flooding factor)라고 한다.
2. 0.32 이상 0.64 이하라는 것은 할론의 소화농도인 5~10%에 해당된다. 할론은 거주지역에서는 10%를 넘어선 안 된다. 거주지역이란 상시 사람이 있는 장소이고 사람이 일시적으로 출입하는 경우는 이에 적용을 받지 않는다.
3. 할론 1301은 피난시간이 1분 이상인 경우 7% 이상의 농도를 유지할 수 없다.

2) 국소방출방식

① 윗면이 개방된 용기에 저장하는 경우와 화재 시 연소면이 1면에 한정되고 가연물이 비산할 우려가 없는 경우

소화약제의 종별	방호대상물의 표면적 $1m^2$당 소화약제량[kg]
할론 2402	8.8
할론 1211	7.6
할론 1301	6.8

② 위 ① 외의 경우에는 방호공간의 체적 $1m^3$당 약제량

$$Q = X - Y\frac{a}{A}$$

여기서, Q : 방호공간 $1m^3$에 대한 할론소화약제의 양[kg/m^3]

a : 방호대상물의 주위에 설치된 벽의 면적의 합계[m^2]

A : 방호공간의 벽면적(벽이 없는 경우에는 벽이 있는 것으로 가정한 당해 부분의 면적)의 합계[m^2]

X 및 Y : 다음 표의 수치

소화약제의 종별	X의 수치	Y의 수치
할론 2402	5.2	3.9(5.2×0.75)
할론 1211	4.4	3.3(4.4×0.75)
할론 1301	4.0	3.0(4.0×0.75)

방호공간 : 방호대상물의 각 부분으로부터 0.6m의 거리에 따라 둘러싸인 공간

③ 할증

소화약제의 종별	할증
할론 2402	1.1
할론 1211	1.1
할론 1301	1.25

할론 1211의 경우 상온에서 포화증기압이 0.25MPa이고 헤드 방사압이 0.2MPa로 저장압과 방사압의 차이가 작아 국소방출방식으로 방사 시 액상으로 90%가, 기상으로 10%가 방출된다. 따라서, $\frac{1}{0.9} = 1.11 ≒ 1.1$을 할증한다. 할론 1301의 경우 질소로 축압하여 상온에서

포화증기압이 4.2MPa이고 헤드 방사압이 0.9MPa로 저장압과 방사압의 차이가 커서 국소방출방식으로 방출 시 액상이 80%, 기상이 20%를 차지하므로 $\frac{1}{0.8}=1.25$를 할증한다.

3) 호스릴 할론소화설비

① 호스릴 할론소화설비의 설치기준

㉠ 방호대상물의 각 부분으로부터 하나의 호스접결구까지의 수평거리 : 20m 이하

㉡ 소화약제 저장용기의 개방밸브 : 호스릴의 설치장소에서 수동으로 개폐할 수 있는 것

㉢ 소화약제의 저장용기 : 호스릴을 설치하는 장소마다 설치

㉣ 노즐은 20℃에서 하나의 노즐마다 1분당 방사량

소화약제의 종별	1분당 방사하는 소화약제량[kg]
할론 2402	45
할론 1211	40
할론 1301	35

② 소화약제 저장용기의 가까운 곳의 보기 쉬운 곳 : 적색의 표시등을 설치, 표지 설치

③ 하나의 호스릴 노즐당 약제량

소화약제의 종별	소화약제량[kg]
할론 2402	50
할론 1211	50
할론 1301	45

4) 최대 설계농도

① NFTC 107에는 최대 설계농도 제한이 없다. 단, 할론의 소화약제량 $0.32kg/m^2$이 소화농도는 약 5%이고, $0.64kg/m^2$이 약 10%에 해당되므로 10% 이하로 볼 수 있다.

② NFPA 12A(2015)

㉠ 정상 거주지역에서는 최대 설계농도는 최소 설계농도인 5%의 두 배인 10%를 넘지 못하도록 제한한다.

㉡ 제한이유 : 설계농도가 증가하면 산소농도가 줄어들고 분해 부산물도 많이 발생하기 때문이다.

08 할론소화약제의 물리적 특성

(1) 할론소화약제는 포화탄화수소인 메탄(CH_4)이나 에탄(C_2H_6) 등의 수소원자 일부 또는 전부가 할로겐족 원소(F, Cl, Br, I)로 치환된 화합물로 이들의 물리·화학적 성질은 메탄이

나 에탄과는 상이하다.

(2) 불소(F)는 주기율표상에서 오른쪽 상단위치에 있으며 가장 전기음성도가 큰 물질이다.

1) 불소가 다른 물질과 결합할 경우에 전자를 강력한 힘으로 잡아당기기 때문에 결합길이도 짧고 결합력도 강해진다.

2) 전기음성도가 크다는 것은 다른 원소를 산화시키는 힘이 크다는 것을 의미하므로 불소를 모든 원소 중에서 가장 산화력이 큰 물질이다.

(3) 불소로 인한 특성

1) 할론소화약제는 포화탄화수소와는 달리 강력한 분자 내의 결합력으로 불연성이며 대기 중에도 잘 분해가 되지 않는 안정적인 물질이다.

2) 할론소화약제가 독성이 작은 이유는 탄소와 불소(F)의 결합력이 강해 다른 물질과의 상호작용이 이루어지지 않기 때문이다.

3) 염소(Cl)나 브롬(Br)은 소화성능을 향상시킨다.

4) 전기음성도는 전자쌍을 당기는 힘으로 음성도가 클수록 결합세기는 커지고 결합길이는 짧아질수록 화학적 소화능력은 저하된다.

할로겐화수소	결합세기[kJ/mol]	결합길이[nm]
HF	565	0.092
HCl	431	0.128
HBr	366	0.142
HI	299	0.161

상기 표에서와 같이 HF에서 HI로 갈수록 할로겐 원자의 크기가 증가하므로 원자 사이의 결합길이가 길어지고 결합세기는 줄어든다. 따라서, OH기와 만나서 쉽게 수소를 버리고 물로 만들면서 자기는 다시 수소와 결합을 반복적으로 해야만 우수한 부촉매효과를 발휘할 수 있는데 염소(Cl)까지는 결합력이 강해서 반복적인 결합을 하지 못하기 때문에 부촉매효과가 낮은 것이다. 반면에 브롬(Br)은 결합의 세기가 약해서 쉽게 수소를 버리고 물로 만들며, 다시 수소와 결합을 반복하기가 용이하기 때문에 부촉매효과가 우수한 것이다.

5) 할론소화약제에서 할로겐족 원소의 역할

특징 \ 할로겐원소	불소(F)	염소(Cl)	브롬(Br)	요오드(I)
안정성	우수	–	–	–
열안정성	우수	저하	저하	저하

특징 \ 할로겐원소	불소(F)	염소(Cl)	브롬(Br)	요오드(I)
독성	저하	증가	증가	증가
비점	저하	증가	증가	증가
소화성능	–	증가(소)	증가(중)	증가(대)

(4) 분자 내의 결합력은 강하지만 분자 간의 결합력은 상대적으로 약하기 때문에 분자 간의 결합력을 끊고 쉽게 기화가 가능하여 소화 후에도 잔존물이 남지 않는 깨끗한 소화약제이다.

(5) 할론소화약제 1301, 1211, 2402의 주요 물리적 특성

구분	할론 1301	할론 1211	할론 2402
화학식	CF_3Br	CF_2ClBr	$C_2F_4Br_2$
분자량	148.9	165.4	259.9
노즐 방사압력[MPa]	0.9	0.2	0.1
액체밀도(기준 20℃에서 g/cm³)	1.57	1.83	2.17
기체비중(공기=1)	5.1	5.7	9.0
비등점(1기압)	–57.8℃	–3.4℃	47.2℃
증기압	1.4MPa	0.25MPa	0.048MPa
임계온도	67℃	154℃	214.5℃
ODP	10	3	6
기화열[kcal/kg]	28	32	25
구조식	Br ④ / C ① ③ / F ② F / F (C에 Br, F, F, F 결합)	F / Cl–C–F / Br	F F / F–C–C–F / Br Br

(6) 할로겐화합물 소화약제의 장단점

장점	단점
① 화학적 부촉매작용에 의한 연소억제작용으로 소화효과가 우수 ② 화학적으로 안정성이 뛰어나 금속에 대한 부식성이 작고 변질되거나 자연분해가 잘 되지 않음 ③ 전기적으로 부도체이기 때문에 전기화재에 적응성 ④ 휘발성으로 방호대상물에 대한 오염이 없음 ⑤ 5~10% 정도의 낮은 설계농도로도 소화가 가능하므로 약제 저장량이 적음	① 이산화탄소에 비해 비경제성 ② 높은 오존파괴지수(ODP) ③ 높은 지구온난화지수(GWP)

(7) 할로겐화합물 소화약제와 이산화탄소의 비교

구분	이산화탄소(CO_2)	할론 1301
소화약제	액화탄산가스	1염화 3불화메탄
기화열(0℃)	56kcal/kg	26kcal/kg
액체비열	0.2kcal/kg · ℃	0.2kcal/kg · ℃
소화원리	질식, 냉각	부촉매
소화능력	1	3
설계농도	34~75%	5~10%
위험성	질식, 냉각으로 인한 피해발생	480℃에서 분해되어 유해가스 발생
환경문제	지구온난화(교토의정서)	오존층파괴, 지구온난화
충전비	1.5~1.9	0.9~1.6
압력	5.8MPa(21℃)	4.2MPa(자체압은 1.3MPa)
배관두께	① 강관 : 압력배관용 탄소강관 중 Sch80 이상 ② 동관 : 이음이 없는 동 및 동합금강으로서, 16.5MPa 이상의 압력에 견딜 것	강관 사용 시 압력배관용 Sch40 이상, 나머지는 이산화탄소와 동일
방출압력	2.1MPa	0.9MPa
방출시간	① 표면화재 1분 ② 심부화재 7분, 2분 이내에 설계농도의 30%에 도달할 것 ③ 국소방출방식 30초	10초
배관부속	① 1차측 4MPa ② 2차측 2MPa	배관 및 동등 이상의 강도 및 내식성
호스릴	① 수평거리(호스접결구) 15m 이하 ② 하나의 노즐에서 방사량 60kg/min 이상 저장량 90kg 이상	① 수평거리 20m 이하 ② 하나의 노즐에서 방사량 35kg/min 이상 저장량 45kg 이상
소화농도	자유유출 가정하에서 산소농도가 21%에서 15%로 낮아질 때의 이산화탄소농도를 계산(28%)하여 안전율 20%를 곱한 값	무유출을 가정하여 소화농도를 계산

(8) 할론소화약제의 명명법

1) 기본 할론소화약제의 명명 : Halon ABCD (1301)

2) A는 C(탄소)의 숫자를 의미한다.

3) B는 F(불소)의 숫자를 의미한다.

4) C는 Cl(염소)의 숫자를 의미한다.

5) D는 Br(브롬)의 숫자를 의미한다.

6) Halon 1301은 $C_1F_3Cl_0Br_1$로, 이를 다시 나타내면 CF_3Br이다. 또 Halon 1211은 $C_1F_2Cl_1Br_1$로 이를 다시 나타내면 CF_2ClBr이다.

(9) 할론소화약제의 대안[82)]

약제종류	ODP	GWP	할론 대안으로서의 기능
Halons	높음	높음	–
PFCs	0	높음	할론 대안으로 볼 수 있지만 기존 시스템을 지원하기 위한 용도로만 사용할 수 있음
HCFCs	낮음	낮음	
HFCs	0	높음	할론, PFC 및 HCFC 대안으로 볼 수 있음
FK	0	낮음	할론, PFC, HCFC 및 HFC 대안으로 볼 수 있음
HBFOs	매우 낮음	매우 낮음	할론, PFC, HCFC 및 HFC 대안으로 볼 수 있음
Inert Gas	0	0	할론, PFC, HCFC 및 HFC 대안으로 볼 수 있음

09 할론의 대체 소화시스템

(1) 할로겐화합물 및 불활성 기체 소화약제 시스템

(2) 미분무수 시스템

(3) 고체에어로졸 시스템

82) MONTREAL PROTOCOL ON SUBSTANCES THAT DEPLETE THE OZONE LAYER. 2018. UN

SECTION 087

농도유지시간 (soaking time, retention time, hold time)

128·90회 출제

01 개요

(1) 가스계 소화설비는 설계농도를 달성하는 것도 중요한 일이지만 재발화 위험이 있는 가연물의 경우 이에 대비하여 일정시간 동안 그 농도를 유지하는 것도 중요하다.

(2) 미국의 조사결과 가스계 소화약제 실패원인의 70% 정도가 개구부 설정의 잘못으로 보고되었다.

(3) NFPA 12A의 Annex I. Fire extinguishment : 일반적으로 심부화재를 진화하기 위해서는 할론 1301 10% 이상의 농도로 10분 이상의 소킹타임(soaking time)이 필요하다.

(4) **심부화재** : 할론 1301 5%의 농도로 10분 이내에 진화되지 않는 재발화 우려가 있는 화재

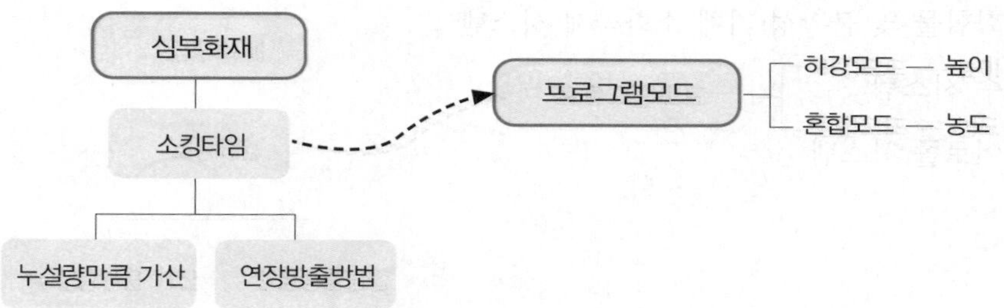

02 농도유지시간(soaking time, retention time)

(1) **정의** : 방출시간 종료 후 농도가 유지되는 시간

(2) **농도유지시간의 필요성**

1) 재발화 위험 때문에 필요
2) 효율적인 소화를 위해 필요
3) 관계인이 도착하여 조치를 취하기까지의 시간확보를 위해 필요

(3) **농도유지시간 수립 시 고려사항**

1) 훈련받은 요원의 화재에 대한 조치 소요시간

2) 잘 꺼지지 않는 발화원 : 장시간 발화원이 될 수 있는 통전 전기기기의 경우 약제 방출 전이나 방출하는 동안 전원 차단

3) 방호구역의 과도한 누설

4) 방호구역의 벤팅(venting)

① 자연배출

② 기계배출

5) 위험의 불활성화 및 재발화

(4) NFPA 2001 기준

1) 최소 설계농도(MDC)의 85% : 10분 이상

2) 훈련받은 요원의 화재에 대한 조치 소요시간

(5) 농도유지시간 추론모델 : NFPA 2001과 ISO 14520 등에서 제안하는 농도유지시간 추론모델은 Descending Interface Mode(DES)와 Continuous Mixing Mode(MIX)가 있다.

1) 하강모드(descending interface mode) : 하강하는 경계면을 분석하는 모드

① 전제조건 : 소화약제를 방출하는 순간 압력이 상승되며 실내공기와 일시에 혼합

② 상단부와 하단부

㉠ 상부 : 공기가 유입되면서 혼합가스의 농도는 상부부터 낮아짐

㉡ 하부 : 약제와 공기의 혼합된 기체가 배출됨

③ 농도유지시간(soaking time) : 보호하고자 하는 대상물의 높이까지 혼합된 기체가 하강하는 시간(정량화의 곤란)

④ 결정인자

㉠ 장비의 높이

㉡ 방호면적

㉢ 개구부의 크기

㉣ 개구부의 위치

㉤ 혼합된 기체(약제+공기)의 농도

㉥ 방출시간 : 방출시간이 짧을수록 유출 약제량 증가

⑤ 방호구역의 높이는 높을수록, 방호대상물의 높이는 낮을수록 설계농도 유지시간을 확보하는 데 유리하다.

⑥ NFPA 2001(2018)

㉠ 청정소화약제가 배출되면 균일한 혼합물 발생

㉡ 누출이 발생하면 공기가 실내로 유입

㉢ 유입되는 공기가 나머지 혼합물 위에서 올라간다고 가정

2) 혼합모드(mixing mode) : 혼합된 약제가 희석되는 농도를 분석하는 모드

① 방호구역 내부의 기류가 있다고 가정했을 때 방출된 약제의 초기 농도가 기류의 영향으로 개구부 등으로 유입된 공기와 희석되면서 점차 연해지는 모드

② 농도유지시간(soaking time) : 초기 소화농도에서 농도가 점점 낮아져 최소 소화농도(MEC)까지 낮아지는 데 소요되는 시간

③ 결정인자

㉠ 방호체적

㉡ 혼합된 기체(약제+공기)의 농도

㉢ 개구부의 크기

㉣ 개구부의 위치

④ 약제방출 초기 농도가 높을수록 농도유지시간을 확보하는 데 유리하다.

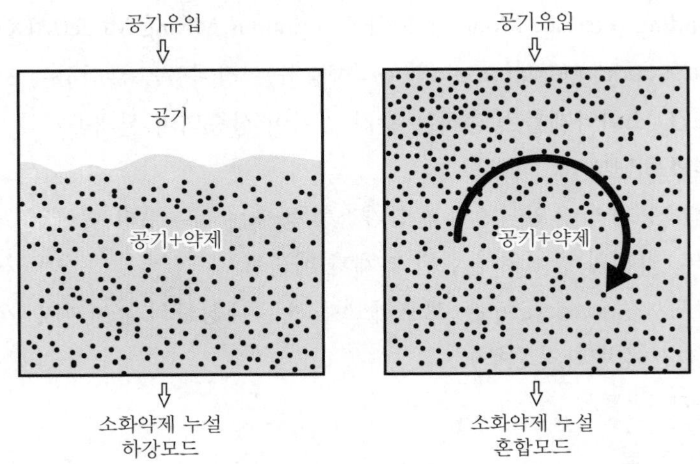

| 2가지 프로그램모드 |

(6) 약제 추가공급방법

1) 초기과잉 주입방법(initial overdose method)

① 개념 : 방출 초기에 약제를 과잉으로 주입함으로써 일정량이 누설되더라도 일정 시간 동안 농도유지 가능

② 심부화재의 설계농도가 높은 이유 : 표면화재보다 더 긴 농도유지시간 필요

③ 보호대상물 상단의 농도가 설계농도의 85%로 10분간 지속(할로겐화합물 및 불활성기체)

④ 이산화탄소(NFPA 12)

㉠ 심부화재 방호대상물의 경우

• 설계농도에 도달 후 20분 이상 농도유지

• 설계농도에 7분 이내에 도달(단, 설계농도가 2분 이내에 설계농도의 30%에 도달)

㉡ 밀폐된 회전전기기기 : 감속기간 동안 30% 농도 유지(단, 20분 이상)

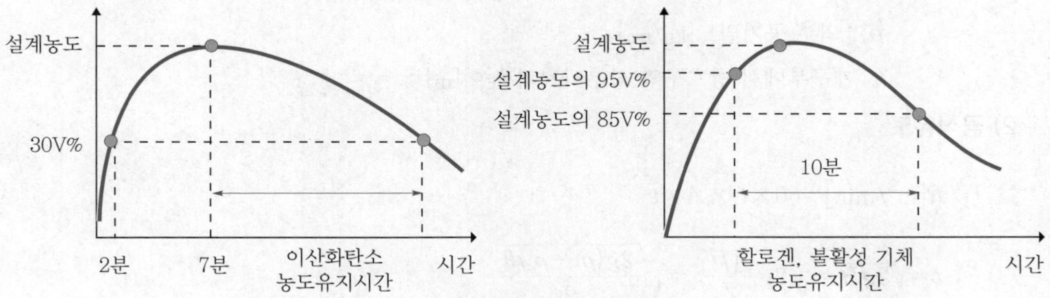

| 농도유지시간 |

2) 연장방출(extended discharge)

① 개념 : 설계농도를 유지될 수 있도록 감소되는 비율만큼 약제량을 추가공급

② 적용대상 : 누설량이 상당히(appreciable) 많은 경우

③ 농도유지시간 동안 추가약제 방출 : 별도의 배관 필요

④ 제한사항

㉠ 약제가 공기와 적절할 혼합이 발생할 수 있는 방사압 이상

㉡ 방출량과 방사압이 낮아서 노즐의 동결 우려가 있음

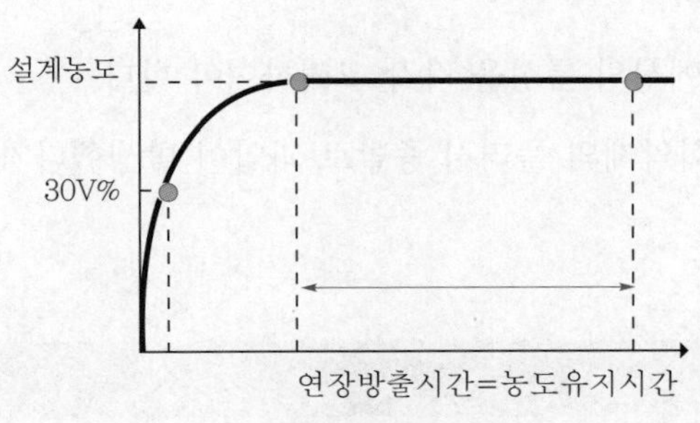

| 연장방출시간 |

(7) 약제누설량

1) 공식

$$R = 60 \cdot C \cdot \rho \cdot A \sqrt{\frac{2g(\rho_1 - \rho_a)h}{\rho_1}} \text{ (NFPA 12 [A.5.5.2])}$$

여기서, R : 분당 누설량[kg/min]

C : 이산화탄소 농도

A : 개구부면적[m^2]$\left(\text{벽에만 개구부가 있는 경우는 개구부면적의 } \frac{1}{2} \text{ 적용}\right)$

ρ : 이산화탄소 증기밀도[kg/m^3]

ρ_1 : 방호구역 내 밀도[kg/m^3]$\left(\rho_1=\rho\frac{C}{100}+\rho_a\frac{100-C}{100}\right)$

ρ_a : 외부 공기밀도[kg/m^3]

h : 개구부에서 방호구역 상부까지의 높이[m]

2) 공식유도

① $R[\text{m}^3/\text{min}]=60\times C\times A\times v$

② $v=\sqrt{2gH}=\sqrt{2g\frac{\Delta P}{\gamma}}=\sqrt{\frac{2g(\rho_1-\rho_a)h}{\rho_1}}$

③ $R[\text{m}^3/\text{min}]=60\times C\times A\times\sqrt{\frac{2g(\rho_1-\rho_a)h}{\rho_1}}$

④ $R[\text{kg/min}]=60\times C\times\rho\times A\times\sqrt{\frac{2g(\rho_1-\rho_a)h}{\rho_1}}$

03 농도유지시간과 개구부와의 관계

(1) 소화실패 원인의 70% 이상이 개구부가 폐쇄되지 않기 때문이다. 도어팬 테스트를 통해 누설을 방지할 수 있다.

(2) 하강모드와 혼합모드에서의 특성을 각각 고려하여야 한다.

(3) 소화약제 방사 후 소화약제의 플러시 증발로 과압이 발생했다가 유출에 의해서 서서히 감소한다.

04 결론

(1) 농도유지시간은 가연물의 종류에 따라서 화재를 제어하기에 충분한 시간이어야 한다.

(2) 가스계 소화약제는 수계 소화설비와는 달리 가연물의 표면을 냉각하여 열분해가 되지 못하도록 하는 것이 아니라 질식이나 부촉매에 의해서 소화하는 방식으로, 농도가 낮아지면 가연물의 표면이나 내부에 충분한 열량을 가지고 있어서 재발화가 가능하다.

(3) 가스계 소화의 주요 실패원인이 농도유지시간을 유지하지 못하기 때문이므로 이에 대한 고려와 검토가 필요하다.

SECTION 088

할로겐화합물 및 불활성기체 소화약제

01 개요

(1) **가스계 소화설비의 정의 :** 전기적으로 비전도성이며 방출 후 잔유물이 남지 않아 수계 소화설비(스프링클러 소화설비 등)로 진압 시 수손에 의한 피해가 예상되는 방호구역에 설치하는 비교적 고가의 방호대상물을 방호하는 설비

(2) **정의 :** 할로겐화합물(할론 제외) 및 불활성기체로서 전기적으로 비전도성이며 휘발성이 있거나 증발 후 잔여물을 남기지 않는 소화약제

1) 할로겐화합물 소화약제 : 불소, 염소, 브롬 또는 요오드 중 하나 이상의 원소를 포함하고 있는 유기화합물을 기본성분으로 하는 소화약제

2) 불활성기체 소화약제 : 헬륨, 네온, 아르곤 또는 질소가스 중 하나 이상의 원소를 기본성분으로 하는 소화약제

(3) **할로겐화합물 및 불활성기체 소화약제의 명명법**

구분	할로겐화합물	불활성기체
구성원리	CHF − ABC 세 자리로 구성되며, 생략되는 경우 할로겐화합물과 반대로 C(A자리)가 생략됨	IG − ABC 세 자리로 구성
A	A + 1 = C(탄소)의 수	N_2(질소)의 농도
B	B − 1 = H(수소)의 수	Ar(아르곤)의 농도
C	F(불소)의 수	CO_2(이산화탄소)의 농도

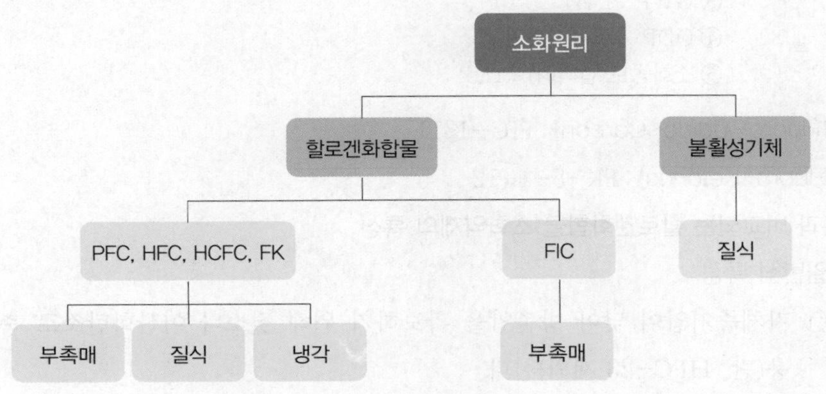

02 할로겐화합물 및 불활성기체 소화약제의 구분

(1) 할로카본 계열

1) PFC(Perfluoro－Carbons) : FC3－1－10

여기서, P는 per로 과를 뜻하는 것이다. 즉, 과불화화합물로 불소가 많이 들어 있는 화합물이라는 의미이다.

2) HFC(Hydro－Fluoro－Carbons) : HFC－23, HFC 227ea

① PFC계 물질에 수소를 첨가시킨 대체물질이다.

② PFC계의 대기잔존지수를 줄이기 위해서 개발된 소화약제이다.

③ C, H, F로만 구성된 소화약제로, ODP는 0이다.

④ GWP에 주의하여야 한다.

3) HCFC(Hydro－Chloro－Fluoro－Carbon) : HCFC BLEND A

① HCFC 계열은 Cl이 대기권 도달 전에 미리 분해되도록 H를 더 많이 첨가한 소화약제이다.

② Cl이 포함되어 비교적 다른 할로겐화합물에 비해 소화성능이 우수하다.

③ 상대적으로 독성이 높고, 오존층 파괴 우려가 있기 때문에 국제적으로 한시적(2030년)으로 제한을 받는 물질이다.

HFC Blend B(NFPA 2001 2008년부터 등재)

① 약제구성
　㉠ HFC-134a(CH_2FCF_3) : 82%
　㉡ HFC-125(CHF_2CF_3) : 9%
　㉢ CO_2 : 5%

② NOAEL : 5%

③ GWP : 1,450

④ ODP : 0

⑤ 소화농도(컵버너) : 11.3

4) FIC(Fluoro－Iodide－Carbon) : FIC－1311

5) FK(Fluoro－Ketones) : FK－5－1－12

6) 할론과 비교되는 할로겐화합물 소화약제의 특성

① 일반적 특징

㉠ 자체증기압이 낮아 방출압을 확보하기 위해 질소나 이산화탄소로 축압을 해 사용(단, HFC－23 제외)한다.

㉡ 약제의 소화성능이 낮아 더 많은 약제의 체적과 중량이 필요하다.

㉢ 화재의 종류와 크기 및 약제방출시간이 유사하다고 가정할 경우 열분해생성물(대표적 HF)이 더 많이 발생한다.

② 환경적 특성

㉠ 할로겐화합물은 기존의 할론소화약제보다는 친환경적이지만 완전히 친환경적인 것은 아니다.

㉡ HFC계 물질과 PFC계 물질은 기후변화방지협약인 교토의정서의 제한을 받고 있고, 현재는 사용제한이 권장사항이나 앞으로 환경보호가 강화된다면 어떻게 될지도 모르는 사항이므로 장기적으로의 사용은 검토를 해야 할 필요가 있다.

7) 소화원리

① FIC : H1301과 유사한 화학적 소화

② PFC, HFC, HCFC, F K : 물리적 소화가 80% 이상

㉠ 냉각효과 : 증발잠열, 비열, 탄소(C)와 불소(F)의 결합이 분해반응으로 절단되면서 흡열반응

㉡ 질식 효과 : 산소농도 감소

㉢ 부촉매 : 할론에 비해 현저하게 감소

③ 할론 1301은 약 80%의 화학적 소화효과와 20%의 물리적 소화효과를 나타낸다. 하지만 HFC는 약 10~15%의 화학적 소화효과와 약 85~90%의 물리적 소화효과를 나타낸다.

(2) 불활성기체 계열

1) 종류

Name		IG-541	IG-55	IG-01	IG-100
상품명		Inergen	Argonite	Argotec	NN100
조성[%]	N_2	52	50	0	100
	Ar	40	50	100	0
	CO_2	8	0	0	0
비용적[m^3/kg]		0.697	0.708	0.602	0.858
B급 화재 소화농도[%]		34.9	36.8	45.0	40.3

2) 장단점

장점	단점
① 유독성 소화분해물이 발생하지 않는다. ② 소화농도가 NEL보다 낮아 사람이 거주하는 장소에도 사용할 수 있다. ③ 대기 중에 존재하는 가스로 ODP는 0이다. ④ GWP도 0이다. ⑤ 방출시간이 1분 또는 2분이므로 배관경이 할로겐화합물 및 할론소화설비에 비해서 작다. ⑥ 방출 시 운무를 형성하지 않아 시야를 가리지 않으므로 방출 시 대피가 쉽다. ⑦ CO_2와 같이 급격한 온도 저하가 없어 전자기기를 보호할 수 있다. ⑧ 기체로 방출 시에 마찰저항이 작아 배관길이를 길게 할 수 있다.	① 물리적 소화능력(질식)만 보유한다. ② 저산소농도로 CO가 발생할 우려가 높고 고농도인 경우 질식 우려가 있다. ③ 저장약제가 기체로 많은 부피를 차지한다. ④ 20℃ 용기 내 충전압력이 15.3MPa로 고압 설비가 필요하다. ⑤ 방사시간이 다른 소화약제보다 길다. ⑥ 실내의 상승압력을 배출하기 위한 과압배출구의 설치를 고려하여야 한다.

(3) 약제의 혼합에 따른 구분

1) 할로겐화합물 소화약제는 한 가지 물질로 구성된 소화약제와 두 가지 이상이 혼합된 약제로 구분할 수 있는데, 이처럼 혼합된 약제를 BLEND라고 한다.

2) BLEND의 종류

① HCFC BLEND A

㉠ 구성

- HCFC－22 : 82%
- HCFC－123 : 4.75%
- HCFC－124 : 9.5%
- $C_{10}H_{16}$: 3.75%

㉡ NFPA 2001(2018)

- 설계농도 : 9.9(불꽃소화농도) × 1.3 ＝ 13%
- NOAEL이 10%이므로 거주지역에서 사용이 곤란하다.

㉢ 장단점

장점	단점
• 경제성(상대적 저렴) • 할로겐화합물 소화약제 중 소화성능이 우수하다.	• 경과물질 : HCFC계 물질은 오존층 보호를 위한 몬트리올 의정서에서 경과물질로 규정되어 있어 2030년에는 생산이 금지된다. • UL, FM의 인증을 받지 못했다. • B급 화재에 대해서는 거주지역에 사용할 수 없다. 　－ 국내에서 8.6%의 설계농도로는 인화성 액체나 가스의 화재에 대해서는 소화성능이 없다.

장점	단점
	– 국내기준을 적용하는 것이 아니라 국제기준을 적용하면 B급 소화농도가 10%이고 설계농도는 13%를 적용하여야 하기 때문이다. • 소화약제의 문제점 – $C_{10}H_{16}$: 물질이 균일하게 혼합되어야 하는데 분자량 차이로 인해 불균일하게 분사될 경우 증발되지 않고 잔류하여 고가의 장비를 오염시키고 부식 및 발화 우려(유기용매로 가연성 물질)가 있다. – HCFC-22 : 달콤한 냄새, 중추신경 억제, 호흡곤란, 자극, 구역질 • 자체 증기압이 작아 가압하지 않으면 방출거리가 짧다(50m 이내).

$C_{10}H_{16}$ 사용할 수밖에 없는 이유 : HCFC-22, HCFC-123, HCFC-124의 독성이 강하여 이를 중화시켜야 하기 때문이다.

② HCFC BLEND B(Halotron 1) : 할론 1211을 대체하는 소화기용 소화약제로, HCFC-123이 무게의 93%로서 대부분을 차지하고 나머지 가스가 7%로 구성된다.

③ HCFC BLEND E

④ HFC BLEND B(Halotron 2) : 할론 1301을 대체하는 소화기용 소화약제로, HFC-134a가 무게비로 86%, HFC-125가 9%, 이산화탄소가 5%로 구성된다.

3) 특징

① 순수성분에 비해 배합비, 배합성분의 조정에 의해 물성, ODP, GWP, 독성, 소화성능, 방사성능 등을 임의로 조절할 수 있다.

② 서로 다른 성분들의 상승효과에 의해 예측치보다 높은 소화성능을 발휘할 수 있다.

③ 빠른 소화성능을 가진 성분과 재발화를 억제하는 성분을 적절히 배합할 수 있다.

03 할로겐화합물 및 불활성기체 소화약제 소화설비의 고려사항 122회 출제

(1) 환경친화성

(2) 소화성능

(3) 경제성

(4) 안전성

1) 오작동에 의한 방출 시 방호구역 내 거주자가 인체의 해가 없이 대피할 수 있도록 안전성이 확보되어야 한다. 이를 위해서 미국 EPA(환경청)에서 시험된 PBPK, NOAEL, LOAEL을 기준으로 설계하여야 한다.

2) 소화약제가 실제 화염과 반응하였을 때 발생하는 열분해생성물(주로 불화수소)이 적은 소화약제를 선택하여야 한다.

(5) 신뢰성

1) **제조업체 신뢰성** : 할로겐화합물 및 불활성기체 소화약제의 경우 향후 지속적인 사후관리 및 긴급사항 발생 시의 적극적인 대응이 필요하므로 비교적 신뢰성이 높고 재정적으로 안정된 제조회사를 선택하여야 한다.

2) **설비의 신뢰성** : 미국에서 집계된 10년간 가스계 소화설비 화재진압 실패요인의 경우 설비가 작동되지 않아 화재진압에 실패하는 경우가 4위로 집계되었다. 따라서, 설비의 작동방식, 부품의 신뢰도 등에 대한 검토가 필요하다.

3) **설계프로그램의 신뢰성** : 근래의 할로겐화합물 및 불활성기체 소화약제는 원활한 방출을 위하여 배관망 설계 시 정확한 약제량과 약제흐름을 얻기 위해서 컴퓨터 프로그램을 이용한다. 따라서, 설계작업이 근간이 되는 프로그램의 신뢰성 확보가 요구된다.

04 환경영향평가 기준

(1) NOAEL(No Observed Adverse Effect Level) 118·87·80회 출제

1) 관찰되지 않는 부작용 최대 농도 : 물질의 만성 노출 후에 시험동물에 유해한 영향(독성)이 없는 최고 용량

2) 소화약제를 공기 중에 방출하여 어느 농도비[V%]에 도달하였을 때 동물을 약제에 노출시켜도 심장발작, 호흡장애 등 기타 다른 증세를 보이지 않고 LC, ALC 등과 무관한 안전성을 보이는 농도

3) **최대 허용설계농도(PBPK가 있는 경우에는 PBPK)** : 농도를 증가시킬 때 아무런 생리학적 또는 독성학적으로 악영향도 감지되지 않는 최대 농도

(2) LOAEL(Lowest Observed Adverse Effect Level) 118·87·80회 출제

1) 악영향관찰 최소 농도 : 물질에 만성적인 노출이 시험된 동물에게 악영향이 관찰되는 최저 용량

2) 미국 환경청(US EPA)은 상주자가 빠른 시간 내에 밖으로 탈출할 수 있다면 상주공간에서는 LOAEL 농도 내에서 사용가능

| 역효과가 감지되는 최소 농도 |

Halocarbon clean agent	NOAEL	LOAEL
FK-5-1-12	10	>10
HCFC Blend A	10	>10

Halocarbon clean agent	NOAEL	LOAEL
HFC Blend B	5	7.5
HCFC-124	1	2.5
HFC-125	7.5	10
HFC-227ea	9	10.5
HFC-23	30	>30
HFC-236fa	10	15
FIC - 13I1	0.2	0.4

*색으로 표시된 약제는 PBPK가 있는 소화약제이다.

(3) NOEL(No Observed Effect Level) : 관찰된 영향이 없는 농도

시험동물에 대해 눈에 띄는(관찰가능한) 독성영향을 일으키지 않는 물질 또는 물질 최고 용량 또는 노출량, NOEL과 LOEL은 반드시 독성이나 해로운 영향을 의미하지 않으며 물질의 유익한 효과를 설명하는 데 사용이 가능하다.

(4) 오존층파괴지수(ODP : Ozone Depletion Potential)

1) 정의 : $ODP = \dfrac{\text{어떤 물질 1kg이 파괴하는 오존량}}{\text{CFC}-11\ \text{1kg이 파괴하는 오존량}}$

2) 오존의 종류

① 성층권에서 생성되는 오존 : 해로운 자외선(UV-B)을 차단하는 긍정적 역할

② 대류권에 생성되는 오존 : 해로운 오존으로 스모그(smog)를 생성하는 부정적 역할

3) 오존 생성메커니즘

① $O_2 + UV \rightarrow O + O$

② $O_2 + O \rightarrow O_3$

4) 오존 파괴메커니즘 : 대기 중에 방출된 CFC나 Halon이 성층권까지 상승하면 자외선에 의해 분해되어 Br, Cl의 활성이온이 된다. 이 이온들이 다음과 같이 반응하여 오존의 농도를 낮춘다.

① $Cl_2 + O_3 \rightarrow ClO + ClO_2$

② $ClO_2 + O_3 \rightarrow ClO_3 + O_2$

③ $ClO + O_2 \rightarrow ClO_3$

④ $ClO_3 + ClO_3 \rightarrow Cl_2 + 3O$

5) 오존층 파괴의 유해성 : 성층권의 오존층 파괴로 해로운 자외선이 지상까지 도달하여 인체 및 동물에 악영향을 주고 대류권에서 인체에 해로운 오존을 형성한다.

6) 오존은 매우 불안정한 상태로 온도가 높을수록, 압력이 낮을수록 O_2, O로 분해되려는 성질이 있다.

(5) 지구온난화 지수(GWP : Global Warming Potential)

$$GWP = \frac{\text{특정 기체 1kg이 지구온난화에 미치는 영향}}{\text{이산화탄소 1kg이 지구온난화에 미치는 영향}}$$

(6) ALT(Atmospheric Life Time)

1) 대기권 잔존수명
2) 물질이 방출 후 대기권 내에서 분해되지 않고 체류하는 잔류시간(년)
3) 해당 화학물질이 대기 중에서 오랜 시간 머무르게 되면서 미치게 될 불확실성을 고려하여야 한다.
4) 소화약제의 GWP와 ODP

	GWP	
Agent	IPCC 2013	ODP
FIC-1311	≤1	0
FK-5-1-12	≤1	0
HCFC Blend A	1,500	0.048
HFC Blend B	1,400	0
HCFC-124	527	0.022
HFC-125	3,170	0
HFC-227ea	3,350	0
HFC-23	12,400	0
HFC-236fa	8,060	0
IG-01	0	0
IG-100	0	0
IG-541	0	0
IG-55	0	0

5) NFPA 200(2008)부터는 FC-3-1-10이 ALT가 높아서 삭제되었다.

(7) 반수치사농도(Lethal Concentration 50 ; LC50)

1) 흡입 4시간 노출 후 14일 동안 관찰하여 대상 동물의 50%가 사망에 이르는 농도이다.
2) 흡입독성 및 물고기 등을 이용한 독성실험에서 실험대상 생물의 50%를 죽이는 농도를 말하며, 보통 mg/L 또는 ppm으로 표시한다.

3) 독성에 노출된 시간에 따라 50%가 죽는 농도가 다르므로 LD50 24hr 등으로 표시한다.

(8) 반수치사량(Lethal Dose 50 ; LD50) : 흰쥐, 토끼, 개, 원숭이 등을 실험동물로 하여 실험대상물질로 경구 또는 경피적으로 투여할 때 실험동물 50%가 죽게 되는 양으로, 체중 kg당 mg으로 표시한다.

(9) RD50 : 자극성 연소생성물에 의한 짧은 노출시간 동안 생쥐의 호흡속도를 50%로 감소시키는 농도

(10) 근사치사농도(ALC : Approximate Lethal Concentration) : 15분간 노출시켜 그 반수가 사망하는 농도

소화약제	반수치사농도(LC50) 또는 전체치사농도(ALC)[%]	관찰되지 않는 부작용 농도 (NOAEL)[%]	악영향 관찰 최소량 LOAEL[%]
HCFC계	64	10	10 이상
HFC-227ea	80 이상	9	10.5

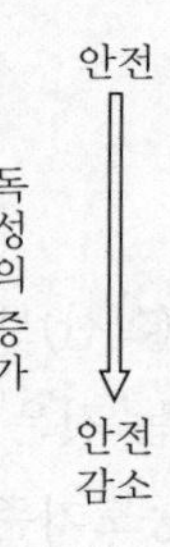

• NOEL : No-Observed Effect Level
• NOAEL : No-Observed-Adverse Effect Level
• LOAEL : Lowest-Observed-Adverse Effect Level
• MTD : Maximum Tolerated Dose
• LD50 : Lethal Dose to 50% of population

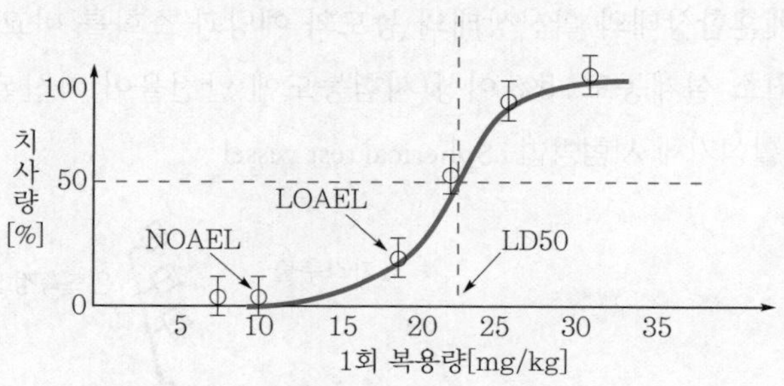

| 환경영향평가 기준의 비교 |

(11) ERPG(Emergency Response Planning Guidelines)

1) 화학물질에 대한 비상유출의 한계값(비상조치의 기준)

2) 일반적으로 ERPG는 1시간을 기준으로 분류하지만, 할론과 할로겐화합물의 경우 HF에 적용할 때에는 10분 노출농도로 사용한다.

3) HF의 ERPG

① ERPG 1 : 2ppm(화학물질의 냄새를 감지할 수 있는 농도이고 보호장비 없이도 구급구조가 가능)

② ERPG 2 : 20ppm(보호장비 같은 위험경감조치가 없이는 구급구조가 불가능한 상태)

③ ERPG 3 : 50ppm(보호장비 및 위험경감조치를 취해도 치명적인 위험을 주는 농도)

05 할로겐화합물과 불활성기체 소화약제 설계순서

(1) 방호구역 검토(방호구역의 특성 파악)

(2) 방호구역의 화재위험성 및 인체안전성 평가

(3) 소화농도(EC : Extinguishing Concentration) 측정방법 결정

1) 절대적 농도측정

① 정의 : 한 특정 화재를 소화할 수 있느냐(full scale field test)를 실제로 방호구역과 동일한 형태를 설치하고 화재시험을 통해 입증하는 방법

② 특성 : 가장 확실하고 비용도 많이 소요되는 시험

2) 상대적 농도측정

① 불활성화 농도(inerting test) : 예혼합 상태에서 폭발을 방지하는 농도

㉠ 가연성 가스 + 공기 + 소화약제의 혼합농도를 MOC 이하로 유지하는 데 필요한 농도 측정

㉡ NFPA 2001(2015)(5.4.3 inerting)

- 불활성 시험농도 × 110%
- 폭발상황(예혼합) 방지에 사용하는 농도로 불꽃소화농도(확산)보다 농도가 높다.
- 예혼합상태와 확산상태의 농도와 예방과 소화를 비교하는 것은 큰 의미가 없다.
- 최소 설계농도 : 5% 이상(시험농도에 안전율이 가산된 농도기준)[83)]

㉢ 불활성기체 시험방법 : Spherical test vessel

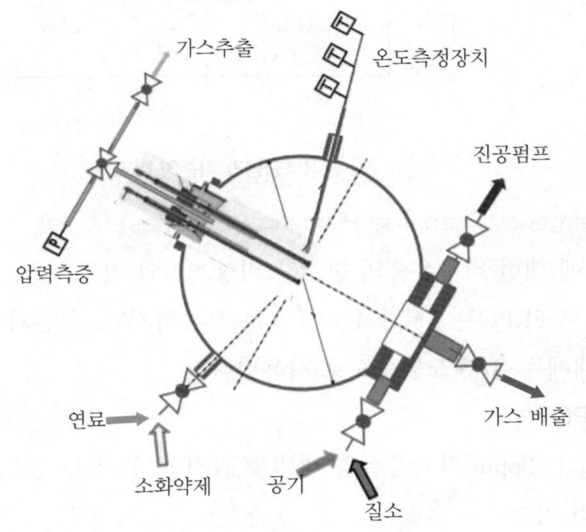

83) NFPA 12A(2015) 5.4.1.1.1

㉣ 불활성화 농도(or)

- 압력 상승이 1psi 이하
- 초기 압력의 0.07% 상승 이하

㉤ 안전율 : 110%

② 불꽃소화시험 : 확산상태에서 소염을 확인하는 농도로, n-haptane의 연료불꽃을 끄는 데 필요한 농도이다. 컵버너시험(cup-burnner test)을 통해서 결정(NFPA 2001(2018)(5.4.2))한다.

㉠ 설계농도 : 컵버너시험×120%

㉡ 설계농도가 5% 미만일 경우 : 5% 적용(최소 농도 기준)

3) 최소 설계농도(MDC : Minimun Design Concentration)의 결정

구분		설계농도	시험방법
A급 화재	표면화재	① A급 소화농도 × 1.2 ② 헵탄(heptane)의 최소 소화농도	ANSI/UL 2166 Cup burner test
	심부화재	시험을 통해 결정	Application-specific test
B급 화재		B급 소화농도 × 1.3	Cup burner test
C급 화재		① A급 소화농도 × 1.35 ② 450V 이상 : 시험을 통해 결정	ANSI/UL 2166 ANSI/UL 2127

(4) 최소 약제량(MDQ : Minimum Design Quantity)

1) 최소 설계농도 결정 : 예를 들어 이산화탄소 표면화재 설계농도 34% 이상

2) 최대 설계농도 고려 : NOAEL, NOEL, PBPK

(5) 저장용기의 용량산정 및 저장용기수 산정

(6) 분사헤드 개수 및 설치위치 선정

(7) 배관계통도 작성

(8) 컴퓨터 프로그램을 이용하여 배관 내 유체의 흐름 계산(computer flow calculation)

(9) 배관 내 약제비율 산정

(10) 과압배출구(pressure venting) 설치

(11) 설계도면 작성

SECTION 089 할로겐화합물 및 불활성기체 소화약제의 소화약제량

117·112·109·108·105회 출제

01 개요

(1) 할로겐화합물 및 불활성기체 소화약제는 방호공간에 소화약제 방출 시 공간의 압력상태에 따라서 소화농도에 도달하는 약제량이 다르다.

(2) 할로겐화합물 소화약제(무유출의 개념)

$$W = \frac{V}{S} \times \frac{C}{100-C}$$

여기서, W: 소화약제의 무게[kg]

V: 방호구역의 체적[m^3]

S: 소화약제별 선형상수($K_1 + K_2 \times t$)[m^3/kg]

C: 체적에 따른 소화약제의 설계농도[%]

t: 방호구역의 최소 예상온도[℃]

소화약제	K_1	K_2
⋮	⋮	⋮
FC-3-1-10	0.094104	0.00034455
HCFC BLEND A	0.2413	0.00088
HCFC-124	0.1575	0.0006
HFC-125	0.1825	0.0007
HFC-227ea	0.1269	0.0005
HFC-23	0.3164	0.0012
HFC-236fa	0.1413	0.0006
FIC-1311	0.1138	0.0005
FK-5-1-12	0.0664	0.0002741

1) K_1: 0℃에서의 1kmol의 비체적[m^3/kg]

$$K_1 = \frac{22.4}{\text{kmol 분자량}}$$

2) K_2 : 임의의 온도에서 비체적

$$K_2 = \frac{K_1}{273}$$

3) 어느 온도에서 비체적

$$S[\mathrm{m^3/kg}] = K_1 + \frac{K_1}{273} \times t[℃]$$

4) 여기서, $K_2 = \frac{K_1}{273}$이라 하면, $S = (K_1 + K_2) \times t[℃]$가 된다.

(3) 불활성기체 소화약제(자유유출의 개념)

$$X = 2.303 \frac{V_s}{S} \times \log_{10}\left(\frac{100}{100 - C}\right)$$

여기서, X : 공간체적당 더해진 소화약제의 부피[$\mathrm{m^3/m^3}$]

S : 소화약제별 선형상수($(K_1 + K_2) \times t[\mathrm{m^3/kg}]$)

C : 체적에 따른 소화약제의 설계농도[%]

V_s : 20℃에서 소화약제의 비체적[$\mathrm{m^3/kg}$]

t : 방호구역의 최소 예상온도[℃]

소화약제	K_1	K_2
IG-01	0.5685	0.00208
IG-100	0.7997	0.00293
IG-541	0.65799	0.00239
IG-55	0.6598	0.00242

02 할로겐화합물 소화약제

(1) 약제를 방호구역에 방사 시 초기에는 부압(주위 공기가 방호구역 내로 유입)이 되었다가 양압으로 상승하고 일정시간이 지난 후 일정압이 유지된다.

(2) 약제가 방사되는 초기에는 약제의 누출이 없는 무유출상태에서 공기와 섞이고 난 뒤 약제와 공기의 혼합기체가 일정량(설계농도 C)만큼 유출된다.

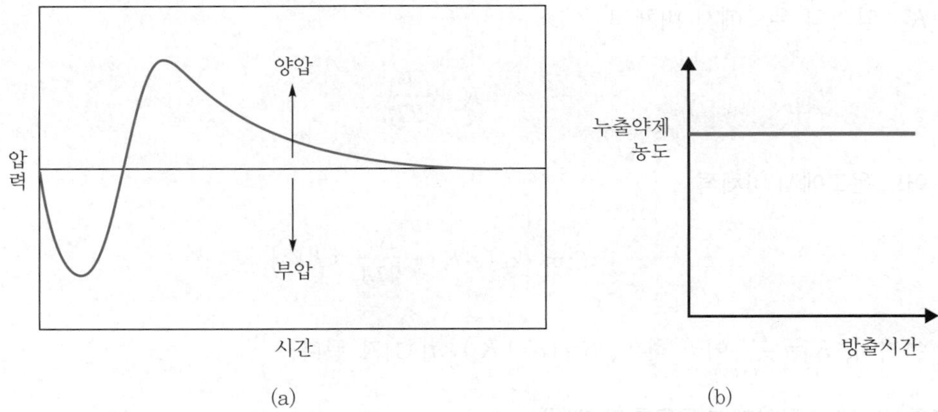

(a) (b)

(3) 불활성화 방법 중 압력퍼지처럼 약제를 넣고 배출시키고 넣고 배출시키며 일정농도를 맞추는 개념으로, 자유유출(스위프퍼지)보다 더 많은 약제량이 필요하다.

(4) 국내에서는 무유출(no efflux)이라고 표현하지만 NFPA 2001(2018)에서는 무유출이라는 표현 대신 최악의 경우 누출(worst-case leakage)이라고 표현한다.

03 불활성기체 소화약제

(1) 약제가 방호구역에 방출 시 초기에 급격하게 양압을 형성하다가 일정압이 유지된다.

(2) 방호공간 내 약제농도가 증가할수록 약제 유출량이 증가하는 비례관계를 보인다.

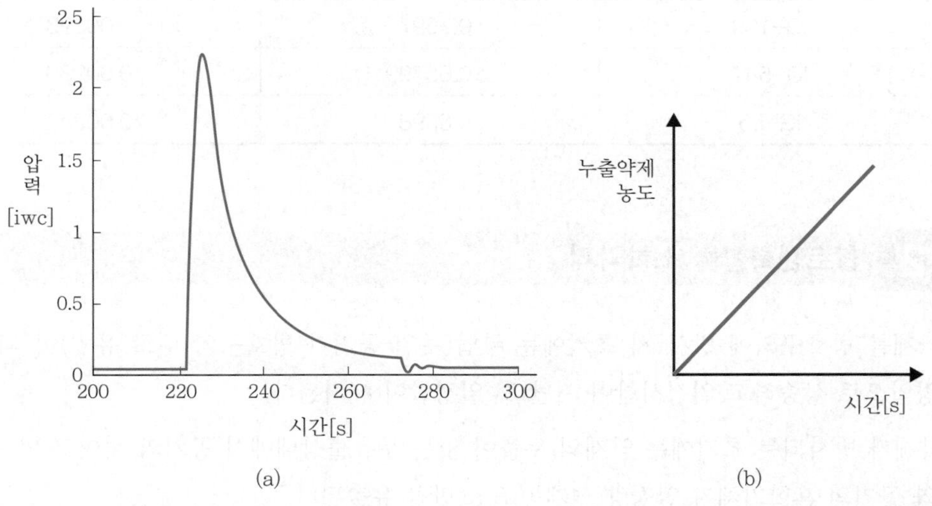

(a) (b)

(3) 자유유출(free efflux)은 스위프퍼지처럼 약제를 넣음과 동시에 배출시켜서 불활성화를 시키는 개념이다.

(4) 아래의 도표에 의하면 완전치환처럼 약제를 넣은 만큼 유출되는 경우에 약제의 농도가 가장 높고, 자유유출과 같이 약제를 넣음과 동시에 유출이 서서히 증가하는 방식이 그 다음이고, 마지막으로 무유출과 같이 일정농도로 유출되는 경우는 약제농도가 가장 낮은 것을 알 수 있다. 따라서, 약제의 손실량은 무유출 > 자유유출 > 완전치환 순으로 된다.

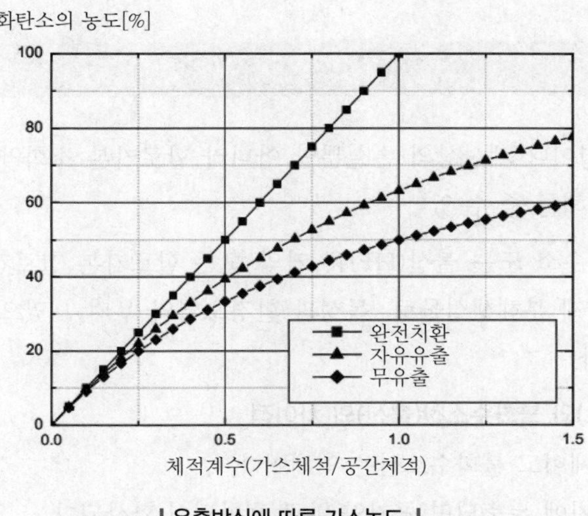

| 유출방식에 따른 가스농도 |

SECTION 090

할로겐화합물 소화약제의 약제 열분해생성물(HF)

01 개요

(1) 화재로 인한 인명이나 재산상의 손실뿐만 아니라 할로카본 소화약제로부터 생성되는 열분해생성물도 피해를 줄 수 있다.

(2) 그중에서도 불화수소 또는 불산(HF)은 거의 모든 할로카본 할로겐화합물 소화약제에서 발생하는 소화약제 분해생성물로, 독성과 환경오염의 우려가 있으므로 유지관리에 만전을 기하여야 한다.

(3) 불화수소(에칭가스)와 불화수소산(불산)의 차이점

1) 불화수소는 기체이고 불화수소산은 액체이다.

2) 불화수소는 공기에 누출되면 공기와 바로 혼합되어 확산된다.

3) 불산의 경우 누출되면 바닥에 흘러 풀을 형성하고 대기조건이 비점(19.5)보다 높으면 증발되어 확산된다.

(4) 불산의 NFPA 704 : 건강위험도 4, 화재폭발 위험성 0, 반응위험성 1

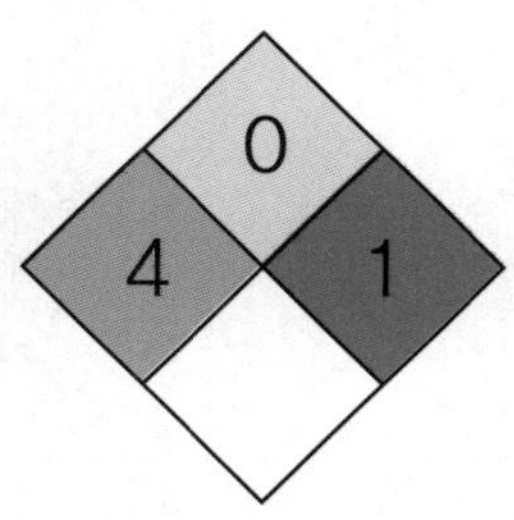

| NFPA 704 표현 |

02 영향

(1) 독성

1) 저농도 : 피부 손상 및 염증

2) 고농도 : 기도나 폐에 손상

3) HF 허용농도 : 0.5ppm

(2) 전기기기 부식 : 할로겐화합물 소화약제는 일반적으로 고가의 전자부품을 사용하는 장소에 사용하는데, 화재 발생, 소화 후에 소화약제 열분해생성물에 의해 피해가 발생할 가능성이 크다.

(3) 누출 시 발생현상

1) 가스는 무색이나 누출 시 공기 중 수분과 결합하여 흰색의 퓸(fume)을 발생시킨다.

2) 강한 자극적 산 냄새가 난다.

3) 공기비중 : 0.7로 공기보다 가볍지만 수분과 결합된 퓸은 공기보다 무거워진다.

03 발생메커니즘

(1) HCFC, HFC 등의 할로겐화합물 소화약제는 화염구간 내부에서 일어나는 화학(연소)반응을 크게 방해하지 못한다(하나의 F가 하나의 H와 결합).

(2) 화학적 소화능력이 낮으므로 할론소화약제에 비해 소화농도가 높아야 한다.

(3) 할로겐족의 결합을 절단함으로써 나타나는 흡열에 의한 냉각소화

1) C와 F의 절단량이 많을수록 열분해생성물도 많이 발생하는 문제가 발생한다.

2) 소화될수록 열분해생성물이 증가하는 경향이 있다.

(4) 할론 1301에 비해 할로겐화합물 소화약제는 소화약제 열분해생성물이 약 3배 정도 많이 생성된다.

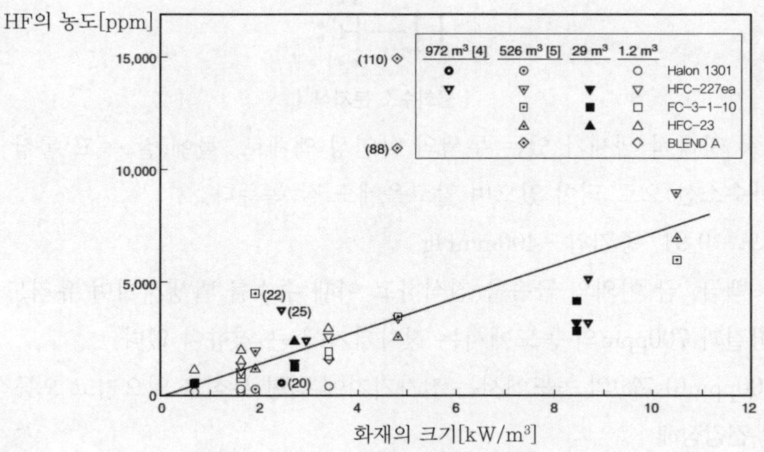

| 할론과 할로겐화합물의 최대 HF 농도(괄호는 17초 이후에 소화된 화재) |

04 불소의 특징

(1) 불소는 주기율표상 전기음성도가 가장 큰 물질이다.

1) 결합길이가 짧다.

2) 결합강도가 강하다.

3) 전기음성도가 크다는 것은 다른 물질을 산화시키는 능력이 크다는 것이다.
전자를 잃으면 산화되므로 전기음성도가 커서 다른 물질의 전자를 잘 빼앗아온다.

(2) 불소(F)를 소화약제로 사용하는 이유

1) 전기음성도가 크므로 다른 물질의 전자를 잘 빼앗아서 활성라디칼을 억제(부촉매효과)한다.

2) 소화약제에 열적(480℃) 안정성을 부여(결합력)한다.

3) **화학반응성과 부식특성을 감소시켜 안정성 증대**: 탄소와 결합하면 메탄과 같은 포화의 구조를 가지지만 여기에 탄소는 이미 산화되어(전자를 잃어) 불연성을 띠게 되고 대기 중에 안정한 물질을 형성하므로 소화약제로 사용한다.

(3) 소화약제로 쓰이는 불소가 독성이 작은 이유: 탄소는 불소와 결합력이 강해 다른 물질과 상호작용이 감소하여 불소의 강력한 힘이 염소와 브롬을 끌어당겨 독성을 작게 만든다.

(4) 불화수소(hydrogen fluoride)

1) 성상: 분자식 – HF, 분자량 – 20.01, 비중 – 1.002, 융점 – –83.55℃, 비점 – 19.51℃

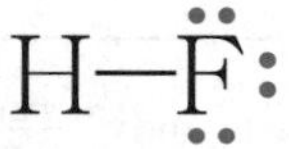

| 불화수소 분자식 |

2) 상온에서 자극적 냄새가 있는 무색의 발연성 액체로, 물에 잘 녹고 통상 50~60%의 용액(불화수소산)으로 되어 있으며 알코올에도 잘 녹는다.

3) 증기밀도 – 0.91, 증기압 – 400mmHg

4) 부식성: 백금, 금 이외의 금속을 침식하고 이때 수소를 발생시키며 유리도 부식시킨다.

① 실험결과 700ppm의 농도에서는 전자기기에 큰 영향이 없다.

② 7,000ppm(0.7%)의 농도에서는 전자기기에 심한 부식을 일으키고 오동작을 유발한다.

5) 독성 및 건강장해

① 피부, 점막에 매우 강한 자극성과 부식성 → 눈과 피부에 묻으면 약화상 발생

② 피부에 접촉했을 때 불화수소가 수소결합을 통해 흡수되어 신체의 혈관을 통해 돌아다니는데, 혈액 속의 칼슘이온 및 마그네슘이온과 반응하여 저칼슘혈증과 저마그네

슈혈증을 일으키며, 심하면 심장마비를 일으킬 수도 있다.

③ 뼈까지 들어가면 뼈와 화학반응을 일으켜 뼈 자체를 손상시킨다.

④ 흡입 : 흡입하면 상기도에 출혈성의 궤양과 폐수종을 일으키며, 50ppm 이상의 농도에서는 단시간 노출로도 위험하다. 전신에 작용하며 구토, 근육쇠약, 경련, 색각이상 등 뇌신경장애를 일으키며 또한 신장장애, 순환기장애도 초래한다.

⑤ 호흡기 접촉 시 점막손상으로 인한 질식을 유발한다.

6) **확산속도**

① 분자량이 작아서 확산속도가 상당히 빠르다.

② 자연적으로 소멸되지 않아 알칼리성 수용액으로 중화시켜야 한다.

05 분해생성물에 영향을 미치는 주요 요소

(1) 화재

1) 화재성장속도가 빠를수록(α값이 클수록) 열분해생성물의 양이 증가한다.

2) 감지기 감도, 설치간격이 빠를수록 조기 진화가 가능해져서 분해생성물의 양이 감소한다.

3) 방출지연시간이 길수록 열분해생성물의 양이 증가한다.

4) 화재규모가 클수록 열분해생성물의 농도는 높다.

(2) 소화약제 방출시간이 길수록 약제가 화재에 노출되는 시간이 길어지므로 열분해물질이 많이 생성된다.

(3) **설계농도** : 설계농도가 낮고 방출농도가 높을수록 열분해생성물이 감소한다.

(4) 소화약제의 기화량이 클수록 열분해생성물이 증가한다.

(5) **소화약제와 공기의 혼합상태** : 불균일하면 지속적인 열분해로 증가한다.

(6) **고온 표면이나 심부화재 존재 여부** : 소화가 되지 않고 지속적인 열공급으로 열분해가 증가한다.

06 대책

(1) 중화제

1) 기본적으로 산의 무독화는 반대성질을 가지는 염기와 반응시켜 산-염기 중화반응을 일으켜야 한다.

2) 불화수소의 산성분(F)과 반응할 염기성분의 선택은 화학반응의 특성과 부산물인 염의 안정성을 고려하여야 한다.

3) 중화제 중에는 생석회가 성능도 가장 우수하고 신속하게 반응하는 특징이 있어서 가장 우수하다고 할 수 있다. 하지만 기체로 방출되었을 경우 분말로 반응시키기가 곤란한 문제가 있다.

일반명	화학식	상태	소요량	생성염	독성
생석회	CaO	분말	1.46lb/lb 100% HF	CaF_2	중화제, 염 모두 무독성
소석회	$Ca(OH)_2$	분말	2.01lb/lb 100% HF	CaF_2	중화제, 염 모두 무독성
탄산칼슘	$CaCO_3$	분말	2.69lb/lb 100% HF	CaF_2	중화제, 염 모두 무독성
탄산소다	Na_2CO_3	분말	2.86lb/lb 100% HF	NaF	염이 독성
가성소다	$NaOH$	분말 또는 수용액	4.00lb/lb 100% HF	NaF	염이 독성이고 중화제는 부식성
중탄산소다	$NaHCO_3$	분말	4.20lb/lb 100% HF	NaF	염이 독성
가성카리	KOH	분말 또는 수용액	6.23lb/lb 100% HF	NaF	염이 독성이고 중화제는 부식성

(2) 흡착제 : 누출된 누출물질을 흡착하여 확산방지

1) 점토(clay)

2) 질석(vermiculites)

3) SPILL-X-A(특정회사 제품명) : 중화 응고

(3) 희석제 : 위험물질(산성)의 농도가 높을 경우 다량의 중성물질(물 등)을 혼합 또는 강제 확산으로 농도를 낮춰준다.

(4) 법적 규정

1) 산업안전보건법

① PSM 대상 물질 : 규정수량 1,000kg

② 급성 독성 물질

1. **급성 독성 물질** : 입 또는 피부를 통해 1회 or 24시간 이내에 수 회로 나누어 투여되거나 호흡기를 통해 4시간 동안 노출 시 나타나는 유해한 영향

2. **급성 독성 기준**

① LD50(경구) 300mg/kg 이하

② LD50(경피) 1,000mg/kg 이하

③ LC50(흡입, 4시간) 2,500ppm 이하, 증기 10mg/L 이하, 분진 또는 미스트 1mg/L 이하

③ 노출기준 설정 물질 : TWA 3ppm

④ 산업안전보건기준에 관한 규칙 [별표 1] 위험물질의 종류의 규정농도 : 불산 60% 이상

2) 화학물질관리법 : 강산성류(사고대비물질, 유독물질)

사고대비물질 : 화학물질 관리법 제2조, 제39조, 시행령 제17조의 규정에 의해 화학물질 중 급성 독성, 폭발성 등이 강하여 화학사고의 발생 가능성이 높거나 그 피해가 클 것으로 예상되는 화학물질

07 결론

(1) 소화의 목적이 인명보호 및 재산보호라는 측면에서 소화약제의 분해생성물은 할로겐화합물 소화약제의 큰 문제가 될 수도 있다.

(2) 앞으로는 HF 같은 분해생성물이 발생하지 않는 소화약제의 개발이 필요하다.

SECTION 091 할로겐화합물 및 불활성기체 소화약제의 방출시간 제한 이유 128·115·108·107회 출제

01 개요

(1) **방출시간의 정의** : 20℃에서 최소 설계농도를 달성하기 위해 최소 설계농도의 95%가 되는 약제량을 방출하는 데 소요되는 시간

(2) **100%가 아닌 95%를 기준으로 한 이유**

1) 소화약제가 노즐에서 방출 시 용기와 배관 내에 일부 잔류가스가 남아 있을 수 있다.

2) 100% 방출이 될 수가 없다. 즉, 액상 약제의 방출이 종료되는 시점까지의 시간을 의미한다.

02 방출시간

(1) **할로겐화합물** : 10초

1) 화재를 신속히 소화해서 소화약제의 열분해를 최소화한다.

2) 배관 내에서 액상과 기상의 균일한 흐름에 필요한 충분한 유속을 확보한다.

3) 노즐을 통하여 방사되는 약제의 유량을 크게 하여 방호구역 내의 공기와 확실하게 혼합시킨다.

4) 화재를 신속하게 소화시킨다.

5) FSSA Guide to Estimating Pressure Relief Vent Area 3rd Edition에서는 최소 시간을 6초(과압, 노즐의 2차적 피해)로 제한하고 있다.

(2) **불활성기체** : A·C급 화재 2분, B급 화재 1분 이내

1) 빠르게 성장하는 화재에서 직·간접 화재손상의 최소화

2) 산소결핍 분위기에서의 화재연소시간의 최소화

3) 연소생성물의 증가와 방출시간이 연장되고 다량의 소화가스를 사용함에 따라 산소농도의 감소 및 방호구획실의 과압현상 우려 감소

(3) **폭발방지설비** : 가연성 증기가 연소범위에 도달하기 이전에 최소 불활성화농도(MOC)에 도달할 수 있도록 설정하여야 한다.

03 방출시간 제한이유

(1) **분해생성물** : 방출시간이 짧을수록 약제 열분해생성물이 적다.

1) 불화수소(hydrogen fluoride) : HF

2) HCl, HBr 등

(2) 화재에 의한 손상과 영향을 최소화시킨다.

(3) **소화약제의 혼합** : 방출시간이 짧을수록 혼합이 양호하다.

(4) **구획실 과압** : 방출시간이 짧을수록 과압이 크다.

(5) **노즐의 2차적 영향**

1) 방출시간이 짧을수록 고압이 되므로 노즐에 의한 2차적 영향(고압에 의해 파손)이 크다.

2) 귀중품의 도괴 등 2차 피해 가능성이 있는 장소의 방출시간은 관계기관과의 협의를 통해 증가시키는 것이 가능하다.

(6) **일정한 유속과 유량의 확보**

1) 약제가 배관 내를 이동할 때는 2상 유체가 되며 체적이 크게 증가 : 방출시간을 제한하므로 일정 유속과 유량을 확보하게 하여 단시간 내 방사를 할 수 있다.

2) 소화약제 방사 시 배관 내에는 기상과 액상의 혼재비율 : 기상 20~30%와 액상 70~80%

3) 기화할 경우 액상 체적 대비 수백 배의 체적으로 변하므로 이로 인하여 기상의 경우는 액상에 비해 마찰손실이 매우 크게 증가한다. 따라서, 배관 내 흐름률을 결정할 경우는 기액의 와류로 인하여 최소값으로 선정하여야 한다.

04 방출시간 결정요인

(1) **소화약제의 종류** : 소화효과가 우수한 소화약제는 설계농도가 낮아 방출되는 소화약제량이 적어 방출시간이 짧다.

(2) **화재특성**

1) 심부화재일 경우 고농도로 장시간 방사해야 하므로 방출시간이 길어진다.

2) 열방출률이 큰 인화성 액체의 경우에는 방출시간을 짧게 하여 신속히 소화해야 한다.

(3) **방호공간**

1) 방호공간의 구조적 강도에 따라 과압을 고려하여 방출시간을 결정한다.

2) 개구부의 크기, 형태, 위치에 따라 방출시간을 결정한다.

(4) 온도

1) 가스계 설계프로그램 및 가스계 소화설비 소화성능 시험의 경우 20℃ 기준으로 설계 및 소화성능 시험을 실시한다.

2) 실제 설치되는 장소의 온도가 높거나 낮을 경우 약제량, 약제 농도 및 방사압력이 설계와 달라질 수 있어 방출시간이 달라질 수 있다.

(5) **분사헤드** : 분사헤드의 방출률을 고려한 적정량의 분사헤드 설치가 필요하다.

05 결론

(1) 화재로 인한 인명이나 잠재적 위험과 관련하여 연소생성물과 약제의 분해생성물 모두가 위험하다.

(2) 방출시간과 다른 설계계수를 결정함에 있어 방호구역에 허용할 수 있는 분해생성물의 양에 의해 이들 계수가 영향을 받는다는 사실을 이해하는 것이 매우 중요하다.

SECTION 092

할로겐화합물 및 불활성기체 소화약제의 종류

01 주요 할로겐화합물 및 불활성기체의 비교 110·108·105·75·74회 출제

(1) 특성 비교

구분	HFC 계열			INERT 계열		FK-5-1-12 (Novec 1230)
약제명	HFC-23	HFC-125	HFC-227ea (FM-200)	IG-100	IG-541	
국내 인증	성능인증 취득	성능인증 취득	성능인증 취득	성능인증 취득	성능인증 취득	성능인증 취득
소화약제 원산지	중국, 한국, 미국	중국, 일본	중국, 미국	국내	국내	미국, 중국
소화약제 해외 인증	UL, FM	UL	UL, FM	UL, FM	UL, FM	UL, FM
소화원리	냉각 + 부촉매	냉각 + 부촉매	냉각 + 부촉매	질식	질식	냉각 + 부촉매
기화열 [kJ/kg]	238.8	165	132.6	199	220	93.2
분자식	CF_3H	CF_3CF_2H	CF_3CHFCF_3	N_2 100%	N_2 52% Ar 40% CO_2 8%	$CF_3CF_2COCF(CF_3)$
임계온도	25.9℃	66℃	101.7℃	-146.9℃	N/A	168.7℃
배관 체적비	170.5% (배관체적/실린더체적)	98% (배관체적/약제체적)	155m 제한	55% (배관체적/용기체적)	55% (배관체적/용기체적)	-
A·C급 설계 농도(소화농도)	12.4% (10.33%)	7.2% (6%)	7% (5.8%)	37.2%	37.5% (31.25%)	4.5%
MDC(A)*	16.3%	11.2%	7.9%	40.3%	39.9%	5.3%
B급 설계농도 (소화농도)	18.85% (14.5%)	11.31% (8.7%)	9.49% (7.3%)	44.2%	40.63% (31.25%)	6.11%
MDC(B)*	16.4%	12.1%	9.0%	43%	41.2%	5.9%
방출시간	10초	10초	10초	• A·C급 : 2분 • B급 : 1분(95% 이상)		10초

구분	HFC 계열			INERT 계열		FK-5-1-12 (Novec 1230)
약제명	HFC-23	HFC-125	HFC-227ea (FM-200)	IG-100	IG-541	
사용 배관	KSD SCH 40 ERW	KSD SCH 40 ERW	KSD SCH 40 ERW	SCH 40 seamless (2차) SCH 80 seamless (1차)	SCH 40 seamless (2차) SCH 80 seamless (1차)	KSD SCH 40 ERW
최대 허용설계농도	30% (NOAEL)	11.5%(PBPK) 7.5%(NOAEL)	10.5%(PBPK) 9%(NOAEL)	43%	43%	10% (NOAEL)
ODP	0	0	0	0	0	0
GWP	12,400	3,170	3,350	0	0	1
환경성	규제 예정	규제 예정	규제 예정	규제 없음	규제 없음	규제 없음
장거리 방호	가능 (단일저장소)	불가 (다수저장소)	가능 (단일저장소)	가능 (단일저장소)	가능 (단일저장소)	가능 (단일저장소)
소화약제방출 시 내부장비 및 건물의 영향	보통	보통	보통	나쁨	나쁨	부압 고려
약제 재사용률	10%	10%	10%	0%	0%	90%
	액화가스로 일부 소화약제 회수가 가능(증기압이 높아 회수에 어려움이 있음)			축압가스로 재사용이 곤란		상온에서 액체이며, 증기압이 낮아 대부분 회수 가능
실린더 기준	52kg/82.5L	50kg/68L	90kg/115L	20.6m³/84L	13.39m³/84L	140kg/140L

(2) 장단점 비교 83·79회 출제

구분	HFC-23	HFC-227ea	HFC-125	IG-541	FK-5-1-12
장점	① 경제적인 소화약제 ② 할로겐화합물 중 인체에 가장 안전한 소화약제(소화농도와 NOAEL이 차이가 큼)	① 저장용기마다 별도의 질소실린더를 설치하여 원거리 방호 가능 ② ODP, 독성, 소화성능 등 종합적으로 평가할 때 현재 할로겐화합물 소화약제 중 가장 우수	① 단위체적당 소요약제량이 적어 경제적(할론 1301보다 약간 많음) ② 안정성이 뛰어나기 때문에 대부분의 금속과 고무 등에 상용성이 있음	① 가장 친환경적인 소화약제 ② 방출시간이 길어 장거리 방호 가능 ③ CO_2와 같이 급격한 온도 저하가 없어 고가의 기기보호 가능	① 낮은 소화농도 : 열흡수에 의한 소화 ② 환경파괴의 최소화(GWP, ALT가 낮음) ③ 상온, 상압에서 액체상태 ㉠ 안전하게 저장 가능

구분	HFC-23	HFC-227ea	HFC-125	IG-541	FK-5-1-12
장점	③ 헤드방호 가능 높이가 7.5m 이므로 시공이 용이하며 배관공사비 절감 ④ 장거리 방호 가능 ⑤ 액화가 용이하며 자체 증기압이 커서 별도의 가압원이 필요 없음 ⑥ 기화열에 의한 냉각효과 우수			④ 자체 독성이나 열분해생성물의 자극성 혹은 부식 우려가 없음	ⓒ 온도에 영향을 받지 않고 운반하기가 편함 ⓒ 짧은 시간 내 재충전 가능 ④ 액체로 화재 시 대기에 빠르게 기화(비점 49℃) ⑤ 우수한 냉각효과(물의 25배)로 국소방출방식에 적용 가능(NFPA 2001)
단점	① 임계온도가 26℃로 높은 온도에서의 배출은 기상이므로 방사시간이 길어질 수 있고 열분해생성물(HF)이 많이 발생하며, 약제량 계측이 곤란함 ② 브롬이나 염소가 함유되지 않아 화학적 소화성능이 낮고 물리적 소화성능이 커서 소화효율이 낮음 ③ 설계농도가 16% 이상이면 산소농도가 저하되어 위험성이 증가 ④ GWP가 높음	① 소화약제 가격이 가장 고가 ② 헤드방호 가능 높이가 3.7m이므로 시공이 난해하며 2열배관으로 배관공사비 증가 ③ GWP가 높음 ④ 열분해부산물로 '불화수소(HF)' 발생 ⑤ 소화농도와 NOAEL이 차이가 작음 ⑥ 자체 증기압이 작아 별도의 가압원이 필요함	① NOAEL이 낮아 PBPK를 이용하여 거주지역에 적용 ② 장거리 배관 불가 ③ 일정거리 이상일 경우 소화약제충전량이 작아 저장용기수가 증가 ④ 헤드방호 가능 높이가 3.7m이므로 시공이 난해하며 2열배관으로 배관공사비 증가 ⑤ GWP가 높음 ⑥ 열분해부산물로 '불화수소(HF)' 발생	① 37병 이상일 경우 고압가스 안전관리법상 저장소 허가 필요 ② 큰 저장실면적이 필요하고 고압이므로 취급상의 주의 필요 ③ 방출시간이 길어 화재진압이 조금 늦음 ④ 다량의 약제로 인한 실내의 상승압력을 배출하기 위한 과압배출구를 고려 ⑤ 소요병수가 많아 고가	① 액체 증기압(0.4bar)이 매우 낮아 질소로 2.5MPa로 축압 ② 열분해부산물로 '불화수소(HF)' 발생 ③ 방출 시 방화구역 내부압을 크게 발생시킴 ④ PFAS가 발암물질에 생분해가 되지 않는 안정성으로 환경오염 ⑤ PFAS(과불화화합물) 존재로 2025년 3M 생산중단

02 제2세대 할론 대체물질

(1) FIC-1311(CF_3I)

1) 환경성

① 대기 중 수명이 1.15일에 불과하고 GWP가 1 이하

② ODP : 0.008 이하

③ NOAEL : 0.2%, LOAEL : 0.4%

2) 물리적 특성

① CF_3I는 할론-1301의 분자구조 중 브롬원자를 요오드원자로 바꾼 것이다.

미국의 NMERI(New Mexico Engineering Research Institute)에서 개발한 소화약제

② 브롬을 요오드로 대체함으로써 소화능력은 향상했지만 독성 또한 상승시켜 NOAEL과 LOAEL이 낮다.

3) 장단점

장점	단점
① 가장 우수한 화학적 소화성능 ② 불꽃소화농도 : 3.2%(가장 우수) ③ 폭발방지용 약제로 사용 가능	① 거주지역에서는 사용이 곤란함 ② 가격이 비싼 요오드를 함유하고 있어 고가임

할로겐 소화약제 원소 중 요오드가 전기음성도가 가장 작아 결합력이 크고 결합거리가 작아 쉽게 요오드가 분리되면서 억제반응을 무수히 반복할 수 있어 화학적 소화효과가 우수하다.

$H^* + HI \rightarrow H_2 + I^*$

$I^* + H^* + M \rightarrow HI + M$

(2) 불포화 할로겐화합물

1) 분자 내 탄소-탄소 사이의 결합 중 하나가 이중결합으로 되어 있으며 대부분 불소가 함유된 물질군이다.

2) 상온에서도 탄소-탄소 사이의 이중결합이 대기의 수산기(OH)와 쉽게 반응하여 히드록실 알킬(hydroxyl-alkyl)기를 형성한다.

3) 히드록실 알킬기는 대기권에서 산소와 반응하여 분해된다. 따라서, 불포화 할로겐화합물이 분해되지 않고 성층권까지 도달되는 양이 거의 없으므로 오존층 파괴 우려가 없다.

4) 종류

① $CH_2=CHCF_2Br$

② $CH_2=CHCF_2CF_2Br$

③ $CH_2=CHCClFCF_2Br$

5) 불꽃소화농도

① $CH_2=CHCF_2CF_2Br$: 3.5%

② $CH_2=CHCClFCF_2Br$: 4.5%

(3) Halocarbon Blend 55(NFPA 2001 2022)

1) 소화약제의 구성

① FK-5-1-12 : 50%

② HFO-1233zd : 50%($CF_3-CH=CHCl$)

2) 특성

① NOAEL : 8.7%(LOAEL > 8.7%)

② GWP(100년) = 1

③ ODP : 0.000

④ A급 MDC : 4.4 vol%

⑤ B급 MDC : 6.0 vol%

(4) 2-BTP

1) 브롬이 들어가 있지만 대기수명이 짧고 온난화 지수가 낮다.

2) 화학식 : $C_3H_2BrF_3$

3) 특성 : 대기수명이 7일, ODP가 0.0028, GWP가 0.26

4) 사용처 : 항공기용 소화기로 사용 중

5) EU 및 미국 EPA SNAP 프로그램에서 규제 승인

03 IG-541 100·98·97·77회 출제

(1) 환경성 : ODP, GWP, ALT 모두 0

(2) 약제구성 및 소화원리

1) N_2 : 52%, 방호구역 내의 산소농도를 12~14%로 낮추어 화재진압

2) Ar : 40%, 산소농도 희석과 약제비중을 공기와 비슷한 1.08로 유지시켜 방호구역 내의 소화가스 누설 최소화

3) CO_2 : 8%, 방출 후 실내의 CO_2 농도를 3~4% 정도로 높여 실내에 있는 사람의 호흡률

을 증가시켜 저산소농도에서도 편안한 호흡 가능(질식 소화임에도 불구하고 거주지역에 사용 가능한 이유)

4) 밀폐된 공간에서 산소농도를 낮추는 질식 소화

(3) 장단점

장점	단점
① CO_2와 같이 급격한 온도 저하가 없어 고가의 기기보호가 가능하다. ② 자체 독성이나 열분해생성물의 자극성 혹은 부식 우려가 없다. ③ 기체이므로 가스방출 시에 마찰저항이 작다. 따라서, 저장용기실과 방호구역과의 거리를 수평거리 최대 400m까지의 장거리 설계가 가능하다.	① 저장 시 압축기체형태로 이루어져 넓은 저장공간이 필요하다. ② 20℃ 용기 내 충전압력이 15.3MPa로 고압 설비가 필요하다. ③ 기상으로 방출되므로 방사시간이 다른 소화약제보다 길다. ④ 다량의 약제로 인한 실내의 상승압력을 배출하기 위한 과압배출구를 고려해야 한다.

(4) 기본 설계조건

1) 방출방식 : 전역방출방식(total flooding system)

2) 온도조건 : 0~54℃

3) 최소 설계농도 : 37.5%

4) 최대 허용설계농도 : 43%

5) 저장용기 : 80L 용기에 12.4㎥의 가스 저장

6) 배관방식 : 토너먼트 방식 or 기타 방식(balance or unbalance)

7) 배관면적 : 최대 67%(실린더 체적비)

8) 선택밸브 오리피스 면적 : 13~55%

9) 방출헤드 방호범위 : 9.8×9.8×3.7

10) 방출헤드 압력 : 2.28MPa 이상

11) 방출헤드 오리피스 면적 대 방출배관 면적비 : 11.5~70%

12) 방출시간 : A·C급 화재 2분, B급 화재 1분 이내에 설계농도의 95% 이상 배출

불활성기체의 경우는 소화 후 부산물이 없기 때문에 할로겐화합물과 같이 10초 이내로 제한하지 않는다.

(5) 기타

1) IG-01 : (Ar : 100%)

2) IG-100 : (N_2 : 100%)

3) IG-55 : (N_2 : 50%, Ar : 50%)

04 소화약제의 불순물함량(NFPA 2001, ISO/FDIS 14520)

(1) 할로겐화합물 소화약제의 불순물함량을 일정량 이내로 규정하고 있다. 이는 불순물이 소화효과를 낮출 수 있고 인체에 악영향을 미칠 수 있기 때문이다.

(2) 불순물함량 제한요소

1) 순도

2) 수분함량

3) 산도

4) 증발잔량

SECTION 093

할로겐화합물 및 불활성기체 소화설비 설계(NFPA)

01 위험의 파악

(1) 가연물

(2) 방호구역의 치수 및 구성

(3) 위험구역의 예상 최저 온도(비체적(S) 계산 시 사용)

(4) 폐쇄할 수 없는 개구부

02 소화약제 선정 시 고려사항

(1) 소화능력 및 적용장소

(2) 독성

(3) 환경성

(4) 경제성

03 NFPA 2001의 설계농도(design concentation) 결정

(1) 위험수준 결정

1) 소화약제의 종류에 따른 구분

① 소화농도(EC : Extinguishing Concentration)

㉠ 할로겐화합물 및 불활성기체 약제의 경우 소화농도나 설계농도를 표시할 경우는 반드시 A급인지, B급인지를 먼저 명시해야 한다. 왜냐하면 소화농도의 경우 A급과 B급이 다르고, 같다고 가정할 경우에도 설계농도의 경우에는 안전계수가 달라지기 때문이다.

㉡ A급 화재 : UL Standard

㉢ B급 화재 : Cup burner test에 의해 소화농도 제시

② 불활성화 농도(IC : Inerting Concentration)

2) 방호공간의 체적

3) 온도

4) 기압

(2) EC나 IC에 안전계수(SF : Safety Factor)를 곱하여 최소 설계농도(MDC) 결정

$$MDC = (EC \text{ or } IC) \times SF$$

1) B급 화재

① 소화농도 시험방법 : 컵버너시험(cup burner test)

② 최소 설계농도 = 안전계수 × 1.3

2) A급 화재(표면화재)

① 소화농도 시험방법 : ANSI/UL 2166 and ANSI/UL 2127

② 최소 설계농도 : 다음 중 큰 것

㉠ A급 소화농도 × 1.2

㉡ 헵탄(heptane)의 최소 소화농도 컵버너시험(cup burner test)

3) C급 화재 : A급 소화농도 × 1.35

① 소화농도 시험방법 : ANSI/UL 2166 and ANSI/UL 2127

② 최소 설계농도 = 안전계수 × 1.35

③ 480V 이상 전압 : 시험, 위험분석을 통해서 결정

4) A급 화재(심부화재) : 신청에 의한 비교시험(application-specific test)

5) 소화약제의 소화농도(table A.5.4.2.2(b))

소화약제	A급 화재의 MEC	A급 화재의 MDC	C급 화재의 MDC
FK-5-1-12	3.3	4.5	4.5
HFC-125	6.7	8.7	9.0
HFC-227ea	5.2	6.7	7.0
HFC-23	15.0	18.0	20.3
IG-541	28.5	34.2	38.5
IG-55	31.6	37.9	42.7
IG-100	31.0	37.2	41.9

(3) 최소 설계량(MDQ : Minimum Design Quantity)의 결정

1) $W = \frac{V}{s}\left(\frac{C}{100 - C}\right)$

할로겐계열 : 무유출(더 보수적 가정)

2) $X = 2.303 \times \frac{V_S}{s} \times \log_{10}\frac{100}{100 - C} = \frac{V_S}{s} \times \ln\frac{100}{100 - C}$

불활성기체 : 자유유출

(4) 설계변수(DF : Designs Factors) 계산

1) 설계변수 : 소화에 영향을 미칠 수 있는 요인을 보완하기 위한 소화약제 가산량의 분율

2) $\mathrm{DF} = \Sigma\,\mathrm{DF}(i)$

여기서, DF(i) : DF의 결정요소의 합

(5) 최소 설계수량(AMDQ : Adjusted Minimum Design Quantity) 결정

AMDQ = MDQ (1 + DF)

(6) 압력보정계수(PCF : Pressure Correction Factor) 결정

(7) 해발고도(고도변화에 따른 방호구역 압력) : 해발고도 증가 시 약제량 감소

(8) 최종 디자인 수량(FDQ : Final Design Quantity) 결정

FDQ = AMDQ × PCF

(9) 가스계 소화시스템에서 약제에 대한 설계농도 도달시간의 고려사항

1) 응답시간

2) 대피시간

3) 구획조성을 위한 시간

4) 약제방출시간

(10) SNAP의 전역방출방식의 경우 NOAEL과 LOAEL 등 독성과 소화설계농도를 비교 검토하여 약제의 사용 여부를 결정하는 기준[84)]

조건	기준
피난시간이 1분 이내에 이루어질 수 없는 장소	소화약제의 농도 ≤ NOAEL
피난시간이 30초에서 1분 이내에 이루어질 수 없는 장소	소화약제의 농도 ≤ LOAEL
피난시간이 30초 이내에 이루어질 수 있는 장소	소화약제의 농도 > LOAEL(허용)
사람이 거주하지 않는 장소	
소화설비 설계 시 약제가 방출된 후에도 산소농도	16% 이상

84) Chapter 6 : SCREENING TESTS FOR CANDIDATE FIRE SUPPRESSANTS 577P

04 방출시간(discharge time) 결정

(1) 방출시간 : 용기밸브가 개방된 후 용기에서 헤드까지 약제가 충만된 상태에서 시작해서 헤드에서 설계농도 95%의 약제량을 방사할 때까지의 시간

(2) 방출시간 결정요인

1) 분해생성물의 제한
2) 화재피해 영향 및 그 영향 제한
3) 약제혼합 개선
4) 방호구역 내에 과압발생 제한
5) 노즐의 2차적 영향(방사압에 의해 기구나 장비가 쓰러지는 영향)

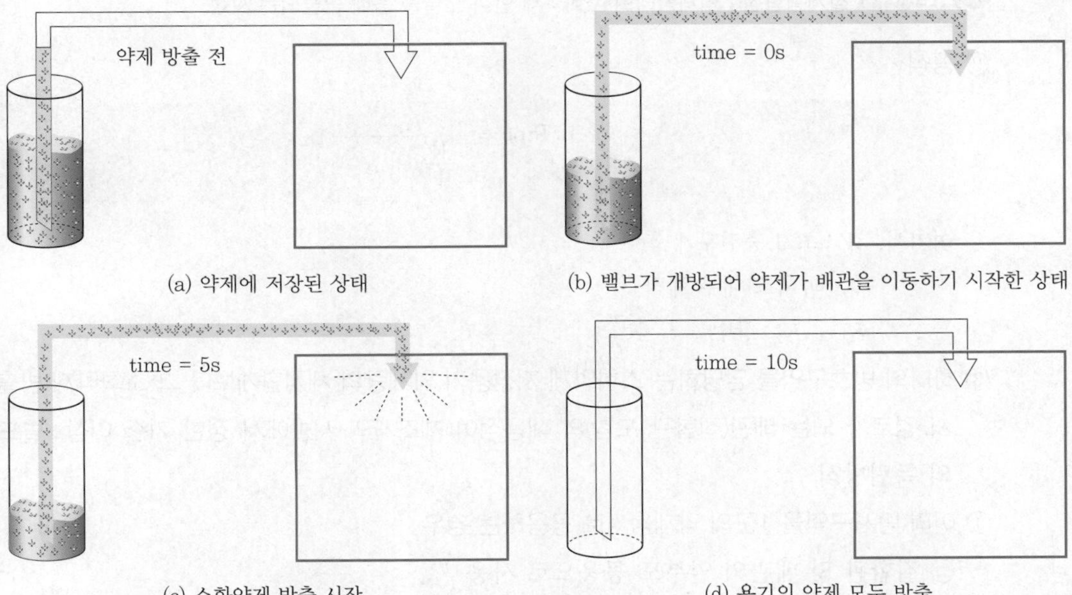
약제 방출 전
time = 0s
time = 5s
time = 10s
(a) 약제에 저장된 상태
(b) 밸브가 개방되어 약제가 배관을 이동하기 시작한 상태
(c) 소화약제 방출 시작
(d) 용기의 약제 모두 방출

| 할론소화약제의 전역방출방식 방출개념도[85] |

05 최소 소화약제 유지시간(농도유지시간)

* SECTION 087 농도유지시간을 참조한다.

85) Figure 4-6.15 Summary of Halon 1301 discharge conditions based on a 10-s discharge. SFPE 4-06 Halon Design Calculations 4-165

06 배관설계(pipe network) 및 노즐 선정

(1) 배관설계

1) 모듈러 공급방식

2) 중앙집중 공급방식

3) 공유 공급방식

4) 배관 내 허용용적 비율(percent in pipe)

① 정의 : 설계평형점에서의 관 내 저장된 약제의 체적 대 저장용기 내의 소화약제량 체적비

 **설계평형점** : 액체상태의 소화약제 반이 노즐을 통해 방출되는 지점

② 공식

$$\% \text{ in Pipe} = \frac{K_1}{\frac{W_i}{V_p} + K_2}$$

여기서, W_i : 초기 충전무게

V_p : 파이프 내부 체적

K_1 or K_2 : 상수

③ 하나의 방호구역을 담당하는 소화약제 저장용기 약제량의 체적합계보다 그 소화약제 방출 시 경로가 되는 배관(집합관 포함)의 내용적이 제조사의 시방에서 정한 기준 이상 : 별도의 독립방식

④ 여러 방사구역을 1군의 약제용기로 공용하는 경우

㉠ 집합관 및 배관의 일부도 공용으로 사용

㉡ 방사구역별로 소요 소화약제량에 현저한 차이가 나는 경우 : 소요 소화약제량이 적은 방사구역의 소화약제 방출 시 방출경로가 되는 공용의 집합관 및 배관의 내용적이 소화약제량의 체적에 비하여 필요 이상으로 크면 약제의 완전방출시간 지연

⑤ 목적

㉠ 자기증기압(기화율) 증가 억제

㉡ 방사압의 저하 방지 및 빠른 시간 내에 방사 : 방출시간이 길어지면 약제의 효율저하 및 약제의 열분해로 유해한 분해생성물 증가

5) 압력 요구사항에 맞는 배관 재료 및 두께 선정 : 일반적으로 Sch 40을 사용하지만 HFC-23의 경우 Sch 80 사용(국내기준은 Sch 40) → 저장압이 높아 용접부위 파손 우려

(2) 오리피스 선정

1) 용기로부터 각 노즐까지의 등가배관 길이의 차 : 노즐별로 10% 이내

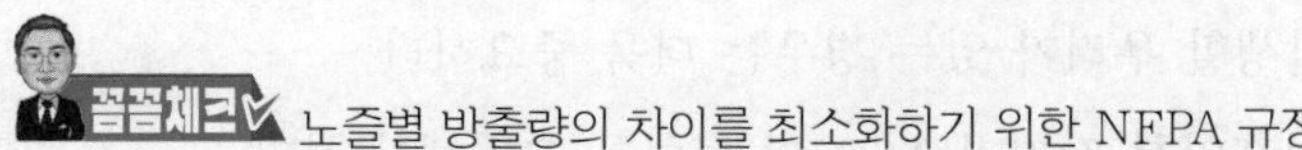

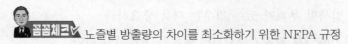

노즐별 방출량의 차이를 최소화하기 위한 NFPA 규정

2) 각 노즐의 설계유량 : 동일하도록 설계(토너먼트)

3) 큰 압력으로의 방출 필요

① 목적 : 방호구역 내에서 약제와 공기의 적절한 혼합

② 난류를 최소화해야 하는 박물관 같은 경우는 노즐의 2차적 피해가 발생할 우려가 있기 때문에 예외이다.

4) 오리피스의 크기 : 배관경의 70% 이하

헤드의 오리피스를 크게 하면 그만큼 헤드수를 줄여서 설치할 수 있고 그로 인해 약제의 방호구역 내의 고른 방사가 곤란하다.

(3) 헤드의 설치높이 : 0.2~3.7m

(4) 가스계 소화설비의 설계프로그램 성능인증 및 제품검사의 기술기준에 적합한 컴퓨터 프로그램을 이용하여 설계하는 이유

1) 압력강하가 배관에 따라서 비선형적으로 이루어지기 때문에 수계산을 통해 계산이 곤란하다.

2) 이상유체로 계산이 복잡하다.

(5) 배관경

1) 작으면 압력손실이 증대되어 결국에는 방사압이 부족해진다.

2) 크면 유속이 감소하여 기액이 분리(소화약제와 축압질소가 분리)된다.

07 구획실 압력상태 평가

과압이나 감압의 우려가 있는 경우 과압배출구를 고려하여야 한다.

08 감지 및 작동 시스템 결정

(1) 조기동작

1) 허용할 수 없는 수준의 열 및 비열피해가 발생하기 전에 동작한다.

2) 약제 열분해생성물이 발생할 우려가 있는 경우는 더욱 중요하다.

(2) 기류속도가 빠른 장소 : 공기흡입형 감지기(ASD)의 설치를 고려해야 한다.

(3) 오동작 방지

1) 교차회로

2) 적응성 있는 감지기

09 할로겐화합물 및 불활성기체 소화약제의 사용상 주의사항

(1) 접지 : 액화가스 방출 시 접지되지 않으면 물체의 정전기축척에 의해 스파크 발생 우려가 있다.

(2) 이격거리 : 전기기기와 충분한 이격거리를 유지하지 않으면 통전 우려(방출 시 액상)가 있다.

(3) 농도 : 소화농도와 농도유지시간을 고려하여야 한다.

(4) 온도 : 열분해 등을 고려하여야 한다.

(5) 혼합 : 동일한 밀폐공간에 다른 할로겐화합물 및 불활성기체 소화약제를 동시에 방출하는 설비의 설치는 금지한다.

10 인수 및 시험을 위한 문서화

시설물의 설치가 완료가 되면 상기 사항을 문서화하고 문서화된 자료를 이용하여 도어팬시험 등을 통해 설비의 성능을 인정받은 다음 시설물을 발주자에게 인수한다.

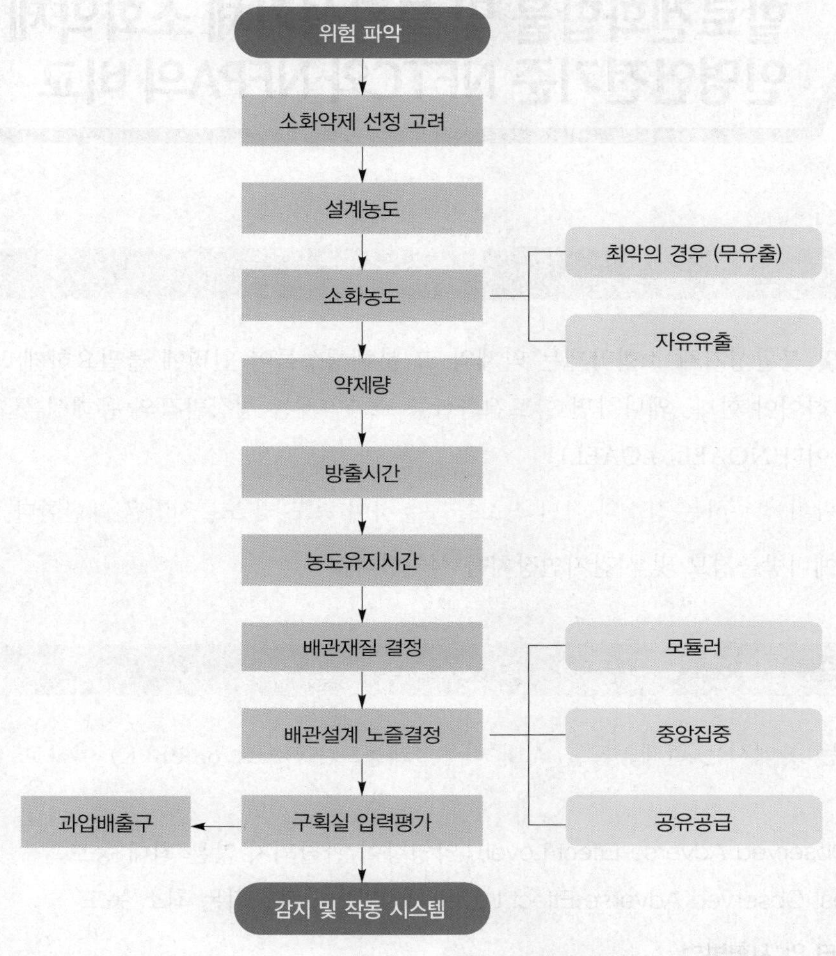
위험 파악
소화약제 선정 고려
설계농도
소화농도
최악의 경우 (무유출)
자유유출
약제량
방출시간
농도유지시간
배관재질 결정
모듈러
배관설계 노즐결정
중앙집중
구획실 압력평가
과압배출구
공유공급
감지 및 작동 시스템

| NFPA의 설계흐름도 |

SECTION

094 할로겐화합물 및 불활성기체 소화약제 인명안전기준 NFTC와 NFPA의 비교

01 개요

(1) 할로겐화합물 및 불활성기체 소화약제는 약제와 그 분해생성물이 인명에 불필요하게 노출되지 않도록 하여야 한다. 왜냐하면 할로겐화합물 소화약제는 심장발작의 유해성을 가지고 있기 때문이다(NOAEL, LOAEL).

(2) NFPA 2001 : 사람이 상주하는 장소와 아닌 장소를 구분하여 농도 및 노출시간을 제한한다.

(3) **오동작에 대비** : 예비방출경보 및 시간지연장치를 설치한다.

02 국내기준

(1) 사람이 상주하는 곳에서는 설계농도를 최대 허용설계농도(NOAEL or PBPK) 이하로 설계한다.

1) NOAEL(No Observed Adverse Effect Level) : 악영향이 관찰되지 않는 최대 농도

2) LOAEL(Lowest Observed Adverse Effect Level) : 악영향이 관찰되는 최소 농도

(2) NOAEL or LOAEL의 시험방법

1) 시험용 개에게 5분간 시험용 가스 노출

2) 개의 심장에 에피네프린(epinephrine : 합성 아드레날린)으로 감작시켜 심장민감도 측정

1. 에피네프린을 주사했을 때 심장민감도가 4~10배 정도 증가한다. 따라서, 에피네프린이 투입된 경우에는 그렇지 않은 경우에 비해 훨씬 더 낮은 농도에서 측정된다. 이를 통해 독성이 발견되지 않는 최대 농도를 설정하였다.
2. **감작**(感作) : 생체에 항원을 넣어서 항체가 생기게 하여 그 항원에 대해 민감한 상태로 만든다.

3) NOAEL 시험방법의 한계

① 개와 사람의 생리학적 차이점 미고려

동물실험은 폐를 통한 인체의 약제흡수율과 흡수된 약제의 심장으로의 이송률에 관하여 실험동물과 인체의 생리학적인 차이를 무시한 실험이다. 그렇다고 인체를 가지고 실험할 수

도 없어서 동물의 데이터를 이용하여 이를 컴퓨터 시뮬레이션으로 인체의 장기에 적용하는 방법인 PBPK가 나오게 된 것이다.

② 독성은 농도와 시간의 함수 : NOAEL, LOAEL은 시간이란 변수가 없다.

(3) 실험동물 혈중 약제농도를 통한 동물실험

1) 동물의 혈중농도와 심장의 과민반응 간의 데이터를 제공한다.

2) 이를 통해 혈중 화학약제농도와 심장 과민반응의 관계를 안전노출기준을 확립하는 근거로 사용한다.

3) 실험동물이 심장과민반응 가능성을 나타내는 최소 약제농도에 대한 보수적인 지침을 제공한다.

4) 이 데이터는 PBPK에서 이용한다.

(4) PBPK(Physiologically Based Pharmaco Kinetic modeling) : 생리학적 특성을 고려한 약물의 동태학

1) NFPA 2001에서는 할로겐화합물 소화약제의 허용노출시간을 결정하는 대안으로서 PBPK model을 기술표준으로 제안하였다.

일반적으로 PBPK model은 대기, 수중 및 작업장에서의 화학물질에 대한 인체의 허용노출기준을 결정하는 방법인데 이를 소방에서 가져와서 이용한 것이다.

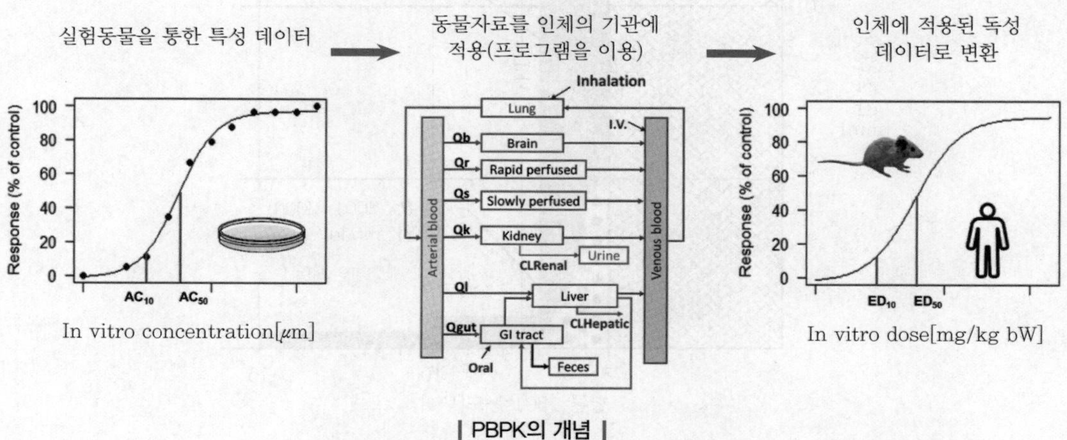

| PBPK의 개념 |

2) 독성농도 × 지속시간을 컴퓨터 프로그램 등을 통해 인체 내 기관으로 확산되는 과정을 수학적으로 분석한 것이다.

① 인체 각 조직과 장치를 혈류와 연결하여 컴퓨터 모델링

② PBPK 농도 : 호흡을 통하여 PBPK의 실험시간인 5분 동안 노출된 인체에 흡입되는

할로겐화합물 소화약제의 분해부산물이 인체의 혈액 속에 퍼져서 이로 인하여 어떠한 심장발작도 조사되지 않은 것을 의미

기존 데이터가 동물 특히 개를 통해 실험한 데이터를 인간에 그대로 적용하기는 곤란했고, 실제로 사용을 하다 보니 NOAEL과 LOAEL의 농도 이하에도 인체에 큰 악영향이 없음을 알게 되어 컴퓨터 분석시스템을 이용하여 이 데이터를 사람에 적용한 것과 같은 시뮬레이션(통계적 시뮬레이션인 몬테카를로 시뮬레이션을 사용)을 통해 유해물질의 노출평가 및 위해성 평가를 통해 불확실성을 최소화하려는 방법이다. 따라서, 기존에는 NOAEL의 값이 한계였으나 PBPK modeling를 통해 LOAEL에 도달하지 않는 최대 농도를 구할 수 있게 되었다. 이는 NOAEL 경계선상에 있는 소화약제 제조사 입장에서는 거주지역에 적용이 가능한 중요한 자료가 되는 것이다.

3) PBPK modeling

① NOAEL보다는 높고 LOAEL보다는 낮은 노출을 허용한다.

② 인체에 대한 노출은 5분 이내로 제한한다.

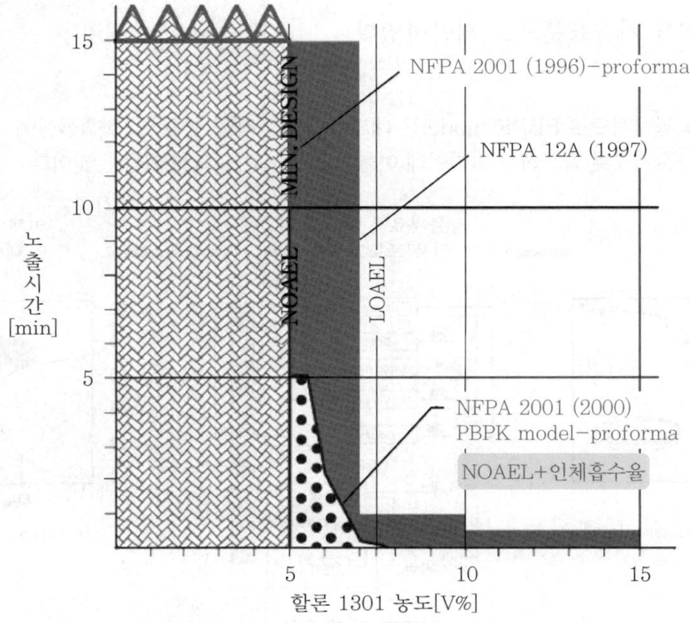

| Halon 1301의 노출한계에 대한 다양한 기준[86] |

1. LOAEL : 그림의 회색부분으로 0 ~ 7% 농도까지는 노출시간이 15분 이내이어야 하고, 7 ~ 10% 농도에서는 1분 이내, 10 ~ 15% 농도구간에서는 30초 이내이어야 한다(회색부분).

86) HARC News Halon Alternatives Research Corporation March 2001, Special Edition에서 발췌

2. NOAEL : 그림의 빗줄부분으로, 할론 1301은 상시 거주지역에 대하여 5% 농도 이하로 적용이 가능하다는 의미이다.

4) NOAEL과의 차이점 : NOAEL과는 달리 지속시간의 개념이 있어 인체에 대한 시간의 경과에 따른 흡수율에 따라서 노출한계시간을 설정한다.

5) PBPK Model은 할론과 할로겐화합물 계열에만 해당하는 것이며 불활성기체의 경우에는 적용되지 않는다.

불활성기체 계열은 천연가스를 주성분으로 약제의 혼합을 통해 산소농도를 낮추어 질식 효과로 소화하는 소화약제이다. 따라서, 불활성기체 계열은 저산소증이나 산소결핍이 주요 안전성을 판단하는 기준이 된다. 반면에 할로겐화합물의 경우에는 부촉매효과를 주체로 하는 소화약제로서 열에 의해 분해하는 과정에서 할론화합물이 분해되면서 유독성의 분해부산물이 발생한다. 이는 대부분이 산으로 이를 흡입할 경우 인간의 심장박동에 영향을 주는 자극성 물질이기 때문이다.

6) 장단점

장점	단점
① 생리학적 특징 : 인체에 실험이 곤란한 독성의 농도를 인체에 적용하지 않고도 인체에 적용한 것과 같은 데이터값을 취득한다. ② 약물의 특징 : 시간에 경과에 따른 약물의 혈중농도, 장기농도, 독성농도를 예측할 수 있다. ③ 약물과 생체반응의 특징 : 약물과 생체반응의 상호관계를 시간의 경과에 따른 값으로 취득한다. ④ 기존에 NOAEL의 농도보다 더 높은 농도로 사람이 거주하는 장소에 적용이 가능하다. ⑤ 기존 NOAEL이 농도에 국한된 개념이라면 PBPK는 시간과 농도의 개념으로 유지관리와 적용에 유리하다.	① 실험동물 혈중 약제농도를 통한 동물실험의 데이터가 필수요소이다. ② 데이터를 인체에 적용하는 것처럼 시뮬레이션할 수 있는 프로그램과 장치가 필요하다. ③ 추정값이지 정확한 실험값은 아니다. ④ 주요 자료가 외국에서 외국인을 대상으로 했기 때문에 신체구조가 다른 한국인에게 그대로 적용하기에는 안전성에 문제가 있을 수 있다.

한계성 : 인체에 직접 투여하지 못하는 독성물질의 인체노출량을 평가하는 데 이용

7) 3가지 구성요소

① 시스템 특이적 성질(system-specific properties) : 조직이나 장기의 부피, 혈류, 조직 구성 포함

② 약물 특성(drug properties) : 조직친화성, 혈장단백 결합력, 세포막 투과성, 효소 안정성, 약물수송 활성 포함

③ 구조적 특성(structural properties) : 혈액관류에 의해 연결된 체내 조직과 장기의 해부학적 배열을 포함

03 할로겐화합물 계열(NFPA) 131회 출제

| 설계농도에 따른 노출시간 제한[87] |

설계농도[%]	상주 여부	노출시간 제한	비고
<NOAEL	상주	노출시간 5분 이내	PBPK에 관한 자료가 있다.
>NOAEL <LOAEL		PBPK가 5분 이상 : 노출시간 5분 이내	PBPK에 관한 자료가 있다.
		PBPK가 5분 이하	① 관계기관의 승인 ② 피난시간 계산 ③ PBPK model의 노출시간 제한 : 국내에서는 FM200의 경우 10.5% 이상에서 설계가 곤란하지만, NFPA에서는 12%까지 가능(단, 피난시간이 30초 이내)
>LOAEL	비상주	PBPK의 노출시간 제한	PBPK에 관한 자료가 있다.
<LOAEL		60초 이내	PBPK에 관한 자료가 없다.
>LOAEL		30초 이내	PBPK에 관한 자료가 없다.

[비고] 산소농도를 인간의 기능손상 발생점인 16%를 초과하여 유지하기 위해, 농도 24%를 초과하는 약제를 사람이 상주하는 공간에 사용해서는 안 된다. 예를 들어 HFC-23의 경우 NOAEL이 50%이지만 사람이 상주하는 곳에 사용하는 경우 주의한다.

04 불활성가스(inert clean agent)(NFPA 2001) 131회 출제

(1) 전역방출방식의 설계농도 기준 : 산소결핍

최대 설계농도	최소 산소농도(해수면 상당)	상주와 비상주 구분	노출제한시간
43% 미만	12% 미만	상주	5분 이내
43~52% 미만	10~12% 미만	상주	3분 이내
52~62% 미만	8~10% 미만	상주	30초 이내
		비상주	–
62% 이상	8% 미만	비상주	–

87) FPH TABLE 17.7.7 Safe Exposure Limits for Halocarbon Clean Agents

(2) NEL(No Effect Level) 118회 출제

1) 정의 : 할로겐화합물의 NOAEL과 같은 기능으로, 아무런 영향을 미치지 않는 최대 농도

2) 최소 산소농도 12%에 해당하는 설계농도

(3) LEL(Low Effect Level)

1) 할로겐화합물의 LOAEL과 같은 기능으로, 부작용이 관찰되는 최소 농도

2) 최소 산소농도 10%에 해당하는 설계농도

구분	NEL	LEL
IG-01	43	52
IG-100	43	52
IG-55	43	52
IG-541	43	52

3) 15% 미만의 산소농도는 연소반응이 진행될 수 없다. 인간의 생명을 유지하기 위해서는 12%에서 15% 사이의 산소농도가 필요하다. 12%에서 10% 사이의 산소농도는 질식의 가시적인 징후가 나타난다. 10% 미만의 산소농도는 매우 위험한 상태이다.

ISO 14520

구분	MS-D(A)	MS-D(B)	이너팅(메탄/공기)	NOAEL	LOAEL	5분 동안 최대 노출농도
Halon 1301	5.0	5.0	4.9	5	7.5	-
HCFC Blend A	13.0	13.0	20.5	10	>10	10
HFC-23	16.3	16.4	22.2	30	>50	30
HFC-125	11.2	12.1	-	7.5	10	11.5
HFC-227ea	7.9	9.0	8.8	9	10.5	10.5
HFC-236fa	8.8	9.8	-	10	15	12
FK-5-1-12	5.3	5.9	8.8	10	>10	10
HFC Blend B	14.7	14.7	-	5	7.5	5

SECTION 095

할로겐화합물 및 불활성기체 소화약제 설치기준

01 설치 제외장소 120회 출제

(1) 화재안전기술기준(NFTC 107A)

1) 사람이 상주하는 곳으로서 최대 허용설계농도를 초과하는 장소

2) 위험물

① 제3류 위험물 및 제5류 위험물을 사용하는 장소

㉠ 제3류 위험물의 비적응성

- 할론과 할로겐화합물은 억제반응 시 물(H_2O)이 발생한다.
- 발생된 물(H_2O)에 의해 금수성 물질인 3류 위험물과 반응하여 폭발을 유발한다.
- 화학반응식

$CF_3I + e \rightarrow CF_3^+ + I^-$

$H^+ + I^- \rightarrow HI$ (억제반응)

$HI + OH^- \rightarrow H_2O + I^-$ (억제반응)

㉡ 제5류 위험물의 비적응성

- 자기반응성 물질은 자체적으로 산소와 가연물을 보유하고 있어 연소속도가 빠르다.
- 폭발적인 연소를 하므로 소화약제의 소화속도보다 연소속도가 빨라서 적응성이 떨어진다.

② 예외 : 소화성능이 인정되는 위험물은 제외한다.

(2) NFPA의 설치 제외장소

1) 공기가 없는 장소에서도 급속한 산화가 가능한 질화면

2) 활성금속

3) 금속수소화합물(예 : SiH_4)

4) 유기과산화물, 수소화합물, 자연발화물질

02 저장용기 설치기준 122회 출제

(1) 설치장소

1) 방호구역 외의 장소에 설치 : 방화문으로 구획된 실에 설치한다.

2) 방호구역 내 설치할 경우 : 피난 및 조작이 용이하도록 피난구 부근에 설치한다.

(2) **온도기준 :** 온도가 55℃ 이하이고 온도의 변화가 작은 곳에 설치한다.

할론과 이산화탄소는 일본 기준에서 발췌한 것은 40℃이고 미국 NFPA에서 발췌한 것은 55℃(130℉)[88]이다.

(3) 직사광선 및 빗물이 침투할 우려가 없는 곳에 설치한다.

(4) **표지설치 :** 용기의 설치장소에는 당해 용기가 설치된 곳임을 표시하는 표지를 한다.

(5) **용기 간의 간격 :** 점검에 지장이 없도록 3cm 이상의 간격을 유지한다.

(6) **저장용기와 집합관을 연결하는 연결배관**

1) 체크밸브 설치

2) **예외 :** 저장용기가 하나의 방호구역만을 담당하는 경우

(7) 하나의 방호구역을 담당하는 저장용기의 소화약제 체적합계보다 소화약제 방출 시 방출경로가 되는 배관의 내용적의 비율이 할로겐화합물 및 불활성기체 소화약제 제조업체의 설계기준에서 정한 값 이상일 경우 별도 독립방식으로 배관을 구성한다.

03 저장용기 성능기준

(1) 저장용기의 충전밀도 및 충전압력은 할로겐화합물 및 불활성기체 소화약제 소화설비의 화재안전기술기준(NFTC 107A) 표 2.3.2.1(1)에 따를 것

(2) **집합관에 접속되는 저장용기**

1) 동일한 내용적

2) 충전량 및 충전압력이 갈도록 할 것

(3) **저장용기에 충전량 및 충전압력을 확인할 수 있는 장치를 하는 경우 :** 소화약제에 적합한 구조

88) NFPA 2001 4.1.4.3

(4) 저장용기의 약제량 손실

구분		재충전 또는 저장용기 교체기준
저장용기 약제량 손실		5% 초과
압력손실	할로겐화합물	10% 초과
	불활성기체	5% 초과

04 소화약제량의 산정

(1) 할로겐화합물과 불활성기체 소화약제량

<table>
<tr><th>구분</th><th>할로겐화합물 소화약제</th><th>불활성기체 소화약제</th></tr>
<tr><td>약제량 공식</td><td>$W=\frac{V}{S}\times\frac{C}{100-C}$
여기서, W : 소화약제의 무게[kg]
V : 방호구역의 체적[m³]
S : 소화약제별 선형상수($(K_1+K_2)\times t$ [m³/kg])
C : 체적에 따른 소화약제의 설계 농도[%]
t : 방호구역의 최소 예상온도[℃]</td><td>$X=2.303\times\frac{V_s}{S}\times\log\frac{100}{100-C}$
여기서, X : 공간체적당 더해진 소화약제의 부피[m³/m³]
S : 소화약제별 선형상수($(K_1+K_2)\times t$ [m³/kg])
C : 체적에 따른 소화약제의 설계 농도[%]
V_s : 20℃에서 소화약제의 비체적[m³/kg]
t : 방호구역의 최소 예상온도[℃]</td></tr>
<tr><td>소화약제별 선형상수</td><td>
<table>
<tr><th>소화약제</th><th>K_1</th><th>K_2</th></tr>
<tr><td>FC-3-1-10</td><td>0.094104</td><td>0.00034455</td></tr>
<tr><td>HCFC Blend A</td><td>0.2413</td><td>0.00088</td></tr>
<tr><td>HCFC-124</td><td>0.1575</td><td>0.0006</td></tr>
<tr><td>HFC-125</td><td>0.1825</td><td>0.0007</td></tr>
<tr><td>HFC-227ea</td><td>0.1269</td><td>0.0005</td></tr>
<tr><td>HFC-23</td><td>0.3164</td><td>0.0012</td></tr>
<tr><td>HFC-236fa</td><td>0.1413</td><td>0.0006</td></tr>
<tr><td>FIC-1311</td><td>0.1138</td><td>0.0005</td></tr>
<tr><td>FK-5-1-12</td><td>0.0664</td><td>0.0002741</td></tr>
</table>
</td><td>
<table>
<tr><th>소화약제</th><th>K_1</th><th>K_2</th></tr>
<tr><td>IG-01</td><td>0.5685</td><td>0.00208</td></tr>
<tr><td>IG-100</td><td>0.7997</td><td>0.00293</td></tr>
<tr><td>IG-541</td><td>0.65799</td><td>0.00239</td></tr>
<tr><td>IG-55</td><td>0.6598</td><td>0.00242</td></tr>
</table>
</td></tr>
</table>

1) 불활성기체는 35~50V%의 설계농도로 사용되며, 이는 주변 산소농도를 각각 14V% 내지 10V%로 감소시킨다. 가장 일반적인 연료의 경우 12~14V% 미만의 산소농도는 연소를 지원하지 않는 것으로 알려져 있다.

2) **폭발물의 불활성화** : 훨씬 고농도가 요구된다.

(2) **설계농도** : 소화농도×안전율

1) A·C급 화재 : 소화농도[%]×1.2

2) B급 화재 : 소화농도[%]×1.3

(3) 소화약제량은 사람이 상주하는 곳에서는 다음 표에 따른 최대 허용설계농도를 초과할 수 없다.

소화약제	최대 허용설계농도[%]
FC-3-1-10	40
HCFC Blend A	10
HCFC-124	1.0
HFC-125	11.5
HFC-227ea	10.5
HFC-23	30
HFC-236fa	12.5
FIC-1311	0.3
FK-5-1-12	10
IG-01	43
IG-100	43
IG-541	43
IG-55	43

색으로 표시된 것은 PBPK 기준이고 나머지는 NOAEL 기준으로 최대 허용설계농도를 정한 것이다.

(4) 방호구역이 둘 이상인 장소의 소화설비를 독립배관으로 설치하지 않아도 되는 경우에 한하여 가장 큰 방호구역에 대하여 상기의 기준에 의해 산출한 양 이상이 되도록 하여야 한다.

꼼꼼체크 **배관비** : 소화약제의 체적(액화가스의 소화약제는 액상체적, 압축가스의 소화약제는 저장용기의 체적) 대비 해당 방호구역 전체 배관 체적의 백분율

(5) 국소방출방식과 호스릴방식

1) NFPA에서는 Halon 1301을 포함하여 할로겐화합물 및 불활성기체 소화약제에 대하여 국소방출방식과 호스릴방식을 인정하지 않고 있었다. 하지만 NFPA 2001(2008 edition)에서부터 할로겐화합물 및 불활성기체 소화약제의 국소방출방식에 관한 규정이 생겨서 국소방출방식과 호스릴방식의 설치가 가능해졌다.
2) 국내의 NFSC의 기준은 과거의 NFPA를 따서 온 것으로, 국소방출방식과 호스릴방식을 인정하지 않고 있다.

(6) 할로겐화합물 및 불활성기체 소화약제 저장방식

구분	할로겐화합물 소화약제	불활성기체 소화약제
저장방식	질소축압 (예외 : HFC-23은 자체증기압)	기체상태로 압축가압
저장압력범위	1~4MPa	15~30MPa

05 기동장치 설치기준

(1) 수동식 기동장치

1) 방호구역마다 설치한다.
2) 당해 방호구역의 출입구부근 등 조작을 하는 자가 쉽게 피난할 수 있는 장소에 설치한다.
3) 기동장치의 조작부
   ① 설치높이 : 바닥으로부터 0.8m 이상 1.5m 이하
   ② 보호장치 : 보호판 등
4) 표지부착
   ① 위치 : 기동장치에는 가깝고 보기 쉬운 곳
   ② 내용 : 할로겐화합물 및 불활성기체 소화설비 기동장치
5) 전기를 사용하는 기동장치 : 전원표시등 설치
6) 기동장치의 방출용 스위치 : 음향경보장치와 연동하여 조작
7) 방출용 스위치 작동힘 : 50N 이하의 힘
8) 수동식 기동장치의 부근 : 소화약제의 방출을 지연시킬 수 있는 비상스위치 설치

(2) 자동식 기동장치

1) 자동화재탐지설비의 감지기의 작동과 연동하여 기동
2) 수동식 기동장치를 함께 설치할 것
3) 기동방식 : 기계식, 전기식, 가스압력식

(3) 할로겐화합물 및 불활성기체 소화약제소화설비가 설치된 구역의 출입구 : 방출표시등 설치

06 제어반 등 설치기준

(1) 제어반

1) 수동기동장치 또는 감지기에서의 신호를 수신하여 음향경보장치의 작동, 소화약제의 방출 또는 지연, 기타의 제어기능을 가진 것

2) 제어반에는 전원표시등을 설치할 것

(2) 화재표시반 : 제어반에서의 신호를 수신하여 작동하는 기능

1) 각 방호구역마다 음향경보장치의 조작 및 감지기의 작동을 명시하는 표시등과 이와 연동하여 작동하는 벨, 부저 등의 경보기를 설치할 것. 이 경우 음향경보장치의 조작 및 감지기의 작동을 명시하는 표시등을 겸용할 수 있다.

2) 수동식 기동장치에 있어서는 그 방출용 스위치의 작동을 명시하는 표시등을 설치할 것

3) 소화약제의 방출을 명시하는 표시등을 설치할 것

4) 자동식 기동장치에 있어서는 자동·수동의 절환을 명시하는 표시등을 설치할 것

(3) 제어반 및 화재표시반의 설치장소

1) 화재에 따른 영향, 진동 및 충격에 따른 영향의 우려가 없는 장소

2) 부식의 우려가 없는 장소

3) 점검에 편리한 장소

(4) 제어반 및 화재표시반에는 당해 회로도 및 취급설명서를 비치할 것

(5) 제어반 및 화재표시반의 겸용 설치가 가능한 경우 : 자동화재탐지설비의 수신기의 제어반이 화재표시반의 기능을 가지고 있는 것

07 배관 등 설치기준

(1) 배관 설치기준 119회 출제

1) 배관은 전용으로 한다.

2) 배관, 배관부속 및 밸브류는 저장용기의 방출내압을 견딜 수 있어야 하며 최대 충전밀도, 21℃ 충전압력, 최소 사용설계압력의 기준에 적합할 것

① 강관을 사용하는 경우의 배관

㉠ 압력배관용 탄소강관(KS D 3562)

㉡ ㉠과 동등 이상의 강도를 가진 것으로서, 아연도금 등에 따라 방식처리된 것

② 동관을 사용하는 경우의 배관

㉠ 이음이 없는 동관

㉡ 동합금관(KS D 5301)

③ 배관의 두께

$$t = \frac{PD}{2SE} + A$$

여기서, t : 배관의 두께[mm]

P : 최대 허용압력[kPa]

D : 배관의 바깥지름[mm]

SE : 최대 허용응력[kPa]$\left(\text{배관재질 인장강도의 } \frac{1}{4}\text{값과 항복점의 } \frac{2}{3}\text{값 중 작은 값} \times \text{배관이음효율} \times 1.2\right)$

A : 나사이음, 홈이음 등의 허용값[mm] (헤드 설치부분은 제외)

- 나사이음 : 나사의 높이
- 절단홈이음 : 홈의 깊이
- 용접이음 : 0

배관이음효율

① 이음매 없는 배관 : 1.0
② 전기저항 용접배관 : 0.85
③ 가열맞대기 용접배관 : 0.60

3) 배관부속 및 밸브류 : 강관 또는 동관과 동등 이상의 강도 및 내식성이 있는 것

플랜지 압력등급(pressure rating) : ASME B16.5는 플랜지의 Class를 7등급(Class 150, Class 300, Class 400, Class 600, Class 900, Class 1500, Class 2500)으로 나누고 각 등급의 Pressure-temperature rating을 규정하고 있다.

4) 배관과 배관, 배관과 배관부속 및 밸브류의 접속

① 나사접합

② 용접접합

③ 압축접합

④ 플랜지접합 등

5) 배관의 구경

① 할로겐화합물 소화약제 : 10초 이내(최소 설계농도의 95% 이상)에 해당하는 약제량 방출

② 불활성기체 소화약제 : A·C급 화재 2분, B급 화재 1분 이내(최소 설계농도의 95% 이상)에 해당하는 약제량 방출

6) 문제점

① 배관용접의 경우 맞대기 용접을 하고 이음허용값을 0으로 한다. 배관 간의 결합력이 떨어져서 약제 방출 시 누설 우려가 있다.

맞대기 용접(BW : Butt Welding) : 용접하고자 하는 두 개의 모재를 맞대고 용접하는 방법으로 용접연결이라서 플랜지 연결에 비해서 기밀성과 신뢰도가 높다. 50A 이상의 대구경에 사용된다.

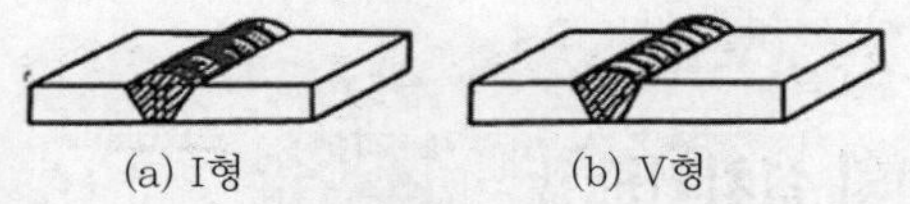

| 맞대기(그루브) 용접 이음 |

② 배관부속류를 고압용이 아닌 일반 배관용 제품을 사용한다.

7) 대책

① 배관용접의 경우 맞대기 용접보다는 소켓용접을 통한 강도를 확보하거나 적정 이음허용값을 적용한다.

1. **소켓용접(SW : Socket Welding)** : 가연성, 독성 또는 고가의 물질의 누출이 허용되지 않는 곳과 증기 300~600psi의 이송경로에 사용한다. 3가지 압력등급(Class 3000, 6000, 9000)이 있다. 40A 이하의 소구경에 사용된다. 여기서, Class 3000은 3000psig를 의미한다.
2. psig(게이지 압력) = 절대압력 - 대기압력

② Sch NO를 한 단계 높은 배관을 사용한다.

③ 고압용 부속류를 사용한다.

(2) 분사헤드 설치기준

1) 분사헤드의 설치높이

① 바닥으로부터 최소 0.2m 이상 최대 3.7m 이하

② 천장높이가 3.7m를 초과할 경우 추가로 다른 열의 분사헤드를 설치(예외 : 분사헤드의 성능인정 범위 내에서 설치하는 경우)

헤드의 높이를 제한하는 이유 : 성능시험하는 높이가 3.5m로, 그 높이에서만 약제의 성능을 검증할 필요 없이 프로그램에 의해 계산되는 성능으로 설치할 수 있기 때문이다. 화재안전기술기준에서의 3.7m는 3.5m에 여유로 0.2m를 더한 수치이다.

2) 분사헤드의 개수

① 할로겐화합물 소화약제 : 10초 이내(최소 설계농도의 95% 이상)에 해당하는 약제량 방출

② 불활성기체 소화약제 : A·C급 화재 2분, B급 화재 1분 이내(최소 설계농도의 95% 이상)에 해당하는 약제량 방출

3) 분사헤드

① 부식방지 조치

② 표시 : 오리피스의 크기, 제조일자, 제조업체

4) 분사헤드의 방출률 및 방출압력 : 제조업체에서 정한 값

5) 분사헤드의 오리피스의 면적 : 분사헤드가 연결되는 배관구경면적의 70% 이하

08 음향경보장치의 설치기준

(1) 소화약제의 방사 개시 후 1분 이상 경보를 계속할 수 있는 것

(2) 방호구역 또는 방호대상물이 있는 구획 안에 있는 자에게 유효하게 경보할 수 있는 것

(3) 수동식 기동장치를 설치한 것은 조작과정에서, 자동식 기동장치를 설치한 것은 화재감지기와 연동하여 자동으로 경보를 발하는 것

SECTION

096 가스계 약제량 측정방법 117회 출제

01 개요

(1) 가스계 소화약제량을 측정하는 방법에는 방사선 레벨미터법, 초음파 레벨미터법, 중량측정법, LSI법이 있다.

(2) 가스약제량이 부족한 경우는 소화실패 우려가 있기 때문에 약제량을 상시 확인하여야 한다.

02 재충전 또는 저장용기 교체(NFTC)

(1) **저장용기의 약제량 손실** : 5% 초과

(2) **압력손실** : 10% 초과(예외 : 불활성기체 5% 초과)

03 방사선 레벨미터(liquefied gas level meter)

(1) **측정원리** : 감마선은 유체를 통과하면서 감쇠되므로 액체와 기체의 변곡위치를 확인할 수 있다.

(2) **구성**

1) 탐침(probe)

2) 방사선원(코발트 60)

3) 지지암

4) 온도계

(3) **사용방법**

1) 방사선원과 검출기 사이에 용기를 위치한 후 위아래로 이동

2) 디지털 숫자나 부저음으로 액면높이 확인

3) 액면높이를 계산기에 입력하여 약제량 계산

(4) **특징**

1) 방사선원은 소모품으로 교체가 필요하다.

2) 방사선을 이용하므로 피폭에 주의한다.

04 중량측정법

(1) 측정원리 : 약제용기의 중량과 빈 용기의 중량차로 약제중량 측정

(2) 측정방법

1) 용기를 분리해서 측정

2) 빈 용기의 무게 확인

3) 측정무게－빈용기＝약제중량

(3) 특징

1) 임계점과 관계없이 정확한 측정이 가능하다.

2) 측정방법이 번거롭고 위험하다.

05 초음파 레벨미터법

(1) 측정원리 : 센서가 초음파신호를 방출하고 유체표면이 신호를 반사시키면 센서가 다시 이를 감지한다. 반사된 초음파신호의 이동시간은 이동한 거리에 정비례한다.

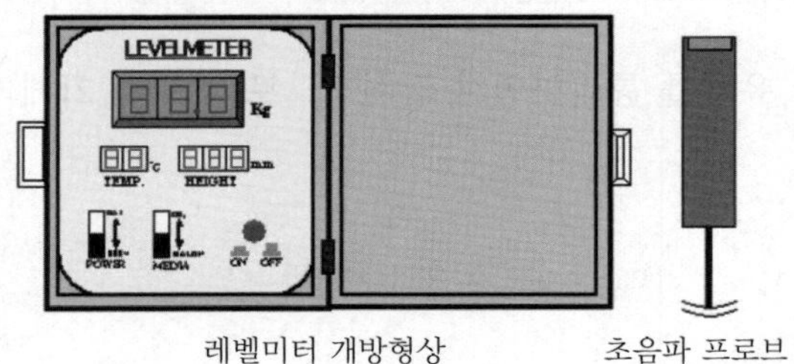

레벨미터 개방형상 초음파 프로브

(2) 특징

1) 초음파를 사용하여 인체위험성이 낮다.

2) 취급 및 보관상의 특별한 허가조치가 불필요하다.

3) 가격이 방사선측정기보다 저렴하다.

4) 내구성이 방사선측정기에 비해 우수하다.

5) 가볍고 휴대가 간편하다.

6) 외부 온도 등 여러 인자들이 펄스의 반사에 영향을 미칠 수 있어 오동작 우려가 있다.

06 LSI법(Level Strip Indicator)

(1) **작동원리** : 액체와 기체의 비열 차이로 인해 용기에 부착된 표시지의 색이 변색되는 원리

(2) **특징**

1) 용기 외벽에 부착하므로 쉽고 편하게 측정 가능하다.
2) 모든 액화용기에 적용할 수 있다.
3) 설치비용이 저렴하다.
4) 상시 점검이 가능하고 비숙련자도 점검할 수 있다.

SECTION 097

Piston flow system

01 Piston flow system or Advanced delivery system의 등장배경

(1) 기존의 자체방사압이 작은 가스계 소화설비는 송출거리가 약 40m 이내로 짧아 고정식으로 한정된 방호구획에만 사용할 수밖에 없었다.

(2) **필요성 :** 배관이 길어지면서 화재안전기술기준(NFTC 107A)이 정한 소화약제 방출시간 10초를 초과하는 문제점을 개선하기 위해 등장하였다.

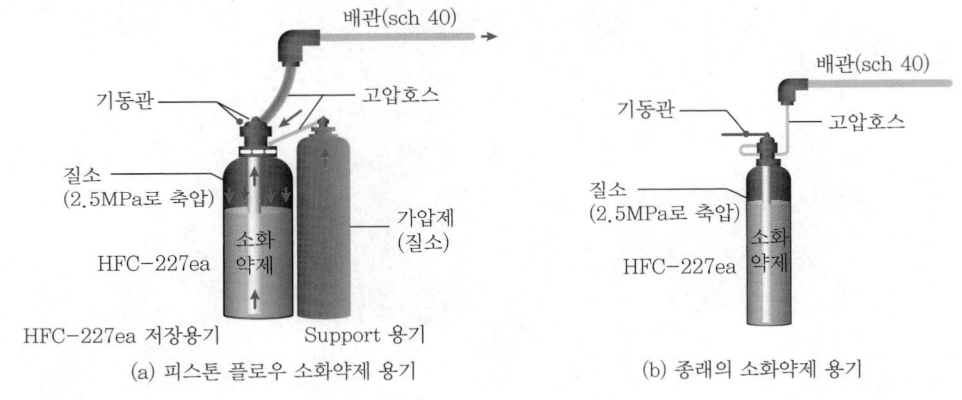

| Piston flow system |

02 특징

(1) 별도의 가압용 질소가스용기를 설치한다.

(2) **소화약제가 저장용기에서 방출될 때** 가압용 가스가 개방되며 약제용기의 약제를 일정압으로 밀어내어 소화약제를 저장용기로부터 배관을 통해 방출노즐까지 순간적으로 송출한다.

(3) 방출압력을 일정하게 유지하면 소화약제 송출거리가 최대 150m 이상까지도 가능하다.

(4) Piston flow system과 기존 System의 비교

구분	기존 System	Piston flow system	비고
저장용기의 충전압력 (20℃ 기준)	2.5Mpa	2.5Mpa	질소가스로 축압
가압용 가스용기(질소가스)	없음	있음	별도 질소가스 가압용기 사용
노즐방출시간	10초 이내	10초 이내	약제량의 95% 이상 방출
최대 배관길이	약 40m	약 150m	선택밸브에서 방출노즐까지
방출노즐압력	0.4Mpa	0.4Mpa	노즐말단의 압력
배관종류	Sch 40	Sch 40	압력배관용 강관
기동방식	가스압식	가스압식	이산화탄소 기동용기 사용
대체설비 여부	Halon 1301 소화설비 대체불가	Halon 1301 소화설비 대체가능	부품 중 일부 교체하지만 배관은 그대로 사용 가능

(5) 장단점

장점	단점
① 질량유량 개선 ② 저장실과 방호구역 간이 먼 경우에도 적응성 ③ 관경이 작음 ④ 공유공급방식으로 유지관리가 쉽고, 최대량만 저장하면 되므로 저장병수를 감소시킬 수 있음	① 설비를 추가로 설치하여야 하므로 비용 증가 ② 장비의 신뢰도 저하(장비가 추가될수록 복잡해지고 신뢰도는 저하됨) ③ 약제 불균형 우려

03 결론

자체 방사압이 작은 가스계 소화시스템은 필연적으로 방호구역 근처에 설치해야 하고 송출할 수 있는 배관의 길이가 제한된다. 따라서, 이를 극복하기 위해서 Piston flow system을 설치하는 것이다. 하지만 장비가 추가됨으로써 오히려 설비의 고장 우려 등이 증가해 신뢰성이 저하되는 문제가 있다. 따라서, 이러한 설비는 최고의 설비가 아니라 약제를 이용하기 위한 최선의 선택인 것이다.

SECTION

098 가스계 소화설비에서 방사되는 가스량의 불균등 원인과 대책

01 가스계 소화약제의 방사특성

(1) 이산화탄소, 할론, 할로겐화합물과 같은 가스계 소화약제는 저장상태가 액체이나 화재 시 배관을 통해 액상과 기상의 2상으로 유동하며 노즐을 통해 분사되는 과정에서 기상상태로 소화작용을 한다.

(2) 배관 도중에서 액상과 기상이 혼재된 상태로 흐르므로 수계 소화설비와는 달리 2상계 흐름(two phase flow)이 된다.

(3) 저장용기 부근 배관의 유체는 대부분 액상이나 배관 내를 흐르면서 점차 기화되어 액체와 기체가 혼합된 상태가 된다. 따라서, 관마찰손실이 일정하지 않아 관마찰손실이 배관의 직선거리에 비례하지 않는다.

(4) 가스계의 관경은 오리피스계산을 수계 소화설비와 같은 방법이나 Table을 이용한 방법으로 처리하면 안 되며, 개발된 소프트웨어에 의한 수리계산으로 마찰손실을 구하고 이에 따라 관경을 결정하여야 한다.

(5) 가스계 소화설비 배관경이 너무 작으면 압력손실이 크게 증가하고, 배관경이 너무 크면 유동속도가 줄어들어 소화약제가 요구하는 적정 방사압이 나올 수 없다.

(6) 노즐로부터 방사되는 가스량은 노즐에서의 방출압력과 오리피스면적에 좌우되므로 각 노즐에서의 방출압과 오리피스면적이 적절하지 못하면 가스량 불균등의 원인이 된다.

02 가스량 불균등의 원인

(1) 설계단계

1) 이론적 계산에 의한 배관경과 오리피스 선정 오류

2) 배관경로의 부적절

① 배관의 경로길이의 불일치

② T분기 : 가스계 소화약제는 관 내를 흐를 때 이상유동이 발생하는데, T분기가 수직으

로 되어 있으면 액체는 하부에 위치하고 상부에는 기체가 위치해 상부배관에 설치된 노즐의 분사량이 감소하는 불평형이 발생한다.

(2) 시공단계

1) 부적절한 자재의 선택과 조합

2) 배관 내 이물질의 존재 : 마찰손실 증가(부식, 용접이물질 등)

3) 방사노즐의 오리피스 크기차 : 일정하지 않아서 발생하는 오류

4) 설계도면과 시공상태의 불일치

(3) 유지관리 단계

1) 배관의 부식

2) 배관의 변경 또는 훼손

03 대책(설계 시 고려사항)

(1) 방호구역별 별도배관

(2) 토너먼트 배관방식의 설계

(3) 가능한 한 동일한 압력이 노즐에 가해지도록 배관경로, 관경의 결정

(4) 배관 내 마찰손실 감소

1) 배관의 길이를 되도록 짧게 하고 굴곡개소가 적게 되도록 설계

2) **부식방지** : 부식이 잘 되지 않는 재질 사용, 부식방지 코팅

3) 배관 내 이물질 제거(플러싱)

(5) **동일구경의 노즐 사용** : 오리피스가 동일한 것

(6) 설계 시 BIM이나 시공상세도를 통해 실제 설치와 유사한 손실을 계산

(7) 수계산보다는 공인된 컴퓨터 프로그램 사용

SECTION

099 Door fan test(enclosure integrity test)

128·126·121·111·106·84회 출제

01 도입배경

(1) 전역방출방식 가스계 소화설비의 성능확인시험으로 직접적인 방출시험을 하거나 약제량의 일부만을 방출시키는 소위 간이시험을 실시하는 것이 보편적인 현실이다.

(2) 성능시험으로 가장 확실한 방법인 직접적인 전량 방출시험이 최선의 방법이나 환경문제, 고비용 및 시험절차의 난이성 등의 이유로 직접적인 방출시험을 가급적 규제하고 있어 가스계 소화설비의 성능확인을 위한 대안을 활발하게 모색한 결과 간접적인 소화성능방법으로 도어 팬 테스터(door fan tester)를 도입하게 되었다.

(3) 첨단측정장비인 도어 팬 테스터(door fan tester)를 사용하면 가스계 소화설비(CO_2, Halon 1301, INERGEN 및 NAF-3 등)에 대한 소화능력(extinguish capability)을 컴퓨터 프로그램을 이용하여 공학적으로 분석·평가함으로써 실제 방출시험 없이 소화설비의 신뢰성을 확보할 수 있다.

02 시험방법

(1) 필요성

1) 도어 팬 테스터가 개발되기 이전의 가스계 소화설비에 대한 진화성능시험(performance test)은 실제 소화약제의 직접방출시험을 실시하였으나 고비용, 일회성 및 법령상의 규제(대기오염물질 방출)로 인해 실제 방출시험을 통한 설비의 신뢰성 확인이 어려운 실정이다.

2) NFPA와 EPA에서는 저비용, 연속사용 가능 및 환경오염 방지를 감안하여 도어 팬 테스터를 이용한 시험방법을 적극 권장하고 있고 성능시험 및 보험요율 산정에 필수시험항목으로 이용한다.

(2) 국내외 기준에 따른 방호구역 신뢰성 확인방법 비교

구분	국내	실제방출시험	Door fan test
관련 근거	방출시험 관련 근거가 없다. 인증된 프로그램을 통해 설계의 적합성을 인정한다.	NFPA 12, 12A 2001	NFPA 12, 12A 2001
시험시기	설계 시 '가스계 소화설비의 설계프로그램 성능인증 및 제품검사의 기술기준'에 적합한 프로그램을 통한 설계로 방출시험은 없다.	최초 설치 시 방출시험을 실시한다.	최초 설치 시 방출시험을 실시한다.
시험내용	–	실내외 정압, 온도, 약제농도, 농도유지시간, 누설부위 등을 확인한다.	실내외 정압, 온도, 약제농도, 농도유지시간, 누설부위 등을 확인한다.
장단점	환경오염이 없다.	환경오염이 있다.	환경오염이 없다
	신뢰성이 가장 낮다.	신뢰성이 가장 높다.	신뢰성이 중간이다.
	–	• 일회성이다. • 정확한 데이터값을 가질 수 있다.	• 쉽게 반복측정이 가능하다. • 문서화된 데이터값을 가질 수 있다.
	소요비용이 가장 적다.	소요비용이 크다.	소요비용이 중간이다.
	위험성이 가장 낮다.	위험성이 높다.	위험성이 중간이다.

(3) 시험목적

1) 방호공간의 누설틈새에 대한 누설량을 확인한다.
2) 산출된 누설량을 이용하여 가스계 소화약제의 설계농도 유지시간을 위한 추가 약제량과 방출시간을 산출한다.
3) 누설량이 없거나 적을 경우 방호공간의 과압생성 여부와 과압배출구 동작을 확인한다.

(4) 관련 규정(code/standard)

1) NFPA 12, 12A
2) NFPA 2001의 관련 규정
   ① 가스소화설비 검사 및 작동시험 : 1회/년(GE GAP guidelines : 6개월)
   ② 가스 재방출시험은 권장하지 않음
   ③ 방호공간의 기밀도 시험실시 : 실링재질은 내화재질 사용
3) ASTM E779 – 87

(5) 적용범위 : 전역방출식 가스계 소화설비가 설치된 모든 장소(전산실, 중앙조정실, 변전실, 배전실(MCC) 및 무인조정실 등)에 적용 가능

(6) 시험을 통한 진단내용

1) 방호대상 구조 및 기밀도 분석
2) 소화약제 농도유지시간 분석
3) 화재진압 여부 확인
4) 시스템 적정성 평가
5) 과압배출구(피압구)의 산정

03 기대효과

(1) 소화설비의 신뢰성 확보 : 첨단시험장비를 이용한 성능시험을 통하여 기존 소화설비의 신뢰성을 확보한다.

(2) 설계의 적정성 평가

1) 방호구역 내의 소화약제 누설량을 측정하고, 소화농도 유지시간을 분석하여 소화설비의 적정성을 평가한다.
2) 시험결과에 의거, 밀폐도가 높으면 압력방출구의 필요성 여부를 판단하고 필요하면 그 단면적을 결정한다.

(3) 소화설비의 성능확보 : 소화약제가 외부로 누설될 수 있는 부위를 확인·차단하여 방호구역의 밀폐도를 향상시킴으로써 소화능력을 확보한다.

(4) 간접시험으로 경제적 이익과 환경파괴의 우려가 없다.

04 시험절차 및 내용

(1) 기본원리

1) 가스계 소화설비가 작동하여 방호대상물이 설치된 실내로 소화약제가 방출될 때에는 고압의 가스가 저압의 대기와 섞이면서 순간적으로 실내압력이 상승하면서 실내공기와 혼합된다.
2) 실내에 충만한 혼합가스 중 비중이 큰 가스는 하단부의 누설부위를 통해 빠져나가게 되고 상단 누출부위로부터 외부공기가 유입되면서 혼합가스의 농도는 상부로부터 점차 낮아지게 되는 현상이 발생한다. → 누출조건의 결정: 하강모드 또는 혼합모드

3) 도어 팬 테스터(door fan tester)를 이용하여 이와 같은 조건을 조성한 후 이때 누출되는 양을 측정하여 컴퓨터 프로그램(computer program)으로 누출면적을 산출하고 최종적으로 약제의 소화농도 유지시간을 측정한다.

(2) 시험흐름도

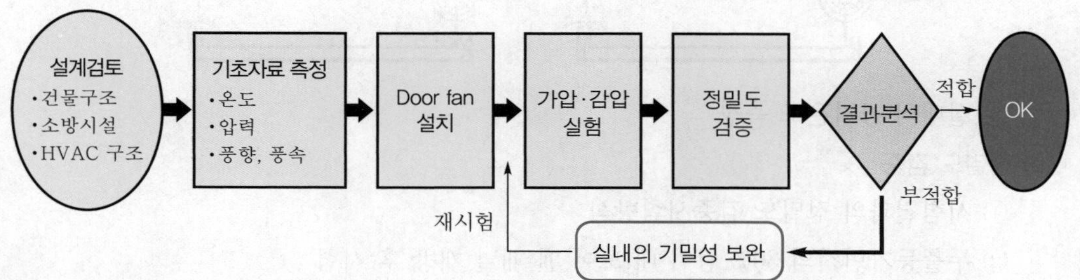

1) 설계검토(design review)

① 도면검토 : 건축설계도면, 건축설비 설계도면, 소화설비 설계도면

② 법규검토 : 건축법, 소방법

③ 방호대상물의 구조 : 방호공간체적, 방호대상물 높이, 개구부의 크기, 개구부 틈새, 유효체적

④ 공기조화설비 설계방식 : 공기순환방법, 인터록시스템

⑤ 소화설비의 설계방식 : 소화농도, 유지시간, 작동방법

2) 기초자료 측정(site survey)

① 실내온도

② 실내압력

③ 실내 풍향·풍속

3) 도어 팬(door fan) 설치

① 방호구역 주된 개구부에 도어 팬 설치

② 방호구역 개구부 폐쇄

③ 대형 누출부위 밀폐

④ 계측기 유량계와 압력측정장치

4) 가압·감압 시험

① 실내외 정압차 측정

② 가압·감압 범위 설정

③ 도어 팬 가동

④ 가압·감압 및 유량 측정

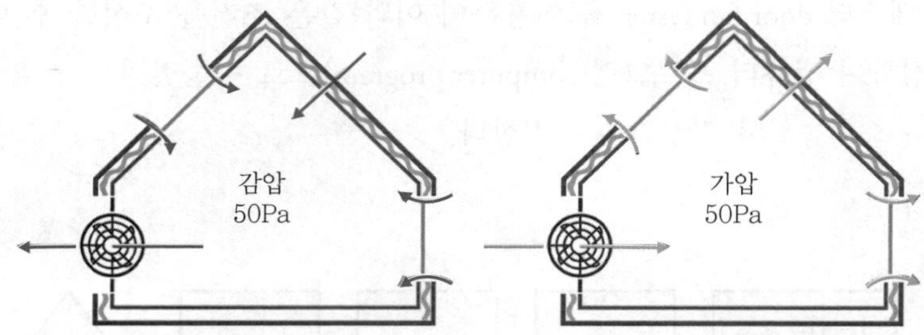

⑤ 실내외 공기온도 측정

5) 정밀도 검증

① 시험결과의 정밀도 검증시험방식

② 누출등가면적의 30% 범위 내 도어 팬 패널 개방 후 시험

③ 측정하여 나타난 면적이 도어 팬 패널 개방면적의 ±10% 이내 : 정밀도가 적정한 것으로 추정한다.

6) 시험결과분석

① 누출부위에서 누설량(Q)과 압력(P)을 측정한다.

② 누설량(Q)과 압력(P)을 이용하여 누출등가면적(A)을 계산한다.

$$Q = 0.827A\sqrt{P} \rightarrow A = \frac{Q}{0.827\sqrt{P}}$$

③ 누출등가면적(A)을 컴퓨터 프로그램에 입력하면 누출 부위를 통한 누설량을 산정하고 실제 농도유지시간(soaking time)을 예측할 수 있다.

7) 조치

① 누출부위 확인 및 기밀 보완

② 소화설비의 적합성 검토 및 개선방안 제시

③ 기밀보완 후 시험 및 효과 분석

SECTION 100

방호구역 기밀성 시험(enclosure integrity system)

126회 출제

01 실제방출시험

(1) Full discharge test

1) 실제로 소화약제 전량을 직접 방출하는 시험

2) 장점 : 가장 정확한 값을 산출할 수 있는 방출시험

3) 단점 : 고비용 및 시험절차의 난이성 등

(2) Puff test

1) 일부 저장용기의 소화약제만을 방출시키는 간이방출시험

2) 장점 : 방출경로의 누설 여부 및 밸브동작 여부 확인

3) 단점 : 농도유지에 대한 성능 확인 곤란

02 간접시험

(1) 컴퓨터 시뮬레이션 시험

1) 컴퓨터 시뮬레이션을 통한 방출시험

2) 장점 : 저렴한 비용

3) 단점 : 모든 데이터에 신뢰도, 변수가 조금만 잘못되어도 전혀 다른 결과 도출

(2) 방호구역 기밀성 시험(enclosure integrity test)

1) 방호구역의 기밀성을 시험하여 밀폐 여부 확인 가능

2) 장점 : 저렴한 비용, 반복 용이, 개구부 누설부위 확인 가능

3) 단점 : 배관의 누설 여부, 장비의 적합성 등의 파악 곤란

4) 종류 : Door fan test, Smoke pencil test, 적외선시험

03 Door fan test

* SECTION 099 Door fan test를 참조한다.

04 Smoke pencil test

(1) **개요** : 누설부위를 찾기 위해 연필모양의 연기발생기를 이용해서 연기의 이동을 눈으로 확인하는 시험

(2) **특징**

1) 연필모양의 도구 끝에서 연기가 발생하여 연기의 이동을 눈으로 확인 가능하다.
2) 연필모양의 도구 끝에 빛(전구)이 있어서 연기의 이동을 쉽게 확인 가능하다.
3) 휴대가 간편하고 쉽게 누설지점을 찾을 수 있다.
4) 경제적이다.

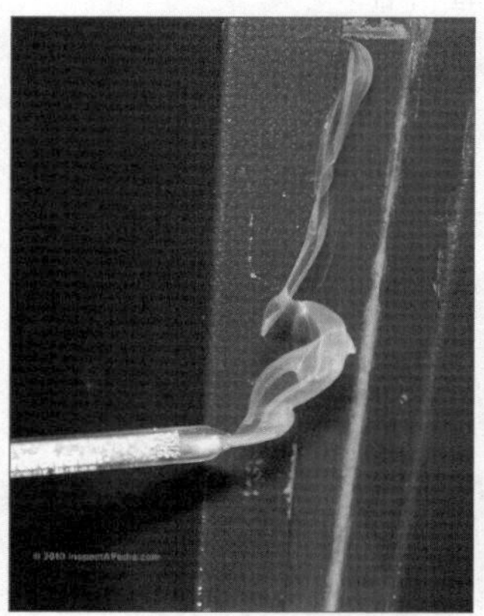
| Smoke pencil |

| Smoke pencil test |

05 적외선시험

(1) 적외선을 이용하여 누설부위를 찾아보기 위한 테스트이다.

(2) 시험체 표층부에 존재하는 틈새에서 방사된 적외선을 감지하고, 적외선 에너지의 강도변화량을 전기신호로 변환하여 틈새와 기밀부위의 온도정보 분포패턴을 열화상으로 표시하여 결함을 탐지한다.

(3) Door fan test, Smoke pencil test와는 달리 배관의 기밀성도 시험할 수 있다.

SECTION 101 액충만 (liquid full)

01 Liquid full의 개념

(1) 약제를 액상으로 저장하여 약제가 모두 액상이 되는 상태로, 할로카본의 할론 및 할로겐화합물 소화약제는 HFC-23을 제외하고는 모두 질소로 축압하여 저장하기 때문에 상부의 기상부분이 다른 상태보다 더 작은 공간을 가진다.

(2) 정의

1) **협의의 정의**: 소화약제의 용기충전 시 너무 많은 약제를 충전하게 되면 기온이 올라갈 경우 액체부분이 기상화하면서 과압이 형성되어 용기 및 부속품의 압력이 상승하는 현상

2) **광의의 정의**: 소화약제의 용기충전 시 너무 많은 약제를 충전하게 되면 기온이 올라갈 경우 과압이 형성되어 용기 및 부속품에 압력이 상승하는 현상으로, 할로겐화합물 및 불활성기체까지 포함한다.

(3) **기체가 액화할 수 있는 조건**: 임계온도 이하, 임계압력 이상

1) 기체가 액화하기 위해서는 임계온도 이하에서 임계압력 이상의 압력을 가하여야 한다.

2) 임계온도가 낮은 것은 현재 상태온도가 그 온도보다 낮아질 때까지 온도를 내리고 나서 압력을 가해야 하기 때문에 액화가 어렵다. 그러나 임계온도가 높을 때는 임계온도 이하 상태에서 가압 시 쉽게 액화할 수 있다.

(4) ISO에서의 기준

1) 용기의 최대 충전밀도를 초과하여 저장하지 않아야 한다.

2) 최대 충전밀도를 초과하여 저장할 경우 용기는 작은 온도상승에도 매우 큰 압력상승의 효과를 갖는 액충만(liquid full) 상태가 되어 저장용기에 악영향을 줄 수 있다.

(5) 실린더에 약제저장 시 기본사항(FPH-17)

1) 상온에서 소화약제를 저장할 수 있도록 설계된 용기에 저장한다.

2) 저장용기는 소화약제의 목적에 부합되는 것으로 사용한다.

3) 저장용기의 재질, 마감재, 개스킷 및 기타 부품은 소화약제와 호환성이 있고, 예상압력에 적합하게 설치하여야 한다.

4) 저장용기는 과도한 압력상승에 대비한 압력방출장치를 설치한다.

5) 최대 충전밀도를 초과하지 말아야 한다.

6) 저장용기의 표면에 표시사항을 기재한다.

7) 저장온도는 제조업자의 등록된 온도범위를 초과 또는 미달하지 말고 적정한 온도에 보관한다.

8) **할로겐화합물** : 하나의 집합관에 동일 크기 및 동일 충전밀도만 가능하다.

9) **불활성기체** : 하나의 집합관에 다양한 크기의 저장용기 사용이 가능하다.

10) 기본규칙

① 55℃(130°F)에서 액충만(liquid full)이 되지 않아야 한다(HFC-23은 제외).

② HFC-23과 불활성기체 : 55℃(130°F)에서 실린더의 압력이 설계압력(design pressure)의 $\frac{4}{5}$를 초과하지 않아야 한다.

02 용기 내 압력변화

(1) 가압액화가스상태로 저장된 소화약제용기의 내부압력은 충전밀도와 온도에 따라 변한다.

(2) 최대 충전밀도 이상의 상태에서는 온도변화에 대한 상승률이 상당히 증가한다.

(3) 55℃(130°F)에서 약제충전 시 충전밀도 아래로 충전하여야 한다.

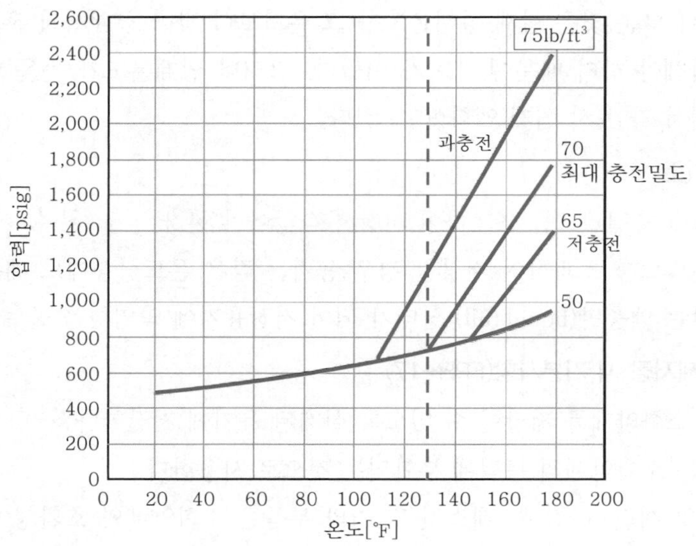

| 할로겐화합물 소화약제의 온도에 따른 압력변화 |

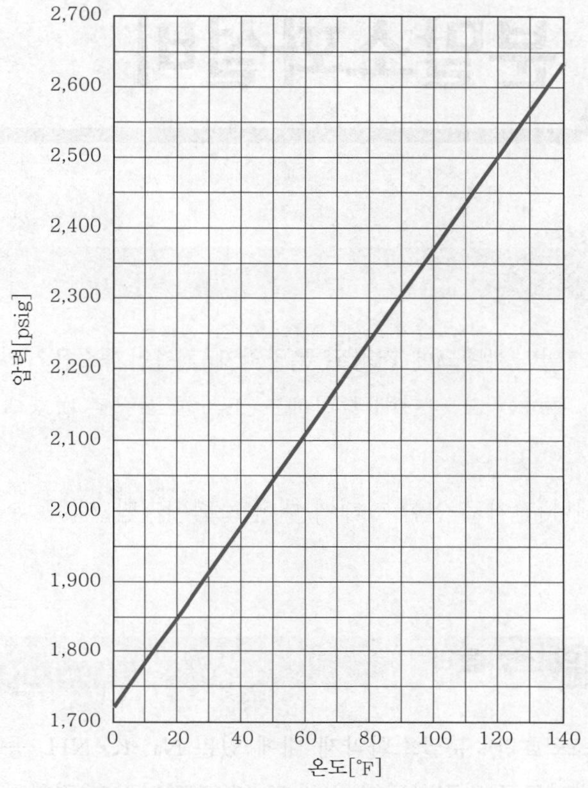

| 불활성기체 소화약제의 온도에 따른 압력변화 |

(4) 용기 내부의 압력변화

1) 가압액화가스로 저장된 소화약제용기의 내부압력은 충전밀도와 온도에 의해 크게 변화한다.
2) 가압가스로 저장된 소화약제용기의 내부압력은 온도에 따라 선형적으로 증가한다.

03 결론

할로겐화합물 및 불활성기체 소화약제의 저장용기 설치기준에서의 55℃와 최대 충전밀도는 용기의 안전과 밀접한 관계가 있으므로 최대 충전밀도보다 적은 양으로 충전하고 용기실의 온도를 철저하게 관리하여야 한다.

SECTION 102 분말소화설비

01 개요

(1) 분말소화설비는 분말약제탱크에 저장된 분말약제를 가압가스용기의 질소가스의 압력으로 밀어내어 배관을 통하여 그 말단에 분사헤드 또는 호스릴로 방호대상물에 방사하여 소화하는 설비이다.

(2) 주로 가연성 액체나 전기로 인한 화재에 대한 소화이지만 제3종 분말은 일반화재에도 유효하다.

02 분말설비의 소화효과

(1) 부촉매효과(주된 소화효과) : 분말소화약제 내에 있는 Na, K, NH_3 등의 라디칼이 발생하면서 불안정한 상태이므로 안정화되기 위해 H, OH 라디칼과 결합하면서 활성라디칼의 수를 줄여줌으로써 연소반응을 억제한다.

(2) 질식 효과

1) 분말이 연소면을 덮어 질식시킨다.

2) 약제가 분해하면서 발생하는 이산화탄소와 수증기(H_2O) 등의 불연성기체에 의해 공기 중의 산소농도가 감소하여 나타나는 현상이다.

(3) 냉각효과 : 열분해 시 흡열반응을 함으로써 열을 흡수하여 연소면을 냉각시킨다.

(4) 복사열의 차단효과

1) 분말소화약제가 방출되면 화염과 가연물 사이에 분말 운무를 형성하여 화염으로부터의 복사열을 차단한다.

2) 가연물질의 온도가 저하되어 연소가 지속되지 못한다.

3) 유류화재의 소화 시 큰 효과를 발휘한다.

(5) 방진효과

(6) 탈수탈탄(dehydration decarboxylation)

03 분말설비의 구비조건 및 장단점

(1) 구비조건

1) 유동성

① 유동성을 좋게 하려고 활성제를 첨가하여 입자 간의 마찰력을 감소시켜 유동성을 증가시킨다.

② 유동성 측정 : 안식각 시험

안식각 : 분말을 바닥에 부어 원뿔형태로 쌓을 때 바닥면과 옆면이 이루는 각을 말하며 작을수록 잘 흩어진다는 뜻으로 유동성이 양호한 것으로 볼 수 있다. 안식각이 30~40°가 분말소화약제의 성능으로는 적합하다.

2) 비고화성

① 분말은 미세할수록 입자 간의 인력이 증가하여 서로가 뭉쳐지는 응집현상이 발생한다.

② 응집현상에 습기가 침투하면 굳거나 덩어리지는 고화가 발생하여 방사 시 노즐을 막는 원인이 된다.

③ 고화방지대책

㉠ 고화방지제 첨가

㉡ 분말표면의 실리콘 코팅

1. 고체물질의 굳기나 조밀성을 측정하는 X선을 이용한 페니트로미터(penetrometer) 시험기를 이용해서 시험 시 분말에 15mm 이상 침투되어야 정상적인 상태로 본다.
2. **페니트로미터(penetrometer) 시험기** : 경도시험기

④ 고화현상 or 케이킹(caking)

㉠ 10cm(4inch) 판 위에서 떨어뜨렸을 때 부서지면 분말덩어리가 방사에 지장이 없을 정도로 고화된 것으로 본다.

㉡ 부서지지 않으면 고화(caking)되었다고 한다.

3) 무독성 및 부식성

4) 환경영향성

5) 내습성

① 습기에 대한 방습능력이 부족하면 시간의 경과에 따라 수분을 흡수하여 중량과 부피가 커지므로 유동성이 떨어지고 소화능력도 감소한다.

② 침강시험

㉠ 200cc의 비커에 분말시료 2g을 수면에 고르게 살포한 후 1시간 이내에 침강 여부를 판단하는 시험이다.

㉡ 분말시료가 침강하는 것은 내습성이 불량해진 것이므로 신제품으로 교체한다.

③ 실리콘 코팅

㉠ 분말입자가 내습성을 가지도록 분말입자를 실리콘으로 코팅하는 것이다.

㉡ 분말의 색이 결정되는 것은 이 실리콘 코팅의 색 때문이다.

6) 미세도

① 분말은 미세할수록 표면적이 커져서 화염과 접촉면이 커지고 반응속도도 빨라지므로 소화능력이 향상된다.

② 미세할수록 방사거리는 짧아지므로 화원으로 침투가 곤란하다.

③ 무조건 작거나 크다고 유리한 것이 아니라 20~25μm의 크기가 가장 적정하다.

7) 겉보기비중(bulk density)

① 정의 : $\dfrac{\text{많은 입자를 가진 물질의 질량}}{\text{총부피}}$ [g/mL]

② 목적 : 약제를 충전할 경우 그 비중에 따라 질소로 충압할 수 있는 공간이 달라지며 적당한 충압공간을 확보하기 위하여 분말소화약제의 비중(중량/부피)을 유지하게 하기 위한 개념이다.

③ 시험방법 : 분말 100g을 마개가 달린 메스실린더에 넣고 10회전(1분 동안)한 후 그 부피를 측정한다.

④ 분말소화약제의 겉보기비중 : 검정기준으로 0.82 이상

(2) 장단점 비교

장점	단점
① 가연물의 표면을 덮는 질식 소화효과가 있다. ② 연소의 계속을 억제하는 부촉매역할을 한다. ③ 절연성이 우수하여 전기화재에 효과적이다. ④ 소화약제의 수명이 반영구적[방습제(실리콘 코팅)로 표면처리]이어서 경제적이다. ⑤ 신속한 소화(rapid extinguishing) : 녹다운 효과로 최소한의 피해(minimizes damage) 발생 ⑥ 독성이 적다. ⑦ 포 등 타소화약제를 첨가하여 병용하여 사용함으로써 소화효과를 증대할 수 있다. ⑧ 타설비보다 설치비가 작게 든다.	① 표면코팅(surface coating) : 지저분한 잔해물을 발생시키고 세척에 큰 비용을 수반한다. 따라서, 통신기기나 전기설비에 사용이 곤란하다. ② 방출할 때 자체 증기압이 없어 별도의 가압가스를 필요로 한다. ③ A급(일반화재) 소화성능을 가지는 분말인 경우에는 심부화재의 적응성은 낮다. ④ 고화 : 습기를 먹으면 고화되므로 진동이나 코팅이 필요하다. ⑤ 시각장애 : 약재방출 시 시각장애를 유발한다.

장점	단점
⑨ 3차원 코팅(3D surface coating) : 최소한의 재연소(minimizes reignition)	⑥ 재발화 위험 : 다른 소화약제와 병행하여 사용해야 한다.

04 설비의 종류

(1) 전역방출방식

(2) 국소방출방식

(3) 호스릴식(이동식) 방식

(4) 가압식과 축압식

05 저장용기

(1) 저장용기의 설치기준

1) 설치장소

① 방호구역 이외의 장소에 설치

② 방호구역 내에 설치할 경우에는 피난 및 조작이 용이하도록 피난구 부근에 설치

2) 온도가 40℃ 이하이고 온도변화가 작은 곳

3) 직사광선 및 빗물이 침투할 우려가 없는 곳

4) 60분+, 60분 방화문 또는 30분 방화문으로 구획된 실

5) 용기간격 : 3cm 이상

6) 저장용기와 집합관 사이 : 체크밸브

7) 저장용기 설치장소 : 표지설치

8) 약제의 변질을 방지할 수 있어야 하며, 유사 시 사용에 지장이 없는 곳

(2) 저장용기 기준

1) 저장용기의 내용적

소화약제의 종별	소화약제 1kg당 저장용기의 내용적[L]
탄산수소나트륨을 주성분으로 한 분말(제1종 분말)	0.8
탄산수소칼륨을 주성분으로 한 분말(제2종 분말)	1
인산염을 주성분으로 한 분말(제3종 분말)	1
탄산수소칼륨과 요소가 화합된 분말(제4종 분말)	1.25

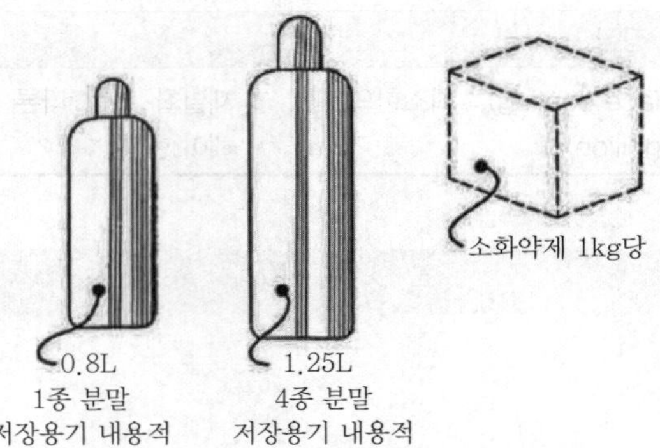

2) 안전밸브

① 가압식 : 최고 사용압력의 1.8배 이하의 압력에서 작동하는 안전밸브 설치

② 축압식 : 용기의 내압시험압력의 0.8배 이하의 압력에서 작동하는 안전밸브 설치

3) 충전비 : 0.8 이상

(3) 분말소화약제

❙ 분말소화약제의 종류 ❙

종별	주성분	화학식	적응화재	착색
제1종	탄산수소나트륨	$NaHCO_3$	B · C 화재	백색
제2종	탄산수소칼륨	$KHCO_3$	B · C 화재	보라색
제3종	인산암모늄	$NH_4H_2PO_4$	A · B · C 화재	분홍색
제4종	탄산수소칼륨과 요소	$KHCO_3+(NH_2)_2CO$	B · C 화재	회색

1) 제1종 분말

① 성분 : 탄산수소나트륨($NaHCO_3$)을 주성분으로 하고 분말의 유동성을 높이기 위하여 탄산마그네슘($MgCO_3$), 인산삼칼슘($Ca_3(PO_4)_2$) 등의 분산제를 첨가한 약제이다.

② 요리용 기름이나 지방질 기름(에스테르)의 화재 시 이들 물질과 결합하여 알칼리금속의 작용으로 알코올과 산의 알칼리염이 되는 반응인 비누화(saponification) 반응이 발생한다.

③ 생성된 비누상 물질의 소화효과 : 가연성 액체의 표면을 덮어서 질식소화효과와 재발화 억제효과가 있다.

최근에 주방에서 사용하는 식물성 유지에는 소포제성분이 들어 있어 비누화 반응이 일어나지 않기 때문에 소화효과가 발생하지 않는다. 따라서, 현재는 주방화재에 이용하지 않고 있다.

④ B·C 화재 적용 : 270℃에서 분해

$2NaHCO_3 \rightarrow NaCO_3 + CO_2 + H_2O + (-30.3kcal)$

탄산수소나트륨　탄산나트륨　이산화탄소　수증기

⑤ B·C 화재 적용 : 850℃에서 분해

$2NaHCO_3 \rightarrow Na_2O + 2CO_2 + H_2O + (-104.4kcal)$

탄산수소나트륨　산화나트륨　이산화탄소　수증기

2) 제2종 분말

① 탄산수소칼륨은 1종 분말보다 소화효과가 약 1.67배 크다.

소화효과가 큰 이유 : 원자번호가 큰 만큼 반응성이 크고, 반응성이 클수록 부촉매작용이 커지기 때문이다. 즉, 금속의 반응성은 Na < K < Rb < Cs < Fr이며 Rb, Cs, Fr는 경제성으로 인하여 소화약제로 사용되지 않는다.

② B·C 화재 적용 : 190℃에서 분해

$2KHCO_3 \rightarrow K_2CO_3 + CO_2 + H_2O + (-29.8kcal)$

탄산수소칼륨　탄산칼륨　이산화탄소　수증기

③ B·C 화재 적용 : 590℃에서 분해

$2KHCO_3 \rightarrow K_2O_2 + CO_2 + H_2O + (-127.1kcal)$

탄산수소칼륨　산화칼륨　이산화탄소　수증기

④ 종류

㉠ 탄산수소칼륨($KHCO_3$, 일명 purple K)

㉡ 염화칼륨(KCl, 일명 super K)

3) 제3종 분말

① 인산암모늄이 주성분이며, 인산암모늄의 방진효과로 더 이상 화염이 진행하는 것을 방해하는 방진효과가 있어서 A급 화재에도 적응성이 있다.

소화약제 특히 3종 분말의 경우 화염에 방사하면 약제가 반응하면서 메타인산이 발생하게 되는데 이 메타인산이 방진효과를 발생하게 된다. 메타인산 등 불연성의 유리상 피막이 가연물 표면에 정착되어 열분해속도를 제한하여 화재의 확산을 방지한다.

② $NH_4H_2PO_4 \rightarrow H_3PO_4 + NH_3$ ·········· 190℃에서 분해

제1인산암모늄　올트인산　암모니아가스

③ $2H_3PO_4 \rightarrow H_4P_2O_7 + H_2O$ ············ 216℃에서 분해

올트인산　피로인산

④ $H_4P_2O_7$ → $2HPO_3$ + H_2O ············360℃에서 분해
피로인산 메타인산

⑤ $2HPO_3$ → P_2O_5 + H_2O ···············1,000℃에서 분해
메타인산 오산화인

⑥ 상기식을 하나의 식으로 나타내면 아래와 같다.

$NH_4H_2PO_4$ → HPO_3 + NH_3 + H_2O + $(-Q[kcal])$ ········ ABC 화재 적용
제1인산암모늄 메타인산 암모니아가스 수증기

4) 제4종 분말

① 주성분 : 탄산수소칼륨($KHCO_3$)과 요소($CO(NH_2)_2$)

② 소화력이 1·2·3종보다 높은 이유 : 산탄특성으로 인한 표면적 증가

산탄특성 : 4종 분말의 경우 방사 직전까지는 입자의 크기가 일정하나 방사 후 불꽃과 접촉하면서 아주 미세한 입자로 세분화하여 약제의 표면적이 크게 증가한다. 하지만 도달거리는 감소한다.

③ B급, C급 화재에는 소화효과가 우수하나 A급 화재에는 별 효과가 없다. 또한, 응고하지 않는 특성을 가지는 소화약제로 모넥스(monnex)라고도 불린다.

④ B·C 화재 적용

$2KHCO_3$ + $CO(NH_2)_2$ → K_2CO_3 + CO_2 + $2NH_3$ + $(-Q[kcal])$
탄산수소칼륨 요소 탄산칼륨 암모니아가스

5) 종별 특성

구분	장점	단점
제1종	① 타약제보다 저렴하다. ② 비누화 현상으로 식용류화재에 대한 적응성이 있다.	① 분말약제 중 소화능력이 가장 낮다. ② A급 화재에 대한 적응성이 없다.
제2종	① BC급 약제 대비 1종보다 소화의 강도가 2배 이상 크다. ② CDC 소화약제로 사용 가능하다.	① 비누화 현상이 없어 식용류화재에는 적응성이 없다. ② A급 화재에 대한 적응성이 없다.
제3종	① A · B · C급 화재의 적응성 ② CDC 소화약제로 사용 가능하다.	비누화 현상이 없어 식용류화재에는 적응성이 없다.
제4종	분말소화약제 중 소화력이 가장 우수하다.	① A급 화재에 대한 적응성이 없다. ② 가격이 타약제보다 고가이며 국내에서는 제조사가 없다.

6) 소화방법 : Knock down

① 분말소화약제 방출 후 10~20초 이내에 입체적으로 소화한다.

녹다운효과(knockdown effect)

① 정의 : 약제방출 시 10~20초 이내에 순간적으로 화재를 진압하는 것

② 메커니즘 : 가연물의 표면을 덮어서 산소공급을 차단하여 질식시키며, 동시에 분말이 불꽃과 연소물질을 입체적으로 포위하고 부촉매작용에 의한 연소의 연쇄반응을 중단시켜 순식간에 불꽃을 사그라지게 하는 작용

③ 판단기준 : 30초 이내에 소화가 되지 않으면 소화불가능으로 판단

④ 원인

㉠ 불꽃화재에 대하여 소화약제 방출률이 부족할 때 발생

㉡ 바람이 강하게 부는 경우

㉢ 금속화재, 대형화재

② 30초 이내에 Knock down되지 않으면 소화 불가능으로 판단한다.

㉠ 불꽃규모에 대하여 약제 방출률이 부족할 때 발생한다.

㉡ 30초는 방사된 분말이 모두 가라앉을 때까지의 시간이다.

㉢ 분말이 기상반응을 하기 위해서는 기상에서 부유하여야 한다.

7) 미국에서의 분말의 구분

① 소화성능에 따른 구분

㉠ BC급

㉡ ABC급

㉢ CDC

㉣ 금속화재용 분말

② 소화약제의 종류에 따른 구분

화학명	화학식	공칭명
탄산수소나트륨	$NaHCO_3$	베이킹소다
염화나트륨	$NaCl$	소금
탄산수소칼륨	$KHCO_3$	보라색 K
염화칼륨	KCl	슈퍼 K
황산칼륨	K_2SO_4	가라데마시브
분말 제1인산암모늄	$(NH_4)H_2PO_4$	ABC 또는 다목적
요소 + 탄산수소칼륨	$NH_2CONH_2 + KHCO_3$	모넥스

(4) 압력조정장치

1) 정의 : 가압용 가스는 용기에 15MPa의 압력으로 충전되어 있어 이것을 1.5~2MPa 감압하여 약제저장용기로 보내기 위하여 사용하는 장치

2) 목적 : 항상 일정한 압으로 약제저장용기에 가스를 보내 약제와 가압용 가스가 잘 섞이도록 하기 위함

(5) 정압작동장치

1) 가압용 가스용기로부터 가스가 분말소화약제 저장용기에 유입되어 분말약제를 혼합유동시키고 설정된 방출압력이 된 후(15~30초) 메인밸브를 개방한다.

2) 목적 : 분말의 비유동성 때문에 자력에 의해서는 분말의 방사가 곤란하기 때문에 가압용 가스가 필요하고, 일정압에 동작하게 하는 이유는 가압용 가스와 분말약제의 분리방지를 위해서이다.

3) 종류

방식	내용	개념도
압력스위치	약제 저장 탱크 내압에 의해 동작하는 압력스위치를 설치하고, 설정압력에 도달되었을 때 압력스위치가 동작하여 전자개방밸브를 개방, 방출 주밸브를 개방하는 방식	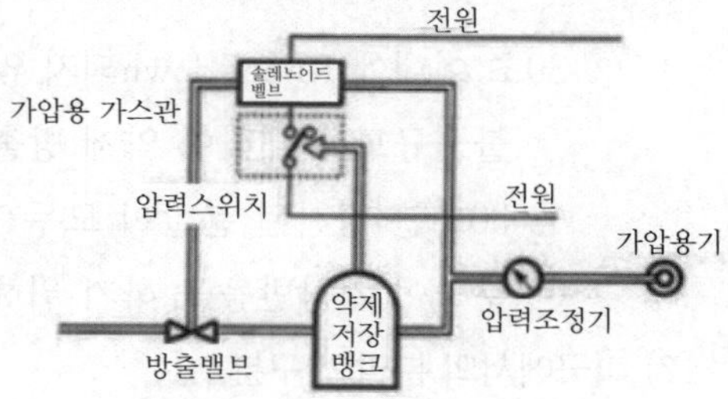 전원 / 솔레노이드 밸브 / 가압용 가스관 / 압력스위치 / 전원 / 가압용기 / 약제 저장 탱크 / 압력조정기 / 방출밸브
기계식	저장용기에 유입된 가스압력에 의하여 기계적으로 밸브의 레버를 당겨서 가스의 통로를 개방하고 가압용 가스를 주밸브로 보내서 가스압으로 밸브를 개방하는 방식	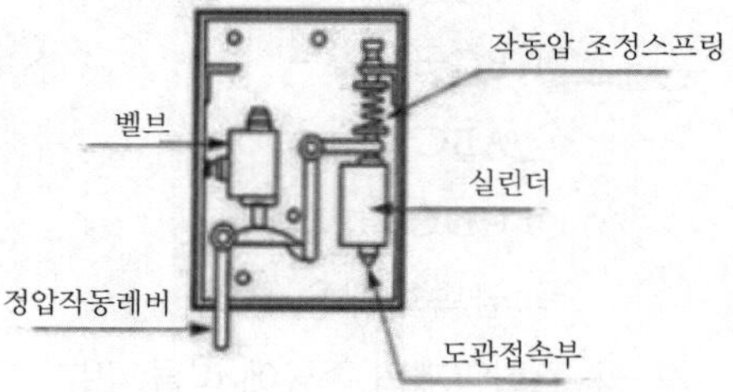 작동압 조정스프링 / 밸브 / 실린더 / 정압작동레버 / 도관접속부
타이머	적정 압력에 도달하는 시간을 미리 설정하여 설정시간이 경과하면 타임릴레이가 동작하여 전자개방밸브를 동작, 주밸브를 개방	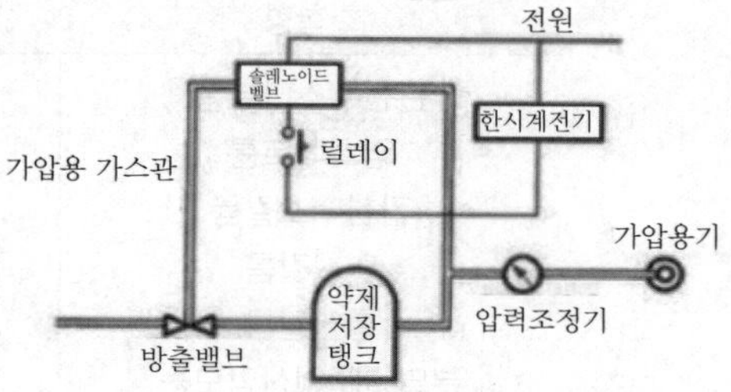 전원 / 솔레노이드 밸브 / 한시계전기 / 릴레이 / 가압용 가스관 / 가압용기 / 약제 저장 탱크 / 압력조정기 / 방출밸브

4) 정압작동장치가 고장을 일으키면 약제의 방출이 불가능하므로 백업(back-up)장치 또는 수동개방장치를 구비하여야 한다.

(6) 청소장치(클리닝장치)

1) 필요성 : 배관 내 고화를 방지하기 위하여 작동완료 후 즉시 약제저장탱크의 잔압을 배출

함과 동시에 배관 내의 약제를 배출하기 위해서이다.

2) 설치기준

① 저장용기 및 배관에는 잔류소화약제를 처리할 수 있는 청소장치를 설치할 것

② 배관의 청소에 필요한 양의 가스는 별도의 용기에 저장할 것

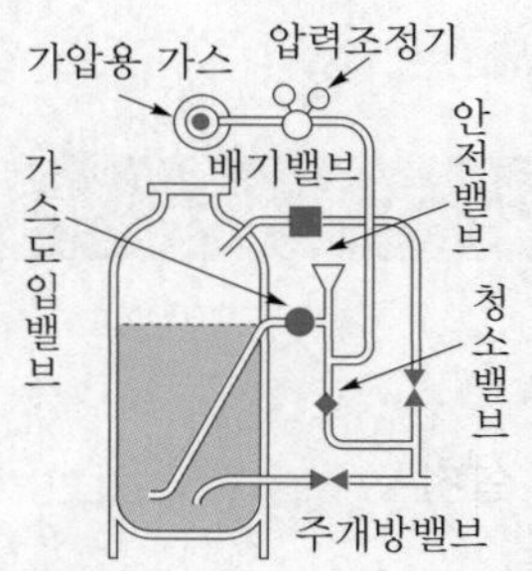

① 일반적으로 각 밸브는 폐쇄되어 있다.
(● 밸프폐쇄, ○ 밸브개방)

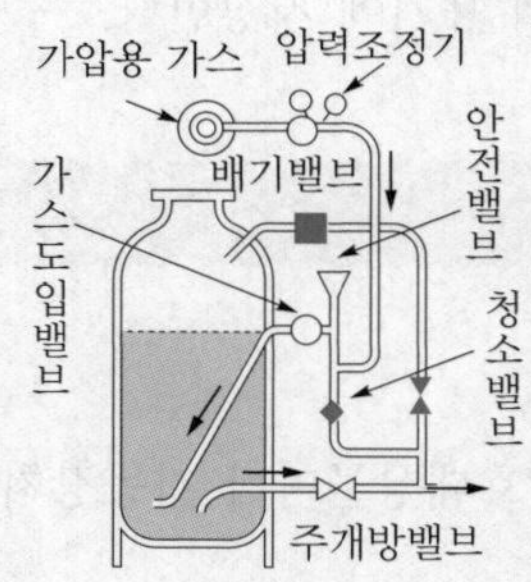

② 소화설비 사용 시 주개방밸브, 가스도입밸브 및 가압용 가스밸브 개방

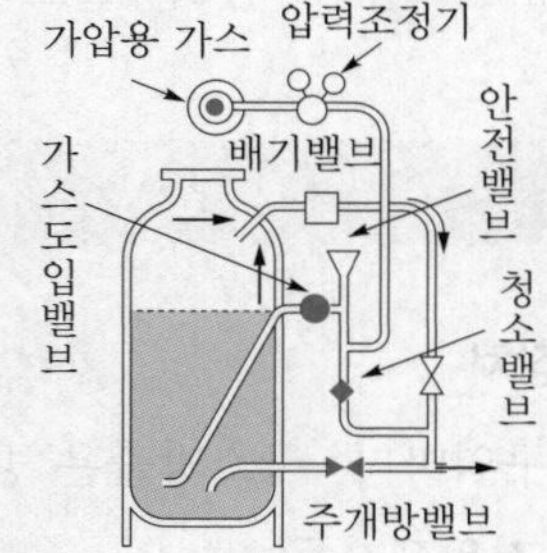

③ 사용 후 잔압을 배출하기 위한 작업

④ 청소밸브 개방에 의한 관 내 청소

(7) **축압식의 분말소화설비**: 사용압력의 범위 내에 축압이 되어 있는지를 표시하는 압력계를 설치한다.

(8) **배출장치**

1) NFTC에는 배출장치에 대한 기준이 없다.

2) 저장용기 등에는 잔류가스를 배출하기 위한 배출장치를, 배관에는 잔류소화약제를 처리하기 위한 클리닝장치를 설치(위험물안전관리법 세부기준 제136조 제4호 마목)한다.

06 가압용 가스용기

(1) 소화약제의 저장용기에 접속하여 설치

(2) **3본 이상 설치한 경우**: 2개 이상의 용기에 전자개방밸브 부착

(3) **압력조정기 설치**: 2.5MPa 이하의 압력에서 조정

(4) **가압용 또는 축압용 가스의 설치기준**

1) 가압용 또는 축압용 가스: 질소가스 또는 이산화탄소가스

2) 가압용, 축압용 가스의 양

구분	축압용 가스	가압용 가스
질소가스	10L 이상/kg(35℃에서 0kg/cm²의 압력으로 환산한 것)	40L 이상/kg(35℃에서 0kg/cm²의 압력으로 환산한 것)
이산화탄소가스	20g/kg + 배관의 청소에 필요한 양	20g/kg + 배관의 청소에 필요한 양

이산화탄소의 추가 가산 이유 : 질소의 경우는 저장과 배관을 유동할 때 기상으로 약제가 배관 내에 잔류할 가능성이 작으나 이산화탄소의 경우 저장 및 배관을 유동할 때 액상으로 배관 내에 분말이 잔류할 수 있어서 청소에 필요한 양을 추가로 가산하도록 규정하고 있다.

3) 배관의 청소에 필요한 양의 가스는 별도의 용기에 저장한다.

07 기동장치

(1) 가스계 수동식 기동장치

1) 전역방출은 방호구역마다, 국소방출은 방호대상물마다 기동장치 설치
2) 전기식 기동장치 : 전원표시등
3) 조작부 : 바닥에서 0.8~1.5m
4) 기동장치 방출스위치 : 음향경보장치와 연동
5) 표지설치 : 분말소화설비 기동장치
6) 기동장치 : 출입구 부분에 설치
7) 비상지연스위치 설치

(2) 가스계 자동식 기동장치

1) 자탐설비와 연동할 것
2) 자동식 : 수동식으로도 기동 가능할 것
3) 전기식 기동장치로 7병 이상의 저장용기를 동시에 개방하는 설비 : 2병 이상의 저장용기에 전자개방밸브 부착
4) 가스압력식 : 내압 25MPa
5) 기동용기
   ① 내압시험압력의 0.8~1MPa에서 동작하는 안전장치
   ② 내용적 : 1L 이상
   ③ 중량 : 0.6kg 이상
   ④ 충전비 : 1.5
6) 기계식 가동장치는 쉽게 개방되는 구조로 할 것

08 소화약제량

(1) 소화약제

1) 원칙 : 분말소화설비에 사용하는 소화약제는 제1종 분말, 제2종 분말, 제3종 분말 또는 제4종 분말로 구분한다.

2) 예외 : 차고 또는 주차장에 설치하는 분말소화설비 소화약제는 제3종 분말을 사용한다.

(2) 분말소화약제의 저장량

1) 동일한 소방대상물 또는 그 부분에 2 이상의 방호구역 또는 방호대상물이 있는 경우 : 각 방호구역 또는 방호대상물에 대하여 산출한 저장량 중 최대의 것에 의할 수 있다.

2) 전역방출방식

① 방호구역의 체적 $1m^3$에 대하여 다음 표에 의한 양

소화약제의 종별	방호구역의 체적 $1m^3$에 대한 소화약제의 양[kg]
제1종 분말	0.6
제2종 분말 또는 제3종 분말	0.36
제4종 분말	0.24

주의 : 이산화탄소, 할론의 경우는 방호공간체적에서 불연재료나 내열성의 재료로 밀폐된 구조물이 있는 경우에는 그 체적을 감한 체적이라는 규정이 있는 데 반해, 할로겐화합물과 불활성기체, 분말에는 그러한 규정이 없다.

② 방호구역의 개구부에 자동폐쇄장치를 설치하지 않은 경우 : ①에 의하여 산출한 양에 다음 표에 의하여 산출한 양을 가산한 양

소화약제의 종별	가산량(개구부의 면적 $1m^2$에 대한 소화약제의 양)
제1종 분말	4.5kg(0.6×7.5)
제2종 분말 또는 제3종 분말	2.7kg(0.36×7.5)
제4종 분말	1.8kg(0.24×7.5)

3) 국소방출방식

① 약제량 : 산출한 양에 1.1을 곱하여 얻은 양 이상

② 다음의 식에 의하여 산출한 양에 방호공간의 체적을 곱한 양

$$Q = X - Y\frac{a}{A}$$

여기서, Q : 방호공간 $1m^3$에 대한 분말소화약제의 양[kg/m^3]

a : 방호대상물의 주변에 설치된 벽 면적의 합계[m^2]

A : 방호공간의 벽 면적(벽이 없는 경우에는 벽이 있는 것으로 가정한 해당 부분의 면적)의 합계[m^2]

X 및 Y : 다음 표의 수치

소화약제의 종류	X의 수치	Y의 수치
제1종 분말	5.2	3.9(5.2×0.75)
제2종 분말 또는 제3종 분말	3.2	2.4(3.2×0.75)
제4종 분말	2.0	1.5(2.0×0.75)

이산화탄소와 할론의 경우는 평면화재와 입체화재로 구분하여 국소방출방식의 약제량이 결정되는데, 분말의 경우는 입체화재로만 구성되어 있다.

③ 종류

㉠ Tank side type : 방호대상물 옆에 방사노즐을 설치하여 방호하는 방식

㉡ Over head type : 방호대상물 상부에 방사노즐을 설치하여 방호하는 방식

4) 호스릴 분말소화설비

❙ 하나의 노즐당 약제량 ❙

소화약제의 종류	소화약제의 양[kg]
제1종 분말	50
제2종 분말 또는 제3종 분말	30
제4종 분말	20

09 배관

(1) 배관 : 전용

(2) 강관을 사용하는 경우의 배관

1) 아연도금에 따른 배관용 탄소강관(KS D 3507)

2) 1)과 동등 이상의 강도·내식성 및 내열성을 가진 것

3) 축압식 분말소화설비에 사용하는 것 중 20℃에서 압력 2.5MPa 이상, 4.2MPa 이하인 것

① 압력배관용 탄소강관(KS D 3562) 중 이음이 없는 스케줄 40 이상의 것

② ①과 동등 이상의 강도를 가진 것으로서, 아연도금으로 방식처리된 것

(3) 동관을 사용하는 경우 : 고정압력 또는 최고 사용압력의 1.5배 이상의 압력에 견딜 수 있는 것

(4) 밸브류 : 개폐위치 또는 개폐방향 표시

(5) 배관의 관부속 및 밸브류 : 배관과 동등 이상의 강도 및 내식성이 있는 것

(6) 확관형 분기배관을 사용할 경우 : 한국소방산업기술원 또는 법 제42조 제1항의 규정에 따라 성능시험기관으로 지정받은 기관에서 그 성능을 검증받은 것으로 설치

(7) T설치 시 기준(NFPA 17) : 아래 그림을 보면 굴곡부에서 분말은 한쪽으로 밀려(비중의 차이) T자형 부분에서 가스와 분말이 분리되는 현상이 발생한다.

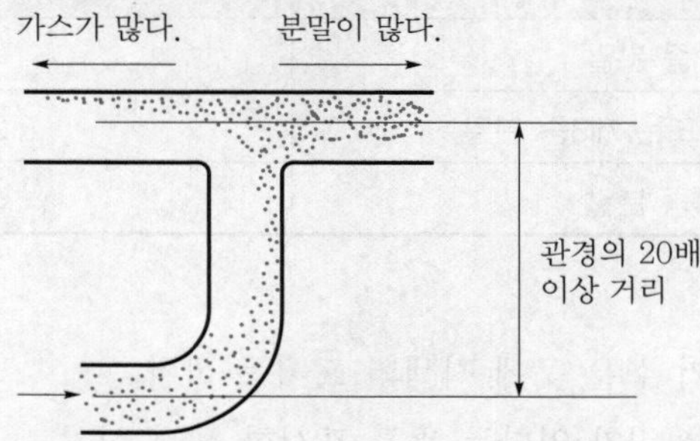

(8) 배관방식 : 토너먼트

10 분사헤드

(1) 전역방출방식

1) 방사된 소화약제가 방호구역의 전역에 균일하고 신속하게 확산될 수 있도록 할 것

2) 분사헤드의 방출유량 $= \dfrac{\text{약제저장량}}{30\text{s}}$

3) 방사압력 : 0.1MPa 이상(위험물안전관리법 세부기준 제136조 제1호 나목)

(2) 국소방출방식

1) 소화약제의 방사에 의하여 가연물이 비산하지 아니하는 장소에 설치

2) 분사헤드의 방출유량 $= \dfrac{\text{약제저장량}}{30\text{s}}$

(3) 호스릴 분말소화설비

1) 설치장소 : 화재 시 현저하게 연기가 찰 우려가 없는 장소로 다음 장소(차고 또는 주차의 용도로 사용되는 부분 제외)

① 지상 1층 및 피난층에 있는 부분으로서 지상에서 수동 또는 원격조작에 따라 개방할 수 있는 개구부의 유효면적 합계가 바닥면적의 15% 이상이 되는 부분

② 전기설비가 설치되어 있는 부분 또는 다량의 화기를 사용하는 부분(해당 설비의 주위 5m 이내의 부분을 포함)의 바닥면적이 해당 설비가 설치되어 있는 구획의 바닥면적의 5분의 1 미만이 되는 부분

2) 방호대상물의 각 부분으로부터 하나의 호스접결구까지의 수평거리 : 15m 이하

3) 소화약제의 저장용기의 개방밸브 : 호스릴 설치장소에서 수동으로 개폐

4) 소화약제의 저장용기 : 호스릴을 설치하는 장소마다 설치

5) 노즐은 하나의 노즐마다 1분당 다음 표에 의한 소화약제를 방사할 수 있는 것으로 할 것

소화약제의 종류	1분당 방사하는 소화약제의 양[kg]
제1종 분말	45(50×0.9)
제2종 분말 또는 제3종 분말	27(30×0.9)
제4종 분말	18(20×0.9)

6) 저장용기

① 가까운 곳 및 보기 쉬운 곳에 적색의 표시등 설치

② 이동식 분말소화설비가 있다는 뜻을 표시한 표지 설치

SECTION 103 3종 분말

01 개요

(1) 분말소화약제는 불꽃연소에는 대단한 소화력을 발휘하지만 표면연소의 소화에는 그다지 큰 소화력을 발휘하지 못하는 단점이 있다. 왜냐하면, 분말입자가 커서 물체 내부로의 침투가 곤란하기 때문이다.

(2) 이와 같은 단점을 보완하기 위해 만들어진 약제가 제3종 분말소화약제이다. A급, B급, C급의 어떤 화재에도 사용할 수 있으므로 일명 ABC 분말소화약제라고도 부른다.

(3) 주성분은 알칼리성의 제1인산암모늄($NH_4 \cdot H_2PO_4$)이며 중탄산칼륨과 중탄산나트륨은 산성염으로 되어 있다. 약제는 담홍색으로 착색되어 있다. 이 약제는 열에 의하여 분해되면서 불연성을 가진 유리상 피막이 생성되는데 생성된 물질이 가연물의 표면에 점착되어 연소속도(burning rate)를 감소시켜 A급 화재에도 소화효과가 있는 것이다.

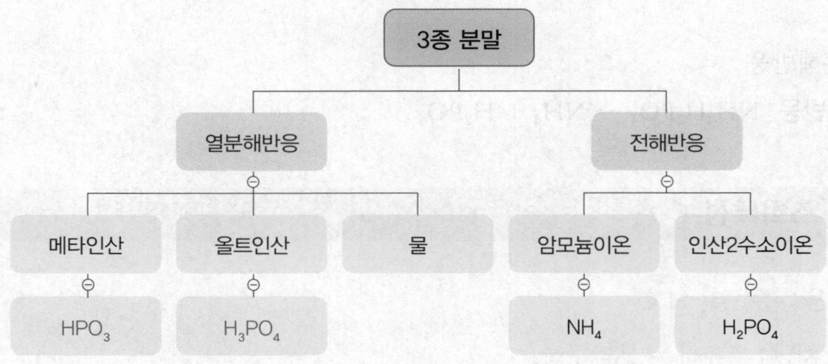

❙ 3종 분말분해 ❙

02 인산의 구분

(1) 인산은 물과의 결합 정도에 따라 메타인산, 피로인산, 올트인산의 3가지로 구분한다.

1) 메타인산 : $P_2O_5 + H_2O \rightarrow 2HPO_3$

2) 피로인산 : $P_2O_5 + 2H_2O \rightarrow H_4P_2O_7$

3) 올트인산 : $P_2O_5 + 3H_2O \rightarrow 2H_3PO_4$

(2) 물분자와 결합된 분자가 낮을수록 고온에서 안정하며 이 중에서 물분자와 결합된 분자수가 가장 낮은 메타인산(HPO_3)은 유리와 같이 용융하나 잘 융해되지 않는 물질이다. 물분자와 결합된 분자수가 가장 높은 올트인산(H_3PO_4)은 고온에서는 상대적으로 불안정하다. 하지만 상온에서 가장 안정된 구조를 가지고 있으며, 3개의 수소원자와 결합하는 암모니아의 수에 따라 다음과 같은 세 종류의 인산암모늄이 생성된다.

1) 제1인산암모늄 : $H_3PO_4 + NH_3 \rightarrow NH_4 \cdot H_2PO_4$

2) 제2인산암모늄 : $H_3PO_4 + 2NH_3 \rightarrow (NH_4)_2HPO_4$

3) 제3인산암모늄 : $H_3PO_4 + 3NH_3 \rightarrow (NH_4)_3HPO_4$

03 소화약제의 특성

(1) **주성분** : 제1인산암모늄($NH_4 \cdot H_2PO_4$)

(2) **적용화재** : A, B, C

(3) **충전비** : 1 이상

(4) **순도** : 75% 이상

(5) **분해식**

1) 열분해반응

2) 전해반응 : $NH_4H_2PO_4 \rightarrow NH_4 + H_2PO_4$

04 소화특성

(1) **냉각작용** : 흡수열, H_2O

(2) **복사열 차단** : 부유하는 분말구름

(3) **연쇄반응 차단** : 열분해 시 유리된 NH_4^+의 부촉매효과

(4) 올트인산(H_3PO_4)에 의한 셀룰로이드의 탈수 및 탄화 106회 출제

1) $C_6H_{10}O_5 + H_3PO_4 \longrightarrow 6C + 5H_2O + H_3PO_4$

2) H_2PO_4(올트인산) : 목재, 섬유, 종이 등을 구성하고 있는 섬유소를 탈수·탄화시켜 난연성의 탄소와 물로 분해시키기 때문에 열전달을 감소시켜 열분해속도가 감소한다.

3) 탈수·탈탄을 통해 가연물의 C, H, OH기를 제거함으로써 연쇄반응을 억제하고 또한 가연물을 냉각시키는 효과가 있다.

(5) **메타인산(HPO_3)에 의한 방진작용** : A급 화재에 적응 106회 출제

1) 섬유소를 탈수·탄화시킨 올트인산은 다시 고온에서 위의 반응식과 같이 열분해되어 최종적으로 가장 안정된 유리상의 메타인산(HPO_3)이 된다.
$NH_4H_2PO_4 \rightarrow HPO_3 + NH_3 + H_2O$

2) 메타인산(HPO_3) : 가연물의 표면에 유리상의 피막인 불침투층 형성
① 훈소화재의 원인인 다공성 물질의 다공을 피막이 차단
② 피막으로 연소에 필요한 열전달 차단
③ 산소 차단

3) 일반가연물의 불꽃연소는 물론 작열연소에도 효과가 있으며, 한번 소화된 목재 등은 불꽃을 가까이 해도 쉽게 재착화되지 않는다(A급 화재 적응성).

(6) **질식 효과** : 연소면을 덮는 직접적 질식효과와 불연성 가스를 분해·발생시키는 간접적 질식 효과

05 장단점

장점	단점
① 방진작용으로 심부화재(훈소)에 적응성이 우수하다. ② 표면화재(불꽃연소)에 대하여 소화력이 우수하고 소화속도가 빠르다. ③ 온도변화에 대한 약제의 변질이나 성능 저하가 작다.	① 다른 분말약제에 비해 부식성이 크다(전자기기에 대한 사용제한). ② 자체 이동능력이 없으므로 별도의 가압원과 가압장치가 필요(가압식, 축압식)하다. ③ 약제방사 후 약제에 의한 2차 피해가 발생(미립분으로 청소가 곤란)한다.

부식성이 큰 이유 : $NH_3^* + H^* \rightarrow NH_4$가 되면서 산이 되므로 NH_4가 공기 중의 수분을 흡수하여 부식을 유발한다.

SECTION 104

금속화재 소화약제(dry powder)

117·116·94·69회 출제

01 개요

(1) 고온의 금속이 물과 접촉하면 수소를 발생하며 급격하게 연소하기 때문에 물, CO_2, 할론 등을 사용할 수 없다.

(2) 금속화재용 분말약제로 고온의 가연성 금속화재에 사용하는 소화약제가 필요하여 개발되었다.

02 금속의 분류

금속은 비중에 따라서 두 가지로 분류한다.

(1) **비중이 가벼운 경금속** : 융점이 낮고 연소하면서 녹아 액상이 되며 증발하여 불꽃을 내면서 연소한다.

(2) **비중이 큰 금속** : 융점이 1,000℃를 넘고 연소하기 어렵지만 연소하면 불꽃을 내면서 비산한다.

03 금속화재의 특징

(1) 금속화재는 연소온도가 매우 높으므로 소화하기가 어렵다. 왜냐하면 분말소화약제의 방사 시 소화가 되지만 온도가 높아(1,500℃) 재발화하기 때문이다.

(2) 물은 금속과 급격한 반응을 일으키거나 수증기 폭발을 일으킬 위험이 있어 사용을 금해야 한다.

1) 물과 금속의 반응 : $2Na + 2H_2O \rightarrow 2NaOH + H_2 + Q$

2) 이산화탄소와 금속의 반응 : $4Na + CO_2 \rightarrow 2Na_2O_2 + C$

3) 할로겐화합물과 금속의 반응 : $4K + CCl_4 \rightarrow 4KCl + C$

(3) 금속화재에는 특수한 금속화재용 분말소화약제를 사용한다.

1) 일반적으로 분말소화약제가 불꽃을 제거하는 것이 주된 소화원리이다.

2) 금속화재용 분말소화약제는 금속표면을 덮어서 산소공급을 차단하거나 온도를 낮추는 것이 주된 소화원리이다.

(4) 소화 시 반드시 보호장비 착용

1) 금속 수소화물의 퓸(fume)은 흡입 시 기관지를 자극한다.

2) 금속인화물로 인한 화재 시에는 포스핀 가스가 발생한다.

퓸(fume) : 승화, 증류, 화학반응 등에 의해 발생하는 연기로, 주로 고체의 미립자로 되어 있다. 미립자의 직경은 1㎛ 이하이다.

04 금속화재 소화약제의 특성

(1) 고온에 견딜 수 있어야 한다.

(2) 냉각효과가 있어야 한다.

(3) 요철이 있는 금속표면을 피복할 수 있어야 한다.

(4) 금속이 용융된 경우(Na, K 등)에는 용융 액면상에 부상하여야 한다.

05 소화약제의 종류

(1) 상기 특성을 가지고 있는 소화약제로는 흑연, 탄산나트륨, 염화나트륨, 활석(talc) 등이 있다. 금속화재용 분말소화약제는 이와 같은 물질을 주성분으로 하고 여기에 유기물을 결합제로 첨가한 것이다. 이 약제는 가열에 의해 유기물이 용융되어 주성분을 유리상으로 만들어 금속표면을 피복하여 산소의 공급을 차단한다.

유리상(遊離相) : 화합물 가운데 원자나 원자단의 결합이 끊어져 분리하여 있는 모양

(2) 고체분말(powder)

1) 금속화재용 고체분말 소화약제의 종류, 주성분 및 사용금속

명칭	주성분	사용금속
Pyrene - G1 or Metalguard	분말흑연과 인	Mg, Al, Na, K, U
Met-L-X	$NaCl + Ca_3(PO_4)$	Na
Foundry flux	혼합 염화물 + 불소	Mg
Lith-X	흑연 + 첨가물	Li, Mg, Zr, Na

명칭	주성분	사용금속
Pyromet	$(NH_4)_2H(PO_4)$ + NaCl	Na, Ca, Zr, Ti, Mg, Al
TEC	$BaCl_2$ + KCl + NaCl	Mg, Na, K
Na-X or 탄산나트륨	Na_2CO_3	Na, K
건조모래(dry sand)	SiO_2	Na, Mg
염화나트륨(sodium chloride)	NaCl	Various
규화지르코늄	$ZrSiO_4$	Li
염화리튬	LiCl	Li

2) 파이린(pyrene) – G1

① 성분 : 분말흑연과 인

㉠ 분말흑연 : 금속 위에 1in 이상의 피막을 형성하여 금속이 발화점 이하로 냉각될 때까지 유지

㉡ 인 : 화재열에 증기를 발생하여 산소공급 차단

② 적용금속 : Mg, K, Na, Li

3) Met-L-X

① 성분

㉠ 염화나트륨(NaCl) : 주성분

㉡ 제3인산칼슘(tricalcium phosphate, $Ca_3(PO_4)_2$) : 유동성 강화

㉢ 플라스틱 첨가제

② 소화방법 : 플라스틱이 녹아서 소화약제를 금속표면에 장시간 점착

③ 적용금속 : Mg, Na, K와 Na-K 합금

4) Lith-X

① 성분

㉠ 흑연 : 주성분

㉡ 유동성을 높이기 위한 첨가제

② 용도 : Li 화재를 위해서 특별히 만들어진 것이다. 그러나 Mg이나 Zr 조각의 화재 또는 Na과 Na-K 화재에도 사용한다.

5) TEC

① 성분

㉠ 염화바륨(BaCl) : 주성분

㉡ NaCl 등

② 적용금속 : K, Na, Ba

③ 소화방법 : 화재열에 의해 소화약재가 용융되어 금속표면에 피막을 형성하여 산소공급 차단

④ 주의사항 : BaCl의 독성 주의

6) Na-X

① 성분

㉠ 탄산나트륨(Na_2CO_3) : 주성분

㉡ 첨가제 : 습기에 대한 저항성과 소화기의 압력을 일정하게 유지시켜 유동성을 증가시키는 기능

② 용도 : Na 화재를 위해서 특별히 개발된 것이다.

7) 건조모래

① 성분 : 이산화규소(SiO_2)를 주성분으로 한다.

② 적용금속 : Mg, Na

8) 소금

① 성분 : 염화나트륨(NaCl)을 주성분으로 한다.

② 적용금속 : 다양한 금속에 사용 가능하다.

(3) 액체(liquid)

1) 명칭 : TMB(trimethoxy boroxine)

2) 주성분 : 트리메톡시 보록신($(BOOCH_3)_3$)

3) 적용금속 : Mg, Zr, Ti

4) 특징 : 금속화재 소화약제 중 유일한 액체로, 연기억제 특성이 있다.

5) 소화방법

① 질소를 이용하여 고압으로 분사한다.

② 자신이 연소함으로써 금속표면에 유리상의 피막을 형성하고 산소와의 접촉을 차단한다.

③ TMB 사용 후 물과 포 등의 사용 가능 → TMB 방사 후 타소화약제를 사용하여 소화한다.

(4) 기체(gas)

명칭	주성분	사용금속
삼불화 붕소화물	BF_3	Mg
삼염화붕소	BCl_3	Mg
헬륨가스	He	Any metal

명칭	주성분	사용금속
아르곤가스	Ar	Any metal
질소가스	N_2	Na, K

1) 삼불화 붕소화물(boron trifluoride)

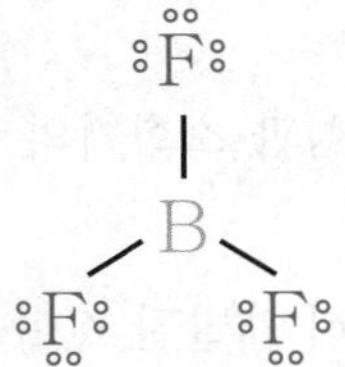

2) 삼염화붕소(boron trichloride)

Cl — B Cl
Cl

SECTION 105

Twin-agent fire extinguishing system

01 개요

(1) Twin agent system

1) 정의 : 분말과 포소화약제의 장점을 모두 이용하는 병행시스템이다.

2) CDC(Compatible Dry Chemical) : 분말과 포의 소화약제를 혼합하여 사용 시 포를 파괴하지 않는 분말소화약제

CDC(Compatible Dry Chemical)라는 용어는 없는 것이고 NFPA 11의 Foam Compatibility with Dry Chemical Agents와 SFPA 5th 1,662p "For example, MIL-F-24385 requires that the agent be compatible with drychemical agents."에 언급되었다. 따라서, 분말과 포소화약제를 병행하는 시스템은 CDC가 아니라 Twin agent system이라고 칭하는 것이 바른 표현일 것이다.

3) 분말소화약제 : 빠른 소화능력을 갖고 있으나 유류화재 등에 사용되는 경우는 냉각효과가 작아 소화 후 재착화의 위험성이 있다.

4) 포소화약제 : 소화에 걸리는 시간은 길지만 소화 후 장시간에 걸쳐 포가 유면을 덮고 있으므로 재착화의 위험은 아주 작다.

(2) 두 소화약제의 장점을 살리기 위해 먼저 분말소화약제를 사용하여 빠른 시간 내에 화염을 제거하고 이어서 포를 방사하여 재착화를 방지하는 방법을 생각했으나, 분말소화약제의 소포성 때문에 실현되기 어려웠다. 이에 소포성이 없는 분말소화약제인 2종 분말 Purple K과 함께 사용되었다.

(3) 사용처 : 용기화재(pool fire)와 같은 2차원 화재 및 3차원 화재

02 용도와 사용장소

(1) 초기의 Twin agent system

1) 탄산수소나트륨($NaHCO_3$) + 활석 + 포소화약제

2) 탄산수소나트륨을 주성분으로 하였으나 방습처리제로 사용되는 스테아린산 마그네슘

등의 금속비누가 소포작용을 일으키기 때문에 이를 방지하기 위하여 활석을 사용하여 방습처리를 한다.

(2) 탄산수소칼륨($KHCO_3$, 일명 purple K) + 활석 + 단백포

(3) 염화칼륨(KCl, 일명 super K) + 불화단백포 or 수성막포

(4) 탄산수소칼륨(purple K) + 수성막포(AFFF)

1) 현재 가장 보편적인 트윈 에이전트 시스템이다.

2) 용도

① 항공기 불시착같이 빠른 소화성과 지속 안정성이 요구되는 화재

㉠ 분말의 부촉매효과로 인한 빠른 진압

㉡ 포의 질식 및 냉각으로 재발화 방지

② B급 위험이 높은 산업지역

㉠ 정유 및 화학 공장의 고온·고압의 공정지역에는 화재유형이 분출화재로, 포소화설비와 같은 액면화재의 질식 소화방법으로는 적용이 곤란하다.

㉡ 화재·폭발이 동시에 일어나는 사고

3) 특징

① 분말 : 입체소화, 신속한 소화

② 포 : 평면소화, 소화 지속(재발화 방지)

꼼꼼체크 탄산수소칼륨 대신 일부 시스템에서는 ABC 분말을 사용하기도 한다. 제3종 분말은 부식성이 제2종 분말에 비해 커서 사용성이 떨어진다.

| 노즐의 구성도 |

4) 용량의 예(제조사마다 다름)

① 분말 : 100~1,500lb(파운드)

② 포 : 30~200gallon(갤론)

| Twin agent system |

SECTION

106 고체에어로졸 설비

01 개요

(1) 용어의 정의

1) **고체에어로졸 소화설비** : 설계밀도 이상의 고체에어로졸을 방호구역 전체에 균일하게 방출하는 설비로서 분산(dispersed)방식이 아닌 압축(condensed)방식이다.
2) **고체에어로졸 화합물** : 과산화물질, 가연성 물질 등의 혼합물로서 화재를 소화하는 비전도성의 미세입자인 에어로졸을 만드는 고체화합물이다.
3) **고체에어로졸** : 고체에어로졸 화합물의 연소과정에 의해 생성된 직경 10μm 이하의 고체입자와 기체상태의 물질로 구성된 혼합물이다.
4) **고체에어로졸 발생기** : 고체에어로졸 화합물, 냉각장치, 작동장치, 방출구, 저장용기로 구성되어 에어로졸을 발생시키는 장치이다.

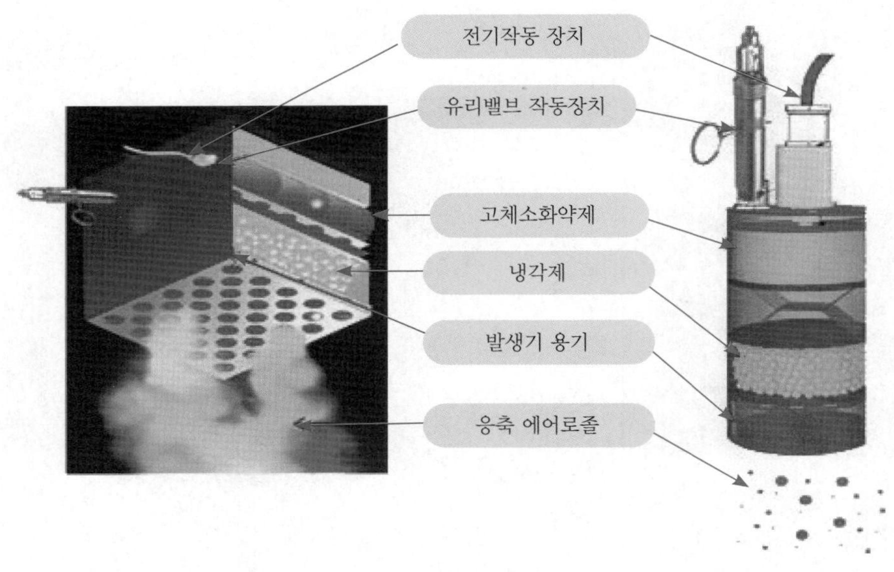

| 고체에어로졸 발생기의 구조 |

5) **소화밀도** : 방호공간 내 규정된 시험조건의 화재를 소화하는 데 필요한 단위체적[㎥]당 고체에어로졸 화합물의 질량[g]이다.
6) **안전계수** : 설계밀도를 결정하기 위한 안전율을 말하며 통상적으로 1.3을 적용한다.

7) 설계밀도 = A급 및 B급 소화밀도 × 1.3(안전계수)

8) 열 안전이격거리 : 고체에어로졸 방출 시 발생하는 온도에 영향을 받을 수 있는 모든 구조·구성 요소와 고체에어로졸 발생기 사이에 안전확보를 위해 필요한 이격거리이다.

(2) 일반조건(2.1)

1) 고체에어로졸 비전도성

2) 소화밀도 유지시간(holding time) : 10분 이상(재발화 방지)

3) 설치장소 : 비상주장소(예외 : 인체에 무해함을 인증받고, 최대 허용설계밀도 이하인 경우 상주장소에 설치 가능)

4) 방호구역 내부 : 밀폐성

5) 방호구역 출입구 인근 : 주의사항에 관한 내용의 표지 설치

6) 이 기준에서 규정하지 않은 사항 : 형식승인받은 제조업체의 설계 매뉴얼

(3) 설치 제외(2.2)

1) 니트로셀룰로오스, 화약 등의 산화성 물질

2) 리튬, 나트륨, 칼륨, 마그네슘, 티타늄, 지르코늄, 우라늄 및 플루토늄과 같은 자기반응성 금속

3) 금속 수소화물

4) 유기 과산화수소, 히드라진 등 자동 열분해를 하는 화학물질

5) 가연성 증기 또는 분진 등 폭발성 물질이 대기에 존재할 가능성이 있는 장소

02 설치기준

(1) 고체에어로졸 발생기(2.3)

1) 구성 : 고체에어로졸 화합물, 냉각장치, 작동장치, 방출구, 저장용기

2) 설치기준

① 밀폐성 유지 : 방호구역 자동폐쇄

② 설치위치 : 천장이나 벽면 상부(고체에어로졸 화합물의 균일한 방출을 위함)

③ 설치장소 : 직사광선 및 빗물이 침투할 우려가 없는 곳

④ 고체에어로졸 방출 시 열안전이격거리

㉠ 인체와의 최소 이격거리 : 75℃를 초과하는 온도의 거리

㉡ 가연물과의 최소 이격거리 : 200℃를 초과하는 온도의 거리

⑤ 하나의 방호구역 : 동일 제품군 및 동일한 크기의 고체에어로졸 발생기

⑥ 방호구역의 높이 : 형식승인받은 최대 설치높이 이하

(2) 고체에어로졸 화합물의 양(2.4)

1) 소화약제량: $m = d \times V$

여기서, m : 필수소화약제량[kg]

d : 설계밀도[g/m^3]

V : 방호체적[m^3]

2) 소화밀도 $= \dfrac{\text{고체에어로졸 화합물의 질량[g]}}{\text{단위체적[m}^3\text{]}}$

3) 설계밀도(d)=소화밀도×안전계수(1.3)

(3) 기동(2.5)

1) 화재감지기 및 수동식 기동장치의 작동과 연동

2) 기동방식 : 기계적 또는 전기적 방식

3) 약제방출기준 : 1분 내에 설계밀도(d)의 95% 이상을 방호구역에 균일하게 방출

4) 수동식 기동장치 설치기준

① 제어반마다 설치할 것

② 설치위치 : 방호구역의 출입구마다 설치하되 출입구 인근에 사람이 쉽게 조작할 수 있는 위치

③ 기동장치의 조작부

㉠ 설치높이 : 바닥으로부터 0.8m 이상 1.5m 이하

㉡ 보호판 등의 보호장치 부착

④ 표지 부착 : 기동장치 인근의 보기 쉬운 곳에 '고체에어로졸 소화설비 수동식 기동장치'라고 표시한 표지

⑤ 전기를 사용하는 기동장치 : 전원표시등 설치

⑥ 표시등 : 방출용 스위치의 작동을 명시하는 표시등

⑦ 기동장치 조작힘 : 50N 이하의 힘

5) 방출지연스위치(abort switch)

① 수동으로 작동하는 방식으로 설치하고, 방출지연 스위치를 누르고 있는 동안만 시간을 지연한다.

② 설치위치 : 방호구역의 출입구마다 설치하되 피난이 쉬운 출입구 인근에 사람이 쉽게 조작할 수 있는 위치에 설치한다.

③ 작동 시 음향경보를 발한다.

④ 작동 중 수동식 기동장치가 작동되면 수동식 기동장치의 기능이 우선된다.

(4) 제어반 등(2.6)

1) 전원표시등을 설치한다.

2) 설치장소 : 화재, 진동 및 충격에 따른 영향과 부식의 우려가 없고 점검에 편리한 장소에 설치한다.

3) 해당 회로도 및 취급설명서를 비치한다.

4) 작동방식(자동 또는 수동)을 선택할 수 있는 장치를 설치한다.

5) 제어반은 수동식 기동장치 또는 화재감지기에서 신호를 수신할 경우 다음의 기능을 수행한다.

① 음향경보 장치의 작동

② 고체에어로졸의 방출

③ 기타 제어기능 작동

6) 화재표시반은 고체에어로졸 소화설비가 기동할 경우 음향장치를 통해 경보를 발한다.

7) 제어반에서 신호를 수신할 경우 화재표시반에 작동되는 표시등

① 방호구역별 경보장치의 작동

② 수동식 기동장치의 작동

③ 화재감지기의 작동

8) 고체에어로졸 소화설비가 설치된 구역의 출입구 : 고체에어로졸의 방출을 명시하는 표시등을 설치한다.

9) 설비정지스위치 : 오작동을 제어하기 위해 제어반 인근에 설치한다.

(5) 음향장치(2.7)

1) 지구음향장치 : 수평거리 25m 이하

2) 음량 : 1m 거리에서 90dB 이상

3) 방출 후 1분 이상 경보

(6) 화재감지기(2.8)

1) 광전식 공기흡입형 감지기

2) 아날로그 방식의 광전식 스포트형 감지기

3) 중앙소방기술심의위원회의 심의를 통해 고체에어로졸 소화설비에 적응성이 있다고 인정된 감지기

4) 화재감지기 1개가 담당하는 바닥면적은 NFTC 203 규정에 따른 바닥면적으로 한다.

(7) 방호구역의 자동폐쇄(2.9)

1) 방호구역 내의 개구부와 통기구는 고체에어로졸이 방출되기 전에 폐쇄되도록 한다.

2) 방호구역 내의 환기장치는 고체에어로졸이 방출되기 전에 정지되도록 한다.

3) 자동폐쇄장치의 복구장치는 제어반 또는 그 직근에 설치하고, 해당 장치를 표시하는 표지를 부착한다.

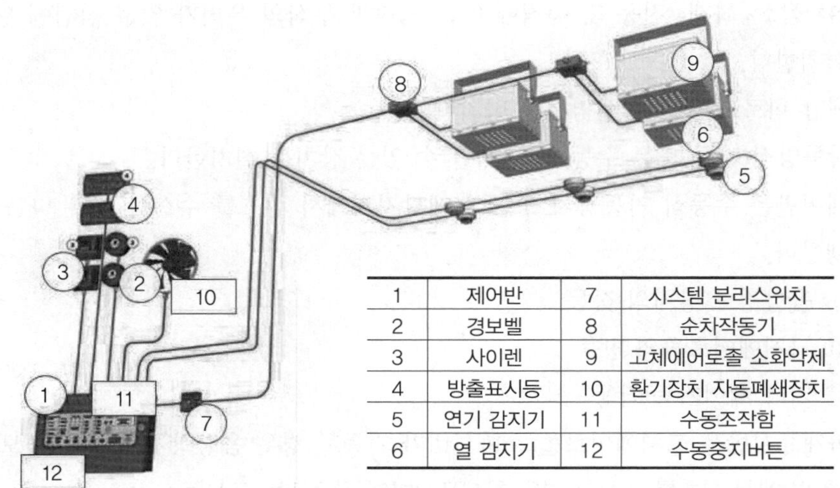

1	제어반	7	시스템 분리스위치
2	경보벨	8	순차작동기
3	사이렌	9	고체에어로졸 소화약제
4	방출표시등	10	환기장치 자동폐쇄장치
5	연기 감지기	11	수동조작함
6	열 감지기	12	수동중지버튼

| 고체에어로졸 전역방출방식 개념도[89] |

(8) 비상전원(2.10)

1) 자가발전설비

2) 축전지설비

3) 전기저장장치

(9) 과압배출구(2.12)

03 NFPA 2010(2015) 고체에어로졸

(1) Aerosol 종류

1) Condensed aerosol : 일반적으로 직경이 10㎛ 미만인 미세한 고체입자로 구성된 소화제로, 열이나 전기 에너지를 가하면 고체에어로졸이 빠르게 팽창하는 기체에어로졸로 전환된다.

2) Dispersed aerosol : 열이나 전기 에너지로 생성되지 않고 밸브, 파이프 및 노즐을 통해 공간에서 방출되는 에어로졸과 함께 운반제(예 : 불활성 가스 또는 할로겐화탄소)와 함께 용기에 저장되는 분산에어로졸

89) 고체에어로졸 소화설비의 화재안전기술기준 해설서 참조

(2) 소화원리

1) 부촉매 효과

$K^+ + OH^- = KOH$

$KOH + H^+ = K^+ + H_2O$

2) Aerosol 입자의 냉각효과

3) 입자의 크기 : 10μm보다 큰 입자는 침전되어 잔류물을 형성하는 경향이 있고, 10μm보다 작은 입자는 공기중에 떠 있는 경향이 있다. 따라서, 부유하면서 지속적인 소화능력을 발휘하기 위해서는 입자의 직경이 10μm 미만이 되어야 한다.

4) 주성분 : 무기칼륨염

5) 적응성 : A·B·C급

(3) 이격거리(clearance)(3.3.7)

1) 전기설비와 이격거리 : 소화설비와 접지되거나 밀폐되거나 절연되어 있지 않은 설비와의 거리

2) 열과 이격거리(condensed aerosol)

① 사람 : 75℃ 이하

② 가연물 : 200℃ 이하

(4) 위험성(hazards to personnel)(5.2)

1) 독성(toxicity)

2) 눈 자극(eye irritation)

3) 가시거리 감소(reduced visibility)

4) 열 피해(thermal hazards)

5) 저온 피해(cold temperature)

6) 소음(noise) 및 난류(turbulence)

(5) 설치 제외(4.2.2)

1) A급 심부화재

2) 제5류 위험물의 자기반응성 물질

3) 리튬, 나트륨, 칼륨, 마그네슘, 티타늄, 지르코늄, 우라늄, 플루토늄 등의 반응성 금속

4) 금속 수소화물

5) 특정 유기 과산화물 및 히드라진과 같이 자기열에 분해될 수 있는 화학물질

6) 인화성 액체 또는 먼지가 있는 공간(고체에어로졸)

(6) 독성정보(annex B toxicity information) : 고체에어로졸은 다양한 화합물로 구성되므로 급성 흡입을 통한 다양한 부작용이 유발될 수 있으므로 다음과 같은 시험을 통과하여야 한다.

1) 안구 유해성 시험(draize eye irritation test) : 토끼를 이용하는 가역·비가역적 손상을 시험
2) 정적 급성 흡입 독성 시험(static acute inhalation toxicity test) : 15분 동안 노출되었을 때 질식과 폐반응성에 대한 시험
3) 필요에 따른 추가 독성시험(additional toxicity tests as needed) : 독성이 알려지지 않은 물질을 추가로 사용하는 경우 추가 테스트

저 자 소 개

"노력을 이기는 재능은 없고,
노력을 외면하는 결과도 없습니다!"

〈약력〉

- 소방방재학 학사
- 서울시립대 기계공학 석사
- 동양미래대학교, 고려사이버대학교, 열린사이버대학교 강의
- 소방기술사

〈저서〉

- 색다른 소방기술사 1 ~ 4권(성안당)
- 소방학개론, 소방관계법규, 소방설비기사 등
- 소방학교 교재, 소방안전원 교재, 화재안전기준 해설서 등

인강으로 합격하는 유창범의 소방기술사 상권

2024. 4. 3. 초 판 1쇄 인쇄
2024. 4. 17. 초 판 1쇄 발행

지은이 | 유창범
펴낸이 | 이종춘
펴낸곳 | BM ㈜도서출판 성안당
주소 | 04032 서울시 마포구 양화로 127 첨단빌딩 3층(출판기획 R&D 센터)
10881 경기도 파주시 문발로 112 파주 출판 문화도시(제작 및 물류)
전화 | 02) 3142-0036
031) 950-6300
팩스 | 031) 955-0510
등록 | 1973. 2. 1. 제406-2005-000046호
출판사 홈페이지 | www.cyber.co.kr
ISBN | 978-89-315-2989-0 (13530)
정가 | 70,000원

이 책을 만든 사람들
기획 | 최옥현
진행 | 박경희
교정·교열 | 이은화
전산편집 | 정희선
표지 디자인 | 박현정
홍보 | 김계향, 유미나, 정단비, 김주승
국제부 | 이선민, 조혜란
마케팅 | 구본철, 차정욱, 오영일, 나진호, 강호묵
마케팅 지원 | 장상범
제작 | 김유석